LOCO & COACHING STOCK HANDBOOK

Second Edition
March 1997

Neil Webster

metro

ISBN 0-947773-58-4

© Copyright 1997. Metro Enterprises Ltd., 312 Leeds Road, Birstall, Batley, WF17 0HS.

All rights reserved. No part of this publication may be reproduced in any form or transmitted in any form by any means electronic, mechanical, photocopying, recording or otherwise without the prior permission of the publisher.

FOREWORD

The second edition of *Locomotive & Coaching Stock Handbook* follows on from the success of the first, giving details of all locomotives, multiple units and loco-hauled coaching stock currently authorised to travel over Railtrack metals (plus Island Line on the Isle of Wight), with the exception of preserved steam locomotives and departmental coaching stock. New aspects of this edition are the inclusion of actual working locations of shunting locomotives, these being listed on the grounds such locomotives are often used at the same location for considerable periods of time without movement, and details of coaching stock set formations, which are also subject to little change these days.

Details included in this volume are updated as far as possible to around the end of January 1997, but it is impossible to give an exact date as official information continues to be kept secret, despite representations and indeed promises by both Members of Parliament and Government Ministers that this would not be the case. As has so often been the case with much of the Conservative Government's privatisation plans, this aspect appears to not have been considered in the blind rush to enact political dogma and present the country's assets to private speculators for little of their real worth.

Readers can keep up to date with the current rolling stock scene by subscribing to *METRO EXPRESS*, which is published every four weeks and gives details of all known changes to the data in this book, including much information not published in commercial magazines. A free sample copy and details of current subscription rates are available from Metro Enterprises Ltd. by sending an A5 size Stamped Addressed Envelope to the address shown on the title page. This edition of *Locomotive and Coaching Stock Handbook* includes all changes listed in *Metro Express* up to and including issue no. 107.

The author would welcome details of any readers' observations which are at variance with the data listed in order to update his records for possible future editions, but readers should note neither the author or the publishers can answer specific queries on any point. Any such observations should be addressed to the author at the publisher's address.

Neil Webster
February 1997

OTHER metro TITLES

LOCO LEXICON
Numerical listing of all diesel & electric locomotives ever operated by BR and its predecessors. Dates of introduction, dates of withdrawal, full details of all numbers carried, disposal details, plus space to make your own notes.

A5 size, 144 pages   **£7.95**

DMU LEXICON
Similar data as shown above, but for DMU vehicles.

A5 size, 128 pages   **£8.95**

DEPOT DIRECTORY
Full directions by both public and private transport to almost 300 depots and stabling points across the UK, together with contact addresses etc.

A5 size, 80 pages   **£6.95**

EUROPEAN RAILWAYS MOTIVE POWER
Similar in both design and content to *Loco & Coaching Stock Handbook*, but dealing with the locomotives and multiple units of the railways of various European countries. Why pay a lot more with other publishers for similar information? Three Volumes are available as follows:

Volume 1   Benelux, France, Scandinavia, Ireland (FEW COPIES REMAIN)
Volume 2   Germany, Spain, Portugal
Volume 3   Austria, Czech Republic, Greece, Poland, Slovakia

A5 size, 176/128/144 pages   **Each Volume £12.95**

Available from booksellers (but NOT W.H. Smith) at the prices shown, or at 10% discount and with free return postage and packing from METRO ENTERPRISES LTD at the address shown on the title page.

ABBREVIATIONS

Abbreviations Used throughout this book are as follows:

ac	alternating current	kV	kilovolts
BAA	British Airports Authority	kW	kilowatts
BR	British Railways	m.	metres
CSD	Coaching Stock Depot	mph	miles per hour.
dc	direct current	Res	Rail Express Systems (part of EWSR)
DEMU	Diesel Electric Multiple Unit	RfD	Railfreight Distribution (part of EWSR)
DMMU	Diesel Mechanical Multiple Unit	rpm	revolutions per minute
DMU	Diesel Multiple Unit (general term)	SD	Servicing Depot
ETS	Electric Train Supply	t.	tonnes
EWSR	English Welsh & Scottish Railway	TDM	Time Division Multiplex
GNER	Great North Eastern Railway	TMD	Traction Maintenance Depot
hp	horse power	TOC	Train Operating Company
HST	High Speed Train (InterCity 125)	TOPS	Total Operations Processing System
HSTD	High Speed Train Depot	V	volts
Hz	hertz	WRD	Wagon Repair Depot

MULTIPLE UNIT OPERATOR CODES

The codes used by Railway Operating Departments to describe the various different types of diesel multiple unit vehicles and quoted in the class headings are as follows:

Diesel Mechanical & Diesel Hydraulic Units.

DMBC	Driving Motor Brake Composite.		DTSL	Driving Trailer Standard with Lavatory.
DMBS	Driving Motor Brake Standard.		MS	Motor Standard.
DMCL	Driving Motor Composite with Lavatory.		MSL	Motor Standard with Lavatory.
DMS	Driving Motor Standard.		TBSL	Trailer Brake Standard with Lavatory.
DMSL	Driving Motor Standard with Lavatory.		TSL	Trailer Standard with Lavatory.
DTCL	Driving Trailer Composite with Lavatory.			

Diesel Electric Units.

DMBSO	Driving Motor Brake Standard (Open).		DTSOL	Driving Trailer Standard with Lavatory (Open).
DTCsoL	Driving Trailer Composite with Lavatory (Semi-Open).	TCsoL	Trailer Composite with Lavatory (Semi-Open).
DTSO	Driving Trailer Standard (Open).		TSO	Trailer Standard (Open).

Electric Multiple Units

BDMSO	Battery Driving Motor Standard Open.		DTSsoL	Driving Trailer Standard Semi-Open with Lavatory.
BDTBSO	Battery Driving Trailer Brake Standard Open.	GLV	Gatwick Luggage Van.
BDTCsoL	Battery Driving Trailer Composite Semi-Open with Lavatory.	MBRSM	Motor Brake Buffet Standard (Modular).
BDTLV	Battery Driving Trailer Luggage Van.		MBSO	Motor Brake Standard Open.
BDTSO	Battery Driving Trailer Standard Open.		MBSOL(T)	Motor Brake Standard Open with Lavatory and refreshment trolley counter.
BDTSOL	Battery Driving Trailer Standard with Lavatory.	MLSO	Motor Luggage Standard Open.
BDTSsoL	Battery Driving Trailer Standard Semi-Open with Lavatory.	MLV	Motor Luggage Van.
			MSO	Motor Standard Open.
DMBSO	Driving Motor Brake Standard Open.		OS	Open Saloon.
DMLV	Driving Motor Luggage Van.		PBDTSO	Pantograph Battery Driving Trailer Standard Open.
DMSO	Driving Motor Standard Open.		PTBSO	Pantograph Trailer Brake Standard Open.
DS	Driving Saloon.		PTSO	Pantograph Trailer Standard Open.
DSC	Driving Sallon Convertible.		STD	Saloon Toilet Disabled.
DTBSO	Driving Trailer Brake Standard Open.		TBCK	Trailer Brake Composite Corridor with Lavatory.
DTBSO(T)	Driving Trailer Brake Standard Open with refreshment trolley counter.	TBSK	Trailer Brake Standard Corridor with Lavatory.
			TBSO	Trailer Brake Standard Open.
DTCO	Driving Trailer Composite Open.		TCOL	Trailer Composite Open with Lavatory.
DTCOL	Driving Trailer Composite Open with Lavatory.	TCsoL	Trailer Composite Semi-Open with Lavatory.
DTCsoL	Driving Trailer Composite Semi-Open with Lavatory.	TFK	Trailer First Corridor with Lavatory.
			TFOLH	Trailer First Open with Lavatory and Handbrake.
DTFsoL	Driving Trailer First Semi-Open with Lavatory.	TS	Trailer Standard (Compartments, non corridor).
DTLV	Driving Trailer Luggage Van.		TSO	Trailer Standard Open.
DTSO	Driving Trailer Standard Open.		TSOL	Trailer Standard Open with Lavatory.
DTSOL	Driving Trailer Standard Open with Lavatory.	TSOLH	Trailer Standard Open with Lavatory and Handbrake.
DTSso	Driving Trailer Standard Semi-Open.		TSRB	Trailer Standard Buffet Car.

TOPS PASSENGER VEHICLE TYPE CODES

These are given in the top left hand corner of the class heading and consist of two letters, a number, and a suffix letter. Meanings of these letters and numbers are as follows:

First two letters:

AA	Gangwayed Corridor	AR	Non-TOC owned vehicle
AB	Gangwayed Corridor Brake	AS	Sleeping Car
AC	Gangwayed Open (2+2 seating)	AT	Royal Train vehicle
AD	Gangwayed Open (2+1 seating)	AU	Sleeping Car with Pantry
AE	Gangwayed Open Brake	AX	Nightstar Generator Vehicle
AF	Gangwayed Driving Open Brake	AY	Eurostar Barrier Vehicle
AG	Micro Buffet	AZ	Special Vehicles
AH	Brake Micro Buffet	GF	Mark 4, DMU or EMU Barrier Vehicle
AI	Quasi-Gangwayed Open (2+2 seating)	GH	HST Gangwayed Open
AJ	Restaurant Buffet with Kitchen	GJ	HST Gangwayed Open Brake
AK	Kitchen Car	GK	HST Buffet First
AL	Gangwayed Open (2+2 seating) with Disabled Persons' Toilet.	GL	HST Kitchen Car
		GN	HST Buffet Standard
AN	Miniature Buffet	GS	HST Barrier Vehicle
AO	Non-TOC owned vehicle	GX	Three-phase Generator Van

Number:

1	First Class	4	Unclassified accommodation
2	Standard Class	5	No passenger accommodation
3	Composite (First & Standard Class)		

Suffix:

1	Mark 1	F	Mark 2F
A	Mark 2A	G	Mark 3 or Mark 3A
B	Mark 2B	H	Mark 3B
C	Mark 2C	J	Mark 4
D	Mark 2D	Z	Mark 2
E	Mark 2E		

TOPS NON-PASSENGER VEHICLE TYPE CODES

These are shown as for passenger vehicles, but the system used is slightly different, comprising three letters only. These are as follows:

First two letters

NA	Propelling Control Vehicle.	NM	General Utility Van (90 mph with heating).
NB	Non Gangwayed Brake Van.	NN	Courier Vehicle.
NC	Brake Gangwayed.	NO	General Utility Van (100 mph).
ND	Brake Gangwayed (90 mph).	NP	General Utility Van (110 mph).
NE	Brake Gangwayed (100/110 mph).	NR	BAA Container Van.
NF	Gangwayed Van (100 mph).	NS	Post Office Sorting Van.
NG	Motorail Loading Ramp.	NT	Post Office Stowage Van.
NH	Gangwayed Brake Van (100 mph).	NU	Post Office Brake Stowage Van.
NJ	General Utility Van (90 mph).	NX	Motorail Van (100 mph).
NK	General Utility Van with roller shutter doors.	NY	Exhibition Van.
NL	Gangwayed General Utility Van.	NZ	Driving Van Trailer.

Third letter (brake type)

A	Air	X	Dual (Air & Vacuum)
V	Vacuum		

SPECIAL NOTE

The symbol + following allocation codes denotes a vehicle not currently in service, and indicates a location rather than an allocation, which is nominally HQ. Readers should note code HQ denotes unallocated and **NOT** (as often quoted incorrectly elsewhere), Headquarters.

LOCOMOTIVES

DIESEL LOCOMOTIVES

CLASS 03　　　　　　　　　　　　　　　　　　　　　　　　　　　　　　　　C

Built: 1960 by BR, Doncaster.
Engine: Gardner 8L3 of 152 kW (204 hp) at 1200 rpm. **Transmission:** Mechanical. Wilson-Drewry.
Weight: 30.70 (* 31.30) t.　**Length:** 7.925 m.
Maximum Speed: 28 mph.　**Train Supply:** Not equipped.
Train Brake: Vacuum (* Dual).　**Multiple Working:** Not equipped.

03079	SB	HZSZ	HQ	Sandown
03179*	NW	HZSZ	HQ	Ryde

CLASS 08　　　　　　　　　　　　　　　　　　　　　　　　　　　　　　　　C

Built: 1955-62 by BR, Crewe, Darlington, Derby, Doncaster or Horwich.
Engine: English Electric 6KT of 298 kW (400 hp) at 680 rpm.
Transmission: Electric. English Electric.
Weight: 49.60 - 50.40 t.　**Length:** 8.915 m.
Maximum Speed: 15 mph.　**Train Supply:** Not equipped.
Train Brake: Dual (* Air; † Vacuum).　**Multiple Working:** Not equipped.

CLASS 08/0. Standard design. Details as above.

08077*	RF	DFLS	EH	Southampton Maritime Container Terminal	08489*	F	LWSP	SP	Springs Branch TMD
08222†	SB	ENZX	HQ	Bounds Green TMD (Withdrawn)	08492*	SB	ENSN	TO	Toton TMD
					08493*	SB	LNCF	CF	Margam Yard
					08495	SB	ENSN	TO	Toton Yard
08331*	RF	HBSH	BN	Bounds Green TMD	08499*	F	FDSK	KY	Knottingley TMD
08388*	FP	FDSX	IM	Immingham TMD (Stored)	08500	SP	FDSD	DR	Tinsley Yard
08389*	SB	DAWE	AN	Tinsley TMD	08506*	SB	LGML	ML	Falkland Yard
08393*	GG	DAWE	AN	Wembley Yard	08509*	F	FDSD	DR	Rotherham Steel Terminal
08397*	FG	LWSP	SP	Springs Branch TMD	08510*	SB	FDSD	DR	Doncaster Decoy Yard
08401*	GG	FDSI	IM	Immingham Reception Sidings	08511*	SB	ENSN	TO	Rotherham Steel Terminal
					08512*	F	FDSD	DR	Doncaster TMD
08402*	GG	PXLS	CD	Penyffordd	08514*	SB	FDSD	DR	Doncaster TMD
08405*	GG	FDSI	IM	Immingham Reception Sidings	08515*	SB	FDZX	HQ	Gateshead WRD (Withdrawn)
08410*	GG	HJXX	PM	Bristol Temple Meads	08516*	GG	FDSK	KY	Toton TMD
08411*	SB	LGML	ML	Motherwell TMD	08517*	SB	EWOC	OC	Stratford TMD (Stored)
08413*	GG	DAXT	TI	Tinsley TMD (Stored)	08519*	BB	LCWX	HQ	Bescot (Stored)
08414*	SP	EWOC	OC	Old Oak Common TMD	08523	MF	EWOC	OC	Old Oak Common TMD
08417*	SB	CDJD	DY	Derby Etches Park	08525	F	HISL	NL	Neville Hill Up Sidings
08418*	F	FDSD	DR	Doncaster Decoy Yard	08527	SP	KCSI	ZI	Adtranz Ilford
08419*	SB	LCXX	HQ	Adtranz Crewe (Stored)	08526	SB	EWOC	OC	Willesden Yard
08428*	SB	LCWX	HQ	Bescot (Stored)	08528	GG	ENSN	TO	Toton TMD
08441*	SB	ENSN	TO	Toton TMD	08529	SB	ENSN	TO	Peterborough Crescent WRD
08442*	F	FDSK	KY	Gascoigne Wood	08530	GG	DFLS	SF	Tilbury Container Terminal
08445*	SB	FDSX	IM	Immingham TMD (Stored)	08531*	GG	DFLS	SF	Stratford TMD
08448*	SB	LCXX	HQ	Bescot (Stored)	08534	GG	LGML	ML	Motherwell TMD
08449*	SB	ENXX	TO	Toton (Stored)	08535	GG	DASY	TI	Bordesley Car Terminal
08451	SB	HFSN	WN	Willesden TMD	08536	SB	HISE	DY	Derby Etches Park
08454	SB	HFSN	WN	Wembley CSD	08538	GG	ENSN	TO	Peterborough SD
08460*	SP	EWOC	OC	Old Oak Common TMD	08540	GG	ENZX	HQ	Toton (Withdrawn)
08466*	SP	FDSX	IM	Immingham TMD (Stored)	08541	GG	EWOC	OC	Willesden Yard
08472*	BR	HBSH	BN	Ferme Park	08542	F	EWOC	OC	Temple Mills Yard
08473†	SB	ENZX	HQ	Leicester TMD (Withdrawn)	08543	GG	LBBS	BS	Bescot TMD
08480*	GR	EWEH	EH	Eastleigh Yard	08561	SB	LGML	ML	Ayr Depot
08481	SB	LNCF	CF	Cardiff Canton TMD	08562	SB	ENZX	HQ	Old Oak Common (Withdrawn)
08482*	GG	DAWE	AN	Wembley TMD					
08483*	GG	HJXX	PM	St Philips Marsh TMD	08565	SB	LCXX	HQ	Motherwell TMD (Stored)
08484*	GG	KWSW	ZN	Railcare Wolverton	08567	SB	LBBS	BS	Toton TMD
08485*	SB	LWSP	SP	Shotton Steel Works	08568*	SB	KGSS	ZH	Railcare Glasgow

5

LOCOMOTIVES

Number	Code1	Code2	Code3	Location	Number	Code1	Code2	Code3	Location
08569	SB	DAAN	AN	Allerton TMD	08675	F	LGML	ML	Polmadie
08571*	SB	HBSH	EC	Craigentinny	08676	SB	LWSP	SP	Springs Branch TMD
08573	SB	KCSI	ZI	Adtranz Ilford	08677	SB	LCZX	HQ	Willesden TMD (Withdrawn)
08575	BR	DFLS	TI	Leeds Freightliner Terminal	08682	SB	KDSD	ZF	Adtranz Doncaster
08576	SB	LNCF	CF	St Blazey	08683	SB	LBBS	BS	Cardiff Canton TMD
08577	SB	FMSY	TE	Tyne Yard SD	08685	SB	PXLS	OC	Cardiff Canton TMD
08578	PR	PXLS	HT	Heaton TMD	08689*	SP	EWOC	OC	Old Oak Common TMD
08580	SB	ENSN	TO	March Down Yard	08690	SB	HISE	DY	Derby Etches Park
08581	BR	FDSX	DR	Doncaster TMD (Stored)	08691	SP	DFLS	CD	Crewe Diesel Depot
08582*	GG	FMSY	TE	Doncaster TMD	08693	SB	LCWX	HQ	Motherwell TMD (Stored)
08585	SB	DFLS	CD	Crewe Basford Hall	08694	SB	DASY	TI	Tinsley TMD
08586*	F	LCXX	HQ	Ayr TMD (Stored)	08695*	SB	PXLS	CD	Chester Yard
08587	SB	FDSD	DR	Doncaster Belmont Yard	08696*	GG	HFSN	WN	Willesden TMD
08588	BR	HISL	NL	Neville Hill TMD	08697	SB	HISE	DY	Derby Etches Park
08593	SP	EWOC	OC	Parkeston Yard	08698*	SB	EWOC	OC	Norwood Junction (Stored)
08594	SB	ENXX	TO	Toton TMD (Stored)	08700*	SB	EWOC	OC	Stratford TMD (Stored)
08597	SB	FDSK	KY	York WRD	08701*	PS	PXLS	CD	Crewe International TMD
08599	SB	PXLS	CD	Springs Branch TMD	08702	SB	PXLS	WN	Willesden TMD
08600*	GG	EWEH	EH	Eastleigh TMD	08703*	SB	DAAN	AN	Crewe International TMD
08601	LM	LBBS	BS	Bescot TMD	08706	SB	FDSK	KY	Healey Mills Yard
08605	SB	FDSK	KY	Leeds ReS Terminal	08709	SB	EWOC	OC	Old Oak Common TMD
08607	SB	ENXX	TO	Toton (Stored)	08711	PS	EWOC	OC	Bounds Green TMD
08609	SB	ENZX	HQ	Willesden TMD (Withdrawn)	08713*	SB	FDSX	DR	Doncaster TMD (Stored)
08610	SB	LCXX	HQ	Bescot (Stored)	08714	SB	ENSN	TO	Peterborough SD
08611	SB	HFSL	LO	Longsight Diesel Depot	08715†	SP	EWOC	OC	Stratford TMD
08616	SP	HGSS	TS	Tyseley TMD	08718	SB	LCWX	HQ	Ayr TMD (Stored)
08617	SB	HFSN	WN	Willesden TMD	08720*	GG	LGML	ML	Millerhill
08618	SB	FDZX	HQ	Gateshead WRD (Withdrawn)	08721	SP	HFSL	LO	Longsight Carriage Sidings
					08723	SB	ENXX	TO	Toton (Stored)
08619	SB	LCXX	HQ	Longsight TMD (Stored)	08724	SB	HBSH	BN	Adtranz Crewe
08622	SB	LCWX	HQ	Motherwell TMD (Stored)	08730	BB	KGSS	ZH	Railcare Glasgow
08623	SB	LBBS	BS	Wolverhampton Steel Terminal	08731	SB	LCWX	HQ	Motherwell TMD (Stored)
					08733	SB	LCXX	HQ	Motherwell TMD (Stored)
08624	SB	DFLS	CD	Coatbridge Freightliner Terminal	08734	SB	LCWX	HQ	Cardiff Canton TMD (Stored)
					08735	GG	LGML	ML	Fort William
08625	SB	LBBS	BS	Cardiff Canton TMD	08737*	FE	DAWE	AN	Stratford TMD
08628	SB	LBBS	BS	Northampton Central Materials Depot	08738	GG	LGMI	ML	Motherwell TMD
					08739	SB	DAAN	AN	Crewe International TMD
08629	QP	KWSW	ZN	Railcare Wolverton	08740	F	EWOC	OC	Stratford TMD
08630	SB	LGML	ML	Fort William	08742	PS	PXLS	CD	Kirkham Tip
08632	SB	FDSI	IM	Immingham TMD	08745	FE	DFLS	CD	Ipswich
08633	PS	PXLS	HT	Heaton TMD	08746	GG	LBBS	BS	Bletchley TMD
08634	SB	ENZX	HQ	Stratford TMD (Withdrawn)	08750	SB	EWOC	OC	Stratford TMD
08635	SB	EWOC	OC	Ipswich	08751	F	DASY	TI	Saltley SD
08641	GG	HJSL	LA	Laira TMD	08752	CE	EWOC	OC	Parkeston Yard
08642	SP	DFLS	EH	Southampton WRD	08754	SB	HASS	IS	Inverness TMD
08643	GG	HJXX	PM	St Philips Marsh HSTD	08755	SB	LCXX	HQ	Millerhill (Stored)
08644	ML	HJSL	LA	Penzance	08756	GG	LNCF	CF	Exeter
08645	GG	HJSL	LA	Laira TMD	08757	PS	PXLS	HT	Heaton TMD
08646	F	EWOC	OC	Willesden Railnet Terminal	08758	SB	EWOC	OC	Thameshaven
08648	GG	HJSL	LA	Laira TMD	08760	SB	ENZX	HQ	Wessex Traincare Eastleigh
08649	WT	KESE	ZG	Wessex Traincare Eastleigh	08762	SB	HASS	IS	Inverness
08651	GG	EWOC	OC	Stoke Gifford	08765	GG	LBBS	BS	Oxley CS
08653	FE	DAXT	AN	Adtranz Crewe	08768	SB	LGML	ML	Motherwell TMD
08655	F	DAWE	AN	Wembley Yard	08769	SB	LCXX	HQ	Fire Services College, Moreton in Marsh (Withdrawn)
08661*	F	DAYX	AN	Alllerton TMD (Stored)					
08662	SB	FDSK	KY	Hull Hedon Road					
08663*	GG	HJSL	LA	Laira TMD	08770*	GG	LNCF	CF	Swansea Docks
08664	SB	EWOC	OC	Reading West Yard	08773	SB	ENXX	TO	Toton TMD (Stored)
08665	SB	FDSI	IM	Immingham TMD	08775	SP	EWOC	OC	Southall Yard
08666	SB	DAZX	AN	Allerton TMD (Withdrawn)	08776*	GG	FDSK	KY	Knottingley TMD
08670*	SB	EWOC	OC	Stratford TMD	08780	SB	HJSE	LE	Landore TMD
08673	ML	DAZX	AN	Allerton TMD (Withdrawn)	08782*	SB	FDSK	KY	Hull Hedon Road

LOCOMOTIVES

Number				Location	Number				Location
08783	SB	FDSK	KY	Healey Mills Yard	08887*	SB	HFSN	WN	Willesden TMD
08784	SB	DAXT	AN	Crewe International TMD	08888	EW	FDSI	IM	Immingham TMD
				(Stored)	08890	GG	PXLS	WN	Willesden TMD
08786*	GG	LNCF	CF	Fowey Docks	08891	SB	DFLS	AN	Garston Freightliner
08790	SB	HFSL	LO	Longsight Diesel Depot					Terminal
08792	SB	LNWK	CF	Cardiff Tidal Sidings	08892	GG	DFLS	EH	RFS (E) Doncaster
08793*	LN	LCXX	HQ	Aberdeen Guild Street	08893	GG	LCXX	HQ	Bescot (Stored)
				(Stored)	08894	SB	LWSP	SP	Springs Branch TMD
08795	ML	HJSE	LE	Landore TMD	08895	SB	LCXX	HQ	Margam Wagon Works
08798	SB	LNCF	CF	Exeter					(Stored)
08799	SB	DAAN	AN	Trafford Park Freightliner	08896	SB	PXLS	CD	Bristol Barton Hill (Stored)
				Terminal	08897	GG	PXLS	CD	Bristol Barton Hill
08801	SB	LNCF	CF	Margam SD	08898	SB	PXXA	HQ	Bescot (Withdrawn)
08802	PS	PXLS	CD	Crewe Gresty Road	08899	SB	HISE	DY	Derby Etches Park
08804	SB	PXLS	CD	Bristol Barton Hill	08900	GG	LNWK	CF	Cardiff Canton TMD
08805	SP	HGSS	TS	Soho SD	08901	SB	LCXX	HQ	Bescot (Stored)
08806*	F	FMSY	TE	Tyne Yard	08902	SB	DAYX	AN	Allerton TMD (Stored)
08807	BR	LBBS	BS	Bletchley TMD	08904	SB	EWOC	OC	Didcot
08810*	SB	HSSN	NC	Norwich Crown Point	08905	SB	DASY	TI	Saltley SD
08811*	SB	EWOC	OC	Stratford TMD (Stored)	08906	SB	LGML	ML	Motherwell TMD
08813*	GG	FMSY	TE	Thornaby Wheel Lathe	08907	SP	DAAN	AN	Garston Yard
08815	SB	LCWX	HQ	Springs Branch TMD (Stored)	08908	SB	HISL	NL	Neville Hill TMD
08817	BR	LWSP	SP	Springs Branch TMD	08909	SB	EWOC	OC	Ripple Lane Yard
08819	GG	LNCF	CF	St Blazey SD	08910	SB	LGML	ML	Motherwell TMD
08822	ML	HJSE	LE	Landore TMD	08911	GG	LWSP	SP	Adtranz Crewe
08823*	SB	KDSD	ZF	Adtranz Doncaster	08912	SB	LGML	ML	Carlisle Yard
08824*	F	FDSI	IM	Scunthorpe	08913	GG	DAWE	AN	Dagenham Dock
08825*	SB	DAAN	AN	Trafford Park Freightliner	08914	SB	LBBS	BS	Bescot TMD
				Terminal	08915	F	LWSP	SP	Hope Sidings
08826*	SB	LCWX	HQ	Motherwell TMD (Stored)	08918	GG	LWSP	SP	Walton Old Junction
08827*	SB	LGML	ML	Millerhill	08919	PS	PXLS	CD	Bristol Barton Hill
08828*	SB	EWOC	OC	Old Oak Common TMD	08920	F	LBBS	BS	Rugby
08829*	SB	ENZX	HQ	Toton (Withdrawn)	08921	EW	PXLS	CD	Crewe South Yard
08830	SB	HLSV	CF	East Somerset Railway	08922	GG	LGML	ML	Carlisle Yard
				(on loan)	08924	GG	EWOC	OC	Three Bridges
08834	FD	HBSH	BN	Bounds Green TMD	08925	SB	LWSP	SP	Warrington Arpley
08836	IC	HJXX	OO	London Paddington	08926	GG	DAYX	AN	Alllerton TMD (Stored)
08837	GG	DAAN	AN	Edge Hill Carriage Sidings	08927	SB	LBBS	BS	Bescot TMD
08842	SB	DAXT	AN	Allerton TMD (Stored)	08928	SP	HSSN	NC	Norwich Crown Point
08844	SB	DAWE	AN	Dagenham Dock	08931	SB	FDSX	TE	Thornaby Wheel Lathe
08847	SB	KESE	ZG	Wessex Traincare Eastleigh					(Stored)
08849	SB	LCZX	HQ	Adtranz Crewe (Withdrawn)	08932	SB	LNWK	CF	Cardiff Tidal Sidings
08853*	SB	HBSH	EC	Craigentinny	08933	SP	EWEH	EH	Eastleigh TMD
08854	SB	EWEH	EH	Eastleigh TMD	08934*	SB	HFSN	WN	Euston Downside Carriage
08855	SB	LCXX	HQ	Aberdeen Guild Street					Depot
				(Stored)	08938	SP	LCWX	HQ	Motherwell TMD (Stored)
08856	SB	DAAN	AN	Trafford Park Freightliner	08939	SB	DAAN	AN	Longport
				Terminal	08940	SB	EWEH	EH	Eastleigh TMD
08865	SB	EWOC	OC	Bury St Edmunds	08941	SB	LNCF	CF	St Blazey SD
08866	SB	EWOC	OC	Stratford TMD	08942	SB	LNWK	CF	Cardiff Canton TMD
08867	BB	LWSP	SP	Northwich Lostock Works	08944	GG	EWOC	OC	Old Oak Common TMD
08869	GR	HSSN	NC	Norwich	08946	FE	DASY	TI	Saltley SD
08872	GG	DAAN	AN	Allerton TMD	08947	SB	EWOC	OC	Westbury
08873	PS	PXLS	CD	Crewe Holding Sidings	08948	FU	GPSS	OC	North Pole International
08877	GG	FDSD	DR	Doncaster Wood Yard	08950	ML	HISL	NL	Neville Hill TMD
08878	SB	EWOC	OC	Stratford TMD (Stored)	08951	GG	DAAN	AN	Allerton TMD
08879	SP	DATI	TI	Tinsley TMD	08952	SB	LCWX	HQ	Motherwell TMD (Stored)
08880	SB	DAZX	HQ	Allerton TMD (Withdrawn)	08953	GT	LNCF	CF	St Blazey
08881	GG	LGML	ML	Killoch Colliery	08954	F	LNWK	CF	Cardiff Canton TMD
08882	SB	LGML	ML	Aberdeen Guild Street	08955	FT	LNWK	CF	Cardiff Canton TMD
08883	SP	LGML	ML	Perth Yard	08956	SB	CDJD	DY	Railway Technical Centre
08884	SB	LWSP	SP	Springs Branch TMD	08957	SB	EWOC	OC	Stratford TMD
08886	EW	ENSN	TO	Toton Yard	08958	SB	EWOC	OC	Stratford TMD (Stored)

7

LOCOMOTIVES

CLASS 08/9. Reduced height cab. Details as Class 08/0 except:
Rebuilt: 1985-87 by BR, Landore.

08993	FT	LNWK	CF	Cardiff Tidal Sidings	08995*	FT LNWK CF	Cardiff Tremorfa Works
08994*	FR	LNWK	CF	Cardiff Tidal Sidings			

CLASS 09   C

Details as Class 08/0 except:
Weight: 50.40 t.   Maximum Speed: 27 mph.

CLASS 09/0. Standard design.

09001	SB	LNCF	CF	Port Talbot Steel Works	09015	GG	LNCF	CF	Barry Dock
09003	SB	EWHG	SL	Hither Green SD	09016	GG	EWOC	OC	Swindon Cocklebury Yard
09004	SB	HWSU	SU	Selhurst TMD	09018	MF	EWOC	OC	Old Oak Common TMD
09005	GG	FMSY	TE	Thornaby TMD	09019	MF	EWHG	SL	Hoo Junction
09006	MF	EWOC	OC	Old Oak Common TMD	09020	SB	EWOC	OC	Old Oak Common TMD
09007	MF	EWOC	OC	Old Oak Common TMD	09021	FE	DAWE	AN	Stratford London
09008	GG	LNCF	CF	Cattewater					International Freightliner
09009	EW	EWHG	SL	Hoo Junction					Terminal
09010	GG	EWOC	OC	Temple Mills Yard	09022	SB	DAYX	AN	Allerton TMD (Stored)
09011	GG	DAWE	AN	Willesden Yard	09023	MF	EWOC	OC	Norwood Junction (Stored)
09012	GG	EWOC	OC	Westbury	09024	MF	EWHG	SL	Hither Green SD
09013	GG	LNCF	CF	Tavistock Junction	09025	SB	HWSU	SU	Brighton
09014	GG	FDSK	KY	Knottingley	09026	GG	HWSU	SU	Selhurst TMD

CLASS 09/1. Converted from class 08/0. 110 V electrical system. Revised details:
Rebuilt: 1992-93 by RFS Industries, Kilnhurst.

					09104	GG	LBBS	BS	Bescot TMD
09101	GG	EWOC	OC	Stoke Gifford	09105	GG	LNCF	CF	Gwaun Cae Gurwen
09102	GG	EWOC	OC	Old Oak Common TMD	09106	GG	FMSY	TE	Thornaby Wheel Lathe
09103	GG	LGML	ML	Aberdeen Clayhills	09107	GG	LNCF	CF	Newport

CLASS 09/2. Converted from class 08/0. 90 V electrical system. Revised details:
Rebuilt: 1992 by RFS Industries, Kilnhurst.

					09203	GG	LNCF	CF	Llanwern
09201*	GG	ENSN	TO	Worksop Yard	09204	GG	FMSY	TE	Thornaby WRD
09202	GG	LGML	ML	Mossend Yard	09205	GG	LGML	ML	Millerhill

CLASS 20   Bo-Bo

Built: 1957-67 by English Electric, Newton le Willows or Robert Stephenson & Hawthorn, Darlington.
Engine: English Electric 8SVT Mk. II of 746 kW (1000 hp) at 850 rpm.
Transmission: Electric. English Electric.
Weight: 73.40-73.50 t.   **Length:** 14.259 m.
Maximum Speed: 60 mph.   **Train Supply:** Not equipped.
Train Brake: Dual.   **Multiple Working:** Blue Star.

CLASS 20/0. Standard design. Details as above.

20007	SB	TAKX	CE+	20087	BR	LCXX	BS+	20138	FR	LCWX	BS+
20016	SB	LCXX	BS+	20092	SP	LCXX	BS+	20154	SB	ENZX	TO+
20032	SB	TAKX	CE+	20104	FR	TAKX	CE+	20165	FR	LCWX	BS+
20057	SB	LCXX	BS+	20117	SB	TAKX	CE+	20168	SB	LCWX	MW+
20059	FR	LCXX	MW+	20118	FR	LCWX	BS+	20169	SP	LCWX	BS+
20066	SB	LCXX	BS+	20119	SB	ENZX	TO+	20177	SB	ENZX	TO+
20072	SB	TAKX	CE+	20121	SB	TAKX	CE+	20187	TG	TAKB	BS
20073	SB	LCYX	BS+	20128	TG	TAKB	BS	20190	SB	TAKX	CE+
20075	TG	TAKB	BS	20131	TG	TAKB	BS	20215	FR	TAKX	CE+
20081	SB	LCXX	BS+	20132	FR	LCWX	BS+				

CLASS 20/3. Direct Rail Services owned locomotives. Revised details:
Rebuilt: 1995-96 by Brush Traction, Loughborough.   **Train Brake:** Air.

20301	DR	XHSD	SD	20303	DR	XHSD	SD	20305	DR	XHSD	SD
20302	DR	XHSD	SD	20304	DR	XHSD	SD				

LOCOMOTIVES

CLASS 20/9. Hunslet-Barclay owned locomotives. Revised details:
Refurbished: 1989 by Hunslet Barclay, Kilmarnock.   **Train Brake:** Air.

20901	HB	XYPD	ZK	20903	HB	XYPD	ZK	20905	HB XYPD ZK
20902	HB	XYPD	ZK	20904	HB	XYPD	ZK	20906	HB XYPD ZK

CLASS 25   Bo-Bo

Built: 1963 by BR, Derby Locomotive.
Engine: Sulzer 6LDA28-B of 930 kW (1250 hp).
Transmission: Electric. AEI.
Weight: 74.20 t.   **Length:** 15.390 m.
Train Brake: Vacuum.   **Multiple Working:** Blue Star.
Maximum Speed: 90 mph.   **Train Supply:** Steam.

25083   SB   LCZX   CP+

CLASS 31   A1A-A1A

Built: 1958-62 by Brush Traction, Loughborough.
Engine: English Electric 12SVT of 1100 kW (1470 hp) at 850 rpm.
Transmission: Electric. Brush
Weight: 106.70-111.00 t.   **Length:** 17.297 m.
Maximum Speed: 60 mph.   **Train Supply:** Not equipped.
Train Brake: Dual (*Air).   **Multiple Working:** Blue Star.

CLASS 31/1. Standard design. Details as above.

31102	CE	LCXX	CD+	31174	CE	LCXX	BS+	31248	FO	LCXX BS+
31105	FT	LCWX	BS+	31178	CE	LCWX	BS+	31250	CE	ENXX TU+
31106	CE	LCWX	BS+	31180	FR	ENXX	TU+	31252	FO	ENXX PB+
31107	CE	LCWX	BS+	31181	CE	ENXX	TU+	31255	CE	LWNW CD
31110	CE	LWNW	CD	31184	FO	ENXX	TU+	31263	CE	LCXX BS+
31112	CT	LCWX	BS+	31185	CE	LWNW	BS+	31268	CE	ENXX TU+
31113	CE	LWNW	CD	31186	CE	ENXX	TO+	31270	F	LCWX CL+
31116	SP	ENXX	TU+	31187	CE	ENXX	TU+	31271	F	ENXX TO+
31119	CE	LCWX	CL+	31188	CE	LWNW	CD	31273	CE	LWNW CD
31125	CE	LCXX	BS+	31190	CE	LCWX	CL+	31275	FC	LWNW CD
31126	CE	LCWX	SP+	31191	CE	ENXX	TO+	31276	FC	ENXX TU+
31128	FO	LCXX	BS+	31196	CE	ENZX	SF+	31282	FR	LCXX BS+
31130	FC	LWNW	CD	31199	FC	LCWX	TO+	31283	SP	ENZX SF+
31132	FO	LCWX	BS+	31200	FC	LCXX	BA+	31285	CE	LCWX CL+
31134	CE	LCWX	SP+	31201	FC	LWNW	CD	31286	SB	LCXX BS+
31135	CE	ENXX	TU+	31203*	CE	LWNW	CD	31289	SB	LCXX BS+
31142	CE	LWNW	CD	31205	FR	ENXX	TU+	31290	CE	ENXX TU+
31144	CE	LCWX	CL+	31206	CE	LCWX	BS+	31294	FA	ENXX TU+
31145	CE	LCXX	SP+	31207	CE	LWNW	CD	31296	FA	LCXX CP+
31146	CE	LWNW	CD	31209	FA	ENXX	TU+	31299	FO	ENZX SF+
31147	CE	LCWX	BS+	31217	FC	ENZX	TO+	31301	FR	LCXX BS+
31149	FR	ENXX	TO+	31219	CE	ENXX	TU+	31302	FP	LCWX SP+
31154	CE	LWNW	CD	31224	CE	LCWX	CL+	31304	FC	LCXX SP+
31155	FA	LCXX	BS+	31229	CE	LWNW	CD	31306	CE	LWNW CD
31158	CE	LCXX	BS+	31230	FO	ENXX	TU+	31308	CE	ENXX TO+
31160	F	LCXX	SP+	31232	CE	LCWX	BS+	31312	FC	LCXX SP+
31163	CE	LWNW	CD	31233	SP	LWNW	CD	31317	FO	LCWX BS+
31164	FO	LCXX	BS+	31235	CE	LCWX	CL+	31319	FC	LCWX CD+
31165	GR	ENXX	TO+	31237	CE	LCWX	BS+	31320	SB	ENZX SF+
31166	CE	LWNW	CD	31238	CE	LCWX	SP+	31327	SP	LCWX CL+
31168	SB	LCXX	BS+	31242	CE	LCWX	CL+			
31171	FO	LCXX	BS+	31247	FR	ENXX	TU+			

CLASS 31/4. Electric Train Supply equipment. Revised details:
Weight: 109.40 t.
Maximum Speed: 90 mph.
Train Supply: Electric (index 66). Many now ETS inoperable.

LOCOMOTIVES

31402	SB	LCXX	BS+	31421	RR	LWNW	CD	31450	SB	LWNW	CD

31402 SB LCXX BS+   31421 RR LWNW CD   31450 SB LWNW CD
31403 SB ENXX TU+   31422 ML LCWX BS+   31455 RR LCWX SP+
31405 ML LWNW CD   31423 ML LCWX BS+   31459 SB ENXX TO+
31407 MF ENTN TO   31427 SB LCWX CL+   31460 SB LCXX BS+
31408 SB LCXX SP+   31428 SB LCXX BS+   31461 GG ENXX TO+
31410 RR LWNW CD   31432 SB LCWX SP+   31462 GG LWNW CD
31411 GG LCXX BS+   31434 SB LWNW CD   31465 RR LWNW CD
31413 SP LCXX ZF+   31435 CE LCWX BS+   31466 CE ENTN TO
31415 SB LCXX BS+   31439 RR LWNW CD   31467* SB LWNW CD
31417 GG LCXX BS+   31442 SB LCXX BA+   31468 CE LCWX TO+
31420 ML LWNW CD   31444 CE LCXX SP+

CLASS 31/5. Electric Train Supply equipment fitted but inoperable. Revised details:
Weight: 109.40 t.   **Train Supply:** Electric (not operable).

31512 CE LWNW CD   31537 CE LCWX BS+   31552 CE ENXX TO+
31514 CE LWNW CD   31538 SB LCWX CL+   31553 CE ENXX TU+
31516 CE LCXX BS+   31541 CE ENXX HG+   31554 CE LWNW CD
31519 CE LCXX SP+   31545 SB LWNW CD   31556 CE LCWX CL+
31524 CE LCWX BS+   31546 CE LCWX BS+   31558 SP ENXX TO+
31526 CE LCXX BS+   31547 CE ENXX TU+   31563 CE ENXX TO+
31530 CE LCWX BS+   31548 CE LCXX BS+   31569 CE ENXX TU+
31531 CE ENXX TU+   31549 CE ENXX TO+
31533 CE LCXX BS+   31551 CE ENXX TO+

CLASS 31/9. Former BRB Central Services locomotive. Details as Class 31/1.
31970 SP LCXX ZC+

CLASS 33   Bo-Bo

Built: 1960-62 by Birmingham Railway Carriage & Wagon, Smethwick.
Engine: Sulzer 8LDA28 of 1160 kW (1550 hp) at 750 rpm.
Transmission: Electric. Crompton Parkinson.
Weight: 77.70 t.   **Length:** 15.469 m.
Maximum Speed: 60 (* 85) mph.
Train Supply: Electric (index 48; Only operable on 33030/51/116).
Train Brake: Dual.   **Multiple Working:** Blue Star.

CLASS 33/0. Standard design. Details as above.
33002 CE ENXX SL+   33026 CE EWDB SL   33052 SB ENXX SL+
33008 GR ENXX SL+   33029 SB ENXX TO+   33053 FA ENXX SL+
33009 CE ENZX ZG+   33030* CE EWDB SL   33057 CE ENXX SL+
33012 SB ENXX EH+   33038 SB ENZX SF+   33063 MG ENXX SL+
33018 SB LCXX MM+   33046 CE EWDB SL   33064 FA ENXX OC+
33019 CE EWDB SL   33047 CE ENZX EH+   33065 CE ENXX SL+
33023 SB ENXX SL+   33048 SB ENXX HG+
33025 CE EWDB SL   33051* CE EWDB SL

CLASS 33/1. Push & Pull Equipment (SR system). Revised details:
Weight: 78.50 t.
Train Brake: Dual & Electro-Pneumatic.   **Multiple Working:** Blue Star & SR type.

33103 CE ENXX SL+   33116* SB EWDB SL   33117 SB ENXX SL+
33109 GG ENXX EH+

CLASS 33/2. Narrow body profile. Revised details:
Weight: 77.50 t.
33201 CE ENZX SL+   33204 MG ENXX SL+   33207 FA ENXX SL+
33202 CE EWDB SL   33205 FD ENZX HG+   33208 CE EWDB SL

CLASS 37   Co-Co

Built: 1960-65 by English Electric, Newton le Willows or Robert Stephenson & Hawthorn, Darlington.
Engine: English Electric 12CSVT of 1300 kW (1750 hp) at 850 rpm.
Transmission: Electric. English Electric.
Weight: 102.80-108.40 t.   **Length:** 18.745 m.

LOCOMOTIVES

Maximum Speed: 80 mph.
Train Brake: Dual (* Air).
Train Supply: Not equipped.
Multiple Working: Blue Star.
Note: 37101 is a Class 37/3 and officially numbered 37345.

CLASS 37/0. Standard design. Details as above.

37003	CE	FDYX	IM+	37098	CE	ENTN	TO	37209	BL	FDYX	DR+
37010	CE	ENTN	TO	37099	CE	LCWX	CF+	37211	CE	LWCW	CD
37012	CE	ENTN	TO	37100	FT	LGBM	ML	37212	FT	LWCW	CD
37013	MF	ENTN	TO	37101	FD	FDYX	IM+	37213	FC	LCWX	CF+
37019	FD	FDYX	IM+	37104	CE	FDYX	IM+	37214	FT	LWCW	CD
37023	MF	EWDB	SL	37106	CE	EWDB	SL	37216	MF	EWDB	SL
37025	BL	LWCW	CD	37107	FD	LCWX	SP+	37217	SB	FDYX	IM+
37026	FD	LCWX	SP+	37108	F	LCWX	BS+	37218	F	FDYX	IM+
37031	FD	LCYX	CF+	37109	EW	EWDB	SL	37219	MF	EWDB	SL
37035	CE	ENXX	TO+	37110	F	FDYX	IM+	37220	EW	EWDB	SL
37037	F	EWDB	SL	37111	FT	LCWX	CF+	37221	FT	LGBM	ML
37038	CE	ENTN	TO	37114	EW	ENTN	TO	37222	MG	ENTN	TO
37040	EW	EWRB	SL	37116	SP	LWCW	CD	37223	FC	FDYX	IM+
37042	EW	ENTN	TO	37131	F	FDRI	IM	37225	F	FDRI	IM
37043	CT	LGBM	ML	37133*	CE	EWDB	SL	37227	MG	ENTN	TO
37045	F	FDYX	TE+	37137	MG	ENTN	TO	37229	FC	LNSK	CF
37046	CE	ENTN	TO	37139	FC	FDYX	TE+	37230	CT	LNSK	CF
37047	MF	EWDB	SL	37140	CE	EWDB	SL	37232	CT	LCWX	ML+
37048	MG	ENXX	TO+	37141	CE	LWCW	CD	37235	F	FDYX	DR+
37051	EW	ENTN	TO	37142	CE	LWCW	CD	37238	F	ENTN	TO
37054	CE	EWDB	SL	37144	FA	FDYX	IM+	37240	CE	LWCW	CD
37055	MF	ENTN	TO	37146	CE	LWCW	CD	37241	MG	ENXX	TO+
37057	EW	ENTN	TO	37152	IW	LGBM	ML	37242	MF	EWDB	SL
37058	CE	FDYX	IM+	37153	CT	LGBM	ML	37244	F	ENTN	TO
37059	FD	FDYX	IM+	37154	FT	LWCW	CD	37245	CE	EWRB	SL
37063	FD	FDYX	TE+	37156	FT	LCWX	ML+	37248	MF	ENTN	TO
37065	MF	ENTN	TO	37158	CE	LWCW	CD	37250	FT	LGBM	ML
37066	CE	LCWX	ZC+	37162	GG	ENTN	TO	37251*	IW	LCWX	ML+
37068	FD	FDYX	IM+	37165	CT	LGBM	ML	37252	FD	FDZX	DR+
37069	CE	LGBM	ML	37167	MF	EWDB	SL	37254	CE	LNSK	CF
37071	CE	LWCW	CD	37170	CT	LGBM	ML	37255	CE	LBSB	BS
37072	GG	ENTN	TO	37174	U	EWRB	SL	37258	CE	LBSB	BS
37073	FT	LWCW	CD	37175	CE	LGBM	ML	37261	FD	LGBM	ML
37074	MF	EWDB	SL	37178	F	LBSB	BS	37262	GG	LBSB	BS
37075	F	FDYX	IM+	37184	CE	LCWX	BS+	37263	CE	LNSK	CF
37077	MF	EWDB	SL	37185	CE	ENTN	TO	37264	CE	ENTN	TO
37078	FM	LCXX	ML+	37188	CT	LCWX	CF+	37274	MF	EWDB	SL
37079	FD	ENTN	TO	37191	CE	LWCW	CD	37275	SB	LNSK	CF
37080	FP	LCYX	CF+	37194	MG	EWRB	SL	37278	FC	ENXX	TO+
37083	CE	FDYX	IM+	37196	CE	LBSB	BS	37280	FP	ENXX	OC+
37087	CE	LWCW	CD	37197	CT	LNSK	CF	37293	MF	EWRB	SL
37088	CT	LCWX	ML+	37198	MF	EWDB	SL	37294	CE	LGBM	ML
37092	CE	ENXX	TO+	37201	CT	LCWX	BS+	37298	F	FDYX	IM+
37095	CE	LWCW	CD	37203	MF	EWDB	SL				
37097	CE	ENTN	TO	37207	CE	LCWX	BS+				

CLASS 37/3. Regeared bogies. Details as Class 37/0.

37330	SP	FDRI	IM	37344	FD	FDYX	IM+	37375	M	EWDB	SL
37331	FM	FDYX	DR+	37350	FP	FDRI	IM	37376	F	ENTN	TO
37332	FC	FDRI	IM	37351	CT	LGBM	ML	37377	CE	EWDB	SL
37333	FD	FDYX	ZC+	37358	F	FDRI	IM	37379	MF	EWDB	SL
37334*	F	LBSB	BS	37359	FP	FDYX	TE+	37380	MG	EWRB	SL
37335	F	FDYX	IM+	37370	EW	EWRB	SL	37381	FD	FDYX	IM+
37340	FD	FDYX	IM+	37371	MF	EWDB	SL	37382	FP	FDYX	IM+
37341	F	FDYX	TE+	37372	MF	EWRB	SL				
37343	CE	FDYX	TO+	37373	FR	ENZX	OC+				

CLASS 37/4. Refurbished locomotives with regeared bogies, alternator replacing generator & Electric Train Supply equipment. Revised details:
Transmission: Electric. English Electric/Brush.

LOCOMOTIVES

Weight: 107.00 t.   **Train Supply:** Electric (index 38).

37401	FT	LGHM	ML	37412	FT	LNCK	CF	37423	FT	LCWX	AY+
37402	F	LWMC	CD	37413	FT	LWCW	CD	37424	FT	LGHM	ML
37403	GR	LGHM	ML	37414	RR	LWMC	CD	37425	RR	LWMC	CD
37404	FT	LGHM	ML	37415	EW	LWCW	CD	37426	EW	LWCW	CD
37405	ML	LWCW	CD	37416	EW	LNCK	CF	37427	EW	LNCK	CF
37406	FT	LGHM	ML	37417	F	LWMC	CD	37428	F	LGHM	ML
37407	FT	LWCW	CD	37418	EW	LWMC	CD	37429	RR	LWMC	CD
37408	BL	LWMC	CD	37419	EW	LWCW	CD	37430	FT	LGHM	ML
37409	FT	LGHM	ML	37420	RR	LWMC	CD	37431	EW	LCWX	ZH+
37410	FT	LGHM	ML	37421*	RR	LWMC	CD				
37411	EW	LNCK	CF	37422	RR	LWMC	CD				

CLASS 37/5. Refurbished locomotives with regeared bogies & alternator replacing generator. Revised details:
Transmission: English Electric/Brush.   **Train Brake:** Dual (* Air).
Weight: 106.10-107.30 t.

				37510	IW	LGBM	ML	37517	LH	FDCI	IM
37503	EW	FDCI	IM	37513	LH	FDCI	IM	37518	FM	LWCW	CD
37505	FT	LWCW	CD	37515	LH	FDCI	IM	37519	FM	FDCI	IM
37509	FT	LWCW	CD	37516	LH	FDCI	IM	37520	FM	LWCW	CD
								37521	EW	LNLK	CF

CLASS 37/6. European Passenger Services owned locomotives. Revised details:
Transmission: Electric. English Electric/Brush.   **Train Supply:** Not equipped (Electric through wired).
Weight: 106.10-107.30 t.   **Maximum speed:** 90 mph.
Train Brake: Air.   **Multiple Working:** TDM.

37601	FU	GPSV	OC	37605	FU	GPSV	OC	37609	FU	GPSV	OC
37602	FU	GPSV	OC	37606	FU	GPSV	OC	37610	FU	GPSV	OC
37603	FU	GPSV	OC	37607	FU	GPSV	OC	37611	FU	GPSV	OC
37604	FU	GPSV	OC	37608	FU	GPSV	OC	37612	FU	GPSV	OC

CLASS 37/5 (continued)

37667	EW	EWDB	SL	37677	F	FDCI	IM	37689	F	FDCI	IM
37668	EW	LNLK	CF	37678	F	EWDB	SL	37692	FC	LGBM	ML
37669	FT	LNLK	CF	37679	F	EWDB	SL	37693	FT	LGBM	ML
37670	FT	LNLK	CF	37680	FA	FDCI	IM	37694	EW	FDCI	IM
37671	FT	LNLK	CF	37682	EW	FDCI	IM	37695	EW	LWCW	CD
37672	FT	LNLK	CF	37683	FT	LGBM	ML	37696	FT	LNLK	CF
37673	FT	LNLK	CF	37684	EW	FDCI	IM	37697	EW	FDCI	IM
37674	FT	LNLK	CF	37685	IW	LGBM	ML	37698	LH	FDCI	IM
37675	FT	LGBM	ML	37686	FA	FDCI	IM	37699	FC	FDYX	ZC+
37676	F	EWDB	SL	37688	EW	FDCI	IM				

CLASS 37/7. Refurbished locomotives with ballast weights, regeared bogies & alternator replacing generator. Revised details:
Transmission: Electric. English Electric/Brush or GEC.
Weight: 120.00 t   **Train Brake:** Dual (* Air).

37701*	FT	LNCK	CF	37716	FM	FDCI	IM	37886	EW	FDCI	IM
37702	FT	LGBM	ML	37717	EW	FDCI	IM	37887	FT	LNCK	CF
37703	MG	EWDB	SL	37718	EW	FDCI	IM	37888	F	LNCK	CF
37704	EW	LNCK	CF	37719*	FP	FDCI	IM	37889	FT	LNCK	CF
37705	MG	EWDB	SL	37796	FC	LGBM	ML	37890*	MG	EWDB	SL
37706	EW	FDCI	IM	37797	FC	LGBM	ML	37891	MG	EWDB	SL
37707	EW	FDCI	IM	37798	MF	ENTN	TO	37892	MG	EWDB	SL
37708	FP	FDCI	IM	37799	FT	LGBM	ML	37893	EW	LGBM	ML
37709	MG	EWDB	SL	37800	MG	EWDB	SL	37894	FT	LNCK	CF
37710	LH	FDCI	IM	37801	EW	LGBM	ML	37895*	EW	LNCK	CF
37711	FM	FDCI	IM	37802	FT	LGBM	ML	37896	FT	LNCK	CF
37712*	FP	LGBM	ML	37803	MF	EWDB	SL	37897	FT	LNCK	CF
37713	LH	FDCI	IM	37883	EW	FDCI	IM	37898	FT	LNCK	CF
37714*	FM	LGBM	ML	37884	LH	FDCI	IM	37899	FC	LNCK	CF
37715*	MG	ENTN	TO	37885	EW	FDCI	IM				

CLASS 37/9. Refurbished locomotives with new power units, ballast weights & alternator replacing generator. Revised details: Engine:Mirrlees MB275T of 1340 kW (1800 hp) at 1000 rpm (37901-4) or Ruston RK270T of 1340 kW (1800 hp) at 900 rpm (37905-6).

LOCOMOTIVES

Transmission: Electric. English Electric/Brush or GEC.
Weight: 120.00 t.   **Train Brake:** Dual.

37901	FT	LNCK	CF	37903	FM	LNCK	CF	37905	FM	LCWX	CF+
37902	FM	LNCK	CF	37904	FM	LCWX	CF+	37906	FT	LCWX	CF+

CLASS 43   Bo-Bo

Built: 1976-82 by British Rail Engineering, Crewe.
Engine: Paxman Valenta 12RP200L of 1680 kW (2250 hp) at 1500 rpm († Paxman 12VP185 of 1680 kW (2250 hp)).
Transmission: Electric. Brush/GEC.
Weight: 70.00 († 69.70) t.   **Length overall:** 17.800 m.
Maximum Speed: 125 mph.   **Train Supply:** Three-Phase electric.
Train Brake: Air.   **Multiple Working:** Within class.

43002	IW	IWRP	PM	43051	IW	IMLP	NL	43100	IW	ICCS	EC
43003	GW	IWRP	PM	43052	IW	IMLP	NL	43101	IW	ICCP	LA
43004	IW	IWRP	PM	43053	IW	IMLP	NL	43102	IW	ICCP	LA
43005	GW	IWRP	PM	43054	IW	IMLP	NL	43103	IW	ICCP	LA
43006	IW	ICCP	LA	43055	IW	IMLP	NL	43104	IW	IECP	EC
43007	IW	ICCS	EC	43056	IW	IMLP	NL	43105	GN	IECP	NL
43008	IW	ICCP	LA+	43057	IW	IMLP	NL	43106	IW	IECP	NL
43009	IW	IWRP	PM	43058	MM	IMLP	NL	43107	GN	IECP	NL
43010	GW	IWRP	PM	43059†	MM	IMLP	NL	43108	IW	IECP	NL
43011	GW	IWRP	PM	43060	IW	IMLP	NL	43109	IW	IECP	NL
43012	GW	IWRP	PM	43061	IW	IMLP	NL	43110	IW	IECP	EC
43013	IW	ICCS	EC	43062	IW	ICCS	EC	43111	GN	IECP	EC
43014	IW	ICCS	EC	43063	XC	ICCS	EC	43112	IW	IECP	EC
43015	GW	IWRP	PM	43064	IW	IMLP	NL	43113	IW	IECP	EC
43016	IW	IWRP	PM	43065	IW	ICCS	EC	43114	GN	IECP	EC
43017	IW	IWRP	LA	43066	IW	IMLP	NL	43115	IW	IECP	EC
43018	GW	IWRP	LA	43067	IW	ICCS	EC	43116	GN	IECP	EC
43019	IW	IWRP	LA	43068	XC	ICCS	EC	43117	GN	IECP	EC
43020	IW	IWRP	LA	43069	IW	ICCS	EC	43118	GN	IECP	EC
43021	IW	IWRP	LA	43070	IW	ICCS	EC	43119	GN	IECP	EC
43022	IW	IWRP	LA	43071	IW	ICCS	EC	43120	GN	IECP	EC
43023	IW	IWRP	LA	43072	IW	IMLP	NL	43121	IW	ICCP	LA
43024	IW	IWRP	LA	43073	IW	IMLP	NL	43122	IW	ICCP	LA
43025	IW	IWRP	LA	43074†	IW	IMLP	NL	43123	IW	ICCS	EC
43026	IW	IWRP	LA	43075†	IW	IMLP	NL	43124	IW	IWRP	PM
43027	IW	IWRP	LA	43076	IW	IMLP	NL	43125	IW	IWRP	PM
43028	IW	IWCP	MA	43077	IW	IMLP	NL	43126	IW	IWRP	PM
43029	IW	IWCP	MA	43078	IW	ICCS	EC	43127	IW	IWRP	PM
43030	IW	IWRP	PM	43079	IW	ICCS	EC	43128	IW	IWRP	PM
43031	IW	IWRP	PM	43080	IW	ICCS	EC	43129	GW	IWRP	PM
43032	IW	IWRP	PM	43081	IW	IMLP	NL	43130	GW	IWRP	PM
43033	IW	IWRP	PM	43082	IW	IMLP	NL	43131	IW	IWRP	PM
43034	IW	IWRP	PM	43083	IW	IMLP	NL	43132	IW	IWRP	PM
43035	GW	IWRP	PM	43084	IW	ICCS	EC	43133	IW	IWRP	PM
43036	IW	IWRP	PM	43085	IW	IMLP	NL	43134	IW	IWRP	PM
43037	GW	IWRP	PM	43086	IW	ICCS	EC	43135	GW	IWRP	PM
43038	IW	IECP	NL	43087	IW	ICCP	LA	43136	GW	IWRP	PM
43039	IW	IECP	NL	43088	IW	ICCP	LA	43137	IW	IWRP	PM
43040	IW	IWRP	PM	43089	IW	ICCP	LA	43138	IW	IWRP	PM
43041	IW	IWCP	MA	43090	IW	ICCP	LA	43139	GW	IWRP	PM
43042	IW	IWCP	MA	43091	IW	ICCP	LA	43140	IW	IWRP	PM
43043	IW	IMLP	NL	43092	IW	ICCS	EC	43141	IW	IWRP	PM
43044	IW	IMLP	NL	43093	XC	ICCS	EC	43142	IW	IWRP	PM
43045	IW	IMLP	NL	43094	IW	ICCS	EC	43143	IW	IWRP	PM
43046	IW	IMLP	NL	43095	IW	IECP	NL	43144	IW	IWRP	PM
43047†	IW	IMLP	NL	43096	IW	IECP	NL	43145	GW	IWRP	PM
43048	IW	IMLP	NL	43097	IW	ICCS	EC	43146	IW	IWRP	PM
43049	MM	IMLP	NL	43098	IW	ICCS	EC	43147	IW	IWRP	PM
43050	IW	IMLP	NL	43099	IW	ICCS	EC	43148	IW	IWRP	PM

LOCOMOTIVES

43149	GW	IWRP	PM	43166	IW	IWCP	MA	43183	GW IWRP LA
43150	IW	IWRP	PM	43167†	IW	IECP	NL	43184	IW ICCS EC
43151	IW	IWRP	PM	43168†	GW	IWRP	LA	43185	GW IWRP LA
43152	IW	IWRP	PM	43169†	IW	IWRP	LA	43186	IW IWRP LA
43153	XC	ICCP	LA	43170†	IW	IWRP	LA	43187	GW IWRP LA
43154	IW	ICCP	LA	43171	IW	IWRP	LA	43188	GW IWRP LA
43155	IW	ICCP	LA	43172	IW	IWRP	LA	43189	GW IWRP LA
43156	IW	ICCP	LA	43173	IW	IWRP	LA	43190	IW IWRP LA
43157	IW	ICCP	LA	43174	IW	IWRP	LA	43191	GW IWRP LA
43158	IW	ICCP	LA	43175	IW	IWRP	LA	43192	IW IWRP LA
43159	IW	ICCP	LA	43176	IW	IWRP	LA	43193	IW ICCP LA
43160	IW	ICCP	LA	43177	IW	IWRP	LA	43194	IW ICCP LA
43161	IW	ICCP	LA	43178	IW	ICCP	LA	43195	IW ICCP LA
43162	IW	ICCP	LA	43179	GW	IWRP	LA	43196	IW ICCP LA
43163	IW	IWRP	LA	43180	IW	IMLP	NL	43197	IW ICCP LA
43164	IW	IWCP	MA	43181	IW	IWRP	LA	43198	IW ICCP LA
43165	IW	IWCP	MA	43182	IW	IWRP	LA		

CLASS 45   1-Co-Co-1

Built: 1960 by BR, Derby Locomotive.
Engine: Sulzer 12LDA28-B of 1860 kW (2500 hp).
Transmission: Electric. Crompton Parkinson.
Weight: 138.00 t.   **Length:** 20.700 m.
Train Brake: Dual.   **Multiple Working:** Not equipped.
Maximum Speed: 90 mph.   **Train Supply:** Steam.

45015   SB   ENZX   TO+

CLASS 46   1-Co-Co-1

Built: 1963 by BR, Derby Locomotive Works.
Engine: Sulzer 12LDA28-B of 1860 kW (2500 hp).
Transmission: Electric. Brush.
Weight: 138.10 t.   **Length:** 20.700 m.
Train Brake: Dual.   **Multiple Working:** Not equipped.
Maximum Speed: 90 mph.   **Train Supply:** Steam.
Note: TOPS number 89472. Previously 46035.

D172   GR   MBDL   CN

CLASS 47   Co-Co

Built: 1963-66 by Brush Traction, Loughborough or BR, Crewe.
Engine: Sulzer 12LDA28C of 1920 kW (2580 hp) at 750 rpm.
Transmission: Electric. Brush.
Weight: 111.50-120.60 t.   **Length:** 19.380 m.
Maximum Speed: 75 mph.   **Train Supply:** Not equipped.
Train Brake: Dual (*†§ Air).   **Multiple Working:** Not equipped (§ Green Circle; ‡ Blue Star).

Class 47/0 (*§ 47/2). Standard design. Details as above.

47004	GR	ENRN	TO	47102	SB	DAZX	TI+	47156§	FD DHLT BA+
47016	FO	ENRN	TO	47108	SB	ENZX	OC+	47157*	FL DHLT CD+
47019	FO	DHLT	EH+	47112	FO	ENZX	OC+	47186§	FE DAET TI
47033§	FE	DAET	TI	47114§	F	DFLM	CD	47187	F DHLT BL+
47049§	FE	DAET	TI	47121	SB	ENXX	OC+	47188§	FE DAET TI
47051§	FE	DAET	TI	47125§	FE	DAET	TI	47190	FP DAZX TI+
47052*	FL	DFLR	CD	47142	FR	DHLT	CD	47193	FP LCWX BS+
47053§	FE	DAET	TI	47144§	FD	DAXT	TI+	47194§	FD DAET TI
47060*	F	DFLT	CD	47145§	SP	DAET	TI	47197	F DFLT CD
47079	DU	DFLT	CD	47146§	FE	DAET	TI	47200§	FE DAET TI
47085§	FE	DAET	TI	47147	F	DFLT	CD+	47201§	FE DAET TI
47095§	FE	DAET	TI	47150	DU	DAET	TI	47204§	F DFLM CD
47096	SB	DAZX	TI+	47152§	FL	DFLM	CD	47205§	FL DFLM CD

LOCOMOTIVES

47206*	FL	DFLR	CD	47229§	FE	DAET	TI	47283*	F	DFLT	CD
47207	DU	DFLT	CD	47231*	F	DFLT	CD	47284§	FD	DAET	TI
47209§	FL	DFLR	CD	47234§	FD	DFLM	CD	47285§	FE	DAET	TI
47210§	FD	DAET	TI	47236§	FE	DAET	TI	47286§	FE	DAET	TI
47211§	FD	DAET	TI	47237§	FE	DAET	TI	47287§	FE	DAET	TI
47212	FL	DFLR	CD	47238	FD	LCXX	BS+	47289*	FL	DFLT	CD
47213§	FD	DAET	TI	47241§	FE	DAET	TI	47290§	FL	DFLR	CD
47214	FD	DAZX	TI+	47245§	FE	DAET	TI	47291§	FD	DAYX	TI+
47217§	FE	DAET	TI	47249	FR	DAZX	TI+	47292§	FD	DFLM	CD
47218§	FE	DAET	TI	47256	FD	FDYX	DR+	47293§	FE	DAET	TI
47219§	FE	DAET	TI	47258§	FE	DAET	TI	47294*	FD	FDYX	TO+
47221	FP	FDYX	IM+	47270*	FL	DFLT	CD	47295	FP	LCWX	BS+
47222§	FD	DAYX	TI+	47276§	F	DAET	TI	47296	FL	DFLR	CD
47223	F	ENXX	BA+	47277	FD	FDYX	IM+	47297§	FE	DAET	TI
47224	FP	FDRI	IM	47278	FP	ENXX	SP+	47298§	FD	DAET	TI
47225*	FL	DFLR	CD	47279	FL	DHLT	TO+	47299§	FE	DAET	TI
47226§	FD	DAET	TI	47280§	FD	DAET	TI				
47228§	FE	DAET	TI	47281§	FD	DAET	TI				

CLASS 47/3 (* 47/2). No train supply facility. Revised details:
Weight: 113.70 t.

47300	CE	LCWX	BS+	47328§	FD	DAET	TI	47355§	FD	DAET	TI
47301	FL	DFLR	CD	47329	CE	LCWX	BS+	47356	FO	DHLT	EH+
47302*	SP	DFLT	CD	47330§	FD	DAET	TI	47357	CE	LCXX	BS+
47303§	SP	DFLM	CD	47331	CE	FDRI	IM	47358*	FL	DFLT	CD
47304§	FD	DAET	TI	47332	CE	LCWX	BS+	47359	FD	FDYX	DR+
47305*	FL	DFLR	CD	47333	CE	LCWX	TO+	47360§	FE	DAET	TI
47306§	FE	DAET	TI	47334	CE	LCWX	BS+	47361§	FL	DFLM	CD
47307§	FE	DAET	TI	47335§	FD	DAET	TI	47362§	FD	DAET	TI
47308	CE	LCWX	BS+	47337§	FL	DFLR	CD	47363§	F	DAET	TI
47309§	FD	DAET	TI	47338§	FE	DAET	TI	47365§	FE	DAET	TI
47310§	FE	DAET	TI	47339	FL	DFLR	CD	47366	CE	ENXX	SP+
47312§	FE	DAET	TI	47340	CE	DHLT	ZC+	47367	FR	DHLT	BA+
47313§	FD	DAET	TI	47341	CE	LCWX	TO+	47368	F	ENXX	SF+
47314§	FD	DAET	TI	47344§	FE	DAET	TI	47369	FD	FDYX	DR+
47315	CE	ENRN	TO	47345	FL	DFLR	CD	47370	FL	DFLR	CD
47316§	FE	DAXT	TI+	47346	CE	FDYX	DR+	47371	FL	DFLR	CD
47317	F	DFLT	CD	47347*	F	DHLT	BA+	47372	CE	LCWX	BS+
47318	FO	LCXX	BS+	47348§	FE	DAET	TI	47375§	FE	DAET	TI
47319	FP	FDYX	IM+	47349	FL	DFLT	CD	47376	FL	DFLR	CD
47321	F	DAZX	TI+	47350	FO	DFLT	CD+	47377*	F	DFLR	CD
47322	FR	DHLT	BA+	47351§	FE	DAET	TI	47378§	FD	DAET	TI
47323§	FE	DFLR	CD	47352	CE	FDYX	FH+	47379§	F	DAET	TI
47325	FO	DAZX	TI+	47353	CE	LCWX	BS+				
47326§	FE	DAET	TI	47354*	FL	DFLR	CD				

CLASS 47/4. Electric Train Supply. Revised details:
Weight: 120.40-125.10 t.
Maximum Speed: 95 (††ø75) mph.   **Train Supply:** Electric (index 66) (47981 not equipped).

47421	SB	PXXA	ZC+	47457	BL	ENZX	OC+	47485	BL	PXXA	ZC+
47423	SB	ENZX	OC+	47462	PR	ENXX	TO+	47489†	PR	LWRC	CD
47425	SB	ENZX	OC+	47465	BL	ENZX	OC+	47492	PE	PXLC	CD
47426	BL	ENZX	OC+	47466	BL	PXXA	ZC+	47501ø	PR	LWRC	CD
47430	FA	ENZX	OC+	47467	BL	PXLC	CD	47513	SP	PXLD	BA+
47431	BL	ENZX	OC+	47471	IC	PXXA	BA+	47515	ML	PXXA	BA+
47438	BL	ENZX	OC+	47472	SB	ENZX	OC+	47519ø	GR	LWRC	CD
47439	BL	PXXA	ZC+	47473ø	BL	DHLT	ZC+	47520†	IW	LWRC	CD
47440	BL	ENZX	OC+	47474	PR	PXXA	BA+	47522ø	PR	FDRI	IM
47441	BL	ENZX	OC+	47475ø	PE	LWRC	CD	47523†	ML	LWRC	CD
47442	BL	PXXA	ZC+	47476ø	PR	FDRI	IM	47524	PE	PXLD	BA+
47446	BL	ENZX	OC+	47478ø	SB	LCWX	BS+	47525ø	FE	DAET	TI
47452	BL	ENZX	OC+	47481	BL	PXXA	BA+	47526	BL	ENXX	SF+
47453	BL	ENZX	OC+	47484ø	SP	ENXX	OC+	47528ø	ML	LWRC	CD

LOCOMOTIVES

47530	PE	PXLD	BA+	47550ø	ML	FDYX	IM+	47596	PE PXLC CD
47532	PE	PXLD	BA+	47555ø	FE	DAYX	BL+	47624	PE PXLC CD
47535ø	PE	LWRC	CD	47565	PE	PXLC	CD	47627	PE PXLC CD
47536	PE	PXLD	BA+	47566	PE	PXLD	BA+	47628*	PE PXLC CD
47538	BL	PXXA	ZC+	47572	PR	PXLC	CD	47634	PR PXLC CD
47539*	PE	PXXA	BA+	47574ø	PR	FDYX	IM+	47635	PR PXLC CD
47540‡	CE	DAET	TI	47575	PR	PXLC	CD	47640*	PR PXLC CD
47543ø	PR	FDRI	IM	47576	PE	PXLD	BA+		
47547*	NW	PXXA	CD+	47584	PE	PXLC	CD		

CLASS 47/6. Enhanced Electric Train Supply. Revised details:
Maximum Speed: 75 mph.　　　**Train Supply:** Electric (index 75).

47676	IW	FDYX	DR+	47677	IW	FDYX	DR+

(Class continued with 47802)

CLASS 47/7. Push & Pull fitted (RCH system). Revised details:
Maximum Speed: 95 mph.　　　**Train Supply:** Electric (index 66).

47702	F	ENRN	TO	47711	NW	ENXX	SF+	47716	PE PXLD BA+
47704*	PE	LWRC	CD	47712	WR	PWLO	CD	47717	PR PXXA CD+
47707	PE	PXXA	CD+	47714	PE	PXXA	BA+		
47710	WR	PWLO	CD	47715*	NW	PXLD	BA+		

CLASS 47/7. TDM Equipment. Revised details:
Weight: 120.40-125.10 t.　　　**Multiple Working:** TDM.
Maximum Speed: 95 mph.　　　**Train Supply:** Electric (index 66).

47721*	PE	PXLB	CD	47756	PE	PXLB	CD	47776	PE	PXLB	CD
47722*	PE	PXLB	CD	47757*	PE	PXLB	CD	47777	PE	PXLB	CD
47725*	PE	PXLB	CD	47758*	PE	PXLB	CD	47778	PE	PXLB	CD
47726*	PE	PXLB	CD	47759*	PE	PXLB	CD	47779*	PE	PXLB	CD
47727*	PE	PXLB	CD	47760*	PE	PXLB	CD	47780*	PE	PXLB	CD
47732	PE	PXLB	CD	47761*	PE	PXLB	CD	47781*	PE	PXLB	CD
47733*	PE	PXLB	CD	47762	PE	PXLB	CD	47782*	PE	PXLB	CD
47734*	PE	PXLB	CD	47763*	PE	PXLB	CD	47783*	PE	PXLB	CD
47736*	PE	PXLB	CD	47764*	PE	PXLB	CD	47784*	PE	PXLB	CD
47737*	PE	PXLB	CD	47765	PE	PXLB	CD	47785*	PE	PXLB	CD
47738*	PE	PXLB	CD	47766	PE	PXLB	CD	47786*	PE	PXLB	CD
47739*	PE	PXLB	CD	47767	PE	PXLB	CD	47787*	PE	PXLB	CD
47741*	PE	PXLB	CD	47768	PE	PXLB	CD	47788*	PE	PXLB	CD
47742*	PE	PXLB	CD	47769*	PE	PXLB	CD	47789*	PE	PXLB	CD
47744*	PE	PXLB	CD	47770*	PE	PXLB	CD	47790*	PE	PXLB	CD
47745	PE	PXLB	CD	47771*	PE	PXLB	CD	47791*	PE	PXLB	CD
47746*	PE	PXLB	CD	47772	PE	PXLB	CD	47792*	PE	PXLB	CD
47747*	PE	PXLB	CD	47773	PE	PXLB	CD	47793*	PE	PXLB	CD
47749*	PE	PXLB	CD	47774	PE	PXLB	CD	47798*	QP	PXLP	CD
47750*	PE	PXLB	CD	47775*	PE	PXLB	CD	47799*	QP	PXLP	CD

CLASS 47/4 continued.

47802*	IW	ENXX	SF+	47822*	IW	ILRA	CD	47845*	IW	IWLX	LA
47803*	SP	ENXX	SF+	47825*	IW	ILRA	CD	47846*	SP	IWLA	LA
47805*	IW	ILRA	CD	47826*	IW	ILRA	CD	47847*	IW	ILRA	CD
47806*	IW	ILRA	CD	47827*	IW	ILRA	CD	47848*	IW	ILRA	CD
47807*	PB	ILRB	CD	47828*	IW	ILRA	CD	47849*	IW	ILRA	CD
47810*	IW	ILRA	CD	47829*	IW	ILRA	CD	47850*	IW	SBXL	ZC+
47811*	IW	IWLX	LA	47830*	IW	SBXL	LE+	47851*	IW	ILRA	CD
47812*	IW	ILRA	CD	47831*	IW	ILRA	CD	47853*	IW	ILRA	CD
47813*	IW	IWLX	LA	47832*	IW	IWLA	LA	47854*	IW	ILRA	CD
47814*	XC	ILRA	CD	47839*	IW	ILRA	CD	47971‡	BL	PXLK	CD
47815*	IW	IWLA	LA	47840*	IW	ILRA	CD	47972†	SP	LWRC	CD
47816*	IW	IWLA	LA	47841*	IW	ILRA	CD	47973ø	ML	PXXA	ZC+
47817*	PB	ILRB	CD	47843*	IW	ILRA	CD	47976‡	CE	PXLK	CD
47818*	IW	ILRA	CD	47844*	IW	ILRA	CD	47981ø	CE	FDRI	IM

CLASS 55　　　　　　　　　　　　　　　　　　　　Co-Co

Built: 1961 by English Electric, Newton le Willows.
Engines: Two Napier Deltic T18-25 of 1230 kW (1650 hp) each at 1500 rpm.

LOCOMOTIVES

Transmission: Electric. English Electric.
Weight: 105.00 t.
Maximum Speed: 90 mph.
Train Brake: Dual.
Note: TOPS number 89500. Previously numbered 55022.

Length: 17.650 m.
Train Supply: Steam and electric (ETS index 66).
Multiple Working: Not equipped.

D9000   GR   MBDL   BN

CLASS 56   Co-Co

Built: 1977-84 by Electroputere, Romania, British Rail Engineering, Doncaster or British Rail Engineering, Crewe.
Engine: Ruston Paxman 16RK3CT of 2460 kW (3250 hp) at 900 rpm.
Transmission: Electric. Brush
Weight: 125.20 t.
Maximum Speed: 80 mph.
Train Brake: Air.

Length: 19.355 m.
Train Supply: Not equipped.
Multiple Working: Red Diamond.

56001	FA	LCYX	CF+	56052	FT	LNBK	CF	56095	F	FDBI	IM
56003	LH	FDBI	IM	56053	FT	LNBK	CF	56096	EW	FDBI	IM
56004	SB	FDBI	IM	56054	FT	FDBI	IM	56097	FM	FDBI	IM
56006	LH	FDBI	IM	56055	LH	FDBI	IM	56098	F	FDBI	IM
56007	FT	FDBI	IM	56056	FT	LGAM	ML	56099	FT	FDBI	IM
56008	SB	FDYX	IM+	56057	EW	LGAM	ML	56100	LH	FDBI	IM
56010	FT	LNBK	CF	56058	EW	LGAM	ML	56101	FT	FDBI	IM
56011	F	FDYX	TO+	56059	EW	FDBI	IM	56102	LH	FDBI	IM
56012	FC	FDYX	IM+	56060	FT	LCWX	CF+	56103	FT	LNBK	CF
56013	FC	ENZX	TO+	56061	FM	FDBI	IM	56104	FC	LGAM	ML
56014	FC	FDYX	IM+	56062	F	FDBI	IM	56105	EW	FDBI	IM
56016	FC	LCYX	CF+	56063	F	FDBI	IM	56106	LH	FDBI	IM
56018	FT	LNBK	CF	56064	FT	LNBK	CF	56107	LH	FDBI	IM
56019	FR	LCWX	SP+	56065	FM	FDBI	IM	56108	F	FDBI	IM
56020	SB	LCWX	ZF+	56066	FT	FDBI	IM	56109	LH	FDBI	IM
56021	LH	FDBI	IM	56067	EW	FDBI	IM	56110	LH	FDBI	IM
56022	FT	FDBI	IM	56068	U	FDBI	IM	56111	LH	FDBI	IM
56023	FC	ENZX	TO+	56069	FM	FDBI	IM	56112	LH	FDBI	IM
56025	FT	FDBI	IM	56070	FT	FDBI	IM	56113	FT	LNBK	CF
56027	LH	FDBI	IM	56071	FT	FDBI	IM	56114	EW	FDBI	IM
56028	FC	LCWX	MW+	56072	FT	LGAM	ML	56115	FT	LNBK	CF
56029	FT	FDBI	IM	56073	FT	LNBK	CF	56116	LH	FDBI	IM
56030	FC	LCWX	MW+	56074	LH	FDBI	IM	56117	EW	FDBI	IM
56031	CE	FDBI	IM	56075	F	FDBI	IM	56118	LH	FDBI	IM
56032	FM	LNBK	CF	56076	FT	LNBK	CF	56119	FT	LNBK	CF
56033	FT	FDBI	IM	56077	LH	FDBI	IM	56120	EW	FDBI	IM
56034	LH	FDBI	IM	56078	F	FDBI	IM	56121	FT	LNBK	CF
56035	LH	FDBI	IM	56079	FT	LGAM	ML	56122	FC	ENZX	TO+
56036	CT	FDBI	IM	56080	F	FDBI	IM	56123	FT	LGAM	ML
56037	FT	FDBI	IM	56081	F	FDBI	IM	56124	FT	LGAM	ML
56038	FT	FDBI	IM	56082	F	FDBI	IM	56125	FT	FDBI	IM
56039	LH	FDBI	IM	56083	LH	FDBI	IM	56126	FC	FDBI	IM
56040	FT	LNBK	CF	56084	LH	FDBI	IM	56127	FT	FDBI	IM
56041	EW	FDBI	IM	56085	LH	FDBI	IM	56128	FC	LGAM	ML
56043	F	FDBI	IM	56086	FT	FDBI	IM	56129	FT	LGAM	ML
56044	FT	LNBK	CF	56087	FM	FDBI	IM	56130	LH	FDBI	IM
56045	LH	FDBI	IM	56088	EW	FDBI	IM	56131	F	FDBI	IM
56046	CE	FDBI	IM	56089	EW	FDBI	IM	56132	FT	FDBI	IM
56047	CT	FDBI	IM	56090	LH	FDBI	IM	56133	FT	FDBI	IM
56048	CE	FDBI	IM	56091	F	FDBI	IM	56134	FC	FDBI	IM
56049	CT	FDBI	IM	56092	FT	FDBI	IM	56135	F	FDBI	IM
56050	LH	FDBI	IM	56093	FT	FDBI	IM				
56051	EW	FDBI	IM	56094	FC	FDBI	IM				

CLASS 58   Co-Co

Built: 1983-86 by BREL, Doncaster.
Engine: Ruston Paxman RK3ACT of 2460 kW (3300 hp) at 1000 rpm.

LOCOMOTIVES

Transmission: Electric. Brush.
Weight: 130.00 t.
Maximum Speed: 80 mph.
Train Brake: Air.
Length: 19.130 m.
Train Supply: Not equipped.
Multiple Working: Red Diamond.

58001	MG	ENBN	TO	58018	MG	ENBN	TO	58035	MG ENBN TO
58002	MF	ENBN	TO	58019	MG	ENBN	TO	58036	MF ENBN TO
58003	MG	ENBN	TO	58020	MG	ENBN	TO	58037	EW ENBN TO
58004	MG	ENBN	TO	58021	MF	ENBN	TO	58038	MF ENBN TO
58005	M	ENBN	TO	58022	MG	ENBN	TO	58039	EW ENBN TO
58006	F	ENBN	TO	58023	MF	ENBN	TO	58040	MG ENBN TO
58007	MG	ENBN	TO	58024	EW	ENBN	TO	58041	MG ENBN TO
58008	MF	ENBN	TO	58025	MG	ENBN	TO	58042	MF ENBN TO
58009	MG	ENBN	TO	58026	MG	ENBN	TO	58043	MG ENBN TO
58010	MG	ENBN	TO	58027	MG	ENBN	TO	58044	MG ENBN TO
58011	MG	ENBN	TO	58028	MG	ENBN	TO	58045	MG ENBN TO
58012	MG	ENBN	TO	58029	MG	ENBN	TO	58046	MF ENBN TO
58013	M	ENBN	TO	58030	MG	ENBN	TO	58047	MG ENBN TO
58014	MF	ENBN	TO	58031	MG	ENBN	TO	58048	EW ENBN TO
58015	MG	ENBN	TO	58032	MF	ENBN	TO	58049	EW ENBN TO
58016	EW	ENBN	TO	58033	EW	ENBN	TO	58050	MF ENBN TO
58017	MG	ENBN	TO	58034	MG	ENBN	TO		

CLASS 59   Co-Co

Built: 1985-89 by General Motors, USA.
Engine: General Motors 645E3C two stroke of 2460 kW (3300 hp) at 900 rpm.
Transmission: Electric. General Motors.
Weight: 126.00 t.
Maximum Speed: 60 mph.
Train Brake: Air.
Length: 21.35 m.
Train Supply: Not equipped.
Multiple Working: Within class.
Note: 59003 is expected to visit Germany during 1997.

CLASS 59/0. Foster Yeoman owned locomotives.

59001	FY	XYPO	MD	59003	SP	XYPO	MD	59005	FY	XYPO	MD
59002	FY	XYPO	MD	59004	FY	XYPO	MD				

CLASS 59/1. ARC owned locomotives. Revised details:
Built: 1990 by General Motors, Canada.

59101	AR	XYPA	MD	59103	AR	XYPA	MD	59104	AR	XYPA	MD
59102	AR	XYPA	MD								

CLASS 59/2. National Power owned locomotives. Revised details:
Built: 1993 (59201) or 1995 (59202-06) by General Motors, Canada.   **Maximum Speed:** 75 mph.

59201	NP	XYPN	FB	59203	NP	XYPN	FB	59205	NP	XYPN	FB
59202	NP	XYPN	FB	59204	NP	XYPN	FB	59206	NP	XYPN	FB

CLASS 60   Co-Co

Built: 1990-93 by Brush Traction, Loughborough.
Engine: Mirrlees 8MB275T of 2310 kW (3100 hp) at 1000 rpm.
Transmission: Electric. Brush.
Weight: 129.00 t.
Maximum Speed: 60 mph.
Train Brake: Air.
Length: 21.34 m.
Train Supply: Not equipped.
Multiple Working: Within class.

60001	MG	ENAN	TO	60012	EW	ENAN	TO	60023	FM	FDAI	IM
60002	EW	FDAI	IM	60013	FP	ENAN	TO	60024	EW	FDAI	IM
60003	FP	FDAI	IM	60014	FP	ENAN	TO	60025	LH	FDAI	IM
60004	EW	FDAI	IM	60015	FT	LNAK	CF	60026	EW	FDAI	IM
60005	FT	ENAN	TO	60016	FA	LNAK	CF	60027	EW	FDAI	IM
60006	MG	ENAN	TO	60017	EW	LNAK	CF	60028	FP	FDAI	IM
60007	LH	FDAI	IM	60018	MG	ENAN	TO	60029	FT	ENAN	TO
60008	LH	FDAI	IM	60019	EW	ENAN	TO	60030	FM	FDAI	IM
60009	FM	LNAK	CF	60020	EW	FDAI	IM	60031	FM	FDAI	IM
60010	EW	ENAN	TO	60021	FM	FDAI	IM	60032	FT	ENAN	TO
60011	MF	ENAN	TO	60022	U	ENAN	TO	60033	FT	LNAK	CF

LOCOMOTIVES

60034	FT	LNAK	CF	60057	FC	ENAN	TO	60080	FT	LNAK	CF
60035	FT	LNAK	CF	60058	FT	ENAN	TO	60081	FT	LNAK	CF
60036	FT	LNAK	CF	60059	LH	FDAI	IM	60082	FT	LNAK	CF
60037	FT	LNAK	CF	60060	FC	ENAN	TO	60083	MG	ENAN	TO
60038	LH	FDAI	IM	60061	FT	ENAN	TO	60084	FT	LNAK	CF
60039	MG	ENAN	TO	60062	FT	LNAK	CF	60085	FT	ENAN	TO
60040	EW	ENAN	TO	60063	FT	LNAK	CF	60086	MG	ENAN	TO
60041	EW	LNAK	CF	60064	LG	FDAI	IM	60087	MG	ENAN	TO
60042	EW	ENAN	TO	60065	FT	ENAN	TO	60088	MG	ENAN	TO
60043	MG	ENAN	TO	60066	FT	ENAN	TO	60089	FT	LNAK	CF
60044	MF	ENAN	TO	60067	F	FDAI	IM	60090	FC	FDAI	IM
60045	FT	ENAN	TO	60068	F	FDAI	IM	60091	FC	FDAI	IM
60046	FT	ENAN	TO	60069	F	FDAI	IM	60092	FT	ENAN	TO
60047	EW	ENAN	TO	60070	LG	FDAI	IM	60093	FT	LNAK	CF
60048	MG	ENAN	TO	60071	MG	ENAN	TO	60094	MG	ENAN	TO
60049	EW	FDAI	IM	60072	MG	ENAN	TO	60095	F	ENAN	TO
60050	EW	FDAI	IM	60073	MG	ENAN	TO	60096	FT	LNAK	CF
60051	FP	FDAI	IM	60074	MG	ENAN	TO	60097	FT	ENAN	TO
60052	EW	FDAI	IM	60075	MG	ENAN	TO	60098	EW	ENAN	TO
60053	EW	FDAI	IM	60076	FM	ENAN	TO	60099	MG	ENAN	TO
60054	FP	FDAI	IM	60077	MG	ENAN	TO	60100	MG	ENAN	TO
60055	FT	ENAN	TO	60078	MF	ENAN	TO				
60056	FT	ENAN	TO	60079	MG	ENAN	TO				

D.C. ELECTRIC LOCOMOTIVE

Supply System: 660-850 V dc from third rail.

CLASS 71   Bo-Bo

Built: 1959 by BR, Doncaster.
Continuous Rating: 1716 kW (2300 hp) at 69.6 mph.   **Electrical Equipment:** English Electric.
Weight: 77.00 t.   **Length:** 15.418 m.
Maximum Speed: 90 mph.   **Train Supply:** Electric.
Train Brake: Dual.   **Multiple Working:** Not equipped.
Note: TOPS number 89403. Previously 71001.

E5001   GR   MBEL   SE

ELECTRO-DIESEL LOCOMOTIVES

Supply System: 660-850 V dc from third rail.

CLASS 73   Bo-Bo

Built: 1962 by BR, Eastleigh.
Engine: English Electric 4SRKT of 447 kW (600 hp) at 850 rpm.
Transmission: Electric. English Electric.
Continuous Rating (electric): 1060 kW (1420 hp).   **Electrical Equipment:** English Electric.
Weight: 76.30 t.   **Length:** 16.358 m.
Maximum Speed: 60 mph.   **Train Supply:** Electric (on electric power only, index 66).
Train Brake: Dual & Electro-Pneumatic.   **Multiple Working:** Blue Star & SR type.

CLASS 73/0. First build. Details as above.
73002   BL   HEBD   HR+   73005   SP   HEBD   BD

CLASS 73/1. Later build. Revised details:
Built: 1965-67 by English Electric, Newton le Willows.
Maximum Speed: 60 († 90) mph.   **Weight:** 76.80 t.

| 73101† | P | EWEB | EH | 73104 | IC | EWEB | EH | 73106 | GG | EWEB | EH |
| 73103 | IC | EWEB | EH | 73105 | CE | EWEB | EH | 73107† | CE | EWEB | EH |

LOCOMOTIVES

73108	EW	EWEB	EH	73126	NW	ENXX	SL+	73134	IC	EWEB	EH
73109†	SW	HYSB	BM	73128	EW	EWRB	EH	73136	MF	EWEB	EH
73110	CE	EWEB	EH	73129†	NW	EWEB	EH	73138	CE	EWEB	EH
73114†	MF	EWEB	EH	73130*	FU	GPSN	SL	73139	IC	EWRB	EH
73117	IC	EWEB	EH	73131	EW	EWRB	EH	73140	IC	EWRB	EH
73118*	FU	GPSN	SL	73132	IC	EWRB	EH	73141	IC	EWRB	EH
73119†	CE	EWEB	EH	73133	MF	EWEB	EH				

CLASS 73/2. Gatwick Express Railway locomotives. Vacuum brakes isolated. Revised details:
Maximum Speed: 90 mph. **Train Brake:** Air & Electro-Pneumatic.

73201	GE	IVGA	SL	73206	GE	IVGA	SL	73211	GE	IVGA	SL
73202	GE	IVGA	SL	73207	GE	IVGA	SL	73212	GE	IVGA	SL
73203	GE	IVGA	SL	73208	GE	IVGA	SL	73213	GE	IVGA	SL
73204	GE	IVGA	SL	73209	GE	IVGA	SL	73235	GE	IVGA	SL
73205	GE	IVGA	SL	73210	GE	IVGA	SL				

CLASS 73/9. Merseyrail Electrics service locomotives. Details as Class 73/0.

73901	MD	HEBD	BD	73906	MD	HEBD	BD

A.C. ELECTRIC LOCOMOTIVES

Supply System: 25 kV ac 50 Hz from overhead equipment.

CLASS 86 — Bo-Bo

Built: 1965-66 by English Electric, Newton le Willows or BR, Doncaster.
Electrical Equipment: AEI. **Continuous Rating:** 3010 kW (4040 hp)
Weight: 85.00-86.20 t. **Length:** 17.831 m.
Maximum Speed: 100 mph. **Train Supply:** Electric (index 74).
Train Brake: Dual (*Air). **Multiple Working:** TDM.

CLASS 86/1. Class 87 type bogies and motors. Revised details:
Continuous Rating: 3730 kW (5000 hp).
Weight: 86.80 t. **Maximum Speed:** 110 mph.

86101*	IW	IWPA	WN	86102*	IW	IWPA	WN	86103	IW	SAXL	WB+

CLASS 86/2. Standard design. Details as in class heading.

86204*	IW	IANA	NC	86224*	IW	IWPA	WN	86243	PE	PXLE	CE
86205*	IW	ICCA	LG	86225*	IW	IWPA	WN	86244*	IW	ICCA	LG
86206*	IW	ICCA	LG	86226*	IW	ICCA	LG	86245*	IW	IWPA	WN
86207*	IW	IWPA	WN	86227*	IW	ICCA	LG	86246*	IW	IANA	NC
86208*	IW	PXLE	CE	86228*	IW	ICCA	LG	86247*	IW	ICCA	LG
86209*	IW	IWPA	WN	86229*	IW	ICCA	LG	86248*	IW	IWPA	WN
86210	PE	PXLE	CE	86230*	IW	IANA	NC	86249*	IW	SAXH	WB+
86212*	XC	ICCA	LG	86231*	IW	IWPA	WN	86250*	IW	IANA	NC
86213*	IW	IANA	NC	86232*	IW	IANA	NC	86251*	IW	IWPA	WN
86214*	IW	ICCA	LG	86233*	IW	ICCA	LG	86252*	IW	ICCA	LG
86215*	IW	IANA	NC	86234*	IW	ICCA	LG	86253*	IW	IWPA	WN
86216*	IW	ICCA	LG	86235*	IW	IANA	NC	86254	PE	PXLE	CE
86217*	IW	IANA	NC	86236*	IW	IWPA	WN	86255*	IW	ICCA	LG
86218*	IW	IANA	NC	86237*	IW	IANA	NC	86256*	IW	IWPA	WN
86219*	IW	SAXH	ZH+	86238*	IW	IANA	NC	86257*	IW	IANA	NC+
86220*	IW	IANA	NC	86239	PE	PXXA	CE+	86258*	IW	IWPA	WN
86221*	IW	IANA	NC	86240*	IW	IWPA	WN	86259*	IW	ICCA	LG
86222*	IW	ICCA	LG	86241*	PE	PXLE	CE	86260*	IW	ICCA	LG
86223*	IW	IANA	NC	86242*	IW	IWPA	WN	86261	PE	PXLE	CE

CLASS 86/4. Rail Express Systems locomotives. Revised details:
Continuous Rating: 2680 kW (3600 hp). **Weight:** 83.00-83.90 t.

86401*	PE	PXLE	CE	86419	PE	PXLE	CE	86426	PE	PXLE	CE
86416	PE	PXLE	CE	86424	PE	PXLE	CE	86430	PE	PXLE	CE
86417	PE	PXLE	CE	86425	PE	PXLE	CE				

LOCOMOTIVES

CLASS 86/6. Freightliner locomotives. Electric Train Supply jumpers removed. Revised details:
Continuous Rating: 2680 kW (3600 hp). **Train Brake:** Air.
Maximum Speed: 75 mph. **Train Supply:** Electric (not operable).

86602	F	DFNC	CE	86612	FL	DFNC	CE	86628	FL	DFNC	CE
86603	FE	DFNC	CE	86613	F	DFNC	CE	86631	F	DFNC	CE
86604	FL	DFNC	CE	86614	FL	DFNC	CE	86632	F	DFNC	CE
86605	FL	DFNC	CE	86615	F	DFNC	CE	86633	F	DFNC	CE
86606	FL	DFNC	CE	86618	FL	DFNC	CE	86634	F	DFNC	CE
86607	FD	DFNC	CE	86620	F	DFNC	CE	86635	F	DFNC	CE
86608	DU	DFNC	CE	86621	F	DFNC	CE	86636	F	DFNC	CE
86609	F	DFNC	CE	86622	DU	DFNC	CE	86637	FL	DFNC	CE
86610	FD	DFNC	CE	86623	FL	DFNC	CE	86638	F	DFNC	CE
86611	FL	DFNC	CE	86627	F	DFNC	CE	86639	F	DFNC	CE

CLASS 87   Bo-Bo

Built: 1973-75 by British Rail Engineering, Crewe.
Electrical Equipment: GEC. **Continuous Rating:** 3730 kW (5000 hp).
Weight: 83.30 t. **Length:** 17.831 m.
Maximum Speed: 110 mph. **Train Supply:** Electric (index 95 or ‡66).
Train Brake: Air. **Multiple Working:** TDM.

CLASS 87/0. Standard design. Details as above.

87001	IW	IWCA	WN	87013	IW	IWCA	WN	87025	IW	IWCA	WN
87002	IW	IWCA	WN	87014	IW	IWCA	WN	87026	IW	IWCA	WN
87003	IW	IWCA	WN	87015	IW	IWCA	WN	87027	IW	IWCA	WN
87004	IW	IWCA	WN	87016	IW	IWCA	WN	87028	IW	IWCA	WN
87005	IW	IWCA	WN	87017	IW	IWCA	WN	87029‡	IW	IWCA	WN
87006	IW	IWCA	WN	87018	IW	IWCA	WN	87030	IW	IWCA	WN
87007	IW	IWCA	WN	87019	IW	IWCA	WN	87031	IW	IWCA	WN
87008	IW	IWCA	WN	87020	IW	IWCA	WN	87032	IW	IWCA	WN
87009‡	IW	IWCA	WN	87021	IW	IWCA	WN	87033	IW	IWCA	WN
87010	IW	IWCA	WN	87022	IW	IWCA	WN	87034	IW	IWCA	WN
87011	IW	IWCA	WN	87023	IW	IWCA	WN	87035	IW	IWCA	WN
87012	IW	IWCA	WN	87024	IW	IWCA	WN				

CLASS 87/1. Thyristor Control. Revised details:
Continuous Rating: 3620 kW (4850 hp). **Maximum Speed:** 75 mph.

87101 SB DAMC CE

CLASS 89   Bo-Bo

Built: 1986 by BREL, Crewe.
Electrical Equipment: Brush. **Continuous Rating:** 4350 kW (5850 hp) at 91.8 mph.
Weight: 102.25 t. **Length:** 19.798 m.
Maximum Speed: 125 mph. **Train Supply:** Electric (index 95).
Train Brake: Air. **Multiple Working:** TDM.

89001 GN IECA BN

CLASS 90   Bo-Bo

Built: 1987-90 by BREL, Crewe.
Electrical Equipment: GEC. **Continuous Rating:** 3730 kW (5000 hp).
Weight: 84.50 t. **Length:** 18.800 m.
Maximum Speed: 110 mph. **Train Supply:** Electric (index 95).
Train Brake: Air. **Multiple Working:** TDM.

CLASS 90/0. Standard design. Details as above.

90001	IW	IWCA	WN	90007	IW	IWCA	WN	90013	IW	IWCA	WN
90002	IW	IWCA	WN	90008	IW	IWCA	WN	90014	IW	IWCA	WN
90003	IW	IWCA	WN	90009	IW	IWCA	WN	90015	IW	IWCA	WN
90004	IW	IWCA	WN	90010	IW	IWCA	WN	90016	PE	PXLE	CE
90005	IW	IWCA	WN	90011	IW	IWCA	WN	90017	PE	PXLE	CE
90006	IW	IWCA	WN	90012	IW	IWCA	WN	90018	PE	PXLE	CE

LOCOMOTIVES

90019	PE	PXLE	CE	90021	FE	DAMC	CE	90023	FE	DAMC	CE
90020	PE	PXLE	CE	90022	FE	DAMC	CE	90024	FE	DAMC	CE

CLASS 90/1. Electric Train Supply Equipment isolated. Revised details:
Maximum Speed: 75 mph. **Train Supply:** Electric (non operable).

90125	FE	DAMC	CE	90134	FE	DAMC	CE	90143	FL	DFLC	CE
90126	FE	DAMC	CE	90135	FE	DAMC	CE	90144	F	DFLC	CE
90127	FD	DAMC	CE	90136	SP	DAMC	CE	90145	F	DFLC	CE
90128	SP	DAMC	CE	90137	FD	DAMC	CE	90146	FL	DFLC	CE
90129	SP	DAMC	CE	90138	FE	DAMC	CE	90147	FL	DFLC	CE
90130	SP	DAMC	CE	90139	FD	DAMC	CE	90148	FL	DFLC	CE
90131	SP	DAMC	CE	90140	FD	DAMC	CE	90149	F	DFLC	CE
90132	FE	DAMC	CE	90141	F	DFLC	CE	90150	FL	DFLC	CE
90133	FE	DAMC	CE	90142	F	DFLC	CE				

CLASS 91   Bo-Bo

Built: 1988-91 by BREL, Crewe.
Electrical Equipment: GEC.   **Continuous Rating:** 4540 kW (6075 hp).
Weight: 84.10 t.   **Length:** 19.400 m.
Maximum Speed: 140 mph.   **Train Supply:** Electric (index 95).
Train Brake: Air.   **Multiple Working:** TDM.

91001	GN	IECA	BN	91012	GN	IECA	BN	91023	IW	IECA	BN
91002	IW	IECA	BN	91013	IW	IECA	BN	91024	IW	IECA	BN
91003	GN	IECA	BN	91014	GN	IECA	BN	91025	GN	IECA	BN
91004	GN	IECA	BN	91015	IW	IECA	BN	91026	IW	IECA	BN
91005	IW	IECA	BN	91016	IW	IECA	BN	91027	IW	IECA	BN
91006	GN	IECA	BN	91017	GN	IECA	BN	91028	IW	IECA	BN
91007	GN	IECA	BN	91018	IW	IECA	BN	91029	IW	IECA	BN
91008	IW	IECA	BN	91019	GN	IECA	BN	91030	IW	IECA	BN
91009	IW	IECA	BN	91020	IW	IECA	BN	91031	IW	IECA	BN
91010	IW	IECA	BN	91021	IW	IECA	BN				
91011	IW	IECA	BN	91022	IW	IECA	BN				

CLASS 92   Co-Co

Supply system: 25 kV ac 50 Hz from overhead or 750 V dc from third rail.
Built: 1993-96 by Brush Traction, Loughborough.
Electrical Equipment: Brush.   **Continuous Rating:** 5000 kW (6700 hp) on ac, 4000 kW
                                               (5362 hp) on dc.
Weight: 126.00 t.   **Length:** 21.340 m.
Maximum Speed: 90 mph.   **Train Supply:** Electric (index 106 (ac), 70 (dc)).
Train Brake: Air.   **Multiple Working:** Within Class.

92001	FU	DAEC	CE	92017	FU	DAEC	CE	92033	FU	DAEC	CE
92002	FU	DADC	CE	92018	FU	DAVC	CE	92034	FU	DAVC	CE
92003	FU	DADC	CE	92019	FU	DAEC	CE	92035	FU	DAVC	CE
92004	FU	DADC	CE	92020	FU	DADC	CE	92036	FU	DAVC	CE
92005	FU	DAVC	CE	92021	FU	DAVC	CE	92037	FU	DADC	CE
92006	FU	DAVC	CE	92022	FU	DAVC	CE	92038	FU	DADC	CE
92007	FU	DAVC	CE	92023	FU	DAVC	CE	92039	FU	DADC	CE
92008	FU	DAVC	CE	92024	FU	DAEC	CE	92040	FU	DAVC	CE
92009	FU	DAVC	CE	92025	FU	DAEC	CE	92041	FU	DAVC	CE
92010	FU	DADC	CE	92026	FU	DAVC	CE	92042	FU	DAVC	CE
92011	FU	DADC	CE	92027	FU	DAVC	CE	92043	FU	DAVC	CE
92012	FU	DADC	CE	92028	FU	DADC	CE	92044	FU	DAVC	CE
92013	FU	DAEC	CE	92029	FU	DAVC	CE	92045	FU	DAVC	CE
92014	FU	DAVC	CE	92030	FU	DADC	CE	92046	FU	DAVC	CE
92015	FU	DADC	CE	92031	FU	DAEC	CE				
92016	FU	DAEC	CE	92032	FU	DAEC	CE				

DMUS

MISCELLANEOUS VEHICLES

CLASS 96   2-2

Built: 1981-83 by BR, Derby C & W, as Sleeping Cars. Converted to Generator Vans 1995-96 by ABB/Adtranz, Doncaster (96371 was converted by BRB Engineering Development Unit, Derby). Not self powered. Normally work with Class 37/6 locomotives.
Engine: **Brakes:** Air.
Weight: **Length:** 23.268 m.
Maximum Speed: 100 mph.   **ETS Index:** Through wired.

96371	FU	GPSG	OC	96373	FU	GPSG	OC	96375	FU	GPSG	OC
96372	FU	GPSG	OC	96374	FU	GPSG	OC				

CLASS 97/6   C

Built: 1959 by Ruston & Hornsby, Lincoln.
Engine: Ruston 6VPH of 123 kW (165 hp).
Transmission: Electric. BTH.
Weight: 31.00 t.   **Length:** 7.620 m.
Train Brake: Vacuum.   **Multiple Working:** Not equipped.
Maximum Speed: 20 mph.   **Train Supply:** Not equipped.

97651	CY	RNRG	RG	*Cardiff Canton TMD (Stored)*
97653	CY	ENZX	HQ	*Reading TMD (Withdrawn)*
97654	CY	RNRG	RG	*Millerhill*

CLASS 97/8   C

For technical details see class 09. Severn Tunnel Emergency Train locomotive.

97806	SP	LNCF	CF	*Sudbrook Pumping Station*

NON-POWERED EX-LOCOMOTIVES

37070	GG	ENXX	TO	Power Unit Transporter/Maintenance vehicle. Used at Toton TMD. (INTERNAL USER 025031; carries local number 1).
37138	GG	ENXX	TO	Power Unit Transporter/Maintenance vehicle. Used at Toton TMD. (INTERNAL USER 025032; carries local number 2)

DIESEL MULTIPLE UNITS

"FIRST GENERATION" DIESEL MECHANICAL UNITS

Note: The following features are common to all surviving First Generation vehicles:
Transmission: Mechanical.   **Maximum Speed:** 70 mph.
Multiple Working: Blue Square.

CLASS 101   2-Car Unit

Normal Formation: DMBS + DTSL. Gangwayed within unit.
Built: 1958-59 by Metropolitan Cammell, Birmingham.
Engines: Two Leyland 680/1 of 112 kW (150 hp).   **Wheel Arrangement:** 1A-A1 + 2-2.
Weight: 32.50 + 25.50 t.   **Length:** 18.491 + 18.491 m.
Seats: 52S + 72S (* 65S)   **Toilets:** 0 + 1.

101 651	RR	HDLJ	LO	53201	54379	101 654	RR	HDLJ	LO	51800	54408
101 652	RR	HDLJ	LO	53198	54346	101 655	RR	HDLJ	LO	51428	54062
101 653	RR	HDLJ	LO	51426	54358	101 656	RR	HDLJ	LO	51230	54056

DMUS

101 657	RR	HDLJ	LO	53211	54085	101 662 RR	HDLJ	LO	53228	54055
101 658	RR	HDLJ	LO	51175	54091	101 663 RR	HDLJ	LO	51201	54347
101 659	RR	HDLJ	LO	51213	54352	101 664 RR	HDLJ	LO	51442	54061
101 660	RR	HDLJ	LO	51189	54343	101 665 RR	HDLJ	LO	51429	54393
101 661	RR	HDLJ	LO	51463	54365	Spare* BG	SCXZ	BA+		54350

CLASS 101   2 or †3-Car Unit

Normal Formation: DMBS + († TSL) + DMSL. Gangwayed within unit.
Built: 1957-59 by Metropolitan Cammell, Birmingham.
Engines: Two Leyland 680/1 of 112 kW (150 hp).   **Wheel Arrangement:** 1A-A1 + († 2-2) + 1A-A1.
Length: 18.491 + († 18.491) + 18.491 m.   **Weight:** 32.50 + († 25.50) + 32.50 t.
Seats: 52S + († 71S) + 72S (* 49S + 58S)   **Toilets:** 0 + († 1) + 1.

101 676	RR	HDLH	LO	51205	51803		101 688	SC	HACV CK	51431	51501
101 677	RR	HDLH	LO	51179	51496		101 689	SC	HACV CK	51185	51511
101 678	RR	HDLH	LO	51210	53746		101 690	SC	HACV CK	51435	53177
101 679	RR	HDLH	LO	51224	51533		101 691	SC	HACV CK	51253	53171
101 680	RR	HDLH	LO	53204	53163		101 692	CB	HACV CK	53253	53170
101 681	RR	HDLH	LO	51228	51506		101 693	SC	HACV CK	51192	53266
101 682	RR	HDLH	LO	53256	51505		101 694	SC	HACV CK	51188	53268
101 683†	RR	HDLK	LO	51177	59303	53269	101 695	SC	HACV CK	51226	51499
101 684	SC	HACV	CK	51187	51509		L835*	RR	HDLH LO	51432	51498
101 685†	GR	HDLK	LO	53164	59539	53160	101 840*	NW	HDLH LO	53311	53322
101 686	SC	HACV	CK	51231	51500		L842*	NW	HKPH PZ	53314	53327
101 687	SC	HACV	CK	51247	51512						

CLASS 117   2 or *3-Car Unit

Normal Formation: DMBS + (* TSL) + DMS († DMBS + DMBS). Gangwayed within unit.
Built: 1959-60 by Pressed Steel, Linwood.
Engines: Two Leyland 680/1 of 112 kW (150 hp).   **Wheel Arrangement:** 1A-A1 + (*2-2) + 1A-A1.
Length: 20.447 + (* 20.447) + 20.447 m.   **Weight:** 36.50 + (*30.50) + 36.50 t.
Seats: 65S + (*86S) + 89S(† 65S)   **Toilets:** 0 + (*2) + 0.

117 301*	RS	HAHV HA	51353	59505	51395	L704	N	NGBX BY	51341	51383
117 305†	SP	HKPH PZ	51368	51361		L705	NW	NGBX BY	51358	51400
117 306*	RS	HAHV HA	51369	59521	51411	L706	NW	NGBX BY	51366	51408
117 308*	RS	HAHV HA	51371	59509	51413	L707	NW	NGBX BY	51335	51377
117 310*	RS	HAHV HA	51373	59486	51381	L708	NW	HKPH PZ	51336	51378
117 311*	RS	HAHV HA	51334	59500	51376	117 709	NW	HKPH PZ	51344	51386
117 313*	RS	HAHV HA	51339	59492	51382	L720	NW	NGBX BY	51354	51396
117 314*	RS	HAHV HA	51345	59489	51394	L721	NW	NGBX BY	51363	51405
L700	NW	NNDX BY	51332	51374		117 724	N	NNDX BY	51333	51375
117 701	NW	NNDX BY	51350	51392		Spare	NW	SCXZ ZH+	51340	
L702	NW	NGBX BY	51356	51398						

CLASS 121   Single Unit

Built: 1960 by Pressed Steel, Linwood.
Engines: Two Leyland 1595 of 112 kW (150 hp).   **Wheel Arrangement:** 1A-A1.
Length: 20.447 m.   **Weight:** 38.00 t.
Seats: 65S   **Toilet:** Not equipped.

L127	NW	NNDX BY	55027		L131	NW	NNDX BY	55031
L129	NW	NNDX BY	55029					

CLASS 122   Route Learning Single Unit

Built: 1958 by Gloucester Railway Carriage & Wagon, Gloucester as DMBS. Converted 1995 by ABB, Doncaster.
Engines: Two Leyland 1595 of 112 kW (150 hp).   **Wheel Arrangement:** 1A-A1.
Length: 20.447 m.   **Weight:** 36.50 t.
Seats: Staff use only.   **Toilet:** Not equipped.

	LH	FMUY TE	55012

DMUS

"SECOND GENERATION" DIESEL UNITS

Note: The following features are common to all Second Generation vehicles unless otherwise stated
Transmission: Hydraulic. Voith T211r.   **Multiple Working:** Other Second Generation units only.

CLASS 141   2-Car Railbus

Normal Formation: DMS + DMSL. Gangwayed within unit.
Built: 1983-84 by Leyland Bus, Workington/BREL, Derby Carriage & Wagon. Modified 1988-89 by Andrew Barclay, Kilmarnock.
Engines: One Leyland TL11/65 of 157 kW (210 hp) per car. (* One Cummins LTA10R of 172 kW (230 hp) per car).
Transmission: Mechanical. SCG. (* Hydraulic. Voith T211r).
Wheel Arrangement: 1-A + A-1.   **Maximum Speed:** 75 mph.
Length: 15.446 + 15.446 m.   **Weight:** 26.00 + 26.50 t.
Seats: 50S + 44S   **Toilets:** 0 + 1.

141 101	WY	HCNX	NL	55521	55541	141 112	WY	SBXL	ZB+ 55532	55512
141 102	WY	HCNX	NL	55502	55522	141 113*	WY	HCNX	NL 55513	55533
141 103	WY	SBXL	ZB+	55523	55503	141 114	WY	HCNX	NL 55534	55514
141 105	WY	SBXL	ZB+	55525	55505	141 115	WY	HCNX	NL 55515	55535
141 106	WY	SBXL	ZB+	55526	55506	141 116	WY	SBXL	ZB+ 55516	55536
141 107	WY	SBXL	ZB+	55527	55507	141 117	WY	HCNX	NL 55517	55537
141 108	WY	SBXL	ZB+	55508	55528	141 118	WY	SBXL	ZB+ 55518	55538
141 109	WY	HCNX	NL	55529	55509	141 119	WY	HCNX	NL 55519	55539
141 110	WY	SBXL	ZB+	55530	55510	141 120	WY	SBXL	ZB+ 55520	55540
141 111	WY	HCNX	NL	55511	55531					

CLASS 142/0   2-Car Railbus

Normal Formation: DMS + DMSL. Gangwayed within unit.
Built: 1985-86 by Leyland Bus, Workington/BREL, Derby Carriage & Wagon.
Engines: One Cummins LT10R of 168 kW (225 hp) per car.
Wheel Arrangement: 1-A + A-1.   **Maximum Speed:** 75 mph.
Length: 15.546 + 15.546 m.   **Weight:** 24.50 + 25.00 t
Seats: 62S + 59S   **Toilets:** 0 + 1.

142 001	MR	HDNP	NH	55542	55592	142 026	CH	HCHP	HT	55567	55617
142 002	G	HDNP	NH	55543	55593	142 027	CH	HDNP	NH	55568	55618
142 003	MR	HDNP	NH	55544	55594	142 028	MR	HDNP	NH	55569	55619
142 004	MR	HDNP	NH	55545	55595	142 029	MR	HDNP	NH	55570	55620
142 005	MR	HDNP	NH	55546	55596	142 030	MR	HDNP	NH	55571	55621
142 006	MR	HDNP	NH	55547	55597	142 031	MR	HDNP	NH	55572	55622
142 007	MR	HDNP	NH	55548	55598	142 032	MR	HDNP	NH	55573	55623
142 008	G	HDNP	NH	55549	55599	142 033	RR	HDNP	NH	55574	55624
142 009	MR	HDNP	NH	55550	55600	142 034	G	HDNP	NH	55575	55625
142 010	MR	HDNP	NH	55551	55601	142 035	G	HDNP	NH	55576	55626
142 011	MR	HDNP	NH	55552	55602	142 036	RR	HDNP	NH	55577	55627
142 012	MR	HDNP	NH	55553	55603	142 037	G	HDNP	NH	55578	55628
142 013	MR	HDNP	NH	55554	55604	142 038	G	HDNP	NH	55579	55629
142 014	MR	HDNP	NH	55555	55605	142 039	G	HDNP	NH	55580	55630
142 015	RR	HCHP	HT	55556	55606	142 040	G	HDNP	NH	55581	55631
142 016	RR	HCHP	HT	55557	55607	142 041	G	HDNP	NH	55582	55632
142 017	TW	HCHP	HT	55558	55608	142 042	G	HDNP	NH	55583	55633
142 018	TW	HCHP	HT	55559	55609	142 043	G	HDNP	NH	55584	55634
142 019	TW	HCHP	HT	55560	55610	142 044	RR	HDNP	NH	55585	55635
142 020	TW	HCHP	HT	55561	55611	142 045	G	HDNP	NH	55586	55636
142 021	TW	HCHP	HT	55562	55612	142 046	G	HDNP	NH	55587	55637
142 022	TW	HCHP	HT	55563	55613	142 047	RR	HDNP	NH	55588	55638
142 023	RR	HDNP	NH	55564	55614	142 048	RR	HDNP	NH	55589	55639
142 024	CH	HCHP	HT	55565	55615	142 049	RB	HDNP	NH	55590	55640
142 025	CH	HCHP	HT	55566	55616	142 050	RB	HCHP	HT	55591	55641

CLASS 142/1   2-Car Railbus

Normal Formation: DMS + DMSL. Gangwayed within unit.

DMUS

Built: 1986-87 by Leyland Bus, Workington/BREL, Derby Carriage & Wagon.
Engines: One Cummins LT10R of 168 kW (225 hp) per car († One Perkins 2006-TWH of 172 kW (230 hp) per car).
Wheel Arrangement: 1-A + A-1.   **Maximum Speed:** 75 mph.
Length: 15.546 + 15.546 m.   **Weight:** 23.26 + 24.96 t.
Seats: 62S + 59S   **Toilets:** 0 + 1.

142 051	MT	HDNP	NH	55701	55747		142 075	RR	HCNP	NL	55725	55771
142 052	MT	HDNP	NH	55702	55748		142 076	RR	HCNP	NL	55726	55772
142 053	MT	HDNP	NH	55703	55749		142 077	RR	HCNP	NL	55727	55773
142 054	MT	HDNP	NH	55704	55750		142 078	RR	HCNP	NL	55728	55774
142 055	MT	HDNP	NH	55705	55751		142 079	RR	HCNP	NL	55729	55775
142 056	MT	HDNP	NH	55706	55752		142 080	RR	HCNP	NL	55730	55776
142 057	MT	HDNP	NH	55707	55753		142 081	RR	HCNP	NL	55731	55777
142 058	MT	HDNP	NH	55708	55754		142 082	RR	HCNP	NL	55732	55778
142 060	RB	HDNP	NH	55710	55756		142 083	RR	HCNP	NL	55733	55779
142 061	RB	HDNP	NH	55711	55757		142 084†	RR	HCNP	NL	55734	55780
142 062	RB	HDNP	NH	55712	55758		142 085	RR	HCNP	NL	55735	55781
142 063	RB	HDNP	NH	55713	55759		142 086	RR	HCNP	NL	55736	55782
142 064	RB	HDNP	NH	55714	55760		142 087	RR	HCNP	NL	55737	55783
142 065	RB	HCHP	HT	55715	55761		142 088	RR	HCNP	NL	55738	55784
142 066	RB	HCHP	HT	55716	55762		142 089	RR	HCNP	NL	55739	55785
142 067	MR	HDNP	NH	55717	55763		142 090	RB	HCNP	NL	55740	55786
142 068	MR	HDNP	NH	55718	55764		142 091	RR	HCNP	NL	55741	55787
142 069	MR	HDNP	NH	55719	55765		142 092	RR	HCNP	NL	55742	55788
142 070	RB	HDNP	NH	55720	55766		142 093	RR	HCNP	NL	55743	55789
142 071	RB	HCHP	HT	55721	55767		142 094	RR	HCNP	NL	55744	55790
142 072	RR	HCNP	NL	55722	55768		142 095	RR	HCNP	NL	55745	55791
142 073	RR	HCNP	NL	55723	55769		142 096	RR	HCNP	NL	55746	55792
142 074	RR	HCNP	NL	55724	55770		Spare	RB	SCXZ	NH+		55709

CLASS 143   2-Car Railbus

Normal Formation: DMS + DMSL. Gangwayed within unit.
Built: 1985-86 by W. Alexander, Falkirk/A. Barclay, Kilmarnock.
Engine: One Cummins LT10R of 168 kW (225 hp) per car.
Wheel Arrangement: 1-A + A-1.   **Maximum Speed:** 75 mph.
Length: 15.546 + 15.546 m.   **Weight:** 24.00 + 24.50 t.
Seats: 62S + 60S   **Toilets:** 0 + 1.

143 601	RR	HKCP	CF	55642	55667		143 614	RR	HKCP	CF	55655	55680
143 602	RR	HLVP	CF	55651	55668		143 615	RR	HLVP	CF	55656	55681
143 603	RR	HLVP	CF	55658	55669		143 616	RR	HLVP	CF	55657	55682
143 604	RR	HLVP	CF	55645	55670		143 617	RR	HKCP	CF	55644	55683
143 605	RR	HLVP	CF	55646	55671		143 618	RR	HKCP	CF	55659	55684
143 606	RR	HLVP	CF	55647	55672		143 619	RR	HKCP	CF	55660	55685
143 607	RR	HLVP	CF	55648	55673		143 620	RR	HKCP	CF	55661	55686
143 608	RR	HLVP	CF	55649	55674		143 621	RR	HKCP	CF	55662	55687
143 609	RR	HLVP	CF	55650	55675		143 622	RR	HKCP	CF	55663	55688
143 610	RR	HKCP	CF	55643	55676		143 623	RR	HKCP	CF	55664	55689
143 611	RR	HLVP	CF	55652	55677		143 624	RR	HKCP	CF	55665	55690
143 612	RR	HKCP	CF	55653	55678		143 625	RR	HKCP	CF	55666	55691
143 613	RR	HLVP	CF	55654	55679							

CLASS 144   2 or *3-Car Railbus

Normal Formation: DMS + (*MS) + DMSL. Gangwayed within unit.
Built: 1986-88 by W. Alexander, Falkirk/BREL, Derby Carriage & Wagon.
Engine: One Cummins LT10R of 168 kW (225 hp) per car.
Wheel Arrangement: 1-A + (*A-1) + A-1.   **Maximum Speed:** 75 mph.
Weight: 24.00 + (*24.00) + 24.50 t.   **Length:** 15.546 + (*15.546) + 15.546 m.
Seats: 62S + (*73S) + 60S   **Toilets:** 0 + (*0) + 1.

144 001	WY	HCNW	NL	55801	55824		144 005	WY	HCNW	NL	55805	55828
144 002	WY	HCNW	NL	55802	55825		144 006	WY	HCNW	NL	55806	55829
144 003	WY	HCNW	NL	55803	55826		144 007	WY	HCNW	NL	55807	55830
144 004	WY	HCNW	NL	55804	55827		144 008	WY	HCNW	NL	55808	55831

DMUS

144 009	WY	HCNW	NL	55809	55832	144 017*	WY	HCNY NL	55817	55853	55840
144 010	WY	HCNW	NL	55810	55833	144 018*	WY	HCNY NL	55818	55854	55841
144 011	RR	HCNW	NL	55811	55834	144 019*	WY	HCNY NL	55819	55855	55842
144 012	RR	HCNW	NL	55812	55835	144 020*	WY	HCNY NL	55820	55856	55843
144 013	RR	HCNW	NL	55813	55836	144 021*	WY	HCNY NL	55821	55857	55844
144 014*	WY	HCNY NL	55814	55850	55837	144 022*	WY	HCNY NL	55822	55858	55845
144 015*	WY	HCNY NL	55815	55851	55838	144 023*	WY	HCNY NL	55823	55859	55846
144 016*	WY	HCNY NL	55816	55852	55839						

CLASS 150/0 — 3-Car Sprinter Unit

Normal Formation: DMSL + MS + DMS. Gangwayed within unit.
Built: 1984-85 by BREL, York.
Engines: One Cummins NT-855-R4 of 213 kW (285 hp) per car.
Wheel Arrangement: 2-B + B-2 + B-2. **Maximum Speed:** 75 mph.
Weight: 35.80 + 34.40 + 35.60 t. **Length:** 20.06 + 20.18 + 20.06 m.
Seats: 76S + 84S + 79S (* 70S + 91S + 76S). **Toilets:** 1 + 0 + 0.

| 150 001* | CO | HGTT TS | 55200 | 55400 | 55300 | 150 002 | CO | HGTT TS | 55201 | 55401 | 55301 |

CLASS 150/0 — 3-Car Sprinter Unit

Normal Formation: DMSL + DMS‡ or DMSL† + DMS. Gangwayed within unit.
Built: 1985-87 by BREL, York. Centre cars are class 150/2.
Engines: One Cummins NT-855-R5 of 213 kW (285 hp) per car.
Wheel Arrangement: 2-B + B-2 + B-2. **Maximum Speed:** 75 mph.
Length: 20.06 + 20.06 + 20.06 m. **Weight:** 37.60 + 36.50‡ or 37.50† + 36.70 t.
Seats: 72S + ‡76S or †73S + 76S. **Toilets:** 1 + 0‡ or 1† + 0.

150 010‡	CO	HGTT TS	52110	57226	57110	150 014‡	CO	HGTT TS	52114	57204	57114
150 011‡	CO	HGTT TS	52111	57206	57111	150 015†	CO	HGTT TS	52115	52206	57115
150 012†	CO	HGTT TS	52112	52204	57112	150 016‡	CO	HGTT TS	52116	57212	57116
150 013†	CO	HGTT TS	52113	52226	57113	150 017‡	CO	HGTT TS	52117	57209	57117

CLASS 150/1 — 2-Car Sprinter Unit

Normal Formation: DMSL + DMS. Gangwayed within unit.
Built: 1985-86 by BREL, York.
Engines: One Cummins NT-855-R5 of 213 kW (285 hp) per car.
Wheel Arrangement: 2-B + B-2. **Maximum Speed:** 75 mph.
Weight: 37.60 + 36.80 t. **Length:** 20.06 + 20 06 m.
Seats: 72S + 76S (*68S + 70S). **Toilets:** 1 + 0.

150 101	CO	HGTC TS	52101	57101	150 130	CO	HGTC TS	52130	57130
150 102	CO	HGTC TS	52102	57102	150 131	CO	HGTC TS	52131	57131
150 103	CO	HGTC TS	52103	57103	150 132	CO	HGTC TS	52132	57132
150 104	CO	HGTC TS	52104	57104	150 133*	MR	HDNT NH	52133	57133
150 105	CO	HGTC TS	52105	57105	150 134*	MR	HDNT NH	52134	57134
150 106	CO	HGTC TS	52106	57106	150 135*	MR	HDNT NH	52135	57135
150 107	CO	HGTC TS	52107	57107	150 136*	MR	HDNT NH	52136	57136
150 108	CO	HGTC TS	52108	57108	150 137*	MR	HDNT NH	52137	57137
150 109	CO	HGTC TS	52109	57109	150 138*	MR	HDNT NH	52138	57138
150 118	CO	HGTC TS	52118	57118	150 139*	MR	HDNT NH	52139	57139
150 119	CO	HGTC TS	52119	57119	150 140*	MR	HDNT NH	52140	57140
150 120	CO	HGTC TS	52120	57120	150 141*	MR	HDNT NH	52141	57141
150 121	CO	HGTC TS	52121	57121	150 142*	MR	HDNT NH	52142	57142
150 122	CO	HGTC TS	52122	57122	150 143*	RP	HDNS NH	52143	57143
150 123	CO	HGTC TS	52123	57123	150 144*	RP	HDNS NH	52144	57144
150 124	CO	HGTC TS	52124	57124	150 145*	RP	HDNS NH	52145	57145
150 125	CO	HGTC TS	52125	57125	150 146*	RR	HDNS NH	52146	57146
150 126	CO	HGTC TS	52126	57126	150 147*	RP	HDNS NH	52147	57147
150 127	CO	HGTC TS	52127	57127	150 148*	RP	HDNS NH	52148	57148
150 128	CO	HGTC TS	52128	57128	150 149*	RP	HDNS NH	52149	57149
150 129	CO	HGTC TS	52129	57129	150 150*	RP	HDNS NH	52150	57150

DMUS

CLASS 150/2 — 2-Car Sprinter Unit

Normal Formation: DMSL + DMS. Through gangwayed.
Built: 1987 by BREL, York.
Engines: One Cummins NT-855-R5 of 213 kW (285 hp) per car.
Wheel Arrangement: 2-B + B-2.
Maximum Speed: 75 mph.
Length: 20.06 + 20.06 m.
Weight: 37.50 + 36.50 t.
Seats: 73S + 76S (* 144S)
Toilets: 1 + 0.

Unit						Unit					
150 201	MT	HDNU	NH	52201	57201	150 246	RR	HKCS	CF	52246	57246
150 202	CO	HGTC	TS	52202	57202	150 247	RU	HKCS	CF	52247	57247
150 203	MT	HDNU	NH	52203	57203	150 248	RR	HKCS	CF	52248	57248
150 205	MT	HDNU	NH	52205	57205	150 249	RU	HKCS	CF	52249	57249
150 207	MT	HDNU	NH	52207	57207	150 250	RS	HAHS	HA	52250	57250
150 208	RS	HAHS	HA	52208	57208	150 251	RU	HKCS	CF	52251	57251
150 210	CO	HGTC	TS	52210	57210	150 252	RS	HAHS	HA	52252	57252
150 211	MT	HDNU	NH	52211	57211	150 253	RR	HKCS	CF	52253	57253
150 213	RR	HSNS	NC	52213	57213	150 254	RU	HKCS	CF	52254	57254
150 214	CO	HGTC	TS	52214	57214	150 255	RR	HSNS	NC	52255	57255
150 215	MR	HDNU	NH	52215	57215	150 256	RS	HAHS	HA	52256	57256
150 216	CO	HGTC	TS	52216	57216	150 257*	RR	HSNS	NC	52257	57257
150 217	RR	HSNS	NC	52217	57217	150 258	RS	HAHS	HA	52258	57258
150 218	MR	HDNU	NH	52218	57218	150 259	RS	HAHS	HA	52259	57259
150 219	RR	HKCS	CF	52219	57219	150 260	RS	HAHS	HA	52260	57260
150 220	CO	HGTC	TS	52220	57220	150 261	RU	HKCS	CF	52261	57261
150 221	RR	HKCS	CF	52221	57221	150 262	RS	HAHS	HA	52262	57262
150 222	MR	HDNU	NH	52222	57222	150 263	RR	HKCS	CF	52263	57263
150 223	MR	HDNU	NH	52223	57223	150 264	RS	HAHS	HA	52264	57264
150 224	MR	HDNU	NH	52224	57224	150 265	RU	HLVS	CF	52265	57265
150 225	MR	HDNU	NH	52225	57225	150 266	RU	HLVS	CF	52266	57266
150 227	RR	HSNS	NC	52227	57227	150 267	RR	HLVS	CF	52267	57267
150 228	RS	HAHS	HA	52228	57228	150 268	RU	HLVS	CF	52268	57268
150 229	RR	HSNS	NC	52229	57229	150 269	RR	HLVS	CF	52269	57269
150 230	RW	HKCS	CF	52230	57230	150 270	RU	HLVS	CF	52270	57270
150 231	RR	HSNS	NC	52231	57231	150 271	RR	HLVS	CF	52271	57271
150 232	RW	HKCS	CF	52232	57232	150 272	RR	HVLS	CF	52272	57272
150 233	RW	HKCS	CF	52233	57233	150 273	RU	HLVS	CF	52273	57273
150 234	RR	HKCS	CF	52234	57234	150 274	RR	HLVS	CF	52274	57274
150 235	RR	HSNS	NC	52235	57235	150 275	RU	HLVS	CF	52275	57275
150 236	RU	HKCS	CF	52236	57236	150 276	RR	HLVS	CF	52276	57276
150 237	RR	HSNS	NC	52237	57237	150 277	RU	HLVS	CF	52277	57277
150 238	RU	HKCS	CF	52238	57238	150 278	RR	HLVS	CF	52278	57278
150 239	RW	HKCS	CF	52239	57239	150 279	RR	HLVS	CF	52279	57279
150 240	RU	HKCS	CF	52240	57240	150 280	RR	HLVS	CF	52280	57280
150 241	RW	HKCS	CF	52241	57241	150 281	RR	HLVS	CF	52281	57281
150 242	RU	HKCS	CF	52242	57242	150 282	RR	HLVS	CF	52282	57282
150 243	RR	HKCS	CF	52243	57243	150 283	RS	HAHS	HA	52283	57283
150 244	RW	HKCS	CF	52244	57244	150 284	RS	HAHS	HA	52284	57284
150 245	RS	HAHS	HA	52245	57245	150 285	RS	HAHS	HA	52285	57285

CLASS 151 — 3-Car Sprinter Unit

Normal Formation: DMS + MS + DMSL. Gangwayed within unit.
Built: 1985 by Metropolitan Cammell, Birmingham.
Engines: One Cummins NT-855-R5 of 213 kW (285 hp) per car.
Wheel Arrangement: 2-B + B-2 + B-2.
Maximum Speed: 75 mph.
Length: 19.98 + 19.60 + 19.98 m.
Weight: 32.40 + 36.50‡ or 37.50† + 36.70 t.
Seats: 72S + ‡76S or †73S + 76S
Toilets: 1 + 0‡ or 1† + 0.

151 103‡		CDRX	ZA+	55202	55402	55302	151 104†	CDRX	ZA+	55203	55403	55303

CLASS 153 — Super Sprinter Unit

Normal Formation: DMSL. Through gangwayed.
Built: 1987-88 by Leyland Bus, Workington, as Class 155/0. Converted to Class 153 by Hunslet-Barclay, Kilmarnock, 1991-93.

DMUS

Engines: One Cummins NT-855-R5 of 213 kW (285 hp) per car.
Wheel Arrangement: 2-B. **Maximum Speed:** 75 mph.
Length: 23.294 m. **Weight:** 41.20 t.
Seats: 72S (* 66S). **Toilet:** 1.

153 301	RR	HCHR	HT	52301	153 351	RR	HCHR	HT	57351
153 302	RR	HKCR	CF	52302	153 352	RR	HCHR	HT	57352
153 303	RR	HKCR	CF	52303	153 353	RR	HKCR	CF	57353
153 304	RR	HCHR	HT	52304	153 354	RR	HGTR	TS	57354
153 305	RR	HKCR	CF	52305	153 355	RR	HKCR	CF	57355
153 306	RR	HSNR	NC	52306	153 356	RR	HGTR	TS	57356
153 307	RR	HCHR	HT	52307	153 357	RR	HCHR	HT	57357
153 308	RR	HKCR	CF	52308	153 358	RR	HDNR	NH	57358
153 309	RR	HSNR	NC	52309	153 359	RR	HDNR	NH	57359
153 310	RR	HDNR	NH	52310	153 360	RR	HDNR	NH	57360
153 311	RR	HSNR	NC	52311	153 361	RR	HDNR	NH	57361
153 312	RR	HKCR	CF	52312	153 362	RR	HKCR	CF	57362
153 313	RR	HDNR	NH	52313	153 363	RR	HDNR	NH	57363
153 314*	RR	HSNR	NC	52314	153 364	RR	HGTR	TS	57364
153 315	RR	HCHR	HT	52315	153 365	RR	HGTR	TS	57365
153 316	RR	HDNR	NH	52316	153 366	RR	HGTR	TS	57366
153 317	RR	HCHR	HT	52317	153 367	RR	HDNR	NH	57367
153 318	RR	HKCR	CF	52318	153 368	RR	HKCR	CF	57368
153 319	RR	HCHR	HT	52319	153 369	RR	HGTR	TS	57369
153 320	RR	HGTR	TS	52320	153 370	RR	HKCR	CF	57370
153 321	RR	HGTR	TS	52321	153 371	RR	HGTR	TS	57371
153 322	RR	HSNR	NC	52322	153 372	RR	HKCR	CF	57372
153 323	RR	HGTR	TS	52323	153 373	RR	HKCR	CF	57373
153 324	RR	HDNR	NH	52324	153 374	RR	HKCR	CF	57374
153 325	RR	HGTR	TS	52325	153 375	RR	HGTR	TS	57375
153 326	RR	HSNR	NC	52326	153 376	RR	HGTR	TS	57376
153 327	RR	HKCR	CF	52327	153 377	RR	HKCR	CF	57377
153 328	RR	HCHR	HT	52328	153 378	RR	HCHR	HT	57378
153 329	RR	HGTR	TS	52329	153 379	RR	HGTR	TS	57379
153 330	RR	HDNR	NH	52330	153 380	RR	HKCR	CF	57380
153 331	RR	HCHR	HT	52331	153 381	RR	HGTR	TS	57381
153 332	RR	HDNR	NH	52332	153 382	RR	HKCR	CF	57382
153 333	RR	HGTR	TS	52333	153 383	RR	HGTR	TS	57383
153 334	RR	HGTR	TS	52334	153 384	RR	HGTR	TS	57384
153 335	RR	HSNR	NC	52335	153 385	RR	HGTR	TS	57385

CLASS 155/1   2-Car Super Sprinter Unit

Normal Formation: DMSL + DMS. Through gangwayed.
Built: 1988 by Leyland Bus, Workington.
Engines: One Cummins NT-855-R5 of 213 kW (285 hp) per car.
Wheel Arrangement: 2-B + B-2. **Maximum Speed:** 75 mph.
Length: 23.21 + 23.21 m. **Weight:** 38.60 + 38.60 t.
Seats: 80S + 80S **Toilets:** 1 + 0.

155 341	WY	HCNU	NL	52341	57341	155 345	WY	HCNU	NL	52345	57345
155 342	WY	HCNU	NL	52342	57342	155 346	WY	HCNU	NL	52346	57346
155 343	WY	HCNU	NL	52343	57343	155 347	WY	HCNU	NL	52347	57347
155 344	WY	HCNU	NL	52344	57344						

CLASS 156   2-Car Super Sprinter Unit

Normal Formation: DMSL + DMS. Through gangwayed.
Built: 1987-89 by Metropolitan-Cammell, Birmingham.
Engines: One Cummins NT-855-R5 of 213 kW (285 hp) per car.
Wheel Arrangement: 2-B + B-2. **Maximum Speed:** 75 mph.
Length: 23.03 + 23.03 m. **Weight:** 35.80 + 35.80 t.
Seats: 74S + 76S (* 72S + 74S). **Toilets:** 1 + 0.

156 401	RE	HGTN	TS	52401	57401	156 404	RE	HGTN	TS	52404	57404
156 402	RE	HGTN	TS	52402	57402	156 405	RP	HGTN	TS	52405	57405
156 403	RE	HGTN	TS	52403	57403	156 406	RE	HGTN	TS	52406	57406

DMUS

Unit	Code	Depot		DMS	DMSL
156 407	RE	HGTN	TS	52407	57407
156 408	RP	HGTN	TS	52408	57408
156 409	RP	HGTN	TS	52409	57409
156 410	RP	HGTN	TS	52410	57410
156 411	RE	HGTN	TS	52411	57411
156 412	RP	HGTN	TS	52412	57412
156 413	RP	HGTN	TS	52413	57413
156 414	RP	HGTN	TS	52414	57414
156 415	RE	HGTN	TS	52415	57415
156 416	RE	HGTN	TS	52416	57416
156 417	RE	HGTN	TS	52417	57417
156 418	RE	HGTN	TS	52418	57418
156 419	RE	HGTN	TS	52419	57419
156 420	RN	HDNN	NH	52420	57420
156 421	RN	HDNN	NH	52421	57421
156 422	RP	HGTN	TS	52422	57422
156 423	RN	HDNN	NH	52423	57423
156 424	RN	HDNN	NH	52424	57424
156 425	RP	HDNN	NH	52425	57425
156 426	RN	HDNN	NH	52426	57426
156 427	RN	HDNN	NH	52427	57427
156 428	RN	HDNN	NH	52428	57428
156 429	RN	HDNN	NH	52429	57429
156 430	RS	HACN	CK	52430	57430
156 431	RS	HACN	CK	52431	57431
156 432	RS	HACN	CK	52432	57432
156 433	CC	HACN	CK	52433	57433
156 434	RP	HACN	CK	52434	57434
156 435*	RS	HAHN	CK	52435	57435
156 436	RS	HACW	CK	52436	57436
156 437	RS	HACN	CK	52437	57437
156 438	RP	HCNN	NL	52438	57438
156 439	RS	HACN	CK	52439	57439
156 440	RN	HDNN	NH	52440	57440
156 441	RN	HDNN	NH	52441	57441
156 442	RS	HACW	CK	52442	57442
156 443	RP	HCHN	HT	52443	57443
156 444	RP	HCHN	HT	52444	57444
156 445⁰	RS	HACW	CK	52445	57445
156 446*	RP	HAIN	IS	52446	57446
156 447*	RP	HAHN	CK	52447	57447
156 448	RP	HCHN	HT	52448	57448
156 449*	RP	HACW	CK	52449	57449
156 450*	RS	HACW	CK	52450	57450
156 451	RP	HCHN	HT	52451	57451
156 452	RN	HDNN	NH	52452	57452
156 453*	RS	HACW	CK	52453	57453
156 454	RP	HCHN	HT	52454	57454
156 455	RP	HDNN	NH	52455	57455
156 456*	RS	HAHN	CK	52456	57456
156 457*	RP	HAIN	IS	52457	57457
156 458*	RP	HAIN	IS	52458	57458
156 459	RN	HDNN	NH	52459	57459
156 460	RP	HDNN	NH	52460	57460
156 461	RP	HDNN	NH	52461	57461
156 462	RS	HAHN	CK	52462	57462
156 463	RP	HCHN	HT	52463	57463
156 464	RN	HDNN	NH	52464	57464
156 465	RS	HACW	CK	52465	57465
156 466	RN	HDNN	NH	52466	57466
156 467	RS	HAHN	CK	52467	57467
156 468	RP	HCNN	NL	52468	57468
156 469	RP	HCHN	HT	52469	57469
156 470	RP	HCNN	NL	52470	57470
156 471	RP	HCNN	NL	52471	57471
156 472	RP	HCNN	NL	52472	57472
156 473	RP	HCNN	NL	52473	57473
156 474*	RP	HAIN	IS	52474	57474
156 475	RP	HCNN	NL	52475	57475
156 476	RS	HAHN	CK	52476	57476
156 477*	RP	HAIN	IS	52477	57477
156 478*	RP	HAIN	IS	52478	57478
156 479	RP	HCNN	NL	52479	57479
156 480	RP	HCNN	NL	52480	57480
156 481	RP	HCNN	NL	52481	57481
156 482	RP	HCNN	NL	52482	57482
156 483	RP	HCNN	NL	52483	57483
156 484	RP	HCNN	NL	52484	57484
156 485*	RS	HAHN	CK	52485	57485
156 486	RP	HCNN	NL	52486	57486
156 487	RP	HCNN	NL	52487	57487
156 488	RP	HCNN	NL	52488	57488
156 489	RP	HCNN	NL	52489	57489
156 490	RP	HCNN	NL	52490	57490
156 491	RP	HCNN	NL	52491	57491
156 492*	RS	HACW	CK	52492	57492
156 493*	RS	HAHN	CK	52493	57493
156 494*	RS	HAHN	CK	52494	57494
156 495*	RS	HAHN	CK	52495	57495
156 496*	RS	HACW	CK	52496	57496
156 497	RP	HCNN	NL	52497	57497
156 498	RP	HCNN	NL	52498	57498
156 499*	RP	HAIN	IS	52499	57499
156 500*	RS	HAHN	CK	52500	57500
156 501	SC	HACX	CK	52501	57501
156 502	SC	HACX	CK	52502	57502
156 503	SC	HACX	CK	52503	57503
156 504	SC	HAHN	CK	52504	57504
156 505	SC	HAHN	CK	52505	57505
156 506	SC	HACX	CK	52506	57506
156 507	SC	HACX	CK	52507	57507
156 508	SC	HACX	CK	52508	57508
156 509	SC	HACX	CK	52509	57509
156 510	SC	HACX	CK	52510	57510
156 511	SC	HACX	CK	52511	57511
156 512	SC	HACX	CK	52512	57512
156 513	SC	HACX	CK	52513	57513
156 514	SC	HACX	CK	52514	57514

CLASS 158/0   2 or *3 Car Express Unit

Normal Formation: DMSL + (* MSL) + DMSL (‡§ DMCL + DMSL). Through gangwayed.
Built: 1989-92 by BREL, Derby Carriage & Wagon.
Engines: One Cummins NT-855-R1 of 261 kW (350 hp) per car († One Perkins 2006-TWH of 261 kW (350 hp) per car; ø One Cummins NTA-855-R3 of 299 kW (400 hp)per car.
Wheel Arrangement: 2-B + (*B-2) + B-2.   **Maximum Speed:** 90 mph.
Length: 23.21 + 23.21 + 23.21 m.   **Weight:** 38.10 + 37.10 + 38.10 t.
Seats: 68S (‡ 15F, 51S;§ 9F, 51S) + (* 70S) + 70S.   **Toilets:** 1 + 1 + 1.

DMUS

158 701‡	RS	HAHE	HA	52701	57701	158 764	RE	HCNE	NL	52764	57764
158 702‡	RS	HAHE	HA	52702	57702	158 765	RE	HCNE	NL	52765	57765
158 703‡	RS	HAHE	HA	52703	57703	158 766	RE	HCNE	NL	52766	57766
158 704‡	RS	HAHE	HA	52704	57704	158 767	RE	HCNE	NL	52767	57767
158 705‡	RS	HAHE	HA	52705	57705	158 768	RE	HCNE	NL	52768	57768
158 706‡	RS	HAHE	HA	52706	57706	158 769	RE	HCNE	NL	52769	57769
158 707‡	RE	HAHE	HA	52707	57707	158 770	RE	HCNE	NL	52770	57770
158 708‡	RS	HAHE	HA	52708	57708	158 771	RE	HCHE	HT	52771	57771
158 709‡	RS	HAHE	HA	52709	57709	158 772	RE	HCNE	NL	52772	57772
158 710‡	RE	HAHE	HA	52710	57710	158 773	RE	HCNE	NL	52773	57773
158 711‡	RS	HAHE	HA	52711	57711	158 774	RE	HCHE	HT	52774	57774
158 712‡	RS	HAHE	HA	52712	57712	158 775	RE	HCHE	HT	52775	57775
158 713‡	RS	HAHE	HA	52713	57713	158 776	RE	HCHE	HT	52776	57776
158 714‡	RS	HAHE	HA	52714	57714	158 777	RE	HCHE	HT	52777	57777
158 715‡	RS	HAHE	HA	52715	57715	158 778	RE	HCHE	HT	52778	57778
158 716‡	RS	HAHE	HA	52716	57716	158 779	RE	HCHE	HT	52779	57779
158 717‡	RS	HAHE	HA	52717	57717	158 780	RE	HGNE	NC	52780	57780
158 718‡	RS	HAHE	HA	52718	57718	158 781	RE	HCHE	HT	52781	57781
158 719‡	RS	HAHE	HA	52719	57719	158 782	RE	HGNE	NC	52782	57782
158 720‡	RS	HAHE	HA	52720	57720	158 783	RE	HGNE	NC	52783	57783
158 721‡	RS	HAHE	HA	52721	57721	158 784	RE	HGNE	NC	52784	57784
158 722‡	RS	HAHE	HA	52722	57722	158 785	RE	HGNE	NC	52785	57785
158 723‡	RS	HAHE	HA	52723	57723	158 786	RE	HGNE	NC	52786	57786
158 724‡	RS	HAHE	HA	52724	57724	158 787	RE	HGNE	NC	52787	57787
158 725‡	RE	HAHE	HA	52725	57725	158 788	RE	HGNE	NC	52788	57788
158 726‡	RS	HAHE	HA	52726	57726	158 789	RE	HGNE	NC	52789	57789
158 727‡	RS	HAHE	HA	52727	57727	158 790	RE	HGNE	NC	52790	57790
158 728‡	RS	HAHE	HA	52728	57728	158 791	RE	HGNE	NC	52791	57791
158 729‡	RS	HAHE	HA	52729	57729	158 792	RE	HGNE	NC	52792	57792
158 730‡	RS	HAHE	HA	52730	57730	158 793	RE	HGNE	NC	52793	57793
158 731‡	RS	HAHE	HA	52731	57731	158 794	RE	HGNE	NC	52794	57794
158 732‡	RS	HAHE	HA	52732	57732	158 795	RE	HGNE	NC	52795	57795
158 733‡	RS	HAHE	HA	52733	57733	158 796	RE	HGNE	NC	52796	57796
158 734‡	RE	HAHE	HA	52734	57734	158 797	RE	HGNE	NC	52797	57797
158 735‡	RS	HAHE	HA	52735	57735	158 798*	RE	HCHT	HT	52798	58715	57798
158 736‡	RS	HAHE	HA	52736	57736	158 799*	RE	HCHT	HT	52799	58716	57799
158 737‡	RS	HAHE	HA	52737	57737	158 800*	RE	HCHT	HT	52800	58717	57800
158 738‡	RS	HAHE	HA	52738	57738	158 801*	RE	HCHT	HT	52801	58701	57801
158 739‡	RS	HAHE	HA	52739	57739	158 802*	RE	HCHT	HT	52802	58702	57802
158 740‡	RS	HAHE	HA	52740	57740	158 803*	RE	HCHT	HT	52803	58703	57803
158 741‡	RS	HAHE	HA	52741	57741	158 804*	RE	HCHT	HT	52804	58704	57804
158 742‡	RS	HAHE	HA	52742	57742	158 805*	RE	HCHT	HT	52805	58705	57805
158 743‡	RS	HAHE	HA	52743	57743	158 806*	RE	HCHT	HT	52806	58706	57806
158 744‡	RS	HAHE	HA	52744	57744	158 807*	RE	HCHT	HT	52807	58707	57807
158 745‡	RE	HAHE	HA	52745	57745	158 808*	RE	HCHT	HT	52808	58708	57808
158 746‡	RS	HAHE	HA	52746	57746	158 809*	RE	HCHT	HT	52809	58709	57809
158 747§	RE	HHNE	NH	52747	57747	158 810*	RE	HCHT	HT	52810	58710	57810
158 748§	RE	HHNE	NH	52748	57748	158 811*	RE	HCHT	HT	52811	58711	57811
158 749§	RE	HHNE	NH	52749	57749	158 812*	RE	HCHT	HT	52812	58712	57812
158 750§	RE	HHNE	NH	52750	57750	158 813*	RE	HCHT	HT	52813	58713	57813
158 751§	RE	HHNE	NH	52751	57751	158 814*	RE	HCHT	HT	52814	58714	57814
158 752	RE	HDNE	NH	52752	57752	158 815†	RE	HKCE	CF	52815	57815
158 753	RE	HDNE	NH	52753	57753	158 816†	RE	HKCE	CF	52816	57816
158 754	RE	HDNE	NH	52754	57754	158 817†	RE	HKCE	CF	52817	57817
158 755	RE	HDNE	NH	52755	57755	158 818†	RE	HKCE	CF	52818	57818
158 756	RE	HDNE	NH	52756	57756	158 819†	RE	HKCE	CF	52819	57819
158 757	RE	HDNE	NH	52757	57757	158 820†	RE	HKCE	CF	52820	57820
158 758	RE	HDNE	NH	52758	57758	158 821†	RE	HKCE	CF	52821	57821
158 759	RE	HDNE	NH	52759	57759	158 822†	RE	HKCE	CF	52822	57822
158 760	RE	HCNE	NL	52760	57760	158 823†	RE	HKCE	CF	52823	57823
158 761	RE	HCNE	NL	52761	57761	158 824†	RE	HKCE	CF	52824	57824
158 762	RE	HCNE	NL	52762	57762	158 825†	RE	HKCE	CF	52825	57825
158 763	RE	HCNE	NL	52763	57763	158 826†	RE	HKCE	CF	52826	57826

DMUS

158 827†	RE	HKCE	CF	52827	57827	158 850†	RE	HGNE	NC	52850	57850
158 828†	RE	HKCE	CF	52828	57828	158 851†	RE	HGNE	NC	52851	57851
158 829†	RE	HKCE	CF	52829	57829	158 852†	RE	HGNE	NC	52852	57852
158 830†	RE	HKCE	CF	52830	57830	158 853†	RE	HGNE	NC	52853	57853
158 831†	RE	HKCE	CF	52831	57831	158 854†	RE	HGNE	NC	52854	57854
158 832†	RE	HKCE	CF	52832	57832	158 855†	RE	HGNE	NC	52855	57855
158 833†	RE	HKCE	CF	52833	57833	158 856†	RE	HGNE	NC	52856	57856
158 834†	RE	HKCE	CF	52834	57834	158 857†	RE	HGNE	NC	52857	57857
158 835†	RE	HKCE	CF	52835	57835	158 858†	RE	HGNE	NC	52858	57858
158 836†	RE	HKCE	CF	52836	57836	158 859†	RE	HGNE	NC	52859	57859
158 837†	RE	HKCE	CF	52837	57837	158 860†	RE	HGNE	NC	52860	57860
158 838†	RE	HKCE	CF	52838	57838	158 861†	RE	HGNE	NC	52861	57861
158 839†	RE	HKCE	CF	52839	57839	158 862†	RE	HGNE	NC	52862	57862
158 840†	RE	HKCE	CF	52840	57840	158 863ø	RE	HKCE	CF	52863	57863
158 841†	RE	HKCE	CF	52841	57841	158 864ø	RE	HKCE	CF	52864	57864
158 842†	RE	HKCE	CF	52842	57842	158 865ø	RE	HKCE	CF	52865	57865
158 843†	RE	HKCE	CF	52843	57843	158 866ø	RE	HKCE	CF	52866	57866
158 844†	RE	HGNE	NC	52844	57844	158 867ø	RE	HKCE	CF	52867	57867
158 845†	RE	HGNE	NC	52845	57845	158 868ø	RE	HKCE	CF	52868	57868
158 846†	RE	HGNE	NC	52846	57846	158 869ø	RE	HKCE	CF	52869	57869
158 847†	RE	HGNE	NC	52847	57847	158 870ø	RE	HKCE	CF	52870	57870
158 848†	RE	HGNE	NC	52848	57848	158 871ø	RE	HKCE	CF	52871	57871
158 849†	RE	HGNE	NC	52849	57849	158 872ø	RE	HKCE	CF	52872	57872

CLASS 158/9 — 2-Car Express Unit

Normal Formation: DMSL + DMS. Through gangwayed.
Built: 1991 by BREL, Derby Carriage & Wagon.
Engines: One Cummins NT-855-R1 of 261 kW (350 hp) per car.
Wheel Arrangement: 2-B + B-2.   **Maximum Speed:** 90 mph.
Length: 23.21 + 23.21 m.   **Weight:** 38.10 + 37.80 t.
Seats: 70S + 72S   **Toilets:** 1 + 0.

158 901	WY	HCNM	NL	52901	57901	158 906	WY	HCNM	NL	52906	57906
158 902	WY	HCNM	NL	52902	57902	158 907	WY	HCNM	NL	52907	57907
158 903	WY	HCNM	NL	52903	57903	158 908	WY	HCNM	NL	52908	57908
158 904	WY	HCNM	NL	52904	57904	158 909	WY	HCNM	NL	52909	57909
158 905	WY	HCNM	NL	52905	57905	158 910	WY	HCNM	NL	52910	57910

CLASS 159 — 3-Car Express Unit

Normal Formation: DMCL + MSL + DMSL. Through gangwayed.
Built: 1992 by BREL, Derby Carriage & Wagon as Class 158/0. Converted by Babcock Rail Projects, Rosyth, 1992-93.
Engines: One Cummins NT-855-R3 of 299 kW (400 hp) per car.
Wheel Arrangement: 2-B + (*B-2) + B-2.   **Maximum Speed:** 90 mph.
Length: 23.21 + 23.21 + 23.21 m.   **Weight:** 38.10 + 37.10 + 38.10 t.
Seats: 24F, 28S + 70S + 72S   **Toilets:** 1 + 1 + 1.

159 001	NW	NSSX	SA	52873	58718	57873	159 012	NZ	NSSX	SA	52884	58729	57884
159 002	NW	NSSX	SA	52874	58719	57874	159 013	NZ	NSSX	SA	52885	58730	57885
159 003	NZ	NSSX	SA	52875	58720	57875	159 014	NZ	NSSX	SA	52886	58731	57886
159 004	NW	NSSX	SA	52876	58721	57876	159 015	NZ	NSSX	SA	52887	58732	57887
159 005	NZ	NSSX	SA	52877	58722	57877	159 016	NW	NSSX	SA	52888	58733	57888
159 006	NZ	NSSX	SA	52878	58723	57878	159 017	NZ	NSSX	SA	52889	58734	57889
159 007	NW	NSSX	SA	52879	58724	57879	159 018	NZ	NSSX	SA	52890	58735	57890
159 008	NZ	NSSX	SA	52880	58725	57880	159 019	NW	NSSX	SA	52891	58736	57891
159 009	NW	NSSX	SA	52881	58726	57881	159 020	NZ	NSSX	SA	52892	58737	57892
159 010	NZ	NSSX	SA	52882	58727	57882	159 021	NW	NSSX	SA	52893	58738	57893
159 011	NZ	NSSX	SA	52883	58728	57883	159 022	NZ	NSSX	SA	52894	58739	57894

CLASS 165/0 — 2 or *3-Car Network Turbo Unit

Normal Formation: DMCL + (* MS) + DMS. Gangwayed within unit.
Built: 1991-92 by BREL, York.
Engines: One Perkins 2006-TWH of 261 kW (350 hp) per car.

DMUS

Wheel Arrangement: 2-B + (*B-2) + B-2.
Length: 22.91 + 22.72 + 22.91 m.
Seats: 16F, 72S+ 98S (* 24F, 58S + 106S + 98S).
Maximum Speed: 90 mph.
Weight: 37.00 + 37.00 + 37.00 t.
Toilets: 1 + 0 + 0.

165 001	NW	NWRX RG	58801	58834		165 021	NW	NMYX AL	58821	58854
165 002	NW	NWRX RG	58802	58835		165 022	NW	NMYX AL	58822	58855
165 003	NW	NWRX RG	58803	58836		165 023	NW	NMYX AL	58873	58867
165 004	NW	NWRX RG	58804	58837		165 024	NW	NMYX AL	58874	58868
165 005	NW	NWRX RG	58805	58838		165 025	NW	NMYX AL	58875	58869
165 006	NW	NMYX AL	58806	58839		165 026	NW	NMYX AL	58876	58870
165 007	NW	NMYX AL	58807	58840		165 027	NW	NMYX AL	58877	58871
165 008	NW	NMYX AL	58808	58841		165 028	NW	NMYX AL	58878	58872
165 009	NW	NMYX AL	58809	58842		165 029*	NW	NMYX AL	58823	55404	58856
165 010	NW	NMYX AL	58810	58843		165 030*	NW	NMYX AL	58824	55405	58857
165 011	NW	NMYX AL	58811	58844		165 031*	NW	NMYX AL	58825	55406	58858
165 012	NW	NMYX AL	58812	58845		165 032*	NW	NMYX AL	58826	55407	58859
165 013	NW	NMYX AL	58813	58846		165 033*	NW	NMYX AL	58827	55408	58860
165 014	NW	NMYX AL	58814	58847		165 034*	NW	NMYX AL	58828	55409	58861
165 015	NW	NMYX AL	58815	58848		165 035*	NW	NMYX AL	58829	55410	58862
165 016	NW	NMYX AL	58816	58849		165 036*	NW	NMYX AL	58830	55411	58863
165 017	NW	NMYX AL	58817	58850		165 037*	NW	NMYX AL	58831	55412	58864
165 018	NW	NMYX AL	58818	58851		165 038*	NW	NMYX AL	58832	55413	58865
165 019	NW	NMYX AL	58819	58852		165 039*	NW	NMYX AL	58833	55414	58866
165 020	NW	NMYX AL	58820	58853							

CLASS 165/1 — 2 or *3 Car Network Turbo Unit

Normal Formation: DMCL + (* MS) + DMS. Gangwayed within unit.
Built: 1992-93 by BREL/ABB Transportation, York.
Engines: One Perkins 2006-TWH of 261 kW (350 hp) per car.
Wheel Arrangement: 2-B + (*B-2) + B-2.
Length: 22.91 + (* 22.72) + 22.91 m.
Seats: 16F, 72S+ 98S (* 24F, 58S + 106S + 98S).
Maximum Speed: 90 mph.
Weight: 37.00 + (* 37.00) + 37.00 t.
Toilets: 1 + 0 + 0.

165 101*	NW	NWRXRG	58953	55415	58916	165 120	NW	NWRXRG	58881	58935
165 102*	NW	NWRX RG	58954	55416	58917	165 121	NW	NWRX RG	58882	58936
165 103*	NW	NWRX RG	58955	55417	58918	165 122	NW	NWRX RG	58883	58937
165 104*	NW	NWRX RG	58956	55418	58919	165 123	NW	NWRX RG	58884	58938
165 105*	NW	NWRX RG	58957	55419	58920	165 124	NW	NWRX RG	58885	58939
165 106*	NW	NWRX RG	58958	55420	58921	165 125	NW	NWRX RG	58886	58940
165 107*	NW	NWRX RG	58959	55421	58922	165 126	NW	NWRX RG	58887	58941
165 108*	NW	NWRX RG	58960	55422	58923	165 127	NW	NWRX RG	58888	58942
165 109*	NW	NWRX RG	58961	55423	58924	165 128	NW	NWRX RG	58889	58943
165 110*	NW	NWRX RG	58962	55424	58925	165 129	NW	NWRX RG	58890	58944
165 111*	NW	NWRX RG	58963	55425	58926	165 130	NW	NWRX RG	58891	58945
165 112*	NW	NWRX RG	58964	55426	58927	165 131	NW	NWRX RG	58892	58946
165 113*	NW	NWRX RG	58965	55427	58928	165 132	NW	NWRX RG	58893	58947
165 114*	NW	NWRX RG	58966	55428	58929	165 133	NW	NWRX RG	58894	58948
165 115*	NW	NWRX RG	58967	55429	58930	165 134	NW	NWRX RG	58895	58949
165 116*	NW	NWRX RG	58968	55430	58931	165 135	NW	NWRX RG	58896	58950
165 117*	NW	NWRXRG	58969	55431	58932	165 136	NW	NWRXRG	58897	58951
165 118	NW	NWRXRG	58879	58933		165 137	NW	NWRXRG	58898	58952
165 119	NW	NWRXRG	58880	58934						

CLASS 166 — 3-Car Network Turbo Unit

Normal Formation: DMCL + MS + DMCL. Gangwayed within unit.
Builder: 193 by ABB Transportation, York.
Engines: One Perkins 2006-TWH of 261 kW (350 hp) per car.
Wheel Arrangement: 2-B + (*B-2) + B-2.
Length: 22.91 + 22.72 + 22.91 m.
Seats: 16F, 72S+ 96S + 16F, 72S
Maximum Speed: 90 mph.
Weight: 40.60 + 38.40 + 40.60 t.
Toilets: 1 + 0 + 1.

166 201	NW	NWRXRG	58101	58601	58122	166 203	NW	NWRXRG	58103	58603	58124
166 202	NW	NWRX RG	58102	58602	58123	166 204	NW	NWRX RG	58104	58604	58125

33

DMUS

166 205	NW	NWRXRG	58105	58605	58126	166 214	NW	NWRX RG	58114	58614	58135
166 206	NW	NWRX RG	58106	58606	58127	166 215	NW	NWRX RG	58115	58615	58136
166 207	NW	NWRX RG	58107	58607	58128	166 216	NW	NWRX RG	58116	58616	58137
166 208	NW	NWRX RG	58108	58608	58129	166 217	NW	NWRX RG	58117	58617	58138
166 209	NW	NWRX RG	58109	58609	58130	166 218	NW	NWRX RG	58118	58618	58139
166 210	NW	NWRX RG	58110	58610	58131	166 219	NW	NWRX RG	58119	58619	58140
166 211	NW	NWRX RG	58111	58611	58132	166 220	NW	NWRX RG	58120	58620	58141
166 212	NW	NWRX RG	58112	58612	58133	166 221	NW	NWRX RG	58121	58621	58142
166 213	NW	NWRX RG	58113	58613	58134						

DIESEL ELECTRIC MULTIPLE UNITS

Note: The following features are common to all surviving Diesel Electric vehicles:
Engine: English Electric 4SRKT of 450 kW (600 hp).
Transmission: Electric. English Electric
Maximum Speed: 75 mph.
Multiple Working: Other DEMUs. (except Class 210)

CLASS 201   Preserved 5-Car Unit

Normal Formation: DMBSO + TSOL + TSOL + TSOL + DMBSO. Non gangwayed.
Built: 1957-59 by BR, Eastleigh/BR, Ashford.
Wheel Arrangement: 2-Bo + 2-2 + 2-2 + 2-2 + Bo-2.
Length: 18.36 + 18.36 + 20.34 + 20.34 + 20.34 m.
Weight: 54.00 + 29.00 + 33.80 + 30.00 + 55.00 t.
Seats: 22S + 52S + 64S + 60S + 30S.
Toilets: 0 + 2 + 2 + 2 + 0.
Note: Owned by Hastings Diesels Ltd. 70262 is a former Class 411 EMU car.

| 1001 | GR | SE | 60000 | 60501 | 70262 | 60529 | 60118 |

CLASS 205/0   3-H Unit

Normal Formation: DMBSO + TSO + DTCsoL. Non gangwayed.
Built: 1957-59 by BR, Eastleigh/BR, Ashford.
Wheel Arrangement: 2-Bo + 2-2 + 2-2.
Length: 20.33 + 20.28 + 20.36 m.
Weight: 56.00 + 30.00 + 32.00 t.
Seats: 52S + 104S + 19F, 50S (* 13F, 50S)
Toilets: 0 + 0 + 2.

205 001*	NC	NSLX	SU	60154	60650	60800	205 023	NW	SBXH	ZG+	60122		60822
205 009	NC	NSLX	SU	60108	60658	60808	205 024*	NC	NSLX	SU	60123	60669	60823
205 012	NC	NSLX	SU	60111	60661	60811	205 025*	NW	NSLX	SU	60124	60670	60824
205 018	NW	NSLX	SU	60117	606/4	60828	Spare	NW	SBXH	SE+	60664	60665	60668

CLASS 205/0   3-B Unit

Normal Formation: DMBSO + TSO + DTCsoL. Non gangwayed.
Built: 1960-62 by BR Eastleigh/BR Ashford.
Wheel Arrangement: 2-Bo + 2-2 + 2-2.
Length: 20.33 + 20.28 + 20.36 m.
Weight: 56.00 + 30.00 + 32.00 t.
Seats: 42S + 104S + 13F, 62S (* 13F, 50S).
Toilets: 0 + 0 + 2.

| 205 028 | NW | NSLX | SU | 60146 | 60673 | 60827 | 205 033* | NC | NSLX | SU | 60151 | 60678 | 60832 |
| 205 032 | NC | NSLX | SU | 60150 | 60677 | 60831 | | | | | | | |

CLASS 205/2   3-H(M) Unit

Normal Formation: DMBSO + TSOL + DTSOL. Gangwayed within unit.
Built: 1957 (TSOL 1956) by BR Eastleigh/BR Ashford.
Wheel Arrangement: 2-Bo + 2-2 + 2-2.
Length: 20.33 + 20.34 + 20.36 m.
Weight: 57.00 + 33.80 + 32.00 t.
Seats: 39S + 64S + 76S
Toilets: 0 + 1 + 2.

| 205 205 | N | NSLX | SU | 60110 | 71634 | 60810 |

CLASS 207/0   2 or *3-D Unit.

Normal Formation: DMBSO + (* TCsoL) + DTSO. Non gangwayed.
Built: 1962 by BR, Eastleigh/BR, Ashford.
Wheel Arrangement: 2-Bo + (* 2-2) + 2-2.
Length: 20.33 + (* 20.33) + 20.32 m.
Weight: 56.00 + (* 31.00) + 32.00 t.
Seats: 42S + (* 24F, 42S) + 76S
Toilets: 0 + (* 1) + 0.

EMUS

| 207 017 | NW | NSLX | SU | 60142 | | 60916 | Spare | NW | SBXH | ZG+ | 60138 |
| Spare* | NW | SBXH | SU+ | 60616 | | | Spare | NW | SBXH | SE+ | 60135 |

CLASS 207/2   3-Del UNIT

Normal Formation: DMBSO + TSOL + DTSO. Gangwayed within unit.
Built: 1962 (TSOL 1958-61) by BR Eastleigh/BR Ashford. **Wheel Arrangement:** 2-Bo + 2-2 + 2-2.
Length: 20.33 + 20.34 + 20.32 m.   **Weight:** 56.00 + 33.80 + 32.00 t.
Seats: 40S + 64S + 75S   **Toilets:** 0 + 1 + 0.

| 207 201 | N | NSLX | SU | 60129 | 70286 | 60903 | 207 203 | N | NSLX | SU | 60127 | 70547 | 60901 |
| 207 202 | NC | NSLX | SU | 60130 | 70549 | 60904 | | | | | | | |

CLASS 210   DMS

Built: 1982 by BREL, Derby Carriage & Wagon. Gangwayed throughout.
Engine: One MTU 12V396TC12 of 915 kW (1225 hp).
Transmission: Electric. GEC.   **Wheel Arrangement:** Bo-Bo.
Length: 20.52 m.   **Weight:** 62.00 t.
Seats: 45S.   **Toilet:** Not equipped.

Spare   NW   SBXZ   ZG+ 60200

CLASS 210   DMBS

Built: 1982 by BREL, Derby Carriage & Wagon. Gangwayed throughout.
Engine: One Paxman Valenta 6RP200 of 838 kW (1129 hp).
Transmission: Electric. Brush.   **Wheel Arrangement:** Bo-Bo.
Length: 20.52 m.   **Weight:** 62.00 t.
Seats: 28S.   **Toilet:** Not equipped.

Spare   NW   SBXZ   ZG+ 60201

ELECTRIC MULTIPLE UNITS

25 kV a.c. 50 Hz OVERHEAD & DUAL VOLTAGE UNITS.

Unless otherwise stated, all units in this section operate on the 25 kV a.c. 50 Hz overhead system only.

CLASS 302/0   4-Car Unit

Normal Formation: BDTSOL + MBSO + TSOL + DTSO. Gangwayed within unit.
Built: 1958-60 by BR, Doncaster (BDTSOL & 70060-91); BR, York (other cars).
Wheel Arrangement: 2-2 + Bo-Bo + 2-2 + 2-2.   **Maximum Speed:** 75 mph.
Electrical Equipment: English Electric.   **Continuous Rating:** 574 kW.
Length: 20.36 + 20.18 + 20.18 + 20.36 m.   **Weight:** 39.50 + 55.30 + 34.40 + 33.40 t.
Seats: 76S + 76S + 86S + 88S.   **Toilets:** 1 + 0 + 1 + 0.

302 201	N	NTSX	EM	75085	61060	70060	75033
302 202	NW	NTSX	EM	75086	61061	70061	75034
302 203	NT	SAXH	SS+	75311	61122	70122	75236
302 204	NT	NTSX	EM	75088	61063	70063	75036
302 205	NW	NTSX	EM	75089	61064	70064	75037
302 206	NW	NTSX	EM	75281	61065	70224	75356
302 207	NW	NTSX	EM	75358	61226	70226	75283
302 210	NW	NTSX	EM	75094	61069	70069	75042
302 211	NW	NTSX	EM	75095	61070	70070	75043
302 212	NT	SAXH	SS+	75096	61071	70071	75044
302 213	NW	NTSX	EM	75097	61072	70072	75060
302 215	NW	NTSX	EM	75099	61074	70074	75062
302 216	NW	NTSX	EM	75100	61075	70075	75063
302 217	NW	NTSX	EM	75190	61076	70076	75064

EMUS

302 218	NW	NTSX	EM	75191	61077	70077	75065
302 219	NW	NTSX	EM	75192	61078	70078	75066
302 220	NW	NTSX	EM	75193	61079	70079	75067
302 221	NT	NTSX	EM	75194	61080	70080	75068
302 222	NW	SAXH	SS+	75195	61081	70081	75069
302 223	NW	NTSX	EM	75341	61209	70209	75266
302 224	NW	NTSX	EM	75197	61083	70083	75071
302 225	NW	NTSX	EM	75198	61084	70084	75072
302 226	NW	NTSX	EM	75199	61085	70085	75073
302 227	N	NTSX	EM	75325	61193	70193	75250
302 228	N	NTSX	EM	75201	61087	70087	75075
302 229	NW	NTSX	EM	75202	61088	70088	75076
302 230	NT	NTSX	EM	75205	61091	70091	75079

CLASS 303/1 (* 303/0)   3-Car Unit

Normal Formation: DTSO + MBSO + BDTSO. Gangwayed within unit (*Non gangwayed).
Built: 1959-61 by Pressed Steel, Linwood.
Wheel Arrangement: 2-2 + Bo-Bo + 2-2.
Electrical Equipment: Metropolitan Vickers.
Length: 20.18 + 20.18 + 20.18 m.
Seats: 56S + 48S + 56S (*83S + 70S + 83S).
Maximum Speed: 75 mph.
Continuous Rating: 620 kW.
Weight: 34.40 + 56.40 + 38.40 t.
Toilets: Not equipped.
Notes: 75758 is officially 75752; 75814 is officially 75808.

303 001	SC	HAGN	GW	75566	61481	75601	303 040	SC	HAGS	GW	75581	61816	75806
303 003	SC	HAGN	GW	75568	61483	75603	303 043	SC	HAGN	GW	75572	61819	75809
303 004	SC	HAGS	GW	75569	61484	75604	303 045	SC	HAGS	GW	75755	61821	75811
303 006	SC	HAGN	GW	75571	61486	75606	303 046	SC	SCXH	ZH+	75756	61822	75812
303 008	SC	HAGS	GW	75573	61488	75608	303 047	SC	HAGS	GW	75757	61823	75813
303 009	SC	HAGS	GW	75574	61489	75609	303 048*	SP	SCXH	GW+	75758	61824	75814
303 010	SC	HAGN	GW	75575	61490	75610	303 054	SC	HAGN	GW	75764	61830	75820
303 011	SC	HAGN	GW	75576	61491	75611	303 055	SC	HAGS	GW	75765	61831	75821
303 012	SC	HAGS	GW	75577	61492	75612	303 056	SC	HAGS	GW	75766	61832	75822
303 013	SC	HAGS	GW	75578	61493	75613	303 058	SC	HAGN	GW	75768	61834	75824
303 014	SC	HAGN	GW	75579	61494	75614	303 061	SC	HAGS	GW	75771	61837	75827
303 016	SC	HAGS	GW	75750	61496	75616	303 065	SC	HAGN	GW	75775	61841	75831
303 019	SC	HAGS	GW	75584	61499	75619	303 070	SC	HAGN	GW	75780	61846	75836
303 020	SC	HAGS	GW	75585	61500	75620	303 077	SC	HAGS	GW	75787	61853	75843
303 021	SC	HAGS	GW	75586	61501	75621	303 079	SC	HAGN	GW	75789	61855	75845
303 023	SC	HAGS	GW	75588	61503	75623	303 080	SC	HAGS	GW	75790	61856	75846
303 024	SC	HAGS	GW	75589	61504	75624	303 083	SC	HAGS	GW	75793	61859	75849
303 025	SC	HAGN	GW	75590	61505	75625	303 085	SC	HAGS	GW	75795	61861	75851
303 027	SC	HAGN	GW	75592	61507	75627	303 087	SC	HAGS	GW	75797	61863	75853
303 028	SC	HAGS	GW	75600	61508	75635	303 088	SC	HAGN	GW	75798	61864	75854
303 032	SC	HAGN	GW	75597	61512	75632	303 089	SC	HAGS	GW	75799	61865	75855
303 033	SC	HAGN	GW	75595	61860	75817	303 090	SC	HAGS	GW	75800	61866	75856
303 034	SC	HAGN	GW	75599	61514	75634	303 091	SC	HAGS	GW	75801	61867	75857
303 037	SC	HAGN	GW	75781	61813	75803	Spare		BG	SCXZ	YO+	75773		

CLASS 304   3-Car Unit

Normal Formation: BDTSOL + MBSO + DTBSO. Non gangwayed.
Built: 1960-61 by BR, Wolverton.
Wheel Arrangement: 2-2 + Bo-Bo + 2-2.
Electrical Equipment: British Thomson Houston.
Length: 20.31+20.17+20.31 m.
Seats: 80S + 72S + 82S.
Maximum Speed: 75 mph.
Continuous Rating: 620 kW.
Weight: 36.80 + 54.50 + 32.50 t.
Toilets: 2 + 0 + 0.

304 006	BG	SAXH	SR+	75050	61050	75650	304 013	BG	SAXH	SR+	75057	61057	75657

CLASS 305/1   3-Car Unit

Normal Formation: BDTSO + MBSO + DTSO. Non gangwayed.
Built: 1960 by BR, York.
Wheel Arrangement: 2-2 + Bo-Bo + 2-2.
Maximum Speed: 75 mph.

EMUS

Electrical Equipment: GEC.
Length: 20.35 +20.29+ 20.35m
Seats: 92S + 84S + 92S.

Continuous Rating: 612 kW.
Weight: 34.90 + 56.40 + 31.50 t.
Toilets: Not equipped.

305 403	NM	SCXH	MA+	75506	61473	75558	Spare	NW	SCXH	MA+ 61433

CLASS 305/2   3 or *4-Car Unit

Normal Formation: BDTSOL + MBSO + (*TSOL) + DTSO. Gangwayed within unit.
Built: 1960 by BR, Doncaster.
Wheel Arrangement: 2-2 + Bo-Bo + (*2-2) + 2-2.
Electrical Equipment: GEC.
Length: 20.35 + 20.18 + (*20.18) + 20.35 m.
Seats: 76S + 68S + (*88S) († 54S + 40S + 70S).

Maximum Speed: 75 mph.
Continuous Rating: 612 kW.
Weight: 36.50 + 56.50 + (*31.50) + 32.70 t.
Toilets: 1 + 0 + 1 + 0.

305 501*	RS	HAGD	GW	75424	61410	70356	75443
305 502*	RR	HAGD	GW	75425	61421	70357	75444
305 503†	MR	HDLB	LG	75426	61412		75445
305 506	MR	HDLB	LG	75429	61415		75448
305 507	RR	HDLB	LG	75430	61416		75449
305 508*	RS	HAGD	GW	75431	61417	70363	75450
305 510	MR	HDLB	LG	75433	61419		75452
305 511†	MR	HDLB	LG	75434	61420		75453
305 515†	MR	HDLB	LG	75438	61424		75457
305 516	MR	HDLB	LG	75439	61425		75458
305 517*	RR	HAGD	GW	75440	61426	70372	75459
305 518	RR	SCXH	MA+	75441	61427		75460
305 519*	RS	HAGD	GW	75442	61428	70374	75461
Spare	RR	SCXH	MA+	61418			

CLASS 306   3-Car Unit

Normal Formation: DMSO + PTBSO + DTSO. Non gangwayed.
Built: 1949 by Metropolitan Cammell, Birmingham (DMSO & TBSO); BRCW, Smethwick (DTSO).
Wheel Arrangement: Bo-Bo + 2-2 + 2-2.
Electrical Equipment: Crompton Parkinson.
Length: 19.24 +17.40+ 19.24 m.
Seats: 62S + 46S + 60S.

Maximum Speed: 70 mph.
Continuous Rating: 620 kW.
Weight: 51.70 + 26.40 + 27.90 t.
Toilets: Not equipped.

306 017	GR	SAXH	IL+	65217	65417	65617

CLASS 308   3-Car Unit

Normal Formation: BDTSOL + MBSO + DTSO. Gangwayed within unit.
Built: 1961-62 by BR, York.
Wheel Arrangement: 2-2 + Bo-Bo + 2-2.
Electrical Equipment: English Electric.
Length: 19.88 + 20.18 + 19.88 m.
Seats: 76S + 76S + 88S.

Maximum Speed: 75 mph.
Continuous Rating: 574 kW.
Weight: 36.30 + 55.00 + 33.00 t.
Toilets: 1 + 0 + 0.

308 134	WY	HCNB	NL	75879	61884	75888	308 153	WY	HCNB	NL	75907	61903	75940
308 136	WY	HCNB	NL	75881	61886	75890	308 154	WY	HCNB	NL	75908	61904	75941
308 137	WY	HCNB	NL	75882	61887	75891	308 155	WY	HCNB	NL	75909	61905	75942
308 138	WY	HCNB	NL	75883	61888	75892	308 157	WY	HCNB	NL	75915	61907	75944
308 141	WY	HCNB	NL	75886	61891	75895	308 158	WY	HCNB	NL	75912	61908	75945
308 142	NW	SCXZ	NL+	75897	61893	75930	308 159	WY	HCNB	NL	75906	61909	75946
308 143	WY	HCNB	NL	75897	61893	75930	308 161	WY	HCNB	NL	75911	61911	75948
308 144	WY	HCNB	NL	75880	61894	75931	308 162	WY	HCNB	NL	75916	61912	75949
308 145	WY	HCNB	NL	75899	61895	75932	308 163	WY	HCNB	NL	75917	61913	75950
308 147	WY	HCNB	NL	75901	61897	75934	308 164	WY	HCNB	NL	75918	61914	75951
308 148	WY	HCNB	NL	75913	61902	75939	308 165	WY	HCNB	NL	75919	61915	75952

SPARE TSOL
Length: 20.18 m
Seats: 86S.

Weight: 31.40 t.
Toilets: 1.

Spare	NW	SCXZ	CP+	70612	70621	70622	70631	70649

EMUS

CLASS 309/1 — 4-Car Unit

Normal Formation: DMBSO(T) + TSOL + TCsoL + BDTSOL. Gangwayed throughout.
Built: 1962-63 by BR, York (Driving cars); 1973-81 by BR, Wolverton (Trailer cars).
Wheel Arrangement: Bo-Bo + 2-2 + 2-2 + 2-2.   **Maximum Speed:** 100 mph.
Electrical Equipment: GEC.   **Continuous Rating:** 840 kW.
Length: 20.18 + 20.18 + 20.18 + 20.18 m.   **Weight:** 60.00 +35.00+36.00+40.00 t
Seats: 44S + 64S + 24F, 28S + 60S.   **Toilets:** 0 + 2 + 1 + 1.

309 605	NW	SCXH	LM+	61944	71108	71113	75988
309 606	NW	SCXH	LM+	61945	71109	71112	75989
309 607	NW	SCXH	BP+	61946	71107	71111	75990

CLASS 309/2 — 4-Car Unit

Normal Formation: BDTCsoL + MBSOL(T) + TSO + DTSOL. Gangwayed throughout.
Built: 1962-63 by BR, York (except TSO); 1984-87 by BR, Wolverton (TSO).
Wheel Arrangement: 2-2 + Bo-Bo + 2-2 + 2-2.   **Maximum Speed:** 100 mph.
Electrical Equipment: GEC.   **Continuous Rating:** 840 kW.
Length: 20.18 + 20.18 + 20.18 + 20.18 m.   **Weight:** 40.00 + 58.00 + 35.00 + 37.00 t.
Seats: 18F, 32S + 44S + 68S + 56S.   **Toilets:** 2 + 2 + 0 + 2.

309 613	RN	HDLC	LG	75639	61934	71756	75978
309 616	RN	HDLC	MA+	75642	61937	71759	75981
309 617	RN	HDLC	LG	75643	61938	71760	75982
309 618	NW	SCXH	BP+	75966	61939	71761	75983
309 623	RN	HDLC	LG	75641	61927	71758	75980
309 624	SP	HDLC	LG	75965	61928	70256	75972
309 626	NW	SCXH	BP+	75967	61930	70258	75974
309 627	RN	HDLC	LG	75644	61931	70259	75975

CLASS 310/0 — 4-Car Unit

Normal Formation: BDTSOL + MBSO + TSO + DTSOL. Gangwayed within unit.
Built: 1965-67 by BR, Derby Carriage & Wagon.
Wheel Arrangement: 2-2 + Bo-Bo + 2-2 + 2-2.   **Maximum Speed:** 75 mph.
Electrical Equipment: English Electric.   **Continuous Rating:** 806 kW.
Length: 20.18 + 20.18 + 20.18 + 20.18 m.   **Weight:** 37.30 (* 34.50; †35.00)+ 57.20 + 31.70 + 34.4 t.
Seats: 80S (* 68S; †75S) + 68S + 98S + 68S.   **Toilets:** 2 + 0 + 0 + 2.

310 046	NT	NTSX	EM	76130	62071	70731	76180
310 047	N	NTSX	EM	76131	62072	70732	76181
310 049	NW	NTSX	EM	76133	62074	70734	76183
310 050	NW	NTSX	EM	76134	62075	70735	76184
310 051	NW	NTSX	EM	76135	62076	70736	76185
310 052	NT	NTSX	EM	76136	62077	70737	76186
310 057	NW	NTSX	EM	76141	62082	70742	76191
310 058	N	NTSX	EM	76142	62083	70743	76192
310 059	NT	NTSX	EM	76143	62084	70744	76205
310 060	NW	NTSX	EM	76144	62085	70745	76194
310 064	NW	NTSX	EM	76148	62089	70749	76198
310 066*	NW	NTSX	EM	76228	62091	70751	76200
310 067	NT	NTSX	EM	76151	62092	70752	76201
310 068	NT	NTSX	EM	76152	62093	70753	76202
310 069	NT	NTSX	EM	76153	62094	70754	76203
310 070	NT	NTSX	EM	76154	62095	70755	76204
310 074	NT	NTSX	EM	76145	62099	70759	76208
310 075	NT	NTSX	EM	76159	62100	70760	76209
310 077	N	NTSX	EM	76161	62102	70762	76211
310 079	NW	NTSX	EM	76163	62104	70764	76222
310 080	NT	NTSX	EM	76164	62105	70765	76214
310 081	NT	NTSX	EM	76165	62106	70766	76215
310 082	NW	NTSX	EM	76166	62107	70767	76216

EMUS

310 083	NT	NTSX	EM	76167	62108	70768	76217
310 084	NT	NTSX	EM	76168	62109	70769	76218
310 085	NW	NTSX	EM	76169	62110	70770	76219
310 086	NW	NTSX	EM	76170	62111	70771	76220
310 087	NW	NTSX	EM	76171	62112	70772	76221
310 088	NT	NTSX	EM	76172	62113	70773	76213
310 089	NT	NTSX	EM	76173	62114	70774	76223
310 091	N	NTSX	EM	76175	62116	70776	76225
310 092	N	NTSX	EM	76176	62117	70777	76226
310 093	N	NTSX	EM	76177	62118	70778	76190
310 094†	NW	NTSX	EM	76998	62119	70780	76193
310 095	NW	NTSX	EM	76179	62120	70779	76229
Spare	NW	SAXZ	ZD+	76149	70750	76199	

CLASS 310/1   3-Car Unit

Normal Formation: BDTSOL + MBSO + DTSOL. Gangwayed within unit.
Built: 1965-67 by BR, Derby Carriage & Wagon.
Wheel Arrangement: 2-2 + Bo-Bo + 2-2.
Electrical Equipment: English Electric.
Length: 20.18 + 20.18 + 20.18 m.
Seats: 80S + 68S + 75S (* 68S).
Maximum Speed: 75 mph.
Continuous Rating: 806 kW.
Weight: 37.30 + 57.20 + 34.40 t.
Toilets: 2 + 0 + 2.

310 101	RR	HGBW	BY	76157	62098	76207	310 108	RR	HGBW	BY	76132	62073	76182
310 102	RR	HGBW	BY	76139	62080	76189	310 109	RR	HGBW	BY	76137	62078	76187
310 103	RR	HGBW	BY	76160	62101	76210	310 110	RR	HGBW	BY	76138	62079	76188
310 104	RR	HGBW	BY	76162	62103	76212	310 111	PM	HGBW	BY	76147	62088	76197
310 105	RR	HGBW	BY	76174	62115	76224	310 112*	RR	HGBW	BY	76140	62086	76227
310 106	RR	HGBW	BY	76156	62097	76206	310 113*	RR	HGBW	BY	76158	62090	76195
310 107	RR	HGBW	BY	76146	62087	76196							

Spare TSO. Details as Class 310/0 TSO.

Spare	RP	SAXH	LM+	70758			
Spare	PM	SAXH	ZD+	70748	70761		
Spare	PM	SAXH	KN+	70739	70746	70747	70757
Spare	PM	SAXH	KN+	70763			
Spare	PM	SAXH	BY+	70733	70748		
Spare	PM	SAXH	ZN+	70775			
Spare	PM	SAXH	LM+	70738	70740		

CLASS 312   4-Car Unit

Normal Formation: BDTSOL + MBSO + TSO + DTCOL. Gangwayed within unit.
Built: 1975-78 by BREL, York.
Wheel Formation: 2-2 + Bo-Bo + 2-2 + 2-2.
Electrical Equipment: English Electric.
Length: 20.18 + 20.18 + 20.18 + 20.18 m.
Seats: 84S + 68S + 98S + 25F, 47S (* 72S).
Maximum Speed: 90 mph.
Continuous Rating: 806 kW.
Weight: 34.90 + 56.00 + 30.50 + 33.00 t.
Toilets: 1 + 0 + 0 + 1.

312 701	NW	NGEX	IL	76949	62484	71168	78000
312 702	NW	NGEX	IL	76950	62485	71169	78001
312 703	NW	NGEX	IL	76951	62486	71170	78002
312 704	NW	NGEX	IL	76952	62487	71171	78003
312 705	NW	NGEX	IL	76953	62488	71172	78004
312 706	NW	NGEX	IL	76954	62489	71173	78005
312 707	NW	NGEX	IL	76955	62490	71174	78006
312 708	NW	NGEX	IL	76956	62491	71175	78007
312 709	NW	NGEX	IL	76957	62492	71176	78008
312 710	NW	NGEX	IL	76958	62493	71177	78009
312 711	NW	NGEX	IL	76959	62494	71178	78010
312 712	NW	NGEX	IL	76960	62495	71179	78011
312 713	NW	NGEX	IL	76961	62496	71180	78012
312 714	NW	NGEX	IL	76962	62497	71181	78013
312 715	NW	NGEX	IL	76963	62498	71182	78014
312 716	NW	NGEX	IL	76964	62499	71183	78015

EMUS

312 717	NW	NGEX	IL	76965	62500	71184	78016
312 718	NW	NGEX	IL	76966	62501	71185	78017
312 719	NW	NGEX	IL	76967	62502	71186	78018
312 720	NW	NGEX	IL	76968	62503	71187	78019
312 721	NW	NGEX	IL	76969	62504	71188	78020
312 722	NW	NGEX	IL	76970	62505	71189	78021
312 723	NW	NGEX	IL	76971	62506	71190	78022
312 724	NW	NGEX	IL	76972	62507	71191	78023
312 725	RR	HGBX	LG	76973		71193	78025
312 726	RR	HGBX	LG	76974	62508	71192	78024
312 727	RR	HGBX	LG	76994	62657	71277	78045
312 728	RR	HGBX	LG	76995	62658	71278	78046
312 729*	NT	NTSX	EM	76996	62659	71279	78047
312 730*	NT	NTSX	EM	76997	62660	71280	78048
312 781*	NW	NTSX	EM	76975	62510	71194	78026
312 782*	NT	NTSX	EM	76976	62511	71195	78027
312 783*	NW	NTSX	EM	76977	62512	71196	78028
312 784*	NT	NTSX	EM	76978	62513	71197	78029
312 785*	NW	NTSX	EM	76979	62514	71198	78030
312 786*	NT	NTSX	EM	76980	62515	71199	78031
312 787*	NT	NTSX	EM	76981	62516	71200	78032
312 788*	NW	NTSX	EM	76982	62517	71201	78033
312 789*	NW	NTSX	EM	76983	62518	71202	78034
312 790*	N	NTSX	EM	76984	62519	71203	78035
312 791*	N	NTSX	EM	76985	62520	71204	78036
312 792*	NT	NTSX	EM	76986	62521	71205	78037
312 793*	NT	NTSX	EM	76987	62522	71206	78038
312 794*	NT	NTSX	EM	76988	62523	71207	78039
312 795*	NT	NTSX	EM	76989	62524	71208	78040
312 796*	NT	NTSX	EM	76990	62525	71209	78041
312 797*	NT	NTSX	EM	76991	62526	71210	78042
312 798*	NT	NTSX	EM	76992	62527	71211	78043
312 799*	N	NTSX	EM	76993	62528	71212	78044
Spare	RR	HGBX	SI+	62509			

CLASS 313   3-Car Unit

System: 25 kV a.c. 50 Hz overhead or 750 V d.c. third rail *(LUL 4-rail system).
Normal Formation: DMSO + PTSO + BDMSO. Gangwayed within unit.
Built: 1976-77 by BREL, York.
Wheel Arrangement: Bo-Bo + 2-2 + Bo-Bo.   **Maximum Speed:** 75 mph.
Electrical Equipment: GEC.   **Continuous Rating:** 657 kW.
Length: 19.80 +19.92 +19.80 m.   **Weight:** 36.40 + 30.50 + 37.60 t.
Seats: 74S + 84S + 74S.   **Toilets:** Not equipped.

313 001*	N	NNLX	BY	62529	71213	62593	313 020*	N	NNLX	BY	62548	71232	62612
313 002*	NW	NNLX	BY	62530	71214	62594	313 021*	NW	NNLX	BY	62549	71233	62613
313 003*	NW	NNLX	BY	62531	71215	62595	313 022*	N	NNLX	BY	62550	71234	62614
313 004*	N	NNLX	BY	62532	71216	62596	313 023*	N	NNLX	BY	62551	71235	62615
313 005*	NW	NNLX	BY	62533	71217	62597	313 024	NW	NGNX	HE	62552	71236	62616
313 006*	N	NNLX	BY	62534	71218	62598	313 025	NA	NGNX	HE	62553	71237	62617
313 007*	NW	NNLX	BY	62535	71219	62599	313 026	NA	NGNX	HE	62554	71238	62618
313 008*	N	NNLX	BY	62536	71220	62600	313 027	NA	NGNX	HE	62555	71239	62619
313 009*	N	NNLX	BY	62537	71221	62601	313 028	NA	NGNX	HE	62556	71240	62620
313 010*	NW	NNLX	BY	62538	71222	62602	313 029	NA	NGNX	HE	62557	71241	62621
313 011*	N	NNLX	BY	62539	71223	62603	313 030	NA	NGNX	HE	62558	71242	62622
313 012*	NW	NNLX	BY	62540	71224	62604	313 031	NA	NGNX	HE	62559	71243	62623
313 013*	N	NNLX	BY	62541	71225	62605	313 032	NA	NGNX	HE	62560	71244	62643
313 014*	N	NNLX	BY	62542	71226	62606	313 033	NA	NGNX	HE	62561	71245	62625
313 015*	NW	NNLX	BY	62543	71227	62607	313 034*	NW	NNLX	BY	62562	71246	62626
313 016*	N	NNLX	BY	62544	71228	62608	313 035	NA	NGNX	HE	62563	71247	62627
313 017*	NW	NNLX	BY	62545	71229	62609	313 036	NA	NGNX	HE	62564	71248	62628
313 018	NA	NGNX	HE	62546	71230	62610	313 037	NA	NGNX	HE	62565	71249	62629
313 019*	N	NNLX	BY	62547	71231	62611	313 038	NW	NGNX	HE	62566	71250	62630

EMUS

313 039	NW	NGNX	HE	62567	71251	62631	313 052	NA	NGNX	HE	62580	71264	62644
313 040	N	NGNX	HE	62568	71252	62632	313 053	NA	NGNX	HE	62581	71265	62645
313 041	NW	NGNX	HE	62569	71253	62633	313 054	NA	NGNX	HE	62582	71266	62646
313 042	NW	NGNX	HE	62570	71254	62634	313 055	NA	NGNX	HE	62583	71267	62647
313 043	NW	NGNX	HE	62571	71255	62635	313 056	NA	NGNX	HE	62584	71268	62648
313 044	NA	NGNX	HE	62572	71256	62636	313 057	NA	NGNX	HE	62585	71269	62642
313 045	NA	NGNX	HE	62573	71257	62637	313 058	NA	NGNX	HE	62586	71270	62650
313 046	NA	NGNX	HE	62574	71258	62638	313 059	NA	NGNX	HE	62587	71271	62651
313 047	N	NGNX	HE	62575	71259	62639	313 060	NW	NGNX	HE	62588	71272	62652
313 048	NA	NGNX	HE	62576	71260	62640	313 061	NW	NGNX	HE	62589	71273	62653
313 049	NA	NGNX	HE	62577	71261	62641	313 062	NA	NGNX	HE	62590	71274	62654
313 050	NA	NGNX	HE	62578	71262	62649	313 063	NA	NGNX	HE	62591	71275	62655
313 051	NA	NGNX	HE	62579	71263	62624	313 064	NW	NGNX	HE	62592	71276	62656

CLASS 314   3-Car Unit

Normal Formation: DMSO + PTSO + DMSO. Gangwayed within unit.
Built: 1979 by BREL, York. († 65488 built 1978-80 as 64426, rebuilt by Railcare, Glagow, 1996).
Wheel Arrangement: Bo-Bo + 2-2 + Bo-Bo.   **Maximum Speed:** 75 mph.
Electrical Equipment: GEC (*† Brush).   **Continuous Rating:** 657 kW.
Length: 19.80 + 19.92 + 19.80 m.   **Weight:** 34.50 + 33.00 + 34.50 t.
Seats: 68S + 76S + 68S († 74S).   **Toilets:** Not equipped.

314 201*	SC	HAGC	GW	64583	71450	64584	314 209	SC	HAGC	GW	64599	71458	64600
314 202*	SC	HAGC	GW	64585	71451	64586	314 210	SC	HAGC	GW	64601	71459	64602
314 203†	SC	HAGC	GW	64587	71452	64588	314 211	SC	HAGC	GW	64603	71460	64604
314 204*	SC	HAGC	GW	64589	71453	64590	314 212	SC	HAGC	GW	64605	71461	64606
314 205*	SC	HAGC	GW	64591	71454	64592	314 213	SC	HAGC	GW	64607	71462	64608
314 206*	SC	HAGC	GW	64593	71455	64594	314 214	SC	HAGC	GW	64609	71463	64610
314 207	SC	HAGC	GW	64595	71456	64596	314 215	SC	HAGC	GW	64611	71464	64612
314 208	SC	HAGC	GW	64597	71457	64598	314 216	SC	HAGC	GW	64613	71465	64614

CLASS 315   4-Car Unit

Normal Formation: DMSO + TSO + PTSO + DMSO. Gangwayed within unit.
Built: 1980-81 by BREL, York.
Wheel Arrangement: Bo-Bo + 2-2 + 2-2 + Bo-Bo.   **Maximum Speed:** 75 mph.
Electrical Equipment: GEC (* Brush).   **Continuous Rating:** 657 kW.
Length: 19.80 + 20.18 + 20.18 + 19.80 m.   **Weight:** 35.00 + 25.50 + 32.00 + 35.00 t.
Seats: 74S + 86S + 84S + 74S.   **Toilets:** Not equipped.

315 801	NE	NGEX	IL	64461	71281	71389	64462
315 802	N	NGEX	IL	64463	71282	71390	64464
315 803	NE	NGEX	IL	64465	71283	71391	64466
315 804	NE	NGEX	IL	64467	71284	71392	64468
315 805	NW	NGEX	IL	64469	71285	71393	64470
315 806	NW	NGEX	IL	64471	71286	71394	64472
315 807	NE	NGEX	IL	64473	71287	71395	64474
315 808	NW	NGEX	IL	64475	71288	71396	64476
315 809	NW	NGEX	IL	64477	71289	71397	64478
315 810	NW	NGEX	IL	64479	71290	71398	64480
315 811	NE	NGEX	IL	64481	71291	71399	64482
315 812	NW	NGEX	IL	64483	71292	71400	64484
315 813	NW	NGEX	IL	64485	71293	71401	64486
315 814	NW	NGEX	IL	64487	71294	71402	64488
315 815	NW	NGEX	IL	64489	71295	71403	64490
315 816	NW	NGEX	IL	64491	71296	71404	64492
315 817	NW	NGEX	IL	64493	71297	71405	64494
315 818	NW	NGEX	IL	64495	71298	71406	64496
315 819	NW	NGEX	IL	64497	71299	71407	64498
315 820	NW	NGEX	IL	64499	71300	71408	64500
315 821	NW	NGEX	IL	64501	71301	71409	64502
315 822	NW	NGEX	IL	64503	71302	71410	64504
315 823	NW	NGEX	IL	64505	71303	71411	64506
315 824	NW	NGEX	IL	64507	71304	71412	64508

EMUS

315 825	NW	NGEX	IL	64509	71305	71413	64510
315 826	NW	NGEX	IL	64511	71306	71414	64512
315 827	NW	NGEX	IL	64513	71307	71415	64514
315 828	NW	NGEX	IL	64515	71308	71416	64516
315 829	NW	NGEX	IL	64517	71309	71417	64518
315 830	NW	NGEX	IL	64519	71310	71418	64520
315 831	NW	NGEX	IL	64521	71311	71419	64522
315 832	NW	NGEX	IL	64523	71312	71420	64524
315 833	NW	NGEX	IL	64525	71313	71421	64526
315 834	NW	NGEX	IL	64527	71314	71422	64528
315 835	NW	NGEX	IL	64529	71315	71423	64530
315 836	NW	NGEX	IL	64531	71316	71424	64532
315 837	N	NGEX	IL	64533	71317	71425	64534
315 838	NW	NGEX	IL	64535	71318	71426	64536
315 839	NW	NGEX	IL	64537	71319	71427	64538
315 840	N	NGEX	IL	64539	71320	71428	64540
315 841	NW	NGEX	IL	64541	71321	71429	64542
315 842*	NW	NGEX	IL	64543	71322	71430	64544
315 843*	NW	NGEX	IL	64545	71323	71431	64546
315 844*	NW	NNEX	HE	64547	71324	71432	64548
315 845*	NA	NNEX	HE	64549	71325	71433	64550
315 846*	NW	NNEX	HE	64551	71326	71434	64552
315 847*	NW	NNEX	HE	64553	71327	71435	64554
315 848*	NW	NNEX	HE	64555	71328	71436	64556
315 849*	NA	NNEX	HE	64557	71329	71437	64558
315 850*	NA	NNEX	HE	64559	71330	71438	64560
315 851*	NA	NNEX	HE	64561	71331	71439	64562
315 852*	NA	NNEX	HE	64563	71332	71440	64564
315 853*	NW	NNEX	HE	64565	71333	71441	64566
315 854*	NW	NNEX	HE	64567	71334	71442	64568
315 855*	NW	NNEX	HE	64569	71335	71443	64570
315 856*	NA	NNEX	HE	64571	71336	71444	64572
315 857*	NW	NNEX	HE	64573	71337	71445	64574
315 858*	NA	NNEX	HE	64575	71338	71446	64576
315 859*	NW	NNEX	HE	64577	71339	71447	64578
315 860*	NW	NNEX	HE	64579	71340	71448	64580
315 861*	NA	NNEX	HE	64581	71341	71449	64582

CLASS 317/1 — 4-Car Unit

Normal Formation: DTSO + MSO + TCOL + DTSO. Gangwayed throughout.
Built: 1981-82 by BREL, York (except TCOL); BREL Derby Carriage & Wagon (TCOL).
Wheel Arrangement: 2-2 + Bo-Bo + 2-2 + 2-2. **Maximum Speed:** 100 mph.
Electrical Equipment: GEC. **Continuous Rating:** 990 kW.
Length: 20.13 + 20.18 + 20.18 + 20.13 m. **Weight:** 29.40 + 49.80 + 28.80 + 29.30 t.
Seats: 74S + 79S + 22F, 46S + 70S(* 71S). **Toilets:** 0 + 0 + 2 + 0.

317 301	TS	NTSX	EM	77024	62661	71577	77048
317 302	TS	NTSX	EM	77001	62662	71578	77049
317 303	N	NTSX	EM	77002	62663	71579	77050
317 304	N	NTSX	EM	77003	62664	71580	77051
317 305	N	NNEX	HE	77004	62665	71581	77052
317 306	N	NNEX	HE	77005	62666	71582	77053
317 307	N	NNEX	HE	77006	62667	71583	77054
317 308	NA	NNEX	HE	77007	62668	71584	77055
317 309	N	NNEX	HE	77008	62669	71585	77056
317 310	NW	NNEX	HE	77009	62670	71586	77057
317 311	N	NNEX	HE	77010	62697	71587	77058
317 312	N	NNEX	HE	77011	62672	71588	77059
317 313	N	NNEX	HE	77012	62673	71589	77060
317 314	N	NNEX	HE	77013	62674	71590	77061
317 315	N	NNEX	HE	77014	62675	71591	77062
317 316	NW	NNEX	HE	77015	62676	71602	77063
317 317	N	NNEX	HE	77016	62677	71593	77064

EMUS

317 318	N	NNEX	HE	77017	62678	71594	77065
317 319	NA	NNEX	HE	77018	62679	71595	77066
317 320	N	NNEX	HE	77019	62680	71596	77067
317 321	NW	NNEX	HE	77020	62681	71597	77068
317 329	NA	NGNX	HE	77028	62689	71605	77076
317 330	N	NGNX	HE	77043	62704	71606	77077
317 331	NW	NGNX	HE	77030	62691	71607	77078
317 332	NW	NGNX	HE	77031	62692	71608	77079
317 333	NW	NGNX	HE	77032	62693	71609	77080
317 334	N	NGNX	HE	77033	62694	71610	77081
317 335	N	NGNX	HE	77034	62695	71611	77082
317 336	N	NGNX	HE	77035	62696	71612	77083
317 337*	NW	NGNX	HE	77036	62671	71613	77084
317 338*	N	NGNX	HE	77037	62698	71614	77085
317 339*	NA	NGNX	HE	77038	62699	71615	77086
317 340*	NA	NGNX	HE	77039	62700	71616	77087
317 341*	NW	NGNX	HE	77040	62701	71617	77088
317 342*	NW	NGNX	HE	77041	62702	71618	77089
317 343*	NA	NGNX	HE	77042	62703	71619	77090
317 344*	NA	NGNX	HE	77029	62690	71620	77091
317 345*	NA	NGNX	HE	77044	62705	71621	77092
317 346*	NA	NGNX	HE	77045	62706	71622	77093
317 347*	NA	NGNX	HE	77046	62707	71623	77094
317 348*	NW	NGNX	HE	77047	62708	71624	77095

CLASS 317/2　　　　　　　　　　　　　　　　　　　　4-Car Unit

Details as Class 317/1 except:
Built: 1985-87 by BREL, York.
Weight: 29.30 + 50.10 + 28.30 + 29.30 t.

317 349	NA	NGNX	HE	77200	62846	71734	77220
317 350	NA	NGNX	HE	77201	62847	71735	77221
317 351	NA	NGNX	HE	77202	62848	71736	77222
317 352	NA	NGNX	HE	77203	62849	71739	77223
317 353	NA	NGNX	HE	77204	62850	71738	77224
317 354	NA	NGNX	HE	77205	62851	71737	77225
317 355	NA	NGNX	HE	77206	62852	71740	77226
317 356	NA	NGNX	HE	77207	62853	71742	77227
317 357	NA	NGNX	HE	77208	62854	71741	77228
317 358	NA	NGNX	HE	77209	62855	71743	77229
317 359	NA	NGNX	HE	77210	62856	71744	77230
317 360	NA	NGNX	HE	77211	62857	71745	77231
317 361	NA	NGNX	HE	77212	62858	71746	77232
317 362	NA	NGNX	HE	77213	62859	71747	77233
317 363	NA	NGNX	HE	77214	62860	71748	77234
317 364	NA	NGNX	HE	77215	62861	71749	77235
317 365	NA	NGNX	HE	77216	62862	71750	77236
317 366	NA	NGNX	HE	77217	62863	71752	77237
317 367	NA	NGNX	HE	77218	62864	71751	77238
317 368	NW	NGNX	HE	77219	62865	71753	77239
317 369	NW	NGNX	HE	77280	62886	71762	77284
317 370	NA	NGNX	HE	77281	62887	71763	77285
317 371	NA	NGNX	HE	77282	62888	71764	77286
317 372	NA	NGNX	HE	77283	62889	71765	77287

CLASS 317/3　　　　　　　　　　　　　　　　　　　　4-Car Unit

Details as Class 317/1 except:
Normal Formation: DTSO + MSO + TSOL + DTSO.
Weight: 29.40 + 49.80 + 28.80 + 29.30 t.　　**Seats:** 74S + 79S + 68S + 70S.

317 392	NW	NNEX	HE	77021	62682	71598	77069
317 393	NW	NNEX	HE	77022	62683	71599	77070
317 394	NA	NNEX	HE	77023	62684	71600	77071

EMUS

317 395	NW	NNEX	HE		77000	62685	71601	77072
317 397	NW	NNEX	HE		77026	62687	71603	77074
317 398	NW	NNEX	HE		77027	62688	71604	77075
Spare	NA	NNEX	HE		77025	62686	71592	77073

CLASS 318   3-Car Unit

Normal Formation: DTSOL + MSO + DTSO. Gangwayed throughout.
Built: 1985-86 by BREL, York.
Wheel Arrangement: 2-2 + Bo-Bo + 2-2.
Electrical Equipment: Brush.
Length: 20.13 + 20.18 + 20.13 m.
Seats: 66S + 79S + 71S.
Maximum Speed: 90 mph.
Continuous Rating: 1072 kW.
Weight: 30.00 + 50.90 + 26.60 t.
Toilets: 1 + 0 + 0.

318 250	SC	HAGB	GW	77260	62866	77240			
318 251	SC	HAGB	GW	77261	62867	77241			
318 252	SC	HAGB	GW	77262	62868	77242			
318 253	SC	HAGB	GW	77263	62869	77243			
318 254	SC	HAGB	GW	77264	62870	77244			
318 255	SC	HAGB	GW	77265	62871	77245			
318 256	SC	HAGB	GW	77266	62872	77246			
318 257	SC	HAGB	GW	77267	62873	77247			
318 258	SC	HAGB	GW	77268	62874	77248			
318 259	SC	HAGB	GW	77269	62875	77249			
318 260	SC	HAGB	GW	77270	62876	77250			
318 261	SC	HAGB	GW	77271	62877	77251			
318 262	SC	HAGB	GW	77272	62878	77252			
318 263	SC	HAGB	GW	77273	62879	77253			
318 264	SC	HAGB	GW	77274	62880	77254			
318 265	SC	HAGB	GW	77275	62881	77255			
318 266	SC	HAGB	GW	77276	62882	77256			
318 267	SC	HAGB	GW	77277	62883	77257			
318 268	SC	HAGB	GW	77278	62884	77258			
318 269	SC	HAGB	GW	77279	62885	77259			
318 270	SC	HAGB	GW	77289	62890	77288			

CLASS 319/0   4-Car Unit

System: 25 kV a.c. 50 Hz overhead or 750 V d.c. third rail.
Normal Formation: DTSO + MSO + TSOL + DTSO. Gangwayed within unit.
Built: 1987-88 by BREL, York.
Wheel Arrangement: 2-2 + Bo-Bo + 2-2 + 2-2.
Electrical Equipment: GEC.
Length: 20.13 + 20.18 + 20.18 + 20.13 m.
Seats: 82S + 82S + 77S + 78S.
Maximum Speed: 100 mph.
Continuous Rating: 990 kW.
Weight: 28.20 + 49.20 + 31.00 + 28.10 t.
Toilets: 0 + 0 + 2 + 0.

319 001	NC	NSLX	SU		77291	62891	71772	77290
319 002	NC	NSLX	SU		77293	62892	71773	77292
319 003	NC	NSLX	SU		77295	62893	71774	77294
319 004	NC	NSLX	SU		77297	62894	71775	77296
319 005	NC	NSLX	SU		77299	62895	71776	77298
319 006	NC	NSLX	SU		77301	62896	71777	77300
319 007	NC	NSLX	SU		77303	62897	71778	77302
319 008	NC	NSLX	SU		77305	62898	71779	77304
319 009	NC	NSLX	SU		77307	62899	71780	77306
319 010	NC	NSLX	SU		77309	62900	71781	77308
319 011	NC	NSLX	SU		77311	62901	71782	77310
319 012	NC	NSLX	SU		77313	62902	71783	77312
319 013	NC	NSLX	SU		77315	62903	71784	77314
319 021	N	NMLX	SU		77331	62911	71792	77330
319 022	TL	NMLX	SU		77333	62912	71793	77332
319 023	N	NMLX	SU		77335	62913	71794	77334
319 024	N	NMLX	SU		77337	62914	71795	77336
319 025	N	NMLX	SU		77339	62915	71796	77338
319 026	N	NMLX	SU		77341	62916	71797	77340
319 027	N	NMLX	SU		77343	62917	71798	77342
319 028	N	NMLX	SU		77345	62918	71799	77344
319 029	N	NMLX	SU		77347	62919	71800	77346
319 030	TL	NMLX	SU		77349	62920	71801	77348
319 031	TL	NMLX	SU		77351	62921	71802	77350
319 032	TL	NMLX	SU		77353	62922	71803	77352
319 033	TL	NMLX	SU		77355	62923	71804	77354
319 034	TL	NMLX	SU		77357	62924	71805	77356
319 035	TL	NMLX	SU		77359	62925	71806	77358
319 036	TL	NMLX	SU		77361	62926	71807	77360

EMUS

319 037	*TL*	NMLX	SU	77363	62927	71808	77362
319 038	*TL*	NMLX	SU	77365	62928	71809	77364
319 039	*TL*	NMLX	SU	77367	62929	71810	77366
319 040	*TL*	NMLX	SU	77369	62930	71811	77368
319 041	*TL*	NMLX	SU	77371	62931	71812	77370
319 042	*TL*	NMLX	SU	77373	62932	71813	77372
319 043	*TL*	NMLX	SU	77375	62933	71814	77374
319 044	*TL*	NMLX	SU	77377	62934	71815	77376
319 045	*TL*	NMLX	SU	77379	62935	71816	77378
319 046	*TL*	NMLX	SU	77381	62936	71817	77380
319 047	*TL*	NMLX	SU	77431	62961	71866	77430
319 048	*TL*	NMLX	SU	77433	62962	71867	77432
319 049	*TL*	NMLX	SU	77435	62963	71868	77434
319 050	*TL*	NMLX	SU	77437	62964	71869	77436
319 051	*TL*	NMLX	SU	77439	62965	71870	77438
319 052	*TL*	NMLX	SU	77441	62966	71871	77440
319 053	*TL*	NMLX	SU	77443	62967	71872	77442
319 054	*TL*	NMLX	SU	77445	62968	71873	77444
319 055	*TL*	NMLX	SU	77447	62969	71874	77446
319 056	*TL*	NMLX	SU	77449	62970	71875	77448
319 057	*TL*	NMLX	SU	77451	62971	71876	77450
319 058	*TL*	NMLX	SU	77453	62972	71877	77452
319 059	*TL*	NMLX	SU	77455	62973	71878	77454
319 060	*TL*	NMLX	SU	77457	62974	71879	77456

CLASS 319/1 — 4-Car Unit

Details as for Class 319/0 except:
Normal Formation: DTCO + MSO + TSOL + DTSO.
Built: 1990 by BREL, York.
Weight: 29.40 + 50.30 + 33.10 + 29.40 t.
Seats: 16F, 56S + 79S + 74S + 78S.

319 161	NW	NMLX	SU	77459	63043	71929	77458
319 162	NW	NMLX	SU	77461	63044	71930	77460
319 163	NW	NMLX	SU	77463	63045	71931	77462
319 164	NW	NMLX	SU	77465	63046	71932	77464
319 165	NW	NMLX	SU	77467	63047	71933	77466
319 166	NW	NMLX	SU	77469	63048	71934	77468
319 167	NW	NMLX	SU	77471	63049	71935	77470
319 168	NW	NMLX	SU	77473	63050	71936	77472
319 169	NW	NMLX	SU	77475	63051	71937	77474
319 170	NW	NMLX	SU	77477	63052	71938	77476
319 171	NW	NMLX	SU	77479	63053	71939	77478
319 172	NW	NMLX	SU	77481	63054	71940	77480
319 173	NW	NMLX	SU	77483	63055	71941	77482
319 174	NW	NMLX	SU	77485	63056	71942	77484
319 175	NW	NMLX	SU	77487	63057	71943	77486
319 176	NW	NMLX	SU	77489	63058	71944	77488
319 177	N	NMLX	SU	77491	63059	71945	77490
319 178	NW	NMLX	SU	77493	63060	71946	77492
319 179	NW	NMLX	SU	77495	63061	71947	77494
319 180	NW	NMLX	SU	77497	63062	71948	77496
319 181	N	NMLX	SU	77973	63093	71979	77974
319 182	NW	NMLX	SU	77975	63094	71980	77976
319 183	NW	NMLX	SU	77977	63095	71981	77978
319 184	NW	NMLX	SU	77979	63096	71982	77980
319 185	NW	NMLX	SU	77981	63097	71983	77982
319 186	NW	NMLX	SU	77983	63098	71984	77984

CLASS 319/2 — 4-Car Unit

Details as for Class 319/0 except:
Normal Formation: DTSO + MSO + TSOL + DTCO.
Built: 1990 by BREL, York as Class 319/0. Modified 1996 by Railcare, Wolverton.
Weight:
Seats: 64S + 48S, 12U + 52S + 18F, 36S.

EMUS

319 214	CX	NSLX	SU	77317	62904	71785	77316
319 215	CX	NSLX	SU	77319	62905	71786	77318
319 216	CX	NSLX	SU	77321	62906	71787	77320
319 217	CX	NSLX	SU	77323	62907	71788	77322
319 218	CX	NSLX	SU	77325	62908	71789	77324
319 219	CX	NSLX	SU	77327	62909	71790	77326
319 220	CX	NSLX	SU	77329	62910	71791	77328

CLASS 320   3-Car Unit

Normal Formation: DTSO + MSO + DTSO. Gangwayed within unit.
Built: 1990 by BREL, York.
Wheel Arrangement: 2-2 + Bo-Bo + 2-2.
Electrical Equipment: Brush.
Length: 19.95 + 19.92 + 19.95 m.
Seats: 77S + 77S + 76S.
Maximum Speed: 100 mph.
Continuous Rating: 1072 kW.
Weight: 30.70 + 52.10 + 31.70 t.
Toilets: Not equipped

320 301	SC	HAGA	GW	77899	63021	77921	320 312	SC	HAGA	GW 77910 63032 77932
320 302	SC	HAGA	GW	77900	63022	77922	320 313	SC	HAGA	GW 77911 63033 77933
320 303	SC	HAGA	GW	77901	63023	77923	320 314	SC	HAGA	GW 77912 63034 77934
320 304	SC	HAGA	GW	77902	63024	77924	320 315	SC	HAGA	GW 77913 63035 77935
320 305	SC	HAGA	GW	77903	63025	77925	320 316	SC	HAGA	GW 77914 63036 77936
320 306	CC	HAGA	GW	77904	63026	77926	320 317	SC	HAGA	GW 77915 63037 77937
320 307	SC	HAGA	GW	77905	63027	77927	320 318	SC	HAGA	GW 77916 63038 77938
320 308	SC	HAGA	GW	77906	63028	77928	320 319	SC	HAGA	GW 77917 63039 77939
320 309	SC	HAGA	GW	77907	63029	77929	320 320	SC	HAGA	GW 77918 63040 77940
320 310	SC	HAGA	GW	77908	63030	77930	320 321	SC	HAGA	GW 77919 63041 77941
320 311	SC	HAGA	GW	77909	63031	77931	320 322	SC	HAGA	GW 77920 63042 77942

CLASS 321/3   4-Car Unit

Normal Formation: DTCO + MSO + TSOL + DTSO. Gangwayed within unit.
Built: 1988-91 by BREL, York.
Wheel Arrangement: 2-2 + Bo-Bo + 2-2 + 2-2.
Electrical Equipment: Brush.
Length: 19.95 + 19.92 + 19.92 + 19.95 m.
Seats: 16F, 56S + 79S + 74S + 78S.
Maximum Speed: 100 mph.
Continuous Rating: 1072 kW.
Weight: 29.30 + 51.50 + 28.80 + 29.10 t.
Toilets: 0 + 0 + 2 + 0.

321 301	N	NGEX	IL	78049	62975	71880	77853
321 302	N	NGEX	IL	78050	62976	71881	77854
321 303	N	NGEX	IL	78051	62977	71882	77855
321 304	N	NGEX	IL	78052	62978	71883	77856
321 305	N	NGEX	IL	78053	62979	71884	77857
321 306	N	NGEX	IL	78054	62980	71885	77858
321 307	N	NGEX	IL	78055	62981	71886	77859
321 308	NE	NGEX	IL	78056	62982	71887	77860
321 309	N	NGEX	IL	78057	62983	71888	77861
321 310	N	NGEX	IL	78058	62984	71889	77862
321 311	NE	NGEX	IL	78059	62985	71890	77863
321 312	N	NGEX	IL	78060	62986	71891	77864
321 313	NE	NGEX	IL	78061	62987	71892	77865
321 314	NE	NGEX	IL	78062	62988	71893	77866
321 315	N	NGEX	IL	78063	62989	71894	77867
321 316	N	NGEX	IL	78064	62990	71895	77868
321 317	NE	NGEX	IL	78065	62991	71896	77869
321 318	N	NGEX	IL	78066	62992	71897	77870
321 319	NE	NGEX	IL	78067	62993	71898	77871
321 320	NE	NGEX	IL	78068	62994	71899	77872
321 321	NE	NGEX	IL	78069	62995	71900	77873
321 322	N	NGEX	IL	78070	62996	71901	77874
321 323	N	NGEX	IL	78071	62997	71902	77875
321 324	N	NGEX	IL	78072	62998	71903	77876
321 325	N	NGEX	IL	78073	62999	71904	77877
321 326	N	NGEX	IL	78074	63000	71905	77878

EMUS

321	327	N	NGEX	IL	78075	63001	71906	77879
321	328	N	NGEX	IL	78076	63002	71907	77880
321	329	NE	NGEX	IL	78077	63003	71908	77881
321	330	NE	NGEX	IL	78078	63004	71909	77882
321	331	N	NGEX	IL	78079	63005	71910	77883
321	332	N	NGEX	IL	78080	63006	71911	77884
321	333	N	NGEX	IL	78081	63007	71912	77885
321	334	SP	NGEX	IL	78082	63008	71913	77886
321	335	N	NGEX	IL	78083	63009	71914	77887
321	336	N	NGEX	IL	78084	63010	71915	77888
321	337	N	NGEX	IL	78085	63011	71916	77889
321	338	N	NGEX	IL	78086	63012	71917	77890
321	339	NE	NGEX	IL	78087	63013	71918	77891
321	340	N	NGEX	IL	78088	63014	71919	77892
321	341	N	NGEX	IL	78089	63015	71920	77893
321	342	NE	NGEX	IL	78090	63016	71921	77894
321	343	N	NGEX	IL	78091	63017	71922	77895
321	344	N	NGEX	IL	78092	63018	71923	77896
321	345	N	NGEX	IL	78093	63019	71924	77897
321	346	NE	NGEX	IL	78094	63020	71925	77898
321	347	NE	NGEX	IL	78131	63105	71991	78280
321	348	NE	NGEX	IL	78132	63106	71992	78281
321	349	N	NGEX	IL	78133	63107	71993	78282
321	350	N	NGEX	IL	78134	63108	71994	78283
321	351	NE	NGEX	IL	78135	63109	71995	78284
321	352	N	NGEX	IL	78136	63110	71996	78285
321	353	NE	NGEX	IL	78137	63111	71997	78286
321	354	N	NGEX	IL	78138	63112	71998	78287
321	355	NE	NGEX	IL	78139	63113	71999	78288
321	356	N	NGEX	IL	78140	63114	72000	78289
321	357	N	NGEX	IL	78141	63115	72001	78290
321	358	N	NGEX	IL	78142	63116	72002	78291
321	359	N	NGEX	IL	78143	63117	72003	78292
321	360	N	NGEX	IL	78144	63118	72004	78293
321	361	N	NGEX	IL	78145	63119	72005	78294
321	362	NE	NGEX	IL	78146	63120	72006	78295
321	363	NE	NGEX	IL	78147	63121	72007	78296
321	364	NE	NGEX	IL	78148	63122	72008	78297
321	365	NE	NGEX	IL	78149	63123	72009	78298
321	366	NE	NGEX	IL	78150	63124	72010	78299

CLASS 321/4   4-Car Unit

Details as for Class 321/3 except:
Seats: 28F, 40S + 79S + 74S + 78S(* 16F, 52S)

321	401	N	NNWX	BY	78095	63063	71949	77943
321	402	N	NNWX	BY	78096	63064	71950	77944
321	403	N	NNWX	BY	78097	63065	71951	77945
321	404	N	NNWX	BY	78098	63066	71952	77946
321	405	NW	NNWX	BY	78099	63067	71953	77947
321	406	N	NNWX	BY	78100	63068	71954	77948
321	407	N	NNWX	BY	78101	63069	71955	77949
321	408	N	NNWX	BY	78102	63070	71956	77950
321	409	N	NNWX	BY	78103	63071	71957	77951
321	410	N	NNWX	BY	78104	63072	71958	77952
321	411	N	NNWX	BY	78105	63073	71959	77953
321	412	NW	NNWX	BY	78106	63074	71960	77954
321	413	N	NNWX	BY	78107	63075	71961	77955
321	414	N	NNWX	BY	78108	63076	71962	77956
321	415	N	NNWX	BY	78109	63077	71963	77957
321	416	N	NNWX	BY	78110	63078	71964	77958
321	417	N	NNWX	BY	78111	63079	71965	77959
321	418	NW	NNWX	BY	78112	63080	71966	77960

EMUS

321 419	N	NNWX	BY	78113	63081	71967	77961
321 420	NW	NNWX	BY	78114	63082	71968	77962
321 421	NW	NNWX	BY	78115	63083	71969	77963
321 422	NW	NNWX	BY	78116	63084	71970	77964
321 423	N	NNWX	BY	78117	63085	71971	77965
321 424	NW	NNWX	BY	78118	63086	71972	77966
321 425	NW	NNWX	BY	78119	63087	71973	77967
321 426	NW	NNWX	BY	78120	63088	71974	77968
321 427	NW	NNWX	BY	78121	63089	71975	77969
321 428	NW	NNWX	BY	78122	63090	71976	77970
321 429	NW	NNWX	BY	78123	63091	71977	77971
321 430	NW	NNWX	BY	78124	63092	71978	77972
321 431	NW	NNWX	BY	78151	63125	72011	78300
321 432	NW	NNWX	BY	78152	63126	72012	78301
321 433	NW	NNWX	BY	78153	63127	72013	78302
321 434	NW	NNWX	BY	78154	63128	72014	78303
321 435	NW	NNWX	BY	78155	63129	72015	78304
321 436	NW	NNWX	BY	78156	63130	72016	78305
321 437	NW	NNWX	BY	78157	63131	72017	78306
321 438*	NE	NGEX	IL	78158	63132	72018	78307
321 439*	NW	NGEX	IL	78159	63133	72019	78308
321 440*	NW	NGEX	IL	78160	63134	72020	78309
321 441*	NW	NGEX	IL	78161	63135	72021	78310
321 442*	NW	NGEX	IL	78162	63136	72022	78311
321 443*	NW	NGEX	IL	78125	63099	71985	78274
321 444*	NW	NGEX	IL	78126	63100	71986	78275
321 445*	NE	NGEX	IL	78127	63101	71987	78276
321 446*	N	NGEX	IL	78128	63102	71988	78277
321 447*	NW	NNWX	BY	78129	63103	71989	78278
321 448*	NW	NNWX	BY	78130	63104	71990	78279

CLASS 321/9   4-Car Unit

Details as for Class 321/3 except:
Normal Formation: DTSO + MSO + TSOL + DTSO.
Seats: 78S + 79S + 74S + 78S.

321 901	WY	HCNA	NL	77990	63153	72128	77993
321 902	WY	HCNA	NL	77991	63154	72129	77994
321 903	WY	HCNA	NL	77992	63155	72130	77995

CLASS 322   4-Car Unit

Normal Formation: DTCO + TSOL + MSO + DTSO. Gangwayed within unit.
Built: 1990 by BREL, York.
Wheel Arrangement: 2-2 + 2-2 + Bo-Bo + 2-2.
Electrical Equipment: Brush.
Length: 19.95 + 19.92 + 19.92 + 19.95 m.
Seats: 35F, 22S + 60S + 70S + 65S.
Maximum Speed: 100 mph.
Continuous Rating: 1072 kW.
Weight: 30.40 + 29.50 + 52.30 + 29.80 t.
Toilets: 0 + 2 + 0 + 0.

322 481	SS	NNEX	HE	78163	72023	63137	77985
322 482	SS	NNEX	HE	78164	72024	63138	77986
322 483	SS	NNEX	HE	78165	72025	63139	77987
322 484	SE	NNEX	HE	78166	72026	63140	77988
322 485	SS	NNEX	HE	78167	72027	63141	77989

CLASS 323   3-Car Unit

Normal Formation: DMSO + TSOL + DMSO. Gangwayed within unit.
Built: 1992-94 by Hunslet TPL, Leeds.
Wheel Arrangement: Bo-Bo + 2-2 + Bo-Bo.
Electrical Equipment: Holec.
Length: 23.37 + 23.44 + 23.37 m.
Seats: 98S + 88S + 98S(* 82S + 80S + 82S).
Maximum Speed: 90 mph.
Continuous Rating:
Weight: 41.00 + 39.40 + 41.00 t.
Toilets: 0 + 1 + 0.

EMUS

323 201	CO	HGBX	BY	64001	72201	65001	323 223*	MR	HDLA	LG	64023	72223	65023
323 202	CO	HGBX	BY	64002	72202	65002	323 224*	MR	HDLA	LG	64024	72224	65024
323 203	CO	HGBX	BY	64003	72203	65005	323 225*	MR	HDLA	LG	64025	72225	65025
323 204	CO	HGBX	BY	64004	72204	65004	323 226	MR	HDLX	LG	64026	72226	65026
323 205	CO	HGBX	BY	64005	72205	65003	323 227	MR	HDLX	LG	64027	72227	65027
323 206	CO	HGBX	BY	64006	72206	65006	323 228	MR	HDLX	LG	64028	72228	65028
323 207	CO	HGBX	BY	64007	72207	65007	323 229	MR	HDLX	LG	64029	72229	65029
323 208	CO	HGBX	BY	64008	72208	65008	323 230	MR	HDLX	LG	64030	72230	65030
323 209	CO	HGBX	BY	64009	72209	65009	323 231	MR	HDLX	LG	64031	72231	65031
323 210	CO	HGBX	BY	64010	72210	65010	323 232	MR	HDLX	LG	64032	72232	65032
323 211	CO	HGBX	BY	64011	72211	65011	323 233	MR	HDLX	LG	64033	72233	65033
323 212	CO	HGBX	BY	64012	72212	65012	323 234	MR	HDLX	LG	64034	72234	65034
323 213	CO	HGBX	BY	64013	72213	65013	323 235	MR	HDLX	LG	64035	72235	65035
323 214	CO	HGBX	BY	64014	72214	65014	323 236	MR	HDLX	LG	64036	72236	65036
323 215	CO	HGBX	BY	64015	72215	65015	323 237	MR	HDLX	LG	64037	72237	65037
323 216	CO	HGBX	BY	64016	72216	65016	323 238	MR	HDLX	LG	64038	72238	65038
323 217	CO	HGBX	BY	64017	72217	65017	323 239	MR	HDLX	LG	64039	72239	65039
323 218	CO	HGBX	BY	64018	72218	65018	323 240	CO	HGBX	BY	64040	72340	65040
323 219	CO	HGBX	BY	64019	72219	65019	323 241	CO	HGBX	BY	64041	72341	65041
323 220	CO	HGBX	BY	64020	72220	65020	323 242	CO	HGBX	BY	64042	72342	65042
323 221	CO	HGBX	BY	64021	72221	65021	323 243	CO	HGBX	BY	64043	72343	65043
323 222	CO	HGBX	BY	64022	72222	65022							

CLASS 325   4-Car Royal Mail Unit

System: 25 kV a.c. 50 Hz overhead or 750 V d.c. third rail.
Normal Formation: DT + M+ T + DT. Non gangwayed.
Wheel Formation: 2-2 + Bo-Bo + 2-2 + 2-2.   **Maximum Speed:** 100 mph.
Built: 1995 by ABB Transportation, Derby Carriage & Wagon.
Electrical Equipment: GEC.   **Continuous Rating:** 1160 kW.
Length: 20.35 + 20.35 + 20.35 + 20.35 m.   **Weight:**
Load Capacity: 12.00 + 12.00 + 12.00 + 12.00 t.   **Toilets:** Not equipped.

325 001	RM	PPMB	SU	68300	68340	68360	68301
325 002	RM	PPMB	SU	68302	68341	68361	68303
325 003	RM	PPMB	SU	68304	68342	68362	68305
325 004	RM	PPMB	GW	68306	68343	68363	68307
325 005	RM	PPMB	GW	68308	68344	68364	68309
325 006	RM	PPMB	GW	68310	68345	68365	68311
325 007	RM	PPMB	SU	68312	68346	68366	68313
325 008	RM	PPMB	GW	68314	68347	68367	68315
325 009	RM	PPMB	SU	68316	68348	68368	68317
325 010	RM	PPMB	GW	68318	68349	68369	68319
325 011	RM	PPMB	SU	68320	68350	68370	68321
325 012	RM	PPMB	SU	68322	68351	68371	68323
325 013	RM	PPMB	SU	68324	68352	68372	68325
325 014	RM	PPMB	GW	68326	68353	68373	68327
325 015	RM	PPMB	SU	68328	68354	68374	68329
325 016	RM	PPMB	GW	68330	68355	68375	68331

CLASS 332   4-Car Unit

Normal Formation: DS + OS + STD + DSC. Gangwayed within unit.
Built: 1996-98 by CAF, Spain
Wheel Arrangement: Bo-Bo + 2-2 + 2-2 + Bo-Bo.   **Maximum Speed:** 160 km/h.
Electrical Equipment: Siemens.   **Continuous Rating:** 1400 kW.
Length: **Weight:** 47.90 + 34.90 + 42.80 + 47.90 t.
Seats: **Toilets:** 0 + 0 + 1 + 0.
Note: Set numbers subject to confirmation. Car numbers were not available at the time of going to press. New units owned by the British Airports Authority for the London Paddington to Heathrow Airport service.

332 001   HE
332 002   HE
332 003   HE
332 004   HE

EMUS

332 005 HE
332 006 HE
332 007 HE
332 008 HE
332 009 HE
332 010 HE
332 011 HE
332 012 HE
332 013 HE
332 014 HE

CLASS 365   4-Car Unit

System: 25 kV a.c. 50 Hz overhead or 750 V d.c. third rail.
Normal Formation: DMCO + TSOL + PTSOL + DMCO. Gangwayed within unit.
Built: 1994-95 by ABB Transportation, York.
Wheel Arrangement: Bo-Bo + 2-2 + 2-2 + Bo-Bo.
Electrical Equipment: GEC.
Length: 20.89 + 20.06 + 20.06 + 20.89 m.
Seats: 12F, 56S + 68S + 68S + 12F, 56S.
Maximum Speed: 100 mph.
Continuous Rating:
Weight: 41.70 + 32.90 + 34.60 + 41.70 t.
Toilets: 0 + 1 + 1 + 0.

365 501	N	NKCX		65894	72241	72240	65935
365 502	N	NKCX	SG	65895	72243	72242	65936
365 503	N	NKCX		65896	72245	72244	65937
365 504	N	NKCX		65897	72247	72246	65938
365 505	CS	NKCX	SG	65898	72249	72248	65939
365 506	N	NKCX		65899	72251	72250	65940
365 507	CS	NKCX	SG	65900	72253	72252	65941
365 508	N	NKCX		65901	72255	72254	65942
365 509	N	NKCX		65902	72257	72256	65943
365 510	N	NKCX		65903	72259	72258	65944
365 511	N	NKCX		65904	72261	72260	65945
365 512	N	NKCX		65905	72263	72262	65946
365 513	N	NKCX		65906	72265	72264	65947
365 514	N	NKCX		65907	72267	72266	65948
365 515	N	NKCX		65908	72269	72268	65949
365 516	N	NKCX	SG	65909	72271	72270	65950
365 517	N	NGNX		65910	72273	72272	65951
365 518	N	NGNX	HE	65911	72275	72274	65952
365 519	N	NGNX	HE	65912	72277	72276	65953
365 520	N	NGNX	HE	65913	72279	72278	65954
365 521	N	NGNX		65914	72281	72280	65955
365 522	N	NGNX		65915	72283	72282	65956
365 523	N	NGNX	HE	65916	72285	72284	65957
365 524	N	NGNX	HE	65917	72287	72286	65958
365 525	N	NGNX		65918	72289	72288	65959
365 526	N	NGNX	HE	65919	72291	72290	65960
365 527	N	NGNX		65920	72293	72292	65961
365 528	N	NGNX	HE	65921	72295	72294	65962
365 529	N	NGNX	HE	65922	72297	72296	65963
365 530	N	NGNX	HE	65923	72299	72298	65964
365 531	N	NGNX	HE	65924	72301	72300	65965
365 532	N	NGNX	HE	65925	72303	72302	65966
365 533	N	NGNX	HE	65926	72305	72304	65967
365 534	N	NGNX	HE	65927	72307	72306	65968
365 535	N	NGNX	HE	65928	72309	72308	65969
365 536	N	NGNX		65929	72311	72310	65970
365 537	N	NGNX	HE	65930	72313	72312	65971
365 538	N	NGNX		65931	72315	72314	65972
365 539	N	NGNX		65932	72317	72316	65973
365 540	N	NGNX		65933	72319	72318	65974
365 541	N	NGNX		65934	72321	72320	65975

EMUS
750 V d.c. THIRD RAIL & TRAILER UNITS.

CLASS 483   2-Car Unit

Normal Formation: DMBSO + DMSO. Non gangwayed.
Built: 1938 by Metropolitan Cammell, Birmingham. Rebuilt 1990 by BRML, Eastleigh.
Wheel Arrangement:
Electrical Equipment: English Electric.
Length: 15.94 + 15.94 m.
Seats: 42S + 42S.
Maximum Speed: 45 mph.
Continuous Rating: 260 kW.
Weight: 27.50 + 27.50 t.
Toilets: Not equipped.

001	NW	NSSX	RY	121	225	006	NW	NSSX	RY	126	226
002	NW	NSSX	RY	122	222	007	NW	NSSX	RY	127	227
003	NW	NSSX	RY	123	221	008	NW	NSSX	RY	128	228
004	NW	NSSX	RY	124	224	009	NW	NSSX	RY	129	229
005	NW	NSSX	RY	125	223						

CLASS 438   4-Car Trailer Unit

Normal Formation: DTSO + TFK + TBSK + DTSO. Gangwayed throughout.
Built: 1966-67 by BR, York.
Wheel Arrangement: 2-2 + 2-2 + 2-2 + 2-2.
Length: 20.18 + 20.18 + 20.18 + 20.18 m.
Seats: 64S + 42F + 32S + 64S.
Maximum Speed: 90 mph.
Weight: 32.00 + 33.50 + 33.50 + 32.00 t.
Toilets: 0 + 2 + 1 + 0.

410	SB	SBXH	ZG+	76287	70859	70812	76288
417	SB	SBXH	ZG+	76301	70860	70826	76302

CLASS 421/5

Normal Formation: DTCsoL + MBSO + TSO + DTCsoL. Gangwayed throughout.
Built: 1970-72 by BR, York.
Wheel Arrangement: 2-2 + Bo-Bo + 2-2 + 2-2.
Electrical Equipment: English Electric.
Length: 20.19 + 20.19 + 20.19 + 20.19 m.
Seats: 18F, 36S + 56S + 72S + 18F, 36S.
Maximum Speed: 90 mph.
Continuous Rating: 740 kW.
Weight: 35.50 + 49.00 + 31.50 + 35.00 t.
Toilets: 2 + 0 + 0 + 2.

1301	N	NSSX	FR	76595	62301	70981	76625
1302	N	NSSX	FR	76584	62290	70970	76614
1303	N	NSSX	FR	76581	62287	70967	76611
1304	N	NSSX	FR	76583	62289	70969	76613
1305	N	NSSX	FR	76717	62355	71035	76788
1306	NW	NSSX	FR	76723	62361	71041	76794
1307	N	NSSX	FR	76586	62292	70972	76616
1308	N	NSSX	FR	76627	62298	70978	76622
1309	NW	NSSX	FR	76594	62300	70980	76624
1310	N	NSSX	FR	76567	62283	71926	76577
1311	N	NSSX	FR	76561	62277	71927	76571
1312	N	NSSX	FR	76562	62278	71928	76572
1313	ST	NSSX	FR	76596	62302	70982	76626
1314	NW	NSSX	FR	76588	62294	70974	76618
1315	NW	NSSX	FR	76608	62314	70994	76638
1316	NW	NSSX	FR	76585	62291	70971	76615
1317	N	NSSX	FR	76597	62303	70983	76592
1318	N	NSSX	FR	76590	62296	70976	76620
1319	N	NSSX	FR	76591	62297	70977	76621
1320	NW	NSSX	FR	76593	62299	70979	76623
1321	NW	NSSX	FR	76589	62295	70975	76619
1322	N	NSSX	FR	76587	62293	70973	76617

CLASS 411/5   4-Cep Unit

Normal Formation: DMSO + TBCK + TSOL + DMSO. Gangwayed throughout.
Built: 1958-63 by BR, Eastleigh.

EMUS

Wheel Arrangement: Bo-2 + 2-2 + 2-2 + 2-Bo.
Electrical Equipment: English Electric.
Length: 20.34 + 20.34 + 20.34 + 20.34 m.
Seats: 64S + 24F, 6S († 24F, 5S) + 64S + 64S.
Maximum Speed: 90 mph.
Continuous Rating: 740 kW.
Weight: 44.20 +36.20 +33.80 +43.50 t.
Toilets: 0 + 2 + 2 + 0.

1507	NW	NKCX	RE	61363	70332	70289	61362
1509	N	NKCX	RE	61335	70318	70275	61334
1510	N	NKCX	RE	61365	70333	70290	61364
1511	N	NKCX	RE	61367	70334	70291	61366
1512	N	NKCX	RE	61321	70311	70268	61320
1517	N	NKCX	RE	61317	70309	70266	61316
1518	NW	NSXX	BI	61333	70317	70274	61332
1519	NW	NSSX	FR	61403	70352	70516	61402
1520	N	NKCX	RE	61343	70327	70284	61380
1527	N	NKCX	RE	61237	70239	70233	61238
1530	N	NKCX	RE	61331	70316	70273	61330
1531	NW	NSSX	FR	61233	70237	70231	61234
1532	NW	NSSX	FR	61391	70346	71626	61390
1533	N	NSXX	BI	61393	70347	71627	61385
1534	NW	NKCX	RE	61405	70353	71628	61404
1535	N	NKCX	RE	61397	70349	71629	61396
1536	N	NKCX	RE	61399	70350	71631	61398
1537	N	NSSX	FR	61229	70235	70229	61230
1538	NW	NSSX	FR	61307	70304	70261	61306
1539	NW	NSXX	BI	61401	70351	71632	61400
1541	N	NKCX	RE	61409	70355	71633	61408
1543	N	NKCX	RE	61323	70312	70297	61322
1544	NW	NKCX	RE	61315	70308	70265	61349
1545	NW	NKCX	RE	61359	70330	70287	61358
1547	NW	NSSX	BM	61329	70345	70272	61328
1548	N	NKCX	RE	61375	70338	70295	61374
1549	NW	NKCX	RE	61339	70320	70277	61338
1550	N	NKCX	RE	61313	70307	70264	61312
1551	NW	NKCX	RE	61325	70313	70270	61324
1553	NW	NKCX	RE	61728	70306	70263	61350
1554	NW	NKCX	RE	61369	70335	70292	61368
1555	N	NKCX	RE	61311	70326	70283	61310
1556	N	NKCX	RE	61371	70336	70293	61370
1557	NW	NKCX	RE	61337	70331	70288	61360
1559	N	NKCX	RE	61377	70339	70296	61376
1560	N	NKCX	RE	61387	70344	70301	61386
1561	N	NKCX	RE	61231	70604	70230	61232
1562	N	NKCX	RE	61407	70236	70241	61406
1563	N	NKCX	RE	61740	70575	70526	61741
1564	NW	NKCX	RE	61788	70599	70550	61789
1565	N	NKCX	RE	61762	70586	71711	61763
1566	NW	NKCX	RE	61722	70566	70517	61723
1568	SP	NSSX	FR	61766	70588	70539	61767
1570	N	NKCX	RE	61738	70574	70525	61739
1571	NW	NKCX	RE	61806	70608	71636	61807
1572	N	NKCX	RE	61734	70572	70523	61735
1573	NW	NKCX	RE	61726	70568	70519	61727
1574	N	NKCX	RE	61792	70601	71635	61793
1575	N	NKCX	RE	61768	70583	70540	61769
1576	N	NKCX	RE	61770	70590	70541	61771
1577	N	NKCX	RE	61718	70564	70515	61719
1578	NW	NSXX	BI	61700	70555	70506	61701
1580	NW	NKCX	RE	61756	70589	70534	61757
1581	N	NSSX	FR	61784	70597	70548	61785
1582	N	NKCX	RE	61748	70603	71630	61797
1584	N	NKCX	RE	61752	70581	70532	61753
1585	N	NKCX	RE	61710	70560	70511	61711
1586	NW	NKCX	RE	61714	70562	70513	61715
1587	N	NSSX	BM	61764	70587	71625	61765

EMUS

1588	NW	NKCX	RE	61720	70044	70520	61721
1589	NW	NSSX	FR	61742	70576	70527	61743
1590	N	NKCX	RE	61696	70553	70504	61697
1591	N	NKCX	RE	61790	70600	70551	61791
1592	N	NKCX	RE	61778	70594	70545	61779
1593	N	NKCX	RE	61730	70570	70521	61731
1594	N	NKCX	RE	61754	70582	70533	61755
1595	N	NKCX	RE	61704	70557	70508	61705
1597	N	NKCX	RE	61708	70559	70510	61709
1599	N	NKCX	RE	61706	70558	70509	61707
1602	N	NKCX	RE	61958	70565	70279	61959
1606	NW	SBXH	ZG+	61694	70552	70503	61695
1607	N	NKCX	RE	61698	70554	70505	61699
1609	NW	NKCX	RE	61744	70577	70528	61745
1610	NW	NKCX	RE	61750	70580	70531	61751
1611	N	NKCX	RE	61758	70584	70537	61759
1612	NW	NKCX	RE	61794	70602	70535	61795
1613	NW	NKCX	RE	61760	70585	70536	61761
1614	NW	NKCX	RE	61702	70556	70507	61703
1615	N	NKCX	RE	61956	70657	70664	61957
1616	N	NKCX	RE	61950	70654	70543	61951
1617	N	NKCX	RE	61800	70605	70661	61801
1618	N	NKCX	RE	61868	70043	70663	61869
1619	NW	NKCX	RE	61952	70655	70662	61953
1620	NW	SBXH	ZG+	61948	70653	70660	61949
1697	N	NSXX	BI	61373	70337	70294	61372
1698	N	NSXX	BI	61355	70343	70300	61384
1699†	N	NSXX	BI	61712	70561	70512	61713
Spare	NW	SBXZ	ZG+	70035	70042	70302	70578
Spare	NW	SBXH	ZD+	61383			

CLASS 421/3   4-Cig Unit

Details as Class 421/5 except:
Built: 1964-66 by BR, York (71044-97 1970).

1701	NC	NSXX	BI	76087	62028	70706	76033
1702	N	NSXX	BI	76101	62042	70720	76047
1703	NC	NSXX	BI	76097	62038	70716	76043
1704	NW	SCXH	BI+	76092	62033	70711	76038
1705	NC	NSXX	BI	76076	62017	70695	76022
1706	N	NSXX	BI	76094	62035	70713	76040
1707	NC	NSXX	BI	76084	62025	70703	76030
1708	N	NSXX	BI	76110	62051	70729	76056
1709	N	NSXX	BI	76103	62044	70722	76049
1710	N	NSXX	BI	76078	62019	70697	76024
1711	N	NSXX	BI	76114	62055	71766	76060
1712	N	NSXX	BI	76079	62020	70698	76025
1713	N	NSXX	BI	76128	62069	71767	76074
1714	N	NSXX	BI	76077	62018	70696	76023
1717	NW	NSXX	BI	76083	62024	70702	76029
1719	U	NSXX	BI	76116	62057	70719	76062
1720	NW	NSXX	BI	76098	62039	71769	76044
1721	NW	NSXX	BI	76090	62031	70709	76036
1722	NW	NSXX	BI	76106	62047	70725	76052
1724	NW	NSXX	BI	76120	62061	71770	76066
1725	N	NSXX	BI	76088	62029	70707	76034
1726	NC	NSXX	BI	76109	62050	70728	76055
1727	NC	NSXX	BI	76111	62052	70730	76057
1731	NC	NSXX	BI	76095	62036	70714	76041
1733	NC	NSXX	BI	76122	62063	71047	76068
1734	NC	NSXX	BI	76063	62054	71044	76059
1735	NC	NSXX	BI	76117	62058	71050	76051
1736	NC	NSXX	BI	76124	62065	71052	76070

EMUS

1737	NC	NSXX	BI	76121	62062	71058	76067
1738	NC	NSXX	BI	76129	62064	71046	76069
1739	NC	NSXX	BI	76123	62070	71066	76075
1740	NW	SCXH	ZG+	76126	62067	71097	76072
1741	NW	SCXH	ZG+	76089	62030	70708	76035
1742	NC	NSXX	BI	76086	62027	70705	76032
1743	U	NSXX	BI	76118	62059	71065	76064
1744	NW	SCXH	ZG+	76127	62068	71064	76073
1745	N	NSXX	BI	76085	62026	70704	76031
1746	N	NSXX	BI	76091	62032	70710	76037
1747	NW	NSXX	BI	76026	62034	70712	76093
1748	NC	NSXX	BI	76115	62056	71067	76061
1749	NW	SCXH	AF+	76112	62053	71068	76058
1750	NC	NSXX	BI	76080	62021	70699	76039
1751	N	NSXX	BI	76125	62066	71051	76071
1752	N	NSXX	BI	76119	62060	70717	76065
1753	N	NSXX	BI	76102	62043	70721	76048

CLASS 421/4 — 4-Cig Unit

Details as Class 421/5 except:
Seats: 18F, 36S (* 12F, 42S) + 56S + 72S + 18F, 36S (* 12F, 42S).

1801	N	NSXX	BI	76848	71095	62415	76777
1802	N	NSXX	BI	76754	62392	71072	76825
1803	N	NSXX	BI	76780	62418	71098	76851
1804	N	NSXX	BI	76778	62416	71096	76849
1805	N	NSXX	BI	76782	62420	71100	76853
1806*	N	NKCX	RE	76783	62421	71101	76854
1807*	N	NKCX	RE	76784	62422	71102	76855
1808*	N	NKCX	RE	76785	62423	71103	76856
1809*	NW	NKCX	RE	76786	62424	71104	76857
1810*	N	NKCX	RE	76787	62425	71105	76858
1811*	NW	NKCX	RE	76781	62419	71099	76852
1812*	NW	NKCX	RE	76757	62395	71075	76828
1813*	N	NKCX	RE	76859	62430	71106	76860
1831	U	NSXX	BI	76598	62304	70984	76628
1832	NC	NSXX	BI	76719	62357	71037	76790
1833	NC	NSXX	BI	76582	62288	70968	76612
1834	NC	NSXX	BI	76566	62282	70988	76576
1835	NC	NSXX	BI	76601	62307	70987	76631
1837	NC	NSXX	BI	76722	62360	71040	76793
1839*	N	NKCX	RE	76607	62313	70993	76637
1840*	NW	NKCX	RE	76724	62362	71042	76795
1841*	N	NKCX	RE	76603	62309	70989	76633
1842*	NW	NKCX	RE	76725	62363	71043	76796
1843*	N	NKCX	RE	76731	62369	71049	76802
1845	NC	NSXX	BI	76599	62305	70985	76629
1846	NC	NSXX	BI	76737	62375	71055	76808
1847	NC	NSXX	BI	76600	62306	70986	76630
1848	NW	NSXX	BI	76605	62311	70991	76635
1850	NC	NSXX	BI	76718	62356	71036	76789
1851	NC	NSXX	BI	76721	62359	71039	76792
1853	NC	NSXX	BI	76606	62312	70992	76636
1854	NC	NSXX	BI	76738	62376	71056	76809
1855	NC	NSXX	BI	76720	62358	71038	76791
1856	NC	NSXX	BI	76739	62377	71057	76810
1857	NC	NSXX	BI	76610	62316	70996	76640
1858	NC	NSXX	BI	76604	62310	70990	76634
1859	NC	NSXX	BI	76727	62365	71045	76798
1860	NC	NSXX	BI	76752	62390	71070	76823
1861	NC	NSXX	BI	76735	62373	71053	76806
1862	NC	NSXX	BI	76736	62374	71054	76807

EMUS

1863	N	NSXX	BI	76742	62380	71060	76813
1864	N	NSXX	BI	76741	62379	71059	76812
1865	NC	NSXX	BI	76745	62383	71063	76639
1866	NC	NSXX	BI	76743	62381	71061	76814
1867	NC	NSXX	BI	76744	62382	71062	76815
1868	NW	NSXX	BI	76751	62389	71069	76822
1869	NC	NSXX	BI	76753	62391	71071	76804
1870*	N	NKCX	RE	76108	62409	71089	76842
1871*	N	NKCX	RE	76756	62394	71074	76827
1872*	N	NKCX	RE	76771	62396	71076	76829
1873*	N	NKCX	RE	76759	62397	71077	76830
1874	N	NSXX	BI	76755	62393	71073	76826
1876*	N	NKCX	RE	76761	62399	71079	76832
1877*	N	NKCX	RE	76763	62401	71081	76834
1878*	N	NKCX	RE	76768	62406	71086	76839
1879*	N	NKCX	RE	76760	62398	71078	76831
1880	NW	NSBX	FR	76770	62408	71088	76841
1881	NW	NSBX	FR	76762	62400	71080	76833
1882	N	NSBX	FR	76765	62403	71083	76836
1883	NW	NSBX	FR	76764	62402	71082	76835
1884	NW	NSBX	FR	76767	62405	71085	76838
1885	N	NSBX	FR	76769	62407	71087	76840
1886	NW	NSBX	FR	76772	62410	71090	76843
1887	NW	NSBX	FR	76766	62404	71084	76837
1888	NW	NSBX	FR	76773	62411	71091	76844
1889	NW	NSBX	FR	76774	62412	71092	76845
1890	NW	NSBX	FR	76775	62413	71093	76846
1891	NW	NSBX	FR	76776	62414	71094	76847
Spare	BG	SCXZ	ZG+	70995			

CLASS 421/6 4-Cig Unit

Details as Class 421/5 except:
Built: 1964-66 by BR, York.

1901	NC	NSXX	BI	76082	62023	70701	76028
1902	NC	NSXX	BI	76100	62041	71768	76046
1903	NW	NSXX	BI	76081	62022	70700	76027
1904	NW	NSXX	BI	76107	62048	70726	76053
1905	NC	NSXX	BI	76099	62040	70718	76045
1906	NC	NSXX	BI	76105	62046	70724	76113
1907	N	NSXX	BI	76104	62045	70723	76050
1908	NW	NSXX	BI	76096	62037	70715	76042

CLASS 422/2 4-Big Unit

Normal Formation: DTCsoL + MBSO + TSRB + DTCsoL. Gangwayed throughout.
Built: 1970-71 by BR, York.
Wheel Arrangement: 2-2 + Bo-Bo + 2-2 + 2-2.
Electrical Equipment: English Electric.
Length: 20.19 + 20.19 + 20.19 + 20.19 m.
Seats: 18F, 36S + 56S + 40S + 18F, 36S.
Maximum Speed: 90 mph.
Continuous Rating: 740 kW.
Weight: 35.50 + 49.00 + 35.00 + 35.50 t.
Toilets: 2 + 0 + 0 + 2.

2203	NC	NSXX	BI	76563	62279	69332	76573
2204	NC	NSXX	BI	76564	62280	69336	76574
2205	N	NSXX	BI	76565	62281	69339	76575
2206	NC	NSXX	BI	76602	62308	69338	76632
2208	NC	NSXX	BI	76568	62284	69334	76578
2209	N	NSXX	BI	76569	62285	69335	76579
2210	NC	NSXX	BI	76570	62286	69337	76580

CLASS 422/3 4-Big Unit

Details as Class 422/2 except:
Built: 1970-72 by BR, York (69301-18 1966).

EMUS

2251	NC	NSXX	BI	76726	62364	69302	76797
2252	NC	NSXX	BI	76728	62366	69312	76799
2253	N	NSXX	BI	76734	62372	69313	76805
2254	NC	NSXX	BI	76803	69306	62370	76732
2255	N	NSXX	BI	76811	69310	62378	76740
2256	NC	NSXX	BI	76747	62385	69307	76818
2257	NC	NSXX	BI	76729	62367	69311	76800
2258	NC	NSXX	BI	76746	62384	69316	76817
2259	NC	NSXX	BI	76819	69318	62386	76748
2260	NC	NSXX	BI	76749	62387	69304	76820
2261	NC	NSXX	BI	76750	62388	69301	76821
2262	N	NSXX	BI	76850	69333	62417	76779

CLASS 412 4-Bep Unit

Normal Formation: DMSO + TBCK + TSRB + DMSO. Gangwayed throughout.
Built: 1959-63 by BR, Eastleigh.
Wheel Arrangement: Bo-2 + 2-2 + 2-2 + 2-Bo. **Maximum Speed:** 90 mph.
Electrical Equipment: English Electric. **Continuous Rating:** 740 kW.
Length: 20.34 + 20.34 + 20.34 + 20.34 m. **Weight:** 44.20 + 36.20 + 35.50 + 43.50 t.
Seats: 64S + 24F, 6S + 24S + 64S. **Toilets:** 0 + 2 + 0 + 0.

2301	N	NSSX	FR	61804	70607	69341	61805
2302	N	NSSX	FR	61774	70592	69342	61809
2303	N	NSSX	FR	61954	70656	69343	61955
2304	N	NSSX	FR	61736	70573	69344	61737
2305	NW	NSSX	FR	61798	70354	69345	61799
2306	NS	NSSX	FR	61808	70609	69346	61775
2307	N	NSSX	FR	61802	70606	69347	61803

CLASS 442 5-Car Unit

Normal Formation: DTFsoL + TSOL + MBRSM + TSOL + DTSOL. Gangwayed throughout.
Built: 1988-89 by BREL, Derby Carriage & Wagon.
Wheel Arrangement: 2-2 + 2-2 + Bo-Bo + 2-2 + 2-2. **Maximum Speed:** 100 mph.
Electrical Equipment: English Electric. **Continuous Rating:** 1200 kW.
Length: 22.57 + 22.57 + 22.57 + 22.57 + 22.57 m. **Weight:** 30.10 + 35.30 + 54.10 + 35.40 + 39.10 t.
Seats: 48F + 80S + 14S + 76S + 78S. **Toilets:** 1 + 2 + 0 + 2 + 1.

2401	NW	NSSX	BM	77382	71818	62937	71842	77406
2402	SW	NSSX	BM	77383	71819	62938	71843	77407
2403	N	NSSX	BM	77384	71820	62941	71844	77408
2404	N	NSSX	BM	77385	71821	62939	71845	77409
2405	NW	NSSX	BM	77386	71822	62944	71846	77410
2406	N	NSSX	BM	77389	71823	62942	71847	77411
2407	NW	NSSX	BM	77388	71824	62943	71848	77412
2408	N	NSSX	BM	77387	71825	62945	71849	77413
2409	N	NSSX	BM	77390	71826	62946	71850	77414
2410	N	NSSX	BM	77391	71827	62948	71851	77415
2411	N	NSSX	BM	77392	71828	62940	71858	77422
2412	N	NSSX	BM	77393	71829	62947	71853	77417
2413	N	NSSX	BM	77394	71830	62949	71854	77418
2414	N	NSSX	BM	77395	71831	62950	71855	77419
2415	N	NSSX	BM	77396	71832	62951	71856	77420
2416	N	NSSX	BM	77397	71833	62952	71857	77421
2417	NW	NSSX	BM	77398	71834	62953	71852	77416
2418	N	NSSX	BM	77399	71835	62954	71859	77423
2419	N	NSSX	BM	77400	71836	62955	71860	77424
2420	NW	NSSX	BM	77401	71837	62956	71861	77425
2421	N	NSSX	BM	77402	71838	62957	71862	77426
2422	NW	NSSX	BM	77403	71839	62958	71863	77427
2423	N	NSSX	BM	77404	71840	62959	71864	77428
2424	NW	NSSX	BM	77405	71841	62960	71865	77429

EMUS

CLASS 423/1 — 4-Vep Unit

Normal Formation: DTCsoL + MBSO + TSO + DTCsoL (§ DTSO). Gangwayed throughout.
Built: 1967-74 by BR, York.
Wheel Arrangement: 2-2 + Bo-Bo + 2-2 + 2-2. **Maximum Speed:** 90 mph.
Electrical Equipment: English Electric. **Continuous Rating:** 740 kW.
Length: 20.18 + 20.18 + 20.18 + 20.18 m. **Weight:** 35.00 + 49.00 + 31.50 + 35.00 t.
Seats: 18F, 46S(§† 12F, 52S) + 76S + 98S + 18F, 46S (§ 88S, † 12F, 52S). **Toilets:** 1 + 0 + 0 + 1 (§ 0).

3401	NW	NSSX	WD	76230	62276	70781	76231
3402	NW	NSSX	WD	76233	62123	70782	76232
3403	N	NSSX	WD	76234	62254	70783	76235
3404	N	NSSX	WD	76378	62261	70894	76236
3405	NW	NSSX	WD	76239	62271	70785	76238
3406	N	NSSX	WD	76241	62130	70786	76240
3407	ST	NSSX	WD	76243	62348	70787	76242
3408	NW	NSSX	WD	76244	62435	70788	76245
3409	N	NSSX	WD	76246	62239	70789	76247
3410	N	NSSX	WD	76369	62442	70790	76249
3411	NW	NSSX	WD	76250	62342	70791	76251
3412†	N	NKCX	RE	76252	62340	70792	76253
3413	N	NSSX	WD	76255	62441	70793	76254
3414	N	NSSX	WD	76257	62446	70794	76248
3415	N	NSSX	WD	76258	62462	70795	76259
3416†	NW	NKCX	RE	76261	62451	70796	76260
3417	NW	NSSX	WD	76262	62236	70797	76263
3418	N	NSSX	WD	76265	62133	70875	76264
3419	NW	NSSX	WD	76267	62354	70799	76266
3420	N	NSSX	WD	76269	62349	70800	76268
3421	N	NKCX	RE	76889	62449	71129	76890
3422	N	NKCX	RE	76372	62201	70891	76371
3423	N	NKCX	RE	76452	62222	70912	76451
3424†	N	NKCX	RE	76354	62185	70882	76353
3425	N	NSSX	WD	76338	62192	70874	76358
3426	N	NSSX	WD	76386	62208	70898	76385
3427	N	NSSX	WD	76374	62184	70892	76373
3428	N	NSSX	WD	76454	62223	70913	76453
3429	N	NSSX	WD	76334	62202	70872	76333
3430	N	NSSX	WD	76348	62189	70879	76347
3431	N	NSSX	WD	76458	62182	70915	76457
3432	N	NSSX	WD	76400	62225	70905	76399
3433	NW	NSSX	WD	76444	62215	70908	76443
3434	N	NSSX	WD	76462	62218	70917	76461
3435	NC	NSXX	BI	76342	62228	70876	76341
3436	NC	NSXX	BI	76350	62190	70880	76349
3437	NC	NSXX	BI	76346	62186	70878	76345
3438	N	NSXX	BI	76530	62262	70951	76529
3439	NC	NSXX	BI	76402	62227	70906	76401
3442	NC	NSXX	BI	76492	62216	70932	76491
3445†	N	NKCX	RE	76450	62242	70911	76449
3446†	N	NKCX	RE	76532	62243	70952	76531
3447†	NW	NKCX	RE	76380	62199	70895	76379
3448†	N	NKCX	RE	76376	62221	70886	76375
3449†	N	NKCX	RE	76336	62205	70873	76335
3450†	N	NKCX	RE	76460	62203	70916	76459
3451†	N	NKCX	RE	76488	62240	70930	76487
3452†	N	NKCX	RE	76340	62183	71021	76690
3453†	N	NKCX	RE	76382	62226	70896	76381
3454†	N	NKCX	RE	76390	62200	70798	76389
3455	NW	NSSX	WD	76388	62206	70899	76387
3456	N	NSSX	WD	76456	62210	70914	76455
3457	N	NSSX	WD	76392	62197	70901	76391
3458	N	NSSX	WD	76394	62209	70902	76393
3459	N	NSSX	WD	76396	62224	70903	76395

EMUS

3462	NC	NSXX	BI	76536	62213	70954	76535
3463	N	NSXX	BI	76398	62266	70904	76397
3464	NC	NSXX	BI	76442	62265	70907	76441
3466	N	NSSX	WD	76464	62214	70918	76463
3467	NW	NSSX	WD	76446	62217	70909	76445
3468	N	NSSX	WD	76448	62267	70910	76447
3469	NW	NSSX	WD	76546	62219	70959	76545
3470	N	NSSX	WD	76496	62220	70934	76495
3471†	N	NKCX	RE	76498	62269	70935	76497
3472†	N	NKCX	RE	76500	62244	70936	76499
3473§	N	NKCX†	RE	76502	62245	70937	76339
3474†	N	NKCX	RE	76504	62246	70938	76503
3475†	NW	NKCX	RE	76552	62270	70962	76551
3476	NC	NSXX	BI	76548	62247	70960	76547
3478	N	NSXX	BI	76653	62125	71003	76654
3479	NW	NSSX	WD	76655	62272	71004	76656
3480	N	NSSX	WD	76474	62323	70923	76473
3481	NW	NSSX	WD	76647	62324	70900	76648
3482	N	NSSX	WD	76657	62320	71005	76658
3483	N	NSSX	WD	76661	62233	71007	76662
3484	N	NSSX	WD	76476	62325	70924	76475
3485	N	NSSX	WD	76508	62327	70940	76507
3486	NW	NSSX	WD	76478	62234	70925	76477
3487†	NW	NKCX	RE	76645	62250	70941	76509
3488	NW	NSSX	WD	76663	62235	71008	76664
3489	NW	NSSX	WD	76665	62251	71009	76666
3490	N	NSSX	WD	76695	62328	71024	76696
3491†	NW	NKCX	RE	76337	62436	70927	76481
3492†	N	NKCX	RE	76667	62344	71010	76668
3493†	N	NKCX	RE	76669	62237	71011	76670
3494†	NW	NKCX	RE	76675	62330	71014	76676
3495†	NW	NKCX	RE	76699	62331	71026	76700
3496†	N	NKCX	RE	76673	62334	71013	76674
3497†	N	NKCX	RE	76671	62346	71012	76672
3498†	NW	NKCX	RE	76701	62333	71027	76702
3499†	N	NKCX	RE	76901	62347	71135	76902
3500†	N	NKCX	RE	76470	62455	70921	76469
3501	U	NSXX	BI	76512	62332	70942	76511
3503	NW	NSXX	BI	76681	62231	71017	76682
3504	NW	NSXX	BI	76711	62351	71032	76712
3505	N	NSXX	BI	76472	62352	70922	76471
3506	N	NSXX	BI	76554	62317	70963	76553
3507	NW	NSXX	BI	76558	62232	70965	76557
3508	NW	NSSX	WD	76643	62273	70998	76644
3509	N	NSSX	WD	76560	62275	70966	76559
3510	N	NSSX	WD	76641	62318	70997	76642
3511	N	NKCX	RE	76893	62135	70999	76646
3512	NC	NSXX	BI	76679	62337	71016	76680
3513	N	NSXX	BI	76691	62336	71022	76692
3514	NC	NSXX	BI	76683	62136	71018	76684
3515	NC	NSXX	BI	76544	62319	70958	76543
3516	ST	NSSX	WD	76693	62268	71023	76694
3517	NC	NSXX	BI	76685	62338	71019	76686
3518	NC	NSXX	BI	76689	62343	70887	76363
3519	N	NSSX	WD	76556	62274	70964	76555
3520	NW	NSSX	WD	76697	62131	71025	76698
3521†	N	NKCX	RE	76484	62345	70928	76483
3522	N	NSXX	BI	76705	62341	71029	76706
3523	N	NSSX	WD	76651	62139	71002	76652
3524	N	NSSX	WD	76466	62322	70919	76370
3526	NC	NSXX	BI	76524	62255	70948	76523
3527	N	NSXX	BI	76520	62326	70946	76519
3528	NC	NSXX	BI	76518	62258	70945	76517

EMUS

3529	N	NSSX	WD		76659	62257	71006	76660
3530	NW	NSSX	WD		76468	62256	70920	76467
3531	N	NSSX	WD		76649	62230	71001	76650
3532	N	NSXX	BI		76528	62321	70950	76527
3533	N	NSXX	BI		76364	62260	70949	76525
3534	N	NSXX	BI		76506	62259	70939	76505
3535	NW	NSXX	BI		76677	62335	71015	76678
3536	N	NSSX	WD		76384	62207	70897	76383
3537	N	NSXX	BI		76514	62249	70943	76513
3539	N	NSSX	WD		76861	62122	71115	76862
3540	N	NSSX	WD		76863	62128	71116	76864
3541	U	NSXX	BI		76703	62238	71028	76704
3542	NW	NSSX	WD		76480	62127	70926	76479
3543†	N	NKCX	RE		76899	62137	71134	76900
3544†	NW	NKCX	RE		76892	62454	71131	76894
3545†	N	NKCX	RE		76875	62121	71122	76876
3546	NC	NSXX	BI		76687	62339	71020	76688
3547†	NW	NKCX	RE		76895	62126	71132	76896
3548†	NW	NKCX	RE		76903	62452	71136	76904
3549	NC	NSXX	BI		76707	62132	71030	76708
3550	NC	NSXX	BI		76490	62350	70931	76489
3551	NC	NSXX	BI		76465	62456	71033	76714
3552	NW	NSSX	WD		76715	62353	71034	76716
3553†	NW	NKCX	RE		76913	62241	71141	76914
3554†	N	NKCX	RE		76905	62461	71137	76906
3555	N	NSSX	WD		76865	62140	71117	76866
3556	N	NKCX	RE		76885	62457	71127	76886
3557	N	NSSX	WD		76869	62437	71119	76870
3558	N	NSSX	WD		76352	62447	70881	76351
3559	N	NSSX	WD		76486	62439	70929	76485
3560	N	NKCX	RE		76897	62191	71133	76898
3561	N	NSSX	WD		76867	62453	71118	76868
3562	N	NKCX	RE		76907	62129	71138	76908
3563	N	NSSX	WD		76873	62438	71121	76874
3564	N	NKCX	RE		76883	62458	71126	76884
3565†	N	NKCX	RE		76877	62134	71123	76878
3566†	N	NKCX	RE		76915	62443	71142	76916
3567	N	NSSX	WD		76871	62138	71120	76872
3568	N	NKCX	RE		76887	62440	71128	76888
3569	N	NSSX	WD		76344	62448	70877	76343
3570	N	NKCX	RE		76909	62187	71139	76910
3571	N	NKCX	RE		76927	62463	71148	76928
3572	N	NKCX	RE		76879	62468	71124	76880
3573	N	NKCX	RE		76919	62444	71144	76920
3574	N	NKCX	RE		76929	62464	71149	76930
3575†	N	NKCX	RE		76931	62469	71150	76932
3576	N	NSSX	WD		76362	62196	70890	76361
3577†	N	NKCX	RE		76933	62459	71151	76934
3578	N	NSSX	WD		76356	62193	70883	76355
3579	N	NKCX	RE		76935	62471	71152	76936
3580	N	NSSX	WD		76360	62195	70885	76359
3581	N	NSSX	WD		76366	62198	70888	76365
3582	N	NKCX	RE		76891	62472	71130	76275
3583†	N	NKCX	RE		76937	62450	71153	76938
3584	N	NKCX	RE		76881	62473	71125	76882
3585†	N	NKCX	BI		76939	62445	71154	76940
3586†	N	NKCX	RE		76921	62474	71145	76922
3587†	N	NKCX	RE		76925	62465	71147	76926
3588	N	NKCX	RE		76923	62467	71146	76924
3589	N	NKCX	RE		76911	62466	71140	76912
3590	N	NKCX	RE		76941	62460	71155	76942
3591	N	NKCX	RE		76917	62475	71143	76918
3801	N	NKCX	RE		76522	62229	70947	76521

EMUS

3802	N	NKCX	RE		76534	62188	70953	76533
3803	N	NKCX	RE		76494	62263	70933	76493
3804	N	NKCX	RE		76368	62204	70889	76367
3805	N	NKCX	RE		76540	62211	70956	76539
3806	N	NKCX	RE		76538	62212	70955	76537
3807	N	NKCX	RE		76542	62264	70957	76541
3808	N	NKCX	RE		76550	62248	70961	76549
3809	N	NKCX	RE		76516	62253	70944	76515
3810	N	NKCX	RE		73709	62252	71031	76710
Spare	NW	SCXH	ZG+		76510	62470		

CLASS 414/3   2-Hap Unit

Normal Formation: DMBSO + DTCsoL. Non gangwayed.
Built: 1959 by BR, Eastleigh.
Wheel Arrangement: Bo-2 + 2-2.
Electrical Equipment: English Electric.
Length: 20.04 + 20.44 m.
Seats: 84S + 19F, 50S.
Maximum Speed: 75 mph.
Continuous Rating: 370 kW.
Weight: 42.00 + 32.50 t.
Toilets: 0 + 2.

4308	NW	SAXZ	LM+	61275	75395	4311	NW	SAXZ	LM+ 61287 75407

CLASS 405   4-Sub Unit

Normal Formation: DMBSO + TS + TSO + DMBSO. Non gangwayed.
Built: 1947-51 by SR/BR, Eastleigh.
Wheel Arrangement: Bo-2 + 2-2 + 2-2 + 2-Bo.
Electrical Equipment: English Electric.
Length: 19.05 + 18.90 + 18.90 + 19.05 m.
Seats: 82S + 120S + 102S + 82S.
Maximum Speed: 75 mph.
Continuous Rating: 740 kW.
Weight: 42.00 + 27.00 + 26.00 + 42.00 t.
Toilets: Not equipped.

4732	GR	SAXZ	LM+	12795	10239	12354	12796

CLASS 415/1   4-Epb Unit

Normal Formation: DMBSO + TSO (* TS) + TSO + DMBSO. Non gangwayed.
Built: 1951-57 by BR, Eastleigh.
Wheel Arrangement: Bo-2 + 2-2 + 2-2 + 2-2 2-Bo.
Electrical Equipment: English Electric.
Length: 19.23 + 18.90 + 18.90 + 19.23 m.
Seats: 82S + 102S (* 120S) + 102S + 82S.
Maximum Speed: 75 mph.
Continuous Rating: 740 kW.
Weight: 40.00 + 27.00 (* 28.00) + 27.00 + 40.00 t.
Toilets: Not equipped.

5001	GR	SAXZ	LM+	14001	15207	15101	14002
5176	SB	SAXZ	LM+	14352	15396	15354	14351

CLASS 455/7   4-Car Unit

Normal Formation: DTSO + MSO + TSO + DTSO. Gangwayed throughout.
Built: 1984-85 by BREL, York (except TSO); 1979-80 by BREL, York (TSO).
Wheel Arrangement: 2-2 + Bo-Bo + 2-2 + 2-2.
Electrical Equipment: English Electric.
Length: 19.92 + 19.92 + 19.92 + 19.92 m.
Seats: 74S + 84S + 86S + 74S.
Maximum Speed: 75 mph.
Continuous Rating: 740 kW.
Weight: 29.50 + 45.00 + 25.50 + 29.50 t.
Toilets: Not equipped.

5701	N	NSBX	WD	77727	62783	71545	77728
5702	NW	NSBX	WD	77729	62784	71547	77730
5703	NS	NSBX	WD	77731	62785	71540	77732
5704	NW	NSBX	WD	77733	62786	71548	77734
5705	N	NSBX	WD	77735	62787	71565	77736
5706	N	NSBX	WD	77737	62788	71534	77738
5707	NW	NSBX	WD	77739	62789	71536	77740
5708	NS	NSBX	WD	77741	62790	71560	77742
5709	N	NSBX	WD	77743	62791	71532	77744
5710	N	NSBX	WD	77745	62792	71566	77746
5711	NW	NSBX	WD	77747	62793	71542	77748
5712	N	NSBX	WD	77749	62794	71546	77750

EMUS

5713	NS	NSBX	WD	77751	62795	71567	77752
5714	ST	NSBX	WD	77753	62796	71539	77754
5715	ST	NSBX	WD	77755	62797	71535	77756
5716	ST	NSBX	WD	77757	62798	71564	77758
5717	NW	NSBX	WD	77759	62799	71528	77760
5718	NS	NSBX	WD	77761	62800	71557	77762
5719	ST	NSBX	WD	77763	62801	71558	77764
5720	ST	NSBX	WD	77765	62802	71568	77766
5721	NZ	NSBX	WD	77767	62803	71553	77768
5722	NW	NSBX	WD	77769	62804	71533	77770
5723	NS	NSBX	WD	77771	62805	71526	77772
5724	NW	NSBX	WD	77773	62806	71561	77774
5725	ST	NSBX	WD	77775	62807	71541	77776
5726	NS	NSBX	WD	77777	62808	71556	77778
5727	NW	NSBX	WD	77779	62809	71562	77780
5728	NW	NSBX	WD	77781	62810	71527	77782
5729	NW	NSBX	WD	77783	62811	71550	77784
5730	NZ	NSBX	WD	77785	62812	71551	77786
5731	NW	NSBX	WD	77787	62813	71555	77788
5732	NZ	NSBX	WD	77789	62814	71552	77790
5733	NZ	NSBX	WD	77791	62815	71549	77792
5734	NS	NSBX	WD	77793	62816	71531	77794
5735	NW	NSBX	WD	77795	62817	71563	77796
5736	NW	NSBX	WD	77797	62818	71554	77798
5737	NZ	NSBX	WD	77799	62819	71544	77800
5738	NW	NSBX	WD	77801	62820	71529	77802
5739	NS	NSBX	WD	77803	62821	71537	77804
5740	NS	NSBX	WD	77805	62822	71530	77806
5741	NS	NSBX	WD	77807	62823	71559	77808
5742	NW	NSBX	WD	77809	62824	71543	77810
5750	NW	NSBX	WD	77811	62825	71538	77812

CLASS 455/8 — 4-Car Unit

Details as Class 455/7 except:
Built: 1982-84 by BREL, York.
Seats: 74S + 84S + 84S + 74S.
Weight: 29.50 + 45.60 + 27.10 + 29.50 t.

5801	NC	NSLX	SU	77579	62709	71637	77580
5802	NC	NSLX	SU	77581	62710	71664	77582
5803	CX	NSLX	SU	77583	62711	71639	77584
5804	CX	NSLX	SU	77585	62712	71640	77586
5805	NC	NSLX	SU	77587	62713	71641	77588
5806	NC	NSLX	SU	77589	62714	71642	77590
5807	NC	NSLX	SU	77591	62715	71643	77592
5808	NC	NSLX	SU	77593	62716	71644	77594
5809	NC	NSLX	SU	77595	62717	71645	77596
5810	NC	NSLX	SU	77597	62718	71646	77598
5811	NC	NSLX	SU	77599	62719	71647	77600
5812	NC	NSLX	SU	77601	62720	71648	77602
5813	NC	NSLX	SU	77603	62721	71649	77604
5814	NC	NSLX	SU	77605	62722	71650	77606
5815	NC	NSLX	SU	77607	62723	71651	77608
5816	N	NSLX	SU	77609	62724	71652	77633
5817	N	NSLX	SU	77611	62725	71653	77612
5818	NC	NSLX	SU	77613	62726	71654	77614
5819	N	NSLX	SU	77615	62727	71655	77616
5820	N	NSLX	SU	77617	62728	71656	77618
5821	NC	NSLX	SU	77619	62729	71657	77620
5822	NC	NSLX	SU	77621	62730	71658	77622
5823	NC	NSLX	SU	77623	62731	71659	77624
5824	NC	NSLX	SU	77637	62732	71660	77626
5825	NC	NSLX	SU	77627	62733	71661	77628
5826	NW	NSLX	SU	77629	62734	71662	77630

EMUS

5827	NC	NSLX	SU	77610	62735	71663	77632
5828	NC	NSLX	SU	77631	62736	71638	77634
5829	NW	NSLX	SU	77635	62737	71665	77636
5830	N	NSLX	SU	77625	62743	71666	77638
5831	N	NSLX	SU	77639	62739	71667	77640
5832	N	NSLX	SU	77641	62740	71668	77642
5833	N	NSLX	SU	77643	62741	71669	77644
5834	N	NSLX	SU	77645	62742	71670	77646
5835	N	NSLX	SU	77647	62738	71671	77648
5836	N	NSLX	SU	77649	62744	71672	77650
5837	N	NSLX	SU	77651	62745	71673	77652
5838	N	NSLX	SU	77653	62746	71674	77654
5839	NC	NSLX	SU	77655	62747	71675	77656
5840	N	NSLX	SU	77657	62748	71676	77658
5841	N	NSLX	SU	77659	62749	71677	77660
5842	N	NSLX	SU	77661	62750	71678	77662
5843	N	NSLX	SU	77663	62751	71679	77664
5844	N	NSLX	SU	77665	62752	71680	77666
5845	N	NSLX	SU	77667	62753	71681	77668
5846	NC	NSLX	SU	77669	62754	71682	77670
5847	NW	NSBX	WD	77671	62755	71683	77672
5848	NW	NSBX	WD	77673	62756	71684	77674
5849	NW	NSBX	WD	77675	62757	71685	77676
5850	NS	NSBX	WD	77677	62758	71686	77678
5851	NS	NSBX	WD	77679	62759	71687	77680
5852	NW	NSBX	WD	77681	62760	71688	77682
5853	N	NSBX	WD	77683	62761	71689	77684
5854	NS	NSBX	WD	77685	62762	71690	77686
5855	N	NSBX	WD	77687	62763	71691	77688
5856	N	NSBX	WD	77689	62764	71692	77690
5857	N	NSBX	WD	77691	62765	71693	77692
5858	NW	NSBX	WD	77693	62766	71694	77694
5859	NW	NSBX	WD	77695	62767	71695	77696
5860	NW	NSBX	WD	77697	62768	71696	77698
5861	NS	NSBX	WD	77699	62769	71697	77700
5862	NS	NSBX	WD	77701	62770	71698	77702
5863	NW	NSBX	WD	77703	62771	71699	77704
5864	N	NSBX	WD	77705	62772	71700	77706
5865	NZ	NSBX	WD	77707	62773	71701	77708
5866	NS	NSBX	WD	77709	62774	71702	77710
5867	N	NSBX	WD	77711	62775	71703	77712
5868	N	NSBX	WD	77713	62776	71704	77714
5869	N	NSBX	WD	77715	62777	71705	77716
5870	NW	NSBX	WD	77717	62778	71706	77718
5871	N	NSBX	WD	77719	62779	71707	77720
5872	N	NSBX	WD	77721	62780	71708	77722
5873	N	NSBX	WD	77723	62781	71709	77724
5874	N	NSBX	WD	77725	62782	71710	77726

CLASS 455/9 — 4-Car Unit

Details as Class 455/7 except:
Built: 1985 by BREL, York (* 67400 1981).
Length: 19.92 + 19.92 + 19.92 + 19.92 m. (* 20.18 m.). **Weight:** 29.50 + 45.60 + 27.10 + 29.50 t.
Seats: 74S + 84S + 84S + 74S.

5901	NW	NSBX	WD	77813	62826	71714	77814
5902	NW	NSBX	WD	77815	62827	71715	77816
5903	NW	NSBX	WD	77817	62828	71716	77818
5904	NS	NSBX	WD	77819	62829	71717	77820
5905	NW	NSBX	WD	77821	62830	71731	77822
5906	NW	NSBX	WD	77823	62831	71719	77824
5907	NZ	NSBX	WD	77825	62832	71720	77826
5908	NW	NSBX	WD	77827	62833	71721	77828

EMUS

5909	NW	NSBX	WD		77829	62834	71722	77830
5910	NW	NSBX	WD		77831	62835	71723	77832
5911	NW	NSBX	WD		77833	62836	71724	77834
5912	N	NSBX	WD		77835	62837	71725	77836
5913	NW	NSBX	WD		77837	62838	71726	77838
5914	NW	NSBX	WD		77839	62839	71727	77840
5915	NW	NSBX	WD		77841	62840	71728	77842
5916	NW	NSBX	WD		77843	62841	71729	77844
5917	NZ	NSBX	WD		77845	62842	71730	77846
5918	NS	NSBX	WD		77847	62843	71732	77848
5919	NW	NSBX	WD		77849	62844	71718	77850
5920	NS	NSBX	WD		77851	62845	71733	77852
Spare*	NW	SBXH	WD+		67400			

CLASS 416/2   2-Epb Unit

Normal Formation: DMBSO + DTSso. Non gangwayed.
Built: 1954 by BR, Eastleigh.
Wheel Arrangement: Bo-2 + 2-2.
Electrical Equipment: English Electric.
Length: 20.03 + 20.44 m.
Seats: 84S + 102S.

Maximum Speed: 75 mph.
Continuous Rating: 370 kW.
Weight: 42.00 + 30.50 t.
Toilets: Not equipped.

6213	BG	SAXZ	LM+		65327	77512

CLASS 416/3   2-Epb Unit

Normal Formation: DMBSO + DTSO. Non gangwayed.
Built: 1959 by BR, Eastleigh.
Wheel Arrangement: Bo-2 + 2-2.
Electrical Equipment: English Electric.
Length: 19.10 + 19.1 m.
Seats: 82S + 92S.

Maximum Speed: 75 mph.
Continuous Rating: 370 kW.
Weight: 40.00 + 30.00 t.
Toilets: Not equipped.

6307	BG	SAXZ	LM+		14573	16117
6308	NW	SAXZ	LM+		14564	16108
6309	NW	SAXZ	LM+		14562	16108

CLASS 416/4   2-Epb Unit

Normal Formation: DMBSO + DTSO. Non gangwayed.
Built: 1958 by BR, Eastleigh.
Wheel Arrangement: Bo-2 + 2-2.
Electrical Equipment: English Electric.
Length: 20.03 + 20.44 m.
Seats: 82S + 92S.

Maximum Speed: 75 mph.
Continuous Rating: 370 kW.
Weight: 43.00 + 30.50 t.
Toilets: Not equipped.

6402	NW	SAXZ	LM+		65362	77547

CLASS 488/2   2-Car Trailer Unit

Normal Formation: TFOLH + TSOLH. Gangwayed throughout.
Built: 1973-74 by BR, Derby Carriage & Wagon. Converted 1983-84 from loco-hauled stock.
Length: 20.38 + 20.38 m.
Seats: 41F + 48S.
Maximum Speed: 90 mph.

Weight: 35.00 + 35.00 t.
Toilets: 1 + 1.

8201	IG	IVGX	SL	72500	72638	8206	IG	IVGX	SL	72505	72629
8202	IG	IVGX	SL	72501	72617	8207	IG	IVGX	SL	72506	72642
8203	IG	IVGX	SL	72502	72640	8208	IG	IVGX	SL	72507	72643
8204	IG	IVGX	SL	72503	72641	8209	IG	IVGX	SL	72508	72644
8205	IG	IVGX	SL	72504	72628	8210	IG	IVGX	SL	72509	72635

CLASS 488/3   3-Car Trailer Unit

Details as Class 488/2 except:

EMUS

Normal Formation: TSOLH + TSOL + TSOLH. Gangwayed throughout.
Length: 20.38 + 20.38 + 20.38 m.   **Weight:** 35.00 + 35.00 + 35.00 t.
Seats: 48S + 48S + 48S.   **Toilets:** 1 + 1 + 1.

8302	IG	IVGX	SL	72602	72701	72604	8311	IG	IVGX	SL	72620	72710	72621
8303	IG	IVGX	SL	72603	72702	72608	8312	IG	IVGX	SL	72622	72711	72623
8304	IG	IVGX	SL	72606	72703	72611	8313	IG	IVGX	SL	72624	72712	72625
8305	IG	IVGX	SL	72605	72704	72609	8314	IG	IVGX	SL	72626	72713	72627
8306	IG	IVGX	SL	72607	72705	72610	8315	IG	IVGX	SL	72636	72714	72645
8307	IG	IVGX	SL	72612	72706	72613	8316	IG	IVGX	SL	72630	72715	72631
8308	IG	IVGX	SL	72614	72707	72615	8317	IG	IVGX	SL	72632	72716	72633
8309	IG	IVGX	SL	72616	72708	72639	8318	IG	IVGX	SL	72634	72717	72637
8310	IG	IVGX	SL	72618	72709	72619	8319	IG	IVGX	SL	72646	72718	72647

CLASS 489   Gatwick Luggage Van

Built: 1958-59 by BR, Eastleigh. Converted 1983-84 from class 414/3 DMBSO.
Electrical Equipment: English Electric.   **Continuous Rating:** 370 kW.
Gangwayed: At inner end only.   **Maximum Speed:** 90 mph.
Length: 20.45 m.   **Weight:** 40.50 t.

9101	IG	IVGX	SL	68500	9106	IG	IVGX	SL	68505
9102	IG	IVGX	SL	68501	9107	IG	IVGX	SL	68506
9103	IG	IVGX	SL	68502	9108	IG	IVGX	SL	68507
9104	IG	IVGX	SL	68503	9109	IG	IVGX	SL	68508
9105	IG	IVGX	SL	68504	9110	IG	IVGX	SL	68509

CLASS 456   2-Car Unit

Normal Formation: DMSO + DTSOL. Gangwayed within unit.
Built: 1990-91 by BREL, York.
Wheel Arrangement: Bo-2 + 2-2.   **Maximum Speed:** 75 mph.
Electrical Equipment: English Electric.   **Continuous Rating:** 370 kW.
Length: 19.95 + 19.95 m.   **Weight:** 42.10 + 31.40 t.
Seats: 79S + 73S.   **Toilets:** 0 + 1.

456 001	NC	NSLX	SU	64735	78250	456 013	NC	NSLX	SU	64747	78262
456 002	NC	NSLX	SU	64736	78251	456 014	NC	NSLX	SU	64748	78263
456 003	NC	NSLX	SU	64737	78252	456 015	NC	NSLX	SU	64749	78264
456 004	NC	NSLX	SU	64738	78253	456 016	NC	NSLX	SU	64750	78265
456 005	NC	NSLX	SU	64739	78254	456 017	NC	NSLX	SU	64751	78266
456 006	NC	NSLX	SU	64740	78255	456 018	NC	NSLX	SU	64752	78267
456 007	NC	NSLX	SU	64741	78256	456 019	NC	NSLX	SU	64753	78268
456 008	NC	NSLX	SU	64742	78257	456 020	NC	NSLX	SU	64754	78269
456 009	NC	NSLX	SU	64743	78258	456 021	NC	NSLX	SU	64755	78270
456 010	NC	NSLX	SU	64744	78259	456 022	NC	NSLX	SU	64756	78271
456 011	NC	NSLX	SU	64745	78260	456 023	NC	NSLX	SU	64757	78272
456 012	NC	NSLX	SU	64746	78261	456 024	CX	NSLX	SU	64758	78273

CLASS 457   3-Car Unit

Normal Formation: DMSO + TSO + DMSO. Gangwayed throughout.
Built: 1982 by BREL, Derby Carriage & Wagon as DEMU. Converted 1988 by BR, Derby.
Wheel Arrangement: Bo-2 + 2-2 + 2-Bo.   **Maximum Speed:** 75 mph.
Electrical Equipment: Brush.   **Continuous Rating:** 660 kW.
Length: 19.83 + 19.92 + 19.83 m.   **Weight:** 29.00 + 26.50 + 29.00 t.
Seats: 74S + 84S + 74S.   **Toilets:** Not equipped.

457 001	NW	SBXZ	ZG+67300	67401	67301

CLASS 465/0   4-Car Unit

Normal Formation: DMSO + TSO + TSOL + DMSO. Gangwayed within unit.
Built: 1992-93 by BREL/ABB Transportation, York.
Wheel Arrangement: Bo-2 + 2-2 + 2-2 + 2-Bo.   **Maximum Speed:** 75 mph.
Electrical Equipment: Brush.   **Continuous Rating:**
Length: 20.89 + 20.06 + 20.06 + 20.89 m.   **Weight:** 39.20 + 30.40 + 30.50 + 39.20 t.

EMUS

Seats: 86S + 90S + 86S + 86S. **Toilets:** 0 + 0 + 1 + 0.

465 001	NW	NKSX	SG	64759	72028	72029	64809
465 002	NW	NKSX	SG	64760	72030	72031	64810
465 003	NW	NKSX	SG	64761	72032	72033	64811
465 004	NW	NKSX	SG	64762	72034	72035	64812
465 005	NW	NKSX	SG	64763	72036	72037	64813
465 006	NW	NKSX	SG	64764	72038	72039	64814
465 007	NW	NKSX	SG	64765	72040	72041	64815
465 008	NW	NKSX	SG	64766	72042	72043	64816
465 009	NW	NKSX	SG	64767	72044	72045	64817
465 010	NW	NKSX	SG	64768	72046	72047	64818
465 011	NW	NKSX	SG	64769	72048	72049	64819
465 012	NW	NKSX	SG	64770	72050	72051	64820
465 013	NW	NKSX	SG	64771	72052	72053	64821
465 014	NW	NKSX	SG	64772	72054	72055	64822
465 015	NW	NKSX	SG	64773	72056	72057	64823
465 016	NW	NKSX	SG	64774	72058	72059	64824
465 017	NW	NKSX	SG	64775	72060	72061	64825
465 018	NW	NKSX	SG	64776	72062	72063	64826
465 019	NW	NKSX	SG	64777	72064	72065	64827
465 020	NW	NKSX	SG	64778	72066	72067	64828
465 021	NW	NKSX	SG	64779	72068	72069	64829
465 022	NW	NKSX	SG	64780	72070	72071	64830
465 023	NW	NKSX	SG	64781	72072	72073	64831
465 024	NW	NKSX	SG	64782	72074	72075	64832
465 025	NW	NKSX	SG	64783	72076	72077	64833
465 026	NW	NKSX	SG	64784	72078	72079	64834
465 027	NW	NKSX	SG	64785	72080	72081	64835
465 028	NW	NKSX	SG	64786	72082	72083	64836
465 029	NW	NKSX	SG	64787	72084	72085	64837
465 030	NW	NKSX	SG	64788	72086	72087	64838
465 031	NW	NKSX	SG	64789	72088	72089	64839
465 032	NW	NKSX	SG	64790	72090	72091	64840
465 033	NW	NKSX	SG	64791	72092	72093	64841
465 034	NW	NKSX	SG	64792	72094	72095	64842
465 035	NW	NKSX	SG	64793	72096	72097	64843
465 036	NW	NKSX	SG	64794	72098	72099	64844
465 037	NW	NKSX	SG	64795	72100	72101	64845
465 038	NW	NKSX	SG	64796	72102	72103	64846
465 039	NW	NKSX	SG	64797	72104	72105	64847
465 040	NW	NKSX	SG	64798	72106	72107	64848
465 041	NW	NKSX	SG	64799	72108	72109	64849
465 042	NW	NKSX	SG	64800	72110	72111	64850
465 043	NW	NKSX	SG	64801	72112	72113	64851
465 044	NW	NKSX	SG	64802	72114	72115	64852
465 045	NW	NKSX	SG	64803	72116	72117	64853
465 046	NW	NKSX	SG	64804	72118	72119	64854
465 047	NW	NKSX	SG	64805	72120	72121	64855
465 048	NW	NKSX	SG	64806	72122	72123	64856
465 049	NW	NKSX	SG	64807	72124	72125	64857
465 050	NW	NKSX	SG	64808	72126	72127	64858

CLASS 465/1   4-Car Unit

Details as Class 465/0 except:
Built: 1993-94 by ABB Transportation, York.

465 151	NW	NKSX	SG	65800	72900	72901	65847
465 152	NW	NKSX	SG	65801	72902	72903	65848
465 153	NW	NKSX	SG	65802	72904	72905	65849
465 154	NW	NKSX	SG	65803	72906	72907	65850
465 155	NW	NKSX	SG	65804	72908	72909	65851
465 156	NW	NKSX	SG	65805	72910	72911	65852
465 157	NW	NKSX	SG	65806	72912	72913	65853

EMUS

465 158	NW	NKSX	SG	65807	72914	72915	65854
465 159	NW	NKSX	SG	65808	72916	72917	65855
465 160	NW	NKSX	SG	65809	72918	72919	65856
465 161	NW	NKSX	SG	65810	72920	72921	65857
465 162	NW	NKSX	SG	65811	72922	72923	65858
465 163	NW	NKSX	SG	65812	72924	72925	65859
465 164	N	NKSX	SG	65813	72926	72927	65860
465 165	NW	NKSX	SG	65814	72928	72929	65861
465 166	NW	NKSX	SG	65815	72930	72931	65862
465 167	NW	NKSX	SG	65816	72932	72933	65863
465 168	NW	NKSX	SG	65817	72934	72935	65864
465 169	NW	NKSX	SG	65818	72936	72937	65865
465 170	NW	NKSX	SG	65819	72938	72939	65866
465 171	NW	NKSX	SG	65820	72940	72941	65867
465 172	NW	NKSX	SG	65821	72942	72943	65868
465 173	NW	NKSX	SG	65822	72944	72945	65869
465 174	NW	NKSX	SG	65823	72946	72947	65870
465 175	NW	NKSX	SG	65824	72948	72949	65871
465 176	N	NKSX	SG	65825	72950	72951	65872
465 177	N	NKSX	SG	65826	72952	72953	65873
465 178	N	NKSX	SG	65827	72954	72955	65874
465 179	N	NKSX	SG	65828	72956	72957	65875
465 180	N	NKSX	SG	65829	72958	72959	65876
465 181	N	NKSX	SG	65830	72960	72961	65877
465 182	N	NKSX	SG	65831	72962	72963	65878
465 183	N	NKSX	SG	65832	72964	72965	65879
465 184	N	NKSX	SG	65833	72966	72967	65880
465 185	N	NKSX	SG	65834	72968	72969	65881
465 186	N	NKSX	SG	65835	72970	72971	65882
465 187	N	NKSX	SG	65836	72972	72973	65883
465 188	N	NKSX	SG	65837	72974	72975	65884
465 189	N	NKSX	SG	65838	72976	72977	65885
465 190	N	NKSX	SG	65839	72978	72979	65886
465 191	N	NKSX	SG	65840	72980	72981	65887
465 192	N	NKSX	SG	65841	72982	72983	65888
465 193	N	NKSX	SG	65842	72984	72985	65889
465 194	N	NKSX	SG	65843	72986	72987	65890
465 195	N	NKSX	SG	65844	72988	72989	65891
465 196	N	NKSX	SG	65845	72990	72991	65892
465 197	N	NKSX	SG	65846	72992	72993	65893

CLASS 465/2   4-Car Unit

Details as Class 465/0 except:
Built: 1992-93 by GEC Alsthom, Birmingham.   **Electrical Equipment:** GEC.

465 201	NW	NKSX	SG	65700	72719	72720	65750
465 202	NW	NKSX	SG	65701	72721	72722	65751
465 203	NW	NKSX	SG	65702	72723	72724	65752
465 204	NW	NKSX	SG	65703	72725	72726	65753
465 205	NW	NKSX	SG	65704	72727	72728	65754
465 206	NW	NKSX	SG	65705	72729	72730	65755
465 207	NW	NKSX	SG	65706	72731	72732	65756
465 208	NW	NKSX	SG	65707	72733	72734	65757
465 209	NW	NKSX	SG	65708	72735	72736	65758
465 210	NW	NKSX	SG	65709	72737	72738	65759
465 211	NW	NKSX	SG	65710	72739	72740	65760
465 212	NW	NKSX	SG	65711	72741	72742	65761
465 213	NW	NKSX	SG	65712	72743	72744	65762
465 214	NW	NKSX	SG	65713	72745	72746	65763
465 215	NW	NKSX	SG	65714	72747	72748	65764
465 216	NW	NKSX	SG	65715	72749	72750	65765
465 217	NW	NKSX	SG	65716	72751	72752	65766
465 218	NW	NKSX	SG	65717	72753	72754	65767

EMUS

465 219	NW	NKSX	SG	65718	72755	72756	65768
465 220	NW	NKSX	SG	65719	72757	72758	65769
465 221	NW	NKSX	SG	65720	72759	72760	65770
465 222	NW	NKSX	SG	65721	72761	72762	65771
465 223	NW	NKSX	SG	65722	72763	72764	65772
465 224	NW	NKSX	SG	65723	72765	72766	65773
465 225	NW	NKSX	SG	65724	72767	72768	65774
465 226	NW	NKSX	SG	65725	72769	72770	65775
465 227	NW	NKSX	SG	65726	72771	72772	65776
465 228	NW	NKSX	SG	65727	72773	72774	65777
465 229	NW	NKSX	SG	65728	72775	72776	65778
465 230	NW	NKSX	SG	65729	72777	72778	65779
465 231	NW	NKSX	SG	65730	72779	72780	65780
465 232	NW	NKSX	SG	65731	72781	72782	65781
465 233	NW	NKSX	SG	65732	72783	72784	65782
465 234	NW	NKSX	SG	65733	72785	72786	65783
465 235	NW	NKSX	SG	65734	72787	72788	65784
465 236	NW	NKSX	SG	65735	72789	72790	65785
465 237	NW	NKSX	SG	65736	72791	72792	65786
465 238	NW	NKSX	SG	65737	72793	72794	65787
465 239	NW	NKSX	SG	65738	72795	72796	65788
465 240	NW	NKSX	SG	65739	72797	72798	65789
465 241	NW	NKSX	SG	65740	72799	72800	65790
465 242	NW	NKSX	SG	65741	72801	72802	65791
465 243	NW	NKSX	SG	65742	72803	72804	65792
465 244	NW	NKSX	SG	65743	72805	72806	65793
465 245	NW	NKSX	SG	65744	72807	72808	65794
465 246	N	NKSX	SG	65745	72809	72810	65795
465 247	NW	NKSX	SG	65746	72811	72812	65796
465 248	N	NKSX	SG	65747	72813	72814	65797
465 249	NW	NKSX	SG	65748	72815	72816	65798
465 250	NW	NKSX	SG	65749	72817	72818	65799

CLASS 466   2-Car Unit

Normal Formation: DMSO + DTSO. Gangwayed within unit.
Built: 1993-94 by GEC Alsthom, Birmingham.
Wheel Arrangement:
Electrical Equipment: GEC.
Length: 20.89 + 20.89 m.
Seats: 86S + 82S.
Maximum Speed: 75 mph.
Continuous Rating:
Weight: 38.80 + 33.20 t.
Toilets: 0 + 1.

466 001	NW	NKSX	SG	64860	78312	466 023	NW	NKSX	SG	64882	78334
466 002	NW	NKSX	SG	64861	78313	466 024	NW	NKSX	SG	64883	78335
466 003	NW	NKSX	SG	64862	78314	466 025	NW	NKSX	SG	64884	78336
466 004	NW	NKSX	SG	64863	78315	466 026	NW	NKSX	SG	64885	78337
466 005	NW	NKSX	SG	64864	78316	466 027	NW	NKSX	SG	64886	78338
466 006	NW	NKSX	SG	64865	78317	466 028	NW	NKSX	SG	64887	78339
466 007	NW	NKSX	SG	64866	78318	466 029	NW	NKSX	SG	64888	78340
466 008	NW	NKSX	SG	64867	78319	466 030	NW	NKSX	SG	64889	78341
466 009	NW	NKSX	SG	64868	78320	466 031	NW	NKSX	SG	64890	78342
466 010	NW	NKSX	SG	64869	78321	466 032	NW	NKSX	SG	64891	78343
466 011	NW	NKSX	SG	64870	78322	466 033	NW	NKSX	SG	64892	78344
466 012	NW	NKSX	SG	64871	78323	466 034	NW	NKSX	SG	64893	78345
466 013	NW	NKSX	SG	64872	78324	466 035	NW	NKSX	SG	64894	78346
466 014	NW	NKSX	SG	64873	78325	466 036	NW	NKSX	SG	64895	78347
466 015	NW	NKSX	SG	64874	78326	466 037	NW	NKSX	SG	64896	78348
466 016	NW	NKSX	SG	64875	78327	466 038	NW	NKSX	SG	64897	78349
466 017	NW	NKSX	SG	64876	78328	466 039	NW	NKSX	SG	64898	78350
466 018	NW	NKSX	SG	64877	78329	466 040	NW	NKSX	SG	64899	78351
466 019	NW	NKSX	SG	64878	78330	466 041	NW	NKSX	SG	64900	78352
466 020	NW	NKSX	SG	64879	78331	466 042	NW	NKSX	SG	64901	78353
466 021	NW	NKSX	SG	64880	78332	466 043	NW	NKSX	SG	64902	78354
466 022	NW	NKSX	SG	64881	78333						

LHCS

CLASS 507　　　　　　　　　　　　　　　　　　　　　　　　　3-Car Unit

Normal Formation: BDMSO + TSO + DMSO. Gangwayed within unit.
Built: 1978-80 by BREL, York.
Wheel Arrangement: Bo-Bo + 2-2 + Bo-Bo.　　**Maximum Speed:** 75 mph.
Electrical Equipment: GEC.　　　　　　　　　**Continuous Rating:** 657 kW.
Length: 20.02+19.92+20.02 m.　　　　　　　**Weight:** 37.10 + 25.60 + 35.60 t.
Seats: 68S + 86S + 68S (* 74S + 82S + 74S).　　**Toilets:** Not equipped.

507 001*	MT	HEHA	HR	64367	71342	64405	507 017*	MT	HEBA	BD	64383	71358	64421
507 002*	MT	HEHA	HR	64368	71343	64406	507 018*	MT	HEBA	BD	64384	71359	64422
507 003*	MT	HEHA	HR	64369	71344	64407	507 019*	MT	HEHA	HR	64385	71360	64423
507 004	BG	HEHA	HR	64388	71345	64408	507 020*	MT	HEHA	HR	64386	71361	64424
507 005*	MT	HEHA	HR	64371	71346	64409	507 021*	MT	HEHA	HR	64387	71362	64425
507 006	BG	HEHA	HR	64372	71347	64410	507 023*	MT	HEBA	BD	64389	71364	64427
507 007*	MT	HEHA	HR	64373	71348	64411	507 024*	MT	HEHA	HR	64390	71365	64428
507 008*	MT	HEHA	HR	64374	71349	64412	507 025*	MT	HEHA	HR	64391	71366	64429
507 009*	MT	HEHA	HR	64375	71350	64413	507 026*	MT	HEBA	BD	64392	71367	64430
507 010*	MT	HEHA	HR	64376	71351	64414	507 027*	MT	HEBA	BD	64393	71368	64431
507 011*	MT	HEHA	HR	64377	71352	64415	507 028*	MT	HEHA	HR	64394	71369	64432
507 012*	MT	HEHA	HR	64378	71353	64416	507 029*	MT	HEHA	HR	64395	71370	64433
507 013*	MT	HEHA	HR	64379	71354	64417	507 030*	MT	HEBA	BD	64396	71371	64434
507 014*	MT	HEHA	HR	64380	71355	64418	507 031*	MT	HEBA	BD	64397	71372	64435
507 015*	MT	HEHA	HR	64381	71356	64419	507 032	BG	HEBA	BD	64398	71373	64436
507 016*	MT	HEBA	BD	64382	71357	64420	507 033	BG	HEBA	BD	64399	71374	64437

CLASS 508　　　　　　　　　　　　　　　　　　　　　　　　　3-Car Unit

Details as Class 507 except:
Normal Formation: DMSO + TSO + BDMSO.
Built: 1979-80 by BREL, York.　　　　　　　　**Weight:** 36.20 + 26.70 + 36.60 t.

508 101	BG	SCXH	ZN+	64649	71483	64692	508 123*	MT	HEHA	HR	64671	71505	64714
508 102*	MT	HEBA	BD	64650	71484	64693	508 124*	MT	HEBA	BD	64672	71506	64715
508 103*	MT	HEBA	BD	64651	71485	64694	508 125	BG	HEBA	BD	64673	71507	64716
508 104*	MT	HEBA	BD	64652	71486	64695	508 126	BG	HEBA	BD	64674	71508	64717
508 105*	MT	HEBA	BD	64653	71487	64696	508 127*	MT	HEBA	BD	64675	71509	64718
508 106	BG	SCXH	KN+	64654	71488	64697	508 128*	MT	HEBA	BD	64676	71510	64719
508 107	BG	SCXH	KN+	64655	71489	64698	508 129	BG	SCXH	ST+	64677	71511	64720
508 108*	MT	HEHA	HR	64656	71490	64699	508 130*	MT	HEBA	BD	64678	71512	64721
508 109	BG	SCXH	KN+	64657	71491	64700	508 131*	MT	HEHA	HR	64679	71513	64722
508 110*	MT	HEHA	HR	64658	71492	64701	508 132	BG	SCXH	KN+	64680	71514	64723
508 111*	MT	HEBA	BD	64659	71493	64702	508 133	BG	SCXH	KN+	64681	71515	64724
508 112	BG	HEBA	BD	64660	71494	64703	508 134	BG	HEHA	HR	64682	71516	64725
508 113	BG	SCXH	KN+	64661	71495	64704	508 135*	MT	HEBA	BD	64683	71517	64726
508 114*	MT	HEHA	HR	64662	71496	64705	508 136	BG	HEHA	HR	64684	71518	64727
508 115*	MT	HEBA	BD	64663	71497	64706	508 137	BG	HEHA	HR	64685	71519	64728
508 116	BG	SCXH	KN+	64664	71498	64707	508 138*	MT	HEBA	BD	64686	71520	64729
508 117*	MT	HEBA	BD	64665	71499	64708	508 139	BG	HEHA	HR	64687	71521	64730
508 118*	MT	HEHA	HR	64666	71500	64709	508 140*	MT	HEHA	HR	64688	71522	64731
508 119	BG	SCXH	KN+	64667	71501	64710	508 141*	MT	HEHA	HR	64689	71523	64732
508 120*	MT	HEHA	HR	64668	71502	64711	508 142	BG	HEHA	HR	64690	71524	64733
508 121	BG	SCXH	KN+	64669	71503	64712	508 143*	MT	HEHA	HR	64691	71525	64734
508 122*	MT	HEBA	BD	64670	71504	64713							

LOCOMOTIVE HAULED COACHING STOCK

PASSENGER COACHING STOCK

Note: Maximum Speed of all vehicles is 100 mph unless otherwise shown.

LHCS

AO40 (PPF) — Pullman Parlour First
Built: 1927 by Midland Railway Carriage & Wagon.
Weight: **Length:** .
Seats: 26F. **Toilets**
ETS Index: **Brakes:** Air.
Notes: TOPS number 99535. Owned by Sea Containers.

213   P   MBCS   SL

AO40 (PPF) — Pullman Parlour First
Built: 1928 by Metropolitan Cammell, Birmingham.
Weight: **Length:** .
Seats: 24F. **Toilets**
ETS Index: **Brakes:** Air.
Notes: TOPS number 99541. Owned by Sea Containers.

243   P   MBCS   SL

AO40 (PKF) — Pullman Kitchen First
Built: 1925 by Birmingham Railway Carriage & Wagon, Smethwick.
Weight: **Length:** .
Seats: 20F. **Toilets**
ETS Index: **Brakes:** Air.
Notes: TOPS number 99534. Owned by Sea Containers.

245   P   MBCS   SL

AO40 (PPF) — Pullman Parlour First
Built: 1928 by Metropolitan Cammell, Birmingham.
Weight: **Length:** .
Seats: 24F. **Toilets**
ETS Index: **Brakes:** Air.
Notes: TOPS number 99536. Owned by Sea Containers.

254   P   MBCS   SL

AO40 (PKF) — Pullman Kitchen First
Built: 1928 by Metropolitan Cammell, Birmingham.
Weight: **Length:** .
Seats: 20F. **Toilets**
ETS Index: **Brakes:** Air.
Notes: TOPS number 99539. Owned by Sea Containers.

255   P   MBCS   SL

AO40 (PKF) — Pullman Kitchen First
Built: 1932 by Metropolitan Cammell, Birmingham as *Brighton Belle* EMU cars.
Weight: **Length:** .
Seats: 20F. **Toilets**
ETS Index: **Brakes:** Air.
Notes: TOPS numbers 99537 & 99543 respectively. Owned by Sea Containers.

280   P   MBCS   SL   284   P   MBCS   SL

AO41 (PPF) — Pullman Parlour First
Built: 1951 by Birmingham Railway Carriage & Wagon, Smethwick.
Weight: **Length:** .
Seats: 32F. **Toilets**
ETS Index: **Brakes:** Air.
Notes: TOPS number 99530. Owned by Sea Containers.

301   P   MBCS   SL

LHCS

AO41 (PPF)   Pullman Parlour First

Built: 1952 by Pullman Car Company, Preston Park.
Weight: **Length:** .
Seats: 26F.   **Toilets**
ETS Index: **Brakes:** Air.
Notes: TOPS number 99531. Owned by Sea Containers.

302   P   MBCS   SL

AO41 (PPF)   Pullman Parlour First

Built: 1951 by Birmingham Railway Carriage & Wagon, Smethwick.
Weight: **Length:** .
Seats: 32F.   **Toilets**
ETS Index: **Brakes:** Air.
Notes: TOPS number 99532. Owned by Sea Containers.

308   P   MBCS   SL

AO11 (PKF)   Pullman Kitchen First

Built: 1960-61 by Metropolitan Cammell, Birmingham.
Weight: 40.00 t.   **Length:** 20.447 m.
Seats: 20F.   **Toilets** 2.
ETS Index: **Brakes:** Dual.
Notes: TOPS numbers 99964, 99967 & 99965 respectively. Owned by Great Scottish & Western Railway.

313   MA   MBCS   EN   317   MA   MBCS   EN   319   MA   MBCS   EN

AO11 (PPF)   Pullman Parlour First

Built: 1960-61 by Metropolitan Cammell, Birmingham.
Weight: 38.50 t.   **Length:** 20.447 m.
Seats: 29F.   **Toilets** 2.
ETS Index: **Brakes:** Dual.
Notes: TOPS numbers 99961-63 in order. Owned by Great Scottish & Western Railway.

324   MA   MBCS   EN   329   MA   MBCS   EN   331   MA   MBCS   EN

AJ11 (RF)   Mark 1 Restaurant First

Built: 1961 by BR, Swindon/Ashford.
Weight: 40.50 t.   **Length:** 20.447 m.
Seats: 24F.   **Toilets** 1 (Staff use).
ETS Index: 2X.   **Brakes:** Air.

325   WV   PWCO   BN

AO1Z (PK)   Pullman First with Kitchen

Built: 1966 by BR, Derby C & W.
Weight: 40.00 t.   **Length:**
Seats: 18F.   **Toilets** 2.
ETS Index: 6.   **Brakes:** Air.
Notes: TOPS numbers 99678 & 99679 respectively. Owned by West Coast Railway Company.

504   MB   MBCS   CS   506   MB   MBCS   CS

AO1Z (PC)   Pullman Parlour First

Built: 1966 by BR, Derby C & W.
Weight: 35.00 t.   **Length:**
Seats: 36F.   **Toilets** 2.
ETS Index: 5.   **Brakes:** Air.
Notes: TOPS numbers 99670-76 in order. Owned by West Coast Railway Company.

546   MB   MBCS   CS   550   MB   MPXX   CS+   552   MB   MBCS   CS

LHCS

| 548 | MB | MBCS | CS | 551 | MB | MBCS | CS | 553 | MB | MBCS | CS |
| 549 | MB | MBCS | CS | | | | | | | | |

AO1Z (PB) — Pullman Brake First

Built: 1966 by BR, Derby C & W.
Weight: 35.00 t.
Seats: 30F.
ETS Index: 4.
Length:
Toilets 2.
Brakes: Air.
Notes: TOPS number 99677. Owned by West Coast Railway Company.

| 586 | MB | MBCS | CS |

AJ1F — (RFO) Mark 2F Buffet First

Built: 1973-75 by BR, Derby C & W as FO. Converted 1988-91 by BREL, Derby C & W.
Weight: 33.50 t.
Seats: 26F.
ETS Index: 6X.
Length: 20.644 m.
Toilets: 2.
Brakes: Air.

1200	IC	ICCX	DY	1211	IC	ICCX	MA	1250	IC	ICCX	MA
1201	IC	ICCX	DY	1212	IC	ICCX	DY	1251	IC	ICCX	MA
1202	IC	ICCX	DY	1213	C	ICCX	DY	1252	IC	ICCX	DY
1203	XC	ICCX	DY	1214	IC	ICCX	MA	1253	XC	ICCX	MA
1204	IC	ICCX	MA	1215	IC	ICCX	MA	1254	XC	ICCX	DY
1205	IC	ICCX	DY	1216	IC	ICCX	DY	1255	IC	ICCX	MA
1206	IC	ICCX	MA	1217	IC	SAXH	ZH+	1256	XC	ICCX	MA
1207	IC	ICCX	MA	1218	IC	ICCX	DY	1258	IC	ICCX	DY
1208	XC	ICCX	MA	1219	IC	ICCX	MA	1259	IC	ICCX	MA
1209	IC	ICCX	DY	1220	IC	ICCX	MA	1260	IC	ICCX	MA
1210	IC	ICCX	DY	1221	IC	ICCX	MA				

AJ41 (RBR) — Mark 1 Restaurant/Buffet Unclassified

Built: 1960-61 by Pressed Steel, Linwood. (ø 1961 by Birmingham Railway Carriage & Wagon, Smethwick)
Weight: 39.00 (ø 37.00) t.
Seats: 23U (§‡ 21U).
ETS Index: 2 (*†‡ 2X).
Length: 20.447 m.
Toilet Not equipped.
Brakes: Air (*‡ø Dual).
Notes: 1730 (TOPS 99818) is owned by the Scottish Railway Preservation Society. 1692 is owned by Riviera Trains.

1644	IC	PPSU	OM+	1670‡	BG	PPSU	OM+	1686§	IC	SAXH	LM+
1645	IC	MBCS	HT+	1671*	IC	PWCO	BN	1688§	BG	PPSU	OM+
1649§	IC	SAXH	KN+	1672	IC	PPSU	FE+	1689§	IC	SAXH	LM+
1650§	IC	PPSU	OM+	1673§	IC	SAXH	KN+	1691§	IC	SAXH	SL+
1652§	IC	PPSU	OM+	1674	IC	PWCO	HT	1692§	CH	MBCS	CP
1653§	IC	PWCO	BN	1675*	IC	PWCS	BN+	1693*	IC	PWCO	BN
1655	IC	PPSU	KM+	1678*	MA	PWCO	BN	1696	GR	PWCO	HQ
1658	IC	PWCO	BN	1679	IC	PWCO	HQ	1697§	IC	SAXH	CP+
1663*	IC	PPSU	OM+	1680‡	WV	PWCO	BN	1698	WV	PWCO	BN
1666*	IC	PPSU	OM+	1683§	IC	IANR	NC	1699§	IC	IANR	NC
1667*	IC	PWCO	BN	1684*	BG	PPSU	KM+	1730ø	MA	MBCS	BO

AN21 (RMB) — Mark 1 Miniature Buffet Standard

Built: 1960-62 by BR, Wolverton.
Weight: 38.00 t.
Seats: 44S.
ETS Index: 3.
Length: 20.447 m.
Toilets: 2.
Brakes: Dual (* Air).
Notes: 1859 (TOPS 99822) is owned by the Scottish Railway Preservation Society. 1860 & 1882 (TOPS 99311) are owned by West Coast Railway Company. 1861 (TOPS 99132) is owned by Flying Scotsman Railways. 1863 is owned by Riviera Trains.

1813	CC	PWCO	BN	1853	IC	PWCO	BN	1863	CH	MBCS	CP
1832	IC	PWCO	HT	1859	MA	MBCS	BO	1871	IC	IANR	NC
1842	IC	IANR	NC	1860	MA	MBCS	CS	1882	MA	MBCS	CS
1850*	IC	IANR	NC	1861	MA	MBCS	BN				

LHCS

AJ41 (RBR) — Mark I Restaurant/Buffet Unclassified

Built: 1960-61 by BR Eastleigh/Ashford as RU. Later converted to RBS and then RBR.
Weight: 39.00 (* 36.50) t.
Seats: 21U.
ETS Index: 2X.
Length: 20.447 m.
Toilet Not equipped.
Brakes: Air (* Dual).
Notes: 1953 is owned by Regency Rail.

| 1953* | LN | MBCS | CP | 1971 | IC | SAXH | KN+ | 1984 | IC | SAXH | KN+ |
| 1966 | IC | SAXH | KN+ | 1972 | IC | SAXH | KN+ | | | | |

AS41 (SLF) — Mark I Sleeper First

Built: 1961 by BR Wolverton.
Weight: 41.00 t.
Compartments: 11F.
ETS Index: 3X.
Length: 20.447 m.
Toilet Not equipped.
Brakes: Air.
Notes: TOPS number 99887. Owned by Great Scottish & Western Railway.

2127 MA MBCS EN

AU51 (SLSC) — Charter Train Staff Coach

Built: 1964 by BR, Derby C & W as BCK. Converted 1988.
Weight: 39.00 t.
Compartments: 5.
ETS Index: 2.
Length: 20.447 m.
Toilets: 1.
Brakes: Air.

2833 IC PWCO BN   2834 WV PWCO BN

AT5G — The Queen's Saloon

Built: 1972 by BR, Derby C & W as FO. Rebuilt 1977 by BR, Wolverton.
Weight: 37.00 t.
ETS Index: 9X.
Length: 23.268 m.
Brakes: Air.

2903 QP QAW ZN

AT5G — The Duke of Edinburgh's Saloon

Built: 1972 by BR, Derby C & W as TSO. Rebuilt 1977 by BR, Wolverton.
Weight: 37.00 t.
ETS Index: 15X.
Length: 23.268 m.
Brakes: Air.

2904 QP QAW ZN

AT5B — Royal Train Staff Sleeper/Power Brake

Built: 1969 by BR, Derby C & W as BFK. Rebuilt 1977 by BR, Wolverton.
Weight: 46.00 t.
ETS Index: 5X.
Length: 20.644 m.
Brakes: Air.

2905 QP QAW ZN

AT5B — Royal Train Staff Sleeper

Built: 1969 by BR, Derby C & W as BFK. Rebuilt 1977 by BR, Wolverton.
Weight: 35.50 t.
ETS Index: 4X.
Length: 20.644 m.
Brakes: Air.

2906 QP QAW ZN+

AT5G — Royal Train Staff Sleeper

Built: 1984 by BREL, Derby C & W.
Weight: 43.00 t.
ETS Index: 11X.
Length: 23.268 m.
Brakes: Air.

2914 QP QAW ZN   2915 QP QAW ZN

LHCS

AT5G — Royal Train Dining Car
Built: 1976 by BR, Derby C & W as TRUK. Rebuilt 1988 by BREL, Wolverton.
Weight: 49.00 t. **Length:** 23.268 M.
ETS Index: 13X. **Brakes:** Air.

2916   QP QAW ZN

AT5G — Royal Train Staff Dining Car
Built: 1976 by BR, Derby C & W as TRUK, 1976. Rebuilt 1990 by BREL, Wolverton.
Weight: 43.00 t. **Length:** 23.268 m.
ETS Index: 13X. **Brakes:** Air.

2917   QP QAW ZN

AT5G — Royal Train Lounge/Sleeper
Built: 1976 by BR, Derby C & W as TRUK. Rebuilt 1989 by BREL, Wolverton.
Weight: 41.50 t. **Length:** 23.268 m.
ETS Index: 10X. **Brakes:** Air.

2918   QP QAW ZN

AT5G — Royal Train Lounge/Sleeper
Built: 1976 by BR, Derby C & W as TRUK. Rebuilt 1989 by BREL, Wolverton.
Weight: 43.00 t. **Length:** 23.268 m.
ETS Index: 12X. **Brakes:** Air.

2919   QP QAW ZN

AT5B — Royal Train Generator Car
Built: 1969 by BR, Derby C & W as BFK. Rebuilt 1988 by BREL, Wolverton.
Weight: 48.00 t. **Length:** 20.447 m.
ETS Index: 2X. **Brakes:** Air.

2920   QP QAW ZN

AT5B — Royal Train Escort Vehicle
Built: 1969 by BR, Derby C & W as BFK. Rebuilt 1990 by BREL, Wolverton.
Weight: 41.30 t. **Length:** 20.447 m.
ETS Index: 7X. **Brakes:** Air.

2921   QP QAW ZN

AT5G — Royal Train Sleeper
Built: 1987 by BREL, Wolverton/Derby C & W.
Weight: 51.00 t. **Length:** 23.268 m.
ETS Index: 10X. **Brakes:** Air.

2922   QP QAW ZN

AT5G — The Prince of Wales' Saloon
Built: 1987 by BR, Wolverton/Derby C & W.
Weight: 51.00 t. **Length:** 23.268 m.
ETS Index: 10X. **Brakes:** Air.

2923   QP QAW ZN

AD11 (FO) — Mark 1 Open First
Built: 1962-63 by BR, Swindon († 1959 by BRCW, Smethwick; ‡ 1955 by BR, Doncaster).
Weight: 36.00 (†‡ 33.50) t. **Length:** 20.447 m.

LHCS

Seats: 42F.
ETS Index: 3.
Toilets: 2.
Brakes: Dual (*‡ Air).
Notes: 3066/67/69 (TOPS 99566/68/40) are owned by Sea Containers. 3096 (TOPS 99827) is owned by the Scottish Railway Preservation Society. 3098 & 3112 (TOPS 99357) are owned by Riviera Trains. 3105/13/17/28 (TOPS 99121/25/27/371) are owned by West Coast Railway Company. 3122/25 are owned by Regency Rail.

3066‡	GR	MBCS	SL	3115	IC	PWCO	BN	3133	MA	PBCS	BN
3068‡	GR	MBCS	SL	3117	MA	MBCS	CS	3134	IC	PWCO	BN
3069‡	GR	MBCS	SL	3118	IC	PWCS	WN+	3135*	IC	SAXH	BN+
3096†	MA	MBCS	BO	3119	IC	PWCO	BN	3136*	IC	PWCO	HT
3097†*	WV	PWCO	BN	3120*	WV	PWCO	BN	3140	IC	PWCO	BN
3098†*	CH	MBCS	CP	3121*	WV	PWCO	BN	3141*	WV	PWCO	BN
3100†	CC	PWCO	BN	3122*	IC	MBCS	CP	3143*	IC	PWCO	FE+
3105	MA	MBCS	CS	3123*	IC	PWCO	BN	3144	CC	PWCO	BN
3107	IC	PWCO	BN	3124*	IC	PWCS	BN+	3146*	WV	PWCO	BN
3110	CC	PWCO	BN	3125	LN	MBCS	CP	3147*	WV	PWCO	BN
3111	IC	PWCO	BN	3127*	IC	PWCO	BN	3148*	IC	PWCO	HQ
3112	CH	MBCS	CP	3128	MA	MBCS	CS	3149*	IC	PWCO	HT
3113	MA	MBCS	CS	3131	MA	PBCS	BN	3150*	WV	PWCO	HQ
3114*	IC	PWCO	BN	3132	MA	PBCS	BN				

ADID (FO) — Mark 2D Open First

Built: 1971-72 by BR, Derby C & W.
Weight: 34.00 t.
Seats: 42F.
ETS Index: 5.
Length: 20.644 m.
Toilets: 2.
Brakes: Air.
Notes: 3181/88 are owned by Regency Rail.

3174	IC	PWCS	BN+	3187	IC	PPSU	KM+	3192	IC	PPSU	DY+
3181	IC	MBCS	CP	3188	IC	MBCS	CP	3202	IC	PPSU	KM+

ADIE (FO) — Mark 2E Open First

Built: 1972-73 by BR, Derby C & W.
Weight: 34.00 t.
Seats: 42F (* 41F; † 40F).
ETS Index: 5.
Length: 20.644 m.
Toilets: 2 († 1).
Brakes: Air.
Notes: 3240/67/73 are owned by Riviera Trains.

3221*	IC	SAXH	LM+	3235	IC	SAXH	LM+	3257	IC	PWCS	FE+
3225	IC	PPSU	KN+	3237	IC	PWCS	BN+	3258	IC	PPSU	KN+
3226	IC	PPSU	BN+	3240	CH	MBCS	CP	3259†	IC	SAXH	BN+
3227	IC	PWCS	FE+	3241	IC	SAXH	LM+	3261*	IC	SAXH	LT+
3228	IC	SAXH	LM+	3242*	IC	SAXH	LM+	3267	CH	MBCS	CP
3229	IC	SAXH	LM+	3244*	IC	SAXH	LM+	3269	IC	SAXH	LM+
3230	IC	PWCS	DY+	3246*	IC	PWCS	BN+	3270	IC	PWCS	BN+
3231	IC	PWCS	FE+	3248	IC	SAXH	LM+	3273	CH	MBCS	CP
3232*	IC	SAXH	LM+	3249†	IC	SAXH	BN+	3275	IC	PWCS	BN+
3233	BG	PPSU	BR+	3252*	IC	SAXH	LM+				
3234	IC	PWCS	FE+	3256*	IC	SAXH	LM+				

ADIF (FO) — Mark 2F Open First

Built: 1973-75 by BR, Derby C & W.
Weight: 33.50 t.
Seats: 42F.
ETS Index: 5X.
Length: 20.644 m.
Toilets: 2.
Brakes: Air.

3277	IC	IANR	NC	3295	IC	IANR	NC	3313	IC	IWCR	OY
3278	IC	IWCR	OY	3299	IC	IWCR	OY	3314	IC	IWCR	OY
3279	IC	IANR	NC	3300	IC	IWCR	OY	3318	IC	IANR	NC
3285	IC	IWCR	OY	3303	IC	IANR	NC	3325	IC	IWCR	OY
3290	IC	IANR	NC	3304	IC	IWCR	OY	3326	IC	IWCR	OY
3292	IC	IANR	NC	3309	IC	IANR	NC	3330	IC	IWCR	OY
3293	IC	IWCR	OY	3312	IC	IWCR	OY	3331	IC	IANR	NC

LHCS

3333	IC	IWCR	OY	3363	IC	IWCR	OY	3397	IC	IWCR	OY
3334	IC	IANR	NC	3364	IC	IWCR	OY	3399	IC	IANR	NC
3336	IC	IANR	NC	3366	IC	IWCR	OY	3400	IC	IANR	NC
3337	IC	IWCR	OY	3368	IC	IANR	NC	3402	IC	IWCR	OY
3338	IC	IANR	NC	3369	IC	IWCR	OY	3403	IC	IWCR	OY
3340	IC	IWCR	OY	3373	IC	IANR	NC	3408	IC	IWCR	OY
3344	IC	IWCR	OY	3374	IC	IWCR	OY	3411	IC	IWCR	OY
3345	IC	IWCR	OY	3375	IC	IANR	NC	3414	IC	IANR	NC
3348	IC	IWCR	OY	3379	IC	IANR	NC	3416	IC	IANR	NC
3350	IC	IWCR	OY	3381	IC	IANR	NC	3417	IC	IANR	NC
3351	IC	IANR	NC	3384	IC	IWCR	OY	3424	IC	IANR	NC
3352	IC	IWCR	OY	3385	IC	IWCR	OY	3425	IC	IWCR	OY
3353	IC	IWCR	OY	3386	IC	IWCR	OY	3426	IC	IWCR	OY
3354	IC	IWCR	OY	3387	IC	IWCR	OY	3428	IC	IWCR	OY
3356	IC	IWCR	OY	3388	IC	IANR	NC	3429	IC	IWCR	OY
3358	IC	IANR	NC	3389	IC	IWCR	OY	3431	IC	IWCR	OY
3359	IC	IWCR	OY	3390	IC	IWCR	OY	3433	IC	IWCR	OY
3360	IC	IWCR	OY	3392	IC	IWCR	OY	3434	IC	IWCR	OY
3362	IC	IWCR	OY	3395	IC	IWCR	OY	3438	IC	IWCR	OY

AG1E (FOT)   Mark 2E Open First Micro Buffet

Built: 1972-73 by BR, Derby C & W as FO. Converted 1992.
Weight: 34.00 t.   **Length:** 20.644 m.
Seats: 36F.   **Toilets:** 1.
ETS Index: 5X.   **Brakes:** Air.

3520	IC	IWRX	LA	3522	IC	IWRX	LA	3524	IC	HAIS	IS
3521	IC	IWRX	LA	3523	IC	HAIS	IS	3525	IC	SAXH	LM+

AC21 (TSO)   Mark 1 Tourist Open Standard

Built: 1953 by BR, York.
Weight: 36.00 t.   **Length:** 20.447 m.
Seats: 64S.   **Toilets:** 2.
ETS Index: 4.   **Brakes:** Dual.
Notes: TOPS number 99317. Owned by West Coast Railway Company.

3766	MA	MBCS	CS

AC21 (TSO)   Mark 1 Tourist Open Standard

Built: 1959-62 by BR, Wolverton.
Weight: 31.00 (*† 33.50)t.   **Length:** 20.447 m.
Seats: 64S.   **Toilets:** 2.
ETS Index: 4.   **Brakes:** Dual (*Vacuum).
Notes: 4831/32/36/56 (TOPS 99824/23/31/29) are owned by the Scottish Railway Preservation Society. 4902 is owned by Riviera Trains. 4912 (TOPS 99318) is owned by West Coast Railway Company.

4831	MA	MBCS	BO	4858	IC	PPSU	KM+	4880	RR	HDLL	LL
4832	MA	MBCS	BO	4860	MA	MBCS	CS	4902	CH	MBCS	CP
4836	MA	MBCS	BO	4866	RR	HDLL	LL	4905*†	MA	PWCO	BN
4842	IC	PWCS	BN+	4869	IC	PWCS	BN+	4910*†	MA	PWCO	BN
4849	RR	HDLL	LL	4873	RR	HDLL	LL	4912†	MA	MBCS	CS
4854	RR	HDLL	LL	4875	RR	HDLL	LL	4915	WS	PWCO	BN
4856	MA	MBCS	BO	4876	RR	HDLL	LL	4917†	RR	HDLL	LL

AC21 (TSO)   Mark 1 Tourist Open Standard

Built: 1961-62 by BR, Wolverton (§ 1963 by BR, York. Converted to LMS Club Car).
Weight: 33.50 t.   **Length:** 20.447 m.
Seats: 64S.   **Toilets:** 2.
ETS Index: 4.   **Brakes:** Air (*Vacuum; ‡ Dual).
Notes: 4927/30/61/63/66, 5009/10/25/29/30/40 are owned by Riviera Trains. 4931/54/58, 5033/44 (TOPS 99329/26/-/328/27 are owned by West Coast Railway Company. 4946/96, 5008 (TOPS 99000-02 respectively) are owned by Flying Scotsman Railways. 5067 (TOPS 99993) is owned by Regency Rail.

LHCS

4925	IC	PWCO	HQ	4963‡	CH	MBCS	CP	5009	IC	MBCS	CP
4927	IC	MBCS	CP	4966	IC	MBCS	CP	5010	IC	MBCS	CP
4930	IC	MBCS	CP	4973*	MA	PWCO	BN	5023	IC	PWCO	HQ
4931*	MA	MBCS	CS	4977	IC	PWCO	BN	5025‡	CH	MBCS	CP
4938	WS	PWCO	BN	4984*	MA	PWCO	BN	5027	IC	PWCO	HQ
4939	IC	PWCO	HQ	4986	IC	PWCO	BN	5029‡	CH	MBCS	CP
4940*	MA	PWCO	BN	4991	WS	PWCO	HT	5030‡	CH	MBCS	CP
4946‡	CC	MBCS	BN	4993	IC	PWCO	HT	5032‡	MA	MBCS	CS
4949	IC	PWCO	HQ	4994*	MA	PWCO	BN	5033‡	MA	MBCS	BK
4951*	MA	PWCO	BN	4996‡	CC	MBCS	BN	5035‡	MA	MBCS	CS
4954*	MA	MBCS	CS	4998	IC	PWCO	BN	5037	IC	PWCO	HQ
4956	IC	PWCO	HQ	4999	IC	PWCO	BN	5038‡	IC	PPSU	OM+
4958*	MA	MBCS	CS	5002	WS	PWCO	HT	5040‡	IC	MBCS	CP
4959	IC	PWCO	BN	5005	WS	PWCO	HQ	5044‡	MA	MBCS	BK
4960*	MA	PWCO	BN	5007	IC	PWCO	HQ	5067§	MA	MBCS	CP
4961	IC	MBCS	CP	5008‡	CC	MBCS	BN				

AC2Z (TSO) — Mark 2 Tourist Open Standard

Built: 1965-67 by BR, Derby C & W.
Weight: 32.50 t.
Seats: 64S.
ETS Index: 4.
Length: 20.447 m.
Toilets: 2.
Brakes: Vacuum.

5132	LN	SAXH	LT+	5167	RR	SAXH	LT+	5198	RR	SAXH	LT+
5135	RR	SAXH	LT+	5173	RR	SAXH	LT+	5207	RR	SAXH	LT+
5148	RR	SAXH	LT+	5174	RR	SAXH	LT+	5209	RR	SAXH	LT+
5154	LN	SAXH	LT+	5177	RR	SAXH	LT+	5210	RR	SAXH	LT+
5156	RR	SAXH	LT+	5179	RR	SAXH	LT+	5212	LN	SAXH	LT+
5157	RR	SAXH	LT+	5180	RR	SAXH	LT+	5213	RR	SAXH	LT+
5158	RR	SAXH	LT+	5183	RR	SAXH	LT+	5221	RR	SAXH	LT+
5159	RR	SAXH	LT+	5186	RR	SAXH	LT+	5225	RR	SAXH	LT+
5161	RR	SAXH	LT+	5191	LN	SAXH	LT+	5226	RR	SAXH	LT+
5163	RR	SAXH	LT+	5193	LN	SAXH	LT+				
5166	LN	SAXH	LT+	5194	RR	SAXH	LT+				

AC2Z (SO) — Mark 2 Open Standard

Built: 1967 by BR, Derby C & W.
Weight: 32.5 t.
Seats: 48S.
ETS Index: 4.
Length: 20.447 m.
Toilets: 2.
Brakes: Air.

5254	BG	SAXH	DY+

AC2A (TSO) — Mark 2A Tourist Open Standard

Built: 1967-68 by BR, Derby C & W.
Weight: 32.5 t.
Seats: 64 (* 62)S.
ETS Index: 4.
Length: 20.447 m.
Toilets: 2.
Brakes: Air.
Notes: 5299 (TOPS 99321) is owned by West Coast Railway Company.

5265	RR	SAXH	LM+	5291	RR	SAXH	DR+	5331	RR	HDLL	LL
5266	RR	SAXH	LM+	5292	RR	SAXH	LM+	5335	RR	HDLL	LL
5267	RR	SAXH	LM+	5293	RR	SAXH	LM+	5337	BG	SAXH	LM+
5271	RR	SAXH	LM+	5299	MA	MBCS	CS	5341	RR	SAXH	LM+
5272	RR	SAXH	LM+	5300	BG	SAXH	LM+	5345	RR	HDLL	LL
5275	RR	SAXH	CN+	5304	RR	SAXH	LM+	5350	NM	SAXH	LM+
5276	RR	HDLL	LL	5307	RR	SAXH	CN+	5353	RR	SAXH	LM+
5277	BG	SAXH	LM+	5309	RR	HDLL	LL	5354	RR	SAXH	LM+
5278	RR	HDLL	LL	5314	BG	SAXH	LM+	5364	RR	SAXH	LM+
5279	BG	SAXH	LM+	5316	RR	SAXH	LM+	5365	RR	SAXH	CN+
5282	RR	SAXH	LM+	5322	RR	HDLL	LL	5366	RR	SAXH	LM+
5290	NM	SAXH	LM+	5323	RR	SAXH	LM+	5373	RR	SAXH	CN+

LHCS

5376	NM	SAXH	LM+	5389*	RR	HDLL	LL	5412*	RR	HDLL	LL
5378	NM	SAXH	LM+	5392	BG	SAXH	LM+	5419*	RR	HDLL	LL
5379	RR	SAXH	LM+	5393	RR	SAXH	LM+	5420*	RR	HDLL	LL
5381*	RR	HDLL	LL	5396	RR	SAXH	LM+	5432	BG	SAXH	LL+
5384	RR	SAXZ	LM+	5401	RR	SAXH	LM+	5433*	RR	HDLL	LL
5386*	RR	HDLL	LL	5410	NW	SAXH	LM+				

AC2B (TSO)   Mark 2B Tourist Open Standard

Built: 1968-69 by BR, Derby C & W.
Weight: 32.5 t.   **Length:** 20.447 m.
Seats: 62 S.   **Toilets:** 2.
ETS Index: 4.   **Brakes:** Air.
Notes: 5449/62/64/94 are owned by Riviera Trains. 5453/63/78/87/91 are owned by West Coast Railway Company. 5476 is owned by Rail Rider Tours.

5439	NW	SAXH	LM+	5456	NW	SAXH	LT+	5476	BG	MBCS	CP
5443	NW	SAXH	LM+	5462	NW	MBCS	CP	5478	WB	MBCS	BK
5446	NW	SAXH	LM+	5463	MA	MBCS	BK	5480	NW	SAXH	LM+
5447	NW	SAXH	LM+	5464	NW	MBCS	CP	5487	MA	MBCS	BK
5449	NW	MBCS	CP	5468	NW	SAXH	LT+	5491	WB	MBCS	BK
5450	NW	SAXH	LM+	5471	NW	SAXH	LM+	5494	NW	MBCS	CP
5453	WB	MBCS	BK	5472	NW	SAXH	LM+				
5454	NW	SAXH	LM+	5475	NW	SAXH	LM+				

AC2C (TSO)   Mark 2C Tourist Open Standard

Built: 1969-70 by BR, Derby C & W.
Weight: 32.0 t.   **Length:** 20.644 m.
Seats: 62S.   **Toilets:** 2.
ETS Index: 4.   **Brakes:** Air.
Notes: 5520/33/74/85/95 are owned by Rail Rider Tours. 5569 & 5600 (TOPS 99322) are owned by West Coast Railway Company.

5520	RR	MBCS	CP	5569	MA	MBCS	CS	5595	BG	MBCS	CP
5533	BG	MBCS	CP	5574	BG	MBCS	CP	5600	MA	MBCS	CS
5554	RR	SAXH	LM+	5585	BG	MBCS	CP	5614	RR	SAXH	LM+

AC2D (TSO)   Mark 2D Tourist Open Standard

Built: 1971 by BR, Derby C & W.
Weight: 33.5 t.   **Length:** 20.644 m.
Seats: 62S.   **Toilets:** 2.
ETS Index: 5.   **Brakes:** Air.
Notes: 5704/14/27 (TOPS 99323/24/25) are owned by West Coast Railway Company.

5616	IC	PWCS	BN+	5647	WR	PWCL	BK	5675	IC	PPSU	OM+
5617	IC	PPSU	OM+	5648	IC	PPSU	LM+	5676	IC	SAXH	LM+
5618	IC	SAXH	LM+	5650	IC	SAXH	LT+	5679	IC	SAXH	LM+
5620	IC	SAXH	LT+	5651	IC	SAXH	LM+	5682	IC	SAXH	LM+
5623	IC	SAXH	LT+	5652	IC	SAXH	LM+	5685	IC	SAXH	LM+
5624	IC	SAXH	LM+	5653	IC	SAXH	LT+	5686	IC	SAXH	LM+
5625	IC	SAXH	LM+	5654	IC	SAXH	LM+	5687	IC	SAXH	KN+
5626	IC	SAXH	LM+	5657	IC	SAXH	LM+	5690	IC	SAXH	LT+
5628	IC	SAXZ	LM+	5658	BG	SAXH	LT+	5692	IC	SAXH	LM+
5629	IC	SAXH	LT+	5659	IC	SAXH	PC+	5693	IC	SAXH	LM+
5630	WR	PWCL	BK	5660	IC	SAXH	LM+	5694	IC	SAXH	KN+
5631	IC	SAXH	LM+	5661	IC	SAXH	KN+	5695	IC	SAXH	LM+
5632	IC	SAXH	LM+	5662	IC	SAXH	LM+	5699	IC	SAXH	LM+
5633	IC	PPSU	OM+	5663	IC	SAXH	KN+	5700	IC	SAXH	LM+
5634	IC	SAXH	LM+	5665	IC	SAXH	LM+	5701	IC	SAXH	KN+
5636	IC	SAXH	LM+	5669	IC	SAXH	LT+	5703	IC	SAXH	LM+
5638	IC	SAXH	LT+	5671	IC	SAXH	LT+	5704	MA	MBCS	CS
5640	IC	SAXH	LT+	5673	IC	SAXH	MA+	5705	IC	SAXH	LM+
5646	IC	SAXH	LM+	5674	IC	SAXH	KN+	5710	IC	SAXH	LM+

LHCS

5711	IC	SAXH	LT+	5724	IC	SAXH	LT+	5735	IC	SAXH	LM+
5714	MA	MBCS	CS	5726	IC	SAXH	LM+	5737	IC	SAXH	LM+
5715	IC	SAXH	LT+	5727	MA	MBCS	CS	5738	IC	SAXH	KN+
5716	IC	SAXH	KN+	5728	IC	SAXH	LM+	5739	WR	PWCL	BK
5718	IC	SAXH	KN+	5729	IC	PWCS	OM+	5740	IC	SAXH	LM+
5719	IC	SAXH	LM+	5730	IC	SAXH	LM+	5743	IC	SAXH	LT+
5722	IC	PPSU	KM+	5731	IC	SAXH	KN+				
5723	IC	SAXH	LT+	5732	WR	PWCL	BK				

AC2E (TSO) Mark 2E Tourist Open Standard

Built: 1972-73 by BR, Derby C & W.
Weight: 34.00 t.
Seats: 64S (* 62; † 60; ‡ 58)S.
ETS Index: 5.
Length: 20.644 m.
Toilets: 2.
Brakes: Air.
Notes: 5756 is owned by West Coast Railway Company.

5744	IC	ICCX	MA	5794*	IC	ICCR	MA	5859	IC	ICCC	MA
5745†	IC	ICCR	DY	5796*	IC	ICCR	MA	5861	IC	PWCS	DY+
5746	IC	ICCR	MA	5797	IC	ICCR	MA	5863	IC	PWCO	HT
5747	IC	PWCS	DY+	5799	IC	IWCR	OY	5866	IC	ICCC	MA
5748*	IC	ICCR	MA	5800	WS	PWCO	HT	5868	IC	ICCR	MA
5750†	IC	ICCR	DY	5801	IC	ICCR	MA	5869	IC	ICCX	DY
5751*	IC	IWCR	OY	5803	IC	PWCL	CS	5871	IC	ICCX	DY
5752*	IC	ICCC	DY	5810†	IC	ICCR	DY	5873	IC	MBCS	CS
5754*	IC	ICCR	MA	5811	IC	MBCS	CS	5874*	IC	ICCX	DY
5756	MA	MBCS	CS	5812*	IC	ICCR	MA	5875	IC	SAXH	LT+
5759	IC	PWCS	DY+	5814	IC	ICCR	MA	5876	IC	ICCR	MA
5760	IC	ICCX	DY	5815‡	IC	ICCX	DY	5881‡	IC	ICCR	DY
5762	IC	PWCS	DY+	5816	IC	ICCR	MA	5885	IC	SAXZ	BA+
5764	IC	SAXH	LT+	5821	IC	ICCR	MA	5886†	IC	ICCR	DY
5766	IC	SAXH	LT+	5822	IC	ICCC	MA	5887*	XC	ICCR	MA
5769	IC	ICCR	MA	5824*	IC	ICCR	MA	5888*	IC	ICCR	MA
5772*	IC	ICCX	DY	5826	IC	ICCX	DY	5889	IC	ICCR	MA
5773†	IC	ICCR	DY	5827*	IC	ICCC	MA	5890	IC	IWCR	OY
5775†	IC	ICCR	DY	5828*	IC	ICCC	MA	5891	IC	PWCS	DY+
5776	IC	ICCR	MA	5831	IC	PWCO	HT	5892	IC	ICCX	DY
5777	IC	PWCS	CN+	5833	IC	ICCX	MA	5893	IC	ICCR	MA
5778*	IC	ICCX	MA	5835	IC	MBCS	CS	5897	IC	ICCR	MA
5779	IC	ICCC	MA	5836	IC	PWCS	DY+	5899	IC	ICCR	MA
5780*	IC	ICCX	MA	5837	IC	MBCS	CS	5900†	IC	ICCR	DY
5781*	IC	ICCX	MA	5840	IC	IWCR	OY	5901†	IC	ICCR	DY
5784	IC	ICCR	MA	5843*	IC	ICCC	DY	5902	IC	ICCC	MA
5787†	IC	ICCR	DY	5845*	IC	ICCC	MA	5903	IC	ICCC	MA
5788*	IC	ICCC	MA	5847*	IC	ICCR	MA	5904	IC	SAXH	PC+
5789	IC	ICCR	MA	5851	IC	IWCR	OY	5905	IC	ICCR	MA
5791*	IC	ICCR	MA	5852	WS	PWCO	HT	5906	XC	ICCR	MA
5792	IC	ICCR	MA	5853	IC	SAXH	LT+	5907	IC	SAXH	LT+
5793	IC	ICCR	DY	5854	IC	ICCC	MA				

AC2F (TSO) Mark 2F Tourist Open Standard

Built: 1973-75 by BR, Derby C & W.
Weight: 33.50 t.
Seats: 64S (* 62S).
ETS Index: 5X.
Length: 20.644 m.
Toilets: 2.
Brakes: Air.

5908	IC	IWCR	OY	5916*	IC	ICCR	DY	5924	IC	IANR	NC
5910*	IC	IWCR	OY	5917	IC	ICCR	DY	5925*	XC	ICCR	MA
5911	IC	ICCR	MA	5918*	IC	ICCR	DY	5926	IC	IANR	NC
5912	IC	ICCR	DY	5919	IC	ICCC	DY	5927	IC	IANR	NC
5913	XC	ICCR	DY	5920	IC	IWCR	OY	5928	IC	IANR	NC
5914	IC	IWCR	OY	5921	IC	IANR	NC	5929	IC	IANR	NC
5915	IC	IWCR	OY	5922	IC	IANR	NC	5930*	IC	ICCR	MA

LHCS

5931*	IC	IWCR	OY	6001*	IC	IWCR	OY	6107	IC	IWCR	OY
5932	IC	IWCR	OY	6002	IC	IWCR	OY	6110*	IC	IANR	NC
5933	IC	IWCR	OY	6005	IC	ICCR	MA	6111	IC	IWCR	OY
5934	IC	IWCR	OY	6006	IC	IANR	NC	6112	IC	ICCR	MA
5935	IC	IANR	NC	6008	IC	ICCR	MA	6113	IC	IWCR	OY
5936	IC	IANR	NC	6009	IC	IWCR	OY	6115	IC	ICCR	DY
5937	IC	IWCR	OY	6010	IC	ICCR	MA	6116	IC	IWCR	OY
5939	IC	IWCR	OY	6011	IC	ICCR	DY	6117*	IC	ICCR	DY
5940*	IC	IWCR	OY	6012	IC	IWCR	OY	6119*	IC	ICCR	DY
5941	IC	IWCR	OY	6013	XC	ICCR	DY	6120	IC	ICCR	MA
5943*	IC	IWCR	OY	6014	IC	ICCR	DY	6121	IC	IWCR	OY
5944*	IC	IANR	NC	6015*	IC	ICCR	DY	6122	IC	ICCC	DY
5945*	IC	IWCR	OY	6016	IC	IWCX	OY	6123	IC	IANR	NC
5946	IC	IWCR	OY	6018*	IC	ICCC	DY	6124	IC	ICCR	DY
5947	IC	ICCR	MA	6021	IC	IWCX	OY	6134	IC	IWCR	OY
5948*	IC	IWCR	OY	6022	IC	ICCR	DY	6135	IC	ICCR	DY
5949*	IC	IWCR	OY	6024	IC	ICCR	MA	6136	IC	IWCR	OY
5950	IC	IANR	NC	6025*	IC	ICCR	MA	6137	IC	ICCR	MA
5951	IC	ICCR	MA	6026	IC	ICCR	DY	6138	IC	IWCR	DY
5952	IC	IWCR	OY	6027*	IC	IWCR	OY	6139	IC	IANR	NC
5953	IC	IWCR	OY	6028	IC	IANR	NC	6141*	IC	IWCR	OY
5954	IC	IANR	NC	6029	IC	IWCR	OY	6142	IC	IWCR	OY
5955	IC	IWCR	OY	6030*	IC	ICCR	MA	6144	IC	IWCR	OY
5956	IC	IANR	NC	6031	IC	IWCR	OY	6145	IC	ICCR	DY
5957	IC	IWCR	OY	6034	IC	IANR	NC	6146	IC	IANR	NC
5958	XC	ICCC	MA	6035*	IC	ICCR	DY	6147	IC	IWCR	OY
5959	IC	IANR	NC	6036	IC	IANR	NC	6148	IC	ICCR	DY
5960	IC	ICCC	DY	6037	IC	IANR	NC	6149*	IC	IWCR	OY
5961	IC	ICCR	DY	6038	IC	ICCR	DY	6150	XC	ICCR	DY
5962	IC	ICCR	DY	6041	IC	ICCR	DY	6151	IC	IWCR	OY
5963	IC	IWCR	OY	6042	IC	IANR	NC	6152	IC	IANR	NC
5964	IC	IANR	NC	6043	IC	IWCR	OY	6153	IC	IWCX	OY
5965*	XC	ICCR	DY	6045*	IC	IWCR	OY	6154	XC	ICCR	DY
5966	IC	IANR	NC	6046*	IC	ICCC	DY	6155	IC	IANR	NC
5967*	IC	ICCR	MA	6047	IC	IWCR	OY	6157	IC	ICCR	MA
5968	IC	IANR	NC	6049	IC	IWCR	OY	6158	IC	IWCX	OY
5969*	IC	IWCR	OY	6050	IC	ICCR	DY	6159	IC	ICCR	DY
5971	IC	ICCR	MA	6051	IC	IWCR	OY	6160	IC	IANR	NC
5973	IC	IANR	NC	6052*	XC	ICCR	MA	6161	IC	IWCR	OY
5975	IC	ICCR	DY	6053	IC	IANR	NC	6162	IC	ICCR	MA
5976*	IC	ICCR	MA	6054	IC	IWCX	OY	6163	IC	IWCR	OY
5977	IC	IWCR	OY	6055	IC	IWCR	OY	6164	IC	IWCR	OY
5978	IC	IWCR	OY	6056	IC	IWCR	OY	6165	IC	IWCR	OY
5980	IC	IWCR	OY	6057	IC	IWCR	OY	6166	IC	IANR	NC
5981	XC	ICCR	MA	6059	IC	ICCR	MA	6167	IC	IANR	NC
5983	IC	ICCR	DY	6060	IC	IWCR	OY	6168	IC	ICCR	DY
5984	IC	IWCR	OY	6061	IC	ICCR	MA	6170	IC	ICCC	MA
5985	IC	IANR	NC	6062	IC	IWCR	OY	6171	IC	IWCR	OY
5986	IC	IWCR	OY	6063*	IC	IWCR	OY	6172	IC	ICCR	MA
5987	IC	IWCR	OY	6064	IC	ICCC	MA	6173*	IC	ICCC	DY
5988*	IC	IWCR	OY	6065	IC	IWCR	OY	6174	IC	IANR	NC
5989*	IC	ICCR	MA	6066	IC	ICCR	DY	6175	IC	IWCR	OY
5991	IC	ICCR	MA	6067	IC	ICCC	MA	6176*	IC	ICCR	DY
5993*	IC	IANR	NC	6073	IC	ICCR	DY	6177	IC	ICCR	DY
5994	IC	ICCR	MA	6100	IC	IWCR	OY	6178*	XC	ICCC	MA
5995	IC	ICCR	DY	6101	IC	IWCR	OY	6179	IC	IWCR	OY
5996	IC	ICCC	DY	6102	IC	IWCR	OY	6180*	IC	IWCR	OY
5997	IC	IWCR	OY	6103	IC	IANR	NC	6181*	IC	IWCR	OY
5998	IC	IANR	NC	6104	IC	IWCR	OY	6182	IC	ICCR	DY
5999	IC	ICCR	MA	6105	IC	ICCR	DY	6183	IC	ICCR	MA
6000*	IC	ICCC	DY	6106	IC	IWCR	OY	6184	IC	ICCR	MA

LHCS

AC2D (TSO) — Mark 2D Tourist Open Standard

Built: 1971-72 by BR, Derby C & W as FO. Converted 1990.
Weight: 34.00 t.
Seats: 58S.
ETS Index: 5X.
Length: 20.644 m.
Toilets: 2 (* 1).
Brakes: Air.

6200	IC	IWRX	LA	6211	IC	SAXH	LT+	6222	IC	SAXH	KN+
6201*	IC	SAXH	LT+	6212	IC	SAXH	KN+	6224*	IC	SAXH	LM+
6202*	IC	SAXH	KN+	6213	IC	IWRX	LA	6226	IC	IWRX	LA
6203	IC	SAXH	KN+	6214	IC	SAXH	LM+	6227	IC	SAXH	LM+
6204	IC	PWCS	FE+	6215	IC	SAXH	LM+	6228*	IC	SAXH	LM+
6205	IC	SAXH	LM+	6216	IC	SAXH	LM+	6229	IC	SAXH	LM+
6206	IC	IWRX	LA	6217	IC	SAXH	KN+	6230	IC	SAXH	LM+
6207	IC	SAXH	KN+	6218	IC	SAXH	LT+	6232*	IC	SAXH	KN+
6208	IC	SAXH	KN+	6219	IC	SAXH	KN+	6233	IC	SAXH	LM+
6209	IC	PWCS	BN+	6220	IC	SAXH	LT+	6234	IC	SAXH	KN+
6210*	IC	SAXH	LT+	6221	IC	SAXH	KN+				

GX51 (GV) — Three-Phase Generator Van

Built: 1958 by Pressed Steel, Linwood as BG. Converted 198?.
Weight:
Seats: 0.
ETS Index: Not equipped.
Length: 18.465 m.
Toilets: Not equipped.
Brakes: Air.

6310   IC   PWCS   CN+

AX51 (GV) — Generator Van

Built: 1958 by Pressed Steel, Linwood (* 1956 by Cravens, Sheffield) as BG. Converted 1992.
Weight:
Seats: 0.
ETS Index: Not equipped.
Length: 18.465 m.
Toilets: Not equipped.
Brakes: Air.
Note: 6313 is on hire from Porterbrook Leasing to Sea Containers.

6311	SP	PWCO	BN	6312*	IC	SBXH	KN+	6313	P	MBCS	SL

AZ5O — Special Saloon

Built: 1927 by LMSR, Derby C & W as BFK. Rebuilt as General Manager's Saloon.
Weight: 27.50 t.
Seats:
ETS Index: 2X.
Maximum Speed: 60 mph.
Length: 18.592 m.
Toilets: 1.
Brakes: Dual.

6320   MA   PWCO   BN

GS5 (HSBV) — HST Barrier Vehicle

Built: 1954-70 by various builders as various types.
Weight: 32.00-34.50 t.
Seats: 0.
ETS Index: Not equipped.
Length: 20.447 (* 18.465; † 20.644) m.
Toilets: Not equipped.
Brakes: Air.

6330	BG	IWRG	LA	6338*	IC	IWRG	LA	6344*	IC	IECG	EC
6334*	PB	SBAG	NL	6339	IC	SBXZ	EC+	6346	IC	IECG	EC
6335	IC	SBXZ	LA+	6340*	IC	IWRG	LA	6347	IC	IWRG	LA
6336*	IC	IWRG	LA	6343†	IC	SBXZ	NL+	6348*	IC	IWRG	LA

AV5 (MFBV) — Mark 4 Barrier Vehicle

Built: 1954-70 by various builders as various types.
Weight: 32.00-33.50 t.
Seats: 0.
ETS Index: Not equipped.
Length: 20.447 (* 20.644) m.
Toilets: Not equipped.
Brakes: Air.

6351	BG	IECG	EC	6354*	BG	IECG	BN	6357*	BG	IECG	BN
6352	BG	IECG	BN	6355*	BG	IECG	BN	6358	BG	IECG	BN
6353	BG	IECG	EC	6356*	BG	IECG	BN	6359	BG	IECG	BN

AW5 (BV) — DMU Barrier Vehicle

Built: 1967-70 by BR, Derby C & W as various types.
Weight: 32.00-32.50 t.
Seats: 0.
ETS Index: Not equipped.
Length: 20.644 (* 20.447) m
Toilets: Not equipped.
Brakes: Air.

6360*	RR	SBAG	NL	6362	RR	SCXH	LL	6363	RR	SCXH	LL
6361	RR	SBAG	NL								

AW51 (BV) — EMU Barrier Vehicle

Built: 1954-57 by various builders as BG.
Weight: 32.50 t.
Seats: 0.
ETS Index: Not equipped.
Length: 18.465 m.
Toilets: Not equipped.
Brakes: Air.

6364	RR	HGXX	TS	6365	RR	HGXX	TS

AY5 (BV) — Eurostar Barrier Vehicle

Built: 1957-60 by various builders as GUV. Converted 1993-94.
Weight:
Seats: 0.
ETS Index: Not equipped.
Length: 18.465 m.
Toilets: Not equipped.
Brakes: Air.

6380	EB	GPSM	NP	6384	EB	GPSM	NP	6387	EB	GPSM	NP
6381	EB	GPSM	NP	6385	EB	GPSM	NP	6388	EB	GPSM	NP
6382	EB	GPSM	NP	6386	EB	GPSM	NP	6389	EB	GPSM	NP
6383	EB	GPSM	NP								

GF5 (MFBV) — Mark 4 Barrier Vehicle

Built: 1955 by Metropolitan Cammell, Birmingham as BG.
Weight: 32.00 t.
Seats: 0.
ETS Index: Not equipped.
Length: 18.465 m.
Toilets: Not equipped.
Brakes: Air.

6390	BG	IECG	BN

GF5 (BV) — Barrier Vehicle

Built: 1957 by Pressed Steel, Linwood as BG. Converted 1995.
Weight: 32.00 t.
Seats: 0.
ETS Index: IX.
Length: 18.465 m.
Toilets: Not equipped.
Brakes: Air.

6392	PB	SBAG	NL	6395	PB	SBAG	NL	6398	PB	SBAG	NL
6393	PB	SBAG	NL	6396	PB	SBAG	NL	6399	PB	SBAG	NL
6394	PB	SBAG	NL	6397	PB	SBAG	NL				

AC2C (TSO(T)) — Mark 2C Micro Buffet

Built: 1969-70 by BR, Derby C & W as TSO. Converted 1980.
Weight: 32.0 t.
Seats: 55S.
ETS Index: 4.
Length: 20.644 m.
Toilets: 1.
Brakes: Air.
Notes: 6510 is owned by Rail Rider Tours. 6528 is owned by West Coast Railway Company.

6510	BG	MBCS	CP	6517	NW	SAXZ	OM+	6528	MA	MBCS	CS
6513	NW	SAXZ	OM+								

AG2D (TSOT) — Mark 2D Micro Buffet

Built: 1971 by BR, Derby C & W as TSO. Converted 1980.
Weight: 33.50 t.
Seats: 54S.
Length: 20.644 m.
Toilets: 1.

LHCS
ETS Index: 5.
Brakes: Air.

| 6609 | IC | SAXH | KN+ | 6619 | IC | SAXH | KN+ |

AN2D (RMBT) — Mark 2D Miniature Buffet
Built: 1971 by BR, Derby C & W as TSO. Converted to TSOT 1980, then to RMBT in 1985.
Weight: 33.50 t.
Length: 20.644 m.
Seats: 46S.
Toilets: 1.
ETS Index: 5.
Brakes: Air.

| 6652 | IC | SAXH | LM+ | 6661 | IC | SAXH | CP+ | 6665 | IC | SAXH | LM+ |
| 6660 | IC | SAXH | CP+ | 6662 | IC | SAXH | LM+ | | | | |

AN1F (RLB) — Mark 2F Sleeper Reception Lounge
Built: 1973-74 by BR, Derby C & W as FO. Converted 1987.
Weight: 33.50 t.
Length: 20.644 m.
Seats: 26F.
Toilets: 1.
ETS Index: 5X.
Brakes: Air.

6700	IC	HAIS	IS	6703	IC	HAIS	IS	6706	IC	HAIS	IS
6701	IC	HAIS	IS	6704	IC	HAIS	IS	6707	IC	HAIS	IS
6702	IC	HAIS	IS	6705	IC	HAIS	IS	6708	IC	HAIS	IS

AC2F (TSO) — Mark 2F Standard Open
Built: 1973-75 by BR, Derby C & W as FO. Converted 1985.
Weight: 33.50-34.00 t.
Length: 20.644 m.
Seats: 74S.
Toilets: 2.
ETS Index: 5X.
Brakes: Air.

6800	IC	IANR	NC	6810	IC	IANR	NC	6820	IC	IANR	NC
6801	IC	IANR	NC	6811	IC	IANR	NC	6821	IC	IANR	NC
6802	IC	IANR	NC	6812	IC	IANR	NC	6822	IC	IANR	NC
6803	IC	IANR	NC	6813	IC	IANR	NC	6823	IC	IANR	NC
6804	IC	IANR	NC	6814	IC	IANR	NC	6824	IC	IANR	NC
6805	IC	IANR	NC	6815	IC	IANR	NC	6825	IC	IANR	NC
6806	IC	IANR	NC	6816	IC	IANR	NC	6826	IC	IANR	NC
6807	IC	IANR	NC	6817	IC	IANR	NC	6827	IC	IANR	NC
6808	IC	IANR	NC	6818	IC	IANR	NC	6828	IC	IANR	NC
6809	IC	IANR	NC	6819	IC	IANR	NC	6829	IC	IANR	NC

NM5D — Sandite Coach
Built: 1971-72 by BR, Derby C & W as BFK. Converted 1992.
Weight: 34.00 t.
Length: 20.644 m.
Seats: 0.
Toilets: Not equipped.
ETS Index: 4.
Brakes: Air.

| 6900 | IC | QXXX | CA+ | 6901 | IC | QXXX | CA+ |

NM51 — Merseyrail Sandite Coach
Built: 1958 by BR, Eastleigh/Asford as Class 501 EMU Driving Trailers.
Weight:
Length:
Seats: 0.
Toilets: Not equipped.
ETS Index: Not equipped.
Brakes: Air.

| 6910 | MD | QXXX | BD | 6911 | MD | QXXX | BD |

AA31 (CK) — Mark 1 Composite Corridor
Built: 1961 by BR, Derby C & W.
Weight: 34.00 t.
Length: 20.447 m.
Seats: 24F, 24S.
Toilets: 2.
ETS Index: 4.
Brakes: Vacuum.

LHCS

Note: 7167 is owned by Sea Containers.

7167*	NW	MPXX	SL+	7213*	NW	SAXH	OM+

AH2Z (BSOT) Mark 2 Brake Open Standard Micro Buffet

Built: 1966 by BR, Derby C & W as BSO. Converted 1983-86.
Weight: 32.50 t. **Length:** 20.447 m.
Seats: 23S. **Toilets:** Not equipped.
ETS Index: 4. **Brakes:** Vacuum.

| 9100 | RR | SAXH | LT+ | 9101 | RR | SAXH | LT+ | 9105 | RR | SAXH | LT+ |

AE21 (BSO) Mark 1 Brake Open Standard

Built: 1955 by BR, Doncaster.
Weight: 34.00 t. **Length:** 20.447 m.
Seats: 39S. **Toilets:** 1.
ETS Index: 3. **Brakes:** Dual.
Notes: TOPS number 99821. Owned by Scottish Railway Preservation Society.

| 9227 | MA | MBCS | BO |

AE2Z (BSO) Mark 2 Brake Open Standard

Built: 1966 by BR, Derby C & W.
Weight: 32.00 t. **Length:** 20.447 m.
Seats: 31S. **Toilets:** 1.
ETS Index: 4. **Brakes:** Vacuum.

| 9385 | LN | SAXH | LT+ | 9388 | LN | SAXH | LT+ | 9414 | LN | SAXH | LT+ |

AE2A (BSO) Mark 2A Brake Open Standard

Built: 1967-68 by BR, Derby C & W.
Weight: 32.00 t. **Length:** 20.447 m.
Seats: 31S. **Toilets:** 1.
ETS Index: 4. **Brakes:** Air.

9417	RR	SAXH	LM+	9424	RR	SAXH	CN+	9434	RR	SAXH	LL+
9418	RR	SAXH	LM+	9428	RR	SAXH	CN+	9435	RR	SAXH	LM+
9419	RR	SAXH	LM+	9431	RR	SAXH	LM+	9438	RR	SAXH	CN+
9421	RR	SAXH	LM+								

AE2C (BSO) Mark 2C Brake Open Standard

Built: 1970 by BR, Derby C & W.
Weight: 32.50 t. **Length:** 20.644 m.
Seats: 31S. **Toilets:** 1.
ETS Index: 4. **Brakes:** Air.
Notes: 9440/48 are owned by West Coast Railway Company. 9444 is owned by Rail Rider Tours.

| 9440 | WB | MBCS | BK | 9448 | MA | MBCS | BK | 9458 | RR | SAXH | LL+ |
| 9444 | BG | MBCS | CP | | | | | | | | |

AE2D (BSO) Mark 2D Brake Open Standard

Built: 1971 by BR, Derby C & W.
Weight: 33.50 t. **Length:** 20.644 m.
Seats: 31S. **Toilets:** 1.
ETS Index: 5. **Brakes:** Air.

9479	IC	ICCC	MA	9484	IC	SAXH	LT+	9490	IC	SAXH	LT+
9480	IC	ICCX	MA	9485	IC	SAXH	LT+	9492	IC	IVRX	LA
9481	IC	IVRX	LA	9486	IC	SAXH	LM+	9493	IC	ICCX	DY
9482	IC	SAXH	NL+	9488	IC	SAXH	LM+	9494	IC	SAXH	LM+
9483	IC	SAXH	LM+	9489	IC	ICCC	MA				

LHCS

AE2E (BSO) — Mark 2E Brake Open Standard

Built: 1972 by BR, Derby C & W.
Weight: 33.50 t.
Seats: 32S.
ETS Index: 5.
Length: 20.644 m.
Toilets: 1.
Brakes: Air.

9496	IC	ICCC	MA	9501	IC	IWRX	LA	9506	IC	ICCC	MA
9497	IC	ICCC	MA	9502	IC	ICCC	DY	9507	IC	ICCC	MA
9498	IC	ICCC	DY	9503	IC	ICCC	DY	9508	IC	ICCC	DY
9499	IC	SAXH	ZH+	9504	IC	ICCC	MA	9509	IC	ICCC	MA
9500	IC	ICCC	MA	9505	IC	ICCC	MA				

AE2F (BSO) — Mark 2F Brake Open Standard

Built: 1974 by BR, Derby C & W.
Weight: 34.50 t.
Seats: 32S.
ETS Index: 5X.
Length: 20.644 m.
Toilets: 1.
Brakes: Air.

9513	IC	ICCR	DY	9524	IC	ICCR	DY	9533	IC	SAXH	MA+
9516	IC	ICCR	MA	9525	IC	ICCR	DY	9537	IC	ICCR	DY
9520	IC	ICCR	MA	9526	XC	ICCR	DY	9538	IC	ICCR	DY
9521	IC	ICCR	DY	9527	IC	ICCR	DY	9539	IC	ICCR	DY
9522	IC	ICCR	MA	9529	IC	ICCR	MA				
9523	IC	ICCR	MA	9531	IC	ICCR	MA				

AF2F (DBSO) — Driving Brake Open Standard

Built: 1974 by BR, Derby C & W as BSO. Converted 1979-80/84-86.
Weight: 34.50 t.
Seats: 32S.
ETS Index: 5X.
Length: 20.644 m.
Toilets: Not equipped.
Brakes: Air.

9701	IC	IANR	NC	9707	IC	IANR	NC	9712	IC	IANR	NC
9702	IC	IANR	NC	9708	IC	IANR	NC	9713	IC	IANR	NC
9703	IC	IANR	NC	9709	IC	IANR	NC	9714	IC	IANR	NC
9704	IC	IANR	NC	9710	IC	IANR	NC				
9705	IC	IANR	NC	9711	IC	IANR	NC				

AJ1G (RFM) — Restaurant/Buffet First (Modular)

Built: 1975-79 by BR, Derby C & W as TRFK (10200-11), FO (10212-29) or RFB (10230-60). Converted 1987 (* 1984).
Weight: 39.80-40.60 t.
Seats: 22F (* 24F).
ETS Index: 14X (* 16X).
Maximum Speed: 125 mph.
Length: 23.268 m.
Toilets: Not equipped.
Brakes: Air.

10200*	IC	SBXH	ZD+	10218	IC	IWCX	MA	10236	IC	IWCX	PC
10201*	IC	IWCX	OY	10219	IC	IWCX	OY	10237	IC	IWCX	MA
10202	IC	IWCX	OY	10220	IC	IWCX	OY	10238	IC	IWCX	OY
10203	IC	IANR	NC	10221	IC	IWCX	PC	10240	IC	IWCX	OY
10204	IC	IWCX	MA	10222	IC	IWCX	MA	10241	IC	IANR	NC
10205	IC	IWCX	OY	10223	IC	IANR	NC	10242	IC	IWCX	PC
10206	IC	IWCX	PC	10224	IC	IWCX	MA	10245	IC	IWCX	MA
10207	IC	IWCX	MA	10225	IC	IWCX	OY	10246	IC	IWCX	OY
10208	IC	IWCX	MA	10226	IC	IWCX	PC	10247	IC	IANR	NC
10209	IC	IWCX	PC	10227	IC	IWCX	MA	10248	IC	IWCX	PC
10210	IC	IWCX	MA	10228	IC	IANR	NC	10249	IC	IWCX	PC
10211	IC	IWCX	PC	10229	IC	IWCX	OY	10250	IC	IWCX	OY
10212	IC	IWCX	PC	10230	IC	IWCX	PC	10251	IC	IWCX	OY
10213	IC	IWCX	MA	10231	IC	IWCX	PC	10252	IC	IWCX	PC
10214	IC	IANR	NC	10232	IC	IWCX	OY	10253	IC	IWCX	MA
10215	IC	IWCX	PC	10233	IC	IWCX	MA	10254	IC	IWCX	PC
10216	IC	IANR	NC	10234	IC	IWCX	PC	10255	IC	IWCX	OY
10217	IC	IWCX	OY	10235	IC	IWCX	OY	10256	IC	IWCX	PC

LHCS

10257	IC	IWCX	MA	10259	IC	IWCX	OY	10260	IC	IWCX	MA
10258	IC	IWCX	MA								

AJ1J (SV) — Mark 4 Restaurant First (Modular)

Built: 1989-91 by Metropolitan Cammell, Birmingham.
Weight: 45.50 t.
Seats: 20F.
ETS Index: 6X.
Maximum Speed: 140 mph.
Length: 23.400 m.
Toilets: 1.
Brakes: Air.

10300	IC	IECX	BN	10312	IC	IECX	BN	10324	IC	IECX	BN
10301	IC	IECX	BN	10313	IC	IECX	BN	10325	IC	IECX	BN
10302	IC	IECX	BN	10314	IC	IECX	BN	10326	IC	IECX	BN
10303	IC	IECX	BN	10315	IC	IECX	BN	10327	GN	IECX	BN
10304	GN	IECX	BN	10316	GN	IECX	BN	10328	IC	IECX	BN
10305	IC	IECX	BN	10317	IC	IECX	BN	10329	IC	IECX	BN
10306	IC	IECX	BN	10318	GN	IECX	BN	10330	IC	IECX	BN
10307	GN	IECX	BN	10319	IC	IECX	BN	10331	IC	IECX	BN
10308	IC	IECX	BN	10320	GN	IECX	BN	10332	IC	IECX	BN
10309	IC	IECX	BN	10321	IC	IECX	BN	10333	IC	IECX	BN
10310	GN	IECX	BN	10322	IC	IECX	BN				
10311	IC	IECX	BN	10323	IC	IECX	BN				

AU4G (SLEP) — Mark 3A Sleeper (with pantry)

Built: 1981-83 by BR, Derby C & W.
Compartments: 12.
Weight: 43.50 t.
ETS Index: 7X.
Maximum Speed: 125 mph.
Toilets: 2.
Length: 23.268 m.
Brakes: Air.
Notes: 10569 is owned by Sea Containers.

10500	IC	PWCS	FE+	10541	IC	SBXH	CS+	10577	BG	SBXH	ZD+
10501	IC	HAIS	IS	10542	IC	HAIS	IS	10578	IC	SBXH	KN+
10502	IC	HAIS	IS	10543	IC	HAIS	IS	10579	BG	SBXH	KN+
10503	IC	PWCO	BN	10544	IC	HAIS	IS	10580	IC	HAIS	IS
10504	IC	HAIS	IS	10546	IC	SBXH	ZD+	10582	IC	SBXH	ZD+
10506	IC	HAIS	IS	10547	IC	HAIS	IS	10583	IC	IWRX	LA
10507	IC	HAIS	IS	10548	IC	HAIS	IS	10584	IC	IWRX	LA
10508	IC	HAIS	IS	10549	IC	SBXH	ZD+	10586	IC	SBXH	KN+
10510	IC	HAIS	IS	10550	IC	SBXH	ZD+	10588	IC	IWRX	LA
10512	IC	SBXH	ZG+	10551	IC	HAIS	IS	10589	IC	IWRR	LA
10513	IC	HAIS	IS	10552	IC	SBXH	WB+	10590	IC	IWRR	LA
10514	IC	PWCO	BN	10553	IC	HAIS	IS	10591	IC	SBXH	KN+
10515	IC	HAIS	IS	10554	IC	SBXH	ZD+	10592	IC	SBXH	KN+
10516	IC	HAIS	IS	10555	IC	SBXH	KN+	10593	IC	SBXH	KN+
10519	IC	HAIS	IS	10556	IC	SBXH	CS+	10594	IC	IWRX	LA
10520	IC	HAIS	IS	10557	IC	SBXH	ZD+	10595	BG	SBXH	KN+
10522	IC	HAIS	IS	10558	IC	SBXH	PC+	10596	IC	SBXH	KN+
10523	IC	HAIS	IS	10559	IC	SBXH	WB+	10597	IC	HAIS	IS
10526	IC	HAIS	IS	10560	IC	SBXH	ZD+	10598	IC	HAIS	IS
10527	IC	HAIS	IS	10561	IC	HAIS	IS	10599	IC	SBXH	KN+
10529	IC	HAIS	IS	10562	IC	HAIS	IS	10600	IS	HAIS	IS
10530	IC	SBXH	ZD+	10563	IC	IWRR	LA	10601	IC	SBXH	ZD+
10531	IC	HAIS	IS	10565	IC	HAIS	IS	10602	IC	SBXH	ZD+
10532	IC	IWRR	LA	10566	IC	SBXH	ZD+	10603	IC	SBXH	KN+
10533	IC	SBXH	ZD+	10567	IC	SBXZ	ZG+	10604	IC	SBXH	KN+
10534	IC	IWRX	LA	10569	P	MBCS	SL	10605	IC	HAIS	IS
10535	IC	SBXH	ZD+	10570	IC	SBXH	KN+	10606	IC	SBXH	KN+
10536	IC	SBXH	KN+	10571	IC	PWCS	FE+	10607	IC	HAIS	IS
10537	IC	SBXH	ZD+	10572	IC	SBXH	ZD+	10608	IC	SBXZ	ZN+
10538	IC	SBXH	KN+	10573	IC	SBXH	ZD+	10609	BG	SBXZ	ZG+
10539	IC	SBXH	KN+	10574	IC	PWCO	BN	10610	IC	HAIS	IS
10540	IC	SBXH	ZD+	10575	IC	PWCS	FE+	10612	IC	IWRX	LA

LHCS

10613	IC	HAIS	IS	10615	IC	SBXZ	WB+	10617	IC	HAIS	IS
10614	IC	HAIS	IS	10616	IC	IWRX	LA				

AS (SLE)   Mark 3A Sleeper (* Demonstrator Coach)

Built: 1980-84 by BR, Derby C & W (* Rebuilt 1995 by Railcare, Glasgow/Rosyth).
Weight: 43.00 (* ??.??)t.   **Length:** 23.268 m.
Compartments: 13 (* Seats: 6P, 16F, 27S).   **Toilets:** 2 (* 1).
ETS Index: 6X.   **Brakes:** Air.
Maximum Speed: 125 mph.

10646	IC	PWCO	BN	10679	BG	SBXH	KN+	10709	IC	SBXH	ZD+
10647	IC	SBXH	KN+	10680	IC	HAIS	IS	10710	IC	SBXH	KN+
10648	IC	HAIS	IS	10682	IC	SBXH	ZD+	10711	IC	SBXH	ZD+
10649	IC	SBXH	KN+	10683	IC	HAIS	IS	10712	IC	SBXH	ZA+
10650	IC	HAIS	IS	10684	BG	SBXH	KN+	10713	IC	SBXH	ZD+
10651	IC	SBXH	ZD+	10685	IC	SBXH	IS+	10714	IC	HAIS	IS
10653	IC	SBXH	ZD+	10686	IC	SBXH	ZA+	10715	IC	SBXH	ZD+
10654	IC	SBXH	ZD+	10687	IC	SBXH	ZA+	10716	IC	SBXH	ZD+
10655	IC	PWCS	BN+	10688	IC	HAIS	IS	10717	IC	SBXH	ZD+
10656	IC	SBXH	KN+	10689	IC	HAIS	IS	10718	IC	HAIS	IS
10657	IC	PWCO	BN	10690	IS	HAIS	IS	10719	IC	HAIS	IS
10658	IC	SBXH	WB+	10691	IC	SBXH	ZA+	10720	IC	SBXH	KN+
10660	IC	SBXH	ZD+	10692	IC	SBXH	ZD+	10722	IC	HAIS	IS
10661*	SP			10693	IC	HAIS	IS	10723	IC	HAIS	IS
10662	IC	SBXZ	ZD+	10696	IC	SBXH	KN+	10724	IC	PWCS	FE+
10663	IC	HAIS	IS	10697	IC	SBXH	KN+	10725	IC	PWCS	FE+
10665	BG	SBXZ	ZG+	10699	IC	HAIS	IS	10726	IC	PWCO	BN
10666	IC	HAIS	IS	10700	BG	SBXH	KN+	10727	IC	PWCO	BN
10668	IC	SBXH	ZA+	10701	IC	SBXH	KN+	10728	IC	SBXZ	ZN+
10670	IC	SBXH	KN+	10702	IC	PWCO	BN	10729	IC	PWCO	BN
10672	IC	SBXZ	ZG+	10703	IC	HAIS	IS	10730	IC	SBXH	ZA+
10674	IC	SBXZ	ZG+	10706	IC	HAIS	IS	10731	IC	SBXH	KN+
10675	IC	HAIS	IS	10707	IC	SBXZ	ZG+	10732	IC	SBXH	KN+
10678	BG	SBXH	KN+	10708	IC	SBXH	ZA+				

ADIG (FO)   Mark 3A Open First

Built: 1975-76 by BR, Derby C & W.
Weight: 34.30 t.   **Length:** 23.268 m.
Seats: 48F.   **Toilets:** 2.
ETS Index: 6X.   **Brakes:** Air.
Maximum Speed: 125 mph.

11005	IC	IWCX	PC	11024	IC	IWCX	PC	11040	IC	IWCX	PC
11006	IC	IWCX	PC	11026	IC	IWCX	MA	11042	IC	IWCX	PC
11007	IC	IWCX	PC	11027	IC	IWCX	PC	11044	IC	IWCX	PC
11011	IC	IWCX	PC	11028	IC	IWCX	MA	11045	IC	IWCX	PC
11013	IC	IWCX	PC	11029	IC	IWCX	PC	11046	IC	IWCX	PC
11016	IC	IWCX	PC	11030	IC	IWCX	PC	11048	IC	IWCX	PC
11017	IC	IWCX	PC	11031	IC	IWCX	PC	11052	IC	IWCX	MA
11018	IC	IWCX	PC	11033	IC	IWCX	PC	11054	IC	IWCX	PC
11019	IC	IWCX	PC	11036	IC	IWCX	PC	11055	IC	IWCX	PC
11020	IC	IWCX	MA	11037	IC	IWCX	PC	11058	IC	IWCX	MA
11021	IC	IWCX	PC	11038	IC	IWCX	PC	11060	IC	IWCX	PC
11023	IC	IWCX	PC	11039	IC	IWCX	PC				

ADIH (FO)   Mark 3B Open First

Built: 1985 by BR, Derby C & W.
Weight: 36.50 t.   **Length:** 23.268 m.
Seats: 48F.   **Toilets:** 2.
ETS Index: 6X.   **Brakes:** Air.
Maximum Speed: 125 mph.

11064	IC	IWCX	MA	11066	IC	IWCX	MA	11068	IC	IWCX	MA
11065	IC	IWCX	MA	11067	IC	IWCX	PC	11069	IC	IWCX	MA

LHCS

11070	IC	IWCX	MA	11081	IC	IWCX	MA	11092	IC	IWCX	MA
11071	IC	IWCX	MA	11082	IC	IWCX	PC	11093	IC	IWCX	MA
11072	IC	IWCX	MA	11083	IC	IWCX	MA	11094	IC	IWCX	MA
11073	IC	IWCX	MA	11084	IC	IWCX	MA	11095	IC	IWCX	MA
11074	IC	IWCX	PC	11085	IC	IWCX	MA	11096	IC	IWCX	MA
11075	IC	IWCX	MA	11086	IC	IWCX	MA	11097	IC	IWCX	MA
11076	IC	IWCX	MA	11087	IC	IWCX	MA	11098	IC	IWCX	MA
11077	IC	IWCX	MA	11088	IC	IWCX	MA	11099	IC	IWCX	PC
11078	IC	IWCX	MA	11089	IC	IWCX	MA	11100	IC	IWCX	MA
11079	IC	IWCX	MA	11090	IC	IWCX	MA	11101	IC	IWCX	MA
11080	IC	IWCX	MA	11091	IC	IWCX	MA				

AD1J (PO)   Open First

Built: 1989-92 by Metropolitan Cammell, Birmingham.
Weight: 39.70 t.   **Length:** 23.400 m.
Seats: 46F.   **Toilets:** 1.
ETS Index: 6X.   **Brakes:** Air.
Maximum Speed: 140 mph.

11200	IC	IECX	BN	11223	IC	IECX	BN	11246	IC	IECX	BN
11201	IC	IECX	BN	11224	IC	IECX	BN	11247	IC	IECX	BN
11202	IC	IECX	BN	11225	IC	IECX	BN	11248	GN	IECX	BN
11203	IC	IECX	BN	11226	IC	IECX	BN	11249	GN	IECX	BN
11204	IC	IECX	BN	11227	IC	IECX	BN	11250	IC	IECX	BN
11205	GN	IECX	BN	11228	GN	IECX	BN	11251	IC	IECX	BN
11206	GN	IECX	BN	11229	GN	IECX	BN	11252	IC	IECX	BN
11207	GN	IECX	BN	11230	IC	IECX	BN	11253	IC	IECX	BN
11208	GN	IECX	BN	11231	IC	IECX	BN	11254	IC	IECX	BN
11209	IC	IECX	BN	11232	GN	IECX	BN	11255	IC	IECX	BN
11210	IC	IECX	BN	11233	GN	IECX	BN	11256	IC	IECX	BN
11211	IC	IECX	BN	11234	GN	IECX	BN	11257	IC	IECX	BN
11212	IC	IECX	BN	11235	GN	IECX	BN	11258	IC	IECX	BN
11213	IC	IECX	BN	11236	GN	IECX	BN	11259	IC	IECX	BN
11214	GN	IECX	BN	11237	GN	IECX	BN	11260	IC	IECX	BN
11215	GN	IECX	BN	11238	IC	IECX	BN	11261	IC	IECX	BN
11216	IC	IECX	BN	11239	IC	IECX	BN	11262	IC	IECX	BN
11217	IC	IECX	BN	11240	IC	IECX	BN	11263	IC	IECX	BN
11218	IC	IECX	BN	11241	IC	IECX	BN	11272	IC	IECX	BN
11219	IC	IECX	BN	11242	IC	IECX	BN	11273	IC	IECX	BN
11220	IC	IECX	BN	11243	IC	IECX	BN	11274	IC	IECX	BN
11221	IC	IECX	BN	11244	GN	IECX	BN	11275	IC	IECX	BN
11222	IC	IECX	BN	11245	GN	IECX	BN	11276	IC	IECX	BN

AC2G (TSO)   Mark 3A Tourist Open Standard

Built: 1975-77 by BR, Derby C & W.
Weight: 34.30 t.   **Length:** 23.268 m.
Seats: 76 (* 74)S.   **Toilets:** 2.
ETS Index: 6X.   **Brakes:** Air.
Maximum Speed: 125 mph.

12004	IC	IWCX	PC	12020	IC	IWCX	MA	12034	IC	IWCX	MA
12005	IC	IWCX	PC	12021	IC	IWCX	MA	12035	IC	IWCX	MA
12007	IC	IWCX	MA	12022	IC	IWCX	MA	12036*	IC	IWCX	MA
12008	IC	IWCX	MA	12023	IC	IWCX	PC	12037	IC	IWCX	MA
12009	IC	IWCX	MA	12024*	IC	IWCX	PC	12038	IC	IWCX	MA
12010	IC	IWCX	PC	12025	IC	IWCX	MA	12040	IC	IWCX	PC
12011	IC	IWCX	PC	12026	IC	IWCX	PC	12041	IC	IWCX	PC
12012	IC	IWCX	MA	12027	IC	IWCX	MA	12042*	IC	IWCX	MA
12013	IC	IWCX	MA	12028	IC	IWCX	PC	12043	IC	IWCX	PC
12014	IC	IWCX	PC	12029	IC	IWCX	PC	12044	IC	IWCX	PC
12015	IC	IWCX	PC	12030	IC	IWCX	PC	12045	IC	IWCX	PC
12016	IC	IWCX	PC	12031	IC	IWCX	PC	12046	IC	IWCX	PC
12017	IC	IWCX	MA	12032	IC	IWCX	PC	12047*	IC	IWCX	PC
12019	IC	IWCX	PC	12033*	IC	IWCX	PC	12048	IC	IWCX	PC

LHCS

12049	IC	IWCX	PC	12091	IC	IWCX	MA	12132	IC	IWCX	MA
12050*	IC	IWCX	PC	12092	IC	IWCX	PC	12133	IC	IWCX	PC
12051	IC	IWCX	PC	12093	IC	IWCX	MA	12134	IC	IWCX	MA
12052	IC	IWCX	PC	12094	IC	IWCX	PC	12135	IC	IWCX	PC
12053	IC	IWCX	PC	12095	IC	IWCX	PC	12136	IC	IWCX	PC
12054*	IC	IWCX	PC	12096	IC	IWCX	PC	12137	IC	IWCX	PC
12055	IC	IWCX	MA	12097	IC	IWCX	MA	12138	IC	IWCX	MA
12056	IC	IWCX	MA	12098	IC	IWCX	MA	12139	IC	IWCX	MA
12057	IC	IWCX	PC	12099	IC	IWCX	MA	12140*	IC	IWCX	PC
12058	IC	IWCX	PC	12100*	IC	IWCX	PC	12141	IC	IWCX	MA
12059*	IC	IWCX	MA	12101*	IC	IWCX	MA	12142*	IC	IWCX	PC
12060	IC	IWCX	MA	12102	IC	IWCX	MA	12143	IC	IWCX	MA
12061*	IC	IWCX	MA	12103*	IC	IWCX	PC	12144*	IC	IWCX	MA
12062	IC	IWCX	MA	12104	IC	IWCX	PC	12145	IC	IWCX	PC
12063	IC	IWCX	PC	12105	IC	IWCX	MA	12146	IC	IWCX	MA
12064	IC	IWCX	PC	12106	IC	IWCX	MA	12147	IC	IWCX	PC
12065	IC	IWCX	PC	12107	IC	IWCX	MA	12148	IC	IWCX	PC
12066	IC	IWCX	PC	12108*	IC	IWCX	MA	12149	IC	IWCX	PC
12067	IC	IWCX	PC	12109*	IC	IWCX	MA	12150	IC	IWCX	PC
12068	IC	IWCX	MA	12110	IC	IWCX	MA	12151	IC	IWCX	PC
12069	IC	IWCX	PC	12111	IC	IWCX	PC	12152	IC	IWCX	PC
12070	IC	IWCX	MA	12112*	IC	IWCX	PC	12153	IC	IWCX	MA
12071	IC	IWCX	MA	12113	IC	IWCX	MA	12154	IC	IWCX	MA
12072	IC	IWCX	MA	12114	IC	IWCX	PC	12155*	IC	IWCX	PC
12073	IC	IWCX	PC	12115	IC	IWCX	PC	12156	IC	IWCX	PC
12075	IC	IWCX	MA	12116	IC	IWCX	PC	12157	IC	IWCX	MA
12076	IC	IWCX	MA	12117	IC	IWCX	PC	12158	IC	IWCX	PC
12077	IC	IWCX	MA	12118	IC	IWCX	MA	12159	IC	IWCX	MA
12078	IC	IWCX	PC	12119	IC	IWCX	PC	12160*	IC	IWCX	MA
12079	IC	IWCX	PC	12120	IC	IWCX	MA	12161*	IC	IWCX	PC
12080	IC	IWCX	MA	12121	IC	IWCX	MA	12163	IC	IWCX	PC
12081	IC	IWCX	MA	12122*	IC	IWCX	PC	12164	IC	IWCX	MA
12082	IC	IWCX	PC	12123	IC	IWCX	PC	12165	IC	IWCX	PC
12083	IC	IWCX	MA	12124	IC	IWCX	MA	12166	IC	IWCX	PC
12084	IC	IWCX	MA	12125	IC	IWCX	MA	12167	IC	IWCX	MA
12085*	IC	IWCX	PC	12126	IC	IWCX	MA	12168*	IC	IWCX	MA
12086*	IC	IWCX	MA	12127	IC	IWCX	PC	12169*	IC	IWCX	MA
12087*	IC	IWCX	MA	12128*	IC	IWCX	MA	12170*	IC	IWCX	MA
12088*	IC	IWCX	MA	12129	IC	IWCX	MA	12171*	IC	IWCX	PC
12089	IC	IWCX	MA	12130	IC	IWCX	PC	12172*	IC	IWCX	PC
12090	IC	IWCX	MA	12131	IC	IWCX	MA				

AI2J (TSOE)   Mark 4 Tourist Open Standard (End)

Built: 1989-91 by Metropolitan Cammell, Birmingham. 12232 was converted from TSO.
Weight: 39.50 t.   **Length:** 23.400 m.
Seats: 74S.   **Toilets:** 2.
ETS Index: 6X.   **Brakes:** Air.
Maximum Speed: 140 mph.

12200	IC	IECX	BN	12211	IC	IECX	BN	12223	IC	IECX	BN
12201	IC	IECX	BN	12212	IC	IECX	BN	12224	IC	IECX	BN
12202	IC	IECX	BN	12213	IC	IECX	BN	12225	GN	IECX	BN
12203	GN	IECX	BN	12214	GN	IECX	BN	12226	IC	IECX	BN
12204	IC	IECX	BN	12215	IC	IECX	BN	12227	IC	IECX	BN
12205	IC	IECX	BN	12216	IC	IECX	BN	12228	IC	IECX	BN
12206	IC	IECX	BN	12217	GN	IECX	BN	12229	IC	IECX	BN
12207	GN	IECX	BN	12218	GN	IECX	BN	12230	IC	IECX	BN
12208	IC	IECX	BN	12219	IC	IECX	BN	12231	IC	IECX	BN
12209	IC	IECX	BN	12220	IC	IECX	BN	12232	IC	IECX	BN
12210	IC	IECX	BN	12222	GN	IECX	BN				

AL2J (TSOD) Mark 4 Tourist Open Standard (Disabled)

Built: 1989-91 by Metropolitan Cammell, Birmingham.

LHCS

Weight: 39.40 t.
Seats: 72S.
ETS Index: 6X.
Length: 23.400 m.
Toilets: 1.
Brakes: Air.
Maximum Speed: 140 mph.

12300	IC	IECX	BN	12311	IC	IECX	BN	12322	IC	IECX	BN
12301	IC	IECX	BN	12312	IC	IECX	BN	12323	IC	IECX	BN
12302	IC	IECX	BN	12313	GN	IECX	BN	12324	IC	IECX	BN
12303	GN	IECX	BN	12314	GN	IECX	BN	12325	IC	IECX	BN
12304	IC	IECX	BN	12315	IC	IECX	BN	12326	IC	IECX	BN
12305	IC	IECX	BN	12316	GN	IECX	BN	12327	IC	IECX	BN
12306	IC	IECX	BN	12317	GN	IECX	BN	12328	IC	IECX	BN
12307	GN	IECX	BN	12318	IC	IECX	BN	12329	IC	IECX	BN
12308	IC	IECX	BN	12319	IC	IECX	BN	12330	IC	IECX	BN
12309	IC	IECX	BN	12320	IC	IECX	BN				
12310	IC	IECX	BN	12321	GN	IECX	BN				

AC2J (TSO)   Mark 4 Tourist Open Standard

Built: 1989-92 by Metropolitan Cammell, Birmingham.
Weight: 39.90 t.
Seats: 74S.
ETS Index: 6X.
Length: 23.400 m.
Toilets: 2.
Brakes: Air.
Maximum Speed: 140 mph.

12400	IC	IECX	BN	12439	IC	IECX	BN	12478	IC	IECX	BN
12401	IC	IECX	BN	12440	IC	IECX	BN	12479	IC	IECX	BN
12402	IC	IECX	BN	12441	IC	IECX	BN	12480	IC	IECX	BN
12403	GN	IECX	BN	12442	IC	IECX	BN	12481	IC	IECX	BN
12404	GN	IECX	BN	12443	IC	IECX	BN	12482	IC	IECX	BN
12405	GN	IECX	BN	12444	IC	IECX	BN	12483	IC	IECX	BN
12406	GN	IECX	BN	12445	GN	IECX	BN	12484	IC	IECX	BN
12407	IC	IECX	BN	12446	GN	IECX	BN	12485	IC	IECX	BN
12408	IC	IECX	BN	12447	GN	IECX	BN	12486	IC	IECX	BN
12409	IC	IECX	BN	12448	IC	IECX	BN	12487	IC	IECX	BN
12410	IC	IECX	BN	12449	IC	IECX	BN	12488	IC	IECX	BN
12411	IC	IECX	BN	12450	IC	IECX	BN	12489	IC	IECX	BN
12412	IC	IECX	BN	12451	IC	IECX	BN	12513	GN	IECX	BN
12413	IC	IECX	BN	12452	IC	IECX	BN	12514	GN	IECX	BN
12414	GN	IECX	BN	12453	IC	IECX	BN	12515	IC	IECX	BN
12415	GN	IECX	BN	12454	IC	IECX	BN	12516	IC	IECX	BN
12416	GN	IECX	BN	12455	IC	IECX	BN	12517	IC	IECX	BN
12417	GN	IECX	BN	12456	IC	IECX	BN	12518	IC	IECX	BN
12418	IC	IECX	BN	12457	IC	IECX	BN	12519	IC	IECX	BN
12419	IC	IECX	BN	12458	IC	IECX	BN	12520	IC	IECX	BN
12420	IC	IECX	BN	12459	IC	IECX	BN	12521	IC	IECX	BN
12421	IC	IECX	BN	12460	GN	IECX	BN	12522	IC	IECX	BN
12422	IC	IECX	BN	12461	GN	IECX	BN	12523	IC	IECX	BN
12423	IC	IECX	BN	12462	GN	IECX	BN	12524	IC	IECX	BN
12424	IC	IECX	BN	12463	GN	IECX	BN	12525	IC	IECX	BN
12425	IC	IECX	BN	12464	IC	IECX	BN	12526	IC	IECX	BN
12426	IC	IECX	BN	12465	IC	IECX	BN	12527	IC	IECX	BN
12427	IC	IECX	BN	12466	IC	IECX	BN	12528	IC	IECX	BN
12428	IC	IECX	BN	12467	IC	IECX	BN	12529	IC	IECX	BN
12429	IC	IECX	BN	12468	IC	IECX	BN	12530	IC	IECX	BN
12430	IC	IECX	BN	12469	IC	IECX	BN	12531	GN	IECX	BN
12431	IC	IECX	BN	12470	GN	IECX	BN	12532	IC	IECX	BN
12432	IC	IECX	BN	12471	GN	IECX	BN	12533	IC	IECX	BN
12433	IC	IECX	BN	12472	IC	IECX	BN	12534	GN	IECX	BN
12434	IC	IECX	BN	12473	IC	IECX	BN	12535	IC	IECX	BN
12435	IC	IECX	BN	12474	IC	IECX	BN	12536	GN	IECX	BN
12436	IC	IECX	BN	12475	IC	IECX	BN	12537	IC	IECX	BN
12437	IC	IECX	BN	12476	IC	IECX	BN	12538	GN	IECX	BN
12438	GN	IECX	BN	12477	IC	IECX	BN				

LHCS

AA11 (FK) — Mark 1 Corridor First

Built: 1959 by BR, Eastleigh/Ashford.
Weight: 33.00 t. **Length:** 20.447 m.
Seats: 42F. **Toilets:** 2.
ETS Index: 3. **Brakes:** Dual.
Notes: 13227 is owned by Riviera Trains. 13229/30 (TOPS 99826/28) are owned by the Scottish Railway Preservation Society.

13225	RR	SAXH	CN+	13229	MA	MBCS	BO	13237	IC	SAXZ	HU+
13227	CH	MBCS	CP	13230	MA	MBCS	BO				

AA11 (FK) — Mark 1 Corridor First

Built: 1962 by BR, Swindon.
Weight: 36.00 t. **Length:** 20.447 m.
Seats: 42F. **Toilets:** 2.
ETS Index: 3. **Brakes:** Vacuum (* Air; † Dual).
Notes: 13317/21/23 (TOPS 99303/16/02) are owned by West Coast Railway Company.

13306	BG	PPSU	KM+	13321†	MA	MBCS	CS	13341*	WS	PWCO	HT
13317†	MA	MBCS	CS	13323†	MA	MBCS	CS	13344	BG	PWCS	KM+
13318*	IC	PWCO	HT								

AA1D (FK) — Mark 2D Corridor First

Built: 1971-72 by BR, Derby C & W.
Weight: 34.50 t. **Length:** 20.644 m.
Seats: 42F. **Toilets:** 2.
ETS Index: 5. **Brakes:** Air.

13581	IC	SAXH	WB+	13583	IC	SAXH	WB+	13604	IC	PWCS	BN+
13582	IC	PPSU	KN+	13585	IC	PWCS	KN+	13607	IC	PWCS	BN+

AA31 (CK) — Mark 1 Composite Corridor

Built: 1957 by BR, Wolverton.
Weight: 34.00 t. **Length:** 20.447 m.
Seats: 24F, 18S. **Toilets:** 2.
ETS Index: Not equipped. **Brakes:** Vacuum.
Notes: TOPS numbers 99714/19 respectively. Owned by Riviera Trains.

16187	CH	MBCS	CP	16191	CH	MBCS	CP

AB11 (BFK) — Mark 1 Brake Corridor First

Built: 1961/63 by BR, Swindon.
Weight: 36.00 t. **Length:** 20.447 m.
Seats: 24F. **Toilets:** 1.
ETS Index: 2. **Brakes:** Vacuum.
Notes: 17007 (TOPS 99782) is owned by Merchant Navy Locomotive Preservation Society. 17019 (TOPS 99792) is owned by City of Wells Society. 17021 (TOPS 99421) is owned by Humberside Locomotive Preservation Group. 17025 (TOPS 99990) is owned by E.A. Beet.

17007	P	MBCS	SL	17019	MA	MBCS	HH	17023	IC	PWCO	BN
17015	WS	PWCO	HQ	17021	MA	MPXX	RG+	17025	MA	MBCS	CS

AB1Z (BFK) — Mark 2 Brake Corridor First

Built: 1966 by BR, Derby C & W.
Weight: 32.00 t. **Length:** 20.447 m.
Seats: 24F. **Toilets:** 1.
ETS Index: 4. **Brakes:** Vacuum.
Notes: 17041 (TOPS 99141) is owned by Chel Instruments.

17041	MA	MBCS	DI	17054	IC	SAXH	CP+

AB1A (BFK)   Mark 2A Brake Corridor First

Built: 1967-68 by BR, Derby C & W.
Weight: 32.00 t.
Seats: 24F.
ETS Index: 4.
Length: 20.447 m.
Toilets: 1.
Brakes: Vacuum (* Air).
Notes: 17056 is owned by Riviera Trains. 17096 is on hire from Eversholt Holdings to Sea Containers. 17102 (TOPS 99680) is owned by West Coast Railway Company.

17056*	NW	MBCS	CP	17077*	NW	SAXH	LM+	
17058*	NW	SAXH	LM+	17086*	NW	SAXH	LM+	
17064	RR	SAXH	LT+	17089	RR	SAXH	LT+	
17073*	NW	SAXH	LM+	17090	RR	SAXH	LT+	
17076*	NW	SAXZ	ZG+	17091	RR	SAXH	LT+	
17096*	GR	MBCS	SL					
17099	RR	SAXH	LT+					
17102*	MB	MBCS	CS					

AB1D (BFK)   Mark 2D Brake Corridor First

Built: 1971-72 by BR, Derby C & W.
Weight: 33.50 t.
Seats: 24F.
ETS Index: 5.
Length: 20.644 m.
Toilets: 1.
Brakes: Air.
Notes: 17168 (TOPS 99319) is owned by West Coast Railway Company.

17141	WR	PWCL	BK	17156	IC	PWCS	DY+	17167	IC	PWCS	HT+
17144	IC	PWCS	DY+	17159	IC	PWCS	BN+	17168	MA	MBCS	CS
17146	IC	PWCS	DY+	17161	IC	PPSU	OM+	17169	IC	PWCL	CS
17148	IC	SAXH	KN+	17163	IC	SAXH	KN+	17170	IC	PWCS	DY+
17151	IC	PWCS	HT+	17164	WR	PWCL	BK	17171	IC	PPSU	KM+
17153	WB	PWCL	CS	17165	IC	PWCS	BN+	17172	IC	PWCS	BN+
17155	IC	SAXH	KN+	17166	IC	SAXH	LT+				

AE1H (BFO)   Mark 3B Brake Open First

Built: 1986 by BR, Derby C & W.
Weight: 35.80 t.
Seats: 36F.
ETS Index: 5X.
Maximum Speed: 125 mph.
Length: 23.268 m.
Toilets: 1.
Brakes: Air.

17173	IC	IWCR	MA	17174	IC	IWCR	MA	
17175	IC	IWCR	MA					

AA21 (SK)   Mark 1 Corridor Second

Built: 1957 by BR, Wolverton (* 1961 by BR, Derby C & W).
Weight: 34.00 (* 36.00) t.
Seats: 48 (* 64)S.
ETS Index: 2.
Length: 20.447 m.
Toilets: 2.
Brakes: Vacuum.

18416	NW	SAXH	CP+	18750*	NW	SAXH	CP+

AB31 (BCK)   Mark 1 Brake Corridor Composite

Built: 1956-58 by BR, Metropolitan Cammell, Birmingham.
Weight: 33.00 t.
Seats: 12F, 18 S.
ETS Index: 2 (21096 Not equipped).
Length: 20.447 m.
Toilets: 2.
Brakes: Dual.
Notes: 21096 (TOPS 99080) is owned by the A4 Locomotive Society. 21224 is owned by Riviera Trains.

21096	MA	MBCS	CS	21224	CH	MBCS	CP

AB31 (BCK)   Mark 1 Brake Corridor Composite

Built: 1961-62 by BR, Swindon.
Weight: 36.00 t.
Seats: 12F, 18 S.
ETS Index: 2.
Length: 20.447 m.
Toilets: 2.
Brakes: Dual (* Air; † Vacuum).

LHCS

Notes: 21236 (TOPS 99120) is owned by Riviera Trains. 21245 (TOPS 99356) is owned by Flying Scotsman Railways.

21236†	MA	MBCS	ZG	21245	CC	MBCS	BN	21246*	IC	PWCO	HQ
21241	LN	PWCO	HT								

AB31 (BCK)   Mark 1 Brake Corridor Composite

Built: 1963-64 by BR, Derby C & W.
Weight: 37.00 t.   **Length:** 20.447 m.
Seats: 12F, 24 S.   **Toilets:** 2.
ETS Index: 2.   **Brakes:** Air (* Dual).
Notes: 21256 (TOPS 99304) is owned by West Coast Railway Company.

21256*	MA	MBCS	CS	21266	IC	PWCO	BN	21269	WV	PWCO	BN
21265	BG	PPSU	KM+	21268	IC	PWCO	HT				

AA21 (SK)   Mark 1 Corridor Second

Built: 1961-62 (* 1956) by BR, Derby C & W.
Weight: 36.00 (* 34.00) t.   **Length:** 20.447 m.
Seats: 48 S.   **Toilets:** 2.
ETS Index: 4 (* Not equipped).   **Brakes:** Dual (*Vacuum).
Notes: 25729/756/767/806/808/837/862/893/955, 26013 (TOPS 99314/722/710/721/716-718/712/315/713 respectively) are owned by West Coast Railway Company.

24893*	BG	SAXH	MD+	25806	MA	MBCS	CS	25893	PK	MBCS	CS
25729	MA	MBCS	CS	25808	PK	MBCS	CS	25955	MA	MBCS	CS
25756	PK	MBCS	CS	25837	PK	MBCS	CS	26013	PK	MBCS	CS
25767	PK	MBCS	CS	25862	PK	MBCS	CS				

AB21 (BSK)
Brake Corridor Standard (‡ Brake Corridor Standard Generator)

Built: 1955-63 by BR, Wolverton. (* 1956-57 by Metropolitan Cammell, Birmingham)
Weight: 33.00-37.00 (*??.??) t.   **Length:** 20.447 m.
Seats: 24S.   **Toilets:** 1.
ETS Index: 2.   **Brakes:** Dual (*† Air; § Vacuum).
Notes: 34525 (TOPS 99966) is owned by Great Scottish & Western Railway. 34991 (TOPS 99538) & 35207 (TOPS 99544) are owned by Sea Containers. 35322 (TOPS 99035) is owned by the Britannia Locomotive Society. 35333 (TOPS 99180) is owned by 6024 Preservation Society. 35407 (TOPS 99886) is owned by Resco Railways. 35449 (TOPS 99241) is owned by 75014 Locomotive Operators Group. 35451/59/63 (TOPS 99313/723/312) are owned by West Coast Railway Company. 35453/61/67 (TOPS -/99420/242) are owned by Riviera Trains. 35457 (TOPS 99995) is owned by Ian Storey Engineering. 35468 (TOPS 99953) is owned by the National Railway Museum. 35476 (TOPS 99041) is owned by the Midland Railway. 35486 (TOPS 99405) is owned by J.B. Cameron.

34525*	MA	MBCS	EN	35451	MA	MBCS	CS	35467§	MA	MBCS	KR
34991†	P	MBCS	SL	35452	RR	HDLL	LL	35468§	MA	MBCS	YM
35207	GR	MBCS	SL	35453	CH	MBCS	CP	35469‡	WV	PWCO	BN
35317§	MA	PWCO	BN	35457§	MA	MBCS	CS	35476	MA	MBCS	SK
35322	MA	MBCS	DI	35459	MA	MBCS	CS	35479§	MA	PWCO	BN
35333	CH	MBCS	DI+	35461	CH	MBCS	CP	35486	MA	MBCS	KR
35407‡	SP	MBCS	BN	35463§	MA	MBCS	CS				
35449	CH	MPXX	SL	35465	WV	PWCS	CN+				

AB1A (*† AB2A) (BFK/*†BSK)
Mark 2A Brake Corridor First (*† Standard)

Built: 1967-70 by BR, Derby C & W.
Weight: 32.00 t.   **Length:** 20.447 m.
Seats: 24F (*† 24S).   **Toilets:** 1.
ETS Index: 4.   **Brakes:** Air (*Vacuum).

35500*	RR	SAXH	LT+	35511†	RR	SAXZ	KN+	35516	RR	HDLL	LL
35505†	RR	SAXH	LL+	35512†	RR	HDLL	LL	35517†	RR	HDLL	LL
35507†	RR	SAXH	LM+	35513†	RR	HDLL	LL	35518	NM	HDLL	LL
35509†	RR	SAXH	LM+	35514	RR	HDLL	LL				
35510†	RR	SAXH	LM+	35515	RR	HDLL	LL				

GN4G (TRFB) — Mark 3 HST Buffet First

Built: 1976-79 by BR, Derby C & W as TRSB.
Weight: 36.10 t.
Seats: 23F.
ETS: 3-phase supply.
Maximum Speed: 125 mph.
Length: 23.000 m.
Toilets: Not equipped.
Brakes: Air.

40204	IC	ICCT	LA	40209	IC	IWRR	PM	40221	IC	IWRR	PM
40205	IC	IWRR	PM	40210	IC	IWRR	PM	40228	IC	IWRR	PM
40206	IC	IWRR	PM	40211	IC	ICCT	LA	40231	IC	IWRR	LA
40207	IC	IWRR	PM	40212	IC	ICCT	LA	40232	XC	ICCT	LA
40208	IC	ICCE	EC	40213	IC	IWRR	PM	40233	IC	ICCT	LA

GK2G (TRSB) — Mark 3 HST Buffet Standard

Built: 1976-79 by BR, Derby C & W.
Weight: 36.10 t.
Seats: 35S.
ETS: 3-phase supply.
Maximum Speed: 125 mph.
Length: 23.000 m.
Toilets: Not equipped.
Brakes: Air.

40401	IC	ICCE	EC	40419	IC	ICCE	EC	40429	XC	ICCE	EC
40402	IC	ICCE	EC	40420	IC	ICCE	EC	40430	IC	ICCE	EC
40403	IC	ICCT	LA	40422	IC	ICCE	EC	40434	IC	ICCT	LA
40414	IC	ICCT	LA	40423	IC	ICCE	EC	40435	XC	ICCE	EC
40415	IC	ICCT	LA	40424	IC	ICCT	LA	40436	IC	ICCT	LA
40416	IC	ICCE	EC	40425	IC	ICCT	LA	40437	IC	ICCE	EC
40417	IC	ICCT	LA	40426	IC	ICCT	LA				
40418	IC	ICCT	LA	40427	IC	ICCE	EC				

GL1G (TRFK) — Mark 3 HST Restaurant First

Built: 1976-77 by BR, Derby C & W.
Weight: 37.00 t.
Seats: 24F.
ETS: 3-phase supply.
Maximum Speed: 125 mph.
Length: 23.000 m.
Toilets: Not equipped.
Brakes: Air.

40501	IC	SBXH	ZD+	40505	IC	SCXH	KN+	40511	IC	SCXH	KN+

GM4G (TLUK) — Mark 3 HST Lounge Unclassified

Built: 1977 by BR, Derby C & W as TRFK. Converted 1984.
Weight: 36.50 t.
Seats: 16U.
ETS: 3-phase supply.
Maximum Speed: 125 mph.
Length: 23.000 m.
Toilets: Not equipped.
Brakes: Air.

40513	IC	SBXH	ZD+

GK1G (TRFM) — Mark 3 HST Restaurant/Buffet First (Modular)

Built: 1979 by BR, Derby C & W as TRFB. Converted 1987.
Weight: 38.10 t.
Seats: 17F.
ETS: 3-phase supply.
Maximum Speed: 125 mph.
Length: 23.000 m.
Toilets: Not equipped.
Brakes: Air.

40619	IC	SBXH	ZD+

GK1G (TRFB) — Mark 3 HST Restaurant/Buffet First

Built: 1978-82 by BR, Derby C & W as TRUB.
Weight: 38.10 t.
Seats: 17F.
ETS: 3-phase supply.
Maximum Speed: 125 mph.
Length: 23.000 m.
Toilets: Not equipped.
Brakes: Air.

LHCS

40700	IC	IMLR	NL	40720	IC	IECD	EC	40739	IC	IWRR	PM
40701	IC	IMLR	NL	40721	IC	IWRR	LA	40740	IC	IECD	EC
40702	IC	IMLR	NL	40722	IC	IWRR	LA	40741	IC	IMLR	NL
40703	GW	IWRR	LA	40723	IC	IWCT	MA	40742	IC	IWCT	MA
40704	IC	IECD	EC	40724	IC	IWRR	PM	40743	IC	IWRR	LA
40705	IC	IECD	EC	40725	IC	IWRR	LA	40744	GW	IWRR	PM
40706	IC	IECD	EC	40726	IC	IWRR	LA	40745	IC	IWRR	PM
40707	IC	IWRR	LA	40727	IC	IWRR	LA	40746	MM	IMLR	NL
40708	IC	IMLR	NL	40728	IC	IMLR	NL	40747	IC	IWRR	PM
40709	GW	IWRR	LA	40729	MM	IMLR	NL	40748	IC	IECD	EC
40710	IC	IWRR	LA	40730	IC	IMLR	NL	40749	IC	IMLR	NL
40711	IC	IECD	EC	40731	IC	IWRR	LA	40750	GN	IECD	EC
40712	IC	IWRR	LA	40732	IC	IWCT	MA	40751	IC	IMLR	NL
40713	GW	IWRR	LA	40733	GW	IWRR	LA	40752	IC	IWRR	PM
40714	IC	IWRR	PM	40734	GW	IWRR	LA	40753	IC	IMLR	NL
40715	IC	IWRR	PM	40735	IC	IECD	EC	40754	IC	IMLR	NL
40716	GW	IWRR	PM	40736	IC	IWRR	LA	40755	IC	IWRR	LA
40717	IC	IWRR	PM	40737	IC	IECD	EC	40756	IC	IMLR	NL
40718	IC	IWRR	LA	40738	IC	IWRR	LA	40757	IC	IWRR	LA

GHIG (TF)   Mark 3 HST Open First

Built: 1976-82 by BR, Derby C & W. 41178 was originally a TS.
Weight: 33.60 t.   **Length:** 23.000 m.
Seats: 48 (* 47)F.   **Toilets:** 2.
ETS: 3-phase supply.   **Brakes:** Air.
Maximum Speed: 125 mph.

41003	IC	IWRR	PM	41039	IC	IECD	EC	41081	XC	ICCE	EC
41004	IC	IWRR	PM	41040	IC	IECD	EC	41082*	IC	IMLR	NL
41005	GW	IWRR	PM	41041*	IC	IMLR	NL	41083	IC	IMLR	NL
41006	GW	IWRR	PM	41042	IC	IWRR	PM	41084*	IC	IMLR	NL
41007	IC	IWRR	PM	41043	IC	IECD	EC	41085	IC	ICCE	EC
41008	IC	IWRR	PM	41044	IC	IECD	EC	41086*	IC	ICCE	EC
41009	IC	ICCT	LA	41045	IC	ICCT	LA	41087	IC	IECD	EC
41010	IC	SCXH	KN+	41046	IC	IMLR	NL	41088	IC	IECD	EC
41011	IC	IWRR	PM	41049	IC	IWRR	PM	41089	IC	IWRR	LA
41012	IC	IWRR	PM	41050	IC	IWRR	PM	41090	IC	IECD	EC
41013	IC	IWRR	PM	41051	IC	IWRR	LA	41091	IC	IECD	EC
41014	IC	IWRR	PM	41052	IC	IWRR	LA	41092	IC	IECD	EC
41015	IC	IWRR	PM	41055	GW	IWRR	LA	41093	IC	IWRR	LA
41016	IC	IWRR	PM	41056	GW	IWRR	LA	41094	IC	IWRR	LA
41017	IC	ICCE	EC	41057	IC	IMLR	NL	41095	XC	ICCE	EC
41018	IC	SCXH	KN+	41058*	IC	IMLR	NL	41096	IC	ICCE	EC
41019	IC	IWRR	PM	41059	IC	ICCE	EC	41097	GN	IECD	EC
41020	IC	IWRR	PM	41060	IC	IWRR	PM	41098	GN	IECD	EC
41021	IC	IWRR	PM	41061	MM	IMLR	NL	41099	IC	IECD	EC
41022	IC	IWRR	PM	41062*	MM	IMLR	NL	41100	IC	IECD	EC
41023	IC	IWRR	LA	41063	IC	IMLR	NL	41101	IC	IWRR	LA
41024	IC	IWRR	LA	41064*	IC	IMLR	NL	41102	IC	IWRR	LA
41025	IC	IWCT	MA	41065	IC	IWRR	LA	41103	GW	IWRR	LA
41026	IC	IWCT	MA	41066	IC	IWCT	MA	41104	GW	IWRR	LA
41027	IC	IWRR	LA	41067	IC	IMLR	NL	41105	IC	IWRR	PM
41028	IC	IWRR	LA	41068*	IC	IMLR	NL	41106	IC	IWRR	PM
41029	IC	IWRR	LA	41069	IC	IMLR	NL	41107	IC	ICCE	EC
41030	IC	IWRR	LA	41070*	IC	IMLR	NL	41108	IC	ICCT	LA
41031	IC	IWRR	LA	41071	IC	IMLR	NL	41109	IC	ICCT	LA
41032	IC	IWRR	LA	41072*	IC	IMLR	NL	41110	IC	IWRR	PM
41033	IC	IWRR	LA	41075	IC	IMLR	NL	41111*	IC	IMLR	NL
41034	IC	IWRR	LA	41076*	IC	IMLR	NL	41112	IC	IMLR	NL
41035	IC	IWCT	MA	41077	IC	IMLR	NL	41113	IC	IMLR	NL
41036	IC	IWCT	MA	41078*	IC	IMLR	NL	41114	IC	ICCE	EC
41037	IC	IWRR	LA	41079	IC	IMLR	NL	41115	IC	IMLR	NL
41038	IC	IWRR	LA	41080*	IC	IMLR	NL	41116	GW	IWRR	LA

LHCS

41117	MM	IMLR	NL	41136	IC	IWRR	PM	41155	MM	IMLR	NL
41118	IC	IECD	EC	41137	IC	IWRR	PM	41156*	MM	IMLR	NL
41119	IC	ICCE	EC	41138	IC	IWRR	PM	41157	IC	IWRR	LA
41120	IC	IECD	EC	41139	IC	IWRR	LA	41158	IC	IWRR	LA
41121	IC	IWRR	LA	41140	IC	IWRR	LA	41159	IC	ICCT	LA
41122	IC	IWRR	LA	41141	GW	IWRR	LA	41160	IC	ICCT	LA
41123	IC	IWRR	PM	41142	GW	IWRR	LA	41161	IC	ICCT	LA
41124	IC	IWRR	PM	41143	GW	IWRR	LA	41162	IC	ICCT	LA
41125	IC	IWRR	PM	41144	GW	IWRR	LA	41163*	IC	ICCT	LA
41126	IC	IWRR	PM	41145	IC	IWRR	PM	41164	IC	IWCT	MA
41127	IC	IWRR	PM	41146	IC	IWRR	PM	41165	IC	ICCT	LA
41128	IC	IWRR	PM	41147*	IC	ICCE	EC	41166*	IC	ICCT	LA
41129	GW	IWRR	PM	41148*	IC	ICCE	EC	41167	IC	ICCT	LA
41130	GW	IWRR	PM	41149*	IC	ICCE	EC	41168	IC	ICCT	LA
41131	IC	IWRR	LA	41150	IC	IECD	EC	41169	IC	ICCT	LA
41132	IC	IWRR	LA	41151	IC	IECD	EC	41170	IC	IECD	EC
41133	IC	IWRR	LA	41152	IC	IECD	EC	41178	IC	SCXH	KN+
41134	IC	IWRR	LA	41153	IC	IMLR	NL				
41135	GW	IWRR	LA	41154*	IC	IMLR	NL				

GH2G (TS) Mark 3 HST Tourist Open Standard

Built: 1976-85 by BR, Derby C & W. 42342-45 were originally TGS. 42346-57 were originally TF.
Weight: 33.60 t. **Length:** 23.000 m.
Seats: 76S. **Toilets:** 2.
ETS: 3-phase supply. **Brakes:** Air.
Maximum Speed: 125 mph.

42003	IC	IWRR	PM	42041	IC	IWRR	LA	42078	IC	IWRR	LA
42004	IC	ICCT	LA	42042	IC	IWRR	LA	42079	IC	IWRR	PM
42005	IC	IWRR	PM	42043	IC	IWRR	LA	42080	IC	IWRR	PM
42006	IC	IWRR	PM	42044	IC	IWRR	LA	42081	GW	IWRR	LA
42007	IC	IWRR	PM	42045	IC	IWRR	LA	42082	GW	IWRR	LA
42008	IC	ICCE	EC	42046	IC	IWRR	LA	42083	GW	IWRR	LA
42009	IC	IWRR	PM	42047	IC	IWRR	LA	42084	IC	ICCT	LA
42010	IC	IWRR	PM	42048	IC	IWRR	LA	42085	IC	ICCT	LA
42012	IC	ICCT	LA	42049	IC	IWRR	LA	42086	IC	ICCE	EC
42013	IC	ICCT	LA	42050	IC	IWRR	LA	42087	IC	ICCE	EC
42014	IC	ICCT	LA	42051	IC	IWCT	MA	42088	IC	ICCT	LA
42015	IC	IWRR	PM	42052	IC	IWCT	MA	42089	IC	IWRR	PM
42016	IC	IWRR	PM	42053	IC	IWCT	MA	42090	IC	ICCT	LA
42017	IC	IWRR	PM	42054	IC	IWRR	LA	42091	IC	ICCT	LA
42018	IC	IWRR	PM	42055	IC	IWRR	LA	42092	IC	ICCT	LA
42019	IC	IWRR	PM	42056	IC	IWRR	LA	42093	IC	ICCT	LA
42020	IC	IWRR	PM	42057	IC	IECD	EC	42094	IC	ICCT	LA
42021	IC	IWRR	PM	42058	IC	IECD	EC	42095	IC	ICCT	LA
42022	IC	IWRR	PM	42059	IC	IECD	EC	42096	IC	IWRR	LA
42023	IC	IWRR	PM	42060	IC	IWRR	PM	42097	IC	IWCT	MA
42024	IC	ICCE	EC	42061	IC	IWRR	PM	42098	IC	IWRR	LA
42025	IC	ICCE	EC	42062	IC	IWRR	LA	42099	IC	IWRR	LA
42026	IC	ICCE	EC	42063	IC	IECD	EC	42100	IC	IMLR	NL
42027	IC	IWRR	PM	42064	IC	IECD	EC	42101	IC	IMLR	NL
42028	IC	IWRR	PM	42065	IC	IECD	EC	42102	IC	IMLR	NL
42029	IC	IWRR	PM	42066	IC	IWRR	LA	42103	IC	ICCE	EC
42030	IC	IWRR	PM	42067	IC	IWRR	LA	42104	IC	IECD	EC
42031	IC	IWRR	PM	42068	IC	IWRR	LA	42105	IC	ICCT	LA
42032	IC	IWRR	PM	42069	GW	IWRR	PM	42106	IC	IECD	EC
42033	IC	IWRR	LA	42070	GW	IWRR	PM	42107	IC	IWRR	LA
42034	IC	IWRR	LA	42071	GW	IWRR	PM	42108	IC	ICCT	LA
42035	IC	IWRR	LA	42072	IC	IWRR	PM	42109	IC	ICCT	LA
42036	IC	IWCT	MA	42073	IC	IWRR	PM	42110	IC	ICCT	LA
42037	IC	IWCT	MA	42074	IC	IWRR	PM	42111	IC	IMLR	NL
42038	IC	IWCT	MA	42075	IC	IWRR	LA	42112	IC	IMLR	NL
42039	IC	IWRR	LA	42076	IC	IWRR	LA	42113	IC	IMLR	NL
42040	IC	IWRR	LA	42077	IC	IWRR	LA	42115	IC	ICCE	EC

LHCS

42116	IC	ICCE	EC	42182	IC	IECD	EC	42247	IC	ICCE	EC
42117	IC	ICCE	EC	42183	IC	IWRR	LA	42248	IC	ICCE	EC
42118	GW	IWRR	PM	42184	IC	IWRR	LA	42249	IC	ICCE	EC
42119	MM	IMLR	NL	42185	IC	IWRR	LA	42250	IC	IWRR	LA
42120	MM	IMLR	NL	42186	IC	IECD	EC	42251	IC	IWRR	LA
42121	MM	IMLR	NL	42187	XC	ICCE	EC	42252	IC	IWRR	LA
42122	IC	IWCT	MA	42188	XC	ICCE	EC	42253	IC	IWRR	LA
42123	IC	IMLR	NL	42189	XC	ICCE	EC	42254	IC	ICCE	EC
42124	IC	IMLR	NL	42190	IC	IECD	EC	42255	IC	IWRR	PM
42125	IC	IMLR	NL	42191	GN	IECD	EC	42256	IC	IWRR	PM
42126	GW	IWRR	LA	42192	GN	IECD	EC	42257	IC	IWRR	PM
42127	IC	ICCE	EC	42193	GN	IECD	EC	42258	IC	ICCE	EC
42128	IC	ICCE	EC	42194	IC	IMLR	NL	42259	IC	IWRR	PM
42129	IC	IWRR	LA	42195	IC	ICCE	EC	42260	IC	IWRR	PM
42130	IC	ICCT	LA	42196	IC	IWRR	PM	42261	IC	IWRR	PM
42131	IC	IMLR	NL	42197	IC	IWRR	PM	42262	IC	ICCE	EC
42132	IC	IMLR	NL	42198	IC	IECD	EC	42263	IC	IWRR	PM
42133	IC	IMLR	NL	42199	IC	IECD	EC	42264	IC	IWRR	LA
42134	IC	IWCT	MA	42200	IC	IWRR	LA	42265	GW	IWRR	LA
42135	IC	IMLR	NL	42201	IC	IWRR	LA	42266	IC	ICCE	EC
42136	IC	IMLR	NL	42202	IC	IWRR	LA	42267	GW	IWRR	PM
42137	IC	IMLR	NL	42203	IC	IWRR	LA	42268	GW	IWRR	PM
42138	IC	IWRR	PM	42204	IC	IWRR	LA	42269	GW	IWRR	PM
42139	IC	IMLR	NL	42205	IC	IMLR	NL	42270	IC	ICCE	EC
42140	IC	IMLR	NL	42206	GW	IWRR	LA	42271	IC	IWRR	LA
42141	IC	IMLR	NL	42207	GW	IWRR	LA	42272	IC	IWRR	LA
42143	IC	IWRR	PM	42208	GW	IWRR	LA	42273	IC	IWRR	LA
42144	IC	IWRR	PM	42209	GW	IWRR	LA	42274	IC	ICCE	EC
42145	IC	IWRR	PM	42210	IC	IMLR	NL	42275	IC	IWRR	LA
42146	IC	IECD	EC	42211	IC	IWRR	PM	42276	IC	IWRR	LA
42147	IC	IMLR	NL	42212	IC	IWRR	PM	42277	IC	IWRR	LA
42148	IC	IMLR	NL	42213	IC	IWRR	PM	42278	IC	ICCE	EC
42149	IC	IMLR	NL	42214	IC	IWRR	PM	42279	GW	IWRR	LA
42150	IC	IECD	EC	42215	IC	IECD	EC	42280	GW	IWRR	LA
42151	IC	IMLR	NL	42216	IC	IWRR	LA	42281	GW	IWRR	LA
42152	IC	IMLR	NL	42217	IC	ICCE	EC	42282	IC	ICCE	EC
42153	IC	IMLR	NL	42218	IC	ICCE	EC	42283	IC	IWRR	PM
42154	IC	IECD	EC	42219	IC	IECD	EC	42284	IC	IWRR	PM
42155	IC	IMLR	NL	42220	MM	IMLR	NL	42285	IC	IWRR	PM
42156	IC	IMLR	NL	42221	IC	IWRR	LA	42286	IC	ICCT	LA
42157	IC	IMLR	NL	42222	IC	ICCT	LA	42287	IC	IWRR	LA
42158	GN	IECD	EC	42223	IC	ICCT	LA	42288	IC	IWRR	LA
42159	IC	IMLR	NL	42224	IC	ICCT	LA	42289	IC	IWRR	LA
42160	IC	IMLR	NL	42225	MM	IMLR	NL	42290	IC	ICCT	LA
42161	IC	IMLR	NL	42226	IC	IECD	EC	42291	GW	IWRR	LA
42162	IC	ICCE	EC	42227	IC	IMLR	NL	42292	GW	IWRR	LA
42163	IC	IMLR	NL	42228	IC	IMLR	NL	42293	GW	IWRR	LA
42164	IC	IMLR	NL	42229	IC	IMLR	NL	42294	IC	ICCT	LA
42165	IC	IMLR	NL	42230	MM	IMLR	NL	42295	GW	IWRR	LA
42166	IC	ICCE	EC	42231	IC	ICCE	EC	42296	GW	IWRR	LA
42167	IC	ICCE	EC	42232	IC	ICCE	EC	42297	GW	IWRR	LA
42168	IC	ICCE	EC	42233	IC	ICCE	EC	42298	IC	ICCT	LA
42169	IC	ICCE	EC	42234	IC	ICCE	EC	42299	IC	IWRR	PM
42170	IC	ICCE	EC	42235	IC	IECD	EC	42300	IC	IWRR	PM
42171	IC	IECD	EC	42236	IC	IWRR	PM	42301	IC	IWRR	PM
42172	IC	IECD	EC	42237	XC	ICCE	EC	42302	IC	ICCT	LA
42173	IC	XCCE	EC	42238	XC	ICCE	EC	42303	IC	ICCT	LA
42174	IC	ICCE	EC	42239	XC	ICCE	EC	42304	IC	ICCT	LA
42175	IC	ICCT	LA	42240	IC	IECD	EC	42305	IC	ICCT	LA
42176	IC	ICCT	LA	42241	IC	IECD	EC	42306	IC	ICCT	LA
42177	IC	ICCT	LA	42242	IC	IECD	EC	42307	IC	ICCT	LA
42178	IC	ICCE	EC	42243	IC	IECD	EC	42308	IC	ICCT	LA
42179	IC	IECD	EC	42244	IC	IECD	EC	42309	IC	ICCT	LA
42180	IC	IECD	EC	42245	IC	IWRR	LA	42310	IC	ICCT	LA
42181	IC	IECD	EC	42246	IC	ICCE	EC	42311	IC	ICCT	LA

LHCS

42312	IC	ICCT	LA	42328	IC	IMLR	NL	42344	IC	IWRR	PM
42313	IC	ICCT	LA	42329	IC	IMLR	NL	42345	IC	IWRR	LA
42314	IC	ICCT	LA	42330	XC	ICCE	EC	42346	IC	IWRR	PM
42315	IC	ICCT	LA	42331	IC	IMLR	NL	42347	IC	IWRR	LA
42316	IC	ICCT	LA	42332	IC	IWRR	PM	42348	IC	IWRR	LA
42317	IC	ICCT	LA	42333	IC	IWRR	PM	42349	IC	IWRR	PM
42318	IC	ICCT	LA	42334	IC	ICCT	LA	42350	GW	IWRR	LA
42319	IC	ICCT	LA	42335	IC	IMLR	NL	42351	IC	IWRR	PM
42320	IC	ICCT	LA	42336	IC	ICCE	EC	42352	IC	IMLR	NL
42321	IC	ICCT	LA	42337	MM	IMLR	NL	42353	IC	ICCE	EC
42322	IC	ICCT	LA	42338	IC	ICCE	EC	42354	IC	IECD	EC
42323	IC	IECD	EC	42339	IC	IMLR	NL	42355	IC	IWCT	MA
42324	IC	IMLR	NL	42340	IC	IECD	EC	42356	IC	IWRR	LA
42325	IC	IWRR	PM	42341	IC	IMLR	NL	42357	IC	IWCT	MA
42326	XC	ICCE	EC	42342	IC	IWCT	MA				
42327	IC	IMLR	NL	42343	IC	IWRR	PM				

GJ2G (TGS) — Mark 3 HST Guard's Standard

Built: 1980-82 by BR, Derby C & W.
Weight: 33.50 t.
Seats: 63S.
ETS: 3-phase supply.
Maximum Speed: 125 mph.
Length: 23.000
Toilets: 1.
Brakes: Air.

44000	IC	ICCE	EC	44033	IC	IWRR	LA	44066	GW	IWRR	LA
44001	IC	IWRR	LA	44034	IC	IWRR	LA	44067	IC	IWRR	PM
44002	IC	IWRR	PM	44035	GW	IWRR	LA	44068	IC	ICCT	LA
44003	IC	IWRR	PM	44036	IC	IWRR	PM	44069	IC	ICCT	LA
44004	IC	ICCT	LA	44037	IC	IWRR	LA	44070	IC	IMLR	NL
44005	IC	IWRR	PM	44038	GW	IWRR	LA	44071	IC	IMLR	NL
44006	IC	IWRR	PM	44039	GW	IWRR	LA	44072	IC	ICCT	LA
44007	IC	IWRR	PM	44040	IC	IWRR	PM	44073	IC	IMLR	NL
44008	IC	ICCE	EC	44041	IC	IMLR	NL	44074	IC	ICCE	EC
44009	IC	IWRR	PM	44042	IC	ICCE	EC	44075	XC	ICCE	EC
44010	IC	IWRR	PM	44043	GW	IWRR	LA	44076	IC	ICCT	LA
44011	IC	IWRR	LA	44044	IC	IMLR	NL	44077	IC	IECD	EC
44012	IC	IWCT	MA	44045	IC	IECD	EC	44078	IC	ICCT	LA
44013	IC	IWRR	LA	44046	IC	IMLR	NL	44079	IC	ICCE	EC
44014	IC	IWRR	LA	44047	IC	IMLR	NL	44080	IC	IECD	EC
44015	IC	IWRR	LA	44048	IC	IMLR	NL	44081	IC	ICCT	LA
44016	IC	IWRR	LA	44049	IC	IWRR	PM	44083	IC	IMLR	NL
44017	IC	IWCT	MA	44050	IC	IMLR	NL	44085	MM	IMLR	NL
44018	IC	IWRR	LA	44051	IC	IMLR	NL	44086	IC	IWRR	LA
44019	IC	IECD	EC	44052	IC	IMLR	NL	44087	IC	ICCT	LA
44020	IC	IWRR	PM	44053	IC	IMLR	NL	44088	IC	ICCT	LA
44021	IC	ICCE	EC	44054	IC	IMLR	NL	44089	IC	ICCT	LA
44022	IC	IWRR	LA	44055	IC	ICCE	EC	44090	IC	ICCT	LA
44023	GW	IWRR	PM	44056	IC	IECD	EC	44091	IC	ICCT	LA
44024	IC	IWRR	PM	44057	IC	ICCT	LA	44093	IC	IWRR	LA
44025	IC	IWRR	LA	44058	IC	IECD	EC	44094	IC	IECD	EC
44026	IC	IWRR	PM	44059	IC	IWRR	LA	44097	IC	ICCE	EC
44027	MM	IMLR	NL	44060	XC	ICCE	EC	44098	IC	IECD	EC
44028	IC	IWRR	LA	44061	GN	IECD	EC	44099	IC	SBXH	KN+
44029	IC	IWRR	PM	44062	IC	ICCE	EC	44100	IC	ICCE	EC
44030	IC	IWRR	PM	44063	IC	IECD	EC	44101	IC	ICCT	LA
44031	IC	IWCT	MA	44064	IC	IWRR	LA				
44032	GW	IWRR	PM	44065	IC	ICCT	LA				

GH2G (TGS) — Mark 3 HST Conductor's Standard

Built: 1982 by BR, Derby C & W as 44084. Converted 1993..
Weight: 33.50 t.
Seats: 63S.
ETS: 3-phase supply.
Length: 23.000
Toilets: 1.
Brakes: Air.

LHCS

Maximum Speed: 125 mph.
45084 IC SCXH KN+

COACHING STOCK SET FORMATIONS

GREAT NORTH EASTERN RAILWAY

Set									
EC16	41120	41090	40748	42215	42146	42150	42154	44094	
EC17	41039	41040	40735	42323	42057	42058	42059	44019	
EC18	41043	41044	40737	42340	42063	42064	42065	44045	
EC19	41087	41088	40706	42104	42171	42172	42219	44056	
EC20	41091	41092	40704	42179	42180	42181	42106	44058	
EC21	41170	41118	40720	42241	42242	42243	42244	44098	
EC22	41151	41152	40740	42226	42182	42186	42190	44080	
EC23	41097	41098	40750	42158	42191	42192	42193	44061	
EC24	41099	41100	40711	42235	42240	42198	42199	44063	
BN51	82219	11202	11211	10303	12301	12408	12459	12407	12401	12201
BN52	82202	11204	11203	10302	12302	12532	12448	12450	12402	12202
BN53	82203	11208	11207	11206	10316	12303	12513	12403	12404	12203
BN54	82204	11225	11228	11229	10304	12313	12514	12405	12406	12214
BN55	82205	11209	11210	11201	10305	12305	12515	12409	12410	12205
BN56	82206	11212	11213	10306	12306	12516	12411	12412	12413	12206
BN57	82207	11214	11215	10307	12307	12517	12414	12415	12416	12207
BN58	82208	11256	11257	10301	12327	12518	12478	12479	12480	12232
BN59	82209	11216	11217	10308	12308	12519	12417	12418	12419	12208
BN60	82210	11218	11219	10309	12300	12520	12420	12421	12422	12209
BN61	82211	11258	11259	10331	12328	12521	12481	12482	12483	12229
BN62	82212	11260	11261	10332	12329	12522	12484	12485	12486	12230
BN63	82213	11262	11263	10333	12330	12523	12487	12488	12489	12231
BN64	82214	11220	11221	10311	12309	12524	12423	12424	12425	12210
BN65	82215	11222	11223	10312	12310	12525	12426	12427	12428	12211
BN66	82216	11224	11225	10313	12311	12526	12429	12430	12431	12212
BN67	82217	11226	11227	10314	12312	12527	12432	12433	12434	12213
BN69	82201	11230	11231	10325	12322	12529	12464	12465	12466	12223
BN70	82220	11246	11247	10326	12323	12530	12467	12468	12469	12224
BN71	82221	11248	11249	10327	12314	12531	12438	12470	12471	12225
BN72	82222	11250	11251	10328	12324	12442	12439	12440	12441	12215
BN73	82223	11252	11253	10317	12325	12475	12472	12473	12474	12216
BN74	82218	11240	11272	10315	12315	12528	12435	12436	12437	12226
BN75	82225	11254	11255	10324	12326	12443	12444	12476	12477	12227
BN76	82226	11234	11235	10318	12316	12536	12445	12446	12447	12217
BN77	82227	11232	11245	11244	10319	12321	12534	12460	12461	12222
BN78	82228	11233	11236	11237	10320	12317	12538	12463	12462	12218
BN79	82229	11239	11238	10321	12318	12537	12451	12452	12454	12219
BN80	82230	11242	11241	10322	12319	12535	12455	12456	12453	12220
BN81	82231	11275	11274	11273	10323	12320	12533	12457	12458	12204

MIDLAND MAIN LINE

Note: During the current vehicle refurbishing programme, catering vehicles are not allocated to fixed sets.

Set							
NL01	41057	41058	42335	42111	42112	42113	44041
NL02	41112	41111	42194	42229	42227	42228	44073
NL03	41061	41062	42337	42119	42120	42121	44027
NL04	41063	41064	42324	42123		42125	44044
NL05	41153	41154	42327	42147	42205	42210	44083
NL06	41067	41068	42331	42131	42132	42133	44046
NL07	41069	41070	42339	42135	42136	42137	44047
NL08	41071	41072	42329	42139	42140	42141	44048
NL09	41155	41156	41117	42220	42225	42230	44085
NL10	41075	41076	42328	42341	42148	42149	44050
NL11	41077	41078	41046	42151	42152	42153	44051
NL12	41079	41080	42155	42156	42157	42100	44052

LHCS

NL13	41115	41082		42159	42160		42101	44052
NL14	41083	41084		42163	42164	42165	42102	44054
NL15	41113	41041		42161	42124	42352		44071

INTERCITY WEST COAST

MA01	41035	41036	40732	42051	42342	42052	42053	44017	
MA02	41164	41066	40742	42355	42134	42357	42122	44031	
MA03	41025	41026	40723	42097	42036	42037	42038	44012	
PC01	82112	11099	11083	11067	10252	12155	12136	12152	12127	12158
PC03	82140	11013	11033	10209	12171	12005	12014	12011	12023
PC04	82110	11005	11006	10234	12172	12015	12030	12016	12019
PC05	82137	11024	11074	10242	12085	12010	12066	12067	12045
PC06	82101	11019	11060	10249	12050	12092	12114	12150	12149
PC07	82114	11021	11007	10254	12024	12031	12026	12051	12079
PC08	82127	11031	11029	10226	12112	12130	12073	12126	12044
PC09	82135	11044	11026	10248	12054	12043	12053	12069	12117
PC10	82142	11054	11046	10215	12122	12048	12058	12094	12123
PC11	82126	11030	11018	10206	12033	12156	12057	12111	12163
PC12	82146	11037	11023	10211	12088	12151	12041	12137	12116
PC13	82117	11045	11016	10221	12100	12040	12148	12046	12082
PC14	82107	11036	11040	10231	12142	12165	12145	12078	12104
PC15	82104	11039	11038	10230	12140	12096	12032	12166	12147
PC16	82138	11017	11055	10236	12047	12049	12064	12097	12135
PC17	82111	11027	11048	10212	12161	12065	12119	12133	12063
MA20	82141	11096	11093	11066	10233	12036	12105	12056	12062	12167
MA21	82147	11085	11094	10213	12128	12139	12154	12038	12034
MA22	82116	11091	11070	11101	10224	12109	12125	12157	12110	12120
MA23	82149	11097	11084	11080	10245	12086	12106	12072	12113	12083
MA24	82105	11095	11075	11087	10218	12108	12129	12132	12124	12009
MA25	82119	11098	11088	11068	10253	12144	12076	12070	12071	12141
MA26	82121	11100	11065	10227	12160	12159	12060	12107	12146
MA27	82139	11089	11086	10260	12101	12102	12131	12138	12121
MA28	82120	11090	11092	10258	12059	12068	12098	12084	12090
OY30	82102	3340	3333	3403	10255	6045	6171	5946	5986	5987
OY31	82128	3369	3384	3313	10259	5948	6043	6029	6016	6002
OY32	82132	3362	3360	3353	10232	6063	6111	6056	5997	5937
OY33	82151	3411	3395	3326	10250	6001	6031	5980	6009	6012
OY34	82145	3438	3387	3345	10220	6027	6164	6113	5977	6116
OY35	82129	3359	3428	3408	10246	6180	6138	6144	6134	6151
OY36	82122	3402	3366	3304	10235	5943	6161	6062	6047	5984
OY37	82125	3392	3431	3350	10251	5914	5988	6179	6165	6136
OY38	82118	3356	3426	3364	10202	5949	6102	6106	6057	6147
OY39	82148	3385	3390	3348	10225	6181	6065	5963	6049	6158
OY40	82106	3299	3429	10238	6141	5933	5920	5908	6101
OY41	82113	3397	3325	10205	6149	5939	5955	5915	6104
OY50	82143	3433	3386	10217	5969	5941	6107	6163	6054
OY51	82152	3337	3363	3354	10219	5910	6060	6051	5952	6175
OY52	82133	3278	3389	3352	10229	5931	5957	5934	5932	6021
OY53	82144	3312	3293	3374	10201	5751	5799	5840	5851	5890
MA55	82150	17175	11076	11082	10210	12042	12037	12093	12077	12143
MA56	82109	17174	11079	11071	10204	12087	12035	12164	12075	12080
MA57	82130	17173	11069	11078	10207	12061	12091	12012	12021	12055
MA58	82123	11081	11064	11072	10257	12168	12099	12153	12081	12134
MA71	82134	11058	11052	10208	12169	12007	12017	12022	12008
MA72	82134	11028	11020	10237	12170	12027	12028	12013	12025

VIRGIN CROSS COUNTRY

XC01	9480	5781	5744	5833	5780	5778	1219
XC02	9493	5871	5826	5874	5760	5772	1218
XC15	9521	6182	6041	5962	6022	6000	1209

LHCS

XC16	9537	6168	6115	6124	6135	6035	1200
XC17	9539	6050	6066	6014	6148	5916	1258
XC18	9524	5912	5983	6145	5995	5918	1212
XC19	9526	6150	5913	6154	6013	5965	1203
XC20	9527	6038	6177	5961	6119	6176	1201
XC21	9538	5975	6011	6159	6073	6018	1252
XC22	9525	6026	5960	5919	6122	6117	1254
XC23	9513	6173	5917	5996	6046	6015	1202
XC24	9502	5787	5810	5886	5901	5815	1210
XC25	9503	5750	5745	5773	5775	5881	1216
XC30	9522	6010	6184	6112	6059	5967	1251
XC31	9516	6120	6172	6061	5999	5989	1259
XC32	9531	6024	6008	6162	5911	6030	1250
XC33	9529	6183	5991	6137	5971	5930	1206
XC34	9523	5951	5994	5947	6005	6025	1255
XC35	9520	6157	6064	6067	6170	5976	1260
XC36	9505	5981	5958	6178	5925	6052	1256
XC37	9489	5746	5784	5821	5801	5847	1208
XC38	9500	5859	5897	5789	5827	5796	1221
XC39	9506	5893	5889	5868	5902	5828	1207
XC40	9479	5854	5779	5866	5788	5888	1214
XC41	9496	5814	5776	5816	5797	5812	1215
XC42	9497	5903	5792	5748	5769	5794	1211
XC43	9504	5905	5899	5876	5845	5754	1204
XC44	9498	5900	5752	5793	5869	5843	1205
XC45	9507	5906	5822	5887	5791	5824	1220
XC51	41165	40417	42108	42109	42110	42322	44087
XC52	41166	40424	42306	42307	42308	42309	44088
XC53	41167	40436	42310	42311	42312	42313	44089
XC54	41168	40415	42314	42315	42316	42317	44090
XC55	41169	40434	42318	42319	42320	42321	44091
XC56	41109	40418	42334	42222	42223	42224	44101
XC57	41159	40212	42286	42294	42298	44065	
XC58	41160	40211	42302	42303	42304	42305	44068
XC59	41163	40233	42092	42093	42094	42095	44076
XC60	41045	40414	42175	42176	42177	42105	44081
XC61	41009	40204	42012	42004	42013	42014	44004
XC62	41017	40208	42024	42008	42025	42026	44008
XC64	41081	40420	42330	42237	42238	42239	44075
XC65	41059	40419	42336	42115	42116	42117	44042
XC66	41119	40427	42246	42247	42248	42249	44078
XC67	41149	40422	42162	42166	42170	42174	44079
XC68	41096	40430	42338	42178	42127	42128	44021
XC69	41085	40423	42169	42168	42167	42103	44055
XC70	41095	40435	42326	42187	42188	42189	44060
XC71	41107	40429	42195	42217	42218	42173	44097
XC72	41114	40416	42231	42232	42233	42234	44074
XC73	41147	40401	42254	42258	42262	42266	44000
XC74	41148	40402	42270	42274	42278	42282	44062
XC75	41161	40426	42084	42085	42086	42087	44069
XC76	41162	40425	42088	42130	42090	42091	44072

GREAT WESTERN TRAINS

LA01	41093	41094	40707	42183	42184	42185	42107	44001
LA02	41101	41102	40712	42201	42202	42203	42204	44064
LA03	41103	41104	40713	42206	42207	42208	42209	44066
PM05	41011	41012	40205	42015	42005	42016	42017	44005
PM06	41013	41014	40206	42018	42022	42019	42020	44006
PM07	41015	41016	40207	42021	42007	42006	42023	44007
PM09	41019	41020	40221	42027	42009	42028	42029	44009
PM10	41021	41022	40210	42030	42010	42031	42032	44010

LHCS

LA11	41023	41024	40755	42096	42033	42034	42035	44011
LA13	41027	41028	40725	42098	42039	42040	42041	44013
LA14	41029	41030	40726	42099	42042	42043	42044	44014
LA15	41031	41032	40727	42216	42045	42046	42047	44015
LA16	41033	41034	40731	42221	42048	42049	42050	44016
LA18	41037	41038	40757	42054	42343	42055	42056	44018
PM19	41003	41136	40752	42333	42143	42144	42145	44049
PM20	41127	41128	40717	42196	42197	42060	42061	44020
LA21	41157	41158	40743	42200	42129	42245	42250	44086
LA22	41089	41065	40738	42062	42066	42067	42068	44022
PM23	41005	41006	40744	42069	42070	42071	42118	44023
PM24	41049	41050	40745	42072	42073	42074	44024	
LA25	41051	41052	40710	42075	42076	42077	42078	44025
PM26	41007	41008	40747	42332	42236	42079	42080	44026
LA27	41055	41056	40709	42081	42082	42083	42126	44043
LA28	41121	41122	40722	42345	42251	42252	42253	44028
PM29	41123	41124	40739	42255	42263	42256	42257	44029
PM30	41126	41125	40724	42344	42259	42260	42261	44030
PM32	41129	41130	40716	42267	42268	42269	44032	
LA33	41131	41132	40736	42271	42347	42272	42273	44033
LA34	41133	41134	40721	42275	42264	42276	42277	44034
LA35	41135	41116	40703	42279	42265	42280	42281	44035
PM36	41137	41138	40228	42283	42003	42284	42285	44036
LA37	41139	41140	40718	42287	42348	42288	42289	44037
LA38	41141	41142	40734	42291	42292	42293	44038	
LA39	41143	41144	40733	42295	42350	42296	42297	44039
PM40	41145	41146	40715	42299	42351	42300	42301	44040
PM97	41110	41004	40209	42138	42349	42346	42089	44003
PM98	41105	41106	40714	42211	42212	42213	42214	44067

NON PASSENGER CARRYING COACHING STOCK

Note: Unless shown to the contrary, maximum speed of all vehicles is 100 mph.

EH2 (TSOL) — Former EMU TSOL

Built: 1954-56 by BR, Eastleigh/Ashford Works. Were retained for possible conversion to Propelling Control Vehicles, but now surplus to requirements.
Weight: 31.00 t.
Seats: 86S.
ETS Index:
Length: 20.180 m.
Toilet: 1.
Brakes: Air.

70003	BG	PPSU	OM+	70010	BG	PPSU	OM+	70011	WY	PPSU	OM+
70008	BG	PPSU	OM+								

EO2 (PBDTBSO) — Former EMU PBDTBSO

Built: 1954-56 by BR, Eastleigh/Ashford Works. Were retained for possible conversion to Propelling Control Vehicles, but now surplus to requirements.
Weight: 43.00 t.
Seats: 66S.
ETS Index:
Length: 20.310 m.
Toilet: Not equipped.
Brakes: Air.

75002	NW	PPSU	OM+	75020	WY	PPSU	OM+	75026	NW	PPSU	OM+
75003	BG	PPSU	KN+	75023	BG	PPSU	KN+	75028	BG	PPSU	ZK+
75015	BG	PPSU	KN+	75025	BG	PPSU	OM+	75030	WY	PPSU	OM+
75019	BG	PPSU	KN+								

AK51 (RK) — Kitchen Car

Built: 1961 by Pressed Steel, Linwood as RB. Converted 1988 by BR, Bounds Green.
Weight: 41.30 t.
ETS Index: 2X.
Length: 20.447 m.
Brakes: Dual.

80041	IC	PWCO	BN

LHCS

NNX (BG) — Courier Vehicle

Built: 1962 by BR, Wolverton (* 1960 by Gloucester Railway Carriage & Wagon, Gloucester) as BSK. Converted 1986.
Carrying Capacity: 10.00 t.
Weight: 35.30 (* 33.00)t.   **Length:** 20.447 m.
ETS Index: 2.   **Brakes:** Dual.
Notes: 80207 (TOPS 99545) is owned by Sea Containers. 80213 & 80220 are owned by Riviera Trains.

80207	P	MBCS	SL	80213	CH	MBCS	CP	80220*	CH MBCS CP
80211	SP	PWCO	CN	80214	PR	PWCS	FE+	80223	PR PWCS DY+
80212	PR	PPSU	OM+	80216	PR	PPSU	OM+		

NPX/*NPA (VG) — Postal Van

Built: 1958-60 by BR York/St. Rollox/Pressed Steel, Linwood as GUV. Rebuilt 1977-78 by BR, Wolverton or Doncaster as Newspaper Vans. Converted 1991.
Carrying Capacity: 10.00 t.
Weight: 34.50 t.   **Length:** 18.465 m.
ETS Index: 3X.   **Brakes:** Dual (*Air).

80250*	RM	PPXT	BR+	80254	RM	PPSU	OM+	80257	RM PPSU OM+
80251	RM	PPSU	OM+	80255	RM	PPSU	OM+	80258*	RM PPSU OM+
80252*	RM	PPSU	OM+	80256	RM	PPSU	OM+	80259	RM PPSU OM+
80253*	RM	PPSU	OM+						

NSV/*NSX (POS) — Post Office Sorting Van

Built: 1959-61 by BR, Wolverton.
Carrying Capacity: 5.00 t.   **Maximum Speed:** 90 (* 100) mph.
Weight: 34.00-37.00 t.   **Length:** 20.447 m.
ETS Index: 3X (†§ 3).   **Brakes:** Vacuum (*† Dual).

80300	RM	PPXX	DY+	80308†	RM	PPSU	OM+	80314†	RM PPSU OM+
80301	RM	PPXX	DY+	80309†	RM	PPSU	OM+	80315	RM PPXX OM+
80303*	RM	PPSU	OM+	80310§	RM	PPXX	OM+	80316*	RM PPSU OM+
80305	RM	PPXX	OM+	80312§	RM	PPXX	OM+		
80306*	RM	PPSU	OM+	80313§	RM	PPXX	ZH+		

NSX/*NSA (POS) — Post Office Sorting Van

Built: 1968-73 by BR, York.
Carrying Capacity: 3.00-6.00 t.
Weight: 35.00-39.00 t.   **Length:** 20.447 m.
ETS Index: 4 (80319-55); 4X(others).   **Brakes:** Air (* Dual).

80319*	RM	PPOZ	EN	80340	RM	PPOZ	BK	80361	RM PPOZ EN
80320	RM	PPOZ	NC	80341	RM	PPOZ	EN	80362*	RM PPOZ EN
80321	RM	PPOZ	BK	80342*	RM	PPOZ	BK	80363	RM PPOZ BK
80322	RM	PPOZ	EN	80343*	RM	PPOZ	BK	80364*	RM PPOZ EN
80323*	RM	PPOZ	EN	80344	RM	PPOZ	NC	80365	RM PPOZ EN
80324	RM	PPOZ	EN	80345	RM	PPOZ	BK	80366	RM PPOZ EN
80325	RM	PPOZ	EN	80346	RM	PPOZ	EN	80367	RM PPOZ BK
80326	RM	PPOZ	NC	80347*	RM	PPOZ	EN	80368	RM PPOZ EN
80327	RM	PPOZ	BK	80348*	RM	PPOZ	BK	80369	RM PPOZ EN
80328*	RM	PPOZ	EN	80349	RM	PPOZ	EN	80370	RM PPOZ EN
80329	RM	PPOZ	NC	80350*	RM	PPOZ	BK	80371	RM PPOZ PZ
80330	RM	PPOZ	EN	80351*	RM	PPOZ	PZ	80372	RM PPOZ EN
80331	RM	PPOZ	NC	80352*	RM	PPOZ	BK	80373	RM PPOZ EN
80332	RM	PPOZ	EN	80353*	RM	PPOZ	EN	80374	RM PPOZ EN
80333	RM	PPOZ	EN	80354*	RM	PPOZ	BK	80375	RM PPOZ BK
80334	RM	PPOZ	BK	80355	RM	PPOZ	EN	80376	RM PPOZ BK
80335*	RM	PPOZ	EN	80356	RM	PPOZ	EN	80377	RM PPOZ EN
80336*	RM	PPOZ	BK	80357*	RM	PPOZ	BK	80378	RM PPOZ EN
80337	RM	PPOZ	BK	80358	RM	PPOZ	NC	80379	RM PPOZ EN
80338*	RM	PPOZ	BK	80359	RM	PPOZ	BK	80380	RM PPOZ PZ
80339	RM	PPOZ	EN	80360	RM	PPOZ	NC		

LHCS

NSX/*NSA (POS) — Post Office Sorting Van
Built: 1955-56 by BR, Wolverton as BSK. Rebuilt 1977 by BR, York.
Carrying Capacity: 5.00 t.
Weight: 34.50 t. **Length:** 20.447 m.
ETS Index: 4X. **Brakes:** Air (* Dual).

80381	RM	PPOZ	EN	80386	RM	PPOZ	EN	80393	RM	PPOZ	EN
80382	RM	PPOZ	EN	80387*	RM	PPOZ	EN	80394	RM	PPOZ	NC
80383	RM	PPOZ	BK	80389	RM	PPXX	ZN+	80395*	RM	PPOZ	EN
80384	RM	PPOZ	NC	80390	RM	PPOZ	EN				
80385	RM	PPOZ	EN	80392	RM	PPOZ	EN				

NTX/*NTA (POT) — Post Office Stowage Van
Built: 1959 by BR, Wolverton.
Carrying Capacity: 8.00 t.
Weight: 35.00 t. **Length:** 20.447 m.
ETS Index: 3. **Brakes:** Air (* Dual).

80400	RM	PPOZ	BK	80401	RM	PPOZ	EN	80402*	RM	PPOZ	BK

NTX*NTA (POT) — Post Office Stowage Van
Built: 1954-57 by BR, Wolverton/Metropolitan Cammell, Birmingham as BSK. Converted 196? by BR, York.
Carrying Capacity: 2.00 († 3.00) t. **Maximum Speed:** 100 († 90) mph.
Weight: 35.00 († 38.00) t. **Length:** 20.447 m/
ETS Index: 3 († 3X). **Brakes:** Dual (* Air).

80403*	RM	PPOZ	NC	80406*	RM	PPOZ	EN	80413†	RM	PPOZ	NC
80404*	RM	PPOZ	NC	80411†	RM	PPOZ	EN	80414†*	RM	PPOZ	EN
80405	RM	PPOZ	EN	80412†	RM	PPOZ	EN				

NTX/*NTA (POT) — Post Office Stowage Van
Built: 1968 by BR, York.
Carrying Capacity: 8.00 t.
Weight: 34.00 t. **Length:** 20.447 m.
ETS Index: 4. **Brakes:** Air (* Dual).

80415	RM	PPOZ	EN	80419*	RM	PPOZ	BK	80422	RM	PPOZ	EN
80416	RM	PPOZ	EN	80420*	RM	PPOZ	BK	80423	RM	PPOZ	EN
80417	RM	PPOZ	EN	80421	RM	PPOZ	BK	80424*	RM	PPOZ	EN

NTA/*NTX (POT) — Post Office Stowage Van
Built: 1973 by BR, York.
Carrying Capacity: 7.50 t.
Weight: 35.00 t. **Length:** 20.447 m.
ETS Index: 4X. **Brakes:** Air (* Dual).

80425	RM	PPOZ	BK	80427*	RM	PPOZ	EN	80429	RM	PPOZ	BK
80426	RM	PPOZ	EN	80428	RM	PPOZ	EN	80430	RM	PPOZ	EN

NTX/*NTA (POT) — Post Office Stowage Van
Built: 1955-56 by BR, Wolverton as SK. Rebuilt 1975-76 by BR, York.
Carrying Capacity: 7.50 t.
Weight: 34.50 t. **Length:** 20.447 m.
ETS Index: 4X. **Brakes:** Dual (* Air).

80431	RM	PPOZ	PZ	80434*	RM	PPOZ	EN	80437*	RM	PPOZ	EN
80432	RM	PPOZ	BK	80435*	RM	PPOZ	BK	80438	RM	PPOZ	PZ
80433*	RM	PPOZ	BK	80436	RM	PPOZ	EN	80439	RM	PPOZ	EN

LHCS

NUX/*NUA (BPOT) — Brake Post Office Stowage Van

Built: 1968 by BR, York.
Carrying Capacity: 8.00 t.
Weight: 32.00 t.
ETS Index: 4.
Length: 20.447 m.
Brakes: Air (* Dual).

80456	RM	PPOZ	EN	80457	RM	PPOZ	EN	80458* RM PPOZ EN

NDV (BG) — Brake Gangwayed

Built: 1955-57 by various builders.
Carrying Capacity: 10.00 t.
Weight: 32.00 t.
ETS Index: 1.
Maximum Speed: 90 mph.
Length: 18.465 m.
Brakes: Vacuum.

80711	BG	WB+	80735	BG	PH+	80865	BG	HE+
80730	BG	IL+	80815	BG	WB+	80977	BG	LL+

NZA (DVT) — Driving Van Trailer

Built: 1988 by BREL, Derby C & W.
Carrying Capacity: 8.00 t.
Weight: 43.70 t.
ETS Index: 6X.
Maximum Speed: 125 mph.
Length: 18.838 m.
Brakes: Air.

82101	M	IWCX	PC	82119	M	IWCX	MA	82137	M	IWCX	PC
82102	M	IWCX	OY	82120	M	IWCX	MA	82138	M	IWCX	PC
82103	M	IWCX	OY	82121	M	IWCX	MA	82139	M	IWCX	MA
82104	M	IWCX	PC	82122	M	IWCX	OY	82140	M	IWCX	PC
82105	M	IWCX	MA	82123	M	IWCX	MA	82141	M	IWCX	MA
82106	M	IWCX	OY	82124	M	IWCX	PC	82142	M	IWCX	PC
82107	M	IWCX	PC	82125	M	IWCX	OY	82143	M	IWCX	OY
82108	M	IWCX	MA	82126	M	IWCX	PC	82144	M	IWCX	OY
82109	M	IWCX	MA	82127	M	IWCX	PC	82145	M	IWCX	OY
82110	M	IWCX	PC	82128	M	IWCX	OY	82146	M	IWCX	PC
82111	M	IWCX	PC	82129	M	IWCX	OY	82147	M	IWCX	MA
82112	M	IWCX	PC	82130	M	IWCX	MA	82148	M	IWCX	OY
82113	M	IWCX	OY	82131	M	IWCX	PC	82149	M	IWCX	MA
82114	M	IWCX	PC	82132	M	IWCX	OY	82150	M	IWCX	MA
82115	M	IWCX	MA	82133	M	IWCX	OY	82151	M	IWCX	OY
82116	M	IWCX	MA	82134	M	IWCX	MA	82152	M	IWCX	OY
82117	M	IWCX	PC	82135	M	IWCX	PC				
82118	M	IWCX	OY	82136	M	IWCX	MA				

NZA (DVT) — Driving Van Trailer

Built: 1988 by Metropolitan Cammell, Birmingham.
Carrying Capacity: 8.00 t.
Weight: 43.50 t.
ETS Index: 6X.
Maximum Speed: 140 mph.
Length: 18.590 m.
Brakes: Air.

82200	M	IECX	BN	82211	M	IECX	BN	82222	M	IECX	BN
82201	M	IECX	BN	82212	M	IECX	BN	82223	M	IECX	BN
82202	M	IECX	BN	82213	M	IECX	BN	82224	M	IECX	BN
82203	GN	IECX	BN	82214	M	IECX	BN	82225	M	IECX	BN
82204	GN	IECX	BN	82215	M	IECX	BN	82226	GN	IECX	BN
82205	M	IECX	BN	82216	M	IECX	BN	82227	GN	IECX	BN
82206	M	IECX	BN	82217	M	IECX	BN	82228	GN	IECX	BN
82207	GN	IECX	BN	82218	M	IECX	BN	82229	M	IECX	BN
82208	M	IECX	BN	82219	M	IECX	BN	82230	M	IECX	BN
82209	M	IECX	BN	82220	M	IECX	BN	82231	M	IECX	BN
82210	M	IECX	BN	82221	GN	IECX	BN				

NDV (BG) — Brake Gangwayed

Built: 1956-57 by Cravens, Sheffield (* 1957-58 by Pressed Steel, Linwood).

LHCS

Carrying Capacity: 10.00 t.
Weight: 32.00 t.
ETS Index: 1.
Maximum Speed: 90 mph.
Length: 18.465 m.
Brakes: Vacuum.
Notes: 84025 is owned by Regency Rail. 84197 is retained for use at Sheffield station when lifts are out of order.

84025	*MA*	MBCS	CP	84361*	*BG*	CA+	84379*	*BG*	PC+
84197	*BG*	PPXT	SM+	84364*	*BG*	DW+			

NBX (B)   High Security Brake
Built: 1958 by Pressed Steel, Linwood as BG. Converted 1985 by BR, Wembley.
Carrying Capacity: 10.00 t.
Weight: 30.50 t.
ETS Index: 1.
Length: 18.465 m.
Brakes: Dual (*Vacuum).
Note: Not in normal service. Retained for transferring materials between EWSR depots.

84382	*PR*	PPIU	CA+	84387	*SB*	PPIU	BA+	84477	*SB*	PPIU	BA+

NDX (BG)   Brake Gangwayed
Built: 1958 by Pressed Steel, Linwood.
Carrying Capacity: 10.00 t.
Weight: 32.00 t.
ETS Index: 1.
Maximum Speed: 90 mph.
Length: 18.465 m.
Brakes: Dual.

84519   *BG*   PPXX   CP+

NEX/*§NEA/†NHA (BG)   Brake Gangwayed
Built: 1956-63 by Cravens, Sheffield/GRC & W, Gloucester/Metropolitan Cammell, Birmingham/Pressed Steel Linwood/BR, York.
Carrying Capacity: 10.00 t.
Weight: 32.00 t.
ETS Index: 1 (†‡§ 1X).
Maximum Speed: 100 († 110) mph.
Length: 18.465 m.
Brakes: Dual (*†§ Air).
Note: 92193 is retained for use at Preston station when lifts are out of order.

92067*	*IC*		DW+	92172*	*IC*	PPXX	NC+	92234*	*PE*	PPXT	DY+
92100*	*IC*	PWCS	BN+	92174†	*IC*	HAIS	IS	92238*	*PR*	PPXT	DY+
92111†	*IC*	SAXH	LM+	92175*	*IC*	IWRX	LA	92243*	*PR*	PPSU	KM+
92112	*PR*	PPXT	BR+	92188*	*BG*	ILAG	LA	92252	*PR*	PPXT	BA+
92114†	*IC*	SAXH	LT+	92193*	*IC*	PPIU	PN+	92258*	*PR*	PPSU	KM+
92116*	*SP*	PWCO	BN	92194*	*IC*	IWRX	LA	92259	*PR*	PPSU	KM+
92121§	*IC*	PPXT	CF+	92197*	*IC*	ILAG	LA	92261	*PR*	PPSU	KM+
92122‡	*PR*	PPSU	KM+	92198*	*BG*	PPSU	DW+	92265	*PR*	PPSU	KM+
92125	*IC*	SCXH	OY+	92199*	*BG*		DW+	92267	*BG*	PPXT	BA+
92146†	*IC*	SAXH	LT+	92202*	*IC*		ZF+	92271	*PR*	PPXT	OM+
92155§	*IC*	ILAG	LA	92211*	*PR*	PPSU	KM+				
92159†	*IC*	HAIS	IS	92229*	*PR*	PPSU	KM+				

NEX/*NEA (BG)   Brake Gangwayed
Built: 1955-63 by BRCW, Smethwick/Cravens, Sheffield/GRC & W, Gloucester/Metropolitan Cammell, Birmingham/Pressed Steel Linwood/BR, York.
Carrying Capacity: 10.00 t.
Weight: 33.50 t.
ETS Index: 1 (†§ 1X).
Length: 18.465 m.
Brakes: Dual (*§ Air).
Notes: 92351 & 92406 are retained at Penzance for sea defence purposes. 92369 is retained for use at Doncaster station when lifts are out of order. 92403 is retained for refuse transport from Euston depot.

92302*	*PE*	PPSU	KM+	92316†	*PR*	PPSU	KM+	92330†	*PR*	PPSU	KM+
92303*	*PE*	PPXT	DY+	92319§	*PR*	PPSU	KM+	92332§	*PE*	PPSU	KM+
92306§	*PR*	PPSU	KM+	92321*	*PR*	PPXT	BN+	92333§	*PR*	PPSU	KM+
92307*	*BG*	PPSU	KM+	92323§	*PR*	PPSU	KM+	92334†	*PR*	PPXT	BK+
92309†	*PE*	PPSU	KM+	92324*	*PR*	PPSU	KM+	92337§	*PE*	PPSU	KM+
92311	*PR*	PPXT	BA+	92325	*PR*		KM+	92340§	*PR*	PPSU	KM+
92312*	*PE*	PPSU	KM+	92328†	*PR*	PPSU	KM+	92341	*PR*	PPSU	KM+
92314†	*PR*	PPXT	BA+	92329§	*PR*	PPSU	KM+	92343	*PR*	PPSU	KM+

LHCS

92344§	PR	PPSU	KM+	92370*	PE	PPSU	KM+	92400§	BG	PPXT	BA+
92345†	PR	PPSU	KM+	92371†	BG	PPXX	ZC+	92401	PE	PPSU	KM+
92346*	PR	PPSU	KM+	92377§	PE	PPXT	DY+	92402§	PR	PPSU	KM+
92347*	PE	PPXT	DY+	92378	BG		CA+	92403	PR	PPXX	EN+
92348†	PR	PPSU	KM+	92379§	PE	PPSU	KM+	92404†	BG	PPSU	KM+
92350§	PR	PPXT	DY+	92380§	PR	PPSU	KM+	92406	PR	PPXX	PZ+
92351	PE	PPXX	PZ+	92381*	PE	PPSU	KM+	92409†	BG	PPXT	OM+
92353*	PR	PPSU	KM+	92382*	PE	PPXT	DY+	92410	BG	PPXT	BA+
92355	PE	PPXT	DY+	92384*	PR	PPXT	BA+	92411†	PR	PPFA	PZ
92356	BG	PPSU	KM+	92385†	PR	PPSU	KM+	92412*	PR	PPFA	PZ
92357*	PE	PPSU	KM+	92387	BG	PPXT	BR+	92413	PR	PPFA	PZ
92362	PR	PPSU	KM+	92389*	PR	PPSU	KM+	92414	BG	PPXT	OM+
92363	PR	PPSU	KM+	92390§	PE	PPSU	KM+	92415*	PE	PPSU	KM+
92364†	PR	PPSU	KM+	92392§	PR	PPSU	KM+	92416§	PR	PPSU	KM+
92365*	PE	PPSU	KM+	92395*	BG	PPSU	KM+	92417§	PE	PPSU	KM+
92366*	PE	PPSU	KM+	92398†	PR	PPSU	KM+	92418*	PE	πPPFA	EN
92369†	BG	PPIU	DS+	92399†	PR	PPXX	BR+				

NFX/*NFA/†NBX (VG)   Van Gangwayed

Built: 1955-63 by BRCW, Smethwick/Cravens, Sheffield/GRC & W, Gloucester/Metropolitan Cammell, Birmingham/Pressed Steel Linwood/BR, York as BG. Converted 1992 onwards.
Carrying Capacity: 10.00 t.
Weight: 32.00 t.   **Length:** 18.465 m.
ETS Index: 1 (§ 1X).   **Brakes:** Dual (* Air).
Note: 92530 is retained for transferring materials between EWSR depots.

92503§	PR	PPSU	KM+	92562*	BG	PPFA	EN	92717	PR	PPSU	KM+
92505§	IC	PPSU	BK+	92566*	IC	PPXT	BR+	92718*	PR	PPSU	KM+
92509‡	PE	PPSU	KM+	92568*	PE	PPFA	EN	92720	PR	PPSU	KM+
92510§	PE	PPSU	BK+	92576*	PE	PPFA	EN	92721	PR	PPXT	BR+
92513§	PE	PPSU	KM+	92577*	BG	PPSU	KM+	92722	PE	PPFA	EN
92518§	PE	PPFA	EN	92582*	PR	PPFA	EN	92725*	PE	PPSU	KM+
92521§	BG	PPXT	OM+	92607	PE	PPFA	EN	92728	PR	PPFA	EN
92530†	PE	PPIU	BR+	92617	PR	PPSU	KM+	92740	PR	PPXT	BA+
92542*	PE	PPSU	KM+	92649	BG	PPSU	KM+	92748*	PE	PPFA	EN
92547*	PE	PPSU	KM+	92650*	PR	PPSU	KM+	92750	PE	PPFA	EN
92550*	PE	PPSU	KM+	92709	PE	PPSU	KM+	92753	PE	PPXT	BA+
92555*	PE	PPSU	KM+	92714*	PE	PPSU	KM+	92755	PE	PPSU	KM+
92558*	PE	PPSU	KM+	92716	PR	PPSU	KM+				

NFX/*†NFA (VG)   Van Gangwayed

Built: 1955-63 by BRCW, Smethwick/Cravens, Sheffield/GRC & W, Gloucester/Metropolitan Cammell, Birmingham/Pressed Steel Linwood/BR, York as BG. Converted 1992 onwards.
Carrying Capacity: 10.00 t.
Weight: 33.50 t.   **Length:** 18.465 m.
ETS Index: 1 (†§ 1X).   **Brakes:** Dual (*† Air).
Note: 92800/20 are retained at Penzance for sea defence puposes.

92800	BG	PPXX	PZ+	92831*	PE	PPSU	KM+	92873*	PE	PPSU	KM+
92804	PE	PPSU	KM+	92842	PR	PPSU	KM+	92875	BG		ZC+
92805	PE	PPSU	KM+	92852*	PE	PPXT	DY+	92876*	PE	PPSU	KM+
92808§	PE	PPXT	BK+	92854	PR	PPSU	KM+	92883*	PE	PPFA	EN
92810*	PR	PPSU	KM+	92858	PE	PPXT	BR+	92886§	PE	PPSU	KM+
92815†	PE	PPSU	KM+	92859*	PR	PPXT	DY+	92888†	PE	PPFA	EN
92817§	PR	PPSU	KM+	92860	PE	PPFA	EN	92893	PE	PPXT	PM+
92820	BG	PPXX	PZ+	92861*	PR	PPSU	KM+	92894	PE	PPFA	EN
92822§	PE	PPSU	KM+	92867	PR	PPSU	KM+	92897§	PE	PPSU	KM+
92827§	PE	PPSU	KM+	92872	PR	PPXT	MA+				

NHA/†NEX/*‡NEA (BG)   Brake Gangwayed

Built: 1956-58 by Cravens, Sheffield/ Metropolitan Cammell, Birmingham/Pressed Steel Linwood/BR, York.
Carrying Capacity: 10.00 t.   **Maximum Speed:** 110 (*†‡ 100) mph.

LHCS

Weight: 32.00 t. **Length:** 18.465 m.
ETS Index: 1X (* 1). **Brakes:** Air († Dual).
Notes: 92904 (TOPS 99554) is owned by Sea Containers. 92920/72 are retained at Penzance for sea defence puposes.

92901	IC	HAIS	IS	92927	IC	SAXH	LT+	92940*	IC	IWRX	LA
92904	GR	MBCS	SL	92928	IC	SAXH	LT+	92946	IC	HAIS	IS
92907	PE	PPSU	KM+	92929	IC	SAXH	LM+	92948	IC	HAIS	IS
92908	IC	HAIS	IS	92931	IC	HAIS	IS	92957*	IC	PWCS	BN+
92912*	IC	SAXH	LM+	92932	IC	HAIS	IS	92961*	IC	SAXH	LT+
92916†	PR	PPSU	KM+	92933	IC	SAXH	LM+	92972*	IC	PPXX	PZ+
92917‡	PE	PPSU	KM+	92934	IC	SAXH	LT+	92986*	IC	SAXH	CP+
92919‡	IC	PPXT	BR+	92935‡	IC	HAIS	IS	92988*	IC	SAXH	LT+
92920†	IC	PPXX	PZ+	92936	IC	HAIS	IS	92989*	IC	ILAG	LA
92922†	PE	PPXT	BR+	92937	IC	HAIS	IS	92991*	IC	SAXH	LT+
92923‡	IC	SAXH	LT+	92938	IC	HAIS	IS	92998	IC	SAXH	LT+
92926	IC	SAXH	LT+	92939	IC	SAXH	LM+				

NJV (GUV) General Utility Van

Built: 1958-60 by Pressed Steel, Linwood/BR, York/BR, St. Rollox/York.
Carrying Capacity: 10.00 t. **Maximum Speed:** 90 mph.
Weight: 30.00 t. **Length:** 18.465 m.
ETS Index: 0X (* 0). **Brakes:** Vacuum.

93149	SB		OY+	93446	SB	PPXX	CP+	93907	SB		PC+
93180	SB		DY+	93482	SB		BE+	93930	SB		BA+
93256	SB		BA+	93714*	SB	PPXX	OY+	93952	SB	PPIU	WB+
93259	SB		LL+	93723	SB		BY+	93979	SB	PPIU	WB+
93358	SB		MD+	93881	SB	PPXX	ZA+				

NLX/*NLA (PVG) Gangwayed General Utility Van

Built: 1958-60 by Pressed Steel, Linwood as GUV. Rebuilt 1977-78 by BR, Wolverton or Doncaster as Newspaper Vans and subsequently to current use.
Carrying Capacity: 10.00 t. **Maximum Speed:** 100 (†‡ 90) mph.
Weight: 34.50 (†‡ 30.50) t. **Length:** 18.465 m.
ETS Index: 3X. **Brakes:** Dual (*‡ Air).

94003	PE	PPSU	OM+	94015	SB	PPXT	BK+	94027‡	PR	PPSU	OM+
94004*	PR	PPSU	OM+	94016	SB	PPSU	OM+	94028‡	PE	PPSU	OM+
94006*	PE	PPSU	OM+	94020	PR	PPSU	OM+	94029	PR	PPSU	OM+
94007*	SB	PPSU	OM+	94021	SB	PPSU	OM+	94030	SB	PPSU	OM+
94009*	PR	PPSU	OM+	94024*	SB	PPSU	OM+	94031	SB	PPXT	BR+
94010†	PE	PPSU	OM+	94025*	PR	PPSU	OM+	94032*	SB	PPSU	OM+
94011*	PE	PPSU	OM+	94026	PR	PPSU	OM+	94033	PR	PPXT	BR+

NKA (GUV) Super General Utility Van

Built: 1957-60 by BR, York/BR, St. Rollox/York/Pressed Steel, Linwood as GUV. Converted 1993 onwards.
Carrying Capacity:
Weight: 32.00 t. **Length:** 18.465 m.
ETS Index: 0X. **Brakes:** Air.

94100	PE	PPKA	EN	94114	PE	PPKA	BK	94140	PE	PPKA	BK
94101	PE	PPKA	BK	94116	PE	PPKA	BK	94146	PE	PPKA	EN
94102	PE	PPKA	BK	94117	PE	PPKA	BK	94147	PE	PPKA	BK
94103	PE	PPKA	BK	94118	PE	PPKA	EN	94148	PE	PPKA	BK
94104	PE	PPKA	BK	94119	PE	PPKA	EN	94150	PE	PPKA	BK
94106	PE	PPKA	BK	94121	PE	PPKA	BK	94153	PE	PPKA	EN
94107	PE	PPKA	EN	94123	PE	PPKA	BK	94155	PE	PPKA	EN
94108	PE	PPKA	BK	94126	PE	PPKA	EN	94158	PE	PPKA	EN
94110	PE	PPKA	EN	94132	PR	PPKA	BK	94160	PE	PPKA	BK
94111	PE	PPKA	EN	94133	PE	PPKA	EN	94164	PE	PPKA	BK
94112	PE	PPKA	EN	94137	PE	PPKA	EN	94166	PE	PPKA	BK
94113	PE	PPKA	BK	94138	PE	PPKA	BK	94168	PE	PPKA	BK

LHCS

94170	PE	PPKA	BK	94197	PE	PPKA	BK	94214	PE	PPKA	BK
94172	PE	PPKA	EN	94198	PE	PPKA	BK	94215	PE	PPKA	BK
94174	PE	PPKA	BK	94199	PE	PPKA	EN	94216	PE	PPKA	BK
94175	PE	PPKA	BK	94200	PE	PPKA	BK	94217	PE	PPKA	BK
94176	SB	PPKA	EN	94202	PE	PPKA	BK	94218	PE	PPKA	BK
94177	PE	PPKA	BK	94203	PE	PPKA	BK	94221	PE	PPKA	BK
94180	PE	PPKA	BK	94204	PE	PPKA	BK	94222	PE	PPKA	BK
94182	PE	PPKA	EN	94205	PE	PPKA	BK	94223	PE	PPKA	BK
94190	PE	PPKA	EN	94207	PE	PPKA	EN	94224	PE	PPKA	BK
94191	PE	PPKA	EN	94208	PE	PPKA	BK	94225	PE	PPKA	BK
94192	PE	PPKA	EN	94209	PE	PPKA	BK	94226	PE	PPKA	EN
94193	PE	PPKA	EN	94211	PE	PPKA	BK	94227	PE	PPKA	BK
94195	PE	PPKA	EN	94212	PE	PPKA	EN	94228	PE	PPKA	BK
94196	PE	PPKA	EN	94213	PE	PPKA	EN	94229	PE	PPKA	BK

NAA (PCV) — Propelling Control Vehicle

Built: 1954-56 by BR, Eastleigh/Ashford as EMU vehicles. Converted 1993-96 by Hunslet-Barclay, Kilmarnock. (94300/01 by BR, Railway Technical Centre, Derby).
Carrying Capacity:
Weight: **Length:**
ETS Index: **Brakes:** Air.

94300	PE	PPAA	BK	94315	PE	PPAA	EN	94333	PE	PPAA	BK
94301	PE	PPAA	BK	94316	PE	PPAA	EN	94334	PE	PPAA	BK
94302	PE	PPAA	BK	94317	PE	PPAA	NC	94335	PE	PPAA	BK
94303	PE	PPAA	NC	94318	PE	PPAA	BK	94336	PE	PPAA	EN
94304	PE	PPAA	EN	94319	PE	PPAA	BK	94337	PE	PPAA	EN
94305	PE	PPAA	BK	94320	PE	PPAA	EN	94338	PE	PPAA	BK
94306	PE	PPAA	EN	94321	PE	PPAA	EN	94339	PE	PPAA	BK
94307	PE	PPAA	BK	94322	PE	PPAA	EN	94340	PE	PPAA	NC
94308	PE	PPAA	EN	94323	PE	PPAA	BK	94341	PE	PPAA	EN
94309	PE	PPAA	EN	94324	PE	PPAA	EN	94342	PE	PPAA	BK
94310	PE	PPAA	BK	94325	PE	PPAA	BK	94343	PE	PPAA	EN
94311	PE	PPAA	EN	94326	PE	PPAA	BK	94344	PE	PPAA	BK
94312	PE	PPAA	EN	94327	PE	PPAA	EN	94345	PE	PPAA	BK
94313	PE	PPAA	NC	94331	PE	PPAA	EN				
94314	PE	PPAA	BK	94332	PE	PPAA	EN				

NBA (B) — Super Brake

Built: 1955-63 by BRCW, Smethwick/Cravens, Sheffield/GRC & W, Gloucester/Metropolitan Cammell, Birmingham/Pressed Steel Linwood/BR, York as BG. Converted 1994 onwards.
Carrying Capacity:
Weight: **Length:** 18.465 m.
ETS Index: **Brakes:** Air.

94400	PE	PPRS	EN	94420	PE	PPRS	EN	94438	PE	PPRS	EN
94401	PE	PPRS	EN	94421	PE	PPRS	EN	94439	PE	PPRS	EN
94403	PE	PPRS	BK	94422	PE	PPRS	BK	94440	PE	PPRS	BK
94404	PE	PPRS	BK	94423	PE	PPRS	EN	94441	PE	PPRS	BK
94405	PE	PPRS	EN	94424	PE	PPRS	BK	94442	PE	PPRS	BK
94406	PE	PPRS	BK	94425	PE	PPRS	BK	94443	PE	PPRS	BK
94407	PE	PPRS	BK	94426	PE	PPRS	EN	94444	PE	PPRS	BK
94408	PE	PPRS	EN	94427	PE	PPRS	BK	94445	PE	PPRS	EN
94409	PE	PPRS	BK	94428	PE	PPRS	BK	94446	PE	PPRS	EN
94410	PE	PPRS	EN	94429	PE	PPRS	EN	94447	PE	PPRS	EN
94411	PE	PPRS	EN	94430	PE	PPRS	BK	94448	PE	PPRS	BK
94412	PE	PPRS	EN	94431	PE	PPRS	EN	94449	PE	PPRS	EN
94413	PE	PPRS	PZ	94432	PE	PPRS	BK	94450	PE	PPRS	BK
94414	PE	PPRS	PZ	94433	PE	PPRS	EN	94451	PE	PPRS	BK
94415	PE	PPRS	BK	94434	PE	PPRS	BK	94452	PE	PPRS	BK
94416	PE	PPRS	BK	94435	PE	PPRS	EN	94453	PE	PPRS	EN
94418	PE	PPRS	BK	94436	PE	PPRS	BK	94454	PE	PPRS	BK
94419	PE	PPRS	BK	94437	PE	PPRS	BK	94455	PE	PPRS	EN

LHCS

94456	PE	PPRS	BK	94468	PE	PPRS	BK	94480	PE	PPRS	EN
94457	PE	PPRS	BK	94469	PE	PPRS	BK	94481	PE	PPRS	BK
94458	PE	PPRS	EN	94470	PE	PPRS	BK	94482	PE	PPRS	EN
94459	PE	PPRS	BK	94471	PE	PPRS	BK	94483	PE	PPRS	EN
94460	PE	PPRS	EN	94472	PE	PPRS	EN	94484	PE	PPRS	BK
94461	PE	PPRS	EN	94473	PE	PPRS	EN	94485	PE	PPFA	EN
94462	PE	PPRS	EN	94474	PE	PPRS	EN	94486	PE	PPRS	EN
94463	PE	PPRS	EN	94475	PE	PPRS	EN	94487*	PE	PPRS	BK
94464	PE	PPRS	EN	94476	PE	PPRS	BK	94488	PE	PPRS	BK
94465	PE	PPRS	BK	94477	PE	PPRS	BK	94489	PE	PPRS	BK
94466	PE	PPRS	EN	94478	PE	PPRS	EN	94490	PE	PPRS	BK
94467	PE	PPRS	BK	94479	PE	PPRS	BK				

NOX/*NOA — General Utility Van

Built: 1958-60 by Pressed Steel, Linwood/BR, St. Rollox/York.
Carrying Capacity: 10.00 t.
Weight: 32.00 t.   **Length:** 18.465 m.
ETS Index: 0X.   **Brakes:** Dual (* Air).

95105*	PE	PPSU	KM+	95144	PR	PPSU	OM+	95190	PR	PPSU	OM+
95109	SB	PPSU	KM+	95145	PE	PPSU	KM+	95191	SB	PPSU	OM+
95120	PR	PPSU	KM+	95151	PE	PPSU	OM+	95192	PR	PPXT	BR+
95124	PR	PPSU	KM+	95152	PR	PPSU	KM+	95194*	PE	PPSU	OM+
95125	SB	PPSU	KM+	95156	PE	PPSU	OM+	95195	PE	PPSU	OM+
95128	PR	PPXT	BA+	95165	PE	PPSU	KM+	95196	PE	PPSU	OM+
95129	PR	PPXT	BA+	95167*	PE	PPSU	OM+	95197	PE	PPSU	OM+
95131*	PE	PPSU	OM+	95169*	PE	PPXT	BR+	95198	PE	PPSU	OM+
95135	PR	PPSU	KM+	95171	PE	PPSU	OM+	95199	PE	PPSU	OM+
95136	PE	PPSU	OM+	95173	PE	PPXT	BR+				
95142*	PE	PPXT	BK+	95181	PE	PPSU	BK+				

NCX (BG) — Brake Gangwayed

Built: 1952-58 by BR, Derby C & W/BR, York/BRCW, Smethwick/Cravens, Sheffield/Metropolitan Cammell, Birmingham/Pressed Steel Linwood.
Carrying Capacity: 10.00 t.
Weight: 32.00-35.00 t.   **Length:** 18.465 m.
ETS Index: 3X (* 3; † 1X;‡ 1).   **Brakes:** Dual.
Note: 95212 is retained at Penzance for sea defence puposes. 95217 is retained for refuse transport from Euston depot.

95200†	PR	PPIU	BK+	95211	PE	PPSU	KM+	95228	PE	PPXT	NC+
95201	PR	PPSU	KM+	95212‡	SB	PPXX	PZ+	95229	PE	PPSU	OM+
95204	PE	PPSU	OM+	95217‡	SB	PPIU	EN	95230	PE	PPXT	DY+
95209*	PE	PPXT	BR+	95223	PR	PPXT	NC+				
95210*	PE	PPSU	OM+	95227	PE	PPSU	KM+				

NOV (GUV) — General Utility Van

Built: 1958 by Pressed Steel, Linwood.
Carrying Capacity: 10.00 t.
Weight: 32.00 t.   **Length:** 18.465 m.
ETS Index: 0.   **Brakes:** Vacuum.
Note: Retained for use at Gloucester station when lifts are out of order.

95366	SB	PPIU	BK

NRX (BG) — BAA Container Van

Built: 1954-55 by BR, York/Cravens, Sheffield as BG. Converted 1991 by BR, Railway Technical Centre, Derby.
Carrying Capacity: 10.00 t.
Weight: 33.7 t.   **Length:** 18.465 m.
ETS Index: 1X.   **Brakes:** Dual.
Note: Not in normal service. Retained for transferring materials between EWSR depots.

95400	PE	PPAC	BK	95410	PE	PPAC	BK

LHCS

NOA — Super General Utility Van

Built: 1958-60 by Pressed Steel, Linwood as GUV. Modified 1996.
Carrying Capacity: 10.00 t.
Weight: 32.00 t. **Length:** 18.465 m.
ETS Index: 0X. **Brakes:** Air.

95715	PE	PPOX	EN	95743	PR	PPOX	EN	95759	PR	PPOX	EN
95727	PR	PPOX	EN	95749	PR	PPOX	EN	95761	PE	PPOX	EN
95734	PE	PPOX	EN	95754	PR	PPOX	EN	95762	PE	PPOX	EN
95739	PR	PPOX	EN	95758	PE	PPOX	EN	95763	PR	PPOX	EN

NXA/*NXX (Motorail GUV) — Motorail Van

Built: 1958-60 by BR, York/St. Rollox/Pressed Steel, Linwood as GUV. Converted 1987.
Carrying Capacity: 14.00 t.
Weight: 30.00-32.00 t. **Length:** 18.465 m.
ETS Index: 0X. **Brakes:** Air (* Dual).
Notes: 96103 (TOPS 99025) is owned by Chipmans Chemicals and now form part of the Chipmans Weed Control train.

96100	IC	SAXH	KN+	96150	IC	SAXH	KN+	96176*	IC	SAXH	KN+
96101	IC	SAXH	KN+	96155	IC	SAXH	KN+	96177	IC	SAXH	KN+
96103			Horsham	96156	IC	SAXH	KN+	96178	IC	SAXH	KN+
96110	IC	SAXH	KN+	96157	IC	SAXH	KN+	96179	IC	SAXH	LT+
96111	IC	SAXH	KN+	96162	IC	SAXH	LT+	96181	IC	SAXH	LT+
96112	IC	SAXH	LT+	96163	IC	SAXH	KN+	96182	IC	SAXH	LM+
96130	IC	SAXH	KN+	96164	IC	SAXH	LT+	96185*	IC	SAXH	LT+
96131	IC	SAXH	KN+	96165	IC	SAXH	KN+	96186*	IC	SAXH	KN+
96132	IC	SAXH	LT+	96166	IC	SAXH	KN+	96187*	IC	SAXH	LT+
96133	IC	SAXH	LT+	96167	IC	SAXH	KN+	96188*	IC	SAXH	KN+
96134	IC	SAXH	LT+	96168	IC	SAXH	LT+	96189*	IC	SAXH	LT+
96135	IC	SAXH	LM+	96169	IC	SAXH	LT+	96190*	IC	SAXH	LT+
96136	IC	SAXH	LT+	96170*	IC	SAXH	KN+	96191*	IC	SAXH	KN+
96137	SB	SAXH	ZN+	96171*	IC	SAXH	LT+	96192*	IC	SAXH	KN+
96138	IC	SAXH	LT+	96172*	IC	SAXH	KN+	96193*	IC	SAXH	LT+
96139	IC	SAXH	LM+	96173*	IC	SAXH	KN+	96194*	IC	SAXH	LT+
96140	SB	SAXH	EP+	96174*	IC	SAXH	LT+	96195*	IC	SAXH	LT+
96141	SB	SAXH	LT+	96175*	IC	SAXH	KN+				

NPA (Motorail GUV) — Motorail Van

Built: 1958-59 by Pressed Steel, Linwood as GUV. Converted to Motorail GUV 1987, modified 1993.
Carrying Capacity: 14.00 t. **Maximum Speed:** 110 mph.
Weight: 30.00 t. **Length:** 18.465 m.
ETS Index: 0X. **Brakes:** Air.
Notes: 96211/12 are owned by Chipmans Chemicals and now form part of the Chipmans Weed Control train.

96210	IC	SAXH	LT+	96213	IC	SAXH	KN+	96216	IC	SAXH	KN+
96211			Horsham	96214	IC	SAXH	KN+	96217	IC	SAXH	KN+
96212			Horsham	96215	IC	SAXH	KN+	96218	IC	SAXH	LT+

NG — Motorail Loading Ramp

Built: 1960 by BR, Swindon Works.
Weight: **Length:**
ETS Index: Not equipped. **Brakes:**

96450	SAXH	KN+	96452	SAXH	LT+	96453	SAXH	PC+
96451	SAXH	KN+						

NYX — Exhibition Van

Built: 1955 by BR, Wolverton as BSK. Converted 1972 by BR, Swindon.
Carrying Capacity: 5.50 t. **Maximum Speed:** 90 mph.
Weight: 34.00 t. **Length:** 20.447 m.

NIGHTSTAR

ETS Index: **Brakes:** Dual.
99621 SP PPSU OM+   99625 SP PPSU OM+

NYV   Exhibition Van
Built: 1962 by Pressed Steel, Linwood, as RB. Converted 1981.
Carrying Capacity: 5.50 t.   **Maximum Speed:** 90 mph.
Weight: 39.00 t.   **Length:** 20.447 m.
ETS Index: 2.   **Brakes:** Vacuum.

99645 SP PPSU FE+   99646 SP   BN

NYA   Exhibition Van
Built: 1971-72 by BR, Derby C & W as various types. Converted 1996 by Carriage & Traction, Crewe.
Carrying Capacity:
Weight: **Length:** 20.644 m.
ETS Index: **Brakes:** Air.

99662 SP PWCO BN   99664 SP PWCO BN   99666 SP PWCO BN
99663 SP PWCO BN   99665 SP PWCO BN

PRIVATE OWNER NUMBER SERIES

Most vehicles previously shown under this heading are now shown in the main body of the text under their former (and in most cases now current) numbers. However, certain vehicles cannot be conveniently so listed as such and so continue to be listed under this heading.

Reg. No.	Prev. No.	Depot	Type	Owner	
99052	(484)	MBCS	BN	WCJS Dining Saloon	Resco Railways
99053	(9004)	MBCS	CP	GWR Saloon	Regency Rail
99131	(1999)	MBCS	EN	LNER Saloon	Sea Containers
99542	(889202)	MBCS	SL	Ferry Van	Sea Containers
99880	(159)	MBCS	BN	LNWR Dining Saloon	Resco Railways
99881	(807)	MBCS	BN	GNR Family Saloon	Resco Railways

NIGHTSTAR COACHING STOCK

RECLINING SEAT CAR
Built: 1996-97 by GEC Alsthom, Birmingham
Weight: **Length:**
Seats: 50S.   **Toilets:**
ETS Index: **Brakes:**
Maximum Speed:

61 19 20-90 001-0	61 19 20-90 017-6	61 19 20-90 033-3
61 19 20-90 002-8	61 19 20-90 018-4	61 19 20-90 034-1
61 19 20-90 003-6	61 19 20-90 019-2	61 19 20-90 035-8
61 19 20-90 004-4	61 19 20-90 020-0	61 19 20-90 036-6
61 19 20-90 005-1	61 19 20-90 021-8	61 19 20-90 037-4
61 19 20-90 006-9	61 19 20-90 022-6	61 19 20-90 038-2
61 19 20-90 007-7	61 19 20-90 023-4	61 19 20-90 039-0
61 19 20-90 008-5	61 19 20-90 024-2	61 19 20-90 040-8
61 19 20-90 009-3	61 19 20-90 025-9	61 19 20-90 041-6
61 19 20-90 010-1	61 19 20-90 026-7	61 19 20-90 042-4
61 19 20-90 011-9	61 19 20-90 027-5	61 19 20-90 043-2
61 19 20-90 012-7	61 19 20-90 028-3	61 19 20-90 044-0
61 19 20-90 013-5	61 19 20-90 029-1	61 19 20-90 045-7
61 19 20-90 014-3	61 19 20-90 030-9	61 19 20-90 046-5
61 19 20-90 015-0	61 19 20-90 031-7	61 19 20-90 047-3
61 19 20-90 016-8	61 19 20-90 032-5	

EUROSTAR
SLEEPING CAR

Built: 1996-97 by GEC Alsthom, Birmingham
Weight:
Compartments: 10.
ETS Index:
Maximum Speed:

Length:
Toilets:
Brakes:

61 19 70-90 001-9	61 19 70-90 019-1	61 19 70-90 037-3	61 19 70-90 055-5
61 19 70-90 002-7	61 19 70-90 020-9	61 19 70-90 038-1	61 19 70-90 056-3
61 19 70-90 003-5	61 19 70-90 021-7	61 19 70-90 039-9	61 19 70-90 057-1
61 19 70-90 004-3	61 19 70-90 022-5	61 19 70-90 040-7	61 19 70-90 058-9
61 19 70-90 005-0	61 19 70-90 023-3	61 19 70-90 041-5	61 19 70-90 059-7
61 19 70-90 006-8	61 19 70-90 024-1	61 19 70-90 042-3	61 19 70-90 060-5
61 19 70-90 007-6	61 19 70-90 025-8	61 19 70-90 043-1	61 19 70-90 061-3
61 19 70-90 008-4	61 19 70-90 026-6	61 19 70-90 044-9	61 19 70-90 062-1
61 19 70-90 009-2	61 19 70-90 027-4	61 19 70-90 045-6	61 19 70-90 063-9
61 19 70-90 010-0	61 19 70-90 028-2	61 19 70-90 046-4	61 19 70-90 064-7
61 19 70-90 011-8	61 19 70-90 029-0	61 19 70-90 047-2	61 19 70-90 065-4
61 19 70-90 012-6	61 19 70-90 030-8	61 19 70-90 048-0	61 19 70-90 066-2
61 19 70-90 013-4	61 19 70-90 031-6	61 19 70-90 049-8	61 19 70-90 067-0
61 19 70-90 014-2	61 19 70-90 032-4	61 19 70-90 050-6	61 19 70-90 068-8
61 19 70-90 015-9	61 19 70-90 033-2	61 19 70-90 051-4	61 19 70-90 069-6
61 19 70-90 016-7	61 19 70-90 034-0	61 19 70-90 052-2	61 19 70-90 070-4
61 19 70-90 017-5	61 19 70-90 035-7	61 19 70-90 053-8	61 19 70-90 071-2
61 19 70-90 018-3	61 19 70-90 036-5	61 19 70-90 054-8	61 19 70-90 072-0

SERVICE VEHICLE/LOUNGE CAR

Built: 1996-97 by GEC Alsthom, Birmingham
Weight:
Compartments:
ETS Index:
Maximum Speed:

Length:
Toilets:
Brakes:

61 19 89-90 001-8	61 19 89-90 006-7	61 19 89-90 011-7	61 19 89-90 016-6
61 19 89-90 002-6	61 19 89-90 007-5	61 19 89-90 012-5	61 19 89-90 017-4
61 19 89-90 003-4	61 19 89-90 008-3	61 19 89-90 013-3	61 19 89-90 018-2
61 19 89-90 004-2	61 19 89-90 009-1	61 19 89-90 014-1	61 19 89-90 019-0
61 19 89 90 005-9	61 19 89-90 010-9	61 19 89-90 015-8	61 19 89-90 020-8

EUROSTAR

TRANS MANCHE SUPER TRAIN

Articulated 20-car units formed of two 10-car sets coupled back to back. Gangwayed within unit.
System: 25 kV ac overhead/3000 V dc overhead or 750 V dc third rail.
Normal Formation: DM + MSOL + TSOL + TSOL + TSOL + TSOL + Kitchen/Bar + TFOL + TFOL + TBFOL.
Built: 1993-96 by GEC Alsthom, Belfort, France (DM); De Dietrich, France (MSOL); GEC Alsthom, Aytre, France (TSOL & Bar), Bombardier Eurorail, Belgium (TFOL & TBFOL).
Electrical Equipment: GEC Alsthom/Brush. **Weight:** 752.40 t.
Length: 22.15 + 21.845 + 18.70 + 18.70 + 18.70 + 18.70 + 18.70 + 18.70 + 18.70 + 18.70 m.
Seats: 0 + 48S + 58S + 58S + 58S + 58S + 0 + 39F + 39F + 27F.
Toilets: 0 + 1 + 1 + 2 + 1 + 2 + 0 + 1 + 1 + 1. **Maximum Speed:** 300 km/h.

BR Owned Units

3001	ES	GPSL	NP	730010	730011	730012	730013	730014	730015	730016	730017	730018	730019
3002	ES	GPSL	NP	730020	730021	730022	730023	730024	730025	730026	730027	730028	730029
3003	ES	GPSL	NP	730030	730031	730032	730033	730034	730035	730036	730037	730038	730039
3004	ES	GPSL	NP	730040	730041	730042	730043	730044	730045	730046	730047	730048	730049
3005	ES	GPSL	NP	730050	730051	730052	730053	730054	730055	730056	730057	730058	730059
3006	ES	GPSL	NP	730060	730061	730062	730063	730064	730065	730066	730067	730068	730069
3007	ES	GPSL	NP	730070	730071	730072	730073	730074	730075	730076	730077	730078	730079
3008	ES	GPSL	NP	730080	730081	730082	730083	730084	730085	730086	730087	730088	730089

EUROSTAR

Set		Type									
3009	ES	GPSL NP	730090	730091	730092	730093	730094	730095	730096	730097	730098	730099
3010	ES	GPSL NP	730100	730101	730102	730103	730104	730105	730106	730107	730108	730109
3011	ES	GPSL NP	730110	730111	730112	730113	730114	730115	730116	730117	730118	730119
3012	ES	GPSL NP	730120	730121	730122	730123	730124	730125	730126	730127	730128	730129
3013	ES	GPSL NP	730130	730131	730132	730133	730134	730135	730136	730137	730138	730139
3014	ES	GPSL NP	730140	730141	730142	730143	730144	730145	730146	730147	730148	730149
3015	ES	GPSL NP	730150	730151	730152	730153	730154	730155	730156	730157	730158	730159
3016	ES	GPSL NP	730160	730161	730162	730163	730164	730165	730166	730167	730168	730169
3017	ES	GPSL NP	730170	730171	730172	730173	730174	730175	730176	730177	730178	730179
3018	ES	GPSL NP	730180	730181	730182	730183	730184	730185	730186	730187	730188	730189
3019	ES	GPSL NP	730190	730191	730192	730193	730194	730195	730196	730197	730198	730199
3020	ES	GPSL NP	730200	730201	730202	730203	730204	730205	730206	730207	730208	730209
3021	ES	GPSL NP	730210	730211	730212	730213	730214	730215	730216	730217	730218	730219
3022	ES	GPSL NP	730220	730221	730222	730223	730224	730225	730226	730227	730228	730229

Belgian National Railways (SNCB/NMBS) Owned Units

Set		Type									
3101	ES	GPSL FF	731010	731011	731012	731013	731014	731015	731016	731017	731018	731019
3102	ES	GPSL FF	731020	731021	731022	731023	731024	731025	731026	731027	731028	731029
3103	ES	GPSL FF	731030	731031	731032	731033	731034	731035	731036	731037	731038	731039
3104	ES	GPSL FF	731040	731041	731042	731043	731044	731045	731046	731047	731048	731049
3105	ES	GPSL FF	731050	731051	731052	731053	731054	731055	731056	731057	731058	731059
3106	ES	GPSL FF	731060	731061	731062	731063	731064	731065	731066	731067	731068	731069
3107	ES	GPSL FF	731070	731071	731072	731073	731074	731075	731076	731077	731078	731079
3108	ES	GPSL FF	731080	731081	731082	731083	731084	731085	731086	731087	731088	731089

French National Railways (SNCF) Owned Units

Set		Type									
3201	ES	GPSL LY	732010	732011	732012	732013	732014	732015	732016	732017	732018	732019
3202	ES	GPSL LY	732020	732021	732022	732023	732024	732025	732026	732027	732028	732029
3203	ES	GPSL LY	732030	732031	732032	732033	732034	732035	732036	732037	732038	732039
3204	ES	GPSL LY	732040	732041	732042	732043	732044	732045	732046	732047	732048	732049
3205	ES	GPSL LY	732050	732051	732052	732053	732054	732055	732056	732057	732058	732059
3206	ES	GPSL LY	732060	732061	732062	732063	732064	732065	732066	732067	732068	732069
3207	ES	GPSL LY	732070	732071	732072	732073	732074	732075	732076	732077	732078	732079
3208	ES	GPSL LY	732080	732081	732082	732083	732084	732085	732086	732087	732088	732089
3209	ES	GPSL LY	732090	732091	732092	732093	732094	732095	732096	732097	732098	732099
3210	ES	GPSL LY	732100	732101	732102	732103	732104	732105	732106	732107	732108	732109
3211	ES	GPSL LY	732110	732111	732112	732113	732114	732115	732116	732117	732118	732119
3212	ES	GPSL LY	732120	732121	732122	732123	732124	732125	732126	732127	732128	732129
3213	ES	GPSL LY	732130	732131	732132	732133	732134	732135	732136	732137	732138	732139
3214	ES	GPSL LY	732140	732141	732142	732143	732144	732145	732146	732147	732148	732149
3215	ES	GPSL LY	732150	732151	732152	732153	732154	732155	732156	732157	732158	732159
3216	ES	GPSL LY	732160	732161	732162	732163	732164	732165	732166	732167	732168	732169
3217	ES	GPSL LY	732170	732171	732172	732173	732174	732175	732176	732177	732178	732179
3218	ES	GPSL LY	732180	732181	732182	732183	732184	732185	732186	732187	732188	732189
3219	ES	GPSL LY	732190	732191	732192	732193	732194	732195	732196	732197	732198	732199
3220	ES	GPSL LY	732200	732201	732202	732203	732204	732205	732206	732207	732208	732209
3221	ES	GPSL LY	732210	732211	732212	732213	732214	732215	732216	732217	732218	732219
3222	ES	GPSL LY	732220	732221	732222	732223	732224	732225	732226	732227	732228	732229
3223	ES	GPSL LY	732230	732231	732232	732233	732234	732235	732236	732237	732238	732239
3224	ES	GPSL LY	732240	732241	732242	732243	732244	732245	732246	732247	732248	732249
3225	ES	GPSL LY	732250	732251	732252	732253	732254	732255	732256	732257	732258	732259
3226	ES	GPSL LY	732260	732261	732262	732263	732264	732265	732266	732267	732268	732269
3227	ES	GPSL LY	732270	732271	732272	732273	732274	732275	732276	732277	732278	732279
3228	ES	GPSL LY	732280	732281	732282	732283	732284	732285	732286	732287	732288	732289
3229	ES	GPSL LY	732290	732291	732292	732293	732294	732295	732296	732297	732298	732299
3230	ES	GPSL LY	732300	732301	732302	732303	732304	732305	732306	732307	732308	732309
3231	ES	GPSL LY	732310	732311	732312	732313	732314	732315	732316	732317	732318	732319
3232	ES	GPSL LY	732320	732321	732322	732323	732324	732325	732326	732327	732328	732329

BR Owned North of London units. Revised details:
Normal Formation: DM + MSOL + TSOL + TSOL + TSOL + Kitchen/Bar + TFOL + TBFOL.
Length Overall: 22.15 + 21.845 + 18.70 + 18.70 + 18.70 + 18.70 + 18.70 m.
Seats: 0 + 48S + 58S + 58S + 58S + 0 + 39F + 18F.
Weight: **Toilets:** 0 + 1 + 2 + 1 + 1 + 0 + 1 + 1.

EUROSTAR

3301	ES	GPSL NP	733010	733011	733013	733012	733015	733016	733017	733019
3302	ES	GPSL NP	733020	733021	733023	733022	733025	733026	733027	733029
3303	ES	GPSL NP	733030	733031	733033	733032	733035	733036	733037	733039
3304	ES	GPSL NP	733040	733041	733043	733042	733045	733046	733047	733049
3305	ES	GPSL NP	733050	733051	733053	733052	733055	733056	733057	733059
3306	ES	GPSL NP	733060	733061	733063	733062	733065	733066	733067	733069
3307	ES	GPSL NP	733070	733071	733073	733072	733075	733076	733077	733079
3308	ES	GPSL NP	733080	733081	733083	733082	733085	733086	733087	733089
3309	ES	GPSL NP	733090	733091	733093	733092	733095	733096	733097	733099
3310	ES	GPSL NP	733100	733101	733103	733102	733105	733106	733107	733109
3311	ES	GPSL NP	733110	733111	733113	733112	733115	733116	733117	733119
3312	ES	GPSL NP	733120	733121	733123	733122	733125	733126	733127	733129
3313	ES	GPSL NP	733130	733131	733133	733132	733135	733136	733137	733139
3314	ES	GPSL NP	733140	733141	733143	733142	733145	733146	733147	733149

Spare Power Car
3999 ES GPSL NP 739990

SERVICE VEHICLES

This section lists in tabular form all former Multiple Unit vehicles now in use as Service Vehicles (i.e not in normal revenue earning service). Due to the multiplicity of types it is not possible to give fuller details within this publication and readers are advise to consult specialist publications for further details.

305 908	NW	QAMX	IL	977741 977742 977743		937 990	NW	QAMX	EM	977876 977877 977878
316 997	BG	CDJX	ZA	977708 977709 977710		937 991	NW	QAMX	IL	977926 977927 977928
930 001	NW	QCMX	SU	975032		937 998	RK	QAMX	IL	977604 977605 977606
930 003	NW	QAMX	SU	975594 975595		951 067	NW	QAMX	ZG+	977697 977698 977699
930 004	N	QCMX	WD	975586 975587		951 068	NW	QAMX	SU	977696
930 005	RK	QCMX	WD	975588 975589		951 069	RK	QCMX	SU	977939 977870 977940
930 006	NW	QCMX	WD	975590 975591		960 001	SP	CDRX	BY	977693 977694
930 007	NW	QCMX	RE	975592 975593		960 002	NW	QAMX	RG	977722
930 008	RK	QCMX	RE	975596 975597		960 003	NW	QXXX	BY	977723
930 009	NW	QCMX	SU	975598 975599		960 010	NW	QAMX	AL	977858
930 010	NW	QCMX	SU	975600 975601		960 011	NW	QXXX	LO	977859
930 011	RK	QCMX	SU	975602 975603		960 012	NR	QAMX	RG	977860
930 012	NW	QCMX	FR	975604 975605		960 013	RK	QAMX	NC	977866
930 013	NW	QCMX	RE	975896 975897		960 014	NW	QAMX	RG	977873
930 014	NW	QCMX	WD	977207 977609		960 015	NW	QAMX	BY	975042
930 016	RK	QCMX	FR	977533 977534		960 925	BG	QXXX	LA	977466
930 017	RK	QCMX	BM	977566 977567		960 933	SC	QXXX	MH+	977834 977835
930 030	RK	QCMX	RE	977804 977805		960 991	NW	QXXX	LO	977895 977896
930 031	RK	QCMX	RE	977864 977865		960 992	BG	QXXX	LO	977897 977898
930 032	NW	QCMX	RE	977874 977875		960 993	BG	QXXX	LO	977899 977900
930 033	RK	QCMX	RE	977871 977872		960 994	BG	QXXX	LO	977901 977902
930 034	N	QCMX	WD	977924 977925		960 995	BG	QXXX	LO	977903 977904
930 078	NW	QAMX	HE	977578			SB	QXXX	LO+	975023
930 079	NW	QAMX	SU	977579			GR	CDRX	BY	975010
930 082	CX	QXXX	BI	977861 977862 977863			SB	QXXX	CP+	977191
930 501	GR	QCMX	ST+	977385			SP	CDRX	ZA	977335
931 001	NW	QXXX	RE	977856 977857			RK	QCMX	RE	977364
931 002	N	QXXX	RE	977917 977918			NW	QXXX	SU+	977379
931 090	NW	SBXH	BM+	68010			SP	CDRX	RG	977391 999602 977392
931 091	NW	SBXH	BM+	68001			BG	QXXX	TS+	977486
931 092	NW	SBXH	BM+	68002			SB	QXXX	BX+	977554
931 093	SB	SBXH	BM+	68003			BG	QXXX	TS+	977753
931 094	NW	SBXH	BM+	68004			SP	LXXX	BX	977775 977776
931 095	NJ	SBXH	BM+	68005			BG	QXXX	TO+	977813 977814
931 097	NJ	SBXH	BM+	68007			BG	QXXX	TS+	977825
931 098	NW	SBXH	BM+	68008			BG	QXXX	TS+	977829
931 099	NJ	SBXH	BM+	68009			BG	QXXX	ZC+	977853 977854
936 001	MD	QAMX	BD+	77345			CR	CDRX	ZA	999507
936 002	BG	QAMX	BD+	977347			SP	CDRX	NC	999600 999601
936 003	MD	QAMX	BD	977349 977350			SP	CDJX	ZA	999603
936 103	BG	QAMX	GW	977844 977845 977846			BG	IU	IL	041369
936 104	BG	QAMX	GW	977847 977848 977849			BG	IU	NL	042222 (54342)

NAMES

Note: Only names carried with official sanction are listed.

LOCOMOTIVES

Number	Name
08578	Lybert Dickinson
08661	Europa
08701	The Sorter
08711	Eagle C.U.R.C.
08714	Cambridge
08790	M.A. Smith
08869	The Canary
08879	Sheffield Childrens Hospital
08888	Postman's Pride
08919	Steep Holm
08950	Neville Hill 1st
08993	Ashburnham
08994	Gwendraeth
08995	Kidwelly
09009	Three Bridges C.E.D.
09012	Dick Hardy
09026	William Pearson
20075	Sir William Cooke
20128	Guglielmo Marconi
20131	Almon B. Strowger
20187	Sir Charles Wheatstone
20301	Furness Railway 150
20901	Nancy
20902	Lorna
20903	Alison
20904	Janis
20905	Iona
20906	Kilmarnock 400
31105	Bescot TMD
31106	The Blackcountryman
31130	Calder Hall Power Station
31146	Brush Veteran
31147	Floreat Salopia
31233	Severn Valley Railway
31405	Mappa Mundi
31410	Granada Telethon
31423	Jerome K. Jerome
31439	North Yorkshire Moors Railway
31468	The Enginemen's Fund
33019	Griffon
33025	Sultan
33026	Seafire
33046	Merlin
33051	Shakespeare Cliff
33116	Hertfordshire Rail Tours
33202	The Burma Star
37023	Stratford TMD Quality Approved
37025	Inverness TMD
37051	Merehead
37055	Rail Celebrity
37057	Viking
37073	Fort William/An Gearasdan
37079	Medite
37088	Clydesdale
37114	City of Worcester
37116	Sister Dora
37185	Lea & Perrins
37194	British International Freight Association
37201	Saint Margaret
37216	Great Eastern
37232	The Institution of Railway Signal Engineers
37248	Midland Railway Centre
37251	The Northern Lights
37261	Caithness
37262	Dounreay
37275	Oor Wullie
37332	The Coal Merchants Association of Scotland
37379	Ipswich WRD Quality Approved
37401	Mary Queen of Scots
37402	Bont Y Bermo
37403	Ben Cruachan
37404	Loch Long
37405	Strathclyde Region
37406	The Saltire Society
37407	Blackpool Tower
37408	Loch Rannoch
37409	Loch Awe
37410	Aluminium 100
37412	Driver John Elliott
37413	Loch Eil Outward Bound
37414	Cathays C & W Works 1846-1993
37417	Highland Region
37420	The Scottish Hosteller
37421	The Kingsman
37422	Robert F. Fairlie Locomotive Engineer 1831-1885
37423	Sir Murray Morrison 1873-1948 Pioneer of British Aluminium Industry
37425	Sir Robert McAlpine/Concrete Bob
37428	David Lloyd George
37429	Eisteddfod Genedlaethol
37430	Cwmbrân
37505	British Steel Workington
37670	St. Blazey T & RS Depot
37671	Tre Pol and Pen
37672	Freight Transport Association
37674	St. Blaise Church 1445-1995
37682	Hartlepool Pipe Mill
37684	Peak National Park
37692	The Lass O' Ballochmyle
37702	Taff Merthyr
37712	Teesside Steelmaster
37715	British Petroleum
37716	British Steel Corby
37717	Maltby Lilly Hall Junior School Rotherham Railsafe Trophy Winners 1996
37799	Sir Dyfed/County of Dyfed
37884	Gartcosh
37887	Castell Caerffili/Caerphilly Castle
37890	The Railway Observer
37892	Ripple Lane
37898	Cwmbargoed DP
37899	County of West Glamorgan/Sir Gorllewin Morgannwg
37901	Mirrlees Pioneer
37905	Vulcan Enterprise
43002	Top of the Pops
43011	Reader 125
43013	CrossCountry Voyager
43016	Gwyl Gerddi Cymru 1992/Garden Festival Wales 1992
43019	Dinas Abertawe/City of Swansea
43020	John Grooms
43023	County of Cornwall
43025	Exeter
43026	City of Westminster
43027	Glorious Devon
43032	The Royal Regiment of Wales
43034	The Black Horse
43038	National Railway Museum The First Ten Years 1975-1985
43041	City of Discovery
43044	Borough of Kettering
43045	The Grammar School Doncaster AD1350
43046	Royal Philharmonic
43047	Rotherham Enterprise
43049	Neville Hill
43051	The Duke & Duchess of York
43052	City of Peterborough
43053	Leeds United
43055	Sheffield Star
43056	University of Bradford
43057	Bounds Green
43058	Midland Pride
43060	County of Leicestershire
43061	City of Lincoln
43063	Maiden Voyager
43064	City of York
43065	City of Edinburgh
43066	Nottingham Playhouse
43071	Forward Birmingham
43072	Derby Etches Park
43076	BBC East Midlands Today
43077	County of Nottingham
43078	Golowan Festival Penzance
43084	County of Derbyshire
43085	City of Bradford
43088	XIII Commonwealth Games Scotland 1986
43091	Edinburgh Military Tattoo
43093	Lady in Red
43096	The Queens Own Hussars
43100	Craigentinny
43101	Edinburgh International Festival
43103	John Wesley
43104	County of Cleveland
43106	Songs of Praise
43109	Yorkshire Evening Press
43110	Darlington
43113	City of Newcastle Upon Tyne
43115	Yorkshire Cricket Academy
43121	West Yorkshire Metropolitan County
43122	South Yorkshire Metropolitan County
43125	Merchant Venturer
43126	City of Bristol
43131	Sir Felix Pole
43134	County of Somerset
43147	The Red Cross
43149	B.B.C. Wales Today
43150	Bristol Evening Post
43154	Intercity
43155	B.B.C. Look North
43157	Yorkshire Evening Post

NAMES

Number	Name
43158	Dartmoor The Pony Express
43160	Storm Force
43161	Reading Evening Post
43162	Borough of Stevenage
43169	The National Trust
43170	Edward Paxman
43173	Swansea University
43177	University of Exeter
43179	Pride of Laira
43181	Devonport Royal Dockyard 1693-1993
43185	Great Western
43186	Sir Francis Drake
43188	City of Plymouth
43189	Railway Heritage Trust
43191	Seahawk
43192	City of Truro
43193	Plymouth Spirit of Discovery
43195	British Red Cross 125th Birthday 1995
43196	The Newspaper Society Founded 1836
43197	Railway Magazine Centenary 1897-1997
D172	Ixion
47004	Old Oak Common Traction & Rolling Stock Depot
47016	Atlas
47033	The Royal Logistic Corps
47049	GEFCO
47053	Dollands Moor International
47085	REPTA 1893-1993
47145	Merddin Emrys
47146	Loughborough Grammar School
47186	Catcliffe Demon
47200	Herbert Austin
47206	The Morris Dancer
47213	Marchwood Military Port
47218	United Transport Europe
47219	Arnold Kunzler
47228	axial
47236	Rover Group Quality Assured
47238	Bescot Yard
47241	Halewood Silver Jubilee 1988
47245	The Institute of Export
47270	Cory Brothers 1842-1992
47280	Pedigree
47286	Port of Liverpool
47291	The Port of Felixstowe
47297	Cobra Railfreight
47298	Pegasus
47301	Freightliner Birmingham
47306	The Sapper
47309	The Halewood Transmission
47310	Henry Ford
47314	Transmark
47319	Norsk Hydro
47326	Saltley Depot Quality Approved
47348	St. Christopher's Railway Home
47365	Diamond Jubilee
47370	Andrew A Hodgkinson
47375	Tinsley Traction Depot (Quality Approved)
47376	Freightliner 1995
47474	Sir Rowland Hill
47475	Restive
47476	Night Mail
47484	Isambard Kingdom Brunel
47501	Craftsman
47513	Severn
47522	Doncaster Enterprise
47528	The Queen's Own Mercian Yeomanry
47550	University of Dundee
47555	The Commonwealth Spirit
47565	Responsive
47572	Ely Cathedral
47574	Benjamin Gimbert G.C.
47575	City of Hereford
47584	The Locomotive & Carriage Institution
47624	Saint Andrew
47634	Holbeck
47640	University of Strathclyde
47702	County of Suffolk
47705	Guy Fawkes
47707	Holyrood
47710	Quasimodo
47711	County of Hertfordshire
47712	Dick Whittington
47715	Haymarket
47721	Saint Bede
47722	The Queen Mother
47725	The Railway Mission
47726	Manchester Airport Progress
47727	Duke of Edinburgh's Award
47732	Restormel
47733	Eastern Star
47734	Crewe Diesel Depot Quality Approved
47736	Cambridge Traction & Rolling Stock Depot
47737	Resurgent
47738	Bristol Barton Hill
47739	Resourceful
47741	Resilient
47742	The Enterprising Scot
47744	Saint Edwin
47745	Royal London Society for the Blind
47746	The Bobby
47747	Res Publica
47749	Atlantic College
47750	Royal Mail Cheltenham
47756	Royal Mail Tyneside
47757	Restitution
47760	Restless
47764	Resounding
47765	Ressaldar
47766	Resolute
47767	Saint Columba
47768	Resonant
47769	Resolve
47770	Reserved
47771	Heaton Traincare Depot
47773	Reservist
47774	Poste Restante
47775	Respite
47776	Respected
47777	Restored
47778	Irresistible
47781	Isle of Iona
47783	Saint Peter
47784	Condover Hall
47785	The Statesman
47786	Roy Castle OBE
47787	Victim Support
47788	Captain Peter Manisty RN
47789	Lindisfarne
47790	Dewi Sant/Saint David
47791	Venice Simplon Orient-Express
47792	Saint Cuthbert
47793	Saint Augustine
47798	Prince William
47799	Prince Henry
47810	Porterbrook
47816	Bristol Bath Road Quality Approved
47825	Thomas Telford
47831	Bolton Wanderer
47832	Tamar
47840	North Star
47841	The Institution of Mechanical Engineers
47844	Derby & Derbyshire Chamber Commerce & Industry
47845	County of Kent
47846	Thor
47854	Women's Royal Voluntary Service
47971	Robin Hood
47972	The Royal Army Ordnance Corps
47973	Derby Evening Telegraph
47975	The Institution of Civil Engineers
47976	Aviemore Centre
D9000	Royal Scots Grey
56006	Ferrybridge "C" Power Station
56032	Sir De Morgannwg/County of South Glamorgan
56033	Shotton Paper Mill
56034	Castell Ogwr/Ogmore Castle
56037	Richard Trevithick
56038	Western Mail
56039	ABP Port of Hull
56040	Oystermouth
56044	Cardiff Canton Quality Approved
56050	British Steel Teesside
56051	Isle of Grain
56053	Sir Morgannwg Ganol/County of Mid Glamorgan
56054	British Steel Llanwern
56057	British Fuels
56060	The Cardiff Rod Mill
56062	Mountsorrel
56063	Bardon Hill
56069	Thornaby T.M.D
56073	Tremorfa Steel Works
56074	Kellingley Colliery
56075	West Yorkshire Enterprise
56076	British Steel Trostre
56077	Thorpe Marsh Power Station
56080	Selby Coalfield
56086	The Magistrates' Association
56091	Castle Donington Power Station
56093	The Institution of Mining Engineers
56094	Eggborough Power Station
56095	Harworth Colliery
56099	Fiddlers Ferry Power Station
56101	Mutual Improvement
56110	Croft
56112	Stainless Pioneer
56117	Wilton Coalpower
56123	Drax Power Station
56130	Wardley Opencast
56131	Ellington Colliery
56133	Crewe Locomotive Works
56134	Blyth Power
56135	Port of Tyne Authority

NAMES

Number	Name
58002	Daw Mill Colliery
58003	Markham Colliery
58005	Ironbridge Power Station
58007	Drakelow Power Station
58011	Worksop Depot
58014	Didcot Power Station
58017	Eastleigh Depot
58018	High Marnham Power Station
58019	Shirebrook Colliery
58020	Doncaster Works
58021	Hither Green Depot
58023	Peterborough Depot
58032	Thoresby Colliery
58034	Bassetlaw
58039	Rugeley Power Station
58040	Cottam Power Station
58041	Ratcliffe Power Station
58042	Petrolea
58044	Oxcroft Opencast
58046	Asfordby Mine
58047	Manton Colliery
58049	Littleton Colliery
58050	Toton Traction Depot
59001	Yeoman Endeavour
59002	Alan J Day
59003	Yeoman Highlander
59004	Paul A Hammond
59005	Kenneth J. Painter
59101	Village of Whatley
59102	Village of Chantry
59103	Village of Mells
59104	Village of Great Elm
59201	Vale of York
59202	Vale of White Horse
59203	Vale of Pickering
59204	Vale of Glamorgan
59205	Vale of Evesham
60003	Christopher Wren
60005	Skiddaw
60006	Great Gable
60008	Gypsum Queen II
60009	Carnedd Dafydd
60011	Cader Idris
60013	Robert Boyle
60014	Alexander Fleming
60015	Bow Fell
60017	Shotton Works Centenary Year 1996
60016	Langdale Pikes
60018	Moel Siabod
60021	Pen-y-Ghent
60023	The Cheviot
60028	John Flamsteed
60029	Ben Nevis
60030	Cir Mhor
60031	Ben Lui
60032	William Booth
60033	Anthony Ashley Cooper
60034	Carnedd Llewelyn
60035	Florence Nightingale
60036	Sgurr Na Ciche
60037	Helvellyn
60039	Glastonbury Tor
60043	Yes Tor
60044	Ailsa Craig
60045	Josephine Butler
60046	William Wilberforce
60048	Saddleback
60051	Mary Somerville
60054	Charles Babbage
60055	Thomas Barnardo
60056	William Beveridge
60057	Adam Smith
60058	John Howard
60059	Swinden Dalesman
60060	James Watt
60061	Alexander Graham Bell
60062	Samuel Johnson
60063	James Murray
60064	Back Tor
60065	Kinder Low
60066	John Logie Baird
60067	James Clerk-Maxwell
60068	Charles Darwin
60069	Humphry Davy
60070	John Loudon McAdam
60071	Dorothy Garrod
60072	Cairn Toul
60073	Cairn Gorm
60074	Braeriach
60076	Suilven
60077	Canisp
60079	Foinaven
60080	Kinder Scout
60081	Bleaklow Hill
60082	Mam Tor
60083	Shining Tor
60084	Cross Fell
60086	Schiehallion
60087	Slioch
60088	Buachaille Etive Mor
60089	Arcuil
60090	Quinag
60091	An Teallach
60092	Reginald Munns
60093	Jack Stirk
60094	Tryfan
60096	Ben Macdui
60097	Pillar
60098	Charles Francis Brush
60099	Ben More Assynt
60100	Boar of Badenoch
73107	Redhill 1844-1994
73109	Battle of Britain 50th Anniversary
73114	Stewarts Lane Traction Maintenance Depot
73117	University of Surrey
73119	Kentish Mercury
73126	Kent & East Sussex Railway
73129	City of Winchester
73133	The Bluebell Railway
73134	Woking Homes 1885-1985
73136	Kent Youth Music
73201	Broadlands
73202	Royal Observer Corps
73204	Stewarts Lane 1860-1985
73206	Gatwick Express
73207	County of East Sussex
73208	Croydon 1883-1983
73210	Selhurst
73212	Airtour Suisse
86101	Sir William A Stanier FRS
86102	Robert A Riddles
86103	André Chapelon
86204	City of Carlisle
86205	City of Lancaster
86206	City of Stoke on Trent
86207	City of Lichfield
86208	City of Chester
86209	City of Coventry
86210	C.I.T. 75th Anniversary
86212	Preston Guild 1328-1992
86213	Lancashire Witch
86214	Sans Pareil
86216	Meteor
86217	City University
86218	Harold MacMillan
86219	Phoenix
86220	The Round Tabler
86221	B.B.C. Look East
86222	Clothes Show Live
86223	Norwich Union
86224	Caledonian
86225	Hardwicke
86226	Charles Rennie Mackintosh
86227	Sir Henry Johnson
86228	Vulcan Heritage
86229	Sir John Betjeman
86230	The Duke of Wellington
86231	Starlight Express
86232	Norfolk & Norwich Festival
86233	Laurence Olivier
86234	J B Priestley OM
86235	Crown Point
86236	Josiah Wedgwood Master Potter 1736-1795
86237	University of East Anglia
86238	European Community
86240	Bishop Eric Treacy
86241	Glenfiddich
86242	James Kennedy GC
86244	The Royal British Legion
86245	Dudley Castle
86246	Royal Anglian Regiment
86247	Abraham Darby
86248	Sir Clwyd/County of Clwyd
86249	County of Merseyside
86250	The Glasgow Herald
86251	The Birmingham Post
86252	The Liverpool Daily Post
86253	The Manchester Guardian
86255	Penrith Beacon
86256	Pebble Mill
86257	Snowdon
86258	Talyllyn-The First Preserved Railway
86259	Greater Manchester The Life & Soul of Britain
86260	Driver Wallace Oakes G.C.
86425	Saint Mungo
86430	Saint Edmund
86605	Intercontainer
86607	The Institution of Electrical Engineers
86608	St. John Ambulance
86611	Airey Neave
86612	Elizabeth Garrett Anderson
86613	County of Lancashire
86614	Frank Hornby
86615	Rotary International
86621	London School of Economics
86627	The Industrial Society
86628	Aldaniti
86632	Brookside
86633	Wulfruna
86634	University of London
87001	Royal Scot
87002	Royal Sovereign
87003	Patriot
87004	Britannia
87005	City of London
87006	City of Glasgow

NAMES

87007	City of Manchester	91021	Royal Armouries	150 257	Queen Boadicea
87008	City of Liverpool	91022	Robert Adley	150 285	Edinburgh-Bathgate 1986-1996
87009	City of Birmingham	91024	Reverend W Awdry		
87010	King Arthur	91026	Voice of the North	153 306	Edith Cavell
87011	The Black Prince	91027	Great North Run	153 309	Gerard Fiennes
87012	The Royal Bank of Scotland	91028	Guide Dog	153 311	John Constable
87013	John O' Gaunt	91029	Queen Elizabeth II	153 314	Delia Smith
87014	Knight of the Thistle	91030	Palace of Holyroodhouse	153 322	Benjamin Britten
87015	Howard of Effingham	91031	Sir Henry Royce	153 326	Ted Ellis
87016	Willesden Intercity Depot	92001	Victor Hugo	156 433	The Kilmarnock Edition
87017	Iron Duke	92002	H.G. Wells	156 465	Bonnie Prince Charlie
87018	Lord Nelson	92003	Beethoven	156 477	Highland Festival
87019	Sir Winston Churchill	92004	Jane Austen	158 701	The Scottish Claymores
87020	North Briton	92005	Mozart	158 715	Haymarket
87021	Robert The Bruce	92006	Louis Armand	159 001	City of Exeter
87022	Cock o' the North	92007	Schubert	159 002	City of Salisbury
87023	Velocity	92008	Jules Verne	159 003	Templecombe
87024	Lord of the Isles	92009	Elgar	159 004	Basingstoke and Deane
87025	County of Cheshire	92010	Molière	207 201	Ashford Fayre
87026	Sir Richard Arkwright	92011	Handel	207 202	Brighton Royal Pavillion
87027	Wolf of Badenoch	92012	Thomas Hardy	60000	Hastings
87028	Lord President	92013	Puccini	60118	Tunbridge Wells
87029	Earl Marischal	92014	Emile Zola		
87030	Black Douglas	92015	D.H. Lawrence		
87031	Hal o' the Wynd	92016	Brahms		
87032	Kenilworth	92017	Shakespeare		
87033	Thane of Fife	92018	Stendhal		
87034	William Shakespeare	92019	Wagner		
87035	Robert Burns	92020	Milton		
87101	Stephenson	92021	Purcell		

ELECTRIC MULTIPLE UNITS

303 089	Cowal Highland Gathering 1894-1994
310 058	Chafford Hundred
313 020	Parliament Hill
314 203	European Union
317 361	King's Lynn Festival
317 366	Letchworth Garden City
317 371	Stevenage New Town 50 Years 1946-1996
317 372	Welwyn Garden City
318 250	Geoff Shaw
318 266	Strathclyder
319 005	Partnership for Progress
319 008	Cheriton
319 009	Coquelles
319 030	Harlington Festival
319 055	Brixton Challenge
319 215	London
319 217	Brighton
319 218	Croydon
320 305	Glasgow School of Art 1844-150-1995
320 322	Festive Glasgow Orchid
321 312	Southend-on-Sea
321 315	Gurkha
321 334	Amsterdam
321 336	Geoffrey Freeman Allen
321 407	Hertfordshire WRVS
325 008	Peter Howarth CBE
2401	Beaulieu
2402	County of Hampshire
2403	The New Forest
2404	Borough of Woking
2405	City of Portsmouth
2406	Victory
2407	Thomas Hardy
2408	County of Dorset
2409	Bournemouth Orchestras
2410	Meridian Tonight
2415	Mary Rose
2418	Wessex Cancer Trust
2419	BBC South Today
2420	City of Southampton

90001	BBC Midlands Today	92022	Charles Dickens
90002	The Girls' Brigade	92023	Ravel
90003	The Herald	92024	J.S. Bach
90004	The D' Oyly Carte Opera Company	92025	Oscar Wilde
90005	Financial Times	92026	Britten
90006	High Sheriff	92027	George Eliot
90007	Lord Stamp	92028	Saint Saëns
90008	The Birmingham Royal Ballet	92029	Dante
90009	The Economist	92030	Ashford
90010	275 Railway Squadron (Volunteers)	92032	César Franck
		92033	Berlioz
90011	The Chartered Institute of Transport	92034	Kipling
		92035	Mendelssohn
90012	British Transport Police	92036	Bertolt Brecht
90013	The Law Society	92037	Sullivan
90014	"The Liverpool Phil"	92038	Voltaire
90015	BBC North West	92039	Johann Strauss
90017	Rail Express Systems Quality Assured	92040	Goethe
		92041	Vaughan Williams
90020	Colonel Bill Cockburn CBE TD	92042	Honegger
90022	Freightconnection	92043	Debussy
90126	Crewe International Electric Maintenance Depot	92044	Couperin
		92045	Chaucer
90127	Allerton T & RS Depot Quality Approved	92046	Sweelinck

DIESEL MULTIPLE UNITS

90128	Vrachtverbinding
90129	Frachtverbindungen
90130	Fretconnection
90132	Cerestar
90135	Crewe Basford Hall
90143	Freightliner Coatbridge
91002	Durham Cathedral
91005	Royal Air Force Regiment
91008	Thomas Cook
91009	Saint Nicholas
91010	Northern Rock
91011	Terence Cuneo
91013	Michael Faraday
91018	Robert Louis Stevenson
91019	Scottish Enterprise

51332	Marston Vale
143 617	Bewick's Swan
143 618	Mute Swan
143 619	Whooper Swan
150 213	Lord Nelson
150 217	Oliver Cromwell
150 227	Sir Alf Ramsey
150 229	George Borrow
150 231	King Edmund
150 235	Cardinal Wolsey
150 237	Hereward the Wake
150 255	Henry Blogg

LIVERIES

2422	Operation Overlord	301	Perseus	5193	Clan MacLeod
2423	County of Surrey	302	Phoenix	5212	Caperkailzie
5711	Spirit of Rugby	308	Cygnus	9385	Balmacara
5750	Wimbledon Train Care	504	The White Rose	9388	Bailechaul
5735	The Royal Borough of Kingston upon Thames	506	The Red Rose	9414	Brahan Seer
		546	City of Manchester	10569	Leviathan
		548	Elizabethan	17007	Mercator
		549	Prince Rupert	80320	The Borders Mail
		550	Golden Arrow	80327	George James

LOCO HAULED COACHING STOCK

		551	Caledonian	80360	Derek Carter
		552	Southern Belle	80367	M.G. Berry
		553	King Arthur	80390	Ernie Gosling
		586	Talisman	82101	Wembley InterCity Depot Quality Approved
		3125	Loch Shiel		
213	Minerva	3240	Pendennis	82115	Liverpool John Moores University
243	Lucille	3267	Tregarna		
245	Ibis	3273	Restormel	82120	Liverpool Chamber of Commerce
254	Zena	5132	Clan Munro		
255	Ione	5139	Clan Ross	82132	West Midlands
280	Audrey	5154	Clan Fraser	82134	Sir Henry Doulton
284	Vera	5166	Clan Mackenzie	82135	Spirit of Cumbria
		5191	Clan Donald	82148	International Spring Fair

SPECIAL LIVERIES/NUMBERING

08414	grey with BR & Railfreight Distribution logos and large bodyside numbers. Carries number D3529.
08460	light grey with black underframe & roof. Carries number D3575.
08466	as FO, but with large bodyside numbers.
08500	red, lined in black & white.
08519	carries number D3681.
08527	light grey with black roof, blue bodyside stripe and Ilford Level 5 branding.
08593	Great Eastern Railway style blue. Carries number D3760.
08616	Great Western Railway style green with cast numberplate 616.
08642	London & South Western Railway style black. Carries number D3809.
08689	grey with a Railfreight General emblem and large bodyside numbers.
08691	green with metal cabside BR symbols and large bodyside numbers.
08715	'Dayglo' orange.
08721	as SB, but with a red & yellow stripe.
08775	as SB, but with large bodyside numbers.
08801	carries number 801.
08805	London Midland & Scottish Railway style red.
08879	Green and black with Railfreight Distribution logos.
08883	Caledonian Railway style blue.
08907	London & North Western Railway style black.
08928	as FR, but with large bodyside numbers and light blue solebar.
08933	as GG, but has two orange stripes on the cabside.
08938	grey & red.
20092	BRB Central Services livery (red & grey).
20169	BRB Central Services livery (red & grey).
31116	grey and yellow with red stripes and 'Infrastructure' branding.
31165	carries number D5583.
31233	as CE, but with Regional Railways lettering.
31283	as BL, but with small logos.
31327	as FR, but with large bodyside numbers.
31413	BR blue with yellow cabsides, a light blue stripe along the bottom of the bodyside and a red stripe around the bottom of the cabs.
31558	as CE, but with a darker grey stripe along the bottom of the body.
31970	Research Dept. light grey, dark grey, white & red.
33008	carries number D6508.
33116	also carries number D6535.
37116	as SB but with Transrail logos.
37330	as BL but with small numbers.
37403	also carries number D6607.
47004	also carries number D1524.
47121	also carries number 1710.
47145	dark blue with Railfreight Distribution logos.
47302	as FR, but with large bodyside numbers.
47303	as FE, but without Railfreight Distribution lettering.
47484	Great Western Railway style green with cast numberplates.
47513	as BL but with small numbers.
47519	also carries number D1102.
47803	yellow & white with a red stripe.
59003	blue and red with cast numberplates, Foster Yeoman & Deutsche Bundesbahn logos.
73005	non-standard blue livery.
90128	Belgian National Railways style blue & yellow.
90129	German Railways style red & white.
90130	French National Railways style two-tone grey.
90136	two-tone grey with yellow ends and roof and Railfreight Distribution lettering.
97806	BR blue with grey cab.
117 305	51368 is Great Western Railway style chocolate & cream; 51361 is NW.
303 048	Caledonian Blue.
309 624	Manchester Airport advertising livery (Blue with white roof level stripes & Manchester Airport logos.
321 334	Nederlandse Spoorwegen style yellow with Great Eastern branding.
1568	blue with a broad white stripe, swept up at the ends.

POOL CODES

6311	Walt Disney Exhibition Train livery.	99665	Walt Disney Exhibition Train livery.
10661	Railcare Demonstrator livery.	99666	Walt Disney Exhibition Train livery.
35407	London & North Western Railway style livery.	960 001	two-tone silver grey.
80211	purple livery.	977391	two-tone silver grey with a red stripe.
92116	Walt Disney Exhibition Train livery.	977392	two-tone silver grey with a red stripe.
99621	Exhibition Van - livery varies according to job.	977775	Grey, red and yellow livery.
99625	Exhibition Van - livery varies according to job.	977776	Grey, red and yellow livery.
99645	Exhibition Van - livery varies according to job.	999507	BR Reasearch red & blue livery.
99646	Exhibition Van - livery varies according to job.	999600	Blue & white with a red stripe.
99662	Walt Disney Exhibition Train livery.	999601	Blue & white with a red stripe.
99663	Walt Disney Exhibition Train livery.	999602	two-tone silver grey with a red stripe.
99664	Walt Disney Exhibition Train livery.	999603	two-tone silver grey.

OPERATING POOL CODES & OWNER DETAILS

LOCOMOTIVES

Code	Operator	Class	Depots	Notes	Owner
CDJD	BRB Central Production Services	08	DY	Railway Technical Centre	British Railways Board
DAAN	EWSR	08	AN	North West	EWSR
DADC	EWSR	92	CE	Dollands Moor - Wembley (92002-04/11/12/15/30/37/39)	EWSR
	EWSR	92	CE	Dollands Moor - Wembley (92020)	Eurostar (UK)
	EWSR	92	CE	Dollands Moor - Wembley (92010/28/38)	SNCF
DAEC	EWSR	92	CE	Modifications, tests & commissioning (92032)	Eurostar (UK)
	EWSR	92	CE	Modifications, tests & commissioning (92001/13/16/17/19/24/25/31)	EWSR
	EWSR	92	CE	Modifications, tests & commissioning (92033)	SNCF
DAET	EWSR	47	TI	RfD Diesel Fleet	EWSR
DAMC	EWSR	87	CE	RfD Electric Fleet	EWSR
	EWSR	90	CE	RfD Electric Fleet	EWSR
DASY	EWSR	08	TI	RfD (Outbased Saltley)	EWSR
DATI	EWSR	08	TI	RfD (Tinsley TMD)	EWSR
DAVC	EWSR	92	CE	Variable Train Control (92005/07-09/22/26/27/29/34-36/41/42)	EWSR
	EWSR	92	CE	Variable Train Control (92006/14/18/23/43)	SNCF
	EWSR	92	CE	Variable Train Control (92021/40/44-46)	Eurostar (UK)
DAWE	EWSR	08	AN	RfD (Outbased Wembley)	EWSR
	EWSR	09	AN	RfD (Outbased Wembley)	EWSR
DAXT	EWSR	Various	Various	RfD Awaiting decision	EWSR
DAYX	EWSR	Various	Various	RfD Stored	EWSR
DAZZ	EWSR	Various	HQ	RfD Withdrawn	EWSR
DFLC	Freightliner	90	CE		Porterbrook Leasing
DFLM	Freightliner	47	CD	Multiple Working fitted (47114/204/205/234/292)	Freightliner
	Freightliner	47	CD	Multiple Working fitted (47152/303/361)	Porterbrook Leasing
DFLR	Freightliner	47	CD	Resilience Pool (except 47290/370)	Porterbrook Leasing
	Freightliner	47	CD	Resilience Pool (47290/370)	Freightliner
DFLS	Freightliner	08	Various	(except 08077)	Porterbrook Leasing
	Freightliner	08	EH	(08077)	RFS (E)
DFLT	Freightliner	47	CD	(47079/207/302)	Freightliner
	Freightliner	47	CD	(except 47079/207/302)	Porterbrook Leasing
DFNC	Freightliner	86	CE	(86602-11 only)	Freightliner

POOL CODES

Code	Operator				Owner
	Freightliner	86	CE	(except 86602-11)	Porterbrook Leasing
DHLT	Freightliner	47	CD	Stored/Withdrawn	Freightliner
	Freightliner	47	CD	Stored	Porterbrook Leasing
ENAN	EWSR	60	TO	Midlands, South & North West England	
ENBN	EWSR	58	TO	Midlands & South of England	EWSR
ENRN	EWSR	47	TO	Toton (Restricted Use)	EWSR
ENSN	EWSR	08	TO		EWSR
	EWSR	09	TO		EWSR
ENTN	EWSR	31	TO	East Midlands	EWSR
	EWSR	37	TO	East Midlands	EWSR
ENXX	EWSR	Various	Various	Surplus Locomotives	EWSR
ENZX	EWSR	Various	HQ	Withdrawn Locomotives	EWSR
EWDB	EWSR	33	SL	South of England	EWSR
	EWSR	37	SL	South of England	EWSR
EWEB	EWSR	73	EH	South of England	EWSR
EWEH	EWSR	08	EH		EWSR
EWHG	EWSR	09	SL	Outbased Hither Green	EWSR
EWOC	EWSR	08	OC		EWSR
	EWSR	09	OC		EWSR
EWRB	EWSR	37	SL	South of England (Restricted Use)	EWSR
	EWSR	73	EH	South of England (Restricted Use)	EWSR
EWSX	EWSR	08	SF	Stored Shunters (South)	EWSR
FDAI	EWSR	60	IM	North East England	EWSR
FDBI	EWSR	56	IM	North of England	EWSR
FDCI	EWSR	37	IM	North East England	EWSR
FDRI	EWSR	37	IM	North East England (Restricted Use)	EWSR
	EWSR	47	IM	North East England (Restricted Use)	EWSR
FDSD	EWSR	08	DR		EWSR
FDSI	EWSR	08	IM		EWSR
FDSK	EWSR	08	KY		EWSR
	EWSR	09	KY		EWSR
FDSX	EWSR	08	Various	Stored Shunters	EWSR
FDYX	EWSR	Various	IM, TE	Stored Main Line	EWSR
FDZX	EWSR	Various	HQ	Withdrawn	EWSR
FMSY	EWSR	08	TE		EWSR
	EWSR	09	TE		EWSR
GPSG	Eurostar (UK)	96	OC		Eurostar (UK)
GPSN	Eurostar (UK)	73	SL	Outbased North Pole	Eurostar (UK)
GPSS	Eurostar (UK)	08	OC	Outbased North Pole	Eurostar (UK)
GPSV	Eurostar (UK)	37	OC		Eurostar (UK)
HASS	ScotRail Railways	08	IS		ScotRail Railways
HBSH	GNER	08	BN, EC	(except 08331)	GNER
	GNER	08	BN	(08331)	RFS (E)
HEBD	Merseyrail Electrics	73	BD		Merseyrail Electrics
HFSL	InterCity West Coast	08	LO		InterCity West Coast
HFSN	InterCity West Coast	08	WN		InterCity West Coast
HGSS	Central Trains	08	TS		Central Trains
HISE	Midland Main Line	08	DY		Midland Main Line
HISL	Midland Main Line	08	NL		Midland Main Line
HJSE	Great Western Trains	08	LE		Great Western Trains
HJSL	Great Western Trains	08	LA		Great Western Trains
HJXX	Great Western Trains	08	OO, PM		Great Western Trains
HLSV	Cardiff Railways	08	CF	East Somerset Railway (on loan)	Cardiff Railways
HSSN	Anglia Railways	08	NC		Anglia Railways
HWSU	Connex South Central	09	SU		Connex South Central
HYSB	South West Trains	73	BM		South West Trains
IANA	Anglia Railways	86	NC		Eversholt Holdings
ICCA	Virgin Cross Country	86	LG		Eversholt Holdings
ICCP	Virgin Cross Country	43	LA		Porterbrook Leasing
ICCS	Virgin Cross Country	43	EC		Porterbrook Leasing
IECA	GNER	91	BN		Eversholt Holdings
IECP	GNER	43	EC, NL		Angel Train Contracts

POOL CODES

Code	Operator	Number	Loc	Notes	Owner
ILRA	Virgin Cross Country	47	CD		Porterbrook Leasing
ILRB	Virgin Cross Country	47	CD	Short Term Hire	Porterbrook Leasing
IMLP	Midland Main Line	43	NL		Porterbrook Leasing
IVGA	Gatwick Express Railway	73	SL		Porterbrook Leasing
IWCA	InterCity West Coast	87	WN		Porterbrook Leasing
	InterCity West Coast	90	WN		Porterbrook Leasing
IWCP	InterCity West Coast	47	LO		Angel Train Contracts
IWLA	Great Western Trains	43	LA		Porterbrook Leasing
IWLX	Great Western Trains	47	LA	Reserve Fleet	Porterbrook Leasing
IWPA	InterCity West Coast	86	WN		Eversholt Holdings
IWRP	Great Western Trains	43	LA, PM		Angel Train Contracts
KCSI	Adtranz	08	ZI		Adtranz
KDSD	Adtranz	08	ZF		Adtranz
KESE	Wessex Traincare	08	ZG		Wessex Traincare
KGSS	Railcare	08	ZH		Railcare
KWSW	Railcare	08	ZN		Railcare
LBBS	EWSR	08	BS		EWSR
	EWSR	09	BS		EWSR
LBSB	EWSR	37	BS	West Midlands (Sandite fitted)	EWSR
LCWX	EWSR	Various	HQ	Strategic Reserve Fleet	EWSR
LCXX	EWSR	Various	HQ	Spares Use only	EWSR
LCYX	EWSR	Various	HQ	Awaiting completion of sale	EWSR
LCZX	EWSR	Various	HQ	Withdrawn	EWSR
LGAM	EWSR	56	ML	Scotland	EWSR
LGBM	EWSR	37	ML	Scotland	EWSR
LGHM	EWSR	37	ML	Scotland (RETB fitted)	EWSR
LGML	EWSR	08	ML		EWSR
	EWSR	09	ML		EWSR
LNAK	EWSR	60	CF	Wales & West of England	EWSR
LNBK	EWSR	56	CF	Wales & West of England	EWSR
LNCF	EWSR	Various	CF	Classes 08 & 09	EWSR
LNCK	EWSR	37	CF	Wales & West of England	EWSR
LNLK	EWSR	37	CF	Cornwall	EWSR
LNSK	EWSR	37	CF	Wales & West of England (Sandite fitted)	EWSR
LNWK	EWSR	08	CF	Allied Steel & Wire Hire Fleet	EWSR
LWCW	EWSR	37	CD	West Midlands & North West England	EWSR
LWMC	North West Regional Rlys	37	CD	North West Passenger	EWSR
LWNW	EWSR	31	CD	West Midlands & North West England	EWSR
LWRC	EWSR	47	CD	Crewe (Restricted Use)	EWSR
LWSP	EWSR	08	SP		EWSR
MBDL	Non TOC	Various	Various	Preserved Diesel Locomotives	See text
MBEL	Non TOC	Various	Various	Preserved Electric Locomotives	See text
PWLO	Cardiff Railway Company	47	CD	Charter Fleet	Rail Charter Services
PWLS	Rail Charter Services	47	CD	Stored Fleet	Rail Charter Services
PXLB	EWSR	47	CD	ReS Railnet Fleet	EWSR
PXLC	EWSR	47	CD	ReS non Railnet Fleet	EWSR
PXLD	EWSR	47	CD	Reserve Fleet	EWSR
PXLE	EWSR	86	CE	ReS Electric Fleet	EWSR
	EWSR	90	CE	ReS Electric Fleet	EWSR
PXLK	EWSR	47	CD	Railtest Fleet	EWSR
PXLP	EWSR	47	CD	VIP Duties Fleet	EWSR
PXLS	EWSR	08	Various		EWSR
PXXA	EWSR	08	HQ	Stored	EWSR
RNRG	Western Track Renewals	97/6	RG		Western Track Renewals
SAXL	Eversholt Holdings	All	HQ	Off Lease	Eversholt Holdings
SBXL	Porterbrook Leasing	All	HQ	Off Lease	Porterbrook Leasing
TAKB	BRT-Racal	20	BS		BRT-Racal
TAKX	BRT-Racal	20	HQ	Stored	BRT-Racal
XHSD	Direct Rail Services	20	SD		Direct Rail Services
XYPA	Mendip Rail	59	MD		Foster Yeoman

POOL CODES

Code	Operator	Class	Depot	Notes	Owner
XYPD	Hunslet-Barclay	20	ZK		Hunslet-Barclay
XYPN	National Power	59	FB		National Power
XYPO	Mendip Rail	59	MD		ARC

DIESEL MULTIPLE UNITS

Code	Operator	Class	Depot	Notes	Owner
FMUY	EWSR	122	TE	Route Learning Car	EWSR
HACN	ScotRail Railways	156	CK	Glasgow & South Western	Angel Train Contracts
HACV	ScotRail Railways	101	CK		Angel Train Contracts
HACW	ScotRail Railways	156	CK	West Highland	Angel Train Contracts
HACX	ScotRail Railways	156	CK	Strathclyde PTE	Angel Train Contracts
HAHE	ScotRail Railways	158	HA		Porterbrook Leasing
HAHN	ScotRail Railways	156	CK	Lothian	Angel Train Contracts
HAHS	ScotRail Railways	150	HA		Porterbrook Leasing
HAHV	ScotRail Railways	117	HA		Angel Train Contracts
HAIN	ScotRail Railways	156	IS		Angel Train Contracts
HCHE	Regional Rlys North East	158	HT	2-Car Units	Porterbrook Leasing
HCHN	Regional Rlys North East	156	HT		Angel Train Contracts
HCHP	Regional Rlys North East	142	HT		Angel Train Contracts
HCHR	Regional Rlys North East	153	HT		Angel Train Contracts
HCHT	Regional Rlys North East	158	HT	3-Car Units	Porterbrook Leasing
HCNE	Regional Rlys North East	158	NL		Porterbrook Leasing
HCNM	Regional Rlys North East	158	NL	WYPTE	Porterbrook Leasing
HCNN	Regional Rlys North East	156	NL		Angel Train Contracts
HCNP	Regional Rlys North East	142	NL		Angel Train Contracts
HCNU	Regional Rlys North East	155	NL	WYPTE	Porterbrook Leasing
HCNW	Regional Rlys North East	144	NL	2-Car Units	Porterbrook Leasing
HCNX	Regional Rlys North East	141	NL		Porterbrook Leasing
HCNY	Regional Rlys North East	144	NL	3-Car Units	Porterbrook Leasing
HDLH	North West Regional Rlys	101	LO	Power/Power Units	Angel Train Contracts
HDLJ	North West Regional Rlys	101	LO	Power/Trailer Units	Angel Train Contracts
HDLK	North West Regional Rlys	101	LO	3-Car Units	Angel Train Contracts
HDNE	North West Regional Rlys	158	NH		Porterbrook Leasing
HDNN	North West Regional Rlys	156	NH		Porterbrook Leasing
HDNP	North West Regional Rlys	142	NH		Angel Train Contracts
HDNR	North West Regional Rlys	153	NH		Porterbrook Leasing
HDNS	North West Regional Rlys	150/1	NH	Non GMPTE	Angel Train Contracts
HDNT	North West Regional Rlys	150/1	NH	Greater Manchester PTE	Angel Train Contracts
HDNU	North West Regional Rlys	150/2	NH	GMPTE/Merseyside PTE	Angel Train Contracts
HGNE	Central Trains	158	NC		Angel Train Contracts
HGTC	Central Trains	150	TS	2-Car Units	Angel Train Contracts
HGTN	Central Trains	156	TS		Porterbrook Leasing
HGTR	Central Trains	153	TS		Porterbrook Leasing
HGTT	Central Trains	150	TS	3-Car Units	Angel Train Contracts
HHNE	Virgin Cross Country	158	NH		Porterbrook Leasing
HKCE	South Wales & West Rlys	158	CF		Angel Train Contracts
HKCP	South Wales & West Rlys	143	CF		Porterbrook Leasing
HKCR	South Wales & West Rlys	153	CF		Angel Train Contracts
HKCS	South Wales & West Rlys	150	CF		Porterbrook Leasing
HKPH	South Wales & West Rlys	101	PZ		Angel Train Contracts
	South Wales & West Rlys	117	PZ		Angel Train Contracts
HLVP	Cardiff Railways	143	CF		Porterbrook Leasing
HLVS	Cardiff Railways	150	CF		Porterbrook Leasing
HSNR	Anglia Railways	153	NC		Porterbrook Leasing
HSNS	Anglia Railways	150	NC		Porterbrook Leasing
NGBX	North London Railways	117	BY	London Area Services	Angel Train Contracts
NMYX	Chiltern Railways	165	AL		Angel Train Contracts
NNDX	North London Railways	117	BY	Bedford - Bletchley Services	Angel Train Contracts
	North London Railways	121	BY	Bedford - Bletchley Services	Angel Train Contracts
NSLX	Connex South Central	205	SU		Porterbrook Leasing
	Connex South Central	207	SU		Porterbrook Leasing
NSSX	South West Trains	159	SA		Porterbrook Leasing
NWRX	Thames Trains	165	RG		Angel Train Contracts

POOL CODES

Code	Operator	Class	Depot	Notes	Owner
	Thames Trains	166	RG		Angel Train Contracts
SAXH	Eversholt Holdings	All	HQ	Off Lease	Eversholt Holdings
SAXZ	Eversholt Holdings	All	HQ	Off Lease, awaiting disposal	Eversholt Holdings
SBXH	Porterbrook Leasing	All	HQ	Off Lease	Porterbrook Leasing
SBXZ	Porterbrook Leasing	All	HQ	Off Lease, awaiting disposal	Porterbrook Leasing
SCXH	Angel Train Contracts	All	HQ	Off Lease	Angel Train Contracts
SCXZ	Angel Train Contracts	All	HQ	Off Lease, awaiting disposal	Angel Train Contracts

ELECTRIC MULTIPLE UNITS

Code	Operator	Class	Depot	Notes	Owner
HAGA	ScotRail Railways	320	GW		Eversholt Holdings
HAGB	ScotRail Railways	318	GW		Eversholt Holdings
HAGC	ScotRail Railways	314	GW		Angel Train Contracts
HAGD	ScotRail Railways	305	GW		Eversholt Holdings
HAGN	ScotRail Railways	303	GW	North Clyde	Angel Train Contracts
HAGS	ScotRail Railways	303	GW	South Clyde	Angel Train Contracts
HCNA	Regional Rlys North East	321	NL	WYPTE	Royal Bank of Scotland
HCNB	Regional Rlys North East	308	NL	WYPTE	Angel Train Contracts
HDLA	North West Regional Rlys	323	LG	Airport Services	Porterbrook Leasing
HDLB	North West Regional Rlys	305/2	LG		Angel Train Contracts
HDLC	North West Regional Rlys	309	LG		Angel Train Contracts
HDLX	North West Regional Rlys	323	LG	GMPTE Services	Porterbrook Leasing
HEBA	Merseyrail Electrics	507, 508	BD		Angel Train Contracts
HEHA	Merseyrail Electrics	507, 508	HR		Angel Train Contracts
HGBW	Central Trains	310	BY		Eversholt Holdings
HGBX	Central Trains	312	LG		Angel Train Contracts
	Central Trains	323	BY		Porterbrook Leasing
IVGX	Gatwick Express Railway	488, 489	SL		Porterbrook Leasing
NGEX	Great Eastern Railways	312	IL		Angel Train Contracts
	Great Eastern Railways	315	IL		Eversholt Holdings
	Great Eastern Railways	321	IL		Eversholt Holdings
NGNX	W. Anglia & Gt Northern Rlys	313	HE	Great Northern	Eversholt Holdings
	W. Anglia & Gt Northern Rlys	317	HE	Great Northern	Angel Train Contracts
	W. Anglia & Gt Northern Rlys	365	HE	Great Northern	Eversholt Holdings
NKCX	Connex South Eastern	365	RE	Kent Coast	Eversholt Holdings
	Connex South Eastern	411	RE	Kent Coast	Porterbrook Leasing
	Connex South Eastern	421	RE	Kent Coast	Eversholt Holdings
	Connex South Eastern	423	RE	Kent Coast (34xx & 35xx)	Angel Train Contracts
	Connex South Eastern	423	RE	Kent Coast (38xx)	Porterbrook Leasing
NKSX	Connex South Eastern	465/1	SG	Kent Link	Eversholt Holdings
	Connex South Eastern	465/2	SG	Kent Link	Angel Train Contracts
	Connex South Eastern	466	SG	Kent Link	Angel Train Contracts
NMLX	Thameslink Rail	319	SU		Porterbrook Leasing
NNEX	W. Anglia & Gt. Northern Rlys	315	HE	West Anglia	Eversholt Holdings
	W. Anglia & Gt. Northern Rlys	317	HE	West Anglia	Angel Train Contracts
NNLX	North London Railways	313	BY		Eversholt Holdings
NNWX	North London Railways	321	BY		Eversholt Holdings
NSBX	South West Trains	421	FR	Surrey & Berkshire suburban	Eversholt Holdings
	South West Trains	455	WD	Surrey & Berkshire suburban	Porterbrook Leasing
NSLX	Connex South Central	319	SU		Porterbrook Leasing
	Connex South Central	456	SU		Porterbrook Leasing
	Connex South Central	455	SU		Porterbrook Leasing
NSSX	South West Trains	411	BM, FR	Solent & Sarum	Porterbrook Leasing
	South West Trains	412	FR	Solent & Sarum	Eversholt Holdings
	South West Trains	421	FR	Solent & Sarum	Eversholt Holdings
	South West Trains	423	WD	Solent & Sarum	Eversholt Holdings
	South West Trains	442	BM	Solent & Sarum	Angel Train Contracts
	Island Line	483	RY		Eversholt Holdings

POOL CODES

Code	Operator	Number	Code2	Description	Owner
NSXX	Connex South Central	411	BI	Sussex Coast	Porterbrook Leasing
	Connex South Central	420	BI	Sussex Coast	Porterbrook Leasing
	Connex South Central	421	BI	Sussex Coast	Angel Train Contracts
	Connex South Central	422	BI	Sussex Coast	Porterbrook Leasing
	Connex South Central	423	BI	Sussex Coast	Porterbrook Leasing
NTSX	LTS Rail	302	EM		Eversholt Holdings
	LTS Rail	310	EM		Eversholt Holdings
	LTS Rail	312	EM		Angel Train Contracts
PPMB	EWSR	325	GW/SU		Royal Mail
SAXH	Eversholt Holdings	All	HQ	Off Lease	Eversholt Holdings
SAXZ	Eversholt Holdings	All	HQ	Off Lease, awaiting disposal	Eversholt Holdings
SBXH	Porterbrook Leasing	All	HQ	Off Lease	Porterbrook Leasing
SBXZ	Porterbrook Leasing	All	HQ	Off Lease, awaiting disposal	Porterbrook Leasing
SCXH	Angel Train Contracts	All	HQ	Off Lease	Angel Train Contracts
SCXZ	Angel Train Contracts	All	HQ	Off Lease, awaiting disposal	Angel Train Contracts

COACHING STOCK

Code	Operator	Type	Code2	Description	Owner
GPSM	Eurostar (UK)	LHCS	NP	Barrier Vehicles	Eurostar (UK)
HAIS	ScotRail Railways	LHCS	IS	Sleeping Cars	Porterbrook Leasing
HAIS	ScotRail Railways	LHCS	IS	Sleeper Reception Lounge	Eversholt Holdings
HDLL	North West Regional Rlys	LHCS	LL		Eversholt Holdings
HGXX	Central Trains	LHCS	TS	Barrier Vehicles	Porterbrook Leasing
IANR	Anglia Railways	LHCS	NC	Mark 1 & 2 Vehicles	Eversholt Holdings
IANR	Anglia Railways	LHCS	NC	Mark 3 Vehicles	Porterbrook Leasing
ICCC	Virgin Cross Country	LHCS	Various	Carpeted vehicles	Eversholt Holdings
ICCE	Virgin Cross Country	HST	EC		Porterbrook Leasing
ICCR	Virgin Cross Country	LHCS	Various		Eversholt Holdings
ICCT	Virgin Cross Country	HST	LA		Porterbrook Leasing
ICCX	Virgin Cross Country	LHCS	Various	Non refurbished vehicles	Eversholt Holdings
IECD	GNER	HST	EC		Angel Train Contracts
IECG	GNER	LHCS	BN	Barrier Vehicles	Eversholt Holdings
IECX	GNER	LHCS	BN	Mark 4 vehicles	Eversholt Holdings
ILAG	Angel Train Contracts	LHCS	LA	Barrier vehicle	Angel Train Contracts
IMLR	Midland Main Line	HST	NL		Porterbrook Leasing
IWCR	InterCity West Coast	LHCS	OY	Mark 2 vehicles	Eversholt Holdings
IWCT	InterCity West Coast	HST	MA		Angel Train Contracts
IWCX	InterCity West Coast	LHCS	MA, OY	Mark 3 vehicles	Porterbrook Leasing
IWRG	Great Western Trains	LHCS	LA		Angel Train Contracts
IWRR	Great Western Trains	HST	LA, PM		Angel Train Contracts
	Great Western Trains	LHCS	LA		Porterbrook Leasing
IWRX	Great Western Trains	LHCS	LA	Mark 2 Vehicles	Eversholt Holdings
	Great Western Trains	LHCS	LA	Mark 3 Vehicles	Porterbrook Leasing
MBCS	Other Non TOC	LHCS	Various		See text
MPXX	Other Non TOC	LHCS	Various	Stored	See text
PBCS	Rail Charter Services	LHCS	BN		Rail Charter Services
PPAA	EWSR	LHCS	BK, EN	Propelling Control Vehicles	EWSR
PPAC	EWSR	LHCS	EN	BAA Container Vans	EWSR
PPFA	EWSR	LHCS	EN, PZ	B4 bogied NF	EWSR
PPIU	EWSR	LHCS	Various	Internal Users	EWSR
PPKA	EWSR	LHCS	BK, EN	Super GUV (6 doors)	EWSR
PPOX	EWSR	LHCS	BK, EN	Super GUV (4 doors)	EWSR
PPOZ	EWSR	LHCS	Various	Royal Mail Vans	EWSR
PPRS	EWSR	LHCS	Various	Super BG	EWSR
PPSU	EWSR	LHCS	HQ	Surplus Vehicles	EWSR
PPXT	EWSR	LHCS	HQ	Surplus Vehicles awaiting movement	EWSR
PPXX	EWSR	LHCS	HQ	Vehicles awaiting disposal	EWSR
PWCL	Various	LHCS	Various	On hire vehicles	Rail Charter Services
PWCO	Rail Charter Services	LHCS	Various	Operational Vehicles	Rail Charter Services
PWCS	Rail Charter Services	LHCS	Various	Stored Vehicles	Rail Charter Services
QXXX	Railtrack	LHCS	Various	Sandite Vehicles	Railtrack
QAW	Railtrack	LHCS	ZN	Royal Train	Railtrack

DEPOT CODES

RFXX	South Wales & West Railways	LHCS	BK	On hire		West Coast Railway
SAXH	Eversholt Holdings	All	HQ	Off Lease		Eversholt Holdings
SAXZ	Eversholt Holdings	All	HQ	Off Lease, awaiting disposal		Eversholt Holdings
SBAG	Porterbrook Leasing	LHCS	NL	Barrier Vehicles		Porterbrook Leasing
SBXH	Porterbrook Leasing	All	HQ	Off Lease		Porterbrook Leasing
SBXZ	Porterbrook Leasing	All	HQ	Off Lease, awaiting disposal		Porterbrook Leasing
SCXH	Angel Train Contracts	All	HQ	Off Lease		Angel Train Contracts
SCXZ	Angel Train Contracts	All	HQ	Off Lease, awaiting disposal		Angel Train Contracts

EUROSTAR

GPSL	Eurostar (UK)	373/0	NP		Eurostar (UK)
GPSL	Eurostar (UK)	373/1	FF		SNCB
GPSL	Eurostar (UK)	373/2	LY		SNCF
GPSL	Eurostar (UK)	373/3	NP		Eurostar (UK)

SERVICE MULTIPLE UNITS

CDRX	BRB Central Services	Various	Various	Director of Research	British Railways Board
LXXX	EWSR	114	BX	Route Learning Car	EWSR
QAMX	Railtrack	Various	Various	South Zone	Railtrack
QCMC	Railtrack	Various	Various	South West Zone	Railtrack
QXXX	Railtrack	Various	Various		Railtrack

DEPOT CODES

Code	Depot	Operator	Allocation
AC	Aberdeen Clayhills	ScotRail	
AF	Chart Leacon	Connex South Eastern	
AF	Chart Leacon	ADtranz	
AL	Aylesbury	ADtranz	165
AN	Allerton (Liverpool)	EWSR	08, 09
AY	Ayr	EWSR	
BD	Birkenhead North	Merseyrail Electrics	73, 507
BI	Brighton	Connex South Central	421, 422, 423
BK	Barton Hill (Bristol)	EWSR	LHCS
BM	Bournemouth	South West Trains	73, 442
BN	Bounds Green (London)	GNER	08, 55, 89, 91, LHCS
BO	Bo'ness	Bo'ness & Kinneil Railway	LHCS
BS	Bescot (Walsall)	EWSR	08, 09, 20, 31, 37, 47
BX	Buxton	EWSR	
BY	Bletchley	North London Railways	117, 121, 310, 313, 321, 323
BZ	St. Blazey (Par)	EWSR	
CD	Crewe Diesel	EWSR	08, 31, 37, 47, LHCS
CE	Crewe International	EWSR	86, 87, 90, 92
CF	Cardiff Canton (Loco)	EWSR	08, 09, 37, 56, 60, 97
CF	Cardiff Canton (DMU)	South Wales & West Railways	143, 150, 153, 158
CH	Chester SD	North West Regional Railways	
CJ	Clapham Junction	South West Trains	
CK	Corkerhill (Glasgow)	ScotRail	101, 156
CN	Crewe (Railway Age)	Carriage & Traction	
CP	Crewe Carriage Shed	London & North Western Railway Co.	LHCS
CS	Carnforth	West Coast Railway Co.	LHCS
DI	Didcot	EWSR	
DI	Didcot	Great Western Society	LHCS
DR	Doncaster	EWSR	08
DV	Dover	Connex South Eastern	
DY	Derby Etches Park	Midland Main Line	08, LHCS
EC	Edinburgh Craigentinny	Cross Country Trains	08, 43, LHCS, HST
EH	Eastleigh	EWSR	08, 73
EM	East Ham	LTS Rail	302, 310, 312
EN	Euston Downside	EWSR	LHCS

DEPOT CODES

Code	Depot	Operator	Classes
EP	Edinburgh Portobello	Virgin Cross Country	
FB	Ferrybridge	National Power	59
FF	Forest (Bruxelles)	SNCB/NMBS	373
FR	Fratton	South West Trains	412, 421
FW	Fort William	ScotRail	
GI	Gillingham (Kent)	Connex South Eastern	
GP	Grove Park	Connex South Eastern	
GT	Goathland	North Yorkshire Moors Railway	LHCS
GW	Glasgow Shields	ScotRail	303, 305, 314, 318, 320, 325
HA	Haymarket (Edinburgh)	ScotRail	117, 150, 156, 158
HE	Hornsey	West Anglia & Great Northern Railways	313, 315, 317, 322
HG	Hither Green	EWSR	
HH	Haworth	Keighley & Worth Valley Railway	LHCS
HR	Hall Road (Liverpool)	Merseyrail Electrics	507, 508
HT	Heaton (Newcastle upon Tyne)	Regional Railways North East	08, 142, 153, 156, 158, LHCS
IL	Ilford	Great Eastern Railways	312, 315, 321
IM	Immingham	EWSR	08, 37, 47, 56, 60
IS	Inverness CSMD	ScotRail	LHCS
IS	Inverness TMD	EWSR	08, 156
KR	Kidderminster	Severn Valley Railway	LHCS
KY	Knottingley	EWSR	08, 09
LA	Laira (Plymouth)	Great Western Trains	08, 43, 47, LHCS
LG	Longsight Electric (Manchester)	Virgin Cross Country	86, 304, 305, 309, 312, 323
LL	Liverpool Edge Hill	North West Regional Railways	LHCS
LO	Longsight Diesel (Manchester)	North West Regional Railways	08, 101
LR	Leicester SD	EWSR	
LS	Longsight Wheel Lathe (Manchester)	Virgin Cross Country	
LY	Le Landy (Paris)	SNCF	373
MA	Manchester Longsight CSMD	InterCity West Coast	43, LHCS
MD	Merehead	Mendip Rail	59
MH	Millerhill SD (Edinburgh)	EWSR	
ML	Motherwell	EWSR	08, 09, 37, 56
NC	Norwich	Anglia Railways UK	08, 86, 150, 153, 158, LHCS
NH	Newton Heath (Manchester)	North West Regional Railways	142, 150, 153, 156, 158
NL	Neville Hill InterCity (Leeds)	Midland Main Line	08, 43, LHCS
NL	Neville Hill DMU/EMU (Leeds)	Regional Railways North East	141, 142, 144, 155, 156, 158, 308, 321
NP	North Pole (London)	Eurostar (UK)	LHCS
OC	Old Oak Common TMD (London)	EWSR	08, 09, 37, 96, 97
OO	Old Oak Common HST (London)	Great Western Trains	08
OM	Old Oak Common CSMD (London)	Thames Trains	
OY	Oxley (Wolverhampton)	InterCity West Coast	LHCS
PB	Peterborough SD	EWSR	
PC	Polmadie (Glasgow)	Inter City West Coast	LHCS
PH	Perth SD	ScotRail	
PM	St, Phillips Marsh (Bristol)	Great Western Trains	08, 43, LHCS
PZ	Penzance	Great Western Trains	101, 117, LHCS
RE	Ramsgate	Connex South Eastern	411, 421, 423
RG	Reading	Thames Trains	165, 166
RY	Ryde	Island Line	483
SA	Salisbury	South West Trains	159
SD	Sellafield	Direct Rail Services	20
SE	St. Leonards	St. Leonards Railway Engineering	71, 201, 202
SF	Stratford (London)	EWSR	08, 09, 47
SG	Slade Green	Connex South Eastern	465, 466
SK	Swanwick	Midland Railway	LHCS
SL	Stewarts Lane (London)	EWSR	09, 33, 37
SL	Stewarts Lane (London)	Gatwick Express Railway	73, 488, 489, LHCS
SP	Springs Branch (Wigan)	EWSR	08
SU	Selhurst (Croydon)	Connex South Central	09, 205, 207, 319, 325, 455, 456
TE	Thornaby	EWSR	08, 09, 37, 122
TI	Tinsley (Rotherham)	EWSR	08, 47
TO	Toton (Nottinghamshire)	EWSR	08, 09, 31, 37, 56, 60
TS	Tyseley (Birmingham)	Central Trains	08, 101, 150, 153, 156, LHCS
VI	Victoria (London)	Connex South Eastern	
WB	Wembley (London) CSMD	InterCity West Coast	
WD	Wimbledon	South West Trains	423, 455

LIVERY CODES

WH	Whatley	Mendip Rail		
WN	Willesden (London)	InterCity West Coast	08, 86, 87, 90, LHCS	
YM	York Railway Museum	National Railway Museum	LHCS	
YO	Yoker	ScotRail		
ZA	Railway Technical Centre (Derby)	BRB Central Services		
ZC	Crewe	ADtranz		
ZD	Derby	ADtranz		
ZF	Doncaster	ADtranz		
ZG	Eastleigh	Wessex Traincare		
ZH	Glasgow	Railcare		
ZI	Ilford	ADtranz		
ZK	Kilmarnock	Hunslet-Barclay	20	
ZN	Wolverton	Railcare	LHCS	

OTHER CODES

In addition to the codes listed above, the following codes are also used in this book: (* denotes an unofficial code for a storage location only).

Code	Location	Code	Location	Code	Location
BA*	Crewe Basford Hall Yard	DW*	Doncaster West Yard	MW*	Margam WRD
BE	Bedford	FE*	Ferme Park	SM*	Sheffield Station
BL*	Brush Traction, Loughborough	HU*	Hull Station Sidings	SR*	Stafford
		KM*	Kingmoor Yard (Carlisle)	SO*	Southport Carriage Sidings
BP	Blackpool North Carriage Sidings	KN*	MoD Kineton	SS	Shoeburyness Carriage Sidings
		LH*	MoD Ludgershall		
BR*	Bristol Kingsland Road	LM*	MoD Long Marston	ST	Strawberry Hill
CA	Cambridge Station Yard	LT*	MoD Longtown (Carlisle)	TU*	Toton Up Yard
CL	Carlisle Upperby	MD*	Mossend Yard	ZB*	RFS(E), Doncaster

LIVERY CODES

AR	ARC Ltd. (Mustard with grey cabsides and cast numberplates).		F	Two-tone grey without logos.
BB	Black.		FA	Trainload Construction (Two-tone grey with sub sector logos).
BG	Blue & Grey lined out in white.		FC	Trainload Coal (Two-tone grey with sub sector logos).
BL	as SB, but with large BR logos.			
BR	as SB, but with red solebar.		FD	Railfreight Distribution (Two-tone grey with sector logos).
CB	Caledonian Blue with yellow & orange stripes, ScotRail & Strathclyde PTE logos.		FE	Railfreight Distribution Revised (Two tone-grey, with RfD logos, blue cab roof). Railfreight Distribution lettering.
CC	Carmine & Cream.			
CE	Yellow & Grey ("Dutch" livery).			
CH	Chocolate & Cream (BR or GWR style)		FG	Railfreight General (Two-tone grey with general logos).
CO	Centro (Grey/Green with blue, white & yellow stripes).		FL	Freightliner (Two-tone grey with Freightliner logos).
CR	BRB Central Services Research Blue & Red.		FM	Trainload Metals (Two-tone grey with sub sector logos).
CS	BRB Central Services (Red & Grey).			
CT	as CE, but with Transrail logos.		FO	Original Railfreight (Grey bodysides, yellow cabs, red bufferbeam, large BR Logo).
CX	Connex South Central (Light grey with yellow lower body and blue solebar, connex south central lettering & logo).		FP	Trainload Petroleum (Two-tone grey with sub sector logos).
CY	Yellow.		FR	as FO, but with red stripe along bottom of loco.
DR	Direct Rail Services (Dark blue with light blue roof, DRS logo).		FT	Transrail (Two-tone grey with Transrail logos).
			FU	Eurostar (Two-tone grey with EPS logos).
DU	as FE, but without Railfreight Distribution logos and lettering.		FY	Foster Yeoman Ltd (Blue/silver/blue) with cast numberplates.
EB	Eurostar Barrier Vehicles (as SB, but with EPS logos).		G	as GM, but without GM PTE logos.
			GE	Gatwick Express (Dark grey/white/burgundy/white).
ES	Eurostar (White with dark blue and yellow stripes).		GG	Plain Grey.
EW	English Welsh & Scottish Railway (Maroon bodyside & roof with gold stripe, E W & S lettering and large size numbers. Yellow reflective stripe at solebar level).		GM	Greater Manchester PTE (Light Grey/Dark grey with red & white stripes, GM PTE logos).
			GN	Great North Eastern Railway (Dark blue with a red stripe, GNER logos).
			GR	Green (Plain or two-tone).

IC Engines
Combustion and Emissions

IC Engines
Combustion and Emissions

B.P. Pundir

Alpha Science International Ltd.
Oxford, U.K.

IC Engines: Combustion and Emissions
526 pgs. | 240 figs. | 75 tbls.

B.P. Pundir
Department of Mechanical Engineering
Indian Institute of Technology Kanpur
Kanpur, India

Copyright © 2010

ALPHA SCIENCE INTERNATIONAL LTD.

7200 The Quorum, Oxford Business Park North
Garsington Road, Oxford OX4 2JZ, U.K.

www.alphasci.com

All rights reserved. No part of this publication may be reproduced, stored in a retrieval system, or transmitted in any form or by any means, electronic, mechanical, photocopying, recording or otherwise, without prior written permission of the publisher.

Printed from the camera-ready copy provided by the Author.

ISBN 978-1-84265-645-7

Printed in India

Dedication

To Shashi, my wife and to my family

and

To my teachers

Preface

Internal combustion engines presently power almost all the road vehicles and an overwhelming majority of off-road utilities. The IC engines are expected to remain the principal prime movers at least for the next few decades. The combustion generated engine emissions have been at the centre of interest of researchers, automotive engineers, environmentalists and professionals now for many years and it remains an active area of engineering research and education. Many of the academic institutions are offering full master's degree program on internal combustion engines where the fundamentals of engine combustion and emissions, and advances in engine and emission control technology to meet the newer environmental challenges are taught in depth. It also forms an important module of study of I C engines at undergraduate level. The author feels that a book is required that reviews and presents for classroom learning the fundamental principles of engine combustion and the governing parameters, formation of emissions coupled with measurement methods and modern engine and emission control technology.. This book has been written as a text to fulfill this need. The book has been designed for senior undergraduates and postgraduate students who have basic knowledge of thermodynamics, and internal combustion engines. The text is also useful for practicing engineers and professionals. Each chapter lists key references on the subject for the professionals and other readers to have more detailed knowledge.

The engine emissions are unwanted products of engine combustion, The book focuses primarily on engine combustion processes and the way these influence formation and emission of pollutants. The book contains 11 chapters and it begins with historical overview of internal combustion engine development, definitions of basic engine parameters and, interrelationship of engine combustion and emission formation processes in Chapter 1. Combustion thermodynamics, thermo-chemistry, chemical equilibrium and introductory chemical kinetics are reviewed in Chapter 2. Engine combustion phenomena in the spark ignition and compression ignition engines are discussed in Chapter 3 and Chapter 4, respectively. Thermodynamic analysis of engine combustion process for SI and CI engines is also included in the respective chapters. The combustion processes influence engine performance, fuel energy conversion efficiency and also emission of the air pollutants. Discussion on different combustion systems which have evolved for internal combustion engines to meet the changing performance and emission requirements follows in Chapter 5.

Chapter 6 presents the processes that cause formation of pollutants and the influence of different engine design and operational parameters on emissions based on the extensive knowledge existing in the published literature on the subject is discussed. A brief review of worldwide emission standards, test procedures and measurement methods are presented in Chapter 7. It is followed by discussions on the methods and technologies being used for engine emission control in Chapter 8. Newer developments such as gasoline direct injection (GDI), direct injection stratified charge (DISC) and homogeneous charge compression ignition engine (HCCI) are also presented. The modern emission controlled engines demand improved fuels and hence, the conventional petroleum fuels and the prospective alternative fuels are discussed in Chapter 9. To develop deeper understanding of combustion and engine emission formation potential, the laser based combustion diagnostic techniques being employed for engine combustion research are briefly reviewed in Chapter 10, and the reader is guided to the list of references for more detailed knowledge. Finally, the alternative power plants and propulsion systems to the conventional vehicle power train are introduced in Chapter 11 to present a broader outlook to the reader

Solved examples are included in most of the chapters and a number of problems are given at the end of those chapters. The appendices contain fuel properties and thermodynamic properties of combustion gases for use in solving the problems. For solving some problems an equilibrium combustion products programme is required. The program PER is available in one of the references included at the end of Chapter 2. This book represents the material that has been collected for a period of several years during my teaching and research work on this subject, and is influenced by texts such as that by Prof J. B. Heywood and the technical literature published by the Society of Automotive Engineers (SAE).

I wish to express my thanks to many people, faculty and friends who provided valuable inputs during preparation of this text. I thank especially Prof. P. S. Mehta, IIT Madras who has been very encouraging and helped me with important technical material and valuable suggestions. Prof. P. K. Panigrahi, IIT Kanpur was kind enough to offer critical comments for improvement of chapter on Combustion Diagnostics. I express my deep gratitude to my daughter-in-law, Manju whose help in preparation of the figures for the book can never be fully acknowledged. Special thanks are due to Mr. Manoj Sharma for providing help in preparation of the manuscript.

I wish to acknowledge with thanks the permission given by SAE International and Delta Press, Netherlands to reprint some figures from their publications. I also express my thanks to Dr Y. Yan and Prof. Arcoumanis of City University, London, and Professor Emeritus F.V. Bracco, Princeton University for giving permission to reproduce some pictures from their research. Thanks are due to Emitec India, and Corning Inc. to have permitted reproduction of a few of their illustrations in the book. Author also acknowledges that *Engine Emissions: Pollutant Formation and Advances in Control Technology*, a book by the author and published by Narosa Publishing House, New Delhi has been the source of some figures and other material for this book

Finally, the financial support provided by the Centre for Development of Technical Education (CDTE), Indian Institute of Technology, Kanpur in preparation of this book is gratefully acknowledged.

B. P. Pundir
Indian Institute of Technology Kanpur

Nomenclature

a	Acceleration, Speed of sound
A	Area
A_{ch}	Cylinder head surface area
A_i	Inlet port area
A_p	Piston top/crown area
B	Cylinder bore
c	Specific heat, clearance height
c_p	Specific heat at constant pressure
c_v	Specific heat constant volume
C_d	Discharge coefficient
d_n	diameter of fuel injector nozzle hole
D	Diameter
D_b	Diameter of bowl-in piston
D_d	Droplet diameter
E_A	Activation energy
F	Force
g	Acceleration due to gravity, Specific Gibbs free energy
G	Gibbs free energy
h	Specific enthalpy, Heat transfer coefficient
$\Delta \bar{h}^0$	Molar enthalpy of formation
h_c	Convective heat transfer
h_s	Sensible specific enthalpy
H	Enthalpy
I	Moment of inertia
k	Thermal conductivity
k_i	Rate constant for ith reaction
K	Constant
K_c	Chemical equilibrium constant in terms of molar concentrations
K_p	Chemical equilibrium constant in terms of partial pressures
l	Connecting rod length, turbulence length scale
l_n	Length of fuel injector hole/orifice
L	Piston stroke
m	Mass
$\dot{m}$	Mass flow rate

Nomenclature

m_r	Mass of residual gas
M	Molecular weight
n	Number of moles, Polytropic constant
n_c	Number of engine cylinders
N	Engine speed, revolutions per minute (rpm)
N_s	Swirl rate, rpm
P	Pressure
Q	Heat exchange/transfer
$\dot{Q}$	Heat exchange/transfer rate
Q_{ch}	Fuel chemical energy release
Q_H	Heat of combustion or heating value of fuel
Q_{HH}	Higher heating value of fuel
Q_{LH}	Lower heating value of fuel
Q_w	Heat transfer through combustion chamber walls
Q_n	Net heat release
r	Crank radius
r_c	Compression ratio
R	Specific gas constant, ratio of connecting rod length to crank radius
$\bar{R}$	Universal gas constant
R_s	Swirl ratio
s	Specific entropy
S	Spray penetration
S_b	Turbulent burning speed
S_L	Laminar flame speed
Sp	Piston speed
t	Time
T	Temperature, Torque
u'	Turbulent intensity
u_s	Sensible specific internal energy
U	Internal energy, Velocity
U_{sq}	Squish velocity
v	Specific volume
V	Volume, Cylinder volume
V_c	Clearance volume
V_d	Displacement volume
W	Work
$\dot{W}$	Power
$\dot{W}_b$	Brake power
$\dot{W}_f$	Friction power
$\dot{W}_i$	Indicated power
x	Mass fraction
x_b	Burned mass fraction
x_r	Residual gas mass fraction
y	Volume fraction

Greek Symbols

α	Thermal diffusivity $k/(\rho c)$
γ	Ratio of specific heats (c_p/c_v)
δ	Boundary layer thickness
δ_q	Quench layer thickness
δ_L	Laminar film thickness
θ	Degree crank angle
$\Delta\theta_c$	Duration of combustion from $x_b = 0$ to $x_b = 1$
$\Delta\theta_b$	Duration of turbulent flame propagation or rapid burn angle
$\Delta\theta_d$	Flame development angle
η_m	Mechanical efficiency
η_t	Thermal efficiency
η_{tb}	Brake thermal efficiency
η_{ti}	Indicated thermal efficiency
η_v	Volumetric efficiency
λ	Relative air-fuel ratio, wavelength
μ	Dynamic viscosity
ν	Kinematic viscosity
ρ	Density
ρ_a	Density of air
ρ_f	Density of liquid fuel
σ	Standard deviation, Stefan –Boltzmann constant, Surface tension
τ_{id}	Ignition delay, induction period
ϕ	Fuel-air equivalence ratio
ω	Angular velocity

Subscripts

a	Air
b	Burned gas
c	Coolant, Cylinder
cr	Crevice
d	Displacement, Droplet
e	Equilibrium, Exhaust
f	Flame, Friction, Fuel
g	Gas
i	Indicated, Initial, Intake, ith
l	Liquid
L	Laminar
m	Mean
n	injector nozzle hole/orifice
o	Reference condition, Orifice, Stagnation value
p	Piston, Products
s	solid, stoichiometric
v	Valve, Vapour
w	Wall

Notation

Δ	Difference
¯	Molar, Average value
[ ]	Mole fraction

Dimensionless Numbers

D_a	Damkohler number = $(l_I/u')/(\delta_L/S_L)$ = eddy turnover time/laminar burning time
Nu	Nusselt number = hD/k
Pe	Peclet number = $S_L D \rho c/k = S_L D/\alpha$
Pr	Prandtl number = $c_p \mu/k$
Re	Reynolds number = $\rho U D/\mu = UD/\nu$
We	Weber number = $\rho U^2 D/\sigma$

Abbrevations

amep	Auxilliary mean effective pressure
atdc	After top dead center
A/F	Air-fuel ratio (mass/mass)
AKI	Anti-knock index
bmep	Brake mean effective pressure
bdc	Bottom dead center
btdc	before top dead center
bsfc	Brake specific fuel consumption
CA	Crank angle
°CA	Degrees Crank angle
CI	Compression ignition/ignited
CCI	Calculated cetane index
CN	Cetane number
CNG	Compressed natural gas
COV	Coefficient of variation
CR	Compression ratio
DI	Direct injection
DISC	Direct injection stratified charge
DISI	Direct injection spark ignited
DME	Dimethyl ether
EGR	Exhaust gas recirculation
fmep	Frictional mean effective pressure
F/A	Fuel-air ratio (mass/mass)
HC	Hydrocarbons (unburned)
HCCI	Homogeneous charge compression ignition/ignited
HHV	Higher heating value
imep	Indicated mean effective pressure
ID	Ignition delay
IDI	Indirect injection

isfc	Indicated specific fuel consumption
IVC	Inlet valve closing
IVO	Inlet valve opening
LHV	Lower heating value
LNG	Liquefied natural gas
LPG	Liquefied petroleum gas
mep	Mean effective pressure
MBT	Maximum brake torque
NA	Naturally aspirated
NO_x	Nitrogen oxides (Nitric oxide + nitrogen dioxide)
ON	Octane number
PAH	Polycyclic aromatic hydrocarbons
PM	Particulate matter
RON	Research octane number
sfc	Specific fuel consumption
SI	Spark ignited
SMD	Sauter mean diameter
SOF	Soluble organic fraction
tdc	Top dead center
TC	Turbocharged
TEL	Tetra ethyl lead

Contents

Preface — vii
Nomenclature — ix

1 Introduction — 1

1.1 An Overview of Engine Development — 1
   Impact of Urban and Global Air Pollution
1.2 Engine Configuration and Components — 5
1.3 Basic Engine Operating Cycles — 8
1.4 Engine Types and Classification — 11
1.5 Engine Parameters — 14
   Geometric and Performance Parameters
1.6 Production IC Engines — 18
   Reciprocating SI and CI Engines, Rotary (Wankel) IC Engine
1.7 Engine Combustion and Emissions — 22
1.8 Summary — 27
   Problems — 27

2 Thermodynamics of Combustion — 29

2.1 Ideal Gas Laws and Properties of Mixtures — 29
2.2 Combustion Stoichiometry — 31
2.3 Application of First Law of Thermodynamics to Combustion — 34
   Heat of Reaction, Enthalpy of Formation, Adiabatic Flame Temperature
2.4 Chemical Equilibrium — 40
   Equilibrium Combustion Products
2.5 Thermodynamic Properties of Working Fluids — 46
   Unburned Mixtures, Low Temperature Combustion Products,
   High Temperature Combustion Products
2.6 Chemical Kinetics — 58
   Problems — 62
   References — 65

3 Combustion in SI Engines — 66

- 3.1 Premixed Charge Combustion — 66
  Laminar Premixed flames, Turbulent Premixed Flames, Flammability Limits, Autoignition Temperature
- 3.2 SI Engine Combustion Conceptual Models — 76
  Flame Development, Flame Propagation, Flame Termination
- 3.3 Combustion Rate Characterization — 83
- 3.4 Thermodynamic Analysis of Combustion — 85
  Single Zone Combustion Model, Two Zone Combustion Model, Unmixed Model
- 3.5 Cycle- to- cycle Combustion Variations — 96
- 3.6 Knocking Combustion — 100
  Knock Detection and Measurement, Theories of Knock Factors Affecting Knock
  - *Problems* — 105
  - *References* — 107

4 Combustion in CI Engines — 109

- 4.1 Fuel Injection and Spray Structure — 111
  Fuel Atomization and Droplet Size Distribution, Spray Penetration
- 4.2 CI Engine Combustion Conceptual Models — 120
  Conventional and Dec's Combustion Models
- 4.3 Diesel Combustion Process Characterization — 125
  Ignition Delay, Effect of Engine and Operational Parameters on Delay Premixed Combustion, Mixing Controlled Combustion
- 4.4 Thermodynamic Analysis — 136
  Empirical Heat Release Rate Correlations
- 4.5 Summary — 142
  - *Problems* — 142
  - *References* — 143

5 Engine Combustion Systems and Management — 145

- 5.1 Fluid Motion in Engine Cylinder — 145
  Swirl, Tumble, Squish, Turbulent Flow
- 5.2 Valve Arrangement and Variable Valve Actuation — 157
  Valve Flow Area, Valve Arrangements, Variable Valve Timing, Variable Valve Actuation Mechanisms
- 5.3 Classification of Engine Combustion Systems — 165
- 5.4 Premixed Homogeneous Charge SI Engines — 167
  Fuel Systems for SI Engines, Injection Scheduling in PFI Engines SI Engine Combustion Chamber Requirements, SI Engine Combustion Chamber Designs
- 5.5 Direct Injection Stratified Charge Engines — 177
  Modes of DISC Engine Operation, DISC Engine Combustion Systems

Contents xvii

	5.6	Heterogeneous Charge CI Engines	184
		Fuel Injection Systems, Direct Injection Engines,	
		Swirl Ratio - Number of Injection Spray - Combustion Bowl Size Relationship,	
		MAN-M Combustion System, Indirect Injection Engines	
	5.7	HCCI/CAI Engines	198
		CAI Gasoline Engines, HCCI Diesel Engines	
		Early and Late-in-Cylinder Injection	
	5.8	Engine Management and Sensors	211
		Engine Speed Sensors, Pressure Sensors, Temperature Sensors	
		Air Mass Flow Sensors, Knock Sensors, Exhaust Gas Oxygen Sensors	
		Problems	222
		References	223

6 Formation of Engine Emissions — 225

	6.1	Emission Effects on Health and Environment	225
		Photochemical smog	
	6.2	Sources of Engine Emissions	229
	6.3	Formation of Carbon Monoxide	233
	6.4	NO Formation	234
		Kinetics and Modelling of Thermal NO Formation, NO Formation in SI Engines	
		NO Formation in CI engines, Formation of NO_2	
	6.5	Unburned Hydrocarbon Emissions	246
		HC Emissions from SI engines, HC Emissions from CI Engines	
	6.6	Soot and Particulate Formation	263
		Composition and Structure of Particulates, Mechanism of Soot Formation	
		Diesel Smoke	
	6.7	Diesel NO_x –Particulate Trade Off	273
	6.8	Effect of SI Engine Design and Operating Variables	274
		Equivalence Ratio, Compression Ratio, Ignition Timing,	
		Mixture Preparation, Residual Gas Dilution and EGR, Coolant Temperature	
		Engine Speed, HC from In-Cylinder Liquid Fuel during Warm-up	
		Intake system Heating, Summary	
	6.9	Effect of Diesel Engine Design and Operating Variables	283
		Compression Ratio, Combustion Chamber Type,	
		Combustion Chamber Dead Volumes, Multi-valves and Air Motion	
		Fuel Injection Variables, Engine Load and Speed, EGR, Fuel Quality, Summary	
		Problems	292
		References	295

7 Emission Standards and Measurement — 298

	7.1	Emission Standards	298
		Light Duty Vehicles, Heavy Duty Engines Diesel Smoke Standards,	
		Motorcycle Emission Standards	
	7.2	Emission Test Cycles	305
		Light duty vehicles, Heavy Duty Vehicle Engines, Motorcycles	

xviii Contents

7.3	Emission Measurement: Instrumentation and Methods	311
	NDIR Analyzers, Flame Ionization Detector, Chemiluminscence Analyzers, Smokemeters, Constant Volume Sampler, Particulate Emission Measurement	
	References	320

8 Emission Control Technology   321

A. SI Engines

8.1	SI Engine Design Parameters	321
	Engine Compression Ratio, Cylinder Size and Combustion Chamber shape Fuelling System, Multi-valves and Variable Valve Actuation Variable Swept Volume, Downsizing and Supercharging	
8.2	Add-on Systems for Treatment of Emissions within Engine	327
	PCV System, Evaporative Emission Control, Exhaust Gas Recirculation	
8.3	Exhaust Aftertreatment	333
	Thermal Reactors, Catalytic Aftertreatment, Classification of Catalytic Converters, Cold Start HC Emission Control, Catalyst Deactivation	
8.4	Direct Injection Stratified Charge (DISC) Engines	352
8.5	Summary of SI Engine Emission Control	354

B. CI Engines

8.6	CI Engine Design Parameters	357
	Fuel Injection Variables, Turbocharging, Control of Engine Oil Consumption	
8.7	Application of EGR in CI Engines	363
	Induction and Control of EGR	
8.8	Exhaust Aftertreatment in Diesel Engines	367
	Diesel Oxidation Catalysts, De-NO_x Catalysts, Diesel Particulate Filters, Regeneration of DPF, Partial Diesel Particulate Filters	
8.9	Summary of Diesel Emission Control	379
8.10	HCCI Engines for Emission Control	380
	Problems	382
	References	383

9 Engine Fuels and Emissions   386

9.1	Common Hydrocarbon Components	387
9.2	General Fuel Quality Requirements	389
9.3	Motor Gasoline	391
	Octane Quality, Distillation Range, Reid Vapour Pressure, Oxidation Stability and Deposit Control, Hydrocarbon Composition, Sulphur Content, Oxygenates, Other Properties and Contaminants, Summary of the Effect of Gasoline Properties on Emissions, Reformulated Gasoline, Development of International Gasoline Specifications	
9.4	Diesel Fuels	404

Ignition Quality, Distillation Range, Density, Viscosity,
Oxidation and Storage Stability, Chemical Composition, Sulphur Content,
Lubricity, Summary of Effect of Diesel Quality on Emissions,
Trends in Diesel Fuel Specifications

9.5	Alternative Fuel Types	415
9.6	Alcohols	415
9.7	Natural Gas	419
9.8	Liquefied Petroleum Gas	422
9.9	Biodiesel	423
9.10	Gas-to-Liquid (GTL) Fuels	427
9.11	Dimethyl Ether (DME)	429
9.12	Hydrogen	430
9.13	Greenhouse Gas (CO_2) Emissions	432
	Problems	435
	References	437

10 Combustion Diagnostics   **439**

10.1	In-cylinder Pressure Measurement	441
10.2	Optical Research Engines	444
10.3	Flow-Field Studies	446
	Laser Doppler Anemometry, Particle Image Velocimetry	
10.4	Spray Structure and Drop Size Distribution	450
	Fraunhofer Diffraction Method, Phase Doppler Particle Analyzer, Laser Sheet Dropsizing, Mie Scattering and PLIF Imaging	
10.5	Engine Combustion Visualization	459
	High Speed Photography, Optical Tomographic Combustion Analysis	
10.6	Combustion Species and Temperature	462
	OH, CH and NO, Soot	
10.7	Summary	466
	References	467

11 Alternative Automotive Power Plants   **469**

11.1	Hybrid Electric Propulsion System	470
	Series Hybrid, Parallel Hybrid, Mixed Hybrid, Plug-in Hybrid	
11.2	Fuel Cell	473
	Fuel Cell Designs, Energy Sources for Fuel Cells, Fuel Cell Vehicles	
11.3	Gas Turbine	481
11.4	Striling Engine	482
	Advantages and Disadvantages	
11.5	Comparison of Automotive Propulsion Systems	485
	References	486

Appendices   **487**

A	Properties of Air	487

B	Properties of Fuels	488
C	Thermochemical Properties of Combustion Products and Other Ideal Gases	489
D	Conversion Factors and Physical Constants	496

Index   498

CHAPTER 1

Introduction

1.1 AN OVERVIEW OF ENGINE DEVELOPMENT

In the Internal Combustion (IC) Engines, fuel undergoes combustion with air inside the engine releasing chemical energy in fuel as heat and it is converted to mechanical work. Combustion of fuel raises temperature and pressure of the gases inside the engine and these gases constitute the working fluid. As the high pressure gases expand, their action on moving components of the engine produces work. Working fluid before combustion during part of the internal combustion engine cycle is either mixture of fuel and air or air alone, while later in the cycle the combustion products constitute the working fluid. Most internal combustion engines are reciprocating type where pistons reciprocate back and forth inside the engine cylinders. The pistons through mechanical linkages convert reciprocating motion to rotary motion and deliver power to rotating output shaft. Rotary internal combustion engines, which do not use reciprocating pistons, have also been developed. Jet engines and rocket engines could also be classified as internal combustion engines, but these are not dealt in the present book.

The IC engine has a long history of development. The first commercial engine was developed in 1860s by J. J. E. Lenoir (1822-1900) operating on coal gas-air mixture. In this single cylinder engine, suction of air and fuel, combustion and expansion of combustion products, all occurred during a single outward piston stroke. The gaseous fuel and air were drawn into the cylinder during first half of piston stroke and then, were ignited by a spark. On ignition the pressure of gas increased and during second half of the piston stroke power was delivered. Efficiency of these engines was very low of around 5% at the best. As this engine used no compression, it is called as atmospheric engine. Around the same period in 1867, Nicolaus A. Otto (1832-1991) and E. Langen (1833-1995) developed another type of atmospheric engine in which combustion of gas and air accelerated a free piston and rack assembly on outward stroke that created vacuum in the cylinder. The gas inside the cylinder when cooled generated more vacuum and the atmospheric pressure pushed the piston back inwards. On the inward stroke, the piston-rack assembly was connected to the out put shaft. These engines had thermal efficiency of up to 11 percent. Nearly 5000 of these engines were produced during 1860's.

The four-stroke engine cycle that was proposed and prototype engine built by Otto in 1876 is in fact considered the origin of the modern automotive engine. The four piston strokes are: (i) an intake stroke (ii) a compression stroke with ignition towards its end (iii) an expansion or power stroke, and finally (iv) an exhaust stroke. Although a patent on four-stroke cycle was issued to Alphonse Beau de Rochas (1815-1893) in France in 1862, but as he built no prototype engine Otto is universally credited with this invention. By 1890, tens of thousands of IC engines using Otto four-stroke cycle and spark-ignition, were sold in Europe and the USA. These spark ignition engines employed a compression ratio of less than 4:1 as heavy knock was experienced with the fuels available at that time. Automobiles powered by the internal combustion engines were built for the first time in 1880s after the development of carburettor and ignition system required for high speed engines. The success of Otto cycle engine provided motivation for invention and development of several new types of reciprocating internal combustion engines. Most notable among these are: two-stroke engine and compression ignition engine. During 1880's, Dugald Clerk (1854-1913) in England, Karl Benz (1844-1929) in Germany and some others developed two stroke internal combustion engine where intake and exhaust takes place simultaneously near the end of power stroke and beginning of compression stroke. In 1892, Rudolf Diesel (1858-1913) developed a new type of engine where combustion was initiated by injecting liquid fuel in high temperature air. The high temperature of air was achieved solely by compression. This is why this engine is called compression ignition engine and is the origin of the modern diesel engines of today. Diesel's early experiments were with coal dust as fuel. The compression ignition engines employed much higher compression ratio and were nearly twice as efficient as the spark ignition engines, but were heavy, operated at slow speed and were noisy. After invention by Diesel, it took nearly 30 years when multi-cylinder compression ignition engines in small enough size could be mass produced to power trucks and automobiles during 1920's.

As it was recognized that high expansion ratio results in high engine thermal efficiency, James Atkinson (1846-1914), developed an engine which has longer expansion stroke than the compression stroke. Its mechanical design however, had poor structural strength and durability problems. Now, some modern reciprocating IC engines employ Atkinson cycle that is achieved by using very late closure of intake valves when compression stroke is already well in progress, thus compression ratio being lower than the expansion ratio. Among the rotary internal combustion engines proposed over many years, the engine invented by Felix Wankel, a German researcher only has been manufactured in substantial numbers. It was first built in 1957 and was used in a production car manufactured by Mazda, a Japanese company during 1970s. It is still manufactured in small number for special applications such as unmanned aerial vehicles.

Discovery of petroleum crude oil in Pennsylvania in 1859 and its identification as a source of liquid fuels had major impact on engine development. Early internal combustion engines were developed to burn coal gas, coal powder and, vegetable and animal liquid fats and oils. These fuels had poor quality of combustion and posed problems for the engine fuel systems of that time. During 1860's some hydrocarbon products derived from petroleum crude started appearing in the market. However, lighter petroleum products like gasoline and kerosene (light gas oils) obtained from atmospheric distillation of petroleum crude became available only during the late nineteenth century, which provided reliable and consistent quality of fuel. Availability of good and consistent quality fuels helped engine development and it led to the development of various designs of carburettor to use gasoline in spark ignited engines. A heavier distillate fuel, kerosene was primarily used as a fuel for home heating and lighting. Heated carburettors and vaporizers were developed to use kerosene as fuel in many early spark ignited farm engines. The petroleum also became the source of engine lubricating oils.

As the demand of gasoline increased during 1920's and 1930's, thermal cracking and catalytic cracking processes were developed in the USA to convert heavier components of petroleum crude to gasoline, and the gasoline became main engine fuel in the USA and Europe for the 20th century. During this period, a better understanding of phenomena of combustion knock was developed. Until then, due to poor understanding of knocking combustion, the compression ratio of the SI engine was limited to about 4:1 only. Thomas Migley of General motors discovered an antiknock additive, tetraethyl lead (TEL) in 1921 which became available for commercial use in 1923. These developments led to improvements in fuel quality and use of higher engine compression ratio for better engine power and efficiency. Use of the lead antiknock additives however, is now banned due to lead toxicity to human beings and its damaging effect on catalytic converters used for engine emission control.

Impact of Urban and Global Air Pollution

During early 1950s it became known through the research done by Prof. A. J. Haagen-Smit of the University of California that the internal combustion engine powered automobiles are major source of urban air pollution. In 1952, he found that the brown haze hanging over Los Angeles area resulted from reaction in the presence of sunlight between the unburned hydrocarbons and nitrogen oxides. These two pollutants were contributed to urban environment mostly by the automobiles. This problem resulted from a high density of cars in the Los Angeles County and its unique topography and weather conditions. This type of smog was called 'photochemical smog'. The vehicles produce four major pollutants; the unburned hydrocarbons (HC), nitrogen oxides (NOx), carbon monoxide (CO) and solid particulates. The hydrocarbons are the fuel molecules that have escaped combustion. The nitrogen oxides are formed by high temperature reactions between nitrogen and oxygen present inside the engine cylinder. The carbon monoxide is a product of incomplete combustion and results when insufficient oxygen is present to completely burn all the fuel carbon to carbon dioxide. Diesel vehicles contribute fine soot particles in the form of black smoke and are the main source of solid particulate emissions. Earlier when gasoline contained lead anti-knock additives, gasoline engines emitted also lead salts as solid particulates. Other pollutants emitted by the vehicles include aldehydes, benzene, sulphur dioxides and poly-aromatic hydrocarbons (PAH).

Increase in the severity of urban air pollution resulted in passing of legislation during 1960,s to implement vehicle emission standards at first in California and then in the rest of the United States. Soon after, Japan and Europe followed the lead given by the USA and the vehicle emission standards were implemented in these countries too, in the early 1970s. In the meantime, enormity of vehicular air pollution problem in urban areas has been recognized all over the world and the vehicle emission standards have been enforced in most countries including Asian and Latin American countries. However, as the vehicle population has been rising the share of vehicle contribution to urban air pollution has remained at a high level. Also, carcinogenic nature of some engine emissions particularly particulates, benzene and poly-aromatic hydrocarbons have caused serious health concerns. These factors have led to more and more stringent emission standards being enforced and proposed for the coming years. To meet requirements of the progressively more and more stringent emission standards two main approaches have been pursued (i) reduction in formation of pollutants in the engine cylinder itself to reduce engine-out emissions, and (ii) aftertreatment of exhaust gases. Advanced engine designs using multiple port fuel injection system, multiple-valves per cylinder with valve timing and lift control and, electronic fuel and engine management were developed and have been employed since early 1980s to reduce engine-out emissions as well as making them suitable for more efficient exhaust aftertreatment. These approaches are discussed in detail later in the book.

From 1974, exhaust catalytic converters along with lead free gasoline became the standard emission control technology for the spark ignition engines. The modern automobile has highly advanced and efficient exhaust catalytic converter system reducing all the three gaseous emissions during almost entire range of engine operating conditions i.e., cold as well as warmed engine operation. The catalytic converters promote chemical reactions in the exhaust to transform health hazardous emissions to carbon dioxide (CO_2), water (H_2O) and nitrogen (N_2). Large reductions in emissions of over 95 to 98 % compared to pre-emission control vehicles have already been achieved. The compression ignition engine vehicles too in Europe and the USA are equipped with catalytic converters and also with particulate filter systems.

Conventional spark ignition internal combustion engines using Otto cycle operate on premixed, homogeneous fuel-air mixtures. On the other hand, compression ignition engines employ heterogeneous fuel-air mixtures. The compression ignition engine has a higher thermal efficiency compared to the spark ignition engine primarily due to its higher compression ratio, unthrottled operation and use of overall fuel lean mixtures. High fuel efficiency obtained when operating on overall very lean mixtures led the automobile engineers to develop mix-mode internal combustion engines that have organized heterogeneous mixture formation (stratified charge) with spark as a positive source of ignition. Stratified charge is a layered non-uniform mixture that becomes progressively fuel leaner away from the spark plug. The research and development activities on stratified charge engines have been pursued since 1950s. In most of the stratified charge engine concepts and models, fuel is injected directly into the cylinder. These spark ignited engines are known as direct injection stratified charge (DISC) engines. The developments by Mercedes Benz, Texaco Oil Co. and Ford Motors resulted in building of laboratory engine prototypes during late 1950s and 1960s. These developments got further boost when drastic reduction in emissions of pollutants from vehicles were legislated by most countries across the world. The DISC engines finally were introduced in production cars by Mitsubishi and Toyota motors during 1995-96. Now more and more automotive companies world over, are designing and manufacturing their own DISC engines.

Majority of modern compression ignition engines for road vehicle application are turbocharged. The electronic fuel injection systems were introduced during 1990's in heavy duty compression ignition engines. The peak fuel injection pressures have increased from about 40 MPa in pre-1980's diesel engines to close to 200 MPa in many modern diesel engine models. Other combustion concepts like homogeneous mixture combustion with compression ignition have attracted attention of researchers in the post - 2000 period. Ultra lean homogeneous mixtures when burned produce almost nil soot particles and very little nitrogen oxide emissions. This combustion concept is generally called as homogeneous charge compression ignition (HCCI) combustion

Oil shocks of 1970s resulted in enforcement of vehicle fuel economy standards (Corporate Average Fuel Economy - CAFE) in the USA. It also led to search for alternative fuels for the internal combustion engines and vehicles. Ethyl alcohol obtained from agriculture produce like sugarcane and corn, and methyl alcohol produced from natural gas received most attention in the beginning. More widespread research activities started also on use of vegetable oils and animal fats, and their methyl esters known as biodiesel as fuel for the compression ignition engines. Hydrocarbons from shale oil and tar sands are considered long term prospects. Hydrogen is called by many as the ultimate fuel. Research on alternative fuels slowed down during late 1980s and 1990s as the prices of petroleum crude reduced substantially. During 1990s however, global warming caused major concern world over and efforts to reduce carbon dioxide emissions, one of the principal greenhouse gases were initiated.

In the year 2002, worldwide transport energy demand was 1837 Mtoe (million tons oil equivalent) of which over 50% came from petroleum crude. The transport contributed around 4914 million tons of carbon dioxide that is nearly 21% of total worldwide carbon dioxide emissions [Climate Change –BP's Point of View, July 2006]. Due to global warming concerns, need of increasing share of renewable fuels e.g., ethyl alcohol and biodiesel in transport energy and simultaneously developing more efficient internal combustion engines operating on petroleum fuels again got a boost. The task of fuel efficiency improvement has become more difficult and complex as concurrently large reductions in engine emissions are also needed. Since mid-1990s, the alternative power plant vehicles such as hybrid internal combustion engine - electric vehicles (HEV) and hydrogen fuel cell vehicles (FCV) have become prominent contenders to the conventional IC engine vehicles using petroleum fuels. Global warming concerns and the high petroleum crude prices are expected to remain main factors behind intensive activities in the development of alternative road transport power plants and fuels.

1.2 ENGINE CONFIGURATION AND COMPONENTS

The basic configuration of a reciprocating internal combustion engines is shown in Fig. 1.1. The piston moves back and forth in a cyclical manner in the engine cylinder and transmits power to rotating drive shaft through a connecting rod and crank mechanism. The rotating shaft with in-built crank(s) is termed as crank shaft. The piston comes to rest at its top most position before direction of its motion changes and this crank position is called as *top dead centre* (**tdc**). At the opposite end similar to tdc, the bottom most position is termed as *bottom dead centre* (**bdc**). The cylinder volume at the tdc is minimum and is called *clearance volume, V_c*. At the bdc, cylinder volume is at the maximum. The difference between the maximum cylinder volume and clearance volume is termed as displaced or swept volume, V_d. The ratio of the maximum cylinder volume to clearance volume is engine compression ratio, r_c.

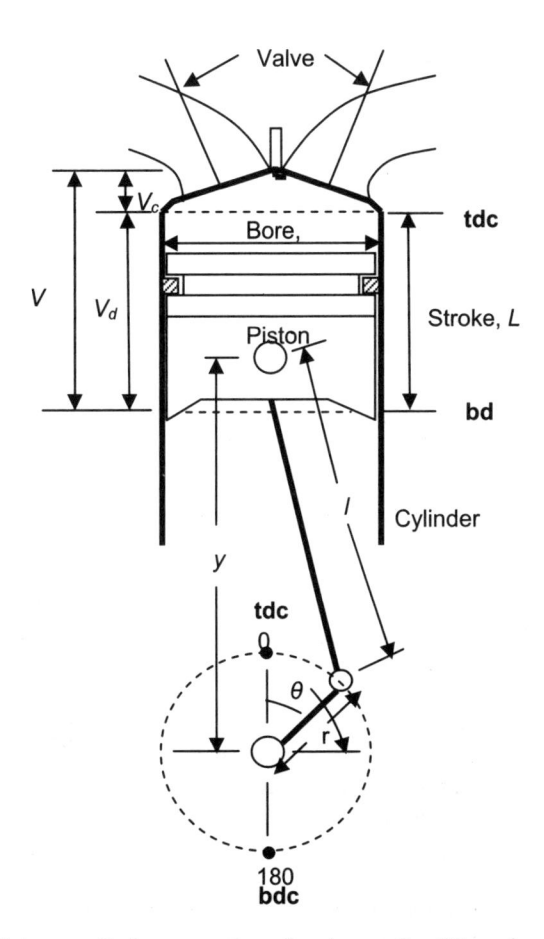

Figure 1.1 Basics of piston - cylinder geometry of reciprocating IC engine.

6   IC Engines: Combustion and Emissions

The principal components of a four-stroke internal combustion engines are shown in Fig. 1.2. These are; cylinder block, piston, valves, connecting rod, crankshaft, crankcase, fuel system (carburettor or injector) and spark plug The main engine components have remained the same since the invention of the reciprocating IC engine although, their designs have undergone significant changes over the last century. The major engine components and their functions are given below.

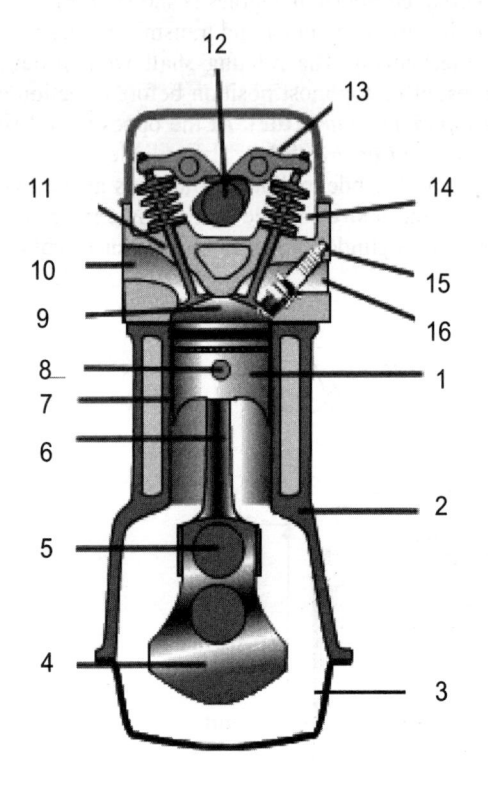

1. Piston
2. Cylinder block/crankcase
3. Oil sump
4. Crankshaft
5. Big-end bearing
6. Connecting rod
7. Cylinder liner
8. Piston pin
9. Combustion chamber
10. Intake manifold in cylinder head
11. Valve in cylinder head
12. Overhead camshaft
13. Rocker arm
14. Valve spring
15. Spark plug
16. Exhaust manifold

Figure 1.2   Schematic cross section of reciprocating IC engine and principal engine components.

Cylinder block: It contains engine cylinders and is usually made of grey cast iron due to its low cost and high wear resistance. Most engines are water cooled and the cylinders are surrounded by water jacket cast outside the cylinders for circulation of water. In the air cooled engines, the external surface of the block has cooling fins. Small engines use also aluminium blocks to reduce weight.

Cylinder: The circular cylinders in the block are formed in which pistons reciprocate back and forth. Large engines often use the removable cylinder liners made of cast iron that can be replaced when worn out. Small engines using aluminium block have aluminium cylinder liners which are chrome plated to reduce wear. The cylinder liners are given a special surface finish by honing in the form of helical cross-hatched pattern that helps in retaining lubricating oil film on the liner surface.

Cylinder head: It is bolted to the cylinder block and seals the end of the cylinder and may contain part of the clearance volume that forms the combustion chamber. The modern engines have valves in the cylinder head (overhead valves) and overhead camshafts are placed on the cylinder head.   The intake channels leading fresh charge into cylinder and exhaust channels for exit of burnt gases out of the cylinders are also formed in the cylinder head. Spark plugs for SI engines and injectors for CI and fuel-injected SI engines are fitted on to head. The cylinder head is made of aluminium in most light duty engines and of cast iron in the heavy duty engines.

Crankshaft: The rotating shaft has the eccentric portions known as crank throws. Crank pin is formed at the end of throw. The crank pins have the big end bearings of the connecting rod. The other, small end of the connecting rod is connected with piston via another smaller size bearing. The crankshaft is supported in the block by main bearings and transmits engine power to the drive shaft. The crankshaft is usually made of steel by forging or chilled casting.

Crankcase: It is part of the cylinder block that surrounds the rotating crankshaft. The crankcase in the bottom is covered with a pressed steel sump that stores engine lubricating oil. The oil sump is made of steel or aluminium but in stationary engines may be made of cast iron.

Camshaft: The camshaft is used to push open valves either directly or through mechanical or hydraulic linkages (push rods, rocker arms, tappets, hydraulic valve lifters). Older engine designs had camshafts in the crankcase. The modern engines have one or more overhead camshafts. The camshafts are usually steel forgings or made of cast iron, and are driven by the crankshaft through a chain or toothed belt. The cams are either formed as integral part of the camshaft during forging or are press fitted later. In four-stroke engines the camshaft rotates at half the crankshaft speed.

Piston: It is cylindrical in shape and is made of aluminium alloy for smaller, light and medium duty, high speed engines and of cast iron in larger, slow speed, heavy duty engines. It seals the combustion chamber from the crankcase. The piston is connected to the connecting rod by a hollow, steel piston pin through small end bearing. Piston transmits the force generated by the gas pressure via piston pin to the connecting rod and then, to the crankshaft. The piston head is called the *crown* that may be flat or have a specifically designed shape or cavity. The cavity formed in the piston crown is called piston or *combustion bowl*. The cylindrical piston portion is called *skirt*. The oscillating motion of the connecting rod generates an oscillating side thrust on the cylinder walls. The piston skirt is not truly aq circular cylinder. The skirt is appropriately shaped to support the sideways thrust forces exerted on the cylinder and to account for varying thermal expansion along its length caused by a reducing temperature profile from piston crown downwards. The pistons on some large engines are made in two pieces (articulated pistons), the cast iron piston crown being bolted to the aluminium piston skirt to reduce weight.

Piston rings: Piston is fitted with rings in the grooves cut on the piston head. The rings form a sliding surface on the cylinder, provide sealing against the gas leakage and control flow of lubricating oil. These are made of grey cast iron or steel. Near the piston top, two or more rings known as compression rings provide sealing against gas leakage from combustion chamber to crankcase, and have hard chrome plated sliding face to reduce wear. Below the compression ring (s) one or more rings known as oil control rings scrap excess engine oil and return it to the crankcase.

Valves: The valves allow flow into or out of cylinder in 4-stroke engines. The spring loaded *poppet* valves are commonly used. Valves are made of forged alloy steel. The exhaust valves for high specific output engines operate at temperatures close to 700° C or higher. The valves are made some times hollow. The hollow valves are filled with sodium that by evaporation and condensation carries heat from the valve head to stem and provides cooling. The valves close against valve seats which are made of hardened steel. In some modern engines ceramic valve seats are also used. The valve seats are fitted into the cylinder head.

Valve Guides: Valve stem moves in a valve guide that is fitted into the cylinder head for the overhead valve and into the cylinder block for side valve engines.

Push rods: Mechanical linkage between camshaft in the crankcase and overhead valves. The push rod operates valve via a rocker arm. In the modern overhead camshaft engines no push rods are needed.

Intake Manifold: It is a cast or fabricated piping system of cast iron, aluminium, steel or plastic that leads air to the engine cylinders. In SI engines, fuel is also introduced in the intake manifold by carburettor or fuel injectors. The branch of pipe leading to individual cylinder is called runner.

Exhaust Manifold: A cast iron or fabricated steel piping system that carries exhaust gas out of the engine cylinders.

Carburettor: A fuel metering device used until recently for most of the SI engines. It is still used on small engines of motorcycles and other utilities like lawn mowers, portable generators etc. It operates on principle of pressure differential created in a venturi as the intake air flows through the venturi.

Fuel injector: A nozzle that sprays pressurized fuel in the intake manifold (SI engines) or in the cylinder (CI and direct injection SI engines)

Fuel injection pump: Not shown on Fig. 1.2, it pressurizes and meters the fuel for injection by the injector

Spark Plug: A device that creates high voltage electric discharge across an electrode gap and ignites the air-fuel mixture.

1.3   BASIC ENGINE OPERATING CYCLES

Most of the internal combustion engines operate on the four-stroke Otto or Diesel cycle. The Otto cycle engines use spark ignition to initiate combustion and hence, a general name of these engines is spark ignited (SI) engine. The Diesel cycle engines have a generic name, compression ignition (CI) engine as the high temperature of air obtained by compression causes ignition of the fuel injected into the engine cylinder. We discuss here the SI and CI engines as they are conventionally understood. The conventional SI engine uses premixed, homogeneous air-fuel mixture, which is ignited by electric discharge from a spark plug. Some modern engines such as DISC engines operate on a non-uniform air-fuel mixture and these too are spark ignited. On the other hand, the conventional CI engine operates on heterogeneous air-fuel mixture created by injection of fuel in the cylinder. However, compression ignition of homogeneous mixture has also been applied and is being investigated further for application in engines. The homogeneous charge compression ignition (HCCI) engine prototypes have already been built. These new engine types are discussed separately. Both, the SI and CI engines can operate either on the four- stroke or on two- stroke cycle. The four-stroke cycle requires two rotations of crankshaft to complete the cycle while two-stroke cycle is completed in one crankshaft rotation. The sequence of four stroke engine cycle is given below.

Four-Stroke Cycle

The four-stroke cycle used by SI and CI engines shown schematically in Fig 1.3 is composed of:

(1) *An Intake Stroke*: Piston moves from **tdc** to **bdc** and draws fresh air and fuel mixture (SI engines) or air alone (CI engines) past the intake valve into the cylinder. The intake valve opens slightly before tdc and closes after bdc to increase mass of the intake charge.

(2) *A Compression Stroke*: With the intake and exhaust valves closed, the charge in the cylinder is compressed as the piston moves from **bdc** to **tdc**. Towards the end of the compression stroke combustion takes place which rapidly increases gas pressure in the cylinder.

(3) *An Expansion or Power Stroke*: High pressure and high temperature gases expand pushing the piston down from **tdc** to **bdc**, thereby producing work and forcing the crank shaft to rotate.

(4) *An Exhaust Stroke*: Burned gases are pushed out of the cylinder past the exhaust valve as the piston moves from **bdc** to **tdc**. The exhaust valve opens a little before bdc prior to start of the exhaust stroke those results in rapid fall of the pressure inside the cylinder close to the exhaust pressure (exhaust blow down). It reduces work done by the piston in pushing the burnt gases out. The exhaust valve closes after tdc which improves removal of the burned gases from the cylinder. The cycle then, starts all over again.

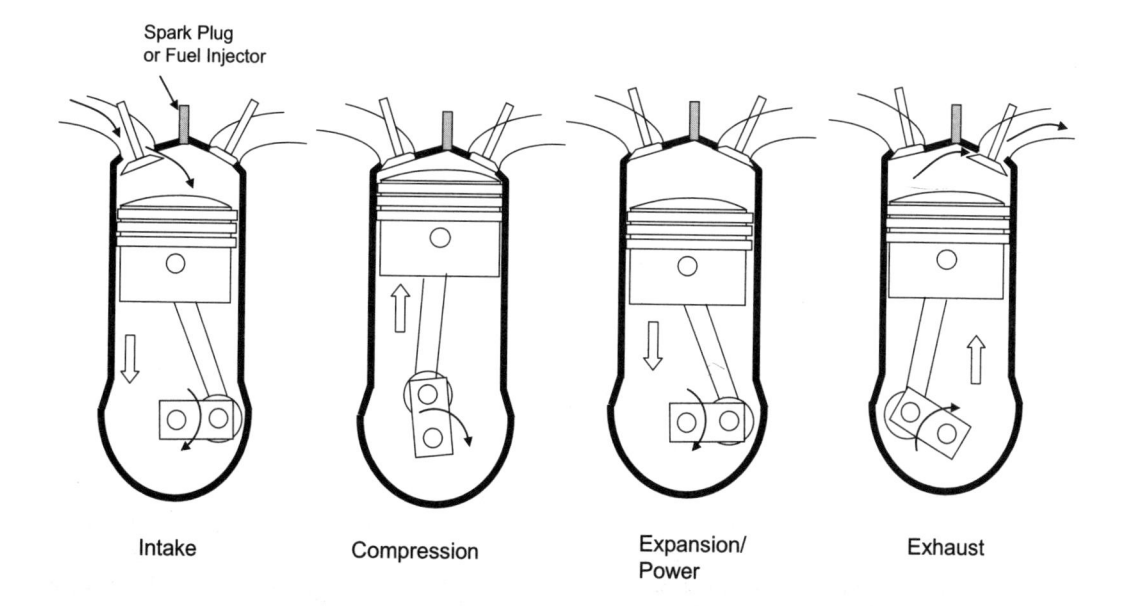

Figure 1.3 A four-stroke IC engine cycle

In the SI engine, air is inducted into the intake system where a volatile fuel viz., gasoline is mixed with air. The fuel is introduced using a carburettor in the intake manifold or fuel injector at the intake valve port. A premixed, homogeneous fuel-air mixture is thus formed in the cylinder before spark ignition. Engine power is controlled by using a throttle that controls the amount of intake air. The amount of fuel is varied in proportion to the amount of intake air. Combustion is initiated by a spark plug, a little before the end of compression stroke. A turbulent flame develops after spark ignition that travels through the combustion chamber. As the combustion progresses, the cylinder pressure rises and maximum pressure is obtained a few crank angle degrees after tdc. Combustion is complete when the flame reaches the cylinder walls where it gets extinguished. The piston on expansion stroke produces work before the exhaust valve(s) open and the burned gases exit the cylinder. The homogeneous combustion SI engines use a compression ratio of 8 to 12:1 to avoid knocking combustion.

On the other hand in the diesel or CI engine, air alone is inducted into the cylinder and fuel is injected directly into the cylinder towards the end of compression stroke. Air intake is unthrottled and the power is controlled by varying the amount of the fuel injected. A high compression ratio ranging from 13:1 to 24:1 is used to obtain sufficiently high air temperature to compression ignite the injected fuel. The compression ratio employed depends upon the design of combustion chamber, intake air pressure boost etc. Combustion of the injected fuel continues while injection of some more fuel may still be in progress. The combustion ends after tdc.

Two - Stroke Cycle

The two stroke cycle completes the engine cycle in one crankshaft revolution only. The two stroke engine was developed to simplify design and to have a high engine power to weight ratio. Ideally, it is expected to produce double the power of a four stroke engine of the equal swept volume. In production 2-stroke SI engines it is about 1.6 times that of the same size 4-stroke engines. A simple two stroke cycle is shown in Fig. 1.4. Intake and exhaust processes are performed by opening and closing ports by piston motion when the piston is close to bdc. The simplest form of the two stroke engine uses crankcase as a pump, which slightly compresses the fresh charge before it enters the engine cylinder. The charge into the crankcase enters via an intake port controlled by a reed valve or piston motion or a disc valve linked mechanically with piston motion. The cycle comprises of:

(1) *A Compression Stroke*: Piston moves from **bdc** to **tdc**, first closing inlet and exhaust ports in the cylinder and then compressing the charge trapped in the cylinder. The inlet ports to the cylinder are also called *transfer* ports in the two-stroke engines where crankcase is used as a pump to transfer charge from the engine intake to cylinder. As the piston moves up, pressure in the crankcase gets lowered and fresh charge from the intake manifold flows into the crankcase. Towards the end of compression stroke as the piston approaches tdc, combustion is initiated.

(2) *An Expansion or Power Stroke*: As the pressure rises in the cylinder due to combustion, high pressure gases push the piston downwards towards bdc, producing work and simultaneously compressing the fresh charge stored in the crankcase. As the piston approaches bdc, first the exhaust ports and then the inlet ports are opened. As the exhaust ports open, the burnt gases exit and pressure in the cylinder falls rapidly. On opening of the inlet ports the fresh charge, which has been compressed in the crankcase flows into the cylinder. The cycle then, repeats.

The inlet of fresh charge and exhaust of burnt gases from the cylinder occur concurrently. The entrance of the fresh charge into the cylinder is suitably directed by the design of port and piston crown so that it does not directly flow into the exhaust ports. The purpose is to obtain good scavenging of cylinder so that the cylinder is filled with the fresh charge to the maximum extent possible. However, even in the best designs of scavenging systems, in two stroke engines it is not possible to fill the engine swept volume by the fresh charge completely and significant amount of fresh charge flows directly out of the cylinder. This loss of fresh charge is called as '*charge short-circuiting*'.

The above shown two-stroke engine configuration is used for SI engines where a mixture of fuel and air enters the engine cylinder via crankcase. In the two stroke CI engines, air alone is inducted in the cylinder and fuel is injected directly into the cylinder. The two-stroke CI engines also use a high compression ratio similar to the four-stroke CI engines. Another difference is that the air in CI engines is usually forced into the engine cylinder through intake ports by means of an air blower.

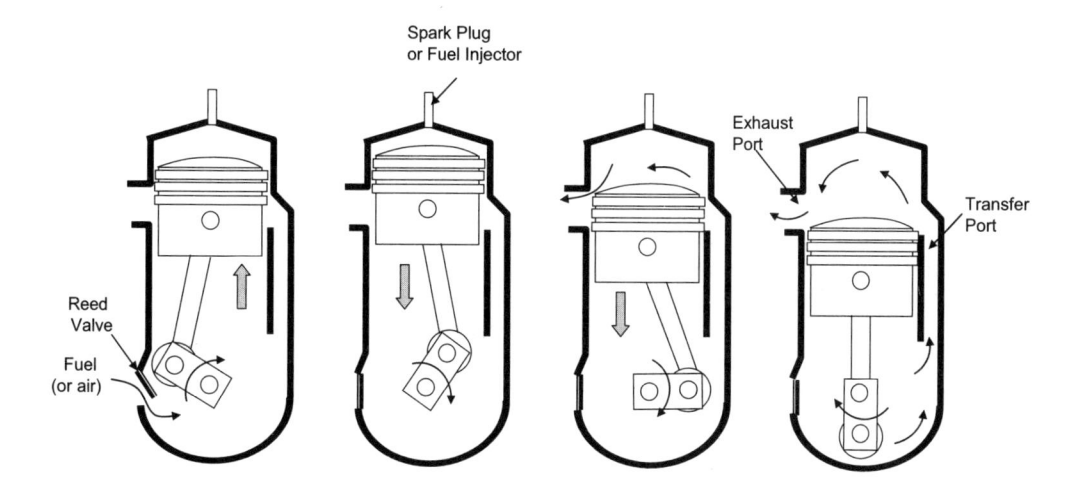

Figure 1.4 A crankcase scavenged two stroke cycle.

1.4 ENGINE TYPES AND CLASSIFICATION

The IC engines may be classified in several ways as below:

(1) *Working cycle*: Four-stroke or two-stroke cycle engines
(2) *Ignition method*: Spark ignition in conventional engines using homogenous mixture or in stratified charge engines having non-uniform mixture and, compression ignition in conventional diesel engines
(3) *Valve Location*: Overhead valves located in the cylinder head (I-head), side valves located in block (L-head) which is now obsolete or one valve in head and another in block (F-head) also now obsolete.
(4) *Fuel*
   Liquid fuels: gasoline, diesel fuel, methyl and ethyl alcohols, biodiesel

Gaseous fuels: natural gas, liquefied petroleum gas (LPG), biogas, hydrogen, producer gas

Dual-fuel: engines operating on two fuels at the same time, a gaseous fuel or alcohol as main fuel that is ignited by injection of diesel fuel.

Bi-fuel: engines that can be switched to operate either on a gas (usually natural gas or LPG) or on gasoline

(5) *Fuel Introduction*:

Carburettor

Fuel injection in the intake manifold (throttle body injection, TBI)

Fuel injection at the intake port (multipoint port fuel injection, PFI)

Fuel injection directly in the cylinder (DI)

(6) *Method of Air Intake*

Naturally aspirated: Air enters engine at the ambient pressure unaided by any pressure boosting blower or pump

Supercharged: Intake air pressure is increased above the ambient pressure by a compressor driven by the engine crankshaft

Turbocharged: Intake air pressure is increased above the ambient pressure by a compressor - turbine unit driven by the engine exhaust gas

(7) *Combustion chamber design*

Open chamber (wedge, hemisphere, pentroof, bowl-in-piston with different shapes)

Divided chamber with an auxiliary and a main chamber (prechamber, swirl chamber)

(8) *Method of cooling*

Air cooled: forced by an air blower, by natural convection and radiation

Liquid cooled: water, mixture of water and glycol

(9) *Basic engine design*

Reciprocating engines with different types of cylinder arrangements

Rotary engines like Wankel engine

(10) *Number and arrangement of cylinders* (Fig. 1.5)

Single cylinder engine

In-line multi-cylinder engines: cylinders are positioned in a straight line one after another having the single crankshaft. In-line four cylinder engines are very common for the passenger cars while heavy duty engines with up to 8 in-line cylinders are quite common

V-Engine: Two banks of cylinders set at 60 to 120 degrees or at a more acute angle along the same crankshaft. Even number of engine cylinders varying from 2 to 20 or more exists in this configuration. The 60 and 90 degree angles between two banks are more common. V6 is common in large automobiles. Some large vehicles use V8 and V12 engines as well.

W-Engine: Three banks of cylinders are arranged on the same crankshaft in such a way that they form letter 'W'. Two adjacent banks of cylinders are separated generally by 60 degrees. The total number of engine cylinders is multiple of 3. Twelve cylinder W- Engines have been built for racing or high performance cars. A modern car example is Bentley Continental GT car W-12 cylinder, 6 litre engine developing 560 horse power

Radial Engine: Cylinder-pistons are placed in a circular plane around a central crankshaft. Radial engines have odd number of cylinders varying from 3 to 13.As the crankshaft rotates every other cylinders fire giving smooth torque. More than one bank of radially arranged cylinders can be connected to the same crankshaft in more powerful engines. Small and many medium propeller-driven aircrafts are powered by the radial engines.

Opposed piston engine: Two pistons move in each cylinder that has combustion chamber in between, and as the combustion takes place both the pistons move outwards. Thus, a single combustion event produces two power strokes. Pistons are either connected to a separate crankshaft at the end of cylinder or to a common crankshaft through complicated mechanical linkages.

(11) *Application*
Motorcycle
Small portable generator
Automobile
Truck, Bus
Locomotive
Stationary, Power generation
Marine
Small airplane

In- Line

V-engine

W-engine

Opposed Piston

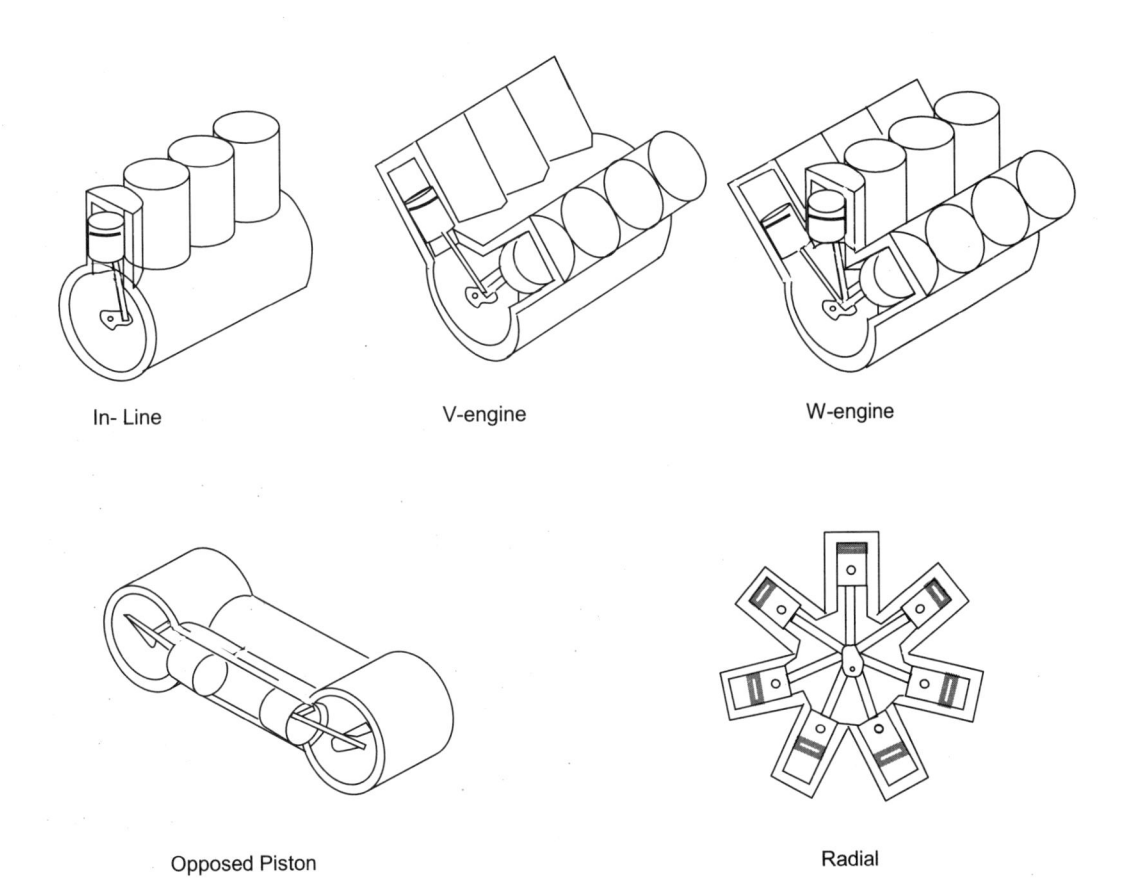

Radial

Figure 1.5 Various engine cylinder arrangements

The above classification covers a wide range of engine sizes, fuel types and mechanical construction. Several of the above classifications can be used simultaneously to characterize a single engine. More fundamental distinction however, has been the mode of ignition i.e., spark ignition or compression ignition. These two modes of basic ignition also have been specifically linked to fuel type and mixture preparation. The spark ignition engines conventionally have used a premixed, homogeneous gasoline-air mixture. On the other hand in compression ignition engines a heterogeneous mixture created by injection of diesel fuel in the cylinder burns and, fuel and air continue to mix by diffusion process even while the combustion is in progress. Presently these distinctions are getting blurred as spark-ignited non-uniform mixture (stratified charge) engines are also in production and homogeneous combustion compression ignited (HCCI) engines are under development. In this book, mode of ignition would be the primary distinction as fundamental features related to combustion, fuel characteristics, construction of engine components, emissions etc., are significantly different for the engines employing the spark or compression ignition.

1.5   ENGINE PARAMETERS

Engine performance depends on and is characterized by several parameters related to engine geometry and thermodynamics. These are defined below;

Geometric Parameters

Basic geometric parameters that are important to engine performance analysis are engine bore, B; stroke, L; crank radius, r and connecting rod length, l.

Engine displacement volume, V_d for an engine with n_c number of cylinders,

$$V_d = n_c \left(\frac{\pi}{4} B^2 L \right) \tag{1.1}$$

The minimum volume of cylinder occurs at tdc and is equal to clearance volume, V_c. The maximum volume of the cylinder is obtained at bdc and it is sum of the displacement and clearance volumes. The engine compression ratio, r_c is defined as the ratio of maximum to minimum cylinder volume;

$$r_c = \frac{V_d + V_c}{V_c} \tag{1.2}$$

Compression ratio for the SI engines generally is in the range 8 to 12 and for the CI engines it varies from 12 to 24. Stroke to bore ratio (L/B) for small to medium size engines varies from about 0.8 to 1.2 and for the large marine engines it reaches up to 2.

Stroke and crank radius are related by;

$$L = 2r \tag{1.3}$$

Crank angle, θ is measured from tdc position such that at tdc, $\theta = 0°$ (Fig.1.1). At any crank angle, volume of the cylinder is the sum of V_c and product of cylinder cross section area and the instantaneous stroke, y;

$$V(\theta) = V_c + \frac{\pi}{4} B^2 y \tag{1.4}$$

The instantaneous piston stroke, y at crank angle θ is given by;

$$y = l + r - [(l^2 - r^2 \sin^2 \theta)^{1/2} + r \cos \theta] \tag{1.5}$$

and after rearrangement

$$V(\theta) = \frac{V_d}{r_c - 1} + \frac{V_d}{2}\left[R + 1 - \cos\theta - \left(R^2 - \sin^2\theta\right)^{1/2}\right] \tag{1.6}$$

where $R = l/r$, ratio of connecting rod length to crank radius. Value of R varies from 3 to 4 for small and medium size engines and for the large engines R is in the range of 5 to 9.

Engine speed, N is the rotational speed of the crankshaft and is usually expressed in terms of revolutions per minute. The mean piston speed is an important parameter since it correlates better with many characteristics of engine behaviour like gas flow velocity in intake system and cylinder, and stresses in engine components rather than the rotational engine speed. The mean piston speed, $\bar{S}_p$ is

$$\bar{S}_p = 2LN/60 \tag{1.7}$$

The piston speed is zero at tdc and bdc where piston changes its direction of motion and reaches its maximum value near middle of the stroke. The instantaneous piston speed is obtained by differentiating the instantaneous stroke, y with respect to time which on substitution gives

$$\frac{S_p(\theta)}{\bar{S}_p} = \frac{\pi}{2}\sin\theta\left[1 + \frac{\cos\theta}{(R^2 - \sin^2\theta)^{1/2}}\right] \tag{1.8}$$

Surface area of the combustion chamber at any crank angle, A is given by

$$A = A_{ch} + A_p + \pi B y \tag{1.9}$$

where A_{ch} is cylinder head surface area and A_p is the piston top area. For a flat piston top $A_p = \pi B^2/4$. Using Eq. 1.5

$$A = A_{ch} + A_p + \frac{\pi BL}{2}[R + 1 - \cos\theta - (R^2 - \sin^2\theta)^{1/2}] \tag{1.10}$$

Performance Parameters

Power and Torque:
Engine brake power is measured by a dynamometer. The theoretical work done by the gas on piston equal to $\oint PdV$ is known as *indicated* work. The brake power is less than the theoretical work by the

16   IC Engines: Combustion and Emissions

amount of work spent to overcome friction and other losses in engine accessories such as cooling fan, alternator, supercharger, exhaust muffler etc. Dynamometer measures the engine torque that is related to the engine brake power by

$$\dot{W}_b = \frac{2\pi NT}{60} = 2\pi \frac{N}{60}(rev/s)T(N \cdot m) \times 10^{-3}, kW \qquad (1.11)$$

Mean Effective Pressure:
The pressure exerted on the piston varies over the cycle. The work output of the engine is presented in terms of the product of the mean effective pressure (mep) and the engine displacement volume. The engine torque and power depend on engine size. However, the mean effective pressure is a relative measure of the engine design capability to produce power independent of the engine displacement volume, and is given by

$$mep(kPa) = \frac{2\dot{W}}{V_d(N/60)} \left(\frac{kW}{m^3 \cdot \frac{rev}{min} \cdot \frac{min}{60s}} \right) \qquad \text{(4-stroke cycle)}$$

$$mep = \frac{\dot{W}}{V_d(N/60)} \qquad \text{(2-stroke cycle)} \qquad (1.12)$$

The brake or indicated mean effective pressure is expressed by the Eq. 1.12 depending upon whether the engine brake or indicated power is used in the equation.

Specific Fuel Consumption and Thermal Efficiency:
Fuel flow rate, $\dot{m}_f$ is measured when testing an engine. The specific fuel consumption (sfc) is fuel flow rate per unit of power;

$$sfc = \frac{\dot{m}_f}{\dot{W}} \qquad (1.13)$$

The sfc is a measure of engine fuel energy conversion efficiency or more commonly termed the engine thermal efficiency. The sfc and engine thermal efficiency, η_t are inversely related.

$$\eta_t = \frac{\dot{W}}{\dot{m}_f Q_{HV}} = \frac{1}{sfc \cdot Q_{HV}} \qquad (1.14)$$

Mechanical Efficiency
The ratio of the brake work delivered at the engine crankshaft to the indicated work done by the working fluid on the piston is defined as mechanical efficiency. The difference between the indicated and brake work consists of the engine friction losses and parasitic losses in engine accessories.

$$\dot{W}_b = \dot{W}_i - \dot{W}_f - \dot{W}_{acc} \tag{1.15}$$

similarly,

$$\text{bmep} = \text{imep} - \text{fmep} - \text{amep} \tag{1.16}$$

where fmep = frictional mep and, amep = auxiliary mep.
The mechanical efficiency is given by

$$\eta_m = \frac{\dot{W}_b}{\dot{W}_i} = \frac{\text{bmep}}{\text{imep}} \tag{1.17}$$

Air-Fuel Ratio and Fuel-Air Ratio:
Energy input to the engine comes in the form of chemical energy of fuel, which is known as heat of combustion. Both the flow of fuel and air are measured and these must be within the well defined proportion for good combustion for the premixed combustion engines. Air-fuel ratio and fuel-air ratio are defined in terms of fuel and air mass flow as,

$$A/F = \frac{\dot{m}_a}{\dot{m}_f} = \frac{m_a}{m_f} \tag{1.18}$$

$$F/A = \frac{\dot{m}_f}{\dot{m}_a} = \frac{m_f}{m_a} = \frac{1}{A/F} \tag{1.19}$$

The chemically correct or stoichiometric air-fuel ratio for complete combustion of a fuel depends on its chemical composition. For the practical liquid hydrocarbon fuels it varies, but lies within a narrow range. For example for a typical gasoline fuel it ranges from about 14.6 to 15:1. For gaseous hydrocarbon fuels like methane and propane and other fuels like alcohols, vegetable oils, biodiesel, hydrogen etc., it is substantially different.

Volumetric Efficiency:
Volumetric efficiency, η_v is a measure of the effectiveness of induction process of the engine. The volumetric efficiency is defined as the mass of air inducted into the cylinder divided by the mass that would occupy the displacement volume at the inlet air density. It is used only for the 4-stroke engines as these engines have a well defined and distinct induction process. The two stroke engine uses another term, the delivery or scavenge ratio to measure effectiveness of the intake process. The volumetric efficiency is given by

$$\eta_v = \frac{2\dot{m}_a}{\rho_{ai} V_d (N/60)} = \frac{m_a}{\rho_{ai} V_d} \tag{1.20}$$

where $\dot{m}_a$, mass flow rate of air in kg/s, m_a is mass of air per cycle and ρ_{ai} is the density of air at inlet conditions.

Atmospheric air density when used, the volumetric efficiency measures the pumping performance of the entire intake system that includes, air filter, carburettor (if used), throttle plate, intake manifold, intake port and valves. If the air density in the intake manifold is taken, then η_v measures the performance of intake port and valves only. A high volumetric efficiency results in more air and, consequently more fuel can be burned and power produced by the engine can be increased. The design and layout of intake manifold, valve size, valve lift and timing all influence the volumetric efficiency. For the naturally aspirated direct injection CI engines, maximum value of η_v can reach up to 90%. Due to use of throttle plate, carburettor, and fuel introduction and vaporization in the intake system, the volumetric efficiency of SI engines is significantly lower than the diesel engines.

1.6   PRODUCTION IC ENGINES

The internal combustion engines are produced in a very wide range of cylinder displacement volume, size and power for different applications. The typical types of production SI and CI engines are briefly discussed below.

Reciprocating SI Engines

The SI engines are used where high engine speeds and light engine weight are important requirements. These engines usually operate at high speeds ranging from 3000 to 10000 rpm and hence, the reciprocating components are made light in weight to reduce inertia forces at high speeds. Small SI engines used for motorcycles, portable generators, lawn mowers etc., are single cylinder engines and their power range and size start from less than 0.5 kW and around 35 cm^3 engine swept volume. At the higher power end, multi-cylinder engines of over 500 cm^3 and 75 kW power are also built for motorcycles. Both the 4-stroke and 2-stroke cycle engines are manufactured in this category. The small 4-stroke engines are usually above 60 cm^3 swept volume per cylinder. Low engine cost, light weight and simplicity of maintenance are important requirements for use in motorcycles and utilities. Until recently due to simplicity of design, low cost and high power to weight ratio, the two-stroke SI engine dominated the small single cylinder engine market for motor cycles and utilities as it has fewer moving components compared to its 4-stroke counterpart. As the urban air pollution assumed serious proportions, the 4-stroke engine has now largely substituted the small 2-stroke engine for these applications.

For passenger cars and other automobiles, multi-cylinder engines are used. For small and medium size cars, engine power varies from about 15 to 75 kW and for the large cars from 75 to 200 kW or even higher. Most passenger cars until recently and even now are powered by the SI engines, although in European market the diesel car production has been increasing over the last decade and presently diesel cars constitute nearly 50% of annual car sales in Europe. Most car engines have swept volume ranging from 1 to 2.5 litre. Division of total swept volume in a number of small size cylinders is important for high speed engines for good dynamic balance and lower inertia forces. With smaller cylinder volume, the size and mass of reciprocating components like piston, connecting rod, valves etc. is reduced. Also, the height of the engine and consequently frontal area of the passenger car can be reduced, which is important to minimize air drag at high vehicle speeds. The in-line, four cylinder engine is most common configuration for the cars. For the large cars and multi-utility vehicles, V-6 engines generally bigger than 2.5 litre size are in production. A typical in-line, 4 cylinder engine is shown in Fig. 1.6. Very large SI engines for heavy duty truck, bus and other commercial applications are not generally manufactured due to their poor fuel efficiency compared to the CI engines.

Figure 1.6 An in-line 4-cylinder, DOHC spark ignition engine for passenger cars. Reprinted with permission of Delta Press B.V., Netherlands, Oil & Engines, 1997.

Reciprocating CI Engines

The CI engines are manufactured in a very wide range of sizes and power output for use at small end in agriculture water pumps to very large ships. The diesel engines run at slower speeds compared to SI engines. The very large marine diesel engines run at speeds of about 110 rpm while maximum speed of the modern high speed diesel engines is around 4800 rpm. The diesel engines are heavy in construction as they employ a high compression ratio and the maximum gas pressures reach above 100 bars compared to less than 50 bar for most SI engines. The application range of diesel engines is very extensive. Almost all commercial engines used in passenger and freight transport, agricultural machinery, building and construction activities, earth moving, medium to large power generators, locomotives, military combat and non-combat vehicles, boats and ships etc are diesel engines. In the diesel engines, power is varied by changing quantity of fuel injected alone. At maximum power, the minimum overall air-fuel ratio is around 20:1 otherwise black smoke in the exhaust gas increases to unacceptable levels. The small engines are usually naturally aspirated. On the other hand, medium and large diesel engines are mostly supercharged or turbocharged to induct more air and so that more fuel can be burned to produce higher power from the same engine displacement volume.

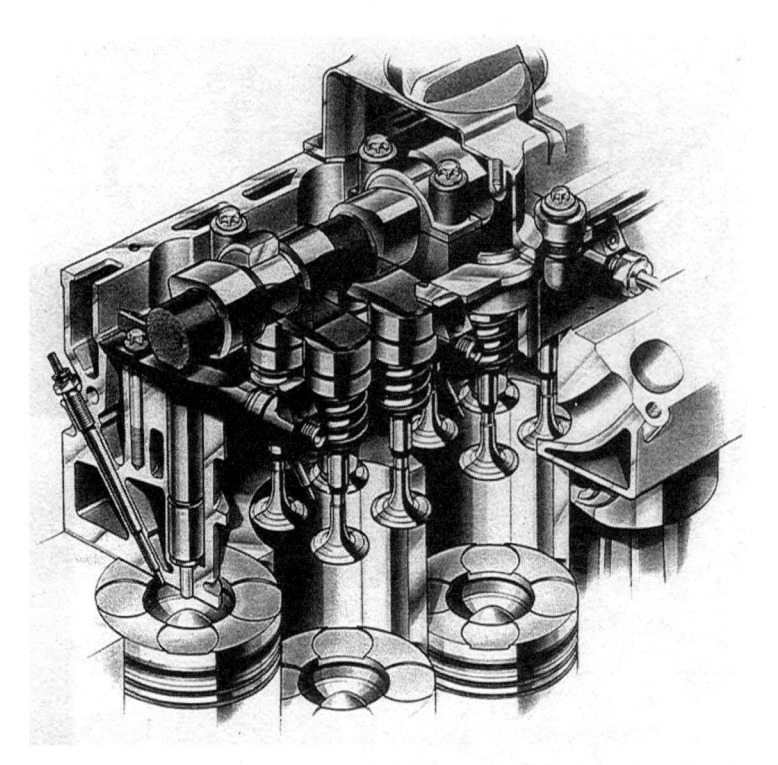

Figure 1.7 Cross section of an in-line 4-cylinder, high speed direct injection diesel engine. Reprinted with permission of Delta Press B.V., Netherlands, Oil & Engines, 1997.

The small and medium size engines are 4-stroke while the largest engines used in ships operate on 2-stroke cycle. The CI engines of 0.35 to about 1.0 litre swept volume and, power in the range of 3 to 10 kW are used for agricultural purposes to pump water, run small generators and to power commercial 3-wheeled vehicles. These small diesel engines are produced in large numbers especially in the developing countries. Medium size engines for road and off-road vehicles in the power range of 30 to 400 kW are mostly 4-stroke, turbocharged engines. A typical 4-cylinder high speed, direct injection diesel engine for passenger cars is shown on Fig. 1.7. Many modern high speed direct injection diesel engines also employ a glow plug for ease of cold starting in sub-zero climatic conditions. These engines are highly turbocharged and the engine compression ratio is reduced compared to the naturally aspirated versions. Large engines of power output exceeding 500 kW are manufactured in 4-stroke as well as 2-stroke cycle versions. In the highest power range in this category, more and more 6- to 14 - cylinder, 2-stroke cycle engines are used. Use of two-stroke cycle increases specific power and the engine speed can be reduced to lower friction losses. Two-stroke marine engines use big cylinder size of 0.6 to 1.0 m bore and 1.5 to 3 m stroke. The engines are cross-head type to reduce side-thrust on the cylinder walls. The intake air pressure is boosted and air is pumped-in through intake ports in the cylinder by blower. The exhaust gas leaves through exhaust valves in the cylinder head. The largest diesel engine which was built in the year 2004 operates on 2-stroke cycle. The cylinder bore is 0.965 m (38 inch) and the stroke is just over 2.49 m (98 inch). Each cylinder displaces 1820 litres (64.32 cubic feet) and produces 5840 kW. The 14-cylinder version weighs 2,300 tons, has total displacement of 25,480 litres and develops 81,254 kW power.

Typical characteristics of one each of small, medium and large engines are compared in Table 1.1.

Table 1.1
Comparison of Characteristics of Small to Large Size Internal Combustion Engines

Characteristics	UAV*	Passenger Car**	Marine
Cycle	4-Stroke SI	4-Stroke SI	2-Stroke CI
Number of cylinders	2	V8	16
Bore, m	0.034	0.092	0.965
Stroke, m	0.0286	0.075	2.49
Displacement per cylinder, m^3	0.026×10^{-3}	0.498×10^{-3}	1.82
Power per cylinder, kW	1.755	38.6	5,840
Engine speed, rpm	7,500	8,400	102
Mean piston speed, m/s	7.2	20.7	8.47
bmep, bar	10.8	11.1	18.9
Specific power, kW/m^3	67.7×10^3	77×10^3	3.2×10^3
Specific power, kW/kg	2.42	1.53	3.55×10^{-2}

* UAV= unmanned air vehicle, **source: AEI, Jan. 2008.

Rotary (Wankel) IC Engine

The Wankel engine is the only rotary IC engine design that has been manufactured in significantly large numbers. It uses a rotary configuration to convert gas pressure into rotating motion directly unlike the reciprocating pistons that are connected to the rotating shaft through connecting rod-crank mechanism. Fig. 1.8 shows schematically a single rotor Wankel engine and its working.

In the Wankel engine, a triangular-shaped rotor rotates eccentrically in an oval-like epitrochoid-shaped housing. The central drive shaft has an integral offset lobe and it is called eccentric shaft or E-shaft. The offset lobe produces the effect of crank. The rotor rotates around the offset lobe on the central shaft and also makes orbital revolutions around the E-shaft. The triangular rotor has seals at each apex providing sealing against the housing walls at periphery. It thus, divides the volume between the rotor and housing in three moving combustion chambers. The rotor has internal timing gear that meshes with the fixed timing gear on the side of housing to maintain the correct time phasing between the rotor and eccentric shaft rotations. As the rotor rotates and orbitally revolves, each side of the rotor gets closer to and also moves away from the internal walls of housing, thereby compressing and expanding the volume of combustion chamber. Thus, each moving chamber undergoes variation in volume and, in the process compressing and expanding the trapped working fluid as in the reciprocating engines. All the three combustion chambers per housing in the engine, repeat the same cycle in one revolution of the rotor working like a three cylinder engine. The central E-shaft makes three rotations per revolution of the rotor, and each chamber produces one power stroke. As for every rotation of the central E-shaft one power stroke is produced, the power output of a Wankel engine is higher than the 4-stroke reciprocating engine of the similar engine displacement. As the combustion chamber is flatter than in the reciprocating engines two spark plugs are often used to obtain a faster combustion process.

The Wankel engine has much fewer moving parts. No reciprocating pistons and valves are used reducing structural forces drastically. It has low vibrations and runs smoother. The engine has much smaller frontal area making it very suitable for racing cars and small airplanes. Some of the problems faced are related to sealing between adjacent chambers, rotor and housing sides, and lubrication between seals and housing. The surface to volume ratio of combustion chamber in the Wankel engine

Intake   Compression

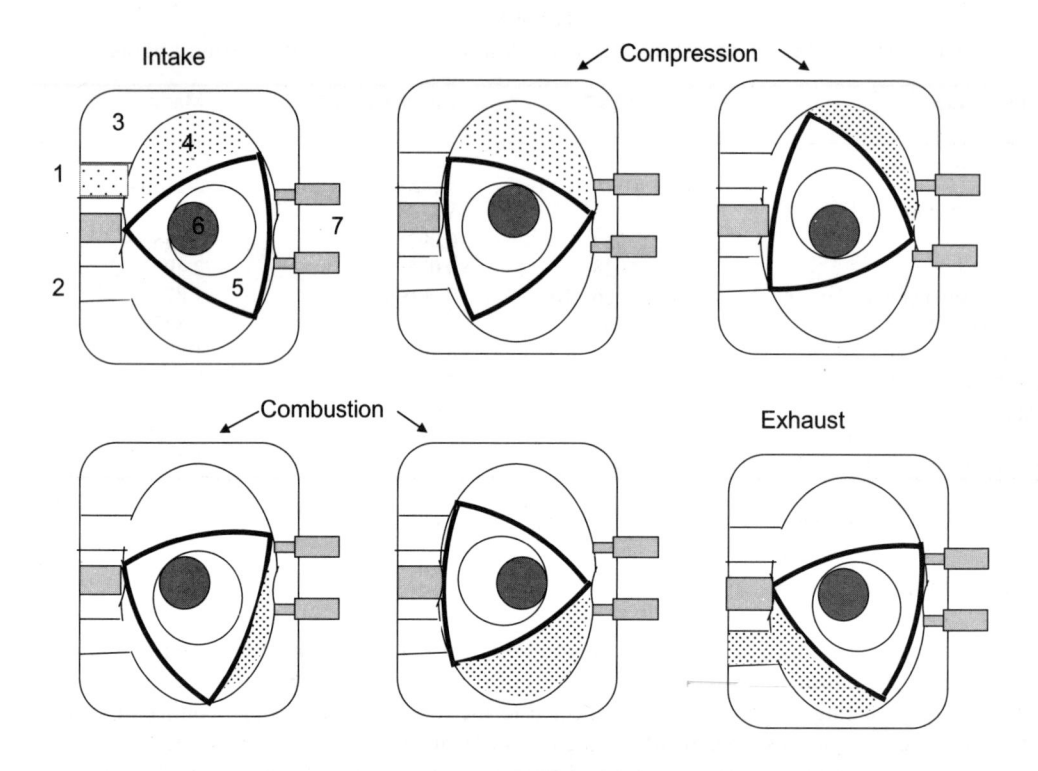

1- Intake port, 2-Exhaust port, 3- Housing, 4- Combustion chamber
5 – Rotor, 6- Eccentric shaft (E-Shaft) 7- Spark plugs

Figure 1.8 Working principle of Wankel rotary spark ignition engine.

is also high making it prone to high unburned fuel emissions. It also has higher specific fuel consumption compared to the contemporary reciprocating SI engines.

Several automobile manufacturers tried to mass produce cars powered by the Wankel engine during 1960s. Mazda after years of development introduced its first Wankel engine car Cosmo in 1967. Its production was abandoned during 1970s although Mazda continued to produce Wankel engine powered sports cars. The current sports car RX-8 uses a 1.3 litre, 177 kW, two rotor engine. Because of compact and lightweight design, the Wankel engines have been used in unmanned aircrafts for military reconnaissance, racing cars and personal water boats etc.

1.7 ENGINE COMBUSTION AND EMISSIONS

The most fundamental classification of the internal combustion engines as mentioned earlier, is based on the nature of engine combustion process employed. Two basic modes of combustion are:

(i) A homogeneous mixture of fuel and air premixed in advance is ignited by a positive source of ignition. The positive source of ignition is usually an electric discharge spark plug although alternatives like laser induced ignition etc., are also being studied. A generic name of engines using this form of combustion is *premixed homogeneous combustion engine with positive source of ignition* or more commonly known as *spark ignited engines*. Based on the most commonly used fuel these engines are also routinely called as *gasoline* or *petrol engines*.

(ii) A heterogeneous fuel-air mixture is created by injection of fuel in hot compressed air in the cylinder, which is ignited as the temperature of compressed air is higher than the self-ignition temperature of the fuel. To ignite the fuel and initiate combustion, the temperature of air around 800 K or more is attained by compression of air to a pressure close to 45 to 60 bar. The engines operating on this form of combustion are commonly termed as *compression ignited engines*. A common name of these engines is *diesel engine*.

The processes leading to formation of air-fuel mixture, ignition and progress of combustion are significantly different in the above two types of internal combustion engines. This in turn needs very different engine hardware designs related to fuel induction and combustion systems for the SI and CI engines.

Premixed SI Engine Combustion

In the conventional SI engines, fuel is introduced in the intake manifold with a carburettor or fuel injection system. The fuel and air get partly mixed in the intake system before entering into the engine cylinder. The carburettor meters as well as atomizes fuel and helps in mixing of fuel with air. It meters the fuel on the principle of pressure differential. The carburettor has a diverging-converging nozzle (venturi). As the intake air flows through the carburettor venturi, air is accelerated to a high velocity at venturi throat and a pressure drop relative to ambient air pressure results at the throat. This pressure drop is used to induce fuel flow from the carburettor fuel bowl, and the fuel is inducted in the high velocity air stream at throat of the venturi. Ideally, the air to fuel mass ratio is required to be maintained close to the stoichiometric value (15:1 for typical gasoline). In the modern engines, fuel is injected at each intake port by the individual low pressure injectors at 3 to 7 bar pressure. Here, the fuel and air mixing takes place during intake and compression strokes in the cylinder.

Inside the engine cylinder, a small quantity of burnt residual gas from the previous cycle is also present and the cylinder charge at the time of combustion comprises of fuel, air and residual gas. The charge may not be fully homogeneous and uniform in composition and it may have some in-homogeneities. However, for analysis of combustion in the conventional SI engines the charge at the time of ignition is usually assumed to be uniform in composition and temperature. A variety of fluid motion like swirl, tumble and squish, and turbulence are generated in the cylinder by proper design of intake ports and combustion chamber shape to accelerate combustion process. Detailed mathematical models of engine cycle processes simulate the fluid motion and its effects on combustion and the consequent engine performance and emissions.

A typical pressure-time history in the engine cylinder and sequence of events are shown on Fig. 1.9. Combustion is initiated by spark ignition some 15 - 40° crank angle (CA) before top dead centre. In addition to the spark energy, ignition is governed by fuel-air ratio, temperature and pressure of the charge. A spherical shaped flame starts from the spark plug which after a short time period becomes turbulent and travels across the combustion chamber. Mixture in the cylinder should be within lean and rich flammability limits for the flame to propagate and burn it. The speed of flame depends on the mixture strength (fuel-air ratio), temperature and pressure of charge. As the flame reaches close to the combustion chamber walls it gets extinguished as the mixture close to the walls is cooled due to heat transfer away from it to the walls. The total combustion duration is of the order of 30 to 60° CA. As

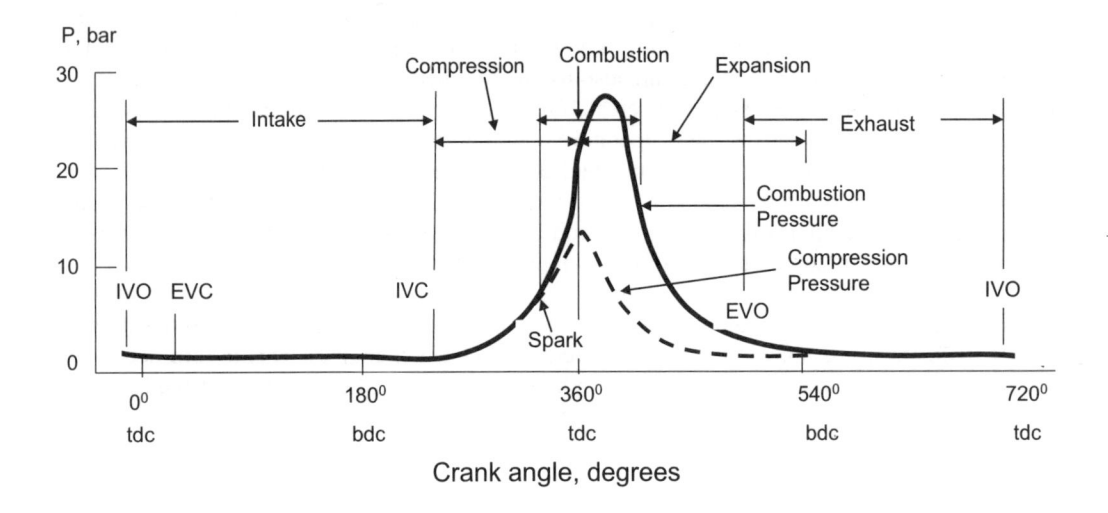

Figure 1.9 Cylinder pressure – crank angle history in 4-stroke SI engine operating cycle showing important cycle events. IVO: Intake valve opening, IVC: Intake valve closing, EVO: Exhaust valve opening, EVC: Exhaust valve closing.

the heat is released combustion pressure in the cylinder rises, and for best fuel efficiency combustion is to be so phased so that peak pressure results 5 to 8° crank angle after tdc. Spark timing is controlled depending on engine speed and load to assist in phasing of combustion for best fuel efficiency.

Rate of combustion depends on several factors such as temperature and pressure of the charge, mixture strength, residual gas fraction or charge dilution caused by exhaust gas recirculation, mixture motion, turbulence and fuel chemistry. As the flame propagates across the combustion chamber and cylinder pressure rises, the unburned mixture in front of the flame gets compressed. Due to compression caused by the advancing flame front, the temperature of unburned mixture ahead of the flame continues to rise until maximum cylinder pressure is obtained. If the unburned mixture remains at sufficiently high temperatures for significant period of time, it may auto-ignite causing knocking combustion, a phenomena that is different than the combustion by the normal flame. The knocking combustion causes pressure oscillations in the combustion chamber resulting in engine vibrations and noise. At high severity levels persistent knocking combustion may cause damage to mechanical engine components like piston, rings, connecting rod etc.

At high temperatures, the burned gas undergoes chemical dissociation reactions. For a given fuel and mixture strength, chemical composition of burned gas and pollutant formation in the cylinder depend on the gas temperature and pressure. The burned gas temperature also varies across the combustion chamber and with time in the cycle. The combustion temperatures and mixture stoichiometry are important parameters for formation of nitrogen oxides. A significant amount of mixture is stored during compression stroke in the thin passages (crevice) between piston and cylinder, around spark plug threads, and in the thin recess between the cylinder head and block. The mixture stored in these thin passages cannot be burned as the flame is unable to propagate in such narrow passages. A small fraction of the mixture in the cylinder leaks past the piston and rings into the crankcase and it gives rise to crankcase emissions. The crankcase emissions are rich in unburned fuel.

The above mentioned phenomena and processes are significant for pollutant formation and emission in the SI engines. In some modern SI engines, fuel is directly injected into the cylinders to create stratified charge, a special form of non-uniform mixture, which is burnt by the flame initiated at the spark plug. The combustion process and emission formation here are quite different than in the premixed, homogeneous combustion engines.

Electronic engine and fuel management is required not only on the advanced engines like the direct injection stratified charge engines but has become standard for combustion and emission control even for the modern premixed charge SI engines. It has been necessitated as very low emission levels are now permitted by the legislation in most countries. A number of sensors are used to measure engine parameters such as engine speed, throttle position, air mass flow, intake manifold pressure, exhaust gas oxygen, air, fuel and oil temperatures, knocking levels etc to provide input to the electronic control unit of the engine

Heterogeneous CI Engine Combustion

Air alone is inducted in the compression-ignition engines. The fuel is injected directly in the engine combustion chamber towards the end of compression stroke. The injection is timed suitably in advance of the instant at which start of combustion is required in the cycle. High injection pressures in the range 400 to 2000 bar are used depending upon the engine design. The engine power is controlled by varying the amount of fuel injected while the amount of air inducted remains essentially constant.

A typical cylinder pressure-time history and significant events for CI engines are shown on Fig. 1.10. Fuel injection rate versus time profile is also shown on this figure. The liquid diesel fuel on injection gets atomized in fine droplets and air is entrained in the injection spray. The fuel droplets evaporate and mix with air. The fuel distribution in the cylinder is not uniform and, local fuel-air ratio in the cylinder may vary from zero where only air is present to infinity with fuel only existing at another location. Fuel vapours and air mix forming combustible mixture initially at some locations. The air temperature being higher than the self ignition temperature of fuel, after elapse of a short period of time from the start of injection the fuel gets auto-ignited and combustion begins. The time interval between the start of injection and combustion is known as *ignition delay*. After start of combustion, the flame spreads rapidly in the combustible mixture formed during the delay period. This phase is usually termed as *premixed combustion* phase. This period has large influence on the subsequent engine combustion process and cylinder pressure development history especially in the naturally aspirated CI engines. At high engine loads, the fuel injection continues even after the combustion has begun. The combustion of the fuel injected after start of combustion, depends how quickly it gets evaporated and mixes with air. During this period, turbulent diffusion processes govern the fuel-air mixing and combustion rate. Therefore, this period is termed as *diffusion combustion* phase.

The fuel-air mixing and combustion in compression-ignition engines is a highly complex process. Major problem of diesel engines is to achieve rapid fuel-air mixing to complete combustion in the available time. The problem becomes more severe as the engine speed increases. A variety of inlet port designs to generate the required air motion in the cylinder and fuel injection systems to give the required fuel injection pattern and characteristics are used. A number of different piston and cylinder head shapes forming various designs of combustion chamber to match the air motion and fuel injection spray pattern are in use in production engines to promote fuel-air mixing and combustion.

A variety of approaches have been developed to rapidly obtain fuel-air mixing in different types of CI engines. The engines that use multi-hole nozzles for injection of fuel directly in the cylinder over combustion bowl located in the piston crown are known as *direct-injection* (DI) engines. The low speed DI engines use 7 to 12 number of fuel sprays to distribute fuel in the cylinder, which provides adequate fuel-air mixing as the time available is long at low speeds. Smaller high speed DI engines for road vehicle application however, often use swirling air motion rotating about the cylinder axis to accelerate fuel-air mixing. Air swirl is created during intake process by use of suitably designed inlet port and valve. Another type of engines use fuel injection by a single-hole nozzle in a small auxiliary chamber contained in the cylinder head while the main combustion space is located in the cylinder above the piston. The jet of partially burned high pressure gas from the auxiliary chamber provides high turbulence and required mixing with air for completion of combustion in the main chamber. These engines are known as *indirect injection* (IDI) engines. Due to lower fuel efficiency the indirect injection engines now are being phased out.

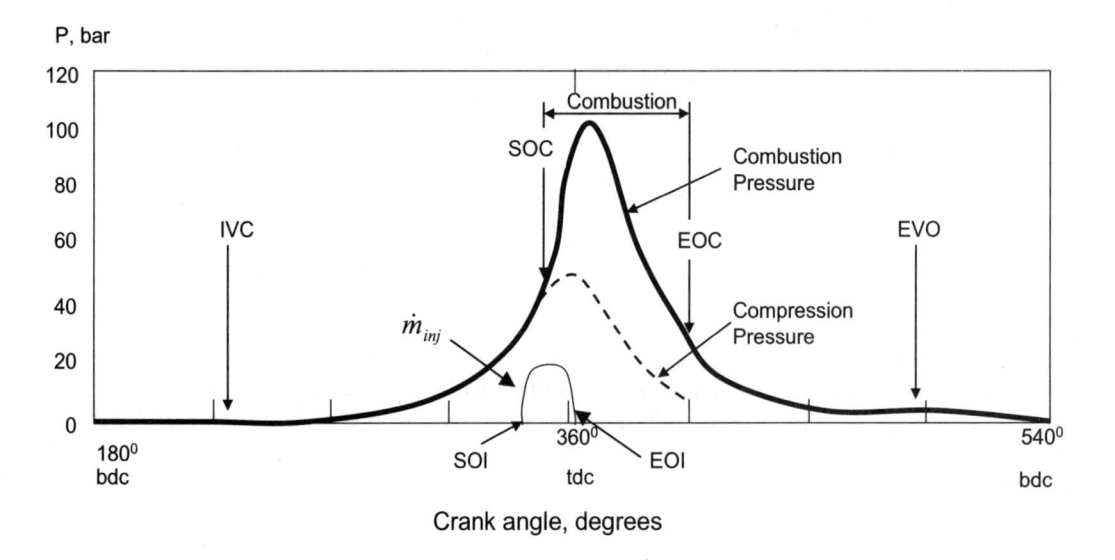

Figure 1.10 Cylinder pressure – crank angle history and sequence of processes in 4-stroke CI engine operating cycle; SOI: Start of injection, EOI: End of injection, SOC: Start of combustion, EOC: End of combustion.

In the fuel over-rich zones due to lack of oxygen soot is formed, which is emitted as black smoke from the engine. On the other hand some zones may be very fuel-lean and may not burn at all resulting in unburned fuel emissions. Most of the fuel gets burned by about 30 to 40° CA after tdc. However, some late injected fuel and products of partial combustion from fuel-rich zones continue to burn late as and when it finds air. The CI engines have a minimum of about 30 % excess air (air fuel ratio of about 20:1) so that complete combustion of the injected fuel is obtained. Any further increase in the amount of fuel injection results in excessive black smoke emissions. The maximum power in the CI engines therefore, is usually limited by the acceptable smoke emissions.

New combustion chamber geometries have been developed for the direct injection engines that provide high compression generated *squish* air motion to augment air turbulence during combustion. In the modern diesel engines, very high injection pressures reaching 2000 bars or higher are being employed to improve fuel atomization and fuel- air mixing, and to accelerate combustion. The high injection pressures have resulted in low soot emissions. Electronic fuel injection is used to control fuel injection rate and shape of fuel injection rate –time profile to obtain combustion rates required for lower emissions and better fuel efficiency. The above brief discussion underlines the highly complex nature of physical and chemical processes involved in fuel injection, spray break-up, in-cylinder air motion, fuel-air mixing and combustion of the heterogeneous mixture in compression ignition engines.

1.8 SUMMARY

In the internal combustion engines, mixture formation and combustion are the key processes that impact engine performance, fuel efficiency and emissions. Importance of these processes is summarized below in a general way and they form the core topics discussed in this book:

- Mixture formation processes determine whether the air and fuel are available in the right proportion and state at the time of ignition and to sustain and complete combustion.
- Repetitive ignition in the engine cycle after cycle without any misfired combustion is desired. It is more critical in the engines with spark ignition.
- In the compression-ignition engines, ignition at the required instant in the cycle is to be obtained.
- The point at which combustion starts and the resulting rate of combustion determines the pressure development in the engine cylinder that affects the expansion work by the piston. These parameters also govern cylinder gas temperatures and the combustion chemistry responsible for formation and emission of pollutants like nitrogen oxides and smoke particulates.
- Fluid motion in the engine cylinder plays an important role in mixture formation and in controlling combustion rates.
- Slow combustion reactions towards the end of combustion although may not be important for fuel efficiency but play significant role in oxidation of remaining unburned fuel and partially burned products like carbon monoxide and carbon soot.

PROBLEMS

1.1 The two stroke cycle engine has two times the number of power strokes compared to four-stroke engines. However, the power output of the two-stroke engines is only about 1.6 times that of 4-stroke engines for the same swept volume and intake charge density at equal engine speeds. Explain the reasons for this loss in the potential of two stroke cycle. Further, what are its implications on emission of pollutants from these engines?

1.2 Show that the ratio of instantaneous to mean piston speed is given by

$$\frac{S_p(\theta)}{\overline{S}_P} = \frac{\pi}{2}\sin\theta\left[1 + \frac{\cos\theta}{\{(l/r)^2 - \sin^2\theta\}^{1/2}}\right]$$

1.3 Calculate mean piston speed, bmep (MPa), torque (N.m) and power produced per unit piston area for the following engines

  (i) Bore x stroke =135 x 125 mm, 12 cylinders, N = 2200 rpm, power = 950 kW
  (ii) Bore x stroke = 85 x 66 mm, 8 cylinders, N = 8000 rpm, power = 410 kW

1.4 A 2.2 litre four-stroke diesel engine has power output of 5 7 kW at 4500 rpm. Its volumetric efficiency is 0.85 and the bsfc is 0.26 kg/kW.h. Given the heating value of fuel as 42 MJ/kg, calculate the engine bmep, thermal efficiency and fuel-air ratio. Take the atmospheric conditions as 300K and 1 bar.

1.5 For the high speed engines of approximately above 0.5 l swept volume, why multicylinder engines are usually preferred?

1.6 Represent complete four stroke cycle (720°) for SI and CI engines separately on a line. Show on this line bdc, tdc, approximate crank angle position of inlet and exhaust valve opening and closing, spark ignition and completion of combustion for SI engine, start and end of injection and combustion for CI engine, angle of peak cylinder pressure.

CHAPTER 2

Thermodynamics of Combustion

In this chapter we review thermodynamics of combustion applicable to internal combustion engines. Here the main focus is on the composition and properties of the working fluids before and after combustion. It deals with the equilibrium states of the working fluids although during the combustion process the system may be far from chemical equilibrium. The ideal gas laws and properties are used to deal with multi-component systems and combustion stoichiometry. The instantaneous chemical composition of the working fluid is governed by the thermodynamic properties, chemical reactions and fluid dynamics. For determination of thermodynamic properties however, pressure is taken as uniform in the system at a given instant of time and role of fluid dynamics is neglected. An equilibrium combustion model is discussed and applied to adiabatic and isentropic processes to compute composition and thermodynamic properties of combustion products. Heat of combustion and calculations are reviewed. Finally, simple chemical kinetic principles are discussed that are applied to compute formation of pollutants.

2.1 IDEAL GAS LAWS AND PROPERTIES OF MIXTURES

Working fluid in the IC engines is made of gases like oxygen, nitrogen, water vapour, fuel vapour, carbon dioxide etc., which can be treated as ideal gases. The ideal gases obey the equation of state relating, P, T and V,

$$PV = mRT$$
$$PV = n\bar{R}T \tag{2.1}$$

For mixture of gases, the total mass of the system is equal to the sum of the masses of all the individual species

$$m = \sum_i m_i \tag{2.2}$$

The mass fraction, x_i of a given species

$$x_i = \frac{m_i}{m}, \tag{2.3}$$

and by definition ,

$$\sum_i x_i = 1 \qquad (2.4)$$

The total number of moles of mixture,

$$n = \sum_i n_i \qquad (2.5)$$

The mole fraction, y_i of a given species

$$y_i = \frac{n_i}{n} \qquad (2.6)$$

and by definition,

$$\sum_i y_i = 1 \qquad (2.7)$$

The molecular weight of the mixture,

$$M = \sum_i y_i M_i = \sum_i \frac{m_i}{n} \qquad (2.8)$$

Mole fraction and mass fraction are related by

$$y_i = x_i \frac{M}{M_i} \qquad (2.9)$$

The partial pressure of a component of mixture with total pressure P, is

$$P = \sum_i P_i = \sum_i y_i P \qquad (2.10)$$

The volume of V of ideal gases is equal to the sum of partial volumes of the component gases which they would occupy if existed alone at the pressure and temperature of the mixture:

$$V = \sum_i V_i = \sum_i y_i V \qquad (2.11)$$

The internal energy and enthalpy of the ideal gases are functions of temperature only. The specific heats at constant volume and constant pressure therefore, are given by

$$c_v = \left(\frac{\partial u}{\partial T}\right)_v = \frac{du}{dT}$$

$$c_p = \left(\frac{\partial h}{\partial T}\right)_p = \frac{dh}{dT}$$
(2.12)

and then, specific internal energy and enthalpy:

$$u = u_0 + \int_{T_0}^{T} c_v dT$$

$$h = h_0 + \int_{T_0}^{T} c_p dT$$
(2.13)

where u_0 and h_0 are specific internal energy and enthalpy at reference temperature T_0. The internal energy and enthalpy of the mixture:

$$u = \sum_i x_i u_i \text{ and } h = \sum_i x_i h_i \qquad (2.14)$$

The molar intensive properties are

$$\bar{u} = \sum_i y_i \bar{u}_i \text{ and } \bar{h} = \sum_i y_i \bar{h}_i \qquad (2.15)$$

Similarly the specific heats at constant volume and at constant pressure for the mixture are

$$c_v = \sum_i x_i c_{vi} \text{ and } \bar{c}_v = \sum_i y_i \bar{c}_{vi} \qquad (2.16a)$$

$$c_p = \sum_i x_i c_{pi} \text{ and } \bar{c}_p = \sum_i y_i \bar{c}_{pi} \qquad (2.16b)$$

2.2 COMBUSTION STOICHIOMETRY

In the internal combustion engines, normally hydrocarbon fuels are burned with air. The composition of air varies with geographical location, altitude and time. The composition of dry air by volume typically is 20.95% oxygen, 78.09% nitrogen, 0.93% argon and traces of carbon dioxide, helium, methane and other gases. For combustion calculations, air is conventionally taken as a mixture of 21% oxygen and 79% nitrogen i.e., 1 mole of O_2 + 3.76 moles of N_2. The molecular weight of air is 28.96. The apparent molecular weight of nitrogen used is thus, 28.16 rather than the molecular weight of pure nitrogen equal to 28.01.

Gasoline and diesel, the most commonly used fuels in internal combustion engines are mixtures of a large number of hydrocarbon compounds (over 200 compounds) obtained by refining petroleum crude oil. These fuels are primarily composed of hydrogen and carbon elements although heavier fuels like diesel until some years back, had sulphur content by mass of up to 0.5% or even higher. The modern transport fuels have very little sulphur ranging from about 0.005 to 0.05% by mass. A small amount of nitrogen may also be associated with petroleum fuels. However, in gasoline and distillate diesel fuels the nitrogen content is negligible. The H/C atomic ratio of commercial gasoline and diesel fuels varies from about 1.87 to 2.0. Thus, hydrogen by mass constitutes around 13.5 to 14.3 % and carbon 85.7 to 86.5 % of gasoline and diesel fuels. Some engines operate on natural gas (methane) and liquefied petroleum gas (largely a mixture of propane and butane). Methyl and ethyl alcohols also, are engine fuels. Ethyl alcohol is used in some countries up to 10 percent by volume in blends with gasoline. Methyl esters of vegetable oils and animal fats called as *biodiesel* are finding application as renewable diesel engine fuels. All these fuels are composed mostly of the compounds of carbon, hydrogen and oxygen. Some nitrogen-hydrogen compounds like ammonia and hydrazine have also been investigated as fuels for special applications.

The engine fuel containing carbon, hydrogen, oxygen and nitrogen may be represented by a general chemical formula $C_mH_nO_kN_l$. A stoichiometric reaction defines complete combustion of fuel and the products are only carbon dioxide and water besides nitrogen. For these reactions, the conservation of mass or atoms of each element is used to relate the composition of the combustion products and the reactants (fuel and air). For the fuel $C_mH_nO_kN_l$, the general stoichiometric equation for complete combustion is

$$C_mH_nO_kN_l + a_s(O_2 + 3.76N_2) \rightarrow a_1CO_2 + a_2H_2O + a_3N_2 \tag{2.17}$$

where using atomic balance for C, H, O and N

$$a_s = \left(m + \frac{n}{4} - \frac{k}{2}\right) \tag{2.18}$$

$$a_1 = m$$

$$a_2 = \frac{n}{2}$$

$$a_3 = \frac{l}{2} + 3.76 a_s$$

The Eq.2.18 gives number of each chemical species on relative basis and the same ratios among different species would be obtained if the fuel composition is expressed empirically as $CH_xO_yN_z$ where $x = n/m$, $y = k/m$ and $z = l/m$.

The stoichiometric air-fuel mass ratio is

$$\left(\frac{A}{F}\right)_s = \left(\frac{F}{A}\right)_s^{-1} = \frac{a_s(32 + 3.76 \times 28.16)}{(12.01m + 1.008n + 16.00k + 14.01l)} \tag{2.19}$$

$$= \frac{4.76 \times 28.96 \times a_s}{(12.01m + 1.008n + 16.00k + 14.01l)}$$

The molar stoichiometric air fuel ratio

$$A_s = 4.76 a_s \qquad (2.20)$$

The fuel-air mixture having less than or more than stoichiometric air is also burned. If more than stoichiometric air is present the mixtures are called fuel-lean and with less than stoichiometric air the mixtures are fuel-rich. On combustion of the lean mixtures, the excess air is present in the products. When rich mixtures are burned, the combustion does not reach to completion and carbon monoxide, CO and hydrogen, H_2 are also present in the products along with CO_2, H_2O and N_2. For these conditions the calculation of composition of combustion products is discussed later in the Section 2.4.

For dealing with the combustion reactions of rich and lean mixtures and to compare performance of different fuels on a relative basis, it is more convenient to use the *fuel-air equivalence ratio*, ϕ which is the ratio of actual fuel-air ratio to stoichiometric fuel-air ratio

$$\phi = \frac{(F/A)}{(F/A)_S} = \frac{(A/F)_S}{(A/F)} \qquad (2.21a)$$

Inverse of ϕ the relative air-fuel ratio, λ is also sometimes used

$$\lambda = \frac{1}{\phi} = \frac{(A/F)}{(A/F)_S} \qquad (2.21b)$$

The excess air is directly related to fuel-air equivalence ratio and

$$\% \text{ excess air} = 100 \left(\frac{1-\phi}{\phi} \right) \qquad (2.22)$$

The equivalence ratio has the same value whether on molar basis or mass basis. For $\phi = 1$ mixture is stoichiometric. If $\phi < 1$ mixture is called lean and for $\phi > 1$ mixture is rich.

Example: 2.1
Stoichiometric mixture of octane (C_8H_{18}) and air is burned in an engine. Find number of moles of reactants and products per mole of fuel, $(A/F)_s$, the molecular weight of mixture and products, and mass of fuel per m³ of stoichiometric mixture at 100kPa and 300 K.

Solution

For octane fuel Eq. 2.17 becomes,

$$C_8H_{18} + (8 + \frac{18}{4} - 0)(O_2 + 3.76 N_2) = 8CO_2 + 9H_2O + 47N_2$$

Moles	1 (fuel) +	59.5 (Air)	= 8 + 9 + 47
Total moles		60.5 (n_R, reactants)	64 (n_P, products)

Thus, the stoichiometric mixture per mole of octane consists of 59.5 moles of air, the total moles of reactants being 60.5 and produces 64 moles of products.

Mass of reactants, m_R = (8×12.01 + 18×1.008) + 12.5 (32 + 3.76×28.16)
     = 114.224 + 1723.52 = 1837.744

Mol. Wt. of reactants, $M_R = m_R / n_R$ = 1837.744/60.5 = 30.38

Mass of products, $m_P = m_R$

Mol. Wt. of products, $M_P = m_P / n_P$ = 28.71

$(A/F)_s$ = mass of air/ mass of fuel = 1723.52/114.224 = 15.09

Mass of mixture per unit volume,

$$m_{mixture} = \frac{PV}{T} \frac{M_R}{\bar{R}} = \frac{(100 \times 10^3)1.0}{300} \times \frac{30.38}{8314} = 1.218 \text{ kg/m}^3 \text{ of mixture}$$

Mass of fuel per unit volume of stoichiometric mixture

$$m_f = \frac{m_{mixture}}{(A/F)} = \frac{1.218}{15.09} = 0.0807 \text{ kg of fuel/ m}^3 \text{ of mixture}$$

2.3 APPLICATION OF FIRST LAW OF THERMODYNAMICS TO COMBUSTION

Heat of Reaction

During combustion, fuel reacts with air and energy is released. For determination of the amount of energy released, chemical composition of the reactants and products and their thermodynamic states are to be specified. During combustion process, a number of chemical reactions may occur but for the first law analysis only the initial and end states of the reacting mixtures are required. The combustion products of very lean mixtures of hydrocarbon and air at low temperatures (T< 1000 K) may be assumed to consist of only CO_2, H_2O, O_2 and N_2. At high product temperatures and for rich mixtures, the products are assumed in chemical equilibrium to find mole fractions of different species, which is discussed in the Section 2.4.

Let us consider a system consisting of fuel and air mixture of mass m, which on reaction changes from reactants to products. If Q is the heat transfer into the system and W is the work exchange by the system with surroundings, the first law application gives,

$$Q - W = U_P - U_R \tag{2.23}$$

Using the standard thermodynamics convention, the heat transferred into the system and work transferred out of the system have positive sign. Assuming combustion takes place at constant volume ($W = 0$) and the final temperature of the products is same as of the reactants, then the heat transferred to the system,

$$Q = Q_v = m(u_P - u_R) \tag{2.24}$$

The combustion reactions are exothermic. Hence, for making the final temperature of the products equal to that of the reactants heat has to be removed from the system and thus, the heat of reaction at constant volume, Q_v is negative. The internal energy of the system therefore, decreases. If the reaction takes place at constant pressure and the initial and final temperatures are the same, then

$$W = m \int_R^P P dv = mP(v_P - v_R) \tag{2.25}$$

$$Q_P = m[(u_P - u_R) + P(v_P - v_R)]$$

$$= m(h_P - h_R) \tag{2.26}$$

The enthalpy of the system has changed by Q_P, which also has negative sign for the exothermic combustion reactions.

The constant volume or constant pressure combustion process can be shown by internal energy or enthalpy- temperature diagrams as shown in Fig. 2.1. The difference between the chemical energy released at constant pressure and constant volume is

$$Q_p - Q_v = mP(v_P - v_R) = \overline{R}T(n_P - n_R) \tag{2.27}$$

where n_R and n_P are the moles of reactants and products.

If the reaction in the stoichiometric mixture takes place at reference temperature T_0, and the combustion is complete so that the products are only CO_2, H_2O and N_2, the chemical energy released per unit mass of fuel is called heat of combustion. The heat of combustion at constant volume is,

$$Q_{H,v} = -\frac{Q_{v,T_0}}{m}\left(\frac{1+F/A}{F/A}\right) = -\frac{Q_{v,T_0}[1+(A/F)]}{m} \tag{2.28a}$$

Similarly the enthalpy of combustion is

$$Q_{H,p} = -\frac{Q_{P,T_0}[1+(A/F)]}{m} \tag{2.28b}$$

When water in the products is in vapour phase the term lower heat of combustion, $Q_{LH,v}$ or $Q_{LH,p}$ is used. If water is in condensed state, higher heat of combustion term $Q_{HH,v}$ or $Q_{HH,p}$ are used. The higher and lower heat of combustion at constant pressure are related by

$$Q_{HH,p} = Q_{LH,p} + \left(\frac{m_{H_2O}}{m_f}\right) h_{fg\,H2O} \tag{2.29}$$

The term (m_{H_2O}/m_f) is the mass of water produced per unit mass of fuel burned.

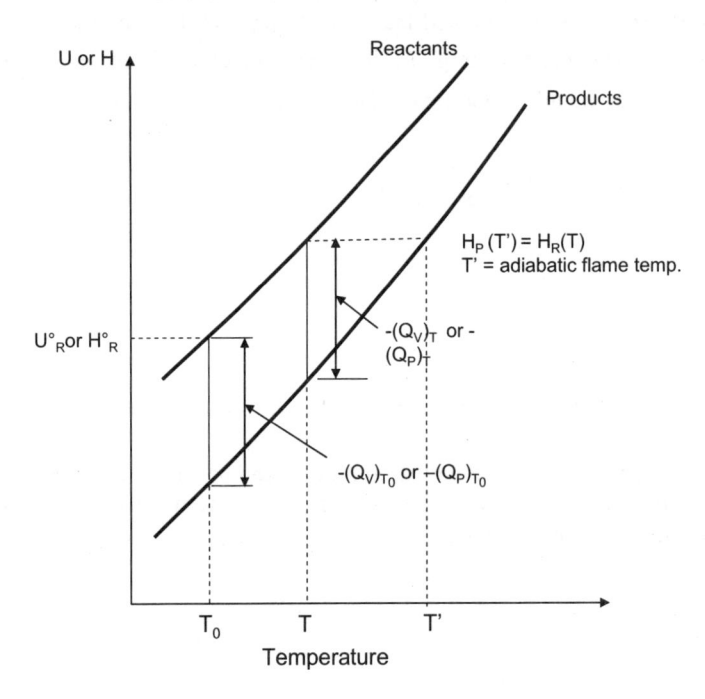

Figure 2.1 Schematic presentation of internal energy (U) or enthalpy (H) of reactants and products with temperature. Conceptual representation of adiabatic flame temperature such that H_R (T) = H_P (adiabatic flame temperature).

The thermodynamic properties of air are tabulated in Appendix A and, heat of combustion data and a few other important properties of different fuels are tabulated for combustion taking place at 25° C and 1 atm pressure in Appendix B. The difference between the heat of combustion at constant pressure and constant volume is small. Hence, mostly the heat of combustion at constant pressure is used in engineering applications.

Enthalpy of Formation

The *enthalpy of formation* of a chemical compound or species is defined as the heat of reaction at the given temperature for forming one mole of that particular species from its elements in their thermodynamic standard state. The most stable form of the element at reference thermodynamic conditions of 1 atm pressure and 25° C has been selected as the standard state. The molecular state of the elements is the standard state e.g., gaseous H_2, O_2, N_2 are the standard state for hydrogen, oxygen and nitrogen and C (solid) for carbon denoted usually as C_s. As an example for elements having several allotropic forms, solid graphite is the standard state for carbon. The elements are assigned zero enthalpy in the standard state at 1 atm pressure and 25° C. The standard molar enthalpy or heat of formation is denoted in this text as $\Delta \bar{h}^0$. Enthalpy of formation data for chemical species and a few hydrocarbons and compounds are given in Table 2.1. The JANAF thermochemical data tables [1] give heat of formation and other thermodynamic properties for a large number of compounds.

Table 2.1
Standard Enthalpy of Formation at 298.15 K (25° C), 100 kPa pressure

Name	Formula	Mol. Wt.	State	$\Delta \bar{h}^0$, kJ/gmol
Hydrogen	H_2	2.016	Gas	0
Oxygen	O_2	31.999	Gas	0
Nitrogen	N_2	28.013	Gas	0
Carbon	C	12.011	Solid	0
Methane	CH_4	16.043	Gas	-74.87
Propane	C_3H_8	44.094	Gas	-103.90
n-Hexane	C_6H_{14}	86.178	Liquid	-207.40
Benzene	C_6H_6	78.114	Liquid	+82.98
n-Heptane	C_7H_{16}	100.205	Liquid	-224.20
Gasoline	C_7H_{17}	101.213	Liquid	-305.63
Isooctane	C_8H_{18}	114.232	Liquid	-224.14
Isooctane	C_8H_{18}	114.232	Gas	-259.20
n-Hexadecane(cetane)	$C_{16}H_{34}$	226.43	Liquid	-454.50
Diesel	$C_{14.4}H_{24.9}$	198.06	Liquid	-174.00
Methanol	CH_3OH	32.042	Gas	-201.17
Methanol	CH_3OH	32.042	Liquid	-238.58
Ethanol	C_2H_5OH	46.069	Gas	-234.81
Ethanol	C_2H_5OH	46.069	Liquid	-277.00
Carbon monoxide	CO	28.011	Gas	-110.54
Carbon dioxide	CO_2	44.010	Gas	-393.52
Water	H_2O	18.015	Gas	-241.83
Water	H_2O	18.015	Liquid	-285.83

Source: Borman, G. L., and Ragland, K. W., *Combustion Engineering*, WCB/McGraw-Hill, 1998, Sontag, R. E., Borgnakke, C., and Van Wylen, G. J., *Fundamentals of Thermodynamics*, Johm Wiley & Sons, Inc, 1999, and Heywood, J. B., *Internal Combustion Engine Fundamentals*, McGraw-Hill Book Co., 1988.

The absolute enthalpy of a substance is defined as sum of the enthalpy of formation of this substance and its sensible enthalpy relative to the reference temperature, T_0 that is 25° C.

$$\bar{h} = \Delta \bar{h}^0 + \int_{T_0}^{T} \bar{c}_p dT \qquad (2.30)$$

The absolute enthalpy for the elements above 25° C is always positive and below this temperature is negative. For compounds like CO, CO_2 and H_2O which are the products of exothermic reactions, their heats of formation are negative numbers of relatively large magnitudes. The absolute enthalpy of such compounds therefore, is a negative number up to relatively high temperature values.

The enthalpy of reactants and products at temperature T,

$$H_R = \sum_{reactants} n_i \Delta \bar{h}_i^0 + \sum_{reactants} n_i \int_{T_0}^{T} \bar{c}_{pi} dT \qquad (2.31a)$$

$$H_P = \sum_{products} n_i \Delta \bar{h}_i^0 + \sum_{products} n_i \int_{T_0}^{T} \bar{c}_{pi} dT \qquad (2.31b)$$

The heat of reaction at this temperature is

$$Q_P = H_P - H_R \qquad (2.32)$$

Use of heat formation data of reactants and products and their sensible enthalpies enables determination of heat of reaction at any temperature.

Adiabatic Flame Temperature

In internal combustion engine analysis, adiabatic combustion process at constant volume or at constant pressure is often assumed. Let us consider combustion is taking place adiabatically with no work exchange and no change in kinetic or potential energy is involved. For such a process, the temperature of the product is referred to as the adiabatic flame temperature (Fig. 2.1). This is the maximum temperature that can be obtained for a given composition of the reactants as no work transfer or change in kinetic or potential energy occurs. For adiabatic combustion at constant pressure the Eq. 2.32 becomes

$$H_P = H_R \qquad (2.33a)$$

Similarly, for adiabatic combustion at constant volume

$$U_P = U_R \qquad (2.33b)$$

If the T and P of the reactants are known, the internal energy, U_R and enthalpy H_R can be calculated. Additionally, the equation of state $PV = n\bar{R}T$ is available. The thermo-chemical properties of combustion products and some other ideal gases are tabulated in Appendix C. From the tabulated data on heat of formation and sensible enthalpies versus temperature of the reactant and product species, the adiabatic flame temperature may be determined. For constant volume adiabatic combustion both the adiabatic flame temperature and the pressure of the products can be calculated from the above data. So far we have assumed that the total sensible enthalpy or internal energy of the reactants and products are the functions of temperature alone. However, the composition of the high temperature products would depend on pressure as well, and the total enthalpy of products is a function of both the T and P.

Example: 2.2

Stoichiometric mixture of isooctane (gas) and air at 600 K burns at constant pressure. Assuming no dissociation find the adiabatic flame temperature. The sensible enthalpy of isooctane, O_2 and N_2 at 600 K with datum as 298 K are 73.774, 9.245 and 8.894 MJ/kmole, respectively. Use the following data for enthalpy of products.

T, K	$\Delta \bar{h} = (\bar{h}_T - \bar{h}_{298})$, MJ/kmole			
	CO_2	H_2O	N_2	O_2
2500	121.930	98.960	74.310	78.370
2600	128.074	104.520	77.963	82.225
2700	134.256	109.813	81.659	86.198

Solution:

The reaction is

$$C_8H_{18} + 12.5(O_2 + 3.76N_2) = 8CO_2 + 9H_2O + 47N_2$$

Since the process is adiabatic at constant pressure,

$$H_R = H_P$$

$$H_R = \sum_R n_i (\Delta \bar{h}_i^0 + \int_{298}^{600} \bar{c}_{pi} dT) = (-224.14 + 73.774) + 12.5 (9.245 + 3.76 \times 8.894)$$

$$= 383.214 \text{ MJ/ kmol of isooctane}$$

$$H_P = \sum_P n_i (\Delta \bar{h}_i^0 + \int_{298}^{T} \bar{c}_{pi} dT) = 8(-393.52 + \Delta \bar{h}_{CO_2}) + 9(-241.83 + \Delta \bar{h}_{H_2O}) + 47(\Delta \bar{h}_{N_2})$$

By trial and error the solution of the problem is found that satisfies the equation $H_R = H_P$

Assuming T = 2600 K

H_P = 8 (-393.52 + 128.074) + 9(-241.83 + 104.520) + 47 × 77.963 = 304.90 MJ/kmol of fuel

At T = 2700 K

H_P = 8 (-393.52 + 134.256) + 9(-241.83 + 109.813) + 47 × 81.659 = 575.708 MJ/kmol of fuel

Since $H_P = H_R$ = 383.214 MJ, by interpolation the adiabatic flame temperature is 2628.9 K. As the enthalpy is not really a linear function of temperature the true answer would be slightly different from this value.

2.4 CHEMICAL EQUILIBRIUM

Depending upon the temperature and pressure of the charge in the engine cylinder, the chemical reactions may be very slow so that the composition of the charge is essentially frozen and may be taken as if no change in composition is taking place. On the other hand, under some conditions, the time dependent reaction rates may control the composition. At high temperatures, the reactions involving major chemical species may be so rapid that the composition remains practically in equilibrium. At chemical equilibrium, the rate of change of concentration of all species goes to zero. In the combustion flames steep temperature gradients are present. Therefore, in flames in reality chemical equilibrium does not exist and many species having a short life are observed. In the post combustion gases, for all practical purposes many of the combustion products remain in equilibrium even when the pressure and temperature in the cycle is changing during expansion stroke (shifting equilibrium). But, the reactions involving formation or decomposition of some species like NO, a pollutant of high interest, are too slow to reach equilibrium especially as the gas temperatures vary and are lowered during expansion stroke. For engine performance analysis however, the chemical equilibrium provides a good approximation to determine composition and thermodynamic properties of the post combustion gases.

In the exhaust, gas temperatures are low (T <1000 K) and the products of lean and stoichiometric mixtures ($\phi \leq 1$) of hydrocarbons and air may be taken to consist of only CO_2, H_2O, N_2 and O_2. For the low temperature combustion products of rich mixtures, it may be assumed that O_2 is zero but CO and H_2 are present. To determine the product composition for rich mixtures, equilibrium between CO_2, H_2O, CO and H_2 is assumed according to the water-gas reaction as below:

$$CO_2 + H_2 \leftrightarrow CO + H_2O \qquad (2.34)$$

At temperatures higher than 2200 K, the major chemical species in the combustion products dissociate and form additional species such as OH, H, O, N, and NO. For example, CO_2 molecules dissociate in CO and O_2, and H_2O molecules into OH and H.

$$CO_2 \leftrightarrow CO + \tfrac{1}{2} O_2 \qquad (2.35)$$

The products of adiabatic combustion of stoichiometric mixture of a typical hydrocarbon fuel and air would consist of different species with mole fractions: CO_2 and $H_2O \approx 0.1$; CO, OH, NO, O_2, $H_2 \approx 0.01$; O, H ≈ 0.001, N2 ≈ 0.7 and other species like N etc with very small mole fractions $\approx 10^{-7}$ to 10^{-8}.

For general chemical equilibrium, let us consider that four species A, B, C and D with stoichiometric coefficients a, b, c and d, respectively are reacting at constant pressure and temperature according to the following reaction and the reaction is in equilibrium.

$$aA + bB \leftrightarrow cC + dD \qquad (2.36)$$

The criterion for the chemical equilibrium of gas mixtures reacting at temperature T is that the Gibb's free energy of the system (G = H −TS) does not change. If n_i denotes the moles of *ith* species in the above reaction then the criterion for chemical equilibrium gives,

$$d(G)_{T,P} = 0 \qquad (2.37)$$

where
$$G = \sum n_i \bar{g}_i \quad (2.38)$$

and the molar Gibbs free energy for a chemical species
$$\bar{g}_i = \bar{h}_i - T\bar{s}_i \quad (2.39)$$

since
$$\bar{s}_i = \int_{T_0}^{T} c_p dT - \bar{R} \ln\left(\frac{p_i}{P_0}\right) \quad (2.40)$$

and denoting
$$\bar{s}_i^0 = \int_{T_0}^{T} c_p dT \quad (2.41)$$

The Gibb's free energy for the *ith* species
$$\bar{g}_i = \bar{h}_i - T\bar{s}_i^0 + \bar{R}T \ln\left(\frac{p_i}{P_0}\right) \quad (2.42)$$

using $\bar{g}_i^0 = \bar{h}_i - T\bar{s}_i^0$ which is a function only of temperatrure

$$\bar{g}_i = \bar{g}_i^0 + \bar{R}T \ln\left(\frac{p_i}{P_0}\right) \quad (2.43)$$

Substituting $\bar{g}_i$ in Eq. 2.38 at equilibrium for a given T and P

$$d(G)_{P,T} = \sum_i \bar{g}_i \delta n_i = 0$$

leads to
$$\sum_i \left[\bar{g}_i^0 + \bar{R}T \ln\left(\frac{p_i}{P_0}\right) \right] \delta n_i = 0 \quad (2.44)$$

For a degree of reaction δn, change in the moles of *ith* species, $\delta n_i = n_i \cdot \delta n$. Hence Eq. 2.44 gives,

$$\sum_i \left[\bar{g}_i^0 + \bar{R}T \ln\left(\frac{p_i}{P_0}\right) \right] n_i \delta n = 0 \quad (2.45)$$

Dividing by δn and rearranging the Eq. 2.45

42 IC Engines: Combustion and Emissions

$$\sum \ln\left(\frac{p_i}{P_0}\right)^{n_i} = -\frac{\sum_i n_i \bar{g}_i^0}{\bar{R}T} = -\frac{\Delta G^0}{\bar{R}T} = \ln K_p \qquad (2.46)$$

K_p is the equilibrium constant at constant pressure. For the reaction in Eq. 2.36 taking the reference pressure $P_0 = 1$ atm,

$$K_P = \frac{p_C^c p_D^d}{p_A^a p_B^b} \qquad (2.47)$$

where $p_A, p_B \ldots$ are the partial pressures of species $A, B\ldots$ It may be noted that the equilibrium constant is a function of T only. The equilibrium constant may be related to mole fractions of the species. If the reaction is taking place at pressure P atm, then the partial pressure of species is

$$p_A = y_A P, p_B = y_B P \text{ and so on}$$

The Eq. 2.47 on substitution of partial pressures of different species becomes

$$K_P = \frac{y_C^c y_D^d}{y_A^a y_B^b} P^{c+d-a-b} = K_c P^{c+d-a-b} \qquad (2.48)$$

The equilibrium constant based on concentration, K_c is also used. Both the constants are equal when the number of moles of reactants is equal to the number of moles of products. Thermochemical properties and equilibrium constants for a large number of chemical species when formed from their elements are given in JANAF Thermochemical Tables (1) and for some species of interest during combustion are given in Appendix C.

Example 2.3

Carbon monoxide in stoichiometric mixture with air is burnt adiabatically at constant volume. The initial pressure is 8.3 bar and temperature is 555 K. The maximum temperature attained is 2500 K and the products are at equilibrium. Find the mole fraction of CO converted to CO_2 and the final pressure of the products.

Solution:

Initial pressure and temperature are

$P_1 = 8.28$ bar; $T_1 = 555$ K

Overall reaction is

$$CO + \frac{0.5}{1.1}(O_2 + 3.76N_2) \rightarrow aCO_2 + bCO + cO_2 + \frac{1.88}{1.1}N_2$$

C balance: $a + b = 1$

O balance: $2a + b + 2c = 1 + (2 \times 0.5)/1.1 = 1.91$

From these: $b = 1-a$ and $c = 0.5(0.91 - a)$

Total number of initial moles, $n_1 = 3.164$

and final moles $n_2 = a + b + c + 1.709 = 1 + 0.455 - 0.5a + 1.71 = (3.164 - 0.5a)$

The ideal gas law gives

$$\frac{P_1 V}{n_1 T_1} = \frac{P_2 V}{n_2 T_2}$$

$$\frac{n_2}{P_2} = \frac{n_1 T_1}{P_1 T_2} = \frac{3.164 \times 555}{8.3 \times 2500} = 0.0846 \,\text{mol/bar}$$

For the reaction $CO + \frac{1}{2}O_2 \leftrightarrow CO_2$ if the final pressure is P_2

$$K = \frac{y_{CO2}}{y_{CO} y_{O2}^{1/2} P_2^{1/2}}$$

For this reaction using thermochemical data (Appendix C) at 2500 K

$$\log_{10} K_p = \log_{10} K_p(CO_2) - \log_{10} K_p(CO) - \frac{1}{2}\log_{10} K_p(O_2)$$
$$= 8.280 - 6.840 - 0 = 1.440$$

Hence, $K_p = 27.5$

$$K = 27.5 = \frac{a}{bc^{1/2}} \left(\frac{n_2}{P_2}\right)^{1/2}$$

$$= \frac{a}{(1-a)(0.455 - 0.5a)^{1/2}} (0.0846)^{1/2} = 27.5$$

$$= \frac{a}{(1-a)(0.455 - 0.5a)^{1/2}} = 94.55$$

This can be solved to give $a = 0.894$, $b = 0.106$, $c = 0.008$ and total moles $n_2 = 2.716$

Hence, the CO$_2$ yield is 0.894 mol of CO$_2$ per mol of CO
The final pressure of the products is
$P_2 = n_2/0.0846 = 32.1$ bar

Equilibrium Combustion Products

The products of combustion of practical fuels in air have many chemical species. In the internal combustion engines for combustion of fuel-air mixtures of $\phi < 3$, the main gaseous species of importance are, CO$_2$, H$_2$O, CO, H$_2$, O$_2$, N$_2$, NO, OH, H, O and N. For the mixtures richer than $\phi > 3$, ideally solid carbon is also formed. Several computer programs [2-4] are available for calculation of composition of equilibrium combustion products of variety of fuels in air. Olikara and Borman [3] developed a computer program for computation of composition and properties of equilibrium combustion products specifically for application in IC engines. In this program, several reactions involving combustion species are taken to be in equilibrium simultaneously. It uses equilibrium constants based on the minimization of Gibb's free energy of the gas. The atomic conservation equations and seven equilibrium reaction constants provide 11 equations to solve for concentrations of these species. They considered argon also as a constituent of air. The approach developed by them and some others is presented here neglecting argon. Let us consider the general combustion reaction of fuels in air

$$x[C_m H_n O_k N_l + \frac{a_s}{\phi}(O_2 + 3.76 N_2)] \rightarrow y_1 H + y_2 O + y_3 N + y_4 H_2 + y_5 OH + y_6 CO$$
$$+ y_7 NO + y_8 O_2 + y_9 H_2 O + y_{10} CO_2 + y_{11} N_2 \qquad (2.49)$$

where y_1 to y_{11} represent mole fractions of the product species and x is the number of moles of fuel that would produce one mole of combustion products.

To solve for 12 unknowns we need 12 equations. The atom balances for various elements give,

C balance: $\qquad y_6 + y_{10} = mx \qquad$ (2.50a)

H balance: $\qquad y_1 + 2y_4 + y_5 + 2y_9 = nx \qquad$ (2.50b)

O balance: $\qquad y_2 + y_5 + y_6 + y_7 + 2y_8 + y_9 + 2y_{10} = (k + 2\frac{a_s}{\phi})x \qquad$ (2.50c)

N balance: $\qquad y_3 + y_7 + 2y_{11} = (l + 2 \times 3.76 \frac{a_s}{\phi})x \qquad$ (2.50d)

The total moles of combustion products are equal to one and it gives

$$\sum_{1}^{11} y_i = 1 \qquad (2.51)$$

Seven numbers of gas phase equilibrium reactions among the products as below are taken to complete a total of 12 equations;

$$\frac{1}{2}H_2 \leftrightarrow H \qquad K_1 = \frac{y_1 P^{1/2}}{y_4^{1/2}} \qquad (2.52a)$$

$$\frac{1}{2}O_2 \leftrightarrow O \qquad K_2 = \frac{y_2 P^{1/2}}{y_8^{1/2}} \qquad (2.52b)$$

$$\frac{1}{2}N_2 \leftrightarrow N \qquad K_3 = \frac{y_3 P^{1/2}}{y_{11}^{1/2}} \qquad (2.52c)$$

$$\frac{1}{2}H_2 + \frac{1}{2}O_2 \leftrightarrow OH \qquad K_4 = \frac{y_5}{y_4^{1/2} y_8^{1/2}} \qquad (2.52d)$$

$$\frac{1}{2}N_2 + \frac{1}{2}O_2 \leftrightarrow NO \qquad K_5 = \frac{y_7}{y_8^{1/2} y_{11}^{1/2}} \qquad (2.52e)$$

$$H_2 + \frac{1}{2}O_2 \leftrightarrow H_2O \qquad K_6 = \frac{y_9}{y_4 y_8^{1/2} P^{1/2}} \qquad (2.52f)$$

$$CO + \frac{1}{2}O_2 \leftrightarrow CO_2 \qquad K_7 = \frac{y_{10}}{y_6 y_8^{1/2} P^{1/2}} \qquad (2.52g)$$

Pressure, P is in atm in the above equations. The equilibrium constants data from the JANAF Thermochemical Tables for the above seven reactions within the temperature range 600 K to 4000 K were curve fitted. The equilibrium constants for a reaction is given by

$$\log_{10} K_{P(reaction)} = \sum_{Products} \log_{10} K_{p(Formation)} - \sum_{Reactants} \log_{10} K_{P(Formation)} \qquad (2.53)$$

A function of the following form fitted the equilibrium constant (denoted by K_j for the jth reaction) data for the above reactions.

$$\log_{10} K_j = A_j \ln(T/1000) + \frac{B_j}{T} + C_j + D_j T + E_j T^2 \qquad (2.54)$$

where T is in K. The constants A_j, B_j etc., for the seven reactions (2.52a) to (2.52g) are given in Table 2.2

The Eqs. 2.50 to 2.52 complete a set of 12 nonlinear equations for 12 unknowns. These equations are solved numerically using Newton-Raphson iteration procedure for computation of mole fractions of equilibrium combustion products. The Olikara-Borman computer programme also calculates partials of h, u and R with respect to T, P and ϕ.

The STANJAN programme [4] is based on the element potential method to compute mole fractions at equilibrium and is more versatile. To execute the STANJAN, user selects the chemical species to be included, number of each atom and two properties to define thermodynamic state such as,

P and T, P and h, P and s, T and V, u and V or s and V. The reactions are not specified. This programme works for very rich mixtures as well unlike the Olikara-Borman programme.

The mole fractions of combustion products at equilibrium for octane-air mixtures at different values of ϕ are shown on Fig. 2.2. The effect of temperature on equilibrium composition at constant pressure is shown on Fig. 2.3 showing shifting equilibrium with temperature. As the temperature increases dissociation is higher and the concentration of dissociation products such as H, O, OH, CO, H_2, O_2 increases and the concentration of the products of complete combustion CO_2 and H_2O is decreased.. Also the concentration of products like NO whose formation is favoured by high temperatures also increases with temperature.

Table 2.2
Coefficients for Curve-Fit Equilibrium Constants for Equation 2.54

Reaction (j)	A_j	B_j	C_j	D_j	E_j
2.52a	4.32168x10⁻¹	-1.12464x10⁴	2.67269	-7.45744x10⁻⁵	2.42484x10⁻⁹
2.52b	3.10805x10⁻¹	-1.29540x10⁴	3.21779	-7.38336 x10⁻⁵	3.44645x10⁻⁹
2.52c	3.89716x10⁻¹	-2.45828x10⁴	3.14505	-9.63730 x10⁻⁵	5.85643x10⁻⁹
2.52d	-1.41784x10⁻¹	-2.13308 x10³	0.853461	3.55015 x10⁻⁵	-3.10227x10⁻⁹
2.52e	1.50879x10⁻²	-4.70959 x10³	0.646096	2.72805 x10⁻⁶	-1.54444x10⁻⁹
2.52f	-7.52364x10⁻¹	1.24210 x10⁴	-2.60286	2.59556 x10⁻⁴	-1.62687x10⁻⁸
2.52g	-4.15302x10⁻³	1.48627 x10⁴	-4.75746	1.24699 x10⁻⁴	-9.00227x10⁻⁹

2.5 THERMODYNAMIC PROPERTIES OF WORKING FLUID

Once the equilibrium mole fractions are known the thermodynamic properties such as internal energy, enthalpy, entropy, specific heats, specific volume, Molecular weight, gas constant etc. can be calculated. For computer calculations it is convenient to use mathematical relations and therefore, the specific heats of combustion species have been curve-fitted using polynomials. The polynomials expressed as a function of T of the following type has been curve-fitted in the specific heat data of individual species from JANAF tables, and are widely used. For a chemical species at temperature T and in its standard state

$$\frac{\overline{c}_p}{\overline{R}} = a_1 + a_2 T + a_3 T^2 + a_4 T^3 + a_5 T^4 \tag{2.55}$$

The standard state enthalpy and entropy at 1 atm pressure are then given by

$$\frac{\overline{h}}{\overline{R}T} = a_1 + \frac{a_2}{2}T + \frac{a_3}{3}T^2 + \frac{a_4}{4}T^3 + \frac{a_5}{5}T^4 + \frac{a_6}{T} \tag{2.56}$$

$$\frac{\overline{s}^0}{\overline{R}T} = a_1 \ln T + a_2 T + \frac{a_3}{2}T^2 + \frac{a_4}{3}T^3 + \frac{a_5}{4}T^4 + a_7 \tag{2.57}$$

Thermodynamics of Combustion 47

The values of coefficients a_1 to a_7 for CO_2, H_2O, CO, H_2, O_2, N_2, NO, OH, H, and O, which are of interest during combustion in IC Engines are given in Tables 2.3 and 2.4. Table 2.3 gives data for temperature range of 300 -1000 K which is applicable for the gases in the exhaust system. Table 2.4 is for temperature range 1000 – 3000 K applicable for the burned mixtures in the engine cylinder. In these tables datum for properties is 298.15 K. The enthalpy is absolute enthalpy i.e., the sum of heat of formation and sensible enthalpy (Eq. 2.30) The units of $\overline{c}_p$, $\overline{h}$ and $\overline{s}^0$ are kJ/kmol-K, kJ/kmol and kJ/kmol- K , respectively

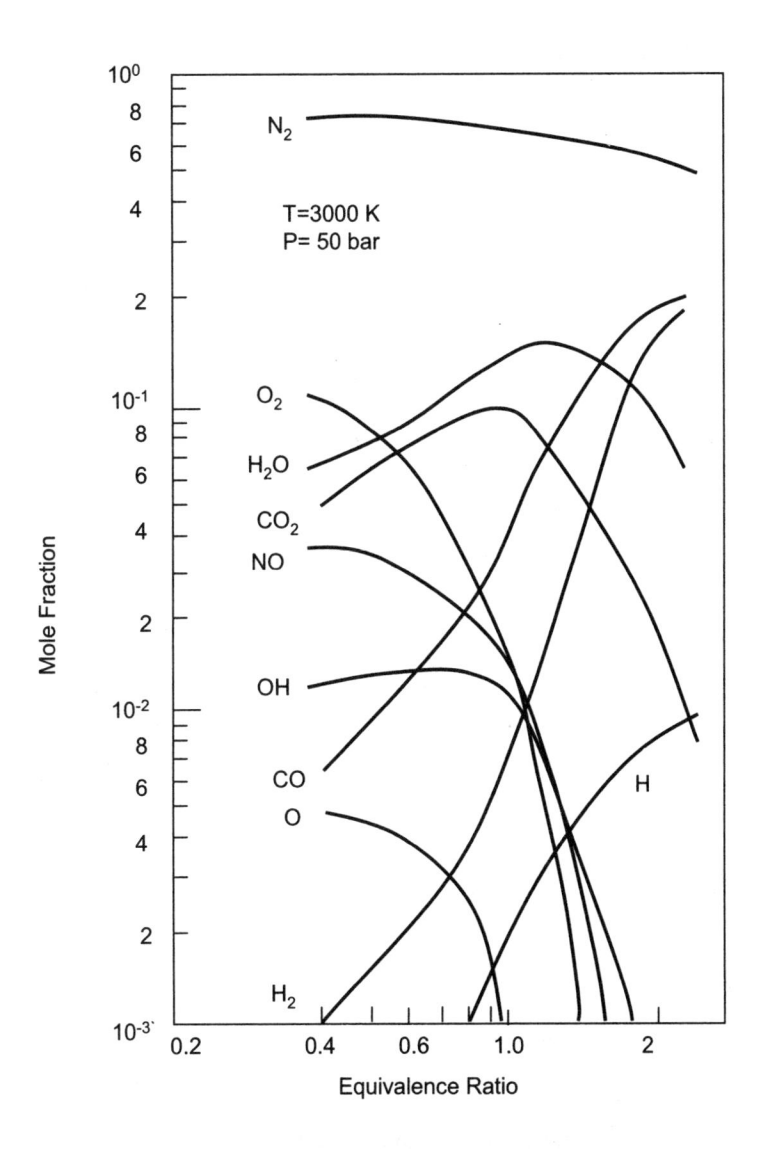

Figure 2.2 Equilibrium composition of combustion products of octane- air mixture at different air-fuel ratios at T= 3000 K and P= 50 bar, [5].

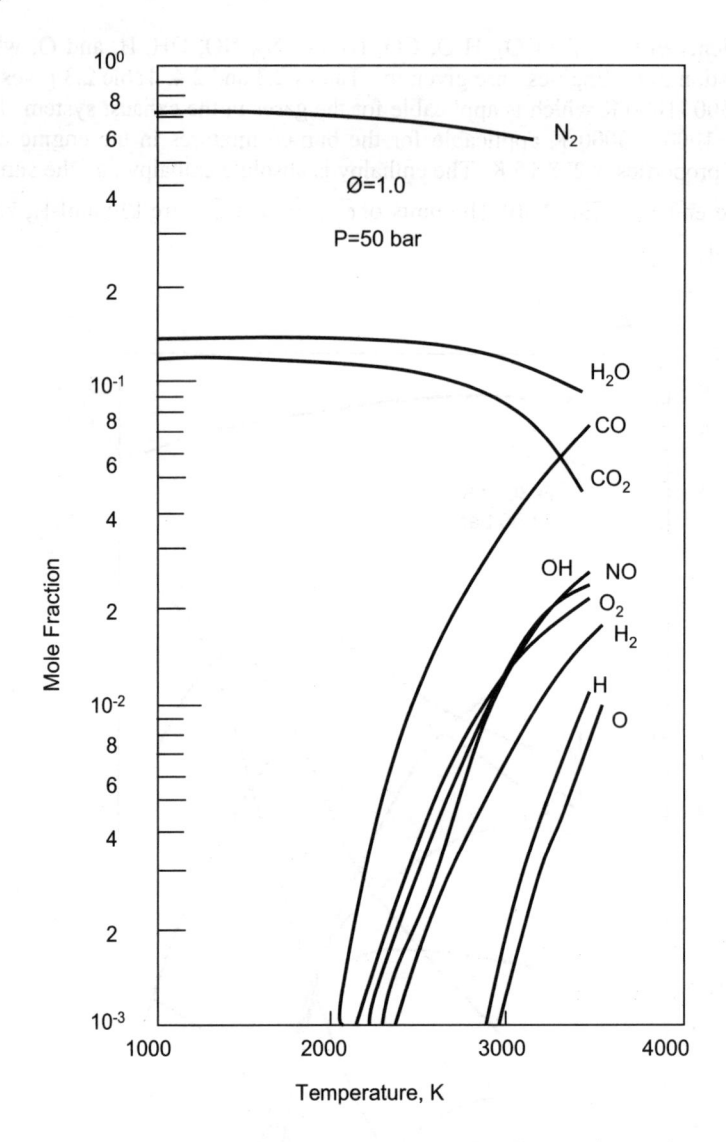

Figure 2.3 Shifting equilibrium with temperature- combustion products of octane-air mixture, $\phi=1$, P =50 bar, [5].

Unburned Mixtures

The heat of formation and enthalpy as function of temperature for a number of hydrocarbons and other fuels has been tabulated in sources such as JANAF tables. For computation of thermodynamic properties of the fuels also polynomials have been curve-fitted. The following form of polynomials for specific heat and enthalpy of some practical fuels applicable in for the range $300 \leq T \leq 1000$ K have been used.

$$\bar{c}_{pf} = a_{f1} + a_{f2}\theta + a_{f3}\theta^2 + a_{f4}\theta^3 + \frac{a_{f5}}{\theta^2} \qquad (2.58)$$

and

$$\bar{h}_f = a_{f1}\theta + \frac{a_{f2}}{2}\theta^2 + \frac{a_{f3}}{3}\theta^3 + \frac{a_{f4}}{4}\theta^4 - \frac{a_{f5}}{\theta} + a_{f6} \qquad (2.59)$$

where $\theta = T/1000$ and T is in K. The constant a_{f6} in enthalpy data is based on the zero enthalpy datum for the elements C, H_2, O_2 and N_2 at 298.15 K. These constants are given in Table 2.5.

The unburned charge in the internal combustion engines is a mixture of fuel, air and the residual gases. The residual gas mass fraction, x_r is defined as

$$x_r = \frac{m_r}{m} \qquad (2.60)$$

where m_r is the mass of residual gas and $m = m_r + m_{in}$ is the total mass of the charge trapped in the cylinder, m_{in} is the charge inducted. The mole fraction of the residual gas is

$$y_r = \left[1 + \frac{M_b}{M_{in}}\left(\frac{1}{x_r} - 1\right)\right] \qquad (2.61)$$

where M_b and M_{in} are the molecular weights of the residual (burned) gas and fresh charge, respectively. The residual gas fraction in SI engines varies from about 7% at full load to around 20% at light loads. In diesel engines, the residual gas fraction is much smaller just a few percent only due to high engine compression ratio. The diesel engine is operated unthrottled and thus, the residual gas fraction in the naturally aspirated diesel engines is nearly constant at all loads.

In the modern engines, exhaust gas is also often recirculated back into the engine intake for control of the nitrogen oxide emissions. Its composition and thermodynamic properties are similar to those of the residual gas. The percent exhaust gas recirculation (EGR) is defined as the recycled exhaust as the percent of the total intake mixture and is given by,

$$\text{EGR} = \left(\frac{m_{\text{EGR}}}{m_{in}}\right) \times 100 \text{ , \%} \qquad (2.62)$$

The total mass fraction of the burned gases in the cylinder

$$x'_r = \frac{m_{\text{EGR}} + m_r}{m} = \left(\frac{\text{EGR}}{100}\right)(1 - x_r) + x_r \qquad (2.63)$$

The total mole fraction of the residual and recycled exhaust (EGR) gases in the cylinder y'_r can be obtained by substituting x'_r for x_r in Eq. 2.61.

One mole of the unburned mixture consisting of air, fuel and the burned (residual, EGR) gases now can be written as

$$(1-y'_r)\left(1+\frac{4.76a_s}{\phi}\right)^{-1}\left[C_mH_nO_kN_l+\frac{a_s}{\phi}(O_2+3.76N_2)\right]$$

$$+y'_r(n_{CO2}+n_{H2O}+n_{CO}+n_{H2}+n_{O2}+n_{N2})$$

where n_{CO2}, n_{H2O}, n_{CO} .... are the mole fractions of CO_2, H_2O, CO, etc., in the burned residual/exhaust gas. The term $\left(1+\frac{4.76a_s}{\phi}\right)$ gives the number moles of fuel-air mixture per mole of fuel. The thermodynamic properties of the unburned mixture can be determined from the properties of air, fuel and the exhaust (residual) gases. The residual and exhaust gases are the low temperature combustion products and their composition may be approximated without significant errors as discussed below.

Low Temperature Combustion Products

For determination of composition of the combustion products at low temperatures (T< 1000K) such as the residual exhaust gas or EGR gases, the overall combustion reaction may be written,

$$C_mH_nO_kN_l+\frac{a_s}{\phi}(O_2+3.76N_2) \rightarrow n_1CO_2+n_2H_2O+n_3CO+n_4H_2+n_5O_2+n_6N_2 \qquad (2.64)$$

To determine exhaust gas composition we may assume that:

- For lean and stoichiometric mixtures ($\phi \leq 1$) CO and H_2 are negligible i.e., $n_3 = 0$ and $n_4 = 0$. Now, the four atom balance equations are enough to determine the four unknowns giving the burned gas composition.
- For rich and stoichiometric mixture ($\phi \geq 1$), O_2 may be neglected i.e., $n_5 = 0$. In this case there are five unknowns. The fifth equation, in addition to four atom balance equations is provided by the assumption that the CO_2, H_2O, CO and H_2 are in equilibrium as per the Eq. 2.34, as also given below.

$$CO_2 + H_2 \leftrightarrow CO + H_2O$$

The equilibrium constant for the water gas reaction,

$$K(T)=\frac{n_{CO}n_{H2O}}{n_{CO2}n_{H2}}=\frac{n_2n_3}{n_1n_4} \qquad (2.65)$$

Table 2.3

Species	a_1	a_2	a_3	a_4	a_5	a_6	a_7
CO_2	0.24008E+01	0.87351E-02	-0.66071E-05	0.20022E-08	0.63274E-15	-0.48378E+05	0.96951E+01
H_2O	0.40701E+01	-0.11084E-02	0.41521E-05	-0.29637E-08	0.80702E-12	-0.30280E+05	-0.32270E+00
CO	0.37101E+01	-0.16191E-02	0.36924E-05	-0.20320E-08	0.23953E-12	-0.14356E+05	0.29555E+01
H_2	0.30574E+01	0.26765E-02	-0.58099E-05	0.55210E-08	-0.18123E-11	-0.98890E+03	-0.22997E+01
O_2	0.36256E+01	-0.18782E-02	0.70555E-05	-0.67635E-08	0.21556E-11	-0.10475E+04	0.43053E+01
N_2	0.36748E+01	-0.12082E-02	0.23240E-05	-0.63218E-09	-0.22577E-12	-0.10612E+04	0.23580E+01
NO	0.40460E+01	-0.34182E-02	0.79820E-05	-0.61139E-08	0.15919E-11	0.97454E+04	0.29975E+01

Coefficients for polynomials (Eqs. 2.55 to 2.57) for thermodynamic properties of low temperature combustion products species ($300 \leq T \leq 1000$ K)

Table 2.4

Species	a_1	a_2	a_3	a_4	a_5	a_6	a_7
CO_2	0.44608E+01	0.30982E-02	-0.12393E-05	0.22741E-09	-0.15526E-13	-0.48961E+05	-0.98636E 00
H_2O	0.27168E+01	0.29451E-02	-0.80224E-06	0.10227E-09	-0.48472E-14	-0.29906E+05	0.66306E+01
CO	0.29841E+01	0.14891E-02	-0.57900E-06	0.10365E-09	-0.69354E-14	-0.14245E+05	0.63479E+01
H_2	0.31002E+01	0.51119E-03	0.52644E-07	-0.34910E-10	0.36945E-14	-0.87738E+03	-0.19629E+01
O_2	0.36220E+01	0.73618E-03	-0.19652E-06	0.36202E-10	-0.28946E-14	-0.12020E+04	0.36151E+01
N_2	0.28963E+01	0.15155E-02	-0.57235e-06	0.99807E-10	-0.65224E-14	-0.90856E+03	0.61615E+01
H	0.25000E+01	0.0	0.0	0.0	0.0	0.25472E+05	-0.46012E 00
O	0.25421E+01	-0.27551E-04	-0.31028E-08	0.45511E-11	-0.43681E-15	0.29231E+05	0.49203E+01
OH	0.29106E+01	0.95932E-03	-0.19442E-06	0.13757E-10	0.14225E-15	0.39354E+04	0.54423E+01
NO	0.31890E+01	0.13382E-02	-0.52899E-06	0.95919E-10	-0.64848E-14	0.98283E+04	0.67458E+01

Coefficients for polynomials (Eqs. 2.55-2.57) for thermodynamic properties of high temperature combustion products species ($1000 \leq T \leq 5000$ K)

Table 2.5
Coefficients of Polynomials (Eqs. 2.58 – 2.59) for fuel specific heat and enthalpy

Fuel	Formula	$(A/F)_s$	a_{f1}	a_{f2}	a_{f3}	a_{f4}	a_{f5}	a_{f6}
Methane	CH_4	17.2	-1.21959	110.152	-44.3922	6.55047	0.69341	-76.6969
Propane	C_3H_8	15.7	-6.22035	311.034	-163.448	33.6992	0.05100	-114.278
Isooctane	C_8H_{18}	15.1	-2.31430	759.898	-409.141	85.3620	-0.12949	-254.182
Gasoline	$C_{8.26}H_{15.5}$	14.6	-100.742	1073.74	-843.829	270.914	2.43007	-115.319
Methanol	CH_3OH	6.5	-11.3215	184.799	-115.064	30.2056	0.84931	-202.037
Ethanol	C_2H_5OH	9.0	29.2462	166.276	-49.8984	0.0	0.0	-251.935
Diesel	$C_{14.4}H_{24.9}$	14.3	66.2733	993.891	-306.448	0.0	0.0	-161.173

Units: for $\overline{C}_{pf}$, J/gmol.K, for $\overline{h}_f$, kJ/gmol with $\theta = T/1000$ and temperature T is in K, enthalpy datum 298.15 K.

The equilibrium constant $K(T)$ for the water gas reaction for temperature range 400 - 3200 K from curve fit in JANAF data is given by

$$\ln K(T) = 2.743 - \frac{1.761}{\theta} - \frac{1.611}{\theta^2} - \frac{0.2803}{\theta^3}, \text{ where } \theta = \frac{T}{1000} \quad (2.66)$$

If the water gas equilibrium reaction is assumed to be frozen at 1700 K, the calculated and measured exhaust gas composition for the rich mixtures correlates well. A value of $K(T)$ or $K = 3.5$ is commonly used, which corresponds to 1740 K. The four atom balance equations and the Eq. 2.65 can be used to eliminate other unknowns and obtain a quadratic equation in terms of moles of CO, n_5. The valid solution of quadratic equation gives

$$n_3 = \frac{-b + (b^2 - 4ac)^{1/2}}{2a} \quad (2.67)$$

where

$$a = 1 - K \quad (2.68)$$

$$b = \frac{n}{2} + mK - d(1-K)$$

$$c = -mdK$$

$$d = 2a_s\left(1 - \frac{1}{\phi}\right)$$

Table 2.6 summarizes the composition of the low temperature combustion product for lean and rich mixtures for convenience of calculations.

Table 2.6
Low Temperature Composition of Combustion Products ($T < 1700$ K)

Species	moles	$\phi \leq 1$	$\phi > 1$
CO_2	n_1	m	$m - n_3$
H_2O	n_2	$n/2$	$n/2 - d + n_3$
CO	n_3	0	n_3
H_2	n_4	0	$d - n_3$
O_2	n_5	$a_s(1/\phi - 1)$	0
N_2	n_6	$1/2 + 3.76 a_s/\phi$	$1/2 + 3.76 a_s/\phi$
Sum of Product moles	$N_P = \Sigma n_i$	$m + (n+1)/2 + a_s(4.76/\phi - 1)$	$m + (n+1)/2 + 3.76 a_s/\phi$

Example 2.4

Determine mole fraction of CO in the exhaust gas when ethyl alcohol (C_2H_5OH) is burned with air at $\phi = 1.2$. Assume that for rich mixtures CO_2, H_2O, CO and H_2 are in equilibrium and that the equilibrium composition is frozen at 1700 K.

Solution:

At equivalence ratio $\phi = 1.2$, mixture is rich, exhaust gases are at low temperatures and hence O_2 is zero. We use procedure summarized in Table 2.6. The data available is

$m = 2, n = 6, k = 1, l = 0$
$a_s = m + n/4 - k/2 = 3$
$d = 2 a_s (1-1/\phi) = 1$
$\theta = T/1000 = 1.7$
$\ln K = 2.743 - 1.761/\theta - 1.611/\theta^2 + 0.2803/\theta^3 = 2.743 - 1.036 - 0.557 + 0.057$
$\quad = 1.207$
$K = 3.34$
$a = 1 - K = -2.34$
$b = n/2 + mK - d(1-K) = 3 + 2 \times 3.34 - 1(-2.34) = 12.02$
$c = -m d K = -6.68$
$n_3 = [-b + (b^2 - 4ac)^{1/2}]/2a = [-12.02 + (144.48 - 62.52)^{1/2}]/(-4.68) = 0.634$
$n_1 = m - n_3 = 1.366$
$n_2 = n/2 - d + n_3 = 3 - 1 + 0.634 = 2.634$
$n_4 = d - n_3 = 0.366$
$n_5 = l/2 + 3.76 a_s/\phi = 9.4$
$N_P = \sum n_i = 14.4$

Mole fraction of CO, $y_3 = n_3/N = 0.634/14.4 = 0.044$ or 4.4 % by volume

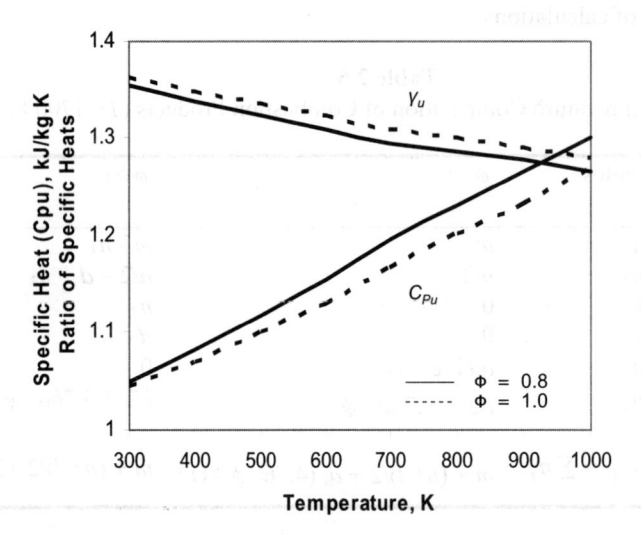

Figure 2.4 Specific heat at constant pressure (C_{pu}) and ratio of specific heats (γ_u) as a function of temperature for unburned mixtures of air and isooctane [6].

From the composition of unburned mixture determined as above and thermodynamic property relations for the fuel, air and low temperature combustion products, the thermodynamic properties of the unburned mixture are calculated. Molecular weight of the unburned mixture depends on the molecular weight of fuel and the residual gas content. The molecular weight of the combustion products being lower than of the unburned hydrocarbon-air mixtures, with increase in residual gas content the molecular weight of the unburned mixture decreases. Specific heat and the ratio of specific heats for isooctane –air mixtures with different equivalence ratio and burned gas fraction are shown in Fig. 2.4. It is seen that for the practical engine conditions, the ratio of specific heats for the unburned charge, γ_u = 1.25 to 1.30.

High Temperature Combustion Products

For calculating the properties of the combustion products at high temperatures (usually for T > 2000K), the equilibrium composition obtained at the given T, P and ϕ for a known fuel composition and the thermodynamic property relations (Eqs. 2.55 -2.57) are used combined with the Eqs. 2.13 to 2.16. This approach calculates the thermodynamic properties of the combustion products with a high degree of accuracy. A number of computer programmes are available for this purpose [2-4]. Molecular weight, specific heat at constant pressure and the ratio of specific heats for the combustion products of isooctane and air at 2500 K and 1750 K are shown on Figs. 2.5 to 2.7. The value of γ_b under practical engine conditions varies in the range 1.18 to 1.28.

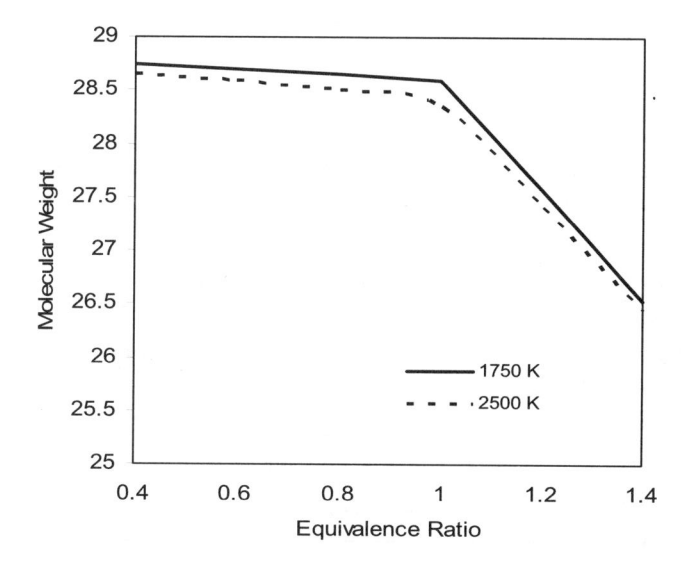

Figure 2.5 Molecular weight of combustion products of isooctane - air mixtures as a function of fuel-air equivalence ratio and temperature. Adapted from [6]

The enthalpy of combustion products of typical gasoline and air mixture for three different fuel-air equivalence ratios are shown on Fig. 2.8. The enthalpy close to the stoichiometric fuel-air ratio is minimum as here the combustion is nearly complete. At lean mixture excess oxygen is there while at rich mixtures carbon monoxide is present which has higher heat of formation compared to the products of complete combustion. It means that close to stoichiometric fuel-air ratio a higher amount of energy is released per unit mass of the mixture, which also results in maximum adiabatic flame temperatures at slightly richer than stoichiometric mixture.

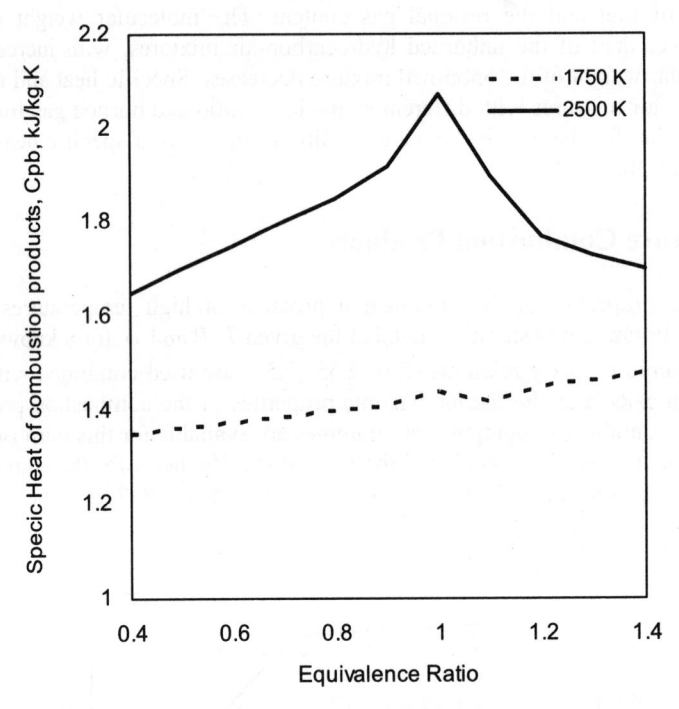

Figure 2.6 Specific heat at constant pressure of combustion products of isooctane - air mixtures as a function of fuel-air equivalence ratio and temperature. Adapted from [6]

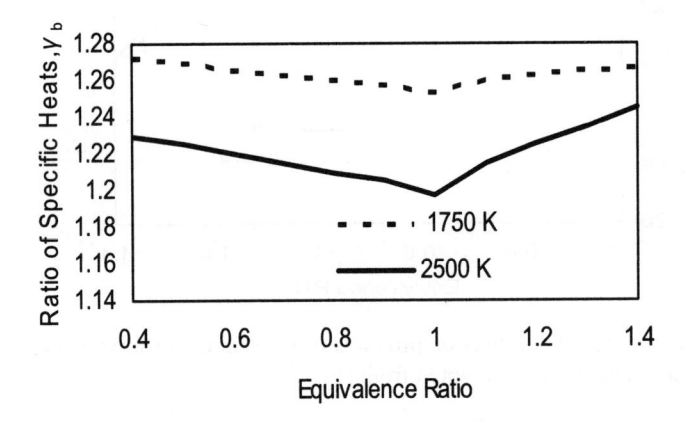

Figure 2.7 Ratio of specific heats (γ_b) at constant pressure of combustion products of isooctane air mixtures as a function of fuel-air equivalence ratio and temperature. Adapted from [6]

Adiabatic flame temperatures for some fuels burned at 298 K and 1 bar pressure with zero residual gas are shown on Fig. 2.9. As discussed before, the maximum adiabatic flame temperature results at slightly richer than stoichiometric mixture. The adiabatic flame temperatures decrease with increase in the residual gas fraction as some heat released on combustion would be used up to raise the temperature of the residual gases which act only as diluents.

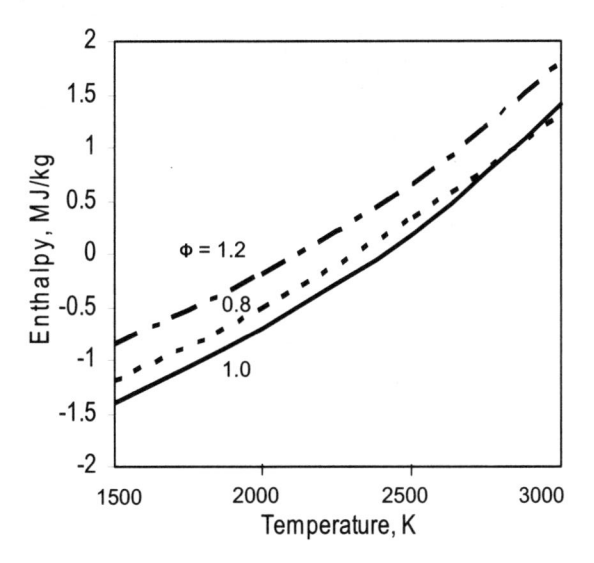

Figure 2.8 Enthalpy of equilibrium combustion products of gasoline-air mixtures, P = 1 atm [5].

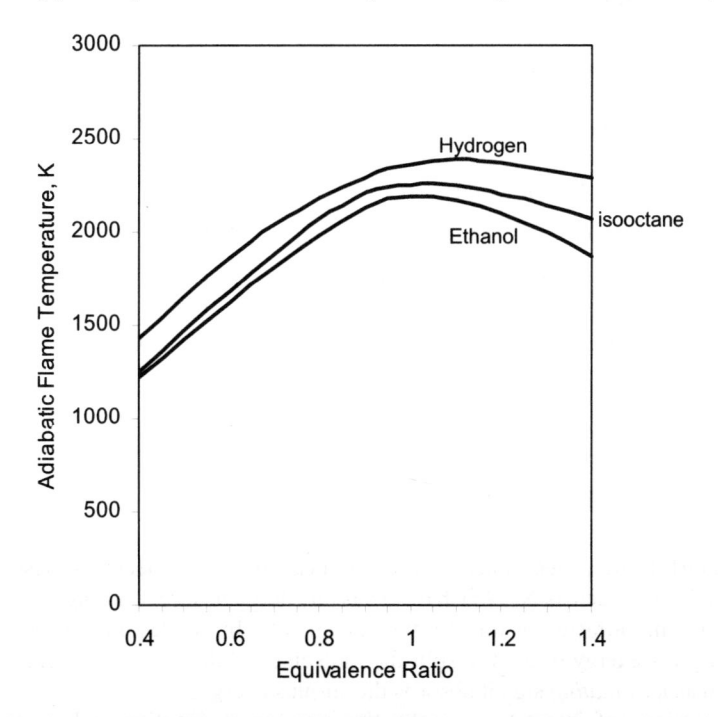

Figure 2.9 Adiabatic flame temperature of hydrogen, isooctane and ethyl alcohol mixtures in air as a function of fuel-air equivalence ratio; initial T = 298 K, P = 1 atm, no residual gas [5].

2.6 CHEMICAL KINETICS

Thermodynamics is used to calculate the equilibrium concentrations for the products of combustion. However, it does not tell the rate at which the reaction proceeds to reach the equilibrium concentrations. For the reactions to reach equilibrium at the given temperature and pressure, it is necessary that the time constants for the rate controlling reactions are smaller than the time available for the reactions to take place The chemical reactions in the engine often are not in equilibrium. Many of the pollutants formed in the engine are the products of combustion that result due to incomplete reactions as insufficient time is available for the reactions to reach the equilibrium state. In the engines, for example formation of NO is controlled by the reaction kinetics as some of the reactions involved in the NO formation mechanism proceed too slowly to reach equilibrium. The rate of chemical reaction depends on the concentration of reactants, temperature and catalyst in case it is present. The reaction kinetics is an important topic to understand the formation of combustion generated pollutants and hence the basics of chemical kinetics relevant to this text are reviewed here.

Let us consider the combustion of hydrogen-oxygen. The overall reaction is

$$2H_2 + O_2 \rightarrow 2H_2O \tag{2.69}$$

However, actual mechanism consists of several reactions taking place simultaneously. One probable mechanism has the following reactions:

(i)   Initiating reaction

$$H_2 + M \rightarrow H + H + M \tag{2.70}$$

(ii)   Propagating chain reactions

$$\begin{aligned} H + O_2 &\rightarrow OH + H \\ O + H_2 &\rightarrow OH + H \\ OH + H_2 &\rightarrow H_2O + H \end{aligned} \tag{2.71}$$

Here, H and OH are both the reactants as well as the products and are generated over and over again, leading to chain reactions. It is followed by a terminating step,

(iii)   Terminating step

$$OH + H + M \rightarrow H_2O + M \tag{2.72}$$

The species H, OH, O are called radicals. As the radicals have free electrons these are very active. M is a third body molecule (such as N_2, Ar) that acts as an energy absorber during the collision process of the molecules but is not affected or transformed chemically. In the decomposition reaction such as the *initiating* step it gives energy needed to split the molecule, while in the recombination reactions or in the reactions such as *terminating* step it absorbs the surplus energy.

Most of the reactions of interest in combustion are binary reactions where the two reactant molecules collide together and form two product molecules. The examples of such reactions are in the *propagating chain* (Eq. 2.71).

For an elementary reaction, the reaction rate depends on the reaction rate constant multiplied by the concentration of each of reactants. For example for the reaction,

$$A + B \rightarrow C + D \tag{2.73}$$

The rate of reaction is expressed as

$$-\frac{d[A]}{dt} = -\frac{d[B]}{dt} = \frac{d[C]}{dt} = \frac{d[D]}{dt} = k[A][B] \tag{2.74}$$

where k is the reaction rate constant in the forward direction when A and B are being consumed and C and D are being formed. The molar concentration of the species is denoted by [ ] and is given usually in gmol/cm^3. For an elementary reaction, the reaction rate constant is an exponential function of temperature of Arrhenius form,

$$k = k_0 \exp\left(-\frac{E}{RT}\right) \tag{2.75}$$

where k_0 is the pre-exponential factor and E is the activation energy for the reaction.

The pre-exponential factor may be a moderate function of temperature. Both the k_0 and E are determined experimentally.

The reactions are classified according to the order of reaction. In the first order reaction the rate of reaction is proportional to the concentration of only one of the reactants. For example, if for the reaction 2.73 the rate of change of concentration of species A is given by

$$\frac{d[A]}{dt} = -k[A] \tag{2.76}$$

The reaction is first order reaction. For a second order reaction, the rate of change of species A is proportional to second power of concentration of a reactant or to the concentrations of two reactants. The higher order reactions are defined similarly. The examples of rate of change in species concentration for second order reactions are given below,

$$\frac{d[A]}{dt} = -k_A [A]^2 \tag{2.77a}$$

or

$$\frac{d[A]}{dt} = -k_A [A][B] \tag{2.77b}$$

On integration of first order reaction (2.76)

$$\ln \frac{[A]}{[A_0]} = -k_A t \tag{2.78a}$$

or

$$[A] = [A_0]e^{-k_A t} \qquad (2.78b)$$

where [A_0] is initial concentration i.e., at $t = 0$

Half life for this reaction i.e., for [A] = ½ [A_0]

$$t_{1/2} = \frac{1}{k_A} \ln 2$$

For the second order reaction (2.77a) on integration,

$$[A] = \frac{[A_0]}{k_A [A_0] t + 1} \qquad (2.79)$$

and half life is

$$t_{1/2} = \frac{1}{k_A [A_0]}$$

Let us consider a general reaction

$$aA + bB \underset{k_r}{\overset{k_f}{\longleftrightarrow}} cC + dD \qquad (2.80)$$

where a, b, c and d are the stoichiometric coefficients. The reaction proceeds in forward as well as backward direction as the elementary reactions are reversible, and k_f and k_r are the reaction rate constants for the forward and backward reactions, respectively. The rates of consumption of A and B and formation of C and D due to forward reaction are given by

$$\frac{d[A]}{dt} = -ak_f [A]^a [B]^b \qquad (2.81)$$

$$\frac{d[B]}{dt} = -bk_f [A]^a [B]^b$$

$$\frac{d[C]}{dt} = ck_f [A]^a [B]^b$$

$$\frac{d[D]}{dt} = dk_f [A]^a [B]^b$$

Considering the backward reaction, the formation of A is

$$\frac{d[A]}{dt} = ak_r[C]^C[D]^d \qquad (2.82)$$

Combining the forward and backward reactions, the net formation rate of A is

$$\frac{d[A]}{dt} = a\{k_r[C]^C[D]^d - k_f[A]^a[B]^b\} \qquad (2.83)$$

At equilibrium, the net formation or consumption rate is zero i.e., $d[A]/dt = 0$, that leads to

$$\frac{k_f}{k_r} = \frac{[C]^C[D]^d}{[A]^a[B]^b} \qquad (2.84)$$

It follows that the equilibrium constant in terms of concentration K_c for this reaction,

$$K_c = \frac{[C]^C[D]^d}{[A]^a[B]^b} = \frac{k_f}{k_r} = K_p P^{a+b-c-d} \qquad (2.85)$$

Thus, if only one of the reaction rate constants is known, the other can be determined from the Eq. 2.85.

Example 2.5:

A constant volume reactor initially contains 0.1% CO, 3.0% O_2 and balance is N_2. The temperature and pressure in the reactor are 2000 K and 1 atm. Determine the time for 95% conversion of CO. The reaction is

$$CO + O_2 \rightarrow CO_2 + O$$

and the reaction constant, $k = 2.5 \times 10^6 \exp(-24{,}060/T)$, gmol^{-1}.m^3.s^{-1}

Solution:

At $t = 0$

$$[CO] = \frac{p_{CO}}{\overline{R}T} = \frac{(0.1 \times 10^{-2})(101.3 \text{kPa})}{8.3143 \dfrac{\text{kJ}}{\text{kgmol} \cdot \text{K}} \times 2000\text{K}} = 6.09 \times 10^{-6} \text{ kgmol/m}^3$$

$$= 6.09 \times 10^{-3} \text{ gmol/m}^3$$

$$[O_2] = 0.183 \text{ gmol/m}^3$$

Given the rate constant, $k = 2.5 \times 10^6 \exp(-24060/2000) = 14.91$ gmol^{-1}· m^3· s^{-1}

Rate of consumption of CO is

$$\frac{d[CO]}{dt} = -k[CO][O_2]$$

As $[O_2] \gg [CO]$, the concentration of O_2 may be taken nearly constant and on integration

$$\ln\frac{[CO]}{[CO]_{t=0}} = -k[O_2]t$$

and for 95 % CO conversion

$$t = \frac{-\ln(0.05)}{k[O_2]} = \frac{2.996}{(14.91 \text{gmol}^{-1} \cdot \text{m}^3 \cdot \text{s}^{-1})(0.183 \text{gmol} \cdot \text{m}^{-3})} = 1.1 \text{seconds}$$

It would take only about 1 second for conversion of CO to CO_2 if the temperature is 2000 K. This period however on the engine cycle scale of time is too long. For example at 3000 rpm speed for a 4-stroke engine, in 1 second 25 full cycles are completed.

Chemical reactions in the combustion process are highly complex and involve fluid flow and heat transfer. The kinetic models for reactive turbulent flows are still under development. For many turbulent reactive systems one step kinetic model is used. However, if the elementary reactions of importance for a given situation are identified and the reaction rate constants are known the above methodology is still valid and can be applied. Both the forward and reverse reaction rates of all the reactions that produce or destroy the species of interest are to be considered. Some radicals or species like atomic N once they are formed react at a rate that their concentrations do not change significantly and are maintained in steady state with the species they react. The net rate of change in their concentration is taken equal to zero in the kinetic mechanism schemes.

Kinetic modelling of pollutant formation in I C Engines has been very useful to understand the effect of engine design and operation parameters on pollutant emissions. Modifications in combustion process have been applied for control of NOx emissions based on the predictions of kinetic modelling. Post flame oxidation kinetics of hydrocarbons that are released from crevices, wall quench layers, oil film etc., and diffuse in the hot burned gases has been modelled to estimate contribution of different sources to unburned hydrocarbon emissions in SI engines. Slow oxidation reactions in very lean mixtures have been seen to be mainly responsible for the observed CO emissions that are much higher than predicted by chemical equilibrium. Soot formation and oxidation is also controlled by kinetics and it still needs better understanding.

PROBLEMS

2.1 A typical natural gas sample contains 88 % by volume methane, 4.5 % propane and 7.5 % nitrogen. Calculate stoichiometric air- fuel ratio by mass and volume for the fuel. If the fuel is burned with 20% excess air, find the molecular weight of the combustion products.

2.2 Using heat of formation of water vapour, carbon dioxide and methane, calculate the lower heating value of hydrogen and methane.

2.3 Calculate energy content (lower heating value) of stoichiometric mixture of hydrogen, methane, propane, isooctane and ethyl alcohol in air per kg and per cubic meter of the mixture. If the SI engine design and its fuel conversion efficiency remains the same for all fuels, estimate relative power of engine with each fuel compared to isooctane.

2.4 An engine operates on gasoline with empirical formula C_8H_{15} and consumes 0.5 g/s of fuel and 7.0 g/s of air. Measured dry exhaust gas composition is CO_2 = 13% by volume, CO = 2.8%, H_2 = 0.93% O_2 =0.0%. Calculate the air-fuel ratio from the exhaust composition and compare it with the measured value.

2.5 Stoichiometric mixture of H_2 and O_2 reacts at 20 atm and 2500 K. The products are in equilibrium according to the reaction $H_2O = H_2 + ½ O_2$. The equilibrium constant for this reaction is K = 0.00598. Calculate the mole fractions of the products at equilibrium.

2.6 For the fuel composition and the fuel-air equivalence ratio obtained from the measured fuel and air consumption in Problem 2.4 calculate exhaust gas composition. Assume that the species CO_2, CO, H_2 and H_2O are in equilibrium at 1700 and at 1000 K. The equilibrium constant for the water gas reaction $CO_2 + H_2 = CO + H_2O$ is given by Eq. 2.66. Compare the calculated equilibrium exhaust gas composition at two temperatures with the measured composition given in Problem 2.4.

2.7 For octane ($C_8 H_{18}$) – air mixtures of ϕ = 0.4, 0.6, 0.8, 1.0, 1.2 and 1.4, calculate low temperature exhaust gas composition. Calculate molecular weight of unburned mixture at each value of ϕ with residual gas fraction equal to 0.0, 0.1, 0.2, and 0.3 and plot it against ϕ. Assume for ϕ >1, the species CO_2, CO, H_2 and H_2O are in equilibrium with equilibrium constant K_p =3.5.

2.8 Calculate adiabatic flame temperature for mixture of (i) hydrogen (ii) methane with air for stoichiometric mixture and when 10% excess air is used. The initial temperature of the reactants is 500 K. Neglect dissociation.

2.9 Neglecting dissociation, calculate adiabatic flame temperature if 20% of burned residual gases are mixed with the stoichiometric mixture of methane and air. Initial temperature of the reactants is 500K.

2.10 Methane supplied at 1 atm, 25°C is burned adiabatically in a steady flow burner with stoichiometric air supplied at the same conditions. Using the following reaction calculate the temperature of products
$$CH_4 + 2O_2 + 7.52 N_2 \rightarrow a CO_2 + b CO + cH_2O + d H_2 + eO_2 + 7.52 N_2$$

CO_2, CO, H_2O and H_2 are in equilibrium according to water gas reaction. (Solve it by trial and error. A short computer programme may also be written to solve the problem.).

2.11 From a four-stroke SI engine the following exhaust gas composition data were obtained. The fuel composition is $C_8 H_{15}$. The composition given is on dry basis. Find the fuel-air equivalence ratio used. Assume the water gas reaction is in equilibrium with K = 3.5.

(a) CO_2 = 13.8 %, CO = 3.05 %, O_2 = 0.0%, NO = 1600 ppm, HC as C_8H_{15} = 425 ppm.
(b) CO_2 = 12.5 %, CO = 0.16 %, O_2 = 4.0%, NO = 4600 ppm, HC as C_8H_{15} = 250 ppm.

2.12 A mixture of heptane, C_7H_{16} and air with ϕ = 1.1 initially at 1 atm and 373 K is compressed in an adiabatic compression machine to a compression ratio of 6:1. The mixture undergoes adiabatic combustion at constant volume and it reaches a maximum temperature of 2900 K. The constituents of combustion products are CO, CO_2, H_2, H_2O, O_2 and N_2. The following reactions take place simultaneously;

$$CO_2 + H_2 = CO + H_2O \text{ and } CO + \tfrac{1}{2} O_2 = CO_2$$

The equilibrium constants for these reactions at 2900 K are 7.01 and 4.49, respectively. Show that only about 70 percent carbon has burned completely to CO_2.

2.13 Refer Figs. 2.4 and 2.6 and explain why (a) molecular weight of unburned mixture, M_u decreases with increase in residual gas fraction and (b) the molecular weight of burned products, M_b decreases with increase in T and ϕ.

2.14 For the decomposition of nitrogen dioxide:

$$2NO_2 \xrightarrow{k_f} 2NO + O_2$$

a. At 592 K, the value of k_f is 498-cm³/mole sec. What is the rate of decomposition of nitrogen dioxide at this temperature if the concentration of nitrogen dioxide is 0.0030 moles/ liter?
b. Values of this rate constant at other temperatures are

T (K)	k_f (cm³/mole sec)
603.5	775
627	1810
651.5	4110
656	4740

What is the activation energy for this reaction?

2.15 For the reaction sequence

$$N_2O_5 \xrightarrow{k_1} NO_2 + NO_3$$

$$NO_2 + NO_3 \xrightarrow{k_2} N_2O_5$$

$$NO_2 + O_3 \xrightarrow{k_3} NO_3 + O_2$$

$$2NO_3 \xrightarrow{k_4} 2NO_2 + O_2$$

(a) Write rate equations for the rates of formation of N_2O_5, NO_2, NO_3, O_2 and O_3.
(b) Assume that the species NO_2 and NO_3 are in steady state. Solve for their concentrations.

2.16 Overall combustion reaction for octane in air is

$$C_8H_{18} + 12.5(O_2 + 3.76N_2) = 8CO_2 + 9H_2O + 47N_2, \text{gmol/cm}^3.\text{s}$$

The global reaction rate is

$$\frac{d[C_8H_{18}]}{dt} = -5.7 \times 10^{11} \exp(-15{,}100/T)[C_8H_{18}]^{0.25}[O_2]^{1..5}$$

Units for concentration [ ] are gmol/cm^3, T is in K, t in seconds. The fuel-air mixture is suddenly brought to 2200 K. Find the initial rate of reaction. If the temperature is held constant, volume is constant find the time when 50% of octane would be consumed, keeping the rate of reaction constant at the initial rate. However, as the reaction takes place and the concentration of reactants is changing the rate of reaction is also changing. Calculate the time required for 50% consumption of octane with change in reaction rate. What is the reaction rate when half of fuel has been burnt?

REFERENCES

1. Stull, D. R., and Prophet, H., JANAF Thermochemical Tables, National Bureau of Standards Publications, NSRDS-N3537, Washington DC, (1971).
2. Svehla, R. A., and Mcbride, B. J., "Fortran IV Computer Program for Calculation of Thermodynamic and Transport Properties of Complex Chemical Systems," NASA TND-7056, (1973).
3. Olikara, C., and Borman, G. L., "A Computer Program for Calculating Properties of Equilibrium Combustion Products with Some Applications to I.C. Engines," SAE Paper 750468, (1975).
4. Reynolds, W., "The Element Potential Method for Chemical Equilibrium Analysis: Implementation in the Interactive Program STANJAN," Mechanical Engineering Department, Stanford University, (1986).
5. Ferguson C. R., and Kirkpatrick, A. T., *Internal Combustion Engines - Applied Thermosciences*, John Wiley & Sons, Inc. (2001).
6. Heywood, J.B., *Internal Combustion Engine Fundamentals*, McGraw Hill Book Company (1988).

CHAPTER 3

Combustion in SI Engines

This chapter discusses combustion process in the conventional homogeneous charge, spark ignition engines. In the conventional SI engines using carburetor or throttle body fuel injection (TBI) systems, fuel and air are premixed to a large extent externally in the intake system and the mixture is inducted into the engine cylinder. In the modern engines using port fuel injection (PFI) systems, fuel injected at the intake port and air are inducted together in the engine cylinder, and mixing occurs largely during intake and compression strokes inside the cylinder. Most of the light duty vehicles and small utility engines operate on premixed, homogeneous charge of liquid fuels and air. Many large engines also use gaseous fuels like natural gas and LPG, where homogeneous charge is ignited by a spark or by injection of a small amount of diesel fuel of high cetane number. The homogeneous charge engines ignited by diesel spray are called as dual-fuel or pilot-ignition engines and these engines are not discussed here.

In the homogeneous charge SI engines at the set air-fuel ratio, engine power is controlled by varying the amount of charge by throttling the intake flow to the engine. Intake throttling results in pressure drop below ambient pressure in the intake system and engine cylinder during the intake stroke. Throttling increases pumping losses and reduces engine efficiency. Intake ports are also designed to generate organized gas motion like swirl in the cylinder. In addition, high velocity of gas jet entering engine cylinder through intake ports creates turbulence. The intensity of intake generated swirl and turbulence depends upon the design of intake ports, combustion chamber shape and engine speed. Squish charge motion is created near the end of compression stroke as the charge is squeezed out of the narrow space between part of the piston crown and cylinder head and flows towards the centre of the cylinder. Squish further aids the turbulence in the cylinder at the time of combustion. The charge inside the cylinder is composed of fuel, air and residual burned gases left from the previous cycle. Under normal engine operating conditions, premixed charge is ignited by a spark towards the end of compression stroke. On spark ignition, the sustained chemical reactions after a short period of time result in development of a turbulent flame. The fully developed turbulent flame propagates across the combustion chamber and burns bulk of the fuel-air mixture. Towards the end of combustion process the flame gets extinguished as it approaches the combustion chamber walls.

3.1 PREMIXED CHARGE COMBUSTION

Laminar Premixed Flames

The combustion started by an ignition source like spark in a quiescent fuel-air mixture at ambient conditions, propagates initially as a laminar flame. The speed of laminar flame is an intrinsic property of combustible mixture of fuel, air and burned gases. In the flame, self sustaining chemical reactions occur in a thin region called as 'flame front' where mixture is heated and converted into products. The laminar flame speed, S_L is the speed at which a one dimensional laminar flame propagates under adiabatic conditions. It may also be defined as the velocity normal to the flame front at which unburned mixture moves into the flame under laminar flow conditions and gets converted to products.

The typical temperature and reactant concentration profiles in a premixed laminar flame neglecting the wall effects are shown in Fig. 3.1 [1]. The temperature of reactants increases and their concentration decreases across the flame front. The flame front may be divided into two zones: a *preheat zone* and a *reaction zone*. The preheat zone is in front of the flame where the unburned mixture is heated to ignition temperature primarily by conduction of heat from the reaction zone. No significant chemical reactions occur in the preheat zone. The ignition temperature referred here is not the same as the auto-ignition temperature as the later is measured in experiments with long induction periods. For methane air flames, the ignition temperature may vary between 1100 and 1300 K [2]. Some additives affect the auto-ignition temperature but have not been found to affect the ignition temperature and flame speed. When mixture gets heated to the ignition temperature, exothermic chemical reactions begin and this is the starting point of the reaction zone in the flame. The reaction zone is the region where combustion takes place and due to fast chemical reactions gas temperature rises. The reaction zone extends from the ignition point to the hot boundary at the downstream where equilibrium burned gas temperature is reached and reactant concentration decreases to zero.

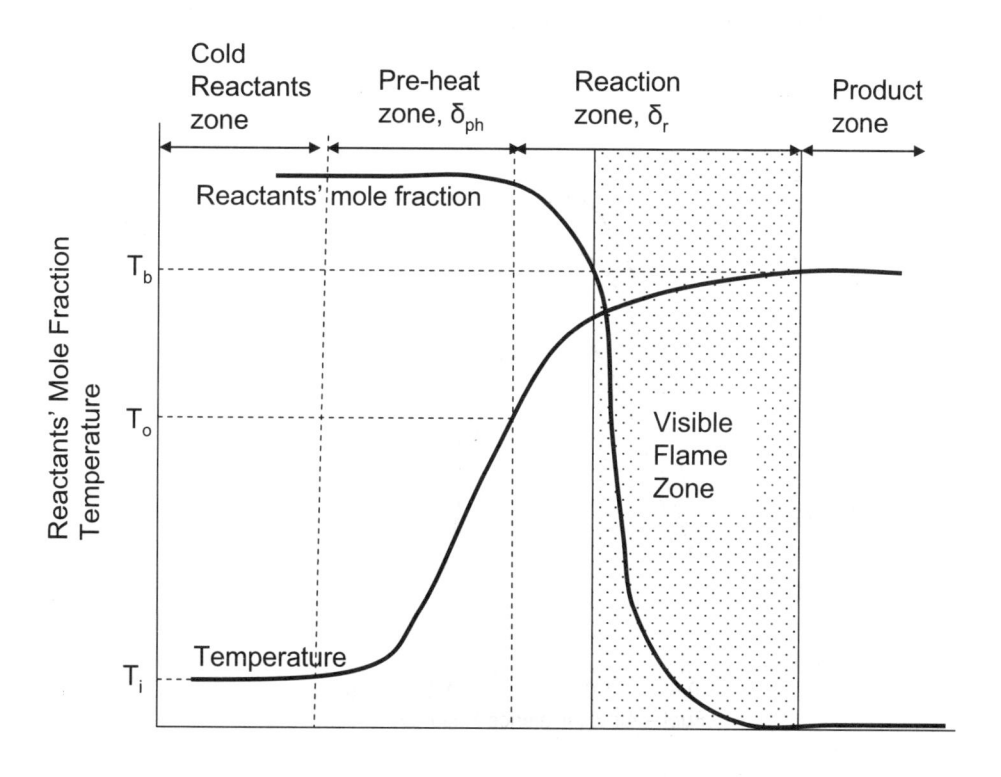

Figure 3.1 Schematic variation of temperature and reactants content for laminar flames [1].

The thickness of preheat and reaction zones for one dimensional laminar flames can be calculated from the conservation equations of mass and energy [2]. The thickness of the preheat zone, δ_{ph} is

$$\delta_{ph} = \frac{4.6\bar{k}}{\bar{c}_p \rho_u S_L} \tag{3.1}$$

where $\bar{k}$ is the average thermal conductivity and $\bar{c}_p$ is average specific heat at constant pressure of unburned mixture in the preheat zone, $\rho_{u,ig}$ the density of unburned mixture at ignition plane and S_L is the laminar flame speed. The thickness of the reaction zone, δ_r is estimated as

$$\delta_r = \frac{T_b - T_{ig}}{c_{p,ig}T_{ig} - c_{p0}T_0} \left(\frac{k_{ig}}{\rho_{u,ig} S_L} \right) \tag{3.2}$$

The subscript 'ig' is for the properties at ignition plane and '0' for the conditions upstream of preheat zone. For hydrocarbon-air flames at atmospheric pressure δ_{ph} is approximately equal to 0.7 mm and δ_r is about 0.2 mm [2]. In the engine like conditions however, the total laminar flame thickness is very small and is of the order of 0.2 mm only, which is much less compared to the dimensions of the engine cylinder and the flame may be assumed as negligibly thin [3].

The laminar flame speed depends on the chemical nature of fuel, fuel-air ratio, and temperature and pressure of the unburned mixture. The measured flame speed data from different sources varies

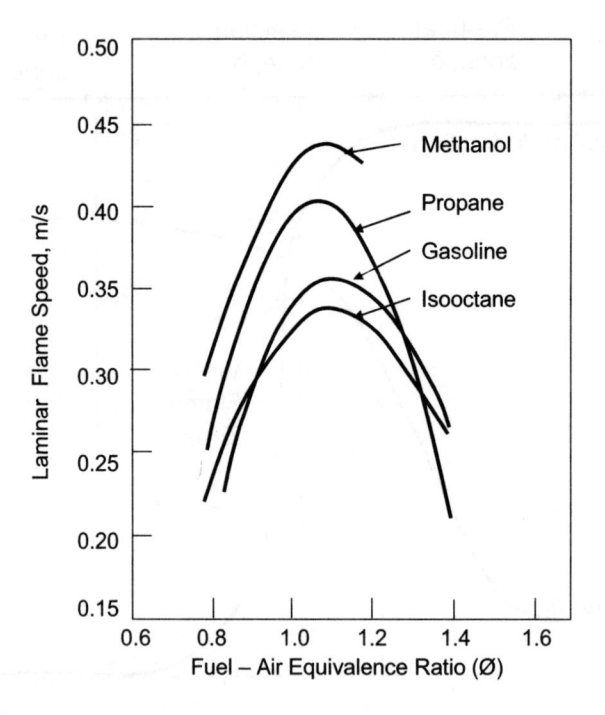

Figure 3.2 Variation in laminar flame speed with fuel-air ratio for some fuels. Best curve fits in the experimental data [4]

somewhat depending upon the experimental apparatus and technique employed. Spherical or cylindrical constant volume combustion bombs are used to simulate pressure and temperatures typical of engines for measurement of laminar flame speeds representing engine like conditions. Dependence of flame speed on fuel-air equivalence ratio for some fuels is shown on Fig.3.2. The maximum laminar flame speed is obtained at richer than stoichiometric mixtures. The maximum flame velocity and the corresponding fuel- air ratio for some fuels are given in Table 3.1.

Table 3.1
Maximum Laminar Flame Speed for Some Fuels at 20° C and 1 atm [1-3]

Fuel	S_L, m/s	ϕ for max S_L
Methane	0.34	1.06
Propane	0.39	1.13
Isooctane	0.35	1.13
Gasoline	0.36	1.15
Methanol	0.48	1.11
Hydrogen	2.65	1.77

The laminar flame speed shows a strong dependence on unburned mixture temperature, but it is a weak function of pressure. The effect of temperature and pressure for hydrocarbon fuels may be estimated as below;

$$S_L = S_{L0}(T/T_0)^a (P)^b \tag{3.3}$$

where T is unburned mixture temperature in K, P is pressure in atm, S_{L0} is the laminar flame speed at reference temperature and 1 atm pressure. The constants a and b depend on the fuel composition, equivalence ratio and burned gas dilution fraction. From the experimental data obtained in a constant volume chamber with spherical flame propagating in hydrocarbon-air fuel mixtures having ϕ in the range 0.8 to 1.2, the constant a = 2.02 to 2.36 and b = - 0.087 to - 0.23 were obtained [4]. The higher numerical values of the constants a and b were obtained for lean mixtures. For stoichiometric mixture of a typical gasoline, a = 2.13 and b = 0.22 fitted the experimental data.

The effect of addition of inert gases like nitrogen, carbon dioxide or argon is to reduce the adiabatic flame temperature and the laminar flame speed. Any non-reacting gas when added acts like a heat sink, decreases the heating value per unit mass of the mixture and hence a reduction in adiabatic flame temperature occurs. Increase in residual gas fraction in the engine cylinder or use of exhaust gas recirculation would have similar effect and reduce the flame speed. The effect of dilution of mixture by inert gases on the flame speed is more or less independent of fuel-air equivalence ratio, and of temperature and pressure typical of SI engines. Roughly, 10% exhaust gas recirculation causes a 21% reduction in burning velocity. A simple correlating factor for the reduction in flame speed due to dilution with the dry combustion products is thus equal to (1- 2.1x_r), where x_r is the mass fraction of residual gas or combustion products mixed with fresh mixture [1].

Turbulent Premixed Flames

In SI engines, a turbulent flame propagates through the combustion chamber in which heat release rate is much higher than the laminar flames. Turbulent flow increases the flame speed and the flame front also has higher spread. In engines the flames are unsteady and enclosed. To determine the true velocity of flames in a closed space like the engine combustion chamber, both the flow area and motion of reactants are to be considered as the turbulence changes with piston motion. A brief description of some turbulence parameters is made here to explain the turbulent flame propagation further. A detailed discussion on turbulence parameters follows in Chapter 5.

For turbulent flow characterization, two important parameters are: turbulence intensity, u' and turbulence scales. The turbulence intensity for steady flow is defined as the root-mean-square of the fluctuating velocity component. The turbulence intensity is measured by hot wire anemometry or laser-based techniques like, laser Doppler velocimetry (LDV), or particle imaging velocimetry (PIV). The measurements of u' made at two locations correlate when they are inside an eddy. Such measurements statistically give the measure of the size of the largest eddies and it is called as *integral scale*, l_I. The integral scale is determined largely by the geometry of the space or engine cylinder in which flow is confined. The eddy sizes or turbulence scale vary over a wide range. The smallest eddies, which exist only for a short period of time before viscous dissipation, are characterized by the Kolmogorov microscale. The Kolmogorov microscale, l_K is given by

$$l_K = \left[\frac{v^3 l_I}{(u')^3}\right]^{1/4} \tag{3.4a}$$

where v is the kinematic viscosity of the fluid.

Turbulent flames are broadly categorized as weakly turbulent, wrinkled laminar flame sheets, flamelets in eddy and distributed reaction zones. The 'weakly turbulent flame' is an extension of the laminar flame when the turbulent intensity is just of the same order as the flame thickness. In these flames, although the flame velocity increases but the flame front remains relatively smooth. In the 'wrinkled flame' concept, large scale turbulence causes wrinkling of flame front increasing the flame area which is larger than that of a similar size laminar flame. Locally the mixture burns at laminar burning velocity. But, overall the burning velocity increases as the flame area is higher. In the 'distributed flame', small lumps of reactants are thought to be entrained in the reaction zone and burn as they pass through the reaction zone. The combustion may not be completed in the reaction zone and combustion reactions continue in the region behind the flame. 'Flamelets in eddies' is a mixed mode regime where reaction zone consists of unburned reactant packets and also fully burned gas. In the highly wrinkled flames when the turbulence intensity is much higher than the laminar flame speed ($u'/S_L \gg 1$) some unburned reactant packets may be trapped behind flame where it burns. In this mode, the reaction sheet may contain holes as it interacts with different scale eddies in the turbulent flow. This mode is different from the distributed reaction flames as in the later all the fuel is burned as the entrained reactant lumps. More understanding of these flames is still required.

Turbulent premixed flames are characterized by several dimensionless parameters. The turbulence Reynolds number is

$$\text{Re}_T = \frac{u' l_I}{v}$$

A large value of Re_T indicates that the inertia effects would dominate over the dissipative effects of viscosity. Re_T is a measure of how much the large eddies are damped by viscosity. For turbulence to occur, $\text{Re}_T > 1$ and in engines its value is 1000 to 10,000. For homogeneous and isotropic turbulence,

$$\frac{l_K}{l_I} = (\text{Re}_T)^{-3/4} \tag{3.4 b}$$

A characteristic reaction time is laminar flame thickness time divided by the laminar flame speed, $\tau_L = \delta_L / S_L$ and turbulent eddy turnover time, $\tau_T = l_I / u'$. The ratio of eddy turnover time to reaction time is known as *Damköhler number* Da. Using the integral scale, *Damköhler number*

$$\mathrm{Da}_I = \frac{\tau_T}{\tau_L} = \left(\frac{l_I}{u'}\right)\left(\frac{S_L}{\delta_L}\right) = \left(\frac{l_I}{\delta_L}\right)\left(\frac{S_L}{u'}\right) \tag{3.5}$$

For high values of Da_I (10^3 to 10^4), reaction time is very small compared to turbulence and the influence of turbulence on chemical processes occurring in the flame is low. At high values of Da, reaction sheets are observed and the concept of reaction sheets is associated with $l_I \gg \delta_L$. For Da based on Kolmogorov scale, if $\mathrm{Da}_K > 1$, then all eddies are larger than δ_L and under these conditions the reaction sheet and propagating flame front are wrinkled.

The different flame turbulent flame regimes are shown in Fig. 3.3 which is a plot of Da_I versus Re_T. This diagram is known as *Borhgi diagram* [1] In this plot, three turbulent flame regions: (i) Weak turbulence (ii) Reaction sheet and (iii) Distributed reactions regimes are shown. The fourth regime, mixed mode 'flamelets in eddies' is also shown which is much less understood. Also on the

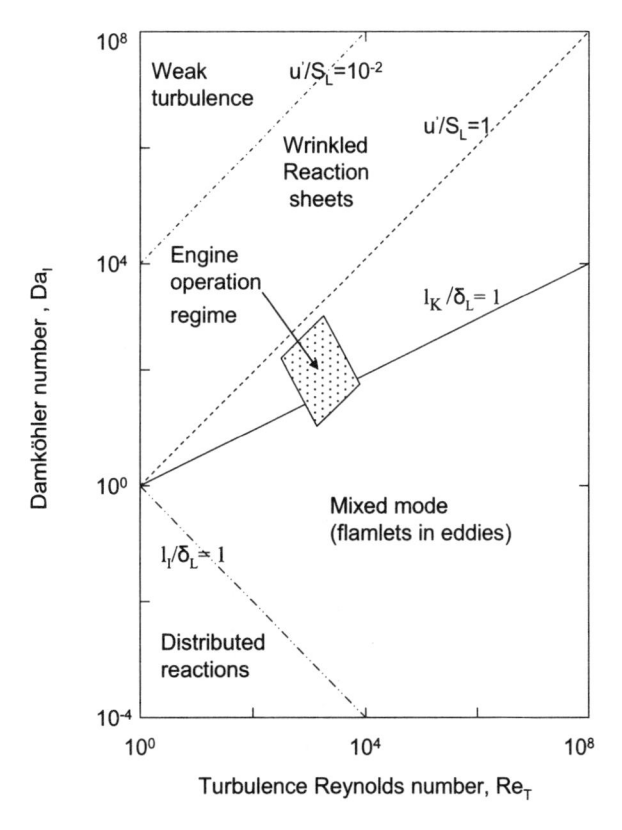

Figure 3.3 Regimes of different types of premixed turbulent flames on a plot of Damköhler number versus turbulence Reynolds number. u' = turbulence intensity, S_L = laminar flame speed, δ_L = laminar flame thickness, lI = integral scale and, l_K = Kolmogorov scale [1,3].

plot, typical SI engine operation regime is also shown. The characteristics of different turbulent flame regimes are summarized in Table 3.2. The SI engines operate in wrinkled laminar flame and flamelets in eddies regimes. In the wrinkled laminar flames, the flame thickness, δ_L is smaller than the smallest turbulent eddy, l_K and the turbulent intensity is of the same order as the laminar flame speed. In the engine conditions, the scale of wrinkles is about 1 mm and the laminar flame thickness is 0.1 to 0.2 mm. The flame moves like a ragged wave and the flame front appears like a thick brush of 5 to 6 mm thickness. The turbulent flame speed, S_T is 3 to 30 times of the laminar flame speed. As the turbulent flame speed is less dependent on laminar flame speed, the effect of fuel composition and fuel-air ratio is also lower than for the laminar flames.

Table 3.2
Turbulent Flame Regimes [1]

Weak turbulent flame	-	$u'/S_L < 10^{-2}$
Wrinkled laminar flame	$\delta_L < l_k$	$u' \approx S_L$
Flamelets in eddies	$l_k < \delta_L < l_I$	$u' >> S_L$
Distributed reaction zones	$\delta_L > l_I$	-

Using pulsed laser light sheet, 2-dimensional images of flame cross section in an engine were obtained by zur Loye et al, [5]. The mixture was seeded with submicron particles of titanium oxide which burned in the flame. Scattering of laser light by these particles allowed imaging of the unburned mixture. Typical two-dimensional images of turbulent flame front propagating in the combustion chamber at 600, 1200 and 1800 engine rpm are shown in Fig 3.4. In the photographs, white area is the products and black is the unburned mixture. A highly ragged and wrinkled flame front is seen. Flame wrinkling is seen to increase at higher engine speeds as the turbulent intensity increased from 1.5 m/s at 600 rpm to 3 m/s at 1200 rpm and 4.5 m/s at 1800 rpm. Some islands of unburned gas trapped in the burned products at 1800 rpm are also seen.

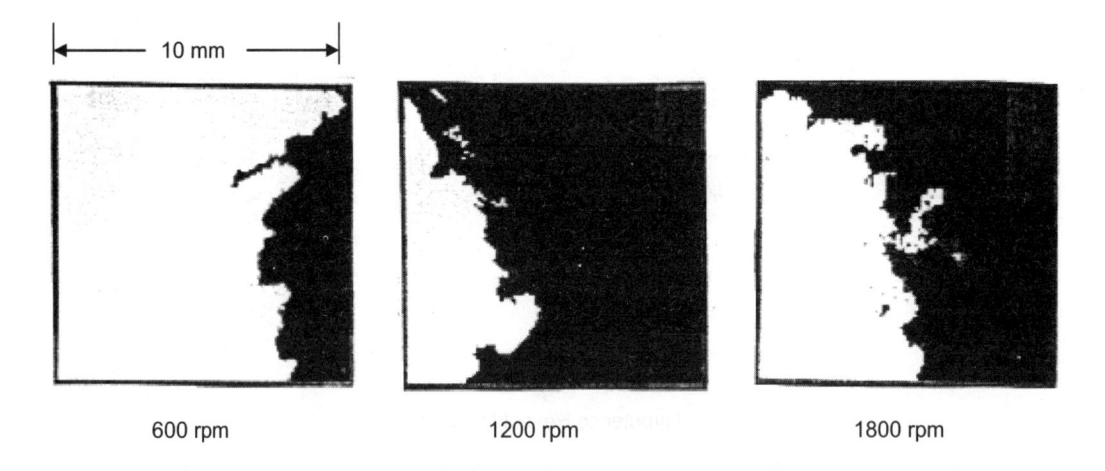

Figure 3.4 Typical two dimensional images of turbulent flame propagating in a spark ignition engine (courtesy of F. V. Bracco, Emeritus Professor, Princeton Univ.).

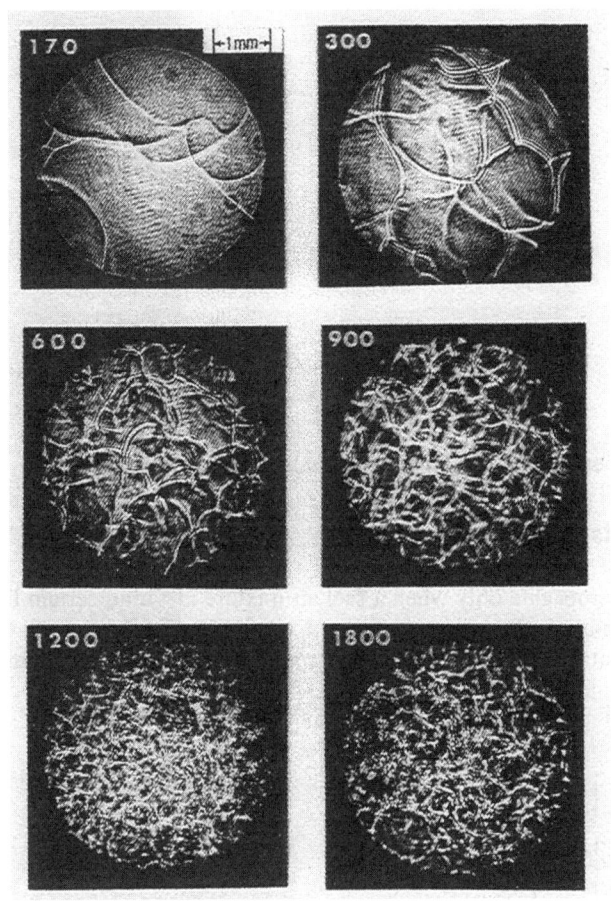

Figure 3.5 Shadowgraphs of flame propagating in SI engine. Flame is propagating towards the observer. Engine speed in rpm is marked on upper left corner of each shadowgraph. Reprinted with permission from SAE Paper 820043, 1982, SAE International [6].

Effect of engine speed on flame wrinkling is very clearly seen on flame shadowgraphs presented on Fig. 3.5 [6]. The flame shadowgraphy technique is based on the density changes. The shadowgraphs in Fig. 3.5 show the flame propagating towards the observer. As the engine and piston speed increase, the turbulence in the engine cylinder increases. Consequently, the turbulent Reynolds number also increases with engine speed. The integral length scale however, is independent of engine speed. The turbulence microscale therefore, decreases with increase in engine speed and it is expected to result in increased flame wrinkling as seen in the flame shadowgraphs.

In the wrinkled flames, the flame surface area is continuously changing with time due to wrinkling. Use of simple theory assumes a time averaged surface area and local burning velocity being equal to the laminar flame speed. These assumptions yield;

$$S_T A_s = S_L A_w \tag{3.6}$$

where A_s is smoothed time averaged flame front area and A_w is the wrinkled flame area.

These assumptions give the turbulent flame speed,

$$\frac{S_T}{S_L} = \left(1 + C\frac{u'}{S_L}\right) \tag{3.7a}$$

the constant C is of the order of 1 to 2. Depending upon the ratio u'/S_L, several other empirical correlations have been suggested to model the turbulent flame speed. Another relationship given below has been used for engine like conditions,

$$\frac{S_T}{S_L} = C_1 \left(\frac{u'}{S_L}\right)^a \tag{3.7b}$$

the constant C_1 is of the order of 0.35 and exponent a is 0.7.

Flammability Limits

The laminar flames can propagate only when a fuel air mixture is within certain limits of composition. The upper and lower limits of fuel-air ratio for a mixture through which flame can propagate are called rich and lean limits of flammability. The flammability limits are determined for a quiescent mixture in a reactor and igniting the mixture with a spark. The flame will not occur below or above

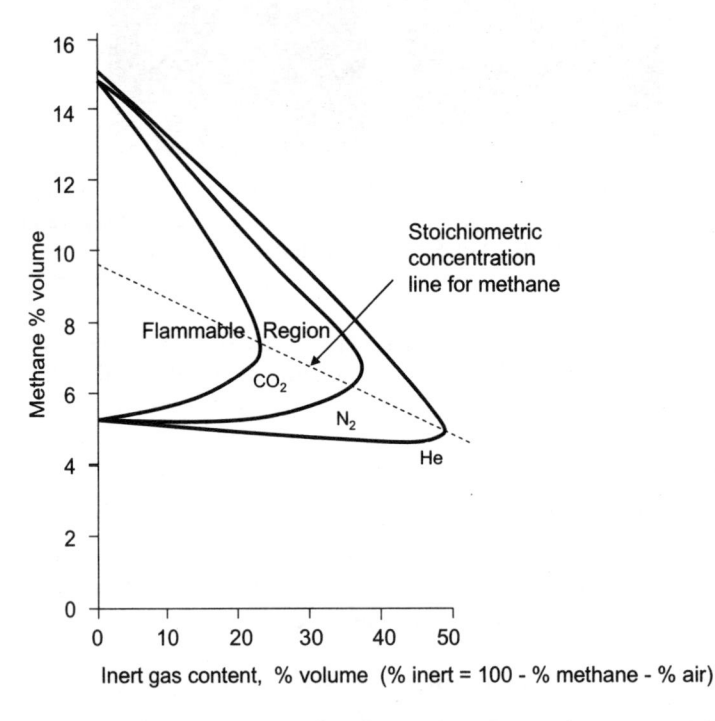

Figure 3.6 Flammability limits of mixtures of methane, air and some inert gases, 298 K, 1 atm [1].

these limits irrespective of how much high is the ignition energy or powerful is the source of ignition. The flammability limits get widened as the mixture temperature increases. Typical flammability limits for some fuels in air are given in Table 3.3. Hydrogen has the highest laminar flame speed and also the widest flammability limits. On the other hand, methane has lowest laminar flame speed and the narrowest flammability limits. Dilution with inert gases narrows the flammability limits. The effect on the flammability limits of methane –air mixture when diluted with different gases is shown on Fig 3.6. The flammability limits get narrowed more when mixture is diluted with gas of higher heat capacity. At the lean limit, the flame temperature for a number of fuels is about 1470 to 1510° K. The lean flame temperature limit can be used to estimate the extent of dilution that could be employed.

Table 3.3
Flammability Limits in Standard Air of Fuels [1, 2]

Fuel	Percent by volume			Fuel-air equivalence ratio	
	Stoichiometric	Lean limit	Rich limit	Lean limit	Rich limit
Methane	9.47	5.0	15.0	0.503	1.69
Propane	4.02	2.0	9.5	0.487	2.506
Isooctane	1.65	0.95	6.0	0.572	3.804
Methanol	12.24	6.7	36	0.51	4.0
Hydrogen	29.50	4.0	75	0.01	7.17

Autoignition Temperature

When a gaseous fuel and air mixture is maintained at a sufficiently high temperature, oxidation reactions start and temperature rises as long as the rate of heat release is greater than the heat loss to the surroundings. As the mixture temperature is raised further, the reaction rates suddenly increase resulting in rapid combustion and this condition is called '*autoignition*'. The minimum temperature required for initiating self sustained combustion without spark or flame is termed as the *autoignition temperature*. The autoignition temperature of liquid fuels is determined by dropping liquid fuel in a standard open –air container heated to a known temperature. The combustion is detected by a light detector or an audible sound level. The autoignition temperature of several fuels is given in Table 3.4.

Table 3.4
Autoignition temperature of fuels in air at 1 atm [1, 2]

Fuel	Autoignition temperature, K
Methane	810
Propane	743
n-Butane	638
n-Octane	479
Isooctane	691
n-Decane	481
n-Cetane	478
Methanol	658
Ethanol	638
Hydrogen	673

The above data show that as the length of carbon chain of n-parrafin hydrocarbons increases, the autoignition temperature decreases. The autoignition temperature varies with the test conditions and the test apparatus. It decreases as the pressure is increased until about 2 atm after which the effect is very small.

3.2   SI ENGINE COMBUSTION - CONCEPTUAL MODELS

Studies using high speed photography to visualize combustion process in SI engines were conducted as early as 1938 by Raisweiller and Withrow [3]. They used an L-head, side valve SI engine fitted with quartz window on the cylinder head for cinematography of the combustion process. Later, more studies by other investigators on flame photography in SI engines have been carried out [6-8]. In these studies in premixed, homogeneous charge SI engines, it was observed that after spark discharge it takes some time before the flame is visible. This interval was termed as *'ignition lag'* or *'flame development phase'* and was seen to vary from 6° CA to over 20° CA depending upon the mixture strength and engine operating conditions. After this period, the flame was seen to propagate in the unburned mixture like a spherical wave with wrinkled surface caused by turbulence (Figs. 3.4 and 3.5). Blue light is emitted from the flame front. At top-dead centre, the flame diameter is nearly equal to 2/3rd of the cylinder bore. The flame under normal engine operation reaches near the cylinder wall 15 to 20° CA atdc. The burned gases are seen to emit light even after the flame has traversed through the breadth of the combustion chamber signifying that significant energy is released even after the flame appears to have traversed through the entire combustion chamber.

The overall combustion process in SI engines can be considered to consist of three phases;

- Flame development phase
- Flame propagation and
- Flame termination.

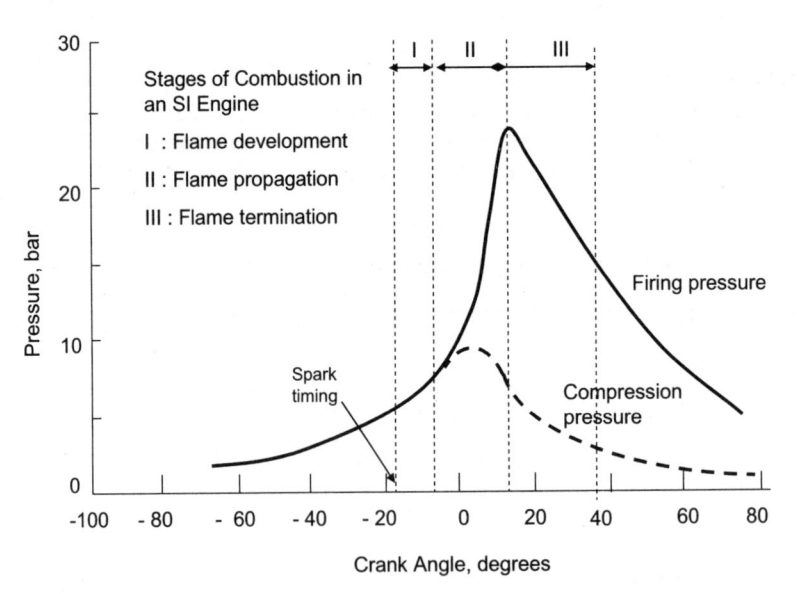

Figure 3.7   Representation of different stages of SI engine combustion process on cylinder pressure – crank angle trace.

On cylinder pressure-time trace the three different combustion phases are qualitatively shown on Fig. 3.7. After spark discharge there is a period during which energy released due to combustion by the developing flame is too small to cause any noticeable increase in cylinder pressure. The flame development phase begins at the crank angle of spark ignition and ends at the crank angle when the combustion pressure trace moves away from the compression pressure. Its end is also arbitrarily defined as the point when the combustion pressure is higher by 1 to 2% compared to the compression pressure. With the end of flame development phase the flame propagation phase begins that ends at the crank angle of maximum combustion pressure. During this period, the flame has reached the far wall of the combustion chamber and major portion of the charge by then has been burned. The last phase also known as '*afterburning*' ends when the remaining unburned mixture trapped within the flame burns to completion. The end of flame termination phase cannot be easily identified as the rates at which energy is released during this period are small and comparable to the rate of other heat exchange processes like heat transfer taking place. These combustion phases are discussed in detail in the following sections.

Flame Development

Depending upon the engine operating conditions, spark ignition occurs generally from 10 to 30° CA btdc. On firing of spark, plasma discharge ignites mixture in a small volume between and around the spark plug gap. Sustained combustion reactions result in development of a turbulent flame that propagates outwards from the spark plug gap. The flame front is nearly spherical in shape. At first, as very small amount of energy is released to heat the surrounding gases, the flame propagates very slowly and very small rise in cylinder pressure is observed until the flame kernel grows into a fully developed flame. The critical flame radius to which the flame kernel grows before fully developed flame gets established is of the order of 5 mm, which takes 5 to 10° CA at normal engine speeds [1, 9]. Mostly, the flame development phase is taken during which about 5 to 10 % of energy has been released after spark ignition. Some investigators have considered this phase corresponding to the initial period when only 1 to 2 % of total fuel energy has been released.

The duration of flame development phase, $\Delta\theta_d$ is primarily influenced by the mixture composition, charge temperature and pressure, and the flow velocity in the vicinity of spark plug. As initially the flame is contained in small volume consisting of one or a few eddies only, the flame propagates essentially at the laminar flame speed until it grows to fully developed turbulent flame. The flame development angle, $\Delta\theta_d$ during which only a few large eddies are burned, has been expressed as [10],

$$\Delta\theta_d = C \left(\frac{l_I}{u'}\right)^{1/3} \left(\frac{l_M}{S_L}\right)^{2.3} \tag{3.8}$$

where C is a constant and Taylor microscale of turbulence, , l_M is related to integral scale, , l_I by Eq. 5.15 as explained in Chapter 5. The flame development is influenced by turbulence through integral scale, microscale and turbulence intensity, and by the mixture composition through laminar flame speed.

The maximum laminar flame speed for hydrocarbon fuels is obtained at rich mixtures with fuel-air equivalence ratio, ϕ = 1.1 to 1.2. Variation of $\Delta\theta_d$ with fuel-air equivalence ratio is shown on Fig. 3.8 [11]. As the absolute value of $\Delta\theta_d$ would depend on mixture composition, engine combustion chamber design, and operating conditions the actual data from different investigations were normalized relative to that obtained for stoichiometric mixture. The flame development phase is observed to be at minimum for rich mixtures with $\phi \approx 1.2$. For mixtures leaner than stoichiometric it increases sharply and at $\phi = 0.8$ it could increase to 2 to 3 times of the minimum value.

At part load engine operation intake pressure decreases, which results in an increase of flame development period even when residual gas fraction is held nearly constant by maintaining the ratio of intake and exhaust pressures the same as at full load. A decrease in charge density with reduction in intake pressure slows down combustion. When the burned gas fraction in the cylinder charge increases either as a result of high residual gas fraction or due to exhaust gas recirculation (used for reduction of nitrogen oxide emissions) the combustion is again retarded and flame development period increases.

Fluid motion in the vicinity of spark plug, both the bulk gas motion like swirl as well as the small scale turbulence influence process of flame development. For normal swirl levels, the centre of flame kernel may move downstream in the direction of flow. But, at higher levels of swirl or other bulk gas flow the flame kernel may get detached from the spark plug and move downstream as it grows while still remaining spherical in shape. Such strong gas flows are not commonly employed in SI engines as in the extreme case of very high charge motion, heat transfer away from the reaction zone may increase to a level that the flame kernel gets extinguished resulting in misfired combustion.

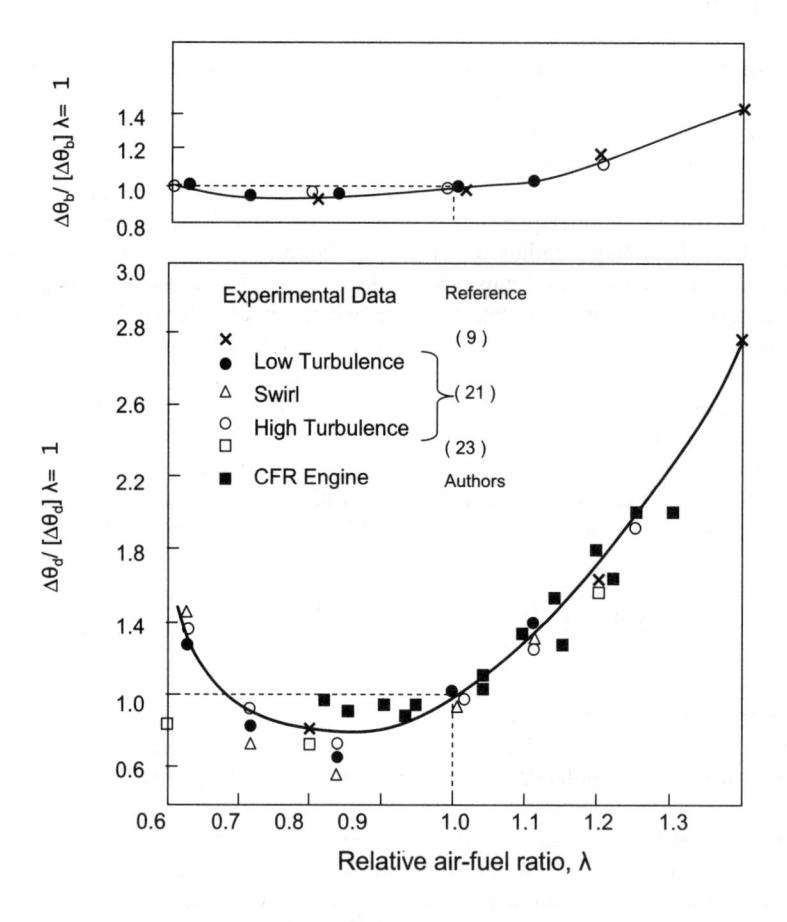

Figure 3.8 Dependence of the duration of flame development ($\Delta\theta_d$) and flame propagation ($\Delta\theta_b$) periods on air-fuel ratio. Adapted from [11].

Small scale fluid motion i.e., turbulence distorts the flame shape that changes contact area with combustion chamber surface and also surface to volume ratio of the flame kernel. This affects heat transfer away from the flame kernel. If the kernel is pushed against the wall by flow increasing contact area with wall, the flame development is inhibited due to higher heat transfer losses and reduction in flame area. Until the flame kernel has grown to about 2 mm i.e. close to the size of largest eddies only the smaller eddies can influence surface wrinkling. Only when the flame kernel has grown to a larger size, the turbulence causes wrinkling of flame front increasing rate of combustion leading to faster flame development. Cycle-to cycle variations in the turbulence intensity near spark plug are observed which result in variations in growth rate of flame kernel from cycle to cycle. The influence is higher for lean mixtures. Thus, the effect of turbulence on flame development is unpredictable and depends on engine design. Under lean engine operation as the combustion rates are low, misfiring tendency due to high levels of charge motion increases.

With increase in engine speed as a result of high intake gas velocity, turbulence levels in the engine cylinder increase. Mixture burning rate therefore, increases with increase in engine speed. However, increase in engine speed results only in a slight reduction of flame development period in absolute time units (seconds) as the influence of turbulence on burning rate is not high as the flame is still small with about 5 mm radius. Hence, the flame development period in degrees crank angle increases with increase in engine speed although somewhat less than proportionately.

Flame Propagation

A fully developed flame becomes turbulent and like a spherical wave propagates at high speed across the combustion chamber. The turbulent flow field in the combustion chamber resulting from intake induced turbulence and swirl, and compression generated squish increases the flame speed. The turbulent flame speed is a function of turbulence intensity and is several times higher than the laminar flame speed propagating through a mixture of similar composition and thermodynamic state. During initial flame propagation period, the flame front separating the unburned and burned mixtures is moderately wrinkled. The laminar flame front or reaction sheet thickness is typically of the order of 0.1 mm. The fully developed flames in spark ignition engines are highly wrinkled laminar flames and may be taken as consisting of multiply connected thin reaction sheets. The thickness of reaction sheets is again of the order of 0.1 mm and the scale of wrinkles is of the order of 1 mm. At high engine speeds as the turbulence increases some unburned mixture eddies are engulfed in the flame close to the flame front and are burned behind the flame front (Fig 3.4). As the turbulent flame front moves irregularly, the time-averaged flame front appears to be thick like a brush.

The flame propagation phase may be taken to extend up to the point of maximum combustion pressure. At the end of this phase, the flame reaches close to the far cylinder walls and by this time 90 to 95% of the mass of charge has been burned. The duration of this phase depends on the turbulent flame velocity for the mixture conditions in the cylinder. The fuel chemistry and fuel-air ratio affect burning velocity during the turbulent flame propagation phase but the effect is lower than that for the flame development period. Increase in residual gas fraction retards combustion and increases the duration of flame propagation. Minimum duration of flame propagation phase is also obtained at rich mixtures with ϕ = 1.1 to 1.2 (Fig. 3.8).

At higher engine speeds the turbulence levels in the cylinder are also higher. Therefore, at the high engine speeds and with introduction of swirl, turbulence levels increase which result in faster flame propagation and consequently the shorter flame propagation period. The effect of engine speed depends on the combustion chamber design. The burning rates increase rapidly as the engine speed is raised for the combustion chambers with little intake generated swirl (quiescent combustion chambers). But, for the engines with high swirl termed as "fast burn" engines, the effect of engine speed on burn rates is low. The effect of engine speed on the flame development (10 % burn angle) and flame propagation (10 -90 % burn angle) periods typically observed in SI engines is shown on Fig. 3.9. Doubling of engine speed may increase turbulent flame propagation speed by a factor of 1.2 to 2.0 times. With increase in the engine speed although real combustion time is reduced, but the burn duration in crank angle degrees increases for both the flame development and flame propagation phases. However, the effect of increase in speed is more pronounced for the flame development period.

Increase in gas temperature and pressure also enhances flame propagation speed and reduces combustion duration. Flame propagation speed in fast burn engines overall is less sensitive to the parameters like fuel composition, fuel-air ratio, residual gas content, pressure, temperature and engine speed. The effect of EGR on 10 and 90 % burn durations is shown on Fig. 3.10. Dilution of fuel-air mixture by the residual burned gases or recirculated exhaust gas reduces burning velocity significantly. Burned gases acts as diluent and reduce heating value of mixture per unit mass that causes a reduction in adiabatic flame temperature. A large increase in flame development angle and combustion duration results with increase in EGR. To partly compensate the slower burning rates a higher spark advance at higher EGR rates is usually employed.

The effect of spark timing on combustion pressure –time history is shown on Fig. 3.11. As the spark timing is advanced the peak combustion pressure occurs earlier in the cycle. For best engine power and minimum fuel consumption it is desired that peak combustion pressure occurs at about 5 - 10° CA after top dead centre and for this to happen most of the charge should burn by about 15° atdc. Therefore, the phasing of combustion is very important and for a given mixture composition, engine speed and load it is controlled by spark timing. Typically burn angle for the flame propagation phase is about 30 ° CA. Taking flame development phase duration equal to 8° CA, for completion of combustion at 15° atdc the spark ignition should occur at 23° btdc. It may be noted that if the spark ignition occurs too early in the cycle the cylinder pressure would increase to unacceptable high levels during compression stroke itself resulting in increase in compression work and reducing cycle thermal efficiency. On the other hand, late ignition timing would cause peak combustion pressure to occur too late in the expansion stroke reducing expansion work. The minimum spark advance at which the highest engine torque at a given speed is obtained is known as MBT (minimum for best torque) timing.

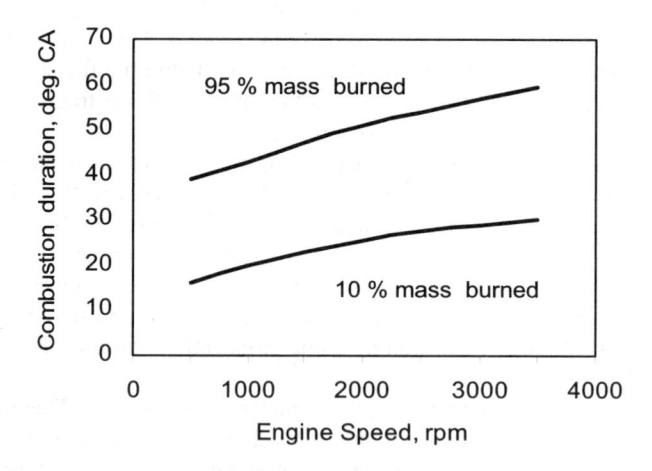

Figure 3.9 Effect of engine speed on flame development (0 to 10% burn) and flame propagation (10 to 95% burn) periods; intake pressure 0.54 atm, spark timing 30° btdc. Adapted from [10]

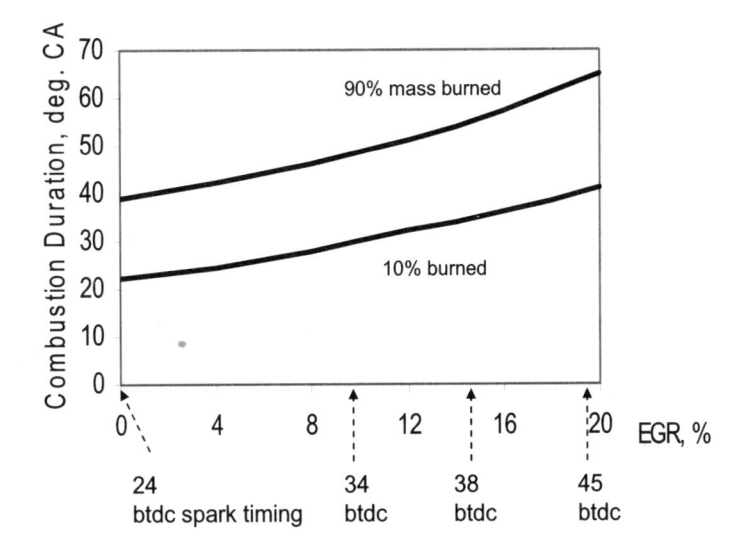

Figure 3.10 Effect of EGR on combustion duration for a 4-valve fast burn engine with swirl; $\phi = 1.0$, bmep = 2.0 bar, 2000 rpm [12].

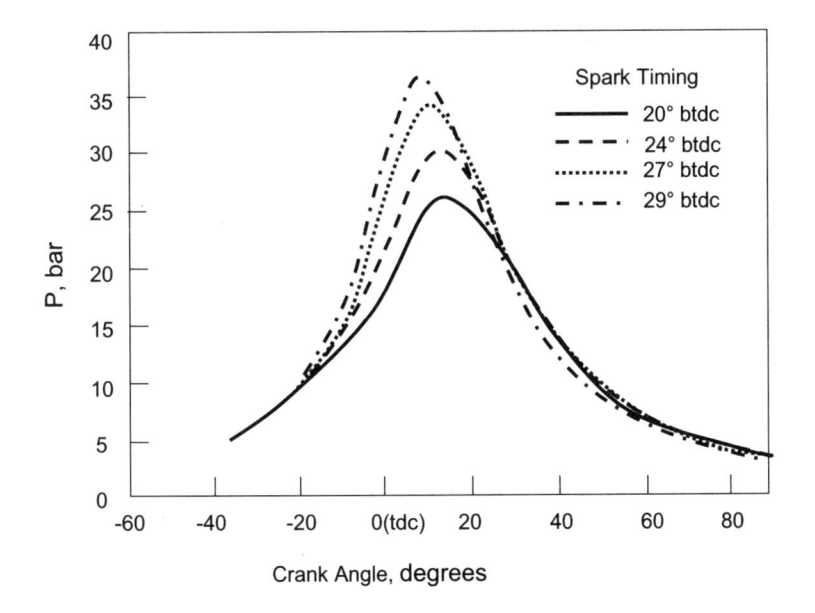

Figure 3.11 Effect of spark timing on cylinder pressure development, bmep = 2 bar, 2000 rpm.

To compensate for increase in combustion duration at high engine speeds, the ignition timing is advanced as the speed increases. Also, under part load conditions due to lower charge pressure and temperatures, flame speed is reduced increasing combustion duration in terms of real time as well as in degrees crank angle. Again, depending upon the intake manifold pressure the ignition timing is varied.

Earlier, the engines used mechanically controlled centrifugal and vacuum spark advance mechanisms to compensate for variation in combustion duration due to change in engine speed and engine throttling, respectively. The modern engines adjust spark timing electronically based on the signals obtained from the speed and throttle position or intake manifold pressure sensors.

Flame Termination

Under normal engine operation, at about 15-20° atdc the flame reaches close to far walls of the combustion chamber and by this time bulk of the fuel – air mixture (90 to 95%) has already burned. The remaining unburned mixture, which is also termed as *end gas* is now compressed into a few percent of the combustion chamber volume close to the walls. Some unburned mixture is also entrained into the burned gases caused by turbulent flow field in the cylinder. The flame at this point of time being too close to the combustion chamber walls, heat transfer from the reaction zone through the walls increases. Near the walls, turbulence also is dampened. The unburned mixture adjacent to walls thus, is contained largely in a stagnant boundary layer having low temperature and is unable to sustain combustion reactions. Due to these reasons, the reaction rates become very slow and the combustion reactions decay rapidly. Flame is unable to propagate in this layer and is terminated. However, combustion of unburned mixture that has got entrained behind the flame front continues until it is complete.

The temperature of the unburned mixture ahead of the flame front continues to rise during flame propagation due to compression, which may rise above the self ignition temperature. Hence, sometimes the end gases self-ignite before the arrival of flame causing *'engine knock'*. The knocking phenomenon is discussed in more details later in the chapter.

Example: 3.1

An engine is running at 2000 rpm with spark timing at 20°btdc. The flame development angle is 8° CA and flame terminates at 15° CA atdc. Engine bore is 90 mm and spark plug is offset from centre of the cylinder by 7 mm. The spherical flame front travelling from spark plug may be assumed. Calculate the apparent flame speed during flame propagation phase.

Next, the engine speed is doubled to 4000 rpm. Flame development period in milliseconds remain unchanged. The flame speed increases due to increase in turbulence at a rate such that $S_b \propto 0.85\ N$. Calculate what should be spark advance at 4000 rpm so that flame again terminates at 15° CA atdc

Solution:

Case 1:
$\Delta\theta_{d\,1} = 8°$ CA, $N_1 = 2000$ rpm
The flame propagation phase begins at 12° btdc and ends at 15° atdc. Hence,
$\Delta\theta_b = 12 + 15 = 27°$ CA
$\Delta t_b = 27/(6 \times 2000) = 0.00225$ s
Maximum flame travel distance, d_f = offset + bore/2 = 52 mm = 0.052 m
Apparent flame speed, $S_{f,1} = d_f / \Delta t_b = \underline{23.1\ \text{m/s}}$

Case 2:
$N_2 = 4000$ rpm
$S_{f,2} / S_{f,1} = 0.85\ (N_2/N_1)$

$S_{f,2}$ = 0.85 x (4000/2000) x 23.1 = 39.3 m/s
$\Delta t_{b,2}$ = 0.052/39.3 = 0.00132 s
$\Delta \theta_{b,2}$ = 0.00132 x (6 x 4000) = 31.8° CA
Flame propagation starts at 16.8° btdc
$\Delta \theta_{d,2}$ = 8° CA x (N_2/N_1) = 16° CA as in milliseconds it remains unchanged
Hence, the spark timing should be advanced to 16 + 16.8 = 32.8 or say <u>33° CA btdc</u>

3.3 COMBUSTION RATE CHARACTERIZATION

A characteristic cumulative heat release or 'burned mass fraction' curve plotted against crank angle is shown in Fig. 3.12. It has a characteristic S-shape. After the spark ignition, initially the rate of heat release is small as characterized by the low slope of the curve. This period corresponds to the flame development phase. It is followed by a rapid growth in heat release rate reaching maximum halfway through the combustion process. During this stage, turbulent flame propagates across the combustion chamber. Finally, the rate of combustion gradually decays and approaches nearly zero, which corresponds to the flame termination period. For thermodynamic analysis of engine cycle, it is convenient to use these mass fraction burned curves to characterize different phases of combustion process in SI engines as a function of crank angle. On this figure, duration of flame development, $\Delta \theta_d$ and duration of flame propagation, $\Delta \theta_b$ are shown. End of flame development and flame propagation phases has been taken at 10% and 95 % burned mass fractions, respectively. As mentioned earlier, different investigators have taken energy released during flame development phase varying from 1 to 10 percent and end of the flame propagation phase for x_b = 90 to 99 percent.

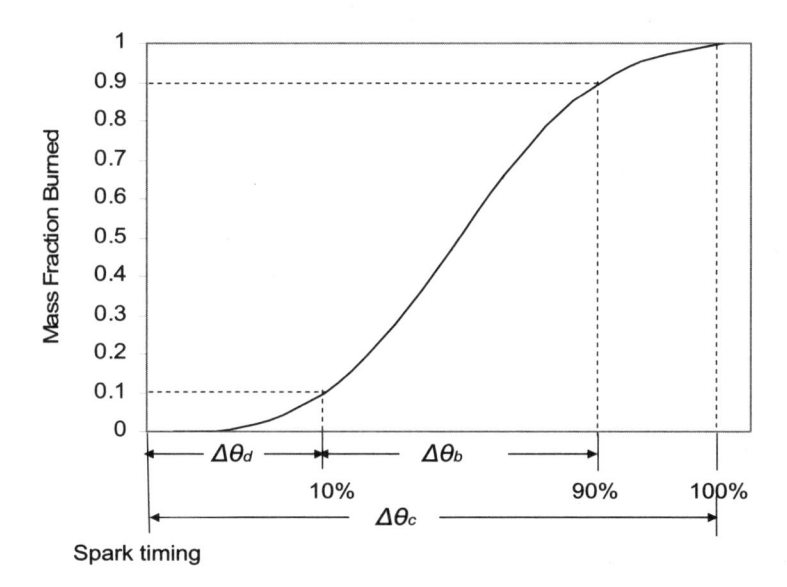

Figure 3.12 Characteristic mass fraction burned versus crank angle curve and typical definitions of flame development ($\Delta \theta_d$) angle, flame propagation ($\Delta \theta_b$) angle and total combustion duration ($\Delta \theta_c$).

The characteristic mass fraction burned versus crank angle curve determined from experimental data has been represented by Wiebe or cosine functions. Weibe function as given below has been more often used

$$x_b = 1 - \exp\left[-a\left(\frac{\theta - \theta_0}{\Delta\theta_c}\right)^n\right] \qquad (3.9.)$$

where,
θ = crank angle
θ_0 = start of combustion or spark timing
$\Delta\theta_c$ = duration of combustion in ° CA from x_b = 0 to x_b = 1
a = Wiebe efficiency factor
n = Wiebe form factor

Values of $a = 5$ and $n = 3$ have been found to fit the experimental data for SI engines. Shape of the curve changes significantly with variation in the value of constants a and m. The end of combustion is chosen arbitrarily. If the combustion duration, $\Delta\theta_c$ in the Eq. 3.9 is so taken that the end of combustion corresponds to $x_b = 0.90$, then factor $a = 2.3$ and for end of combustion at $x_b = 0.99$ factor $a = 4.6$ is used.

As the mixture burns the temperature and pressure of the burned gases rise. Burned gases being at higher temperature than the unburned mixture, expand such that the pressure in the cylinder is uniform. The hot burned gases therefore, occupy a larger fraction of volume than the mass fraction burned. The relationship between the burned mass and volume fractions is unique in nature and can be obtained as below;

For the total mass of charge, m and volume of cylinder during combustion, V we have,

$$m = m_u + m_b \quad \text{and} \quad V = V_u + V_b \qquad (3.10)$$

subscripts b and u denote burned and unburned charge. Mass fraction burned,

$$x_b = \frac{m_b}{m} = \frac{m_b}{m_u + m_b} \qquad (3.11)$$

$$x_b = \left[1 + \frac{\rho_u V_u}{\rho_b V_b}\right]^{-1} = \left[1 + \frac{\rho_u}{\rho_b}\left(\frac{1}{y_b} - 1\right)\right]^{-1} \qquad (3.12)$$

y_b is the volume fraction burned (V_b/V) and is related to the mass fraction burned by the Eq. 3.12

The density ratio of unburned and burned charge depends upon the fuel-air ratio, residual gas fraction, burned gas temperature and pressure. For normal engine operation, value of (ρ_u/ρ_b) is close to 4. The relationship between mass and volume fraction burned is shown in Fig. 3.13. It is seen that when only 50% mass of charge has burnt, the burned gases occupy close to 75% volume. The 50% mass comprising of unburned charge at this stage is confined to only 1/4th of the combustion space.

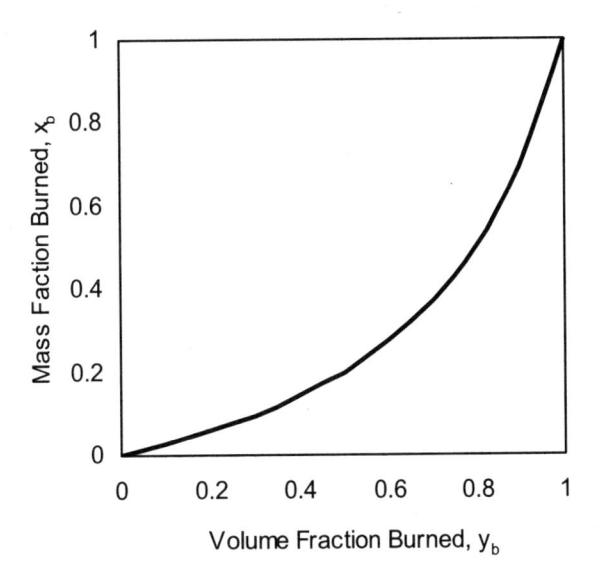

Figure 3.13 Relationship between mass fraction burned (x_b) and volume fraction burned (y_b) in the combustion chamber of a typical SI engine.

3.4 THERMODYNAMIC ANALYSIS OF COMBUSTION

Progress of combustion by flame propagation in a SI engine is shown schematically in Fig 3.14 when piston is close to top dead centre and is moving downwards on expansion stroke. Flame is propagating away from the spark plug from left to right. The charge in the cylinder is divided in two main zones by the flame front. On right behind the flame front are the burned products 'b' and ahead of the flame front on the left side is the unburned charge 'u'. A thin layer adjacent to the combustion chamber walls is thermal boundary layer (BL). Flame is unable to propagate through this thin boundary layer due to low gas temperatures. On combustion of fuel, heat is released raising the gas temperature in the burned gas zone and the cylinder pressure increases. As the combustion progresses, the burned gases expand and the advancing flame front compresses the unburned charge ahead of it. Later when the flame reaches close to the cylinder walls, the combustion reactions slow down due to heat transfer from the unburned charge to the walls. Once the heat transfer from the unburned charge to the walls exceeds beyond a critical limit the flame gets quenched. As mentioned earlier, sometimes compression of the end gases by the advancing flame front may cause rapid reactions leading to its autoignition and knocking combustion.

In the analysis of the ideal Otto cycle heat addition is at constant volume and instantaneous. The first deviation from the ideal Otto cycle is that after spark ignition heat release due to combustion of the fuel occurs over a finite period of time during compression and expansion strokes. Heat released on combustion increases cylinder gas temperature that increases the cylinder pressure. As the combustion progresses cylinder volume also changes due to piston motion. Piston motion too causes change in cylinder temperature and pressure. Work exchange takes place between the cylinder gases and piston. Heat transfer occurs primarily from the burned gases to the cylinder walls. In short, several processes are going on simultaneously which influence the thermodynamic state of the working fluid in the cylinder.

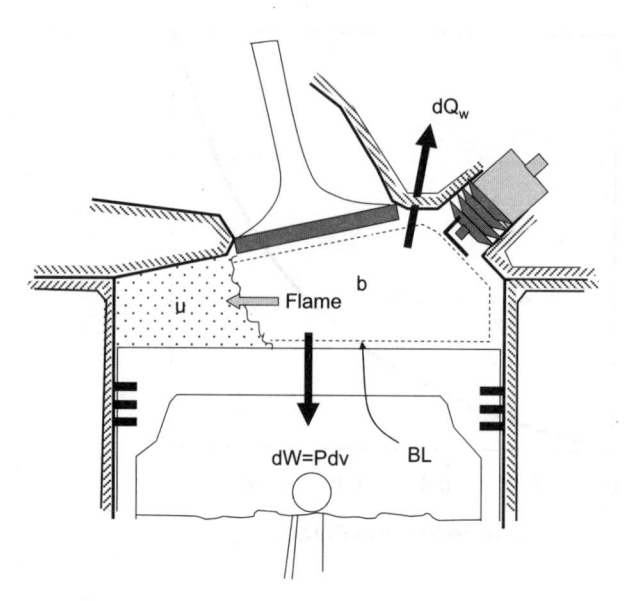

Figure 3.14 Schematic of combustion progressing by flame propagation in SI engine; two separate zones of unburned mixture 'u' and burned mixture 'b', and a thermal boundary layer 'BL'; dW is the rate of work done on piston and dQ_w is the rate of heat transfer out of the combustion chamber.

In the simplest form of thermodynamic analysis during closed period of the engine cycle, charge at a given instant in the cylinder is taken uniform in composition, temperature and pressure. Heat transfer to the cylinder walls is estimated based on the average temperature of the cylinder gases consisting of the burned as well as unburned charge. This type of analytical model for SI engine combustion is called '*single zone*' combustion model. In the real engines, combustion occurs by flame propagation through the unburned charge. The flame speed depends on several factors like pressure and temperature of charge, fuel type, mixture strength, fluid motion and turbulence in the combustion chamber. As discussed earlier, the charge in the combustion chamber consists of burned and unburned gas regions separated by the flame front propagating across the combustion chamber (Fig. 3.14). The burned gases and unburned mixture are at different temperatures and have different chemical composition. A multi-zone analytical model takes this fact into account. A two-zone model neglects the mass of the charge that is contained in the reaction zone as the flame front thickness is small.

The thermodynamic engine combustion models are essentially zero-dimensional models as the variation in the thermodynamic state and composition of charge are taken to vary with time alone and their variation with space coordinates are not considered in the analysis. A number of multi-dimensional combustion models for SI engines have been developed that take into account the variation in composition, temperature and fluid motion in the combustion chamber in one-, two-, or all the three spatial coordinates. These models are very complex and are beyond the scope of this text. The single zone and two-zone thermodynamic analyses of the cycle are discussed below.

Single Zone Combustion Model

During compression, combustion and expansion the cylinder may be taken as a closed-system. Let us take heat released on combustion in the cycle as Q and heat transferred out of the engine is Q_w. Energy conservation equation for the closed-system in differential form is:

$$d(Q - Q_w) = dW + dU \tag{3.13}$$

Using $dW = PdV$ and $dU = mc_v dT$

$$dQ = PdV + mc_v dT + dQ_w \tag{3.14}$$

Differentiating the equation of state for ideal gas $PV = mRT$ to yield

$$mdT = \frac{1}{R}(PdV + VdP)$$

and by substituting for dT in energy equation we get,

$$dQ = PdV + \frac{c_v}{R}(PdV + VdP) + dQ_w \tag{3.15}$$

Expressing it in terms of crank angle

$$\frac{dQ}{d\theta} = P\frac{dV}{d\theta} + \frac{c_v}{R}\left(P\frac{dV}{d\theta} + V\frac{dP}{d\theta}\right) + \frac{dQ_w}{d\theta} \tag{3.16}$$

Pressure, P is then given by,

$$\frac{dP}{d\theta} = -\gamma \frac{P}{V}\frac{dV}{d\theta} + \frac{(\gamma-1)}{V}\left(\frac{dQ}{d\theta} - \frac{dQ_w}{d\theta}\right) \tag{3.17}$$

To solve this first order differential equation for cylinder pressure with respect to crank angle θ, we need cylinder volume V, and heat release Q, and heat transfer Q_w as a function of the crank angle, θ.

From the engine geometry, the cylinder volume, $V(\theta)$, is given by

$$V(\theta) = \frac{V_d}{r_c - 1} + \frac{V_d}{2}\left[R + 1 - \cos\theta - (R^2 - \sin^2\theta)^{1/2}\right] \tag{3.18}$$

on differentiation,

$$\frac{dV}{d\theta} = \frac{V_d}{2}\sin\theta\left[1 + \cos\theta(R^2 - \sin^2\theta)^{-1/2}\right] \tag{3.19}$$

where,
B = cylinder bore; L = stroke; V_d = swept volume; r_c = compression ratio;
$R = 2l/B$, l is connecting rod length

Wiebe function (Eq. 3.9) may be used to give heat release rate, $dQ/d\theta$.

$$\frac{dQ}{d\theta} = Q_{in} \frac{dx_b}{d\theta}$$

$$= an \frac{Q_{in}}{\theta_d} (1 - x_b) \left(\frac{\theta - \theta_0}{\theta_c} \right)^{n-1} \tag{3.20}$$

where total heat released (heat input) on combustion of fuel, $Q_{in} = m_f \cdot Q_{LHV} \cdot \eta_c$, m_f is mass of fuel per cycle, Q_{LHV} is the lower heat of combustion of fuel and η_c is the combustion efficiency.

During compression and expansion strokes for $\theta < \theta_0$ and $\theta > (\theta_0 + \Delta \theta_c)$, no heat is released and $dQ/d\theta = 0$. For these periods of compression and expansion strokes neglecting heat transfer, the Eq. 3.17 reduces to:

$$\frac{dP}{d\theta} = -\gamma \frac{P}{V} \frac{dV}{d\theta} \tag{3.21}$$

$$\frac{dP}{P} = -\gamma \frac{dV}{V}$$

$$PV^\gamma = \text{constant}$$

The Eq. 3.17 is integrated to give cylinder pressure as a function of the crank angle. The integration starts at the beginning of compression stroke at bottom dead centre i.e., at $\theta = -180°$ CA. The initial pressure, temperature and volume at the beginning of compression stroke, molecular weight of cylinder charge, ratio of specific heats, γ, fuel mass per cycle, its heating value, combustion efficiency, engine bore, stroke and connecting rod length are given as input data. From the computed $P - \theta$ history, work, $W = \int pdv$ is computed. Average cylinder gas temperature is obtained from the equation of state for ideal gas $T = PV/mR$ using the measured $P-\theta$ trace for the engine.

Using the Eq. 3.17 heat release rate and cumulative heat release as a function of crank angle can be computed from the measured cylinder pressure and engine data. Heat transfer rate out of cylinder required for this analysis may be estimated as given below.

Heat Transfer from Engine Cylinder

Heat flux from the combustion gases to the combustion chamber walls is unsteady in nature. The gas temperatures vary cyclically while the wall temperatures on the coolant side are nearly constant. The heat transfer process can be modelled by simple thermal networks or multidimensional models using differential equations in terms of time and space dependent variables. The present simple thermodynamic analysis of combustion however, needs only a global rate of heat transferred out of engine. The rate of heat transfer from the engine can be estimated if the instantaneous average heat transfer coefficient and engine speed are known. Then, the heat transfer rate at any rank angle, θ to the exposed combustion chamber surface is

$$\frac{dQ_w}{d\theta} = h_c(\theta) A_w(\theta) [T(\theta) - T] / N \tag{3.22}$$

where, $A_w(\theta)$ is the exposed combustion chamber surface area at the given crank angle, $h_c(\theta)$ is the instantaneous heat transfer coefficient and T_w the mean wall temperature averaged over the exposed combustion area. The exposed combustion chamber area

$$A_w(\theta) = A_{head} + A_{piston} + A_{cyl}(\theta) \qquad (3.23)$$

$A_{cyl}(\theta)$ can be calculated from the exposed cylinder height

$$A_{cyl}(\theta) = \frac{\pi BL}{2}\left[R + 1 - \cos\theta - \left(R^2 - \sin^2\theta\right)^{1/2}\right] \qquad (3.24)$$

Heat transfer coefficient is dependent on fluid properties. The experimental engine heat transfer data were correlated in terms of Nusselt and Reynolds numbers by various investigators. These correlations need properties of cylinder gas, characteristic scale length like cylinder bore and a characteristic gas velocity as input data. For more details other texts [3, 13] on the subject may be referred. The empirical correlations for instantaneous average heat transfer coefficient, $h_c(\theta)$ have been given by Annand and Woschni. Woschni's correlation is very often used that gives the heat transfer coefficient

$$h_c = 3.26 P^{0.8} B^{-0.2} T^{-0.55} U^{0.8} \qquad (3.25)$$

h_c is in W/m².K, P in kPa, T in K and U the instantaneous gas velocity in m/s.

When the valves are open the gas velocity increases due to flow in or out of the cylinder. During the gas exchange period the instantaneous gas velocity, U is given by

$$U = 6.18\overline{S}_P \qquad (3.26)$$

During combustion and expansion, the gas velocity increases due to pressure rise because of combustion. The characteristic gas velocity for the closed period of the cycle for Woschni correlation is given by .

$$U = 2.28\overline{S}_P + 0.00324 T_0 \frac{V_d}{V_0}\frac{\Delta P}{P_0} \qquad (3.27)$$

where
$\overline{S}_P$ = mean piston speed, m/s
T_0 = is the gas temperature at the inlet valve closing, K
P_0 = pressure at the inlet valve closing, kPa
V_0 = cylinder volume at the inlet valve closing, m³
V_d = cylinder displacement volume, m³
ΔP = instantaneous increase in pressure over the motored pressure

A typical history of average cylinder gas temperature versus crank angle calculated using the single zone combustion model with heat transfer is shown for a SI engine in Fig. 3.15. The engine parameters and other data are;

(i) Bore and stroke = 0.1x 0.1 m
(ii) Connecting rod length to crank ratio, $R = 3.0$,
(iii) Engine compression ratio, $r_c = 10$
(iv) Engine speed, N = 3000 RPM
(v) Spark ignition = 25° btdc,
(vi) Combustion duration $\Delta\theta_c = 70°$ CA
(vii) Wiebe function parameters: $a = 5$ and $n = 3$.

The stoichiometric mixture of isooctane and air is used with inlet condition of 1 bar and 300K. The average combustion chamber wall temperature is 400 K.

The maximum gas temperature obtained is about 2400 K. The heat transfer was seen to reduce mean gas temperature by about 200K.

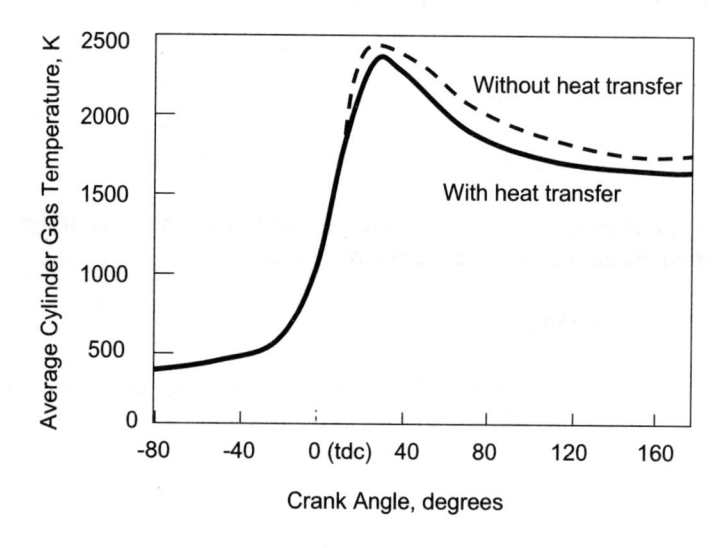

Fig. 3.15 Cylinder gas temperature history using single zone combustion model [13].

Two Zone Combustion Model

In SI engines it is more realistic to assume that during combustion as the flame propagates across the combustion chamber the unburned charge and burned gases in the cylinder are separated by the flame front or the reaction zone where combustion reactions are occurring (Fig. 3.14). At the pressures and temperatures typically obtained in SI engine combustion, the mass of the reactants contained in the reaction zone is negligible compared to the total charge in the cylinder, even though the thickness of turbulent flame front may not be negligible. The mass of charge contained in flame reaction zone therefore, may be neglected without introducing significant error in the analysis. As the charge burns the temperature of combustion products increases and due to expansion of the combustion products cylinder pressure and consequently the temperature of unburned charge also increases. The burned gas has a different temperature and composition than the unburned charge. However, the pressure through out the combustion chamber at any given instant in the cycle is close to uniform. Thus, a two zone model, one zone consisting of the unburned charge and second zone the burned gases is closer to reality than the single zone model. A two-zone combustion model as one of the following two types may be considered:

(a) *Fully mixed* burned gas model that assumes that as soon as a charge element burns it mixes instantaneously with the already existing burned gas, thus the entire burned gas is at a uniform temperature.
(b) *Unmixed model* where it is assumed that no mixing occurs between the charge elements that burn at different instants in the cycle and each element maintains its separate identity until late into expansion stroke when mixing takes place.

In modelling of combustion process, we may consider the unburned charge consisting of a number of small packets or elements which burn one by one as the flame propagates across the combustion chamber. Due to compression of the unburned charge as the combustion progresses, it is evident that the unburned charge at a given instant in the cycle is at different temperature and pressure than the unburned state temperature and pressure of the charge elements that burned earlier or has just burned. Hence, the charge elements burning successively will attain different temperatures after combustion as prior to burning they are at different temperatures and pressures. The thermodynamic state of the unburned and burned charge elements is also affected by change in cylinder volume due to piston motion. Further, it is physically impossible that the all the burned charge gets mixed instantaneously. Therefore, it may be considered that the thermodynamic state and hence composition (dissociation effect) of the burned charge is not uniform during combustion period. The bulk of the unburned charge however, may be taken uniform in temperature and composition at any given instant in the cycle excepting the portion which is present in thin boundary layer close to the walls or compressed in the crevices such as between the piston top land and cylinder. In practical engines however, the state of the burned gas is somewhere between these two extremes as some mixing would occur among different burned gas elements.

For a two-zone model equation for conservation of mass gives,

$$m = m_u + m_b,$$

and cylinder volume,

$$V = V_u + V_b$$

Neglecting crevice flow, mass conservation gives

$$\frac{dm_u}{d\theta} = -\frac{dm_b}{d\theta} \quad (3.28)$$

Mass burned rate,

$$\dot{x}_b = \frac{dm_b}{d\theta} \quad (3.29)$$

At the instant when the mass fraction burned is x_b,

$$V = m\left(\int_0^{x_b} v_b\,dx + \int_{x_b}^1 v_u\,dx\right) \tag{3.30}$$

Equation of state gives,

$$P = \frac{m_u R_u T_u}{V_u} = \frac{m_b R_b T_b}{V_b}$$

and $\quad PV = m_u R_u T_u + m_b R_b T_b \tag{3.31}$

Taking the cylinder as a closed system, following Heywood [3] conservation of energy equation is:

$$U_0 - U = W + Q_w \tag{3.32}$$

where U_0 is the internal energy of the cylinder charge at a reference crank angle θ_0, W is the work done on piston and Q_w is the heat transfer to the cylinder walls. W is given by

$$W = \int_{\theta_0}^{\theta} P\left(\frac{dV}{d\theta}\right) d\theta \tag{3.33}$$

and Q_w is given by,

$$Q_w = \int_{\theta_0}^{\theta} \left(\frac{dQ_w}{d\theta}\right) d\theta, \tag{3.34}$$

Instantaneous rate of heat transfer to the cylinder walls ($dQ_w/d\theta$) is given by Eq. 3.22. The calculation of heat transfer losses from the burned and unburned gases separately requires the area of combustion chamber walls in contact with the burned and unburned gas zones. For this, flame location and geometry as a function of time needs to be determined which requires the use of detailed flame propagation models [14].

At the instant when mass fraction, x that has burned is equal to x_b, internal energy of the cylinder content is:

$$U = \int_0^{x_b} u_b\,dx + \int_{x_b}^1 u_u\,dx$$

Eq. 3.32 becomes

$$U_0 - m[(1-x_b)u_u + x_b u_b] = W + Q_w \tag{3.35}$$

Internal energy of unburned and burned gases are given by

$$u_u = \Delta h_u^0 + \int_{T_0}^{T_u} c_{vu} dT \quad \text{and} \quad u_b = \Delta h_b^0 + \int_{T_0}^{T_b} c_{vb} dT$$

Internal energy of formation and enthalpy of formation are not very different numerically and hence enthalpy of formation may be used as above. A further simplification is made by assuming that the burned and unburned gases are different ideal gases each with constant average specific heats. If c_{vu} and c_{vb} are average specific heats of unburned and burned gases, respectively then

$$u_u = \Delta h_u^0 + c_{vu} T_u \quad \text{and} \quad u_b = \Delta h_b^0 + c_{vb} T_b$$

and

$$U_0 = m(\Delta h_u^0 + c_{vu} T_0)$$

As at a given instant the temperature of different elements of the unburned and burned gases may not be uniform, we define mean temperature of these gases as

$$\overline{T}_u = \frac{1}{(1-x_b)} \int_{x_b}^{1} T_u dx \quad \text{and} \quad \overline{T}_b = \frac{1}{x_b} \int_{0}^{x_b} T_b dx$$

combining energy Eq. 3.35 with the above definitions of different variables we get

$$m[x_b (\Delta h_b^0 + c_{vb} \overline{T}_b) + (1-x_b)(\Delta h_u^0 + c_{vu} \overline{T}_u)] = m(\Delta h_u^0 + c_{vu} T_0) - (W + Q_w) \tag{3.36}$$

Equation 3.31 gives

$$\frac{PV}{m} = (1-x_b) R_u \overline{T}_u + x_b R_b \overline{T}_b \tag{3.37}$$

using $\quad P_0 V_0 = mR_u T_0 ; \quad\quad R_u = c_{vu}(\gamma_u - 1) \quad \text{and} \quad R_b = c_{vb}(\gamma_b - 1)$

and solving Eq. 3.37 for mean temperature of burned gases,

$$\overline{T}_b = \frac{PV - mR_u \overline{T}_u}{mR_b x_b} + \frac{R_u}{R_b} \overline{T}_u \tag{3.38}$$

Substituting $\overline{T}_b$ from Eq. 3.38 and using relations for R_u and R_b, the Eq. 3.36 yields mass burned fraction:

$$x_b = \frac{(PV - P_0 V_0) + (\gamma_b - 1)(W + Q_w) - mc_{vu}(\gamma_u - \gamma_b)(\overline{T}_u - T_0)}{m[(\gamma_b - 1)(\Delta h_u^0 - \Delta h_b^0) - c_{vu}(\gamma_u - \gamma_b)\overline{T}_u]} \tag{3.39}$$

The unburned gas may be assumed uniform in temperature and composition. Taking that it undergoes isentropic compression, then for the known initial conditions, P_0 and T_0,

$$\overline{T}_u = T_0 \left(\frac{P}{P_0}\right)^{(\gamma_u - 1)/\gamma_u} \tag{3.40}$$

From Eqs.3.38, 3.39 and 3.40 for the known values of P, V, m, heat transfer rate $(dQ_w/d\theta)$ and thermodynamic properties of the burned and unburned gases, both x_b and $\overline{T}_b$ can be determined. On the other hand if mass burned fraction, x_b is known then P can be calculated. A specified mass burned rate function such as Wiebe's function can be used to predict P as a function of crank angle. More detailed cycle analysis predicts mass burned rates from flame propagation models and fundamental physical quantities such as the turbulent intensity, turbulence length scales (integral length scale and Kolmogorov microscale for turbulence), and combustion kinetics. These models attempt to predict combustion rate as a function of engine design and operating conditions. Using a two zone combustion model, the heat release rates calculated from the measured P-θ history at different fuel-air equivalence ratios for a SI engine are shown on Fig. 3.16. Slower combustion rates at lean fuel-air ratios are clearly seen.

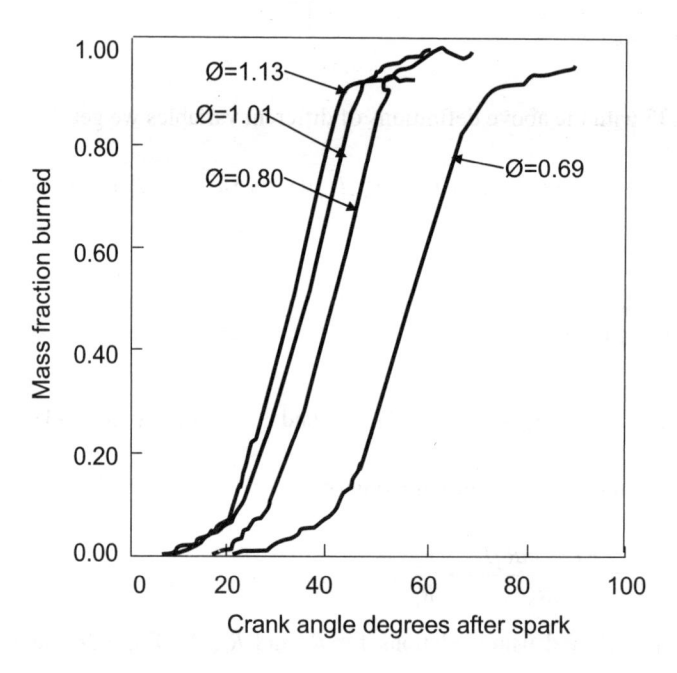

Figure 3.16 Mass fraction burned curves calculated from measured cylinder pressure – time history using a two zone combustion model. Fuel –gasoline, CFR engine, 1600 rpm, imep = 370 kPa. Adapted from [15].

Two Zone Unmixed Model

In the above analysis, mean burned gas temperatures have been used. However, burned gas temperature is not uniform. Burned gas temperatures have been measured using spectroscopic techniques in engines fitted with quartz windows in cylinder head that provide optical access for measurement [16].The measured burned gas temperature close to spark plug were observed to be higher than the gas temperature in the middle and at the far end of the combustion chamber opposite to the spark plug. A temperature gradient across the combustion chamber was seen to exist having a temperature difference of nearly 350° K between the burned gas close to the spark plug and at the end of combustion chamber opposite to spark plug.

Mixture close to spark plug burns early and is compressed after combustion as the combustion progresses and cylinder pressure rises. The temperature of this burned element is at maximum at peak pressure. Simultaneously, the unburned mixture is also getting compressed. The mixture that burns late has a different temperature in the unburned state than the elements burned earlier. Also, its thermodynamic state is different after combustion than the rest of the burned gas elements. In the *unmixed model* of combustion, it is assumed that no mixing between the charge elements that burn at different times occurs. This analysis can be carried out by predicting temperature time history of each element after combustion using isentropic compression process. Temperature of a charge element before combustion may be taken equal to mean unburned gas temperature ($T_u = \overline{T}_u$) without causing significant error unless the charge element is close to the walls. Taking isenthalpic combustion, the temperature of an element '1' after combustion when the mass fraction burned is x_{b1}, pressure is P_1 and crank angle is θ_1 is given by,

$$T_{b1}(x_{b1}, \theta_1) = \frac{\Delta h_u^0 - \Delta h_b^0 + c_{pu} T_u(x_{b1})}{c_{pb}} \tag{3.41}$$

Temperature of the burned element '1' changes due to isentropic compression and later due to expansion. Its temperature at crank angle θ_2 when cylinder pressure is P_2 and mass fraction burned is x_{b2}, is determined as:

$$T_{b1}(x_{b1}, \theta_2) = T_{b1}(x_{b1}, \theta_1) \left(\frac{P_2}{P_1} \right)^{(\gamma_b - 1)/\gamma_b} \tag{3.42}$$

Similar to Eq. 3.41, temperature after combustion of the element '2' that burns at crank angle θ_2 is given by:

$$T_{b2}(x_{b2}, \theta_2) = \frac{\Delta h_u^0 - \Delta h_b^0 + c_{pu} T_u(x_{b2})}{c_{pb}}$$

The temperatures $T_{b1}(x_{b1}, \theta_2)$ and $T_{b2}(x_{b2}, \theta_2)$ of the two elements at the same crank angle θ_2 would be different giving a temperature distribution in the burned gas, The temperature of unburned gas and temperature distribution in the burned gas as a function of crank angle during combustion period around top dead centre computed from a two zone, unmixed model are shown in Fig. 3.17.

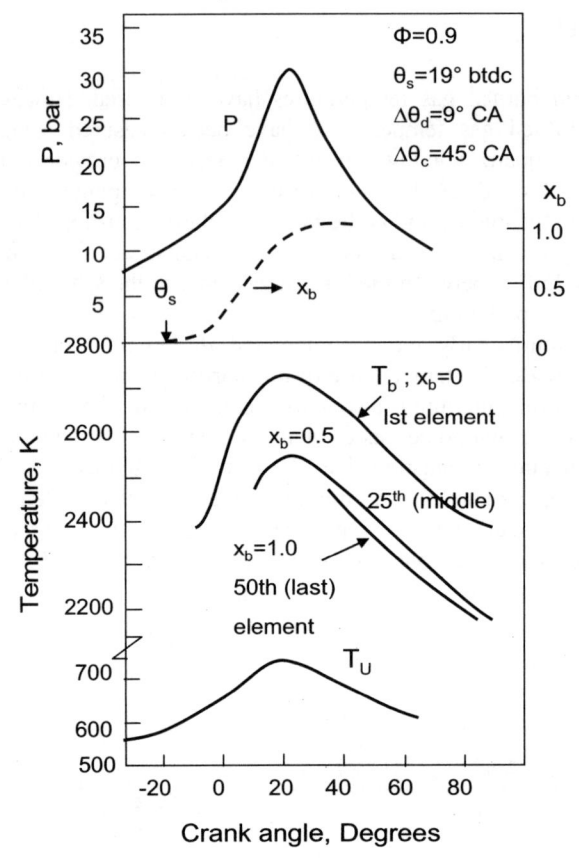

Figure 3.17 Cylinder pressure P, unburned mixture temperature T_u, and burned gas temperatures of elements burning in the beginning, middle and at the end of combustion predicted using unmixed model for a given mass fraction versus crank angle curve; charge composed of 50 elements of equal mass; CFR engine, 900 rpm, gasoline fuel. [17]

A mixture element that burns at the start of combustion process reaches peak temperature of 2750° K at 20° CA atdc. The element that burns towards the end of combustion at 26° CA atdc attains a temperature of about 2450° K on combustion. Its temperature is lower by about 250 K lower than the element burning at the start of combustion at 26° CA atdc.. The predicted trends of this thermodynamic analysis of SI engine combustion process using a two zone unmixed model are quite in agreement with the experimental measurements of combustion temperatures mentioned earlier.

3.5 CYCLE-TO-CYCLE COMBUSTION VARIATIONS

Ideally, the combustion in an engine cylinder should repeat itself and be exactly the same cycle after cycle. Also, in each cylinder of a multicylinder engine combustion process should be similar under fixed and steady engine operating conditions. However, the measured pressure - °CA (P- θ) history for several successive cycles for a spark ignition engine (Fig 3.18) shows substantial variations from one cycle to another demonstrating cycle-by-cycle variations in combustion pressure.

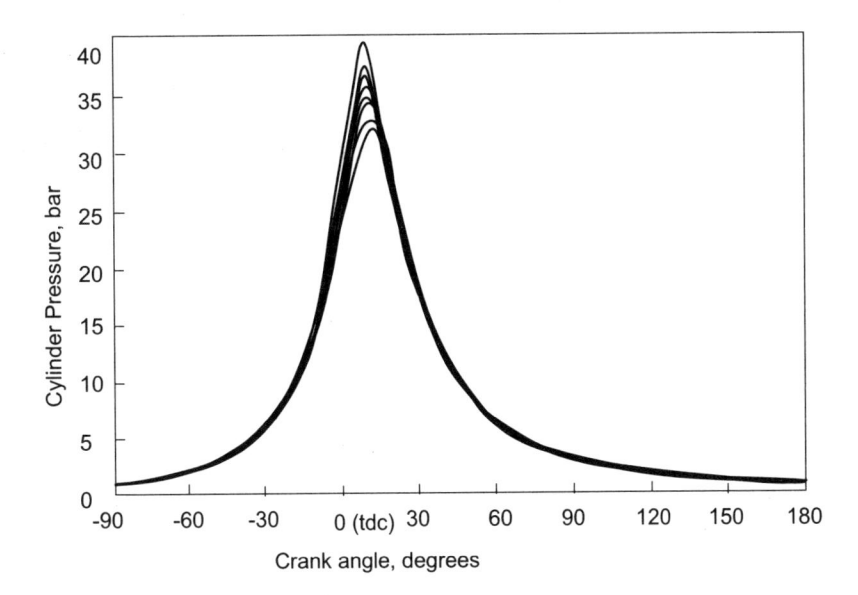

Figure 3.18 Cylinder pressure versus crank angle traces for several consecutive cycles for a SI

Similarly, P-θ history varies significantly between different engine cylinders. The development of cylinder pressure is uniquely related to the combustion process. Therefore, large cycle –to cycle variations in the combustion pressure-time trace are evidence of cyclic variations existing in the progression of combustion events in the SI engines. The combustion variations increase under light load engine operation.

The cyclic combustion variability results in variation in engine indicated work from cycle-to cycle and thus engine operation becomes less smooth. The engine cycles those burn faster have effectively a more advanced ignition timing and are more likely to have knocking combustion. To prevent knocking combustion that may occur in the fast burn engine cycles, the spark timing is set at a retarded value. It also limits the highest engine compression ratio that may be used. The engine spark timing and compression ratio are therefore, set which are compromise between the need for a high thermal efficiency and to limit the number of cycles with knocking combustion. These factors result in lower engine fuel efficiency and a poorer engine performance. If the spark timing is retarded too much, the very slow burn cycles at the extreme may result in incomplete combustion of fuel and partial engine misfire. This results again in poor fuel economy, unstable and rough engine operation and high unburned fuel (hydrocarbon) emissions. The slow burn cycles resulting from cycle-to cycle combustion variability limit the leanest fuel-air ratio that can be used in the engine. As for better fuel economy lean engine operation is desired, the air-fuel ratio characteristics for the engine during cruising conditions is a compromise between the fuel efficiency and low cyclic combustion variations to ensure smooth engine operation.

Various parameters related to cylinder pressure and rate of combustion have been used to characterize cycle-to-cycle combustion variations. Some of the parameters used are given below,

(i) Cylinder pressure related parameters: The maximum combustion pressure, P_{max}; crank angle at which maximum combustion pressure occurs, θ_{max}; maximum rate of pressure rise, $(dP/d\theta)_{max}$ and its angle of occurrence; the indicated mean effective pressure, *imep*; and ,

(ii) Combustion rate related parameters: The maximum heat release rate; flame development angle, $\Delta\theta_d$; flame propagation or rapid burn angle, $\Delta\theta_b$

Parameters related to flame propagation like flame radius, burned volume at a given crank angle and flame arrival time at a given location in the combustion chamber also have been used to measure combustion variations. However, as the cylinder pressure is easiest to measure of all the above quantities, P_{max} and *imep* have been used more often to characterize the cycle-to cycle combustion variations. An index for cyclic combustion variability is generally defined by the *coefficient of variation* (COV). The COV in terms of P_{max} is given by,

$$(COV)_{P\max} = \frac{\sigma_{P\max}}{\overline{P}_{\max}} \times 100, \% \tag{3.43}$$

where σ_{max} is the standard deviation in P_{max}. The data collected for 200 to 300 consecutive cycles provide a reliable measure of combustion variability for the SI engines. The magnitude of variation in maximum pressure also depends on the combustion phasing i.e., where the peak pressure occurs on an average in the cycle. Combustion variations also depend on the magnitude of combustion duration i.e., whether the engine is slow burn or fast burn. Slow burn engines have a higher coefficient of variation. Vehicle drivability problems have been experienced when the coefficient of variation in terms of *imep* exceeds 10 percent.

The combustion variations are caused by several factors. Some are related to mechanical engine design parameters like cyclic scatter in spark timing in mechanical breaker point ignition systems, variations in air and fuel flow particularly in carburettor engines etc. The contribution of some of these factors has been reduced to negligible value by use of improved designs like electronic ignition systems and port fuel injection systems. In multicylinder engines, the geometry and length of intake pipes through which fuel-air mixture from carburettor or throttle body injection systems is led to individual cylinders is different. The temperature of the intake pipes may also be different depending upon intake manifold design. The gasoline is a multi-component fuel and some of its components evaporate at lower temperatures prevailing in the intake system while the other components still are in liquid form. Differences in the intake pipe temperatures result in variations in the amount of vaporized fuel reaching different cylinders. The vaporized fuel and liquid fuel do not follow the same path resulting in different engine cylinders receiving different amount of fuel in a cycle. The fluid flow velocity through each pipe is also different and statistical variations exist from cycle-to cycle. Not only the air-fuel ratio and amount of air-fuel mixture varies from cylinder to cylinder but even the same engine cylinder receives a varying amount of mixture and air-fuel ratio varies from one cycle to another. Figure 3.19 shows variation in air-fuel ratio for a carburettor engine. The gas was sampled from engine cylinder close to spark plug using a fast actuating sampling valve. Standard deviation of the mixture A/F ratio was observed to be 5 to 6%.

Substantial variations in mean flow velocity and turbulence intensity exist in the vicinity of spark plug and throughout the combustion chamber. Velocity variation close to spark plug contributes significantly to the variation in the rate of growth of flame kernel to stable flame. The flame development angle further experiences cycle-to-cycle variation as a result of cyclic variation in the mixture strength near spark plug. The flame velocity during this period is close to laminar burning velocity that is strongly influenced by the mixture strength. As the turbulence level and mixture compostion in the vicinity of spark plug can vary from cycle to cycle, it is seen from Eq. 3.9 that cyclic variations in the flame development angle also occur.

Variation in flame development angle also results in variation in the burn rate during turbulent flame propagation phase, and consequently in cylinder pressure-time history. Generally when the flame development angle increases the burn rate during flame propagation period also slows down making it longer. During flame propagation phase, burn rate would be influenced by average mixture conditions and mean fluid velocity. Local non-uniformities in mixture composition and fluid velocity are not important as the turbulent flame front spans large fraction of the engine cylinder and, only the average mixture conditions are important. As discussed above, the cyclic combustion variations are basically caused by the following factors;

(i) Cycle-to-cycle variations in fluid motion and turbulence during combustion, particularly in the region of spark plug,
(ii) Variations in the mixture composition close to spark plug due to variations in mixing of fuel and air and the residual gas within the engine cylinder
(iii) Cycle-to-cycle variations in the amount of air and fuel supplied to a given engine cylinder

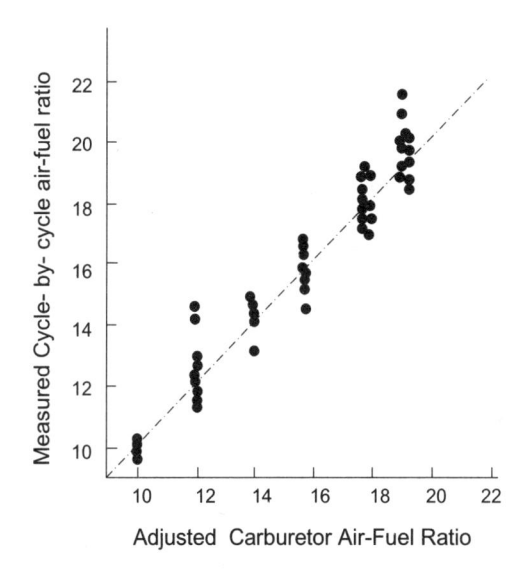

Figure 3.19 Cyclic variations in air-fuel ratio measured at spark plug location for a 4-stroke, side valve SI engine. Carburettor set to deliver different air-fuel ratios with active fuel vaporization to improve charge homogeneity; sampling time 5 degrees before spark timing; Fuel- isooctane; 1800 rpm; close to full throttle operation. Adapted from [18].

The variations in flame development angle have a large influence on peak pressure variations. As the over all combustion duration decreases variation in flame development angle and in the duration of flame propagation phase also decrease. Shorter total combustion duration results in lower cyclic combustion variations. Hence, the cycle-to cycle combustion variations are lower for the fast burn engines and also under the engine operating conditions such as fuel rich operation, high engine loads etc. Retention of high amount of residual gases in the cylinder or use of exhaust gas recirculation

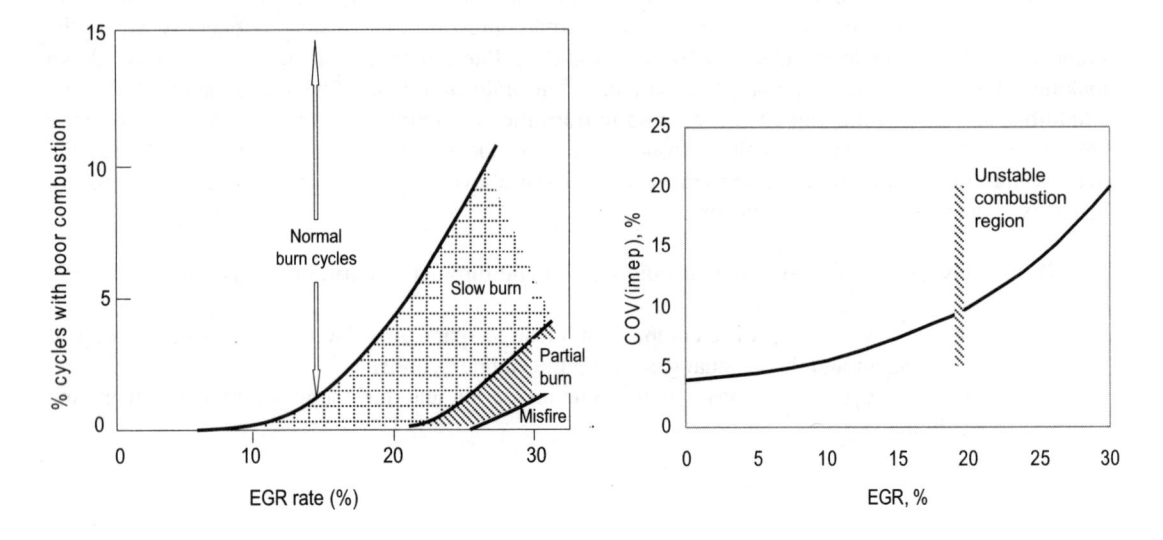

Figure 3.20 Effect of EGR on cyclic combustion variations in an SI engine. Beyond about 18% EGR due to high combustion variations engine operation became unstable. Adapted from [19].

retards rate of combustion. Thus, increase in residual gas or EGR results in an increase of combustion variability (Fig. 3.20). With increase in residual gas content at first, the frequency of slow burn cycles increases. With further increase in residual gas content, slow burn cycles start experiencing partial misfiring and eventually complete misfire resulting in loss of power and fuel efficiency and an increase in unburned hydrocarbon emissions.

3.6 KNOCKING COMBUSTION

In SI engines ideally all the charge in a cycle is to be burnt by the flame initiated by the spark plug and propagating across the combustion chamber. Such cycles are said to undergo normal combustion process. As mentioned earlier, the heat released on combustion increases burned gas temperature and the cylinder pressure, resulting in compression of the unburned charge. The temperature of the unburned charge increases due to compression and also by the heat radiations from the burned gas. The flame progressively burns the charge that is at a higher temperature and pressure causing acceleration of combustion rates. By the time flame is about to reach it, the last portion of the unburned charge (end gas) is at a very high temperature and pressure compared to those at the beginning of combustion. If the end gas is held at the high temperatures for sufficiently long duration, the oxidation reaction rates would increase to a level that the end gas autoignites. The spontaneous ignition of part or all of the end gas results in very high local pressure and a pressure wave of high amplitude is set to travel across the combustion chamber. This pressure wave causes the engine structure to vibrate generating a characteristic metallic 'pinging' noise that is called *engine knock*. This form of abnormal combustion involving auto-ignition in end gas region is called *spark knock*. Spark-knock can be controlled by spark timing. A higher spark advance increases knock intensity and retarding spark advance decreases the knock. The engine noise created by knocking combustion is in the audible range having a frequency of 5 to 10 kHz.

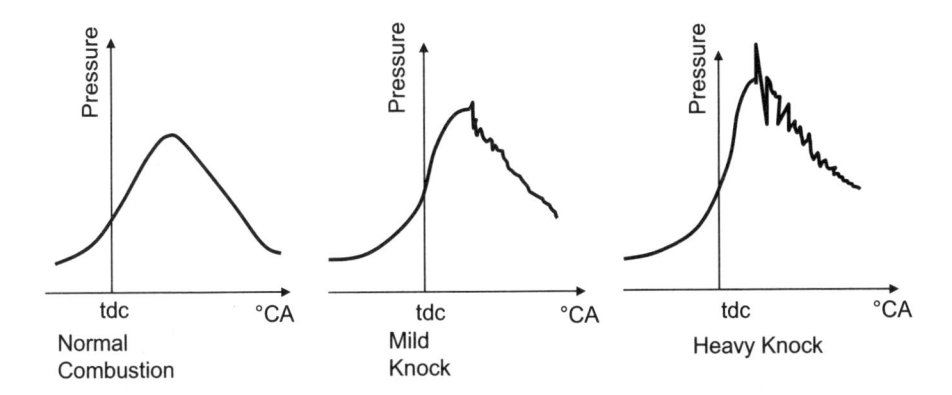

Figure 3.21 Cylinder pressure-time traces showing (i) normal combustion (ii) mild knock, and (iii) heavy knock for an SI engine. Adapted from [20].

The engine knock is undesirable in the first instance as it gives an objectionable noise not liked by vehicle or engine operators. If the amplitude of pressure wave is high i.e., knock is very severe it causes an increase in heat transfer out of engine, loss of fuel efficiency, engine overheating and in extreme cases mechanical damage to the engine. Trace or mild engine knock however, does not have significant effect on engine performance or durability.

The pressure-time trace of engine cylinder during normal combustion, mild knock and heavy knock are shown on Fig. 3.21. Combustion pressure trace is smooth for the cycles with normalcombustion. When knocking combustion occurs pressure oscillations are seen after top dead centre during expansion stroke. As the high pressure wave caused by knock travels back and forth in the combustion chamber, the pressure wave and reflected wave from the combustion chamber walls create the pressure oscillations observed on the cylinder pressure trace. Under the knocking conditions, if the pressure transducers are mounted at different points in the cylinder they will record different pressure at a given instant of time. The engine experiences heavy knock when a large amount of end gas ignites spontaneously resulting in the pressure oscillations of higher amplitude. During heavy knock the pressure oscillations also start closer to top dead centre.

The knocking can be prevented if the end gases are burned by the flame advancing from the spark plug before it autoignites. This is accomplished by proper combustion chamber design, sufficiently high level and right type of charge motion for faster combustion, selection of appropriate compression ratio and matching fuel quality. Engine compression ratio is directly related to the knocking tendency. As with increase of compression ratio the charge temperature and pressure at the end of compression stroke increase, the temperatures through out the combustion period are also higher increasing the tendency of engine to knock. Reduction in the compression ratio therefore, reduces engine knock, but the engine thermal efficiency is reduced.

Knock Detection and Measurement

For detection and measurement of knock many methods have been employed. The human ear is a very sensitive knock detector and aural detection of knock is routinely used to determine the octane number of fuel required by a car to have knock-free operation. As the knocking combustion noise is the result of vibrating engine structure, knock detectors employing accelerometers that may be mounted on cylinder head bolts are also used to measure knock.. These knock detectors measure amplitude of vibrations in the audible frequency range of 5 to 10 kHz that characterizes the knocking intensity. The cylinder pressure-time history measured by piezoelectric pressure transducer provides data for a detailed study of combustion. The pressure signal is filtered to isolate pressure oscillations to characterize knock intensity. As the amplitude of pressure oscillations depends on the amount of end- gas that auto-ignites and hence the energy released spontaneously, it is a good measure of knock intensity. The amplitude of pressure oscillations may vary from about 40 kPa for the cycles with trace knock to over 300 kPa for the cycles with heavy knock. There is substantial variation in knock intensity from cycle to cycle and cylinder to cylinder. The knock intensity is therefore, averaged over about 100 successive cycles. The standard ASTM-CFR engine used for rating of fuel antiknock quality in terms of octane number employs a transducer that measures the time derivative of the cylinder pressure. The low frequency component (frequency equal to the number of firing strokes per unit time) of the pressure derivative caused by the normal combustion is filtered out. The average of maximum rate of pressure rise observed on several cycle is taken to define the relative knock intensity.

The resistance of fuel to knock is defined by the fuel octane number (ON) which is based on a numerical scale 0 to 100 that compares autoignition characteristics of the fuel to that of standard reference fuels, isooctane and n-heptane in a standard CFR test engine. Two most common test methods performed for automotive fuels on the standard CFR test engine are the *research method* (ASTM D-2699) and *motor method* (ASTM D-2700). These methods determine research octane number (RON) and motor octane number, respectively. The motor method is more severe i.e., test operating conditions are more likely to produce knock. More details are given in Chapter 9 dealing with engine fuels. Highest useful compression ratio (HUCR) or knock limited compression ratio has also been used by researchers that is measured by increasing compression ratio on a variable compression ratio engine like Ricardo E-6 engine until trace knock is observed with a particular fuel or engine variable. Another parameter to characterize antiknock performance is the *knock limited imep (klimep)*. It is the highest indicated mean effective pressure at which trace knock is observed. Increasing inlet pressure increases charge density and temperature in the cylinder and hence the knocking tendency. Knock limited imep is measured by increasing inlet pressure until knock occurs. The imep at that condition is termed as the *klimep*. The *klimep* is used to define *Performance Number* (PN) of the test fuel by comparing it with that obtained for isooctane on the test engine keeping compression ratio fixed. The isooctane is assigned PN=100. The *Performance Number* test method is used to measure antiknock quality of gasoline fuels for the aircrafts.

Theories of Knock

Two theories have been proposed to explain sudden release of chemical energy in the end gases leading to engine knock: (i) the auto-ignition theory and (ii) the detonation theory. The auto-ignition theory postulates that when the fuel-air mixture in the end gas region is held at high temperature and pressure for sufficient time it undergoes very fast pre-combustion reactions and ultimately autoignites spontaneously burning all or most of the end gases. The detonation theory on the other hand proposes that the flame propagates through the charge that is at progressively higher temperature and pressure. Therefore, at certain stage the flame accelerates to sonic velocity and burns the mixture ahead of it much faster than the normal flame. The detonation theory has lead sometimes to term knock as 'detonation'. However, 'knock' is the most commonly used term as the phenomena in addition to sudden energy release includes propagation of strong pressure wave through the combustion chamber that sets-up pressure oscillations causing engine structure to vibrate and release its characteristic noise.

Secondly, very little evidence exists to support the detonation theory. By and large now, the auto-ignition theory is most widely accepted.

Knock occurs if there is enough time for pre-combustion reactions to produce sufficient amount of chemically reactive species that lead to spontaneous ignition. This period of pre-combustion reactions is called as 'induction period' or 'ignition delay' before autoignition occurs. Empirical relations for induction period for a number of hydrocarbon fuels have been developed using the data from basic and engine studies on auto-ignition. These relations are of Arrhenious form as below;

$$\tau_{id} = AP^n \exp\left(\frac{E_A}{RT}\right) \quad (3.44)$$

where A and n are the empirical constants and E_A is apparent activation energy determined using experimental data for individual fuels. R is universal gas constant. One of the widely accepted correlations of this type is developed by Douaud and Ezyat [20] as given below

$$\tau_{id} = 0.01768\left(\frac{RON}{100}\right)^{3.402} P^{-1.7} \exp\left(\frac{3800}{T}\right) \quad (3.45)$$

where τ_{id} in seconds, P is absolute pressure in atmospheres, T in °K and RON is research octane number of the fuel. For a typical gasoline fuel having 95 RON and at P = 30 bar combustion pressure for SI engine operating on stoichiometric mixture, the induction period for different mixture temperatures is given in Table 3.5. At engine speeds of 2000 to 3000 rpm total combustion duration is about 5 ms. The data in Table 3.4 shows that with a 95 RON gasoline fuel, knock is expected to occur only when end gas temperature reaches 900 K or higher.

Table 3.5
Induction period for a typical gasoline (95 RON) at different mixture temperatures, stoichiometric mixture

Mixture temperature, K	Induction period, milliseconds
300	1.98×10^4
500	1.25×10^2
700	1.42×10^1
900	4.25
1100	1.97

The data in Table 3.5 show that as the engine speed increases the available time for the end gas to undergo precombustion reactions decreases thereby reducing tendency to knock. On the other hand, with increase in speed heat transfer from the end gases to cylinder walls is reduced and the end gases are hotter, which would lead to more knock. Overall effect of increase in speed for most engines however, is reduction in knocking tendency.

Factors Affecting Knock

From the above discussions it is evident that change in any of the following parameters would affect knocking tendency of the engine:

(a) Density of charge
(b) Temperature of charge
(c) Time period of flame travel, and
(d) Composition of charge

Increase in charge density from increase in inlet pressure or compression ratio results in higher peak combustion pressure and consequently the end gases are also at higher pressure and temperature for a longer period of time. Thus, higher rates of precombustion reactions in the end gases result due to increase in charge density consequently increasing the knocking tendency. Spark timing controls combustion phasing and in turn also controls engine power and fuel efficiency at the given engine operating conditions. An increase in spark advance generally leads to higher fuel efficiency. However, when spark timing is advanced more energy is released before top dead centre resulting in higher peak pressures and higher engine knock. Spark timing is an important design variable that is used to control knock. Spark retard by just 1 to 3 degrees crank angle results in 3 to 5 ON decrease in the fuel octane number required to have knock free engine operation.

Any engine design or operating variable that increases charge temperature would increase knock. The rate of combustion reactions increases exponentially with increase in temperature. Although an increase in temperature decreases charge density, yet the effect of increase in temperature on acceleration of rate of precombustion reactions has the dominating effect. The higher ambient and coolant temperatures, and engine load lead to higher charge temperatures, and hence an increase in knock.

Shorter the combustion duration, less time is available for which the unburned mixture is exposed to high temperatures and pressures, Smaller engine cylinder bore, compact combustion chamber and central spark plug location reduce the flame travel distance. A high flame speed gives faster combustion resulting in shorter flame propagation time. All these measures leading to shorter flame travel time would result in reduction of knocking combustion.

Fuel chemical composition and air-fuel ratio are the two main factors that affect the chemical nature of charge. Dilution of charge by the residual burnt gas or by exhaust gas recirculation is another factor that changes charge composition and knocking behaviour. Iso-paraffins, aromatics and olefinic hydrocarbons have high octane number while longer chain n-paraffins have poor knock resistance. Alcohols, methanol and ethanol also are high octane fuels. Residual gases are inert in nature and these act as heat sink absorbing some energy released on combustion of fuel. Charge dilution by the residual gas reduces rate of chemical reactions and retard combustion. Recirculation of cooled exhaust gases to engine intake reduces tendency to knock. Dilution with hot residual gases would increase charge temperature, but the effect of increase in temperature owing to this is more than offset by reduction in combustion reactions due to dilution effect. Effect of humidity on knock is similar to that of charge dilution. A reduction in knocking is obtained with increase in intake air humidity.

In the Table 3.6 the effect of different engine design and operational variables on engine knock has been summarized.

Table 3.6
Effect of Engine and Operating Variables on Knock

Increase in engine or operating variable	Change in the state of end gases	Effect on knock
1. Compression ratio	Density and temperature increase	Increases
2. Spark timing advance	Density and temperature increase	Increases
3. Cylinder diameter	Flame travel time increases	Increases
4. Flame travel distance	Flame travel time longer	Increases
5. Swirl and turbulence in combustion chamber	Flame travel time shorter	Reduces
6. Air fuel ratio	Induction period minimum near $\phi=1$	Maximum near $\phi=1$
7. Inlet air temperature	Temperature increases	Increases
8. Inlet air pressure	Density and temperature increase	Increases
9. Coolant temperature	Temperature increases	Increases
10. Engine speed	Flame travel time shorter	Reduces
11. Engine load	Density and temperature increase	Increases
12. Humidity	Temperature decreases, slower reactions	Reduces
13. Altitude	Density and temperature decrease	Reduces
14. Fuel octane number	Induction period longer	Reduces

PROBLEMS

3.1 An SI engine has 9.2 mm bore and spark plug is offset by 5 mm from the centre. The engine when operating at 1500 rpm has the spark timing at 14° CA btdc. The flame development period is equal to 6° CA. The fully developed flame travels at 18.5 m/s. Find at what crank angle the flame reaches the farthest end of the combustion chamber. What is the magnitude of total combustion duration in ° CA and milliseconds? At engine speed of 4500 rpm the spark timing is advanced to 35° btdc. The flame development period in absolute time in milliseconds is not affected by the engine speed. However, flame speed during the flame propagation phase of combustion increases. If flame terminates at the same instant in the cycle as at 1500 rpm find the relation between the flame speed and the engine speed.

3.2 In an SI engine heat release starts at 8° CA btdc and the total combustion duration is 40° CA. Using the Wiebe function for heat release rate
(a) Plot the mass fraction burned curves for the Wiebe form factor $n = 2$, 3 and 4.
(b) If the heat release starts at 8° CA btdc, find for each value of n as above the crank angles at which 0.1, 0.5 and 0.9 fractions of heat are released using $a = 5$.

3.3 Flame speed is a function of air-fuel ratio and hence the duration of flame development and flame propagation periods are dependent on the mixture strength. An engine operating on stoichiometric mixture of gasoline has spark timing at 20° btdc. The flame development period is 1 ° CA and the flame propagation period is 30° CA. For better fuel economy, the engine is desired to operate at lean mixtures with $\phi = 0.8$. Using Fig. 3.7, find the spark advance that is needed. It is not always possible to use very advanced spark timings. If at these engine conditions the spark advance is limited to 30 btdc at what instant in the cycle would combustion end and what would be its effect on engine fuel efficiency qualitatively.

3.4 Disc shaped combustion chamber is used in an SI engine. The spark plug is at the centre and a cylindrical shaped flame propagates with its axis coinciding with cylinder axis. Plot the radius of flame normalized by the cylinder radius versus mass burned fraction. The ratio $\rho_u/\rho_b = 4$.

3.5 Laminar flame speed for stoichiometric mixtures of gasoline has been estimated as,

$$S_L = 0.253 P^{-0.13} \left(\frac{T_u}{298}\right)^{2.19} (1 - 2.1 x_r)$$

Unburned mixture temperature and pressure may be determined by assuming isentropic compression from the initial conditions of 330 K temperature and 0.8 bar pressure at the beginning of compression (at bdc) to the point of ignition. Take the value of $\gamma_u = 1.32$ for the unburned mixture and the residual gas fraction equal to 0.09. Use Eq. 3.18 to calculate the volume of the cylinder at the time of spark ignition taking compression ratio = 9 and the ratio of connecting rod to crank $(l/r) = 3.5$. For spark timing at 20° btdc, the flame development angle $\Delta\theta_d = 15°$ CA. If the flame development angle is inversely proportional to laminar flame speed plot its value versus spark timing from 40° btdc to 0° btdc at an interval of 5° CA.

3.6 Using the laminar flame speed correlation in Problem 3.5, plot the flame speed versus the residual gas fraction $x_r = 0$ to 0.4 for the above engine conditions and 20° btdc spark timing.

3.7 Figure P 3.1 gives $P-\theta$ history for an SI engine operating at stoichiometric mixture. Combustion starts at 20° btdc and ends at 40° atdc. The initial conditions at the beginning of compression stroke are 330 K and 0.8 bar.
(a) Plot unburned gas temperature versus crank angle.
(b) The charge is divided in small elements of equal mass. Each element burns and maintains its identity and there is no mixing. To simplify the problem assume that on combustion heat released is equal to 2.75 MJ/kg of mixture and for the burned products average $c_{p,b} = 1.8$ kJ/kg.K and $\gamma_b = 1.24$. Determine the temperature just after combustion of the elements burning at (i) 20° btdc (ii) tdc (iii) 20° atdc, and (iv) 40° atdc.
(c) Plot the temperatures of the four elements after combustion up to 60° atdc. What is the temperature gradient in the burned mixture at 40° btdc?

3.8 Explain the causes of combustion variations in an SI engine. If the peak pressure of consecutive cycles for an engine is plotted generally the variations are random. However, if the engine is operating on lean mixtures then, it is observed that n cycles of low peak pressure are followed by a cycle of high peak pressure on regular basis. This is due to the effect of the earlier cycle known as 'prior cycle effect'. Discuss this effect.

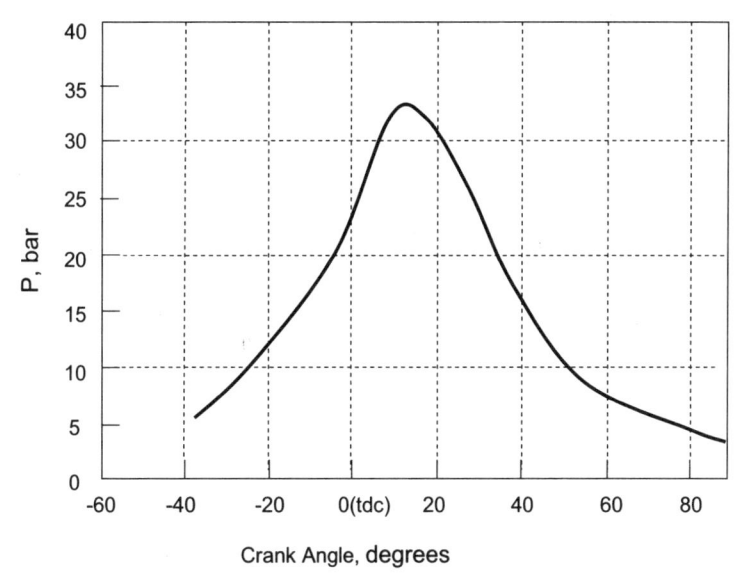

Figure P3.1

REFERENCES

1. Borman, G. L., and Ragland, K. W., *Combustion Engineering*, McGraw-Hill International Editions, (1998).
2. Chigier, N., *Energy, Combustion, and Environment*, McGraw-Hill Book Co., (1981).
3. Heywood, J. B., *Internal Combustion Engine Fundamentals*, McGraw Hill Book Co., (1988).
4. Metghalchi, M., and Keck, J. C., "Burning Velocity of Mixtures of Air with Methanol, Isooctane, and Indolene at High Pressures and Temperatures," Combustion and Flame, Vol. 48, (1982).
5. zur Loye, A. O., Bracco, F.V., and Santavicca, D. A, " Preliminary Study of Flame Structure in an Internal Combustion Engine using 2-D Flow Visualization," Proceedings of the International Symposium on Diagnostics and Modelling of Combustion in Reciprocating Engines (COMODIA 85), Tokyo, Japan, (1985).
6. Smith, J. R., "Turbulent Flame Structure in a Homogeneous-Charge Engine," SAE Paper 820043, (1982).
7. Witze, P., and Vilchis, F, "Stroboscopic laser shadowgraph study of the effect of swirl on homogeneous combustion in a spark ignition engine," SAE paper 810226, (1981).
8. Gatowski, J.A. Heywood, J. B., and Deleplace, C, "Flame Photographs in a Spark Ignition Engine", Combustion and Flame, Vol. 56, (1984).
9. Lancaster, D. R., Krieger, R. B., Sorenson, S. G., and Hull, W. L. , "Effects of Turbulence on SI Engine Combustion", SAE Paper 760160, SAE Transactions, Vol. 85, (1976).
10. Hires, S. d., Tabaczynski, R. J., and Novak, J. M., "The Prediction of Ignition Delay and Combustion Intervals for a Homogeneous Charge, Spark Ignition Engine," SAE Paper 780232, SAE Trans. Vol. 87, (1978).

11. Pundir, B. P., Zvonow, V. A., and Gupta, C. P., " Effect of Charge Non-homogeneity on Cycle-by-Cycle Variations in Combustion in S.I. Engines", SAE paper 810774, SAE Transactions Vol. 90,(1981).
12. *Internal Combustion Engine-Handbook*, Ed. by Basshuysen, R. van, and Schafer, F., SAE International, (2004).
13. Ferguson, C. R., and Kirkpatrick, A. T., *Internal Combustion Engine- Applied Thermosciencies*, Second Edition, John Wiley & Sons, Inc., (2001).
14. Ramos, J.I., *Internal Combustion Engine Modeling*, Hemisphere Publishing Corp., (1989).
15. LoRusso, J. A., and Tabaczynski, R. J., "Combustion and Emission Characteristics of Methanol, Methanol-Water, and Gasoline-Methanol Blends in a Spark-Ignition Engine," SAE Paper 769019, (1976).
16. Lavoie, G. A., "Spectroscopic Measurement of Nitric Oxide in Spark-Ignition Engines", Combustion and Flame, Vol. 15, (1970).
17. Pundir, B. P., "Studies on the Influence of Charge Non-Homogeneity on Cycle-by-Cycle Variations in Combustion and Nitrogen Oxide Emissions in SI Engines," PhD Thesis, University of Roorkee, India, (1982).
18. Ayusawa, T., Nemoto, T., Koo, Y., and Jo, S. H., "Relationship between Local Air-Fuel Ratio and Combustion Character in SI Engines," SAE Paper 780147, (1978).
19. Kuroda, H., Nakajima, Y., Sugihara, K, Takagi, Y., and Muranaka, S., "The Fast Burn with Heavy EGR, New Approach for Low NOx and Improved Fuel Economy," SAE Paper 780006, (1978).
20. Douaud, A., and Eyzat., P., "Four-Octane-Number Method for Predicting the Anti Knock Behaviour of Fuels and Engines," SAE Paper 780080,(1978).

CHAPTER 4

Combustion in CI Engines

Most heavy duty engines for road vehicles, rail locomotives, power generation and ships are compression ignition (CI) engines due to their high fuel efficiency and capability to burn heavier fuels obtained during refining of petroleum crude. The compression ignition engines are not liked by many passenger car owners due to noisy combustion, these often emit black smoke and the exhaust gas has bad odour. However, in Europe presently almost 50 percent production cars are powered by the CI engines and their number is increasing. The CI engines are more fuel efficient and consequently emit lower greenhouse gas, carbon dioxide emissions compared to the SI engines. The European high fuel efficiency 3-liter car goal (fuel economy of 100 km with 3 liter fuel) has been met primarily when powered by a compression ignition engine.

In the compression ignition engines, liquid fuel is injected in the cylinder close to the end of compression stroke in the hot, compressed air. The fuel injection consists of one or several high velocity fuel jets injected at high pressure through small orifices in the injector nozzle, which penetrate far into the combustion chamber. The fuel is injected either directly in the combustion chamber contained in a bowl in the piston crown (direct injection or open chamber engines, DI) or in a small combustion chamber contained in the cylinder head which is attached to the main chamber in the cylinder (indirect injection engines, IDI). The different types of compression ignition engine combustion systems are discussed in Chapter 5.

The combustion in compression ignition engines is quite different than in the premixed charge SI engines. In the conventional SI engines a homogeneous mixture is burnt by flame propagating from a positive source of ignition while in the compression ignition engines, a heterogeneous mixture exists in the cylinder and combustion is initiated by self-ignition of fuel that may occur simultaneously at several locations in the combustion chamber. The various processes involved in mixture formation and combustion in diesel engines are shown in Fig. 4.1. Some key design and combustion parameters are also mentioned on the figure. The injected fuel is atomized into small droplets that evaporate and mix with air. As the air temperature is higher than the self-ignition temperature of the fuel, the fuel spontaneously ignites after delay of 5 to 10 degrees of crank angle. A large region of the combustion chamber may be inflamed quite early during combustion. The fuel especially at high engine loads, is also injected after the combustion has started, which prior to being burnt undergoes the processes of atomization, vaporization and mixing with air forming combustible mixture. These processes in the fuel injected after combustion has begun occur concurrently with the combustion already under progress. Fuel injection process plays a critical role in fuel-air mixing and combustion in CI engines. The diesel engine combustion in fact, is three dimensional in nature and is more complex than the combustion in premixed SI engines.

A few important differences from SI engine combustion that affect CI engine performance are:

(i) The combustion occurs in heterogeneous air-fuel mixture with local fuel - air ratio varying very widely from nearly zero to infinity.
(ii) Combustion in fuel-rich pockets results in soot formation and appearance of black smoke in the exhaust a characteristic of compression ignition diesel engines. To limit smoke emission, the overall fuel-air ratio at full engine load is kept nearly 30 % leaner than stoichiometric, which results in lower mean effective pressure compared to SI engines.
(iii) Overall lean fuel-air ratio results in higher ratio of specific heats, γ (C_p/C_v) for the burnt gases than for the SI engines leading to higher thermodynamic efficiency.
(iv) CI engines are operated unthrottled, which results in low pumping work and high volumetric efficiency at part loads.
(v) As the fuel is injected just before combustion begins, there is not enough time to form end gas zones containing fuel-air mixture and the CI engines do not experience end gas auto-ignition. The engine compression ratio is not limited by knock and thus, high engine compression ratio can be used in CI engines improving fuel efficiency compared to SI engines.

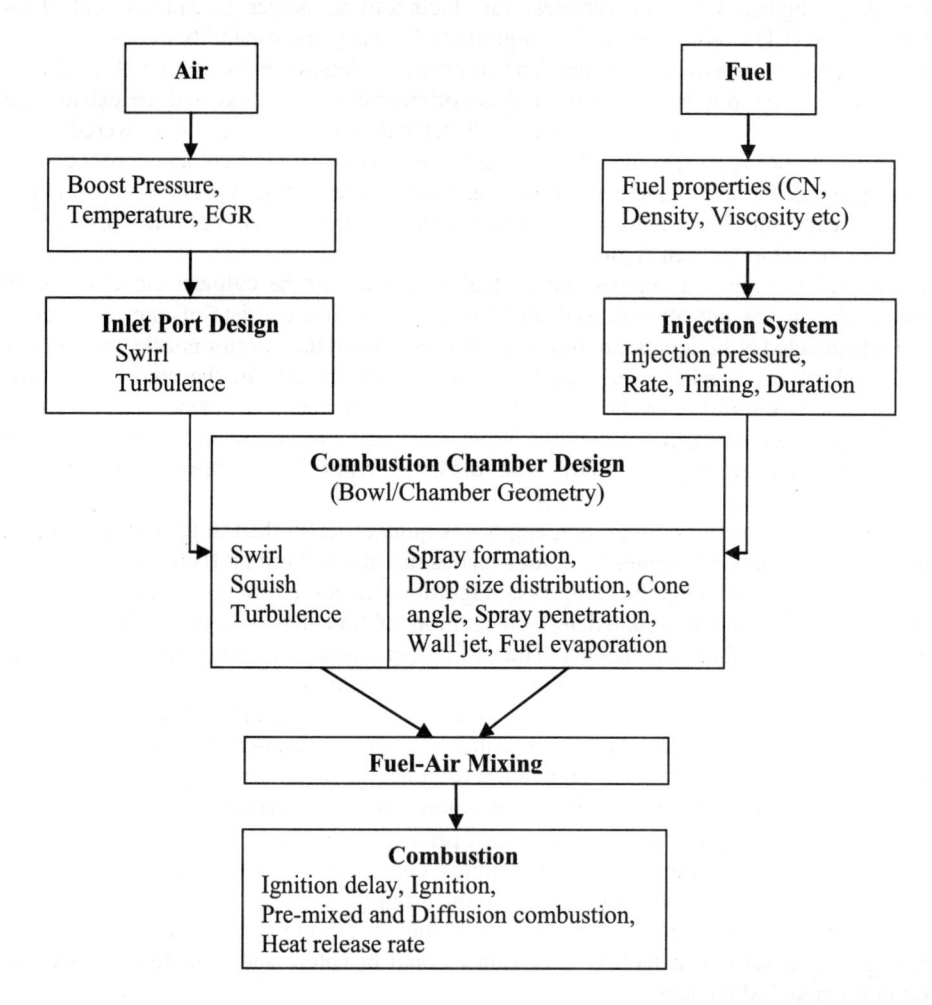

Figure 4.1 Diesel combustion processes and, key design, operating and combustion parameters.

4.1 FUEL INJECTION AND SPRAY STRUCTURE

If the flow through the injector nozzle is quasi steady, incompressible, and one-dimensional, then the mass flow rate of fuel injected, m_f is given by:

$$m_f = C_d A_n \sqrt{2\rho_f \Delta P} \frac{\Delta \theta}{6N} \tag{4.1}$$

where C_d is the discharge coefficient, A_n nozzle flow area, ρ_f fuel density, $\Delta P = (P_f - P_{cyl})$ the pressure drop across nozzle orifice is assumed constant, $\Delta \theta$ the injection duration in crank angle and N is the engine speed in RPM. This relation gives the dependence of overall fuel delivery characteristics of the injection system on injection parameters. In real practice, the diesel injection is unsteady and, the injection pressure and cylinder pressure vary during injection period, Also, at the very high injection pressures that are used the fuel compressibility effects on injection process are also significant. Such unsteady effects on injection process however, are out of the scope of the present text.

Fuel spray characteristics play a critical role in fuel-air mixing and combustion. The main purpose of creation of injection spray is to distribute fuel and to mix it with the surrounding air. The fuel is injected by a single hole or multi-hole nozzle depending upon the needs and type of the combustion chamber employed. In diesel engines, the fuel injection pressures range from 200 to 2000 atm or even higher. The pressure of air in the cylinder at the time of injection varies from 40 to 100 atm and the temperature is about 1000 K. The density of air at the time of injection is in the range 15 to 25 kg/m^3. Typical diesel spray in quiescent air is shown schematically in Fig. 4.2. The liquid fuel jet leaves nozzle at a velocity of 100 to 300 m/sec. The fuel jet becomes turbulent and liquid fuel disintegrates into droplets of different sizes after a finite distance called as *break-up length*. The air gets entrained in the spray and spray diameter increases. The mass of air entrained into spray increases with increase in the distance from the nozzle orifice along the spray axis.

The droplets formed first when come into contact with the dense air, quickly give up their momentum to air and slow down. The droplets behind in the wake of the leading droplets do not encounter as much air resistance as the droplets ahead of them and do not slow down as quickly. These droplets are able to overtake the leading droplets and penetrate farther in the combustion chamber. The smaller droplets slow down faster and move towards spray periphery. The droplets at the periphery of the spray due to more air drag and being smaller in size have a lower velocity and the droplet velocity is the maximum at the jet axis. The fuel droplets evaporate and the fuel vapours and smaller droplets move outwards to the surface of spray. As the injection progresses, the spray tip penetrate further into the combustion chamber but at a progressively slower rate. In many direct injection engines especially those with small bore size, the spray also impinges on the combustion chamber walls. Interaction of spray with chamber walls make them flow along the wall surface forming wall jets that influences fuel-air mixing.

Fuel Atomization and Droplet Size Distribution

The diesel injection is at high injection velocities, is intermittent, unsteady in nature, and injection spray is thick. Diesel injection is made in the gas at conditions that are higher than the critical temperature and pressure of the fuel. These factors make the atomization process in diesel spray quite complex. Injection spray is conical in shape that produces fuel droplets smaller than the nozzle orifice size. As the injection velocity is increased from a low value the jet becomes more and more unstable.

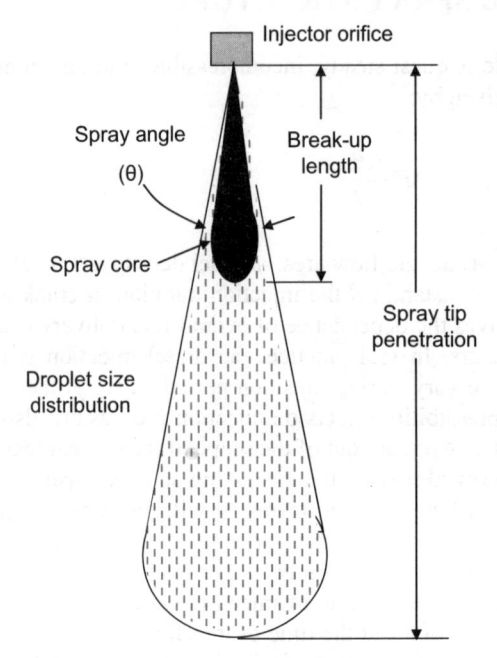

Figure 4.2 Schematic of diesel injection spray and its main parameters.

Jet breaks-up due to the effects of surface tension forces on the jet. Length to diameter ratio of the nozzle hole, its shape and smoothness are important parameters determining the jet break-up characteristics. The rate of injection pressure rise is also important. If the pressure rises rapidly the jet also breaks up rapidly. Subsequently, the large droplets break-up into smaller droplets due to aerodynamic forces and flow turbulence. When injection is made into low pressure and temperature ambient conditions (below critical pressure and temperature) the droplet break-up is related to droplet Weber number (We = $\rho_l V^2 d_d/\sigma_l$), where V is the relative velocity of ambient air. Droplet break-up occurs for Weber number of greater than 12. However, as the ambient pressure and temperature are increased, the surface tension becomes negligible. Under diesel engine conditions, the spray break-up is due to aerodynamic effects and the flow turbulence. In high pressure diesel injection, the droplets travel at high speed and break into smaller droplets. The diesel injection jet break-up occurs very close to the nozzle exit.

A number of factors affect fuel atomization and droplet size in diesel sprays.

- Higher injection pressures lead to smaller droplet size
- Increase in the ambient gas pressure and density results in smaller droplets
- Smaller the nozzle hole diameter smaller are the droplets
- Length to diameter ratio of nozzle holes and shape of the orifice is also important
- Higher the fuel viscosity and surface tension larger are the droplets

Fuel atomization characteristics in diesel sprays are substantially affected by the length to diameter ratio (l_n/d_n), orifice diameter and surface finish of the nozzle orifice. The l_n/d_n ratio is generally kept in the range of 3 to 5 and nozzle diameters of 0.1 to 0.4 mm are used. The $l_n/d_n = 4$ has

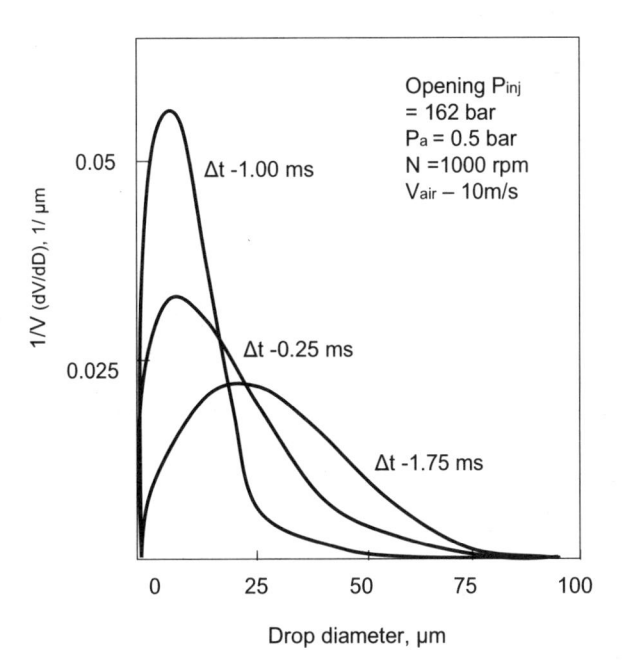

Figure 4.3 Drop size distribution in diesel spray at different sampling times, Δt after start of injection; nozzle hole dia = 0.23 mm, injector opening pressure 162 bar, total injection duration 2.25 ms. Adapted from [2].

been observed to give smallest droplets and minimum length of liquid core of fuel spray, which can extend from 10 to 30 mm from the nozzle hole [1]. Modern injectors using injection pressures of 2000 bars are being fabricated with diameter of around 0.12 mm.

The diesel injection is intermittent and the injection pressure, nozzle orifice area and rate of injection vary during injection period. Atomization processes inside the spray core and on the surface of spray are different. All these factors lead to variation in droplet size with space as well as time in the spray. A large number of small fuel droplets are desired to increase surface area for high rate of heat transfer and faster evaporation. The drop size distribution has been experimentally measured in cold experiments when the fuel is injected in a constant volume chamber filled with high pressure gas at room temperature with or without gas motion. Laser diagnostic techniques such as Fraunhofer diffraction, Mie scattering and laser sheet drop sizing imaging [2-4] have been extensively used to measure drop size distribution in sprays. The frequency in terms of fuel volume obtained in different drop size ranges is usually presented. It is of more practical significance to know the volume of fuel that is available in a given drop size range as it can be related to rate of fuel evaporation and the amount of fuel vapours available with respect to time. Typical droplet size distribution in diesel spray is presented in Fig 4.3 [2]. Drop size distribution was measured using laser diffraction technique when diesel injection was made in a cross air flow stream. Variation in drop size distribution at a given location (25 mm from nozzle exit) with time lapsed after start of injection is shown. The drop sizes are larger in the beginning and towards the end of injection while in the middle of injection period finer drop size distribution is obtained. For the injection spray in quiescent air the droplets near spray edge are observed to be smaller than in the spray core.

The drop size distribution has been described by statistical distribution functions like chi-square, Rosin-Rammler (R-R) or log-normal distribution functions etc. The Rosin-Rammler mathematical function used by Malvern laser diffraction analyzer to correlate the measured scattered light signal with drop size is given b

$$R = 1 - \exp\left(-\frac{D_d}{X}\right)^n \tag{4.2}$$

where R is the normalized weight contained in spray below droplet size D_d, X is size parameter characteristic of peak frequency in the distribution and n represents width of parameter. When $n = 1$ the distribution is very broad and as n increases the distribution becomes narrower. For the drop size distributions shown in Fig 4.3, n typically varied in the range 1.5 to 2.5.

It is often convenient to use a mean drop diameter to represent the atomization characteristics. Sauter mean diameter (SMD) given by Eq. 4.3 is most commonly used to represent mean drop diameter as it represents the same surface to volume ratio as that of the entire spray.

$$\text{SMD} = \Sigma D_d^3 / \Sigma D_d^2 \tag{4.3}$$

The effect of injection pressure and nozzle hole size on SMD for diesel injection is shown on Fig. 4.4. The drop size decreases with increase in injection pressure and reduction in nozzle hole diameter. With increase in injection pressure the jet velocity increases that results in higher shear forces and consequently in higher shear rates experienced by the liquid fuel jet, which result in formation of smaller drops. The effect of ambient gas pressure in which injection is made is shown on Fig. 4.5 at different sampling times after injection. During most of the injection period a smaller drop size at higher ambient gas pressure is obtained. Towards the end of injection an increase in drop size is observed for the higher ambient gas pressure. The ambient gas pressure has two opposing influences on the drop size. Increase in gas pressure results in an increase in gas density and viscosity increasing shear forces on the fuel spray that results in smaller droplets. On the other hand, a higher ambient

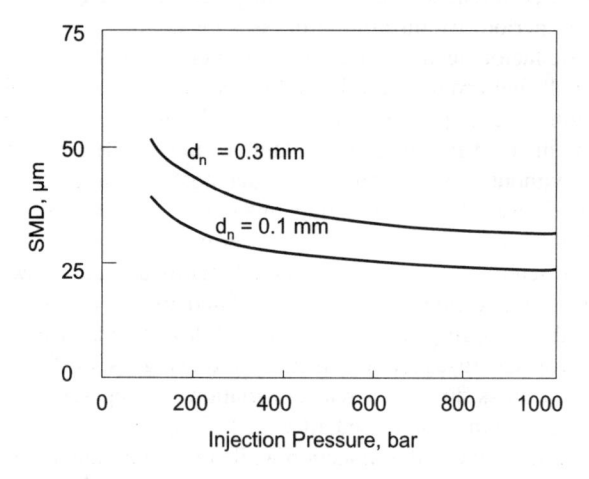

Figure 4.4 Effect of fuel injection pressure and nozzle hole size on Sauter mean drop diameter, nozzle hole length to diameter ratio, $l_n/d_n = 4$ [1].

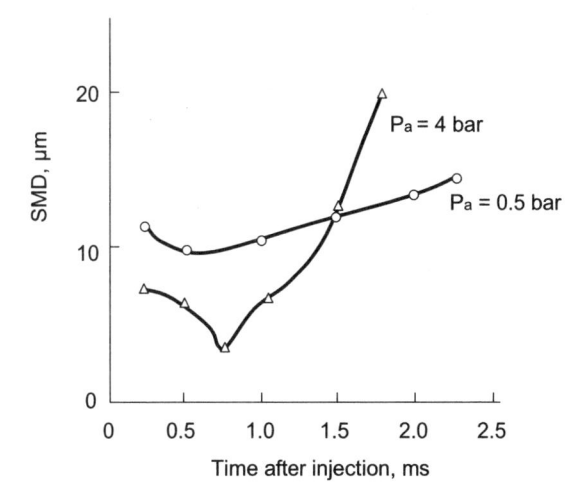

Figure 4.5 Variation in Sauter mean drop diameter with time after start of injection and effect of ambient gas pressure, P_a on SMD. Measurement conditions same as in Fig. 4.3 [2].

pressure results in decrease in spray velocity that increases the drop size. Also, an increased coalescence of droplets at high ambient pressures is perhaps of high significance which results in larger droplets. [5].

A number of empirical correlations have been developed to predict SMD in diesel spray based on nozzle geometry, injection parameters and fuel properties. Correlations given by Hiroyasu et al and El-Kotb are given below [6, 7]. The second correlation given by Hiroyasu in 1989 [8] was derived from the experimental data obtained using Fraunhofer diffraction measurement. As these correlations have been derived using data obtained from different experimental techniques and injection equipment, the SMD values obtained from these correlations are expected to differ. Early correlations are from the data obtained using relatively low injection pressures. Hence, these correlations may be used only to get trends on the effect of different variable on drop size. It may also be noted that Hiroyasu and Kadota correlation of 1974 shows no effect of fuel viscosity while in the later correlations fuel viscosity is an important parameter.

(1) Hiroyasu and Kadota (1974)

$$\text{SMD} = 2.33 \times 10^3 (\Delta P)^{-0.135} \rho_a^{0.121} V_f^{0.131} \qquad (4.4)$$

(2) El-Kotb (1982)

$$\text{SMD} = 3.08 \times 10^6 (\Delta P)^{-0.54} v_l^{0.385} (\sigma_l \times \rho_l)^{0.737} \rho_a^{0.06} \qquad (4.5)$$

(3) Hiroyasu, Arai and Tabati (1989)

(a) For low injection pressures and injection velocities

$$\text{SMD} = 4.12 \, \text{Re}_{jl}^{0.12} \, \text{We}_{jl}^{-0.75} \left(\frac{\mu_l}{\mu_a}\right)^{0.54} \left(\frac{\rho_l}{\rho_a}\right)^{0.18} d_n \qquad (4.6a)$$

(b) For high injection pressures and velocities

$$SMD = 0.38\, Re_{jl}^{0.25}\, We_{jl}^{-0.32} \left(\frac{\mu_l}{\mu_a}\right)^{0.37} \left(\frac{\rho_l}{\rho_a}\right)^{-0.47} d_n \qquad (4.6b)$$

where the subscript a denotes air, l is liquid fuel and jl is liquid fuel jet. The symbols and their units are

ΔP	Pressure difference across nozzle orifice	(Pa)
V_f	Volume of fuel injected per cycle	(m³/cycle)
d_n	Diameter of nozzle hole/orifice	(m)
ρ_a	Density of air	(kg/m³)
ρ_l	Density of liquid fuel	(kg/m³)
μ_a	Dynamic viscosity of air	(Pa.s)
μ_l	Dynamic viscosity of liquid fuel	(Pa.s)
v_l	Kinematic viscosity of liquid fuel	(m²/s)
σ_l	Surface tension of liquid fuel	(N/m)
Re_{jl}	Reynolds number = $(\rho_l d_n U_{jl})/\mu_l$	-
We_{jl}	Weber number = $(\rho_l U_{jl}^2 d_n)/\sigma_l$	-
U_{jl}	Initial fuel jet velocity	(m/s)

Of the correlations by Hiroyasu given in the equations 4.6 and 4.7, larger of the two values of SMD obtained has been seen to be closer to experimental values [9].

Example: 4.1

A multi-hole diesel injector at an injection pressure of 65 MPa injects fuel in air at 6.0 MPa. The nozzle hole dia. d_n = 0.2 mm. Using the following data and single hole of the injector calculate SMD using equations 4.3 to 4.6.
ρ_a = 25 kg/m³; ρ_l = 850 kg/m³ ; v_l = 2.82 x 10⁻⁶ m²/s; σ = 0.03 N/m; discharge coefficient of nozzle C_d = 0.5, V_f = 12x10⁻⁹ m³, Δt_{inj} = 1.5 x10⁻³, μ_a = 4.084 x 10⁻⁵ kg/m.s

Solution:

Equation. 4.4 (Hiroyasu et al, 1974):

$$SMD = 2.33 \times 10^3\, (59 \times 10^6)^{-0.135} \times (25)^{0.121} \times (12 \times 10^{-9})^{0.131} = 27.2\ \mu m$$

Equation 4.5 (El-Kotb)

$$SMD = 3.08 \times 10^6\, (59 \times 10^6)^{-0.54} \times (2.82 \times 10^{-6})^{0.385} \times (0.03 \times 850)^{0.737} \times (25)^{0.06}$$
$$= 18.9\ \mu m$$

Equation 4.6a and 4.6b (Hiroyasu et al, 1989)

For the liquid jet:

$$U_{jl} = \frac{(12 \times 10^{-9})}{[\pi(0.0002)^2/4](1.5 \times 10^{-3})} = 255 \, m/s$$

$$Re_{jl} = \frac{0.2 \times 10^{-3} \times 255}{2.82 \times 10^{-6}} = 18,085$$

$$We_{jl} = \frac{850 \times (225)^2 \times 0.2 \times 10^{-3}}{0.03} = 0.3686 \times 10^6$$

$$\mu_l = 2.82 \times 10^{-6} \times 850 = 2.4 \times 10^{-3} \, kg/m \cdot s$$

Also,

$$\frac{\mu_l}{\mu_a} = 58.76 \quad \text{and} \quad \frac{\rho_l}{\rho_a} = 34$$

Using Eq. 4.6a:

$$SMD = 4.12 \, (18,085)^{0.12} (368600)^{-0.75} (58.8)^{0.54} (34)^{0.18} (0.0002) = 1.9 \times 10^{-6} m$$
$$= 1.9 \, \mu m$$

and Eq. 4.6b:

$$SMD = 0.38 \, (18,085)^{0.25} (368600)^{-0.32} (58.8)^{0.37} (34)^{-0.47} (0.0002) = 12.5 \times 10^{-6} m$$
$$= 12.5 \, \mu m$$

The larger of the two values of SMD given by the Eqs. 4.6 and 4.7 is to be selected, which in this case is 12.5 µm.

The example shows large variation in the predicted values of SMD depending upon the correlation used. The earlier correlation of Hiroyasu (1974) does not take nozzle orifice size and fuel viscosity into consideration. This correlation was perhaps adequate for the injection system designs of that time.

Spray Penetration

Spray penetration influences fuel-air mixing and air utilization. If the spray does not penetrate to far enough distance it may not contact the air close to walls of the combustion chamber and this air may remain unutilized. On the other hand, over penetration of spray may cause spray droplets and liquid jet to impinge on cold combustion chamber walls. Formation of liquid fuel film on cold chamber walls would reduce rate of fuel vaporization and mixing with air, especially in the engines with no or little air swirl. Spray penetration in the laboratory rigs simulating diesel engine like conditions has been extensively studied. Typical trend in spray penetration with different levels of air swirl observed in DI diesel engines is presented in Fig. 4.6. Spray penetration is seen to follow two different trends: one up to the time of jet break-up and the second after the liquid jet starts breaking up into droplets. Up to the time jet breaks up i.e., for $t < t_b$, the spray tip penetration increases linearly with time. Later, for $t > t_b$ the spray penetration is proportional to the square root of time. The correlations given by Hiroyasu et al [10] for spray penetration in quiescent air are given in Equations 4.7. Before jet break-up, injection pressure is the main governing parameter, while after break-up gas density also becomes important.

For $t \leq t_b$
$$S = 0.551 \left(\frac{\Delta P}{\rho_l}\right)^{1/2} t \quad (4.7a)$$

and for $t > t_b$
$$S = 2.95 \left[\left(\frac{\Delta P}{\rho_a}\right)^{1/2} d_n t\right]^{1/2} \quad (4.7b)$$

where
$$t_b = 28.65 d_n \rho_l \left(\frac{1}{\rho_a \Delta P}\right)^{1/2} \quad (4.7c)$$

And spray break-up length is equal the spray penetration at $t = t_b$ i.e., $S_b = S_{t=t_b} = 15.8 d_n \left(\frac{\rho_l}{\rho_a}\right)^{1/2}$

Spray penetration, S is in meters and the other symbols and their units have been defined in the preceding Section 4.1.1. A discontinuity in slope of S versus t curve is obtained at $t = t_b$ when using these formulae.

The effect of air swirl is to reduce spray tip penetration. Higher the swirl, smaller is the distance to which spray penetrates. Spray penetration in presence of swirl, S_s is empirically related with swirl by Eq. 4.8. S is the spray penetration without swirl given by Eqs. 4.7.

$$\frac{S_s}{S} = \frac{1}{1 + (2\pi N_s S)/U_{jl}} \quad (4.8)$$

where N_s is the swirl rate in revolutions per second and U_{jl} is the liquid jet velocity.

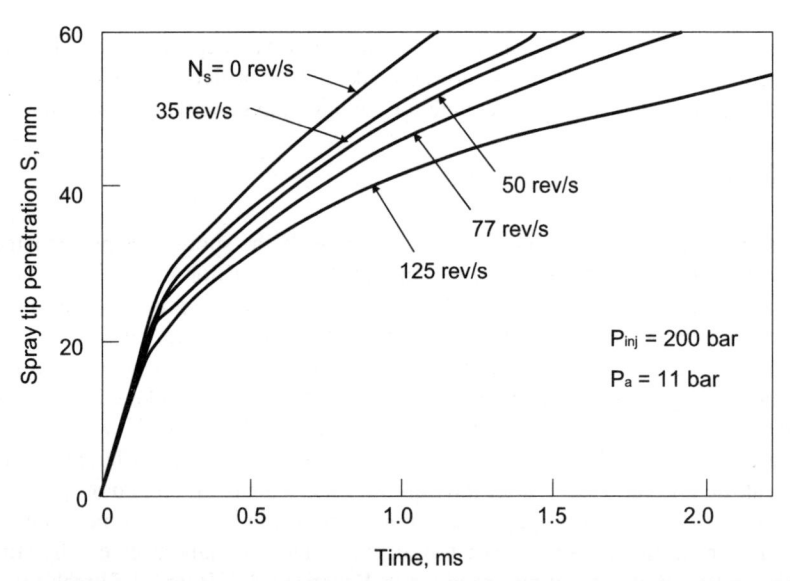

Figure 4.6 Effect of swirl on spray tip penetration (curves fitted to experimental data). Adapted from [10].

Combustion in CI Engines   119

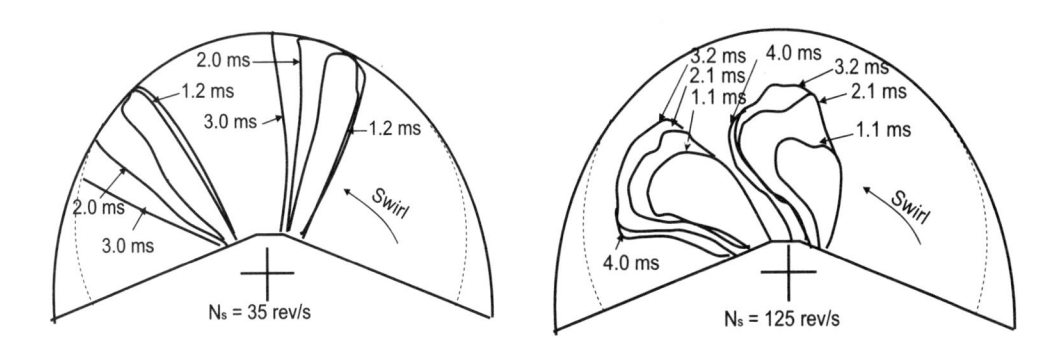

Figure 4.7 Spray lateral deflection and spread by swirling air flow. Spray development recorded by high speed camera. Adapted from [10].

With increase in swirl, spray also spreads out laterally (Fig 4.7). Presence of more than required swirl may result in interaction between the adjacent spray jets and they may overlap each other. Overlapping of spray jets will result in formation of fuel rich zones close to the spray boundaries. This will result in poor combustion, poor air utilization and more smoke formation. Therefore, injection parameters and air swirl have to be appropriately selected and matched for a given combustion chamber design.

The spray cone angle, θ depends on jet velocity, gas density and on nozzle hole geometry. As the gas density increases, the formation of spray cone gets closer to nozzle and the cone angle increases. The spray cone angle decreases with increase in the ratio of length to diameter of nozzle hole. Air entrainment increases with increase in cone angle. From the measurement of cone angle amount of air entrained in the spray may be approximately calculated. The spray cone angle, θ_j may be estimated by

$$\theta_j = 0.05 \left(\frac{\Delta P \rho_a d_n^2}{\mu_a^2} \right)^{1/4} \tag{4.9}$$

The spray cone angle increases with increase in nozzle hole diameter, injection pressure and the ambient gas density.

Example: 4.2

Fuel is injected from a diesel injector in air at 57.4 bar and 800K. The injector has the data: 5 hole nozzle, nozzle hole dia = 0.2 mm, discharge coefficient C_d = 0.7, fuel delivery = 62.5 mm^3/stroke, injection duration = 1.2 x 10^{-3} s; and fuel density =850 kg/m^3. Find the spray break-up time, break-up length and spray penetration with no swirl.

Solution:

Ambient air density in which fuel is injected, ρ_a = (57.4 x 10^5)/(287x800) = 25 kg/m^3

Density ratio $\dfrac{\rho_l}{\rho_a} = \dfrac{850}{25} = 34$

Nozzle area, $A_n = \dfrac{\pi d_n^2}{4} = \dfrac{3.14 \times (0.0002)^2}{4} = 3.14 \times 10^{-8} \, m^2$

Injection velocity, $U_{jl} = \dfrac{V_f}{(C_d A_n).\Delta t_{inj}} = \dfrac{(62.5/5) \times 10^{-9}}{(0.7 \times 3.14 \times 10^{-8}) \times 0.0012} = 474.4 \, m/s$

Average $\Delta P = \dfrac{\rho U_{jl}^2}{2} = \dfrac{850 \times (474.4)^2}{2} = 956.5 \times 10^5 \, Pa$

Average injection pressure = 956.5+57.4 = 1014 bar

Break-up time, $t_b = 28.65(0.0002) \times 850 \left(\dfrac{1}{25 \times 956.5 \times 10^5} \right)^{1/2} = 0.1 \times 10^{-3} s = \underline{0.1 \text{ ms}}$ (1/12th of the injection duration)

Break-up length, $S_b = 0.551 \left(\dfrac{956.5 \times 10^5}{850} \right) = 0.0185 m = \underline{18.5 \text{ mm}}$

Spray penetration at the end of injection from Eq. 4.7b

$S = 2.95 \left[\dfrac{956.5 \times 10^5}{25} \right]^{1/2} \times 0.0002 \times 0.0012 \Big)^{1/2} = 0.0639 m = \underline{63.9 \text{ mm}}$

The spray tip will be at 63.9 mm from the nozzle orifice.

Example: 4.3

The injector nozzle in the Example 4.2 injects fuel in an engine operating at 2000 rpm and the swirl ratio is 4. Find the spray penetration and compare to injection in quiescent air.

Solution:

n quiescent air spray penetration, $S = 63.9$ mm
Liquid jet velocity, $U_{jl} = 474.4$ m
Swirl rate $N_s = (4 \times 2000)/60 = 133.3$ rev. per second.
From Eq. 4.8b

$S_s = 63.9 \left(\dfrac{1}{1 + (2\pi \times 133.3 \times 63.9 \times 10^{-3})/474.4} \right) = \underline{57.4 \text{ mm}}$

The swirl causes the volume of fuel distribution in the combustion chamber to reduce to about 81 % of that in quiescent air but improves fuel air mixing.

4.2 CI ENGINE COMBUSTION- CONCEPTUAL MODELS

High speed photography of combustion in diesel engines has been carried out by a number of investigators [11-13]. In these investigations the test engines had combustion chamber geometry close to those of real engines. The combustion chamber was provided with optical windows to photograph combustion events starting from fuel injection at several thousand frames/second. Laser or normal light is used to illuminate the inside of engine cylinder. Many of these studies have used open chamber engines with a combustion bowl in the piston. Combustion of a single spray has been studied and photographed in rapid compression machine. The rapid compression machine is a piston- cylinder assembly where air or fuel-air mixture is rapidly compressed to the pressure and temperature achieved in a typical engine and the mixture is held there for further studies.

The diesel combustion photographic studies show that mixture is non-uniform in composition. Studies on single spray in rapid compression machine as well as in open chamber diesel engines reveal that very shortly after the fuel injection (5 to 8° CA after start of injection in the engine) as the spray penetrates into the combustion chamber, first luminous combustion is detected. The combustion is seen to begin near the edge of spray in the fuel vapour-air mixture region away from the liquid fuel containing spray core. The ignition appears occur in small pockets where fine fuel droplets have evaporated and formed combustible mixture and the mixture is at appropriate temperature. The luminous combustion zone is yellow in colour showing fuel- rich combustion .Soon after, the luminous zone spreads rapidly along the outside of spray indicating that combustion begins at several locations. Within 1 to 2° CA the flame surrounds the spray enveloping it. This luminous zone has low luminosity of pre-mixed combustion type. Within a short period the combustion spreads towards spray tip and also towards core. The flame luminosity increases and is high similar in appearance to the gaseous diffusion combustion flames. Then, the flame spreads into the space between the spray jets and deeper into the combustion chamber bowl. In some of the studies, about half of the fuel was injected up to the instant when flame reached the spray tip close to the combustion bowl edge. The remaining fuel was injected into the burning gases, which was seen to generate a cloud of smoke that moves outwards. The smoke clouds gradually diminish in size as they mix with air and combustion continues during the expansion stroke. Combustion is complete well after the end of injection. Near the end of combustion some large droplets that have been injected towards the end of injection were observed to be burning as individual droplets.

Photographic studies on the engines with swirling air motion show that the spray tip is deflected by swirl in the direction of air motion. The time of first appearance of luminous combustion although is not very much affected by the air swirl. However, with high swirl the combustion zone rapidly spreads outwards in the spray and in the space between spray jets. Once the ignition starts, air swirl has been seen to enhance combustion rate significantly.

Conventional and Dec's Combustion Models

Based on the photographic studies and physical phenomena governing spray formation, fuel air mixing and combustion, conceptual models for diesel engine combustion have been proposed. One of the early spray combustion models for a quiescent (no air motion) combustion chamber DI diesel engine represented the distribution of fuel-air equivalence ratio in the spray as shown on Fig. 4.8. Diesel spray has a dense fuel-rich core. The droplets on the boundaries of spray are smaller, which evaporate faster and thus the spray very quickly is surrounded by fuel vapour –air mixture. The fuel air equivalence ratio is highest in the core at the spray axis. The spray core is surrounded by regions having progressively leaner fuel-air ratio mixture such that it reduces to zero at the spray boundary where air alone is present. The spray core has ϕ greater than the rich flammability limit, ϕ_R. The region adjacent to the core is identified as rich flammable region having ϕ between ϕ_R and $\phi =1$. The next region is identified as the lean flammable region (LFR) having fuel equivalence ratio between stoichiometric and lean flammability limit (ϕ_L) i.e., $1> \phi > \phi_L$. And, the outer most region has $\phi < \phi_L$, where the mixture being leaner than the lean flammable limits combustion cannot be sustained. This region is known as lean flame blow out region (LFOR). The spray boundary is characterized with

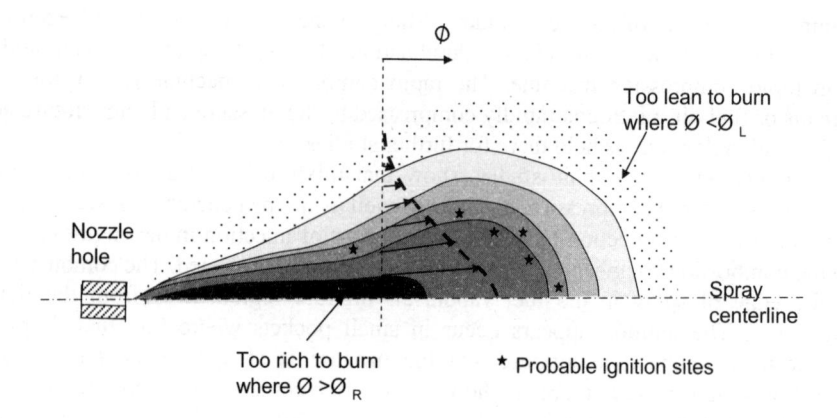

Figure 4.8 Schematic of fuel spray development on injection in quiescent air and a simple conceptual model of diesel combustion. Equivalence ratio distribution in spray is shown qualitatively.

$\phi = 0$ beyond which no fuel exists. The combustion chamber of many direct injection engines, particularly the small engines are designed with intake generated air swirl motion to enhance rate of fuel-air mixing and combustion. As there is relative motion in the radial and tangential direction between the spray and air, the spray is deflected towards downstream of swirl air motion. Important difference from the spray in stagnant air is that spray penetration is reduced and a larger region having vaporized fuel downstream of liquid containing core is formed.

The early models proposed that combustion begins in the spray region having $\phi \approx 1$ and it spreads to the rich and lean flammable mixture in the spray. From the studies using laser sheet imaging of spray cross section Dec [12, 13] proposed a somewhat different diesel combustion model than the above. The idealized model proposed by Dec for a direct injection diesel engine is summarized in Fig 4.9. Significant events taking place with time in axial plane of diesel spray are shown schematically on this figure. The model shows regions of liquid fuel, fuel vapour-air mixture, emergence of the poly-aromatic hydrocarbons (PAHs), chemiluminscence emissions, diffusion flame, and emergence of soot and soot concentration. This combustion model has tried to explain the events taking place from the start of injection to the early part of mixing controlled (diffusion) combustion.

On injection, the liquid fuel jet initially grows rapidly and then it slows down as the hot air is entrained along the sides of spray which vaporizes the fuel. A fuel vapour- air region develops. Throughout the process, the liquid fuel jet length remains nearly constant. Bulk of the vaporized fuel is contained in the head of the spray jet, and the head vortex has a well defined boundary separating it from the surrounding air. The fuel vapour-air mixture region is more or less uniform in composition. Immediately prior to ignition, the fuel vapour and air in the head vortex region have been estimated to have mixed to a very rich mixture with fuel-air equivalence ratio in the range $2 < \phi < 4$.

In the premixed head vortex region, formation of PAHs is manifested by chemiluminscence emissions signalling start of combustion. The formation of PAHs would be as a result of pyrolysis and breakdown of fuel molecules needing temperature in the region of 1300-1600 K. Such high temperatures are possible only as a result of combustion reactions showing that the premixed combustion begins in rich mixture regions. The early stage of premixed combustion after ignition is partial oxidation of fuel in the rich premixed region. As the initial premixed combustion begins in rich mixtures, soot formation randomly takes place in the premixed rich region at several locations. The soot containing pockets multiply very rapidly and fill the entire fuel vapour-air mixture region. The soot is formed at several sites inside the premixed region as expected in the premixed combustion. The

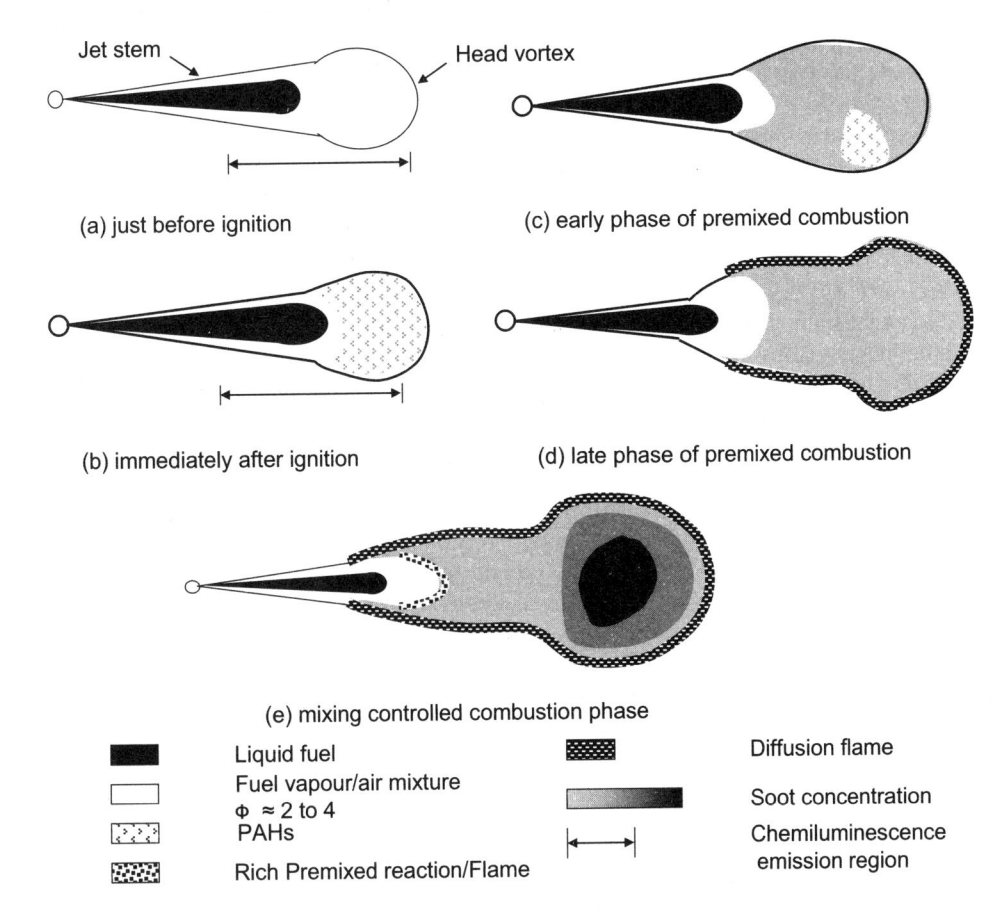

Figure 4.9 Diesel spray development and combustion model. Adapted from Dec [13].

first appearance of soot is not observed at the edges of this region as that would have meant that soot formation starts in diffusion combustion region. Soot formation during premixed combustion is very rapid. The time taken from the stage when soot is completely undetectable to the stage when soot has spread over the entire leading region of the spray jet was measured to be about 70 μs. The concentration of soot is nearly uniform throughout the region.

The ignition starts in the rich premixed region with fuel-air equivalence ratio between 2 and 4. This is where this model differs from the earlier models which proposed the ignition to start in the near stoichiometric regions. In the remainder of the premixed combustion the jet continues to grow and penetrate further in the combustion chamber.

The second stage is diffusion combustion of the partial oxidation products of the first stage i.e., the rich premixed combustion. A turbulent diffusion flame forms at the edges of the spray around the partial oxidation products of the first stage. Here in the diffusion flame, the partial oxidation products burn in near stoichiometric proportion. The diffusion flame completely encircles the downstream portion of the jet and head vortex. The premixing is governed by the air entrained upstream of the premixed flame. The air entrainment takes place between the nozzle and base of the diffusion flame. The soot concentration continues to increase throughout the soot forming region along the stem of spray and is maximum near the leading edge in the head vortex region. As the gas recirculation occurs in the head vortex the soot particles also recirculate along with gas and grow in size. Larger soot particles however, are formed at the jet periphery in the diffusion flame.

Mixing controlled combustion was seen to begin after about 1.3 to 1.5 ms from start of fuel injection. The flow field being turbulent, there are small variations in jet structure from cycle to cycle but overall the features of the spray jet remain consistent and do not change significantly and the jet reaches a quasi-steady condition until the end of injection. The model proposed by Dec and co-workers for fully developed diesel spray combustion is summarized in Fig. 4.10. In this conceptual model, the second phase is not completely mixing controlled but the fuel first passes through a very rich premixed combustion stage with fuel-air equivalence ratio between 2 to 4 and then burns in the diffusion flame that envelops the leading edge. The fuel-vapour temperatures from initial conditions of around 700K rise to nearly 1500 K in the premixed reaction zone and to about 2700 K in the diffusion flame at the edges of spray jet. In the premixed combustion reactions occurring inside the jet only 10 to 15 % energy is released. The bulk of fuel energy i.e., 85 to 90 % is released in the diffusion flame combustion.

The conceptual model given by Dec still needs to include and explain some combustion events and processes that occur in real engines. The model proposes that the mixing controlled combustion takes place only in a thin luminous flame region around the periphery of the spray. The products of rich pre-mixed zone combustion burn in this thin region as they mix with air. Mixing caused by the interaction of jet with the combustion bowl sides in practical DI engines is not included in the model. As the premixed combustion is assumed to occur in very rich mixtures with ϕ = 2 to 4, its role in the initial heat release rates and in NO formation appears to be far less important than what has been observed in other investigations especially for the naturally aspirated engines.

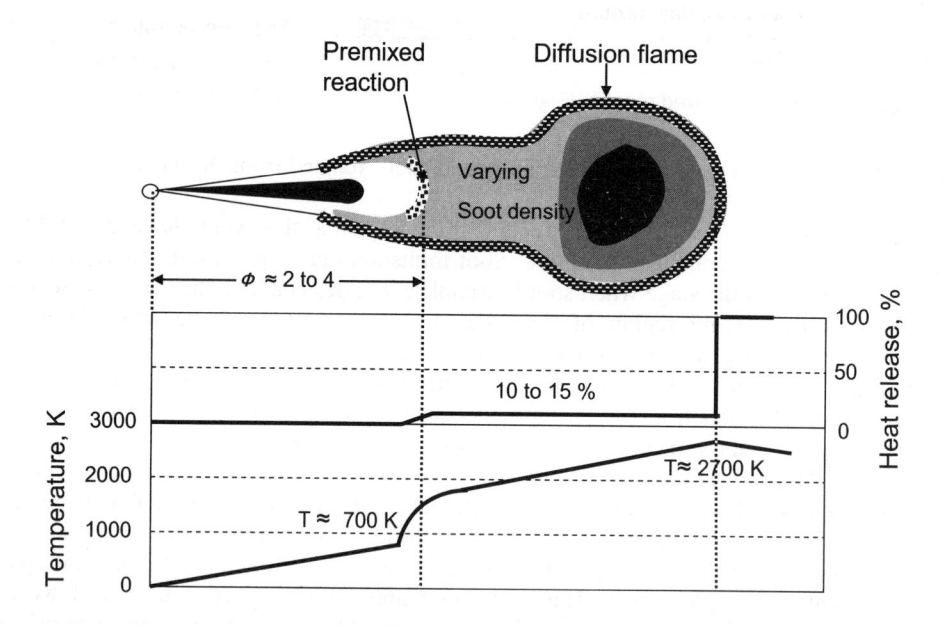

Figure 4.10 Summarized Dec's diesel combustion model [14].

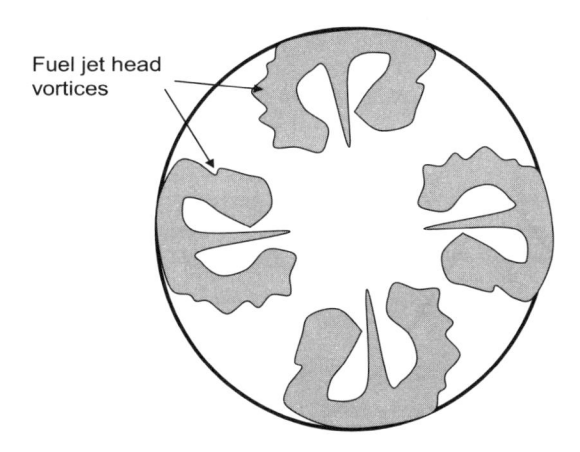

Figure 4.11 At the end of injection the diesel spray jets fold up on coming into contact of chamber walls and roll back [15].

At the end of injection, the premixed combustion zone disappears as the later was maintained by the momentum of incoming fuel. The spray jet detached from nozzle moves outwards and the jet stem rolls into the head vortex. The head vortex collides with the cylinder walls and spreads along the cylinder circumference. It rolls back into the combustion chamber when encounters the adjacent jet head vortices. The soot and products of partial oxidation continue to burn in the diffusion flame and in the hot burned gases in the cylinder.

4.3 DIESEL COMBUSTION PROCESS CHARACTERIZATION

Based on the observations of combustion photography and measured combustion pressure - time history, the diesel engine combustion process is considered to consist of three distinct phases: *ignition delay, pre-mixed combustion,* and *mixing controlled combustion*. The liquid fuel on injection goes through the processes of atomization into fine droplets, vaporization and mixing with hot air, and precombustion chemical reactions leading to auto-ignition that starts combustion. The time interval between start of injection and start of combustion is called *ignition delay*. The combustion starts at multiple sites in the rich premixed region in the spray and spreads along the edge of spray rapidly burning the fuel vapour-air mixture that forms around the liquid spray core and at the leading edge of the spray during ignition delay period. As discussed above, the newer investigations show that ignition starts in rich premixed mixture zone with ϕ in the range from 2 to 4 and burns at the boundary of spray in diffusion flame at near stoichiometric ratio. During premixed combustion period, pressure and temperature increase rapidly within the cylinder. This phase is termed as *pre-mixed combustion* and sometimes is also called *rapid combustion phase*.

At the start of combustion in DI engines, it is estimated that nearly 70 to 95 % of the fuel injected by then has already vaporized but only 10 to 35% would have mixed forming mixture within flammability limits [1]. The fuel continues to be injected even after combustion has started. The rate of combustion of the fuel that is injected after combustion has begun is controlled by the rate at which it gets atomized, vaporizes and mixes with air. As bulk of the cylinder volume is now inflamed, the incoming fuel burns as soon as it gets vaporized and forms combustible mixture. The temperature and

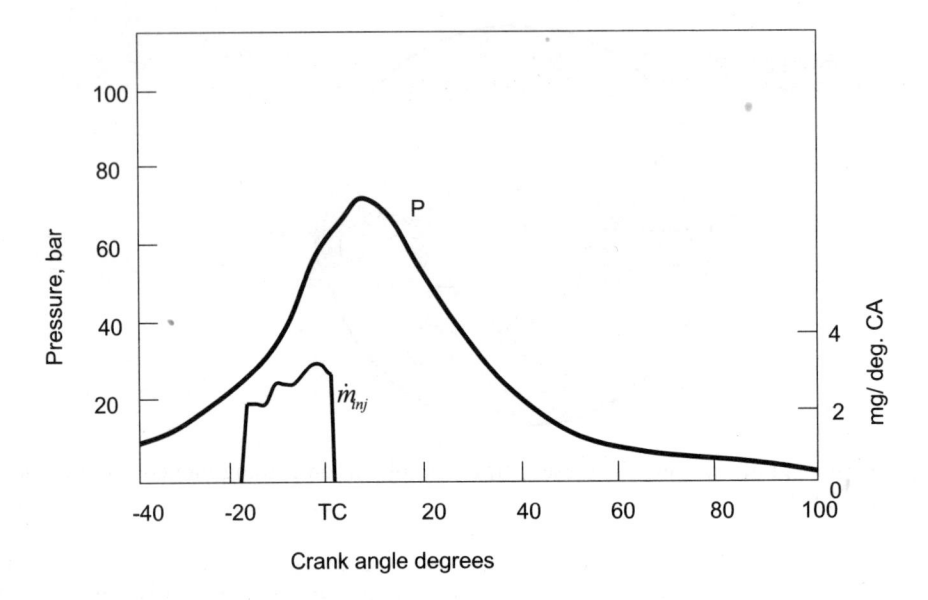

Figure 4.12 Typical cylinder pressure- crank angle history and rate of fuel injection curve for a DI diesel engine.

pressure in the cylinder at this stage are much higher than at the start of combustion and therefore, the vaporization of fuel is much faster and rate of fuel-air mixing is the controlling factor. This phase of combustion therefore, is called as *mixing controlled combustion*. The combustion of fuel continues long after the end of injection. The overall combustion period is much longer in the range of 40 to 50 °CA compared to fuel injection duration which is around 20 °CA at full engine load operation.

Figure 4.12 shows typical cylinder pressure and mass rate of fuel injection (or needle lift) versus crank angle curves for a direct injection diesel engine. Between the start of injection and start of combustion there is a delay of 9° CA. The start of combustion is identified by a sudden increase in the slope of P-θ curve. The point when combustion starts and pressure suddenly departs away from the compression pressure is characteristic feature of combustion P-θ history for DI diesel engines and is easily noticeable on the P-θ diagram. Initially a high rate of pressure rise is observed and the pressure increases rapidly for a few degrees of crank angle. This is followed by a relatively slow pressure rise to the peak pressure that occurs in this case at about 5° atdc. Subsequently, as the piston goes down expansion of gases lowers the cylinder pressure and temperature although combustion of part of the fuel still continues.

A qualitative heat release rate diagram and injection characteristics for DI diesel engine are shown on Figure 4.13. On this figure, the different phases of combustion as described below are also marked.

*Ignition delay (*a-b): No heat release occurs up to the point at which fuel injection starts (point a). Soon after the start of fuel injection a small dip is observed showing negative heat release rate due to heating and vaporization of fuel. Then, owing to precombustion reactions heat release slowly begins and combustion starts at point b, marking the end of ignition delay when the heat release rate suddenly rises. The point 'b' can be identified by the slope of P-θ curve as mentioned earlier or from the calculated heat release rate.

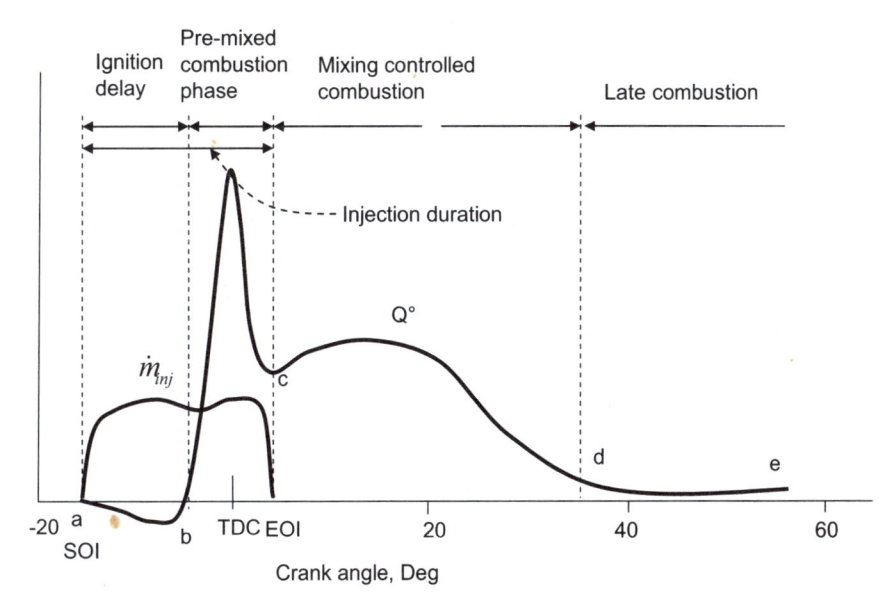

Figure 4.13 Fuel injection rate and heat release rate diagrams for a DI diesel engine identifying different combustion phases.

Premixed Combustion Phase (b-c): This period corresponds to very high heat release rates and rapid increase in cylinder pressure. During this phase, all the fuel that has vaporized and mixed within flammable limits during ignition delay period is thought to burn rapidly within the period of a few crank angle degrees.

Mixing Controlled Combustion Phase (c-d): Once the premixed fuel and air are burnt the rate of heat release falls sharply from the peak rates observed. The rate of combustion and hence the heat release rate now depends on the rate at which fuel already present plus that is being injected in the cylinder gets vaporized and mixes with air forming combustible mixture. As the rate of combustion during this phase is controlled by the rate at which fuel vapours diffuse into and mix with air, this phase is also called 'diffusion combustion phase'. A second peak in the heat release rate, generally much lower than the first peak, may be obtained depending on the rate of fuel injection, vaporization and mixing. This is the main heat release period and its duration is about 30 to 40°CA. Nearly 80 percent or more of total heat is released during premixed and mixing controlled combustion phases. After this, the heat release rate gradually decreases.

Afterburning or *late combustion phase* (d-e) is the last phase of combustion and it is not so distinct as the other phases proceeding it. At the end of mixing controlled combustion phase some fuel might have remained unburned and some partially burned products like soot from fuel rich regions are also present. Mixing of the left over unburned fuel and incomplete combustion products with high temperature air leads to completion of combustion. Combustion continues almost throughout the expansion stroke. As the expansion stroke progresses combustion reactions slow down and eventually get extinguished. However, as 30 percent or higher than the stoichiometric air is present in the cylinder, combustion by this time is nearly completed. During afterburning period 15 to 20 percent of the total heat could be released.

Ignition Delay

To measure the ignition delay start of injection and start of combustion are to be determined. Start of injection can be determined from the injector needle lift or injection rate curve and is the point at which injector needle lifts from its seat. A needle lift transducer is fitted to injector to obtain this signal. The instant at which combustion begins may be obtained from P-θ curve or from the calculated heat release rate diagram. For the DI diesel engines, the point of sudden change in slope of P-θ curve indicating start of combustion is very clearly marked. For the IDI engines however, as the change in the slope of P-θ curve is very gradual, a comparison of firing engine P-θ curve with compression pressure curve (without fuel injection) may be used to determine the crank angle at which combustion starts. Another method is based on the calculated heat release curve obtained from the experimental P-θ history. Start of combustion is the point of sharp increase in slope of the heat release rate curve that occurs after the start of injection.

The fuel after injection in the engine cylinder has to undergo several physical and chemical processes before it is ready for combustion and gets ignited. The physical processes include fuel atomization, evaporation and mixing with air, and chemical processes consists of precombustion reactions in the mixture of fuel, air and residual gases leading to autoignition. The ignition delay may be taken to have two components (i) physical delay and (ii) chemical delay. However, the two components are inseparable as the oxidation reactions occur even when the fuel is in liquid phase and also while the fuel vapour and air are mixing. Besides oxidation, other types of chemical reactions that occur are cracking of large fuel molecules into smaller molecules.

The physical processes are influenced by several parameters. Fuel atomization is affected by injection pressure, nozzle orifice size and design, cylinder air pressure, and fuel viscosity. Fuel evaporation rates depend on the droplet size distribution, droplet velocities, air temperature and pressure, and fuel volatility. Under diesel engine conditions, evaporation time for a 25μm dia. droplet is less than 1 ms. A significant number of 10μm or smaller droplets are present in diesel spray and these will evaporate quickly. A minimum of 12 to 13:1 compression ratio is necessary at normal atmospheric air temperatures to obtain sufficiently high air temperature for quick fuel evaporation. In spray, as the first fuel evaporates temperature of its immediate surroundings drops due to absorption of latent heat of vaporization of fuel. Vaporization the fuel also results in an increase in vapour concentration in the surrounding air. These two factors combined together reduce the subsequent rates of fuel evaporation and a thermodynamic equilibrium called adiabatic saturation is reached. However, within about 1 ms time nearly 75 to 90 percent of fuel injected is evaporated. Fuel air mixing is governed by several factors such as the number of holes and their location, spray penetration, spray cone angle, air swirl and turbulence, combustion chamber design etc.

It has been observed that in the DI engines physical processes are not the controlling factors for the delay period as enough fuel-air mixture is quickly formed to start combustion for all the configurations of injector and combustion chamber designs used in practice. The physical factors are more important in IDI diesel engines as fuel atomization is not very good due to low injection pressures and rapid mixing does not occur during the delay period. In the DI engines, the factors affecting the chemical processes such as the air temperature, air pressure and fuel composition are main parameters that control the delay period.

Ignition delay data obtained from combustion bomb experiments, rapid compression machines and engines have been correlated by an equation of the form as below;

$$\tau_{id} = AP^n \phi^m \exp\left(\frac{E_A}{RT}\right) \quad (4.10)$$

constant A, the exponent n and m depend on the design of engine combustion system. The activation energy, E_A is a function of fuel composition. From the data of different investigations $n = -0.8$ to -1.9 and $m = -1.6$ to -1.9 have been obtained [9]. Effect of ϕ has been found to be insignificant in some investigations and it is not necessary to include fuel - air ratio in the correlation. Hiroyasu et al [10] measured ignition delay in a constant volume combustion bomb by injecting fuel in gas having varying amount of oxygen. Gas pressure was varied from 1 to 30 bars and the temperature from 673 to 973 K. The constants in Eq. 4.10 neglecting ϕ, for light diesel oil (CN= 45 to50) when injected in standard air (21% moles of oxygen) were determined as; $A = 0.276$, $n = -1.23$ and $E_A/R = 7,280$. For n-hexadecane, the corresponding parameters were 0.872, -2.10 and 4,050.

The correlation given in Eq. 4.10 is based on average charge temperature and pressure during the delay period. The charge temperature and pressure in an engine however, vary during the delay period due to piston motion. This effect can be accounted for by using pressure and temperature over a small time interval to calculate the delay for that pressure and temperature. The delay calculated at the pressures and temperatures corresponding to small time intervals may be integrated over the entire delay period as below;

$$\sum_{t_{inj}}^{t_{inj}+\tau_{id}} \left(\frac{1}{\tau}\right)\Delta t = 1 \quad (4.11)$$

where t_{inj} is the time of start of injection, τ is the ignition delay calculated for the pressure and temperature prevailing during the time step Δt. A simpler approach is to use average pressure and temperature during the delay period.

No universal formula for estimation of delay period that is applicable to majority of engines is available. A large number of correlations are available and each gives a different value of delay for the same input data. This is due to several factors like no uniform method is used for determining start of injection and start of combustion crank angle, or for selection of average temperature and pressure data and for selection of value of activation energy for practical fuels etc. An error of 0.5° CA in determination of start of injection or the start of combustion can cause an error of 8 % for a delay period of 6° CA. Mass averaged temperature is used in the correlations while in reality it is the local temperature where ignition occurs is important. The calculated gas temperature in core could be lower by 20° K if the boundary layer effects on the hot walls are not considered. If the combustion chamber walls are cold the error in the calculation of average temperature could be nearly 50° C. For base temperature $T = 900$ K and $E_A/R = 7280$, an error of 20° K in air temperature results in 17% error in delay. Exact chemistry of test fuel is also not known. For example a change in value of E_A equal to 10 % can result in 30% change in the value of delay. These relations however, predict the trends that are close to those observed in actual engines.

The factors that influence charge temperature, pressure and spray development would also affect ignition delay. Combustion chamber design, compression ratio, injection timing, intake temperature and pressure, engine load, speed, and coolant temperature all affect the charge temperature. Spray development is influenced by injection timing, injection rate, droplet size and jet velocity. Many of these parameters interact with each other. The trends on the effect of these parameters on delay period for different combustion chamber designs are similar, although extent of the effect could be different. The effect of a few key variables on ignition delay is discussed below.

Effect of Engine and Operational Parameters on Delay

Injection Parameters

Injection rate and droplet size have been found to have negligible effect on delay. Use of very high injection pressures of about 200 MPa and nozzle holes of 0.1 mm gives very small droplets; the spray vaporizes very quickly and behaves like gas jet. The high momentum of such high pressure sprays increases mixing by a large extent compared to low pressure injection sprays. However during the delay period, as chemical processes have a dominant effect compared to physical effects increase in the injection pressure results only in a small decrease in delay. Of all the injection parameters, the effect of injection timing on delay is most significant. As the injection timing is advanced spray is injected into the charge that has lower temperature and pressure and hence, an increase in delay period results. Minimum delay is obtained for the injection timing (approximately 10 to 12° CA btdc) such that combustion starts close to top dead centre. If the injection timing is retarded too much and injection starts close to top dead centre, then although spray initially experiences high temperature and pressure of air, but very soon as the delay proceeds the gas temperature and pressure decrease due to downward motion of piston after top dead centre. It results in an increase of delay and combustion starts late into expansion stroke resulting in poor engine efficiency and performance.

As the engine load is increased, higher quantities of fuel are injected. At high loads, the chamber wall temperatures and residual gas temperature increase even when coolant temperature is maintained constant. Increase in injection quantity therefore, results in higher cylinder air temperatures at the time of injection and shorter ignition delay is obtained. If the increase in charge temperature is accounted for then, the injection quantity has little effect on delay. Delay measured in a steady flow reactor at fuel-air equivalence ratio, $\phi = 0.3$ to 1.0 is shown on a logarithmic scale against the inverse of temperature on Fig. 4.14. The ignition delay multiplied by pressure term P^2 is plotted against $1000/T$. All the data falls about a single straight line and correlates well with $1/T$ irrespective of the value of ϕ. This shows that the effect of temperature is predominant, and ignition would occur after the lapse of the same time period even when a small fuel quantity is injected in the same temperature and pressure air.

Engine Variables

Fundamental ignition studies show that the charge temperature at the time of injection up to 1000 K has strong influence on delay. Above 1000 K decrease in delay with increase in charge temperature is not very significant. Also, the ignition delay decreases with increase in charge pressure. The effect of charge pressure however, becomes lower as the temperature increases and delay becomes shorter. As the charge temperature and pressure at the time of injection and during delay period are very important variables, any engine parameter that influences these would have strong effect on ignition delay. An increase in engine compression ratio decreases delay. Supercharging or turbocharging boosts the inlet charge pressure and, inlet temperature is also generally higher than the ambient temperature. The higher compression pressure and temperature obtained due to supercharging result in shorter delay period. Effect of engine swirl is to reduce compression temperatures due to increase in heat transfer rates. On the other hand, high swirl tends to increase rates of fuel evaporation and mixing with air. As the two opposing effects of swirl are acting simultaneously, its effect on delay is small and unpredictable. During engine starting and at low engine speeds the effect of swirl on air-fuel mixing is more significant and also its effect on delay period.

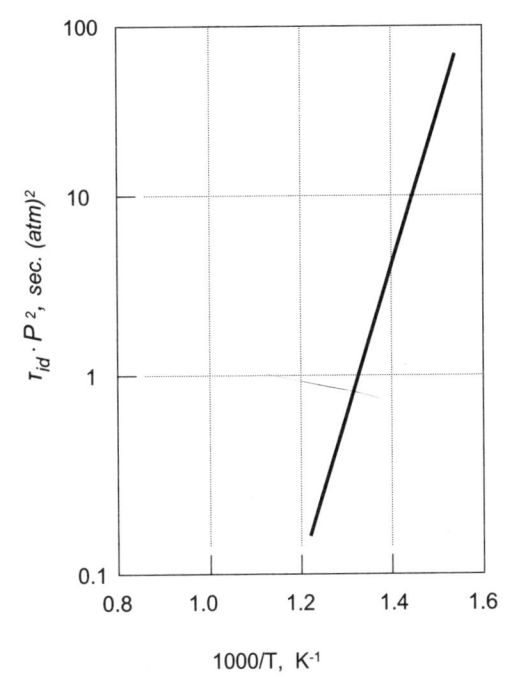

Figure 4.14 Ignition delay as a function of inverse of ambient gas temperature (1000/T). Straight line fits the data measured in steady flow reactor for diesel fuel at ϕ = 0.3 to 1.0. [1]

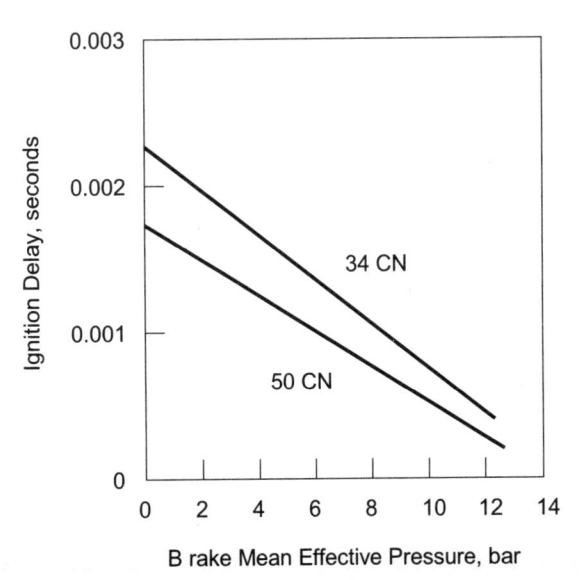

Figure 4.15 Effect of engine load and fuel cetane number (CN) on ignition delay for a turbocharged DI diesel engine, ambient temperature 25° C. Straight line fits well to the experimental data [16].

Operating Conditions

With increase in engine speed, delay in terms of crank angle increases almost linearly. There is a slight decrease in the absolute value of delay period in terms of milliseconds. As the engine speed increases compression temperature increases due to reduction in heat losses. The injection pressure also increases with increase in engine speed. These factors are responsible for slight reduction observed in absolute values of ignition delay. Effect of engine brake mean effective pressure on delay for naturally aspirated and turbocharged DI diesel engines is shown on Fig. 4.15. As discussed earlier, increase in injection quantity or engine load (bmep) decreases delay as the combustion wall temperatures increase and engine runs at higher temperatures.

Fuel Properties

As both the physical and chemical processes influence the delay period, physical properties (e.g., volatility) as well as chemical properties (cetane number, chemical structure) of fuel are important. The chemical properties of fuel however, have much higher effect on ignition delay. The chemical properties are characterized by ignition quality of fuel, which is measured in a standard test engine (ASTM Method D 613), and termed as cetane number (CN). The cetane number scale is defined in terms of blends of two pure hydrocarbons used as reference fuels, one is n- hexadecane or cetane (n-$C_{16}H_{34}$) given CN = 100 and another at lower end of the scale is hepta-methyl nonane (HMN) assigned CN = 15 . The diesel fuel ignition quality is discussed in detail in Chapter 9.

The cetane number is determined by measurement of ignition delay in the test engine. A large effect of CN on delay period therefore, is observed in diesel engines having various types of combustion systems and under different operating conditions. Effect of cetane number on ignition delay for a DI engine is shown on Fig. 4.15. Hardenberg and Hase [17] gave an empirical correlation for predicting delay period for DI diesel engines as given below;

$$\tau_{id} = (0.36 + 0.22S_p)\exp\left[E_A\left(\frac{1}{RT} - \frac{1}{17190}\right)\left(\frac{2.12}{P-1.24}\right)^{0.63}\right] \quad (4.12)$$

Ignition delay, τ_{id} is in degrees crank angle, mean piston speed, S_p (m/s), temperature T (K) and pressure P (MPa) are at top dead centre. R is universal gas constant (8.3143 J/mol.K). Here, the apparent activation energy of fuel, E_A is given in terms of cetane number (CN) as below;

$$E_A = \frac{618,840}{CN + 25} \quad (4.13)$$

Temperature, T and pressure, P during compression can be calculated using polytropic compression process relations as below:

$$T = T_0 r_c^{n-1} \text{ and } P = P_0 r_c^n \quad (4.14)$$

P_0 and T_0 are pressure and temperature at the beginning of compression and may be taken equal to inlet manifold conditions. The value of polytropic index for cold starting conditions may be taken equal to 1.15 to 1.2, and for warmed up conditions in the range from 1.28 to 1.35.

Fuel volatility expressed by mid-boiling point, T50 (50% evaporation point for fuel) is important for the point of fuel evaporation. Fuel density and T50 are inter-related and linked with the chemical composition of fuel. For petroleum fuels, an increase in density generally results in an increase in T50 (lower volatility). Heavier fuels have higher aromatic content and lower cetane numbers. ASTM calculated cetane index (CCI) based on fuel density and mid-boiling point is also used to describe ignition quality of diesel fuels that do not contain cetane improving additives. For straight run and non-additive treated fuels, ASTM cetane index and cetane number are numerically quite close.

Premixed Combustion

During premixed combustion the fuel that has had time to evaporate and mix with air during the delay period is burned. The rate of combustion and heat release during premixed phase is closely related to the length of ignition delay and the fuel injected during the delay period. As the delay period increases both the amount of fuel injected and fuel premixed with air increase. Therefore, as the delay period increases the rate of combustion and heat released during premixed phase also increase that result in a higher rate of pressure rise and higher peak combustion pressure. This however, is true only when increase in delay is obtained by adjustment of injection timing and the combustion starts nearly at the same crank angle.

In the engines change in a parameter affects combustion in many ways through interaction with and influence on other parameters. For example, if the amount of fuel injected is increased to study the effect of rate of injection keeping the injection duration the same, engine temperatures also increase reducing the ignition delay. Thus, the independent effect of a parameter on combustion is difficult to determine. The experiments in rapid compression machines have been used to study the effect of different parameters independently. The heat release rates obtained at two different fuel injection durations A and B (injection rate kept the same) and at two different injection rates A and C (injection duration kept same) in a rapid compression machine are compared on Fig 4.16 [18]. As seen from this figure, the ignition delay in the cases A and C is equal and is not affected by the rate of injection. Very high initial injection rates have been seen to reduce the delay period in engines. But, here the slope of initial injection rate curve was kept the same and delay observed also remained the same. Similarly, the amount of the total fuel injected or injection duration had no effect on ignition delay in the rapid compression machine. But, the first peak in the heat release rate which characterises the heat released during premixed combustion is much higher for the case C than the case A with lower fuel injection rate. Case A and B having the same injection rate, the first peak in the heat release rate curve is also equal. However, after the premixed combustion is over the diffusion burning rates increased with increase in injection rates as more fuel is present in the combustion chamber for burning.

The effect of delay on rate of pressure rise and peak pressure is more significant when delay is shorter than the injection duration. On the contrary, if the injection timing is held constant and delay becomes too long so that combustion starts late after top dead centre in the expansion stroke, then the piston motion interferes with the observed pressure development. Under these conditions with excessively long ignition delays, a decrease in rate of pressure rise and peak pressure is observed. Rate and amount of heat released during premixed combustion is related to roughness of combustion or diesel knock. The fraction of fuel that is burned during premixed phase, x_p has been empirically correlated with overall fuel-air equivalence ratio, ϕ and ignition delay by the following relation [19]:

$$x_p = 1 - \frac{0.9\phi^{0.35}}{\tau_{id}^{0.38}} \qquad (4.15)$$

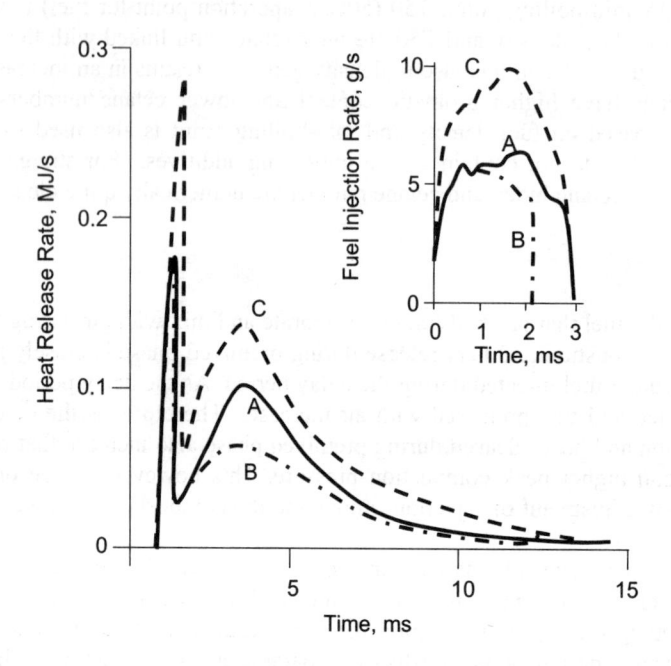

Figure 4.16 Effect of fuel injection rate and injection duration on heat release rate DI diesel combustion studied in a rapid compression machine. Adapted from [18].

As for a given engine ϕ increases with injection duration, the trends in the effect of injection duration and delay on fraction of fuel burned during premixed phase are predicted by this correlation. At the end of ignition delay before start of combustion, 70 to 95 % of the injected fuel is in vapour phase whereas only 10 to 35 % of the vaporized fuel gets mixed to within combustible limits [20]. Based on these estimates, on an average only about 20 to 25 % of the fuel injected by the end of delay period gets burned during premixed combustion in the DI engines. It shows that combustion in the premixed phase is limited by mixing rather than fuel evaporation. The balance of injected fuel burns during the mixing controlled combustion.

Long delay periods are not desirable in the conventional diesel engines as a large amount of fuel accumulates in the combustion chamber during the delay period. For the long delay periods, proportionately a larger amount of premixed fuel-air mixture is ready and burns rapidly as soon as combustion starts resulting in high rates of pressure rise and high peak combustion pressures. The high rates of pressure rise give noisy combustion that is known as 'diesel knock'. Continuous operation of engine with diesel knock can result into mechanical failure of engine components like the piston, cylinder head gaskets and bearings. In addition, engine may not meet the engine noise standards that are now being enforced.

The fundamental mechanism causing knocking combustion in CI and SI engines is the same in nature. It is the autoignition of fuel and air mixture that is responsible for combustion knock. The main difference is that knock in CI engines occurs right in the beginning as the combustion is initiated by autoignition of fuel. It is manifested as pressure oscillations on P-θ trace immediately after combustion begins, while in the knocking SI engines the pressure oscillations occur in the expansion stroke due to auto-ignition of the end gas. Rate of pressure rise in the diesel engines even during normal operation is sufficiently high so as to cause audible noise. It is the opinion of observer when the noise is considered to be excessive and combustion is termed as knocking combustion. On quantitative basis, it is generally considered that combustion is normal when $(dP/d\theta)_{max}$ is lower than about 0.3 MPa / °CA while the engine is considered to be definitely knocking if $(dP/d\theta)_{max}$ is greater than 0.7 to 0.8 MPa / °CA. To prevent knock or reduce combustion noise in the CI engines, ignition delay should be as short as possible. Therefore, practically all engine design and operational parameters e.g., higher compression ratio, charge pressure and temperature, coolant temperature, engine load etc., that lead to knock in the SI engines, are beneficial in reducing the diesel knock.

Mixing Controlled Combustion

The mixing controlled or diffusion combustion phase is the period extending from the peak combustion pressure to the point where still measurable heat release is taking place. It has been demonstrated by analytical and experimental studies on fuel vaporization, fuel-air mixing and heat release, that during this period combustion rate is limited by mixing process [9, 20]. The rate of mixing and combustion are observed to be comparable. The engine parameters like high injection pressure resulting in finer droplets and high injection velocities, and swirl that increase rate of mixing are observed to give high heat release rates during this phase. With increase in fuel injection rates, an increase in the rate of heat release occurs through out the combustion process as shown on Fig 4.16. Mixing controlled combustion duration with case C is longer indicating that the high combustion rates observed are not enough to burn the more fuel that is injected late. After injection ends, as the mixing rates remain practically the same in the case A and C it requires more time to burn the higher amount of fuel injected in case C compared to case A.. When the premixed phase has been completed before the end of injection as is applicable for the results presented in Fig. 4.16, combustion of the fuel injected after the end of premixed phase would be controlled both by the rate of injection and fuel-air mixing.

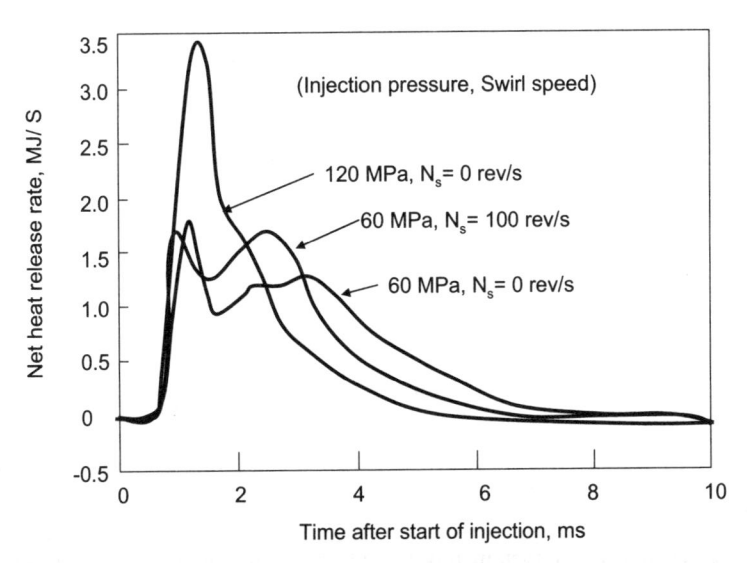

Figure 4.17 Effect of swirl and injection pressure on heat release rate in a study of diesel combustion in rapid compression machine [1].

Effect of swirl on heat release rates for DI diesel combustion simulated again in a rapid compression machine is shown on Fig. 4.17. In this figure results at a higher injection pressure are also compared The combustion chamber was disc shaped with compression ratio of 15.4:1. A 5-hole central injector was used. Use of air swirl resulted only in slight reduction of delay and lower first peak in heat release rate curve. After premixed heat release however, the mixing controlled combustion rates increased substantially with introduction of swirl. On the other hand, when the injection pressure was doubled from 60 to 120 MPa, it nearly doubled the maximum heat release rates obtained in the premixed phase. As a higher amount of fuel has already burned during premixed phase, heat release rates reduced substantially during the mixing controlled phase, the total amount of fuel injected being constant.

4.4 THERMODYNAMIC ANALYSIS

Direct injection diesel engines constitute bulk of the modern production diesel engines due to their high thermal efficiency. Even in the segment of small high speed diesel engines for passenger cars, DI diesel engine is replacing the IDI engine, which was commonly used until recently. In this text, a simplified thermodynamic analysis of DI diesel engine cycle is therefore, presented. For the DI engines, the cylinder content is a single open system. When the intake and exhaust valves are closed, across the system boundary the mass flows include: (i) fuel injected into the cylinder and (ii) crevice flow i.e., the gases leaking from the cylinder through the piston-cylinder contact zone. In the present analysis, crevice flow being small is neglected. For calculation of heat release rate, a single zone model approach assumes that the cylinder content are at a uniform temperature at each instant in time during combustion. Further, pressure inside the cylinder is taken as uniform.

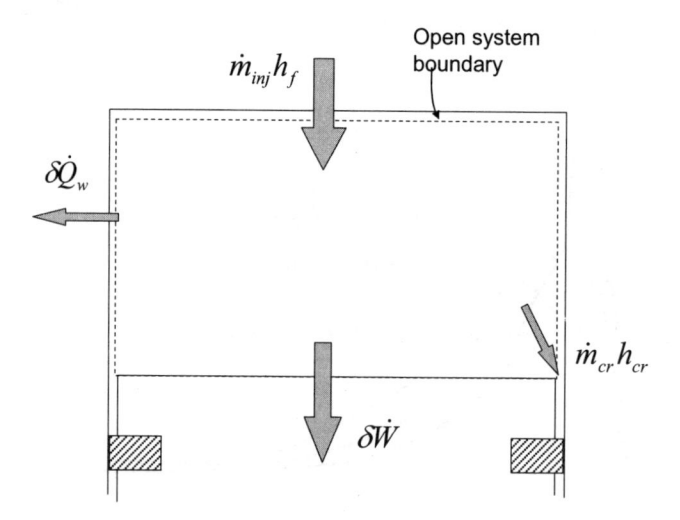

Figure 4.18 Thermodynamic open system representation of combustion chamber for heat release analysis

Referring to the Fig. 4.18, energy equation for this open system may be written as:

$$dQ + \Sigma \dot{m}_i h_i = dW + dU \tag{4.16}$$

Neglecting crevice flow $\dot{m}_{cr}$ and expressing the Eq. 4.16 with respect to crank angle θ,

$$\frac{dQ}{d\theta} - \frac{dQ_w}{d\theta} + \dot{m}_{inj} h_f = P\frac{dV}{d\theta} + \frac{dU}{d\theta} \tag{4.17}$$

Taking U as sensible internal energy of the cylinder charge and h_f the sensible enthalpy of the injected fuel, Q is the heat released on combustion of fuel and Q_w is heat transfer out of the cylinder. Sensible enthalpy of fuel, h_f is negligible compared to heat released on combustion. Neglecting sensible enthalpy of fuel we obtain the same equation for heat release rate as Eq. 3.16.

$$\frac{dQ}{d\theta} = P\frac{dV}{d\theta} + \frac{c_v}{R}\left(P\frac{dV}{d\theta} + V\frac{dP}{d\theta}\right) + \frac{dQ_w}{d\theta}$$

or

$$\frac{dQ}{d\theta} = \frac{\gamma}{\gamma-1}\left(P\frac{dV}{d\theta}\right) + \frac{1}{\gamma-1}\left(V\frac{dP}{d\theta}\right) + \frac{dQ_w}{d\theta} \tag{4.18}$$

For the air temperatures at the end of compression when combustion begins, value of γ may be taken equal to approximately 1.35. For the burned gases depending upon the prevailing fuel-air equivalence ratio, γ is in the range 1.26 to 1.30. The appropriate value of γ for heat release analysis in diesel engines therefore, may be taken in the range 1.3 - 1.35. For calculation of gross heat release rate due to combustion of fuel, heat transfer rate ($dQ_w/d\theta$) is to be included in the thermodynamic model. Heat transfer during combustion period accounts for 15 to 25 percent of the total energy released on combustion of fuel. A heat transfer rate model based on Woschni's formulation used for IC engines has been discussed in the Section 3.4.1. The cumulative gross heat release should be equal to the fuel chemical energy, Q_{ch} and is given by

$$Q_{ch} = m_f \cdot Q_{LHV} = \int_{\theta_1}^{\theta_2} \frac{dQ}{d\theta} d\theta \tag{4.19}$$

where θ_1 and θ_2 correspond to the start and end of combustion.

In this analysis, latent heat of vaporization of fuel and the energy required to heat the fuel vapour to the compressed air temperature have been neglected. These together accounts for 1 and 3 percent of the total fuel energy released. More detailed analysis of heat release rate includes crevice flow and models for gas properties during compression, combustion and expansion. Accuracy of heat transfer and crevice flow models is important for accuracy of such complex heat release analytical models.

The single zone model approach discussed above is quite useful for engineering applications. In the above analysis gas is modelled as air. In reality, the cylinder gases consist of air, hot residual gases, liquid fuel and fuel vapours.

Heat release modelling can be further improved assuming the following:

(i) The real intake charge consists of air and residual gas which may be taken as fully mixed.
(ii) It may be assumed that as the combustion begins fuel introduction rate is equal to the fuel burning rate. Liquid and vapour fractions of the fuel are not included separately in such simplified models.
(iii) The fuel-air equivalence ratio of the system starts with zero and it increases to the final overall value for the engine.
(iv) The total system is taken homogeneous in temperature and composition and in thermodynamic equilibrium. As high temperature zones are neglected, the effects of dissociation on gas composition and properties are small.

The term for fuel enthalpy is introduced in the energy equation. The enthalpy of the fuel includes the chemical energy i.e., heat of formation as below,

$$h_f = h_{fs} + \Delta h^0 \tag{4.20}$$

Following Krieger and Borman [21], the first law energy equation for the cylinder as open system with injected fuel included explicitly is,

$$\frac{d}{dt}(mu) = -P\frac{dV}{dt} - \frac{dQ_w}{dt} + h_f \dot{m}_f \tag{4.21}$$

m is mass in cylinder and the mass conservation equation is:

$$\frac{dm}{dt} = \dot{m}_f \tag{4.22}$$

The ideal gas equation in differential form is

$$P\frac{dV}{dt} + V\frac{dP}{dt} = R\left(T\frac{dm}{dt} + m\frac{dT}{dt}\right) \tag{4.23}$$

As dissociation has been neglected, internal energy is a function of temperature and fuel-air equivalence only.

$$u = u(T, \phi) \tag{4.24}$$

Hence, differentiation of Eq. 4.24 with respect to time gives:

$$\frac{du}{dt} = \frac{\partial u}{\partial T}\frac{dT}{dt} + \frac{\partial u}{\partial \phi}\frac{d\phi}{dt} \tag{4.25}$$

Mass of air in the cylinder may be taken constant neglecting crevice flow. It may also be assumed that no residual fuel from the previous cycle is present in the cylinder at the start of injection. Then, the fuel-air equivalence ratio in the cylinder increases solely due to the fuel injection. Fuel air equivalence ratio at a given instant in the cylinder is:

$$\phi = \frac{m_f}{m_a} \frac{1}{(F/A)_s} \qquad (4.26)$$

on differentiation the Eq. 4.27 gives;

$$\frac{d\phi}{dt} = \dot{m}_f \frac{1}{m_a (F/A)_s} \qquad (4.27)$$

also,

$$\frac{d\phi}{dt} = \phi \frac{\dot{m}_f}{m_f} \qquad (4.28)$$

and,

$$c_v = \frac{\partial u}{\partial T}$$

Combining Eqs. 4.21 to 4.28 and using dot notations for time derivatives gives the following expression for the rate of fuel mass burning:

$$\dot{m}_f = \frac{[1+(c_v/R)]P\dot{V} + (c_v/R)V\dot{P} + \dot{Q}_w}{h_f + c_v T - u - (m/m_f)(\partial u/\partial \phi)} \qquad (4.29)$$

and, heat release rate

$$\dot{Q} = \dot{m}_f Q_{LHV} \qquad (4.30)$$

The Eq. 4.30 is solved numerically using the measured values of P and $\dot{P}$. The V and $\dot{V}$ are obtained from engine geometry. The partial derivatives of internal energy ($\partial u/\partial \phi$ and $\partial u/\partial T$) are obtained from an equilibrium combustion product computer programme. Heat transfer to cylinder walls is computed at each time step from a suitable model. From the Eqs 4.23, 4.28 and 4.29 we can calculate T, ϕ and m_f, and their derivatives $\dot{T}, \dot{\phi}$ and $\dot{m}_f$ as functions of time and crank angle.

Heat release computations using the above approach are presented in Figure 4.19. The figure shows typical pressure-time trace and calculated fuel mass burning rate for a DI diesel engine. Integration of fuel mass burn rate over the combustion period gives the total fuel burned that should be very close to the fuel injected. As all the fuel injected into the cylinder does not burn to the products of complete combustion even when sufficient air for combustion is available, some discrepancy would be obtained on the calculated fuel mass burned and the measured amount of fuel injected. The calculated fuel mass typically may be 2-5% lower than the measured mass of the injected fuel. The rate of fuel mass burned when multiplied by the heat of combustion of fuel gives heat release rate as a function of time. It may be mentioned that accurate measurement of cylinder pressure and its corresponding time

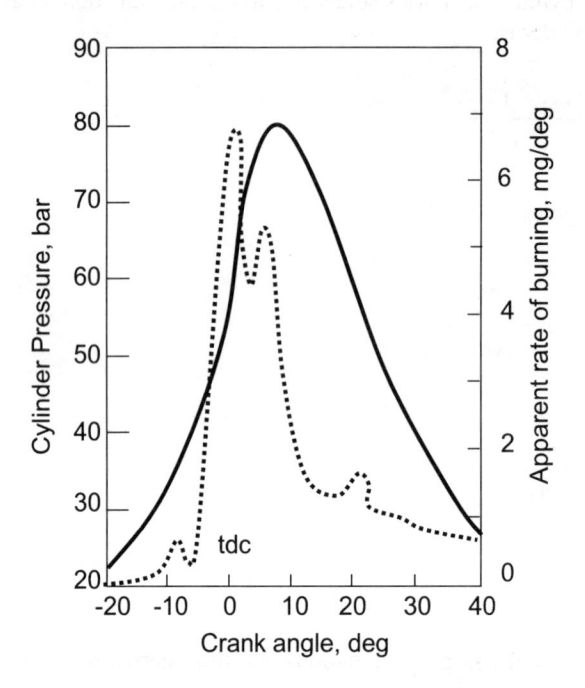

Figure 4.19 Engine cylinder P-θ trace and computed heat release rate as a function of θ calculated from Equation 4.29. Heat release rate curve shows two peaks Adapted from [21]

coordinate (crank angle) is one of the most important requirement for accurate heat release analysis. An error of 2 ° CA in the position of crank angle and in the resulting pressure phasing can cause more than 5% error in heat release. Comparatively, an error of 50% in calculation of heat transfer loss to walls results only in 5% change in heat release.

Empirical Heat Release Rate Correlations

Typical heat release rate curve for DI diesel engines has two peaks. First peak occurs during premixed combustion due to rapid combustion of part of the fuel injected during the delay period. Height of the first peak depends on the injection rate and the length of delay period.. The second peak occurs during mixing controlled combustion. Heat released during this period depends on the injection duration. As the engine load is increased, the injection duration increases that results in a longer duration of mixing controlled combustion phase and higher heat release during this period. Heat release analysis described earlier is useful in understanding the effect of different design factors. However, if a mathematical function to describe heat release rate is available it can be used in thermodynamic cycle calculations for parametric studies to predict the trends on the effects of different design variables.

Wiebe function has been commonly used to fit experimental heat release rate in internal combustion engines. Two Wiebe functions were combined by Miyamoto et al. [22] to give dual peaks as is observed in the diesel engine heat release rates. This dual Wiebe function with seven parameters is represented by:

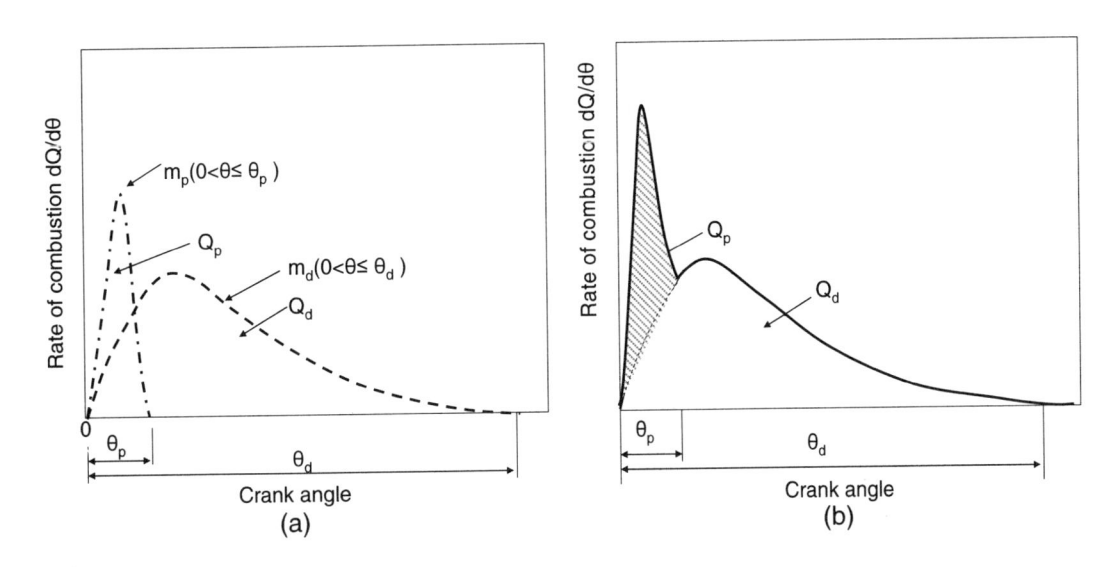

Figure 4.20 (a) Two Wiebe heat release rate functions for (i) premixed and (ii) mixing controlled combustion (b) The premixed heat release rate superimposed on mixing controlled rate to provide a combined dual Wiebe function for simulating diesel engine heat release rate [22].

$$\frac{dQ}{d\theta} = Cm_p \left(\frac{Q_p}{\theta_p}\right)\left(\frac{\theta}{\theta_p}\right)^{m_p-1} \exp\left[-C\left(\frac{\theta}{\theta_p}\right)^{m_p}\right]$$

$$+ Cm_d \left(\frac{Q_d}{\theta_d}\right)\left(\frac{\theta}{\theta_d}\right)^{m_d-1} \exp\left[-C\left(\frac{\theta}{\theta_d}\right)^{m_d}\right] \quad (4.31)$$

where the subscripts p and d denote premixed and mixing controlled (diffusion combustion) phases, respectively.

C = an arbitrary constant,
θ_p = duration of premixed phase in °CA
θ_d = duration of mixing controlled combustion phase in °CA
m_p, m_d = adjustable shape factors for the function

The dual Wiebe function is presented graphically in Fig. 4.20. Diffusion or mixing controlled combustion is taken to start as soon as combustion begins at $\theta = \theta_0$. The dual Wiebe function for heat release rate was evaluated for DI and IDI engines. For both types of the diesel engine, C = 6.9, m_p= 4 and θ_p = 7° CA gave good fit in the experimental data when m_d = 1.5 for DI and m_d = 1.9 for IDI engines were used. For the engine designs tested the parameters C, m_p, m_d and θ_p were found to be more or less independent of the engine speed, load and injection timing.

4.5 SUMMARY

The DI diesel engines being the most fuel efficient IC engines combustion processes in these engines have generated high interest of the researchers. The mixture is formed by direct injection of fuel in the cylinder and combustion is governed by fuel-air mixing rates that are controlled by injection parameters and air motion. The diesel combustion being heterogeneous is more complex than combustion in the SI engines. The fuel injection process is central to diesel combustion. Fuel atomization, spray penetration are discussed in this chapter. Sauter mean diameter is a useful parameter to characterize spray atomization. High injection pressures of 150 MPa or greater give good atomization and mixing rates.

Due to entrainment of air in spray, ignitable mixture is produced very quickly so that the ignition delay is primarily a function of gas temperature and pressure. The first part of fuel that has premixed during the delay period burns quickly which causes a rapid rise in the cylinder pressure and temperature. The fraction of fuel burned as premixed is higher in the naturally aspirated engines than the turbocharged engines. High temperatures obtained during premixed combustion would influence formation of pollutants like NO and also combustion of soot.

The mixing controlled combustion accounts for bulk of heat release and occupies nearly 80 % of the total combustion duration. Simplified thermodynamic combustion models have been discussed to compute heat release rates. Such models are used to demonstrate the trends in the relationship between engine variables and heat release rates.

PROBLEMS

4.1 In a diesel spray a simple drop size distribution is:
10 % drops have a diameter of 5 µm,
20 % drops 10 µm,
40% drops 20 µm,
0% drops 30 µm and the balance
10% drops 40 µm,
Calculate SMD for the spray.

4.2 Calculate average injection pressure, spray break up length and penetration at the end of injection using the following data:
Injector has 4-holes, hole diameter = 0. 15 mm, Fuel delivery per stroke per cylinder = 60 mm^3, injection duration = 1.6 ms, air density = 25 kg/m^3, fuel density = 850 kg/m^3, cylinder pressure at the time of injection is 5.5 MPa. Use the coefficient of discharge for nozzle = 0.7.

4.3 For the data given in Problem 4.2 what would be the spray penetration if the swirl ratio is 3.5. Engine speed is 3000 rpm.

4.4 Using Eqs. 4.4 and 4.5 , the correlations given by Hiroyasu and El Kotb, respectively estimate SMD for a direct injection engine with CR = 18 that employs 6 hole nozzle. Fuel delivery is set at 75.mm^3/stroke per cylinder. The air enters the engine at 27° C and 1 atm and injection is made near TDC. The fuel injection pressure is 800 atm and during injection the air pressure remains practically constant (assume it equal to that at tdc). For the fuel; kinematic viscosity v_l = 2.82 x 10^{-6} m^2/s; surface tension σ = 0.03 N/m, density is ρ_l=850 kg/m^3.

4.5 Calculate ignition delay for the following cases using Eq. 4.10 with A= 0.0197 ms, n = -1, m = -1.75 and E_A/R = 4500 K. Engine compression ratio for each case is 16:1 and injection starts at 20° btdc. The over all equivalence ratio, ϕ = 0.7. Calculate ignition delay at 2000 rpm in terms of degrees crank angle. The engine has bore x stroke = 100 x 110 mm and connecting rod length is 220 mm. Use γ = 1.4 for air. Assume that the P and T remain constant during the delay period at the average value between 20° btdc and tdc. The conditions of air at the beginning of compression stroke are given
   (i)   Naturally aspirated engine : 1 bar and 300 K
   (ii) Turbocharged engine : 1.8 bar and 360 K
   (iii) Turbocharged and intercooled : 1.8 bar and 310 K

4.6 For the engine dimensions and the initial charge conditions given in Problem 4.5, calculate ignition delay using Hardenberg and Hase correlation (Eq. 4.12 to 4.14) and compare with the results of Problem 4.5. The fuel has 50 CN.

4.7 In diesel combustion, the role of parameters that affect ignition delay and mixing rate is most significant. Show the trends on the effect of CR, injection pressure, injection rate, injection timing, swirl, engine speed, intake air temperature, intake air pressure and fuel cetane number on ignition delay, fuel air mixing and, premixed and mixing controlled heat release rates in the table below;

Parameter increased	Effect on combustion variable			
	ID (°CA)	$(dm/d\theta)_m$	$(dQ/d\theta)_p$	$(dQ/d\theta)_m$
Compression ratio				
Injection pressure				

ID = ignition delay in crank angle degrees, $(dm/d\theta)_m$ = rate of fuel-air mixing, $(dQ/d\theta)_p$ = heat release rate during premixed combustion, $(dQ/d\theta)_m$ = heat release rate during mixing controlled combustion Use the keys:↑ increase, ↓ decrease, ⌃ initially increases then decreases, * small effect.

4.8 Estimate the fraction of fuel burnt in premixed phase given by Eq. 4.15 for the delay periods from 0.5 to 2 ms for ϕ = 0.7 and 0.3. From the ignition delay values calculated for naturally aspirated and turbocharged engines discuss the relative significance of premixed combustion phase in naturally aspirated and turbocharged engines.

4.9 Using Eq. 4.18 and neglecting heat transfer calculate and plot net heat release rate versus crank angle (θ), between 5° btdc and 5° atdc for the naturally aspirated engine having geometry of Problem 4.5. Assume combustion begins 5° btdc and pressure rises at a constant rate to 80 bar at 5° after tdc. The initial conditions at the beginning of compression stroke are 1 bar, 300K.

REFERENCES

1. Heywood, J. B., *Internal Combustion Engine Fundamentals*, McGraw Hill Book Co., (1988).
2. Aigal, A. K., Pundir, B. P., and Khatchian, A.S., "High Pressure Injection and Atomization Characteristics of Methanol", Paper 861167, SAE Transactions Vol. 95, (1986).

3. Greenhal, D.A., and Jermy, M., "Laser Diagnostics for Droplet Measurements for the Study of Fuel Injection and Mixing in Gas Turbines and IC Engines," *Applied Combustion Diagnostics,* Ed. Kohse-Hoinghaus, K., and Jefferies, J. B., Taylor and Francis (2002).
4. Domann, R. and Hardalupas, Y., "Quantitative Measurement of Planar Droplet Sauter Mean Diameter in Sprays Using Planar Droplet Sizing", Eleventh International Symposium on Application of Laser Techniques to Fluid Mechanics, Lisbon, Portugal, July (2002).
5. Arai, M., Tabata, M., and Hiroyasu, H., "Disintegrating Process and Spray Characterization of Fuel Jet Injected by a Diesel Nozzle," Paper 840275, SAE Trans. , Vol. 93, (1984).
6. Hiroyasu , H and Kadota, T., "Fuel Droplet Size Distribution in Diesel Combustion Chamber", SAE paper 740715, SAE Trans. Vol. 83, (1974)
7. El-Kotb, M. M., "Fuel Atomization for Spray Modeling", Prog. Energy. Comb. Science. Vol. 8, (1982).
8. Hiroyasu, H, Arai, M., and Tabata, M., "Empirical Equations for the Sauter Mean Diameter of a Diesel spray", SAE Paper 890464, (1989).
9. Borman, G. L., and Ragland, K. W., *Combustion Engineering*, McGraw Hill International Editions, (1998).
10. Hiroyasu, H., Kadota, T., and Arai, M., " Supplementary Comments: Fuel spray Characterization in Diesel Engines", *Combustion Modeling in Reciprocating Engines,* Ed. James N. Mattavi and C.A Amann, Plenum Press, (1980).
11. Scott, W. M., "Understanding Diesel Combustion Through the Use of High Speed Moving Pictures in Color", SAE Paper 690002, SAE Trans., Vol. 78, (1969).
12. Espey, C., and Dec., J.E., "Diesel Combustion Studies in a Newly Designed Optical-Access Engine Using High-Speed Visualization and 2-D Laser Imaging", SAE Paper 930971, (1993).
13. Dec, J. E., "A Conceptual Model of DI Diesel Combustion Based on Laser Sheet Imaging", SAE Paper 970873, (1997).
14. Pastor, J. V., Lujan, J. M., Molina, S., and Garcia, J. M., "Overview of HCCI Diesel Engines," *HCCI and CAI Engines for the Automotive Industry*, Ed. H. Zhao, CRC Press, (2007).
15. Eastwood, P., *Particulate Emissions from Vehicles*, John Willey and Sons Ltd., (2008).
16. Wong , C. L., and Steere, D. E., "The Effects of Diesel Fuel Properties and Engine Operating Conditions on Ignition Delay", Paper 821231, SAE Transactions, Vol. 91, (1982).
17. Hardenberg, H. O. and Hase, F, W, "An Empirical Formula for Computing the Pressure Rise Delay of a Fuel from its Cetane Number and from Relevant Parameters of Direct Injection Diesel Engine," SAE Paper 790493, SAE Trans. Vol. 88, (1979).
18. Kamimoto, T., Chang, Y. J., and Kobayashi, H., "Rate of Heat Release and Its Prediction for a Diesel Flame in a Rapid Compression Machine," SAE Paper 841076, (1984).
19. Watson, N., Pilley, A. D., and Marzouk, M., "A Combustion Correlation for Diesel Engine Simulation," SAE Paper 800029, (1980).
20. Kuo, T, Yu, R. C., and Shahed, S. M., "A Numerical Study of the Transient Evaporating Spray Mixing Process in Diesel Environment," SAE Paper 831735, SAE Trans. Vol. 92, (1983).
21. Krieger, R. B., and Borman, G. L., "The Computation of Apparent Heat Release for Internal Combustion Engines," ASME Paper 66-WA/DGP-4, Proc. Diesel Gas Power, ASME, (1966).
22. Miyamoto, N., Chikahisa, T., Murayama, T., and Sawyer, R., "Description and Analysis of Diesel Engine Rate of Combustion and Performance Using Wiebe's Functions," SAE Paper 850107, (1985).

CHAPTER 5

Engine Combustion Systems and Management

For good performance of combustion systems for both the SI and CI engines, the nature and intensity of fluid motion are important factors. The amount of air intake per unit engine displacement governs the amount of fuel that can be burned and hence, on it depend the engine power and also the engine fuel efficiency. Before discussing specific combustion systems employed by different engine types in this chapter, at first in-cylinder fluid motion and multi-valve cylinders as a common feature of engine combustion systems are discussed.

5.1 FLUID MOTION IN ENGINE CYLINDER

In-cylinder gas motion is one of the important parameters that enhance fuel-air mixing and speeds-up combustion rates and in turn governs the performance and efficiency of the engine. The flow processes in the cylinder are turbulent and both the bulk gas flow and turbulence characteristics are important.

In the four-stroke engines, the inlet valve opening area is the minimum area encountered by the intake gas flow. The gas jet from the valve enters into cylinder at very high velocities, which are about 10 times higher than the mean piston speed. The intake gas jet when interacts with the cylinder walls produces rotating flow patterns. In most combustion systems, intake process is used to generate a rotational gas motion in the cylinder. *Swirl* and *tumble* are two types of rotational fluid motion that can be induced in the cylinder. The rotational component whose axis is parallel to the axis of the cylinder is called as *swirl* and the component whose axis is perpendicular to the axis of the cylinder is called *tumble* air motion (Fig 5.1). The flow pattern undergoes substantial changes during compression and these changes depend also on the geometry of the combustion chamber. During compression, piston motion forces gases from the periphery of the cylinder into the combustion bowl located in the piston or cylinder head that causes a radial flow towards the axis of the cylinder. This compression generated radial air flow is called *squish*.

Rotating flow can significantly increase turbulence intensity during the combustion period and lead to faster combustion rates and increase in thermal efficiency. In general, the purpose of introducing rotating flow into the combustion chambers of premixed, SI engines is to increase the combustion rate and to extend the flammability limits. Fast burning rates lead to higher engine thermal efficiency due to:

(i)   A shorter combustion duration results more energy being released close to tdc and hence, more efficient conversion of thermal to mechanical energy.
(ii) Slower burning, high octane fuels such as natural gas can be burned more efficiently utilizing the benefits of high compression ratio. Burning rates of mixtures with high

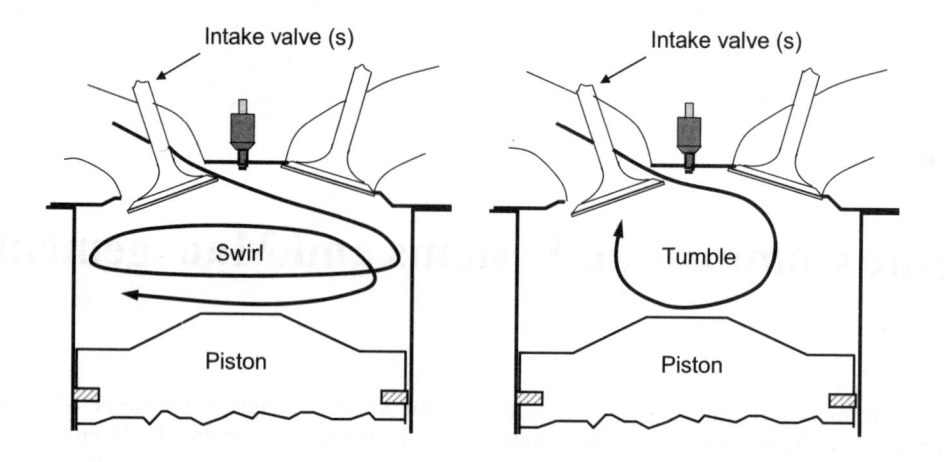

Figure 5.1 Rotating charge motion in the engine cylinder

              residual gas content or EGR can be increased.
(iii)   Mixtures with leaner fuel-air ratios compared to those without rotating flow can be burned thus extending lean misfire limit of the engine.

    A fast-burning engine has lower cyclic combustion variations. Hence, in addition to improvements in engine efficiency, fast burning rates may reduce hydrocarbon (HC) and carbon monoxide (CO) emissions. Fast burn engines have a greater tolerance to exhaust gas recirculation and lean operation. Although fast burning implies high peak combustion temperatures, recirculation of exhaust gas or operation on very lean mixtures would reduce peak temperature and keep nitrogen oxide (NO_x) emissions within tolerable limits.

    Swirl is used in high speed direct injection diesel engines to promote rapid mixing of the injected fuel with air. In fact, as the engine design speed increases higher swirl rates are used in the DI diesel engines to accelerate mixing and combustion. Stratified-charge engine concepts use rotating flow to control charge stratification and to achieve rapid mixing of fuel with air, and leading the mixture to spark plug for timely ignition.

    Excessive rotational motion on the other hand, can result into high gas flow resistance thereby reducing volumetric efficiency. It also increases heat transfer that may result in a loss of thermal efficiency. The benefits of swirl or tumble however, can be made to outweigh the disadvantages. Swirl and tumble have distinctive characteristics and can interact differently with piston motion and squish. The optimum rotating flow field therefore, may be a combination of the two kinds of rotational motion. In fact, it is essentially impossible to generate swirl without inducing some tumble, So, the two rotational motions are usually associated. It is however, possible to generate tumble without swirl.

    The above three types of bulk fluid motion generated in the cylinder; *swirl, tumble* and *squish* are discussed here.

Swirl

Swirl is one of the principal air motions that is used to provide rapid fuel-air mixing in the high speed direct injection diesel engines. As the fuel is injected it is carried away by the swirling air and thus, for the fuel that is about to be injected fresh air is available. It is also used to enhance flame speed and rate of combustion in the SI engines. In some stratified charge engines swirl is used to organize charge distribution in the cylinder and to provide rapid mixing of the injected fuel with air. Swirl being the rotational motion of the charge about the cylinder axis, it is generated by providing a tangential velocity component to the intake flow as it enters the cylinder. Two approaches are used to create intake swirl;

(i) *Directed port* - the intake charge is made to flow through a straight and parallel duct towards the valve opening such that it enters the cylinder in a tangential direction relative to the cylinder walls. From the walls it is deflected sideways and downwards in a spiral or whirling motion.

(ii) *Helical port* - swirl is generated within the port itself above the valve seat before the air or mixture is discharged into the cylinder. The charge flows in a helix-shaped passage above the valve seat which makes it spiral around and downwards, and is guided to the inlet port. When the charge enters into the cylinder it has already acquired a rotational swirling motion which continues as it is drawn into the cylinder.

The directed and helical ports are shown in Fig.5.2. In the directed ports swirl is obtained by creating a non-uniform flow distribution around the circumference of intake valve. It results in a net angular momentum of inlet flow about the cylinder axis generating swirling motion. As the directed port leads the flow to valve opening in tangential direction the flow area is restricted resulting

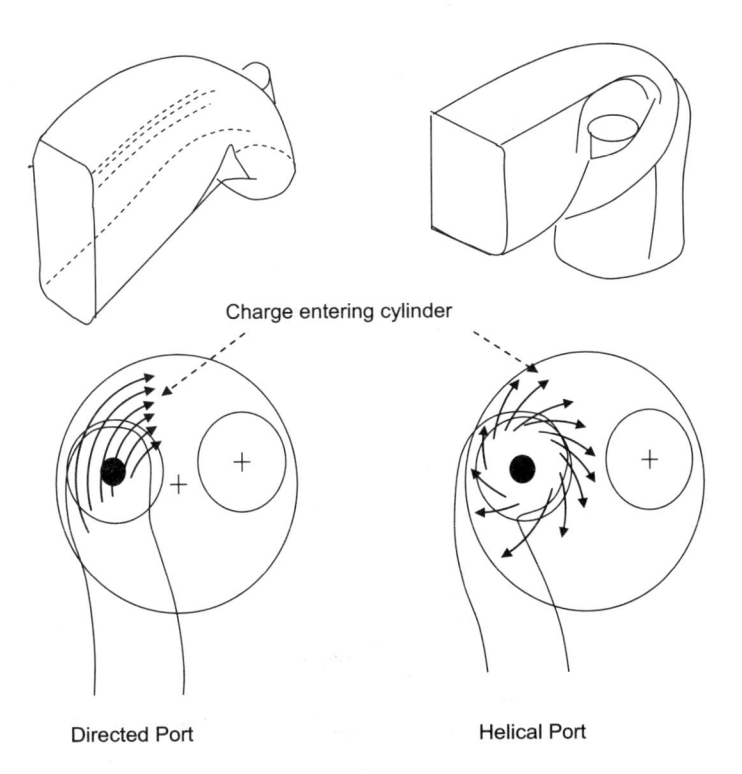

Figure 5.2 Directed and helical inlet ports used for generation of swirl

in a lower discharge coefficient. In the helical port designs, the swirling motion is created upstream of the inlet port and the whole periphery of valve open area can be fully utilized for flow. The helical ports therefore, have a higher discharge coefficient at equal swirl level. The helical ports are more compact and are capable of generating more swirl than the directed ports at lower valve lifts. At higher valve lifts, the directed ports are superior. In the modern engines, a combination of part helical and part directed ports is used to obtain high swirl with maximum possible volumetric efficiency. As generation of swirl by the directed or helical ports increases resistance to flow, the volumetric efficiency decreases with increase in swirl.

In operating engines it is very difficult to measure level and nature of swirling flow. For engine development work, steady flow test rigs are used to measure swirl and discharge coefficient of the designed port configurations. Initially, a common technique was to use a light paddle wheel of diameter nearly equal to cylinder bore. It is installed in the cylinder about a stroke length down the cylinder top so as to rotate around the cylinder axis using low friction bearings. When air is drawn through the valve and cylinder, the paddle wheel rotates along with air and its rotational speed is taken as a measure of air swirl. The measured swirl level by this technique is influenced by design and location of paddle wheel, friction in its bearings and the nature of swirling flow. A modified steady flow technique measures the torque exerted by the swirling flow and is called *'impulse swirl meter'*. An impulse swirl meter is shown schematically in Fig. 5. 3. A light weight honeycomb structure supported by low friction bearings straightens the flow. The change in angular momentum of flow exerts a torque on the honeycomb as the flow passes through the honeycomb matrix and becomes parallel to the cylinder axis. The torque exerted is determined by measuring force to restrain rotation of the honeycomb, and is proportional to rate of swirl.

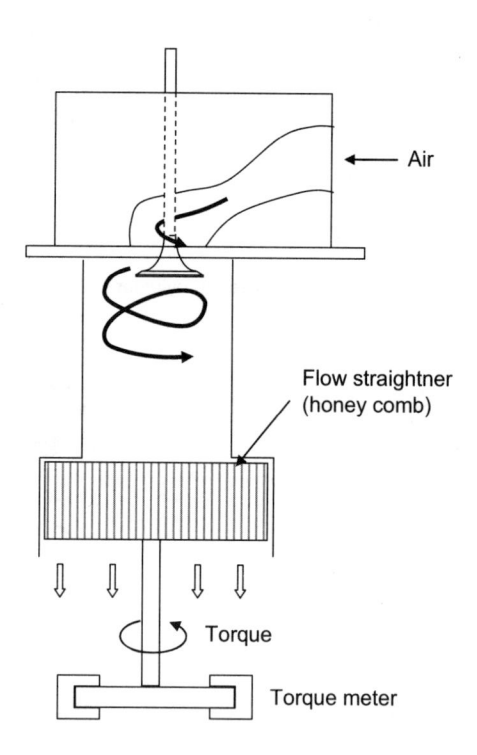

Figure 5.3 Schematic of impulse swirl meter – a steady flow test set-up [1]

Swirling flow is assumed as a solid body rotation. The mass moment of inertia of the swirling mass of the cylinder gas, $I = mB^2/8$, where m is the mass of rotating gas, B is the cylinder bore. The angular momentum of swirling mass of gas,

$$\Gamma = I\omega_s = \frac{mB^2\omega_s}{8} \tag{5.1}$$

where ω_s is the angular velocity of solid body rotation.

The torque exerted on honeycomb structure, $T = d\Gamma/dt$ which is used to determine swirl generating efficiency of the port or swirl producer.

A swirl coefficient, C_s is defined to denote the swirl generation efficiency of a port or any other device. It essentially compares the angular momentum to the axial momentum of the flow. For the impulse swirl meter,

$$C_s = \frac{8T}{\dot{m}UB} \tag{5.2}$$

where, $\dot{m}$ = mass flow rate and U = discharge velocity of gas from port

The swirl coefficient, $C_s = 1$ for the limiting case of fully tangential flow entering the cylinder. For paddle wheel the swirl coefficient

$$C_s = \frac{\omega_p B}{U} \tag{5.3}$$

where ω_p is the angular velocity of paddle wheel. For solid body rotation of fluid in the cylinder, the Eqs. 5.2 and 5.3 give identical swirl cdoefficients. In actual practice, the paddle wheel is slower due to flow3 slip ande the impulse swirlmeter gives a higher swirl coefficient.

In an operating engine, swirl is defined as the ratio of angular velocity of a solid body rotating flow ω_s to the angular rotational speed of the crankshaft. The solid body rotational speed is defined to have angular momentum equal to that of actual flow. This ratio termed as *swirl ratio* is

$$R_s = \frac{\omega_s}{2\pi N} = \frac{N_s}{N} \tag{5.4}$$

where, N_s is the swirling motion rpm.

The swirling motion of flow is not uniform in the engine cylinder. Near the cylinder head, the flow is turbulent and disorganized and not similar to solid body rotation. However, the flow pattern down in the cylinder is close to solid body rotation with the tangential swirl velocity increasing with radius. Typical swirl ratio variation as a function of crank angle is shown in Fig. 5.4. It varies in the intake stroke as the gas velocity entering the cylinder varies depending upon the valve flow area and the piston speed. In the first half of intake stroke, the swirl velocities are higher. After the fluid enters the cylinder, its angular momentum reduces as the intake stroke progresses due to friction at the cylinder walls and turbulent dissipation of energy within the flow. During compression stroke, the swirl decays again due to friction and turbulent dissipation. In a disc type of combustion chamber about 30 percent of initial moment of momentum about cylinder axis is lost by top dead centre at the end compression stroke. The swirl during compression stroke is increased by providing a combustion bowl in the piston or cylinder head. As seen above (Eq. 5.2), swirl is proportional to the angular momentum and inversely proportional to the moment of inertia. During compression when most of the gas is forced in a combustion bowl, the moment of inertia of the rotating gas mass (solid body rotation) decreases as it has smaller diameter than the cylinder bore. The moment of inertia reaches a minimum at the top dead centre. If the effect of friction is neglected, to conserve angular momentum the angular velocity of fluid rotation must increase as the moment of inertia decreases. Let us consider a bowl in piston combustion chamber design. At top dead centre, the clearance between the piston top and cylinder head is nearly zero and nearly all the mass of the gas would be contained in the bowl. The inertia of the rotating gas mass at top dead centre, $I \approx mD_b^2/8$. Thus, in absence of friction the rotational speed of gas during compression stroke is related by

$$\frac{(\omega_s)_{tdc}}{(\omega_s)_{bdc}} = \left(\frac{B}{D_b}\right)^2 \tag{5.5}$$

The swirling rpm at the end compression increases as the bowl becomes deeper and its diameter becomes smaller at constant compression ratio. If the bowl diameter is half of the cylinder bore, the angular speed of rotation would increase by a factor of 4 in absence of friction. However, in actual engines the observed increase in swirl is less and increases by a factor of about 2 to 3. Swirl ratio of 3 to 5 at top dead centre can be achieved with the directed and helical ports using flat top pistons. With swirl amplification caused by the piston bowl during compression, swirl ratio can reach 6 to 15 for a combustion bowl with $D_b = 0.5B$.

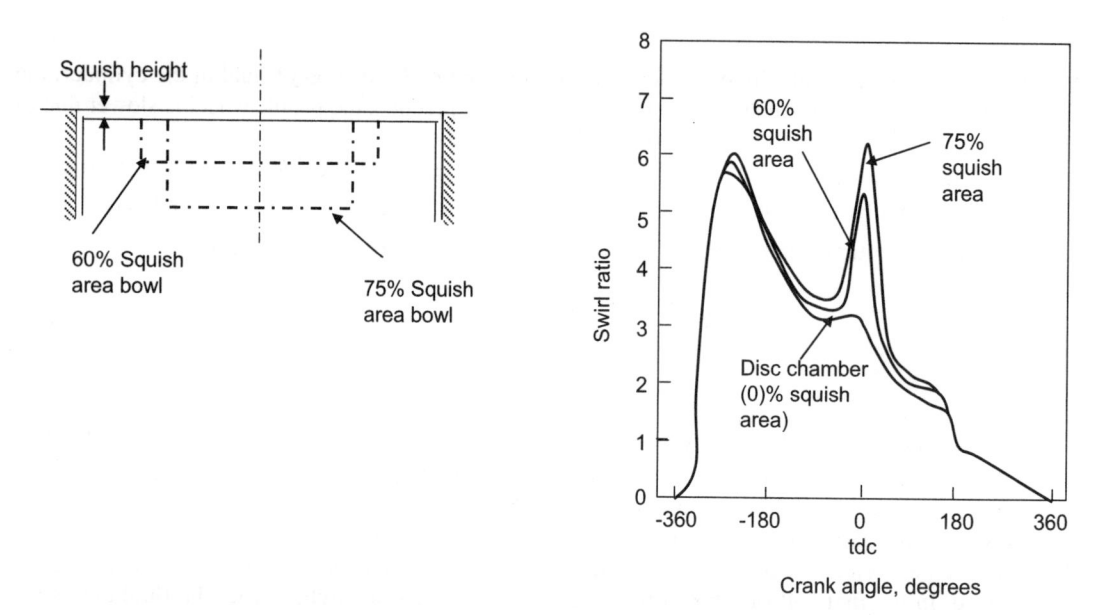

% Squish area = 100 (piston area − bowl area) / piston area. All areas are cross section areas

Figure 5.4 Swirl ratio variations during engine cycle starting from intake stroke. Engine compression ratio 10:1, squish height = 1.27 mm, Engine speed = 1500 rpm. [2]

Tumble

Tumble is the vortex motion with its axis of rotation perpendicular to the cylinder axis. Tumble is generated by flow through intake valves. Although it may be created in two- valve disc shaped combustion chambers using shrouded intake valves but, its real application has been in four-valve SI engines with compact pentroof type combustion chambers. The gas jets issuing from the intake valves interact with the inclined walls of the pentroof combustion chamber to create tumbling air motion. Tumble is also created by flow from vertical intake valves that is deflected by a specially designed cavity in the piston crown. Tumble ratio, R_t is defined similar to the swirl ratio,

$$R_t = \frac{\omega_t}{2\pi N} \qquad (5.6)$$

where ω_t is the angular rotation speed of the tumbling flow. Typical variation in tumble ratio with crank angle is shown in Fig. 5.5. The tumble ratio shown here was computed for a pentroof type SI engine combustion chamber [3]. The tumble ratio is at the maximum near bottom dead centre in the intake stroke. Modern SI engines are designed to have predominantly intake generated tumbling flow. During compression, due to upward piston motion space available for rotary motion in vertical plane (parallel to cylinder axis) reduces. Hence during compression stroke, the tumble motion gets deformed and breaks down resulting in intense turbulence near top dead centre. In the engines with combustion chamber located in the cylinder head some tumble may survive near tdc. Tumbling air motion is usually generated by flow through two intake valves and is always associated with other secondary flows. Swirl and tumble, or a combination of the two flows usually represents the fluid motion that is usually induced in the engine cylinder.

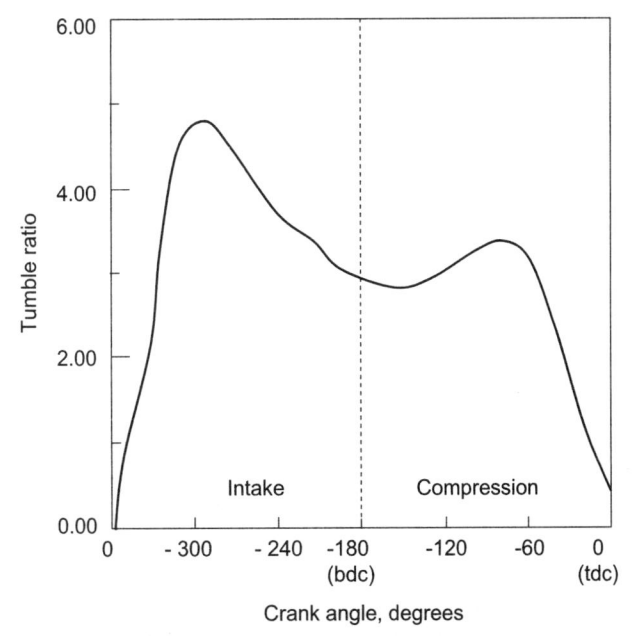

Figure 5.5 Tumble ratio variations (computed) during intake and compression strokes for a pentroof SI engine combustion chamber [3].

Squish

If the combustion chamber bowl has radius or opening less than the engine cylinder diameter, then, during compression the air is displaced radially inwards. The bowl-in piston combustion chamber in direct diesel injection engines are the most common examples where this phenomenon is observed. In the SI engines, this phenomenon is used to increase turbulence in the compact combustion chambers like wedge, hemispherical and pentroof types located in the cylinder head. The radially inward gas motion that occurs towards the end of compression stroke due to combustion bowl geometry when part of the piston top and cylinder head come close to each other is called *squish*.

Figure 5.6 (a) shows a bowl-in piston combustion chamber. The shaded area shown in the figure is *squish area* and is expressed as fraction or percent of piston cross sectional area, $\pi B^2/4$. Fig.5.6 (b) is a simple representation of squish effect during compression stroke. Referring to Fig 5.6 (b) the density throughout the cylinder at any given instant may be taken nearly uniform, although it varies with time. As the piston moves up during compression, the volume of zones (1) and (2) is getting smaller while the volume of zone (3) remains constant. Thus, during compression the gas from the zones (1) and (2) flows into zone (3). In a simplified analysis, the gas may be taken to flow at first from zone (1) into (2)

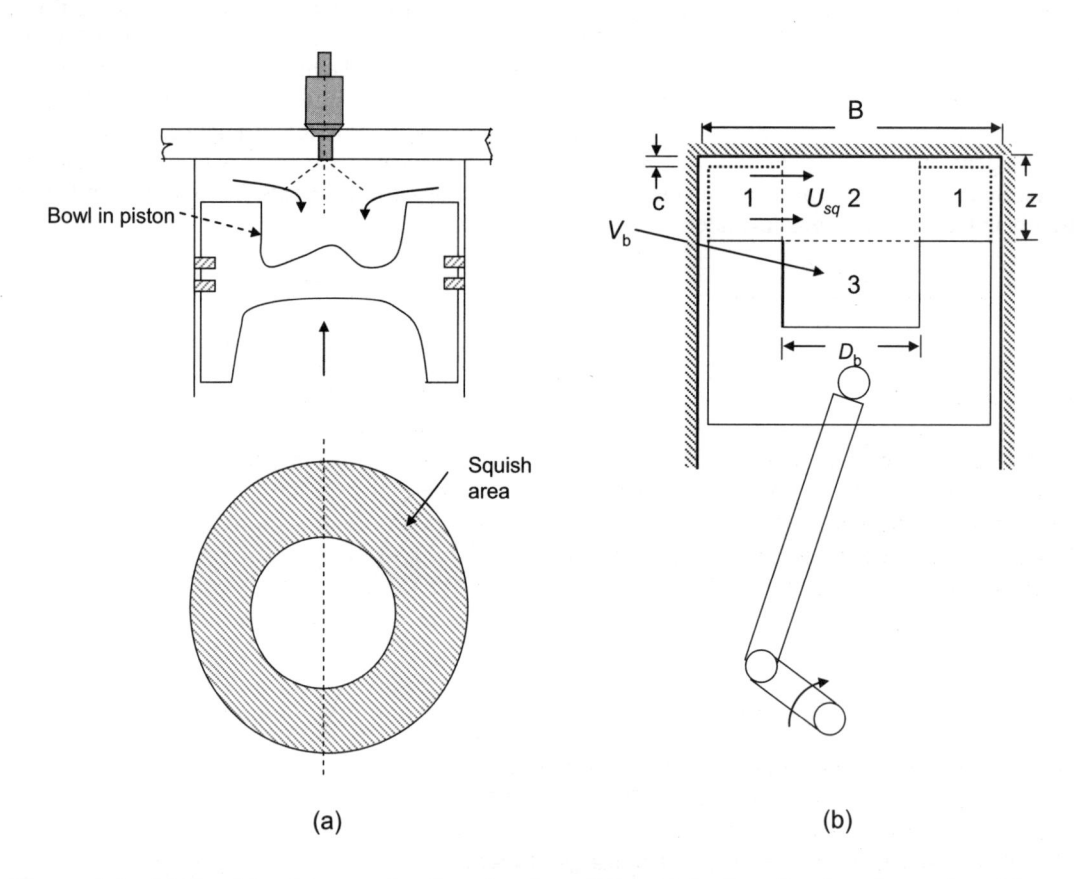

(a)   (b)

Figure 5.6 (a) Bowl-in-piston combustion chamber of direct injection diesel engine and squish area (b) Schematics of squish generation by piston motion

on its way to zone (3). The velocity of the gas crossing radially the boundary between zones (1) and (2) is called *squish velocity*. The squish velocity for a bowl-in piston combustion chamber neglecting effect of friction, leakage past piston, heat transfer and gas dynamics, is given by

$$\frac{U_{sq}}{S_p} = \frac{D_b}{4z}\left[\left(\frac{B}{D_b}\right)^2 - 1\right]\frac{V_b}{(zA_c + V_b)} \qquad (5.7)$$

where
V_b = volume of bowl
$z = c + y$
c = minimum clearance between piston top and cylinder head in the squish area
y = instantaneous stroke (Eq. 1.5)
$A_c = \pi B^2/4$.

The squish velocity calculated by Eq. 5.6 and normalized by the mean piston speed is shown on Fig 5.7 for different ratios of D_b/B [4]. The theoretical ratio of squish velocity to piston speed increases as the compression progresses and maximum value is reached around 10 degrees btdc. Gas leakage past the piston reduces squish velocity by 2 to 5%. The effect of heat transfer is also significant and a loss of 5 to 10% in squish velocity results. The absolute value of squish velocity depends upon engine speed and bowl geometry. It may typically reach 30 to 40 m/s in high speed engines with small bowl diameters. After top dead centre during expansion stroke, gas flows out of the combustion bowl and reverse squish is obtained.

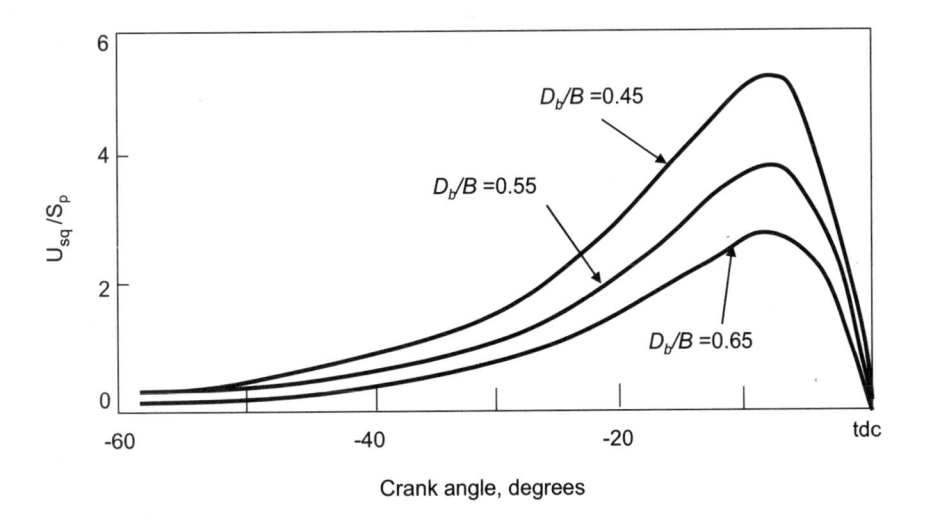

Figure 5.7 Squish velocity calculated from Eq. 5.6 normalized by mean piston speed for bowl-in piston combustion chambers, c/stroke = 0.011, Stroke/ Bore = 1.094, Bowl volume/ Displacement volume = 0.056, Engine compression ratio = 16:1 connecting rod length/crank radius = 3.76. Adapted from [4].

Turbulent Flow

The flow in the engine cylinder is turbulent. The mixing in turbulent flows occurs due to local fluctuations in the flow field and the mixing rates are several times higher than the rates due to molecular diffusion. Turbulent flows are associated with dissipation of energy and hence, need a constant source of energy supply for turbulence generation In absence of energy supply, the turbulence decays. Shear taking place in the mean flow is a common source of energy for turbulent velocity fluctuations.

A turbulent flow can be imagined as a mean fluid flow on which vortices of different sizes are randomly superimposed. When the mean flow Reynolds number,

$$\text{Re} = \frac{\overline{S}_p B}{\nu} \tag{5.8}$$

reaches critical value of about 2300, vortices (eddies) start to appear. An engine having bore of 0.1m and mean piston speed of 12 m/s, the mean flow Reynolds number in cylinder is about 60,000. The flow field in the cylinder therefore, is highly turbulent. The turbulent vortices are generated at random times and their axes also have random orientations. The vortices however, have a finite life time. The turbulent flow inherently is irregular and random in nature. Hence, statistical techniques are employed to analyze the turbulent flows.

The flow in the engine is periodic in nature and varies during the engine cycle. While the overall flow pattern in the engine repeats from cycle to cycle, but the details of flow vary and even the mean flow shows significant cycle to cycle variations. The flow at a given point thus, has cycle to cycle variations and in a specific cycle also has turbulent fluctuations around the mean flow velocity. While the time averaging can be applied to a statistically steady or quasi steady flow, for intermittent flows such as exist in the engine cylinder *ensemble averaging* is used. Instantaneous flow velocity is generally, measured over a crank angle period for a number of cycles. The instantaneous velocity at a point, z and at crank angle θ for ith cycle is $U(z, \theta, i)$. The ensemble average velocity at this point and crank angle θ is given by

$$\overline{U}(z,\theta) = \frac{1}{n}\sum_{i=1}^{n} U(z,\theta,i) \tag{5.9}$$

where n is the number cycles averaged. This process is repeated at several crank angles from 0 to 720° to obtain ensemble-averaged velocity for the complete cycle. The ensemble-averaged mean velocity is a function of crank angle only as the cyclic variations have been averaged out. The instantaneous flow velocity within the cycle is defined in terms of mean velocity, $\overline{U}$ and fluctuating velocity component, u as below,

$$U(z,\theta,i) = \overline{U}(z,\theta) + u(z,\theta,i) \tag{5.10}$$

The magnitude of fluctuating component of velocity is defined by its root mean square value, which is termed as turbulence intensity, u' and is given by ensemble averaging as below,

$$u'_T(z,\theta) = \left[\frac{1}{n}\sum_{i=1}^{n} u^2(z,\theta,i)\right]^{1/2} \tag{5.11}$$

As mentioned in Chapter 3 a number of length scales are used to describe the size distribution of eddies in the turbulent flow. The largest possible eddy size, L is limited by the size of the system enclosure confined by the boundaries. For a disc shaped combustion chamber, at top dead centre the characteristic length, L would be equal to clearance height and at bottom dead centre equal to the cylinder bore. For a bowl-in piston combustion chamber, near tdc the characteristic length would be approximately equal to the bowl diameter. The important length scales are;

Integral scale, l_I: It represents the size of the largest turbulent eddies and is roughly equal to the local thickness of jet, for example the thickness of intake fluid jet issuing into the cylinder. Velocity measurements are made at two points separated by a distance, x If x is significantly less than I_l the measurements will correlate with each other, while for $x >> I_l$ no correlation would exist.

In flows where fluid is convected by large scale structures and the turbulence is weak, the integral time scale, τ_I is the time it takes for a large eddy to pass a point,

$$l_I = \overline{U} \cdot \tau_I \tag{5.12}$$

The integral time scale in flows without mean velocity is the life time of an eddy.

Taylor microscale, l_M: It is defined by relating the fluctuating strain rate to the turbulence intensity and by definition,

$$\frac{\partial u}{\partial x} \approx \frac{u'}{l_M} \tag{5.13}$$

Kolmogorov scale, l_K: It is the smallest eddy size that the viscous dissipation of energy would allow.

Using the turbulent Reynolds number $\mathrm{Re}_T = u'l_I / v$, the different scales are related as below

$$l_I = C_I L \tag{5.14}$$

$$\frac{l_M}{l_I} = \left(\frac{15}{C_M}\right)^{1/2} \mathrm{Re}_T^{-1/2} \tag{5.15}$$

$$\frac{l_K}{l_I} = (C_K)^{-1/2} \mathrm{Re}_T^{-3/4} \tag{5.16}$$

The constant C_I is approximately equal to 0.2 and, C_M and C_K are close to unity. If the integral scale can be determined other scales can also be determined from it.

As the turbulent Reynolds number increases the Taylor and Kolmogorov scales decrease in size. With increase in mean piston speed, turbulence in the engine cylinder increases. But, the integral scale is independent of engine speed. Hence, with increase in engine speed both the microscales should decrease. In turbulent flames increased wrinkling of flame is observed with increase in engine speed and, this correlates well with reduction in the magnitude of turbulent microscales at higher engine speeds. The integral scale at tdc is related to clearance height and is about 2 mm (0.2 times that of the clearance height). At the end of compression in engines, typically the Taylor microscales are about 1 mm and Kolmogorov scales are of the order of 0.01 mm.

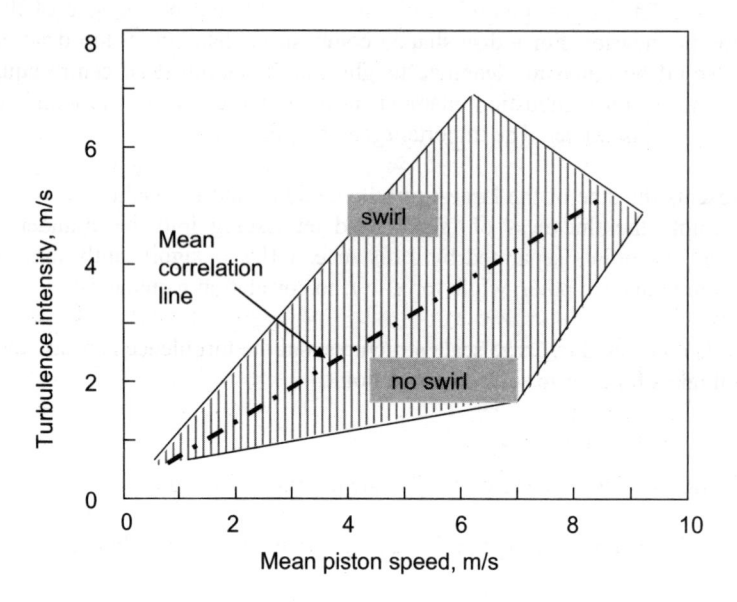

Figure 5.8 Turbulence intensity at top dead centre in compression stroke as a function of mean piston speed. The shaded region represents data points for several engines with and without swirl obtained by a number of investigators.

The turbulence in the engine cylinder during intake is neither homogeneous (uniform) nor isotropic. However, at tdc the turbulence is more important as it controls burning rate and also fuel-air mixing in the diesel engines. At tdc, nearly homogeneous and isotropic (i.e. independent of direction) turbulence has been observed when intake generated swirl is not used.

Turbulence intensity of flows measured in the engine cylinder is presented against mean piston speed in Fig. 5.8 [4]. The data measured by using hot wire anemometry and laser Doppler velocimetry by several investigators on motored engines with and without swirl, have been used in this figure. One of the main finding of these studies is that the maximum value of the ensemble-averaged turbulence intensity at tdc in open chambers without swirl, is about half of the mean piston speed.

$$u'_T(tdc) \approx 0.5 S_P \tag{5.17}$$

There are large differences in the dependence of turbulence intensity on mean piston speed from engine to engine depending on its design. Most data show that the turbulence intensity at tdc with swirl is higher than without swirl, although some results contrary to this trend also have been reported.

Example 5.1

An engine with bore x stroke = 0.1m x 0.1 m is operating at 1500 rpm. The engine has disc combustion chamber with 8 mm clearance height when piston is at top dead centre. Determine turbulence scales: characteristic length L, integral scale, Taylor microscale and Kolmogorov microscale at the end of compression. The kinematic viscosity of fluid at tdc is 10^{-5} m^2/s.

Solution:

We have; $C_I = 0.2$, C_M and $C_K = 1$
Mean piston speed, $S_p = 2 \times 0.1 \times 1500/60 = 5.0$ m/s
L = clearance height = 8 mm
Integral scale $l_I = 0.2$ L = <u>1.6 mm</u>
Turbulence intensity $u_T' = 0.5 S_p = 2.5$ m/s

$$\text{Re}_T = \frac{u_T' l_I}{v} = \frac{2.5 \times 1.6 \times 10^{-3}}{10^{-5}} = 400$$

Taylor microscale, $l_M = \left(\dfrac{15}{C_M}\right)^{1/2} (\text{Re}_T)^{-1/2} l_I = \left(\dfrac{15}{1}\right)^{1/2} (400)^{-1/2} (1.6) =$ <u>0.31 mm</u>

Kolmogorov microscale, $l_K = (C_K)^{-1/4} (\text{Re}_T)^{-3/4} l_I = (1)^{-1/4} (400)^{-3/4} (1.6) =$ <u>0.018 mm</u>

5.2 VALVE ARRANGEMENT AND VARIABLE VALVE ACTUATION

Valve Flow Area and Valve Arrangements

The philosophy of combustion chamber design of modern high speed SI engines is to have high volumetric efficiency combined with fast combustion rates. Flat cylinder head with vertical (upright) valves is not desirable as it minimizes the valve diameter that can be accommodated after leaving enough space for cooling passages in the cylinder head. However, if the valves are inclined relative to the cylinder axis, larger diameter valves can be used. As seen from the Fig. 5.9, larger valve diameters can be accommodated at higher valve inclination angle. Typically, in the SI engines combustion chamber is located in the cylinder head and the inclined valves therefore, are fitted. Inclination of the valves varies with the slope of the combustion chamber walls in the cylinder head, i.e., slope of the roof of combustion chamber. In production SI engines, the slope of the combustion chamber roof ranges from 20° for the shallow hemispherical combustion chambers to 35° for the deep chambers. To further increase valve port area multiple intake and exhaust valves are used.

By reducing the valve head diameter and increasing their numbers more plan area of the combustion chamber is utilized for air flow. If number of total valves in the cylinder is increased from 2 to 3, 4, 5 or 6 with the necessary decrease in the valve diameter, the total cross section area of the valve ports increases. Typical valve port areas available for an engine when using vertical, inclined and multiple valves are compared in Table 5.1.

Valve port area is enlarged when the valves are fitted on inclined roof of the combustion chamber. In the two valve engines, compared to vertical valves the use of inclined valves increases valve port area by 19% for valve inclination angle of 20° and 40% for an inclination of 35°. When number of valves is increased, the total valve port area further increases. For the vertical valve engines, use of two intake valves increases flow area by about 24% and three valves by 33% compared to the single intake valve design. The corresponding increase in flow area for the inclined valve designs (20° inclination) with two and three intake valves is 49 and 86%, respectively. In the inclined valve designs, multi-valve configurations provide a higher increase in valve port area compared to two valve designs.

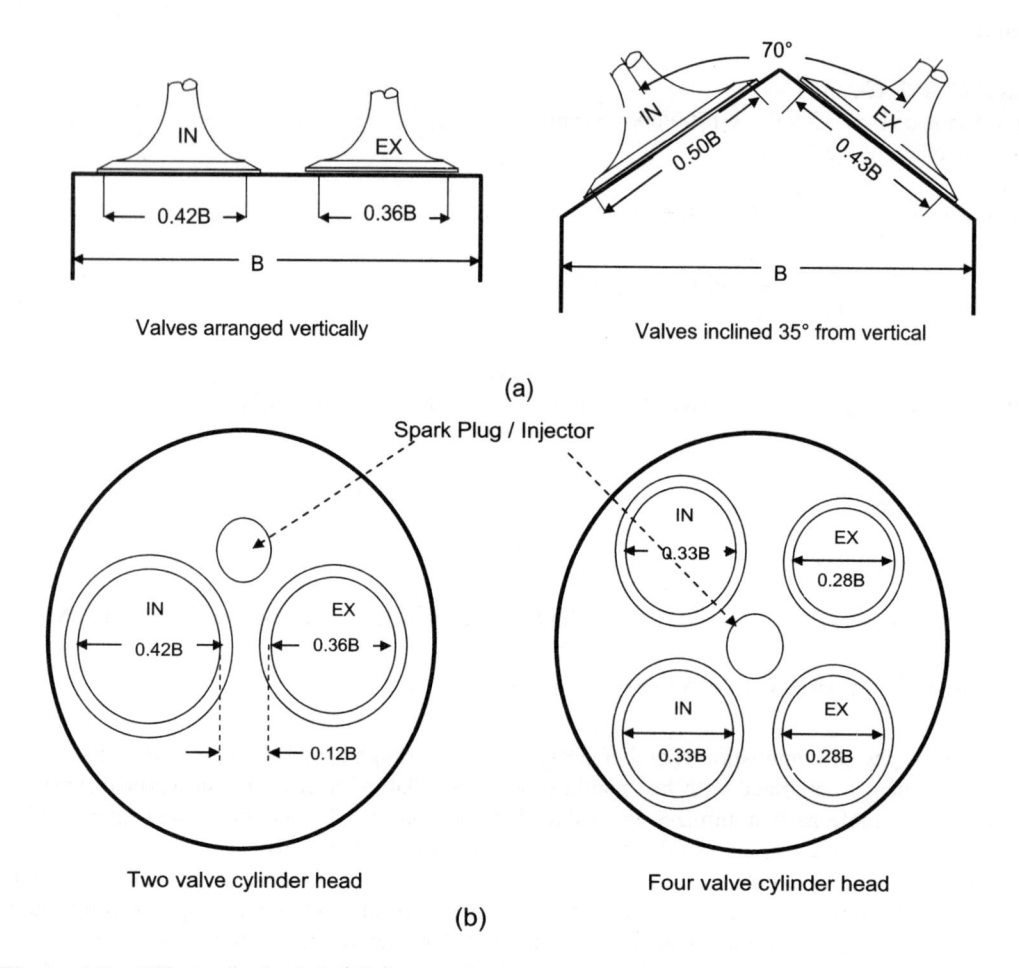

Figure 5.9 Effect on valve head diameter of (a) valve inclination (b) multiple valve configuration.

Table 5.1
Comparison of intake valve flow area of upright and inclined valves for two and multiple valve configurations for SI engines, 80 mm bore [5].

Valve configuration	Number of valves		Intake valve diameter, mm	Valve port area, mm^2	Intake port area relative to two vertical valve engine
	Intake	Exhaust			
Vertical	1	1	33	855	1
Inclined, 20°	1	1	36	1017	1.19
Inclined, 35°	1	1	39	1194	1.40
Vertical	2	2	26	1061	1.24
Inclined, 20°	2	2	28.5	1275	1.49
Vertical	3	2	22	1140	1.33
Inclined, 20°	3	2	26	1592	1.86

Overhead valve configuration for the combustion chamber located in the cylinder head provides the following advantages:

(i) it is possible to use larger valves with higher valve lift as the valves can be fitted inclined with the cylinder axis,
(ii) multiple valves can be used for better air breathing capability, and
(iii) intake air through valves enters downwards into the cylinder and thus, high level of intake generated swirl and turbulence persists in the cylinder for faster combustion than is possible in the side valve engines.

Multiple valves designs result in use of smaller size valves. The smaller mass of valves results in reduction of inertia forces and mechanical stresses. This is particularly important for the exhaust valves as these operate at high temperatures reaching more than 700 ° C in SI engines.

Variable Valve Timing

Valve timings on all engines are such that both the intake and exhaust valves open earlier than the start of the intake and exhaust strokes, respectively, and close later than the end of the respective strokes. The fixed valve timings cannot provide the optimum charging efficiency simultaneously at the maximum torque speed and at the rated speed to get maximum power. The fixed valve timings are therefore, a compromise.

The exhaust valve opens (EO) 50° to 30° CA before bdc in SI engines. The exhaust valve opening time is a compromise between increase in expansion work and higher negative work required to push out the exhaust gases. If the exhaust valve opens late closer to bdc expansion work increases but it also results in higher pressure in the cylinder at the beginning of exhaust stroke, which increases the exhaust work substantially at high engine speeds and loads. Early opening of exhaust valve results in lower expansion work and also in a reduction in exhaust work. Hence, late exhaust valve opening is beneficial at light loads as its effect on increase in exhaust work is not too high compared to gains in expansion work. Early opening also results in higher exhaust valve temperatures due to high exhaust gas temperatures and it causes an increase in valve seat wear.

Exhaust valve closure (EC) time is generally 8° to 20° after tdc. The intake valve has already opened before reaching tdc and this period when both the intake and exhaust valves are open is known as 'valve overlap' period. Early closure of exhaust valve increases the amount of residual gases retained in the cylinder. It decreases volumetric efficiency, results in retarded combustion particularly in SI engines and hence, in reduction of the maximum engine power. However, the last fraction of the exhaust gas that is rich in unburned hydrocarbons is retained in the cylinder, which is burned in the next cycle reducing HC emissions. Early EC also results in more gas flowing back into the intake system. The earliest possible EC time is governed by increase in exhaust work and dilution of the fresh charge by the residual gases. Late EC helps in better scavenging at high engine speeds as inertia effects of the exhaust gas stream contributes to more purging of the cylinder. At low speeds however, late closure of the exhaust valve results in loss of fresh charge through to the exhaust (scavenging loss). At part loads in SI engines, the late EC results in drawing some hot exhaust gas back into the cylinder. The hot gases improve fuel vaporization and the fresh charge becomes more homogeneous. Also, the exhaust gases sucked back into the cylinder are rich in unburned hydrocarbons which would be burned in the next cycle.

The intake valve opens commonly about 20° to 5° btdc. Valve overlap period starts with the intake valve opening (IO). Duration of valve overlap period has large influence on the amount of residual gas retained in the cylinder. If the intake valve opens early, the exhaust gas flows back into the intake manifold at part load engine operation for SI engines that dilutes the mixture and the combustion quality becomes poor. The residual gas content at part load may increase from about 20% for IO at 5° btdc to 40% for IO at 25° btdc. At part load operation of SI engines therefore, late IO that shortens valve overlap period is needed. Late opening of intake valve increases induction work, results in lower air flow and at full load, IMEP is reduced. An early IO increases charge dilution at part load but it is beneficial at full engine load and high speeds. Over all, a large valve overlap is necessary to obtain high volumetric efficiency at high engine speeds. It allows the inertia effects of flow to continue scavenging process for a longer period.

Inlet valve closure time (IC) has the largest influence on the volumetric efficiency. Normally IC is set between 40° to 60° CA after bdc. The pressure in the intake manifold varies through out the intake stroke due to variations in piston velocity and valve flow i.e., due to the effects of unsteady gas flow. The pressure at the inlet port during the period just before inlet valve closes, determines to a large extent the final mass of charge inducted into the cylinder. At high engine speeds as the inlet valve starts closing, the pressure at inlet port is increased by the inertia of gas. It helps in the charging process to continue even when the piston slows down near bdc and during early part of compression stroke. This is known as the 'ram' effect and, the effect increases with increase in the engine speed. Late IC is therefore, used at high engine speeds to take advantage of the inertia charging effect. At low speeds an early IC is desirable as late IC results in backflow of fresh charge from the cylinder to the intake manifold during early part of the compression stroke. The amount of charge pushed back into the intake manifold is largest at the slowest engine speed. The effect of an 'early' and 'late' inlet valve closure time on full load air flow at different engine speeds is shown on Fig. 5.10. The early and late IC differed by 20° CA. Late IC resulted in nearly 6 % less air flow at low engine speeds while at the maximum engine speed air flow was higher by 8%.

The above discussion on the effect of valve timings shows that use of fully variable valve timing can result in minimum charge losses during valve overlap period under all engine operating conditions resulting in improvements in fuel economy and lower engine emissions. The amount of charge

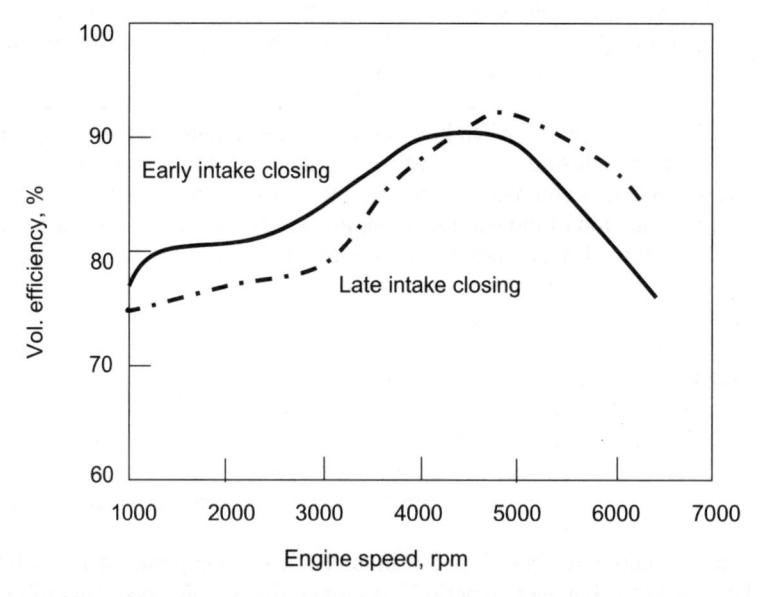

Figure 5.10 Effect of intake valve closing time on volumetric efficiency [6].

inducted and hence the engine power may be controlled in principle by regulating intake valve closure time. The intake valve may be closed even before bdc at part loads, but it is limited by the level of air motion achieved and quality of mixture formation. The late IC in the compression stroke reduces the effective compression ratio and hence the engine thermal efficiency is also reduced.

The intake flow through valves governs the air motion and turbulence in the engine cylinder during intake stroke. The turbulence generated during intake process persists at modified intensity levels and in modified form during the compression stroke and combustion period. For good combustion characteristics, right type of air motion and turbulence intensity is necessary. For fixed intake valve lift, intake airflow and turbulence would vary with change in engine load and speed. At part load operation (SI engines) and at low engine speeds the inlet air velocity is low resulting in low air movement and turbulence intensity in the cylinder. Therefore, if valve lift can be varied depending upon engine load and speed the air motion and turbulence levels necessary for good combustion and engine performance can be obtained. With variable valve actuation and valve lift control the SI engines can be operated without throttling. The objective of throttle-free operation of engine can be either higher power or lower fuel consumption. Throttle free operation decreases the pumping work losses.

To achieve optimum volumetric efficiency, ideally the valve timings and intake valve lift should vary with the engine speed and load. It may be noted that the variable valve timing and lift systems are more advantageous for the throttled SI engines rather than the CI engines.

Variable Valve Actuation Mechanisms

Several strategies and mechanisms have been developed to provide variable valve timing control and are in use on production engines. A large number of patents (over 1000) have been filed on variable valve actuation mechanisms and its components for control of valve timings and lift. Initially, variable valve timing systems were developed. To provide completely variable valve timing and lift curves requires very complex mechanisms. Two step systems for valve lift and timing control, and some systems with variable valve timing alone have been developed. Variable valve actuation systems depending upon the physical principle employed are divided into different categories viz., mechanical, hydraulic, hydro-mechanical, electromagnetic and electro-pneumatic systems. The production systems use conventional or specially designed camshafts. Some cams-less system also have been proposed but are not in production.

Variable Valve Timing Devices

The first mass produced car that in 1983 used a camshaft timing device for a two valve engine was Alfa Romeo. The engine uses two camshafts and the timing device fitted on the intake camshaft enables phasing of the intake camshaft relative to the crankshaft between two positions. At one end the intake camshaft helical teeth are formed that moves inside a piston whose axial position is controlled hydraulically against a spring. The adjusting element is the piston with internal helical teeth which is connected to the driving sprocket. Depending on the engine speed, a solenoid control valve allows oil pressure to be applied to the helical toothed piston that moves axially and in turn rotates the intake camshaft along its axis that changes phasing of cams with respect to the driving chain sprocket. Thus, rotation of camshaft by means of helical teeth varied the phasing between the intake camshaft and the engine crankshaft. Engine starts with almost zero valve overlap and above a certain engine speed and a particular load, the inlet camshaft rotates to a position with a large overlap.

Another design shown schematically in Fig 5.11 uses hydraulically actuated chain timing device where the camshaft is differentially rotated by adjustment of the chain sag. This timing device uses a

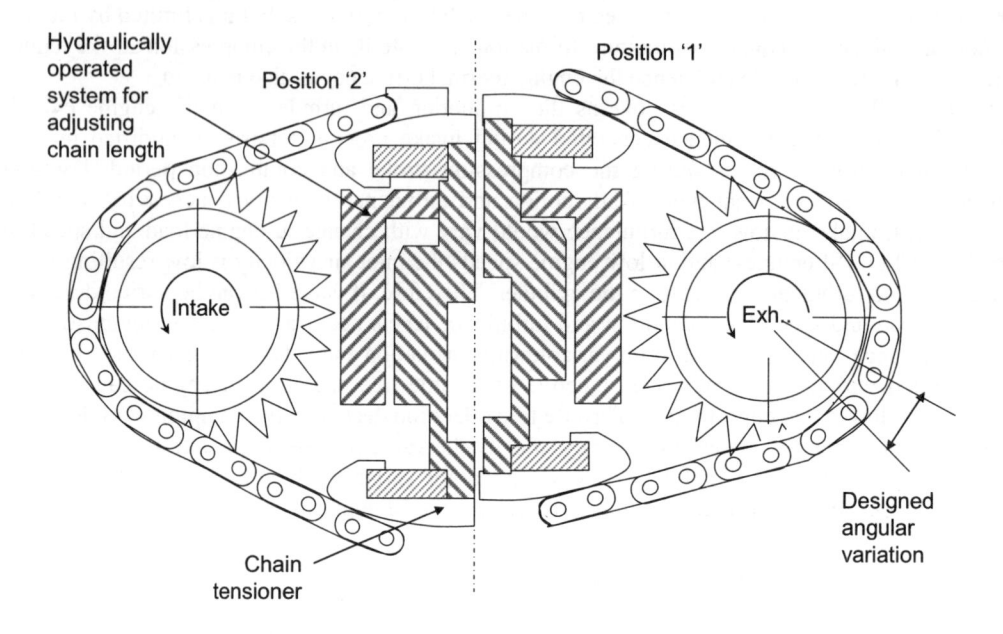

Figure 5.11 Principle of operation of camshaft chain timing adjustment device [6].

chain tensioner placed between the driving sprockets of the two camshafts. The exhaust camshaft drives the intake camshaft. The chain tensioner works on both sides of the chain. When change in the valve timing is desired, the hydraulic system operates the chain tensioner the timing chain is elongated on one side and simultaneously shortened by equal amount on the other side. The hydraulic system uses the available engine oil pressure. This timing device also provides two timing positions (1) and (2) of the intake camshaft. Position '1' provides a shorter phase difference between the intake and exhaust valve timings and the Position '2' a longer phasing period. This type of device has been used in Audi and Volkswagen engines. A continuously variable timing device was used on BMW production cars. This device was built using a combination of change in length of side chain and helical toothed adjustment piston as on Alfa Romeo. At first it was used on the intake shaft only but later, was used on both the camshafts. The camshaft timing devices are fitted on the camshaft drive mechanism like chain or sprocket. They provide variation only in valve timings and the valve lift remains unchanged.

Other manufacturers have developed different mechanisms to vary phasing of the camshaft. Toyota VVT-i system employs a hydraulically controlled variable timing pulley to drive the camshaft. Ford Motors in 1997 launched a 1.7-liter engine employing a simple VVT system. A sliding sleeve between the camshaft drive sprocket and the camshaft was used to vary the valve timing. The sliding sleeve, sprocket wheel and camshaft connect via sets of helical gears. Oil pressure is used to hydraulically operate the sleeve. Full reciprocating motion of the sleeve rotates the sleeve by 10 degrees in one direction and the driving sprocket by equal amount in the opposite direction. Thus, 20 degrees phase difference is caused in the angle of cam operation resulting in valve timing change of 40° CA. The valve overlap on the engine was varied from 0 °CA at idle to 32 °CA at mid-speed for maximum volumetric efficiency.

A 4-valve engine with variable valve timing adjustment of both the exhaust and intake valves may provide up to 10% lower fuel consumption compared to a 2-valve fixed camshaft timing engine. Under idling, fuel consumption reduction of up to 15% is obtained.

Variable Valve Timing and Lift Systems

Honda introduced in 1989 a system to vary both the valve timings as well as the valve lift known as VTEC (variable valve timing and electronic lift control). This system employs a mechanism to change geometry between the valve and cam. Since then, Honda used a number of simpler and improved versions of VTEC on several of their production models. The VTEC system is shown schematically on Fig. 5.12. It uses a unique camshaft and rocker arms arrangement for the double overhead camshaft layout. Instead of two cam lobes and two rocker arms for each pair of inlet and exhaust valves, the VTEC engine has three cam lobes and three rockers pivoted side by side on a common rocker shaft. The two outer cam lobes are termed as 'mild' cams. The cam in centre is called 'wild' cam. The two outer rockers for the two inlet valves and two mild 'cams' and two rockers for the two exhaust valves are used at low engine speeds. Above a certain engine speed and depending on the

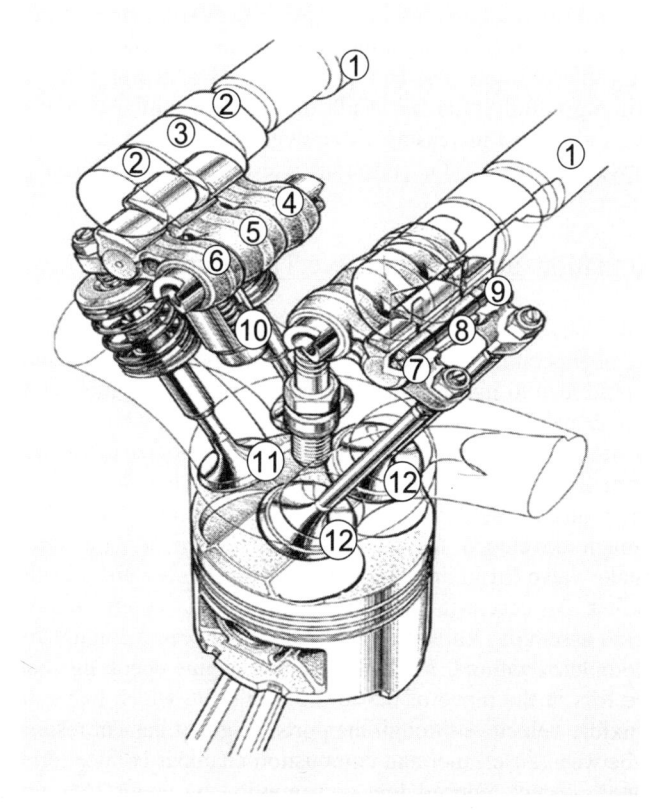

1. Camshaft
2. Cam lobe for low rpm
3. Cam lob for high rpm
4. Primary rocker arm
5. Mid rocker arm
6. Secondary rocker arm
7. Hydraulic piston A
8. Hydraulic piston B
9. Spring
10. Lost-motion spring
11. Exhaust valve
12. Intake valve

Figure 5.12 Honda variable valve timing and electronic lift control (VTEC) system.

load, the two outer rockers are locked to the third rocker in the centre and all are forced to operate as one and follow the centre cam lobe. The centre 'wild' cam lobe has a different profile giving greater valve lift and opening periods and operates both the inlet and exhaust valves. The oil pressure is used to operate a series of sliding pistons, locking pins and return springs in the rocker shaft to make the connection of the third rocker to the outer rockers hydraulically. Signals from the engine management microprocessor for switch over from 'mild" to 'wild' cam are based on a speed/load calibration map that is modulated by coolant and oil temperature inputs. The switch over is made in less than 1/10th of a second and is virtually undetectable by the vehicle driver. With this system, it is possible to optimize the valve lift curves separately for the low and high engine speeds increasing maximum speed and maximum engine power. Honda gives each of the two mild cams a different profile to produce correct intake mixture swirl.

Later, an improved version VTEC-E was designed to improve fuel economy rather than the power [7]. It uses a simplified arrangement operating on inlet valves alone without the central cam and rocker. The two inlet cams have differential lifts and timings, one opening the intake valve fully and the other very little. The effect is to increase gas velocities at low engine speeds and increase inlet swirl. Beyond a predetermined speed and load, the two rockers are locked together and synchronize the valve lift and timings of both the valves with the primary cam lobe with high lift. Effectively this system transforms the four independent valves system to two-valve system without the disadvantage of reduced intake mixture velocities and swirl at low engine speeds. Variable valve timing control (VTC) in conjunction with VTEC allows for continuously variable camshaft phasing over the entire power range of the engine. VTC actuator is controlled by an engine control unit that monitors cam position, ignition timing, exhaust O_2 and throttle position. The cam position is advanced or retarded through a 50° CA range. Intake camshaft timing is fully retarded at idle for smooth combustion at idle. As the speed increases, the valve timing is advanced increasing valve overlap. It results in reduced pumping losses and improved fuel economy, and lowers NO_x emissions due to increased internal exhaust gas recirculation.

Infinitely Variable Valve Actuation and Intake Valve Throttling

A continuously variable intake valve lift control can be used to control engine load in place of intake throttle. Throttle-less engine operation is desirable from the point of reduction in engine pumping losses, which in turn would lead to improvements in engine power and fuel economy, and a reduction in engine emissions. Under part load operation, the intake valve lift would be low requiring less compression of valve springs that would result in reduction of friction losses in valve gear. BMW employed intake- valve lift control to vary mass of charge inducted into their 4 - cylinder, 1.8 litre compact gasoline car engine, which made it the first production engine of this type in the world. The electronically controlled mechanism developed for this purpose, termed as 'Valvetronic Engine Management System', adjusts intake-valve lift in infinite steps. The mechanism for transfer of motion between cam and valve is modified. An eccentric shaft driven by electric control motor is used to change lever geometry of the rocker assembly. Valve lift could be set between 0.3 and 9.7 mm and the valve lift adjustment process is completed within 0.3 s. Under normal engine operating conditions, this system employs very small valve lifts in the range of 0.5 to 2.0 mm only, which helps in better fuel atomization due to high intake mixture velocities through the ports. Engine transient response is better as the filling of intake manifold between air cleaner and combustion chamber is faster due to absence of throttle valve. The 'Valvetronic' system reduced fuel consumption by about 15% under normal driving conditions and under EU cycle fuel consumption test. The car also complied with Euro 4 emission standards [6].

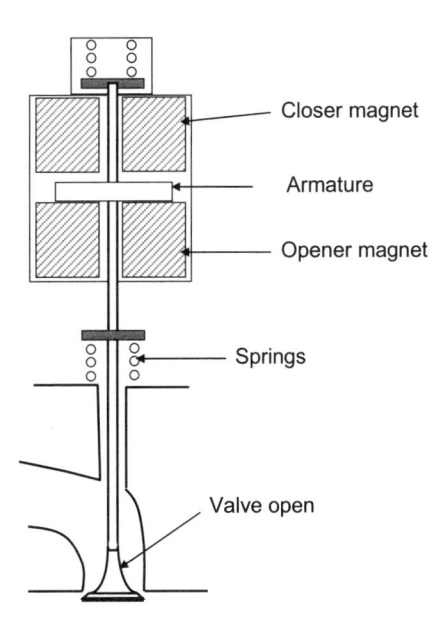

Figure 5.13 Working principle of an electro-mechanical variable valve actuator.

Electromechanical systems without cam have been under development for some time as these have potential for providing fully variable valve timing and valve lift curve. In principle, this type of camless valve actuation mechanism can set any control strategy for individual valves. The principle of working of such a infinitely variable valve actuation system is shown schematically in Fig. 5.13. It consists of solenoid operated valve (s), which moves between two electromagnets. The upper and lower magnets set the limits of movement of the valve. To open the valve, the opener (lower) magnet is energized while for closing the valve closer (upper) magnet is energized with current. When none of the magnets is supplied with current the valve is held in neutral position with the help of valve springs. The valve stroke can be set from 0 mm to the maximum designed value and the engine power can be controlled by varying the valve lift. These systems are in the laboratory prototype stage and their application to production vehicles is still some years away.

5.3   CLASSIFICATION OF ENGINE COMBUSTION SYSTEMS

The conventional internal combustion engines are generally classified based on mode of ignition employed and the nature of combustion process that follows the ignition. Another way to look at IC engine combustion is based on the type of air-fuel mixture employed. At the time of ignition, either a premixed homogeneous mixture or a heterogeneous mixture may be present in the engine cylinder. Different modes of ignition are employed to ignite homogeneous as well as heterogeneous mixtures. New modes of ignition like compression ignition of homogeneous mixtures are being studied to control engine particulate and NO_x emissions. A general classification of IC engine combustion systems based on the type of fuel-air mixture that is prepared and finally burned in the cylinder is given in Figure 5.14.

The spark ignition engines are normally assumed to employ premixed, homogeneous mixture of fuel and air which is burned by a flame that originates from a positive source of ignition and

166 IC Engines: Combustion and Emissions

```
                        ┌─────────────────────┐
                        │     IC Engine       │
                        │ Combustion Systems  │
                        └─────────────────────┘
                                  │
              ┌───────────────────┴───────────────────┐
              │                                       │
   ┌──────────────────────┐              ┌──────────────────────┐
   │    Homogeneous       │              │    Heterogeneous     │
   │ Premixed Combustion  │              │ Diffusion Combustion │
   └──────────────────────┘              └──────────────────────┘
              │                                       │
   ┌──────────────────────┐              ┌──────────────────────┐
   │     Mechanism:       │              │     Mechanism:       │
   │  Flame Combustion    │              │   Spray Combustion   │
   └──────────────────────┘              └──────────────────────┘
         │         │                            │          │
   ┌──────────┐ ┌──────────┐            ┌──────────┐ ┌──────────────┐
   │ Laminar  │ │Turbulent │            │Quiescent │ │Swirl/ Squish │
   └──────────┘ └──────────┘            └──────────┘ └──────────────┘
         │         │                            │          │
  ┌─────────────┐ ┌─────────────┐      ┌─────────────┐ ┌─────────────┐
  │Fuel Induction│ │Ignition Mode│     │Fuel Induction│ │Ignition Mode│
  │    Mode     │ │             │      │    Mode     │ │             │
  └─────────────┘ └─────────────┘      └─────────────┘ └─────────────┘
```

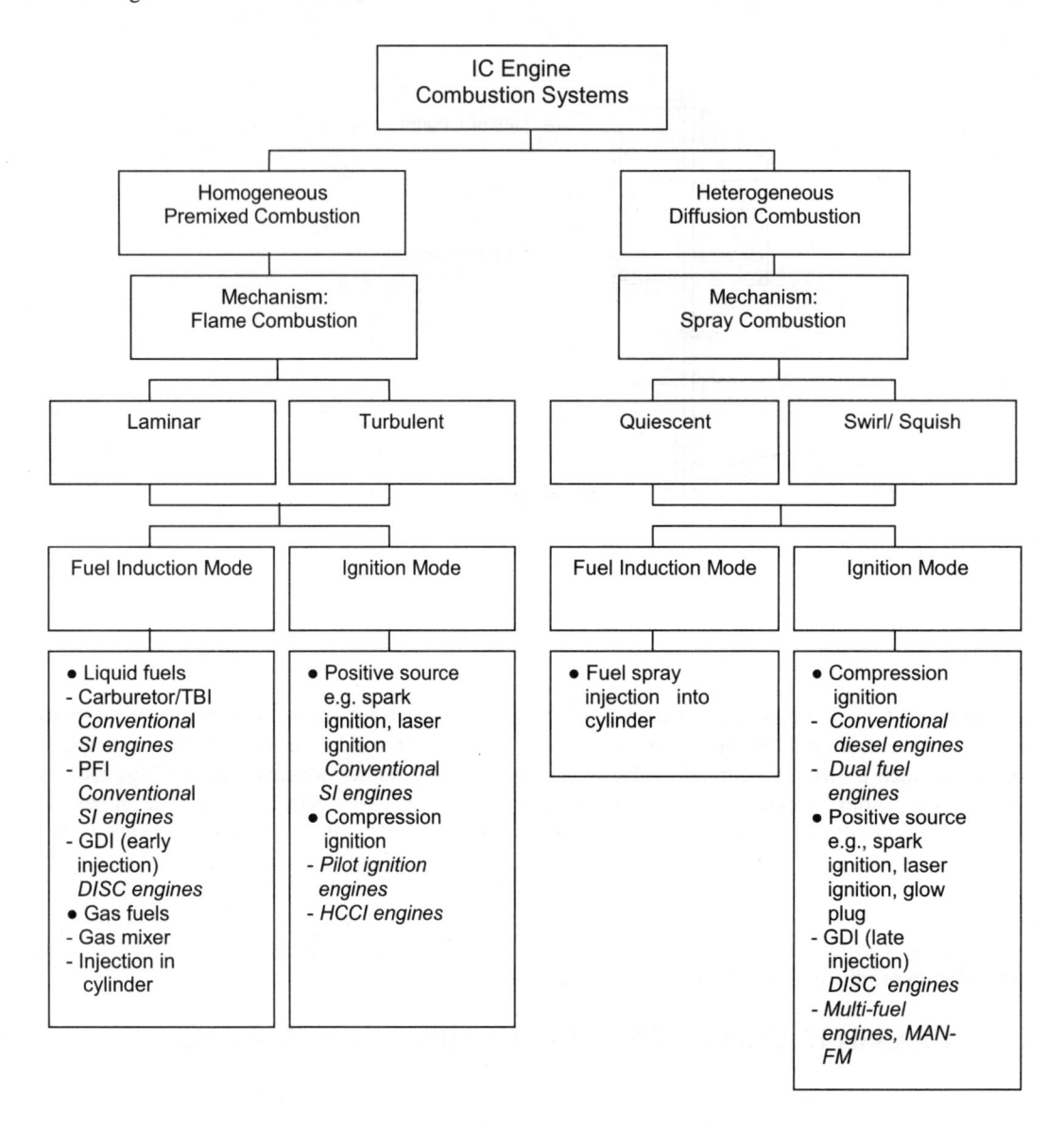

Fuel Induction Mode	Ignition Mode	Fuel Induction Mode	Ignition Mode
• Liquid fuels - Carburetor/TBI *Conventional SI engines* - PFI *Conventional SI engines* - GDI (early injection) *DISC engines* • Gas fuels - Gas mixer - Injection in cylinder	• Positive source e.g. spark ignition, laser ignition *Conventional SI engines* • Compression ignition - *Pilot ignition engines* - *HCCI engines*	• Fuel spray injection into cylinder	• Compression ignition - *Conventional diesel engines* - *Dual fuel engines* • Positive source e.g., spark ignition, laser ignition, glow plug - GDI (late injection) *DISC engines* - *Multi-fuel engines, MAN-FM*

Figure 5.14 Classification of IC engine combustion systems based on the physical nature of mixture and mode of combustion.

propagates across the combustion chamber. During the last decade however, spark ignited engines burning non-uniform, stratified charge have been introduced in the market. On the other end of combustion types employed, the conventional compression ignition engines operate on heterogeneous charge created by injection of fuel in the combustion chamber. The ignition occurs at end of delay period as a result of auto-ignition of fuel caused by high air temperatures obtained due to compression. The auto-ignition of fuel is initiated at several locations on the periphery of injection spray from where combustion spreads rapidly to other regions where combustible mixture prepared during the delay period is present. In the CI engines only a small fraction of total fuel burns as premixed charge during a brief period following immediately the start of combustion. A large fraction of fuel already present in the cylinder and that injected after combustion begins, still remains to be burnt. Thus, most of the fuel in the CI engine cylinder burns in diffusion mode of combustion at a rate that is controlled by the mixing rate fuel and air to form combustible mixture.

The engines being developed for compression ignition of homogeneous charge employ mixtures much leaner than stoichiometric as for such mixtures only very low formation of soot and nitrogen oxides is possible to obtain. Moreover, compression ignition of somewhat richer mixtures results in uncontrolled combustion rates.

A number of engines using mixed-mode type of combustion process have been used over the years. Many large farm engines were converted from the diesel engines to operation on natural gas where the natural gas was inducted along with air. The cylinder near the end of compression stroke contains compressed premixed charge of natural gas and air when combustion is initiated by compression ignition of high cetane number diesel fuel injected into the cylinder. These types of engines are called *dual-fuel* engines where diesel fuel still provides substantial fraction (approximately 30 %) of total energy and the engine has flexibility to revert back to full diesel operation in case natural gas supply is not available. When diesel contributes only about 10 % of total fuel energy, these engines are called as *pilot-injection* engines. Some engines developed for military purposes have the multi-fuel operation capability i.e., these can operate on wide range of liquid fuels ranging from gasoline to diesel that is injected directly into the engine cylinder. Some of the successful engines (MAN-FM) are assisted by spark to initiate ignition when low cetane number fuels like gasoline is used. The discussion on different types of IC engine combustion systems follows.

5.4 PREMIXED HOMOGENOUS CHARGE SI ENGINES

Energy released on combustion and hence the power output of SI engines using premixed, homogeneous charge is a function of fuel-air ratio, amount of mixture trapped in the cylinder and heating value of the fuel. At a fixed fuel-air ratio, the power output is controlled by throttling the charge inducted into the engine, most commonly by a throttle valve in the intake manifold. In some engine prototypes, intake valve throttling by varying the maximum intake valve lift is being employed to control the amount of charge inducted in the cylinder. The homogeneous fuel-air mixture in these engines is prepared in different ways as below:

- Premixing of fuel and air externally i.e., outside engine cylinder to prepare a homogeneous mixture using carburettor, throttle body injection (TBI)
- Premixing fuel and air largely during intake stroke using port fuel injection (PFI).
- Homogeneous mixture preparation using direct in-cylinder fuel injection early into compression stroke. It is employed in the direct injection stratified charge (DISC) SI engines when operating in homogeneous mode.

In the engines employing carburettor or throttle body injection (TBI) system, power output is varied by controlling the amount of premixed charge. In TBI the amount of fuel injected however, is varied based on the measured air flow to the engine. In the PFI and gasoline direct injection (GDI) engines, amount of air inducted is controlled by throttle valve and the amount of fuel injected is varied accordingly by electronic engine control unit based on the mass of air flow. The premixed charge, PFI engine is the most dominant power unit for application in the modern passenger cars and other light duty vehicles.

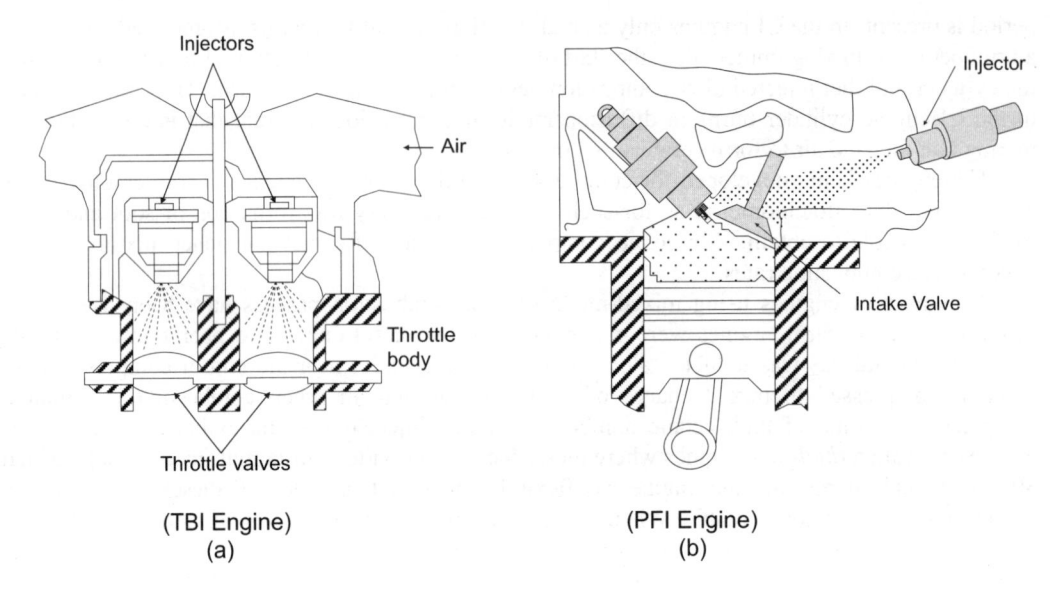

Figure 5.15 Schematics of throttle body injection and port fuel injection (PFI) systems.

The main purpose of the GDI engines is to operate in stratified charge mode using overall very lean mixtures. These engine therefore, are usually called by another generic name i.e., the DISC (Direct injection stratified charge) engines. Charge stratification is achieved by injecting fuel towards the end of compression stroke. However, at high engine loads these engines operate at stoichiometric mixtures in near homogeneous mode. The homogeneous and stratified charge mode operation of GDI/DISC engines is discussed later in the chapter.

The combustion process in carburettor and throttle body injection engines is similar to that in PFI engines. Major differences in these engines relate to the fuel system hardware

Fuel Systems for SI engines

Earlier, the SI engines used carburettor to meter fuel depending on the rate of air flow through a converging diverging nozzle (venturi) on way to the engine. The fuel enters at the throat of venturi in high velocity air stream where it is atomized and subsequently evaporates and mixes with air. The principle of operation and construction details of carburettor of various designs is described in many texts. As the engine emission regulations became stringent, the carburettor could not provide precise control of air-fuel ratio demanded by the engine and catalytic converters. The carburettor was therefore, gradually substituted by the electronic fuel injection systems during 1980s resulting in its complete phase out by 1990 in the US and Europe production cars.

The throttle body injection (TBI) systems (Fig 5.15 a) were developed and used in production vehicles starting from late 1970s and continued until late 1980s. Here, only one or two electronically controlled injectors spray fuel into the intake air above the throttle body. As a single injector provides fuel to more than one cylinder in the multi-cylinder engines, TBI is also termed sometimes as 'single point injection' system. Throttle body injection system is a simple and low cost replacement of the carburettor. It is however, more readily adapted than the carburettor to feedback injection control using the signal from exhaust oxygen sensor and at steady state operation its advantages over carburettor are significant. Under transient operation, maintaining correct air-fuel ratio with TBI still remained a problem. Further, fuelling by TBI also suffers from mal-distribution of mixture in multi-cylinder engines more so under transient operation similar to that obtained with carburettor.

The PFI system requires one injector per cylinder and fuel is injected into intake port of each cylinder (Fig. 5.15 b). The PFI system now has become a standard feature practically on all premixed, homogeneous charge SI engines. Fuel injectors are solenoid valves that are opened electronically. A typical injector cross section is shown schematically in Fig. 5.16 (a). The injector is basically an electromagnetic valve. A solenoid when excited by passage of current operates the injector needle that opens the nozzle orifice. The needle lift is about 0.15 mm and the fuel flows around the needle stem through a calibrated orifice. The tip of injector needle is shaped in the form of a pintle to atomize fuel. Injection spray with narrow cone angle issues from the injector to minimize fuel deposition on intake manifold walls. The mass of fuel injected is controlled by varying the duration or width of square current pulse that excites the solenoid. As the opening and closing times for the injector needle are much shorter than the open period, the quantity of fuel injected increases more or less linearly with the pulse duration. Typical dependence of mass of fuel injected on the pulse duration is shown on Fig 5.16(b). The pulse width varies from about 1 ms to 10 ms. Fuel injection pressure of 2-6 bars is generally used.

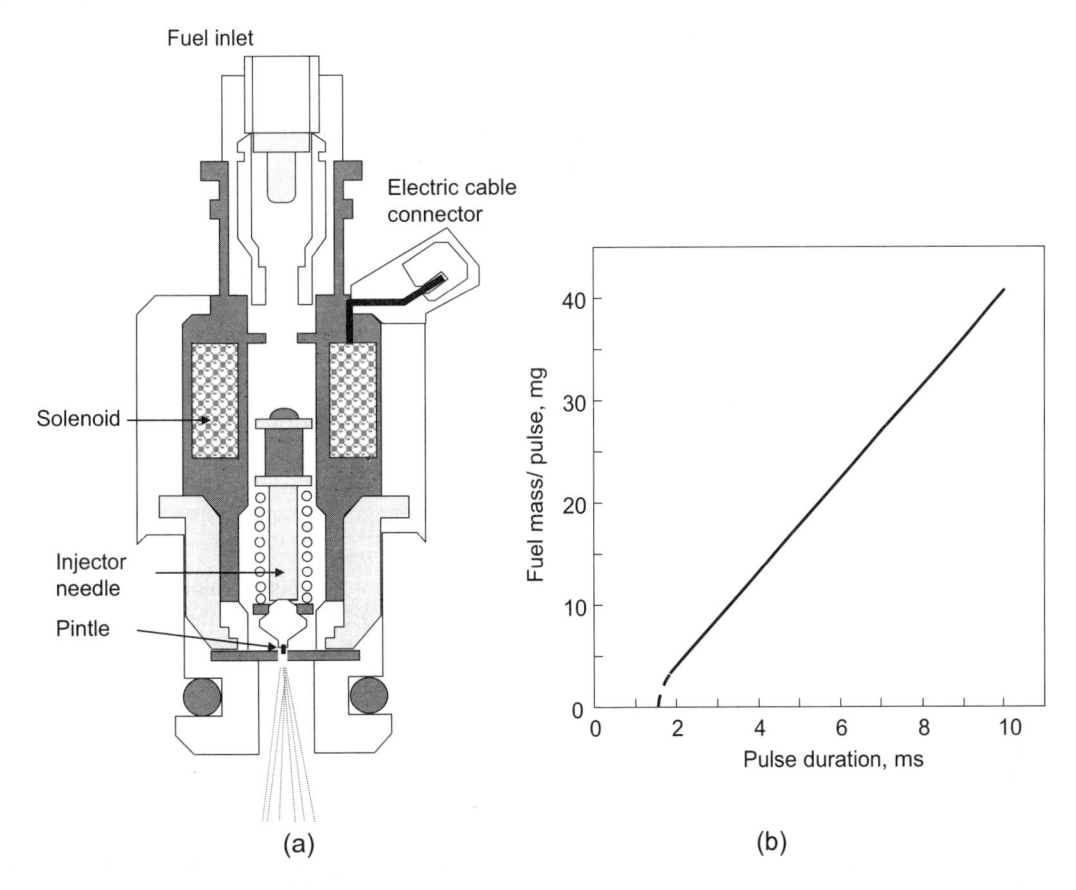

Figure 5.16 (a) Schematic cross section of an electronic gasoline fuel injector (b) Mass of fuel injected per pulse as a function of pulse duration.

For control of fuel injection rate the pulse duration is set by an engine electronic control unit (ECU) based on the airflow rate to the engine. In this way, the designed air fuel ratio is maintained. The airflow is either calculated from the volumetric efficiency data stored in ECU and, measured manifold pressure and temperature.. The mass of air flow to the engine per cycle m_a is

$$m_a = \eta_v V_d \rho_a = \frac{\eta_v V_d P_i}{RT_i} \tag{5.18}$$

Volumetric efficiency, η_v depends on engine speed N and manifold pressure. V_d is the engine displacement and, P_i and T_i are the intake manifold pressure and temperature. The control unit needs data on variation of volumetric efficiency with engine speed, and signals for intake manifold pressure, temperature and engine speed. The engine block or coolant temperature signal is also fed to the ECU to provide mixture enrichment during cold starting. An additional injector is used for cold start mixture enrichment. The throttle position signal is used to enrich mixture during acceleration.

In the modern engines, the mass rate of air flow is directly measured by a hot wire/ hot film anemometer Control of air-fuel ratio by direct measurement of air flow is more precise. Compensation is made by the microprocessor of ECU for any air flow loss caused by change in valve adjustments, engine wear, and deposit build-up in the combustion chamber that may result from vehicle usage. Changes in volumetric efficiency due to variation in engine speed and load, exhaust backpressure etc., are accounted for during measurement itself. The mass of air inducted per cycle per cylinder is

$$m_a \propto \frac{\dot{m}_a}{n_{cyl} \cdot N} \tag{5.19}$$

The signals to ECU for mass of air flow and engine speed are primarily required to control pulse width in the system employing direct air mass flow measurement. The pulse width is directly proportional to air mass flow rate and inversely proportional to engine speed.

The mass flow rate of fuel by injector nozzle is

$$m_f = C_d \overline{A}_f \left(2\rho_f \Delta P\right)^{1/2} \Delta t \tag{5.20}$$

where C_d is discharge coefficient and $\overline{A}_f$ is time dependent average flow area of nozzle orifice, ΔP is pressure drop across nozzle and Δt is pulse width /open duration of injector.

The injection systems have ability to control air-fuel ratio more precisely than the carburettors. Unlike the carburettor, fuel injection system is not sensitive to EGR as only the fresh airflow is measured. With the use of fuel injection systems finer fuel atomization and hence improved fuel-air mixing, and more uniform mixture distribution among the cylinders is achieved. A better dynamic response of fuel injection system compared to carburettor to the demand of fuel during transient operation is another advantage. All these factors favourably influence the engine combustion, performance and emissions.

The PFI is currently the best method to provide fuel-air ratio close to stoichiometric ratio under different engine operating conditions, which is required by three way catalytic converters for simultaneous reduction in CO, HC and NO_x. Electronic engine management system and the different type of sensors that provide input to ECU for control of fuel injection rate and hence the air –fuel ratio, and other engine variables are discussed later in the chapter in Section 5.8.

In the SI engines having fuel introduction in the intake manifold, the injected fuel has intake and compression strokes to fully evaporate and mix with intake air to form homogeneous mixture. The fuel evaporation and mixing processes occur simultaneously. Rate of fuel evaporation for a given design of intake manifold and ambient conditions depend on the size of fuel droplets and fuel-air mixing is governed by the intake fluid flow velocity and intensity of turbulence. It has been observed that,

- Fuel droplets with diameter, $D_d \leq 20$ μm evaporate fully during intake stroke.
- Large droplets up to $D_d = 200$ μm evaporate completely by the end of compression stroke due to increase in charge temperature and intensive air motion.
- At the end of compression stroke, although the fuel has almost fully vaporized but mixing of fuel vapours, air and residual gas may not yet be complete. Spatial variation of 10 to 15% in air-fuel ratio still exists in the combustion chamber at the time of ignition.

Fully vaporized fuel in the intake manifold replaces about 2 percent of intake air. However, cooling caused by fuel vaporization more than compensates this loss in airflow provided no heating of the manifold is done. Although some heating is provided to prevent engine stumbling during acceleration, yet loss in volumetric efficiency due to fuel vaporization is small. With the use of PFI still less fuel is vaporized during intake process resulting in higher volumetric efficiency than obtained with carburettor or TBI. Further, the venturi system in the intake manifold is eliminated when using PFI. Intake system with the use of PFI therefore, can be better designed for a higher volumetric efficiency as it handles air alone and less manifold heating is required for cold engine operation. The advantages of port fuel injection over carburettor and TBI are:

- Increased power and torque due to improved volumetric efficiency,
- More uniform fuel distribution,
- More rapid dynamic response to changes in throttle position and hence transient operation, and
- More precise control of air-fuel ratio during cold-start and warm up.

Injection Scheduling in PFI Engines

As the fuel is injected upstream of the intake valve, the injection timing can be varied with respect to intake stroke. The fuel may be injected while the intake valve remains closed or part of injection taking place when the valve is open When the intake valve opens, the injected fuel deposited on the manifold, port walls and on the back of intake valve is stripped by air and flows with it into the engine cylinder. Two types of injection schedules are employed: (i) continuous injection or (ii) sequential timed injection.

Continuous Injection: In this system, low fuel line pressure of about 2- 2.5 bars is used and injection is made in front of the intake valves with spray directed towards the valves. In this process, about three-fourth of fuel delivered per cycle is stored in the intake channel upstream of the intake valve and about one-fourth of fuel enters the cylinder directly. Fuel injection systems employ intermittent pulse injection. The injection duration varies from about 10° CA at light load to 300° CA at rated engine load. The injection in multicylinder engines can be divided in two or more groups based on the engine firing order to reduce complexity of control system. Injection is made to half of the cylinders starting at one instant of time and to the other half one revolution later. Injection timing for each group is set for injection to occur while the inlet valves are either closed or are just about starting to open for one of

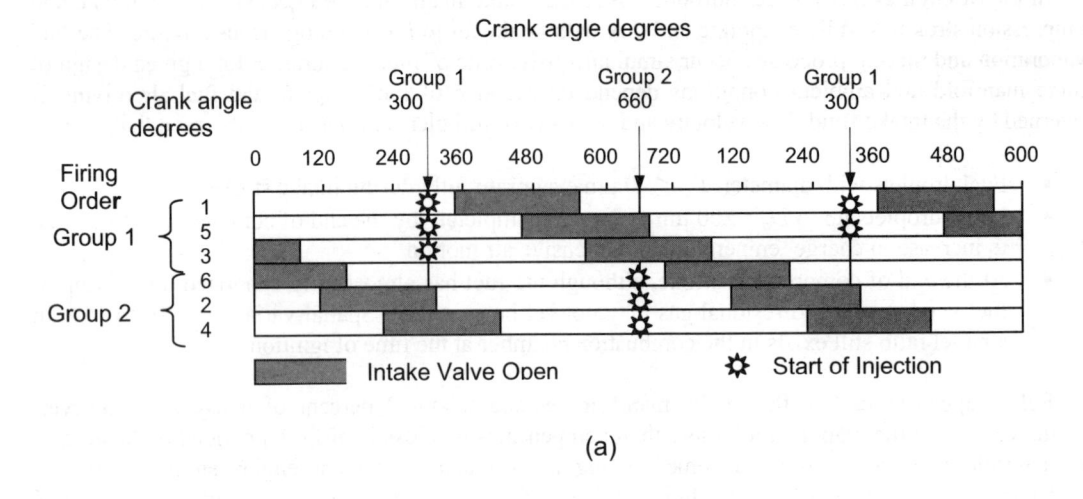

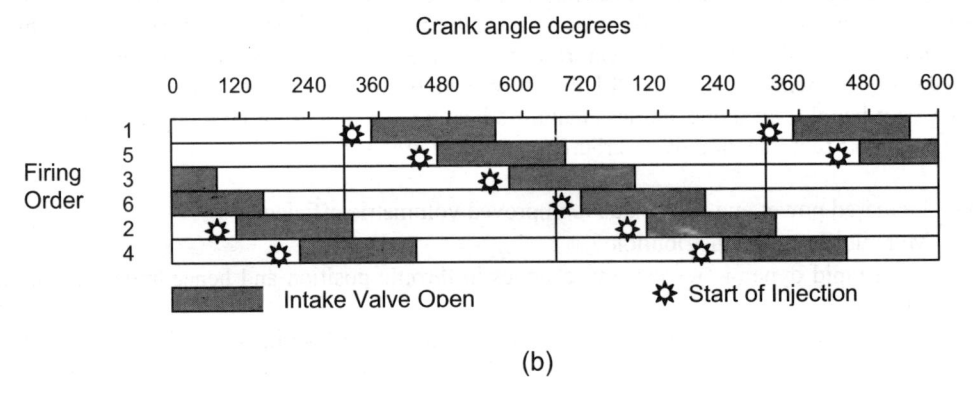

Figure 5.17 Typical injection schedule (a) Continuous injection (b) Timed sequential injection for a 6-cylinder PFI engine. Intake valve opening period also shown.

the cylinders. A typical injection schedule with respect to the period when inlet valves are open for a six-cylinder engine is shown in Fig. 5.17 (a).

Sequential Injection: Modern engines mostly employ sequential injection timing. In this system, injection pulse timing for each port is different and its phasing in relation to intake valve lift profile is the same for all the cylinders as shown in Fig 5.17(b).

SI Engine Combustion Chamber Requirements

The combustion chamber for SI engines should meet the following requirements:

(a) Fast combustion rates
(b) High volumetric efficiency at wide open throttle
(c) Low heat loss to the combustion chamber walls

(d) Minimum engine emissions (the unburned fuel emissions are more dependent on combustion chamber design)
(e) A low octane number requirement to enable use of high compression ratio
(f) Minimum cycle-to- cycle combustion variations

The combustion chamber of SI engines is formed by combining several design features like shape of the cylinder head and piston crown, number and size of valves, intake port design, spark plug location and number of spark plugs.

Initially, side valve engines were developed that were common until 1950s. These designs are now obsolete. In these engines, the valves were located in the cylinder block to keep the valve train driving system as simple as possible. A typical design of this type was known as L-head. This was the standard geometry for many engines during that era. With this chamber geometry, flame travel length is large resulting in long combustion duration. It made the side valve engines more prone to knock and the maximum compression ratios used were limited to only about 7:1. These combustion chambers had low turbulence level as the intake generated swirl dies down when the intake air has to change its direction twice at 90 degrees to enter the engine cylinder. The charge swirl and turbulence further gets dampened during compression stroke when the air is forced away from the centreline. Hardly any squish air motion can be induced. The combustion rates in these engines were low and engines operated at low speeds compared to the modern engines. Low compression ratio and slow combustion rates resulted in poor fuel efficiency. Side valve combustion chambers have high surface to volume ratio and hence, high heat losses result in further reduction of fuel efficiency.

Modern engines have a compact combustion chamber design with overhead valves, which allows high turbulence level in the chamber to enhance rate of combustion. Most modern engine models have multiple valve cylinder heads for high volumetric efficiency and to provide controlled air motion. A number of overhead valve combustion chamber designs are in use. Before discussing the different overhead combustion chamber designs some of the desirable features of combustion chamber that enhance engine performance are discussed below.

Spark Plug Location and Flame Front Area

Central location of spark plug is very important for efficient combustion. Spark plug when located centrally or close to centreline reduces the flame travel length and hence a lower probability of knocking. More importantly, the central spark plug location results in larger flame front area irrespective of the shape of combustion chamber. This can be illustrated based on a simple geometric model of flame. The flame front surface may be taken as spherical with its centre at the spark plug and propagating radially outwards. Geometric spherical flame front areas when the spark plug is located (i) on the side and (ii) at the centre in a bowl-in-piston type combustion chamber are compared in Fig. 5.18. With side plug location, as the flame radius increases the flame front area increases gradually to its maximum, remains nearly constant at that value and then decreases slowly to zero. On the other hand with central plug location, the flame area increases rapidly as the flame radius increases and remains at higher value compared to the side plug location for most of the flame travel. With central plug, the flame front area drops sharply to zero as the flame reaches close to combustion chamber walls. The central plug location increases flame front area by almost 150% over the side plug location for bowl-in piston combustion chambers. For the hemispherical chambers, flame front area for central plug is higher by nearly 75 compared to side plug. The hemispherical combustion chamber gives about 30 percent higher geometric flame front area than the equivalent disc shape chamber. As the combustion takes place due to reactant mass transfer through the flame front area, faster combustion

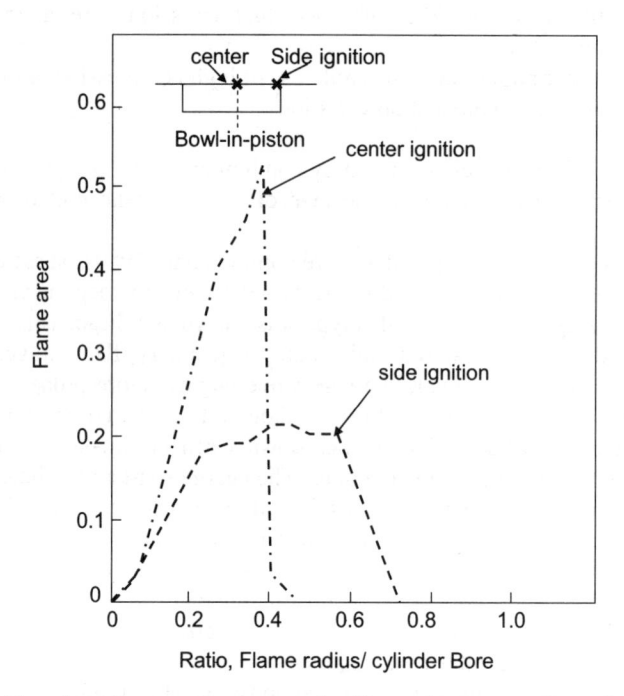

Figure 5.18 Plug location versus geometric flame front area for a bowl-in-piston combustion chamber. Adapted from [4].

rates are therefore, obtained with central spark plug location. This is a simplistic model of the effect of spark plug location on relative rate of combustion. In the homogeneous charge SI engines, combustion is accomplished by a turbulent flame and the flame front surface is not smooth and may not be as orderly, yet directionally the effect of plug location on combustion rate still remains valid.

SI Engine Combustion Chamber Designs

Importance of fast combustion rates for better engine performance is well recognized. High combustion rates can be achieved by having a compact combustion chamber with high turbulence and centrally located spark plug. Swirl or tumble air motion is provided during induction process. This is aided by squish air motion during compression stroke created by proper design of squish area between the piston crown and the cylinder head. Swirl results in high turbulence during combustion enhancing rate of flame development. High turbulence prevailing in the combustion chamber increases speed of turbulent flame propagation resulting in fast combustion.

Fast burn combustion chambers have low cycle-to-cycle combustion variations. Further, faster rate of combustion results in more energy being released close to top dead centre, which changes cylinder pressure development history in a way that results in more expansion work and higher fuel efficiency. If the combustion duration is decreased from 100 to 60° CA keeping all other factors unchanged, the fuel efficiency improves by about 4 %. However, further decrease in burn duration from 60 to 20 ° CA results in further improvement of only about 1.5% in fuel efficiency. The fast burn combustion chambers can operate on leaner fuel-air ratios. As the combustion duration gets shorter the tendency to knock reduces and a high engine compression ratio can be used. All these factors when combined result in significant improvements in fuel efficiency. Another advantage of fast burn engines is that they tolerate more EGR for reducing nitrogen oxides emissions without increasing combustion variations and incidence of misfired engine cycles.

The overhead valve SI engine combustion chamber designs have developed over the years from the early two valve designs like inverted bath tub and wedge type to multi-valves hemispherical and pent roof combustion chamber shapes.

Two- Valve Combustion Chambers : Inverted Bath Tub and Wedge Types:

The inverted bath tub type combustion chamber is shown in Fig. 5.19 (a). It has two vertical in-line valves, one each of intake and exhaust, which are operated by the same cam shaft. Both the valves are fitted in the cylinder head cavity forming the combustion chamber. The flat part of the cylinder head over the piston crown provides large squish area. As the piston reaches top dead centre towards the end of compression stroke, the charge between the piston and flat portion of the cylinder head is squeezed out and flows into the cylinder head cavity at high velocity creating high level of turbulence. The intensity of turbulence created by the intake swirl and squish tends to increase directly with engine speed. This increases combustion rate roughly in proportion to the engine speed and the turbulent flame propagation period in terms of crank angle remains nearly constant for all engine speeds.

The wedge type combustion chamber shown in Fig 5.19 (b) uses inclined valves fitted on the slanted roof of the combustion chamber. A single row of in-line two valves per cylinder are used. The spark plug is fitted on the steep end of the wedge midway between the valves. The spark plug is located deep in the steep end protected from the high level of turbulence to prevent flame extinction. During intake, the charge is deflected from the steep end of the combustion chamber and moves downward spirally in the cylinder. Towards the end of the compression stroke the swirling charge trapped in the squish area is forced from the thin end of the wedge towards to the steep end where charge has already been ignited. The squish motion again creates high level of turbulence close to the spark plug end of the combustion chamber that increases rate of combustion. The end gas is located in the squish zone which has high surface to volume ratio that results in cooling of the end gases due to heat transfer and consequently the lower knocking tendency.

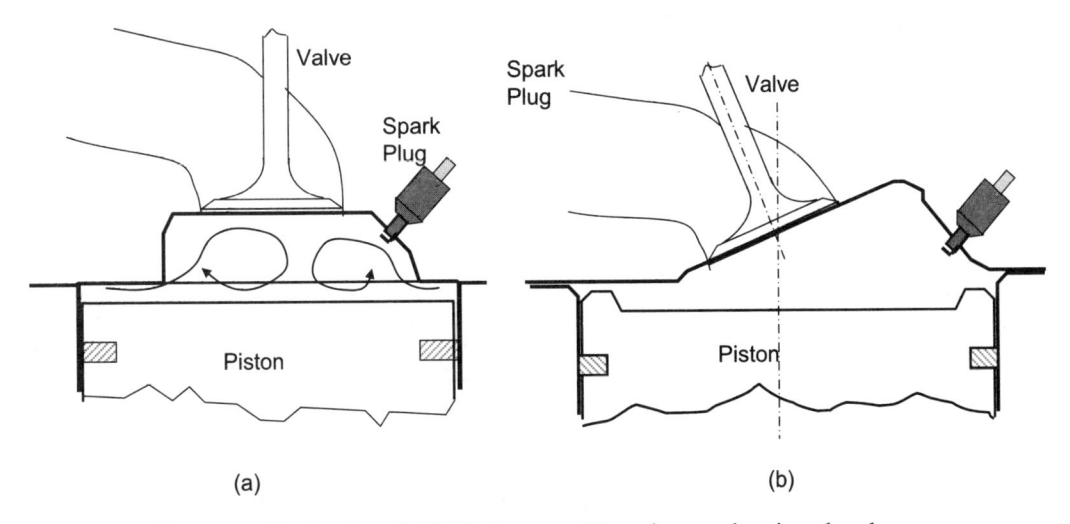

Figure 5.19 (a) Inverted bath-tub and (b) Wedge type SI engine combustion chambers.

Multi-Valve Combustion Chambers: Hemispherical and Pentroof Types

Multiple valve combustion chambers were conceived to meet the demands of greater power and lower fuel consumption through out the engine speed range under part as well as full-throttle engine operation. The hemispherical combustion chamber (Fig 5.20 a) is suited to multi-valve application although the two valve configurations were also widely used. The valve heads blend into the surface of the combustion chamber so that the chamber surface looks like a hemisphere. Both the intake and exhaust valves are inclined increasing valve port area that results in higher volumetric efficiency. The chamber has a low surface to volume ratio. The intake ports can be given a suitably curved profile to generate high rate of air swirl. The raised piston crown shape when used generates moderate squish. Many designs use flat piston crown. These chambers mostly employ overhead cam shaft (OHC). The intake and exhaust valves would be in two rows. A single overhead camshaft may be used to operate both the rows of intake and exhaust valves when the inclination of valves from vertical is small around 20°. With higher valve inclination two separate i.e., twin overhead camshafts are used one for operation of the row of intake valves and the other for the exhaust valves. These combustion chambers generally have 2-valves as it is difficult to accommodate 4-valves at the necessary valve positioning angles. The two valve combustion chamber designs use an offset from the centre spark plug.

Pentroof combustion chamber is shallow compared to hemispherical combustion chamber which would somewhat increase surface to volume ratio, but is a good compromise between compactness of the combustion chamber and use of multiple valves. A shallow angle pentroof type combustion chamber (Fig 5.20 b) allows optimum valve size and their positioning in multiple-valve engine configuration. Pentroof combustion chambers having 2 and 3 intake valves and total of 3 to 6 valves per cylinder are in use. The 4-valve combustion chambers are the most common. The intake and exhaust valves are inclined against each other, the typical inclination for each valve from vertical being 20° and the included angle between the intake and exhaust valves being 40°. The inclination of the intake and exhaust valves to each other tilts the pair of valve heads such that they resemble to be part of an arch and take the shape of a pentroof. The spark plug is located close to centre in the deep region of the chamber. The flat contour of the chamber near periphery where it overlaps the flat part of the piston crown provides squish area. Mixture from the intake port is forced across the cylinder to the walls from where it is deflected in downward direction and rolls perpendicular to the axis of the

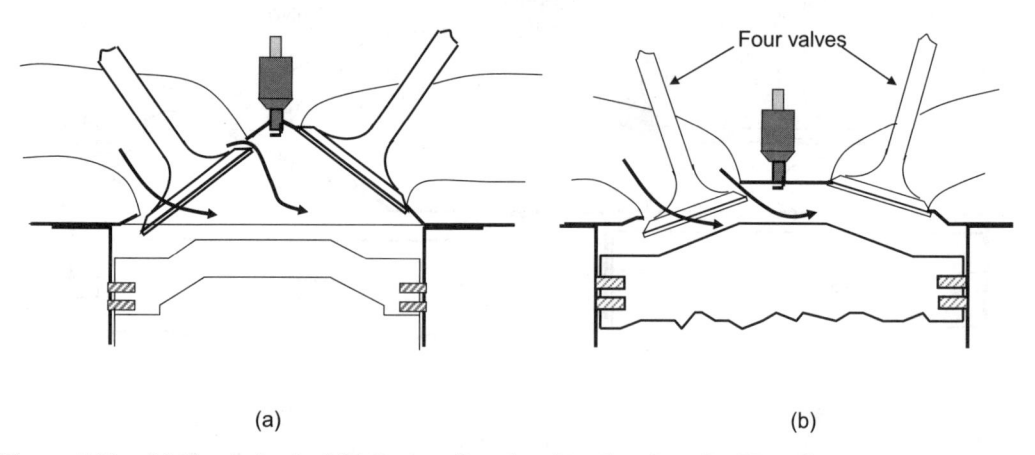

(a)   (b)

Figure 5.20 (a) Hemispherical (b) Pentroof combustion chambers for SI engines

cylinder. This type of air motion is called tumble. As the piston approaches TDC the two squish zones at the opposite ends of the combustion chamber transform the tumble air motion to high level of turbulence. The central spark plug provides a high flame front area and shorter flame path length resulting in high burning rates.

These compact combustion chambers also reduce end-gas autoignition allowing use of a higher compression ratio. Use of 4-valves increases valve port area by about 50% compared to two-valve hemispherical designs resulting in higher volumetric efficiency. In a four valve configuration, the single intake channel in the cylinder head after a short length divides into two and leads to two separate intake ports. The individual exhaust ports merge together into one common exhaust manifold.

Combustion Chambers with Dual Spark Plugs

Two spark plugs for every combustion chamber have also been proposed for enhancing combustion rates and a few production engines models have been built with two spark plugs per cylinder. Alfa –Romeo have built some car models with dual spark ignition. Two flame fronts propagate simultaneously through the combustion chamber doubling the combustion rate. With proper location of the two spark plugs the combustion duration could be halved. The shorter combustion duration allows less time for the end gases to remain at high temperatures resulting from compression by the advancing flame front. The tendency to knock is thus, reduced and a higher engine compression ratio can be used. Engine can be operated lean and also with higher EGR as the overall combustion rate is high. The spark timing can be retarded and still the combustion can be completed early to obtain lower fuel consumption. In some smaller engines typically used in motorcycles, larger valves can be installed when two spark plugs on sides are used. If a single plug close to centreline is to be used, it reduces the valve diameter to ensure adequate structural strength of the webs and bridge between the valve ports. Main advantages of the high combustion rates resulting from the use of twin spark plugs are;

(i) Favourable conditions to operate engine on lean with air-fuel ratios up to 20: 1 to obtain higher fuel economy, the benefits are higher at light load operation as at high loads engines usually operate richer.
(ii) Cycle-to-cycle combustion variations are reduced resulting in smoother engine operation.
(iii) Knocking tendency is reduced. A high engine compression ratio may be used to further improve engine fuel efficiency.
(iv) Engine can tolerate higher exhaust gas recirculation (EGR) for reduction of emissions of nitrogen oxides.

5.5 DIRECT INJECTION STRATIFIED CHARGE ENGINES

The development of stratified charge SI engines has been pursued since 1950s to reduce fuel consumption and improve engine performance. In the stratified charge engines, the air-fuel ratio is varied within the combustion chamber such that the mixture near spark plug is stoichiometric or slightly fuel rich to provide good ignition characteristics and away from the spark plug it gets progressively leaner. Overall air-fuel ratio in the cylinder is significantly leaner than the stoichiometric. The rich mixture near spark plug ensures good ignitability without misfiring. The high temperatures developed during combustion of the rich mixture near spark plug result in the desired high speed of flame propagation across the combustion chamber that burns the lean mixtures in the cylinder away from spark plug. The potential benefits of a stratified charge engine are:

- The overall mixture strength can be very lean giving high fuel efficiency.
- Ideally, an unthrottled engine operation can be obtained. Engine power can be controlled by variation in fuel flow alone, thus minimizing pumping losses and improving fuel efficiency.
- The end gases being very fuel lean are less susceptible to auto-ignition. Therefore, a high engine compression ratio can be used to improve fuel efficiency without encountering engine knock.
- A faster dynamic response is obtained as much smaller air-fuel ratio fluctuations than the port injection engines are possible. A flatter air-fuel ratio characteristic during acceleration provides better torque characteristics.
- The formation of emissions of CO, HC and NO_x is inherently low.

The most common configuration of the stratified charge spark-ignited engines that has been under investigation is the gasoline direct injection (GDI) or the direct injection stratified charge (DISC) engine. During early 1970s, two notable experimental stratified charge engines: Ford Programmed Combustion (PROCO) engine [8] and Texaco's Stratified Charge (TCCS) engine [9] were developed. Both of these engines employed mechanical jerk type fuel injection systems. From the mid 1970's, Honda CVCC [10] a divided chamber stratified charge engine was produced and marketed in the USA and Japan.. In the Honda CVCC engine, a small chamber was supplied with rich mixture through a separate intake valve while the main chamber had lean mixture. Ignition occurred in the rich mixture in the small chamber. The burning mixture from the small chamber flowed via a small throat into the main chamber like in the divided chamber diesel engines. This engine had high fluid dynamic and heat transfer losses. It also required catalytic aftertreatment to comply with the then US emission standards especially for the medium size and bigger cars. Therefore, production of this engine did not continue much longer. The Texaco TCCS and Ford PROCO engines that may be considered as the predecessor of the modern DISC engines as well as Honda CVCC engine are shown schematically in Fig. 5.21.

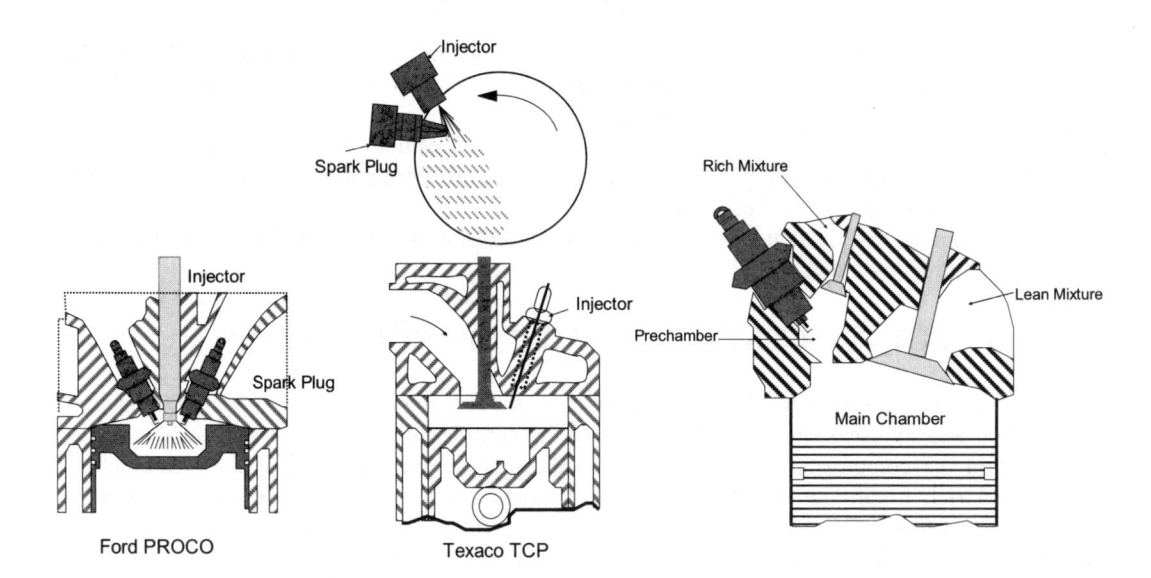

Figure 5.21 Combustion systems of early GDI engines and Honda CVCC divided chamber stratified charge engine.

The early developed DISC engines could not be put into production due to several reasons. With the mechanical injection systems employed at that time, optimum charge stratification and performance could be obtained only in a very narrow range of engine loads and speeds. The fuel spray was also made to impinge on the spark plug for effecting ignition resulting in rapid spark plug fouling. Further, as adequate time was not available for fuel – air mixture formation, burning of excessively rich mixtures near the spark plug gave high soot and hydrocarbon emissions. During 1990s, fuel economy improvement has become major thrust of research for the automotive industry as well as to reduce emissions of CO_2, a greenhouse gas. Direct injection gasoline engine technology can be operated unthrottled in stratified charge mode at overall very lean mixtures. Therefore, it has the potential to give comparable or even better fuel economy at part loads than the indirect injection diesel engines (used for passenger cars until late 1990s and early 2000s). At high loads, DISC engines may be operated as homogeneous charge engine at near stoichiometric conditions. Thus, at high loads performance of stoichiometric GDI engines better than the stoichiometric PFI engines is possible. Mitsubishi [11] and Toyota Motors [12] introduced DISC engine powered cars during mid 1990s.

Modes of DISC Engine Operation

The early DISC engines attempted to obtain charge stratification under all engine operating conditions by injecting fuel late in the compression stroke. This did not prove to be successful as acceptable engine performance and emissions over the entire speed-load range of engine operation were not possible. The current direct injection gasoline engines operate in the stratified as well homogeneous charge mode by using the required fuel injection strategy. The different operation strategies for the modern DISC engines depending on engine speed and load are shown in Fig. 5.22 and are described as follows:

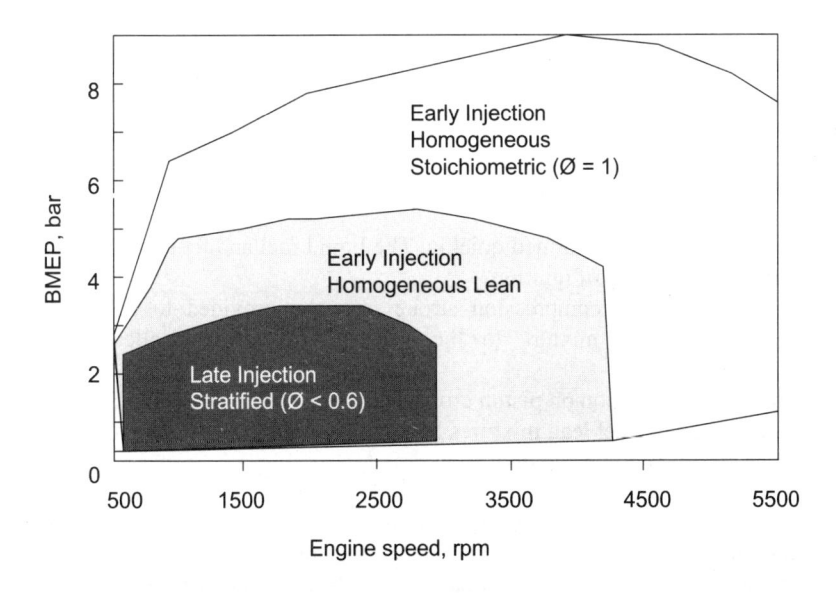

Figure 5.22 Fuel injection and operation strategy for DISC engines

(a) **Stratified Charge Operation**: Fuel injection timing is the key parameter to obtain charge stratification. Fuel injection is made late in the compression stroke so that there is not enough time for fuel to fully mix with air. Stable charge stratification at part loads at the time of ignition is obtained. Engine operates unthrottled and very lean overall air-fuel ratios reaching up to 50:1 under low load operation have been used.

(b) **Homogeneous Stoichiometric Operation**: Fuel is injected early in the intake stroke to allow adequate time for mixing and formation of homogeneous mixture at the time of ignition. At high loads, the engine operates at stoichiometric air-fuel ratio using early fuel injection timing.

(c) **Homogeneous Lean Operation:** Engine operates homogeneous lean in the mid-load range. This is the transition zone from stratified mode at low loads to stoichiometric operation at full engine load. Advantages of lean engine operation can also be exploited during this range of engine operation.

The different features of DISC engine operation are summarized in Table 5.2

Table 5.2
Features of DISC Engine Operation

	Stratified	Homogeneous stoichiometric	Homogeneous lean
Injection timing	Compression stroke	Intake stroke	Intake stroke
Fuel-air equivalence ratio	0.25 to 0.6	1.0	0.6 to 1.0
Throttling	Low	High	Medium
Exhaust temperature	Low	High	Medium

DISC Engine Combustion Systems

Different concepts of in-cylinder charge motion and spray orientation have been investigated to obtain charge stratification. When the fuel is injected late in the compression stroke for stratified charge operation the following main requirements are to be met to obtain good combustion

(a) Combustible mixture has to be formed quickly. The liquid fuel and fuel over-rich zones are to be bare minimum by the time of ignition
(b) Suitable air motion during compression stroke is to be provided to accomplish charge stratification and transport mixture to the spark plug in a controlled and cyclically reproducible manner.
(c) Excessive liquid fuel deposition on piston crown and spark plug is to be avoided.
(d) Over mixed zones having fuel lean mixtures beyond lean flammability limits as well as under mixed over-rich zones are to be avoided.

A variety of approaches to realize DISC system have been adopted with different combinations of in cylinder charge motion (swirl, tumble, squish), combustion chamber shape, piston crown geometry and location of injector and spark plug. Early approach was to locate long reach spark plug as close to injection spray as possible. In the modern DISC engines, spark plug is placed wide of injector so that by the time spray assisted by air motion reaches spark plug, fuel gets vaporized and the spark plug is not wetted by the liquid fuel. The approaches developed for charge stratification and combustion may be classified in three types shown on Fig. 5.23 and are given below.

Spray Controlled: Charge stratification is primarily controlled by the fuel spray characteristics in this strategy. Ignitable mixture is formed at the outer edge of the fuel spray and the spark plug is placed close to the spray jet so that the ignitable mixture reaches it at the time of ignition. The combustion is highly sensitive to the spray characteristics. Formation of good quality mixture becomes critical at high engine load conditions. In this approach, at high loads smoke formation is often observed. Fuel-air mixing cannot be accelerated by enhanced charge motion as the ignitable mixture could be blown away from the spark plug. Wetting of the spark plug by liquid fuel results in frequent spark plug fouling.

Wall Controlled: In the wall-controlled concept, the mixture formation process is characterized by fuel injection directed towards a specially designed piston cavity. Fuel impinges on the piston walls where it evaporates and mixes with air. An intense reverse tumble charge motion assists the mixture formation and its transport to the spark plug electrodes. In this concept, the spark plug is located away from the fuel injector on the side of combustion chamber and the piston cavity is off centre.

Flow Controlled: Mixture is formed by interaction between fuel jet and directed air motion like swirl. The air swirl transports the mixture to the spark plug and ensures that ignitable mixture is available at spark plug electrodes at the moment of ignition. When properly optimized, the combustion chamber walls are not wet and a stable stratified charge operation is obtained over a wide range of engine operation. The spark plug and injector are generally widely spaced in these configurations. In some designs, central piston bowl and spark plug have been employed with the injection spray directed close to the spark plug but not impinging on it. The intake generated air swirl and squish limits the impingement of fuel spray on the piston bowl and controls the charge stratification in the centre of combustion bowl.

The characteristics of combustion process obtained with the three charge stratification and combustion methods are compared in Fig. 5.24. The injection timing and spark timing to be generally used with each approach are shown. In the spray controlled approach ignition follows close to the start of injection as it is only the spray that ensures presence of ignitable mixture in the region of spark plug.

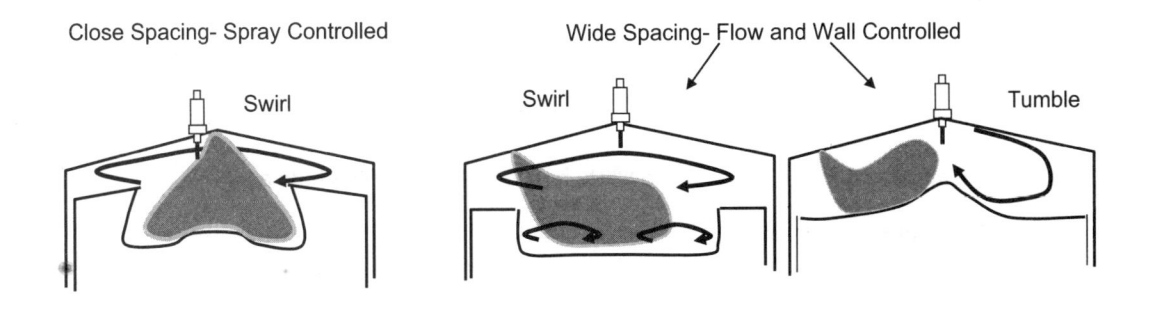

Figure 5.23 Spray, flow and wall controlled DISC engine combustion.

With flow controlled, it is delayed by about 20° CA until the air motion carries the fuel vapours to the spark plug. In the wall controlled approach, ignition is made 35 to 40° CA after start of injection. Following ignition, the duration of initial 5% heat release is longest in the spray controlled method due to poor mixture preparation. In the other two methods, the spark ignition takes place when significant time has already elapsed after injection and adequate mixture formation has already occurred. Hence, it results in a shorter 5% burn period. Half of the fuel (50% heat release) however, is burned nearly at the same point in the cycle in all the three methods. In the wall controlled method, some fuel deposited on piston cavity walls would take longer to vaporize and mix with air. This results in longer combustion duration for the last 15 % of the fuel to get burned. Even the duration for heat release from 85 to 88 % was far longer than the other two methods. The flow controlled method has the shortest combustion duration due to better mixture preparation and high intensity of fluid motion and turbulence.

In practice, the production DISC engines use a combination of both the wall and air flow guided strategies to obtain charge stratification, good ignition and combustion characteristics. In conjunction with a specially designed piston cavity, tumble dominated air motion has been employed by Mitsubishi [11] as shown in Fig. 5.25. Toyota [12] in their DISC engines which went under production during mid-1990s used air swirl and a specially designed piston cavity to obtain charge stratification and leading the fuel-air mixture to sparkplug to initiate ignition. Cross-sectional view of the cylinder – piston assembly of Toyota D4, DISC engine is shown on Fig. 5.26.

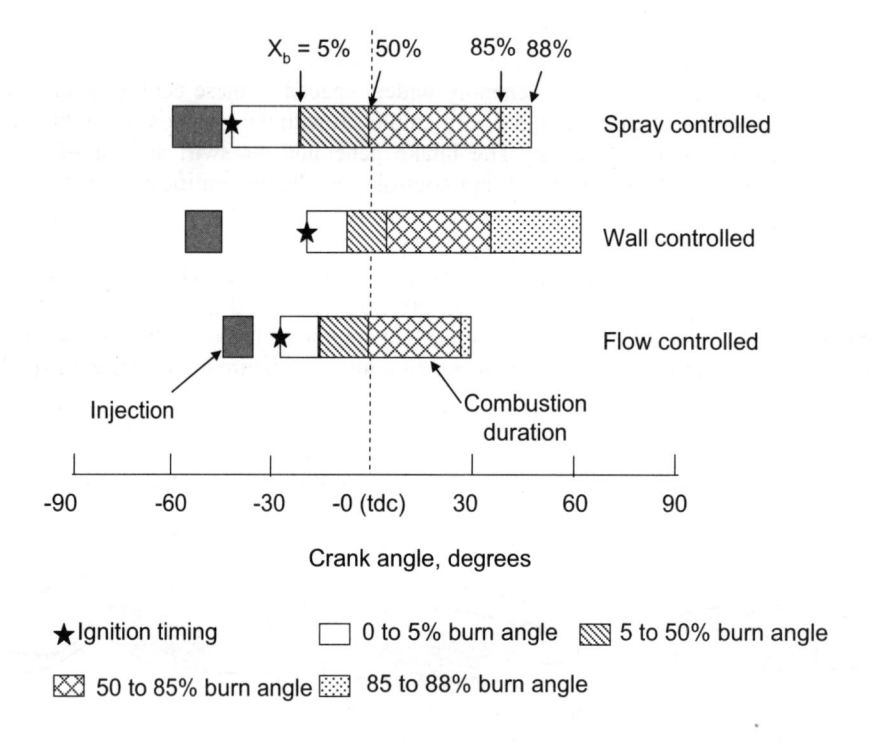

Figure 5.24 Combustion characteristics of spray, wall and flow controlled DISC combustion methods; N= 2000 rpm, imep = 2.8 bar. Adapted from [6].

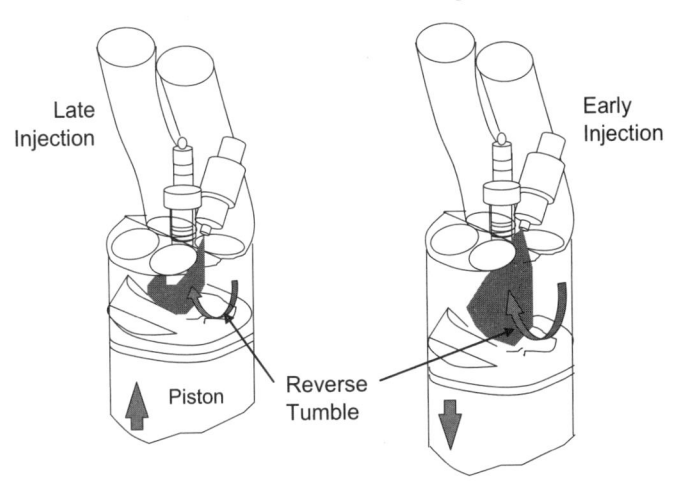

Figure 5.25 The Mitsubishi DISC engine combustion system employing reverse tumble and specially shaped piston cavity, late injection for charge stratification and early injection for homogeneous combustion. Adapted from [11].

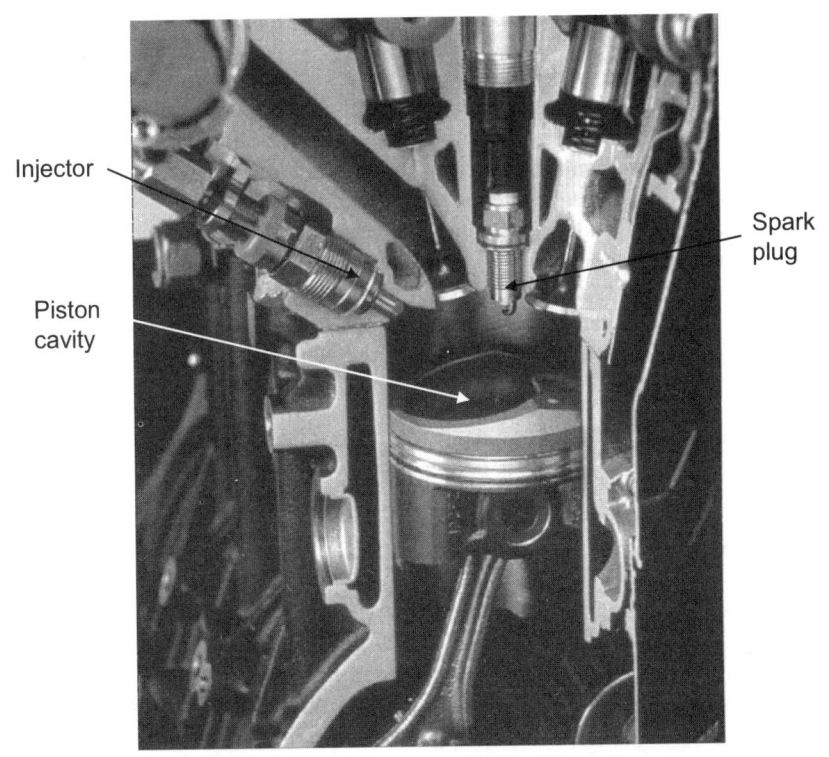

Figure 5.26 Cross-sectional view of cylinder-piston assembly of Toyota D4, DISC engine employing a specially designed cavity in piston crown with swirl dominated air motion. Engine has 2.0 litre swept volume, 10:1 compression ratio. It operates with injection pressure of 120 bar and up to 50:1 air-fuel ratio during stratified-charge mode. Reprinted with permission of Delta Press B.V., Netherlands, Oil & Engines, 1997.

5.6 HETEROGENEOUS CHARGE CI ENGINES

The combustion system of the diesel engines primarily consists of combustion chamber and injection system. Fuel injection is at the heart of diesel combustion. The fuel is injected through small orifices in the combustion chamber. One or several high velocity fuel jets from the injector nozzle penetrate far into the combustion chamber entraining air. The injected fuel is atomized into small droplets that evaporate and mix with air. Combustion begins by spontaneous ignition of premixed fuel and air after 5 to 10 degrees crank angle from start of injection. Under wide range of engine operating conditions, injection of fuel continues even after combustion has begun. The fuel injected after start of combustion also undergoes the processes of atomization, vaporization and mixing with air forming combustible mixture before being burnt. To accelerate fuel air mixing and to obtain good ignition and combustion characteristics a number of combustion chamber designs have been developed over a period of more than 100 years of diesel engine development. The design of the combustion system for the diesel engine should provide fuel-air mixing at sufficiently fast rate. Also, the combustion process is to be controlled to result in acceptably low rate of pressure rise and peak combustion pressure. For high engine thermal efficiency, the fuel should completely burn early in the expansion stroke. To accelerate the rate of fuel-air mixing either *intake induced* air swirl or *combustion induced* turbulence is mostly employed. Additionally, compression generated squish air motion enhances turbulence and air fuel mixing. The diesel combustion chambers may be divided in two main types:

(i) *Open chamber* or *direct injection (DI) engines*: The open combustion chamber is a single combustion space in which fuel is injected directly. Hence, the engines using open chambers are more often termed as DI diesel engines. The open chamber engines primarily utilize intake induced air swirl and squish air motion to enhance fuel-air mixing.

(ii) *Divided chamber* or *indirect injection (IDI) engines*: In the divided chamber engines, the combustion space is divided into two compartments. The fuel is injected in *prechamber* (smaller of the two compartments) which is connected to the main chamber via one or more orifices. The prechamber is located in the cylinder head and the main chamber is situated between the cylinder head and the piston crown. The divided chamber engines depend on combustion generated turbulence for mixing partially burned or unburned fuel with the air leading to completion of combustion.

In this section, different types fuel injection system and combustion chambers for diesel engines are discussed keeping also the current trends in view.

Fuel Injection Systems

The conventional diesel fuel injection equipment employ hydro-mechanical systems for control of fuel delivery characteristics to meet the requirements of the entire range of engine operation i.e., load, speed, cold start, steady state, acceleration mode, altitude compensation etc. To control fuel injection rate and injection timing, and to obtain the required torque characteristics, a number of design parameters viz., injection plunger geometry, plunger leading edge, helix profile, delivery valve, length and volume of high pressure line and nozzle opening pressure are optimized. These mechanical systems are still in use on many vehicle designs meeting Euro 2 vehicle emission regulations. However, implementation of more stringent emission standards has forced development of electronically controlled fuel injection systems. The different types of fuel injection systems according to actuation mechanism and hydraulic design can be classified as in Fig. 5.27.

Engine Combustion Systems and Management   185

```
                    ┌─────────────────────┐
                    │ Diesel Fuel Injection│
                    │      Systems         │
                    └──────────┬───────────┘
                   ┌───────────┴────────────┐
        ┌──────────┴────────┐      ┌────────┴────────┐
        │   Cam Actuated    │      │  Hydraulically  │
        │       FIE         │      │  Actuated FIE   │
        └─────────┬─────────┘      └────────┬────────┘
          ┌──────┴──────┐             ┌─────┴──────┐
    ┌─────┴─────┐ ┌─────┴─────┐  ┌────┴─────┐ ┌────┴─────┐
    │Pump-Line -│ │   Unit    │  │Accumulator│ │Intensified│
    │ Injector  │ │ Injectors │  │ Systems   │ │Common-Rail│
    └───────────┘ └───────────┘  │Common-Rail│ └───────────┘
                                 └───────────┘
    ┌───────────┐ ┌───────────┐               ┌───────────┐
    │In-line Jerk│ │Direct Metered│            │Fuel Actuated│
    │   Pump    │ │Single Plunger│            └───────────┘
    └───────────┘ └───────────┘
    ┌───────────┐ ┌───────────┐               ┌───────────┐
    │  Rotary   │ │  Indirect │               │ Lube Oil  │
    │Distributor│ │  Metered  │               │ Actuated  │
    │   Pump    │ │  Double   │               └───────────┘
    └───────────┘ └───────────┘
    ┌───────────┐
    │ Unit Pump │
    └───────────┘
```

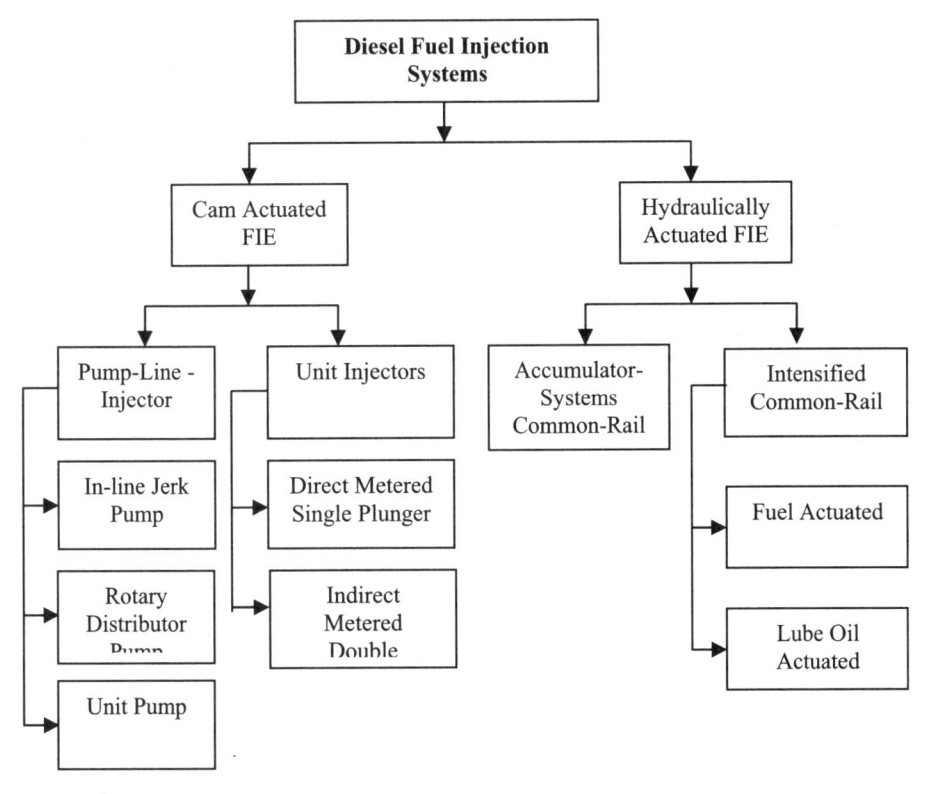

Fig. 5.27 Classification of diesel fuel injection systems

The injection systems are either cam actuated or hydraulically actuated. The cam-actuated systems with mechanical as well as electronic control are in production. The common rail fuel systems are actuated hydraulically. These are being used on modern engines and more sophisticated types are under development. The three main types of fuel systems viz., high-pressure distributor or rotary types, unit-injectors and common rail systems are being used in the modern engines.

Distributor Pumps

The mechanical distributor pumps have been in use on passenger cars for a long time. Until recently, the European high-speed direct injection (HSDI) diesel engines on passenger cars commonly used the distributor type fuel injection system. The distributor fuel system has only one high pressure pumping plunger unit. As the distributor pump shaft rotates, this pumping unit is connected by the drilled holes to outlets corresponding to different engine cylinders. These pumps employ either (i) an axial plunger with a cam plate or (ii) radial plungers inside a cam ring for high pressure fuel distribution to different injectors on their turn. In the mechanical fuel injection pumps, the injection rate and timing are varied using mechanical linkages and governor, while the electronic pumps employ electro-hydraulic devices. In the electronically controlled distributor pumps, solenoid valves are used to control fuel pressure, fuelling rate and injection timing. An electronic control unit (ECU) controls the operation of solenoid vaves and   hence the injection system.   The first generation of   electronically controlled distributor pumps provided peak injection pressures of about 900 bars compared to 600 bars typical of the mechanical pumps. Next generation of pumps operate on further high pressures in excess of 1000 bars with nozzle pressures reaching up to 1500 bars. Direct control of both the start and end of injection, and of injection rate is achieved by use of fast acting solenoid-operated valves on the high fuel pressure as well fuel spill side. Fast response times in varying fuelling rate and injection timing are o0btained with these electronically controlled fuel injection systems.

Electronic Unit Injectors

In the electronic unit injector (EUI) both the injection pumping element and the injector nozzle are integrated in one unit. The EUI is directly mounted on the engine cylinder. Each injection pump plunger is driven directly by the engine camshaft, generally via a rocker arm. The electronic unit injectors were first introduced on heavy-duty diesel truck engines in the USA during late 1980s. A typical EUI is shown in Fig. 5. 28.

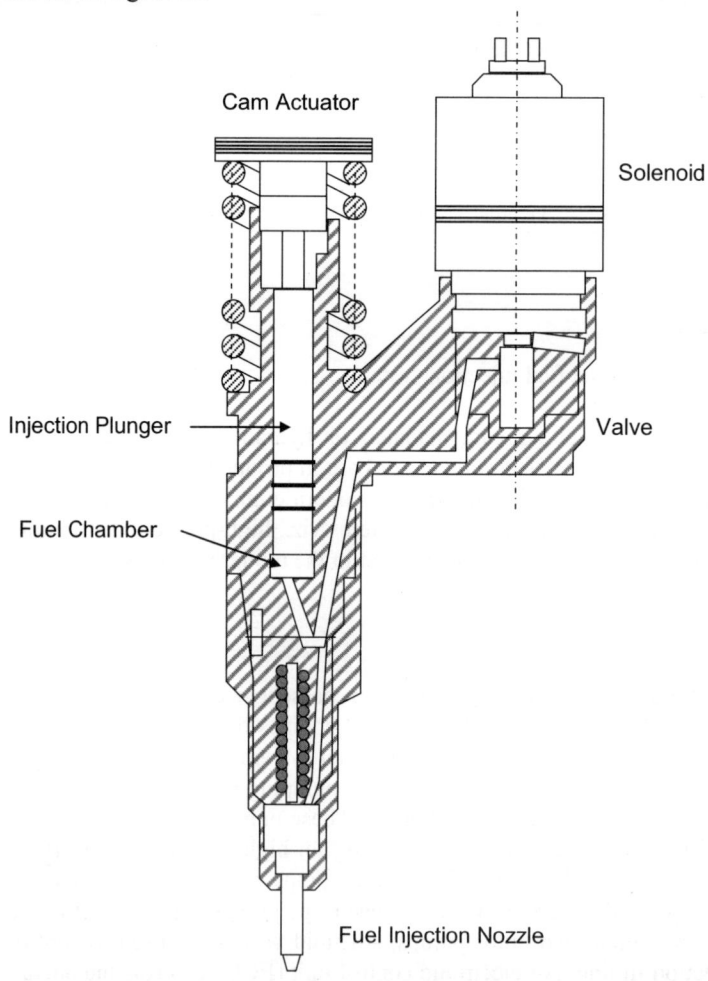

Figure 5.28 A typical schematic of electronic unit injector (EUI) for high diesel injection pressures.

In the unit injectors that directly meter the fuel quantity, the fuel space above the plunger head and between nozzle is normally in communication with low pressure fuel supply line. Injection is started by a fast acting solenoid valve that closes the communication of the fuel space in the injector with low pressure fuel line and the fuel above the plunger is pressurized and is injected through the nozzle. When the solenoid valve opens, the space between the plunger and nozzle is connected to the low-pressure fuel supply line and injection is terminated. As the dead volume between the pumping plunger and injector nozzle is very small, very high injection pressures of 1500 to 2500 bars can be used with a high reliability and efficiency. Operation of the EUI at pressures of around 2500 bars has been demonstrated.

In the electronic unit injectors, the injection timing and fuel delivery can be varied to optimum values for the entire range of engine operation. The system can also provide pilot pre- injection to reduce NO_x and engine noise. In this system, adequate care has to be taken to control heat transfer from the engine to fuel. A constant temperature of fuel that reaches each injector must be maintained to ensure that each injector delivers the same mass of fuel to the engine cylinder. A number of sensors provide input data on the engine speed, load, camshaft position, air temperature and pressure in the inlet manifold, and coolant temperature etc., to the electronic control unit (ECU). From these data, ECU reads the optimum value of the injection timing and fuel quantity, and sends signal to the solenoid valve on the unit injector to control fuel delivery and timing.

The unit injectors have demonstrated their capability of use of ultra-high injection pressures, electronic control of injection rate, timing and total injection quantity. Injection rate shaping as desired and sharp end of injection can be obtained.. These systems have high reliability and durability, and require lower power compared to the in-line systems.. The EUI have been used on the heavy duty engines meeting more and more stringent emission standards during 1990s and early post 2000 years. For the small high-speed diesel engines, the EUI however, has not found application due to its large size and high manufacturing cost.

Common Rail Fuel Injection Systems

The common rail fuel injection systems have been considered for diesel engines for a long time. In fact, Rudolf Diesel used a fuel line with constant high pressure to test injection. During the early period of diesel engine development in 1930s also, some common rail systems were produced. Recently, the implementation of more and more stringent emission standards, and demands of better and better fuel economy and engine performance have provided impetus to the development of the common rail systems [13]. The developments in electronic controls have helped in realization of the common rail injection technology for production engines.

In the common rail systems, the generation of high fuel pressure and effecting fuel injection are separated. The fuel pressure is independent of engine speed and load unlike the mechanical in-line jerk and distributor pumps. The high-pressure fuel is fed to a rail (or manifold) from where the fuel is supplied to the individual injectors. A typical layout of the common rail systems is shown in Fig. 5.29. It consists of four main components viz., (i) high-pressure pump (ii) high-pressure distribution rail and pipes (iii) injectors and (iv) ECU. A mechanical pump pressurizes the fuel and feeds the common rail with the fuel at high pressure. The common rail is connected to the injectors by short pipes. A solenoid valve in each injector controls the injection process. The amount of fuel delivery is controlled by the injection pressure and the opening period. Common rail fuel systems can be divided into several types. The two main classes are; (i) non- intensified and (ii) intensified types.

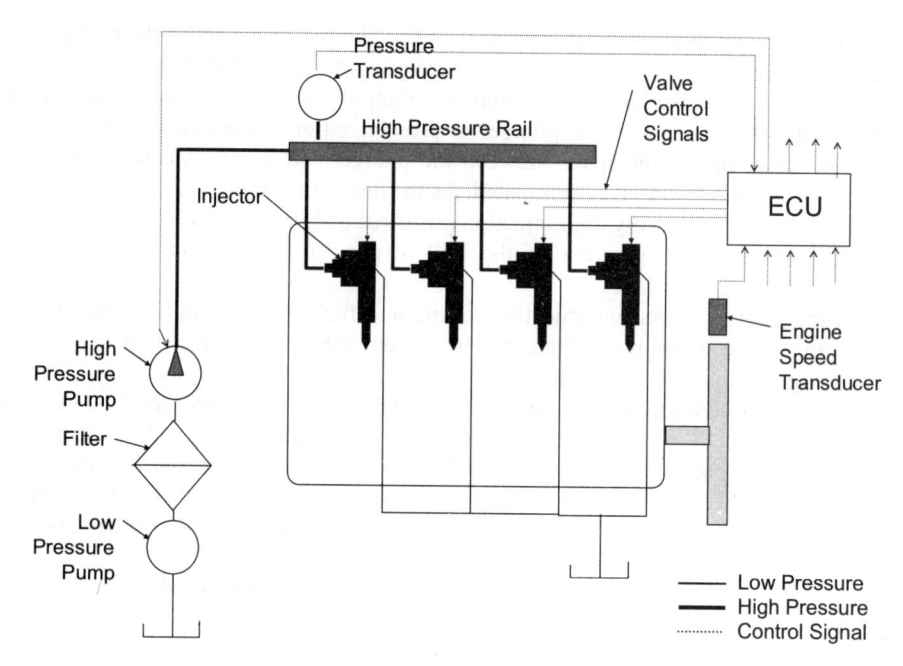

Figure 5.29 Schematic layout of a common rail fuel injection system

In the non-intensified common rail systems, the rail pressure is same as the injection pressure and there is no pressure intensification in the injector. Two-way or three-way solenoid valves control the injection process. In the intensified common rail systems, the rail pressure is lower than the injection pressure. A stepped piston in the injector body multiplies the fuel pressure by a factor of ranging from 3:1 to 10:1. Typically injection pressures of 1450 bars are obtained by 7:1 pressure multiplication between an engine oil hydraulic circuit and the fuel in the injector. A high-pressure pump driven by the engine raises engine oil pressure to about 207 bars. High- pressure oil is fed to a common rail, which is connected to the injectors. The fuel pressure is raised to 145 bars in the fuel injector. A solenoid valve controls the start and the end of injection. The advantages of the intensified systems result from operation rail at low pressure.

The main advantage of the common rail system over the conventional in-line jerk pumps is that the injection pressure is constant and independent of engine speed and load. The injection pressure characteristics of the inline pump- nozzle, unit injectors and common rail systems are compared in Fig 5.30. It is seen that for inline pump- nozzle systems, the injection pressure is quite low at low engine speeds and due to fuel inertia effects it increases by a factor of 5 to 6 as the engine speed increases from 1000 rpm to maximum engine speed equal to 4500 rpm in high speed direct injection (HSDI) diesel engines. It is therefore, difficult to obtain the required engine performance with low emissions throughout the engine speed range with inline fuel injection systems. Electronic unit injectors are better than the inline systems. In the common rail systems, even at low engine speeds high injection pressures are possible that provide 20 to 30 percent improvements in engine power compared to inline systems in the low and mid-speed range. As very high injection pressures are possible, higher smoke limited power and lower particulate emissions are obtained. In the common rail systems, the injection timing and rate can be varied precisely depending upon the engine requirement. Injection rate shaping and pilot injection for noise reduction and NO_x control are also easier to implement in the electronically controlled common rail systems.

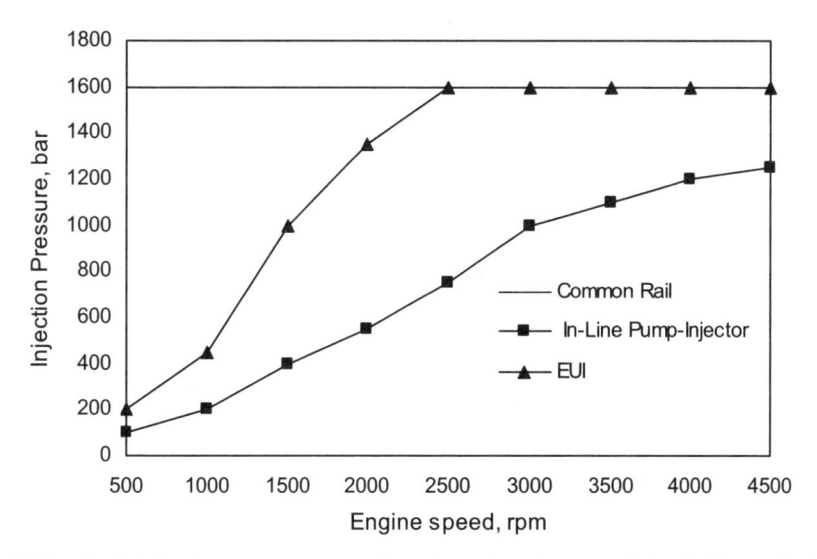

Figure 5.30 Peak injection pressure as a function of engine speed for different fuel injection systems [14].

Direct Injection Engines

In the DI diesel engines, fuel-air mixing depends on injection spray characteristics, number and configuration of sprays in the chamber, and air motion. The DI engines are very sensitive to spray characteristics. High injection pressures are required to obtain adequate spray penetration and atomization of fuel to fine droplets. The modern distributor type injection pumps operate on injection pressures up to 1450 bars pump-injector systems (unit injectors) on pressures over 2000 bars and the common rail injection systems employ pressures of about 1600 bars. Air utilization depends on how well and equitably the available air is accessible to all the fuel sprays. Several designs of the direct injection combustion chambers which differ in chamber geometry, air motion and injection spray arrangement are in production. The open combustion chamber geometry has distinct features that differ depending upon the engine speed and cylinder diameter. The engines with larger bore operate at low speeds and they use very little air motion to promote fuel- air mixing. The high speed engines used for the passenger cars and other applications have less time available for fuel-air mixing and combustion to be completed within the same crank angle duration. As the designed engine speed increases and consequently the engine bore gets smaller, additional air motion like swirl and squish are employed to enhance fuel-air mixing and combustion rates. The DI combustion chambers used for different classes of diesel engine are discussed below.

Open Quiescent Combustion Chambers:

In the large, slow speed engines with cylinder bore size larger than about 300 mm, combustion chambers with little or no air swirl are used. At low and medium engine speeds up to about 1000 rpm enough time is available for fuel and air to mix, and the injection system itself provides enough energy to fuel in the form of a large number of injection sprays to accelerate fuel-air mixing. A shallow bowl in piston forms the combustion chamber as shown in Fig. 5.31 (a). This type of chamber is also called

'Mexican hat' type due to its resemblance in shape. The piston bowl diameter to piston diameter ratio is at least 0.8. A four-valve cylinder head design allows the piston bowl to be located symmetrically with centrally placed injector at the centre of cylinder axis. From the central injector the injection sprays are equally spaced pointing radially outwards. A central injector with 8 to 12 nozzle holes is employed to enhance fuel distribution in the chamber. The momentum and energy of the injection sprays is sufficient to obtain the required fuel distribution and fuel-air mixing rates. The symmetrical combustion chamber with central injector has more uniform fuel distribution and thermal loading.

Toroidal and Reentrant Combustion Chambers

In high speed DI engines fuel-air mixing rates are enhanced by providing intake air swirl. By providing high squish area the intensity of air motion and turbulence is further enhanced towards the end of compression stroke and during combustion. Two typical DI diesel combustion chambers, toroidal and reentrant types are shown in Fig. 5.31 (b) and 5.31 (c). In the high squish ratio bowl-in piston combustion chambers, as the piston moves up on the compression stroke the air flowing radially inwards from all around the annular space between the piston crown and cylinder head, meets at the centre where it is deflected downward into the bowl. After reaching the bottom of the piston bowl the squish air is dispersed radially outwards in the bowl and then upwards along the bowl peripheral surface to the lip of the bowl. At the bowl lip, this air meets more of the inward moving squish air that forces it again back to move towards centre and then downwards in the bowl. This flow pattern resembles a torus and the squish causes a toroidal air motion in the piston bowl. The squish air motion has the advantage over swirl as it increases when the piston moves towards tdc. In contrast, the air swirl generated during intake decreases as the piston approaches tdc although, swirl rate in the bowl is higher because the swirling air mass now is contained in a smaller volume. For the high speed engines both the swirl and squish are employed to achieve rapid mixing and fast combustion rates.

A square bowl, toroidal chamber was adopted on some production direct injection engines. The square bowl corners generate an interference drag with the rotational movement of air and convert some of the swirl into vortices in the corner pockets. It appears that intense micro turbulence is created that improves mixing during expansion stroke. A better mixing is thus, obtained at relatively lower swirl ratios. The major benefit of the square bowl is a much smaller deterioration in smoke and power with retard in injection timing. Thus, substantial reduction in NO_x emissions is obtained with only small sacrifice of power and increase in smoke. A further improvement with the square bowl is obtained by addition of a small lip to the vertical rim at the bowl outlet. The lip prevents the upward toroidal motion of air from ejecting fuel out of bowl in the squish zone and also creates micro turbulence so that most of the fuel is mixed within the bowl itself.

In the modern HSDI engines a reentrant combustion bowl is now widely used. The shape of the edge of combustion bowl is important. By providing a lip on the edge of bowl (reentrant shape) sets up air vortices in vertical direction in the bowl. It also affects the flow pattern of the gas leaving the bowl during expansion stroke which is termed as *reverse squish*. An increase in turbulence caused by reentrant shape of the bowl causes a significant increase in the rates of air-fuel mixing and combustion. In these DI combustion chambers, it is desired that minimum possible amount of fuel impinges on the walls of combustion bowl. High air swirl and squish combined with high injection pressures of over 1200 bar are used in the current passenger car HSDI engines. High injection pressures result in finer fuel atomization for faster fuel evaporation and mixing. A shorter injection duration that results from high injection pressures is acceptable as the fuel-air mixing and combustion rates are enhanced due to presence of high turbulence intensity. HSDI engine designs with four valves and central injection are now becoming more common.

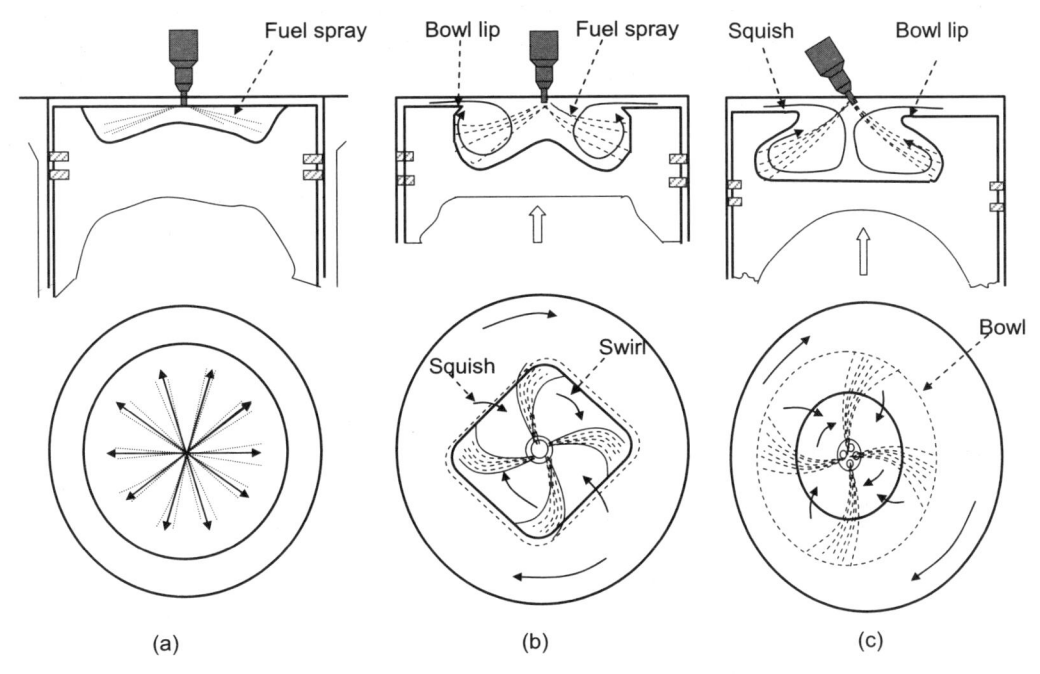

Figure 5.31 DI diesel engine combustion chambers (a) Open quiescent 'Mexican – hat' type for large, slow speed engines (b) Toroidal with square bowl-in-piston with swirl (c) Reentrant bowl with swirl and high squish. Combustion chambers (b) and (c) used for medium to small size high speed engines.

Swirl Ratio - Number of Injection Spray - Combustion Bowl Size Relationship

With swirling air motion spray spreads out laterally (Fig 4.7). Presence of more than required swirl may result in overlapping of the adjacent sprays thereby producing 'local over-enrichment' of mixture, which results in poor combustion, poor air utilization and higher smoke formation. Therefore, with increase in swirl rate injector nozzle with less number of holes is to be used. A typical relationship between air swirl and the number of injector holes is shown in Fig.5.32. For the best engine performance and low emissions the combustion chamber geometry, fuel injection and air motion are to be properly matched. This task becomes more difficult for automotive engines as they operate in wide range of varying engine speeds and loads. Before 1990's, the maximum speed of DI engines was limited to below 3500 rpm. New generation of small high speed DI engines have maximum speed of around 4800 rpm or higher. The high speed engines are designed with smaller cylinder bore and stroke as the maximum piston speed is an important design parameter for the acceptable mechanical stresses on the engine components. This establishes a general trend of relationship between the engine speed, swirl ratio and cylinder bore size for the production engines resulting in smaller cylinder bore as the engine speed increases and that in turn needs higher swirl rate.

Air swirl has also some negative effects. As the intake induced swirl increases the resistance to flow in the intake system increases resulting in loss of volumetric efficiency. With higher air swirl and turbulence, more flow energy is dissipated as heat. High air swirl increases overmixing of fuel, producing very lean mixtures that do not burn or burn only partially which results in higher unburned hydrocarbon emissions. In high swirl engines, more fuel burns in premixed phase and higher heat transfer occurs to the engine walls. The above factors have led to the use of quiescent combustion chambers in the large commercial diesel engines for higher fuel efficiency. Variation in swirl ratio with cylinder bore for small to medium size production diesel engines is shown on Fig 5.33.

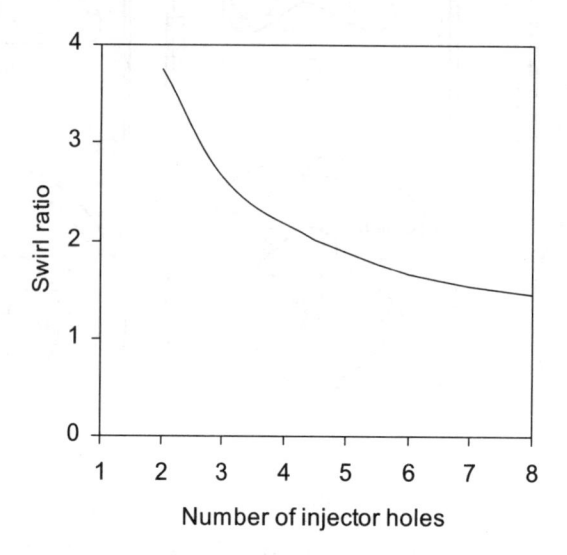

Figure 5.32 Relationship between swirl ratio and number of injector holes for DI diesel engines [6].

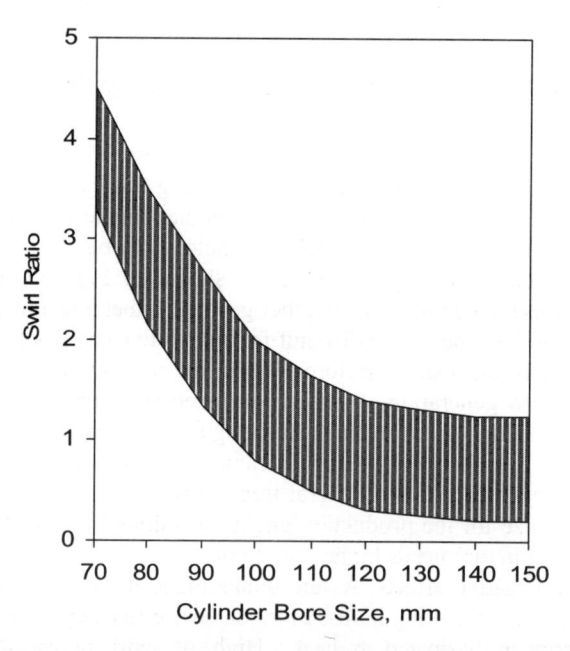

Figure 5.33 Decreasing trend of swirl ratio used with increase in cylinder bore size of production DI diesel engines. The shaded area shows spread in data [6].

The opening diameter to depth ratio i.e., the *aspect ratio* of piston bowl varies with engine speed. For the large slow speed engines the bowl is shallow with aspect ratio of around 5:1. The bowl gets narrower and deeper as the engine speed increases. For high speed engines it is in the range of 2:1 to 3:1. At low aspect ratio the bowl diameter reduces resulting in an increase in the squish area and squish velocity. The maximum squish velocity for a few different combustion bowl diameter to engine bore size ratios is compared in Fig. 5.7. The effect of engine speed (and also cylinder bore size) on the piston bowl geometry is summarized in Fig. 5.34. As the maximum speed of the engine increases (also with reduction in cylinder diameter) the combustion bowl of the production engines has become narrower and deeper, and high rates of air swirl and squish motion are employed to accelerate combustion.

The compression ratio of naturally aspirated, high speed DI engines is normally in the range from 16:1 to 18:1. The moderately turbocharged engines use 15: 1 compression ratio. In large engines, compression ratio between 11:1 and 16:1 are used depending upon the turbocharging pressure. Thermal efficiency of more than 50% is attained in these engines. The HSDI engines attain maximum speeds of about 4800 rpm and with turbocharging brake thermal efficiency of about 43% at the best operation point are obtained. The modern passenger car HSDI engines use glow plugs in the combustion chamber for reliable cold start at sub-zero ambient temperatures. For good cold starting and engine performance of the HSDI engines fuels of 50 or higher cetane number are recommended to keep the ignition delay short.

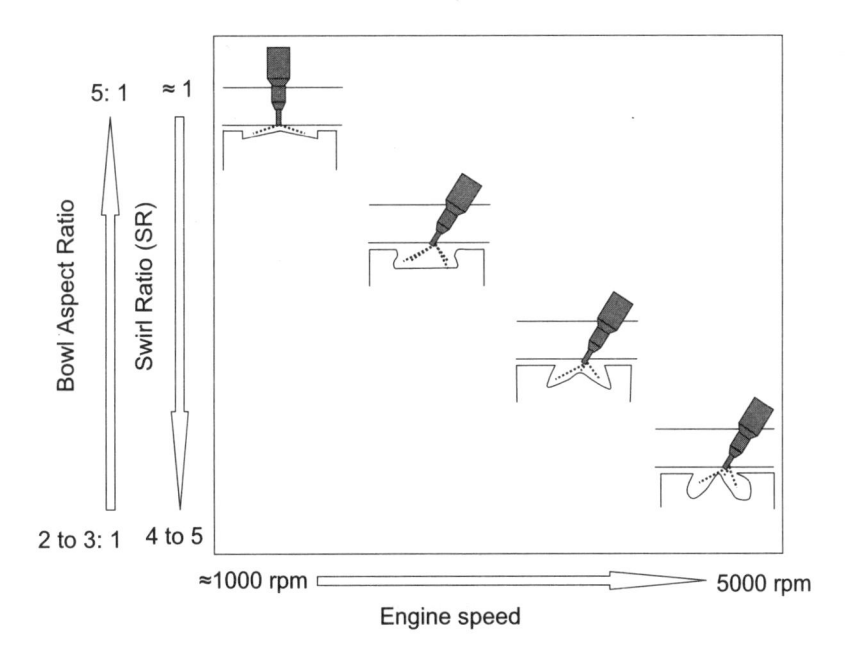

Figure 5.34 Influence of engine speed on bowl-in-piston DI diesel combustion chamber geometry and swirl ratio.

MAN-M Combustion System

MAN-M System is a special kind of open combustion chamber. The combustion bowl in piston is spherical in shape. In most of the open chamber diesel engines, the design effort is to prevent impingement of liquid spray on the surface of the combustion bowl. On the contrary, in the MAN-M method the fuel is injected at relatively low pressures by a one- or two-hole nozzle tangentially to the bowl surface (Fig 5.35) and on impingement most of the injected fuel is deposited on the bowl walls forming a liquid film. Only a small fraction of fuel is distributed into air to start ignition. The liquid fuel is not exposed to high combustion temperatures. The bowl wall reaches a maximum temperature of about 340° C. A high rate of air swirl is generated using suitably designed intake air channels and intake valve ports. During ignition delay period a small amount of fuel only evaporates from the wall. Thus, just a small amount of fuel is ready for combustion at the end of delay period resulting in low rate of pressure rise and combustion noise. After ignition, liquid fuel film on the bowl surface evaporates rapidly due to high gas temperatures. High swirling air velocity helps striping the liquid film layer by layer and thus obtains controlled fuel-air mixing and combustion. As the fuel is initially separated from the high temperature gases it results in low smoke formation and emission. This combustion system has high air utilization and high mean effective pressures are obtained at the same smoke limit.

The M combustion system has the disadvantages of high fluid flow losses resulting from the need of high air swirl rates, has high heat transfer and high thermal loading of the piston bowl and cylinder head. Due to high thermal loading of the engine components, the engine is less suitable for supercharging. At light loads the mixture formation becomes poorer due to low combustion bowl temperatures and hydrocarbon emissions increase. It has high specific fuel consumption compared to the toroidal or reentrant open chamber diesel engines of the similar cylinder size. Due to the above reasons these engines are not presently in commercial production.

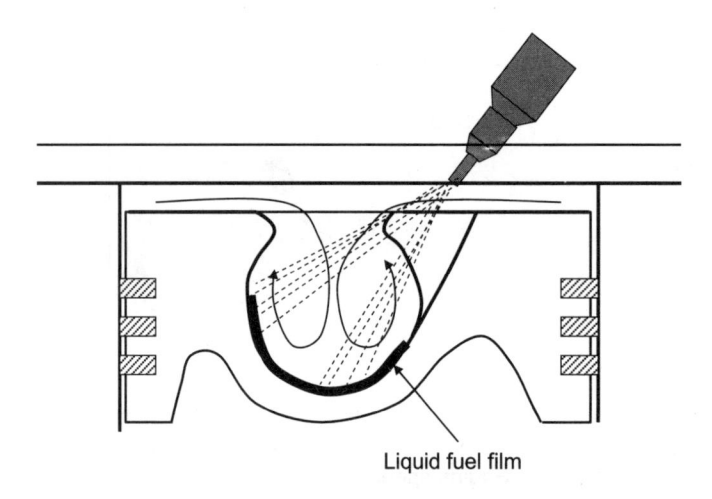

Figure 5.35 Schematic of fuel injection and air movement in MAN 'M' combustion chamber at the end of compression

The MAN-M combustion system was initially developed for military applications with multi-fuel capability. The engines using 24 to 25:1 compression ratio had the capability to compression ignite and operate on commercial gasoline. As such high compression ratio engines had very high mechanical and thermal loading for commercial application the engine compression ratio was lowered to around 18:1 and to provide multi-fuel capability a spark plug was added in the combustion chamber close to the injection spray. This combines the features of classic compression and spark ignition engines. This hybrid combustion system was named as MAN-FM method.

Indirect Injection Engines

Until around the year 2000, most of the small high speed diesel engines were using indirect injection (IDI) divided combustion chambers. Intake induced swirl alone is not enough to provide high rates of fuel-air mixing required for direct injection diesel engine operating at speeds of above 3000 rpm, which are required for passenger car application. The mechanical jerk type fuel injection pump-nozzle systems could not provide suitable injection and spray characteristics when operating at high speeds. With the available technology prior to mid 1990s, the durability of high pressure injection system of DI engines operating at high speeds was another issue. For high speed applications therefore, IDI engines were developed. The IDI engines consist of a main chamber and an auxiliary chamber connected by one or more channels. The auxiliary chamber is in the cylinder head and consists 35 to 50 % of the combustion chamber volume at tdc. The main chamber is formed by the cylinder and a shallow recess in the piston crown just below the connecting passage between the two chambers.

In the IDI engines, high level of turbulence required for fuel-air mixing and combustion at high engine speeds is obtained (i) during compression stroke by forcing gases through one or more orifices into the auxiliary chamber and (ii) after combustion begins, the gas flow is reversed and the high pressure jet of partially burned combustion gases from the auxiliary chamber enters the main chamber creating high level of turbulence. Therefore, the spray characteristics become less important and moderate injection pressures < 400 bar are used in the IDI engines. The fuel is injected in the auxiliary chamber. The fuel injected first is quickly mixed with the air and after a short delay period ignition starts. A short ignition delay period results owing to high wall temperatures of the auxiliary chamber. The throttling pintle nozzles are used so that during ignition delay only a small quantity of fuel is injected. After ignition the temperature and pressure quickly rise in the auxiliary chamber above that in the main chamber. The partially burned fuel-air mixture and the fuel-air mixture that is still forming in the auxiliary chamber flow out into the main chamber in the form of high velocity jets. The fuel finds air required for combustion in the main chamber and combustion is completed. Two main types of auxiliary chambers (i) Pre-combustion chamber and (ii) Swirl chamber have been used in the IDI engines. In both of these systems, the fuel injection, fuel-air mixing and combustion processes are overall similar in nature.

Prechamber IDI Engines

A typical pre-combustion chamber or prechamber system is shown in Fig. 5.36 (a). The prechamber formed in the cylinder head has 30 - 45% percent of clearance volume and is spherical or egg- shaped, and rotationally symmetrical. These engines use a compression ratio of 21 -22: 1. It is connected with the main chamber by a duct that has about 5 numbers of small orifices distributed around the duct evenly and opening into the main chamber. The diameter, number and direction of these orifices are optimized along with the combustion chamber recess formed on the piston crown. The cross sectional area of all these orifices is about 0.5% of the cylinder cross section. The fuel is injected from the top of the prechamber in the direction of the connecting duct. In some designs, to promote mixture formation a pin with a spherical ball in the centre is placed in the prechamber perpendicular to the fuel spray. During compression stroke, air is forced from the main chamber into the prechamber through the connecting orifices. Due to special shape of the bottom of the ball on the pin, a swirling motion is created during inflow of air into the prechamber. Towards the end of compression, a highly turbulent air flow is created in the prechamber. The injection nozzle is at a slight angle so that a portion of fuel spray strikes the pin where it vaporizes and stripped by the intense motion of air entering into the prechamber. The rapid fuel vaporization from the hot surface of the pin and rapid mixing with air results in a short delay period. During combustion period, the pressure in the pre-chamber is higher than in the main chamber.

Despite the high compression ratio of the prechamber engines a glow plug is fitted into the prechamber down stream of the injection spray for cold starting. The electrically heated glow plug may be kept on for about a minute for faster engine warm up.

Swirl Chamber IDI Engines

This combustion system shown in Fig. 5.36 (b) was developed by Ricardo and Company (presently Ricardo Engineers), UK and named as Ricardo Comet chamber. In the swirl type IDI engines, the auxiliary chamber is spherical, oval or disc shaped and is again placed in the cylinder head. The piston crown just under the connecting duct to the auxiliary chamber has shallow twin-disc shaped recess looking like goggles. The connecting duct to the auxiliary chamber is so shaped that air from the main chamber enters tangentially to the inside walls of the auxiliary chamber. During compression stroke as the piston moves up and the air is forced into the auxiliary chamber, a swirling movement is imparted. This makes air to rotate inside the auxiliary chamber creating air swirl. The auxiliary chamber therefore, is called *swirl chamber*. The swirling speed increases with engine speed and it ranges from 20 to 50 times of the engine speed. The maximum swirl speed is obtained around 10 to 20° CA before tdc. The optimum size of the swirl chamber is approximately 45 to 50 percent of the clearance volume. The connecting passage is also large compared to the prechamber systems and its cross section area is 1 to 2% of the cylinder cross section.

The fuel is injected in the swirl chamber by a single hole, pintle nozzles at relatively low pressures as in the prechamber engines. Injection nozzle is placed generally at the top of the swirl chamber such that the injection spray is made tangential to the swirling air. As the fuel jet passes the chamber a part of the fuel is rapidly evaporated and mixes with air. The fuel jet then, impinges on the hot surface of the swirl chambers where fuel gets deposited and vaporizes at a relatively slow rate. The swirl chamber surface temperature at full engine load operation may reach close to 600° C. The burning fuel-air mixture raises the pressure in the swirl chamber rapidly and a high velocity of the partially burned fuel-air mixture and fuel vapours come out of the throat of the connecting duct into the main chamber. The burning charge from the swirl chamber strikes the shallow recess on the piston tangentially and it forms swirling flame. This makes the burning mixture and unburned vapour to have vigorous motion to find the necessary air for completion of combustion before it spreads out of the cavity into the chamber. The combustion process and combustion pressure-time history is similar to the prechamber engines.

The compression ratio of these engines is 22:1 to 23:1. The engines of up to 5000 rpm have been built using swirl chamber IDI engines. For cold starting a glow plug is provided in the swirl chamber. The cross section of the duct connecting swirl to main chamber being larger than the prechamber engines, the fluid dynamic losses are lower.

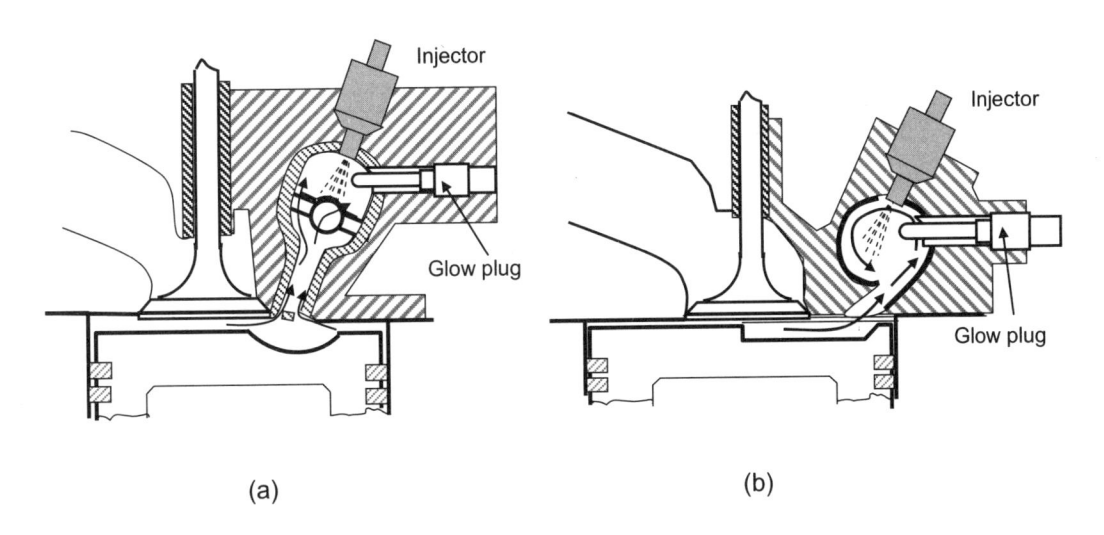

Figure 5.36 Indirect injection diesel combustion chambers (a) Prechamber system (b) Swirl chamber system

The divided chamber IDI engines have a higher surface to volume ratio that results in higher heat transfer compared to the open chamber DI engines. As the combustion gases flow at high velocities through the orifices connecting the auxiliary and main chambers, it results in significant fluid dynamic losses. The pumping losses are also higher compared to the open chambers. High heat transfer and fluid dynamic losses in IDI engines result in 10 to 15 percent lower fuel efficiency compared to the DI engines. Effect of different factors on loss of indicted efficiency in IDI engines relative to DI engines is shown on Fig. 5.37. At full load the loss in fuel efficiency is at maximum, close to 15 %. Half of the loss in fuel efficiency is due to higher fluid dynamic and heat transfer losses. The balance of the loss is due to late burning of a significant amount of fuel and a large fraction of total heat is released late into expansion stroke. On the other hand, high levels of combustion generated turbulence results in higher air utilization for the IDI engines. Naturally aspirated IDI engines at full load operate at as low as 20 % excess air (about 18: 1 A/F ratio) compared to 40% or higher excess air (20:1 or higher A/F ratio) for the DI engines. The IDI engines therefore, have higher brake mean effective pressure and specific power output than the DI engines at the same level of intake conditions.

Black smoke emissions with IDI engines at part loads are higher than the DI engines. As all the fuel is injected in the auxiliary chamber that contains 50% or less combustion chamber volume at top dead centre, the mixture is very rich leading to formation of high soot concentrations. The high turbulence present in the main chamber during combustion accelerates mixing of the partially burned combustion products with air and promotes subsequent oxidation reactions. On the other hand, the vigorous mixing of the partially burned and soot laden gases with the relatively cooler air in the main chamber freezes soot oxidation reactions. These two opposing processes finally result in higher black smoke emissions than the DI engines at part loads. However, at high loads the smoke emissions from DI engines rise sharply and exceed those from the DI engines. Thus, a higher smoke limited power is obtained from the IDI engines compared to DI engines. Due to their higher specific fuel consumption however, these are being replaced more and more by the high speed DI diesel engines and have almost become obsolete.

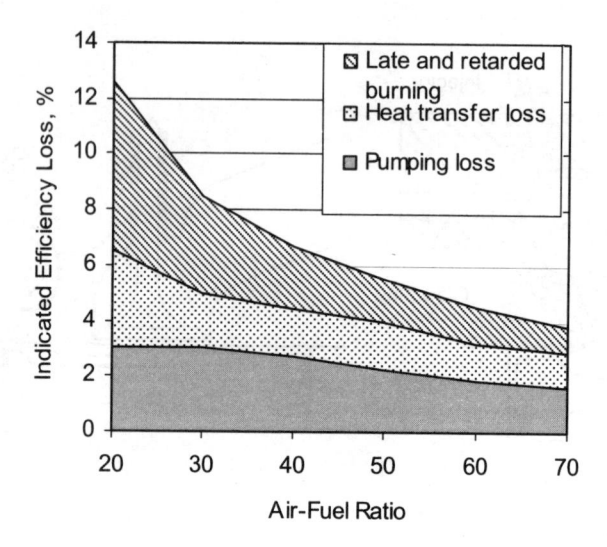

Figure 5.37 Factors responsible for loss of indicated efficiency in IDI engines compared to DI diesel engines as a function of air - fuel ratio [4].

5.7 HCCI/CAI ENGINES

Enforcement of more and more stringent standards to control pollutants and the need to reduce greenhouse gas, CO_2 emissions from vehicles has lead to intensive research during the last one decade on newer combustion systems and technology, One new area of combustion technology is *homogeneous charge compression ignition* (HCCI) or *controlled autoignition* (CAI) combustion. The HCCI or CAI combustion has potential to achieve negligible smoke emissions combined with very low NO_x that are two orders of magnitude lower those from the current SI and CI engines. In addition, fuel efficiencies as high as for the DI diesel engines can be obtained. The process basically involves autoignition of very lean homogeneous mixtures of fuel and air so that the combustion temperatures are low. The low combustion temperatures result in formation of very small concentration of NO_x and simultaneously very little soot is formed as the homogeneous charge is being burnt. The earliest and widely known research on HCCI/CAI combustion was done to control irregular combustion and misfiring in 2-stroke SI engines at light loads by Onishi et al [15]. They obtained autoignition of the homogeneous charge by retaining large amount of hot residual gas containing partially oxidized hydrocarbons and active chemical species in the cylinder. Subsequently, it was employed by Honda motors in a prototype motorcycle engine during mid-1990s, which they called as active radical combustion (ARC). Fuel economy improvements of up to 29%, and 50% reduction in unburned hydrocarbons were claimed. This type of combustion achieved by autoignition of homogeneous charge has been called by a variety of names viz., Active Thermo Atmosphere Combustion (ATAC), Compression-Ignited Homogeneous Charge Combustion (CIHC), Premixed Charge Compression Ignition (PCCI), Premixed Lean Diesel Combustion (PREDIC), Active Radical Combustion (ARC), Optimized Kinetic Process (OKP), Controlled Autoignition (CAI), Homogeneous Charge Compression Ignition (HCCI) etc. [15-18]. Thring [16] studied the effect of exhaust gas recirculation and air-fuel ratio on compression ignition of homogeneous charge, gave it the name HCCI.

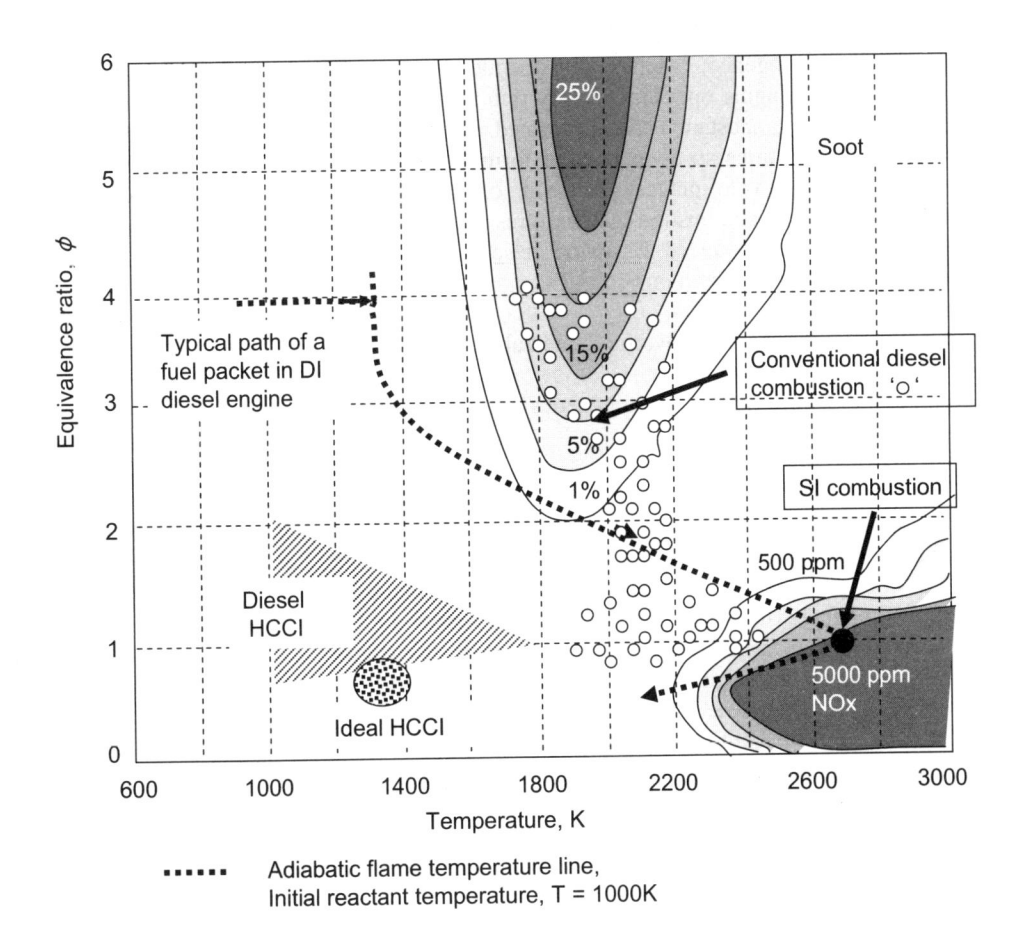

Figure 5.38 The ϕ–T diagram for n-heptane and air mixture at 60 bar pressure, 2 ms residence time showing fuel-air ratio and temperature conditions for formation of soot and NOx. The conditions of normal SI and CI engine operation and target region for low soot and NOx (HCCI operation) are shown. Adapted from [21].

Control of emissions of nitrogen oxides and smoke particulates from the internal combustion engines simultaneously, has proven to be most difficult. The combustion conditions in which NO_x and soot have their origin are shown on a ϕ-T plane in Fig. 5.38 [19 - 21]. This plot is based on calculations done for n-heptane at ambient pressure of 60 bar and residence time of 2 ms. A thick dotted line showing adiabatic flame temperature at different fuel-air equivalence ratios and for 1000 K reactant temperature is also shown. In diesel engine, the combustion conditions in terms of equivalence ratio ϕ and combustion temperature T vary across the combustion chamber and also vary with respect to time. The region of conventional diesel combustion is shown by a cluster of circular points on this plot. These points refer to local mixture conditions and not the overall fuel-air ratio. Also, typical path that a fuel packet may follow based on Dec [22] diesel combustion model is also shown. Soot is formed in regions of rich mixture (ϕ>2) and at medium to fairly high temperatures

(1800 -2400 K). NO_x is formed in near stoichiometric mixtures i.e., around $\phi = 1$. The conventional SI engines use premixed, homogeneous mixture and operate at stoichiometric conditions for catalytic emission control. In the SI engine operation, a very rich region where soot is formed are avoided, but as the temperatures are high, substantial NO is formed. The objective of HCCI operation is to burn very lean homogeneous mixtures so as to prevent formation of soot as well as NO_x. The effort for diesel HCCI engine operation is to increase premixing of fuel and air and to move engine operation to leaner-fuel regions and to low combustion temperatures where soot and NO_x formation does not occur or their formation is drastically reduced. Based on these considerations, the target area for ideal HCCI and diesel HCCI operation are shown on Fig. 5.38.

This new combustion process has two fundamental steps:

(i) Preparation of lean premixed, homogeneous fuel-air mixture, and
(ii) Autoignition leading to combustion.

Application of autoignition of homogeneous charge has been studied in the engines that normally operate as the gasoline or the diesel engines. In the conventional diesel engines, the fuel air mixture is heterogeneous and compression of air to high temperature leads to autoignition of the diesel fuel that has low self-ignition temperature. The main effort to apply the above concept to diesel engines is to increase premixing of fuel with air before compression temperature ignites the charge. Autoignition may also be caused by other forms of heating of the mixture. In the gasoline engines, heating of intake charge externally or use of hot residual gas has been employed to cause autoignition of the high octane gasoline or natural gas. Therefore, the auto-ignited combustion process when applied to gasoline engines is termed as controlled autoignition (CAI). When this process is used in the diesel or other CI engines it is usually called as homogeneous charge compression ignition (HCCI) [23]. The engine operation at high loads is still in their respective conventional SI or CI mode. The main objective of HCCI application in the diesel engines is to reduce NO_x and particulate emissions while for the gasoline engines the main advantage is reduction in fuel consumption and ultra low NO_x emissions.

CAI Gasoline Engines

Application of homogeneous charge compression ignition (HCCI) or controlled autoignition (CAI) to a gasoline engine has potential to obtain substantial improvements in fuel efficiency and large reduction in nitrogen oxide emissions. The CAI gasoline engines have been demonstrated to achieve fuel economy comparable to a diesel engine and the engine-out nitrogen oxides to the levels obtained by a PFI gasoline engine equipped with 3-way catalytic converter.

In Fig. 5.39 typical P-V diagrams for a SI and CAI engine operation are compared. The combustion in CAI operation is much faster and occurs nearly at constant volume. The temperature, pressure and composition of charge in the cylinder are key parameters for CAI operation of the engines. Auto-ignition of mixture requires that its temperature should be raised by providing thermal energy to the mixture by engine operational parameters. To achieve autoignition of homogeneous mixture of high octane fuels like gasoline or natural gas and to control start and rate of combustion for low fuel consumption and NO_x emissions, the following parameters have been used to obtain the required temperature, pressure and composition of the in-cylinder charge,

- Residual gas content or EGR
- Compression ratio

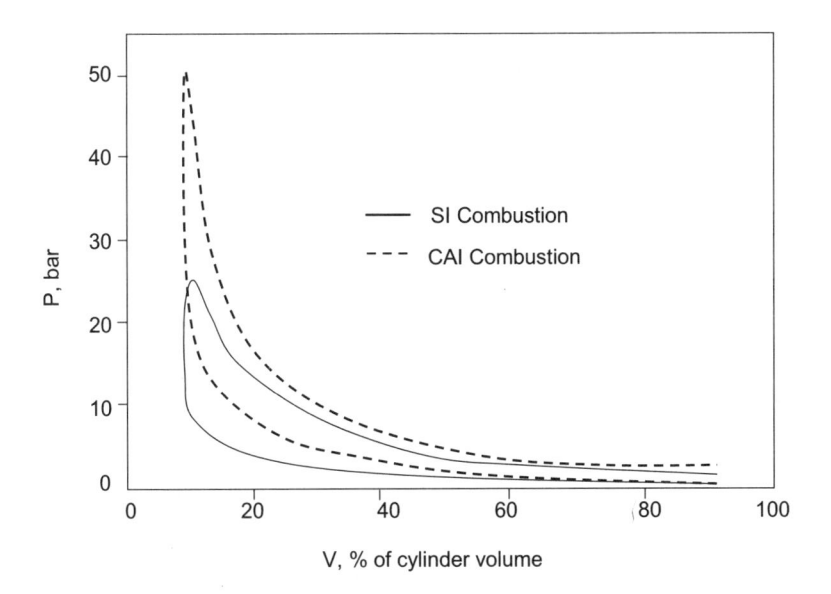

Figure 5.39 Comparison of typical P-V diagrams for SI and CAI combustion.

- Intake mixture temperature
- Intake manifold pressure
- Air-fuel ratio
- Coolant temperature
- Injection timing in GDI engines

The compression ratio could be increased to obtain the required charge temperature and pressure for autoignition. Engine CR of nearly 20:1 are required with some additional charge heating. However, the operation of engine in CAI engine mode is done at light loads only using very lean or diluted mixtures to have acceptably low combustion rates. The engine is to be operated in normal stoichiometric mode at high loads. For CAI-SI dual mode engine operation, the compression ratio is to be limited to about 10:1 to avoid engine knock. As the variable compression ratio (VCR) engines are not yet commercially successful, the use of high compression ratio for CAI operation is not considered a practical approach. Intake mixture heating has also been studied to effect auto-ignition. A highly diluted charge is used to control the heat release rates subsequent to autoignition. The intake charge may be heated using waste heat of the coolant and exhaust gases.

The most successful approach for CAI operation of a gasoline engine has been the use of large amounts of hot residual gases by trapping them inside the cylinder. The hot residual gases provide the necessary thermal energy to heat the charge and also the dilution effect to keep heat release rate following the autoignition at acceptably low levels. Two approaches are used for obtaining CAI combustion with the use of residual burned gases;

(i) <u>Trapping of residual gases by early closure of the exhaust valve(s)</u>: By closing the exhaust valve before the piston reaches top dead centre in the exhaust stroke results in retention of significant amount of burned gases in the cylinder. To prevent flow of the burned gases in the intake system, the intake valves open well after TDC. This results in negative valve overlap. The valve timings for a standard SI engine and for CAI operation are shown in Fig. 5.40.

(ii) <u>Recirculation of the exhaust gas</u>: Exhaust gas recirculation can be obtained in the engine with higher positive valve overlap. In this method additional heating of intake air or use of higher compression ratio is necessary to promote autoignition. A more effective alternative method is the *'re-breathing method'* where the exhaust gas from the exhaust manifold is sucked back in the cylinder by opening the exhaust valve for the second time for a short duration in the intake stroke (Fig 5.41).

In the residual gas trapping method, ideally the exhaust valves are to be opened at the usual time in the cycle to get maximum expansion work but are to be closed earlier. The intake valve should open late while they should close as in the normal SI engine operation. The ideal valve lift curves for exhaust and intake valves in CAI operation are shown by dotted lines in Fig. 5.40 . To obtain this flexibility in SAI-SI dual mode operation a fully flexible, variable valve actuation system is necessary. This can be achieved by using electro-magnetic controlled or electro-hydraulic actuated valves. But, these are too complex and expensive for mass production engines. For the practical engines, using mechanical camshafts for valve operation and use of low valve lift cam profile provides substantial reduction in valve opening period. This approach along with variable cam timing devices has been used in prototype engines. Load is varied by exhaust valve camshaft phasing such that as the exhaust valve closes earlier to trap more residual gases the load decreases. With early closure of exhaust valve less fresh charge is admitted resulting in lower engine output.

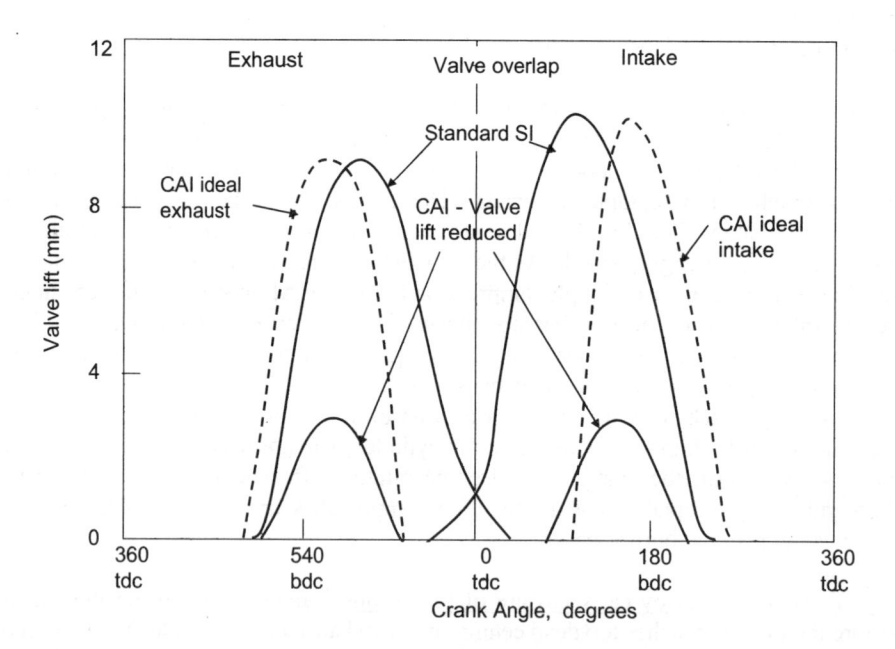

Figure 5.40 Valve timings and lift for CAI operation (residual gas trapping method) [23].

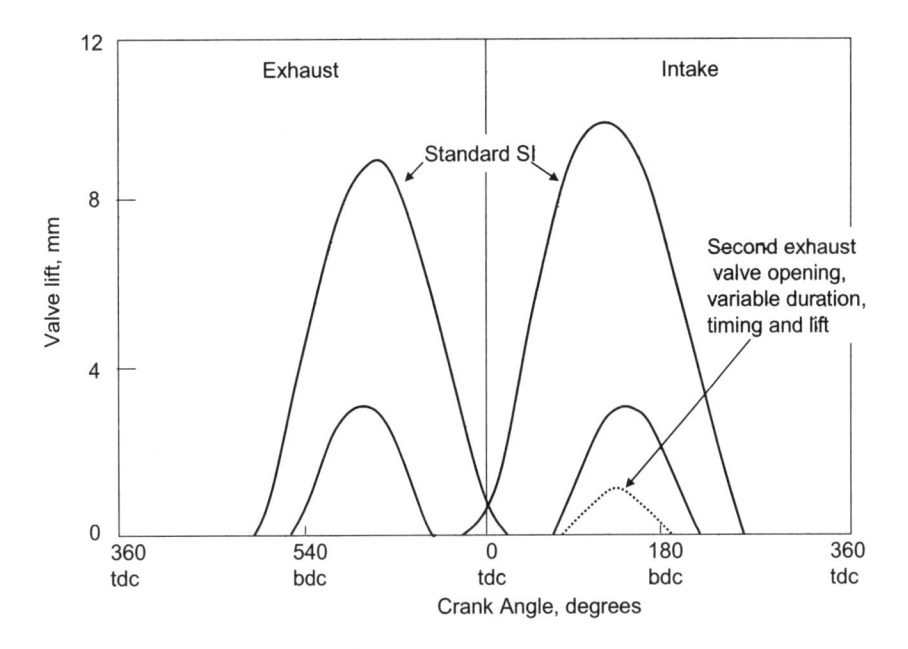

Figure 5.41 Exhaust gas Re-breathing method for CAI operation [23].

With the use of mechanical camshafts, both the valve closing and opening time change simultaneously. An early exhaust valve closure is accompanied by early exhaust valve opening and reduction in expansion work. Similarly, late intake valve opening for low load operation would also have intake valve closure later in the compressionstroke, thereby reducing the effective compression ratio. The loss in expansion work and reduction in effective compression ratio partly offsets the fuel economy gains resulting from unthrottled engine operation.

The residual gas trapping method results in high charge temperatures and therefore, it is more suitable for low load CAI operation. At high loads, the auto ignition may occur too early and high rates of pressure rise would result. On the other hand, in the re-breathing method charge temperatures are lower than the trapping method due to heat losses occurring during gas transfer from the exhaust manifold into the cylinder. With the re-breathing method, the CAI operation range can be extended to higher engine loads without experiencing high rates of pressure rise and rough combustion.

Regime of CAI operation and Performance

The CAI region typically obtained with exhaust gas recirculation for a gasoline engine is shown on Fig. 5.42 [24]. It was obtained on a single cylinder engine having 11.5:1 compression ratio with wide open throttle operation at 1500 rpm. The exhaust gas was recirculated to engine intake and the homogeneous mixture of inlet air and exhaust gas was raised to 320 ± 1° C by an air heater. The fuel was injected at intake port at a pressure of 2.7 bar. The coolant and oil temperatures were maintained at 80° and 55° C, respectively. The CAI region is presented on a plot with fuel-air equivalence ratio, ϕ and EGR mass rate as variables. The CAI region is enveloped by three engine operation regimes where either engine knock, engine misfire or partial burning of the charge results. At EGR rates of over 45%, engine misfire occurred at stoichiometric mixture and with higher EGR rate engine misfired at leaner mixtures as well. Higher EGR rates are possible as mixture is leaned without engine misfire as in the intake charge the content of O_2 increases resulting in stable ignition and subsequent combustion. As the fuel-air equivalence ratio decreases, the heat released is decreased lowering the average combustion temperatures. When ϕ decreases beyond a limit the combustion temperatures are so low that partial misfire occurs that is characterized by increase in CO and unburned HC emissions. Knocking combustion is observed at higher values of ϕ and high engine loads. When no EGR was used knocking resulted at about $\phi = 0.32$ and the knocking limit were brought to stoichiometric conditions with 43% EGR. Indicated mean effective pressures are also shown on Fig 5.42. At the knock limit highest imep = 3.8 bar was obtained with 43% EGR. The CAI ignition at values of imep as low as 0.7 to 0.9 bar occurred for $\phi = 0.2$ with 0% EGR rate and at $\phi = 0.26$ with 57 % EGR.

With the present status of development, the region of CAI operation forms only a small fraction of the total engine speed-load operation regime. The possible CAI operation region for a naturally aspirated PFI spark ignited engine is compared to the total operational region of the engine in Fig 5.43. The methods employed to initiate and control CAI operation are unable to provide cold starting, operation at idle and at high loads. The major problem and area of development is to expand the operating range of CAI. The practical solution is to operate engine in mixed CAI-SI mode. The engine operates in CAI mode at low and medium loads, and at vehicle cruising loads and speeds. The engine operates in conventional SI mode for cold starting, at idling and, at high load and speeds. The engine would have frequent transitions between CAI and SI operation. Use of electro-hydraulic, flexible variable valve timing and lift systems is the key strategy for CAI-SI dual mode operation.

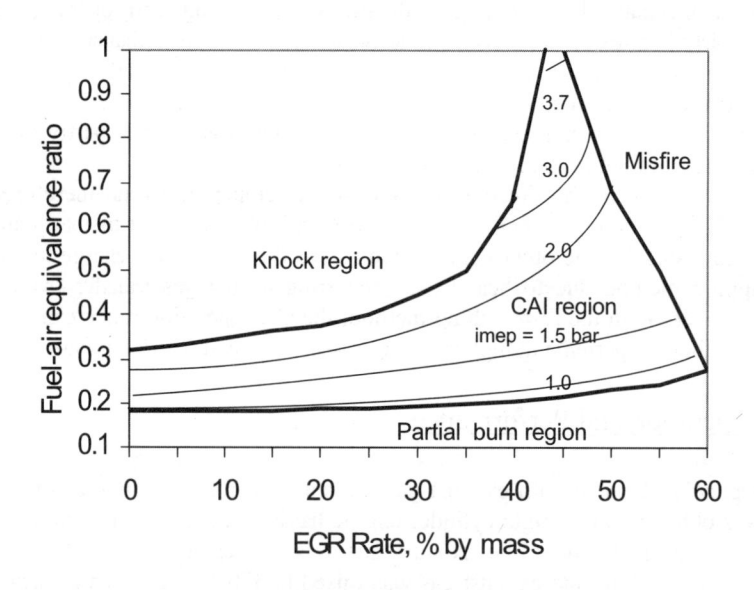

Figure 5.42 Regions of CAI operation, partial burn, misfire and knocking combustion, single cylinder SI engine, CR = 11.5, 1500 rpm, intake charge temperature = 320° C [24].

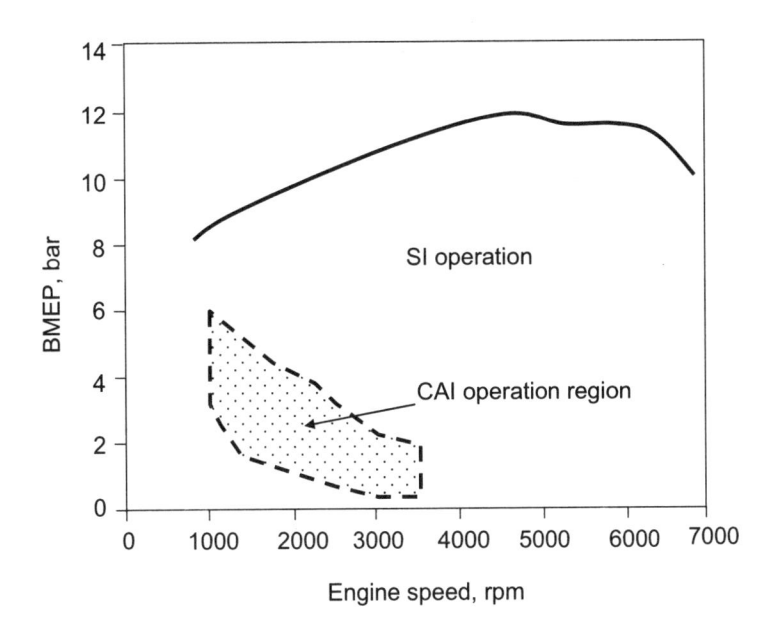

Figure 5.43 Possible region of CAI operation for a port injected SI engine on bmep-speed engine map [23].

HCCI Diesel Engines

In the diesel engines, control of NOx and particulates simultaneously has been the most difficult task. If the direction of change in an engine parameter like retarded injection timing favours reduction in NO_x due to reduction in combustion temperatures it tends to increase soot emissions as at low combustion temperatures, the oxidation of soot gets reduced. A compromise in the adjustment of engine parameters therefore, has to be arrived at. The main aspects to be addressed for HCCI combustion in diesel engines are:

(a) Creation of lean homogeneous mixture.
(b) Ignition and control of combustion to obtain optimum engine performance.

The different techniques to increase the amount of premixed charge formation prior to ignition and to control combustion rates are shown in Fig 5.44. Production of homogeneous mixture using the conventional diesel fuel poses problems due to its low volatility and time required for mixing of vaporized fuel and air. Fuel has to be injected well in advance either in intake manifold or early in the compression stroke. In this approach, the fuel is injected when the air density and temperature are low that may cause impingement of fuel on the engine walls when high pressure injection system is used. The fuel injection system has to be optimized. Another approach is late injection close to tdc when the air temperatures are high. This late injection is of much shorter duration than the ignition delay. The different fuel injection timings for HCCI engine operation are shown on Fig. 5.45.

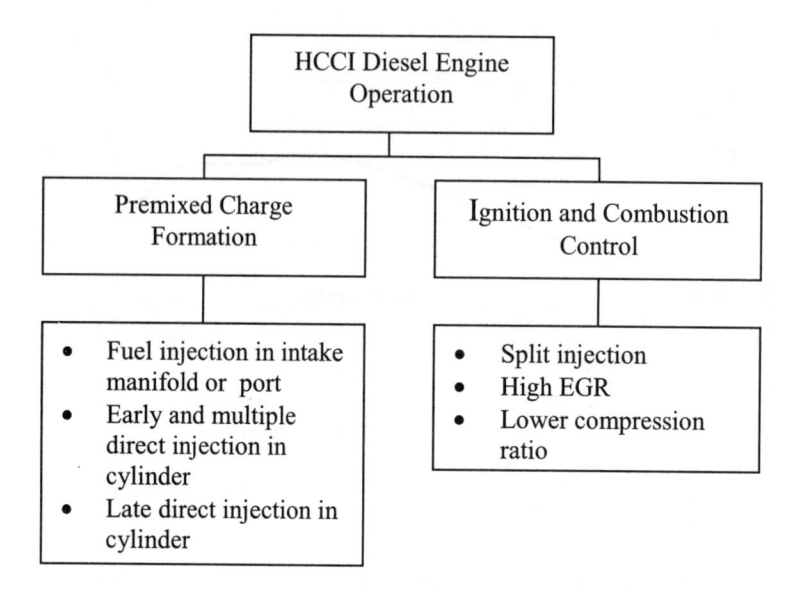

Figure 5.44 Methods of HCCI operation of diesel engines.

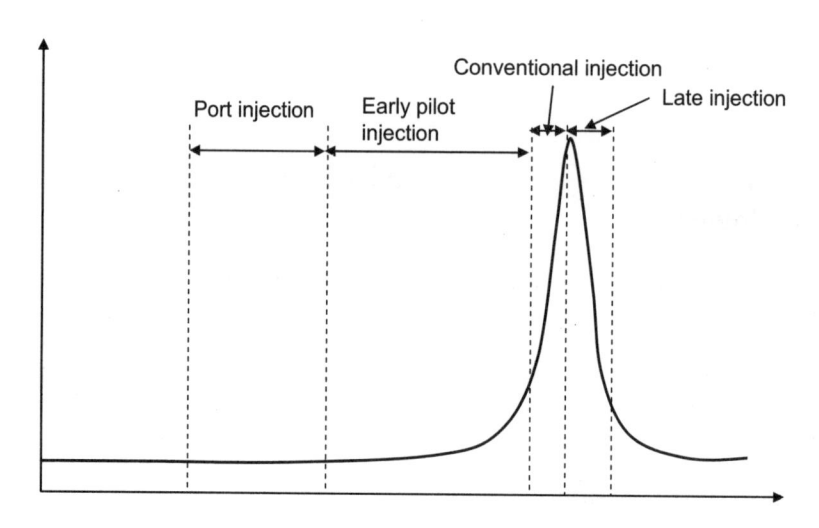

Figure 5.45 HCCI engine concepts based on fuel injection timing.

Intake Manifold or Port Injection

A high degree of fuel-air mixture homogenization is achieved when fuel is injected in the intake manifold or at intake port by a suitable atomizing nozzle. Enough time is available for mixture formation during intake and compression strokes. Autoignition occurs due to compression. In this approach NO_x are lower by a factor of nearly 100 compared to the conventional diesel operation and smoke is also very low. However, higher HC and CO emissions are observed. Fuel evaporation is the main problem. The temperatures in the intake manifold normally are low and some fuel may remain in liquid form producing heterogeneous mixture during combustion. Due to this, higher smoke may be produced as the advantages of combustion of homogeneous charge are partly lost. Intake charge heating improves fuel evaporation and charge homogenization, but results in early autoignition causing high rate of pressure rise, noisy combustion and vibrations. Control on combustion has been attempted by use of EGR so that autoignition is retarded. Use of high air-fuel ratio has also been used to retard ignition that in turn limits the engine imep which can be obtained without encountering knocking combustion at the normal diesel engine compression ratio. A reduction in engine compression ratio to control combustion results in reduction in engine efficiency. Due to limited fuel efficiency, high unburned hydrocarbon emission and high noise, the HCCI operation with fuel introduction in intake manifold or port is not considered an acceptable alternative to the conventional diesel operation.

Early In-Cylinder Injection

When fuel is injected early during compression stroke directly in the cylinder, sufficient temperature and time are available for fuel to vaporize and mix with air so that a homogeneous mixture is present at the time of ignition. This approach has two advantages: (i) availability of higher temperatures and density compared to intake air so that external heating of air is not necessary and, (ii) the same injection system can be used for early injection HCCI combustion as well as for the conventional direct injection diesel combustion at higher loads. Some redesigning of injection system is however, necessary to prevent fuel impingement on cylinder walls as the air density is lower than at the injection time for conventional diesel operation. As less time is available for mixing with air compared to intake manifold/port injection, the mixture is less homogeneous. It results in higher smoke and NO_x compared to those with intake manifold/port injection, although much lower than for the conventional diesel engines.

Several systems have been developed with early injection using single or multiple injection events. One or more injectors have also been employed. One of the earliest developed is known as PREDIC (Premixed lean Diesel Combustion) system developed in Japan. In PREDIC system two side injectors were used so that distance of the combustion chamber wall from the injector increases and fuel does not impinge on the cylinder walls when is injected early in low density gas (Fig. 5.46). Use of the central injector with more number of small orifices to reduce spray penetration was also studied. A low cetane number fuel (19CN) was injected at 64° to 78° btdc with $\phi = 0.37$ (relative air-fuel ratio, $\lambda = 2.7$). The injection timing of 64° and 78° btdc gave 50 % and 95 % reduction in NOx, respectively compared to the conventional diesel operation. The conventional diesel operation was at the same air-fuel ratio with injection at TDC of a 62 CN fuel. Retarding of injection timing in PREDIC operation from 64° btdc induced uncontrolled fast combustion with severe knocking due to formation of non-homogeneous mixture that resulted in an earlier ignition. The minimum $\lambda = 2.5$ with still higher injection advance of about 120° btdc could be used. At lower air-fuel ratios than this, uncontrolled combustion and knocking resulted. This resulted in an upper limit of the indicated mean effective pressure for PREDIC system to be half of that obtained with naturally aspirated conventional diesel combustion using 62 CN fuel. However, at such high injection advance, misfired combustion results giving high CO and HC emissions. Even though PREDIC used low cetane fuel, minimum indicated specific fuel consumption is about the same as with conventional diesel operation while NO_x is reduced to 1/10th. This system was modified by using a second injection event close to TDC, thus combining the lean premixed combustion with diffusion combustion to increase the operating range of the engine. The modified system had higher NO_x than the PREDIC but still these were only 1/6th of the conventional engine.

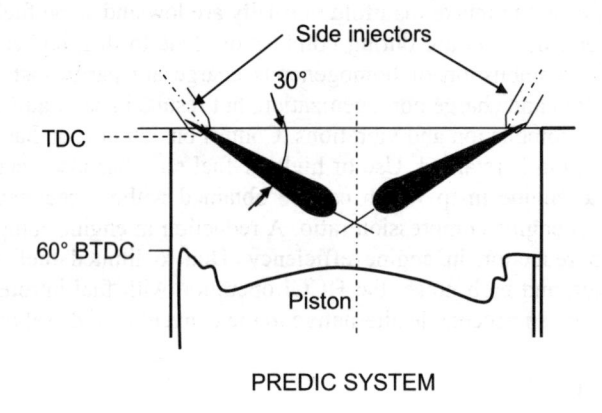

Figure 5.46 Side injectors for early fuel injection used in PREDIC system of HCCI operation [24].

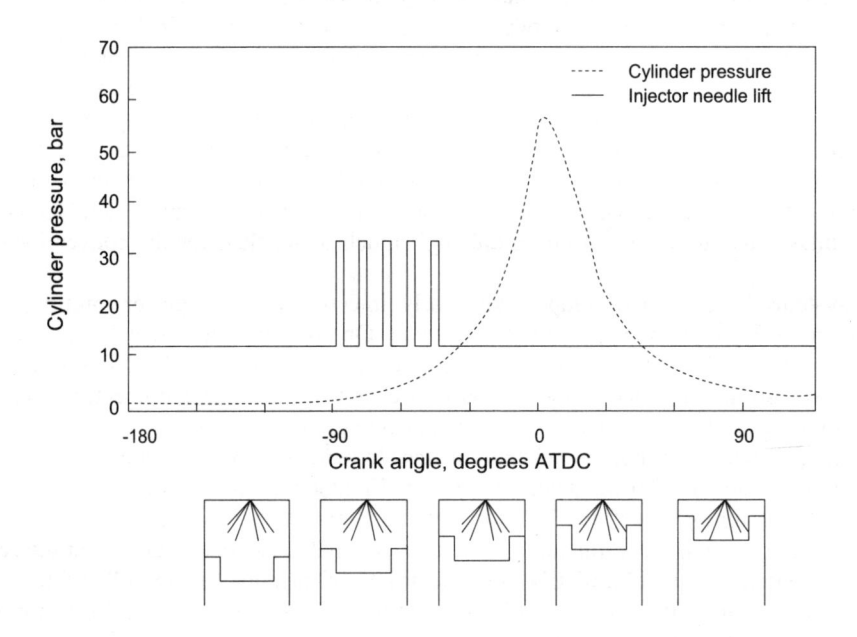

Figure 5.47 Schematic of multiple injection strategy for HCCI operation of a diesel engine [25]

A multiple injection strategy using common rail injection system has been applied to achieve homogeneous mixture (Fig. 5.47). It combines very advanced injection with main injection at tdc. In some of the developments of HCCI diesel engines, a post injection event after tdc was also added to early injection events. The injector nozzle with large number of small holes numbering up to 30 has been used to increase fuel dispersion and to reduce spray penetration. Compression ratio was lowered to 13.5 - 14:1. The first injection was made at 50 to 60° btdc that creates a more homogeneous mixture. The low temperature spontaneous heat release is obtained near tdc prior to post tdc (second) injection. The second injection causes combustion of the partly burned fuel from the first set of injection events. This strategy is shown to improve combustion efficiency without excessive CO and HC emissions.

Cooled EGR is used to retard start of combustion of the premixed charge so that a higher engine bmep is obtained before uncontrolled combustion and engine knock is observed.

In another system developed by IFP (Institut Francais du Petrole) known as NADI (Narrow Angle Direct Injection), geometry of combustion bowl in piston [26] and the spray formation are optimized for early injection HCCI combustion with its ability to operate also as a conventional diesel combustion engine. A nozzle with narrow spray cone angle of about 70° is used so that when fuel is injected early during compression stroke in low density gas, it does not cause wetting of the cylinder walls. Piston bowl design allows the engine to operate in conventional diesel combustion mode with the same injector. At low to medium loads the engine works in HCCI mode while at high loads it switches over to the conventional combustion mode. The NADI engine uses split injection strategy, first injection is made well before tdc and the other after tdc. The fuel-air mixture at the time of ignition may not be fully homogeneous and this combustion system is termed as 'Highly Premixed Combustion (HPC)'. The engine compression ratio has been reduced to 14:1. EGR of 45-55% EGR is used for combustion control so as to use overall excess air as low as 10% ($\lambda = 1.1$) for developing 6 bar BMEP. With this concept at 4 bar bmep, NO_x and particulate emissions were negligible. At full engine load, NADI engine developed 63 kW/litre of swept volume with high fuel efficiency and acceptable CO and HC emissions. As a low compression ratio is used, engine cold starting is facilitated by use of electrically heated glow plugs.

Late In-Cylinder Injection

As the injection timing approaches top dead centre, the gas temperatures and density increase and consequently the ignition delay becomes shorter. However, if the injection is further retarded beyond tdc, due to decrease in gas temperature and pressure caused by downward piston motion a longer delay period is obtained. This allows more time for mixture formation and again the conditions become favourable for HCCI combustion. The effect of injection timing on heat release rate is shown in Fig. 5.48. When the dynamic injection time is in the range of 4 to 8° btdc as is for the conventional diesel engines, the initial rate of heat release does not change very much. However, once the start of injection is retarded more and more and occurs after tdc, the shape of heat release curve changes with the premixed combustion fraction becoming dominant and diffusion combustion becoming less and less significant. As most of the fuel now burns as premixed, a drastic reduction in soot formation is observed and high rates of EGR can be used to obtain very low NO_x.

The late injection strategy has the advantage that the start of combustion is more closely related to the start of injection and so the combustion process can be controlled by injection timing. Also, the injection system and other technology like EGR used in current diesel engines can be more easily adjusted to apply the late injection strategy.

Nissan Motor Corporation developed an HCCI diesel engine using late injection strategy with low compression ratio and called it MK (Modulated Kinetics) combustion system. In this system, late fuel injection combined with low compression ratio prolongs ignition delay beyond end of injection. Thus, the fraction of fuel burned in the premixed combustion mode increases substantially, resulting in very low soot formation. The oxygen concentration is reduced in the charge to about 16% (down from 21% in standard air) through use of heavy EGR. Low combustion temperatures obtained from use of late injection, a lower compression ratio and heavy EGR result in large reduction of NO_x. The MK system used 30 to 45% EGR. Injection timing was around 3-6 degrees btdc. Injection duration was reduced by use of high injection pressures of 1300 bar and larger nozzle orifices such that the injection duration was 4-10° CA shorter than the delay period. NO_x obtained were less than 1/10 th and PM emissions less than half at 6 bar bmep and 2000 rpm compared to conventional diesel engine.

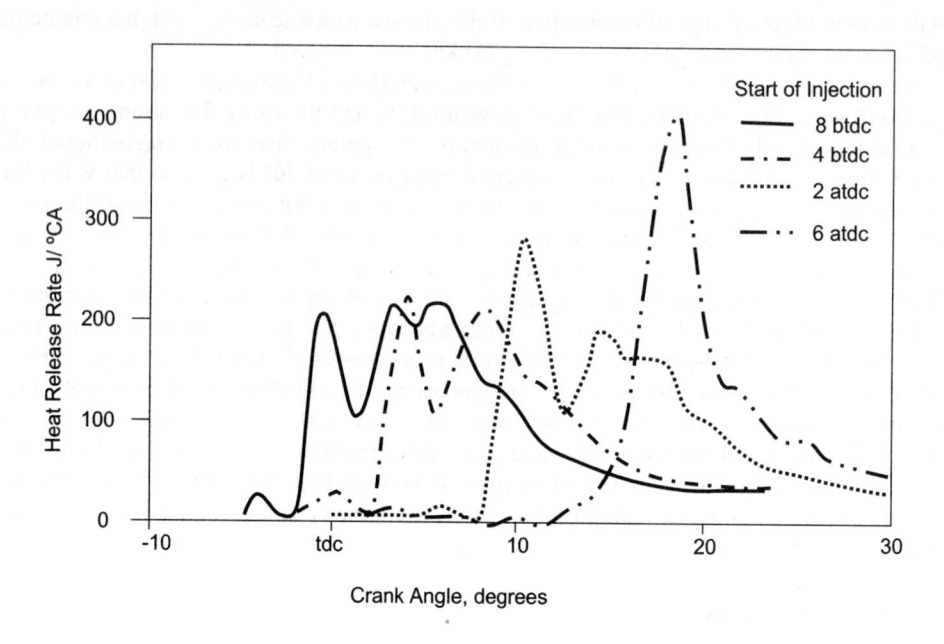

Figure 5.48 Effect of injection timing on heat release rate as the injection timing is retarded from conventional combustion to late injection timed combustion. Adapted from [21].

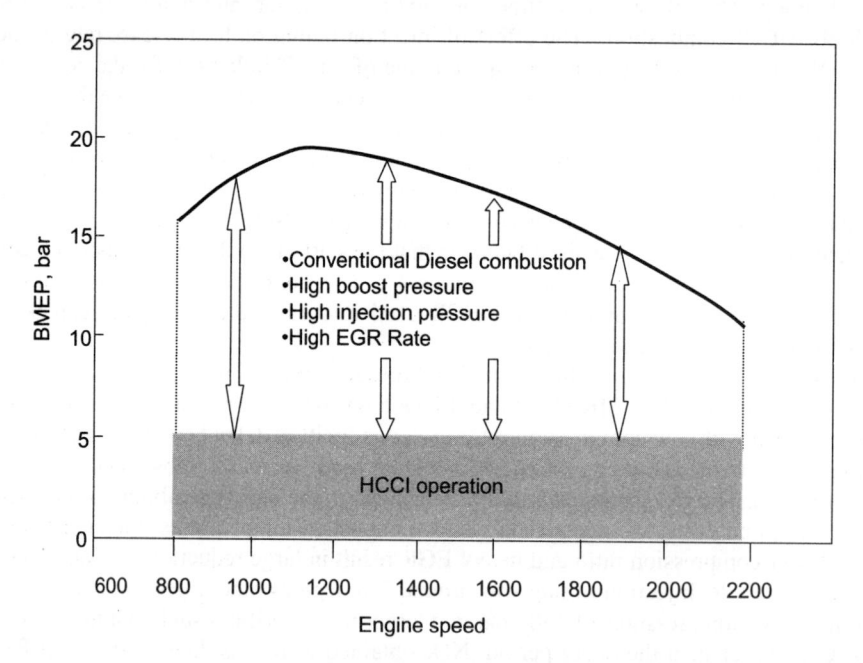

Figure 5.49 Combustion concepts and operation map for a clean diesel engine

In summary it may be stated that most of the systems being developed essentially attempt to increase the fraction of fuel burned as premixed charge, which in reality may not be fully homogeneous. The local fuel-air ratio is kept lean to reduce soot formation. In these engines, most of the highly premixed charge undergoes preflame reactions simultaneously, and burns together such that no flame front is present and low temperatures are maintained. The practical diesel engines are not yet expected to operate on homogeneous mixture through out the entire speed-load range. The current research shows that HCCI mode of operation is possible generally at part loads only. Maximum bmep that can be obtained with good fuel efficiency is a major challenge for the HCCI diesel engines. A practical engine therefore, is expected to use conventional diesel combustion system at high loads and HCCI combustion process at light loads. Combustion concepts likely to be employed for clean diesel engines in future and the engine operation map are summarized in Fig 5.49.

5.8 ENGINE MANAGEMENT AND SENSORS

Electronic engine management is an essential feature required by the advanced emission control systems of the modern gasoline engine designs. The two basic functions performed by an electronic control unit (ECU) are:

- Metering the correct mass of fuel depending on the mass of air inducted into the engine, and
- Triggering spark ignition at an optimum instant in the cycle

Modern diesel engines also employ ECU to control many parameters among which most important are the injection timing, rate and amount of fuel injection, variable geometry turbocharging and EGR rate. A number of engine parameters are measured that control engine operation and emissions by using a variety of sensors. The signal from sensors is fed to the ECU, which in turn controls actuators to adjust fuel injection, ignition system and other devices like camshaft control for variable valve actuation, EGR valve, turbocharger, cooling fan etc. The sensors detect physical and chemical variables which provide information on the current state of engine operation. On the modern gasoline engines, sensors are used to measure the following key parameters:

- Engine speed
- Camshaft position or phase angle to detect engine stroke (compression or exhaust)
- Throttle position sensor
- Intake air temperature to calculate temperature dependent correction factors
- Air flow meter, and/or
- Intake manifold air pressure (MAP) for calculating mass of the air charge
- Knock sensor
- Exhaust oxygen or lambda sensor for closed-loop control of air-fuel ratio
- Coolant temperature

Typical input signals from various sensors to ECU and control functions performed by the ECU for a current IC engine are shown schematically on Fig. 5.50. Modern engines are equipped with many more types of sensors which are required for on board diagnostic systems (OBD) to detect malfunctioning of different engine modules particularly that of emission control systems. Description of different engine sensors commonly employed on SI engines and their working principles follows.

212 IC Engines: Combustion and Emissions

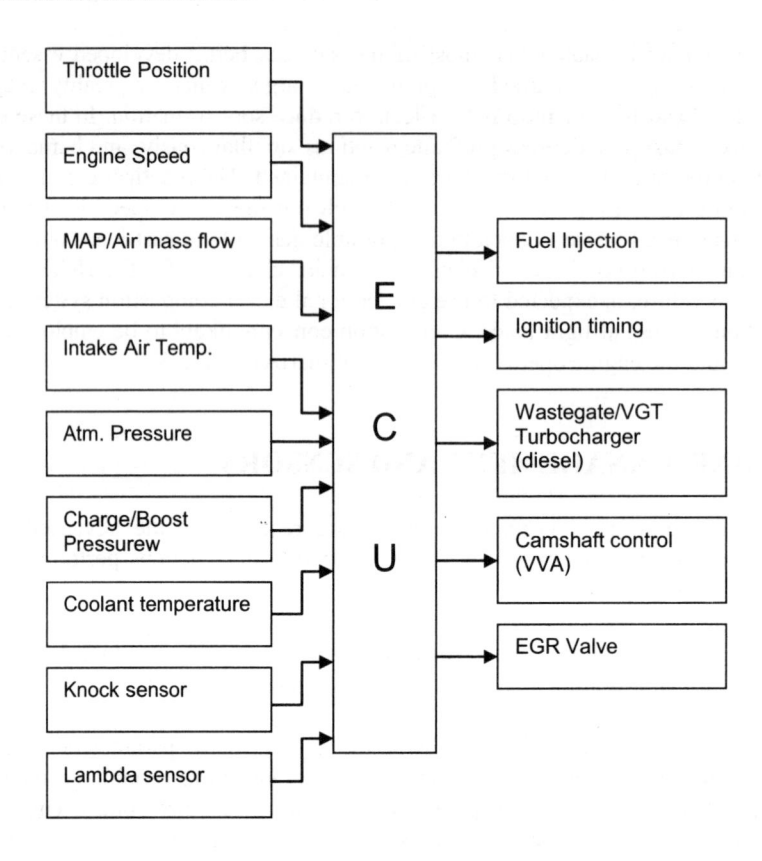

Figure 5.50 Engine sensors input to ECU and control functions for modern automotive engines.

Engine Speed Sensors

Engine speed sensors are used to measure engine speed and crankshaft position. Electronic controller for engines requires information on instantaneous position of crankshaft (or piston position) and camshaft position for precise control of fuel injection and ignition timings. The sensor should be able to detect position of the crankshaft even at very low speeds that occur during engine starting. Crankshaft sensor signal is also used even misfire detection demanding very high accuracy of speed and position sensing (<0.03° CA). Camshaft sensor is used for synchronization of crank shaft and camshaft. It is also needed for camshaft adjustor in engines with variable valve timing. Two types of speed sensors: passive and active types are used.

Passive Speed Sensors

The passive speed sensors are usually inductive type sensors. The inductive sensors consist of a soft iron core in the form of pin around which a coil is wound. The sensor is mounted with its core pin opposite to a toothed ferromagnetic wheel that triggers the signal, leaving a small air gap from the tooth (Fig. 5.51 a). The magnetic field passes through the core pin of the sensor and to the trigger wheel. The intensity of magnetic flux depends on the position of pin whether it is in front of a tooth or

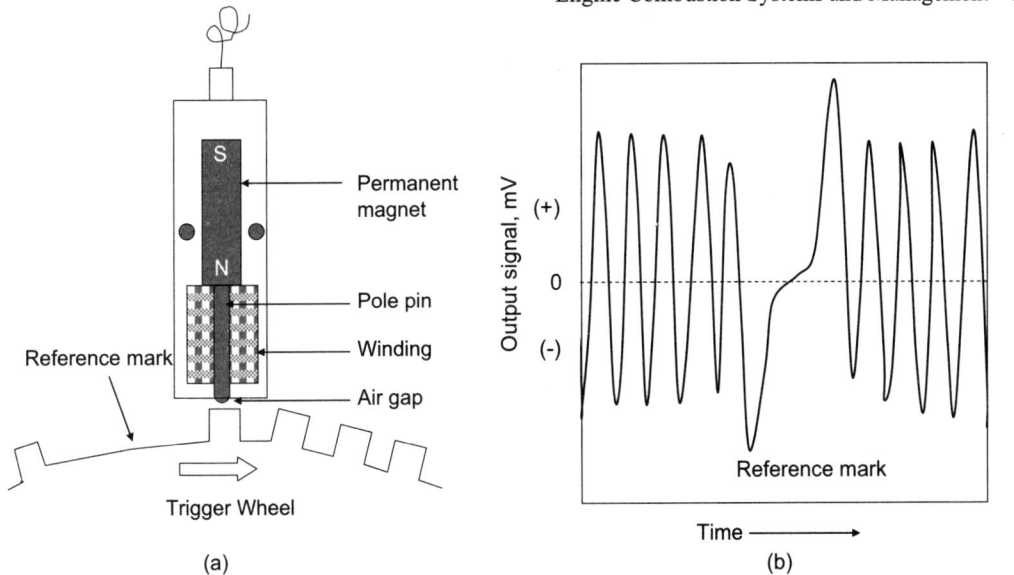

Figure 5.51 (a) Passive type (inductive) speed sensor (b) Output signal from an inductive speed sensor

in front of gap between the adjacent teeth. The number of teeth on the wheel depends on application. In engines, generally 60 toothed wheels are used. One or two teeth are machined off to create a larger gap that corresponds to a defined position (such as tdc) on crankshaft and serves as reference point for synchronizing the ECU. When the trigger wheel rotates, change in magnetic flux occurs as the tooth passes across the sensor core followed by the gap, generating a sinusoidal output voltage signal in the coil (Fig. 5.51 b). The output voltage is proportional to the rate of change in magnetic flux and hence the engine speed, and depending on speed varies from a few mV to over 100 V. At least about 30 rpm speed is necessary to generate a signal of adequate amplitude. The sinusoidal signal of varying amplitude is processed and converted to a square wave signal for evaluation in ECU.

Active Speed Sensors

Active sensors based on Hall Effect are the most commonly used for measurement of engine speed. Magneto-resistive (MR) sensors are also being increasingly employed now. The Hall Effect is shown in Fig. 5.52 (a). When a constant current is supplied by a constant voltage (E_s) source and a transverse magnetic field are applied to a suitable material, an output Hall voltage, E_H is generated. A permanent magnet is used to create the transverse magnetic field. Differential Hall sensors are more frequently used in the engines. In the differential Hall Effect sensor, two Hall sensors 1 and 2 are situated between the magnet and trigger wheel. The signal from the two sensors depends on the air gap between the respective sensor and trigger wheel as shown in Fig. 5.52 (b). By use of the difference between the signals from the two sensors, magnetic interference and noise in the signal is reduced and with the differential Hall sensor very low speeds can be measured accurately.

Multi-pole wheels have been developed that have replaced the ferromagnetic trigger wheel. On a non-magnetic wheel a plastic strip that can be magnetized is pasted. This strip is alternately magnetized. The north-south poles generated on this wheel perform the function of teeth on the ferromagnetic wheels.

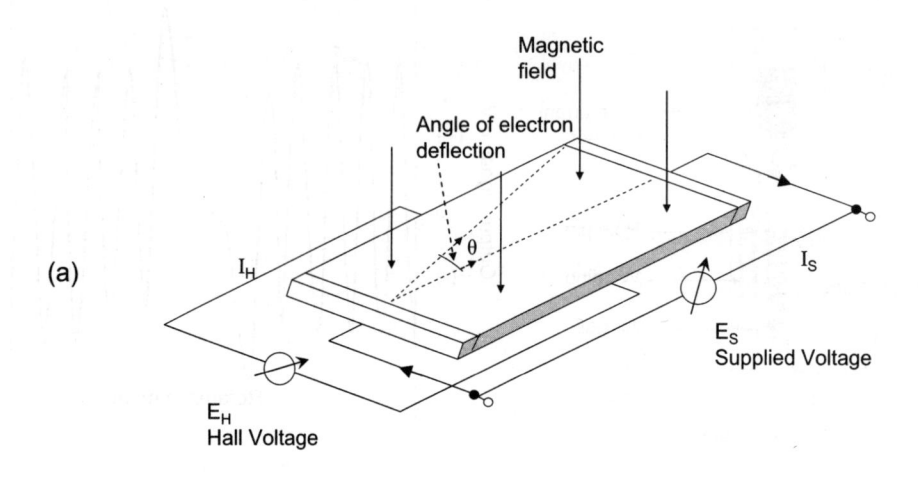

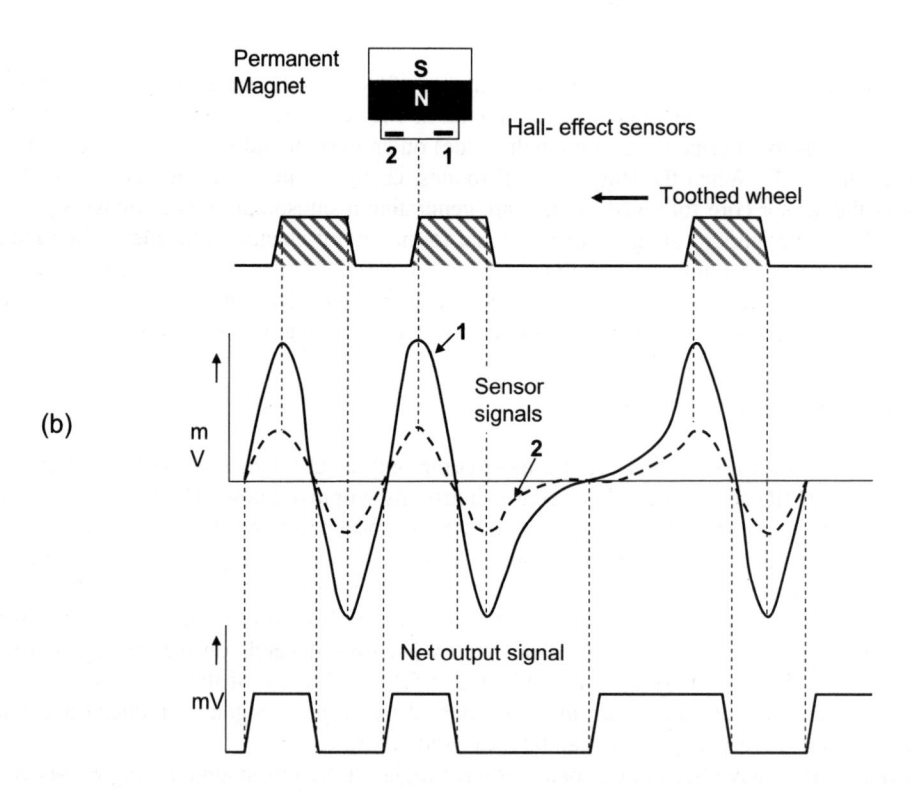

Figure 5.52 (a) Principle of Hall-effect proximity sensor (b) Working principle of differential Hall-effect sensor and output signal [27].

Pressure Sensors

On engines a number of pressure sensors with different measuring ranges are used. The following pressures are detected in an engine:

- Intake manifold air pressure (MAP) for determination of air mass flow rate and/or engine load for ECU (0.2 - 1.1 bar)
- Charge air pressure in the turbocharged engines to control boost pressure (0.5 - 2.5 bar)
- Ambient air pressure for determination of air density and compensation for air pressure at altitudes (0.5 -1.1 bar).
- Fuel rail pressure for gasoline direct injection engines (0-200 bar) and common rail diesel injection systems (0-2000 bar)

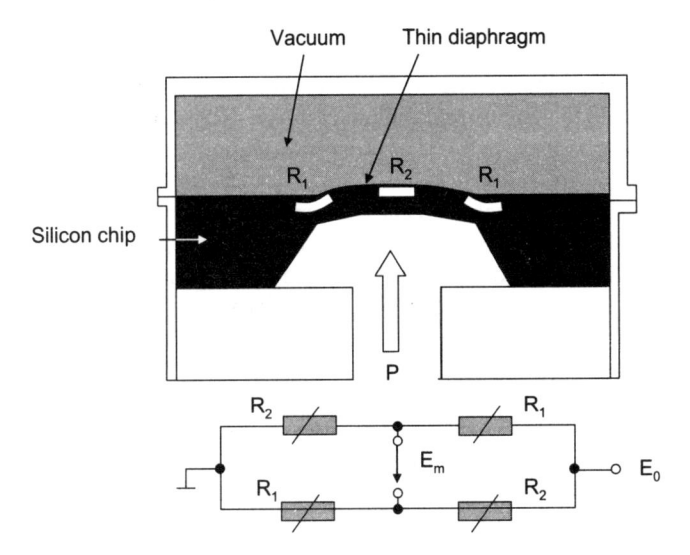

Figure 5.53 Schematic of a micromechanical pressure sensor

The MAP along with air temperature information is used to determine air mass flow rate for controlling fuel injection volume. In closed-loop control systems, the air fuel ratio is to be maintained close to stoichiometric ratio for high conversion efficiency of 3-way catalysts and to obtain minimum exhaust emissions. The engine ECU optimizes combustion parameters using intake charge pressure information in diesel engines. Micromechanical sensors used are based on change in resistance of sensing elements (e.g., strain gauges) due to deformation caused by pressure. The low pressure sensors for measurement of intake manifold, charge air or ambient pressure, consist of a silicon chip with a thin diaphragm on which four resistors are fused (Fig. 5.53). The sensor has a sealed cell on one side of the diaphragm that has reference pressure. The electrical resistance of these deformation resistors changes due to elongation caused by the pressure when applied to the diaphragm (piezo-resistive effect). The centre of the diaphragm is deflected by 10 to 1000 μm depending upon the pressure applied. The four resistors on the silicon chip are so arranged that due to deformation, the resistance of the two increases and that of the other two decreases. The resistors are arranged in a Wheatstone bridge circuit and change in their resistance leads to change in ratio of voltage across them. The measured signal voltage, E_m thus generated is a measure of pressure. A temperature sensor giving an independent signal can also be positioned in the pressure sensor housing. The signal conditioning circuit is integrated on the chip that amplifies the bridge voltage, compensates for temperature effect and linearizes the signal. The output signal finally obtained ranges from 0 to 5 V.

The high pressure sensors work on the same principle as the low pressure micromechanical sensors. In the high pressure sensors, the resistors (sensing elements) are vapour deposited on a steel diaphragm in the form of bridge circuit. The thickness of the diaphragm varies with the higher limit of the design pressure range, a thicker diaphragm used for the higher pressure range.

Temperature Sensors

Temperatures of intake air/charge, ambient air, coolant, fuel exhaust and oil are measured in an engine. These temperature provide the following inputs to ECU,

- Intake air/charge temperature along with pressure measurement is used to calculate air density and mass flow rate to the engine (measurement range -40 to 120° C).
- Coolant temperature is used by ECU to determine engine temperature (measurement range -40 to130° C).
- Exhaust temperature is critical for catalytic converter operation and its signal is used for closed-loop control system (measurement range 0 to 1000° C).
- Fuel Temperature is measured at low fuel pressure side (upstream of injection pump) in diesel engines for precise determination of fuel injection quantity (measurement range -40 to 120° C).

Most temperature sensors utilize the change in electric resistance with temperature as the measurement principle. The low range temperature sensors use semiconductors with negative temperature coefficient (NTC) i.e., resistance of the sensor decreases with increase in temperature. The exhaust temperature being high is usually measured by a platinum resistance sensor which has a positive temperature coefficient (PTC). The change in resistance is converted to an analogue voltage signal input to ECU. Depending on application, the temperature sensors are available in a wide variety of designs and shapes.

Air Mass Flow Sensors

Air mass flow to the SI engines is to be accurately measured for precise control of air-fuel ratio. Along with exhaust gas oxygen or lambda sensor it forms a closed loop for control of fuel injection rate. The signal also is used to control exhaust gas recirculation rate. In the modern diesel engines also, signal of air mass flow rate is required to control turbocharging and exhaust gas recirculation rates. It is required in the turbocharged engines employing electronic fuel injection where injection rate is dependent on the stored fuel map in the ECU.

In SI engines, two types of sensors are used to determine air mass flow rate, viz., (i) manifold air pressure (MAP) sensor (ii) hot film anemometer (HFM).

The MAP sensor is used to measure absolute intake manifold pressure downstream of throttle valve. Its typical measuring range is 0.2 – 1.1 bar. The pressure signal and air temperature along with base engine data on displacement volume and volumetric efficiency etc., are used to calculate air mass flow rate. The MAP is often used with an integral temperature sensor. The accuracy of calculated air mass suffers in engines employing technologies like turbocharging, variable valve actuation, unthrottled direct injection operation etc. and also, as the engine service life increases and deposits are formed on intake system, intake valves and in the combustion chamber. The HFM measures the air mass directly and measuring accuracy is unaffected by these parameters. Therefore, modern engines mostly use HFM anemometer for air mass rate measurement.

Hot Film Air Mass Meter (HFM)

The hot film sensor works on the principle of hot wire anemometry. In these sensors, heat dissipation from a heated element takes place as the air flows past it, and that is used for measurement. As the air or any fluid flows over a heated element its temperature drops due to convection of heat and the magnitude of temperature drop is proportional to the mass flow rate for given properties of the fluid. To bring back the temperature of the sensing element to the original level, additional heating current is to be supplied, which is a measure of the mass flow rate. As the hot wire elements have poor mechanical strength, hot film sensors are used. The HFM sensors have a thin film of platinum deposited on glass base working as the resistance element. The HFM sensors have high mechanical strength and are not affected by contamination.

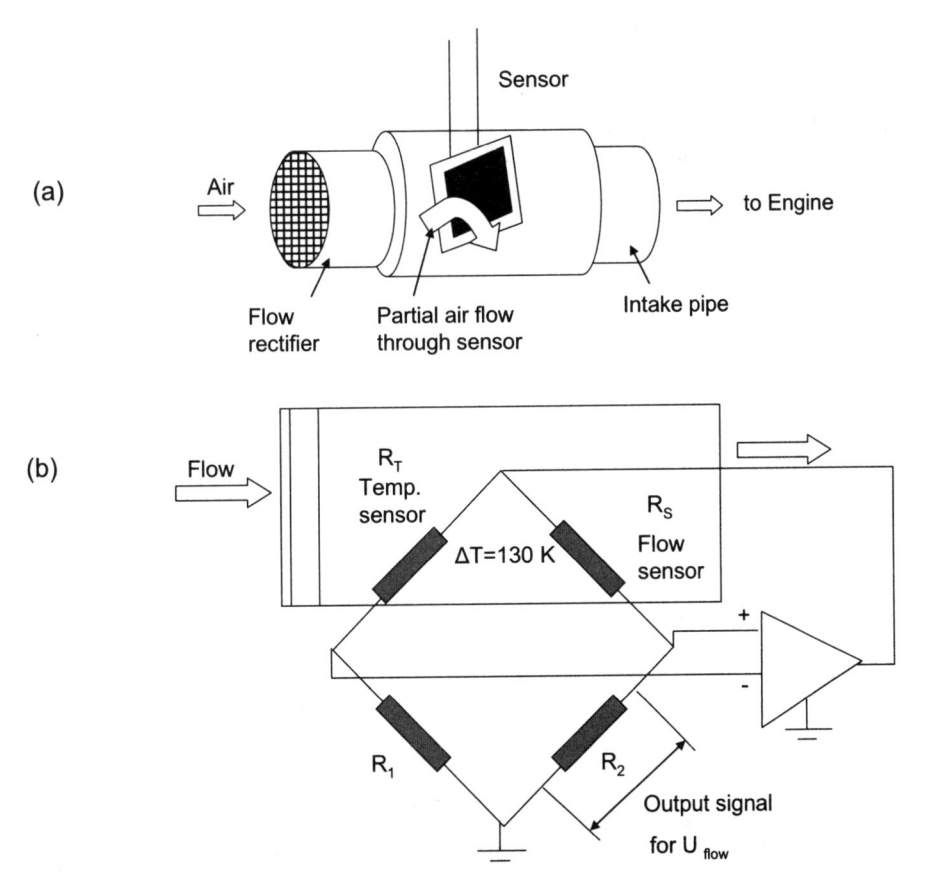

Figure 5.54 Schematic of a hot-film air mass flow meter (HFM) (b) working principle of HFM

The HFM is housed in a cylindrical tube that has different diameters depending on the air mass range and the engine size. The tubular housing has a flow straightener in the form of a honeycomb structure, which ensures a uniform flow across the tube cross section. The sensor electronics and connectors are integrated into the sensor module. The HFM tube is generally installed below the air filter although plug-in type for installation in the air filters are also available. Only a part of intake air flow is directed through HFM and based on this measurement the meter is calibrated to give total air mass flow.

Schematic of a hot film sensor and its measuring principle are shown on Fig. 5.54. Two temperature dependent film resistors (R_T and R_S) are used in the measuring cell and placed directly in the flow stream. Two more resistors R_1 and R_2 in combination with the two film resistors form a bridge circuit. The upstream resistor R_T is cooled sharply as the air flows over it. The heating current through R_S is controlled so as to maintain a constant temperature difference of about 130° C between R_S and air temperature measured at R_T. The heating current required for this purpose is used to generate a voltage signal across the resistor R_2. The electronics integrated into the sensor amplifies voltage signal to lie in the range 0 to 5V. The signal does not depend on the absolute air temperature but on the mass of air flow. The signal is also dependent on the direction of air flow so that both the mass and direction can be recorded. At certain engine speeds, backflow into intake manifold also occurs. Thus, part of air would pass over the sensor three times causing an error in measurement showing a higher flow rate. This effect is nullified by using an additional heating resistor (booster) downstream of the resistor R_S. The returning air is heated by the booster before passing over the resistor R_S. This prevents cooling of R_S again by the returning air. Overheating of the returning air provides compensation such that it is not measured second time when it flows again to the engine. The theory of hot wire anemometry is available in many books for example Reference 27.

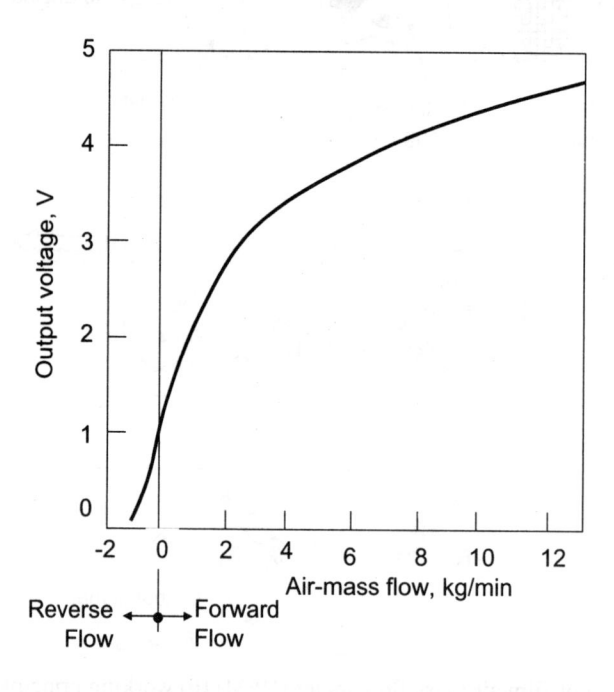

Figure 5.55 Characteristics of a hot film air mass flow meter [28].

Typical airflow characteristics of a hot film air mass flow meter are shown in Fig. 5.55 [28]. The reciprocating engines of four or fewer cylinders have heavily pulsating intake air flow in diesel engine and at wide open throttle operation of SI engine. The sensor has a high dynamic response of <15ms which is important when the flow is highly pulsating. Incorrect measurement of air mass flow rate occurs if the sensor is contaminated by dust, soiled water or oil. A protective device with deflector wire mesh and design of flow passage to the sensor prevents most of the dust particles, water and oil droplets from coming into contact with the sensor element. It increases life of the hot film air flow meter.

Knock Sensor

Knocking is caused in SI engines by spontaneous ignition of end gases in the combustion chamber. Knocking combustion causes pressure oscillations in the cylinder resulting in vibrations in the engine block and cylinder. The engine variables that favour high engine efficiency also happen to promote engine knocking. It is due to this reason that most of the current SI engines for passenger cars are equipped with knock sensors to adjust spark timing in the event of knocking combustion. The knock sensor creates an electric signal that is transmitted to the ECU, which regulates the ignition timing by retarding it a few crank angle degrees so that knocking combustion does not occur any further.

Knock sensors employ piezoelectric principle and are basically vibration sensors. The sensors are installed on the cylinder block at an appropriate location. Construction of a typical knock sensor is shown schematically in Fig. 5.56. The vibrations caused by knocking excite a seismic mass attached to the sensor, which exerts a compressive force on the piezoelectric element at the same frequency as the combustion pressure oscillations. The sensitivity of the sensor is expressed in mV/g or pC/g (pico-Coulomb/m.s^{-2}) which is practically constant over a wide frequency range. Here, 'g' is acceleration due to gravity. The sensors are designed to detect vibrations in a broad frequency spectrum in the range from 3 to 20 kHz. The common range of pressure oscillation frequency is 5 to 10 kHz. Sensor generates an electric voltage signal that is transmitted to the ECU for necessary control action.

Depending on the number of engine cylinders one or more sensors are required to detect knocking in each cylinder. Generally for a 4-cylinder engine one sensor is adequate while for 6-cylinder engine two sensors and for 8-cylinder engine four sensors are used. The sensors are bolted to the side of the cylinder block using a defined fastening torque. Knock sensors integrated with spark plugs are now being used more and more.

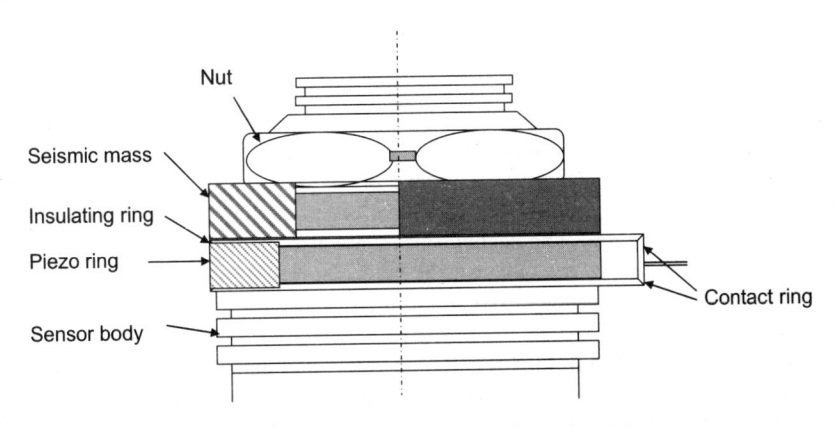

Figure 5.56 Construction of a knock sensor

Exhaust Gas Oxygen (EGO) or Lambda Sensor

The oxygen sensors are used in SI engines and are installed between the manifold and catalytic converter to control fuel injection rate for maintaining relative air-fuel ratio, $\lambda = 1$ to have optimum pollutant conversion by the 3-way catalyst. These therefore, are also called as λ sensors. The λ sensors are also installed downstream of the converter for onboard diagnostic (OBD) function required on the current US and European cars.

A typical exhaust gas oxygen sensor construction is shown on Fig. 5.57. The oxygen sensor operates on the principle of electro-chemical cell. It uses solid zirconium oxide (ZrO_2) stabilized with yttrium oxide (Y_2O_3) as electrolyte. The electrolyte is in the shape of a hollow cylindrical tube. The outer and inner surfaces of the electrolyte with its one end closed are coated with porous platinum to form inner and outer electrodes. The outer electrode is exposed to the exhaust gas while the inner electrode to air having a fixed oxygen concentration. The catalytic activity of the platinum electrode establishes equilibrium very quickly in the exhaust gas. The electrochemical reactions at the electrodes produce oxygen ions that carry current through solid electrolyte producing a voltage across the electrolyte. The Nernst voltage, e_0 produced depends on the partial pressures of oxygen at the two electrodes and is given by:

$$e_0 = \frac{RT}{4F} \ln\left(\frac{P_{O_{2r}}}{P_{O_{2s}}}\right) \tag{5.21}$$

where R is the universal gas constant, T is sensor temperature in K, F is Faraday constant equal to 9.649 x 10^7 C/kmol, $P_{O_{2r}}$ and $P_{O_{2s}}$ are partial pressures of oxygen in the reference gas and the sample, respectively.

As the fuel equivalence ratio varies from 1.01 to 0.99, the partial pressure of oxygen in the equilibrated exhaust gases increases by many orders of magnitude (from about 10^{-20} to 10^3 P_a at 500 °C) [22]. The sensor output voltage therefore, increases rapidly during transition from lean to rich mixture as shown in Fig. 5.58. For rich conditions, a voltage of about 800 mV is produced and for lean mixtures about 50 mV is generated. The stoichiometric point is set close to 0.5 mV. A voltage signal lower than the set point is taken by the engine control module as lean mixture operation and higher signal as the rich condition.

The temperature of sensor electrolyte is an important parameter as it affects its ion conductivity and hence the output voltage. Sensor temperature should be between 300° and 600° C. When engine is started from cold, the temperature at sensor has not yet reached the operating temperatures and the closed loop feedback system is not operative. To make the oxygen sensor operative immediately after the engine cold start, electrically heated O_2 sensors have been developed. These are known as heated exhaust gas oxygen (HEGO) sensors. The heated sensors are also more tolerant to the poisoning effect of silicon and phosphorus present in the exhaust, the later coming from engine oil additives. As these sensors detect either presence or absence of oxygen in the exhaust gas, they are also called as two-step or binary λ sensors.

Recently, for more precise control of air-fuel ratio as in the GDI and DISC engines operating lean or to achieve very high catalytic conversion efficiency, actual oxygen content is continuously measured in terms of the Nernst voltage between lean and rich mixtures. Such sensors are called as universal exhaust gas sensors or linear lambda sensors.

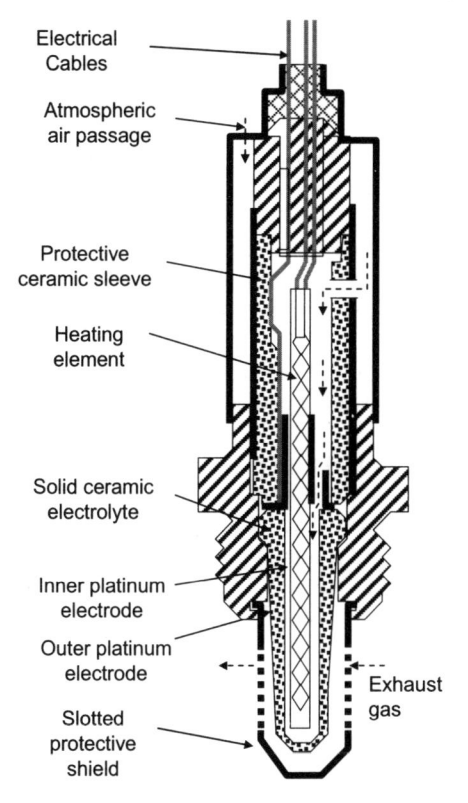

Figure 5.57 Typical construction of a heated exhaust gas oxygen sensor (HEGO)

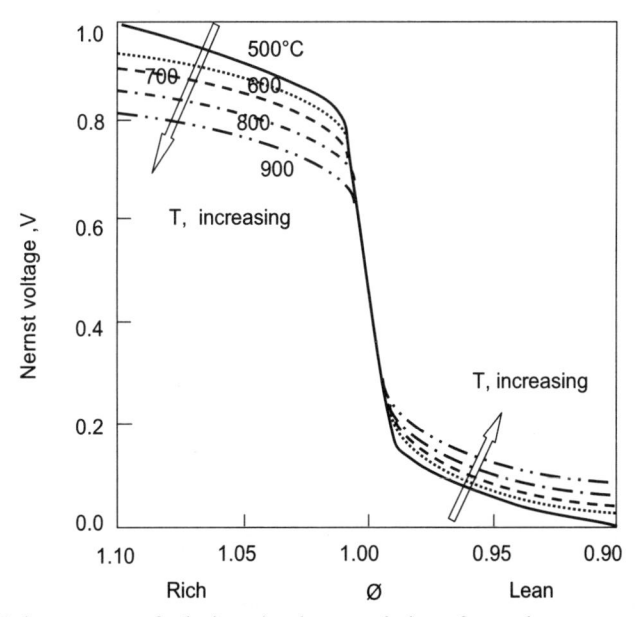

Figure 5.58 Voltage versus fuel-air ratio characteristics of an exhaust gas sensor

PROBLEMS

5.1 A diesel engine with bore x stroke = 120 x 120 mm, has disc shaped cylindrical combustion bowl of 60 mm dia. and 28 mm depth with its axis on the cylinder axis. Clearance height between the cylinder head and piston top is 1mm. What are the cylinder volume at bdc and the engine compression ratio? Swirl ratio at the end of intake stroke at 2500 engine rpm is 4. What is the average tangential velocity of air near the radial location of inlet valve axis (refer Fig. 5.8 a). What is the ratio of this velocity to mean piston speed?

5.2 For the engine in Problem 5.1, assuming solid body rotation and conservation of angular momentum without friction calculate swirl ratio at the end of compression.

5.3 The above engine (120 x 120 mm bore and stroke) uses piston bowls of 48 and 60 mm dia. The clearance heights used are 1 and 2 mm keeping the engine compression ratio equal to 16:1. The depth of bowl and its volume changes accordingly. Calculate squish velocity for the two combustion bowls for clearance heights of 1 and 2 mm at 30, 20, 10 and 0 degree btdc using Eq. 5.6. The ratio of connecting rod length to crank radius is 3.5. Plot the squish velocity normalized to mean piston speed for the two combustion bowl configurations and the two clearance heights as a function of crank angle.

5.4 For the combustion bowl of 60 mm dia. and 28 mm depth compare the maximum squish velocity and the tangential velocity caused by swirl at the edge of the bowl using the results of Problems 5.2 and 5.3.

5.5 A spark ignition engine with bore = stroke = 85mm has compression ratio 9.5:1. The engine has disc combustion chamber and is operating at wide open throttle at 2000 and 6000 rpm. Calculate turbulence intensity, integral length scale, Taylor micro and Kolmogorov micro length scales at top dead centre during compression. Assume the compression is polytropic process with $\gamma = 1.3$ and the fluid as air for estimation of necessary properties.

5.6 Compare the maximum possible intake and exhaust valve diameters and the valve flow areas for 4-valve SI and CI engines with cylinder bore of 90 mm. The SI engine has combustion chamber in the cylinder head while the CI engine has the flat cylinder head.

5.7 In the SI engines as the valves are located in the combustion chamber in cylinder head, inclined and bigger valves than the CI engines (CI engine user vertical valves) are used. Discuss why the benefits of bigger valves and variable valve timings are more significant in conventional throttled engines than the CI engines.

5.8 For an engine three following cam shafts with different valve timings are available. The valve lift is same for all. Discuss the effect of these camshafts on the engine volumetric efficiency.

Camshaft	IO (btdc)	IC (atdc)	EO(bbdc)	EC (atdc)
1	30	50	50	30
2	25	56	56	25
3	22	60	60	22

5.9 The small direct injection using high swirl has a higher fuel efficiency compared to small indirect injection engines. This is one of the reasons that IDI engines even though they have a higher bmep are being phased out from passenger car applications. Discuss the main factors which are responsible for the loss of fuel efficiency in IDI engines.

5.10 Discuss how the heat release (combustion duration) is influenced by injection timing, injector versus spark plug location and fluid motion in the spray jet controlled, wall and flow controlled DISC engine methods?

5.11 What are main methods being studied to achieve CAI combustion and HCCI combustion? What are significant differences between CAI and HCCI engine systems from the point of mixture preparation and charge homogeneity?

5.12 Discuss why it is not possible to build a practical engine to operate in HCCI mode in the whole speed and load range.

5.13 Refer Figure 5.38. Identify the range of temperatures and fuel-air equivalence ratios for formation of 1, 10 and 20% smoke density, and 5000, 3000 and 1000 ppm NO_x

REFRENCES

1. Uzkan, T., Borgnakke, C., and Morel, T., "Characterization of Flow Produced by a High Swirl Inlet Port," SAE Paper 830266 (1983).
2. Belaire, R.C., Davis, R. G., Kent, J. C., and Tabaczynski, R. J., "Combustion Chamber Effects on Burn Rates in a High Swirl Spark Ignition Engine", SAE paper 830335 (1983).
3. Achuth, M., and Mehta, P. S., " Predictions of Tumble and Turbulence in Four Valve Pentroof Spark Ignition Engines", International Journal of Engine Research, Vol. 2, No. 3, (2001).
4. Heywood, J. B., *Internal Combustion Engine Fundamentals*, McGraw Hill Book Co., (1988).
5. Heisler, Heinz, *Advanced Engine Technology*, Arnold, London (1995).
6. *Internal Combustion Engine - Handbook*, Edited by Basshuysen, R. and Schäfer, F., SAE International, USA, (2004).
7. Spark Ignition Engine Trends, Automotive Engineering, Vol. 110 No 1, (2002).
8. Simko, Q, Choma, M., and Repko, L., "Exhaust Emission Control by the Ford Programmed Combustion Process – PROCO", SAE Paper 720052 (1972).
9. Alperstein, M, Schafer, G.H., and Villforth F.J., "Texaco's Stratified Charge engine, Multifuel, Efficient, Clean and Practical", SAE Paper 740563 (1974).
10. Inoue, K., Ukawa, H., and Fuji, I., "Fuel Economy and Exhaust Emissions of the Honda CVCC Engine", Combustion Science and Technology, Vol. 12, pp 11-27 (1976).
11. Iwamoto, Y., Noma, K., Nakayama, O., Yamauchi, T. and Sukegawa, Y., " Development of Direct-Injection SI Engine", SAE Paper 970541, *Direct Fuel Injection for Gasoline Engines*, Ed. Solomon, A.S. et al., SAE PT-80 (2000).
12. Harada, J., Tomita, T., Mizuno, H., Mashiki, Z., and Ito, Y., "Development of a Direct Injection Gasoline Engine", SAE Paper 970540 (1997).
13. Stumpp, G., and M. Ricco, "Common Rail – An attractive System for Passenger Car Diesel Engines", SAE Paper 960870 (1996).

14. Hawley, J.G., Brace, C.J., Wallace, F.J and Horrocks, R.W., "Combustion-Related Emissions in CI Engines", *Handbook of Air Pollution from Internal Combustion Engines*, Edited by Sher, E., Academic Press (1998).
15. Onishi, S., Hong, J., S., Shoda, K, Do, J., P., and Kato, S., "Active Thermo-Atmospheric Combustion (ATAC) – A New Combustion Process for Internal Combustion Engines", SAE Paper 790507 (1979).
16. Thring, R.H., "Homogeneous Charge Compression Ignition (HCCI) Engine", SAE Paper 892068 (1989).
17. Aoyama, T., Hattori, Y., Mizuta, J., and Sato, Y., "An Experimental Study on Premixed-Charge Compression Ignition Engine", SAE Paper 960081 (1996).
18. Ishibashi, Y., "Basic Understanding of Active Radical Combustion and its Two-Stroke Engine Application and Benefits", SAE Paper 2000-01-1836 (2000).
19. Akihama K, Takatori Y., Inagki, K., Sasaki, S, and Dean, A., "Mechanism of the Smokeless Rich Diesel Combustion by Reducing Temperature", SAE Paper 2001-01-0655 (2001).
20. Kitamura, T., Ito, T, Sneda, J., and Fujimoto, H., "Mechanism of Smokeless Diesel Combustion with Oxygenated Fuels Based on the Dependence of the Equivalence Ratio And Temperature on Soot Particle Formation", International Journal of Research, Vol. 3, No 4, (2002).
21. Pastor, J. V., Lujan, J. M., Molina, S., and Garcia, J. M., "Overview of HCCI Diesel Engines", *HCCI and CAI Engines for the Automotive Industry*, Ed. H. Zhao, CRC Press, (2007).
22. Dec, J. E., "A Conceptual Model of DI Diesel Combustion Based on Laser Sheet Imaging", SAE Paper 970873, (1997).
23. *HCCI and CAI Engines for the Automotive Industry*, Ed. H. Zhao, CRC Press, (2007).
24. Aoyagi, Y, "HCCI Combustion with Early and Multiple Injections in the Heavy Duty Diesel Engine", *HCCI and CAI Engines for the Automotive Industry*, Ed. H. Zhao, CRC Press, (2007).
25. Helmantel, A. and Denbratt, I., "HCCI Operation of a Passenger Car Common Rail DI Diesel Engine with early Injection of Conventional diesel Fuel", SAE Paper 2004-01-0935, SP-1819 (2004).
26. Gatellier, B, "Narrow Angle Direct Injection (NADI) Concept for HCCI Diesel Combustion", *HCCI and CAI Engines for the Automotive Industry*, Ed. H. Zhao, CRC Press, (2007).
27. Doebelin, E. O., *Measurement Systems – Application and Design*, McGraw Hill Book Co., (1990).
28. *Gasoline Engine Management*, Robert Bosch Gmbh, Third Edition, John Wiley & Sons Ltd., England (2006)

CHAPTER 6

Formation of Engine Emissions

Emissions from the automobiles were identified during 1950s as major source to urban air pollution in California. Vehicles powered by internal combustion engines operating on conventional petroleum fuels, natural gas and other liquid fuels emit into atmosphere carbon monoxide (CO), nitrogen oxides (NO_x), unburned hydrocarbons (HC) and particulate matter (PM) that are regarded as the main pollutants. Photochemical reactions between unburned hydrocarbons and nitrogen oxides in atmosphere produce a number of secondary pollutants like ozone, nitrogen dioxide and other oxidants, and peroxy-acetyl nitrates. The 'brown haze' in the atmosphere resulting from these photochemical reactions was termed as 'photochemical smog'. All vehicles and combustion devices using hydrocarbons and their derivatives as fuel contribute to air pollution, the amount of emissions depending largely on their design, operating conditions and the characteristics of the fuel. US and European cities were first to face vehicular air pollution problem but now this is a problem for all large cities around the world due to increase in vehicle population. Emission control legislations were brought-in during late 1960s and early 1970s in the US, Europe and Japan. Other countries have also followed with legislations to curb vehicular air pollution.

Both the gasoline and diesel engines emit gaseous pollutants, CO, HC and NO_x while the diesel vehicles are the main contributors to smoke and particulate (PM) emissions. Sulphur di- and tri-oxides (SO_x), depend on the sulphur content of the fuel and their concentrations are negligible. Recently, a few more compounds associated with fuel chemical composition have come under control due to their toxic effects. These compounds termed as 'Air Toxics' are: benzene, 1-3 butadiene, poly-organic matter (POM), formaldehyde and acetaldehyde. Carbon dioxide is not a pollutant for local environment but it being a greenhouse gas, its contribution to global warming is causing an increasing concern. It is estimated that CO_2 is responsible for about 50% of the global greenhouse effect. The adverse health effects of air pollutants related to vehicle emissions are briefly described below.

6.1　EMISSION EFFECTS ON HEALTH AND ENVIRONMENT

Carbon monoxide is an odourless but highly toxic gas and is formed due to deficiency of oxygen during combustion.. On inhalation, CO is rapidly absorbed by lungs and combines with haemoglobin in the blood forming carboxy-haemoglobin. CO has 200 to 240 times greater affinity than oxygen to combine with haemoglobin. The carboxy-haemoglobin complex is far more stable than oxy-haemoglobin. Thus, exposure to CO reduces oxygen carrying capacity of the blood to body tissues. The decrease in release of oxygen due to CO intoxication damages tissues and cells and adverse effects are higher and more rapid to the brain and nervous system as these have a higher oxygen demand. The toxic effects of CO depend both on the exposure time and concentration.

The early signs of CO poisoning are shortness of breath, rapid breathing, headache, dizziness, confusion and lack of movement coordination. These signs and symptoms are due to reduced supply of oxygen to brain tissues, a condition called 'hypoxia'. Nausea, vomiting, and diarrhoea may appear later. Exposure to high CO concentrations or for a longer period, may lead to cardiac arrest, pulmonary edema, loss of consciousness and eventually to death. Treatment of CO intoxication includes removal of affected person from exposure to high CO environment and administration of 100 % oxygen to accelerate dissociation of carboxy-haemoglobin back to haemoglobin. Haemoglobin then can combine with oxygen and correct the tissue hypoxia.

The principal oxide of nitrogen formed during combustion is nitric oxide, NO. A small amount of nitrogen dioxide is also formed. Together, NO and NO_2 are referred as NO_x. NO_2 is a strong oxidant and in the presence of ultraviolet radiations it yields gives out atomic oxygen, which leads to formation of ozone. NO_2 is a reddish brown gas and has an irritating odour. It has low solubility in water and hence, reaches deep in lungs causing irritation. In asthmatic persons, such exposure may cause asthmatic attacks. When nitrogen oxides get dissolved in aqueous medium of mucous in the nose and throat lining, they produce nitrous and nitric acids. In acute exposure, these acids cause immediate irritation to the mucosa of the respiratory tract. Similar actions cause eye irritation. In the lungs, reactions include cough and broncho-spasm. If a sufficient quantity of gas reaches lungs, it may cause acute bronchitis, pulmonary edema and even death. Several weeks later of the acute pulmonary reaction, a chronic inflammation of lungs may result leading to lung fibrosis. An association between NO_2 exposure and repeated respiratory infections in children has been established.

Nitrogen oxides too, react with blood haemoglobin [1] and form methe-haemoglobin, a black pigment like substance. Methe-haemoglobin does not combine reversibly with oxygen thus, reducing oxygen carrying capacity of the blood to tissues. It also results in destruction of red blood cells. When the concentration of methe-haemoglobin exceeds 10% of the total haemoglobin level, bluish coloration of skin (cyanosis) is caused in the affected person due to lack of oxygen. The symptoms on exposure to nitrogen oxides develop in a slow but harmful way. The major signs of exposure include development of bluish skin particularly of lips, fingers and toes.

Unburned hydrocarbon emissions result from incomplete combustion of hydrocarbon fuels. The engine exhaust gases consists of a wide range of hydrocarbons numbering more than 150. Some are similar to fuel composition and others result from fuel decomposition in the combustion chamber at high pressure and temperature. Partially oxidized hydrocarbons are also emitted from the engines. The unburned hydrocarbons and their derivatives that readily vaporize are termed as volatile organic compounds (VOCs).

Particulate matter emitted by the vehicles may be in solid or liquid phase. Solid particles emitted by vehicles are largely made of carbonaceous matter (soot) and consist of a small fraction of inorganic substances. Different types of liquid phase substances are absorbed on these solid particles. During engine starting and warm-up in cold weather, the heavy hydrocarbons in the exhaust gas may condense to form 'white smoke'. Among internal combustion engines, diesel engines operating at light loads and the small two stroke spark ignition engines employing total loss lubrication system are the main sources of liquid phase particulate emissions. The SI engines may also emit soot particles when operating on over-rich mixtures. When lead antiknocks were used in gasoline, the gasoline-fuelled engines emitted solid lead containing particles. However, lead antiknocks have been phased out of gasoline in most countries due to toxicity of lead and poisoning of the catalytic converters employed for emission control. Very low particulate emissions of about 20 mg/km only, are obtained with unleaded gasoline for the vehicles even without catalytic converters.

Among the internal combustion engines, the principal source of solid carbon particulate matter (soot) emissions is the diesel engine. The particulate emissions from diesel engines consist of unburned soot, soluble organics from fuel and lubricating oil, ash particles coming from oil additivesand wear particles. The diesel engines have heterogeneous mode of combustion where fine soot particles are generated that grow and agglomerate as the combustion progresses. Later, during expansion and in the exhaust system heavy hydrocarbons from fuel and oil, sulphates produced from combustion of fuel sulphur, and water are absorbed on the soot core of particles. The pre-control light duty diesel vehicles emitted particulates typically in the range of 0.2 to 0.6 g/km. The pre-1990 heavy-duty, direct injection engines had particulate emission rates in the range from 0.5 to 1.5 g/kWh.

More than 90% of total mass of particulates emitted by diesel engines is composed of particles smaller than 2.5 μm. According to Stoke' law, settling time is inversely proportional to the square of particle diameter. The particles smaller than 2.5 μm diameter are of main concern as they take long time to settle, remain airborne for days and reach the respiratory system of the human beings. Particles particularly smaller than 1μm, are two small to be trapped in the upper portion of lungs and penetrate deep into lungs. The particles larger than 2.5 μm however, settle down fast and are also filtered by the respiratory system and hence, are not a serious health hazard.

Particulates pose health hazard as they can penetrate deep into lungs and deposit there affecting performance of lungs adversely. More serious concern is their synergistic effect with other pollutants present in air. For example, sulphur oxides and water combining together produce sulphuric acid that maybe adsorbed on soot particles and carried to lungs. Also, carcinogens like polycyclic aromatic hydrocarbons (PAH) when adsorbed on soot particles can be carried to lungs and cause cancer.

Ozone is a product of photochemical reactions between unburned hydrocarbons and nitrogen oxides. It is a colourless gas with pungent odour like chlorine and is soluble in cold water and alkalis. Ozone is a strong oxidant used in bleaching and sterilizing water. In the stratosphere, it forms a life saving ozone layer, which acts as a shield for ultraviolet rays. However, at ground level ozone due to its highly oxidizing properties is harmful. The odour threshold of ozone depending upon individuals is in the range 0.01 to 0.05 ppm. It causes irritation of mucous membranes of airways and lungs. Ozone like other irritants such as sulphur dioxide, chlorine etc., causes marked reduction in airflow to lungs and ventilation. Exposure to low level of ozone (0.3 to 0.9 ppm) produces symptoms like cough, dryness of throat and chest discomfort [1]. Eye irritation may also be caused by exposure to ozone. The adverse effects of ozone increase substantially in presence of sulphur dioxide and are much more than the effect of either pollutant separately.

Photochemical Smog

Photochemical smog is caused by reactions between hydrocarbons and nitrogen oxides in atmosphere in presence of solar ultraviolet radiations. A variety of organic compounds, ozone and nitrogen oxides are trapped above the ground level into atmosphere due to temperature inversion. The vehicles contribute most of the nitrogen oxides in urban air. Nitrogen dioxide in air gets dissociated into nitric oxide (NO) and atomic oxygen (O) in presence of ultraviolet radiations. The atomic oxygen combines with molecular oxygen (O_2) forming ozone (O_3). The ozone then, reacts with NO to form back NO_2 completing what is known as NO_2 - photolytic cycle as shown in reactions (6.1) to (6.3).

$$NO_2 + h\nu \xrightarrow{UV} NO + O \tag{6.1}$$

$$O + O_2 + M \rightarrow O_3 + M \tag{6.2}$$

$$NO + O_3 \rightarrow NO_2 + O_2 \tag{6.3}$$

The ozone levels predicted by the above reactions however, are well below the measured values in atmosphere. Unburned hydrocarbons are also present in urban air as a result of incomplete combustion of hydrocarbon fuels, and evaporation of liquid fuels and solvents. The unburned hydrocarbons provide additional photo-chemical reactions leading to formation of NO_2 and subsequently to the formation of ozone. The overall reactions proceed as follows. The very reactive atomic oxygen, O attacks a hydrocarbon say olefin. Ozone can also react with hydrocarbon molecule but the reaction with O is much faster. The olefin is broken at double bond producing a free hydrocarbon radical (R^*), which can react with O_2 to form peroxy radicals (ROO^*). The peroxy- radicals react with NO to form NO_2. These reactions are given below:

$$O + \text{Olefin} \rightarrow R^* + RO^* \tag{6.4}$$

$$R^* + O_2 \rightarrow ROO^* \tag{6.5}$$

$$ROO^* + NO \rightarrow NO_2 + RO^* \tag{6.6}$$

The above reactions keep on repeating leading to high NO_2 concentrations in air. Several other reactions proceed to generate intermediate radicals and other chemical species like aldehydes. Hydrocarbons (RH) may react with NO and oxygen to produce PAN by the following general reaction:

$$RH + NO + O_2 \rightarrow NO_2 + PAN \tag{6.7}$$

For an urban area to experience photochemical smog, it should have substantial sources of unburned hydrocarbons including other VOCs, NO, adequate sunlight and very little movement of air so that the pollutants are not widely dispersed and diluted. The harmful constituents of photochemical smog are, NO_2, O_3, PAN and aldehydes. PAN and aldehydes in high enough concentration can cause eye irritation and plant damage. Ozone concentrations close to roads are generally small. Movements in atmospheric air carry the gaseous emissions away and as the air takes along the reacting species, reactions continue to take place for several hours. The impact of photochemical smog may therefore, be felt several kilometres away from the source of emissions.

The photochemical reactivity of hydrocarbon varies. Some hydrocarbons are practically non-reactive while others have high photo-chemical reactivity. Potential of a hydrocarbon to form oxidants like NO_2 or ozone in presence of ultraviolet radiations was used to define its reactivity index. Reactivity of different types of hydrocarbons on a scale of 0-100 based on NO_2 formation rate for that specific hydrocarbon relative to the NO_2 formation rate for a reference hydrocarbon, 2, 3 dimethyl-2-benzene was defined [2]. Photochemical reactivity of some hydrocarbons thus, measured is given in Table 6.1. Unsaturated hydrocarbons that contain C=C or C $\equiv$ C bond are more photo-chemically reactive since they can provide free radicals The reactivity of olefins depends upon the location of double or triple bond. The olefin family of hydrocarbons consisting of ethylene, propylene, 1-butene, 1-pentene, 1, 3 butadiene, and isoprene is responsible for about 75% of total reactivity of exhaust hydrocarbons.

Contribution of a VOC not only depends on its reactivity per se, but also on the nature of the atmospheric environment where it is emitted. The other pollutants that are present also affect it. Carter [3] suggested that the most relevant measure of the effect of a VOC on ozone is the actual change in ozone formation that results from change in the concentration of the VOC (due to emissions) in a given environment. The effect of a number of VOCs on ozone formation has been measured in environmental chamber experiments as mentioned earlier. However, the fact that these effects depend on the environment where the VOCs react, implies that the quantitative ozone impacts in the atmosphere will not necessarily be the same as those measured in the laboratory. Carter used computer air-shed models to estimate the effect of a VOC on ozone in atmosphere. Ozone impacts of VOCs were quantified by use of a term "incremental reactivity". This is defined as the change in ozone caused by adding an arbitrarily small amount of the test VOC to the emissions in the given atmospheric conditions, divided by the amount of test VOC added. The maximum incremental reactivity data of a number of hydrocarbons based on ozone yield in the units of grams O_3 formed per gram of VOC are reported by Carter [3].

Table 6.1
Photochemical Reactivity of Hydrocarbons (General Motor Scale) [2]

Hydrocarbon	Relative Reactivity
C1-C4 paraffins Acetylene Benzene	0
C4 and higher paraffins Monoalkyl benzenes *Ortho-* and *para*-dialkyl benzenes Cyclic paraffins	2
Ethylene Meta- dialkyl benzenes Aldehydes	7
1-olefins (except ethylene) Diolefins Tri- and tetraalkyl benzenes	10
Internally bonded olefins	30
Internally bonded olefins with substitution at double bond Cyclo-olefins	100

6.2   SOURCES OF ENGINE EMISSIONS

The major pollutants emitted by an internal combustion engine, CO, HC, NO_x, PM are commonly referred as vehicle emissions. All these pollutants are emitted through the engine exhaust gas except the HC from gasoline engines. In the conventional gasoline fuelled SI engines, in addition to exhaust emissions, unburned fuel or HC also come from evaporation in fuel tank and fuel system and from crankcase blow by gases. Amount of sulphur in the current engine fuels, gasoline and diesel, is quite small (< 500 ppm by mass) and is being lowered further below 50 ppm. Therefore, emissions of sulphur di- and tri-oxides from the engines are not significant. The amount of pollutants emitted depends on engine design, operating conditions, ambient conditions, fuel type and exhaust aftertreatment employed. Depending upon the operating conditions, a gasoline fuelled four-stroke SI engine without exhaust aftertreatment, typically emits 0.2 to 5.0% CO, 300 to 6000 (C_1) ppm HC and up to 2000 -3000 ppm NO_x on volume basis. Under engine idle, CO and HC emissions are high due to fuel-rich engine operation. Under engine transient operation like acceleration and deceleration also the HC emissions are high. The evaporative and crankcase emissions from uncontrolled gasoline fuelled vehicles contribute about 40% of total HC emissions. In the diesel engines, carbon monoxide emissions are quite low (0.02 to 0.1 % by volume). Hydrocarbon emissions from diesel engine are also, lower by a factor of 5 to 10 compared to typical SI engine levels. The nitrogen oxide concentrations however, are comparable to those from SI engines.

The mechanism of formation of exhaust emissions is governed by the combustion process and chemistry of combustion. The sources of different emissions for a conventional SI engine are schematically shown in Fig. 6.1. After the spark ignition, a flame propagates across the combustion chamber and burns the charge in the engine cylinder. Nitric oxide and carbon monoxide are formed in the bulk of burned gases during combustion and post combustion reactions. Nitric oxide (NO) is formed in the high temperature combustion gases inside the cylinder primarily through oxidation of nitrogen present in the inducted air. Nitrogen oxides emissions are composed mainly of NO and relatively small amounts of nitrogen dioxide (NO_2). Carbon monoxide (CO) results practically due to deficiency of oxygen in the fuel-air mixture leading to incomplete oxidation of the fuel. With decrease in air-fuel ratio below the stoichiometric value, formation of CO increases sharply. During expansion stroke, the downward piston motion rapidly cools the burned gases by expansion freezing the reactions that involve NO and CO formation. The concentrations of CO and NO thus, are frozen at much higher values than expected from the chemical equilibrium considerations. The fuel-air mixture is rich during cold starting, engine warm-up and transients like acceleration. Engine operation in these modes contributes significantly to the CO emissions

As the flame approaches cold combustion chamber walls, it is quenched leaving a very thin quenched layer of unburned fuel-air mixture. The flame is unable to propagate in narrow passages or 'crevices' in the combustion chamber. Therefore, the mixture in the crevices between piston top land and cylinder wall above top ring, around spark plug threads, and cylinder head gasket is left unburned. Adsorption of fuel vapours in the lubricating oil film on the cylinder walls and in combustion chamber deposits is another source of unburned fuel emissions. Presence of liquid fuel in the combustion chamber during cold start too, contributes to unburned hydrocarbon emissions. As the pressure inside

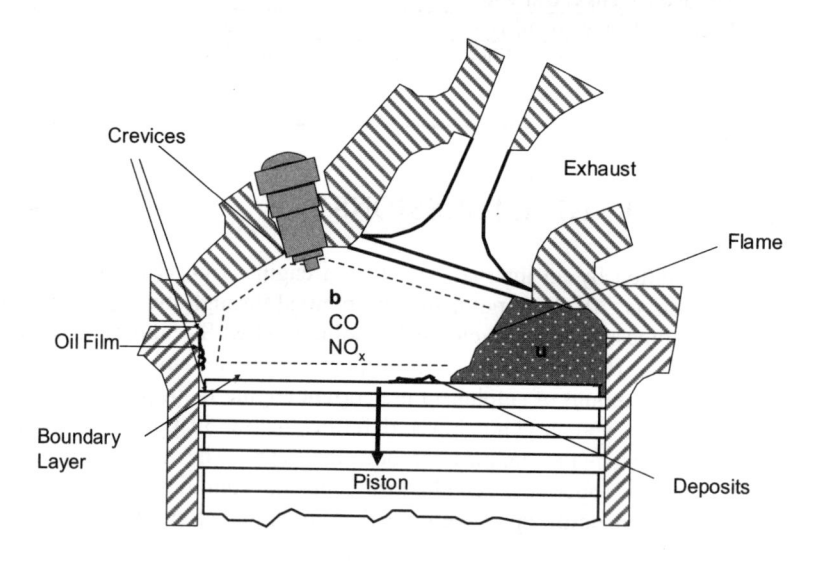

b: Burned gas; u: Unburned mixture

Figure 6.1 Sources of pollutant formation in spark-ignition engines.

the engine cylinder decreases due to expansion, the unburned mixture from the crevices expand back into the cylinder. Simultaneously, the hydrocarbons adsorbed during intake and compression strokes in the oil film and combustion chamber deposits are also desorbed. The unburned mixture and fuel from these sources are partly entrained into the bulk hot burned gases and are partially or completely oxidized before the gases leave the engine. Finally when the exhaust valve opens, the combustion gases containing CO, NO_x and part of the entrained unburned hydrocarbons from quench layers and crevices leave the engine and are exhausted.

From the above, it is seen that NO and CO formation takes place in the bulk gases that involves combustion chemistry and chemical kinetics. On the other hand, HC emissions result from flame quenching at the combustion chamber walls and in crevices, and from adsorption and desorption of fuel vapours in lubricating oil film and combustion chamber deposits. Origin of exhaust HC emissions involves boundary layer aerodynamics, mixing and oxidation.

Air-fuel ratio is one of the most important engine variables that affect the exhaust emissions from SI engines as shown in Fig. 6.2. The SI engine operation is preferred near stoichiometric mixtures as it provides a smooth engine operation. Nitric oxide emissions are maximum at slightly (5-10 %) leaner than stoichiometric mixture due to combination of availability of excess oxygen and high combustion temperatures at this point. Carbon monoxide and HC emissions reduce with increase in the air-fuel ratio as more oxygen gets available for combustion. High air-fuel ratios to a certain critical value tend to reduce all the three pollutants. Leaning of mixture beyond a critical air fuel ratio results in poor quality of combustion and eventually in engine misfiring causing an erratic engine operation and sharp increase in HC emissions. Normally, one would like to operate engine on lean mixtures that would give low CO and HC, and moderate NO_x emissions. But, presently most engines are operated very close to stoichiometric conditions for catalytic control of NO_x emissions, as will be discussed in more details in Chapter 8.

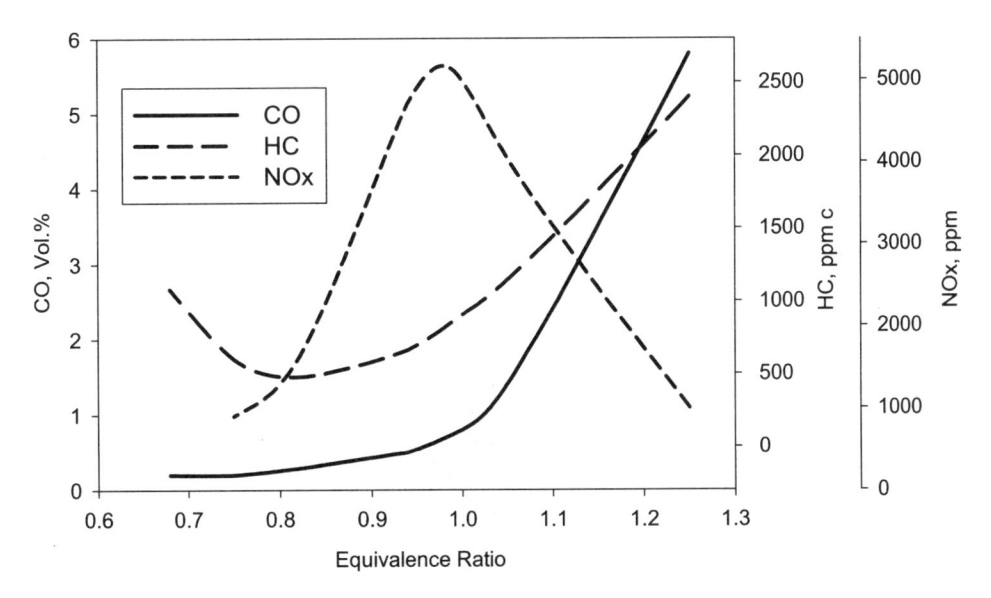

Figure 6.2 Variation of HC, CO, and NO_x concentration in the exhaust of conventional spark – ignition engine with fuel/air equivalence ratio.

In the compression ignition engine, fuel is injected into the hot, compressed air inside the cylinder towards the end of the compression stroke. The quantity of injected fuel is varied to control engine power output while the air quantity per cycle remains nearly constant. Mixing of fuel and air is governed by parameters related to injection, air motion and turbulence. The status of fuel distribution in the engine cylinder at a given instant in engine cycle varies with engine load, speed and other operating parameters. A non-uniform fuel distribution that varies with time and space exists in the CI engine cylinder and prevails through out the entire combustion period. Formation of pollutants is strongly influenced by the local fuel-air ratio, which varies with time during combustion. NO is formed in the high temperature flame regions. Hydrocarbons are contributed mainly by two sources (i) by the over lean fuel regions due to flame quenching and (ii) by the fuel that enters the combustion chamber late towards the end of combustion period when conditions are not suitable for its mixing with air and burning. Soot formation takes place in fuel over-rich core of injection spray, which is subjected to high temperatures and pressures during the cycle. Later, when soot comes into contact with oxygen and other oxidizing chemical species it undergoes oxidation reactions. Carbon monoxide comes from partial oxidation of over-lean fuel mixtures and at high engine loads also from the fuel over-rich regions. The formation of emissions in diesel engines is qualitatively shown in Fig 6.3. The mechanisms of formation of the main engine pollutants, CO, NO_x, HC and particulates are discussed below in more details.

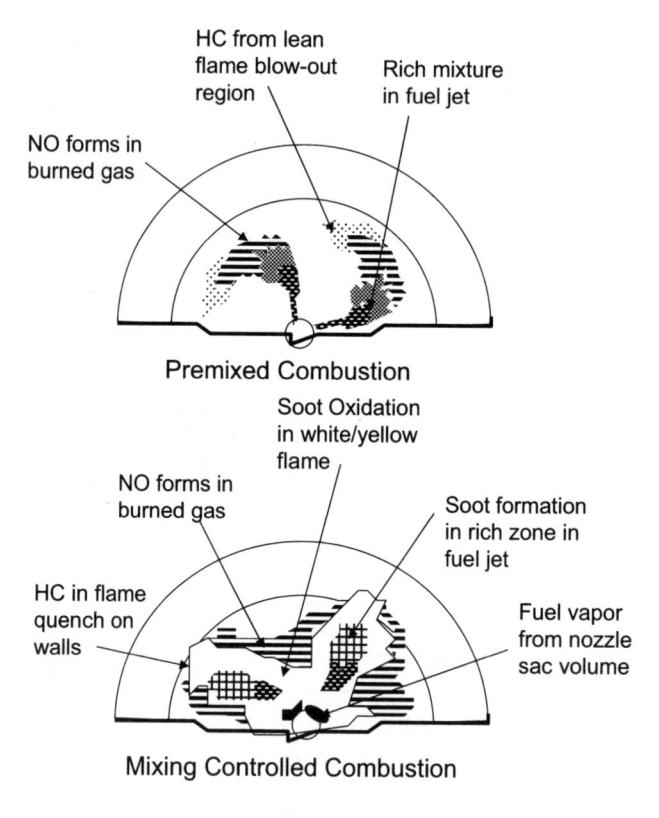

Figure 6.3 Schematic representation of pollutant formation in a direct-injection compression-ignition engine. Adapted from [2].

6.3 FORMATION OF CARBON MONOXIDE

Carbon monoxide emissions result due to deficiency of oxygen when fuel-rich mixtures burn. A two-step process may be used to approximate complete combustion of hydrocarbon fuels to form carbon dioxide as the final product. First step is conversion of hydrocarbons to CO, during which several oxidation reactions occur involving formation of intermediate species like smaller hydrocarbon molecules, aldehydes, ketones etc. Oxidation of a hydrocarbon, RH where R stands for the hydrocarbon radical may be represented by,

$$RH \rightarrow R \rightarrow R + O_2 \rightarrow RCHO \rightarrow RCO \rightarrow CO \tag{6.8}$$

The second step is conversion of CO to CO_2 provided sufficient oxygen is available. One of the principal reactions for conversion of CO to CO_2 is,

$$CO + OH \leftrightarrow CO_2 + H \tag{6.9}$$

The reaction (6.9) is quite fast and at high temperatures is continuously under equilibrium. During combustion and expansion stroke until the temperature decreases to about 1800 K, the C-O-H system is more or less under chemical equilibrium. Only late into expansion stroke, conversion of CO to CO_2 is kinetically controlled and takes place at a slower rate. The rate controlling reactions for oxidation of CO to CO_2 especially at temperatures lower than 1800 K are the following three body recombination reactions [4],

$$H + H + M \leftrightarrow H_2 + M \tag{6.10}$$
$$H + OH + M \leftrightarrow H_2O + M \tag{6.11}$$
$$H + O_2 + M \leftrightarrow HO_2 + M \tag{6.12}$$

Studies on kinetics of CO formation established that the CO emitted is higher than the equilibrium concentrations corresponding to the temperature and pressure conditions at the end of expansion [4]. The non-equilibrium kinetically controlled concentrations of H and OH from the reactions (6.10) to (6.12) were used for prediction of equilibrium CO concentration by the reaction (6.9). The calculated CO values termed as partial-equilibrium values are compared with the measured and equilibrium values on Fig. 6.4. The equilibrium concentrations were calculated corresponding to peak cycle temperatures and pressures, and corresponding to exhaust conditions. The measured CO data from several sources at different air-fuel ratios and for different fuel composition and volatility were used. Measured data are correlated by a single curve. The CO increases sharply as the air-fuel ratio decreases below stoichiometric value. For lean mixtures, CO concentration is very small, less than 0.1% by volume. The partial equilibrium calculations gave good correlation with the experimental values for the whole range of air-fuel ratios. For the rich mixtures, the equilibrium concentrations calculated at peak pressure are quite close to the experimental values. For the stoichiometric and lean mixtures however, partial equilibrium CO predictions have a better agreement with the measured values.

Measured carbon monoxide for leaner than stoichiometric mixtures are higher than the partial equilibrium calculation results. Partial oxidation of hydrocarbons from the crevices that are entrained into burned gases during expansion is one of the factors that have significant contribution to CO at lean mixture conditions. In multicylinder engines, maldistribution of fuel-air mixture causes cylinder-to-cylinder variation in air-fuel ratio. This is especially prominent in the carburetted or single point throttle body-injected (TBI) engines. This leads to significant increase in average CO emissions

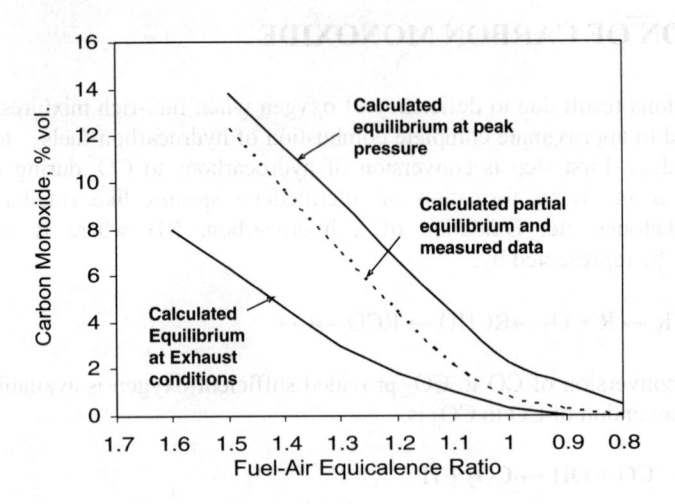

Figure 6.4 Comparison of measured and predicted CO concentrations under steady conditions as a function of fuel-air equivalence ratio, ϕ; measured data for different fuels [4].

because CO increases sharply as the mixture becomes richer than stoichiometric in some cylinders while no significant reduction in CO results due to leaning of mixture beyond stoichiometric air-fuel ratio in the other cylinders. Hence, uniform mixture distribution between cylinders is very important. In the multicylinder, carburetted engines cylinder-to cylinder variation in air fuel ratio of up to 1 to 2 units could result. Use of multipoint port fuel injection (PFI) systems has resulted in a largely uniform mixture distribution between cylinders. The fuel- air mixture even inside the cylinder may not be entirely homogeneous due to poor fuel vaporization and nonuniform mixing of residual burned gas fraction in the cylinder charge. It will also contribute to increase in CO emissions. Overall, the air-fuel ratio is the most important engine parameter affecting the CO emissions, and the other factors influence CO only indirectly.

6.4 NO FORMATION

Nitric oxide is the major component of NO_x emissions from the internal combustion engines. NO_2 emissions account for 1 to 2 % only of the total NO_x in the spark ignition engines, while in the compression ignition engines these could be around 10 to 30%. NO is formed during combustion in the following three ways:

(i) Formation of *thermal NO* by oxidation of atmospheric (molecular) nitrogen at high temperatures.
(ii) Oxidation of fuel-bound nitrogen at relatively low temperatures to form *fuel NO*.
(iii) NO formed at the flame front by a mechanism other than the earlier two mechanisms, *prompt NO*.

Thermal NO: It is the dominant source of nitrogen oxides in IC engines. NO is formed in the high temperature burned gases behind the flame front. The rate of formation of NO increases exponentially with the burned gas temperature although, it is slower compared to the overall rate of combustion.

Mechanism of formation of thermal NO is discussed in detail later in this section.

Fuel NO: It is formed by combustion of fuels with chemically bound nitrogen. The formation of the fuel NO is proposed to be via the reactions of fuel nitrogen to produce at first intermediate nitrogen containing compounds and reactive radicals such as HCN, NH_3, CN, NH etc. These species are subsequently oxidized to NO by the oxygen containing species. Although petroleum crude may contain about 0.6 % nitrogen by mass but most of it is concentrated in the heavy, high boiling or residual crude fractions. Gasoline has negligible nitrogen. Diesel fuels have higher nitrogen content than gasoline, but this too is usually less than 0.1% by mass. Hence, the fuel nitrogen does not make significant contribution to NO formation in automotive engines operating on gasoline, diesel, natural gas and alcohols etc.

Prompt NO: Fennimore [5] found that NO may be formed rapidly in the flame front and its amount is significant. He termed it as '*prompt*' NO. The *prompt* NO is formed in the flame by reaction of intermediate chemical species of CN group with O and OH radicals. The hydrocarbon radicals CH, CH_2, C, C_2 etc. formed in the flame front react with molecular nitrogen to give intermediate species such as HCN and CN by the reactions (6.13) to (6.15). Bowman [6] observed large concentrations of HCN near the reaction zone in fuel rich flames. A rapid formation of NO was associated with rapid decay of HCN.

$$CH + N_2 \leftrightarrow HCN + N \quad (6.13)$$
$$CH_2 + N_2 \leftrightarrow HCN + NH \quad (6.14)$$
$$C + N_2 \leftrightarrow CN + N \quad (6.15)$$

The contribution of *prompt* NO in the stoichiometric laminar flames has been estimated to be about 5 to 10 percent only. In the engines as the combustion occurs at high pressures, the thickness of flame front is very small (~ 0.1 mm) and the residence time of chemical species in this zone is very short. Moreover, the burned gases produced by the charge elements that burn early during the combustion process are compressed to a much higher temperature than the temperatures attained immediately after combustion. The formation of thermal NO in the burned gases behind the flame front therefore, is much higher compared to any NO formation in the flame front. However, contribution of *prompt* NO may be significant under lean engine operation or engine operation with high dilution such as use of exhaust gas recirculation [7]. In diesel engines, contribution of this mechanism could be significant in regions of rich mixtures close to spray.

Kinetics and Modelling of Thermal NO Formation

The following three reactions govern the formation of thermal NO and together constitute what is commonly referred to as the extended *Zeldovich* mechanism.

$$O + N_2 \underset{k_{-1}}{\overset{k_1}{\leftrightarrow}} NO + N \quad (6.16)$$

$$N + O_2 \underset{k_{-2}}{\overset{k_2}{\leftrightarrow}} NO + O \quad (6.17)$$

$$N + OH \underset{k_{-3}}{\overset{k_3}{\leftrightarrow}} NO + H \quad (6.18)$$

Lavoie et al. [8] added the third reaction (6.18) to the original Zeldovich mechanism consisting of the first two reactions (6.16) and (6.17). The forward part of the first reaction (6.16) gives decomposition of molecular nitrogen by atomic oxygen behind the flame. This reaction is endothermic with high activation energy of about 314 kJ /mol and is a rate determining reaction in NO formation. The rate constants selected by Borman and Ragland [9] from literature in units of cm^3/mol-s and temperature in K are given in Table 6.2. The rate of formation of NO using the three reactions (6.16) to (6.17) can be expressed by the following equation;

$$\frac{d}{dt}[NO] = +k_1[O][N_2] - k_{-1}[NO][N] + k_2[N][O_2] - k_{-2}[NO][O]$$
$$+ k_3[N][OH] - k_{-3}[NO][H] \qquad (6.19)$$

where k_1, k_2 and k_3 are rate constants for the forward reactions (6.16),(6.17) and (6.18), respectively; subscript (-) denotes the rate constants for the reverse reactions, [ ] denotes the concentration of species in moles/cm^3.

Table 6.2
Reaction rates for NO formation mechanism, cm^3/mol-s, T in K [9]

Reaction	Forward	Reverse
$O + N_2 \leftrightarrow NO + N$	$k_1 = 1.8 \times 10^{14} \times \exp(-38,370/T)$	$k_{-1} = 3.8 \times 10^{13} \times \exp(-425/T)$
$N + O_2 \leftrightarrow NO + O$	$k_2 = 1.8 \times 10^{10} T \times \exp(-4680/T)$	$k_{-2} = 3.8 \times 10^{9} T \times \exp(-20,820/T)$
$N + OH \leftrightarrow NO + H$	$k_3 = 7.1 \times 10^{13} \times \exp(-450/T)$	$k_{-3} = 1.7 \times 10^{14} \times \exp(-24,560/T)$

To solve the equation 6.19 concentrations of O_2, N_2 and radicals O, N, H and OH are to be estimated. The dissociation of molecular N_2 is very small and the concentration of N_2 remains nearly constant. Further, two more assumptions as below are made:

(i) Steady – state approximation of [N]: Concentration of atomic N is of the order of 10^{-8} mole fraction only, which is much smaller compared to the other reacting chemical species. Rate of formation and destruction of N is small relative to its concentration.
(ii) The concentrations of O, OH, O_2 and O are equilibrated.

Steady state assumption of [N] leads to,

$$\frac{d}{dt}[N] = +k_1[O][N_2] - k_{-1}[NO][N] - k_2[N][O_2] + k_{-2}[NO][O]$$
$$- k_3[N][OH] + k_{-3}[NO][H] = 0 \qquad (6.20)$$

Use of Equations 6.19 and 6.20 yield the rate of NO formation,

$$\frac{d}{dt}[NO] = 2\{k_1[O][N_2] - k_{-1}[NO][N]\} \qquad (6.21)$$

and from Equation 6.20 steady state concentration of N,

$$[N]_{ss} = \frac{k_1[O][N_2] + k_{-2}[NO][O] + k_{-3}[NO][H]}{k_{-1}[NO] + k_2[O_2] + k_3[OH]} \quad (6.22)$$

From the assumption of equilibration of O, OH, H and O_2,

$$\frac{[O_2][H]}{[O][OH]} = \frac{k_{-2}}{k_2} \cdot \frac{k_3}{k_{-3}} \quad (6.23)$$

Eliminating [N] and [H] using equations 6.22 and 6.23, the equation 6.21 gives,

$$\frac{d}{dt}[NO] = 2k_1[O][N_2] \frac{1 - [NO]^2/(K[O_2][N_2])}{1 + k_{-1}[NO]/(k_2[O_2] + k_3[OH])} \quad (6.24)$$

where $K = (k_1/k_{-1})(k_2/k_{-2})$ is equilibrium constant for the reaction $N_2 + O_2 \leftrightarrow 2NO$.

The NO formation rates may be calculated by Eq. 6.24 using equilibrium concentrations of O, O_2, OH and N_2. The rate of NO formation is much slower than the combustion rates. Most of NO formation takes place in the burned gases behind the flame front after combustion is completed locally. The NO formation process may be decoupled from combustion process and rate of formation of NO can be calculated assuming equilibrium values of concentrations of O, O_2, OH and N_2. By introducing equilibrium assumption in the calculations, the Eq. 6.24 is further simplified by using the following notations;

$$R_1 = k_1[O]_e[N_2]_e = k_{-1}[NO]_e[N]_e$$

where R_1 is the reaction rate using equilibrium concentrations for the reaction (6.16).

Similarly,

$$R_2 = k_2[N]_e[O_2]_e = k_{-2}[NO]_e[O]_e, \quad \text{and}$$

$$R_3 = k_3[N]_e[OH]_e = k_{-3}[NO]_e[H]_e$$

Using the above notations the Eq. 6.24 is simplified to give rate of formation of NO as below,

$$\frac{d}{dt}[NO] = \frac{2R_1\{1 - ([NO]/[NO]_e)^2\}}{(1 + w[NO]/[NO]_e)} \quad (6.25)$$

where $w = R_1/(R_2 + R_3)$

Dependence of NO Formation on Temperature and [O$_2$]

Let us consider initial rate of NO formation when [NO]/[NO]$_e$ << 1. From Eq. 6.21;

$$\frac{d}{dt}[NO] = 2 k_1 [O][N_2] \tag{6.26}$$

The concentration of atomic oxygen at equilibrium, using reaction ½ O$_2$ ↔ O is given by;

$$[O]_e = \frac{K_{p(O)}[O_2]_e^{1/2}}{(P)^{1/2}} \tag{6.27}$$

and, equilibrium constant $K_{p(O)}$ is given by

$$K_{p(O)} = 3.6 \times 10^3 \exp\left(\frac{-31090}{T}\right) \tag{6.28}$$

Using value of k_1 from Table 6.2 and, the Eqs. 6.27 and 6.28 the initial rate of NO formation given by Eq. 6.26 is,

$$\frac{d[NO]}{dt} = \frac{1.3 \times 10^{18}}{P^{1/2}} \exp\left(\frac{-69,460}{T}\right)[O_2]_e^{1/2}[N_2]_e \text{ , mol/cm}^3\text{-s} \tag{6.29}$$

Temperature being in exponential term in Eq.6.29, it strongly influences NO formation rates. From Eq. 6.29 it follows that the NO formation is maximized under the conditions of high temperature and high oxygen concentrations. These conditions occur at fuel-air equivalence ratios 5-10% leaner than stoichiometric mixture. Typical combustion duration is 1 to 2 ms in SI engines operating close to stoichiometric conditions at 3000-5000 rpm. Using the initial NO formation rate given by the Eq. 6.29, NO formation at peak pressure and temperature conditions may reach close to equilibrium [NO] concentrations. It is illustrated below;

The characteristic time (t_{NO}) necessary to reach equilibrium concentration of NO may be approximated using the initial NO formation rate as above. Hence,

$$t_{NO} = \frac{[NO]_e}{d[NO]/dt} \tag{6.30}$$

The mole fraction of [NO]$_e$ can be estimated from the reaction O$_2$ + N$_2$ ↔ 2NO, as

$$x_{[NO]_e} = \left(K_{NO} x_{[O_2]_e} x_{[N_2]_e}\right)^{1/2} \text{ , mole fraction} \tag{6.31}$$

Using equilibrium constant

$$K_{NO} = 20.3 \times \exp(-21,650/T) \quad \text{and} \quad x_{[N2]e} \approx 0.71$$

$$t_{NO} = \frac{3.38 \times 10^{-16} T \exp(58,635/T)}{P^{1/2}} \tag{6.32}$$

Time t_{NO} is in seconds, pressure, P is in atmospheres and temperature, T is in K.

For the charge that burns early in the cycle the peak burned gas temperatures of 2700 K or higher could be obtained. Using cylinder pressure of 25 atm and $T = 2700$ K, kinetically formed NO would reach equilibrium concentrations quite rapidly in about 0.45 ms. This period is significantly shorter than the typical total combustion duration. On the other hand for the charge burning late, maximum temperature reached may be 2400 K or lower. Even if this charge after combustion is held at 2400K and 25 atm, to reach equilibrium NO concentration would take 6.6 ms, which is too long a period compared to the combustion event and the period during which high burned gas temperatures prevail in the engine cycle. The NO concentrations reached kinetically in the charge that burns late thus, would be much lower than the equilibrium concentrations.

NO Formation in SI Engines

Use of Eq. 6.25 to determine NO formation, requires data on thermodynamic state and equilibrium composition of the burned gases. Several methods are used to calculate temperature of burned gases for a given engine geometry, which include (i) using measured cylinder pressure - time history and thermodynamic model (ii) use of empirical burn rates, and (iii) fundamental combustion models that are based on one-dimensional flame propagation models or multi-dimensional combustion models. In one zone combustion model, the burned gas after combustion can be assumed to mix instantaneously with the gases burned earlier so that all the burned gas at a given instant is uniform in composition and temperature. This is commonly referred to as the *fully mixed* model. Another combustion model at the extreme is an *unmixed multi-zone model* where no mixing occurs between the burned gases produced by the mixture elements that burn at different instants in the cycle. The multi-zone unmixed model has been discussed in Chapter 3. The unmixed model predicts that a temperature gradient exists in the burned gases and the difference in temperatures of an early burnt element (near spark plug) with a late burn element at the far end of the combustion chamber of around 400 K [10] have been observed.. Actual situation in the combustion chamber is somewhere between the *fully mixed* and *unmixed* models, but the unmixed model is more realistic.

Using *unmixed* model, Komiyama et al [11] studied formation of NO in the different charge elements that burn as the combustion progresses. Figure 6.5 (a) shows measured cylinder pressure and calculated mass fraction burned for an engine. The temperatures of the unburned mixture and burned gases for the charge elements burning at the beginning and at the end of combustion process are shown on Fig. 6.5(b). Using unmixed model of combustion and kinetic model of NO formation (Eq. 6.25), NO concentrations calculated as a function of crank angle in these two elements are shown in Fig 2.5(c). The equilibrium concentrations of NO for the two elements are also shown. In the early burned elements as the peak temperature is reached due to compression to peak cylinder pressure, the kinetically controlled NO reaches to near equilibrium value. Later, as the temperature starts falling due to expansion NO starts decomposing. The rate of decomposition is controlled by the backward reactions of NO kinetics (Reactions 6.16 to 6.18) until the NO chemistry freezes due to falling temperature. In the late burning elements, the NO formation is frozen due to expansion even before decomposition reactions start to dominate the formation reactions. Rate controlled NO goes above the equilibrium level during expansion stroke and freezes well above the equilibrium concentration after the temperature decreases to about 1400 K. NO formed in the late burning elements is an order of magnitude lower than in the elements that burn early. Thus, the charge elements burning early in the cycle contribute most to the NO emissions from the engine. Gradients in NO with highest concentrations in the cylinder existing near spark plug predicted by this model have also been observed experimentally [10].

Mass fraction of NO in the exhaust can be calculated by summing up of the frozen mass NO fraction over all the burned gas elements as below:

$$\bar{x}_{NO} = \int_0^1 x_{NO} \, dx \tag{6.33}$$

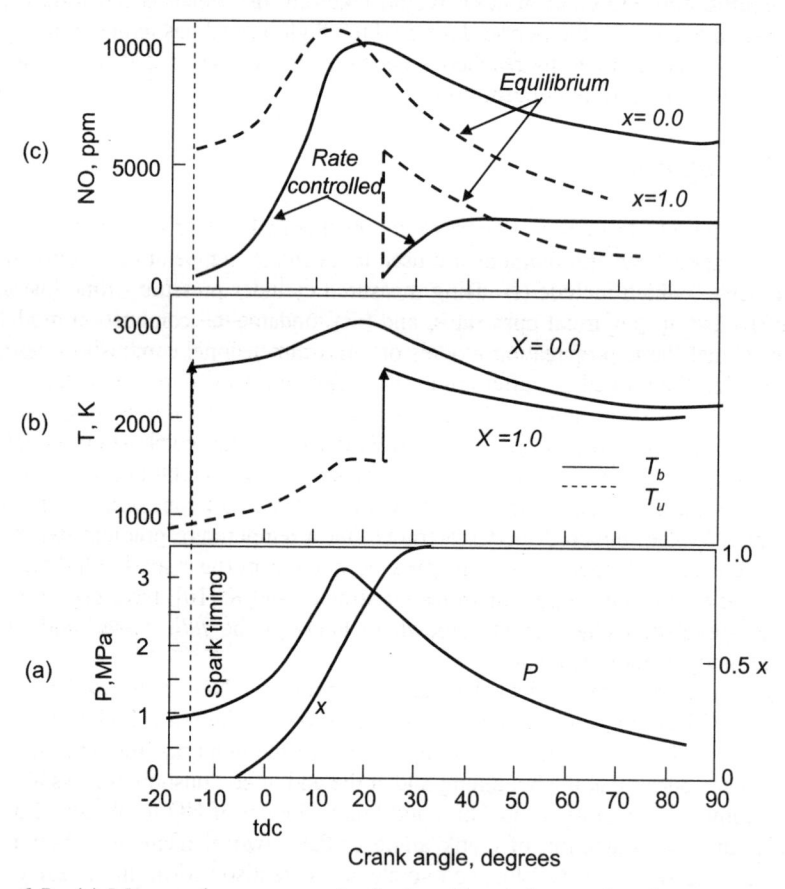

Figure 6.5 (a) Measured pressure and calculated burned mass fraction, x as a function of crank angle (b) Calculated temperature of the unburned charge, T_u, and burned gas, T_b for an early first and late burned charge elements (c) NO concentrations as a function of crank angle degree for two elements that burn at different times. [11].

NO Formation in CI Engines

In the compression ignition engines, rapid combustion in pre-mixed phase is followed by diffusion combustion process. The diffusion combustion rates are controlled by the .rate at which fuel and air mix. As the fuel is injected in the hot compressed air, the fuel spray entrains air and non-uniform fuel distribution exists in the combustion chamber. Equivalence ratio varies widely from very rich at the core of spray to very lean at the spray boundaries (Fig 4. 8). After the ignition delay, fuel and air that are already mixed and formed flammable mixture around stoichiometric composition burns spontaneously. In the mixing controlled diffusion combustion phase, combustion is believed to occur in those regions of spray where equivalence ratio is close to stoichiometric. NO is formed at varying rates depending upon the local equivalence ratio and temperature. As the combustion progresses, the already burned gases keep on mixing with colder air and fuel vapour, changing its composition and temperature. Temperature of the reacting gases also changes due to compression and expansion.

In the classical spray combustion models, formation of NO starts in the burned gases produced during premixed combustion phase when close to stoichiometric and lean flammable mixtures burn. However, Dec [12] in his combustion model suggests that premixed combustion occurs in rich mixtures with ϕ = 2 to 4. In such rich mixtures, neither *thermal* NO nor *prompt* NO is likely to form in significant concentrations. Adiabatic flame temperatures are ~ 1600 K and very little oxygen is available for thermal NO kinetics to be significant. Also, very little *prompt* NO is formed for mixtures with ϕ > 1.8. Dec suggests that most NO is formed in mixing controlled diffusion combustion at spray boundaries and in the post combustion high temperature gases. The diffusion combustion takes place at near stoichiometric conditions. However, others investigators [9] propose that in the naturally aspirated engines with long ignition delays and sufficient time available for premixing of fuel and air, the contribution of premixed combustion to NO formation is substantial. The burned gases from premixed combustion are compressed to a higher pressure and temperature and hence NO formation rates are high. In naturally aspirated (NA) engines operating at MBT (minimum for best torque) injection timing, the contribution of premixed combustion to total NO formation is more significant. Firstly, during this phase the mixture that is lean or close to stoichiometric gets burned. Secondly, the delay period is long and a larger fraction of fuel burns as premixed. In the turbocharged, quiescent combustion chamber engines, the ignition delay is short and the extent of mixing before ignition is smaller. Thus, a relatively smaller fraction of fuel burns during this phase. Moreover, with retarded injection timing and high injection pressures in the turbocharged engines, only an initial small portion of the premixed combustion is lean the rest being rich. Therefore, overall a significantly smaller fraction of fuel burns in premixed phase in the turbocharged engines compared to the naturally aspirated engines. In the modern turbocharged, high-pressure direct injection engines with retarded injection timing, more than half of NO_x is produced in the cycle after peak pressure [9].

As the cycle progresses burned gas temperatures decrease due to expansion after peak pressure. In addition, sudden cooling of the burned gases may result due to mixing with cooler air and consequently resulting in freezing of NO kinetics and the NO decomposition reactions. Thus, cooling of burned gases by mixing with cooler air and fuel-air mixture in diesel engines causes more rapid freezing of NO kinetics, which results in NO concentration frozen at higher levels compared to those in the SI engines.

Cylinder averaged NO history for a heavy-duty naturally aspirated direct injection diesel engine operating with MBT injection timing was studied experimentally by Vioculescu and Borman [13]. The experiments were carried out by a method of sampling of the entire cylinder gases by discharging them in an evacuated vessel at a predetermined crank angle. A diaphragm that sealed the engine cylinder from the evacuated vessel was ruptured at the predetermined crank angle making the cylinder gases to

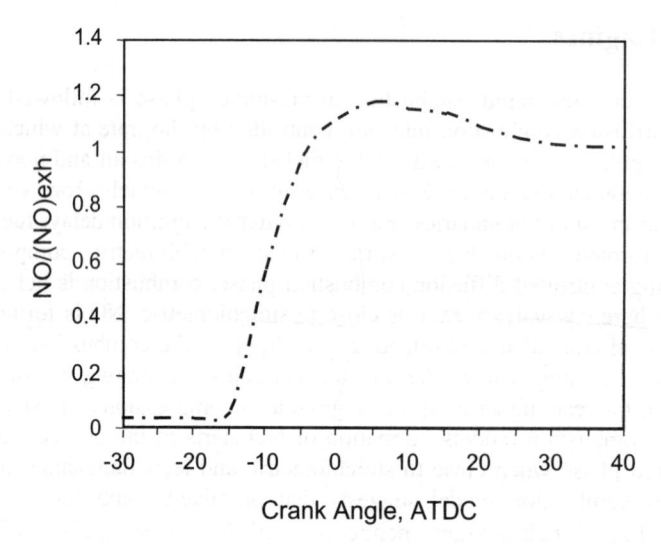

Figure 6.6 Ratio of cylinder-average and exhaust NO concentration histories for a DI diesel engine, overall equivalence ratio, $\phi = 0.6$, injection timing at 27°BTC. Adapted from [13].

be suddenly discharged in to the evacuated vessel. The sudden and rapid expansion of the cylinder gases into the vessel quenched NO reactions. The results of this experiment are shown in Fig 6.6. The data on ratio of cylinder average NO to exhaust NO concentration for three engine speeds were observed to fall along the same curve. Ratio of cylinder average NO to exhaust NO reaches maximum value shortly after top dead centre before peak pressure occurs. The decomposition reactions are not prominent as the NO from peak reduces only slightly by just about 10 % and tends to be frozen rapidly at a higher level. It is further, observed that most of the NO forms within 20 °CA from the start of combustion. These experiments support the hypotheses that freezing of NO kinetics and NO decomposition reactions cause NO levels to be frozen at higher levels in the diesel engines as the burned gases are more likely to mix with cooler charge in the diesel engines than the SI engines.

Stoichiometric adiabatic flame temperature, $T_{f,\phi=1}$ has been correlated with NOx formation in diesel engines using the following Arrhenius type expression [14]:

$$EINO_x = \text{constant} \times \exp(E/RT_{f,\phi=1}) \tag{6.34}$$

$T_{f,\phi=1}$ is in K, E is an overall activation energy. $T_{f,\phi=1}$ is evaluated at tdc motoring conditions using polytropic compression process. The polytropic index, n = 1.33 has been used. The use of diluents like nitrogen, exhaust gas, oxygen and water varies the intake air composition and hence the stoichiometric adiabatic flame temperature. The measured NO_x emissions with varying amounts of diluents at different engine loads and speeds correlated well with $T_{f,\phi=1}$ according to the relationship given in Eq. 6.34. . On a log plot, the ($EINO_x$) data normalized with emissions obtained for standard air (without diluents) for several engines had linear correlation with the reciprocal of $T_{f,\phi=1}$ as shown on Fig 6.7. The activation energy for DI engine was determined to be - 285.0 kJ/mol, and for IDI engines equal to - 304.9 kJ/gmol. A single value of E correlates the emission data varying by a factor of nearly 40 times. The good correlation obtained between $EINO_x$ and $T_{f,\phi=1}$ demonstrates the dominant importance of NO formation in close-to-stoichiometric burned gas regions. This model is a very simple model and

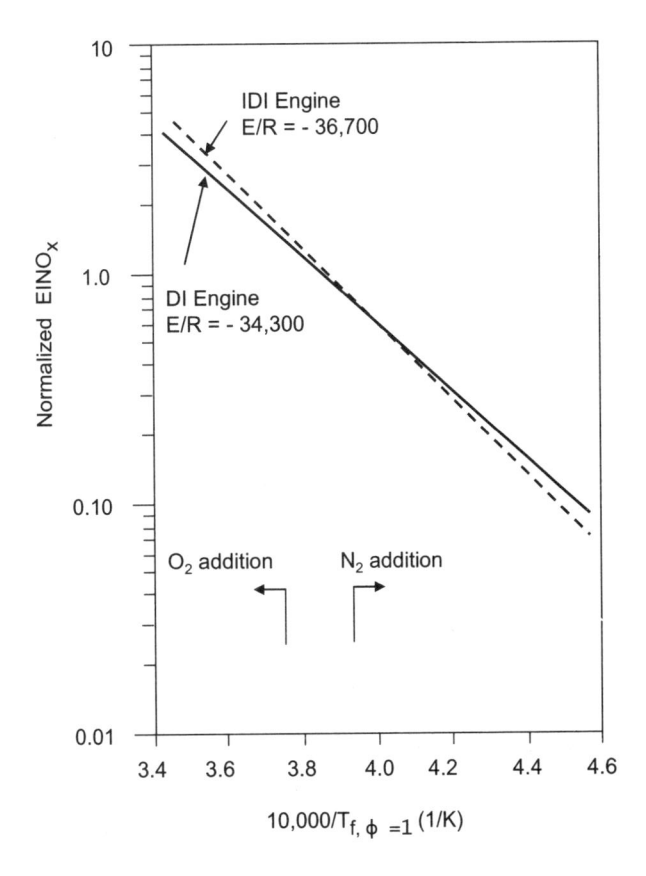

Figure 6.7 Correlation of NO$_x$ emission index with adiabatic flame temperature of stoichiometric mixture ($T_{f,\phi=1}$) varied by addition of nitrogen and oxygen as diluents and determined for mixture conditions at top dead centre for motored engines [14].

showed good correlation for the engines of 1980s. The engine design and operating conditions too affect the NO$_x$ formation process. For advanced engines with very different injection parameters and fuel-air mixing processes, single overall activation energy was found to have a poorer correlation than shown on Fig. 6.7 [15]. Both the NO formation and decomposition are important. Engine load has significant impact and NO decomposition rates increase with increase in engine load. Depending upon the burned gas temperature, the contribution of different reactions to kinetics of NO formation also changes and hence the deviations are observed from the simple stoichiometric adiabatic flame temperature model.

Kinetic models based on the extended Zeldovich mechanism discussed earlier for the SI engines, are widely used for calculations of engine-out NO emissions from the DI diesel engines. However, at high pressures typical of diesel combustion the Zeldovich mechanism alone does not predict adequately NO formation. Reactions involving N$_2$O formation and decomposition may also make significant contribution to NO formation in diffusion and premixed combustion at high pressures [15]. In addition to the reactions 6.16 to 6.18, the following additional reactions are considered to affect NO formation in DI diesel engines;

$$N_2O + O \underset{k_{-4}}{\overset{k_4}{\leftrightarrow}} 2NO \tag{6.35}$$

$$O + N_2 + M \underset{k_{-5}}{\overset{k_5}{\leftrightarrow}} N_2O + M \tag{6.36}$$

N_2O concentration is nearly at steady state. Making steady state assumption for [N] and [N_2O], use of forward reactions 6.16, 6.17, 6.18, 6.35 and 6.36 yields the rate of NO formation as:

$$d[NO]/dt = 2[O][N_2](k_1 + k_5) \tag{6.37}$$

where k_5 is the forward reaction rate constant for the reaction (6.36). The reaction rate constants for the reactions 6.35 and 6.36 are given in Table 6.3. In terms of rates shown in Table 6.3,

$$k_5 = \frac{k_{5(\infty)}}{1 + (k_{5(\infty)}/k_{5(0)})[M]} \tag{6.38}$$

Table 6.3
Rate constants for the reactions involved in N_2O mechanism of NO formation, cm^3/gmol-s, Temperature range 2000 – 2800 K [15]

Reaction	Forward	Reverse
$N_2O + O \leftrightarrow 2NO$	$k_4 = 2.9 \times 10^{13} \times \exp(-11657/T)$	$k_{-4} = 1.15 \times 10^{15} \times \exp(-31568/T)$
$O + N_2 + M \leftrightarrow N_2O + M$	$k_{5(0)}/[M] = 2.6 \times 10^{13} \times \exp(-10672/T)$	$k_{-5(0)}/[M] = 6.2 \times 10^{14} \times \exp(-28247/T)$
$O + N_2 + M \leftrightarrow N_2O + M$	$k_{5(\infty)} = 5.45 \times 10^9 \times \exp(-12430/T)$	$k_{-5(\infty)} = 1.3 \times 10^{11} \times \exp(-30005/T)$

The reaction (6.36) is pressure sensitive. The rate constant, k_5 is a function of temperature and the third body concentration [M]. The concentration [M] is computed from equilibrium considerations using modules like CHEMKIN. The rate constants in Table 6.3 however, have already accounted for the concentration, [M].

Logarithms of k_1 and k_5 for different pressures are plotted as a function of reciprocal of stoichiometric adiabatic flame temperature ranging from 2200 to 2900 K, which covers the temperatures of interest at high and low ends for diesel combustion. The reaction rates cross each other at a temperature of about 2500K. The cross over temperature slightly increases with increase in pressure in the range typical of motored diesel conditions (40 to 60 atm). At adiabatic stoichiometric combustion temperatures higher than about 2500 K, the contribution of reaction rate constant k_1 and hence the Zeldovich is the dominant mechanism of NO formation. However, the trend is reversed at stoichiometric temperatures lower than 2400 K and the contribution of N_2O mechanism becomes much more significant and dominates that of Zeldovich mechanism.

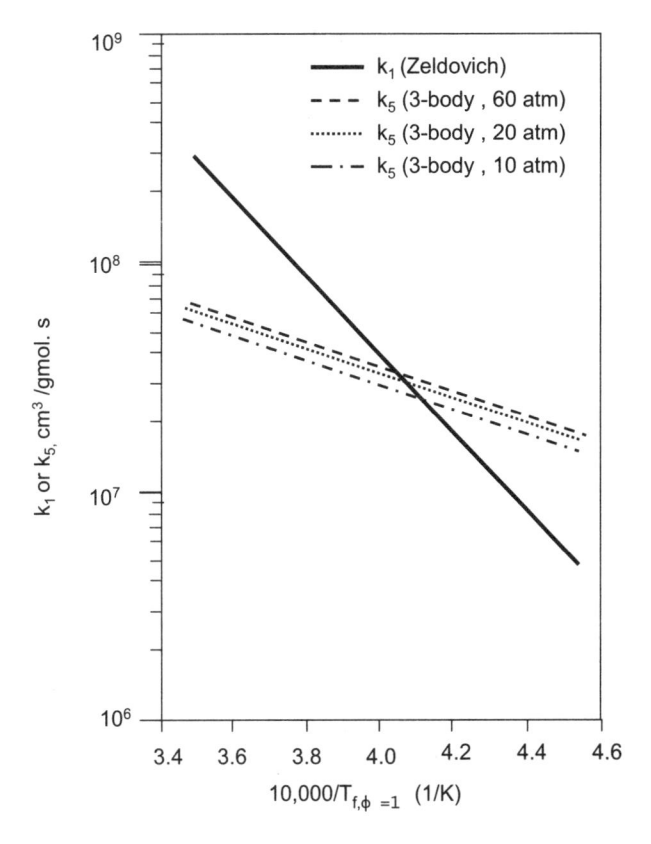

Figure 6.8 Contribution of Zeldovich and N$_2$O mechanisms to NO formation rate in diesel engine like conditions. The definition of stoichiometric adiabatic flame temperature (T$_{f,\phi=1}$) is the same as in Fig. 6.7 [15].

It may be noted that at the temperatures about of 2250K where the N$_2$O mechanism dominates Zeldovich mechanism the reaction rate constants are already an order of magnitude lower than those at the normal burning zone temperatures of around 2600 K. The peak motoring pressures in DI diesel engines being typically in the range 50 to 60 atm, the N$_2$O mechanism is expected to make a significant contribution to engine out NO emissions for the engines using EGR or other diluents that result in lower adiabatic combustion temperatures.

Main parameters that affect NO formation in the diesel engines are: injection timing, injection rate, charge temperature and exhaust gas recirculation. These parameters also simultaneously influence smoke (soot) emissions and fuel consumption. Their effects would be discussed later in the chapter.

Formation of NO$_2$

Nitrogen dioxide emissions from the spark-ignition engines are negligibly small. Compared to NO ranging from several hundred to thousands of parts per million (ppm), the NO$_2$ emissions are generally less than 60 to 70 ppm and constitutes less than 2% of the total NO$_x$ emissions. On the other hand, in diesel engines NO$_2$ makes-up 10 to 30 percent of the total NOx emissions. Concentrations of NO$_2$ and

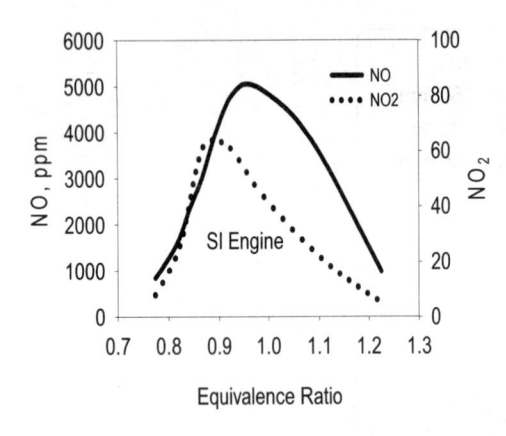

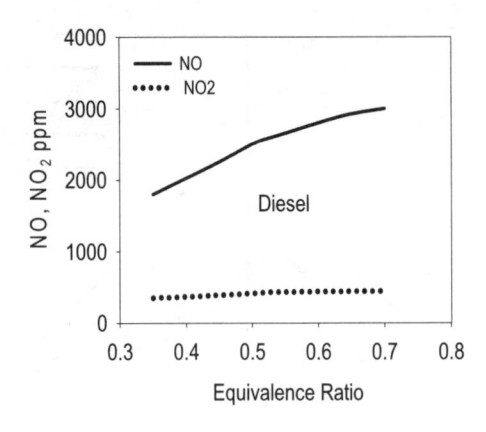

Figure 6.9 Exhaust NO and NO_2 concentrations in exhaust of SI and diesel engines as a function of fuel-air equivalence ratio, ϕ. [13, 16]

NO in the SI and diesel engines exhaust are compared in Fig. 6.9. NO_2 concentrations in the diesel engine are significantly higher than for the SI engine.

NO_2 is rapidly formed in the combustion zone by reaction of NO with HOO^- radical. Subsequently, in the post flame region NO_2 is converted back to NO and O_2 on reaction with atomic oxygen. As a result of high turbulence however, if the high temperature burned gases rapidly mix with colder air or air-fuel mixture it may quench reactions responsible for conversion of NO_2 back to NO. The freezing of NO_2 decomposition reactions would result in relatively high NO_2 concentrations. This mechanism is supported by the high concentrations of NO_2 observed in the diesel engines. Also, in diesel engines the measured NO_2/NO ratio increases as the engine load decreases. At low loads, there is a higher probability of high temperature gases coming suddenly in contact of cooler air/ charge in the engine cylinder and hence, more freezing of NO_2 decomposition reactions.

6.5 UNBURNED HYDROCARBON EMISSIONS

Unburned hydrocarbon emissions arise as part of the fuel inducted into the engine escapes combustion. The unburned hydrocarbons are also called volatile organic compounds (VOCs). Petroleum fuels are composed of 100 to 200 different hydrocarbons out of which 10 to 20 are the major constituents. Most of hydrocarbon compounds in the fuel are also present in the exhaust HC. Thus, the fuels containing higher fractions of aromatics and olefins produce exhaust hydrocarbons also rich in aromatics and olefins, which are photochemically more reactive. However, many organic compounds emitted in the exhaust are not present in the fuel. These organic compounds are produced by pyrolysis, chemical synthesis and partial oxidation of the fuel molecules during combustion and constitute nearly 50% of total hydrocarbon emissions. Almost 400 hundred different organic compounds are present in the engine exhaust, each having different levels of toxicity and role in atmospheric photochemistry. Methane is also present in significant amounts particularly in the exhaust of SI engines. Methane not being photo-chemically reactive, hydrocarbons are also measured now neglecting methane emissions and termed as non-methane hydrocarbons or organic gases (NMHC/NMOG). Hydrocarbon concentration in the exhaust is measured by flame ionization analyzer (FIA), which is basically a carbon atom counter. The total hydrocarbon concentration measured by this method is specified in parts per million as methane or C_1 ($ppmC_1$ or simply ppmC). It means that if the FIA is calibrated with propane (C_3H_8), the HC measurement reading is to be multiplied by a factor of 3 to obtain HC concentration in ppmC.

Several processes are responsible for the fuel to escape combustion in engines. The sources of hydrocarbon emissions are also specific to the basic engine type; whether it is a homogeneous spark ignition or a heterogeneous compression ignition engine. In the crankcase scavenged, small two stroke SI engines, fuel-air mixture bypasses combustion and is directly 'short-circuited' to the exhaust port during scavenging period. The mixture short-circuiting is the main source of hydrocarbon emissions in the crankcase scavenged two stroke, SI engines.

HC Emissions from SI Engines

In the SI engines, several processes contribute to unburned hydrocarbon emissions. Most of the HC emissions result from flame quenching as it is unable to propagate in fuel-air mixture located in cold regions and narrow passages around the combustion chamber. The narrow passages such as the annular clearance between the piston top land and cylinder walls are called 'crevices'. The fuel and fuel air mixture in contact with colder walls and crevices are at a significantly lower temperature than the bulk gases. Flame gets quenched in these regions leaving the fuel unburned. Absorption of fuel in lubricating oil film on the cylinder walls and in combustion chamber deposits also contributes to unburned HC. Incomplete fuel vaporization in the cylinder and leakage of fuel through exhaust valves are additional sources of HC emissions. Under very lean mixture operation, flame may extinguish during expansion stroke leading to quenching of the combustion reactions in the bulk of mixture. This partially misfired combustion results in a sharp rise in unburned HC. The relative contribution of different sources of HC varies depending upon the engine design and operating conditions. Main sources of hydrocarbon emissions in the four-stroke, homogeneous charge spark ignition engines are shown schematically in Fig.6.10. These are:

(i) Flame quenching on the cylinder walls
(ii) Flame quenching in crevices
(iii) Absorption and desorption in oil film on cylinder walls
(iv) Carbon deposits in the chamber
(v) Misfired combustion or bulk gas quenching
(vi) Liquid fuel in the cylinder
(vii) Exhaust valve leakage, and
(viii) Crankcase blow by gases

Flame Quenching

For a flame to propagate, the energy released on combustion should maintain high enough reaction zone temperatures to sustain the rapid combustion reactions. As the flame approaches combustion chamber walls, more and more heat is lost from the flame and hot gases to the walls as the later are at a lower temperature than the gases in the flame. This heat transfer from flame to the walls results in drop of temperature of the reaction zone, which slows down combustion reactions, thereby reducing heat release rate. Finally, closer to the walls this process leads to lowering of gas temperature below ignition point and *flame quenching* occurs. The flame propagating normal to the single wall will quench at some distance away where heat release in the flame becomes equal to the heat transfer from the flame to the wall. Flame may not propagate in a tube or between two parallel plates if the tube diameter or distance between the parallel plates is below a critical value called *quench distance* or

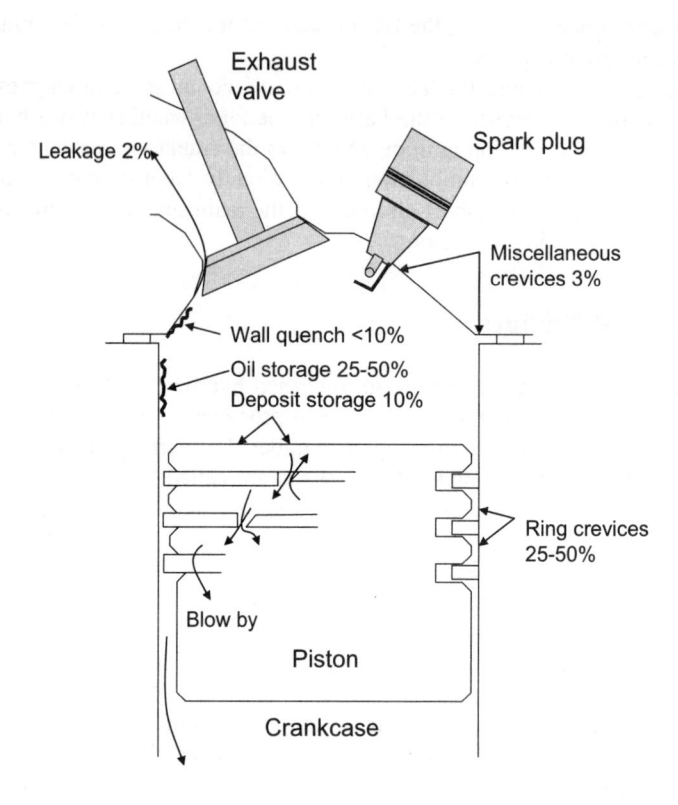

Figure 6.10 Different sources of hydrocarbon emissions in homogeneous charge SI engine [17].

quench layer thickness. Basically, the wall-quenching effects are primarily due to heat transfer and not diffusion of species. For quenching of flame propagating normal to a single wall, energy balance at the instant of quenching gives,

$$k \frac{\Delta T_c}{\delta_q} = \rho_u S_L h$$
$$= \rho_u S_L \bar{c}_{pb} \Delta T_f \qquad (6.39)$$

where
- k = Thermal conductivity of the unburned mixture,
- ΔT_c = Characteristic temperature difference for heat transfer,
- δ_q = Quench distance,
- ρ_u = Unburned mixture density,
- S_L = Laminar flame speed,
- h = Heat release per unit mass of the mixture burned,
- $\bar{c}_{pb}$ = Average specific heat of burned gases, and
- ΔT_f = Temperature rise on combustion in the flame.

Introducing thermal diffusivity, α in the equation 6.39, we get

$$\delta_q = \frac{\alpha_u}{S_L} \frac{\overline{C}_{pu}}{\overline{C}_{pb}} \frac{\Delta T_c}{\Delta T_f} \tag{6.40}$$

A similar relationship for the flame quenching between two parallel plates is obtained.

From Eq. 6.40, quench distance is inversely proportional to the laminar flame speed. The dimensionless quantity $\dfrac{\delta_q S_L}{\alpha_u}$ is Peclet number. For a given fuel-air mixture composition, pressure and temperature, δ_q is proportional to the Peclet number at the flame quenching conditions.

Table 6.4
Quench distance, δ_q (mm) for different fuel-air mixtures,
$\phi = 1$, P = 1atm and T = 20 °C [9]

Fuel	δ_q, mm	Fuel	δ_q, mm
Hydrogen	0.6	Propane-H_e-O_2*	2.5
Methane	1.9	Methanol	1.8
Propane-air	2.1	Isooctane	2.0

* H_e replaced nitrogen in air proportions

Quench distance or quench layer thickness depends on several parameters viz., wall geometry, fuel composition, mixture stoichiometry, flame speed, temperature and pressure of reactants, thermal conductivity and turbulence. Quench distance for the stoichiometric mixtures of different fuels for laminar flame combustion are given in Table 6.4. In SI engine like conditions, typical two wall quench distance was estimated in the range from 0.2 to 1 mm. Peclet number for flame quenching between two parallel plates is about 5 times of that for the single wall quench [18]. Thus, the single wall quench layer thickness would be in the range 0.04 to 0.2 mm. For a SI engine operating on normal gasoline, using Eq. (6.39) and an average cylinder pressure = 10 bar, S_L = 0.2 m/s and $\alpha = 10^{-5}$ m²/s, single wall quench distance is estimated to be about 0.05 to 0.1 mm [7]. For these estimates, ΔT_c and ΔT_f were assumed to be about equal in Eq. (6.40).

HC Emissions from Wall Quenching

Photographic studies of flame region in a spark ignition engine immediately after arrival of flame close to the combustion chamber walls, have shown existence of a thin non-radiating layer adhering to the combustion chamber [19]. Thickness of the quench layer varied from 0.05 to 0.4 mm, which decreased with increase of engine load. Increase in load results in higher wall temperature that reduces heat loss to the wall from the mixture, and consequently a smaller quench layer thickness results. At top dead centre, the surface to volume ratio of the combustion chamber is at its maximum. At this point, the wall quench layer may comprise of 0.1 to 0.2 percent of total charge inducted. However, studies on combustion of pre-mixed fuel air mixtures in combustion bombs showed that when all the crevices in the bomb were removed by filling with solid material, unburned HC concentrations were about 10 ppmC only. This is explained by the fact, that after flame quenching, the hydrocarbons in the quench layer thickness on the single walls diffuse in the hot burned gas quite early and get oxidized. Typically, within 2-3 milliseconds of the flame quench, most hydrocarbons would get oxidized on diffusion in the high temperature burned gases [20]. Although, initially it was thought that the quench layers on single wall are one of the main sources of unburned HC in SI engines, combustion bomb studies as cited above revealed that the contribution of single wall quench layers to total unburned HC emission is rather small.

Crevice HC

Crevices in the combustion chamber are narrow regions into which fuel-air mixture can flow but flame cannot propagate due to their high surface to volume ratio causing high rates of heat transfer to walls. The largest crevice in the combustion chamber is between cylinder wall and piston top land, and second land. Other crevices present are along the gasket between cylinder head and block, around intake and exhaust valve seats, threads around spark plug and space around the central electrode of the spark plug. Piston – ring - cylinder crevice is shown schematically in Fig. 6.11. It consists of volumes between the piston and cylinder, piston ring side clearance, volume behind rings and ring gap. Some of these volumes change significantly with piston motion. Table 6.5 gives the volumes contained in different crevice regions in a cylinder of a production engine. These volumes were measured for cold engine conditions. Total crevice volume may be about 3 to 4 percent of the clearance volume. The piston and cylinder wall crevice constitutes about 70 to 80 percent of the total crevice volume. In the modern engines, crevice volumes have generally decreased due to better manufacturing processes and quality control. But, the piston - cylinder crevice remains the dominant one and occupies proportionately the largest volume. It is relatively easier to reduce crevice volume around spark plug, head gasket etc. than of the piston-cylinder crevice.

The crevices constitute a major source (30 to 60 percent) of hydrocarbon emissions. If the crevice opening is smaller than the two-plate quench distance, flame will not propagate into the crevice and it will contribute to HC emissions. Under normal engine warmed-up operating conditions, the two-plate quench distance is of the order of 0.4 mm [21].During compression and combustion, unburned charge is filled in these crevices. At peak pressure, maximum gas would be stored into the crevices. The gas composition depends on the location of spark plug. With central plug, most of the fluid forced into crevice would be unburned charge. Very little burned gas would be trapped in the piston-cylinder crevices unless the flame has reached piston top in some location nearest to the spark plug before the peak pressure occurs. The other crevices close to spark plug would be filled with a larger fraction of the burned gases. During expansion, the stored gases in the crevices begin to expand back into the cylinder. Part of the unburned charge from crevices that expands back into the combustion chamber is oxidized on mixing with the hot burned gases.

Several investigations have been carried out to determine contribution of different crevice volumes to HC emissions. Wentworth [22] was among the first researchers to investigate the contribution of piston and ring crevices to exhaust HC emissions. He moved the top ring as close to the piston crown as possible and the ring was sealed at top and bottom in its groove with 'O' rings. Tests with this sealed ring in a production engine gave 47 to 74 percent reduction in exhaust HC emissions depending upon the operating conditions.

Estimation of contribution of crevice volume to HC emissions is briefly discussed as follows. The crevice temperatures are nearly equal to the temperature of walls that are cooled. Hence, the density of the charge stored in the crevices is higher than in the cylinder. The maximum fraction of the unburned

Formation of Engine Emissions   251

charge, E_s stored in crevices occurs at peak pressure and it is given by;

$$\varepsilon_s = \frac{m_{cr}}{m_o} = \frac{V_{cr} P_{max} T_o}{V_o P_o T_{cr}} \qquad (6.41)$$

where m, V, T and P are mass volume, pressure and temperature and subscripts cr and o refer to the conditions in the crevices and at the end of intake stroke in the cylinder. P_{max} is the peak pressure in the cylinder. For estimation of the charge fraction in the crevice region, let us take $P_{max}/P_o = 40$, $T_o = 300K$, $T_{cr} = 400K$, the conditions typical of an operating SI engine. Taking piston top land crevice volume equal to 0.9 cm^3 and the engine cylinder volume of 300 cm^3 for a compact car, 9% of the charge is stored in the piston ring crevice. The crevice charge would consist of 10 to 15 percent residual gases and some burned gases forced into it when flame propagates across the crevice opening.

Table 6.5
Typical Volume Contained in Engine Crevices, cm^3
(Engine Displacement Volume/ Cylinder = 632 cm^3) [2]

	Volume, cm^3	Percent
Clearance volume per cylinder	89	100
Volume above first ring (top land)	0.93	1.05
Volume behind first ring	0.47	0.52
Volume between Ist and 2nd rings (Second land)	0.68	0.77
Volume behind second ring	0.47	0.52
Total ring crevice volume	2.55	2.9
Spark plug thread crevice	0.25	0.28
Head gasket crevice	0.3	0.34
Total crevice volume	3.1	3.5

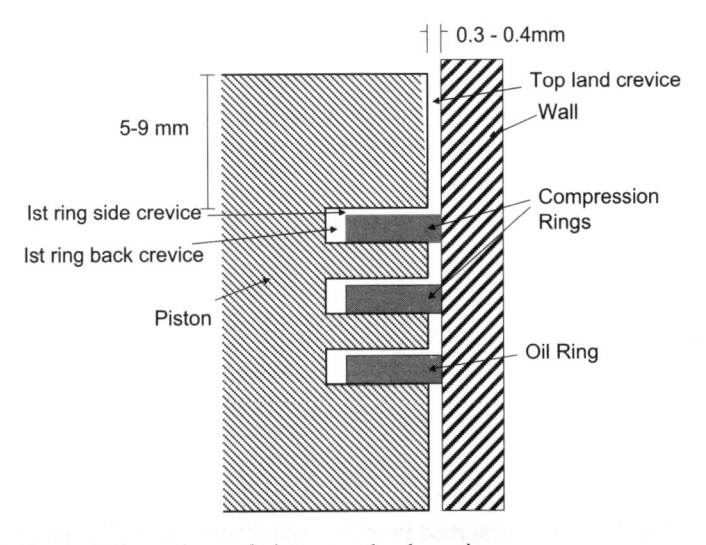

Figure 6.11 Typical dimensions of piston top land crevices.

Reduction in crevice volume is important for reduction in HC emissions. Radial clearance between piston and cylinder in the production engines is of the order of 0.4 mm and top land height around 5-8 mm. Reduction in these design parameters is limited by the thermal expansion of the mating piston and cylinder, and the thermal stresses. Increase in radial clearance beyond two-plate quench distance would allow flame penetration in the crevice. It would result in reduction of HC as the flame would be able to penetrate in the crevice volume. However, increase in radial clearance would lead to increase in blow by gases and loss in engine power output. Addition of chamfers to the crevice opening also allows flame penetration in the crevice and hence HC reduction. The extent of HC reduction possible by change in design of the piston ring crevice region also depends upon the operating conditions such as air-fuel ratio employed, residual gas dilution which is high under idle or, exhaust gas recirculation (EGR). Under conditions of high residual gas dilution or use of very lean mixtures, the flame may quench much before it reaches the crevice region. Thus, increase in crevice volume by increasing radial clearance or chamfering of piston crown can result in an increase in HC emissions under engine operation on lean mixtures or with high EGR.

Effect of reduction in crevice volume on HC emissions depends on the location of the crevice. Reduction in head gasket crevice volume is more effective than the piston ring crevice volume for reduction in HC emissions. For every 10% reduction in piston ring crevice, HC reduce by about 2% while 10% reduction in head gasket crevice results in about the same level (10%) of HC reduction. A higher sensitivity to head gasket crevice volume is attributed to low residence time that is available for oxidation of the unburned hydrocarbons flowing out of head gasket crevices particularly on the exhaust valve side. Overall, the contribution of spark plug and valve crevices is relatively small.

HC from Lubricating Oil Film

Fuel hydrocarbons can be absorbed in the oil film present on the cylinder walls during intake and compression strokes, which get desorbed back into the burned gases during combustion and expansion As the pressure increases, the partial pressure of the fuel in the mixture increases and the fuel is absorbed in the oil film. On combustion, the partial pressure of fuel in the burned gases becomes nearly zero. Therefore, the fuel gets desorbed from oil and diffuses back into the burned gases. The desorbed fuel vapours from oil film may get oxidized depending upon the temperature, pressure and composition of the burned gases.

Absorption and desorption of fuel vapours in the oil may be modelled using Henry's Law for dilute solutions in equilibrium [23]. The maximum amount of fuel that can be dissolved per unit volume of oil is given by:

$$n_{fo} = n_o X_{fc} P / H \qquad (6.42)$$

and mole fraction of fuel vapour in oil,

$$x_f = \frac{n_{fo}}{n_o + n_{fo}} \approx X_{fc} P / H \qquad (6.43)$$

where, n_{fo} is the number of moles of fuel absorbed in oil, n_o is number of moles of oil per unit volume, X_{fc} mole fraction of fuel in the combustion chamber gases close to the oil film, P is instantaneous cylinder pressure, H is the Henry's constant. Mole fraction of fuel in oil $x_f = [n_{fo}/(n_o + n_{fo})]$. As $n_{fo} << n_{fo}$, x_f can be approximated as n_{fo}/n_o. Henry's constant is a measure of fugacity of the fuel components (solute) in liquid phase or inverse of its solubility. Henry's constant increases with temperature and decreases exponentially with increase in molecular weight of the solute, in this case the fuel. At 400 K Henry's constant for n-hexane, iso-octane and ethyl-benzene is 200, 120 and 45 kPa, respectively. The value of H for hexane at 350 K reduces to approximately 90 kPa [7]. A larger fraction of the heavier fuel components would be absorbed in the oil as they have a smaller value of H. Taking average cylinder pressure under compression stroke as 0.5 MPa and typical oil film temperature equal to 400 K, the mole fraction of fuel vapour absorbed in oil film at equilibrium for the stoichiometric mixture of isooctane and air would be 0.07.

Diffusion rate of fuel vapours in the oil has to be fast enough for estimation of the fuel fraction dissolved in the oil film according to Equation 6.42 as it relates to the state of equilibrium reached. The diffusion time has to be short compared to the characteristic engine time. The diffusion time constant may be approximated as,

$$t_d = \frac{\delta^2}{D} \tag{6.44}$$

where δ is the oil film thickness and D is the diffusion constant.

The lubricant oil film thickness is a strong function of oil viscosity and hence the oil temperature. It also varies with engine speed. The oil film thickness on the cylinder wall varies between 1 and 10 μm. The diffusion constant, D is of the order of 10^{-9} m^2/s at 400 K and 10^{-10} m^2/s at 300 K. The diffusion time at temperature of 400 K for a 1 μm thick oil film would be 10^{-3} seconds and for a 10 μm thick film it would equal to 10^{-1} seconds. For an engine speed of 3000 rpm, intake and compression strokes together would take 2×10^{-2} seconds. Thus, for oil films of 1 to 2 μm thickness state of equilibrium in fuel vapour absorption would be achieved under engine conditions.

The absorption and desorption of fuel in the oil film and its contribution to the HC emissions involves several processes. Some of the absorbed hydrocarbon vapours in oil are carried to the crankcase. The lubricating oil film with absorbed fuel mixes dynamically with the oil in the oil control ring and part of the fuel absorbed is transported to the crankcase where it is desorbed.

When lubricating oil was added to fuel or to the engine cylinder or deposited on the piston crown, the exhaust hydrocarbons increased in proportion to the oil added [24]. Increased exhaust HC from the engine operating on isooctane were identified as unburned fuel and partially oxidized fuel species and not the unburned oil or oil oxidation species. HC emissions decreased back to the original levels in a few minutes time as the engine oil added to the cylinder was exhausted. However, when propane was used as engine fuel, addition of engine oil did not result in any increase in unburned fuel emissions, which was attributed to insolubility of propane in the engine oil. Sealed ring designs completely eliminating crevice between piston, ring and cylinder were used and increase in HC emissions was observed as the engine oil consumption increased [2]. Gatelier [25] used graphite rings to remove engine oil and observed 30 percent reduction in HC emissions. Reduction in HC emissions was also observed when the low solubility poly-glycol lubricants replaced the mineral oil in the engine. Therefore, potential HC contribution of the engine oil film depends on the solubility of fuel in the engine oil and the amount of engine oil present in the combustion chamber.

It may be concluded that the fuel absorption in the engine oil film is responsible for some HC emissions, although magnitude of its contribution has been shown to vary widely. Its contribution to the HC emissions may be estimated generally below 10 percent.

Combustion Chamber Deposits HC

Deposits are formed in the intake system, on the valves, combustion chamber and piston crown after engine operation for several thousand kilometres. With unleaded gasoline, the combustion chamber deposits (CCDs) are carbonaceous in composition and porous in nature. Olefins, aromatics and heavier fuels result in higher deposit build up. Also, stop and go running conditions result in a faster build up of combustion chamber deposits. Engine operation for 50 to 100 hours under cyclic and variable load and speed conditions can result in deposit thickness of around 100 μm in the combustion chamber. The CCDs play an important role in contributing to unburned HC emissions especially from the premixed charge, S.I engines.

The fuel-air-residual gas mixture is compressed into pores of deposits. As the pore size is smaller than the quench distance, the flame cannot penetrate into deposit pores. The unburned mixture comes out of pores during expansion and diffuses back into burned gases. Some of these hydrocarbons will burn up on mixing with the hot burned gases in the cylinder. But, as the temperatures drop on expansion a large fraction of these may fail to get oxidized and are emitted from the engine. Other mechanisms also affect the contribution of deposits to HC emissions. Formation of deposits will turn the machined smooth surface very quickly in to a rough surface. A rough combustion chamber surface is expected to increase HC emissions. A rough surface occupying 68 percent of the combustion chamber surface area resulted in 14 percent increase in HC emissions [26]. On the other hand, the deposits formed on the combustion chamber surface reduce heat transfer from the adjacent gases and thus, may decrease quench layer thickness. Increase in effective engine compression ratio and prevention of heat transfer by the combustion chamber deposits increases charge temperatures and hence lower HC emissions. Deposits formed in the crevice region like piston ring crevices would lead to reduction of crevice volume. These may also prevent access of crevice to the gas flow and storage into it. This would result in reduction of HC emissions.

Early studies with leaded gasoline showed that the hydrocarbon levels due to combustion chamber deposits increased by 7 to 20 percent and the removal of the deposits resulted in the fall of HC emissions to the level of clean engines [7]. In the engine and vehicle tests, CCDs were seen to increase HC emissions by 10 to 25 percent [27, 28]. An increase of 10 to 30 percent in HC emissions after 100-hour engine operation has been observed due to CCDs. The location of deposits also is an important factor. When the deposits are located close to exhaust valve, hydrocarbons on desorption are less likely to diffuse into the hot burned bulk gases and remain in contact with hot gases for sufficient time before exhaust blow down occurs. Hence, these are unable to undergo significant postflame oxidation reactions and are exhausted unburned. Overall, the absorption and desorption of hydrocarbons from the deposit pores is the main contributor to increase in HC emissions due to deposit formation.

Mixture Quality and In-Cylinder Liquid Fuel

The carburetted engines suffer from lack of precise control of fuel metering under different engine load and speed conditions and transient operation. Very rich fuel-air mixture has to be carburetted during cold starting, as there is a delay in the metered fuel reaching the cylinders. During acceleration, delayed dynamic response of the fuel system to meet the engine requirements again requires supply of overly rich-mixtures. Modern engines employ port fuel injection systems (PFI) i.e., separate fuel injectors for each intake port for more precise fuel metering and more uniform fuel distribution among cylinders. PFI also gives a better control of air-fuel ratio during cold starting and response to transient operation compared to carburettor engines. Fuel is injected at the back of intake valve when the valve is either closed or is open (Fig 6.12). Mixture preparation is governed by factors such as:

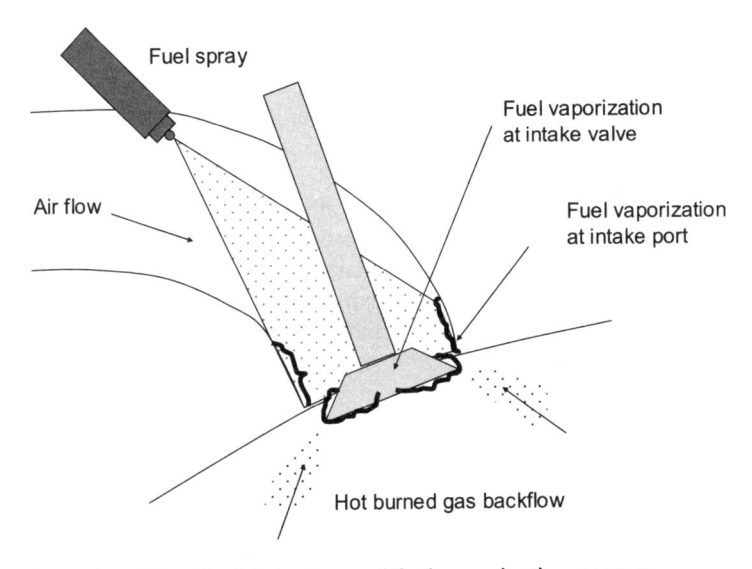

Figure 6.12 Schematic of Port Fuel Injection and fuel vaporization process

(i) fuel atomization and droplet size (ii) fuel vaporization on the back of the intake valve depending upon its temperature, and (iii) mixing with intake air and hot residual gases. The hot residual gases flow back into the intake manifold as the intake valve opens and its amount depends on the operating conditions. The injected fuel also comes into contact with these hot residual gases that help fuel vaporization.

Sauter mean diameter (SMD) of the droplets produced by the conventional PFI system has been measured ranging from 130 µm to 320 µm [29]. Injection at a higher pressure may be used to produce finer droplets but the fuel jet velocity and droplet momentum are also higher, which increases the probability of the impingement of the fuel droplets on walls. The droplets larger than 10 µm are unable to follow the air stream and they impinge on the combustion chamber walls producing a non-uniform fuel distribution in the cylinder.

With port fuel injection, as the intake valve opens fuel droplets and the liquid film deposited on the back of intake valve and port enters the engine cylinder. In the process, substantial amount of liquid fuel droplets enter the engine cylinder and is deposited on cylinder walls. Shearing of liquid film from the back of the valve and port walls by intake air produces larger droplets than those produced by the injectors. These large fuel droplets impinge on the cylinder walls depositing liquid fuel film.

During cold start 8 to 15 times of the stoichiometric fuel requirement is injected for the first few cycles and more liquid fuel is deposited in the cylinder than on the port. The liquid fuel deposition inside the cylinder decreases as the engine is warmed up. The liquid fuel that enters the cylinder can be stored in crevices and absorbed in deposits and oil film. During cold starting and warm up, much of the injected fuel remains in the cylinder for several cycles. It vaporizes during and after combustion and thus, contributes to higher HC emissions. Quader [30] estimated a 57 percent increase in HC emissions with PFI compared to when fully premixed air and fuel mixture is inducted into the engine cylinder. The effect of coolant temperature on the contribution of liquid fuel to HC emissions is significant. At coolant temperature of 90° C, contribution of liquid fuel to HC emissions is almost zero compared to 20 to 60 percent at 20° C. As the engine gets warmed up, the contribution of liquid fuel to emissions decreases [17].

In the modern catalyst equipped vehicles, more than 90 percent of HC emissions under standard test driving cycle conditions result during the first minute of operation. This is mainly due to use of over-rich mixtures during engine start-up and secondly the catalytic converter has not yet warmed up. Therefore, for reduction of HC emissions over-fuelling under cold start is to be minimized. To achieve this fuelling strategy, mixture preparation and fuel vaporization under cold start is very important. Transient operating conditions like acceleration and deceleration also influence fuel vaporization and mixture preparation. Response of airflow to throttle operation is much faster than the fuel evaporation. It results in temporary leaning of mixture under acceleration, thus necessitating the use of excess fuel to compensate for delayed fuel vaporization. Similarly, fuel enrichment also takes place under deceleration as the airflow is reduced much faster than the fuel flow rate. Under both these transient operating conditions, the HC emissions are higher than the steady load-speed engine operation.

Misfired Combustion HC

Under engine idling and low load operation, residual gas dilution is high. In presence of high residual gas content, combustion is retarded resulting in burning of more fuel during expansion stroke. However, as the cylinder pressure falls during expansion stroke the temperature of the unburned mixture ahead of the flame decreases. This may result in extinction of flame before it burns the entire charge and consequently in partially misfired combustion. This type of flame quenching in the bulk gas has been observed in spark-ignition engines leading to very high HC emissions. Use of very lean mixtures also decreases burning rates and increases incidence of bulk gas quenching. The propensity to partial misfiring increases under transient engine operation. Use of excessive EGR or residual gas dilution though reduces NO formation but results in high HC emissions.

Post-flame HC Oxidation

Studies using high speed sampling valves show that the in-cylinder HC levels prior to opening of exhaust valve are 1.5 to 2 times higher than the concentrations in exhaust [2]. After peak pressure, as the expansion starts and due to concentration gradients the hydrocarbons from the quench layer and crevices diffuse into the bulk combustion gases. After passage of flame, hydrocarbons from oil film and deposits also diffuse back into hot burned gases due to concentration gradients. These hydrocarbons are at a lower temperature than the burned gases. The hydrocarbons that are diffused back into the burned gases oxidize inside the cylinder and in the exhaust depending upon the burned gas temperature and the availability of oxygen. Empirical correlations have been obtained from the experimental data to estimate HC oxidation in the cylinder and exhaust as given below [31]:

$$\frac{d[HC]}{dt} = -6.7 \times 10^{15} \exp\left(\frac{-18,735}{T}\right) \tilde{x}_{HC} \tilde{x}_{O_2} \left(\frac{p}{RT}\right) \tag{6.45}$$

where [ ] denotes concentration of reactants in moles per cm^3, x_{HC} and x_{O_2} are the mole fractions of HC and O$_2$, respectively, t is time in seconds, temperature T in K and the density (p/RT) is in moles per cm^3. From the oxidation rate given by the above expression, oxidation time, t_{ox} for a given concentration [HC] can be estimated as below:

$$t_{ox} = [HC] / (d[HC]/dt) \tag{6.46}$$

As the quench layers on the cylinder walls are thin, HC from these diffuse rapidly into burned gases. When the bulk gas temperatures are more than 1300-1400 K, the HC oxidize close to the wall itself before these are able to diffuse too far into the bulk gases. The unburned hydrocarbons from the crevices between piston and cylinder expand back into the bulk gases later in the expansion stroke and exhaust stroke, and are last to mix with the burned gases. Just before exhaust valve opens, the gas temperatures are generally in excess of 1250 K, but decrease below 1000K after exhaust blows down. Thus, a large fraction of HC emerging from crevices and oil layers during the exhaust process may not be oxidized.

About two third of the hydrocarbons stored in the crevices and absorbed in oil film get oxidized inside the cylinder of the conventional gasoline engines under steady state, mid-load and mid-speed engine operation. Higher coolant temperature and engine speed, retarded spark timing and lower residual gas dilution result in an increase in post flame oxidation as the burned gas temperatures during expansion and exhaust strokes are higher. During postflame oxidation, partial combustion products and intermediate hydrocarbons due to decomposition of fuel molecules are also produced. These products, which are not present in the original fuel, constitute about 40 – 60 percent of the exhaust HC. Most of the intermediate combustion products are olefinic hydrocarbons, de-alkylated aromatics and oxygenated hydrocarbons, which are more photo-chemically reactive. Most of the air-toxics viz., benzene, 1, 3- butadiene, formaldehyde and acetaldehyde are also produced during incomplete oxidation of hydrocarbons during postflame oxidation in the cylinder.

In the exhaust port and manifold if residence time is of the order of 50 ms or longer and temperatures greater than 1000 K are maintained, significant oxidation of HC is possible. HC oxidation in the exhaust up to 45 percent of those leaving the cylinder is possible if the oxidation reactions are not quenched by sudden cooling. To promote oxidation of HC in the exhaust port and manifold, calibrated amount of air injection at the exhaust port for the engines running at stoichiometric or richer mixtures and with retarded spark timing have been used in the production engines. The rate of air injection has to be suitably controlled as the excessive air injection would reduce gas temperatures that may quench the oxidation reactions.

HC Transport to Exhaust

Figure 6.13 shows schematically how hydrocarbons are exhausted from the engine cylinder. Four basic quench zones as proposed by Tabaczynski et al. exist [32]. These zones are (1) the cylinder head including spark plug crevice (2) the cylinder wall and head gasket crevice (3) the piston head and (4) the quench zone around the piston above the top land crevice. Depending upon the gas-dynamic flow during exhaust, the flow from these regions is expected to be different. At the end of combustion, hydrocarbons are present in high concentrations along the combustion chamber walls trapped in the deposits, oil films and crevices. During expansion stroke, hydrocarbons flow out of crevices. Some of the hydrocarbons flowing out of crevices and desorbed from oil film and deposits diffuse into the bulk gas, but most of these remain close to the walls. When the exhaust valve opens, gases blow out of the cylinder at a high velocity. During the exhaust blow down process, initially the exhaust gas takes along some of the hydrocarbons released from crevices, oil films and deposits. HC in the blowdown gases contain about half of the total HC emissions. The quench zones (1) and (2), spark plug and head gasket crevices are closer to the exhaust valve in the cylinder head. Hydrocarbons from these crevices and zones are likely to contribute most to unburned HC in the blow down gases.

Hydrocarbon-rich boundary layer is present along the cylinder walls as the fuel vapours expand out of piston-cylinder crevice and desorbed from the oil film. They form quench zone (4). Upward motion of the piston during exhaust stroke scraps this hydrocarbon–rich boundary layer and

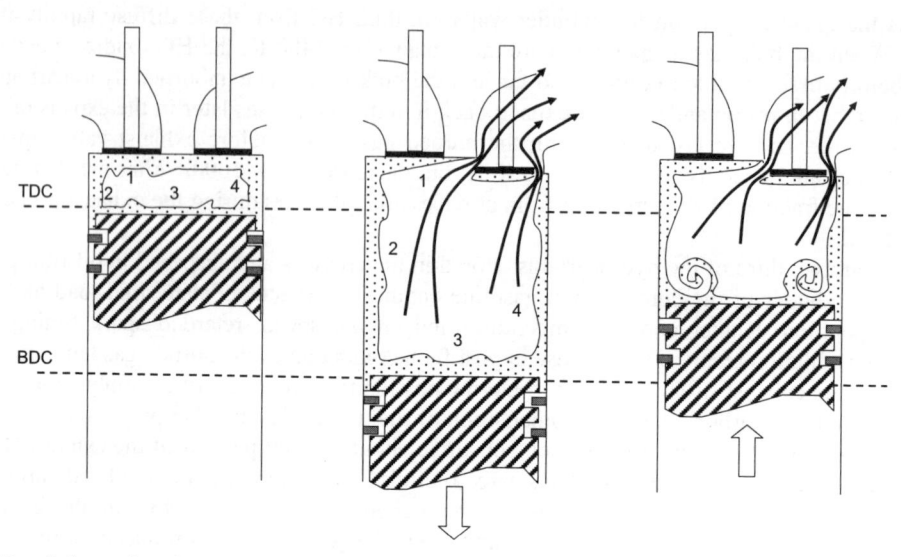

Figure 6.13 Schematic of processes leading to exit of hydrocarbons from engine cylinder. Adapted from [32].

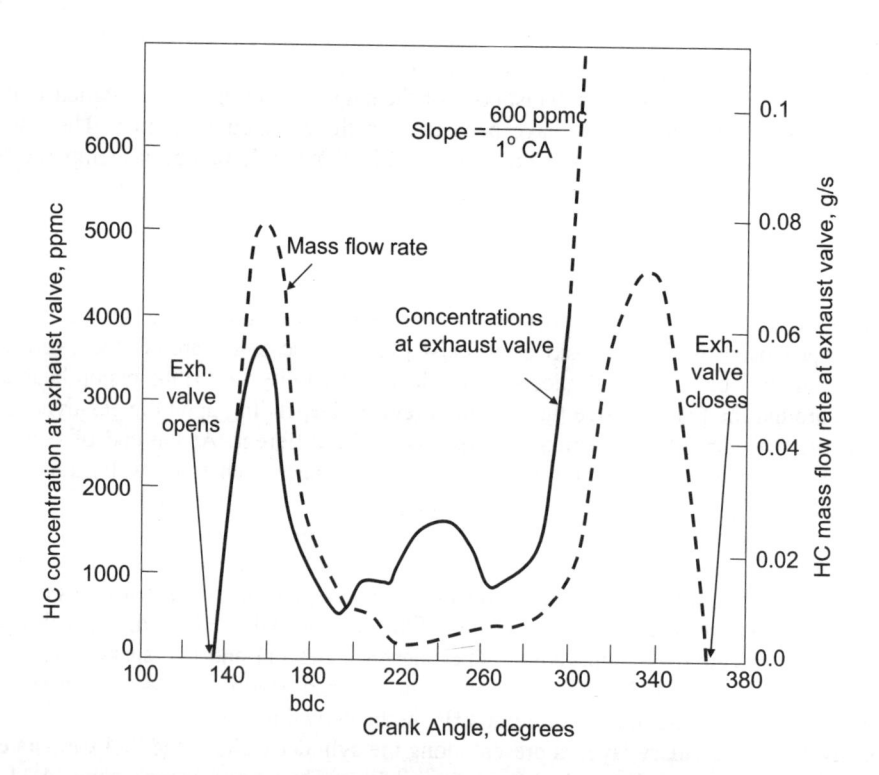

Figure 6.14 Variation of HC concentration and HC mass flow rate at the exhaust valve during the exhaust process of an SI engine, ϕ =1.2, 1200 rpm. Adapted from [32].

gases from quench zone (3) and roll these gases into a vortex. The piston motion pushes it towards cylinder head. This vortex grows in size and at the end of exhaust stroke it is about the size of the clearance height. Due to development of recirculation flow in the upper part of the cylinder opposite to the exhaust valve, this vortex may be detached from the piston crown and is partly exhausted. This vortex mechanism leads to high HC concentration in the gases towards the end of the exhaust stroke. It has been estimated that under wide open throttle operation, about 2/3rd of the total unburned HC in the cylinder are exhausted, the balance remaining in the residual gases. Under part load conditions, about half of the unburned HC exit the cylinder. Typical variation in exhaust HC concentration and mass flow rate exiting the cylinder is shown in Fig. 6.14. Hydrocarbon concentration peaks during blow down and towards the end of the exhaust stroke due to the mechanisms discussed above. The peak in HC concentration at the end of exhaust stroke is very high as it contains HC mostly originating from the piston ring crevice, but the exhaust flow rate is small. The concentration profile is consistent with the HC transport mechanism described above. Mass HC emission rates peak during the exhaust blowdown process and roughly half of the mass of HC is exhausted during blow down when the gas flow rates are very high and the remaining half later in the exhaust stroke. Another peak in the HC mass flow rate occurs towards the end of exhaust stroke when the HC from the piston-cylinder crevice region are flowing out. As mentioned earlier, during this period HC concentration is very high resulting in high HC mass emission rates, although the exhaust flow rates are small.

Contribution of Different Sources to Exhaust HC

Cheng et al. [33] estimated contribution of various sources of hydrocarbons in S.I engines discussed above. It was estimated by these authors that 9 percent of the fuel supplied escapes the normal combustion by the routes shown in Fig. 6.15. In port fuel injection engines, about one third of this escapes as fuel itself through absorption in oil and deposits routes, and as liquid fuel films deposited in the cylinder. The balance two-third escapes as fuel-air mixture due to flame quenching on walls and crevices, as crankcase blow by and leakage through exhaust valves. Of the fuel contained in crevices and quench layers (5.7%), 1% goes out as crankcase blow by and about 2/3rd is oxidized inside the cylinder. On the other hand, of the fuel in oil layers, deposits and liquid fuel film (3.2%) only around 1/3rd is oxidized inside the cylinder. About 2.7 % of fuel thus, exits the exhaust port after nearly 1 % is retained in the residual burned gases. Of the hydrocarbons exiting the exhaust port about 1/3rd is further oxidized in the exhaust system. Under warmed up operation, engine out HC emissions from a PFI are therefore, about 1.8 percent of the fuel supplied. The balance 7.2 percent fuel that does not leave the cylinder is either oxidized in the cylinder or at exhaust port and manifold or recycled in the residual gases and crankcase blow by gases. The catalytic converter is then used to reduce the exhaust HC emissions to 0.1 – 0.4 percent of the total fuel supplied.

HC Emissions from CI Engines

Diesel fuel contains hydrocarbons of higher boiling point and molecular weight compared to gasoline. The unburned hydrocarbons in diesel exhaust consist of almost 400 organic compounds ranging from methane to heaviest fuel components. Diesel exhaust hydrocarbons are composed of original fuel molecules, products of pyrolysis of fuel compounds and partially oxidized hydrocarbons. In diesel engines, many events such as liquid fuel injection, fuel evaporation, fuel-air mixing, combustion, and mixing of burned and unburned gases can occur simultaneously. Diesel combustion being heterogeneous in nature several processes are likely to contribute to unburned hydrocarbon emissions. During ignition delay period, overmixing of fuel and air can result producing mixtures that are too lean

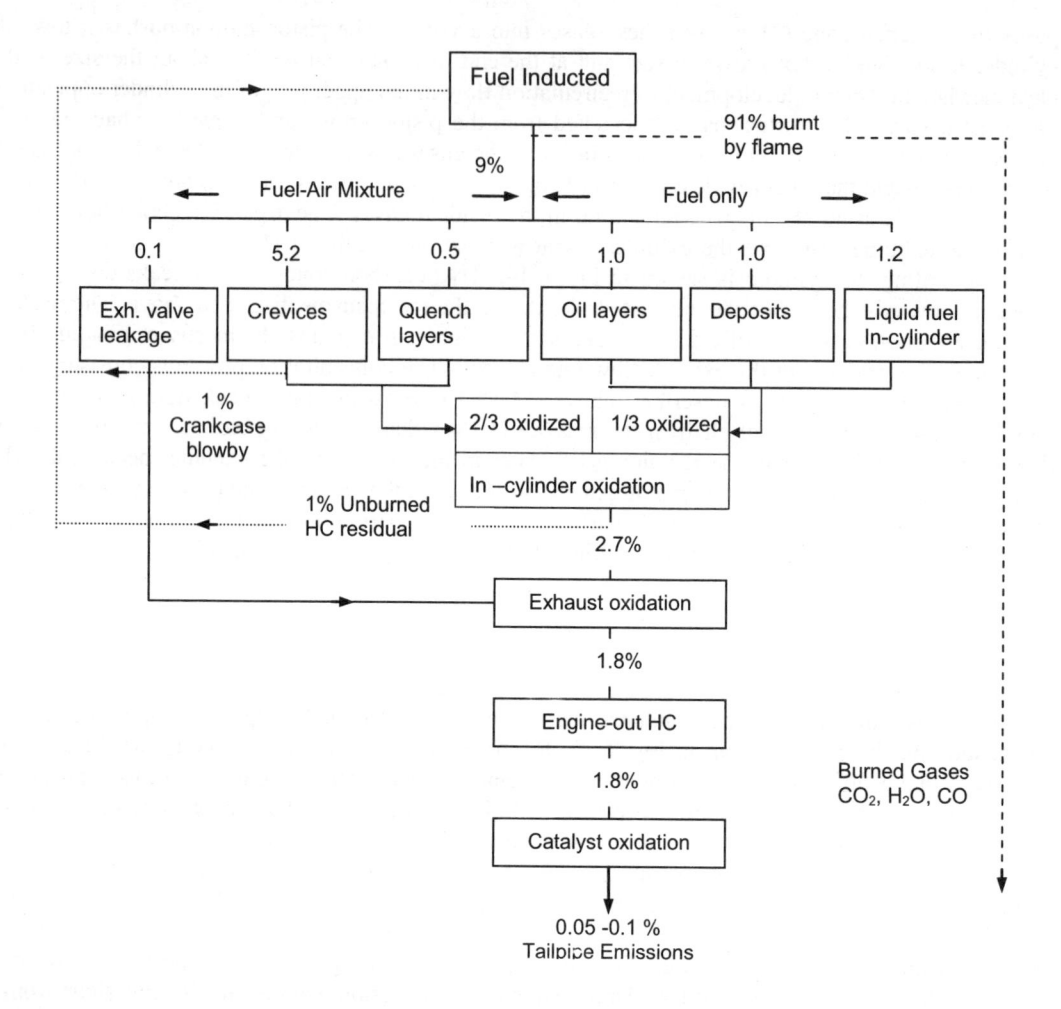

Figure 6.15 Flow chart for gasoline fuel entering the engine, normal combustion of fuel and pathways to generation of HC emissions in SI engines. Estimated magnitudes of contribution of different source and oxidation inside cylinder, exhaust port and exhaust catalyst are shown. Adapted from [33].

to burn. Over penetration of fuel spray during delay period may also result in wetting of combustion chamber walls with liquid fuel. During mixing controlled combustion, over-rich fuel air mixtures that are too rich to ignite and burn contribute to HC emissions. The five main sources of hydrocarbons in diesel engines are:

(i) Overmixing of fuel and air beyond lean flammability limits,
(ii) Under-mixing to fuel-air ratios that are too rich for complete combustion,
(iii) Impingement of fuel sprays on walls i.e., spray over-penetration,
(iv) Bulk quenching of combustion reactions due to mixing with cooler air or expansion,
(v) Poorly atomized fuel from the nozzle sac volume and nozzle holes after the end of injection

Overmixing of Fuel

Schematic of spray injected in swirling air is shown on Fig. 6.16. Towards downstream of swirling flow, the leading edge of the spray would have larger concentration of the smaller droplets, which are expected to vaporize faster than the larger droplets in the spray core. The local fuel-air ratio distribution varies with the radial distance from the spray axis. The fuel-air ratio distribution expected in diesel spray also, is qualitatively shown in Fig. 6.16. The outermost boundary of the spray is characterized by the fuel-air ratio being zero at the boundary. A large lean mixture region containing fuel vapours exists inside the outer boundary where equivalence ratio is less than the lean limit ($\phi_L \approx$ 0.3). This region is termed as lean flame blow out region (LFOR).

The overmixing of fuel in the LFOR region near the spray boundary results in over-leaning of the mixture beyond the lean flammability limit and it will not auto-ignite or support combustion. In this region, only slow oxidation reactions are likely to occur resulting in partially oxidized products, unburned fuel and some fuel decomposition products. It is also the region considered responsible for most of unburned hydrocarbons especially under idling and light loads.

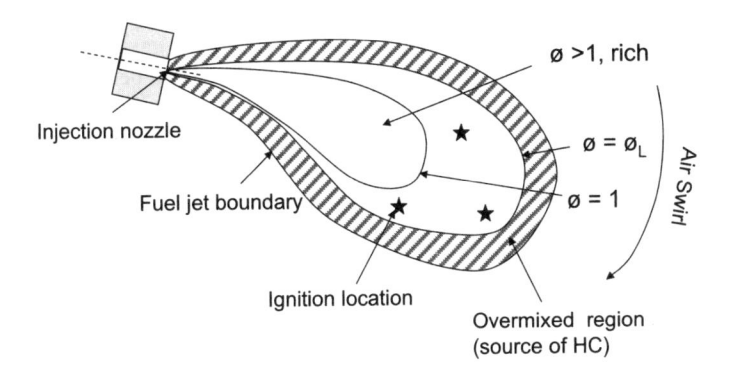

Figure 6.16 Schematic of diesel fuel spray and fuel-air equivalence ratio distribution at the time of ignition, Lean flame out region (LFOR) or 'over-mixed' lean region is shaded. Adapted from [34].

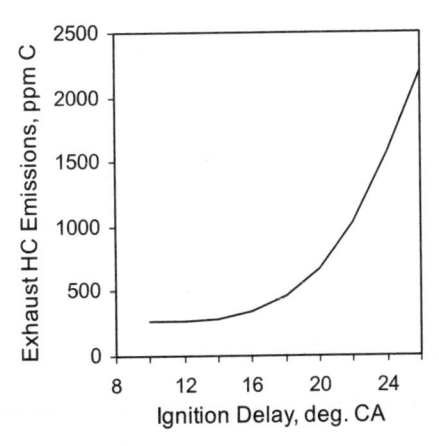

Figure 6.17 Effect of ignition delay on HC emissions in DI diesel engine. Adapted from [34].

The width of the LFOR region depends on several parameters; prominent being the ignition delay, pressure and temperature in the chamber, fuel type and air swirl. Increase in temperature and pressure would reduce width of LFOR as the lean limit of combustion is extended. The magnitude of contribution of LFOR to unburned HC would depend on the length of ignition delay, amount of fuel injected and rate of fuel–air mixing during the delay period. A longer ignition delay permits more time for the fuel vapours to diffuse farther into air and a higher percentage of fuel would be contained in the LFOR. An increase in HC emissions with increase in the ignition delay is observed for a DI diesel engine as shown in Fig 6.17. Thus, overmixing of fuel and air during delay period is a significant source of HC emissions. The effect is more pronounced under light load conditions as the delay periods are longer at light loads.

Under-mixing of Fuel

Another cause of high HC emissions is under-mixing of fuel with air. This can happen for the fuel injected later in the cycle or because of over-fuelling of the engine. The fuel left in the injector sac volume and nozzle holes at the end of injection gets fully or partially vaporized during combustion. The fuel vapours from the nozzle sac and holes enter the engine cylinder at low velocity during expansion stroke and have little time to mix with air when the gas temperatures are still high. This portion of fuel therefore, may not burn fully. Nozzle sac volume has been observed to be the main contributor to HC emissions in a DI engines through the process of under-mixing of fuel. Effect of nozzle sac volume on HC emissions at different engine speeds for two types of nozzles, one with minimized sac volume and the other valve covered orifice (VCO) type, is shown on Fig. 6.18 [35]. In VCO nozzles the nozzle sac is eliminated. Fuel contained in the nozzle holes also contributes to the

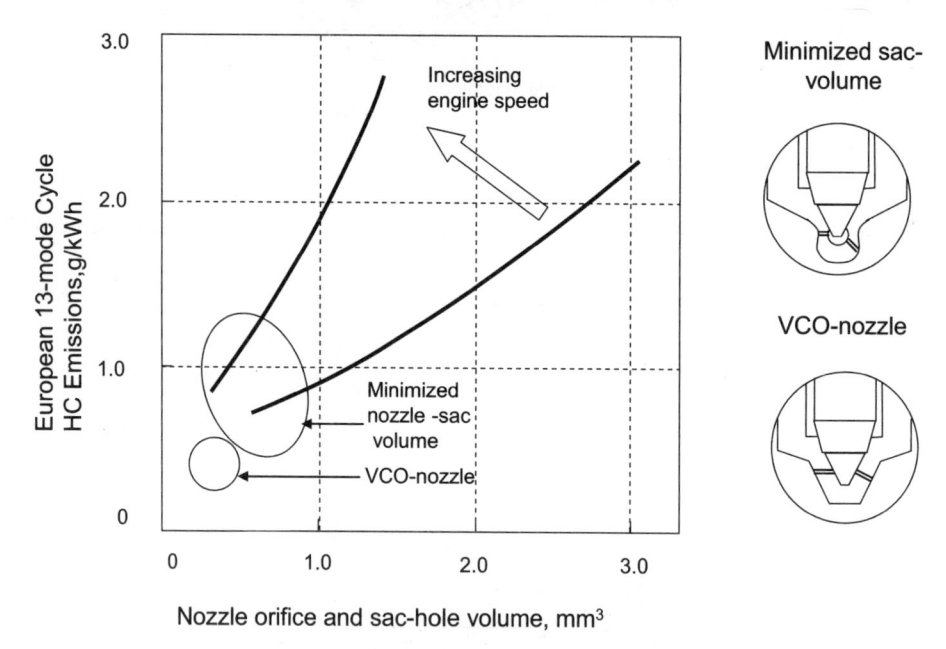

Figure 6.18 Effect of nozzle sac volume and type of nozzle hole on HC emissions from DI diesel engine. Adapted from [35].

HC emissions, as seen when the curve is extrapolated to zero sac volume. Part of the fuel may remain in the sac volume and part may get oxidized, the balance being exhausted as unburned HC. In the modern engines, nozzle sac volume has been decreased significantly. Engines also employed valve covered orifice nozzles to drastically reduce HC contribution of nozzle sac. However, as the liquid fuel provides cooling of the injector tip, VCO nozzles suffer from poor durability.

For the DI engines, at full load a minimum of about 40 percent excess air ($\phi < 0.7$) is supplied to limit smoke emissions. Over-fuelling may occur during acceleration especially in turbocharged engines, as the response of turbocharger to increase airflow rate is slower than the increase in fuel injection rate. Use of high EGR or disturbed fuel injection system calibration may also cause over-fuelling. With increase in engine load (increase in fuel-air equivalence ratio), engine and cylinder gas temperatures increase and therefore, HC emissions generally decrease until a critical fuel-air ratio is reached. When excess air is reduced to around 10 percent ($\phi = 0.9$) or below HC emissions increase sharply.

Spray impingement on combustion chamber walls particularly in small size engines is quite common and can be a significant source of HC emissions. Under low ambient temperature operation during engine warm up or with retarded injection timing, some engine cycles may misfire resulting in bulk quenching and high HC emissions. Under these conditions, liquid fuel droplets may appear in the exhaust giving the exhaust a white coloured appearance, which is known as 'white smoke'.

6.6 SOOT AND PARTICULATE FORMATION

Carbonaceous particulate matter or soot is produced during premixed or diffusion combustion of the fuel rich mixtures. High concentration of soot in the exhaust is manifested as black smoke emissions. The fuel composition also plays an important role in soot formation. The effect of fuel type on soot formation is different for premixed and diffusion combustion. For the premixed flames, the soot formation for different fuel types in the decreasing order is given below [9]:

$$Aromatics > Alcohols > Paraffins > Olefins > Acetylene$$

For the diffusion flames, fuel molecules undergo pyrolysis and the soot-forming tendency is in the following order;

$$Aromatics > Acetylene > Olefins > Paraffins > Alcohols$$

As the spark ignition engines generally operate close to stoichiometric air-fuel ratio, soot emissions from these engines are not significant. With the use of unleaded gasoline, lead particulates from the SI engines have been eliminated. In this section, we will discuss particulate emissions from diesel engines as these are of major health concern and are more difficult to control. Soot emissions have been associated with respiratory problems and are thought to be carcinogenic in nature. The particle size distribution is important as the particles smaller than 2.5 μ can reach lungs on inhalation and are of main concern. The particles smaller than 2.5 μ constitute more than 90 percent mass of the total particulate matter in the diesel exhaust.

Composition and Structure of Particulates

In the test procedure defined by the US Environmental Protection Agency the particulate matter is measured as any substance other than water collected   by filtration of the diluted exhaust gases at or

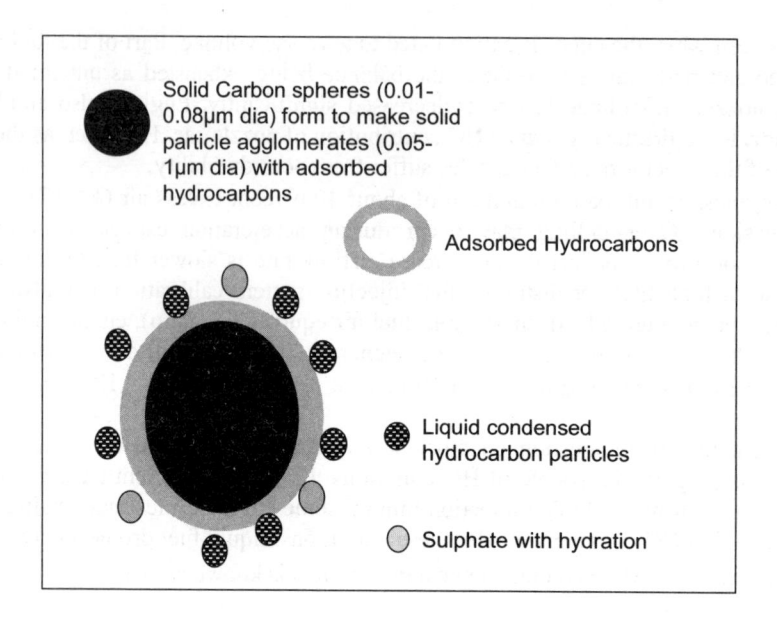

Figure 6.19 Schematic representation of diesel particulate matter collected on filter.

below 325 K (125 F) [36]. The schematic composition of particulate matter collected on a filter is shown on Fig. 6.19. It has two main components; one is dry soot or solid carbon material and the other is soluble organic fraction (SOF) that can be extracted by a solvent like dichloromethane. In addition, sulphates originating from fuel sulphur, nitrogen dioxide and water are also absorbed on the particle core formed by soot. The soluble organic fraction adsorbed on the solid soot core consists of hydrocarbons originating from fuel and the lubricating oil, partial oxidation products and poly aromatic hydrocarbons. Depending upon engine design and operating conditions, the soluble fraction may vary from 10 to 90 percent of particulate mass but mostly lies in the range from 20 to 45 percent. Dry soot is a carbonaceous matter, which results from several processes like pyrolysis, dehydrogenation and condensation of fuel molecules.

Dry soot is mainly the carbonaceous fraction of the particulate and its typical chemical formulae are C_8H, C_9H and $C_{10}H$ [37]. About 5 to 10 % by mass oxygen and 0.5% nitrogen are also present. Typical empirical formula of dry soot would be $CH_{0.11}O_{0.065}N_{0.005}$. The soluble organic fraction originates from the fuel and oil hydrocarbons, and therefore has H/C ratio $\approx$ 2, although depending upon engine operating conditions it may vary from 1.25 to 2.0. The hydrocarbons C_{17} to C_{40} are present in particulate SOF phase, the $C_{23} - C_{24}$ being close to the mean. Typically SOF has an empirical formula $CH_{1.65}O_{0.1}N_{0.007}$. Other inorganic compounds of iron, silicon (fuel contamination), phosphorous, calcium, zinc (source is oil) etc. are also present in traces in the particulates.

The composition of particulate matter depends on the engine operating parameters, conditions in the exhaust system and the sampling and collection system. The magnitude of different constituents of diesel particulate matter can be significantly different for different engine designs. These are also affected by the emission control technology employed. The particulate composition is varying as the emission standards are being tightened due to improved combustion systems and, as the fuel quality is changing particularly the sulphur content being lowered. The typical particulate composition for a Pre-1990 and a Euro 3 turbocharged, after-cooled diesel engines are compared on Fig 6.20. Considerable reduction in carbon (dry soot) content, fuel and oil derived SOF and sulphates have taken place. SOF

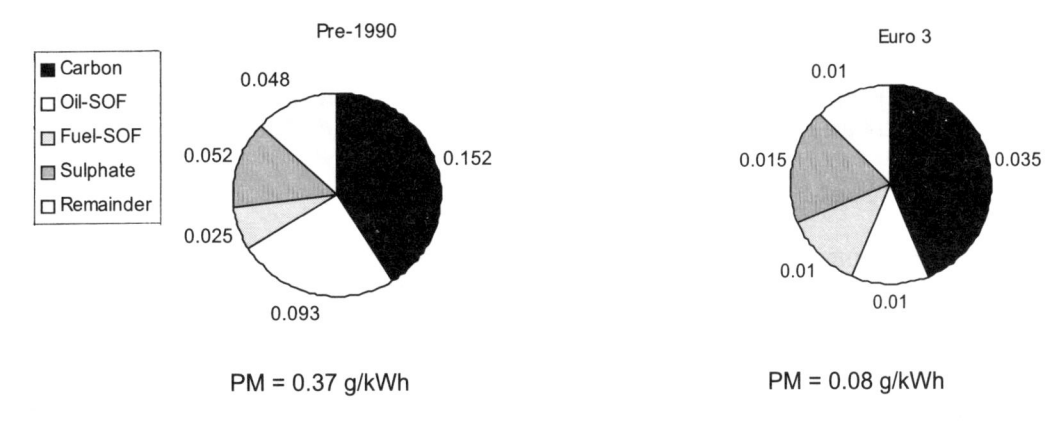

Figure 6.20 Typical diesels PM composition for Pre-1990 and Euro 3 engines [17].

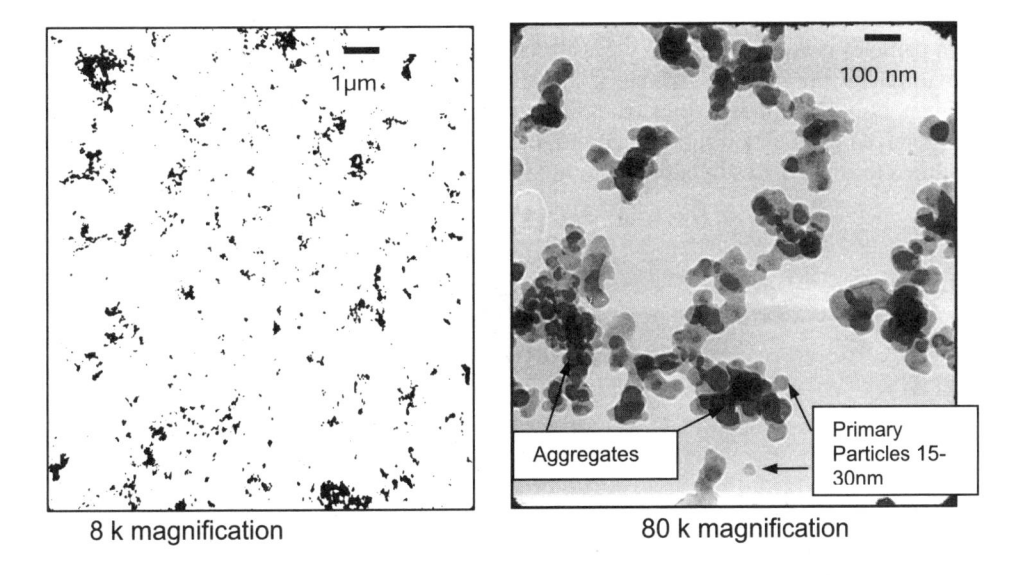

Figure 6.21 Transmission electron microscope (TEM) images of soot in acetylene-air diffusion flames. Micrograph at 80K magnification shows branched chainlike soot aggregates [39]

content also depends to a large extent on the design of combustion system and engine oil consumption. Sulphates depend on the sulphur content of the diesel fuel. With the current low sulphur fuels (sulphur content of 500 ppm by mass and lower down to 50 ppm), sulphate content would be less than 2 percent of total PM mass.

Electron micrographs of soot formed in diffusion flames and in the engine combustion chamber show these to be aggregates of primary spherical particles of size ranging from 10 to 80 nm, most of them being in the 15 to 30 nm size range [38, 39]. Typical electron micrographs of soot in acetylene-air diffusion flames are shown in Fig. 6.21 [39]. Primary spherical particles of about 30 nm size and branched chainlike soot aggregates are clearly observed in micrograph at 80000 magnifications.

A single spherical soot particle contains 10^5 to 10^6 carbon atoms. Initially, the combustion-generated soot particles have one hydrogen atom to about 8 carbon atoms, $(C_8H)_n$ with a density of 1.8 g/cm^3. During expansion more hydrocarbons may be absorbed on the soot particles. The primary soot particles form aggregates in the combustion chamber of about 100-200 nm in size containing 20 to over 100 primary particles. These aggregates may further agglomerate to particles as large as 1 μ. The aggregates may resemble a cluster of spheres in round shape, branched or chain like structure.

Mechanism of Soot Formation

In the spray combustion models, it has been hypothesized that soot is formed at the spray jet boundaries in a narrow zone of rich mixture close to the diffusion flame. Based on laser imaging studies of diesel spray combustion in an engine Dec [12] proposed a different conceptual model of soot formation as shown in Fig. 6.22. According to this model, liquid fuel jet penetration is rather short in length and all the fuel in combustion zone is in vapour phase. Soot first appears just downstream of liquid jet in the rich premixed combustion region. The concentration of soot increases and particle size grows as soot flows downstream towards the spray boundary. The highest soot concentration and largest particle size are in the head vortex of the jet. The model suggests that the formation of soot precursors and consequent generation of soot particles takes place in the rich premixed flame (φ =2 to 4) and the soot particles grow in size as they pass through the spray towards the head vortex. The soot finally gets oxidized in the diffusion flame at the spray boundaries by OH radical rather than the molecular oxygen, O_2. This model varies from the earlier models in that the formation of soot is the result of rich premixed combustion rather than the diffusion combustion phenomena. However, more research is required to confirm this hypothesis for all diesel combustion conditions.

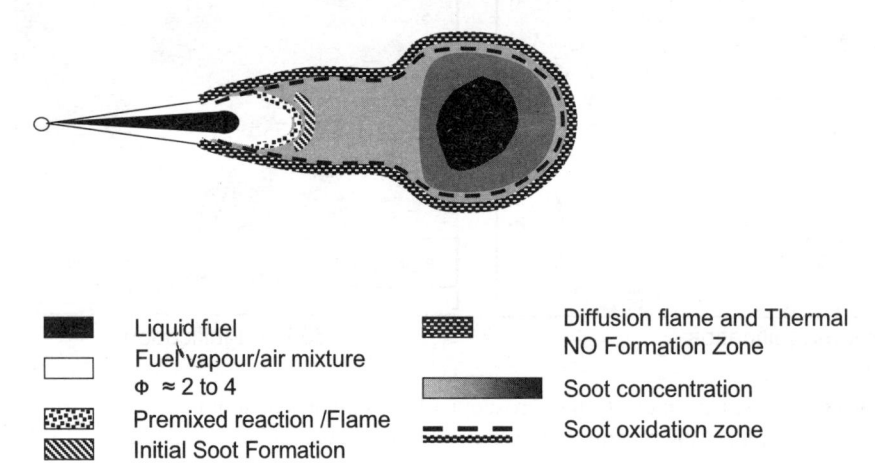

Figure 6.22 Conceptual model of soot formation in diesel spray combustion of Dec [12]

Soot Formation Stoichiometry

From equilibrium considerations soot will appear when C/O atomic ratio in the mixture is greater than unity. Let us consider the following simple reaction for a hydrocarbon, C_xH_y;

$$C_xH_y + aO_2 \rightarrow 2aCO + \frac{y}{2}H_2 + (x-2a)C_s \tag{6.47}$$

when x is greater than 2a i.e. C/O is greater than unity, solid carbon, C_s or soot is produced during combustion. The fuel–air equivalence ratio for the above reaction is given by;

$$\phi = 2\left(1 + \frac{y}{4x}\right)\left(\frac{C}{O}\right) \qquad (6.48)$$

For practical diesel fuels y/x (H/C ratio) is about 2. Hence, for the condition of C/O = 1 the fuel-air equivalence ratio, $\phi = 3$. However, in practical systems the soot has been observed to form at C/O ratio of 0.5 to 0.8 indicating that soot formation is a kinetically controlled process. The critical C/O ratio for soot formation increases with increase in temperature. When C/O ratio increases above the limiting value, soot formation increases rapidly. Pressure has a strong influence, higher pressures yielding higher soot formation. Soot formation consists of four main stages viz., inception and nucleation, surface growth, coagulation and oxidation.

Soot Nucleation

Soot nucleation or inception process is a non-equilibrium process which is not understood fully. It is generally agreed that thermal cracking or pyrolysis in an environment of oxygen deficiency when long chain fuel molecules are broken into smaller molecules is one of the most likely mechanisms of nucleation process. Other processes include condensation reactions and polymerization that result in larger molecules. The third route is dehydrogenation process that increases C/H ratio of fuel molecules enroute to soot formation. The path to soot formation depends on temperature. At $T < 1700$ K, condensation reactions of aromatics and pyrolysis of other highly unsaturated hydrocarbons are likely to form soot. At intermediate temperatures, $T > 1800$ K, the fragmentation process to smaller unsaturated hydrocarbon molecules followed by polymerization dominates soot nucleation. Acetylene, poly acetylenes and poly unsaturated hydrocarbon radicals are formed due to fragmentation reactions that lead to formation of soot. The third process taking place at still higher temperatures is the vapour phase condensation of molecules to form soot nuclei. A schematic representation of various routes of soot nucleation depending on temperature is given in Fig. 6.23. The aromatic condensation route for soot nucleation is more direct and fast route. The fragmentation to smaller molecules and polymerization to soot nuclei is a slower route [2].

The products of fragmentation reactions and pyrolysis include unsaturated hydrocarbons especially; acetylenes, its higher analogues ($C_{2n}H_2$) and poly nuclear aromatic hydrocarbons (PAH). Acetylenes and PAH are considered the most likely precursors leading to soot formation in flames. These gas-phase species on condensation reactions produce soot nuclei. Frenklach and Wang [40], considering acetylene as an important soot precursor suggest the formation of large ring structures, i.e., PAHs by the following three types of reactions known as Hhdrogen-abstraction-C_2H_2 -addition (HACA) mechanism:

Reaction 1: Hydrogen atom abstraction from an aromatic molecule (AR) by a free hydrogen atom to form H_2 and aromatic radical (AR*);

$$C_6H_6 + H \rightarrow C_6H_5 (AR^*) + H_2 \qquad (6.49)$$

Reaction 2: Addition of an acetylene to AR*;

$$AR^* + C_2H_2 \rightarrow AR - C \equiv C - H + H \qquad (6.50)$$

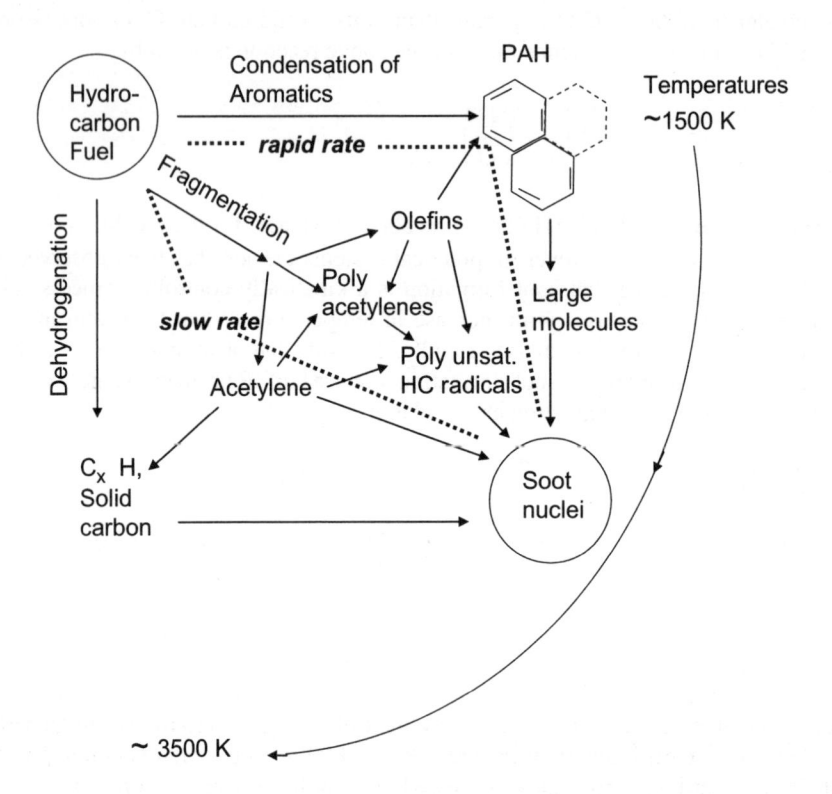

Figure 6.23 A simplified presentation of different reactions involved in soot nucleation process.

Reaction 3: Cyclization to form aromatic ring

$$\text{(phenylacetylene radical)} + C_2H_2 \longrightarrow \text{(naphthyl radical)} \tag{6.51}$$

Large PAH molecules are formed as this repeats many times. The various PAHs formed coagulate on collision with each other forming dimers. The dimers in turn on collision with other PAHs or dimers form trimers and higher polymers. The first clusters formed by this mechanism appear as a solid phase nuclei of 1 to 2 nm diameter. These soot nuclei on further surface growth produce soot particles.

Surface Growth

Inception or nucleation produces a large number of small particles, which grow in size due to gas-phase deposition of intermediate combustion products on the surface of nuclei. Haynes and Wagner [41] suggested that neither purely poly-acetylene chain growth nor purely PAHs growth can lead to typical soot formation. The typical fuel has H/C ≥ 2 while soot has H/C in the range 0.1 to 0.2. Therefore, soot growth is caused more likely by the condensation of species with right H/C ratio or those with higher hydrogen content followed by dehydrogenation reactions. Gas-phase deposition of acetylene proposed in the HACA reactions is one of the mechanisms of surface growth. Here, in the reactions (6.49) to (6.51) aromatic molecule is substituted by a carbon atom on the edge of the soot surface that may be denoted by C_s and the process repeats itself. Deposition of radicals of PAHs and small aliphatic hydrocarbons, which are present in high concentrations in sooting flames, may also result causing surface growth of soot particles [42]. Strong link of acetylene with surface growth observed in hydrocarbon-air flames have led to an empirical relation for surface growth as below [37];

$$w_g = k_g(T).[C_2H_2]^n \tag{6.52}$$

where w_g is the mass rate of surface growth in g /cm^2.s and $k_g(T)$ is reaction rate constant of Arrhenius form and is a function of temperature. The order of reaction, n is close to 1. In addition to the reaction (6.52) which tells the surface growth to be proportional to $[C_2H_2]$, the experimentally measured rate of surface growth data has also been found to be proportional to $[C_2H_2][H]$

Coagulation and Agglomeration

During coagulation process, collision of two spherical soot particles may form a larger spherical particle. This process occurs in the beginning of particle surface growth process when the particles are still small (<10nm) and are formed of a tarry liquid produced from pyrolysis of hydrocarbons. Once the particles have become larger and solidified, surface growth decreases and the particles resulting from collision resemble a cluster like a bunch of grapes. Once the surface growth ceases, particles coalesce in the shape of chainlike structure and this process is termed as aggregation.

The rate of decrease of particle number density, N during coagulation is given by

$$-\frac{dN}{dt} = kN^2 \tag{6.53}$$

k is a rate constant that depends on pressure, temperature, gas density, particle size etc. On integration the Eq. 6.53 yields,

$$\frac{N}{N_0} = \frac{1}{1+(kN_0)t} \tag{6.54}$$

where N_0 is the initial number of particles. As $[1 + kN_0t] \approx kN_0t$, N/N_0 is inversely proportional to time and the initial number of particles. The agglomeration process during engine combustion is rather complex. The soot particles are not dispersed homogeneously. Soot surface growth and oxidation may occur simultaneously during agglomeration. These factors would also affect the coagulation process. However, overall the coagulation process is a strong function of particle number density. The number of soot particles due to coagulation and agglomeration decrease rapidly during early part of expansion process and agglomeration is almost complete at the end of expansion stroke in the engine.

The soot concentration is expressed by the term soot volume fraction, F_v. Due to agglomeration, number of soot particles decrease but the F_v remains unchanged. It changes with surface growth or soot oxidation. The soot volume fraction in units of soot volume per unit of volume of gas, is given by

$$F_v = \frac{\pi}{6} Nd^3 \tag{6.55}$$

where d is diameter of the spherical soot particles or diameter of a sphere of volume equivalent to an aggregated particle and N is the number of particles in unit volume.

Soot Oxidation

Oxidation of soot can occur at the stage of formation of precursors, nuclei, primary soot particles and aggregates. A large fraction of soot formed early in the combustion process is oxidized within the cylinder. Soot can be oxidized on reaction with O, O_2, OH, CO_2 and H_2O, the first three being more potent oxidants. In diffusion flames, O_2 alone predicts much lower oxidation rates than the observed experimentally. When combined with oxidation by OH the prediction correlates well with the observed data. Under fuel rich conditions concentration of O_2 is low. On the other hand, OH is present in super equilibrium conditions and OH may dominate oxidation rates. Fenimore and Jones [43] gave the soot oxidation rate, w by OH radical:

$$w = 1.27 \times 10^2 \Gamma p_{OH} T^{-1/2}, \quad \text{g carbon/ cm}^2.\text{s} \tag{6.56}$$

where, Γ is the collision efficiency taken equal to 0.01. Other investigators [44, 45] also find that OH radical plays an important role in soot oxidation in fuel rich conditions that exist in diffusion combustion systems. The OH is present on the fuel side of the diffusion flame in a narrow region and is expected to oxidize soot in the flame region. In post combustion gases in the engine, O_2 is present in abundance while OH already got depleted in oxidizing CO. Here, O_2 would be expected as the main oxidant. Rate of oxidation is also influenced by the shape and size of the soot particles. As the particles grow in size they tend to agglomerate instead of coagulation, and form clusters or chains. Oxidation continues despite the change in shape and surface area caused by agglomeration. However, the oxidation of chain structure by O_2 is much slower than by OH.

Most widely used soot oxidation model in engines is that by Nagle and Strickland-Constable (NS-C). The NS-C soot oxidation mechanism was obtained from studies on oxidation of pyrolytic graphite in oxygen atmosphere at temperatures of 1000 to 2000° C [46]. The NS-C mechanism of soot oxidation assumes presence of two types of oxidation sites on soot particle surface. Site A is nascent surface not covered by surface oxides and is more reactive. The site B is covered with oxides and is less reactive. The sites A change to sites B depending upon temperature and reaction time. The surface area fraction, x occupied by the sites A is calculated based on a rate constant, k_D. The NS-C mechanism for soot oxidation is given by

$$\frac{w}{12} = \left(\frac{k_A p_{O_2}}{1 + k_C p_{O_2}}\right) x + k_B p_{O_2}(1-x), \quad \text{g carbon/(cm}^2.\text{s)} \tag{6.57}$$

where;

$x = [1 + k_D/(k_B p_{O_2})]^{-1}$

$k_A = 20 \exp(-15,100/T),$ g/(cm².s.atm)
$k_B = 4.46 \times 10^{-3} \exp(-7640/T),$ g/(cm².s.atm)
$k_C = 21.3 \exp(2060/T),$ atm^{-1}
$k_D = 1.51 \times 10^5 \exp(-48,800/T),$ g/(cm².s)

From the soot oxidation rate, rate of reduction in radius of a spherical particle may be estimated by,

$$\frac{dr}{dt} = \frac{-w}{\rho}, \text{cm/s} \tag{6.58}$$

ρ, the density of soot may be taken equal to 1.8 g/cm^3. From this relation the time required to completely burn a spherical particle can be calculated. Using the NS-C mechanism and rate constants as above, at 1500 K it would take about 30 ms to burn completely a particle of 30 nm diameter.

Soot oxidation rates computed with NS-C model for a diesel engine are shown in Fig. 6.24 for soot formed in stoichiometric combustion products. The mixing of air with pockets of equal mass of soot was assumed to start at an early instant in the cycle for one pocket and at a late instant for the second pocket. The soot pockets were mixed with air in the combustion chamber at a given rate until the fuel-air ratio in the soot pocket equal to overall engine fuel-air ratio was reached. The oxidation rate depends on temperature, pressure and mixing rate. The soot oxidation rate initially increases to a peak as the concentration of O_2 rises due to mixing with air. The oxidation rate subsequently decreases as the gas temperature falls and more than offsets the effect of increasing O_2 concentration in the soot pocket. The mass of soot burned in the late mixing pocket is only about 40% of the early mixing pocket. The high mass of soot burned in the early mixing pocket is due to high oxidation rate resulting from high temperatures rather than the higher residence time.

The net soot emissions finally depend upon the rates of soot production and oxidation. Temperature plays an important role in net soot emissions. Effect of temperature is to reduce soot during combustion presumably due to increase in oxidation rates. On the other hand in diffusion flames, increase in temperature results in an increase in fragmentation of fuel molecules, which leads to higher soot formation. The effects of several interacting factors thus govern the net soot emissions.

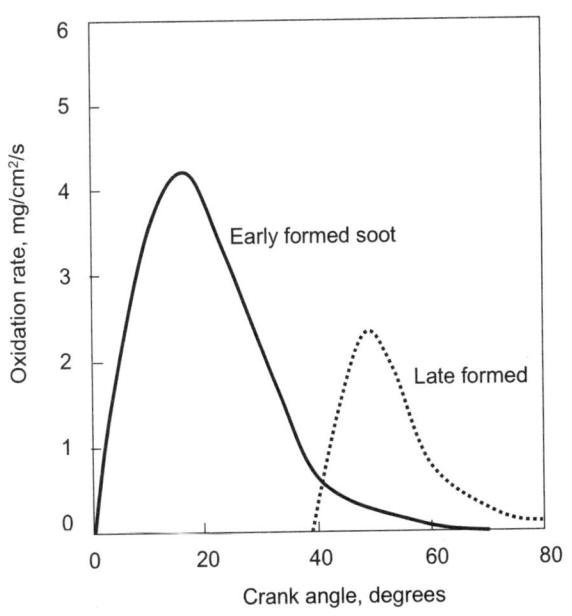

Figure 6.24 Soot oxidation rate in a diesel engine computed by NS-C model for an early (at tdc) and a late formed (40 °CA atdc) soot pocket, mixing rate with air is constant at an intermediate level of mixing rate [47].

Summary of Soot Formation Process

Sequence of the different events taking place during soot formation process is shown in Fig. 6.25 [9]. Incomplete combustion and pyrolysis of fuel produce condensable soot precursor molecules. These form soot nuclei that is followed by coagulation and surface growth by continuing condensation of precursor molecules. Coagulation of soot particles forming chainlike structures and surface growth finally occur until the precursors are depleted or expansion in the cylinder cools the gases terminating formation of the precursors. Dehydrogenation and oxidation reactions proceed simultaneously with these events. In the diesel engines, the flame temperature being high of around 2800K, entire soot formation and oxidation processes take place over a few milliseconds during engine combustion.

Later, during expansion and exhaust strokes and in the exhaust system heavy hydrocarbons from unburned fuel and oil condense and are adsorbed on soot particles. Water, sulphates and other trace inorganic compounds such as ash formed by engine oil additives and fuel contaminants, wear particles etc. are also adsorbed on the particulate matter. Amount of condensable species deposited on the soot particles depend upon their partial pressure and gas temperature. Therefore, during particulate measurement the dilution ratio of air to exhaust gas is controlled within the specified limits. At low dilution ratios, partial pressure of condensable species is high, but gas temperature is also high

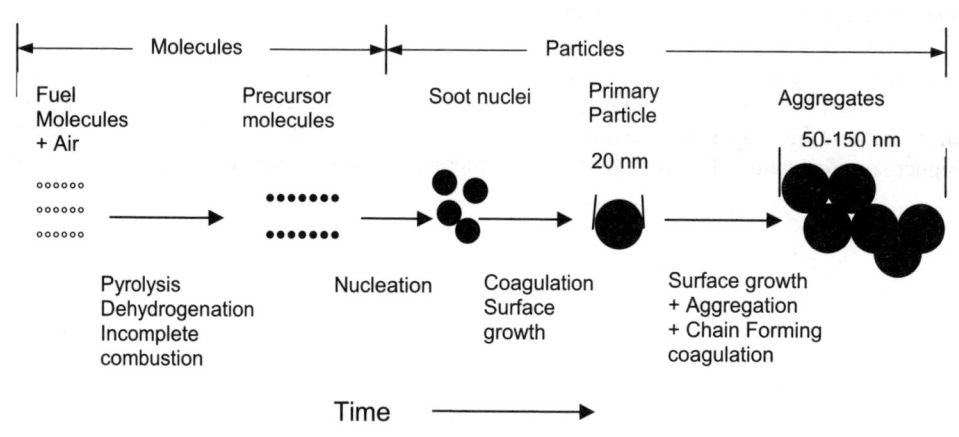

Figure 6.25 Sequence of soot formation events in diesel engine combustion chamber [9].

Table 6.6
Approximate Duration of Different Events in Soot Formation Process [9]

Process	Approximate time constant
Formation of soot precursors/nucleation	Few μs
Coalescent coagulation	0.5 ms after local nucleation
Spherule identity fixed	After coalescence ceases
Chain-forming coagulation	Few ms after coalescence ceases
Depletion of precursors	0.2 ms after nucleation
Non-sticking collision	Few ms after nucleation
Oxidation of particles	4 ms
Combustion cycle complete	3 – 4 ms
Deposition of hydrocarbons	During expansion and exhaust

that reduces condensation. On the other hand if the dilution ratio is too high, the species partial pressure is reduced resulting in lower adsorption of these species on soot particulates. The mass of particulates is increased by about two times or more during this process. The history and duration of events leading to soot formation are given in Table 6.6.

Diesel Smoke

Soot emissions from a diesel engine are manifested as visible black smoke. All factors that affect soot formation and oxidation also influence smoke. Prior to the legislative control on diesel particulate emissions, smoke emission standards for production diesel vehicles were in force. Smoke emissions increase with increase in engine load due to overall richer fuel-air ratios, longer duration of diffusion combustion phase and reduced oxygen concentration. Engine power rating and maximum brake mean effective pressure is limited by the permissible smoke emissions. Poor control of fuel injection rate during acceleration also increases smoke. Use of EGR reduces combustion temperatures and oxygen concentration in the burned gases. The net effect of EGR is reduction in oxidation of soot and an increase in smoke. Smoke emissions can be reduced by accelerating diffusion combustion. The combustion rates are increased by promoting rapid fuel air mixing through use of high swirl rates, by increasing injection rate and improving fuel atomization. Advancing injection timing increases combustion temperatures and allows more time for oxidation of soot thereby reducing smoke emissions.

Smoke is measured by measurement of opacity of a column or plume of exhaust gas (Hartridge or Wagor type opacimeters). It is also measured by filtering a fixed volume of exhaust gases through a filter paper and the smoke stain thus formed is evaluated on a grayness scale by a reflectance meter (Bosch smokemeter). Particulate matter is mainly composed of soot and unburned hydrocarbons adsorbed on soot. Thus, the particulate mass emissions, soot content measured by a smoke meter and unburned HC would have some correlation. For small, high-speed, turbocharged diesel engines the following correlation was developed between mass of PM, soot content and HC concentration [48].

$$PM = 1.024 \text{ Soot} + 0.277 \text{ HC} \qquad (6.59)$$

Soot content and HC concentration are in mg/m^3. Soot content can be roughly estimated from smoke measurement from correlations developed by SAE [49], where soot content has been correlated with Bosch and Hartridge smoke units, and opacity measured by full flow smoke meters at the exit of tail pipe.

6.7 DIESEL NO_X-PARTICULATE TRADE OFF

Nitrogen oxides and particulates are the two main pollutants of concern emitted by the diesel engines. Generally in the diesel engines, when a parameter is adjusted to decrease combustion temperatures for reducing nitrogen oxides, smoke and particulate emissions increase. The effect of injection timing on soot and NO_x emissions is shown in Fig.6.26 [50]. On retarding the injection timing as combustion temperatures decrease, a reduction in the NO_x emission is obtained. However, reduction in NO_x is accompanied by an increase in soot emissions. This is attributed to the fact that a reduction in combustion temperatures reduces soot oxidation. Similar effects are obtained when EGR rate is increased or other measures to reduce combustion temperatures to control NO_x are adopted. An optimum selection of engine design parameters therefore, has to be made to obtain reduction in NO_x or PM emissions without causing an excessive increase in the other. This process of adjustment of engine parameters is known as 'NOx-PM trade off'.

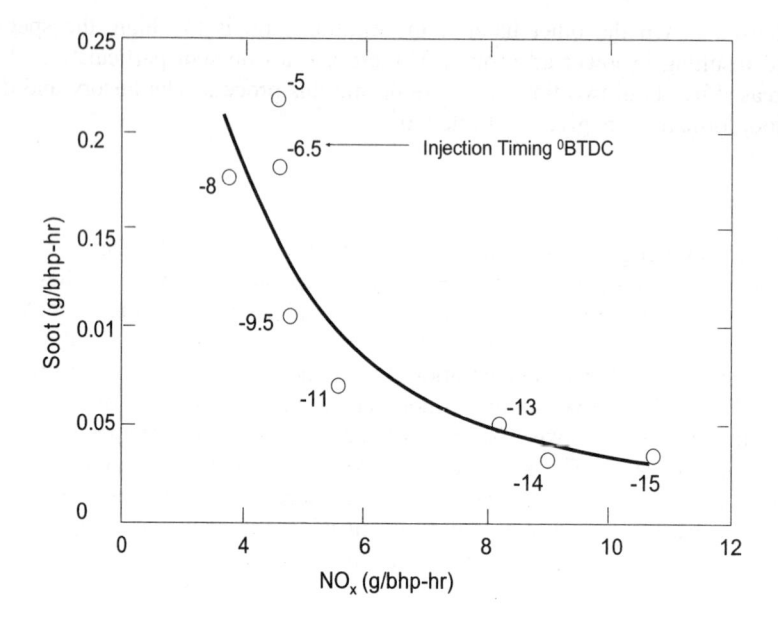

Figure 6.26 NO_x - PM emission trade off - Effect of injection timing on NOx and PM. Injection timings are shown on figure in degrees btdc [50].

6.8 EFFECT OF SI ENGINE DESIGN AND OPERATING VARIABLES

The principal engine design variables that affect emissions from SI engines include compression ratio, spark timing (combustion phasing), swirl (high swirl to increase burn rate), valve overlap and charge stratification. The engine operating variables influencing emissions are; equivalence ratio, dilution by the trapped residual gases, exhaust gas recirculation (EGR), speed and load. Any engine variable that affects the burned gas temperature-time history and oxygen concentration would influence NO formation and emission. As regards the hydrocarbon emissions, factors contributing to post flame oxidation would lead to lower hydrocarbons. The post flame oxidation can be increased through increase in temperature and availability of oxygen during the later part of expansion stroke and in the exhaust stroke. The extent of the effect of post flame oxidation on HC emissions depends on engine design features. The dependence of emissions on some important engine design and operating variables is discussed below. The trends shown are typical in nature for the homogeneous charge spark ignition engines.

Equivalence Ratio

The effect of fuel-air equivalence ratio on engine emissions has already been discussed. Carbon monoxide being primarily a function of oxygen availability is reduced as the mixture is leaned. CO emissions are reduced to very low values as the mixture is leaned to $\phi = 0.90 - 0.95$ i.e., air-fuel ratio is increased above the stoichiometric value by 5 to 10%. Further leaning of mixture shows no additional reduction in the CO emissions. Hydrocarbon emissions also decrease with increase in air-fuel ratio until mixture becomes too lean when partial or complete engine misfire results. With increase in air fuel ratio, the initial concentration of hydrocarbons in the mixture is reduced and more oxygen is available for oxidation. Effect on exhaust gas temperature due to reduction in combustion temperatures as a result of leaning of mixture may be partly offset by slower flame propagation that would tend to increase the exhaust gas temperatures. However, for $\phi < 0.8$ engine may misfire more frequently thereby increasing HC emissions sharply. The highest burned gas temperatures are obtained for mixtures that are slightly (5 to 10 percent) richer than stoichiometric. On the other hand, there is little excess oxygen available under rich mixture conditions. As the mixture becomes lean, concentration of free oxygen increases but combustion temperature start decreasing. The interaction between these two parameters results in peak NO being obtained at about $\phi = 0.9 – 0.95$.

Compression Ratio

Use of a higher compression ratio increases burned gas temperatures and NO emissions on volume basis (Fig. 6.27). However, as engine efficiency increases with increase in compression ratio, brake specific NO emissions decrease. On the other hand, high compression ratio combustion chambers have a high surface to volume ratio and hence, a higher flame quenching area. HC emissions with increase in surface to volume ratio of an SI engine combustion chamber are seen to increase as in Fig. 6.28. In addition, at high compression ratio the crevices volume constitutes a higher fraction of the clearance space and the peak pressures are higher pushing a higher fraction of unburned mixture into the crevices. For high compression ratio engines due to increase in thermal efficiency, the gas temperatures during later part of expansion and exhaust are also lower. This reduces post flame oxidation reactions of HC and CO. Thus, engine compression ratio has an unfavourable effect on NO_x and HC emissions.

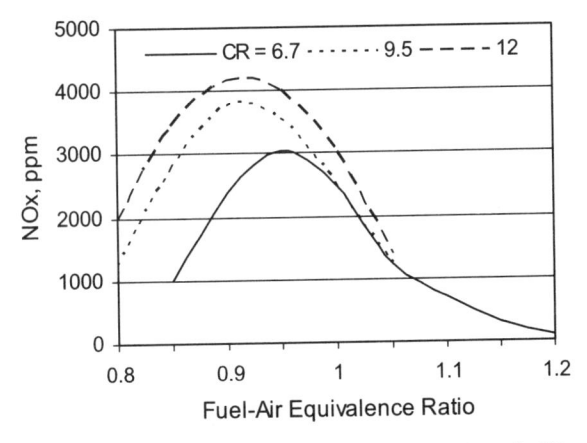

Figure 6.27 Effect of compression ratio on nitrogen oxide emissions in SI engine.

Ignition Timing

The ignition timing is normally set to a value called as MBT (minimum for best torque) timing to obtain best engine performance. A little variation in ignition timing from MBT does not result in significant change in engine power or efficiency. When the emission control legislation was introduced during late 1960s in the USA and a little later in Europe, ignition timing versus speed and manifold vacuum curves were among the first parameters to be modified due to ease of their adjustment.

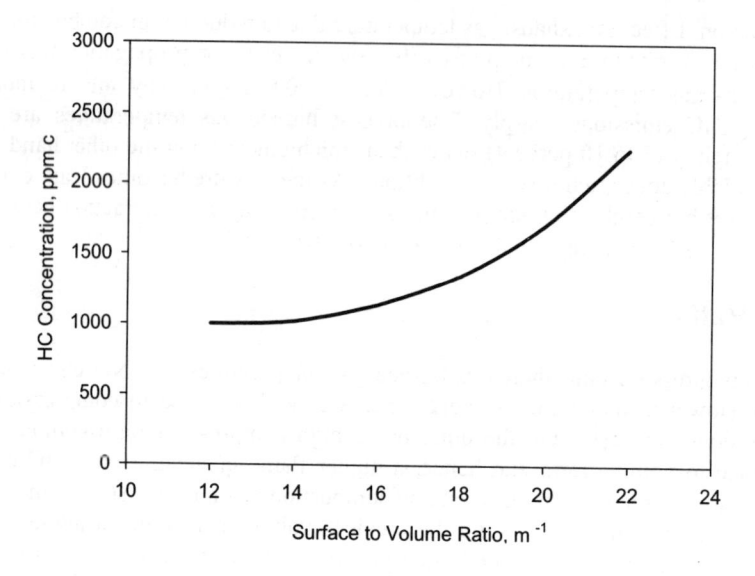

Figure 6.28 Dependence of HC emissions on surface to volume ratio of combustion chamber.

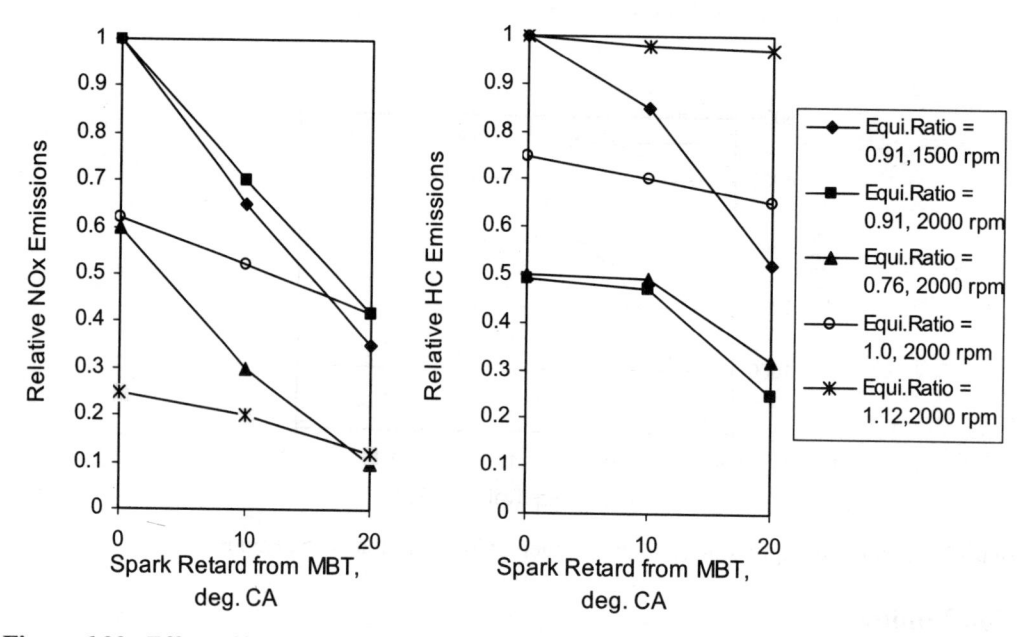

Figure 6.29 Effect of ignition timing on NO_x and HC emissions relative to their maximum value for the given fuel-air equivalence ratio and engine speed. Adapted from [51].

The effect of ignition timing on NO_x and HC emissions at different air-fuel ratios are shown in Fig 6.29. Ignition timing has a strong influence on NO formation due to its effect on burned gas temperatures and time available for NO kinetics while gas temperatures are still at a high level. Advancing the ignition timing results in an increase in peak cylinder pressure and temperature as combustion occurs earlier in the cycle and more heat is released before and around top dead centre. With an advanced spark timing, the charge elements which burn early in the cycle attain higher temperature and pressure than those burned later in the cycle, and remain at high temperatures for a longer period. These early burn elements contribute most to NO formation and hence, higher NO formation rates result with advanced ignition timing. With retarded ignition timing on the other hand, more burning takes place during expansion stroke as the piston is descending. It results in lower peak combustion pressures and less mass of charge is pushed into crevice volumes. Secondly, the exhaust gas temperatures are high with the retarded ignition timing, which results in an increased oxidation of the HC and CO in the exhaust system. The negative effects of retarded ignition timing are: lower engine efficiency and lower power.

Mixture Preparation

Mixture in the engine cylinder is not entirely homogeneous due to limitations on fuel vaporization and, mixing of fuel vapour and residual gases with air. In-cylinder mixture inhomogeneities may be quite large in the modern engines using multi-point port fuel injection (PFI) depending upon the injection timing used. Good mixing of isooctane and air provided in the intake manifold resulted in an increase in NO emission while reduction in NO emissions as a result of charge inhomogeneities was observed when a small amount of diesel fuel was injected in the combustion chamber of a propane-fuelled SI engine [17]. The diesel droplets would be more difficult to vaporize and it will result in small pockets of rich mixture distributed throughout the combustion chamber producing a non-homogeneous charge that lowered NO emissions. Thus, the quality of fuel atomization and injection timing used for the port fuel injection systems have a significant effect on NO emissions as these parameters would influence mixture preparation and the resulting charge homogeneity.

Mixture quality resulting from limitations on fuel vaporization and mixing in real engines can affect NO emissions significantly depending upon the air-fuel ratio. Using an 'unmixed 'combustion model, the calculated effect of the level or degree of charge inhomogeneities on NO emissions is shown on Fig. 6.30 [52]. In this study, the total charge in the combustion chamber was divided in 50 to 100 elements each having a different fuel-air ratio. The air-fuel ratio (A/F) of different charge elements was assumed to be distributed randomly as per 'normal' distribution function around the global average A/F ratio. The degree of charge inhomogeneity or relative non-homogeneity index (RNHI) was defined by the standard deviation of air-fuel ratio of the charge divided by the average air-fuel ratio. NO is seen to reduce as the charge becomes more non- homogeneous for the average relative air-fuel ratio, $\overline{\lambda}$ in the range 1.0 – 1.2 ($\phi = 0.83$ to 1.0). For very lean mixtures ($\overline{\lambda} > 1.2$) or rich mixtures ($\overline{\lambda} < 0.95$), NO emissions on the contrary may increase with increase in the degree of charge inhomogeneity. Therefore, for the practical engines operating near stoichiometric air fuel ratio, mixture preparation that leads to somewhat non-homogeneous mixture may be beneficial giving lower NO emissions, provided smooth engine combustion is ensured cycle after cycle through presence of flammable mixture in the spark plug zone.

An improved mixture preparation is desirable for reduction in CO and HC emissions. The effect is more significant during cold engine conditions and transient operation. The random charge inhomogenieties present inside the cylinder tend to increase CO and HC although controlled charge stratification is desirable. Improved fuel atomization achieved by use of PFI systems reduces CO and HC emissions substantially as smaller droplets vaporize and mix faster producing more homogeneous mixtures. A higher amount of liquid fuel however, enters the engine cylinder with PFI that would increase HC emissions. The amount of liquid fuel entering into the cylinder and causing wall wetting should be controlled.

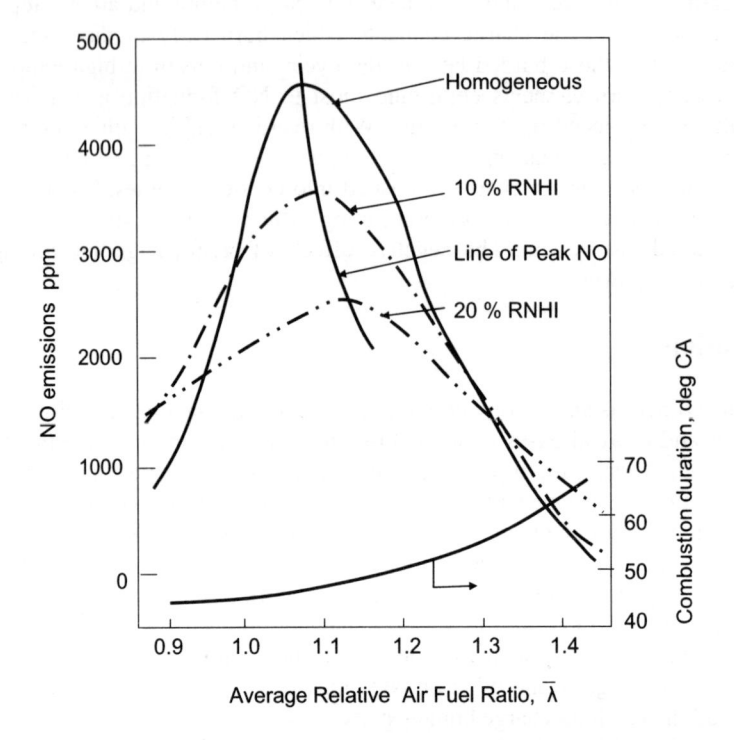

Figure 6.30 Predicted effect of degree of charge non-homogeneity on NO formation, charge consisting of 50 elements having air-fuel ratio as per normal distribution; elements are distributed randomly in the combustion chamber space; duration of combustion dependent on average air-fuel ratio as shown. Adapted from [52].

Residual Gas Dilution and Exhaust Gas Recirculation (EGR)

Burned residual gases left from the previous cycle or part of the exhaust gas recirculated back to engine act as charge diluents. The charge dilution by the residual gases is also called as 'internal EGR'. The combustion temperatures decrease due to charge dilution, the decrease being proportional to the heat capacity of the diluents. As is known, the lower combustion temperatures result in lower NO levels. The effect of different diluents on NO emissions is shown on Fig. 6.31(a) [53]. The equal volume of different diluents gives different NO reductions. CO_2 and H_2O being tri-atomic gases have higher specific heat and give larger NO reductions than the same volume of N_2, He or Ar. When all the NO emission reduction data for different diluents was plotted against heat capacity, the data fell along a single line shown on Fig. 6.31(b) irrespective of the diluents used, indicating that the effect of charge dilution on NO is almost entirely due to the heat capacity of the diluent gases. The exhaust gas heat capacity is higher than air due to presence of substantial fractions of CO_2 and H_2O. Therefore, use of EGR results in lower combustion temperatures compared to those from dilution by nitrogen alone or by leaning of mixture. The effect of residual gas dilution on NO remains the same irrespective of the method used to increase residual gas content in the cylinder i.e., whether it is an internal EGR

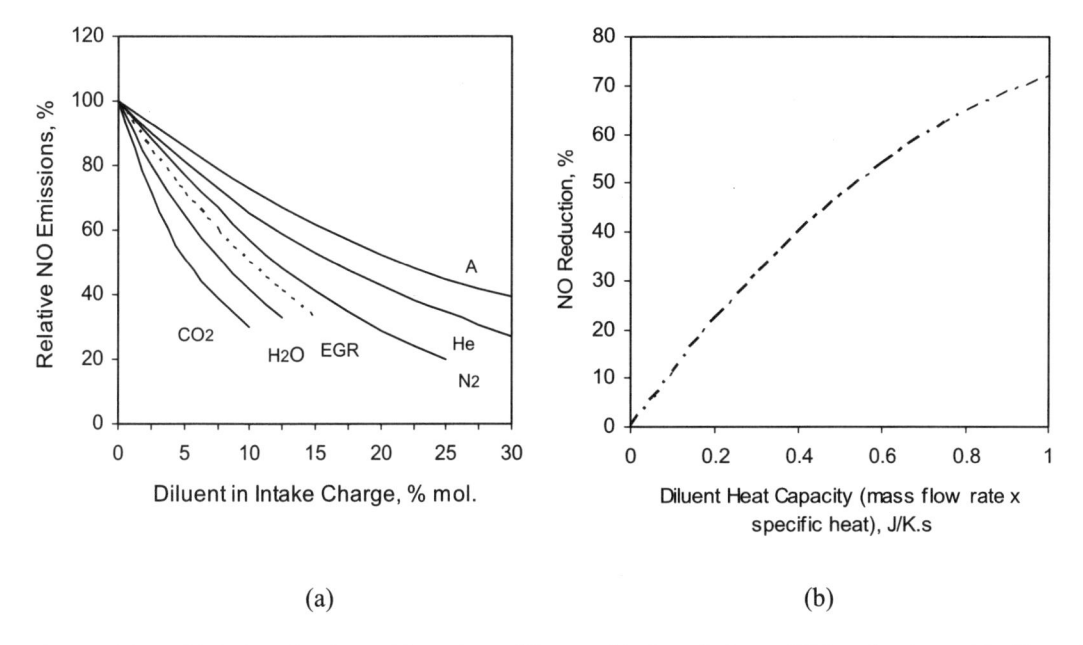

Figure 6.31 (a) NO reduction with various diluents (b) Correlation of NO reduction with diluent's heat capacity; SI engine operating at constant load, 1600 rpm and MBT timing [53].

(retention of more residual gases in the cylinder) by use of higher valve overlap, low intake manifold pressure etc., or the exhaust gas is externally inducted in the inlet manifold. The additional effects of charge dilution are reduction in oxygen concentration in the charge and slowing down the combustion rates. These cause further reduction in the burned gas temperature. Thus, a 10 percent EGR may reduce NO emissions by 30 to 50 percent depending upon the engine operating conditions.

As the EGR is increased, combustion becomes more and more unstable. Increase in combustion variability with increase in EGR rate at part load has been shown on Fig. 3.19. With increase in EGR, at first the frequency of slow burn, then partial burn and finally the misfire cycles increases. In the slow burn cycles combustion is complete but combustion ends late in the expansion stroke. In the partial burn and misfire cycles, combustion remains incomplete and results in an increase in HC emissions. HC emissions increase because the burned gas temperatures are reduced and there is very little post-flame oxidation. Effect of EGR on NO and HC emissions for normal and fast burn engines are shown in Fig. 6.32 [54]. Increase in HC becomes sharp as EGR increases beyond about 20 percent for a normal combustion engine. With EGR rates of 20 percent or higher, partial engine misfire occurs in addition to reduced post flame oxidation as a result of low burned gas temperatures. These factors combine to give a sharp increase in HC emissions. Fast burn engines due to higher flame speeds have higher burned gas temperatures and are more tolerant of EGR. Fast burn rates may be attained by use of highly turbulent charge motion like swirl, tumble and squish through use of suitable designs of intake valve port and the combustion chamber.

As discussed above, the amount of charge dilution or EGR that can be used is limited by its adverse impact on combustion rates. Excessive charge dilution (>15 to 20 percent) causes unstable combustion and misfiring resulting in power loss, high specific fuel consumption and high unburned fuel emissions.

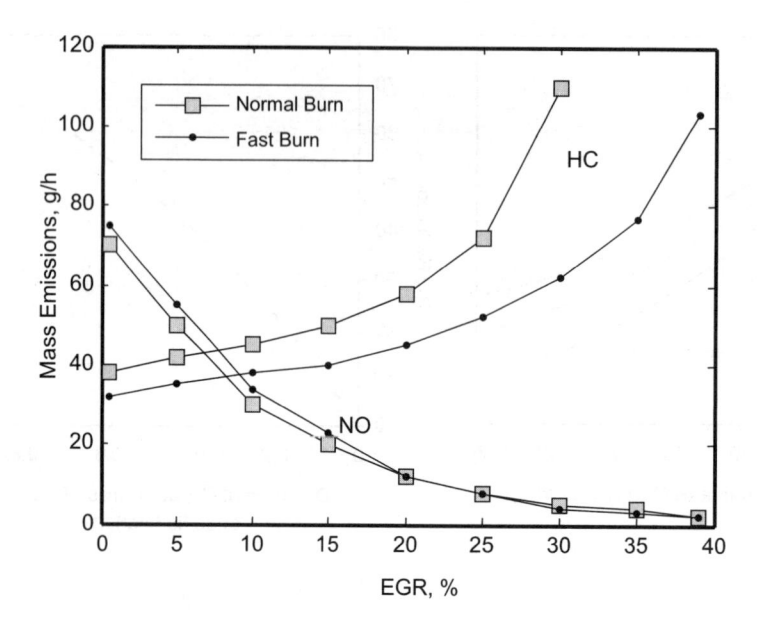

Figure 6.32 Effect of EGR on NOx and HC emissions, Engine speed = 1400 rpm, 30N-m, MBT spark timing, $\phi = 1.02$. Adapted from [54].

Engine Speed

Engine speed affects volumetric efficiency and heat transfer from the combustion chamber. The volumetric efficiency generally, decreases with increase in engine speed resulting in high residual gas dilution. Although heat transfer rates increase with increase in engine speed as a result of higher turbulence, but total amount of heat transfer is lower due to shorter cycle time. This gives higher gas temperatures at higher speeds. On the other hand, at high speeds a shorter time is available for NO forming reaction kinetics. The net result of these conflicting trends is a moderate effect of speed on NO and this is specific to the engine design and operating conditions. Increase in exhaust gas temperatures at higher speeds enhances post flame oxidation of unburned hydrocarbons. A reduction of 20 to 50 percent in HC emissions has been observed with increase in speed from 1000 to 2000 rpm. The effect of increase in speed on HC is lower at higher speed levels.

Coolant Temperature

As mentioned earlier, engine cold start and warm-up phase contribute significantly to unburned hydrocarbons. Engine cylinder and induction system temperatures therefore, are important parameters affecting HC emissions. When the engine intake manifold and combustion chamber surfaces are cold, engine out HC emissions are higher than after the engine surfaces achieve the normal operating temperatures. At low engine temperatures, the flame quenching, the crevice sources, adsorption in oil film and deposits and lower post flame oxidations, all result in more HC emissions. One of the main sources of HC emissions during cold start and engine warm-up period is very rich fuel-air ratio needed for ignition and combustion at least for several seconds after engine start. When gasoline is inducted into the cold engine, only the most volatile fraction of gasoline would evaporate. The heavy fuel components evaporate later when the engine surfaces have been heated appreciably. A large fraction of inducted fuel for the first few engine cycles therefore, is stored as liquid films in the intake port and cylinder and does not participate in combustion. Also, the engine has to be over-fuelled during cold start and 5 to10 times the stoichiometric amount of gasoline is typically inducted into the engine. To obtain robust ignition on the first cycle on cold start, a fuel vapour- air equivalence ratio above lean threshold limit (ϕ = 0.7-0.9) is required. This threshold is independent of the engine coolant temperature. The fuel-air equivalence ratio supplied to the engine during cold start thus would be in the range, ϕ = 4 to 7.

As the coolant temperature is reduced, the contribution of piston ring zone crevice becomes higher due to an increase in gas density within this crevice. Secondly, the top piston-land side clearance is also higher due to thermal contraction of the piston. A thicker oil film and higher fuel vapour solubility would result in higher absorption of fuel vapours in engine oil. Reduced postflame oxidation at low temperatures also contributes to increase in HC emissions. Increase in coolant temperatures has been observed to reduce HC emissions by about 0.4 to 1.0 % per K increase in temperature. An increase in the coolant temperature from 20 to 90° C, roughly results in 25% lower HC emissions and hence, the need of a rapid engine warm up is obvious [17].

For reduction of the cold start and warm up HC emissions, an important area of development is to improve the fuel injection and delivery to the cylinder and minimize over-fuelling, and still form the combustible charge. The cylinder wall wetting is to be kept at a minimum especially near the exhaust valves.

HC from In-Cylinder Liquid Fuel during Warm-up

A substantial amount of liquid fuel enters the cylinder of PFI engines more so during engine cold start and warm-up and liquid fuel films are formed both in the intake port and cylinder. The liquid fuel films cause wetting of in-cylinder surfaces due to following processes:

(i)   If fuel is injected while the intake valve is closed, liquid fuel deposited on the back of valve is stripped by air when the intake valve opens and enters the cylinder.
(ii) If the fuel is injected when the valve is open, liquid fuel directly flows into the cylinder
(iii) During middle of the intake stroke, high speed of intake air flow transports liquid fuel to the cylinder, and
(iv) During intake valve closing, when the fuel film on the face of valve and valve seat is squeezed large fuel droplets are formed that enter the cylinder.

Unless the fuel drops are much smaller than 100μ, the evaporation and mixture formation is not significantly improved. The temperature of the surfaces such as the back of intake valve or intake port, on which the injection is targeted, governs the rate of evaporation. The temperature of the ports is close to the coolant temperature throughout the warm-up period. As the cylinder surface temperatures increase rather slowly, combustion in the early cycles is not able to evaporate the in-cylinder liquid films completely. Some of liquid films inside the cylinder evaporate very late into expansion stroke when the in-cylinder gas temperatures are too low for complete oxidation of the fuel.

The formation of fuel film in the cylinder is affected by injection timing, injector targeting, droplet size and in-cylinder air motion. In general, open valve fuel injection (OVI) i.e., the fuel injection when intake valve is open causes cylinder wetting under the exhaust valves. It also causes cylinder head wetting around the intake valves and between the exhaust valves. Injection when valves are closed i.e., closed valve injection (CVI) produces more port and valve wetting than the OVI. Liquid fuel films on port and cylinder walls are the most important from the point of HC emissions. In cylinder fuel films get built-up over successive cycles and persist when the surfaces are cold. Studies on the port and cylinder wall wetting for a 4-valve, PFI engine during warm-up (engine speed =1200 rpm, coolant temperature 30° C) showed that with open valve injection fuel directly entering the cylinder was 18% more and cylinder wall wetting was also 16% higher compared to closed valve injection,. Port wall wetting with OVI however, was 7% less compared to CVI [55].

The in-cylinder wetting location is important. If wetting is closer to the exhaust valve, the fuel evaporated from the film is less likely to get entrained in the combustion gases and undergo in-cylinder oxidation. It is also less likely to be retained within the combustion chamber. In fact, ii is more likely to get emitted during the exhaust blow down process itself. Thus, wetting near the exhaust valve contributes more to engine-out HC emissions. In general, closed wall injection produces lower HC emissions than the open-valve injection as a result of overall lower in-cylinder wall wetting and also less wetting near exhaust valve.

Intake System Heating

Heating of induction system to assist fuel evaporation under cold engine operation has been employed for a long time. Earlier, cars used exhaust gas heated or water heated intake manifolds. Now, the air heated by exhaust is mixed with intake air for a faster engine warm-up. A control valve regulates the amount of this heated air. PFI engines in general, warm up faster than the carburettor engines. Intake system heating and consequently a faster engine warm-up would be expected to result in lower HC emissions. The intake manifold however, should not be overheated during normal engine operation, as it would cause a loss in volumetric efficiency and also an increase in nitrogen oxides emissions. Modern cars use airflow rate to control the fuel mass flow rate. Large variations in the induction system temperature would cause high variations in air density, which may result in less precise control of air-fuel ratio by the feed back controlled engine fuel management system. For a faster engine warm up, thermostat-controlled radiator cooling fans are used. These electrically operated fans can be easily decoupled from engine so that during warm-up phase the fans are shut-off and engine is not cooled by the airflow from these fans.

Summary

The trends in emission variations with different engine design and operation parameters have been discussed. The effects of some of the important variables on emissions from SI engines are qualitatively summarized in Table 6.7. Since the early stages of emission control, many engine design parameters like compression ratio, combustion chamber shape and design for high turbulence levels, intake ports for generating the desired swirl and tumble air motion, etc., have been optimized to reduce emissions. Carburettor has been replaced by electronic fuel injection for precise control of air-fuel ratio. Spark timing is electronically controlled depending upon engine operating conditions. Use of multiple-valves has become common. Exhaust gas recirculation is employed for NO_x control. Most engine parameters like fuel injection rate , EGR rate, spark advance etc., are controlled by electronic engine management system to keep emissions at low level and also to maintain an acceptable good engine performance Variable valve actuation for varying valve timing and lift is employed on many modern engines. New engine technologies such as gasoline direct injection for stratified-charge engine operation have emerged for control of emissions within the engine cylinder itself.

Table 6.7
Effect of Design and Operating Variables on Exhaust Emissions from 4-Stroke SI engines

Variable Increased	HC	CO	NO$_x$
Fuel-air equivalence ratio	∪	∪	∩
Compression ratio	↑	-	↑
Surface/volume ratio	↑	-	↓
Bore/stroke ratio	↑	-	↓
Valve overlap	↑	-	↓
Ignition timing advance	↑	-	↑
Port fuel injection	↑	↓	↓
Engine speed	↑	-	↑↓
Engine load	↓	-	↑
Coolant temperatures	↓	-	↑
Combustion chamber deposits	↑	-	↑
EGR	↑	-	↓
Intake swirl and turbulence	↓	-	↑

Key: ↑ = increase; ↓ = decrease; ↑↓ = uncertain; - = no effect

6.9 EFFECT OF DIESEL ENGINE DESIGN AND OPERATING VARIABLES

Compression Ratio

Optimum compression ratio used for the heavy-duty, naturally aspirated, direct injection engines is around 16:1 and for the turbocharged engines it is about 13:1 to 14:1. Cold starting requirements prevents further reduction in the compression ratio. An increase in compression ratio results in a shorter ignition delay. A shorter delay period would result in less 'overmixing' of fuel and air and lower HC emissions. The high combustion temperatures obtained at high compression ratios tend to increase oxidation of the unburned HC. A longer delay increases the fraction of fuel burned during the premixed phase resulting in higher peak pressures and temperatures which cause an increase in NO$_x$ formation. However, if the ignition delay is too long the combustion may begin in the expansion stroke reducing combustion pressure and temperature. Too long an ignition delay leads to lower NO$_x$ emissions along with poor fuel efficiency. Under cold conditions during engine warm up, too long a delay results in the emission of unburned fuel called as 'white smoke'. Increase in compression ratio although may reduce HC, but due to higher combustion temperatures it may have adverse effect on NO$_x$. Higher combustion temperatures on the other hand would result in an increase of soot oxidation. For obtaining the low particulate and NO$_x$ emissions simultaneously, an optimum compression ratio is to be used.

Combustion Chamber Type

The two main types of diesel engines are the DI and IDI engines, although the IDI engines due to their poor fuel economy are now nearly phased out of production. The combustion in IDI engines takes place in two stages. A rich mixture burns in the pre-chamber where all the fuel is injected. The

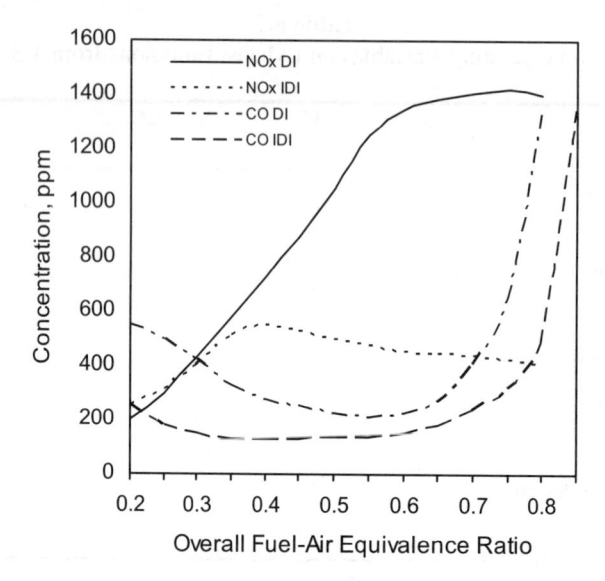

Figure 6.33 Comparison of NO_x and CO concentrations in DI and IDI diesel engines [56]

partially burned rich fuel air mixture from the pre-chamber is transported to the main chamber where excess air is present. The jet of partially burned gases issuing out of pre-chamber generates high turbulence in the main chamber that causes rapid mixing and most fuel burns as lean mixture. At light loads, most of NO may form in the pre-chamber. But, at higher loads additional NO formation would occur in the main chamber. Although temperatures are higher in the pre-chamber, but except at light loads mixture is overall rich and hence, lower formation of NO. In the DI engines at the end of premixed combustion higher peak pressures and temperatures are obtained compared to IDI engines and NO is formed in near stoichiometric mixtures during mixing controlled phase. Due to these factors overall, the indirect injection engines emit lower NO_x as shown in Fig. 6.33. In the DI engines, presence of a lower level of turbulence during combustion results in some CO not finding the required oxygen while the temperatures are still high. It results in .higher CO emissions than the IDI engines even though more excess air is present.

Combustion Chamber Dead Volumes

Air in the combustion chamber is contained in several different volumes like piston bowl, top land crevice, piston – cylinder head clearance, valve recess and head gasket clearance. Fig. 6.34 shows typical combustion chamber volume distributed in different zones. The piston bowl in DI diesel engines contains slightly more than 50% of total clearance volume at tdc. The air contained in top land crevice, head gasket clearance and valve recess is nearly 15 % and is poorly utilized during combustion. Even the volume between piston crown and cylinder head at top dead centre has poor air utilization. Piston-cylinder crevice volumes store more than proportionate air due to lower temperature in the crevice region compared to the temperature of air in the cylinder. A reduction in crevice volume therefore, increases air utilization. Similarly, a lower clearance between piston and cylinder head increases air utilization and minimizes the possibility of fuel entering the crevices. The beneficial effect of reducing the 'poor air utilization' volume on particulate emission and fuel consumption are shown on Fig. 6.35.

Formation of Engine Emissions 285

Volume Distribution of Combustion Chamber at TDC	
Piston bowl	55%
Piston – Cylinder head clearance	30%
Valve recess	6%
Top land crevice	7%
Head gasket	2%

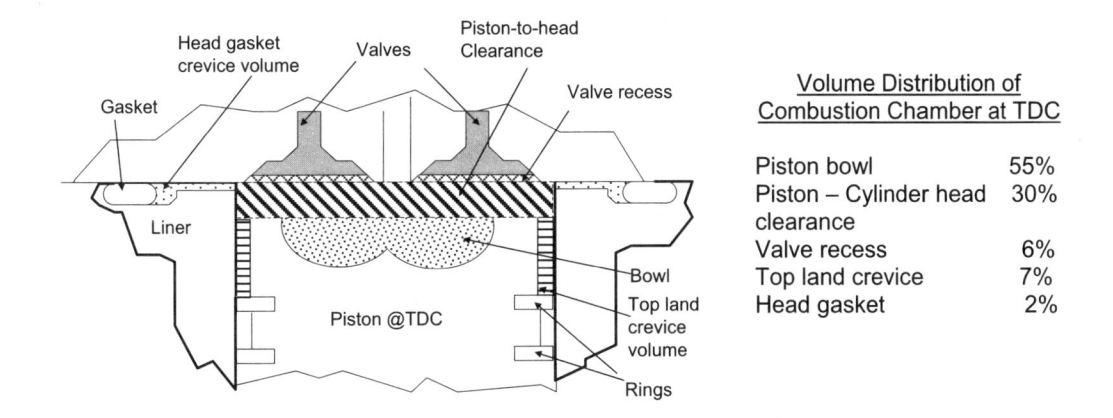

Figure 6.34 Distribution of 'poor air-utilization' volumes contained in top land crevice, valve recess and head gasket crevice in DI diesel engine combustion chamber.

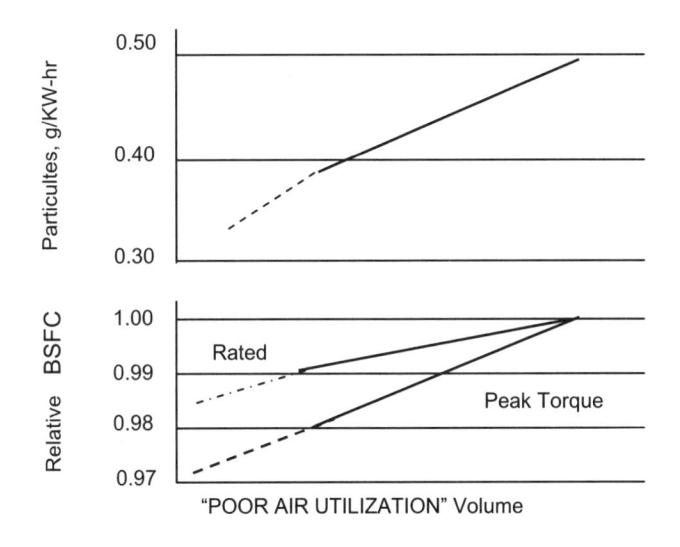

Figure 6.35 Engine fuel economy and PM emissions versus poor air-utilization volumes in DI diesel engine combustion chamber [57].

Multi Valves and Air Motion

Use of multiple valves (3 or 4) per cylinder configuration increases flow area and volumetric efficiency of the engine. Four valves per cylinder are now common in the gasoline engines. In the direct injection diesel engines use of four valves enables a centralized location of injector and combustion bowl in the piston. The injector can be placed more centrally and vertically. With two valves designs, the injector is always offset and inclined. Injector inclination of 20 and 10 degrees from vertical has been observed to give an increase of about 25 and 5 %, respectively in PM emissions compared to a vertically located injector due to poor fuel distribution in the cylinder.

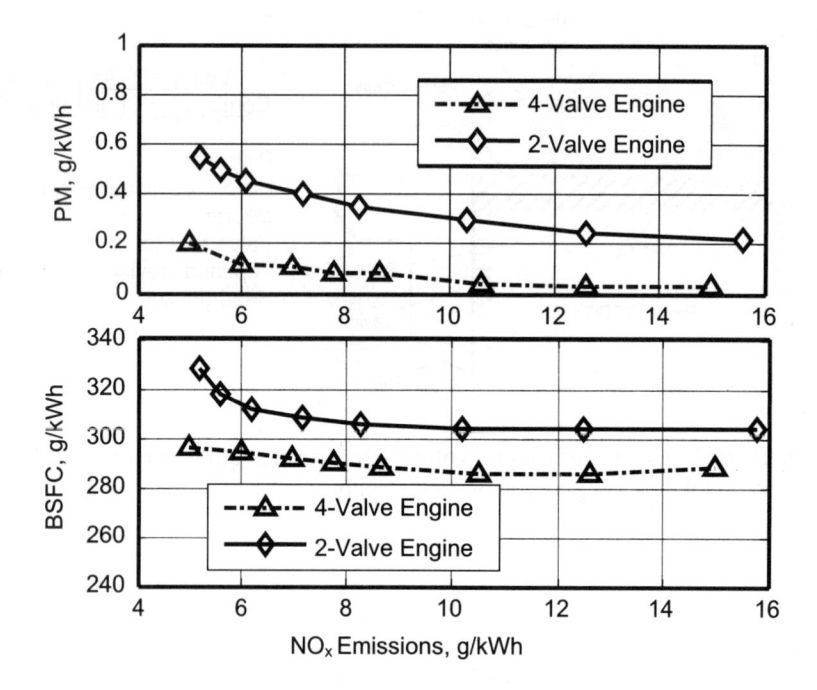

Figure 6.36 PM – NO_x and Fuel Efficiency – NO_x trade-off for two valve and four-valve passenger car DI diesel engines without EGR; 2 bar bmep, 2000 rpm. [58]

A centralized combustion system has lower swirl requirements and thus a smaller fraction of fuel is premixed as well as overmixed during delay period. A central and vertical location of the injector results in more equal fuel distribution and availability of equal air to each spray for mixing. In four-valve engines, symmetrical air motion in the piston bowl and equal fuel distribution between different sprays lead to optimum mixture formation and combustion with very low smoke levels. Centralized combustion system thus, results in reduced formation of PM and NO_x.

The particulate-NO_x and fuel economy-NO_x trade-offs obtained for two valve and 4 -valve engines are compared in Fig. 6.36. Retarded injection timing strategy is used for control of NO_x that normally results in an increase in PM emissions and deteriorates fuel economy. However, with 4 - valve design a nearly constant level of PM emissions with only moderate increase in fuel consumption results due to central location of injector and better air utilization. Thus, injection retard for NO_x control can be applied more successfully in the 4-valve engines combining lowest emissions and improved fuel efficiency.

High air swirl can increase fuel -air 'overmixing' during premixed combustion. As discussed before, 'overmixing' of fuel is an important source of HC emissions. On the other hand, an increase in air swirl increases air utilization due to improved mixing. Swirl also reduces spray penetration and impingement of spray on combustion chamber walls in small engines. This is particularly significant now when very high injection pressures are being employed. Reentrant shape of combustion bowls improves mixing during expansion stroke when the combustion products are flowing out of the bowl and leads to more complete combustion. The effect of swirl on emissions is very closely related to the combustion chamber shape and injection system design.

Fuel Injection Variables

Effect of fuel injection timing on NO_x emissions from CI engines is quite similar to that of spark timing in SI engines. Effect of injection timing on NO_x, HC, smoke emissions and fuel consumption is shown on Fig 6.37 [35]. With retarded injection timing, as expected the NO_x emissions decrease sharply. An increase in smoke and decrease in HC results with retarded injection timing. However, if the injection timing is retarded too much, HC emissions in naturally aspirated engines also may increase sharply. Effect of injection pressure is presented qualitatively on this figure, which shows that an increase in injection pressure results in higher NO_x and HC, but yields lower smoke and CO emissions.

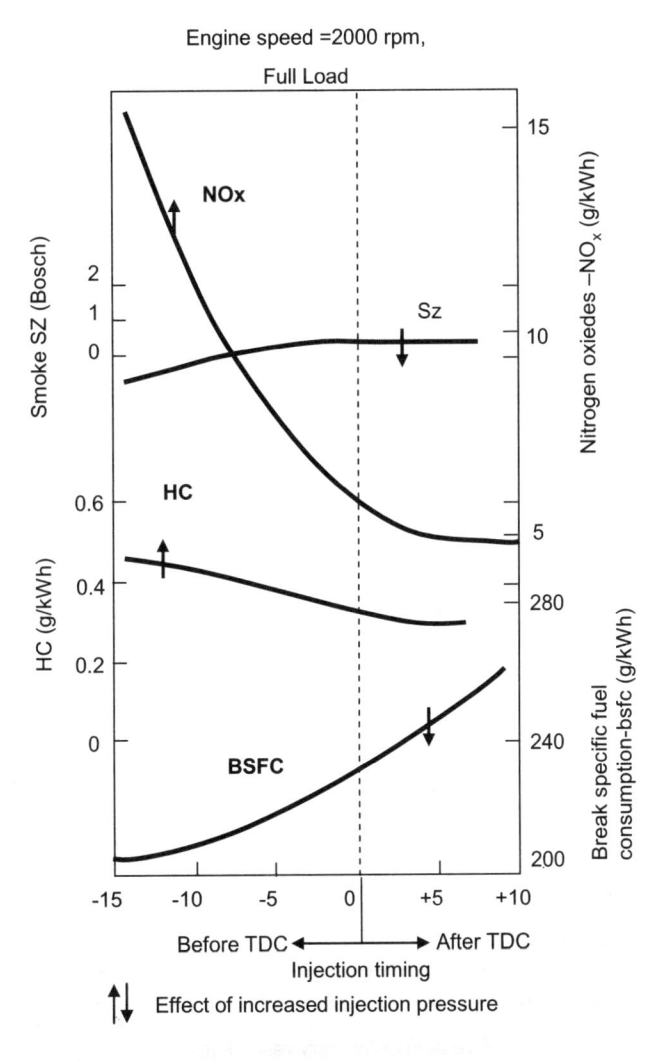

Figure 6.37 Effect of injection timing and injection pressure on emissions and fuel economy for a heavy-duty diesel engine, full engine load, 2000 rpm. Adapted from [35].

Very high injection pressures are being employed on modern engines since the stringent particulate emission limits were enforced during 1990s in the USA. As the injection pressure is increased, injection duration is reduced for the same nozzle hole size and injection quantity and atomization improves resulting in smaller droplet size. Finer droplets produced by the high injection pressures, evaporate and form combustible mixture faster resulting in burning of more fuel close to tdc. This results in lower soot emissions and lower fuel consumption. But, an increase in NO_x emissions is obtained with high injection pressures. High momentum of fuel droplets may carry these farther in the combustion chamber producing a wider lean over-mixed region that results in higher HC emissions. Advantage of high injection pressure is, that keeping the NO_x unchanged significant reductions in particulate emissions are obtained.

Injection rate shaping helps in control of emissions. Low initial rates of injection and gradual increase in the injection rate has been observed to be desirable for reducing PM and NO_x. However, the end of injection should have a sharp-cut-off to prevent poorly atomized fuel being injected towards the end of injection process. The effect of injection pressure and injection rate shaping is discussed in more details in Chapter 8. Contribution of nozzle sac volume to HC has already been discussed. However, zero sac volume nozzles e.g. valve covered orifices (VCO) may give poor injection quality due to flow pattern changes in the injector tip. Overheating of the nozzle tip and poor durability also results in low sac volume nozzles as the fuel in the nozzle sac acts as a heat sink. Precision of nozzle manufacturing is important as it can have large effect on HC emissions due to variations in nozzle sac and hole geometry.

Engine load and Speed

With increase in engine load, air-fuel ratio decreases and the combustion and exhaust temperatures increase. The typical dependence of NO and CO on air-fuel ratio i.e., engine load has already been shown in Fig. 6.33. Dependence of smoke and HC on overall fuel-air ratio for a direct injection diesel engine is shown on Fig. 6.38.

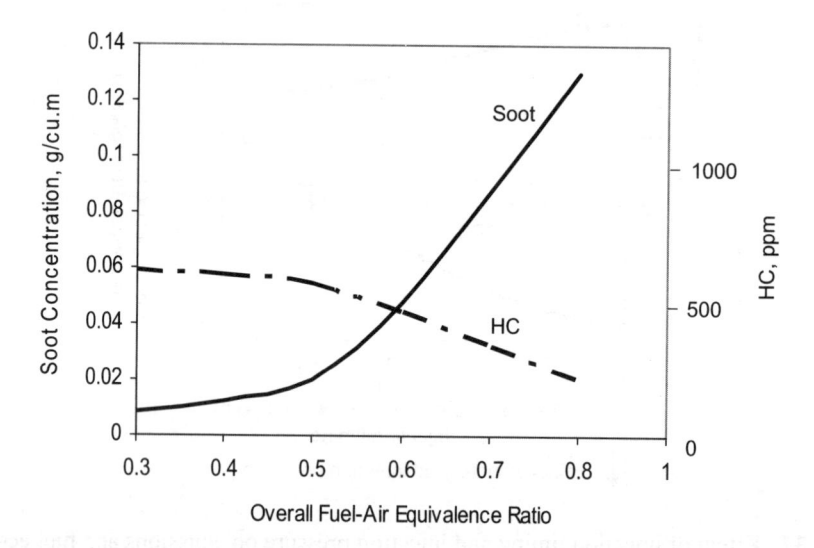

Figure 6.38 Effect of air-fuel ratio (Engine Load) on exhaust emissions for a DI diesel engine [56]

With increase in engine load (increase in fuel-air ratio), NO_x and soot emissions increase. Carbon monoxide decreases with increase in fuel-air ratio until excess air reduces to about 70 percent (Fig. 6.33). With further increase in fuel-air ratio, CO emissions start increasing again and rise sharply as more fuel is injected to increase engine power output. At maximum load, NO_x, CO and soot are at their maximum level. HC however, reduce with increase in engine load as higher gas temperature lead to their oxidation. Engine brake thermal efficiency increases with engine load because the ratio of friction to brake power goes down. Interaction among these factors results in an optimum value of brake specific fuel consumption (BSFC), brake specific nitrogen oxides ($BSNO_x$) and particulate emissions at an intermediate load. Specific hydrocarbons however, continue to decrease due to increased rate of oxidation at higher loads.

The variable speed engines are designed to give lowest fuel consumption at about 2/3rd of maximum speed at which it is normally operated. In turbocharged engines, the boost pressure is reduced at low engine speeds resulting in higher fuel-air ratio. At high speeds pumping losses increase, but cooling decreases and, the coolant and residual gases are hotter. Both these factors increase NO_x. The HC and PM have an optimum at an intermediate speed because time available for oxidation decreases at the higher speeds. An increase in coolant temperature reduces heat transfer from the combustion chamber resulting in higher NO_x. But, reductions in HC, PM and fuel consumption are obtained as the coolant temperature increases.

Exhaust Gas Recirculation

As discussed earlier, the role of EGR is to act as an inert diluent and heat sink that reduces the oxygen concentration during combustion and lowers the combustion temperatures. As a larger mass of charge containing inert gases is involved for complete combustion of the same mass of fuel, the flame temperatures are reduced as a result of EGR. The NO_x formation being an exponential function of temperature, even a small reduction in flame temperature has a large effect on NO_x kinetics. Increase in heat capacity of charge caused by EGR has generally been thought to result in reduction of NO_x emissions. However, in the diesel engines EGR can affect NO_x reduction in three possible ways [59]. These effects are:

- Dilution effect: It is the reduction in inlet charge oxygen concentration
- Thermal effect: It is the increase in inlet charge heat capacity, and
- Chemical effect: Modification in combustion process as a result of dissociation of CO_2 and water vapour

Investigations were carried out by replacing part of inlet nitrogen or oxygen with mixture of gases like argon, helium, CO_2 and H_2O so that all the three effects could be separated. First, carbon dioxide or water vapours were used to replace part of the oxygen in the intake air. In this way, overall effect of addition of either CO_2 or H_2O on NO_x emissions was determined. The dilution effect of CO_2 or H_2O on emissions was isolated by replacing part of the oxygen in the intake air by the mixture of argon and nitrogen while maintaining the inlet charge heat capacity equal to that of air. For study of the thermal effect, part of inlet nitrogen was replaced by helium to keep heat capacity of charge equal to that when CO_2 or H_2O replaced inlet oxygen in the test of overall effect. For study of the chemical effect, CO_2 or H_2O replaced only the inlet nitrogen. Part of nitrogen was replaced by argon to keep the intake charge heat capacity as that of air. The results of this study are shown in Fig. 6.39. These investigations showed that the dilution effect (reduction in inlet oxygen) is the dominant effect in case of diesel engines. The chemical and thermal effects were rather small.

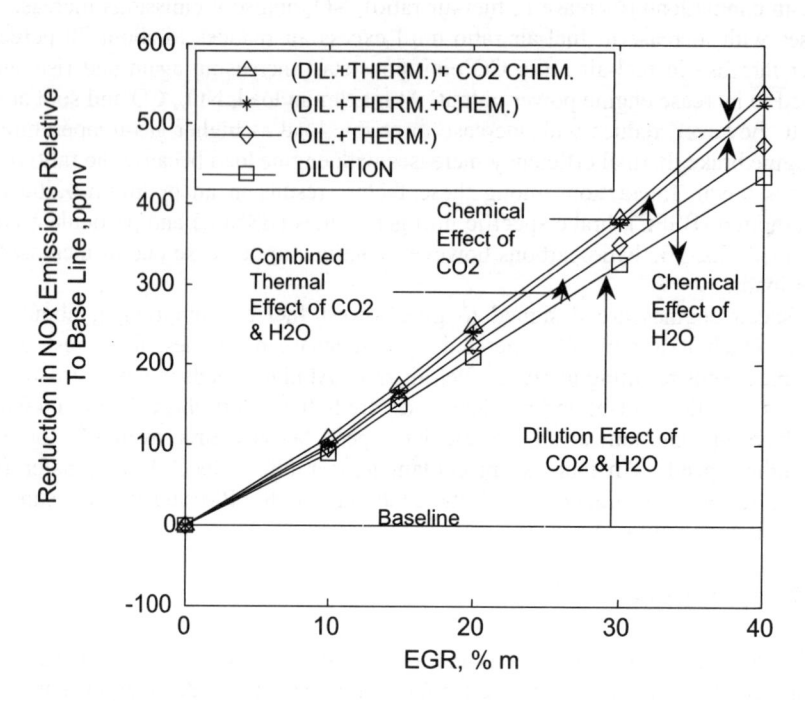

Figure 6.39 Magnitudes of dilution, thermal and chemical effects of CO_2 and H_2O in EGR on NO_x emissions. Adapted from [58].

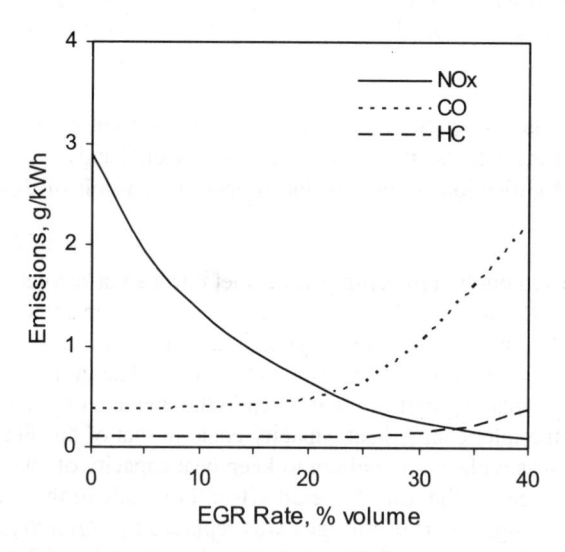

Figure 6.40 Typical effect of effect of EGR on NOx, HC and fuel economy for a turbocharged, intercooled passenger car DI diesel engine [17].

Exhaust gas recirculation has been used on diesel passenger cars since mid-1990s to reduce NO_x emissions. This is being applied now on more and more diesel engines as the emission standards are being tightened. Typical effect of EGR on NO_x, HC and CO emissions for a turbocharged passenger car DI diesel engine is shown on Fig 6.40. At around 10% EGR, 50% reduction in NOx is obtained with little change in CO and HC. However, as the EGR rate is increased beyond 15 %, NO_x decreases further, but CO, smoke and HC are increased. The excess air declines with EGR causing sharp increase in smoke and loss in fuel economy compared to engine operation without EGR. At the same EGR rate, the effect on diesel NO_x is smaller compared to SI engine as the exhaust gas in diesel engine contains smaller amount of tri-atomic gas CO_2. The overall effect of EGR is to reduce NO_x which is accompanied with an increase in smoke, particulate and unburned hydrocarbon emissions and an increase in fuel consumption.

Fuel Quality

For practical fuels, the natural cetane number, volatility, viscosity, density and hydrocarbon composition are interdependent. As the fuel density decreases the fuel contains more of paraffinic hydrocarbons, the cetane number and fuel volatility generally increase and viscosity is lower. So, the effect of change in one fuel quality parameter may be some times the result of several interactions. A high fuel cetane number results in ease of cold starting, faster warm-up and reduced premixed burning. Thus, as the cetane number increases it should have beneficial effect on HC and NO_x emissions. On the other hand, with higher fuel volatility a larger lean flame out 'overmixing' region may result and due to faster fuel evaporation the fraction of fuel burned as premixed is also higher. Therefore, an increase in NO_x as well as HC may be observed with more volatile diesel fuels. As the fuel sulphur increases more sulphates would be adsorbed on soot and the emission of particulate mass increases. The emission effects of fuel quality are discussed in more details in Chapter 9.

Summary

The effects of engine design and operating parameters on diesel emissions and fuel consumption have been discussed in this chapter. To the customer, mainly the fuel economy is of concern. Other important considerations to the user are ease of starting, engine durability and low maintenance costs. Fuel system design and engine geometry influence both the fuel economy and emissions. As discussed earlier, injection pressure is the main factor affecting particulate emissions. Injection rate shaping and pilot injection effects are being studied for practical implementation. Nozzle sac volume has good correlation with HC emissions. Four-valve cylinder head designs have made vertical fitment of injector along the cylinder axis possible particularly in heavy-duty production diesel engines. It improves air utilization and consequently the better combustion and low particulate emissions. Reduction of crevice volumes and piston- cylinder head clearance is important to reduce the volume of those combustion chamber regions that have 'poor air utilization'. The combustion chamber shape and air motion are highly coupled. Air swirl and squish in the combustion chamber have the second largest influence after injection parameters on combustion and emissions. The major effect of combustion bowl geometry is to influence mixing of combustion products as they flow out of bowl during expansion. The reentrant combustion chamber shape enhances mixing.

The engines are generally designed to give optimum performance at mid-speed range where they are usually operated. The speed-load interaction is complicated by functioning of engine governor system and response of the fuel injection system. The speed-load operating factors are also affected by turbocharger performance map. At low engine speeds, turbocharger boost pressure is low resulting in

292 IC Engines: Combustion and Emissions

high overall fuel-air ratio. At high speeds, pumping losses are high and other energy losses like mechanical friction and turbulent viscous losses are also high. These interactions affect emissions. High coolant temperatures result in reduction of heat transfer from combustion chamber and consequently in high cylinder gas temperatures. Fuel properties like ignition quality, aromatic content and volatility are highly correlated. A high aromatic fuel has a low cetane number, which affects fuel burned during pre-mixed phase of combustion in addition to the effect of aromatics on soot formation chemistry. The effect of various design and operating variables on DI diesel engine performance and emissions adapted from Borman and Ragland [9] are summarized in Table 6.8.

Table 6.8
Emission Trends with Engine Design and Operating Variables for Diesel Engines

Parameter	BSFC	BSNOx	BSHC	PM
Engine design variables				
Compression ratio	↺	↺	↘	↺
Stroke/Bore ratio	↘	→	↘	↘
Piston-cylinder clearance	↗	→	→	↗
Crevice volume	↑	→	→	↗
Swirl	↺	↺	↺	↺
Valve size and number	↘	↘	→	→
Fuel injection variables				
High pressure injection	↘	↗	↘	↘
Retarded injection timing	↗	↘	↗	↗
Sac volume	→	→	↗	↺
Number and size of holes	↺	↺	→	↺
Rate shaping	↺	↺	↺	↺
Pilot injection	↗	↘	→	→
Spray angle	↺	↺	→	↺
Eccentricity of Injector	↗	→	↗	↗
Operating parameters				
Engine speed	↺	↗	↗	↺
Engine load	↺	↺	↘	↺
Coolant temperature	↘	↗	↘	↘
Fuel cetane number	→	↘	↘	→
Fuel sulphur content	→	→	→	↘
Fuel volatility	→	↗	↗	→

Key: No Effect →: Increase ↗: Decrease ↘: reaches an optimum ↺

PROBLEMS

6.1 The effect of fuel-air equivalence ratio (ϕ) on NO, CO and HC emissions for a spark ignition engine is shown on Fig. 6.2. Draw a similar graph for a DI diesel engine showing variation of three pollutants with equivalence ratio. Refer Fig. 6.9 and plot NO versus ϕ for a SI and a DI diesel engine on the same graph and explain the trends observed for the two engines.

6.2 A mixture gases contains 4% O_2 and 60% N_2 by volume and the balance is composed of inert gases. The gas mixture is heated instantaneously to 2500 K at 1 atm. Calculate initial rate of NO formation in ppm per second using Zeldovich mechanism (refer Eq. 6.26).

6.3 Repeat the problem 6.2 if the P =30 atm.

6.4 Characteristic time for NO to reach equilibrium value during combustion is given by

$$t_{NO} = \frac{3.38 \times 10^{-16} T \exp(58,635/T)}{P^{1/2}}$$

where T is in K, P in atm.
Calculate the characteristic time, t_{NO} for the charge elements that burn early and achieve average temperature equal to 2700°K and pressure 25 atm. What would be t_{NO} for another charge element burning late in the cycle at 30° CA atdc and remains at an average temperature and pressure of 2000 K and 15 atm? If the engine speed is 3000 rpm what do you conclude on the relative contribution of the above two elements to exhaust NO emissions?

6.5 Methane and air mixture at 25° C and ϕ = 0.9, 1.0 and 1.1 is burned adiabatically. At 1 atm. The temperature after combustion (T_f) is maintained at the same level for 2 seconds. Using the data given below, calculate NO concentration in ppm as function of time for the three fuel-air equivalence ratios and plot it.

ϕ	T_f, K	Mole fraction at equilibrium					
		$O_2 \times 10^3$	N_2	$O \times 10^3$	$OH \times 10^3$	$H \times 10^3$	$NO \times 10^3$
0.9	2140	16.8	0.717	0.245	2.75	0.134	3.143
1.0	2227	4.46	0.708	0.325	2.87	0.393	1.961
1.1	2205	0.257	0.692	0.0442	1.30	0.679	0.443

6.6 For low temperature combustion products (T <1000 K) of octane and air at ϕ=1.0, determine the average specific heat at constant pressure. Calculate contribution of each component i.e., CO_2, H_2O, N_2, O_2 etc to the average specific heat. Compare the average specific heat of the combustion products to that of air at 300 K. Is this why EGR is more effective in reducing NO than just leaning of mixture?

6.7 A single cylinder SI engine has 75 x75 mm bore x stroke and 8.5:1 CR, piston top land has 9 mm height and its diameter is 74.4 mm. Mixture conditions are 340 K and 100 kPa at the beginning of compression. Engine volumetric efficiency is 0.8 and mixture before entering the cylinder is at 300 K. The gas in the crevice can be assumed at wall temperature equal 400 K. If peak cylinder pressure is 40 bar. Calculate;

(i) the mass fraction of fresh mixture contained in piston-cylinder crevice at the point of peak pressure.

(ii) If one third of the crevice gas remains unburned what would be specific HC mass emissions (g of HC/kWh), the brake specific fuel consumption of the engine is 300 g/kWh.

(iii) If the engine operates at stoichiometric mixture of octane and air, estimate the concentration of HC in ppmC in the exhaust.

6.8 Using information in Section 6.4.1 verify the estimate of 1% of total inducted fuel (Fig. 6.15) being absorbed in lubricating oil film and getting desorbed during expansion stroke.

6.9 Explain referring Fig. 6.15, why 2/3 rd of the hydrocarbons getting released from the crevices and quench layers get oxidized in the cylinder itself while only 1/3rd of the hydrocarbons released from oil film, deposits and liquid film in the cylinder get oxidized.

6.10 Calculate average specific heat of low temperature combustion products of octane and air at $\phi = 0.7$ and 0.4 the typical over-all fuel-air equivalence ratio for the DI diesel engine at full load and part load. Compare it that with the value obtained at $\phi = 1.0$ that would be typical of SI engine exhaust gases. EGR is used to control NO at part loads. Using this information explain why EGR is more effective in SI than in the CI engines? Plot qualitatively the $[NO]_{EGR}/[NO]_{zero\ EGR}$ for versus EGR rate for typical SI and CI engines on the same graph.

6.11 In a diesel engine, HC emissions vary linearly with nozzle sac volume. Nozzle sac volume of 0.2 mm^3 and 1.4 mm^3 result in 125 ppm and 500 ppm HC, respectively. If injector has four nozzle holes of $l/d = 4$, calculate the dia of nozzle holes.

6.12 In the exhaust of a diesel engine soot particle number density is 0.25×10^9/cm^3 and volume fraction Fv is 0.3 cm^3/m^3. Find out the average diameter of soot particles. If the diesel engine operates at $\phi = 0.4$ with a fuel of empirical formula $(CH_2)n$, calculate the fraction of fuel carbon exhausted as soot. Estimate energy content of soot particles (taking soot as carbon) as percent of energy supplied. Exhaust gas temperature is 350°C and pressure is 1 atm.

6.13 In a diesel engine smoke particles (spherules) of average dia of 30 nm are formed. The engine is operating with overall fuel-air equivalence ratio, $\phi = 0.7$ at 1800 rpm with fuel of empirical composition $(CH_2)n$. Using NS-C mechanism find out burning time in degrees CA for the smoke particles generated:

(i) At tdc when $P = 70$ atm and $T = 2800°$ K in burning zone which are held constant for sufficient period of time.

(ii) Due to expansion burning zone temperature has reduced to 2000° K and pressure also reduced accordingly, use polytropic index equal to 1.35. Find the burning time for the soot particle of 30 nm dia entrained in this gas if pressure and temperature remain unchanged.

Assume density of soot particles equal to 2g/cm^3.

6.14 Construct a table similar to Table 6.8 for the effects of inlet air humidity, ambient pressure, EGR and oxygen enrichment of air in the cylinder

REFERENCES

1. Carel, R.S., "Health Aspects of Air Pollution", *Handbook of Air Pollution from Internal Combustion Engines: Pollutant Formation and Control*, Ed. E. Sher, Academic Press, (1998).
2. Heywood, J.B., *Internal Combustion Engine Fundamentals*, McGraw Hill Book Company (1988).
3. Carter, W.P.L., "Development of Ozone Reactivity Scales for Volatile Organic Compounds", J. of Air and Waste Management Association, Vol. 44, p 881-899, (1994).
4. Newhall, H. K., "Kinetics of Engine Generated Nitrogen Oxides and Carbon Monoxide", Twelfth International Symposium on Combustion, pp. 603-695, (1969).
5. Fennimore, C. P., "Formation of Nitric Oxide in Premixed Hydrocarbon Flames", Proceedings of Thirteenth Symposium (International) on Combustion, The Combustion Institute, Pittsburgh, pp. 373-380, (1971).
6. Bowman, C. T., "Kinetics of Pollutant Formation and Destruction in Combustion", Prog. Energy Combustion Sciences, Vol.1, pp. 33-45, (1975).
7. Hochgreb, S., "Combustion-Related Emissions in SI Engines", *Handbook of Air Pollution from Internal Combustion Engines Pollutant Formation and Control*, Edited by E. Sher, Academic Press, (1998).
8. Lavoie, G. A., Heywood, J. B., and Keck, J. C., "Experimental and Theoretical Investigation of Nitric Oxide Formation in Internal Combustion Engines", Combustion Science and Technology, Vol. 1, (1970).
9. Borman, G. L., and Ragland K. W., *Combustion Engineering*, McGraw-Hill International Editions, (1988).
10. Lavoie, G. A., "Spectroscopic Measurement of Nitric Oxide in Spark-Ignition Engines", Combustion Flame, Vol.15, pp. 97-108, (1970).
11. Komiyama, K., and Heywood, J. B., "Predicting NOx Emissions and Effects of Exhaust Gas Recirculation in Spark-Ignition Engines", SAE Paper 730475, (1973).
12. Dec, J. E., "A Conceptual Model of DI Diesel Combustion Based on Laser Sheet Imaging", SAE Paper 970873, (1997).
13. Vioculescu, I. A., and Borman, G. L., "An Experimental Study of Diesel Engine Cylinder-Averaged NOx Histories", SAE Paper 780228, (1978).
14. Ahmad, T., and Plee, S. L., "Application of Flame Temperature Correlations to Emissions from a Direct Injection Diesel Engine", SAE Paper 831734, SAE Trans., Vol. 92, (1983).
15. Mellor, A. M., Mello, J. P., Duffu, K. P., Easley, W. L. and Faulkner, J. C., "Skeletal Mechanism for NOx Chemistry in Diesel Engines", SAE Paper 981450, (1998).
16. Hilliard, J. C., and Wheeler, R. W., "Nitrogen Dioxide in Engine Exhaust", SAE Paper 790691, (1979).
17. Pundir B. P., *Engine Emissions: Pollutant Formation and Advances in Control Technology*, Narosa Publishing House Pvt. Ltd., New Delhi, (2007).
18. Lavoie, G. A., "Correlations of Combustion Data for SI Engine Calculations – Laminar Flame Speed, Quench Distance and Global Reaction Rates", SAE Paper 780229, (1978).
19. Daniel, W. A., "Flame Quenching at the Walls of an Internal Combustion Engine", Proceedings Sixth International Symposium on Combustion, p. 886, Reinhold, New York, (1957).
20. Adamczyk, A. A., Kaiser, E. W., Cavolowsky, J. A., and Lavoie, G. A., " An Experimental Study of Hydrocarbon Emissions from Closed Vessel Explosions", Proceedings Eighteenth International Symposium on Combustion, pp. 1695-1702, The Combustion Institute, (1981).

21. Saika, T., and Korematsu, K., "Flame Propagation into the Ring Crevice of a Spark Ignition Engine", SAE paper 861528, (1986).
22. Wentworth J. T., "The Piston Crevice Volume Effect on Exhaust Hydrocarbon Emission", Combustion Science and Technology, Vol. 4, pp. 97-100 (1971).
23. Linna, J. R., and Hochgreb, S., "Analytical Scaling Model for Hydrocarbon Emissions from Fuel Absorption in Oil Layers in Spark Ignition Engines", Combustion Science and Technology 109, pp. 205-226, (1995).
24. Kaiser, E. W., LoRusso, J. A., Lavoie, G. A., and Adamczyk, A. A., "The Effect of Oil Layers on the Hydrocarbon Emissions from Spark-Ignited Engines", Combustion Science and Technology, Vol. 28, pp. 69-73, (1982).
25. Gatellier, B., Trapy, J., Herrier, D., Quelin, J. M., and Galliot, F., "Hydrocarbon Emissions of SI Engines as Influenced by Fuel Absorption-Desorption in Oil Films", SAE Paper 920095, (1992).
26. Wentworth, J. T., "More on Origins of Exhaust Hydrocarbons – Effects of Zero Oil Composition, Deposit Location, and Surface Roughness", SAE Paper 720939, (1972).
27. Harpster, Jr., M. O., Matas, S. E., Fry, J. H., and Litzinger, T. A., "An Experimental Study of Fuel Composition and Combustion Chamber Deposit Effects on Emissions from a Spark Ignition Engine", SAE Paper 950740, (1995).
28. Bitting, W. H., Firmstone, G. P., and Keller, C. T., "Effects of Combustion Chamber Deposits on Tailpipe Emissions", SAE Paper 940305, (1994).
29. Shin, Y., Min, K., and Cheng, W. K., "Visualization of Mixture preparation in a Port-Fuel Injection Engine During Engine Warm-Up", SAE Paper 952481, (1995).
30. Quader, A. A., "How Injector, Engine and Fuel Variables Impact Smoke and Hydrocarbon Emissions with Port Fuel Injection", SAE Paper 890623, (1989).
31. Lavoie, G.A., "Correlation of Combustion Data for S.I. Engine Calculations – Laminar Flame speed, Quench Distance, and Global reaction Rates", SAE Paper 780229, (1978).
32. Tabaczynski, R., Heywood, J., and Keck, J., "Time-Resolved Measurements of Hydrocarbon Mass Flowrate in the Exhaust of a Spark Ignition Engine", SAE Paper 720112, (1972).
33. Cheng, W. K., Hamrin, D., Heywood, J. B., Hochgreb, S., Min, K., and Norris, M. G., "An Overview of Hydrocarbon Emissions Mechanisms in Spark Ignition Engines", SAE Paper 932708, (1993).
34. Greaves, G., Khan, I. M., Wang, C. H. T., and Fenne, I., "Origins of Hydrocarbon Emissions from Diesel Engines," SAE Paper 770259, (1977).
35. Stumpp, G., Polach, W., Muller, N, and Warga, J., "Fuel Injection Equipment for Heavy Duty Diesel Engines for US 1991/1994 Emission Limits", SAE Paper 890851, (1989).
36. Code of Federal Regulations (CFR), Protection of Environment, 40, Parts 86-99, Office of the Federal Register, Washington, DC, July 1, (1992).
37. Eastwood, P., *Particulate Emissions from Vehicles*, John Wiley and Sons, (2008)
38. Smith, O. I., "Fundamentals of Soot Formation in Flames with Application to Diesel Engine Particulate Emissions", Prog. Energy Combustion Science, Vol. 7, pp. 275-291, (1981).
39. Pandey, P, Pundir, B. P., and Panigrahi, P. K., "Influence of Hydrogen addition to Acetylene – Air Laminar Diffusion Flames on Soot Formation", Proc. Fourth Mediterranean Combustion Symposium, Lisbon, Oct. 6-10, (2005).
40. Frenklach, M., and Wang, H., "Detailed Modeling of Soot Particle Nucleation and Growth", Twenty-Third Symposium (International) on Combustion, pp. 1559-1566, The Combustion Institute, Pittsburgh, (1990).
41. Haynes, B.S., and Wagner, H.G., "Soot Formation", Prog. Energy Combustion Science, Vol. 7, (1981).

42. Frenklach, M., "On Surface Growth Mechanism of Soot Particles", Twenty-Sixth Symposium (International) on Combustion, pp. 2285-2293, The Combustion Institute, Pittsburgh, (1996).
43. Fennimore, C.P., and Jones, G.W., "Oxidation of Soot by Hydroxyl Radicals", Journal of Physical Chemistry, Vol. 71, p 593-597, (1967).
44. Moss, J. B., Stewart, C. D., and Young, K. J., "Modeling Soot Formation and Burnout in a High Temperature Laminar Diffusion Flame Burning under Oxygen-Enriched Conditions", Combust. Flame, pp. 491-500, (1995).
45. Xu, F., El-Leathy, A. M., Kim, C. H., and Faeth, G. M., "Soot Surface Oxidation in Hydrocarbon/Air Diffusion Flames at Atmospheric Pressure", Combustion and Flame, pp. 43-57, (2003).
46. Park, C., and Appleton, J. P., "Shock-Tube Measurement of Soot Oxidation Rates", Combustion and Flame, Vol. 20, pp. 369-379, (1973).
47. Amann, C., Stivender, D. L., Plee, S. L., and MacDonald, J. S., "Some Rudiments of Diesel Particulate Emissions", SAE Paper 800251, SAE Trans., Vol. 89, (1980).
48. Greaves, G., and Wang, C.H.T., "Origins of Diesel Particulate Mass Emissions", SAE Paper 870476 (1987).
49. Diesel Smoke Measurement, SAE J255a, SAE Handbook, Vol. 3, (1983).
50. Rutland, C., Eckhause, J., Hampson, G., Hessel, R., Kong, S., Patterson, M., Pierpont, D., Sweetland, P., Tow, T., and Reitz, R., "Toward Predictive Modeling of Diesel Engine Intake Flow, Combustion and Emissions", SAE Paper 941897, (1994).
51. Milton, B.E., "Control Technologies in Spark Ignition Engines", *Handbook of Air Pollution from Internal Combustion Engines Pollutant Formation and Control*," Edited by E. Sher, Academic Press, (1998).
52. Pundir, B. P., Zvonow, V. A., and Gupta, C. P., " Nitric Oxide Formation in Spark-Ignition Engines with In-Cylinder Charge Non-Homogeneity of a Random Nature", Proc. I. Mech. E. London, Vol. 199, No D3, (1985).
53. Quader, A. A., "Why Intake Charge Dilution Decreases Nitric Oxide Emission from Spark Ignition Engines", SAE Paper 710009, (1971).
54. Kuroda, H, Nakajima, Y, Sugihara, K, Takagi, Y., and Muranaka, S, "The Fast Burn with Heavy EGR, New Approach for Low NOx and Fuel Economy", SAE Paper 780006, (1978).
55. Takeda, K, Yaegashi, T., Sekiguchi. K., Saito, K., and Imatake, N., "Mixture Preparation and HC Emissions of a 4-Valve Engine with Port Injection During Cold Starting and Warm-up", SAE Paper 950074, (1995).
56. Shaefer, F., and Basshuysen, R. V., *Reduced Emissions and Fuel Consumption in Automobile Engineering*, Springer-Verlag Vienna, New York, (1995).
57. Gill, A. P., "Design Choices for 1990's Low Emission Diesel Engines", SAE Paper 880350, (1988).
58. Herrmann, H.O., and Durnholz, M, "Development of a DI-Diesel Engine with Four Valves for Passenger Car Engines", SAE Paper 950808, (1995).
59. Ladommatos, N., Abdelhalim, S. M., Zhao, M., and Hu, Z., "The Dilution, Thermal, and Chemical Effects of Exhaust Gas Recirculation on Diesel engine Emissions – Part 4: effects of Carbon Dioxide and Water Vapour", SAE 971660, (1997).

CHAPTER 7

Emission Standards and Measurement

In 1965, the first measure to control vehicular air pollution was taken in the USA when gasoline passenger cars were equipped with a positive crankcase ventilation (PCV) system to prevent venting of hydrocarbon rich crankcase blow by gases into atmosphere. The exhaust gas emission standards for new cars were also established in 1965 in the state of California. In 1968, US enacted legislation to implement nationwide vehicle emission regulations. In Europe, vehicle emission standards have been in force from the year 1970. Since then, the emission standards have become more and more stringent and have driven the development of advanced engine designs and emission control technology. In the meantime, many other countries all over the world have enforced vehicle emission regulations following largely either the US or the European regulations.

The vehicle exhaust emission standards are expressed in terms of mass of pollutants emitted per kilometer or mile traveled by the light and medium duty passenger vehicles or trucks. For heavy-duty vehicle engines, the emission limits are specified in terms of mass of emissions per unit work output (g/kW-h). The new production vehicles and engines are tested for compliance with the emission standards in a government approved laboratory. For emission certification, the vehicles and engines are run on a specified driving schedule of speeds and loads, which are commonly referred to as 'driving cycles'. In the US, Europe and Japan, the driving cycles used differ and so also the numerical values of emission limits. Therefore, direct comparisons between standards in different countries are generally not possible. Other countries follow either the European or the US test methods. The USA and California have led the world in setting the vehicle emission targets and, in development of emission test methods and control technology.

7.1   EMISSION STANDARDS

Light Duty Vehicles

US Standards

The trends in the US and California exhaust emission standards for the passenger cars are given in Table 7.1. In the USA, emission standards were set for the first time under the Clean Air Act of 1968, which were amended later in 1970. These amendments required exhaust emission reductions of 90% from the then prevalent levels, and to be effective from 1975-76. After lengthy discussions these regulations were delayed until the required technology was available and interim standards were established for 1975 and 1976, which were later extended to 1979. Oxidation catalytic converters were required on most cars to meet the 1975 and subsequent standards. Amendments to Clean Air Act in 1977 made EPA to set revised standards that required 90% reduction in HC in 1980, 90 % CO reduction in 1981 and 75% NO$_x$ reduction in 1981. The 1980-81 standards resulted in widespread use of 3-way catalyst technology.

Table 7.1
US Federal and California Emission Standards for Passenger Cars, g/mile [1-4]

Year	NMOG/NMHC	CO	NO$_x$	PM[1]	HCHO[2]	Evap. g/test
US Federal						
Pre-control (1966)	15[3]	90	6.2			6.0
1975	1.5[3]	15	3.1			2.0[4]
1981	0.41[3]	3.4	1.0			2.0[5]
Tier1 [6], 1994						[7]
Gasoline	0.25(0.31)	3.4 (4.2)	0.4 (0.6)	-		
Diesel	0.25(0.31)	3.4 (4.2)	1.0 (1.25)	0.08 (0.10)		
Tier2 [8], 2004-2009	0.125	1.7	0.2	0.02	0.018	[7]
California [9]						
TLEV, 1996	0.125 (0.156)	3.4 (4.2)	0.4 (0.6)	(0.08)	0.015 (0.018)	
LEV, 2000	0.075 (0.090)	3.4 (4.2)	0.2 (0.3)	(0.08)	0.015 (0.018)	
ULEV, 2001	0.04 (0.055)	1.7 (2.1)	0.2(0.3)	(0.04)	0.015 (0.018)	
LEV 2, 2004	0.075(0.090)	3.4 (4.2)	0.05 (0.07)	(0.01)	0.015 (0.018)	
ULEV2, 2004	0.040(0.055)	1.7(2.1)	0.05(0.07)	(0.01)	0.008 (0.011)	
SULEV2, 2004	(0.010)	(1.0)	(0.02)	(0.01)	(0.004)	
PZEV[10]	0.010	1.0	0.02	0.01	0.004	

NMHC/NMOG = Non-methane hydrocarbons or organic gases
(1) For diesel vehicles only (2) for alcohol fueled vehicles only (3) Total hydrocarbons (4) Carbon canister trap method (5) SHED (Sealed Housing Evaporative Determination) technique, the 6.0 g/test limit represents about 70 % less than 2.0 g/test by carbon trap method (6) values in parentheses for full useful life equal to 100,000 miles, (7) new limits (8) To be phased in between 2004-2009, limits for all types of light duty vehicles GVW<8500 lbs at the end of full useful life 120,000 miles. Eight different emission categories called 'bins' in the given range to which vehicles can be certified and average NOx of the total fleet of a manufacturer not more than 0.07 g/mile. (9) Limits in parentheses at the end of durability run for 100,000 miles and from the year 2004 at 120,000 miles. (10) Partial zero emission vehicles (PZEV) limits are for 150,000 miles durability.

The 1977 amendments were found inadequate to meet the clean air goals as 9 US cities had higher ozone levels and 41 cities higher CO levels than the air quality standards. The 1990 Clean Air Act Amendments (CAAA) followed, which covered a wide range of emission sources and air quality issues. Major features of 1990 CAAA related to motor vehicles and, their fuels and emissions are:

- Implementation of tighter exhaust emission standards.
- Establishment of emission compliance testing and, inspection and maintenance programs.
- Establishment of a reformulated gasoline programme.
- Legislation on clean fuels and clean fuel vehicles to make introduction of alternative fuels possible.
- Legislation covering vehicle fleet operators in the areas having specific air quality problems.
- Reaffirmation of rights of individual states to set more stringent standards than the US Federal standards but these must be the same as in California.

The 1990 CAAA defined two sets of standards Tier I and Tier II. Tier I standards were implemented progressively from 1994 and Tier II standards proposed for implementation in phased manner from 2004 to 2009. Details on Tier 2 standards are described in Reference 2. One can see that the current US passenger cars are permitted to emit only a tiny fraction of the pre-control emissions.

European Standards

European emission standards for the light duty vehicles are given in the Table 7.2. Before 1992, ECE-15 regulations emission limits were based on the vehicle reference weight, and higher values were permitted for the heavier passenger cars. Starting from 1992, the same limits irrespective of weight of the passenger car were introduced and were called as 'consolidated emission directives'. EU standards up to Euro 3 stage require durability demonstration for 80,000 km or 5 years, whichever occurs first. In lieu of actual durability test, the manufacturers may use the following deterioration factors:

- Gasoline cars: 1.2 for CO, HC and NO_x
- Diesel cars: 1.1 for CO, NO_x and HC+ NO_x, 1.2 for PM

Euro 4 standards require durability of 100,000 km or 5 years, while the Euro 5 stage proposes durability of 160,000 km or 5 years, whichever occurs earlier. The emission standards for the light duty trucks and medium duty vehicles also, have been laid down and can be found in the European regulations.

Heavy Duty Engines

US Standards

As most heavy-duty vehicles are powered by diesel engines, main emphasis of these regulations has been on reduction of nitrogen oxides and particulate matter (PM) emissions. The US emission standards for the engines of heavy-duty vehicles are given in Table 7.3. Heavy-duty vehicles are defined as vehicles of GVW above 8,500 lb (3855 kg). Emission certification is to be done on an engine dynamometer using FTP HD-transient cycle. The manufacturers could get their engine certified for the model years 2004 -07 to one of the two options given in the Table 7.3. The emission limits applicable from the model year 2007 standards have been drastically reduced. The PM standards will be fully effective from the year 2007. The NO_x and NMHC standards are to be phased in for the diesel engines between 2007 and 2010.

Emission durability is to be demonstrated by compliance of the emission standards over the useful life of the vehicles that varies from 8 years or 176,000 km for light heavy-duty engine vehicles (>8,860 kg <15000 GVW) to 8 years or 465,300 km for heavy heavy-duty vehicles (> 15000 kg GVW).

To make the year 2007 standards effective, diesel fuel sulphur is to be reduced to 15 ppm maximum from the earlier limit of 500 ppm.

Table 7.2
European Emission Standards for Passenger Cars, g/km [2-4]

Description	Vehicle Type	CO	HC	NO$_x$	HC+NO$_x$	PM
1992 – Euro 1	All	2.72 (3.16)	-	-	0.97 (1.13)	0.14[1] (0.18)[2]
1996 – Euro 2	Gasoline	2.2	-	-	0.50	-
	Diesel IDI	1.0	-	-	0.70	0.08
	Diesel DI	1.0	-	-	0.90	0.10
2000 - Euro 3[3]	Gasoline	2.3	0.20	0.15	-	-
	Diesel	0.64	-	0.50	0.56	0.05
2005 – Euro 4	Gasoline	1.00	0.10	0.08	-	-
	Diesel	0.50	-	0.25	0.30	0.025
2009 - Euro 5	Gasoline	1.0	0.10[4]	0.06	-	0.005[5,6]
	Diesel	0.50	-	0.18	0.23	0.005[6]
2014 – Euro 6	Gasoline	1.0	0.10[4]	0.06	-	0.005[5,6]
		0.50	-	0.08	0.17	0.005[6]

[1] PM limits apply only to diesel cars.
[2] Values in parentheses are conformity of production (COP) limits. From Euro 2 standards type approval and COP limits are the same
[3] 40s idle phase preceding test eliminated
[4] 0.068 g/km NMHC (non-methane hydrocarbons)
[5] applicable only to lean burn gasoline direct injection engines
[6] Likely to be reduced to 0.003 with new measurement method.

Table 7.3
US Federal Heavy Duty Engine Emission Standards, g/bhp-h

Year	CO	HC	NMHC + NO$_x$	NO$_x$	PM
1988	15.5	1.3	-	10.7	0.60
1990	15.5	1.3	-	6.0	0.60
1991	15.5	1.3	-	5.0	0.25 (0.25)
1994	15.5	1.3	-	5.0	0.10 (0.07)
1996	15.5	1.3	-	5.0	0.10 (0.05)[1]
1998	15.5	1.3	-	4.0	0.10 (0.05)[1]
2004 [2]					
Option 1	15.5	-	2.4	-	0.10 (0.05)
Option 2	15.5	0.5[3]	2.5	-	0.10 (0.05)
2007	15.5	0.14[3]	-	0.2	0.01

Note: values in parentheses apply to urban buses
[1] PM standard in use is 0.07 g/hp.h [2] Engine manufacturers may use either of the two options.
[3] NMHC limits apply

European Standards

The European regulations for new heavy-duty diesel engines took effect with introduction of Euro 1 standards in 1992. The Euro 2 standards came in force in 1996. These standards apply to both heavy-duty highway vehicles as well as to urban buses. The test cycle was changed with the implementation of Euro 3 standards in the year 2000. To meet the year 2005 and 2008 standards, diesel engines need some form of aftertreatment devices such as oxidation catalysts, particulate traps/filters, de-NO_x catalysts etc. The European standards with date of implementation are given in Tables 7.4 and 7.5.

Table 7.4

European Heavy Duty Diesel Engine Emission Standards – g/kWh (smoke in m^{-1}) [2-4]

	Date & Category	Test cycle	CO	HC	NOx	PM	Smoke
Euro1	1992 <85 kW	ECE R-49	4.5	1.1	8.0	0.61	
	1992 >85 kW		4.5	1.1	8.0	0.36	
Euro 2	Oct. 1996		4.0	1.1	7.0	0.25	
	Oct. 1998		4.0	1.1	7.0	0.15	
Euro 3	Oct. 1999, EEV only	ESC & ELR	1.5	0.25	2.0	0.02	0.15
	Oct. 2000		2.1	0.66	5.0	0.10 0.13*	0.8
Euro 4	Oct 2005	ESC & ELR	1.5	0.46	3.5	0.02	0.5
Euro 5	Oct. 2008		1.5	0.46	2.0	0.02	0.5
Euro 6	Jan. 2013	ESC	1.5	0.13	0.4	0.01	-

*For engines of less than 0.75 litre /cylinder swept volume and rated speed of more than 3000 rpm.

Table 7.5

Emission Standards for Diesel and Gas Engines, ETC Test, g/kWh

	Date & Category	Test cycle	CO	NMHC	$CH_4^{(1)}$	NOx	$PM^{(2)}$
Euro 3	Oct. 1999, EEV only	ETC	3.0	0.40	0.65	2.0	0.02
	Oct. 2000	ETC	5.45	0.78	1.6	5.0	0.16 $0.21^{(3)}$
Euro 4	Oct. 2005		4.0	0.55	1.1	3.5	0.03
Euro 5	Oct. 2008		4.0	0.55	1.1	2.0	0.03
Euro 6	Jan. 2013	ETC	4.0	$0.16^{(4)}$	0.5	0.4	$0.01^{(5)}$

(1) for natural gas engines only; (2) not applicable for gas fueled engines for approval to Euro 3 and Euro 4 standards; (3) for engines of less than 0.75 litre/cylinder swept volume and rated speed above 3000 rpm; (4) THC (total hydrocarbons) limits apply for diesel; (5) particle number limit may apply to prevent ultra fine particles from flow through (or partial flow) filters.

For compliance with Euro 3 regulations, the heavy-duty diesel engines including those fitted with electronic fuel injection, exhaust gas recirculation, oxidation catalysts etc., ESC and ELR test limits apply. Another category of vehicles with superior emission performance than the base Euro 3 limits and which may employ aftertreatment technology like particulate traps and/or de-NOx catalysts are tested in addition for compliance to ETC test limits. This type of vehicles is called as 'Enhanced Environmental Vehicles (EEV)'. Heavy-duty engines operating on gaseous fuels also were to be tested on ETC in addition to ESC cycle. However, for compliance with Euro 4 or later standards, all heavy-duty engines are to meet ESC, ELR and ETC test limits.

Emission Standards in Other Countries

Except Japan, most countries have adopted either US or European test procedures and emission limits although lagging by several years. Most Asian countries follow the European standards. South Korea and Singapore however, have adopted standards similar to the US ones. India is following the European emission test procedures and regulations with slight modifications but with a time gap of about 5 years. For example, the maximum speed in the test cycle for passenger cars has been brought down from 120 km/h in European cycle to 90 km/hr for tests in India. Table 7.6 gives the dates of implementation of different levels of European standards in India.

Table 7.6
Adoption of European Emission Limits based on ECE 15 and modified EUDC (maximum speed limited to 90 km/h) in India

Year of Implementation	Level of European Emission Standards
2000	Euro 2: four metro-cities [1]
	Euro 1: rest of the country
2003	Euro 2: seven more cities [2]
2005	Euro 3: thirteen cities
	Euro 2: rest of the country
2010 (proposed)	Euro 4: thirteen cities
	Euro 3: rest of the country

[1] Delhi, Mumbai, Kolkatta, Chennai [2] Banglore, Hyderabad, Ahmedabad, Pune, Surat, Kanpur, Agra; added from the year 2005- Sholapur and Lucknow

Diesel Smoke Standards

Prior to particulate (PM) emission limits, black smoke emission standards were legislated by the ECE Regulation 24.03. The smoke emission limits are specified against nominal exhaust gas flow rate, $G_{ex} = (V_d \times N/60)$ where V_d is engine displacement volume in litres and N is engine speed in rpm. The smoke emissions were tested under full engine load at different engine speeds for testing compliance with the emission limits. These standards are given in Table 7.7. Limits for intermediate gas flows are also given in the relevant standards. These standards were superseded by the particulate emission requirements in the EU 'Clean Lorry' Directive implemented from the year 1992.

Motorcycle Emission Standards

Asian countries like India, China, Taiwan, Thailand etc. have a very large population of two wheelers. The motorcycles and other types of motorized two wheelers are estimated to contribute very heavily to

Table 7.7
Smoke Emission Limits at Full Load and Steady Speeds

Nominal Gas Flow Rate, liter/s	Absorption Coefficient (K), m^{-1}	Nominal Gas Flow Rate, liter/s	Absorption Coefficient (K), m^{-1}
≤ 42	2.26	125	1.345
50	2.08	150	1.225
75	1.72	175	1.14
100	1.495	≥ 200	1.065

Table 7.8
Worldwide Motorcycle Emission Standards

Country/Year/ Type of Motorcycle	Test Cycle	Emission Limits, g/km				Durability, Kms.
		CO	HC	NO$_x$	HC+NO$_x$	
US Federal, 1980	FTP-75	12.0	5.0	-	-	
2006 < 279 CC		12.0	1.0		-	12,000-30,000
> 280 CC		12.0	-	-	1.4	6,000 -18,000
2010 < 279 CC		12.0	1.0	-	-	
> 280 CC		12.0	-	-	0.8	
Europe						
2003 < 50CC	ECE 47	1.0	-	-	1.2	-
> 50< 150CC	ECE 40	5.5	1.2	0.3	-	-
> 150 CC		5.5	1.0	0.3	-	-
2006 > 50< 150CC	ECE 40$^{(1)}$	2.0	0.8	0.15	-	-
> 150 CC	ECE15 +EUDC	2.0	0.3	0.15	-	-
2007< 130 km/h	WMTC	2.62	0.75	0.15	-	30,000
> 130 km/h max. Speed	(optional)	2.62	0.33	0.22	-	30,000
Taiwan ,1998	ECE 40	3.5	-	-	2.0	15,000
2003, 2-S	ECE 40$^{(1)}$	7.0	-	-	1.0	15,000
4-S	ECE 40$^{(1)}$	7.0	-	-	2.0	15,000
Japan, 1999: 2-S	ISO 6460	8.0	-	-	3.1	-
4 –S	-	13.0	-	-	2.3	-
2006 All	ECE 40	2.0	0.3	0.15	-	12,000
2007 All	ECE 40 Cold start	2.0	0.5	0.15	-	24,000
India, 2000	IDC (cold)	2.0			2.0	-
2005$^{(2)}$	IDC (cold)	1.5			1.5	30.000
2010$^{(2)}$	IDC (cold)	1.0			1.0	30,000

$^{(1)}$ Warm-up period before emission measurement of ECE 15 cycle eliminated.
$^{(2)}$ For catalyst equipped motorcycles an emission deterioration factor of 1.2 applies.

urban air pollution due to their sheer large population. Taiwan and India have been leading in enforcing emission regulations for the two wheelers that are even tougher than European and Japanese standards. Recently, Europe and US are also legislating stricter emission standards for motorcycles. Motorcycle emission standards in some countries are given in Table 7.8. It may be noted that again either the European or the US test cycles are mostly followed. India however, devised its on test cycle and motor cycles are tested according to the Indian driving cycle even presently. As is discussed later in the chapter, a world motorcycle test cycle has been developed to harmonize the test procedure that would help in an easier flow of technology among different countries. Most countries would be using this test procedure in the coming years although no time frame has been set.

7.2 EMISSION TEST CYCLES

Light Duty Vehicles

The test driving cycles are composed of a cold start period, idling, moderate acceleration and deceleration, and cruise modes. The light and medium duty vehicles are driven through the predefined driving cycle on a chassis roller dynamometer. The engine load versus vehicle speed characteristic curve provided by the vehicle manufacturer or determined by vehicle coast down tests is entered into chassis dynamometer controller to simulate the air and rolling resistances, and transmission losses experienced by the vehicles during real life operation on road. The vehicle inertia during transient modes of the driving cycle is simulated by changing mechanically the rotating masses or electronically changing the inertia on the roller dynamometer. The driving cycles followed in the USA and Europe for light duty vehicles are shown in Fig. 7.1 and Fig 7.2, respectively. The driving cycles followed in Japan are given in references 2 and 5.

The US test procedure known as Federal Test Procedure -75 (FTP-75) for the light duty vehicles uses a transient cycle consisting of four phases as follows:

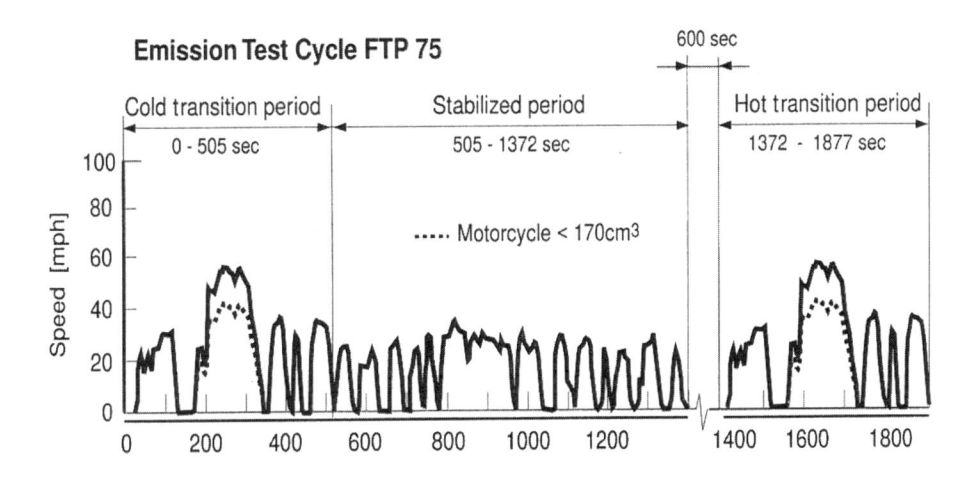

Cycle Breakdown:

Length : 11.09 miles (17.85 km)	Max. Speed : 56.7 mph (91.2 km/h)
Time : 1372 s + (600 s stop) + 505 s,	Idle : 17.3 %
The first 505 s are repeated	Steady speed : 20.5%
after a ten minute stop	Deceleration : 26.5%
Av. Speed: 21.3 mph (34.3 km/h)	

Figure 7.1 US Federal emission test driving cycle FTP-75 for light duty vehicles, dotted lines for motor cycles.

- Cold transition phase of 505 seconds with a weighting factor of 0.43
- Stabilized phase of 867 seconds with a weighting factor of 1.0
- Hot soak phase of 10 minutes
- Hot transition phase; repeat of first phase of 505 seconds with a weighting factor of 0.57

The total duration of the test is 31 minutes plus 10 minutes of hot soak and the total distance covered is 11.09 miles. In the FTP-75 procedure, CVS (Constant Volume Sampling) method described in Section 7.3.5 is used. The sample of diluted exhaust gas with air from CVS system is collected in three bags separately for each phase of the test for analysis of pollutants. The vehicle is preconditioned before test by soaking it for 12 hours at a temperature between 20 to 30° C. The test begins with cold start. The diluted exhaust volume is determined for each test phase and the concentration of pollutants is determined in the corresponding bag, which is used to calculate mass of emissions. Use of weighting factors corresponding to each phase gives over all mass emission values. Additional supplemental tests are also used for some specific vehicle applications [1-3].

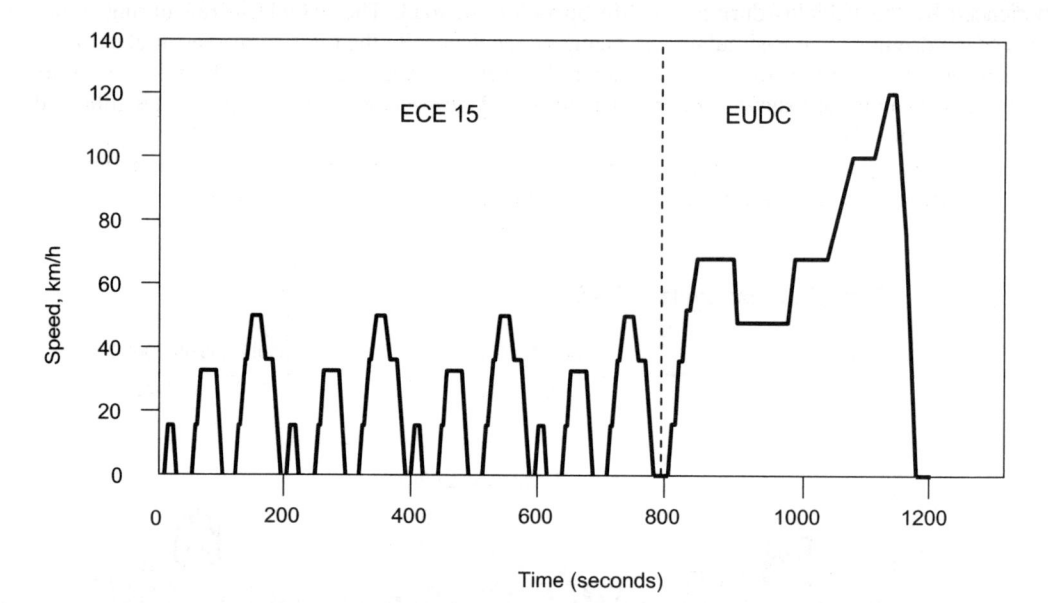

	ECE-15 cycle	EUDC Cycle
Distance, km	4.052	6.955
Time, s	780	400
Average speed, km/h	19	62.5
Maximum speed, km/h	50	120
Acceleration, %time	21.6	-
Maximum Acceleration, m/s²	-	0.833
Deceleration, % time	13.8	-
Maximum Deceleration, m/s²	-	-1.389
Idle, % time	35.4	-
Steady speed, % time	29.3	-

Figure 7.2 European driving cycles for light and medium duty vehicles: ECE 15 cycle repeated four times followed by extra urban driving cycle(EUDC).

The European test cycle starting with Euro 1 emission standards implemented in 1992 has two parts; one an urban driving cycle (ECE 15) and the second is an extra-urban driving cycle (EUDC) (Fig. 7.2). The low speed 15-mode urban test cycle is repeated four times without interruption for a total duration of 780 seconds. The total distance covered is 4.052 km at an average speed of 19 km/h. The high-speed test cycle called as Extra Urban Driving Cycle (EUDC) is carried out after the ECE-15 cycle is repeated four times. This high-speed cycle has maximum speed of 120 km/h. The characteristics of ECE 15 and EUDC cycles are also compared on the Fig. 7.2. The test was modified from January 1, 2000 when the 40-second idle period for warm-up prior to driving on ECE 15 cycle was eliminated. This increased severity of the test for CO and HC emissions. Emission measurement commences with the engine start at the beginning of the first ECE-15 mode cycle itself. The emissions are measured using CVS technique as in the US FTP-75 procedure.

Heavy Duty Vehicle Engines

From 1973 to 1984 in the USA, a steady state test cycle consisting of 13 combinations of engine speed and load was used for measurement of gaseous exhaust emissions from the heavy-duty vehicle engines. Emissions were measured under engine idling, and at rated and maximum torque engine speeds. From 1985, the steady state 13-mode test was abandoned and a transient mode test was introduced. This test cycle was developed from the driving pattern data measured in New York and Los Angeles. The cycle represents driving pattern only of the city driving. It contains the traffic characteristics of congested urban, uncongested urban traffic and expressway driving. The US transient cycle test is run over a full range of load and speed conditions with equal weighing factor to each operation point of the cycle. The total test consists of three phases, cold start cycle, hot soak and hot start cycle; each phase of 20 minutes duration. Data on engine speed, load and gaseous emissions are monitored once per second. Computer controlled engine test bed and data acquisition are used. The emission results are integrated over the test cycle. The weighing factors for the cold start and hot start cycles are 1/7 and 6/7, respectively. More details can be found in references 1 and 2.

The first European test procedure for heavy duty vehicles, R-49 was similar to the obsolete US 13-mode test but having different load points at the rated and peak torque speeds and weighing factors. A new test procedure has been adopted from the year 2000 along with implementation of Euro 3 standards. It consists of two separate tests each of about 30 minutes duration as below;

(i) 13-mode steady state cycle (ESC) with an additional dynamic load response (ELR) smoke test
(ii) A transient test cycle (ETC)

European ESC and ELR Tests

The steady state cycle (ESC) ensures against abnormally high emissions if an engine operates at extreme conditions where emission controls may not be very effective. On the other hand, the transient cycle (ETC) is more representative of the actual operating conditions and better suited for the engines operating on alternative fuels or employing aftertreatment devices. For certification to Euro 3 standards, the conventional diesel engines are tested by the ESC only. However, the diesel engines with advanced emission control systems such as after-treatment devices and the positive-ignition engines are tested by both the procedures. With implementation of the Euro 4 standards from the year 2005, all heavy-duty engines are tested by both the ESC and ETC test procedures. The ESC test with weighing factors for each mode and ELR test are shown on Figs. 7.3 and 7.4, respectively.

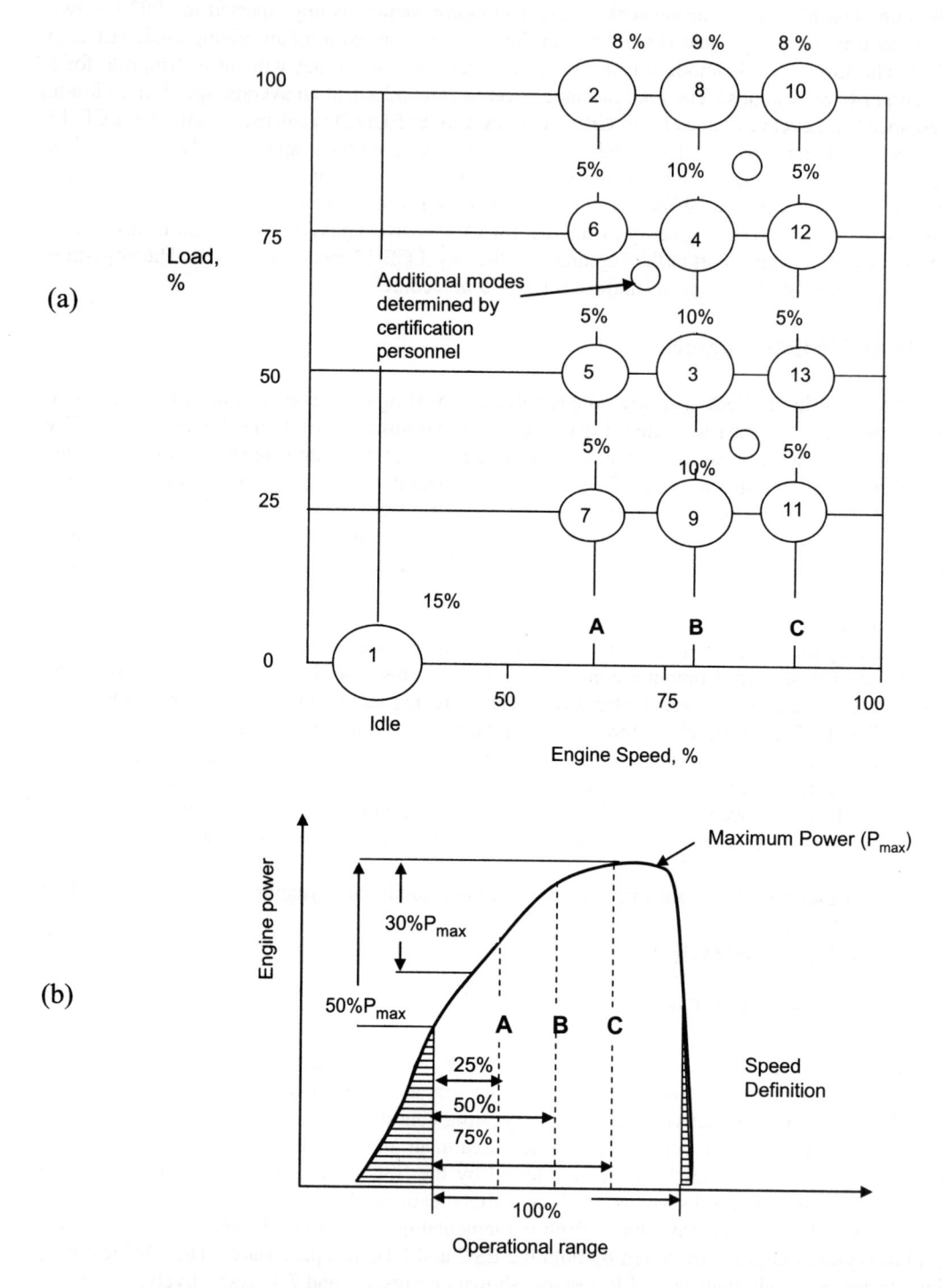

Figure 7.3 European ESC heavy-duty exhaust emission procedure –13 mode cycle [3].

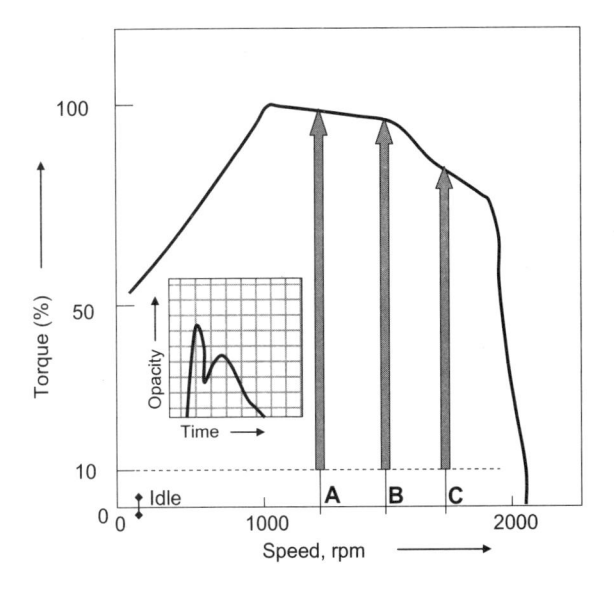

Figure 7.4 European ELR dynamic response test for smoke emissions [3].

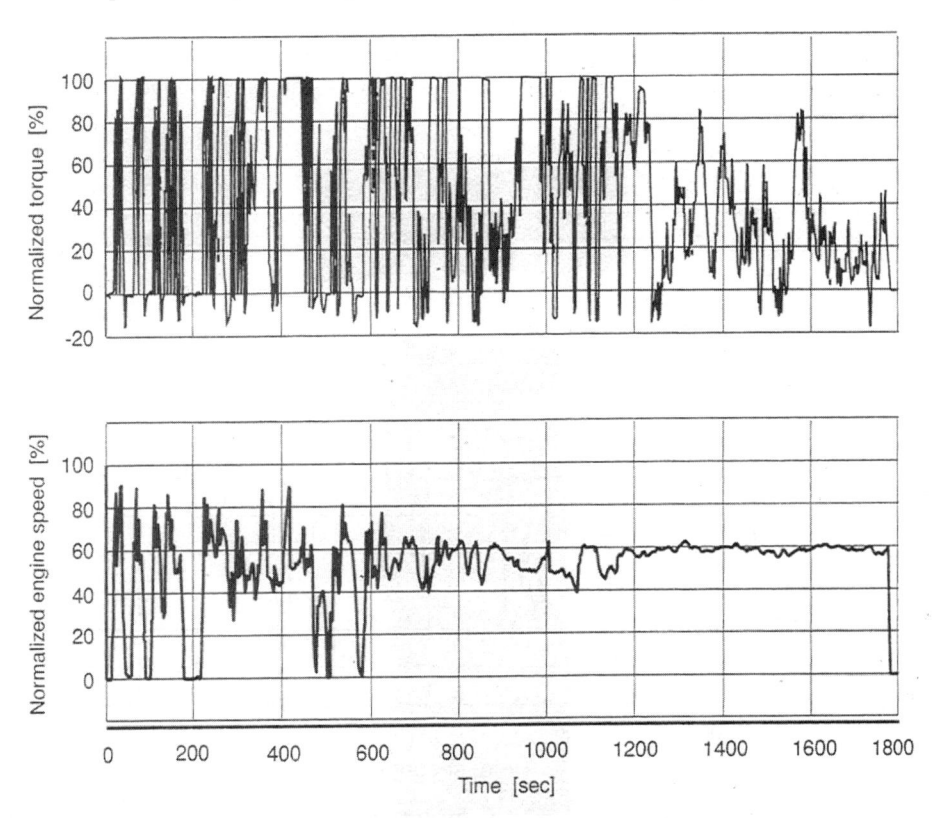

Figure 7.5 European heavy-duty exhaust emissions transient test cycle (ETC).

310 IC Engines: Combustion and Emissions

The test modes are shown on Fig 7.3 (a) and speed definition is shown on Fig 7.3 (b). The test speeds for the cycle are determined by dividing the total speed range into four equal segments. In addition to idle, the other 12 modes are set at three speeds selected as explained in Fig. 7.3(b). At each of these three speeds, emissions are measured at 25%, 50%, 75% and 100 % loads. To ensure that there are no abnormal operating conditions which give abnormally high emissions, testing agency is authorized to select three more modes as indicated. Engine operation of around 1 minute at each mode is considered sufficient. The CO, HC and NO_x for engines operating on alternative fuels are also measured on this cycle.

For dynamic load response (ELR) smoke test, the engine is preconditioned and then accelerated from 10% load to full throttle at maximum possible acceleration. In this way engine runs through the entire fuel/air ratios defined by the engine fuel management system. The ELR cycle is shown in Fig. 7.4. Smoke emission from the diesel engines is measured in this way. Peak smokes emissions are compared with the specified limits.

European Transient Cycle (ETC)

The vehicle speed curve and normalized torque -time curves for this cycle are shown in Fig. 7.5. The cycle is based on data collected on road type (highway, urban and rural), traffic density, road gradients and distance between stopping points. Vehicle weight and vehicle types i.e., trucks, buses, city buses etc., were also considered while developing this cycle. The time curve of vehicle speed was normalized for engine speed and torque for gross vehicle weight equal to 28 tons. The normalized figures are integrated in three sub-cycles of 10 minutes each. For establishing limits, emissions from the three sub- parts of the cycle may be measured separately and later combined using weighting factors.

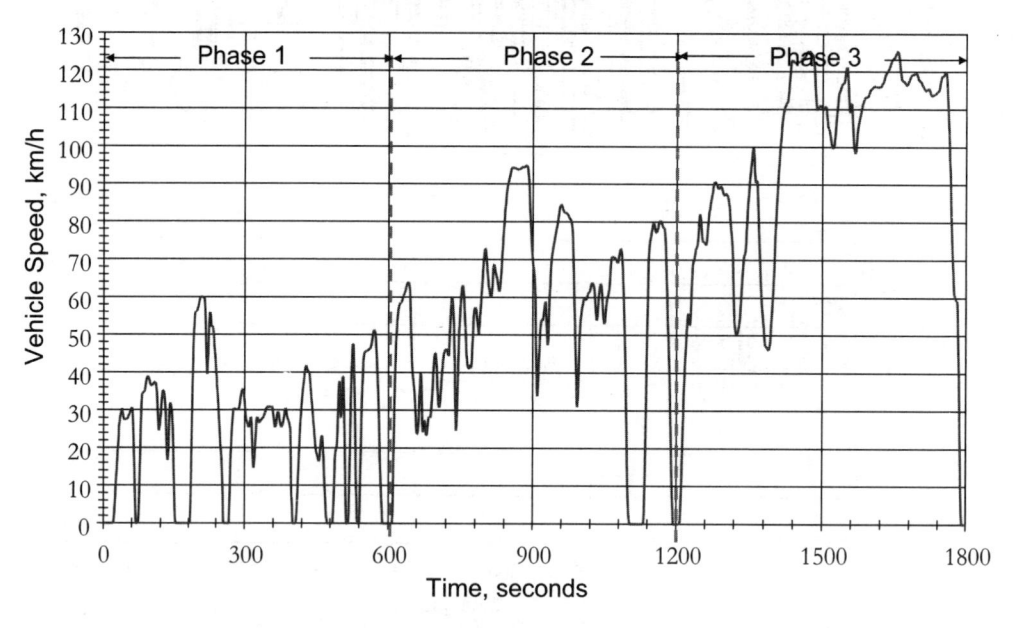

Figure 7.6 World motorcycle emission test cycle (WMTC).

Motor cycles

US Federal test cycle for motorcycles is shown in Fig 7.1 with dotted line. In Europe, ECE 15 cycle is used and is called as ECE 40 procedure. In India however, so far an Indian Driving Cycle made of steady load – speed modes is used. However, recently through an agreement between Europe, the US and Asian countries a world motorcycle test cycle (WMTC) has been developed as shown on Fig. 7.6. In future it is expected that all countries would follow this cycle.

7.3   EMISSION MEASUREMENT: INSTRUMENTATION AND METHODS

Analyzers meeting the legal requirements of emission measurement are specified in the regulations. The specified gas analyzers use the measurement principles given in Table 7.9.

Table 7.9
Measurement Principles of Exhaust Gas Analyzers

Gas component	Measurement Principle
CO	NDIR (Non-dispersive infrared)
CO_2	NDIR (Non-dispersive infrared)
HC	FID (Flame Ionization detector)
NO_x	CLD (Chemiluminescence detector)
O_2 [1]	Paramagnetic/Electro-chemical sensor

[1] Measurement of O_2 is not specified in the regulations based on CVS method.

NDIR Analyzers

The NDIR analyzers employ Beer-Lambert's Law. It defines the extent of absorption of radiations when they pass through a gas column as given below,

$$I = I_0 \left(1 - e^{-k.c.d}\right) \tag{7.1}$$

where
I = Radiation energy absorbed
I_0 = Incident radiation energy
k = characteristic absorption constant for the gas, $m^2/gmol$
c = concentration of the gas, $gmol/m^3$
d = length of the gas column, m

The elements of an NDIR analyzer are shown schematically in Fig. 7.7. The analyzer operates on the principle of differential absorption of energy from two columns of gas; (i) the gas to be analyzed in the 'sample cell' and (ii) a gas of invariant composition contained in the reference cell. The gas in reference cell is free of the gas of interest and relatively non-absorbing in the infrared region. Infrared radiation sources of the same intensity are positioned at one end of each cell and a differential detector at the other end.   The infrared radiations from a single source are usually split into two beams of the

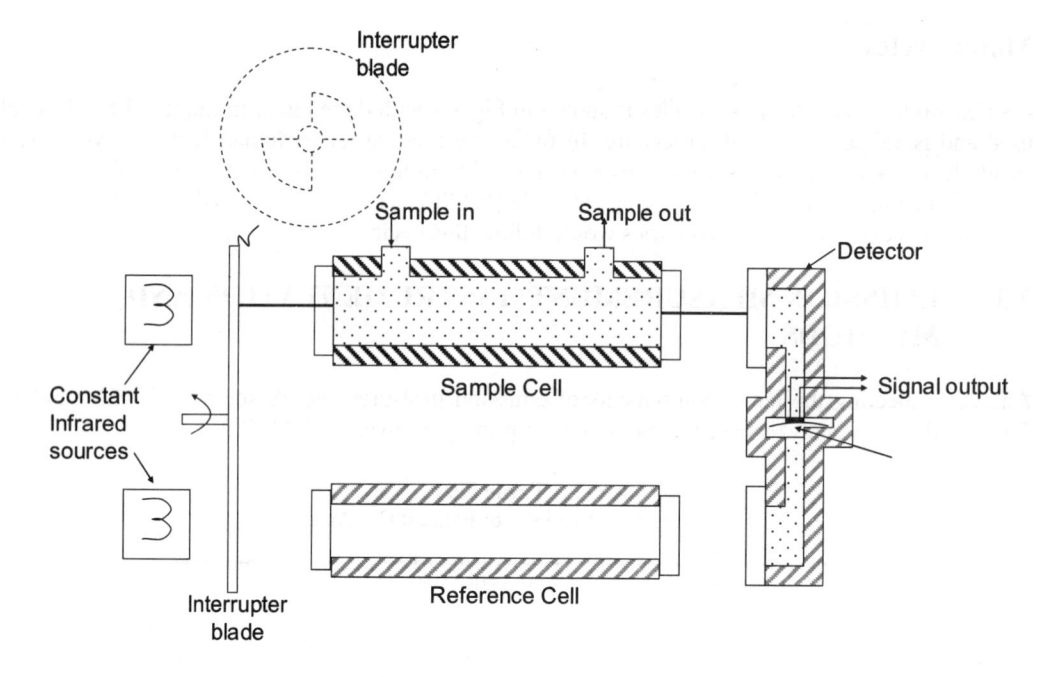

Figure 7.7 Operational elements of an NDIR analyzer for measurement of CO and CO_2 concentration.

same intensity, one each for the sample and reference cells. The detector is filled with the gas of interest, so that the energy transmitted to the detector is fully absorbed. The flexible diaphragm of the detector senses the differential pressure between the two halves of the detector caused by the difference in the amount of energy absorbed. The deflection in the diaphragm is used to generate an electrical signal that determines the concentration of the gaseous species of interest.

Carbon monoxide shows a strong absorbance in the wavelength band 4.5-5 μm. Interference caused by CO_2 and water vapour is overcome by use of optical filters or an interference cell filled with O_2 saturated with water vapour. NDIR analyzers enable accurate measurements of CO and CO_2 in the exhaust gases.

Although, NDIR instruments are used for the hydrocarbons also in the garage type analyzers, the accuracy of measurement is rather poor. In the exhaust gases, saturated as well as unsaturated hydrocarbons are present. Unsaturated hydrocarbons do not have an adequate absorption in the IR wavelength range that is specific to the saturated hydrocarbons. Response of olefins is reduced, depending upon the degree of unstauration, and aromatic hydrocarbons have very little response. Thus, NDIR measurements do not offer the requisite sensitivity and response to the measurement of exhaust hydrocarbon emissions. Sensitivity and response of NDIR to the exhaust HC is typically only half of the probable true value. NO absorbs only weekly in the infrared region. Moreover, CO, CO_2 and water vapours interfere seriously; hence NDIR analyzers are not used to measure NO.

Flame Ionization Detector (FID)

Pure hydrogen-air flames, which may include inert gases like helium, are virtually ion-free. If a little hydrocarbon is introduced into the flame, the flame causes considerable ionization. The FID measures

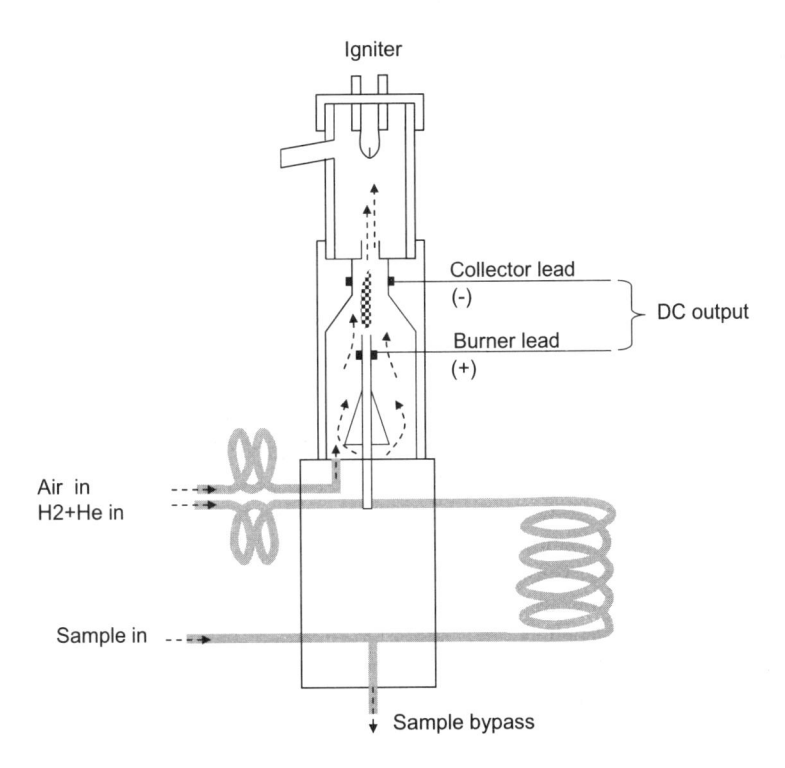

Figure 7.8 FID for HC measurement.

the sum of all organically bound carbon atoms in the hydrocarbons and the ionization current is proportional to the number of carbon atoms present in the hydrocarbon molecules. It is effectively a carbon atom counter e.g., one molecule of propane generates three times the response generated by one molecule of methane. The measurement of HC by FID is expressed as parts per million of C_1 i.e., hydrocarbon containing one carbon atom, and is commonly written as ppmC or simply ppm. In literature, sometimes HC concentration is presented as ppm propane (C_3) or ppm hexane (C_6). To convert it to ppmC, the concentration in ppm propane is to be multiplied by a factor of 3 and ppm hexane by a factor of 6. All classes of hydrocarbons i.e., paraffins, olefins, aromatics, etc. show practically the same response to FID. Oxygenates, e.g. aldehydes and alcohols however, have a reduced response.

The basic elements of an FID consisting of a burner and an ion collector assembly are shown in Fig. 7.8. Sample gas is mixed with hydrogen in the burner assembly and the mixture is burned in a diffusion flame. Ions that are produced in the flame move to the negatively polarized collector under the influence of an electric potential applied between the collector plates. Thus, a small current (proportional to the number of carbon atoms) flows between the collector plates. This current is amplified and the output signal becomes the measure of hydrocarbon concentration in the sample. A well-designed burner will generate ion current that is linear in proportion to hydrocarbon content over a dynamic range of almost 1 to 10^6. The instruments available commercially have the most sensitive range set at about 0-50 ppmC and the range can be expanded up to 0-100,000 ppmC.

There is no 'interference' due to other substances in hydrocarbon measurement by FID. However, if free oxygen is present at a concentration of more than 4%, FID response is lowered. The effect is reduced considerably when hydrogen is mixed with an inert gas to decrease flame temperature. In practice, hydrogen-helium (40:60) mixture is used as the fuel for the burner of detector. The FID analyzer is calibrated with propane or methane mixtures in nitrogen. For the measurement of hydrocarbons in diesel exhaust, sampling line and FID are heated to a temperature of 191± 11°C to avoid condensation of heavy hydrocarbons present in the diesel exhaust in the sampling system.

Current emission standards specify non-methane hydrocarbons. Methane content of HC emissions is determined by either of the two methods as below:

- Gas chromatographic (GC) method or
- Non-methane cutter (NMC) method

In the GC method, a small measured volume of sample is injected into an analytical column through which it is swept by an inert carrier gas. The GC uses molecular sieve Porapak column, which separates the sample into two parts: (i) CH_4-air-CO, and (ii) NMHC–CO_2 –H_2O. The molecular sieve column separates methane from air and CO before passing it to FID. Thus methane content is measured that is deducted from the total hydrocarbon content. A complete cycle from injection to measurement is completed and after 30 seconds the second sample may be injected. For continuous analysis of methane in the exhaust gas samples, an automated GC with FID is used.

In the NMC method, all hydrocarbons except CH_4 are oxidized to CO_2 and water on a catalyst, so that when the gas sample is passed through NMC only CH_4 is detected by HFID. The non-methane cutter is calibrated for catalytic effect on CH_4 and higher hydrocarbon (ethane) mixtures in presence of water vapours with values typical of exhaust gas at or above 600 K. The sampling train is equipped with a flow diverter with which gas sample can be alternatively passed through NMC or bypasses the NMC. In this manner, the total HC and methane alone present in the exhaust gas sample are determined. Flow diagram of NMC is shown on Fig. 7.9.

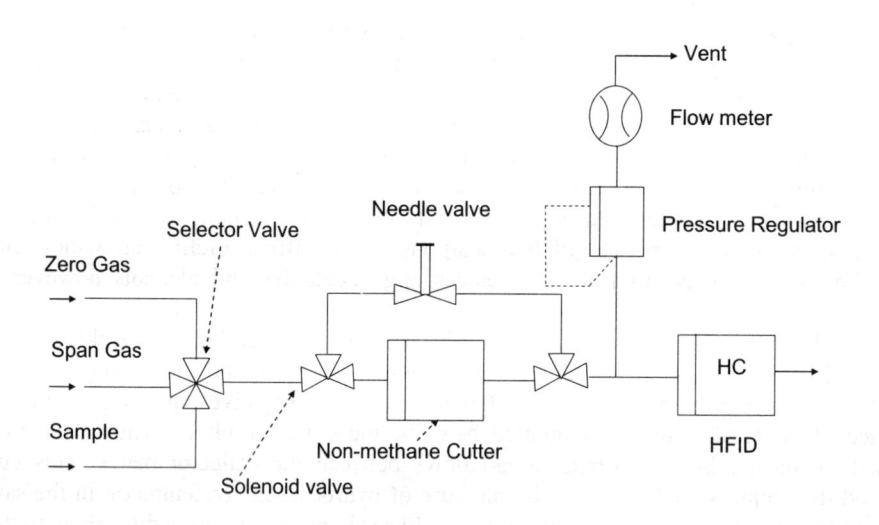

Figure 7.9 Flow diagram of Non-Methane Cutter (NMC) for measurement of methane in exhaust Gas [6].

Chemiluminescence Analyzer (CLA)

The principle of operation of CLA is based on the reaction between NO and ozone (O_3) which produces a small fraction (about 10% at 26.7° C) of excited NO_2^* molecules according to the following reactions:

$$NO + O_3 \leftrightarrow NO_2^* + O_2 \tag{7.2}$$
$$NO_2^* \rightarrow NO_2 + h\nu \tag{7.3}$$

Through decay of these excited molecules of NO_2^* to ground state as in the reaction (7.3), light in the wavelength region 0.6-3.0 μm is emitted. The quantity of excited NO_2 produced is fixed at a given reaction temperature and the intensity of light produced during decay of excited NO_2 is proportional to the concentration of NO in the sample.

A schematic diagram of the chemiluminescence NO_x analyzer is shown in Fig. 7.10. The sample containing NO flows to a reactor maintained at a low pressure. Ozone produced from oxygen in 'ozonator' is simultaneously introduced in excess quantity into the reactor where NO is converted to NO_2. A photomultiplier tube detects the light emitted by the excited NO_2. The signal is then amplified and fed to recorder or indicating equipment.

For the measurement of nitrogen oxides (NO_x), NO_2 in the sample must be converted to NO before it will respond to measurement. This is achieved by heating the sample in a NO_2 to NO converter prior to its entry into the reactor. When the sample is heated, $NO2 \leftrightarrow NO + ½ O_2$ equilibrium shifts in the direction of NO. At 315° C, 90 percent of NO_2 is converted to NO. The total concentration of NO_x in the sample is thus, measured as NO. Measurement done bypassing the NO_2 to NO converter

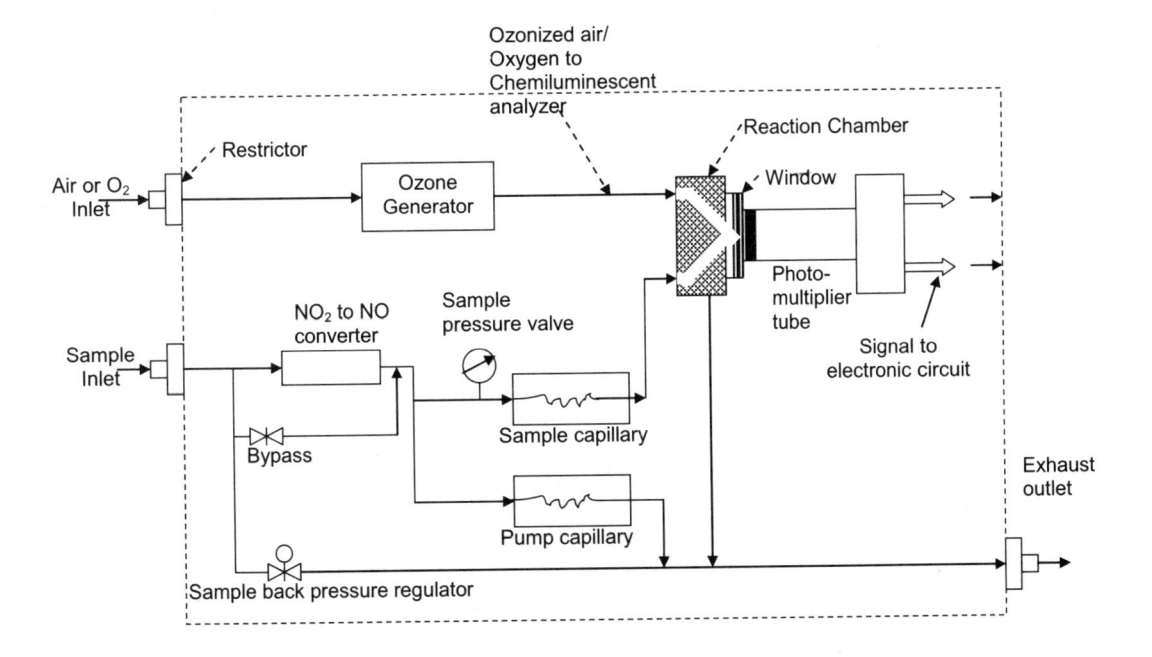

Figure 7.10 Schematic and flow diagram of a chemiluminescence NO_x analyzer.

determines the concentration of NO alone. The difference between the two measurements provides the concentration of NO_2 in the sample. Other constituents in the exhaust gas do not interfere with the measurement of NO_x by chemiluminescence and the response of the instrument is linear with NO_x concentration. The technique is very sensitive and can detect up to 10^{-3} ppm of NO_x. The method is flow sensitive as the output signal is proportional to the product of sample flow and rate and NO concentration. Accurate flow control is therefore, necessary and the calibration and operation must be done at the same flow rate and reactor temperature.

Smokemeters

Presently, most smoke meters use light absorption principle as given by the Beer-Lambert Law discussed earlier. These smokemeters are also termed as 'opacimeters'. Earlier, filtration type smoke meters such as the Bosch smokemeter were also used wherein a fixed volume of the exhaust gas was drawn through a white filter paper of specified quality. The degree of darkening of filter paper is evaluated by a light reflectance meter or visually, and is the measure of the exhaust smoke density, But, as black smoke is controlled as a visible nuisance and particulate emissions are separately controlled, opacimeters provide a more realistic measurement of the visible smoke emissions from diesel engines.

The light source used in absorption type smokemeters is an incandescent lamp with a colour temperature in the range of 2 800 K to 3 250 K or a green light emitting diode (LED) with a spectral peak between 550 nm and 570 nm. The receiver is a photocell or a photo diode (with filter if necessary). In the case when the light source is an incandescent lamp, the receiver should have a spectral response similar to the photonic curve of the human eye i.e., maximum response should be in the range 550 nm to 570 nm wavelength [7].

When light in the visible range from a source is transmitted through a certain path length of the exhaust gas, smoke *opacity* is the fraction of light that is prevented from reaching the observer or the light detector of smoke meter. The absolute smoke density is given by the absorption coefficient k_s that is equal to the product $k.c$ in the Eq.7.1, and has units of m^{-1}. The light absorption coefficient k_s, is given by Eq. 7.4 as below:

$$k_s = -\frac{1}{L} \ln\left(\frac{I}{I_0}\right) \qquad (7.4)$$

where L (in Eq. 7.1 $d = L$) is length of smoke column in meter through which light from the source is made to pass, I_0 is the intensity of incident light, I is the transmitted light falling on the smokemeter receiver.

Both the sampling type and full flow type opacimeters are in use. The construction requirements, installation and operational details of opacimeters are described in the relevant international standards [7]. In the sampling type smoke meter shown schematically in Fig. 7.11, exhaust gas sample is made to flow through a smoke measurement tube of fixed length. The pressure in the smoke tube should not differ by more than 75 Pa from the atmospheric pressure. Across the open ends of the smoke tube, light source and detector are placed. The gas column absorbs part of the light from the source and a photoelectric detector detects the balance of light that is transmitted. From this measurement, smoke opacity is determined. In the full flow type, the light source and detector assembly is placed directly across the exhaust gas stream usually at the end of exhaust pipe. In this case, path length of smoke measurement varies with the cross sectional size of the exhaust gas stream or tail pipe. Hence,

Sample in

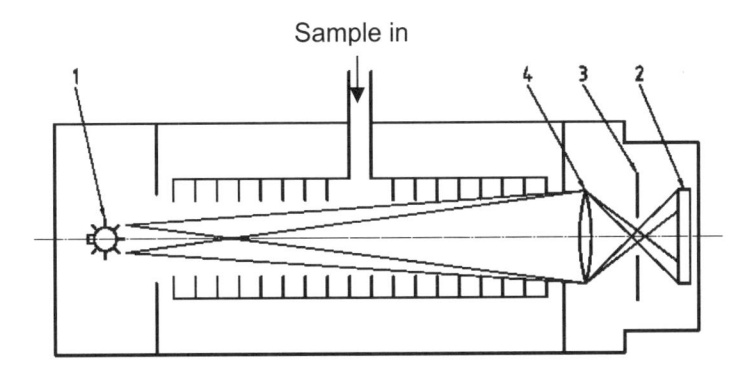

1- Light source, 2 - Light receiver, 3 - Screen, 4- Lens

Figure 7.11 Schematic of a sampling type light absorption smokemeter.

conversion charts of the measured value to the absolute smoke density, k_s for different path lengths are made available for the full flow smoke meters as in SAE procedures.

Constant Volume Sampler (CVS)

For measurement of emissions on a driving cycle, representative sampling of the gas is very critical. Constant Volume Sampling (CVS) is used in European, US and Japanese tests for measurement of the gaseous emissions. A Constant Volume Sampling (CVS) system with sampling train is shown schematically in Fig. 7.12 [1]. In the CVS system, the entire exhaust gas from the vehicle is mixed with the filtered room air. The diluted exhaust gas is drawn by a constant volume pump system employing either a positive displacement pump (PDP) or a critical flow venturi (CFV) and a blower. The volume flow rate of the diluted exhaust (exhaust gas + air) is maintained constant throughout the test. An air to exhaust gas dilution ratio of about 10:1 is used. The dilution with air lowers partial pressure of unburned hydrocarbons and water, and prevents their condensation which otherwise could remove part of some pollutants in the sampling system and lower the measured emission values. Before the diluted exhaust gas enters the CFV or PDP, its temperature is controlled within the ± 5 °C of the average gas temperature during the test by a heat exchanger. A PDP capacity of about 10 to 12 m^3/min provides sufficient dilution for most passenger cars. From the diluted gas a small sample is continuously withdrawn and collected in evacuated Teflon bags. Simultaneously, part of the dilution air is sampled and collected in a separate bag. This is done to correct for any pollutant present in the dilution air. The bag contents are analyzed after the test is completed. The mass of individual pollutants is determined from its measured concentration in the sample bag, its density and the total volume flow rate of the diluted exhaust during the test through CVS. A number of other requirements are specified in the legal emission regulations. The regulations specify standards for volume measurement, sampling methods, sampling system, and computation of mass of emissions etc., and details can be found in EU Directives or US Federal Register [1].

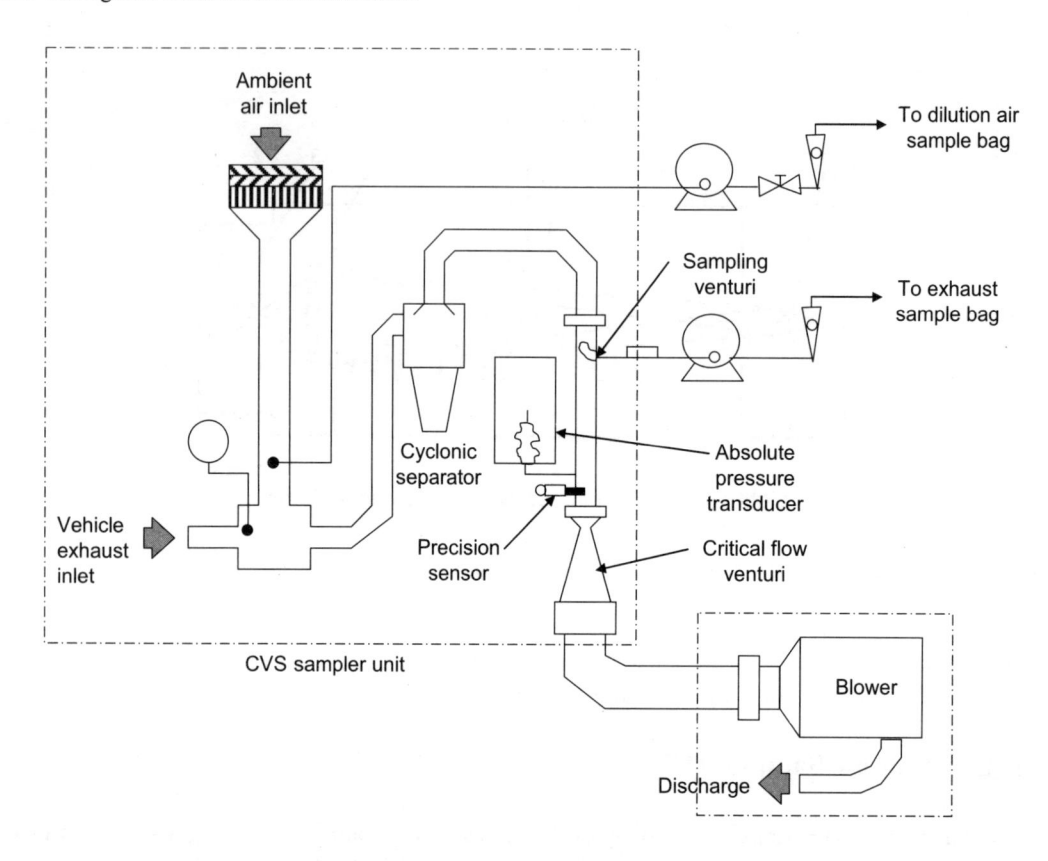

Figure 7.12 Constant volume sampling unit for exhaust emission measurement using critical flow venturi (CFV-CVS).

Particulate Emission Measurement

For particulate measurement, the gas is sampled from a dilution tunnel, and it is filtered to collect particulate matter. The mass of the collected PM is measured to determine specific PM emissions in terms of g/km or g/kWh. The main elements of the diesel particulate emission measurement system are: dilution tunnel and, sampling and filtration train. The dilution tunnels are designed either as partial - flow or full -flow systems.

In the partial-flow system, a part of the exhaust stream is diluted. In the partial flow dilution tunnels, it is important that the gas sample withdrawn for PM measurement is true representative of the exhaust gas. If the flow velocities in the exhaust pipe and sampling line are different, the particles may not follow the flow path and, either some particles may fall out from sampling or more particles than the true concentration may be entrained in the sampled gas. The following systems for partial flow dilution tunnel have been developed for drawing representative sample of the exhaust gas [6]:

(i) Isokinetic Systems
(ii) Flow controlled systems with concentration measurement, and
(iii) Flow controlled systems with flow measurement

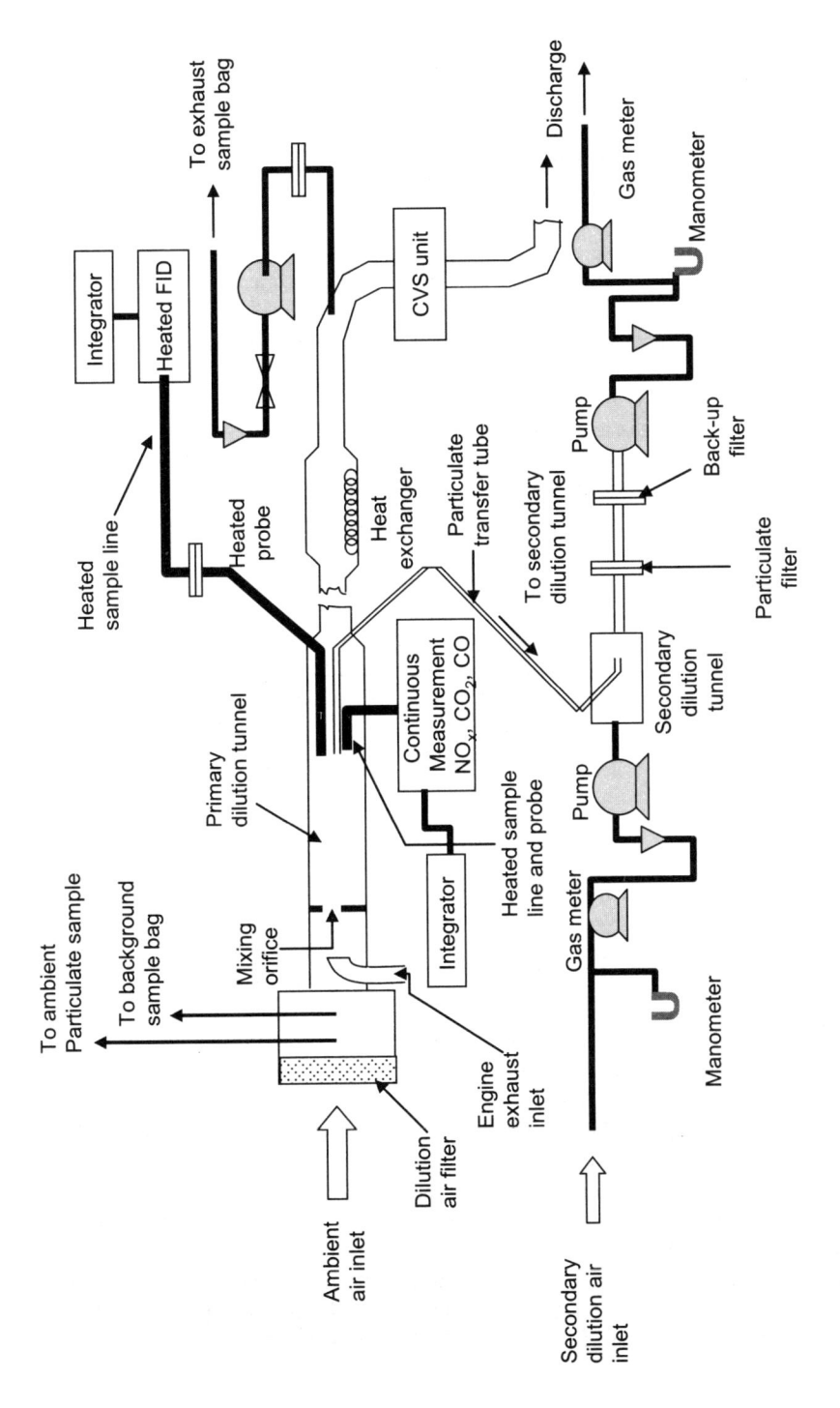

Figure 7.13 Full flow dilution tunnels for measurement of particulate emissions

These systems are described in the Reference 6. In an isokinetic system, the gas velocity in the transfer tube through which part of exhaust stream is drawn and lead to dilution tunnel is matched with the bulk exhaust gas flow velocity. Thus, an undisturbed and uniform exhaust flow at the sampling probe is obtained. Isokinetic sampling is only used for matching flow conditions and it does not necessarily matches the particulate size distribution. However, when the particle size is small such that the particles follow the flow streamlines, a representative sample is obtained.

Partial flow dilution systems are recommended for steady-state mode tests like 13-mode test procedure because they are cost effective. Also, for medium and large engines, particularly the stationary engines it is very difficult to achieve full flow dilution engine testing. However, the partial-flow dilution systems are not suited for measurements under the transient cycle tests.

In the full flow system, entire exhaust of the engine/vehicle is diluted with the filtered room air and it is a quite large and expensive system. A full-flow double dilution tunnel is shown schematically in Fig. 7.13. For small engines/vehicles only the primary dilution tunnel is used. For the large engines to provide the desired dilution ratio, the gas is again diluted in the secondary dilution tunnel from which the sample is withdrawn for measurements. The dilution ratio is maintained around 10:1. The temperature of the diluted exhaust gases at the primary filter is maintained at 325° K or less by a heat exchanger. The mass flow rate of diluted gas is kept constant during the test by a CVS system.

After thorough mixing of exhaust and air in the dilution tunnel, a constant flow rate sample is extracted that is filtered through a Teflon coated glass fibre filter. The mass of particulate is determined by weighing the particulate mass collected on the filter. A reference filter is used to determine the particulate mass in the dilution air for the background PM content to correct the particulate emission measurements. The filter papers are conditioned before use and after filtration to prevent condensation of any moisture or deposition of foreign particulate matter on the filters from atmosphere.

REFERENCES

1. Code of Federal Regulations- Protection of Environment, 40, Parts 86-99. The Office of the Federal Register, Washington, USA, July 1, 1992 and later versions.
2. Motor Vehicle Emission Regulations and Fuel Specifications – Part 2: Detailed Information and Historic Review (1970 -1996), CONCAWE, Report No. 6/97, Brussels, March 1997.
3. Motor Vehicle Emission Regulations and Fuel Specifications – Part 1: summary and Annual 1999/2000 Update, CONCAWE, Report No. 1/01, Brussels, March (2001).
4. Motor Vehicle Emission Regulations and Fuel Specifications – Part 2: Detailed Information and Historic Review (1996-2000), CONCAWE, Report No. 2/01, Brussels, March 2001.
5. Pundir B. P., *Engine Emissions: Pollutant Formation and Advances in Control Technology*, Narosa Publishing House, New Delhi (2007).
6. Reciprocating internal combustion engines – Exhaust emission measurement, Part 1: Test-bed measurement of gaseous and particulate exhaust emissions, International standard ISO 8178 – 1: 1996(E), First Edition, (1996).
7. Reciprocating Internal Combustion Compression-Ignition Engines – Apparatus for Measurement of the Opacity and for Determination of the Light Absorption Coefficient of Exhaust Gas, International standard ISO 11614 –1999(E), First Edition, (1999).

CHAPTER 8

Emission Control Technology

A. SI ENGINES

During 1960s to solve the local air pollution problem, the emission control measures cantered around only the carbon monoxide emissions from the gasoline vehicles, black smoke emissions from diesel vehicles and emissions of blue smoke due to worn out piston rings, cylinder bore etc. At first, reduction of CO and unburned fuel emissions was obtained through minor engine adjustments like fuel lean operation, improved fuel-air mixing and measures to promote oxidation of these compounds inside the engine cylinder and exhaust manifold. Positive crankcase ventilation (PCV) system was introduced on gasoline vehicles in 1964 -65 to prevent release of crankcase blow by gases which are rich in unburned hydrocarbons into atmosphere. As the emission standards were tightened, more advanced control technologies were applied. The emission control techniques can be broadly grouped that address to:

- Engine design parameters,
- Engine add-ons to enable reduction in formation or burning of pollutants inside the engine,
- Operational factors, and
- Exhaust after treatment

For the modern spark-ignition engines, the development targets include also, a better fuel economy to reduce CO_2 emissions, a greenhouse gas and global pollutant in addition to control of local air pollutants. Improvements in fuel efficiency can be achieved by adopting several measures. Thermodynamically, high fuel efficiency may be obtained by operating engine most of the times at higher loads, improving gas exchange process and, reducing pumping and heat losses at part loads. Other developments relating to adoption of multi-valves cylinders, variable valve timings and lift, gasoline direct injection, supercharging etc., have taken place in this direction

8.1 SI ENGINE DESIGN PARAMETERS

The following engine design factors have a significant effect on engine emissions and have undergone change for control of emissions;

(i) Compression ratio
(ii) Combustion chamber size and shape

(iii)   Crevice volume
(iv)   Fuel system
(v)   Spark timing
(vi)   Multi-valves and variable valve actuation
(vii)   Engine downsizing, variable swept volume, supercharging

Effect of most of these variables has been discussed in Chapter 4. Here specific developments related to some of these parameters are discussed.

Engine Compression Ratio

Compression ratio of spark ignition gasoline engines has been lowered from over 10:1 for high performance engines of 1960s to 8.5 - 9.0:1 for the current engines. A lower compression ratio is expected to result in reduction of HC emissions due to decrease in surface/volume ratio of the combustion chamber and a proportionately lower crevice volume. Reduction in engine compression ratio was also necessary for engine operation on unleaded gasoline that had a lower octane number than the leaded gasoline. Unleaded gasoline is essential for the vehicles equipped with catalytic converters and petroleum refinery economics demanded that unleaded gasoline of a lower octane number is produced. Reduction in engine compression ratio results in higher exhaust gas temperatures which promote oxidation of CO and unburned HC in the exhaust system. Another advantage of low compression ratio is lowering of the peak combustion temperatures resulting in reduction of NO_x formation. Typical results on the effect of compression ratio on engine emissions obtained on a single cylinder, overhead camshaft engine with hemispherical combustion chamber are shown in Fig. 8.1 [1].

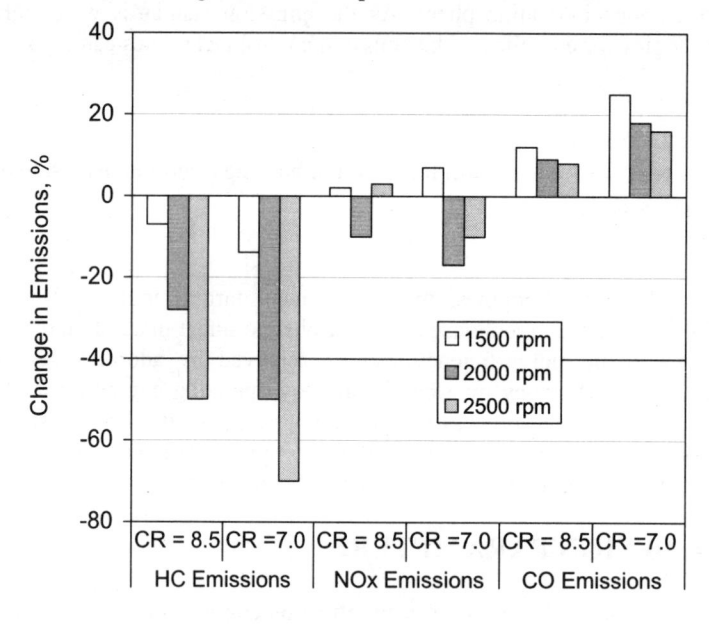

Figure 8.1 Effect of reduction in compression ratio from 10:1 to 8.5 and 7.0: 1 on SI engine emissions, single cylinder engine, 73 x77 mm, bore and stroke [1]

The results show a significant reduction in HC and NO$_x$ when the engine compression ratio was lowered from 10 to 8.5 and 7.0:1. On the other hand, an increase in CO was observed that could have resulted from partial oxidation of some of the HC to CO in the exhaust manifold. The disadvantage of lower compression ratio is reduction in engine efficiency and increase in CO$_2$ emissions.

Cylinder Size and Combustion Chamber Shape

A number of interdependent factors influencing emissions are involved when the cylinder size is increased. Larger cylinders have a lower surface to volume ratio. The ratio of crevice to cylinder volume is also lower for the larger cylinders when other design parameters remain unchanged. This would reduce HC emissions. An engine with a fewer number of larger cylinders would generally have a lower maximum speed due to mechanical strength reasons. But, a higher engine speed tends to reduce HC emissions. At high engine speeds, a higher turbulence results in the combustion chamber, which tends to improve mixing of the unburned hydrocarbons released from crevices, oil film and deposits etc., with the hot burned gases leading to increase in postflame HC oxidation. On the other hand, with increase in cylinder size a higher fraction of burned gases is contained in the high temperature burned gas core, as it is further away from the cylinder walls and heat transfer from these gases to combustion chamber walls is lower. NO$_x$ formation mostly takes place in this burned gas core, which is at higher temperatures in the larger engines. Thus, the larger cylinders produce higher NO$_x$ emissions.

The compact combustion chambers of hemispherical shape provide the lowest surface to volume ratio and minimum tendency to engine knock. The hemispherical combustion chambers located in the cylinder head, generally have 2-valves as it is difficult to accommodate 4-valves at the necessary valve positioning angles. A shallow angle pent-roof type combustion chamber (Fig. 5.20b) is a good compromise as it allows optimum valve size and their positioning in 4-valve engine configuration. These compact combustion chambers also reduce end-gas autoignition allowing use of a higher compression ratio. A higher volumetric efficiency and tumble air motion are obtained in these combustion chambers resulting in higher burning rates. These compact combustion chambers have lower heat transfer losses. Thus, quench layer thickness is minimized lowering HC emissions. In view of the above reasons, the pent-roof types of combustion chambers are commonly used in the modern automotive spark ignition engine.

Fuelling System

Since 1990, all American production passenger cars have replaced carburettor by electronically controlled multi-point port fuel injection (PFI) systems. Port fuel injection systems require one injector per cylinder to inject fuel into intake port of each cylinder. Sometimes additional injector is used to supplement the fuelling rate during starting and warm-up. With the use of fuel injection systems, precise control of air-fuel ratio using feedback exhaust oxygen sensor, improved fuel atomization and more uniform mixture distribution among the cylinders is achieved. A better dynamic response to fuel demand during transient operation compared to carburettor is another advantage that results in lower fuel enrichment during acceleration. All these factors affect the emissions favourably.

With the use of PFI less fuel is vaporized during intake process resulting in higher volumetric efficiency than with carburettor or throttle body injection (TBI). The venturi system necessary for carburettor is eliminated when using PFI. Intake system therefore, can be better designed for a higher volumetric efficiency as it handles air alone and less manifold heating is required for cold engine operation.

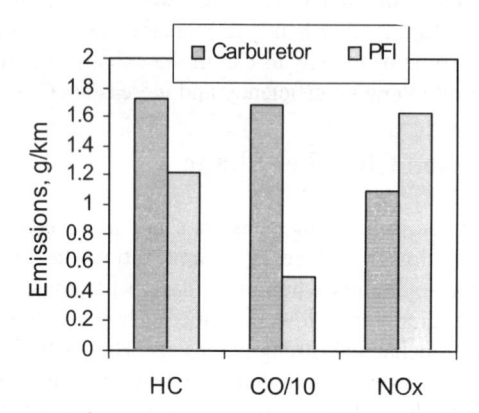

Figure 8.2 Comparison of engine-out emissions from carburettor and PFI engine passenger cars, open loop system.

The advantages of port fuel injection over carburettor and TBI are:

- Increased power and torque due to improved volumetric efficiency,
- More uniform fuel distribution,
- More rapid dynamic response to changes in throttle position and hence transient operation, and
- More precise control of air-fuel ratio during cold-start and warm up.

For control of fuel injection rate to provide the designed air-fuel ratio, airflow to the engine is measured by hot-wire or hot-film anemometer. Control of air-fuel ratio thus, is more precise and an automatic compensation is made by the engine fuel management system for changes in valve adjustments, engine wear, deposit build-up in the combustion chamber etc. Changes in volumetric efficiency due to variation in engine speed and load, exhaust backpressure etc., are also accounted for.

The typical emissions from a car fuelled with carburettor and PFI systems are compared in Fig. 8.2. Port fuel injection car gave reduction in HC and CO by 29 and 69 %, respectively. However, with the fuel injection car NO_x increased by 47% as for smooth engine operation overall a leaner mixture was used with PFI in these tests. Normally in the stoichiometric operation of the engine, the effect of PFI on NO_x would not be very significant, while lower CO and HC are obtained due to more uniform fuel distribution among the different engine cylinders.

Multi-valves and Variable Valve Actuation

In the current production engines, 4-valves per cylinder have become almost a norm. This not only provides a larger flow area of valve ports compared to 2-valves per cylinder configuration, but also makes central location of the spark plug possible. The centrally located spark plug results in an improved combustion and performance of the engine. Multi-valve configuration also provides an opportunity to use only one intake valve at low speeds that would result in high intake gas velocities in the cylinder and create a strong swirl and turbulence to improve combustion. The two intake valves may be provided with staggered valve timings and different valve lifts. At low engine speeds, the primary intake valve uses a higher lift while the other valve uses a low lift. At high speeds, both the intake valves are made to open using a high lift cam, thereby increasing airflow substantially to boost engine performance. This strategy is employed in one version of variable timing and electronic valve lift control (VTEC) technology developed by Honda Motors.

A valve overlap period exists on all engines when both the intake and exhaust valves remain open at the same time. A large valve overlap is required to obtain high volumetric efficiency at high engine speeds, but at low speeds backflow of burned gases in the intake system increases resulting in higher residual gas fraction. Effect of valve timings and valve lift on volumetric efficiency and engine performance has been discussed in Chapter 5. Effect of valve overlap on emissions varies with engine load as shown on Fig. 8.3. With increase in valve overlap, NO_x emissions decrease and HC emissions increase as a result of higher residual gas dilution. The effect of valve overlap is more pronounced on NO_x at high loads and on HC at low engine loads. At low engine speeds, HC emissions tend to reduce with late opening of intake valve. But, at high engine speeds it results in substantially higher HC emissions. Thus, ideally the valve timings should vary with the engine speed.

The intake flow through the valves governs the air motion and turbulence in the engine cylinder during intake stroke. The turbulence generated during intake process persists at modified intensity levels and form during the compression stroke and combustion period. For good combustion characteristics, right type of air motion and level of turbulence are necessary. For fixed intake valve lift, intake airflow and turbulence would vary with change in engine load and speed. Ideally, a variable valve lift is required that would depend on engine load and speed for good combustion and engine performance.

Use of fully variable valve timings can minimize the charge losses during gas exchange process resulting in improvements in fuel economy and lower engine emissions. Several strategies and mechanisms have been developed to provide variable valve timing control as discussed in Chapter 5.and are already in use on production engines .

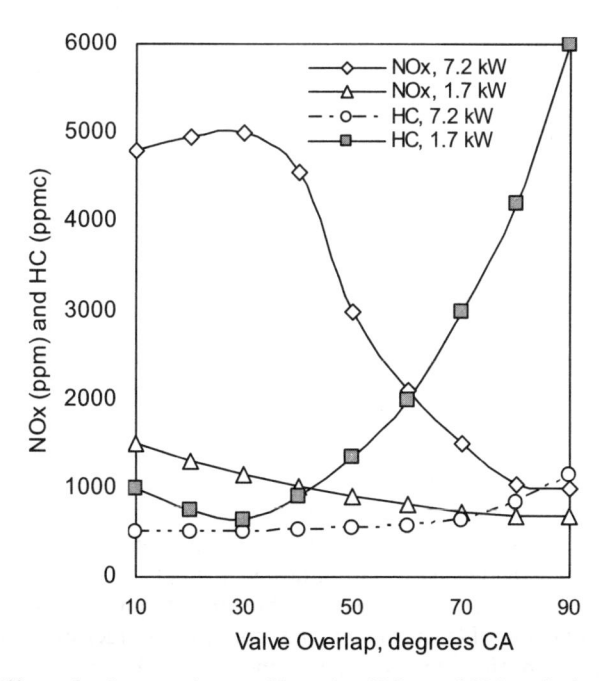

Figure 8.3 Effect of valve overlap on SI engine NOx and HC emissions. Adapted from [2].

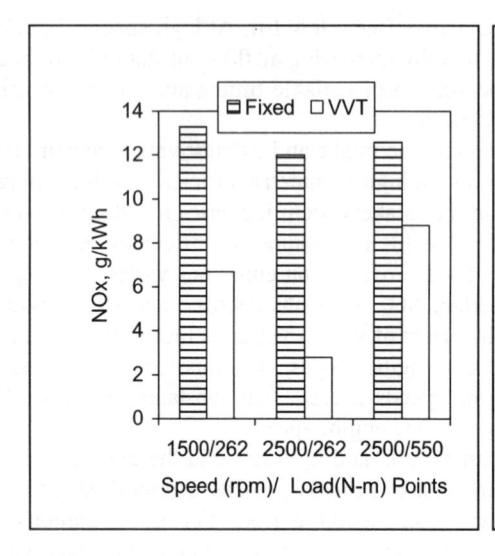

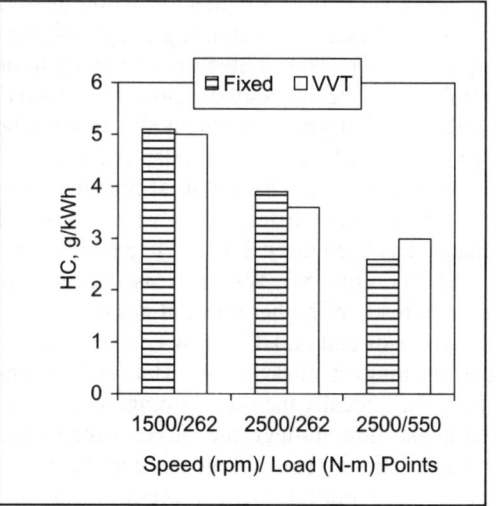

Figure 8.4 Comparison of emissions with fixed and optimum valve timing with VVT technology [3]

The NO_x and HC emissions with fixed and variable valve timings are compared on Fig. 8.4. Variable valve timing control allows for continuously variable camshaft phasing over the entire power range of the engine. Valve timings can be advanced or retarded through a 50° CA range. Intake camshaft timing is fully retarded at idle for smooth combustion. As the speed increases, the intake valve timing is advanced increasing valve overlap that results in higher internal exhaust gas recirculation and consequently in reduced NO_x emissions. Reductions of 30 to 70 % in NO_x with variable valve timing are observed depending upon engine load and speed. Change in HC emissions between the fixed and variable valve timings is however, small. Intake valve lift control instead of intake throttle has been used on some advanced engines to vary amount of charge inducted into the engine as it reduces pumping losses. It improves fuel efficiency and reduces emissions. BMW has built a car meeting Euro 4 emission standards that employed electronically controlled intake- valve lift control known as 'Valvetronic Engine Management System', A 10% improvement in fuel economy on European test cycle has been obtained.

Variable Swept Volume, Downsizing and Supercharging

During city driving, passenger cars operate at light loads when part throttle operation results in high pumping losses, poor fuel efficiency and, high HC and CO emissions. The exhaust gas temperatures are also low, which reduce catalytic converter efficiency. If during city driving the engine could be operated with lower swept volume and consequently at higher mean effective pressures, fuel economy and emission benefits would be obtained. The effective engine swept volume has been varied by deactivating the valve operation of one or more cylinders. With the advent of modern electronics, it became possible to switch the cylinders on and off without the sudden acceleration and deceleration of vehicle being felt which used to be experienced in earlier design attempts. Mitsubishi manufactured a 1.6 liter, 4-cylinder engine from 1992, which combined variable valve timing with switching between four cylinder and two cylinder operation [4]. In this engine, not only the fuel injection and ignition timing are regulated but also the air quantity to allow the engine to switch imperceptibly from four cylinders to two and back. When operating only on two cylinders friction losses are also reduced, as overhead camshafts of the two cylinders are not in operation. On this car at 60 km/h speed, pumping and frictional losses were lower by 44% when running on two cylinders instead of four cylinders. This resulted in 17% fuel saving. Fuel savings up to 30% during city driving were obtained with this engine. The cylinder deactivation strategy is being normally applied to 6- and 8-cylinder engines as with variable swept volume operation, higher emission benefits and fuel economy gains are obtained on cars with larger engines.

Using a lower displacement engine and develop the required full throttle torque and power by supercharging is another approach to improve fuel economy and reduce emissions particularly the HC. A lower swept volume engine would operate at higher mean effective pressures and would have lower fluid and mechanical friction losses. Supercharging or turbocharging is commonly employed on production diesel engines to boost power and reduce fuel consumption. However, spark-ignited engines have the problem of increased tendency to knock with supercharging. The supercharging strategy on spark-ignited engines has been investigated by boosting pressure up to 250 kPa at low engine loads [5]. A mechanical supercharger is preferred as it has a fast response and provides high levels of torque immediately. A variable compression ratio device lowers compression ratio to provide knock free engine operation at high loads, while maintaining efficient compression at light loads. At part loads, the supercharged and downsized engine give fuel economy improvements of 25% and accompanied benefits related to lower CO, HC and CO_2 emissions also would result.

8.2 ADD-ON SYSTEMS FOR TREATMENT OF EMISSIONS WITHIN ENGINE

Positive Crankcase Ventilation (PCV) System

In the reciprocating piston engines, a small amount of charge in the cylinder leaks past piston rings into crankcase. When the rings change their position in the grooves at the end of compression stroke, combustion is in progress and the cylinder pressure is high. These factors induce leakage of a significant amount of charge stored in the piston ring crevice to the crankcase. The gases leaking past the piston rings are known as 'crankcase blow by' and their flow rate increases as the engine wears and the piston - cylinder clearances and ring gaps increase. In the homogeneous combustion engines, the gas contained in the ring crevice region is primarily the unburned fuel-air mixture, because the flame is unable to propagate in the narrow crevice passages. At best, only a small fraction of the gas stored in the ring crevices may consist of partially burnt mixture. The crankcase blow by therefore, has high HC concentration and some CO. The blow-by gases are flammable and their build-up in the crankcase would increase crankcase pressure and, so these are to be vented. Prior to emission control legislation, these gases were vented to atmosphere. This source contributed about 20 percent of total hydrocarbons emitted by an uncontrolled car, about the same amount being from the fuel evaporative sources and the remainder 60 percent exhausted through the tailpipe.

Positive crankcase ventilation (PCV) system is used to recycle crankcase blow by gases back to the engine intake manifold where pressure is lower than the atmospheric pressure. Thus, a positive pressure drop between the crankcase and intake system is used to assist the flow of blow by gases to the engine intake and hence the name 'PCV System'. The blow-by gases then, mix with the intake charge for combustion inside the engine cylinder to CO_2 and H_2O. A typical PCV system is shown in Fig. 8.5. A tube connects crankcase or cylinder head cover to the intake manifold below throttle valve, which leads the gases back to the engine. Ventilation air from the air cleaner is drawn to the crankcase that continuously purges it. A one-way valve (PCV valve) is used to control the flow of blow by gases

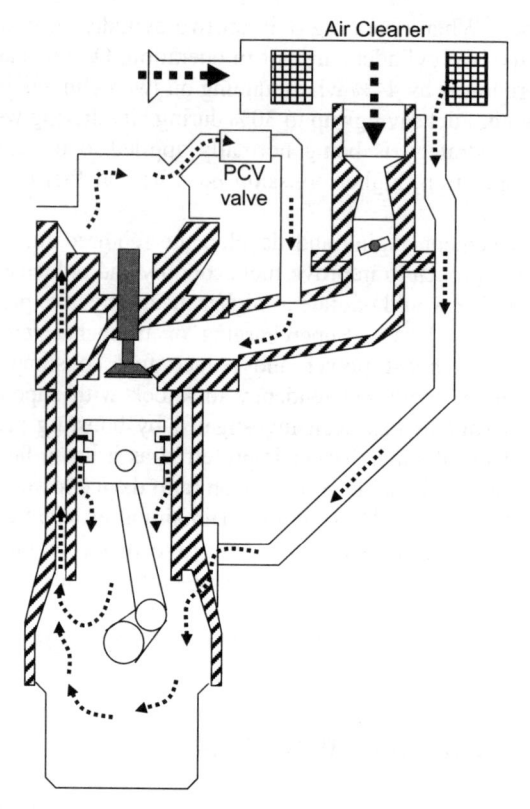

Figure 8.5 Schematic of a PCV system.

to the intake manifold. The PCV valve is designed to prevent excessive flow under high manifold vacuum conditions such as under engine idling. This otherwise can result in excessive dilution of charge by the ventilation air and cause an unstable engine operation. Under normal engine operation, PCV valve is fully open providing free flow of the gases while under high intake manifold vacuum the flow is restricted. Deposits and sludge may plug the PCV valve during usage preventing recycling of the blow by gases. To overcome this problem, some systems employ an additional connection from the crankcase directly to the air cleaner. As long as the PCV valve is unplugged, the gases flow into the intake manifold. With the plugged PCV valve, the blow by gases flow into the air filter preventing their escape to the atmosphere. Deposit control additives in fuel are also used to reduce plugging of the PCV valve.

PCV system eliminates a significant source of unburned HC emissions. It also reduces build-up of flammable gases and high pressure in the crankcase preventing possibilities of crankcase explosion and engine oil leakage through crankshaft seals.

Evaporative Emission Control

In the past, fuel vapours from the fuel tank and carburettor were vented into the atmosphere. Approximately 20% of all HC emissions from an uncontrolled car originate from evaporative sources. In 1970, legislation was passed in the USA prohibiting venting of fuel vapours from tank and carburettor into the atmosphere. The evaporative emission control system is designed to store fuel vapours normally generated in the fuel system due to evaporation in a canister, which are subsequently released and led to the engine intake manifold to be burned with the fuel-air mixture. A canister containing activated charcoal is used to store or trap the fuel vapours. The fuel vapours are adsorbed into the charcoal, until the engine is started. On engine start, engine vacuum can be used to draw the vapours from the canister into the engine. This system is a fully closed system and requires the use of a sealed fuel tank filler cap. The vapours normally collect in the fuel tank and are vented to the charcoal canister when fuel vapour pressure becomes excessive. A stable fuel tank pressure is maintained. When the engine operating conditions such as acceleration can tolerate additional mixture enrichment, the stored fuel vapours are purged into the intake manifold.

A typical layout of evaporative control system is shown in Fig. 8.6. In the earlier systems, the fuel vapours from the fuel tank and carburettor were led to the canister. But in the fuel-injected engines, fuel vapours from the fuel tank only may escape to atmosphere and therefore, canister is connected to the fuel tank alone for adsorption of evaporative hydrocarbons. A purge valve is used to control the flow of vapours into the engine. The purge valve may be actuated mechanically or electronically. In a mechanically controlled system, purge valve is typically thermo-vacuum controlled and the canister is purged generally when coolant temperature is above 60 °C. Stored fuel vapours are purged whenever throttle opens beyond a point where purge port is located. Purge air is allowed in the canister through a filter located on the bottom of the canister. This allows pressure in the canister to become equal to atmospheric and ensures purge airflow to be maintained whenever purge vacuum is applied to the canister. In the modern automobiles, electronic control module (ECM) of the engine uses engine speed, intake airflow rate, coolant temperature and oxygen sensor information to control operation of the purge valve and evaporative emission control system.

Very low evaporative emission limits have been set for modern vehicles. For example, the California Air Resources Board (CARB) has set for passenger cars evaporative emissions limits of 0.50 g/test following a three-day test procedure for meeting the LEV II standards. CARB also requires that 10 % of vehicles sold should have zero evaporative emissions. The fuel lines, hoses, fuel tank and canister have been modified to achieve nearly zero evaporative emissions. The emission control

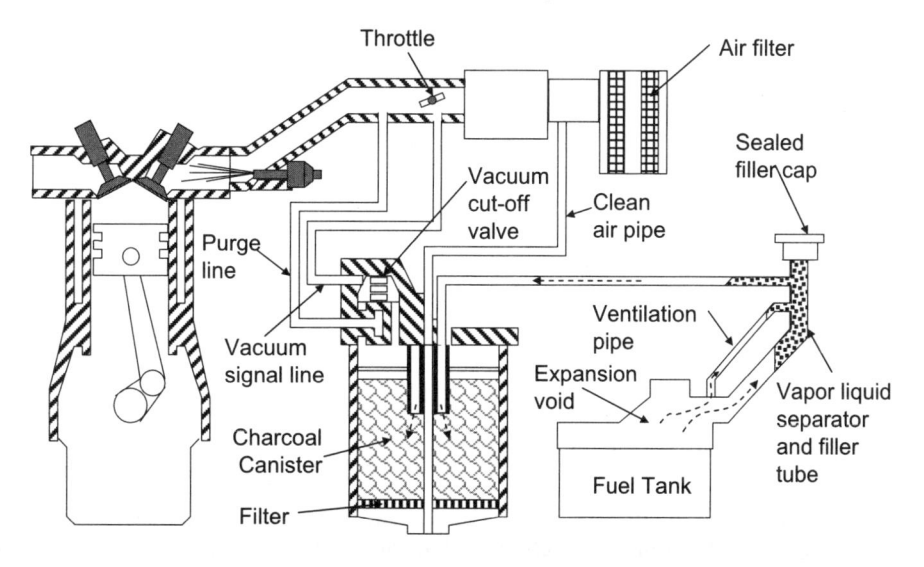

Figure 8.6 Schematic of a typical evaporative emission control system for a PFI engine.

technology requires control of permeation of fuel vapours from the fuel tank, fuel pump, seals, and vapour tubes .Permeation of fuel from fuel feed and return lines and escape of vapours from filler hose and pressure control valve account together for more than 80 percent of total evaporative emissions on these cars. The fuel permeation is controlled by selection of proper materials like multi-layer high-density polyethylene or steel for tubes and fuel tanks with corrosion resistant coatings. Minimum number of welded joints is used in the fuel system. Several of the following measures are required to meet the near zero evaporative emission standards [6].

- Generation of vapours in the fuel tank is to be reduced to meet zero evaporative emission standards. Sealed fuel tank is kept under vacuum to prevent fuel permeation and vapour leakage.
- Development of better canister technology and more effective activated charcoal.
- Employment of onboard refuelling vapour recovery (ORVR) system as the largest vapour load occurs during vehicle refuelling.
- A carbon trap to arrest the escape of fuel vapours from intake manifold when the vehicle is standing and is under hot soak as these vapours can diffuse past the throttle body into atmosphere.

Exhaust Gas Recirculation

Addition of diluents to the intake charge decreases peak combustion temperature and reduces NO_x formation. The mechanism and effect of several diluents added to intake charge on NO_x formation had already been discussed earlier in the Chapter 6. Exhaust gas recirculation refers to introduction of exhaust gas into the engine along with the fresh fuel-air mixture or the inlet air. Two types of EGR viz., internal and external EGR may be used. Internal EGR is achieved by increasing valve overlap that increases residual gas fraction in the cylinder. External EGR is achieved by introduction of the exhaust gas tapped from the exhaust pipe into the intake system.

The heat capacity of the exhaust gas is higher than the air as it contains significant amount of tri-atomic gases CO_2 and water vapours. Dilution of fresh intake charge by EGR combined with exhaust residual gases left in the cylinder from the previous cycle decreases the combustion temperatures. Burnt gas temperatures are further reduced due to lower combustion rates resulting with the addition of exhaust gas to intake charge. Use of EGR also reduces mass fraction of O_2 in the cylinder as the exhaust gas replaces part of air. All these factors cause reduction in NO formation. EGR is defined as a mass percent of total intake flow:

$$EGR = [\dot{m}_{EGR}/\dot{m}_i](100), \% \qquad (8.1)$$

where $\dot{m}_i$ is the total mass flow into the engine. After EGR combines with exhaust residual gases from the previous cycle, the total fraction of exhaust gas, x_{ex} in the cylinder during compression stroke is:

$$x_{ex} = (EGR/100)(1 - x_r) + x_r \qquad (8.2)$$

where x_r is the residual gas fraction in the cylinder. The value x_r is required for evaluation of thermodynamic properties of the unburned charge, adiabatic combustion temperature, composition of combustion products and rate of NO formation. External EGR is employed by many engine designs to meet the emission regulations. Typically, the EGR rates constitute 5 to 10 % of the intake charge as at higher rates unacceptable increase in HC emissions and loss in fuel economy and power result. The effect of EGR rate typically observed on NO_x and HC emissions, and brake thermal efficiency at constant vehicle road speed is shown on Fig. 8.7. The EGR rate may be kept practically constant over a wide range of part load operation if the engine is operated at stoichiometric mixtures as in the case of engines with 3-way catalytic converters. EGR systems are made functional mostly in the part-load range and are deactivated at engine idle, because substantial amounts of residual gas already exist in the cylinder. At engine idle, combustion is already relatively unstable and irregular, and with too much EGR, combustion stability may further worsen. It may also be desirable to deactivate EGR at wide-open throttle (maximum power) operation as the vehicle rarely operates under these conditions during city operation or in the driving schedule for emission testing. However, in practice it may result in higher NO_x emissions for brief periods of high load operation in real practice.

A typical layout of exhaust gas recirculation system for a carburettor or single point injection system is shown in Fig.8.8. A small fraction of exhaust gas taken directly from an exhaust tapping is fed to the intake system via an EGR control valve. To increase reduction in NO_x, recirculated exhaust gas may be cooled. Function of the EGR valve is to meter the exhaust gas depending on the engine operating conditions. The intake manifold pressure may be used to control EGR rate. Some systems employ exhaust backpressure controlled EGR valve. At light loads, engine exhaust backpressure is low and a 'backpressure sensor' keeps the EGR valve closed. When engine load and speed increase, backpressure increases making the EGR valve to open. However, in the modern engines EGR rate is controlled by the engine management microprocessor. A pressure sensor in the exhaust provides signal to the electronic control module of the engine, which in its turn regulates the vacuum to be applied to the EGR valve to control the EGR rate.

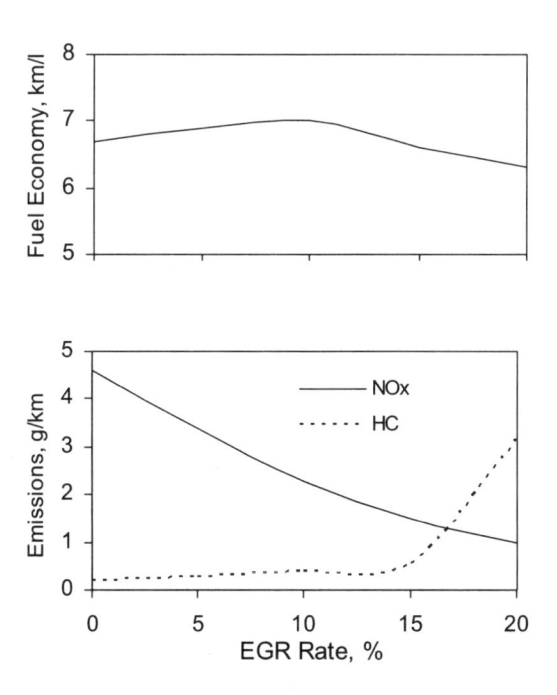

Figure 8.7 Typical effect of EGR on emissions and performance of an uncontrolled vehicle

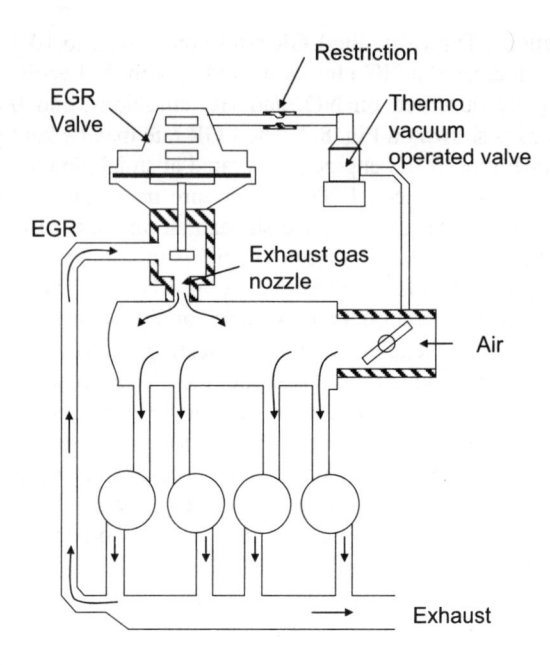

Figure 8.8 Exhaust gas recirculation systems with EGR controlled by the ported vacuum switch that prevents EGR when the engine is cold.

Electronically controlled EGR valve actuated by high-response stepper motor are being used on modern engines. Their fast response during transient operation makes it possible to reduce NO_x more than what is obtained by use of a mechanical control system employing a backpressure transducer. The electronically controlled valve can be used to optimize EGR calibration and lower EGR rates can be used to obtain the same reduction in NO_x as obtained by the mechanical system at a higher EGR rate [7].Use of lower EGR rates would result in lower engine out HC. Thus, with electronic control of EGR valve, the required reduction in NO_x accompanied with lower HC emissions compared to those obtained with the mechanical systems can be obtained.

Addition of water to intake charge is another form of charge dilution to reduce combustion temperatures and emissions of nitrogen oxides. Water has been added to the high performance, SI engines used in aeroplanes during Second World War to suppress engine knock. These engines had large bores, were supercharged and hence, were more prone to knock. In 1970s, as the vehicle emission control measures were being initiated, addition of water to suppress NO_x emissions also received attention of the researchers. Water was either directly injected into intake manifold or used as water-fuel emulsion. Emulsifying chemical agents in about 2 percent by volume were added to form water-gasoline emulsions. The stability of emulsion was around 24 hours or extended to just a few days and their addition reduced octane number. With water addition ranging from 10 to 30% by volume of gasoline, large reductions in NO_x were obtained while CO increased slightly. The unburned HC however, increased significantly with increase in water content. Similar trends were observed through out the air-fuel ratio range. In some studies, a slight improvement in specific fuel consumption up to about 3 to 5% water addition was observed. The BSFC increased with higher amounts of water addition. This approach could not be put to practical use due to negative effects of water addition on HC and bsfc, added corrosion problems and the need of a second fuelling system for water.

8.3 EXHAUST AFTERTREATMENT

The technologies and measures adopted to control emissions inside the engine combustion chamber itself could not provide large enough reductions in emissions demanded by the US emission regulations of the year 1975 and later. Therefore, aftertreatment of exhaust gas has been resorted to for conversion of pollutants to harmless substances. Earlier, thermal reactors for oxidation of HC and CO to CO_2 and H_2O were developed. Now, the catalytic converters are a standard fitment for reduction of gaseous emissions CO, HC and NO_x from the spark ignited engine vehicles.

Thermal Reactors

Post-combustion reactions can oxidize CO and HC in the engine exhaust system as long as sufficiently high gas temperatures can be maintained and enough free oxygen is available. Based on oxidation rates for hydrocarbons determined experimentally, an empirical expression to estimate oxidation rates in the exhaust has been given in Eq. 6.45. Typical temperatures required for gas phase oxidation of HC and CO without catalyst are given in Fig. 8.9. A lower temperature is required for oxidation of HC than CO. For example for 50 percent conversion, temperature required for HC is in excess of 500° C and for CO it is more than 600° C. For conversion of 80 percent, temperatures required are about 600 and 750° C for HC and CO, respectively. For a practical reactor, residence time is another important parameter. At higher temperatures less residence time is required for the same amount of oxidation. Conversion of HC up to 90 percent may be obtained in 50 ms at 850° C while it would require 100 ms residence time at 750° C. Similarly, 90 percent oxidation of CO may occur in 70 ms at 850° C, but at 750° C residence time of over 250 ms is required [1,8].

In the conventional spark ignition engines, the exhaust gas temperature near the port may vary from about 300° C at idle to around 900° C at full load operation. The highest exhaust temperatures are obtained at mixtures slightly richer than stoichiometric conditions. Retarding spark timing may further increase the exhaust gas temperatures. The exhaust gas cools at a rate of about 50° C to 100° C/meter as it flows down from the exhaust port in a normal exhaust pipe. Therefore, the thermal reactor has to be located as close to the exhaust port as possible. At rich mixture operation very little oxygen would be present in the exhaust gases. Additional air (secondary air) therefore, is introduced to provide oxygen near the exhaust port where temperatures are the highest. An engine driven or electrical pump supplies the secondary air through an air nozzle to the exhaust. Passive secondary air injection systems utilizing vacuum created by exhaust flow pulsations have also been used. In the passive systems, a non-return valve (like a reed valve) allows the air to be injected in the exhaust. In order to maintain high temperatures, secondary air may require heating. Depending upon how rich the mixture is, secondary airflow may be of the order of 10 to 20 percent of the normal engine intake airflow. Depending upon the engine operating conditions, secondary air flow rate also needs to be controlled as an excessive airflow would cool the exhaust gases and slow down the oxidation reactions.

Thermal reactors were designed to reduce heat losses and to increase residence time. It was generally in the form of an enlarged exhaust manifold directly bolted to the engine cylinder head. The cast iron housing or exhaust manifold was provided with a thin stainless steel liner to form the thermal reactor. Steel liner has low thermal inertia ensuring rapid warm up. An air gap between the cast iron housing and steel liner would further reduce the heat losses from the reactor. Fast mixing of secondary air and exhaust gases is essential for achieving uniform temperature and composition rapidly, and was obtained through proper design of flow passages.

The operating temperatures of the thermal reactor depend upon the inlet exhaust gas temperature, amount of secondary air, heat losses and the amount of energy released on oxidation of HC, CO and H_2

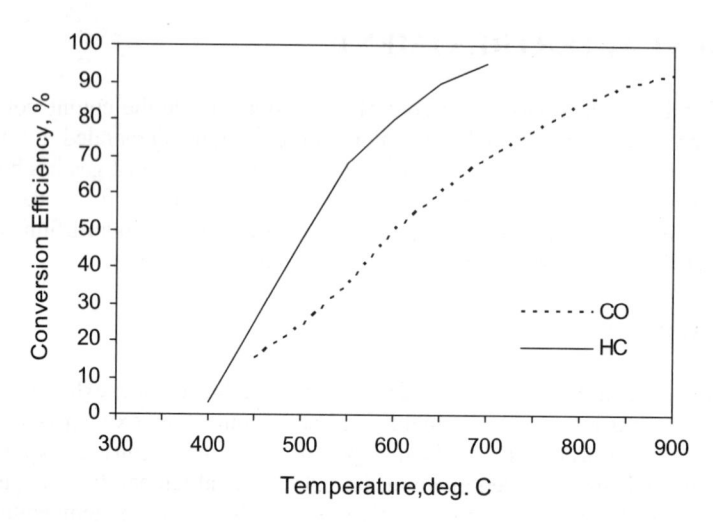

Figure 8.9 Effect of temperature on conversion efficiency for thermal oxidation of HC and CO [1].

in the reactor. Oxidation of 1.0 percent CO increases gas temperature by about 145° C. Therefore, with rich engine operation and secondary air injection higher conversion rates for HC and CO compared to engine operation at lean fuel-air ratios are obtained in the thermal reactor. Exhaust temperatures are lower by about 100 °C for lean engine operation than the fuel rich conditions. Hence, under lean engine conditions the thermal reactors give only small reductions in CO and with further leaning HC reduction becomes negligible.

Rich mixture operation and retarded ignition timing required to obtain high exhaust gas temperatures to achieve acceptably high oxidation rates in thermal reactors, result in higher fuel consumption. Under city driving conditions (part load engine operation) the exhaust gas temperature being low the conversion of CO and HC is rather small. Moreover, the thermal reactors practically have no effect on NO_x emissions. Additional cost is incurred on high temperature reactor materials, insulation, secondary air injection etc., and a higher space on the engine is required. Thermal reactors were used only during early 1970s and were not successful as a long-term emission control technology due to their low conversion efficiency even for CO and HC under the real engine operating conditions.

Catalytic Aftertreatment

Catalytic converters are now universally used for exhaust emission control in spark ignition engine vehicles. The catalytic converter consists of bed of an active catalytic material housed in a metal casing. The exhaust gas flow is directed over the catalyst bed where the pollutants are converted to harmless gases. The catalytic converter has advantage over the thermal reactor as the high conversion rates of pollutants are obtained at moderately low exhaust gas temperatures and, the engine parameters like compression ratio spark timing, air-fuel ratio etc., can be maintained at the level required for optimum engine combustion and performance. A catalytic converter besides its housing has three main components:

    (i) Catalyst
    (ii) Substrate or support, and
    (iii) Intermediate coat or washcoat

Catalyst

Several types of catalytic materials to promote chemical reactions for conversion of pollutants at low temperatures have been investigated. The oxides of base metals such as copper, chromium, nickel, cobalt etc., were investigated initially as catalyst. Base metal oxides although found to be effective albeit at higher temperatures, but they sinter and deactivate when subjected to high exhaust gas temperatures encountered during conventional SI engine operation at high loads. Also, their conversion efficiency is severely inhibited by sulphur dioxide produced by sulphur in fuel. The base metal catalysts are required in a relatively large volume, and consequently due to high thermal inertia, they take longer to heat up to operating temperature. Presently, the noble metals platinum (Pt), palladium (Pd) and rhodium (Rh) are used in the catalytic converters for SI engines as they have:

- High specific activity for the conversion reactions
- High resistance to thermal degradation
- Superior low temperature performance, and
- Low deactivation caused by fuel sulphur

The noble metals although are more expensive, but the amount required for an automotive catalytic converter is small ranging from about 0.5 to 2 g per passenger car. The noble metal loading typically varies from about 0.9 to 1.8 g/l (25 to 50 g/ft^3) of catalytic converter volume. A mixture of platinum and palladium in 2:1 mass ratio is usually employed as oxidation catalyst. Palladium has higher specific activity than Pt for oxidation of CO, olefins and methane. For oxidation of aromatics, Pd and Pt have similar activity while for the oxidation of paraffin hydrocarbons (higher than propane) Pt is more active than Pd. Palladium has a lower sintering tendency than platinum at high temperatures of around 980° C in an oxidizing atmosphere [9]. Rhodium is primarily a NO reduction catalyst. When simultaneous conversion of CO, HC and NO_x is desired as in the 3-way catalytic converters, mixture of (Pt + Pd) with Rh is used in a ratio of 5:1 to 10:1. In the early 1990s, due to lower cost of Pd than Pt, catalytic converters using Pd alone i.e., replacing fully Pt by Pd were developed. Later, when Pd became more expensive than Pt, the converter manufacturers again reverted back to mixture of Pt and Pd.

The active metal in the automotive catalysts (Pt, Pd and/or Rh) constitute just about 0.05 to 0.15 % by mass of the catalyst bed consisting of pellets or a monolithic support. The noble metals are impregnated in a highly dispersed phase on the surface of the catalyst support. The particle size of the noble metal particles when fresh is around 50 nm or smaller, which at high temperatures may sinter and grow to a size of around 100 nm. Sintering of the catalyst particles is to be prevented as it reduces the catalyst activity. Special materials known as 'stabilizers', are added to washcoat on which catalyst is loaded to improve thermal stability of the catalyst and to maintain high dispersion even at the elevated temperatures.

Catalyst Support

The active catalyst material is impregnated on the catalyst substrate or support. The basic function of the catalyst substrate is to bring the active catalyst into maximum contact with the reacting gases. It must possess characteristics to function under a variety of operating conditions and withstand rapid and high temperature gradients, gas flow pulsations, mechanical vibrations and shocks created by vehicle operation and road conditions. The durability of the converter of over 120,000 miles of operation is required by the emission regulations. An ideal support should meet the following requirements:

- It must be possible to coat it with a material (washcoat) that would provide high surface area and right size of pores for good dispersion and high activity of the active catalyst material.
- Low thermal inertia (mass x heat capacity) and efficient heat transfer for quick heat-up to light-off temperatures.
- High surface area per unit volume to keep the size of the converter as small as possible.
- Ability to withstand high operating temperatures that may reach close to 1000° C during use.
- High resistance to thermal shocks arising due to high temperature gradients under the conditions of misfired engine combustion.
- Minimum flow resistance and hence the lowest possible backpressure for rapid engine response to vehicle transient operation like acceleration
- Ability to withstand mechanical shocks and vibrations at the high operating temperatures.
- Long durability.

The above requirements are met by selection of suitable material having the right physical properties and an appropriate geometric design of the support. Design of the catalyst housing is also important. Two main types of catalysts substrates used are; (i) Ceramic pellets, and (ii) Monolithic support

Pelletized Catalysts:

The catalytic converters for passenger cars used in early 1970s employed a bed of spherical ceramic pellets. These are also known as packed bed catalytic converters. The spherical pellets made of γ-alumina (Al_2O_3) typically of 3 - 6 mm diameter are used. The material of pellets is selected to have a high mechanical strength against crush and abrasion even after exposure to high temperatures of around 1000° C. The porous surface of pellets provides a large surface area on which the noble metal salts are impregnated to a depth of about 250 μm. The pellets are then dried at about 110 - 120° C and calcined to a temperature of 500° C. The pellet catalysts are loaded with approximately 0.05% by weight of noble metals composed of Pt: Pd in 2.5:1 mass ratio. A typical pellet type catalytic converter is shown in Fig 8.10. The packed bed catalysts are mounted downstream just ahead of engine muffler.

The gas flow through the reactor is a mix of axial and radial flow to provide large flow area to reduce backpressure. The pellets made the gas flow turbulent resulting in high mass-transfer rates. The packed bed catalysts give high-pressure drops. They are also heavy and slow to warm-up. One severe problem with these catalysts is loss of catalyst from abrasion due to rubbing of pellets against each other even though these are packed quite tightly. The use of low-density pellets (also have low mechanical strength) to reduce thermal inertia results in a higher loss of the catalyst by attrition.

The ceramic honeycomb or metallic matrix monolith converters replaced the pellet types during late 1970s. The monolith catalysts are much lighter and weigh just about half of the pellet types.

Ceramic and Metal Monoliths:

A ceramic honeycomb monolith is shown in Fig. 8.11. It has a large number of parallel and straight open channels (also called cells) for flow of exhaust gases. An enlarged end view of ceramic monolith with square cells is also shown on this figure. The flow through these channels is laminar. The ceramic material commonly used is porous *cordierite* ($2MgO \cdot 2Al_2O_3 \cdot 5SiO_2$). The cordierite is a low-thermal-expansion ceramic. The cell density varies from 15 to 190 per square cm, the most commonly used range being 62 - 96 cells/cm^2 (400 to 600 cells per square inch or cpsi) for passenger car application. The cells are mostly square but triangular and hexagonal shapes have also been considered. The triangular cells have about 30 % higher pressure drop compared to the square cells. The ceramic honeycomb structure may be different shapes, circular, oval or triangular.

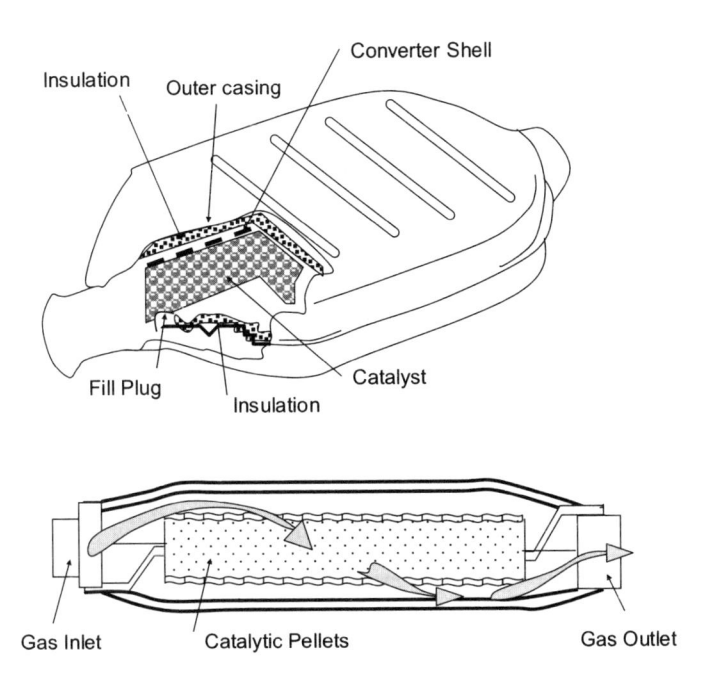

Figure 8.10 Pellet type catalytic converter.

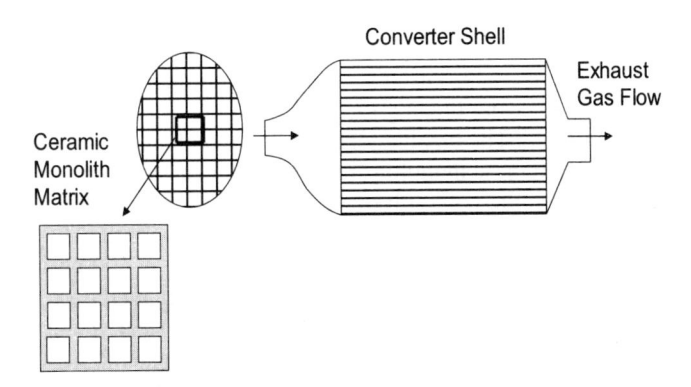

Figure 8.11 Schematic of a ceramic monolith catalytic converter having square cells.

The ceramic monolith substrates in 1975 were having 200 cpsi and a wall thickness of 12×10^{-3} in. (0.305 mm) thus designated as 200/12. In the current vehicles, the catalyst substrates of 600/4 configurations are quite common and the 900/2.5, 1200/2 substrates are also being used especially in closed-coupled catalysts for emission control during engine warm-up after cold start. The high cell density monoliths with smaller wall thickness are being used to reduce the mass and thermal inertia of the substrate. With increase in cell density, geometric surface area (GSA) increases providing more catalyst activity for the same volume of substrate. However, at higher cell density the cell dimensions get smaller and flow resistance (R_f) increases. Open front area of the substrate expressed as percent of cross sectional area perpendicular to the flow direction provides the flow area for gases. Geometric surface area, open front area, flow resistance and mass of commercial ceramic monoliths of different cell densities and wall thickness are compared in Table 8.1. Due to high surface area, the high cell density substrates provide overall higher reductions in HC and NO_x emissions.

Table 8.1
Key characteristics of Ceramic Monoliths, Square Cells

Parameter	Ceramic Cell Density (cells per square in)/wall thickness, 10^{-3} in			
	400/6.5	600/4	900/2.5	1200/2
Substrate diameter, mm	105.7	105.7	105.7	105.7
Substrate length, mm	98	76	76	35
Substrate volume, litre	0.86	0.67	0.67	0.31
GSA, m^2/l	2.74	3.48	4.37	4.98
OFA, %	75.7	81.4	85.6	83.4
R_f, litres/cm^2	3074	3990	5412	7589
Substrate mass, g	339	202	156	83

Although early honeycomb monoliths were made of ceramic materials, but soon after metallic monoliths as an alternative were introduced. The metal substrates consist of a metallic outer shell (called mantle) inside of which a honeycomb like structure is fixed. Front view of a metallic monolith substrate is shown in Fig. 8.12. Typical cell formations in ceramic and metallic monoliths are compared on Fig. 8.13. In metallic monoliths, alternate flat and corrugated thin foils of about 0.05 mm thickness made of temperature resistant steel containing aluminium, are wound in a spiral shape to form the honeycomb structure. A flat foil is placed on top of the corrugated foil and these are coiled up into the required diameter to give a trapezoidal cell configuration. The size of corrugations is designed to obtain the required cell geometry and cell density. Other geometries of corrugations and hence the varying designs of cell structure are also used in metallic monoliths to enhance turbulence [7, 10]. The coiled foils are coated with a special brazing material, slid into a steel housing and the whole unit is high temperature vacuum brazed. The brazing joins the coil with housing so that it functions as a single unit. The washcoat is applied to these monoliths mostly after their fabrication into final shape.

The foil thickness of a metallic monolith of 400-cpsi is typically 0. 0.04 to 0.05 mm compared to 0.15 to 0.20 mm wall thickness for an early 400-cpsi ceramic monolith. The metallic monoliths also with high cell densities up to 1200 cpsi are being manufactured. A 600-cpsi metallic monolith uses 0.03 mm thick foil and a 1200-cpsi monolith 0.02 mm thick foil for faster light-off resulting in an improved cold start performance. A comparison of flow and physical characteristics of ceramic and metal monoliths is given in Table 8.2. The metallic monoliths in general, have 20 to 30% higher GSA and 10 to 20 % higher OFA. But, the mass of metallic monolith is about 2 times higher than the ceramic monolith of the same volume and cell density. Despite the lower specific heat, the thermal

Figure 8.12 Front view of a metallic monolith substrate (Courtesy: Emitec Gmbh).

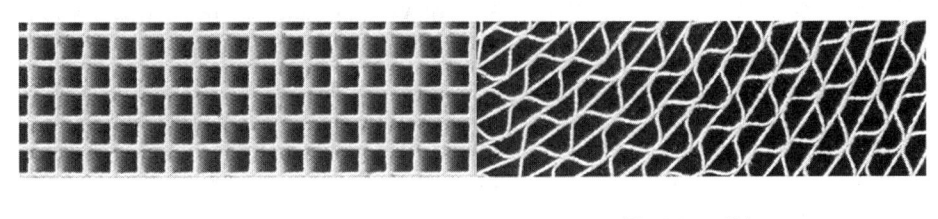

Ceramic Monolith   Metallic Monolith

Figure 8.13 Comparison of cell formation in ceramic and metallic monoliths (Courtesy: Emitec Gmbh)

capacity of metallic monoliths is 15 to 80% higher than the comparable ceramic monoliths. Use of ultra thin foils of 0.02 to 0.03 mm thickness reduces mass of the substrate by 40 to 60 % compared to the standard foil thickness used earlier and the catalyst thermal inertia is thus, lowered.. The catalyst monolith built with ultra-thin foils heats up faster from cold start to operating temperature. Thermal conductivity of metallic monolith is 15 to 20 times higher compared to ceramic monolith, which is important for faster warm-up and conversion of HC and CO when vehicle is cold. The metallic monoliths have also 10 to 15% lower backpressure.

A disadvantage with metal monoliths is that these cool down faster at lower loads and have to be fitted as close to the engine as possible keeping in mind the peak temperature levels that might be reached under other engine conditions. Secondly, the metallic support is non-porous and special techniques to obtain adherence of catalyst on the surface have to be employed.

Table 8.2
Comparison of Characteristics of Metallic and Ceramic Monolith Catalyst Substrates [9, 11]

Characteristics	Metallic Monolith	Ceramic Monolith
Geometric Data		
Wall thickness, mm	0.02 - 0.04	0.06 -0.20
Range of cell density/cm^2	16- 186	16 -186
OFA (uncoated) for 400cpsi, % cross section area	89- 91	67.1-76.0
GSA (uncoated) for 400 cpsi, m^2/l	3.2	2.4-2.8
Physical Data		
Thermal conductivity, W/m.°K	14-22	0.1-0.8
Specific Heat capacity, kJ/kg.°K	0.4- 0.5	0.75-1.05
Density, g/cm^3	7.4	2.2-2.7
Coefficient of thermal expansion, 1/°K	15	1
Maximum short duration operating temperature, °C	1280-1375	1400
Maximum continuous operating temperature, °C	900-1150	1200
Mass (105.7 mm dia. x 98 mm length) 400 cpsi, g	682	339

In summary, the metallic monoliths have the following advantages over the ceramic monoliths:

- Higher mechanical strength
- High thermal conductivity for a faster warm-up and light off
- Reduced space requirement and no special canning is required
- Higher flow area due to lower cell wall thickness and hence smaller pressure drop
- Higher tolerance to high temperature spikes
- Higher conversion efficiency

The monolith volume is typically 0.5 to 1 times of the engine swept volume. Space velocity is a parameter that is defined for the catalyst systems to characterize residence time of the reactants on the catalyst bed, which is inversely proportional to residence time. The space velocity, V_s is given by

$$V_s = \frac{ExhaustFlowrate, m^3/s}{CatalystVolume, m^3}, s^{-1} \qquad (8.3)$$

In the catalytic converters for SI engines, the space velocity typically reaches upto 50 s^{-1}.

Washcoat

Ceramic and metallic monoliths have a geometrical surface area of 2.0 - 4.0 m^2/l of substrate volume. This is too low to induce high chemical reaction rates and good catalytic conversion of exhaust emissions. A thin layer of inorganic oxides known as washcoat is applied to the cells in monolith structures to increase effective surface area for dispersion of active catalyst material, which increases the contact of catalyst with the reacting gases. The washcoat has pores of varying sizes ranging from 20 to 100 Å. The ceramic monoliths generally, have some wall porosity or surface roughness that results in good adhesion of washcoat. The ceramic monolith is dipped into slurry of γ-Al$_2$O$_3$ and some stabilizers, is dried at about 110 °C and calcined. The washcoat may be impregnated with the catalyst, or the catalyst may be deposited on the washcoat subsequently. High surface area created by Al_2O_3 washcoat and dispersion of active catalyst deposited by solution impregnation is shown schematically in Fig. 8.14. Adhesion of washcoat to metallic monoliths is more difficult. On metallic monoliths, first pre-treatment of surface is required to make it rough and improve its bonding characteristics with ceramic washcoat materials. For the prefabricated metallic monoliths then, a procedure similar that for the ceramic monoliths may be followed. For some metallic monoliths, washcoat is applied to metallic foils by dipping or spraying before the formation of monoliths that avoids handling of a large number of individual monolith units during wash coating and precious metal loading steps.

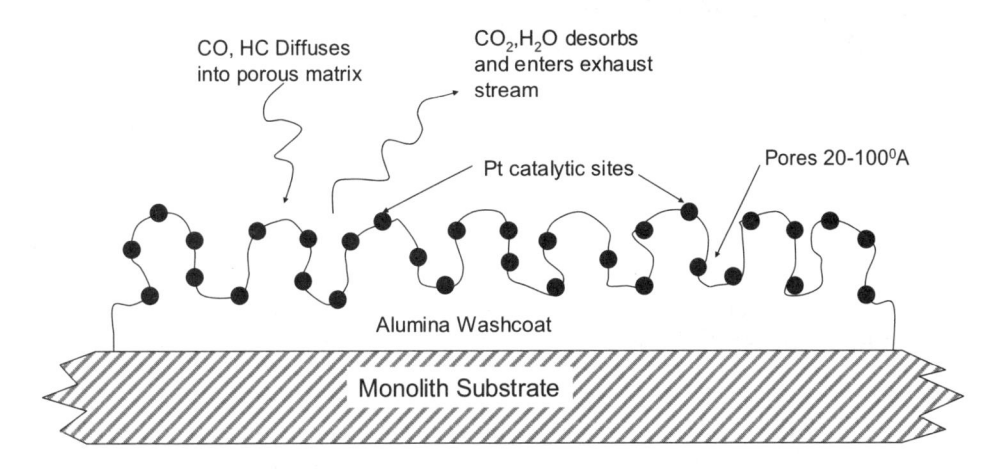

Figure 8.14 Conceptual model of catalytic sites dispersed on a high surface-area Al_2O_3 washcoat.

The washcoat constitutes 5 to 15 percent of the mass of ceramic monoliths. Its thickness typically varies in the range 10-30 μm on the walls and 60-150 μm on the corners of the square cells, which reduces the open flow area of the cells and catalyst. Washcoat increases actual surface area of the catalyst substrate to 10000-40000 m^2/l of monolith volume. In addition, it improves resistance of catalyst to thermal de-activation processes. The washcoat components also support the catalyst function. To the primary wash coat material γ-Al_2O_3, about 20 percent of other oxides consisting of cerium oxide (CeO_2) and stabilizers such as zirconium oxide and barium oxide are added. The cerium oxide has the ability to store oxygen under lean operating conditions and release it under rich mixture operation for improving functioning of 3-Way catalytic converters, which is discussed later in the Chapter. The cerium oxide in the washcoat also influences the stability of dispersion of precious metals. Zirconium oxide is preferred for the dispersion of rhodium. The cerium and zirconium oxides are added either as oxides themselves or as oxide precursors like their respective carbonates or nitrates.

Converter Housing

The ceramic monolith is mounted in a high quality corrosion resistant steel casing. A mat made of ceramic material or wire mesh surrounds the ceramic monolith to hold it tightly inside the casing. The mat protects the ceramic monolith against mechanical impact and vibrations, and also acts as heat insulation. The ceramic mat is made of aluminium silicate that expands as it is heated. As the

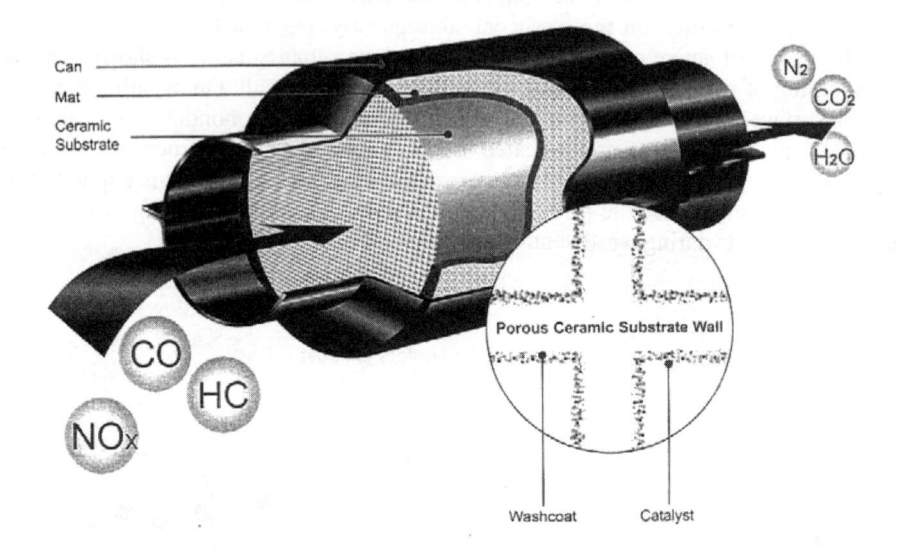

Figure 8.15 Schematic cut-away section of a typical ceramic monolith 3-way catalytic converter for a passenger car, "Illustration Copyright 2001, Corning Incorporated. All rights reserved. Reprinted by permission."

temperature of mat rises, gas bubbles are formed inside the mat and it ensures proper sealing to prevent any bypass of the exhaust gases as well as tight packing of the ceramic monolith providing protection against vibrations of the exhaust system. Cutaway view of a ceramic monolith catalytic converter with housing and packing mat is shown on Fig. 8.15. The metallic monolith converters are easier to mount as the metal casing inside which the honeycomb structure is welded or brazed can be easily integrated with the exhaust system of the engine.

Classification of Catalytic Converters

To meet the 1975 US vehicle emission standards catalytic converters were required to reduce CO and HC. The NO_x emission standards were relatively lenient and were met by use of EGR. The converters used on the US passenger cars during the period 1976-79 were 'oxidation' type catalytic converters as these only oxidized CO and HC to CO_2 and H_2O. Later, as the NOx standards were made more stringent and limits were set equal to 1.0 g/mile from 1981, reduction catalysts were required to control the NO_x emissions. After the advent of oxygen sensor in the early 1980s, 3-way catalytic converters were developed where reduction of all the three pollutants CO, HC and NO_x was carried out simultaneously on the same catalyst bed with the engine operating on mixtures close to stoichiometric air-fuel ratio. The three-way catalytic converter now, is almost a standard fitment to most SI engine vehicles. In the meantime, considerable developments on the catalyst technology have taken place to meet the more stringent emission standards. Catalysts for control of cold start HC emissions are being used as more and more stringent emission limits are being enforced. During mid- 1990s gasoline direct injection (GDI) engines came into commercial production. Under city driving conditions, the GDI engine operates as stratified-charge engine with overall lean air/fuel mixtures. For NO_x control in these engines, lean de-NO_x catalytic converters are needed.

The different types of catalytic converters mentioned above viz., oxidation, 3- way and more advanced catalyst systems are described in the following sections. The de-NO_x catalysts are discussed later in this chapter along with NO_x control in diesel engines.

Oxidation Catalysts

The oxidation catalyst oxidizes CO and HC like the thermal reactor but at substantially low temperatures with high conversion efficiency. To provide the required excess air for oxidation, the engine is operated either lean or secondary air is injected when engine is operating at the rich mixture settings. When engine is operated lean, the best fuel economy is obtained at about 10 percent leaner than stoichiometric mixtures and enough excess oxygen is available in the exhaust gas for oxidation of CO and HC. But, at this point the NOx emissions are nearly at the maximum requiring higher rates of EGR which results in poor combustion. Therefore, vehicles employing the oxidation catalysts are generally tuned rich for better NO_x control, and secondary air was injected upstream of the converter to complete oxidation.

The conversion efficiency of a catalytic converter is the ratio of the mass rate at which a particular pollutant is removed in the catalyst to the rate at which that pollutant flows into the converter. For example, CO conversion efficiency is:

$$\eta_{conv(CO)} = \frac{\dot{m}_{CO,in} - \dot{m}_{CO,out}}{\dot{m}_{CO,in}} = 1 - \frac{\dot{m}_{CO,out}}{\dot{m}_{CO,in}} \tag{8.4}$$

The conversion efficiency of an oxidation catalytic converter depends upon the exhaust gas temperature as shown in Fig. 8.16. The temperature at which 50% CO conversion is obtained is defined as the light off temperature.

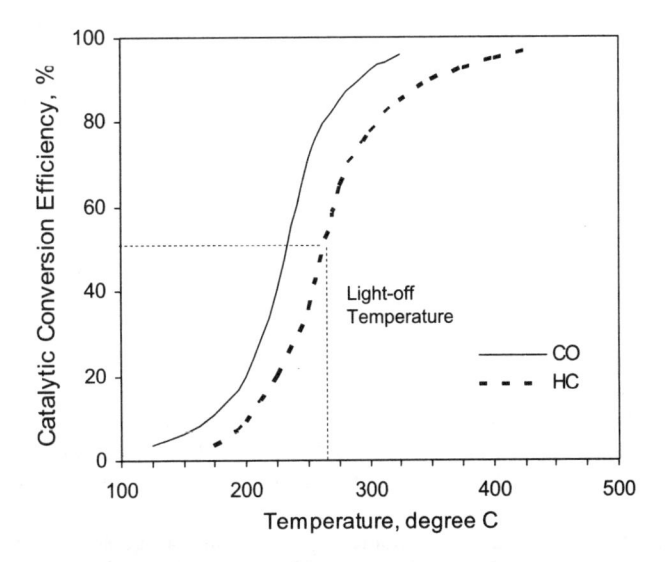

Figure 8.16 Conversion efficiencies for typical oxidation catalyst

One of the aims of catalyst development is to keep light off temperature as low as possible. The light off temperature for a new catalyst varies from around 220° C for CO to 260 - 270° C for HC. With ageing, the catalyst light off temperature increases. For a new catalyst at 300° C, conversion of CO reaches over 90 percent. At fully warmed up conditions, CO conversion efficiency reaches 98 to 99% and HC conversion efficiency is about 95%. These catalysts use a mixture of Pt and Pd in the ratio of Pt: Pd = 2.5 to 5:1.

Reduction and 3-Way Catalysts

A reduction catalyst to control NO_x operates on the principle that the CO, HC and H_2 present in the exhaust as a result of rich engine operation react with NO_x and convert NO_x to N_2. Possible reactions under reducing conditions are given in Table 8.3.

Table 8.3
Possible Reactions in the NOx Reducing Catalytic Systems

1. $NO + CO \rightarrow \frac{1}{2} N_2 + CO_2$
2. $NO + 5CO + 3H_2O \rightarrow 2NH_3 + 5CO_2$
3. $2NO + CO \rightarrow N_2O + CO_2$
4. $NO + H_2 \rightarrow \frac{1}{2} N_2 + H_2O$
5. $2NO + 5 H_2 \rightarrow 2NH_3 + 2H_2O$
6. $2NO + H_2 \rightarrow N_2O + H_2O$

As the concentration of NO_x is relatively small, only small fractions of exhaust CO, HC are consumed in reduction reactions of NO_x. Most of the exhaust CO and HC survive the above reduction reactions and are to be converted by an oxidation catalyst. NO reduction activity of different metals is in the following order:

$$Ru > Rh > Pd > Pt$$

Ruthenium (Ru) and Rhodium (Rh) produce much lower NH_3 compared to Pd and Pt under rich mixture conditions. However, Ru forms volatile oxides and the catalyst loss from the washcoat is very high. Hence, Rh has been found to be the most successful reduction catalyst. Earlier a dual bed catalyst system consisting of a reduction catalyst reactor followed by an oxidation reactor was considered. In this arrangement, the engine is to operate rich to give enough CO and HC for reduction reactions. Oxygen is introduced ahead of the oxidation reactor for conversion of HC and CO. Some ammonia is generated during reduction reactions, which is converted back to NO on the oxidation catalyst downstream of the reduction catalyst. A dual-bed catalytic converter with separate reduction-oxidation catalysts is complex and bulky, has low NO_x conversion efficiency and as the engine operates on rich mixtures it also results in poor fuel efficiency. However, if the engine can be operated close to stoichiometric conditions, all the three pollutants can be converted simultaneously. This is the essential condition for working of 3-way catalytic converter. Introduction of oxygen sensors (λ-sensors) for precise control of air-fuel ratio made it possible and large-scale use of 3-way catalytic converters on passenger cars started from early 1980s. The dual-bed catalysts were not really used on a significant commercial scale.

Three-Way Catalysts

As the noble metals promote oxidation as well as reduction reactions, a combination of these are now extensively used in a single catalyst bed to simultaneously oxidize CO and HC and reduce NO_x. The essential condition is that the engine operates at/or very close to stoichiometric air-fuel ratio so that enough reducing exhaust gas species CO and HC are present to reduce NO_x to N_2 and simultaneously enough oxygen is available to oxidize CO and HC. Such a system known as the three-way catalyst, removes all the three pollutants at the same time. Conversion efficiency of the three pollutants as a function of fuel-air ratio is shown in Fig. 8.17. It is seen that a small window of about 0.12 A/F unit wide ($0.997 < \phi < 1.005$) around the stoichiometric air-fuel ratio exists, where conversion of more than 80 % of all the three pollutants is obtained. A closed loop feedback fuel management system with an oxygen sensor in the exhaust is used for precise control of air-fuel ratio. The oxygen sensor detects presence of free oxygen in the exhaust gas to determine whether the fuel-air mixture is lean or rich. It provides signal to a microprocessor controlled fuel management system to adjust fuel injection rate so that the engine operates in a narrow window around the stoichiometric set point. A simple closed-loop feed back engine fuel management system is shown schematically in Fig. 8.18.

The electronic fuel management system on feedback from the oxygen sensor that identifies whether the mixture is richer or leaner than stoichiometric, tries to bring back the air-fuel ratio close to stoichiometric. In this process, the actual air-fuel ratio oscillates around the set point at a frequency of 0.5 to 1 Hz as the fuel flow is varied. With cyclic variations in fuel flow, the air-fuel ratio is considerably widened affecting the removal of all the three pollutants concurrently. Due to these cyclic variations in air-fuel ratio and consequently in the exhaust gas composition, it is required that the catalyst is able to reduce NO_x when mixture is slightly leaner and removes HC and CO when mixture is richer than the stoichiometric set point. Components like cerium oxide (CeO_2), zirconium oxide (ZrO_2), barium oxide (BaO) and rhenium oxide (ReO_2) are added as stabilizers to the washcoat. The cerium oxide, CeO_2 acts as an oxygen storage system and widens the air-fuel ratio window where high conversion rates of all the three pollutants are possible. CeO_2 with cerium in 4-valence state provides oxygen for oxidation of CO and HC in a fuel-rich exhaust gas and in the process gets itself reduced to 3-valence state i.e., to Ce_2O_3. When the engine operation becomes lean due to cyclic variation in fuel flow, it gets oxidized again by reacting with excess O_2. The 4-valence cerium oxide, CeO_2 then, again oxidizes CO and HC in the next fuel rich cycle. These reduction-oxidation reactions in cerium oxide are given below:

$$\text{Rich Operation: } 2\,CeO_2 + CO \rightarrow Ce_2O_3 + CO_2 \tag{8.5}$$

$$\text{Lean operation: } Ce_2O_3 + \tfrac{1}{2} O_2 \rightarrow 2\,CeO_2 \tag{8.6}$$

The usable air-fuel ratio window is thus considerably widened to almost 1 air-fuel ratio unit for effective removal of all the three pollutants simultaneously.

Control of air-fuel ratio during warm up and transients like acceleration is a major problem. Carburettors were found to be incompatible with such control systems. Multipoint port fuel injection system now is a standard feature of engines using 3-way catalytic converter. Engine control system of vehicles uses a variety of sensors, actuators and microprocessors as discussed in Chapter 5. The sensors measure air temperature, pressure, air mass flow rate, throttle opening, engine load, speed, spark timing, engine knock in individual cylinders, fuel flow, exhaust gas oxygen content etc., besides other usual engine parameters. The signals from the sensors are fed to the microprocessors of the engine ECU, which adjusts engine parameters through actuators.

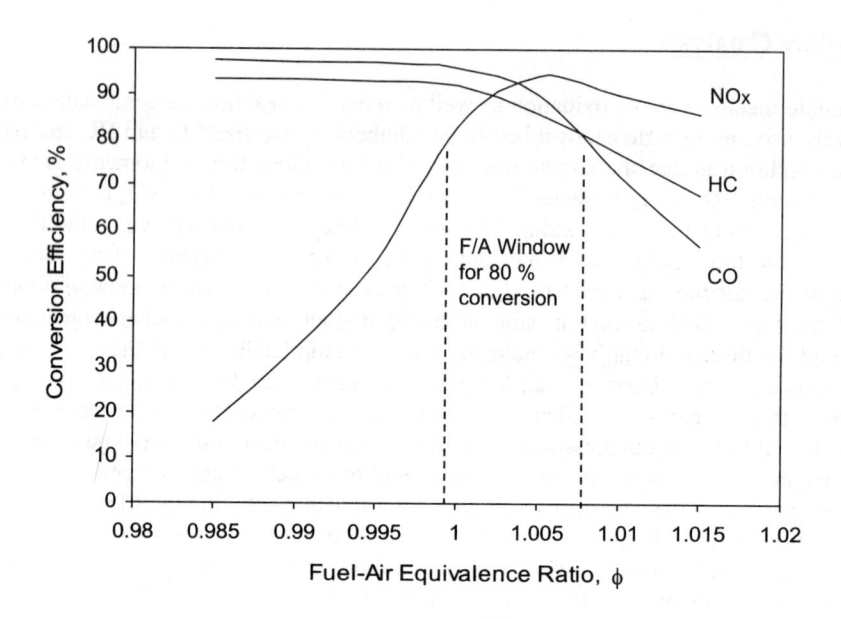

Figure 8.17 Conversion efficiency of a 3-way catalytic converter as a function of fuel-air equivalence ratio

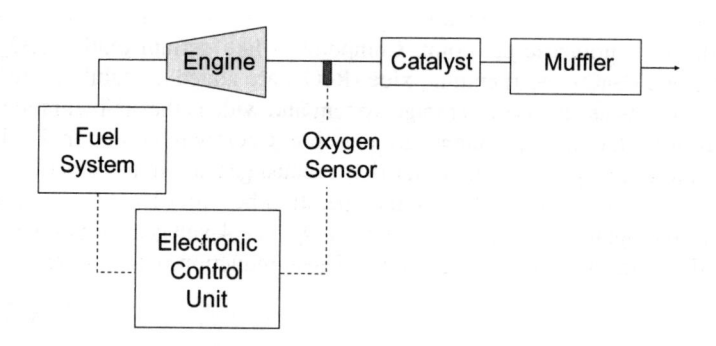

Figure 8.18 A simple closed-loop feedback control system for air/fuel ratio control

The exhaust gas oxygen sensor (EGO) also called, as 'λ-sensor' is the key to the operation of 3-Way catalysts for control of air-fuel ratio within about 1% of stoichiometric value. The sensor is located in the exhaust pipe immediately before the catalytic converter. It operates on the principle of electro-chemical cell and has been described in Chapter 5. For advanced 4-cylinder engines having engine out emissions of 1.5-2.0 g/mile, nearly 98 to 99 % hydrocarbon conversion is necessary to meet the ULEV/SULEV emission standards. To improve performance of 3-way catalyst, oscillations in air-fuel ratio are to be minimized. For this a new sensor known as universal exhaust oxygen sensor (UEGO) has been developed to give measurement of oxygen content in the exhaust and gradual response to the changes in air-fuel ratio [12]. A better control of air-fuel ratio needed for meeting ULEV/SULEV emission regulations, the operating widow of 3-Way catalyst becomes narrow but overall higher conversion of HC, CO and NO_x is obtained.

Cold Start HC Emission Control

To meet the stringent emission standards, catalyst should achieve the operating temperatures very quickly after cold start. During engine start and warm-up, CO and HC emissions are high. About 60 to 80% of total HC emissions are produced during the first 2 minutes of vehicle operation after cold start. Engine out HC emissions from a 4-cylinder gasoline engine in the FTP cycle after cold start are shown in Fig. 8.19 [9]. On this figure, LEV and ULEV limits are also shown. To meet Euro 3 or US Tier 1 standards, about 2 minutes of time required for catalyst light off after engine start may be acceptable. But, to meet LEV regulations the catalyst should become functional within about 80 s and for ULEV within 50 s. To improve the cold start performance of the catalyst several approaches have been investigated. Some of these are:

- Electrically heated catalytic converters
- Low thermal inertia catalytic converters
- Close-coupled catalysts
- Hydrocarbon traps

The converters can be preheated electrically. It requires large heating element and results in considerable power drain on the battery at subzero temperatures. This demand on battery is made at that very time when large power drain is also necessary for engine cranking to start. The catalyst heating devices, particularly for ceramic monoliths have not found widespread application due to additional cost and complexity. In the metallic monoliths, metal honeycomb itself has been used as a heating element. Use of thin steel foils reduces thermal capacity of the catalyst and it results in short heating period and lower energy consumption. During warm-up phase, electronic control of heating ensures optimum functioning of the catalyst

To reduce thermal inertia, the converter material of low specific heat and high thermal conductivity e.g., metallic monoliths are being used. These converters warm up rapidly to operating temperatures. Use of thin wall ceramic monoliths also reduces thermal capacity of the converter.

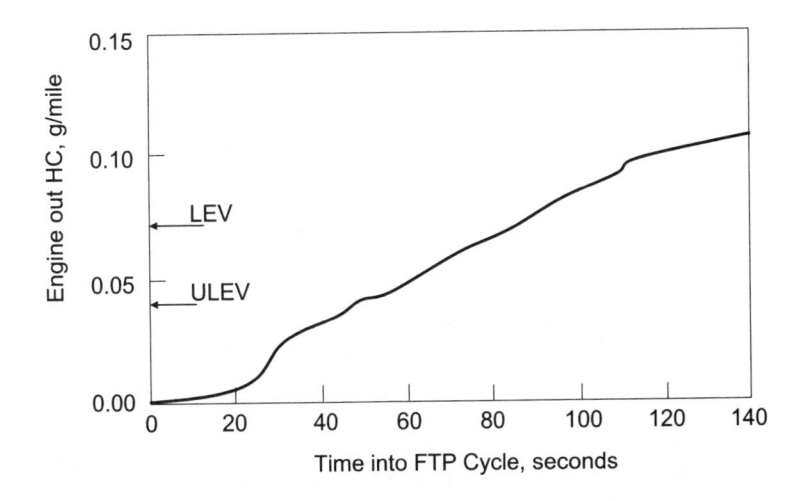

Figure 8.19 HC emissions during cold start in FTP cycle and, LEV and ULEV emission limits. [9]

Ceramic monoliths of 0.05 mm wall thickness and 900 and 1200 cells/square inch construction have been employed instead of the commonly used 400 and 600 cpsi monoliths with wall thickness of 0.09 to 0.17 mm. It has improved the temperature rise characteristics of the catalyst. With this approach, catalyst light off time is shortened as a result of reduction in thermal inertia of the substrate To preserve heat a double walled exhaust manifold is also used with the inner liner being as thin as 0.8 mm to reduce its heat capacity.

Close-Coupled Catalysts

More rapid catalyst light off has been achieved by installing the converter much closer to the engine to minimize heat losses from the exhaust gases (Fig 8.20). These are known as 'close-coupled' catalysts, and are designed mainly for oxidation of HC while the under-floor catalyst mounted downstream removes the CO and NO_x and the remaining HC. The closed coupled catalysts have a small cross-section and volume to improve light-off characteristics. To achieve an early light off, higher idle speed and retarded spark timing are also used. With retarded spark timing, unburned HC continue to burn in the exhaust manifold thus, heats the close-coupled catalytic converter. The closed-coupled catalysts are exposed to very high exotherms and hence should have high resistance to deactivation after exposure to high temperatures.

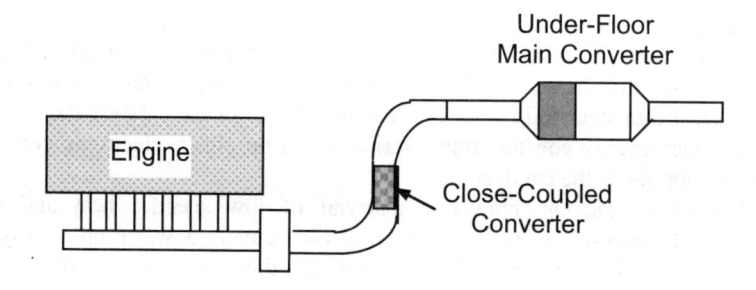

Figure 8.20 Schematic layout of exhaust system fitted with close-coupled catalyst

Hydrocarbon Trap Systems

Even a closed coupled catalyst needs several seconds (up to 40 seconds) to become operational after cold start. Thus, part of the engine out emissions escapes conversion in the close - coupled catalyst. Since the mixture is rich during cold start, amount of HC emissions during this period is almost equal to the stringent PZEV emission limits. A more effective solution to control engine cold start HC emissions is to adsorb and store them on an adsorbent, which are released later for burning once the catalyst downstream reaches the light off temperature. A typical adsorption and desorption cycle during cold start on FTP cycle is shown on Fig. 8.21. Various types of silicalites, zeolites; y-type, ZSM-5 etc., have been considered as adsorbents for the hydrocarbon traps. The hydrocarbons must be released from the adsorbent when the catalytic converter downstream of it has reached the operating temperatures of 250° C or higher.

A typical layout of the hydrocarbon adsorber/trap and main catalyst is shown in Fig. 8.22. In this configuration, heat is exchanged between the HC trap and main catalyst to facilitate warming up of the main catalyst. Some unique designs of HC adsorber-catalyst system have been developed in which the hydrocarbon adsorber and the oxidation catalyst are integrated into one unit. In an advanced

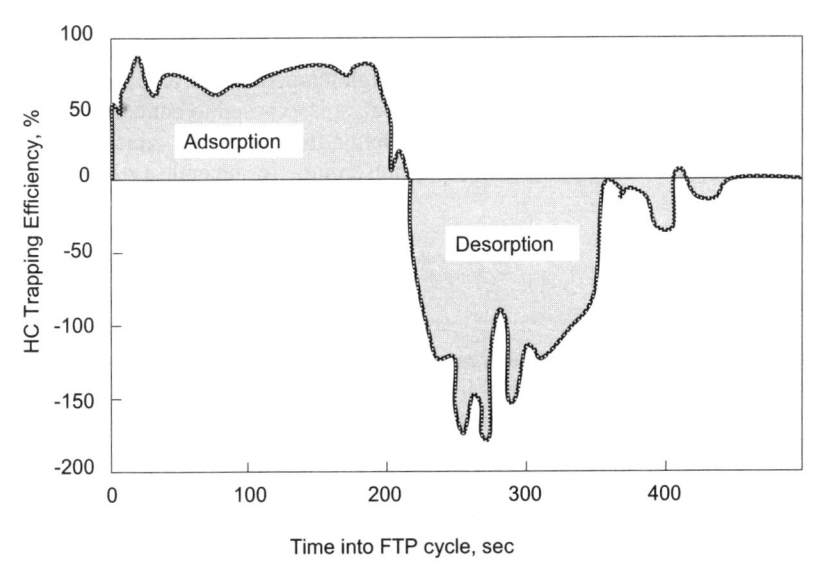

Figure 8.21 Adsorption and desorption cycle, and trapping efficiency for a hydrocarbon trap [9].

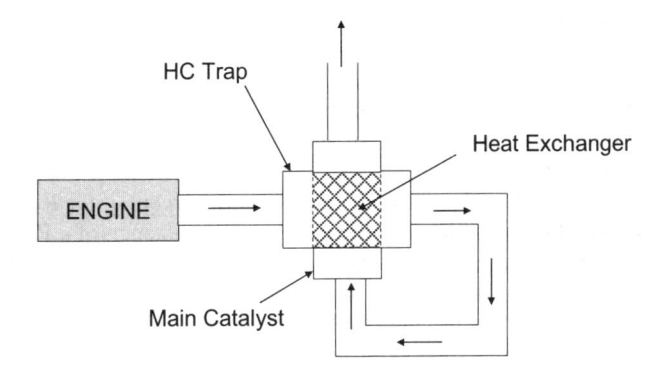

Figure 8.22 Schematic layout of exhaust system with hydrocarbon trap and main catalyst.

configuration of the integrated adsorber-catalyst system, double layered catalyst structure is used on a cordierite substrate [13]. The HC adsorbent is coated as the bottom layer close to the substrate and the normal 3-way catalyst forms the upper layer. During cold start hydrocarbon emissions penetrate through the top layer and are adsorbed in the bottom layer. As the temperatures increase the HC are released and oxidized by the 3-way catalyst forming the upper layer. The HC trap during cold start absorbs 70% or more of HC temporarily. HC on desorption are oxidized giving overall 20 to 30% reduction on the total FTP cycle [13].

Catalyst Deactivation

The automotive catalysts in the USA initially were required to demonstrate emission of 160,000 km that has now been increased to 192,000/240,000 km. The emission limits specified are supposed to bemet by the catalyst equipped vehicle at half life stage, so that it gives average emissions over whole life equal to less than the limits in the standards. When new, the catalysts can easily meet the standards but during vehicle operation the catalysts are subjected to high temperatures exceeding 900 °C, thermal shocks and high mechanical vibrations. In addition, the catalyst is exposed to contaminants coming via fuel, lubricating oil and the engine itself. Lead and sulphur from fuel and, zinc and phosphorous compounds from lubricating oil cause serious catalyst poisoning. In general, a catalyst experiences two forms of deactivation:

- Catalyst poisoning
- Thermal deactivation

The catalyst deactivation causes (i) an increase in light off temperature and (ii) a decrease in maximum conversion efficiency. Contaminants like sulphur can cause a partly reversible damage while the other contaminants such as lead, phosphorous, zinc etc cause irreversible loss in conversion efficiency. The following catalyst deactivation mechanisms may occur:

- Contaminants deposit or adhere to the active catalyst sites and, they react chemically with catalyst, deactivating it completely or reducing its performance. It is known as 'selective poisoning'.
- Accumulation of the contaminants on the outer surface of the catalyst physically restricts or prevents contact of the exhaust gases with the catalyst. This effect is termed as 'blanketing effect' or 'non-selective poisoning'.

Lead in the form of tetra ethyl lead was used for many years as antiknock additive in gasoline. Lead however, provides the most rapid degradation of the catalyst performance. Lead chlorides and bromides, and lead oxides are attracted to the catalyst sites, get deposited on the catalyst surface inhibiting contact between the catalyst and the gases. About 10 to 30 percent of the lead in the fuel gets deposited on the catalyst. A typical effect of lead on the conversion efficiency of a Platinum/Rhodium 3-way catalyst is shown on Fig. 8.23. Even when lead deposition is only about 0.5 % of catalyst mass, the conversion efficiency drops to about half of that with unleaded gasoline. The gasoline almost all over the world now, is free of lead. All petroleum fuels contain some sulphur. Fuel sulphur causes catalyst poisoning, Pd being more sensitive to sulphur than Pt and Rh. An increase of sulphur in fuel from 40 to 575 ppm raises light-off temperature by about 25° C, typically from 275 to 300° C [14].

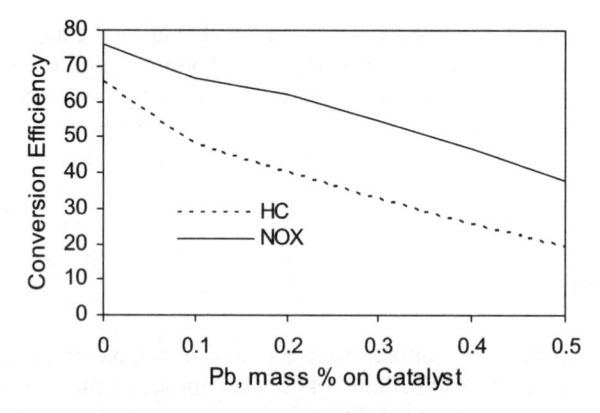

Figure 8.23 Effect of lead poisoning on a 3-way catalytic converter.

Silicon contaminates oxygen sensor used in the three-way catalyst systems. Silicon clogs the protective sheath of the oxygen sensor restricting diffusion of gases to the surface of the sensor element. Such poisoning affects the response of the sensor that can significantly reduce the conversion efficiency of the closed loop controlled three-way catalysts, given the narrow air-fuel ratio window where the catalyst has the best performance.

During normal urban driving, exhaust temperatures rarely exceed 600°C and little thermal deactivation is expected. Overheating of catalyst may occur due to ignition failure or engine misfire at too lean a mixture or excessively rich operation. When the very high concentration of unburned hydrocarbons obtained under engine misfire operation gets oxidized in converter, it leads to excessively high catalyst bed temperatures. For example ignition failure for about 20 seconds may destroy the catalyst. When the catalyst is exposed to temperatures above 900-1000° C, there is a loss in catalyst surface area and also in the dispersion of catalyst particles due to sintering effects. Sintering is the formation of large metal particles by the thermally driven mechanisms such as particle migration, coalescence or vapour phase transport of atoms from smaller particles to larger particles. As the temperature increases to 1200° C, γ- alumina washcoat changes to α-alumina resulting in washcoat shrinkage, loss of micro-pores and in reduction of catalyst surface area by a factor of 10. The catalyst particles are also trapped inside the collapsed pores denying access of the exhaust gases to the active catalyst sites. Above 1300° C, the substrate itself suffers thermal damage.

For the ceramic catalytic converters, the operational temperature limit during 1990's was around 900° C. Improvements in the washcoat technology and use of metallic monoliths has raised this limit to around 1050° C. The correlation of different deactivation mechanisms of 3-way catalysts with operating temperature is summarized in Fig. 8.24.

	Temperature, °C	Effect on Catalyst
	1700	High Temperature Ceramic melts
	1500	Standard Cordierite Monolith Melts
	1400	
		Cordierite phase changes to Mullite
	1300	Washcoat deterioration γ– Alumina changes to α - Alumina
	1100	
	900	Pt-Pd alloy forms in oxidizing A/F
		Diffusion of Rh_2O_3 in Al_2O_3, Alumina begins sintering
	800	
		Pt-Pd and Pt-Rh alloy forms in Reducing A/F
Optimum Range	700	Platinum sinters
		Reaction of Zn and P with washcoat
	500	
	300	Catalyst Light-off
No conversion	100	

Figure 8.24 Schematic overview of thermal deactivation mechanisms of 3-way catalysts.

Earlier the preferred operating range of the catalysts was 400-700° C. However, by the mid - 1990s, catalyst formulations had been improved to withstand operation up to 1000° C or even higher. This is important as the catalytic converters are being mounted very close to the engine (close-coupled catalysts) to control hydrocarbon emissions during cold start and warm-up phase of engine operation. Development of substrates with new materials like silicon carbide (SiC), and improvements in washcoat technology has made it possible for the catalyst to operate at much higher temperatures than before.

8.4 DIRECT INJECTION STRATIFIED CHARGE (DISC) ENGINES

The DISC engine concepts and design features of some production engines have been discussed in Chapter 5. The DISC engines have inherent advantage of high fuel efficiency and low emissions as a result of the following [15-17]:

- The air-fuel ratio near spark plug is stoichiometric or slightly fuel rich to provide good ignition characteristics. The rich mixture near spark plug keeps the formation of NO_x at low levels. The charge elements that burn early and attain high temperatures essential for NO_x formation, are deficient in oxygen thus overall NO_x formation is low.
- The CO and HC produced early in combustion can be oxidized within the engine cylinder itself when these mix later with the combustion products of lean mixture as the combustion progresses.
- The gas in piston ring crevice region is very fuel lean and hence the contribution of crevices to HC emissions is low.
- The direct injection system can decrease HC emissions during warm-up after cold start as liquid fuel film is not formed in the intake port as happens in the PFI engines. Liquid fuel film formation on piston and cylinder surfaces is reduced. Also, a smaller fuel quantity needs to be injected during cold start compared to PFI engines.
- A faster dynamic response is possible as much smaller air-fuel ratio fluctuations than the port injection engines are possible. A flatter air-fuel ratio curve during acceleration provides lower HC emissions.
- The DISC engines can tolerate higher EGR rates than the premixed SI engines and hence, larger reductions in NO_x are possible.

The performance of a swirl dominated GDI engine is compared to that of a PFI engine on Fig. 8.25. The lean limit of PFI engine was close to 25: 1 A/F ratio, while the DISC engine could be operated well beyond A/F ratio of 40:1. The specific fuel consumption of DISC engine was lower by up to 20% compared to stoichiometric PFI engine. Mitsubishi researchers [16] from tests on their GDI engine reported 30 percent improvement in BSFC over the conventional PFI engine.

In the DISC engine some combustion zones exist with stoichiometric or near stoichiometric mixture. The local burnt gas temperature in these zones is at higher level leading to higher NO_x formation than when the engine is operating in lean homogeneous mode at the same overall air-fuel ratio. This effect has been discussed in Chapter 6 and shown on Fig. 6.30. Secondly, the DISC engines employ a higher knock-limited compression ratio than the homogeneous combustion engines, which further raises NO_x levels. The lean burn homogeneous PFI engines exhibit a continuous decrease in NO_x emissions as the mixture is leaned from the stoichiometric mixture and very low NO_x emissions without EGR are obtained at air-fuel ratios higher than 20:1 (Fig 8.25). DISC engine is seen to give significantly high NO_x levels even at overall air-fuel ratio of 45:1 due to the reasons discussed above.

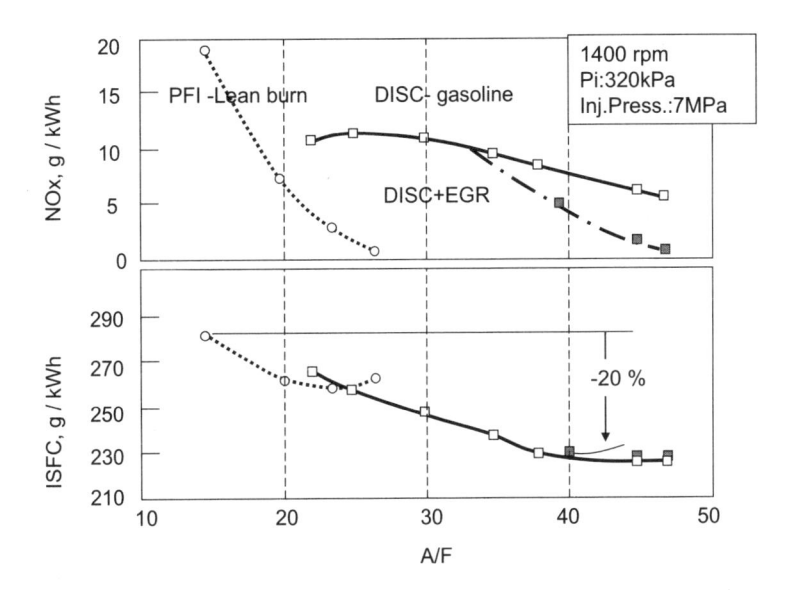

Figure 8.25 Comparison of performance and NO_x emissions of DISC and port injection lean engines. 20 % better fuel consumption obtained with stratified charge combustion   Adapted from [15].

As the DISC engines operate overall lean the conventional 3-way catalytic converter cannot be used to reduce NO_x emissions.

The DISC engines have a higher tolerance of EGR before the combustion stability and fuel consumption becomes unacceptably poor. In the DISC engines, the mixture in the vicinity of spark plug is stoichiometric or richer and a stable combustion even with 40% or higher EGR rates is possible. A reduction of 200 K in the maximum flame temperature is estimated with 30 % EGR for the DISC engine. More than 90% reduction in the engine out NO_x emissions compared to stoichiometric PFI engine are possible while maintaining fuel economy improvements of about 30 –35 % [16].

The DISC engine has a high potential for reduction in HC emissions during cold start and transient conditions. In the DISC engines, as the fuel is directly injected in the cylinder formation of liquid fuel film on the intake port walls and the consequent delay in transport of fuel in the cylinder that occurs in the PFI engines is eliminated. In the PFI engines during cold start or transient conditions, the amount of fuel entering the engine cylinder is not the same as being metered by the injector at that instant, as part of it gets deposited on the intake port walls, which is transported to the cylinder in the subsequent cycles. This delay in fuel transport to the cylinder causes misfiring and partial-burn during several cycles before stable combustion is attained. To obtain quick cold start of PFI engines, a rather rich mixture has to be supplied while the GDI engine can be started on stoichiometric or even slightly overall lean mixtures. Thus, under these conditions extra fuel enrichment required for good engine response is substantially lower for the DISC engines compared to the port fuel injection. After engine is switched on, the DISC engine achieves stable combustion in the very first or second cycle while the PFI engine requires about 10 cycles to attain stable combustion. The cold start HC emissions from a DISC engine are compared with that of a PFI engine on Fig. 8.26. A high build up of HC emissions initially is obtained with PFI system, while in GDI engine HC emissions are quickly stabilized at a significantly low level. Immediately after cold start the PFI engines have significantly higher CO

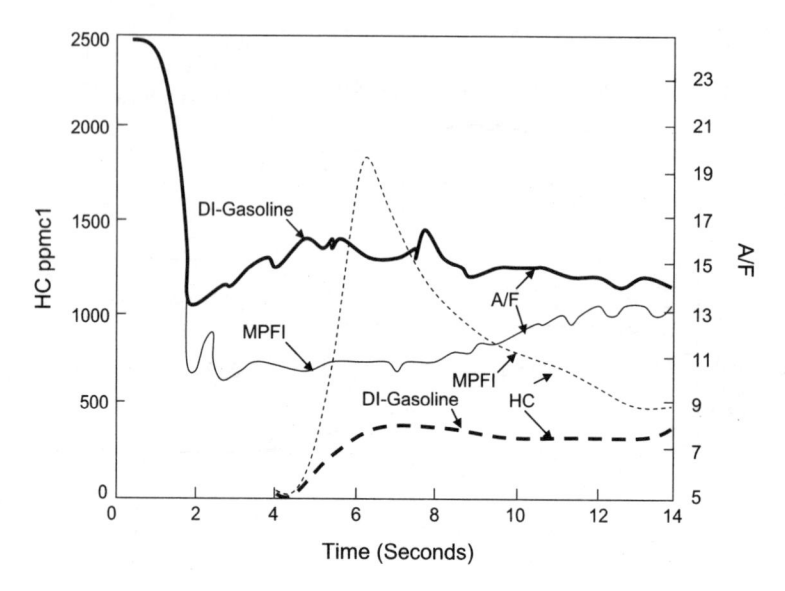

Figure 8.26 Reduction of cold start HC emissions in DISC engines. Adapted from [15]

emissions due to use of over-rich mixtures and partial oxidation of resulting high HC emissions compared to the direct injection engines.

For the success of DISC engines, catalytic reduction of NO_x under lean engine operation is required. t for meeting the more stringent emission standards. Although with EGR large reductions in engine out NO_x emissions are obtained, yet with large EGR rates the lean operating range of the engine is narrowed. Further, during actual vehicle operation DISC engine operates for considerable period in lean homogeneous combustion mode. Under lean homogeneous mode operation, large amount of EGR cannot be used without adversely affecting combustion stability. Therefore, lean de-NO_x catalyst technology is essential to meet stringent emission standards in future while maintaining fuel economy benefits of the DISC engines. The lean de-NO_x catalysts are discussed later in the chapter.

Mitsubishi and Toyota introduced 4-cylinder, DISC engine powered cars for the first time during 1996 Several other DISC engine prototypes by Nissan, Ford, Ricardo and others have been developed. These engines use 10 to 12:1 compression ratio and employ direct fuel injection at 50 to 120 bar injection pressure. The leanest air-fuel ratio used is more than 40:1 reaching as lean as 55:1 by Toyota engine. The EGR rates employed are in the range 30 to 40%. Additionally, a lean de-NO_x catalyst is used to reduce further the emissions of nitrogen oxides.

8.5   SUMMARY OF SI ENGINE EMISSION CONTROL

The USA and California have been leading the world in vehicular emission control and hence most of the emission control technologies developed so far have been first implemented there. An overall view of the emission control technology with the respective year of implementation is given in Table 8.4.

During 1990s, development of advanced catalytic systems, use of variety of sensors coupled with engine design improvements, and electronic engine management have lead to introduction of near zero emission stoichiometric spark-ignited vehicles. The close-coupled catalysts with high durability were developed.   These enabled   use of measures such as   spark retard on cold start   for rapid heat up of catalyst system to reduce cold start and warm up emissions. Catalyst monoliths of cell density as high as 1200 cpsi have been introduced to provide high geometric surface area and give very high reduction efficiencies required by the ultra low emission (ULEV) and super ultra low emission (SULEV) vehicles. Thermal inertia of exhaust pipes was reduced through redesigning. Universal oxygen sensors (UEGO) to reduce air-fuel ratio oscillations and its effect on the efficiency of 3-way catalysts were developed. Key technological developments that enabled meeting of the SULEV and PZEV emission standards relate to improved port injectors for better fuel atomization, air-fuel ratio control for individual cylinders, reduction in mixture-enrichment during cold start and warm-up, faster catalyst warm-up, improved oxygen sensors, low thermal inertia catalysts and hybrid hydrocarbon trap + 3-way catalyst to name a few technologies. On-board diagnostic (OBD) systems that monitor the functioning of emission control systems such as the catalytic converters, evaporative emission control system and other engine parameters that have bearing on engine emissions have been made mandatory for installation on vehicles in Europe and the USA. Main features of engine and emission control technology used by vehicles meeting ULEV and PZEV emission standards are discussed in reference [5, 13].

Table 8.4
Summary of Emission Control Technology and Year of Implementation in the USA for Gasoline Passenger Cars

Model Year	Technology
1963	Positive crankcase ventilation (PCV) system
1968	Evaporative emission control
1973	EGR, Secondary air injection, Thermal reactor, Spark advance control
1975	Oxidation catalytic converter for CO and HC, Lead-free gasoline
1977	4-Valve combustion chambers
1981	3-Way catalysts for control of CO, HC and NO_x, λ-sensor, and electronic
1988	control
1990	Variable valve timing and lift, VVT, Honda VTEC
1994	Port fuel injection (PFI) universally adopted, death of carburetor
1996	Onboard Diagnostics (OBD) systems
1999	First DISC engines by Mitsubishi and Toyota, de-NO_x catalysts
2004	Phasing in of LEV standards, closed-coupled catalysts
	HC- adsorber/traps catalysts, thin wall substrates

B. CI ENGINES

In the conventional compression ignition engines, the exhaust gas is composed of a large number of organic and inorganic solid, liquid and gaseous compounds which are pollutants. However, the emissions of nitrogen oxides and particulate matter from the CI engines are of main concern although all emission regulations limit also the carbon monoxide and unburned hydrocarbons. The development efforts as for the SI engines were at first focused on reduction of engine-out emissions and fuel formulation. Later, exhaust aftertreatment technology also has been developed as the standards became more stringent. The reduction of NO_x and PM simultaneously pose the biggest challenge because most engine design strategies to reduce either NO_x cause an increase in PM and vice versa. Some of the design changes employed for reduction in NO_x emissions such as retarding of injection timing result in an increase in brake specific fuel consumption.

Combustion in diesel engines is a complex heterogeneous process. Mixture formation and combustion is controlled by interactions between several parameters such as the injection spray, air motion and combustion chamber geometry. Precise control of fuel injection and, spray formation and fuel atomization is essential for controlling combustion. Combustion chamber design optimization, control of injection rate and injection rate-shaping, multiple injections, EGR, variable boost pressure etc., have been found to provide substantial reductions in both the NO_x and PM emissions from heavy-duty diesel engines. Exhaust aftertreatment that includes selective catalytic reduction (SCR), NO_x storage-reduction (NSR) catalysts, diesel particulate filter (DPF), continuously regenerating trap (CRT) etc., is another area where considerable developments have already taken place and still better systems are under development. The various approaches that have been pursued to control NO_x and particulate emissions from the diesel engines are shown in Figs. 8.27 and 8.28.

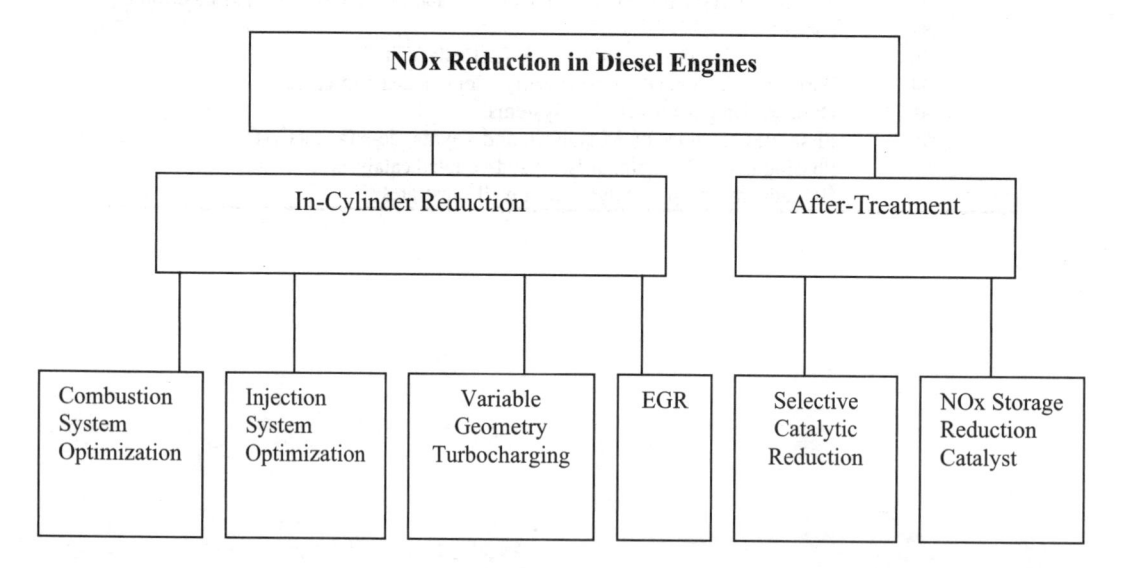

Figure 8.27 Different technologies for NO_x reduction in diesel engines

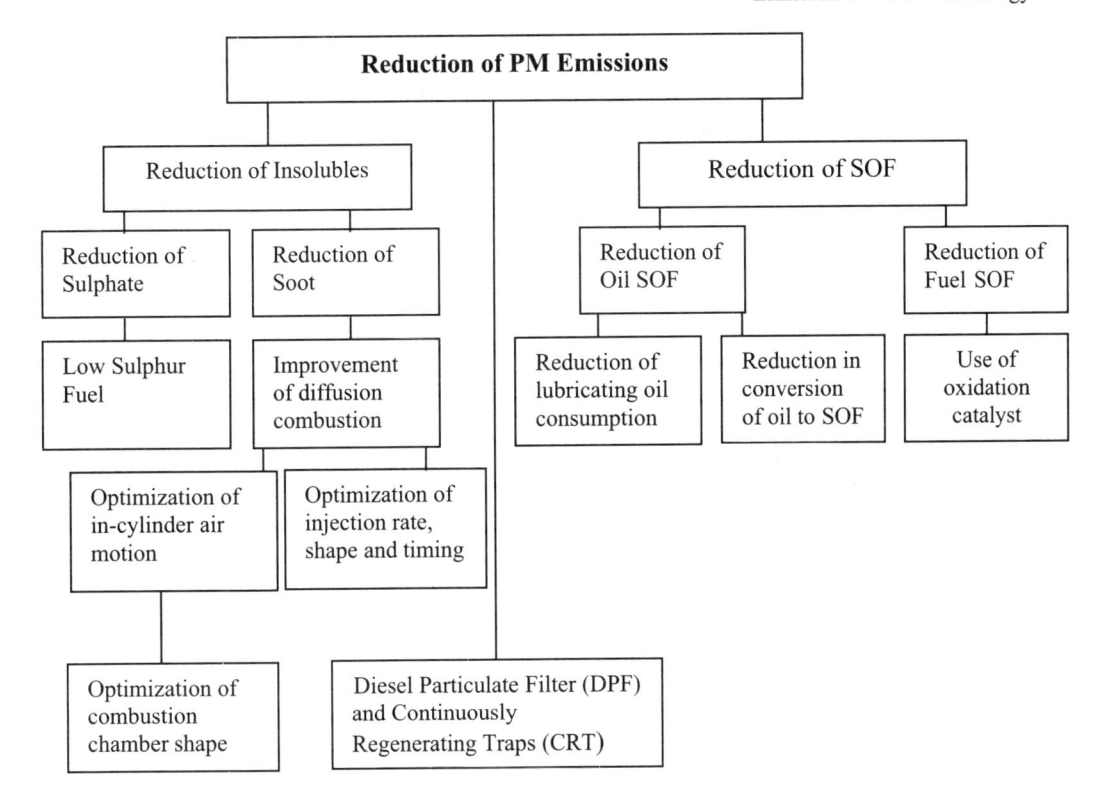

Figure 8.28 Technologies for PM reduction in diesel engines.

The key technologies which have given large improvements in engine performance and emissions in the last two decades are:

- High fuel injection pressure
- Electronic control of fuel injection
- Exhaust gas recirculation
- Variable geometry turbocharging
- Diesel particulate traps and filters
- De-NO$_x$ catalysts

8.6 CI ENGINE DESIGN PARAMETERS

The fuel injection spray behaviour, in-cylinder airflow and combustion chamber geometry are important parameters for improving diesel engine combustion. Matching of these three parameters is crucial for improving the diesel engine performance and reduction of engine-out emissions. Most of the soot particles are formed during initial part of the combustion process and subsequently, the soot undergoes oxidation at a rate that depends on the local gas temperature, pressure and composition. However, more soot is formed than can be oxidized inside the engine cylinder resulting in net soot emissions. Accordingly reduction in soot emissions is preferentially directed to those measures that reduce initial soot formation rather than the measures that accelerate soot oxidation. To achieve low soot formation, fuel-air mixing should be improved. The adoption of the following principles and strategy improves fuel air mixing and diffusion combustion process that leads to reduction in both the soot and NO_x formation [18]:

- Use of high fuel injection pressure along with small nozzle hole diameter to improve fuel atomization. Nozzle hole diameter of 0.14-0.18 mm compared to earlier 0.28-0.35 mm are being used.
- Fuel should be distributed mainly within the air inside the combustion chamber with minimum possible wall wetting.
- Optimization of in-cylinder airflow and improved design of combustion chamber to provide conditions for rapid fuel-air mixing throughout the total period of injection
- Use of variable injection timing and variable injection rate technology

Fuel Injection Variables

To meet the increasingly stringent emission standards, advanced fuel injection technologies that employ very high injection pressures with electronic control of injection timing and rates are being used. The electronic fuel injection (EFI) systems are replacing the conventional mechanical systems in the high speed DI diesel engines. Use of the EFI systems has resulted into:

- Very high injection pressures of over 2000 bar to atomize fuel into very fine droplets for fast vaporization.
- High velocity of fuel spray that penetrates the combustion chamber within a short time to fully utilize the air charge.
- Precisely controlled injection timing.
- High accuracy of fuel metering to control power output and limit smoke.
- Cylinder-to-cylinder variations in the quantity of fuel injected are drastically minimized.
- Controlled initial rate of injection to reduce noise and emissions
- Sharp end-of-injection to eliminate nozzle dribble, prevent nozzle fouling and, reduce smoke and hydrocarbon emissions.
- Injection rate shaping for controlling heat release rates during pre-mixed and diffusion combustion phases for reducing noise and, formation of smoke and NO_x.

High Injection Pressures

With increase in injection pressure fuel atomization improves producing smaller fuel droplets, which Evaporate at a faster rate leading to improved fuel-air mixing. Spray penetration is also better at high injection pressures. These factors lead to better air utilization and combustion characteristics. The effect of peak injection pressure on soot emissions for a DI engine with and without swirl is shown on Fig 8.29. With increase in peak injection pressure, soot emissions decrease. The optimum injection pressure depends on engine air swirl rate. In high air swirl engines, if the injection pressure is increased beyond a point no further improvement in air-fuel mixing results, giving no additional reduction in soot. The maximum useful injection pressure is observed to be around 1600 bar for engine with swirl compared to 2000 bar for the quiescent combustion chamber designs.

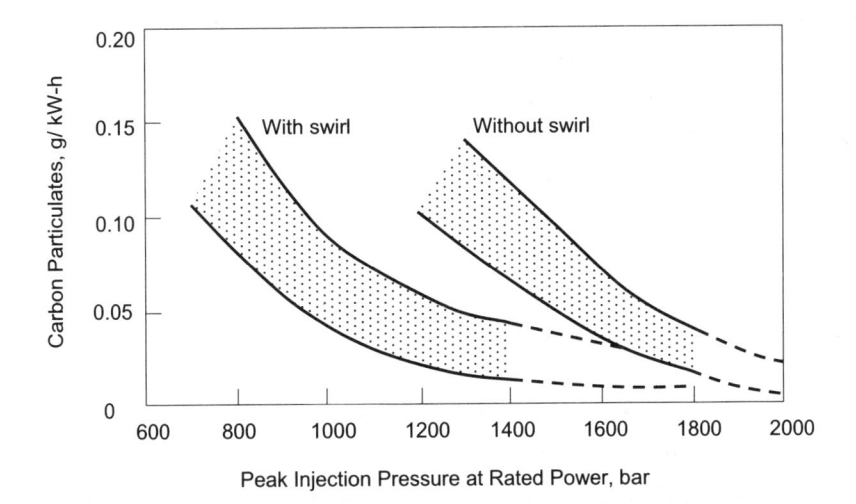

Figure 8.29 Effect of peak injection pressure on soot particulate emissions for a quiescent and swirl supported DI diesel engines at NOx = 6 g/ kW-h, US HD transient cycle test [19].

Injection Rate Shaping and Multiple Injection

Injection rate shaping may be used to control noise and NO_x emissions. NO_x formation is influenced by: (i) the duration of ignition delay (ii) the amount of fuel injected during ignition delay, and (iii) the rate of mixture preparation within the combustion chamber. The shape of ideal rate of injection curve depending on the engine load and speed during ignition delay and main injection periods are shown in Fig. 8.30. The rate of fuel injection within the delay period must be kept small to reduce the amount of fuel burned during 'pre-mixed' combustion phase. During the main injection period, rate of injection should be increased steeply to inject fuel within a short period of time when the temperature and pressure conditions in the combustion chamber are still favourable for completeness of combustion. As the engine speed and load increase, a high rate of injection is to be maintained during the main injection period. Thus, the triangular shape of injection rate curve changes to the square shape at rated speed and power. A sharp beginning of injection and a sharp cut-off at the end is required to obtain good fuel atomization. To fulfil these ideal injection rate requirements, new electronically controlled fuel injection systems with capability of pilot injection and multiple-injection are best suited and are being developed for production engines.

The pilot injection is a form of multiple-injection with just two injection pulses. In the pilot injection, a small quantity of fuel is injected 3 to 10 crank angle degrees before the main injection event. The fuel injected during pilot injection is about 10 % of the total fuel per cycle (Fig. 8.31). The pilot-injected fuel has adequate time to undergo pre-combustion reactions so that when the main injection is made, the combustion begins soon after resulting in a short delay period. Peak rate of combustion pressure rise is lower due to a shorter ignition delay resulting in lower combustion noise. The injection timing can be retarded to give low NO_x emissions without adversely affecting the engine power and fuel efficiency. With pilot injection, less fuel burns as pre-mixed and a larger fraction of fuel burns in diffusion combustion mode. There is also a possibility with pilot injection that the main fuel may be injected and burn in those regions that are already depleted of oxygen due to combustion of pilot fuel. These factors may cause an increase in smoke with pilot injection. However, in the

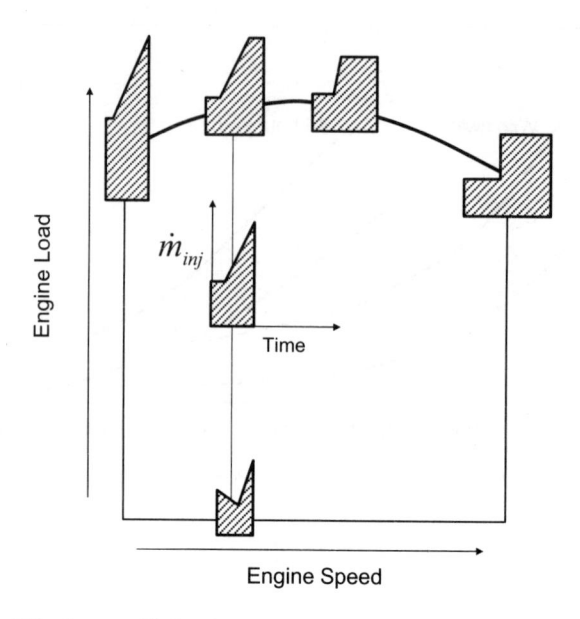

Figure 8.30 Shape of ideal rate of injection curve for optimum mixture formation in a swirl supported DI diesel engine [19].

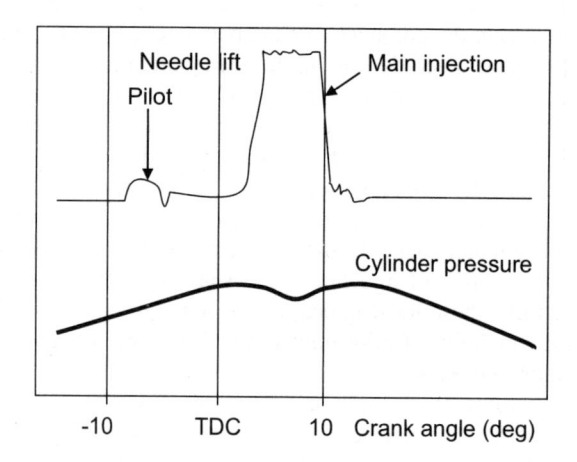

Figure 8.31 Pilot injection in a naturally aspirated diesel engine, needle lift and combustion pressure traces.

conventional diesel combustion, for NO_x control retarded injection timing is to be used, which results in an increase in soot emissions. Therefore, to obtain the same low levels of NO_x, the use of pilot injection is preferable to retarded injection timing. About 20 % lower PM, 50% lower HC and 4 % lower BSFC compared to retarded injection timing may be obtained with pilot injection [7]. With pilot injection, improved cold starting and emission performance at low ambient temperatures is also obtained.

With multiple-injection when the fuel injected in the first pulse is increased and the dwell period between the injections is suitably optimized, lower soot and particulate emissions are obtained. Significant reductions in NO_x and particulates were obtained simultaneously when 75 % fuel was injected in the first pulse and 25% in the second pulse after a dwell period of 10 degrees CA as shown in Fig. 8.32. A reduction in particulate emissions by a factor of three with no increase in NO_x could be obtained using double injection with a relatively long dwell period between the injections. However, an increase in BSFC of 2 to 3% results with such a scheme of multiple injections. The dwell period between the two injections is important for soot emissions. Due to a longer time gap between the two injections, the fuel injected during the second pulse may not be injected in the soot producing fuel rich regions created by the first injection spray. During the long dwell period, the fuel-air mixture becomes leaner. These two factors allow a higher oxidation rate of the soot already formed in the fuel rich regions of the first injection pulse. Also, the fuel from the second injection enters the cylinder at higher gas temperatures and burns more rapidly. The net soot emissions thus, are reduced by a large amount. The optimum dwell period between injection pulses depends on the engine operating conditions. In general, multiple injections allow the injection timing to be retarded to reduce NO_x formation while keeping the soot emissions at a low level.

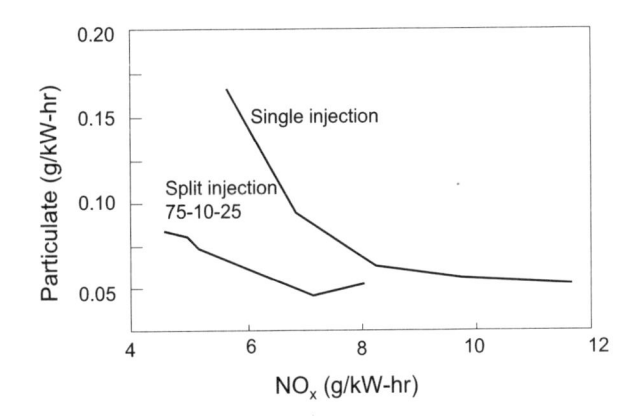

Figure 8.32 Measured Particulate- NOx trade off for single and double injections, injection timing varied from 12° btdc to 1° atdc, 75% Engine load [20].

Turbocharging

Almost all modern light, medium and heavy-duty diesel engines are turbocharged. A turbocharger consists of a turbine directly coupled to a compressor on a single shaft. The exhaust gas is expanded in the turbine to develop power that drives the compressor. The fresh air charge is drawn into the compressor where its pressure and density are raised before supply to the engine intake manifold. Turbocharging provides a positive pumping loop in the indicator diagram and therefore, results in improvement of engine thermal efficiency. The higher mass of air flow in the turbocharged engines compared to the naturally aspirated results in higher engine power, improved engine dynamic response, reduction in fuel consumption and lower exhaust emissions.

As turbocharging provides higher air mass flow to the engine, excess air of more than 50% at rated power conditions can be employed in the direct injection engines. Higher air temperatures and density

362 IC Engines: Combustion and Emissions

at the time of fuel injection are obtained compared to the naturally aspirated engines, which results in shorter ignition delay period, thereby reducing the fraction of fuel burned in the premixed phase. With turbocharging, the injection timing can be retarded to lower NO_x emissions without seriously compromising fuel efficiency and power. Cooling the boosted air charge from the turbocharger further reduces the NO_x emissions. High excess air and overall high combustion temperatures reduce soot emissions. The typical effect of turbocharging (TC), turbocharging with aftercooling (TCA) and injection retard on NO_x - particulate trade off are compared to naturally aspirated pre-1990 European diesel engines on Fig. 8.33.

Watson and Janota [21] provide detailed analysis of science and technology of turbocharging. The conventional turbocharger has a drawback as its pressure ratio characteristics vary nonlinearly with the airflow rate. At the low airflow rates, the pressure ratio is small. The pressure ratio increases as a power law with increase in air flow rate until the flow is choked and mass flow cannot be increased further. Secondly, at low engine speeds the available exhaust gas energy is low and hence, the boost pressure is also low. To overcome this problem, the turbine is matched to provide adequate airflow to the engine at low engine speeds. However, at high engine speeds it results in higher than necessary pressure ratio and airflow. To overcome this problem, the conventional turbochargers are provided with a waste gate valve that makes the exhaust gas to bypass the turbine at high engine speeds. An increasing fraction of total exhaust gas from upstream of the turbine is bypassed directly to the atmosphere to reduce power of the turbine at high engine speeds. In this system, a smaller turbine is used that improves low speed torque and transient response. These are 'fixed geometry' turbochargers and their use results in a compromise between low-speed and high-speed performance of the engine.

Variable geometry turbochargers (VGT) have been developed to overcome the limitations of the fixed geometry turbochargers and to optimally match the turbocharger to engine operational needs. The turbine of VGT has movable parts that can change turbine flow area or the angle at which the exhaust gas enters or leaves the turbine rotor or a combination of the two is employed [22]. In one of the common designs of VGT, gas enters the turbine rotor via a ring of vanes and the area of passage between the adjacent vanes can be varied by rotating vanes around an axis parallel to rotor plane.

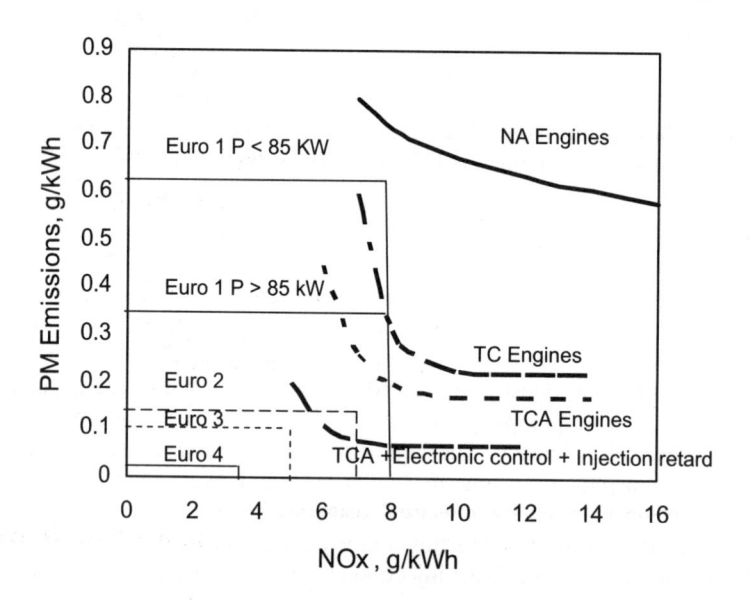

Figure 8.33 Effect of turbocharging on NOx-Particulate trade off

The inlet angle of gas to the rotor also is varied as the nozzles are rotated. The nozzle area is varied as a function of engine operating conditions thereby controlling turbine power output. The variable geometry turbochargers allow closed loop control of the engine boost pressure. The VGT have been introduced on the automotive engines during the late 1990's in Europe and their use is increasing. The VGT turbocharger may be used to improve low speed torque characteristics without excessive increase in airflow at high speeds unlike the fixed geometry turbochargers. The transient performance is improved by increase in pressure ratio at light loads and low speeds. By use of VGT, the engine derating required at high altitudes can also be reduced.

Control of Engine Oil Consumption

Engine lubricating oil may enter combustion chamber through valve guides, piston ring/liner interface and turbocharger seal. Depending upon engine load and speed typically 10 to 40% of oil entering combustion chamber may survive combustion. The unburned oil gets adsorbed on soot particle surface during exhaust process and appears as soluble organic fraction of particulate emissions. The ash produced on combustion of organo-metallic lubricating oil additives containing Ca, Ba, Zn, P etc., become important as the emission limits are lowered. The lubricating oil consumption depends on engine load and speed, and generally increases with increase in engine load and speed. Oil consumption varies typically in the range from 0.1 to 0.4 % of fuel consumed and it contributes 5 to 50% of particulate mass depending upon the engine operating conditions. On the average, the engines of 1990s consumed oil that amounted to 0.2% of fuel consumption. Oil consumption has to be reduced so that:

(i) Particulate emissions are minimized as oil consumption increases during useful life of engine due to engine wear, and
(ii) Variability in particulate emissions on production engines is reduced.

Due to importance of this parameter, the oil consumption of the modern engines is being reduced through improved designs of piston, piston rings, valve guides and control of surface geometry and surface roughness of the cylinder liners. The engine oil consumption levels are being lowered to around 0.1% of fuel consumption at rated engine power. Engine durability and life however, has to be ensured with such low engine oil consumption.

8.7 APPLICATION OF EGR IN CI ENGINES

Exhaust gas recirculation has been widely applied in the spark ignition engines for reduction of NO_x formation [23-25]. Tightening of emission standards for the diesel engines during 1990s and later has led to application of EGR to the diesel engines as well. In Europe, EGR is the primary NO_x emission control technology for the diesel passenger cars. With the use of EGR, NO_x reductions are accompanied with an increase in smoke, particulate, unburned hydrocarbon emissions and fuel consumption. The effect of EGR on NO_x, smoke and BSFC for a turbocharged, heavy-duty engine is shown in Fig. 8.34. EGR was routed from outlet of the turbine to the inlet of the compressor of the turbocharger. Both the smoke and BSFC increased as the EGR rate was increased above 12%. The adverse effect of EGR on smoke was very pronounced.

In the premixed SI engines, up to about 15-20 percent of exhaust gas can be recirculated before combustion becomes unstable and unacceptably high deterioration in fuel economy results. On the other hand, in diesel engines even up to 50 percent or more EGR can be applied. As EGR reduces oxygen content of the charge, it can be readily applied at higher rates at part loads and low speeds when large excess air is available. At higher loads, adequately high air-fuel ratio is to be maintained to keep soot emissions at a low level. Thus, high rates of EGR at high engine loads result in a drastic increase in smoke, PM and HC emissions. At the high engine loads, instead of EGR retardation of injection timing is usually applied for control of NO_x. The EGR rate therefore, is to be varied with engine load and speed. A typical map of EGR rate for a light duty DI diesel engine as a function of engine speed and load is shown in Fig. 8.35.

Cooling of EGR before mixing with intake air is desirable, as it will reduce the intake charge temperature and consequently the combustion temperatures resulting in further reduction in NO_x formation. Cooling of EGR increases the intake charge density, volumetric efficiency resulting in higher oxygen content during combustion. Increase in available oxygen during combustion would result in slight increase of flame temperature, which would help in oxidation of soot. A higher volumetric efficiency also provides fuel economy benefits. EGR cooling may have some undesirable effects such as a longer ignition delay, slower fuel evaporation and fuel-air mixing rates, which may lead to somewhat higher unburned HC emissions. With cooling of EGR when almost the same intake manifold temperatures are maintained as of intake air without EGR, cooling resulted in reduction of about 6% in NO_x and 27% lower particulate emissions [25]. Moderate increases in HC and CO were observed, but these are not critical emissions in diesel engines and cooled EGR is now more commonly employed in diesel engines.

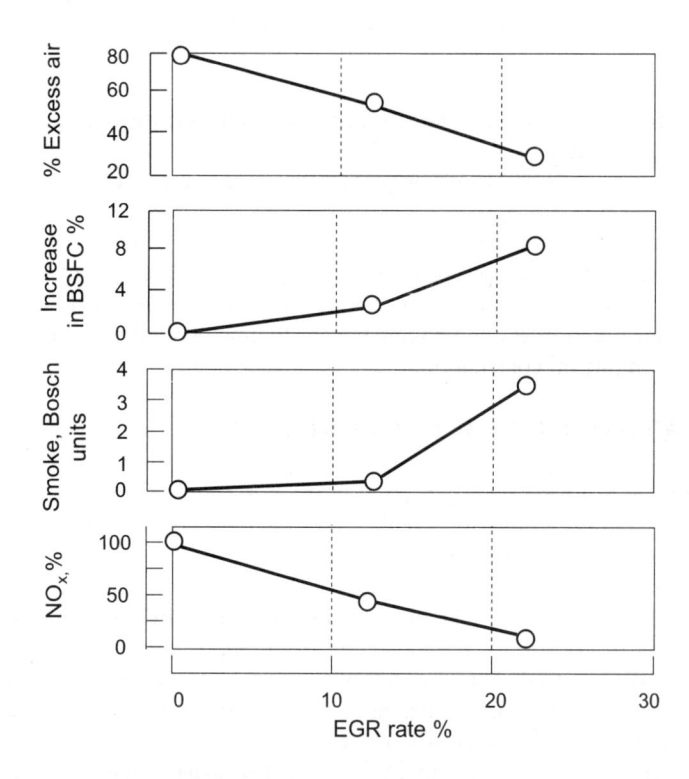

Figure 8.34 Effect of EGR rate on NO_x, smoke, BSFC and excess air for a turbocharged, intercooled diesel engine. [23].

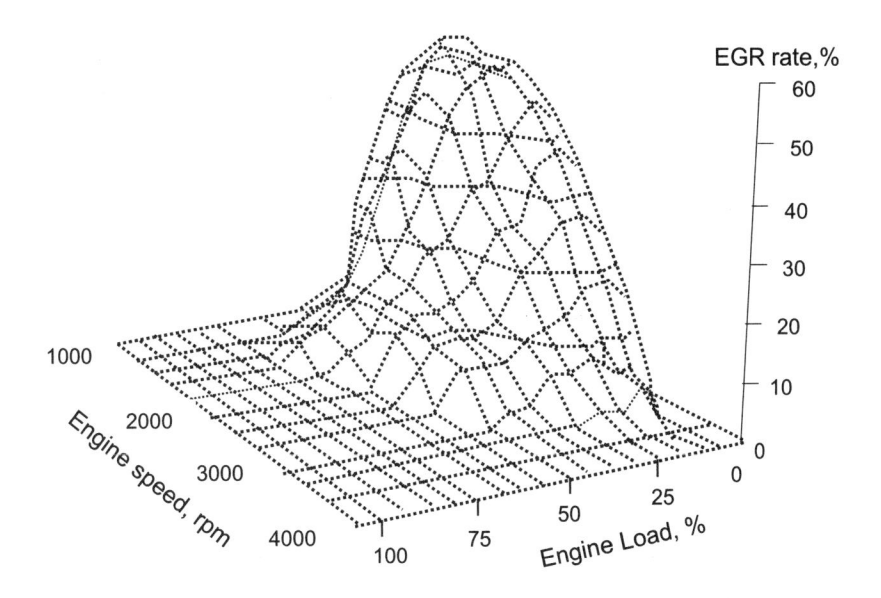

Figure 8.35 Typical EGR rate map for speed-load range of a passenger car DI diesel engine [24].

Induction and Control of EGR

In the turbocharged engines, intake system is at a higher pressure compared to the exhaust. To implement EGR in turbocharged engines, one method is to tap exhaust gas from downstream of turbine and induct it into the intake side of the compressor known. This is known as 'Low-Pressure Route'. In this method, implementation of EGR is possible over a wide range of engine operation as the required pressure difference across the EGR valve is easily obtained. In the low-pressure route, the exhaust gas passes through the compressor and intercooler, which may cause durability and reliability problems. In the second method, exhaust gas from the upstream side of the turbine is fed to the downstream side of the compressor and thus, the recirculated exhaust gas does not pass through the intercooler or compressor. It thereby eliminates the problems encountered in the low-pressure system. This method is known as 'High-Pressure Route'.

The high-pressure route of EGR has been adopted on turbocharged, intercooled passenger car diesel engines. In the heavy-duty engines, however, sufficient pressure difference, ΔP (ΔP = pressure upstream of turbine - pressure downstream of compressor) is not available to make EGR possible under all the engine speed-load conditions. The pressure difference, $\Delta P > 0$ at light engine loads but at high loads $\Delta P < 0$. To introduce EGR at high engine loads, a positive pressure difference between the exhaust system and intake is to be created. To obtain the required ΔP, systems employing a venturi in the intake system in conjunction with variable geometry turbocharger (VGT) have been used as shown on Fig. 8.36. Exhaust gas is tapped upstream of the turbine and after cooling is mixed with intake air by a venturi fitted in the intake system after the air compressor and after-cooler. The use of venturi results in 5 to 15% additional EGR over the engine operating range compared to when venturi is not used. If small EGR flow rates are sufficient to give the required NO_x reductions, the guide vanes of the VGT may be used to decrease flow area to turbine and increase exhaust pressure to provide the required flow of EGR without employing venturi. For higher EGR rates VGT is to be supported by venturi to induce additional EGR rates.

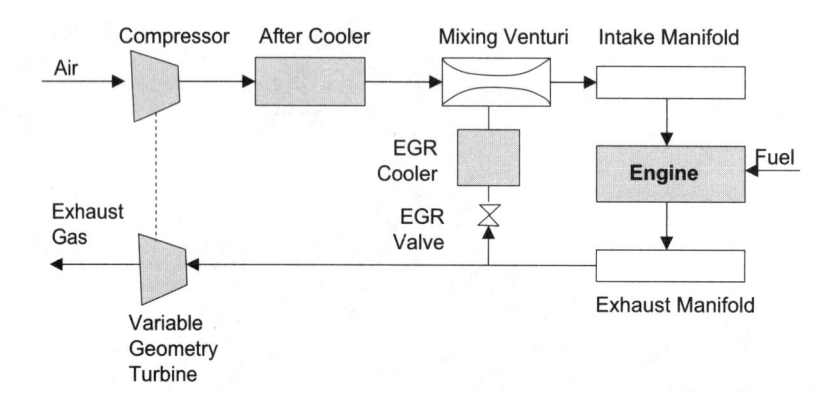

Figure 8.36 Use of a venturi in intake system downstream of compressor to increase EGR flow rates in high – pressure EGR system for turbocharged diesel engines.

EGR is not used during engine start up and warm-up. Also, under high engine loads EGR is to be closed to prevent excessive soot formation. EGR is controlled electronically by means of a vacuum actuated poppet valve installed on the exhaust or intake manifold. The EGR valve closes the EGR flow during engine start-up and when the coolant temperature is below a set value. The EGR rate schedule for engine load and speed combinations is determined. This data is stored in ECU as look-up tables, which relate engine speed, fuelling rate and, intake air and coolant temperatures with EGR flow rate. The engine ECU controls the EGR flow rate depending upon engine load, speed and ambient conditions. Similar to the gasoline engines, addition of water for emission control in diesel engines also has been investigated. As nitrogen oxides and particulates are the main pollutants emitted by the diesel engines, addition of water injection in the diesel engine has been studied to reduce combustion temperatures and formation of thermal NO. In some studies, water has been emulsified with diesel fuel using emulsifiers and injected along with the fuel in the cylinder using the normal diesel fuel injection system.

Water has also been inducted along with the intake air. As expected, significant reductions in NO_x were obtained. Some reductions in smoke emissions also, are observed. In another study [26] an injector nozzle was modified to inject water from the same nozzle between two shots of diesel fuel injection. The injector was added with additional passage for water and a separate pump provided water to the nozzle. The advantage with this system is that more water can be added than the emulsified fuel. The water and diesel initially are physically stratified in the cylinder. As initial injection is of diesel alone, no significant change in ignition delay is observed with water addition unlike the emulsified fuels where use of high water to diesel ratio results in unacceptable long delay period. Water and fuel in equal amounts could be used in these studies with stable engine combustion. Water /fuel ratio = 0.8 gave nearly 80% reduction in the NO_x emissions compared to without water addition. In this system, NO_x benefits were significant for water to fuel ratios larger than 0.3. The activation energy for water addition in emission index for NO_x formation, $EINO_x$ (refer Eq. 6.34) that correlated with experimental data was observed to be - 565 kJ/gmol compared to - 285 kJ/gmol reported with addition of nitrogen in the DI diesel engines. The $EINO_x$ with water addition correlated with stoichiometric adiabatic flame temperature for E/R = - 67900. Water addition has not been employed in practice for emission control in the diesel engines either due to the its negative effects on fuel consumption, fuel system corrosion, additional fuel system needed and complexity in adoption on engines.

8.8 EXHAUST AFTERTREATMENT IN DIESEL ENGINES

The US and European exhaust emission standards for diesel engines up to the year 2000 were primarily met by a combination of electronically controlled fuel injection system, engine improvements, EGR and use of either fixed geometry or variable geometry turbochargers. The three-way catalytic converters used in the gasoline engines need stoichiometric mixture and hence cannot be used with the diesel engines. In the European diesel passenger cars, reduction in NO_x was primarily obtained by use of EGR and oxidation catalysts controlled CO and HC emissions for meeting Euro 2 and 3 regulations. However, the EGR rate is to be limited as the use of high amounts of EGR increases particulate emissions. Due to the emission regulations particularly those for nitrogen oxides and particulate becoming more and more stringent, it is beyond the capabilities of the EGR and oxidation catalyst technology to reduce engine out emissions to the required levels. To meet the more stringent emission standards such as Euro 5 and beyond, advanced types of exhaust aftertreatment is required for most production diesel engines. Aftertreatment devices for diesel engines fall into two broad categories:

- Diesel catalysts and
- Diesel particulate filters (DPF) or particulate traps.

The diesel catalysts are further subdivided into oxidation catalysts and lean de-NO_x catalysts. The design of aftertreatment devices depends on the exhaust gas composition and the engine duty cycle. The overall air-fuel ratio in the diesel engines varies from about 19:1 to 75:1 resulting in large variations in the exhaust gas composition and temperature. The engine out exhaust gas temperature in the European driving cycle varies in the range from 150 to 350° C. In the US heavy-duty transient cycle, the engine is subjected to high loads and the average power can be as high as 50% of the rated power and so the engine-out exhaust gas temperatures are higher and may vary typically from 400 to 600° C. When the catalyst is installed after the turbocharger, the gas temperatures at the inlet to the catalyst are much lower than the engine out temperatures due to expansion in the turbine. The above shows that the exhaust conditions in diesel engines for a catalyst are different than encountered in the SI engines.

Diesel Oxidation Catalysts

The diesel oxidation catalyst (DOC) has been used on the European light-duty diesel vehicles since early1990s. Depending upon the engine design and operating conditions, DOC oxidizes 30 to 80% of the gaseous HC and 40 to 90 % of the CO present in the exhaust. They do not oxidize dry soot but 30 to 50 % reduction in total particulate mass is generally obtained due to oxidation of soluble organic fraction and PAH components of the particulate matter. One of the major problems with DOC is conversion of fuel derived sulphur dioxide (SO_2) to sulphur trioxide (SO_3) on the catalyst resulting in high sulphate particulate emissions. Part of SO_3 produced is also stored on the catalyst. These reactions on the catalyst proceed as below:

Sulphate formation:
$$SO_2 + \tfrac{1}{2} O_2 \rightarrow SO_3 \tag{8.7}$$

Sulphate storage:
$$SO_3 + MO \rightarrow MSO4 \tag{8.8}$$

where MO is metal oxide in the washcoat.

The diesel fuels during 1990-95 in Europe and up to the year 2005 in India contained 0.2 to 0.3 % by mass sulphur. Due to high fuel sulphur levels, one of the challenges in catalyst formulation and design of converter was to minimize the conversion of SO_2 to SO_3 at the high exhaust gas temperatures and minimize storage of the sulphate thus formed on the catalyst. The effect of exhaust gas temperature on particulate emission control in a DOC is shown in Fig. 8.37. The optimum temperature range for the DOC operation is observed to be from about 200 to 350° C. At exhaust gas temperatures lower than about 200° C, the conversion of SOF and PAH are reduced while at the higher temperatures than about 350° C, with high sulphur fuels PM emissions again increase due to conversion of sulphur dioxide to sulphates. As sulphur is now being removed from the diesel fuels (currently in Europe diesel sulphur is limited to less than 0.005%) the problem of sulphate formation on DOC is of a lesser relevance.

A DOC appears similar in construction to the oxidation catalysts used on SI engines, yet it has some important differences. As presence of SO_3 in exhaust deactivates alumina wash coat by formation of $Al_2(SO_4)_3$, different washcoat materials like titanium oxide, silicon dioxide and zirconium oxide have been used. Mainly the noble metal Pt is used in DOCs. The catalyst volume is typically equal to the engine swept volume and the space velocity varies in the range 6 to 70 s^{-1} depending upon the engine operating conditions. The diesel oxidation catalyst is placed downstream of the turbocharger and experiences much lower temperatures (100-550° C) compared to the gasoline engine catalyst (300-1100° C). The temperature gradients are also lower. Thus, deactivation of DOC by thermal stresses is not a major problem. The diesel engines however, burn more lubricating oil in the cylinder than the gasoline engines and more additives containing calcium, barium, phosphorus, zinc etc are adsorbed on the catalyst during engine warm up period and ash produced by these additives accumulates on the catalyst.

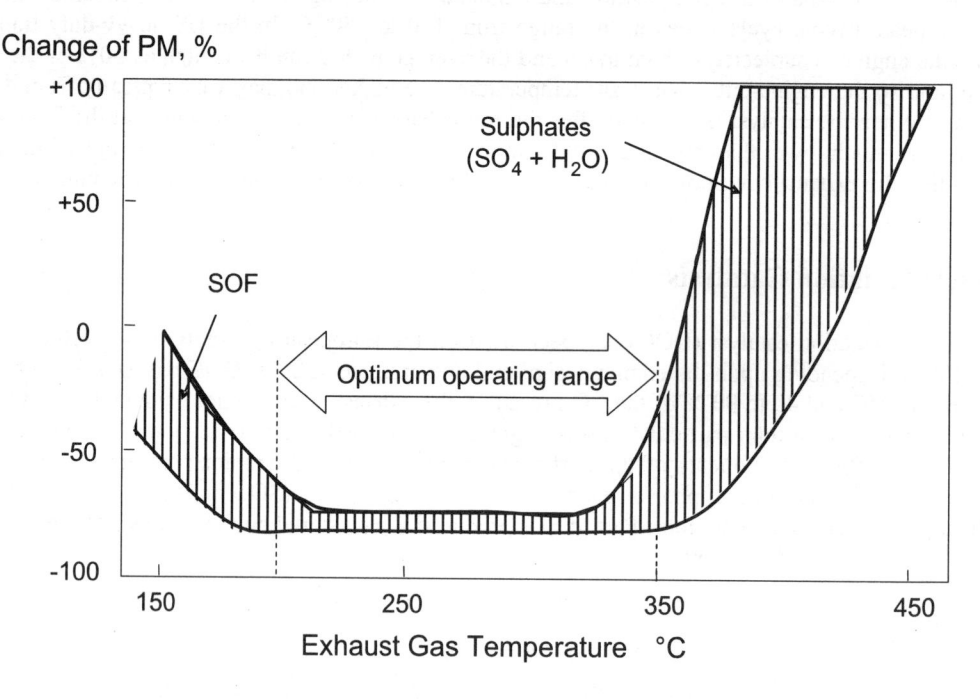

Figure 8.37 Effect of exhaust gas temperature on conversion of particulate mass on diesel oxidation catalyst. Adapted from [27].

De-NO$_x$ Catalysts

The diesel engines always operate with excess air and therefore, the exhaust gas is oxygen rich. Conversion of NO$_x$ to harmless nitrogen requires a reducing atmosphere, while conversion of CO and HC needs an oxidizing atmosphere. SI engine operating at stoichiometric air-fuel ratio provides both the reducing and oxidizing atmosphere to coexist. In the diesel engines due to oxidizing atmosphere in the exhaust, a NO$_x$ reduction catalyst different than the conventional 3-Way catalyst is required. Also, for conversion of NO$_x$ in the oxygen rich atmosphere additional reducing agents termed as 'reductants' are necessary. The NO$_x$ reductants can be supplied either from the engine itself or added by external sources in the exhaust. Hydrocarbons and ammonia are the two most frequently used reductants. The following are the two main strategies for NO$_x$ reduction in oxygen rich atmosphere existing in the exhaust of diesel engines and lean burn SI engines such as the DISC engine;

- NO$_x$ Storage - Reduction (NSR) Catalysts (14, 28)
- Urea-Selective Catalytic Reduction (SCR) (29, 30)

Low temperature plasma/catalyst system is also being developed for application to diesel engines.

NO$_x$ Storage-Reduction (NSR) Catalysts/ NO$_x$ Traps

The NO$_x$ storage-reduction catalyst system or 'NO$_x$ Trap' was first developed and commercialized in Japan for application to gasoline direct injection, stratified charge engines. NO is first converted to NO$_2$ over Pt catalyst:

$$NO + O_2 \xrightarrow{Pt} NO_2 \qquad (8.9)$$

The NO converted to NO$_2$ under oxygen-rich conditions is trapped in an alkali or alkaline earth material. Alkaline metal oxide like barium oxide (BaO) is incorporated in the noble-metal containing washcoat. The NO$_2$ reacts with BaO forming barium nitrate,

$$NO_2 + BaO \rightarrow BaO \cdot NO_2 \qquad (8.10)$$

The alkaline metal oxide in the trap is saturated with NO$_x$ in about 60 seconds. The stored NO$_x$ is then converted by supplying a precisely controlled spike of rich mixture during short periods. The required rich mixture may be obtained by the synchronized control of fuel injection pulse width. Lean SI or DISC engines are made to operate richer than stoichiometric for about 1 second only. In the diesel engines, using electronically controlled injection systems a spike of diesel fuel may be injected after top dead centre. During this operation, NO$_x$ is desorbed and the NO$_x$ reduction takes place on the noble metal catalyst.

$$BaO \cdot NO_2 + HC \rightarrow BaO + N_2 + H_2O + CO_2 \qquad (8.11)$$

The NO$_x$ trap concept is shown schematically in Fig. 8.38. The effect of temperature on the NO$_x$ storage efficiency of NSR catalyst is shown on Fig. 8.39. Storage efficiency is around 90% in the temperature window of 350-450° C. However, different types and operating modes produce widely differing exhaust temperatures. This affects NO$_x$ storage and conversion efficiency of the NSR catalysts.

370 IC Engines: Combustion and Emissions

The most common approach in diesel de-NO_x catalyst is to use diesel fuel derived hydrocarbons as the reducing agent. For significant reduction in NO_x, typically 2 to 5:1 HC/NO_x molar ratios are required. During normal engine operation, the exhaust hydrocarbons in diesel are quite low and hydrocarbons are required to be added to the exhaust gas either by post injection of fuel in the cylinder after the main fuel injection event or by adding secondary fuel into the exhaust system. For post injection of the diesel in the cylinder, a common rail injection system is best suited. The post injection quantity is just about 2% of the main injection added 90 to 200° CA after the main injection. Due to aforesaid reasons, the maximum NO_x reduction efficiencies obtained in practice are only around 35%.

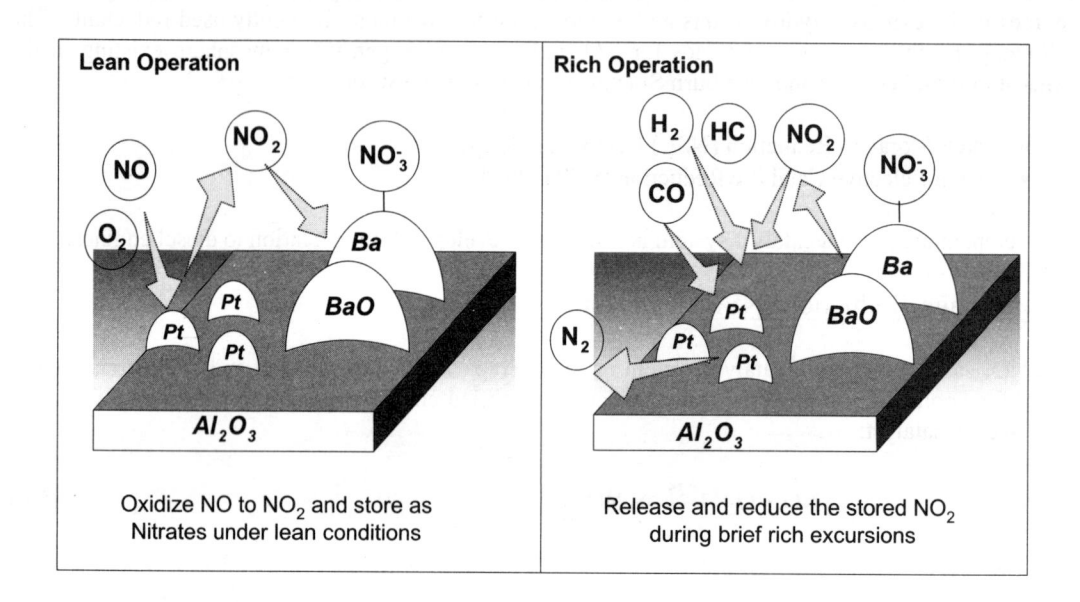

Figure 8.38 Schematic of a NO_x trap

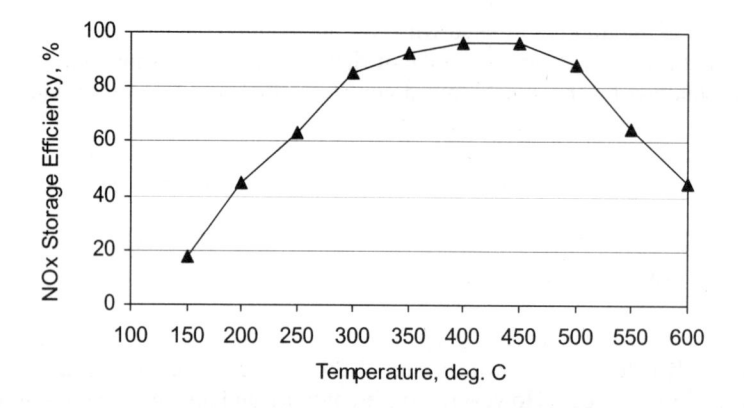

Figure 8.39 Dependence of NOx trap efficiency on temperature [28]

Selective Catalytic Reduction (SCR)

The selective catalytic reduction of NO_x using ammonia as reducing agent has been employed since 1980s in the stationary applications like gas turbines, utility boilers, diesel engines used for power generation, and incinerators. Urea is used as the source of ammonia in the practical applications of this method. Recently, this technology has been applied to the heavy duty diesel engines used in ships, locomotives and road vehicles. In this technology, either ammonia or urea is continuously injected upstream of the catalyst. Since 1990, urea has been increasingly used in place of anhydrous ammonia, as it is safer to store and handle. In this process, at first the hydrolysis of urea is done over a catalyst that produces ammonia and carbon dioxide. Then, ammonia reacts on the SCR catalyst with the NO_x resent in the exhaust to convert it to nitrogen. The basic chemical reactions in the urea-SCR process are as follows:

Urea Hydrolysis:

$$(NH_2)_2 CO + H_2O \rightarrow CO_2 + 2 NH_3 \tag{8.12}$$

NO_x Conversion:

$$4NO + 4 NH_3 + O_2 \rightarrow 4 N_2 + 6 H_2O \tag{8.13}$$

$$6NO_2 + 8 NH_3 \rightarrow 7N_2 + 12 H_2O \tag{8.14}$$

Urea concentrations of 30 to 40 % in water solution are usually employed. The SCR catalyst is typically vanadium and titanium oxide mixture (V_2O_5 + TiO_2 + WO_3) coated on a ceramic honeycomb substrate of 200- 400 cpsi. During vehicle operation on road, concentration of NO_x in the exhaust gases varies all the time requiring continuous variation in the urea injection rate. The NO_x in diesel engines consists of around 10% NO_2. Based on the stoichiometric considerations, for 90% conversion of NO_x

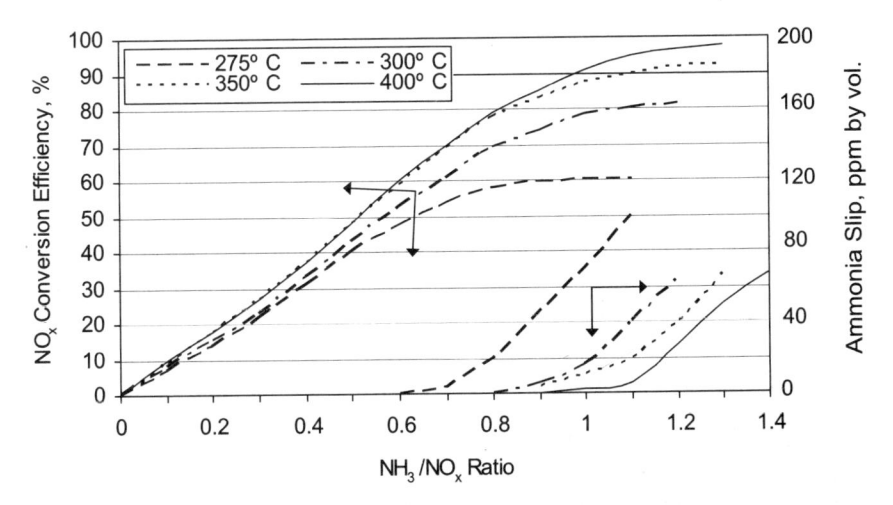

Figure 8.40 NO_x conversion and ammonia slip for a SCR catalyst as a function of NH_3/NO_x ratio on engine test bench. Adapted from [29].

the NH_3/NO_x molar ratio of about 0.9 is required. The excess urea when injected would result in emissions of unreacted ammonia in the exhaust, which is called 'ammonia slip'. To minimize ammonia slip, a dynamic urea dosage strategy based on engine operating conditions is to be employed. Even with such a strategy, when high conversion rates are required needing use of high urea dosages ammonia slip occurs during transient operation.

Typical conversion efficiency at different NH_3/NO molar ratio and ammonia slip are shown on Fig 8.40. With increase in NH_3/NO molar ratio, NO_x conversion efficiency increases and so also the ammonia slip. An oxidation catalyst is therefore, added to SCR system to prevent secondary emissions of ammonia during dynamic engine operation. A typical SCR system for heavy-duty applications is shown schematically in Fig. 8.41. Over the European emission test cycles for heavy-duty engines, NO_x conversions of more than 70 % have been obtained. Urea consumption is generally about 5 to 6 % of the fuel consumption.

The urea-SCR catalysts operate on relatively low space velocities of around 3 to 10 s^{-1}., requiring a relatively large catalyst volume compared to the conventional catalytic converters used on gasoline passenger cars. Therefore, due to packaging problems SCR is finding its application more on heavy-duty vehicles. Advantages and disadvantages of SCR and NSR systems are compared in the Table 8.5.

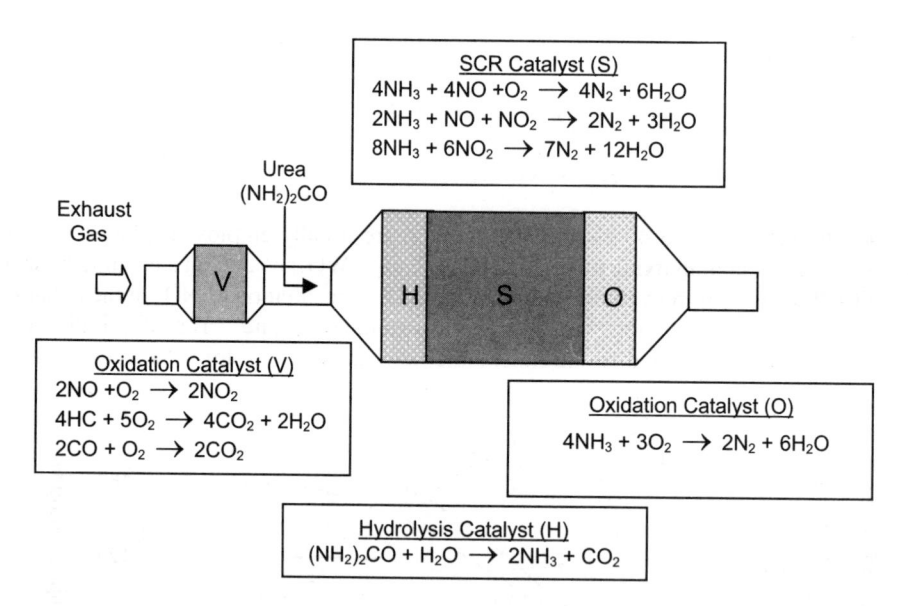

Figure 8.41 Schematic layout of an advanced SCR catalyst system using pre-oxidation catalyst.

Plasma-Catalyst System for NO_x Reduction

The non-thermal plasma has been used by the power generation industry for control of flue gas NO_x emissions. In this process, plasma is used to convert NO_x to acids that combine with ammonia to form ammonium nitrate, which is removed by the scrubbers. This technology is also being investigated for automotive application [31]. In the systems being investigated for application to diesel vehicles, plasma is used to convert NO component of NO_x to NO_2. The NO_2 in the exhaust gas is then reduced to N_2 over a catalyst by the hydrocarbons present in the exhaust gas. Injection of some hydrocarbons before the reduction catalyst may be necessary as in the NSR systems. The main advantage expected of the plasma/ catalyst system is that it converts NO to NO_2 without depleting the hydrocarbons by oxidation as it may happens in NSR catalysts. Secondly, it also does not convert SO_2 to SO_3 and sulphuric acid that is responsible for poisoning of the catalyst. Plasma input energy density of about 20 J/liter of gas flow have been used. For reduction of NO_2 to N_2, HC/NO_x ratio of 3:1 to 6:1 would be required. The overall system efficiency depends on the NO to NO_2 conversion efficiency of the plasma reactor and the efficiency of the catalyst in reducing NO_2 to N_2. In the laboratory tests conversion efficiencies of over 60% have been obtained. The best conversion was obtained at 300° C and the conversion efficiency reduced at higher temperatures [31].

Table 8.5
Comparison of SCR and NSR de-NO_x Technologies

Selective Catalytic Reduction (SCR)	NO_x Storage Reduction (NSR) Catalyst
Advantages: • High conversion rate up to 90% • Technology already developed and used in stationary and automotive applications	Advantages: • Cost effective • Using HC and CO exhaust emissions as reducing agents, no additional reductant is to be stored on board • Oxidation of SOF, HC and CO emissions possible due to use of specially coated zeolite catalysts
Disadvantages: • Costly • Large size and higher packing space • Injections of urea/ammonia into exhaust before catalyst • Dynamic dosage control of reducing agent needed • Extra oxidation catalyst for excess ammonia and SOF necessary • Additional urea distribution network	Disadvantages: • Lower conversion rates (about 35% max.) • Engine/Fuel system development for providing higher HC emissions needed in order to avoid additional HC injection before catalyst

Diesel Particulate Filters

Filtration of diesel particulates from engine exhaust gases as a means of emission control has been investigated since early 1980s. A variety of filtration media e.g., alumina coated wire mesh, ceramic fibre, porous ceramic monoliths etc., have been studied for filtration of particulate matter from the exhaust gas. The honeycomb ceramic monolith that traps the particulate matter as the gas flows through porous walls of its cells, is the most common form of diesel particulate filters (DPF) being used and these are known as 'ceramic wall flow filters'. In the ceramic wall flow filters shown in Fig. 8.42, alternate cells are plugged at one end and kept open at the opposite end. Flow path of gas through wall flow filters is shown schematically on this figure. The exhaust gas enters the cells that are open at the upstream end and flows through the porous walls to the adjacent cells. The filtered gas exits from the opposite end of these adjacent cells as they are open at the downstream end to atmosphere. The wall flow concept offers a large filtration surface area per unit volume with high filtration efficiency. The pore size of walls can be controlled to provide gas flow without excessive pressure drop. Very high filtration efficiencies close to 98% are possible. Porous cordierite ceramic ($2MgO_2.Al_2O_3.5SiO_2$) material has been commonly used for diesel particulate filters. It is chemically

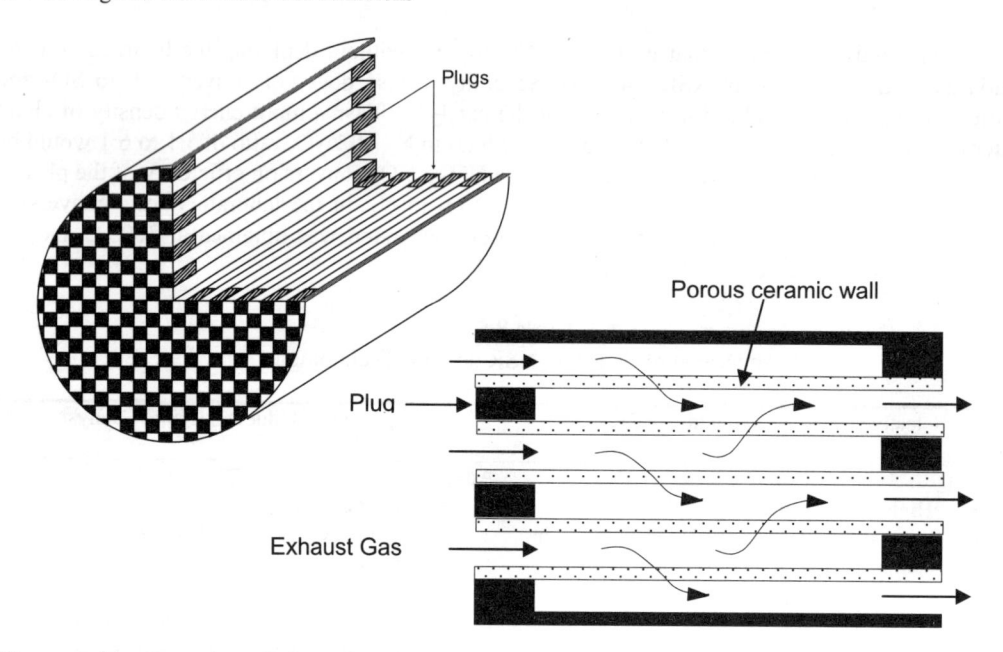

Figure 8.42 Ceramic wall flow filter for diesel particulate and exhaust gas flow path during filtration.

inert, has low coefficient of thermal expansion and has melting temperature ≈1460° C. More advanced materials capable of withstanding even higher temperature have been developed. Materials of 'NZP' family like Na $Zr_2P_3O_{12}$, and silicon carbide 'SiC' have been developed for application to diesel particulate filters [9, 32]. Melting point of NZP material is ≈1900° C and of SiC is about 2400° C. For applications where high temperature stability and strength are critical, silicon carbide is being used as the material of filtration substrate.

Diesel particulate filters commonly have a cell density of 100 cpsi with 0.017 in. (0.43 mm) wall thickness, designated as 100/17 cell structure substrate. The 200 cpsi structures with 0.012 in. (0.30 mm) wall thickness also have been used. The 200 cpsi substrates provide 41 % higher filtration area but have a higher pressure drop. For good mechanical strength, wall porosity is kept at about 48-50%. Mean pore size is another parameter that affects pressure drop and filtration efficiency. Pore size ranges from 12 to 35 μm. When a DPF was loaded with 5 to 10 g of soot per litre of substrate volume, minimum pressure drop was observed for 10-20 μm pore size [33]. The pressure drop was 7 kPa and 11 kPa with 5 and 10 g/litre soot loading, respectively. The filters with mean pore size of about 35 μm for filtration efficiency of 60-75%, 20 to 25 μm pore size for 80-90 % efficiency and 12 to 14 μm pore size for greater than 90% filtration efficiency are generally used [9]. Circular cross section of filters is most common due to its superior mechanical strength and high thermal resistance. The filters of circular cross section experience less severe temperature gradients and have more uniform temperature distribution. They are also easy to pack in the casing for mounting on vehicle. Filter size, as a thumb rule is normally equal to the swept volume of the engine.

Regeneration of DPF

It is relatively easy to filter and collect the particulate matter in the trap. Plugging of DPF by soot and other particulate matter though improves the filtration efficiency, but it results in an increased pressure drop across the filter. The backpressure in engine exhaust increases resulting in fuel economy penalty. Design considerations limit soot loading to about 10 g/l of filter volume. As the soot is collected to the limit of 10g/l, the pressure loss in the filter increases by 3 to 4 times. An increase of engine backpressure by 350 mm of H_2O (3.43 kPa), results in about 1 % loss in fuel economy at 65-km/h vehicle speed. The pressure loss therefore, across the filter should be controlled to minimize fuel economy loss. The *regeneration* of DPF i.e., to burn the soot collected in-situ has been the most challenging problem. Regeneration of the trap is the process of bringing it to its original clean state, lower resistance to gas flow and reduce backpressure to an unacceptable level. During the *regeneration* process the soot particulates collected in the filter must be oxidized to carbon dioxide without melting or cracking of the filter ceramic substrate under the high temperatures achieved during regeneration.

The soot burns without catalyst on a typical substrate surface at temperatures of 500-600° C. However, if the soot starts to burn uncontrollably the DPF may experience very high temperatures resulting in melting of the ceramic cordierite. Maximum temperatures attained during uncontrolled regeneration depend upon the soot loading. The maximum temperature of about 1300° C reached in a DPF having 100cpsi substrate with soot loading of 12g/litre. The substrate of 200 cpsi attained temperatures lower than 1000° C for the same soot loading as it had higher thermal capacity due to larger number of cells and greater mass. The filter must be regenerated periodically by burning the collected soot.

The temperatures of 500-600° C required for burning soot do not occur for sufficiently long time periods during diesel engine operation. The diesel exhaust gas temperatures in the exhaust pipe seldom increase above 300° C. Thus, the diesel trap cannot be self-regenerated during typical vehicle operation and additional measures to regenerate the trap have to be adopted. The regeneration methods developed may be categorized as 'active' or 'passive' systems. The active systems use engine over-fuelling or an additional heat source to increase exhaust gas temperature to start soot combustion, while the passive systems employ catalysts to reduce the soot oxidation temperature. Active systems include engine throttling, use of burner and electric heater upstream of filter. In the active regeneration systems, sensors monitor the particulate build up by measuring pressure drop across the trap. On receiving the signal from the sensor, the exhaust gas temperature is increased above 500° C by any one of the aforesaid techniques. The passive regeneration systems employ catalysts to reduce soot oxidation temperatures to the levels that lie within the normal exhaust gas temperature range. The catalyst either can be added to diesel fuel in the form of additives or it can be coated on the surface of the filter substrate. The different regeneration systems are discussed below.

Active Regeneration Systems:

Engine Throttling: Throttling of air to the engine increases exhaust gas temperatures. Reduction in airflow results in decrease of overall air-fuel ratio, which increases the combustion and the exhaust gas temperatures. Throttling on the other hand decreases oxygen concentration of exhaust. Soot oxidation requires 2-5% oxygen in the exhaust and throttling is to be limited to retain at least this much oxygen. Under normal cruising conditions, throttling is unable to increases the exhaust temperature to the levels sufficient for regeneration even when catalyst is employed. At high engine loads with sufficient oxygen availability, throttling can cause DPF regeneration. Engine throttling however, increases HC, CO and smoke emissions, and results in higher fuel consumption as the engine operates at significantly lower overall air-fuel ratio. Due to these reasons throttling is not usually employed for diesel filter regeneration.

Burner Regeneration: A diesel fuel burner placed in the exhaust in front of the filter can accomplish regeneration at all engine speeds and loads. Two types of system (i) in-line burner full flow

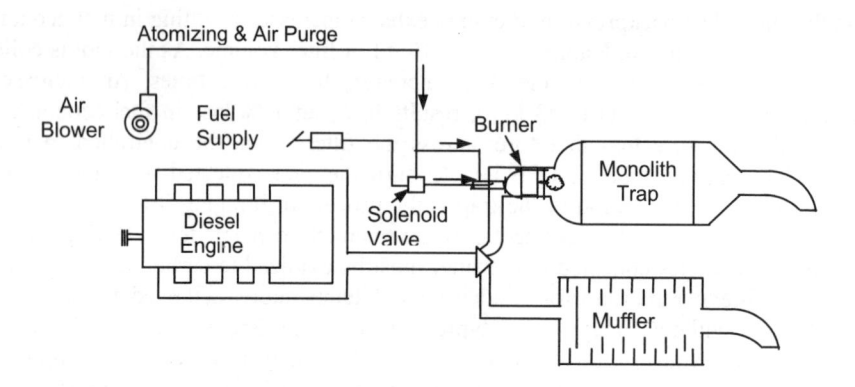

Figure 8.43 Schematics of diesel-fuelled burner by-pass regeneration system for DPF.

system and (ii) burner bypass system have been developed [34]. In the full flow system, high burner fuel consumption and a large air pump to heat the total exhaust gas to about 540° C are required. Complex electronic controls to modulate burner fuel flow for maintaining gas temperature at the inlet of filter at safe levels are necessary. In the bypass system, 5 to 10% of exhaust is allowed to flow through the filter when regeneration is effected. It overcomes many of the problems of full flow system. A smaller air pump is required. Regeneration process is independent of engine operating conditions, as the filter during regeneration is isolated from the engine exhaust. The electronic controls are simpler and fuel consumption by the burner to heat the inlet face of the filter to 540° C is an order of magnitude lower compared to full flow system. Layout of a burner by pass regeneration system is shown in Fig. 8.43. For a 5.7 litre engine vehicle, at speeds of 60 to 80 km/h a full flow regeneration system requires about 28 kW of heating energy by the burner to heat the exhaust gas to 540° C. In the by-pass system for 10 % of total flow, heating energy required is only about 3 kW [9]. The regeneration process is initiated when the backpressure typically is 75 mm Hg. Both the inlet and exit temperatures of the filter are monitored. Sudden increase in filter exit temperature indicates the onset of regeneration process. The inlet face when heated to 650° C, soot oxidation begins. As the soot combustion begins, increase in temperature accelerates combustion of soot that may result in uncontrolled increase in temperatures and melt the substrate. To control temperatures during regeneration, the burner may be shut off midway through the regeneration cycle. The burning process progressing from the front end oxidizes soot in the remainder of the filter and the process is accelerated due to increase in the temperature.

Electric Regeneration: Electric filter regeneration is similar in principle to the burner bypass system except that an electric resistance heater replaces the complex burner and electronic controls. Power to electric heater is supplied by the engine alternator. Air pump is switched on only after the filter inlet face has been heated to the soot burning temperature. A typical truck DPF regeneration system may require a 3 kW heater.

The control system periodically activates the diesel fuel burners or electric heaters to start the regeneration cycle. Regeneration may be required typically every two hours and the regeneration cycle lasts for 8 to 10 minutes. When the backpressure value approaches the value for clean filter, it indicates the completion of the regeneration cycle.

Passive Regeneration Systems:

Regeneration with Fuel Additives: The Fe, Ce, Mn, Zn, Cu and Pb based fuel additives lower the soot oxidation temperatures [32, 35]. Cerium and copper based additives in 60 to 100 ppm concentration are seen to lower soot ignition temperature to about 300° C and DPF regeneration has been achieved at temperatures below 400° C. The cerium fuel additive on combustion in the engine gets converted to cerium oxide, which on reaching the DPF catalyses soot oxidation. Its mechanism of action is as follows:

(i)   Oxidation of soot:

$$2CeO_2 + C\ (Soot) \rightarrow Ce_2O_3 + CO \tag{8.15}$$

(ii)   Oxidation of Carbon Monoxide

$$CO + \tfrac{1}{2} O_2 \rightarrow CO_2 \tag{8.16}$$

(iii) Ce_2O_3 is an unstable compound and gets converted to CeO_2 in the exhaust gas as excess oxygen is available by the following reaction

$$Ce_2O_3 + \tfrac{1}{2} O_2 \rightarrow 2CeO_2 \tag{8.17}$$

These reactions are quite fast and take 2 to 6 seconds only to occur once the temperature is sufficiently high. Since the oxidation of soot and CO are exothermic reactions, the heat released can increase the filter bed temperatures significantly. The fuel borne catalyst technology for particulate trap regeneration has been investigated extensively and is considered quite promising. The additive can be introduced into the fuel when required by automatic dosing equipment on board. Studies have also been made with the fuel borne catalyst with the DPF having a catalyzed wash coat.

Continuously Regenerating Trap (CRT) System: The principle of CRT is based on the fact that NO_2 is a much superior oxidizing agent for soot than oxygen [36]. The trap substrate can be coated with a catalyst material to reduce soot oxidation temperatures to as low as 200° C. However, the preferred approach is to install an oxidation catalyst ahead of the diesel particulate filter where NO is preferentially converted to NO_2, which oxidizes soot in the diesel filter continuously. NO_2 oxidizes the dry carbon soot trapped in the filter below 300° C by the following reactions:

$$2NO_2 + C\ (Soot) \rightarrow CO_2 + 2NO \tag{8.18}$$

$$NO_2 + C\ (Soot) \rightarrow CO + NO \tag{8.19}$$

This system is known as the continuously regenerating trap (CRT). The oxidation catalyst is a flow through ceramic monolith using Pt-Pd catalyst impregnated on Al_2O_3 washcoat. The schematic of a CRT is shown in Fig. 8.44. By promoting oxidation of NO to NO_2 upstream of DPF, the soot trapped can be continuously oxidized on the filter substrate, thus keeping the particulate filter essentially clean and the exhaust backpressure remains nearly unchanged. Fuel sulphur is another important factor that affects conversion of NO to NO_2 on the oxidation catalyst and hence the performance of CRT [37]. With 30-ppm sulphur, PM reductions of 75% have been obtained both with the CRT and when DPF substrate was coated with a catalyst. In Europe, where low sulphur fuel is available thousands of vehicles with CRT are in operation. To achieve the best performance of CRT however, the following conditions should be met:

- Sulphur-free fuel (Sulphur <30ppm) is necessary to prevent catalyst poisoning and excessive sulphate formation that hinders formation of NO_2.

- For best performance temperature should be in the range 250 - 450° C.
- The NO_x/ soot ratio should be adequately high otherwise NO_2 available will be too low to oxidize soot.

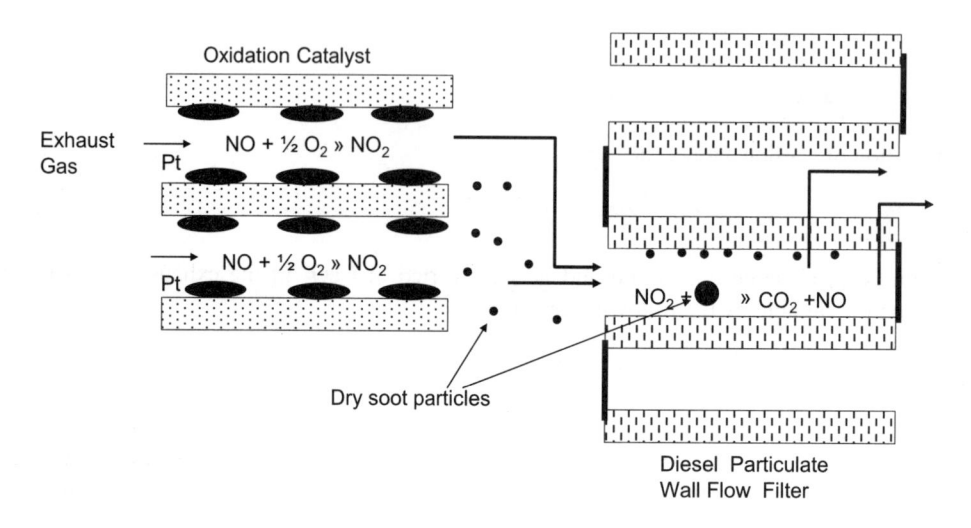

Figure 8.44 Conceptual design and schematic of a continuously regenerating trap [9].

Partial Diesel Particulate Filters

Wall flow diesel particulate filters have very high particulate trapping efficiency, but their regeneration over the entire life span extending to 496,000 kms for heavy duty vehicles as demanded by the USEPA legislation is the major concern. Metal supported flow- through diesel filters employing CRT operational principle for continuous regeneration, have been developed [38]. These filters are designed to provide 50 to 70 percent reduction in PM emissions and are called 'Partial Particulate Filters'. In the modular structure of partial filters, first section is an oxidation catalyst where NO is oxidized to NO_2. Here, HC, CO and SOF part of PM also are oxidized. In the second section, which consists of flow-through type filter element, soot collection and combustion processes are completed. The metal PM filter consists of flat and corrugated foils in a flow-through monolithic configuration. A schematic cut-away section and working principle of the filter is shown on Fig. 8.45. The corrugated foils are stamped to produce blades like structure to direct the flow towards the flat foil. The flat foil is made of a porous sintered metal fleece (metal wool packed in form of a sheet). Part of the exhaust gas is directed by the blades in the corrugated foil towards the porous metal fleece material that traps the particulate matter. The soot trapped by the fleece is oxidized by NO_2 generated on the catalyst in the first section of filter. The design of this PM filter is a partially open structure and it does not get clogged due to excessive accumulation of soot as may happen in the 'wall flow' filters due to failure of regeneration. In case of excessive accumulation of soot on the metal fleece, all the exhaust is able to flow through the open channels. But, in such a situation removal of PM from exhaust is also stopped. Typical cell density of these filters is 200 cpsi. With use of the partial particulate filters reduction in PM emissions ranging from 30 to over 70 % have been obtained under driving cycle operation.

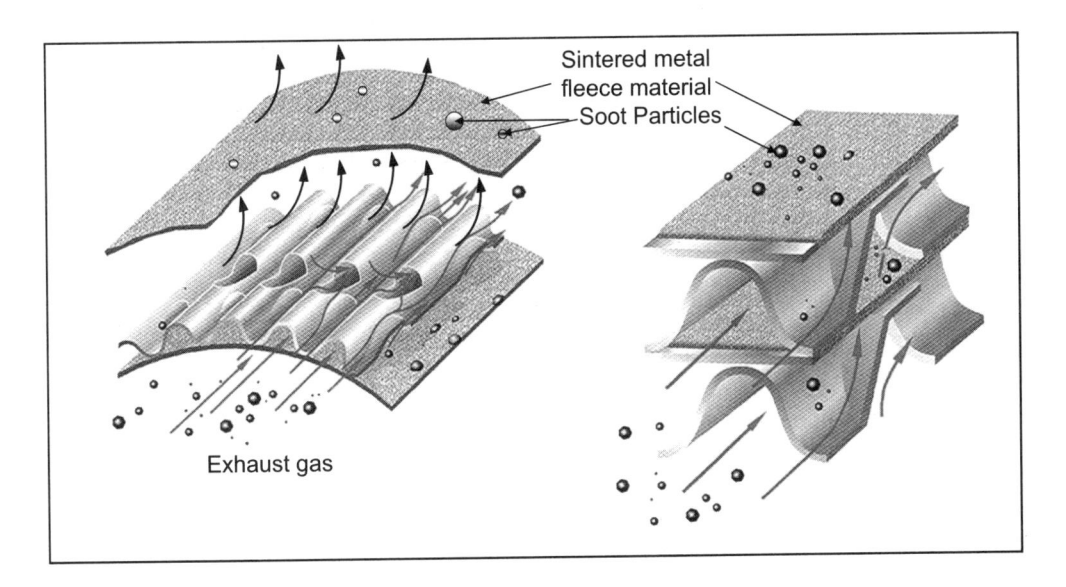

Figure 8.45 Working principle of metal supported partial PM filter-Catalyst, blades forcing soot into the sintered metal fleece material (Courtesy Emitec Gmbh).

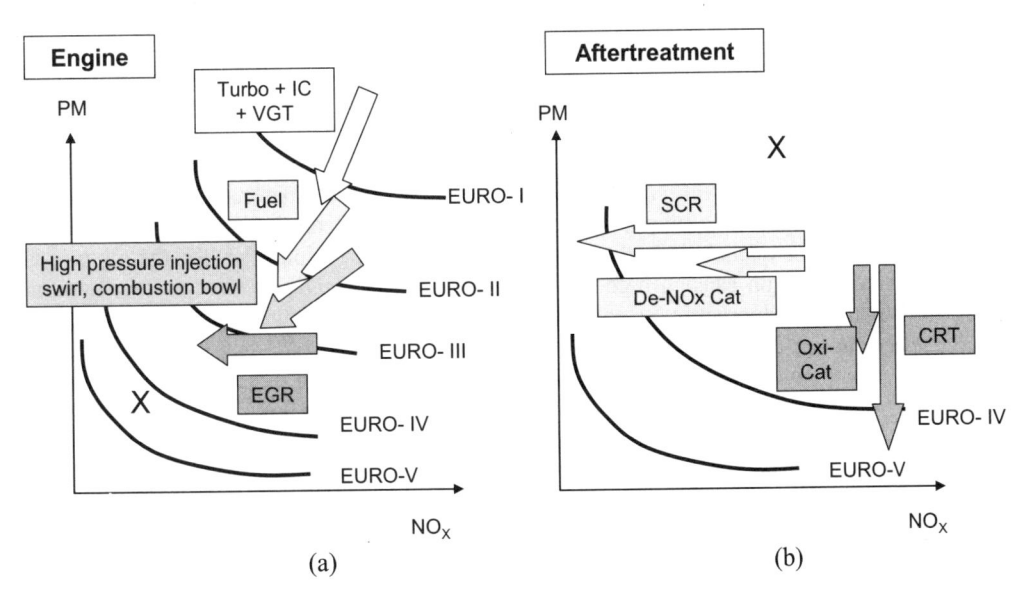

Figure 8.46 Summary of advancements in diesel emission control technologies.

8.9 SUMMARY OF DIESEL EMISSION CONTROL

Developments in diesel engine emission control technology that have taken place over the years are summarized in Fig. 8.46. The first part, Fig 8.46 (a) gives the improvements in engine technology such as fuel injection system, turbocharging and turbochargers, EGR application, and fuel formulation that have taken place to meet the progressively more and more stringent emission regulations starting from Euro I to Euro IV. The part (b) of the figure shows the role of after treatment technology like the oxidation catalysts, lean de-NOx catalysts and particulate filter to enable the compliance of diesel vehicles with the regulations Euro IV, Euro V and beyond. As shown, the present and future developments are mainly directed towards advancements in technology of fuel injection systems, diesel particulate filters and the lean de-NO_x catalysts. As has been discussed in Chapter 6 some diesel engines have been claimed to employ HCCI principle for part of engine operation. HCCI technology needs more development prior to its large scale application in production engines and vehicles.

8.10 HCCI ENGINES FOR EMISSION CONTROL

Compression ignition of very lean homogeneous fuel-air mixtures to obtain very low engine out NO_x and soot emissions has been of high interest to researchers now for several years. The CAI (controlled auto-ignition) and HCCI (homogeneous charge compression ignition) concepts applicable to originally gasoline and diesel engines respectively, and different methods to compression ignite ultra lean homogeneous mixtures have been discussed in Chapter 5. CAI mode for SI engine operation has been primarily of interest at low loads, as it is under these conditions the passenger cars operate most of the time. Under high loads, the engine operation is to be switched on to the conventional SI engine operation. As discussed earlier, main strategies adopted for CAI operation and combustion control of basically an SI engine, is based on control of the amount of residual gases (internal EGR).

The emissions from an SI engine that operated in CAI mode at part loads are compared with the homogeneous stoichiometric engine on Fig. 8.47 [39]. CAI operation was obtained by use of negative overlap ranging from 140-200° crank angle, which resulted in residual gas fraction of the order of 40 to 70%. The intake air temperature was increased from 15 to 50° C to reduce combustion variations, which resulted in lowering of coefficient of peak pressure variation, (COV = 100 x standard deviation of P_{max} / mean P_{max}) from 4% to 2%. The engine in CAI mode was operated at $\phi = 0.77$ with intake temperature of 50° C. The NO_x emissions with CAI operation are extremely low. HC emissions were however, higher. Higher HC emissions with CAI operation at lean fuel-air ratios result due to higher contribution of flame quenching in the piston-cylinder crevice region. Further, the mixture is too lean for post flame oxidation causing higher HC emissions. CO emissions also are low by almost 80 % compared to the stoichiometric SI engine. The fuel consumption was lower by more than 15% at engine speeds above 2000 rpm.

In the diesel engines to achieve HCCI operation, fuel has been injected in two or multiple stages either early during compression stroke or late at top dead centre and even after top dead centre. EGR also has used to delay start of combustion so as to provide more time for mixing of fuel and air. In an early injection HCCI engine operation more than 50% of fuel was injected very early in the compression stroke in the form of several small injections to reduce spray penetration so as to prevent impingement of spray on the combustion chamber walls [40]. First injection was made at 90° btdc and dwell period between two injections was kept equal to 11° CA to avoid interaction among the successive injection sprays (Fig 5.44). Remainder of the fuel was injected at or around TDC. The engine compression ratio was reduced to 13.4:1 to avoid rough combustion. As the mixture is rather very lean and no over-rich zone exists, sudden combustion of all the premixed charge on auto-ignition results still in low combustion temperatures and hence low NO_x and soot formation. Very low NO_x result from low combustion temperatures and low soot formation is on account of combustion of very lean and premixed charge. Indicated specific soot and NO_x for HCCI operation of this engine are shown on Fig. 8.48 and emissions of HCCI with DI diesel operation are compared in Fig. 8.49.

NO$_x$ emissions with HCCI operation ranged from 0.01 to 0.06 g/kWh compared to 1.7 to 2.0 g/kWh for diesel operation. Similarly, the soot emissions in HCCI mode were below 0.02 g/kWh compared to 0.07 to 0.27 g/kWh for diesel operation. More than 95% reduction in soot and NO$_x$ emissions are obtained compared to conventional DI diesel operation. CO and HC with HCCI operation are however, higher than diesel. Some of the ultra lean homogeneous mixture remains unburned due to quenching of combustion reactions, which produces higher unburned HC emissions. Some the unburned HC gets partially oxidized and produces CO resulting in higher CO emissions with HCCI operation.

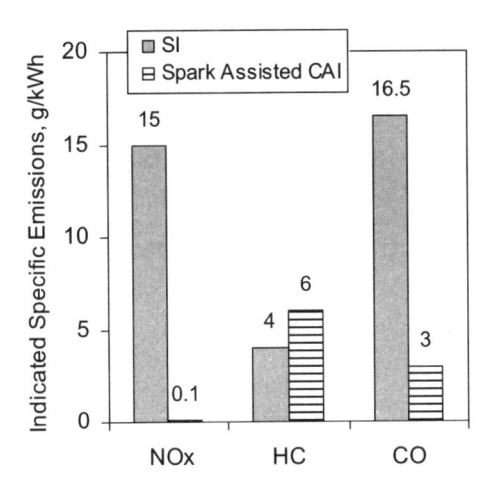

Figure 8.47 Comparison of indicated specific emissions of spark-assist HCCI (ϕ = 0.77) and SI engine (ϕ = 1.0), IMEP = 2.6 bar, 3000 rpm. [39].

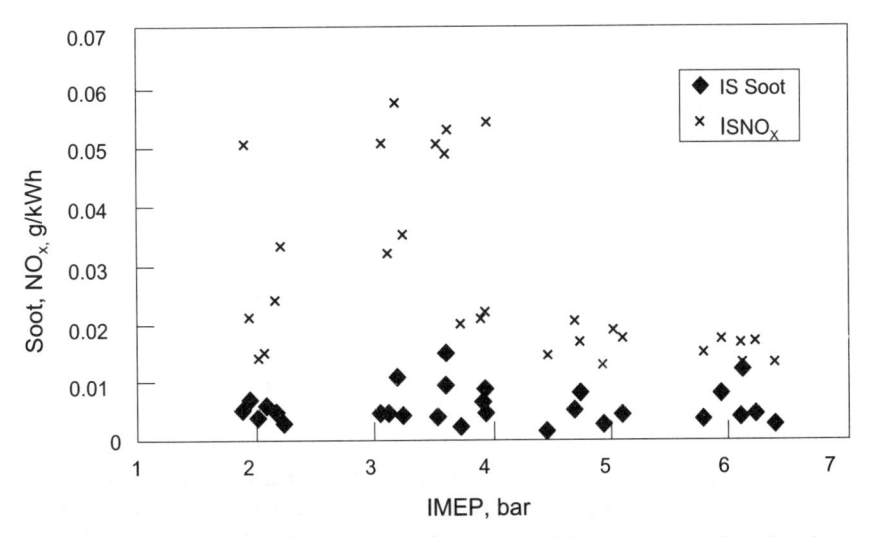

Figure 8.48 Indicated NO$_x$ and soot emissions for HCCI operation of a diesel engine with early multiple injections, start of injection 90° btdc, dwell period between injections 11° CA, CR =13.4. [40].

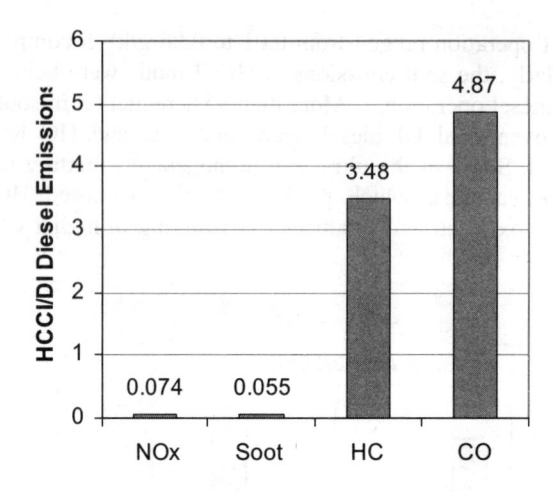

Figure 8.49 Emission potential of diesel HCCI relative to conventional DI diesel operation, engine out emissions [40].

PROBLEMS

8.1 A car powered by spark ignition engine gives average emission of CO = 1.2%, HC= 2000 ppmC and NO = 1500 ppm by volume. It consumes 60g/km of gasoline ($C_8 H_{16}$) operating at an equivalence ratio of 1.0 Calculate emissions in terms of g/km.

8.2 Find combustion efficiency for the engine in Prob. 8.1 using heat of combustion data for fuel, CO and HC from the Appendices. Assume HC emissions are similar to fuel in composition.

8.3 A car powered by gasoline engine has engine out emissions 9.0, 0.8 and 0.6 g/km of CO, HC and NO_x. It is fitted with a 3-way catalytic converter. During a typical city trip of 10 km, for the first 1 km as the exhaust gas temperatures are too low the catalyst is only overall 20% effective. For the remaining trip its working at an optimum level and efficiency of conversion is as given in Fig. 8.17 in the middle of F/A window. Find the average vehicle emissions for the trip in g/km.

8.4 Oxidation rate for HC in the exhaust manifold is given by Eq. 6.45. In the exhaust of a gasoline engine at the exhaust port HC = 2000 ppmc (take it as CH_2) and O_2 is 1% by volume. Find the time required to convert 50% of HC when the exhaust gas temperature is maintained at (i) 900 and (ii) 1100 K and pressure is 110 kPa.

8.5 An inventor claims to have invented a thermal reactor/converter (no catalyst) with over 50% conversion efficiency for HC and CO when fitted downstream of exhaust manifold. Verify his claims, assuming peak burned gas pressure = 4.0 MPa and peak temperature = 2700 K and the engine exhausts at 100 kPa pressure. After the gas leaves the exhaust port and before it enters the reactor, 10 % of exhaust heat is lost. The residence time for the exhaust gas in the reactor is 100 ms. Polytropic index during expansion is 1.28. You may use the information from Problem 8.4 to estimate oxidation of HC and qualitatively conclude for CO. Give explanation for your answer.

8.6 If the exhaust gas enters a catalytic reactor at 500° C estimate what would be average gas temperature if 1.5 % CO by volume and 2000 ppmC of HC is burnt completely in a catalytic reactor, taking no heat loss from the converter. Hydrocarbon composition is similar to octane. The engine is operating at stoichiometric mixture.

8.7 The engine in Problem 6 misfires and the HC concentration rises to 50,000 ppmC in the misfired cycle exhaust (unburned stoichiometric mixture has approximately 1.65 % by volume typical gasoline equivalent of about 130,000 ppmC HC. The dilution with the exhaust gases of earlier cycles helps in lowering HC concentration from the maximum possible value that could result from complete misfire). Estimate the extent of sudden increase in the gas temperature as the high amount of unburned HC gets oxidized on the catalyst. What type of damage such high exotherms could cause to catalyst?

8.8 A diesel particulate filter (DPF) fitted to a 6 litre naturally aspirated DI diesel engine is to be regenerated. The engine has volumetric efficiency of 88%, is operating at $\phi = 0.6$ and 2000 rpm. The ambient air conditions are 101 kPa and 300 K. For burning the soot collected on the DPF, the exhaust gas temperature is to be raised to 540° C. The exhaust gas temperature entering the DPF is 350° C. Determine the power of an electric heater and the capacity of a diesel fuel burner (kg/hr) to raise the exhaust gas temperature to the required level if (i) the entire exhaust gas is to be heated only 10% of the exhaust gas is to be heated in a burner bypass system.

8.9 Refer Fig 6.2 and Section 6.3 and discuss how a DISC engine provides very low engine out emissions. Although in DISC engines fuel is injected directly in the cylinder as in diesel engines, then how the soot emissions are controlled in the DISC engines.

8.10 When fuel is suddenly increased by pressing the accelerator pedal in turbocharged diesel engines a puff of black smoke is usually emitted. The puff of smoke is denser than that observed in the naturally aspirated engines. Explain qualitatively why this is so?

REFERENCES

1. Milton, B.E., "Control Technologies in Spark-Ignition Engines", *Handbook of Air Pollution from Internal Combustion Engines*, Edited by Sher, E., Academic Press (1998).
2. Schafer, F., and Basshuysen, Richard van, *Reduced Emissions and Fuel Consumption in Automotive Engines*, Springer-Verlag, New York and SAE International, (1995).
3. Paramins Post, Issue No. 58, Exxon Chemicals Ltd. (1998).
4. Spark Ignition Engine Trends, Automotive Engineering, Vol. 110 No 1(2002).
5. Engine Strategies and Engineering, Automotive Engineering, Vol. 111 No 1 (2003).
6. Matsushima, H., Iwamoto, A, Ogawa, M., Satoh, T., and Ozaki, K., "Development of a Gasoline-Fueled Vehicle with Zero Evaporative Emissions", SAE Paper 2000-01-2926 (2000).
7. Pundir B. P., *Engine Emissions: Pollutant Formation and Advances in Control Technology*, Narosa Publishing House, New Delhi, (2007).
8. Lavoie, G.A, "Correlations of Combustion Data for SI Engine Calculations – Laminar Flame Speed, Quench Distance and Global Reaction Rates", SAE Paper 780229, SAE Trans., Vol. 87, (1978).

9. Heck, R. M., Farrauto, J. R., and Gulati, S. T, *Catalytic Air Pollution Control*, Second Edition, Willey Interscience, New York, (2002).
10. Held, W., Rohlfs, M., Maus, W., Swars, H., Bruck, R., and Kaiser, F.W., Improved Cell design for Increased Catalytic Conversion Efficiency", SAE Paper 940932, (1994).
11. Day, J.P., "Some Fundamental Characteristics of Automotive Catalyst Supports", SAE Paper 962465, (1996).
12. Bush, K., Adams, N., Dua, S., and Markeyvech, C., "Automatic Control of Cylinder Air-Fuel Mixture by Using a Proportional Exhaust Gas Sensor", SAE Paper 940149, (1994).
13. Kidokoro, T., Hoshi, K., Hiraku, K., Satoya, K., Watanabe, T., Fujiwara, T., and Suzuki, H., "Development of PZEV Exhaust Emission Control System", SAE Paper 2003-01-0817, (2003).
14. Gandhi, H.S., Hurley, R.G. and McCabe, R.W., "Recent Advances in Catalyst Technology", Keynote Paper, Proc. Symposium on International Automotive Technology, Pune, India, January (2001).
15. Takagi, Y., Itoh, T., Muranaka, S., Iiyama, AS., Iwakiri, Y., Urushihara, T. and Naitoh., K. " Simultaneous Attainment of Low Fuel Consumption, High Output Power and Low Exhaust Emissions in Direct-Injection SI Engines", SAE Paper 980149, *Direct Fuel Injection for Gasoline Engines*, Edited by Solomon, A.S., Anderson, R.W., Najt, P.M., and Zhao, F., SAE PT-80, (2000).
16. Kume, T., Iwamoto, Y., Iida, K., Murakami, M., Akishino, K. and Ando, H., " Combustion Control Technologies for Direct Injection SI Engine", SAE Paper 960600, *Direct Fuel Injection for Gasoline Engines*, Ed. Solomon, A.S. et al., SAE PT-80, (2000).
17. Zhao, F.-Q., Lai, M.-C. and Harrington, D.L., " A Review of Mixture Preparation and Combustion Control Strategies for Spark Ignited Direct-Injection Gasoline Engines",: SAE Paper 970627, *Direct Fuel Injection for Gasoline Engines*, Ed. Solomon, A.S. et al., SAE PT-80, (2000)
18. Zelenka, P., Kriegler, W., Herzog, P. L. and Cartillieri, W. P., "Ways toward the Clean Heavy Duty Diesel", SAE Paper 900602, (1990).
19. Johnson, J.H., Bagley, S.T., Gratz, L.D., and Leddy, D.G., " A Review of Diesel Particulate Control Technology and Emission Effects," SAE Paper 940233, *Diesel Particulate Emissions-Landmark Research 1994-2001*, Ed. John H. Johnson, SAE PT-86, (2002).
20. Han, Z., Uludogan, A., Hampson, G. J., and Reitz, R. D., " Mechanism of Soot and NO_x Emission Reduction using Multiple Injection in a Diesel Engine", SAE Paper 960633, (1996).
21. Watson, N., and Janota, M.S., "Turbocharging *the Internal Combustion Engine*", London: Macmillan Press, (1982).
22. Charlton, S. J., "Control Technologies for Compression-Ignition Engines", *Handbook of Air Pollution from Internal Combustion Engines*, Edited by Sher, E., Academic Press, (1998).
23. Kohketsu, S., Mori, K., Sakai, K., and Hakozaki, T., "EGR Technologies for a Turbocharged and Intercooled Heavy-Duty Diesel Engine", SAE Paper 970340, (1997).
24. Hawley, J.G., Brace, C.J., Wallace, F.J and Horrocks, R.W., "Combustion-Related Emissions in CI Engines", *Handbook of Air Pollution from Internal Combustion Engines*, Edited by Sher, E., Academic Press, (1998).
25. Zelenka, P., Egert, M., and Cartillieri, W., "Ways to Meet Future Emission Standards with Diesel Engine Powered Sports Utility Vehicles (SUV)", SAE Paper 2000-01-0181, (2000).
26. Psota, M. A., Easley, W. L., Fort, T. H., and Mellor, A. M., "Water Injection Effects on NO_x Emissions for Engines Utilizing Diffusion Flame Combustion", SAE Paper 961657, (1996).
27. Zelenka, P., Ostgathe, K., and Lox, E., "Reduction of Diesel exhaust Emissions by Using Oxidation Catalysts", SAE Paper 902111, (1990).

28. Klein, H., Lopp, S., Lox, E., Kawanami, M., and Horiuchi, M., "Hydrocarbon DeNOx Catalysis – System Development for Diesel Passenger Cars and Trucks", SAE Paper 1999-01-0109, (1999).
29. Gieshoff, J, Schafer- Sindlinger, A., Spurk, P.C., van den Tillaart, J.A.A., " Improved SCR Systems for Heavy Duty Applications", SAE Paper 2000-01-0189, (2000).
30. Miller, W.R., Klein, T.J., Mueller, R., Doelling, W, and Juerbig, J, "The Development of Urea-SCR Technology for US Heavy Duty Trucks", SAE Paper 2000-01-0190, (2000).
31. Chun, B.- H., Lee, H.-S., Nam, C.-S., Chun, K.M., Ryu, J.H., and Lee, K.-Y., " Plasma/Catalyst System for Reduction of NOx in Diesel Engine Exhaust", SAE Paper 2000-01-2897, (2000).
32. Gantawar, A.K., Opris, C.N., and Johnson, J.H., " A Study of the Regeneration Characteristics of Silicon Carbide and Cordierite Diesel Particulate Filters using a Copper Fuel Additive", SAE Paper 970187, (1997).
33. Merkel, G.A., Beall, D.M., Hickman, D.L., and Vernacotola, M.J., "Effects of Microstructure and Cell Geometry on Performance of Cordierite Diesel Particulate Filters", SAE Paper 2001-01-0193, (2001).
34. Tuteja, A.D., and Hoffman, M.B., "Lopez-Crevillen J.M., Singh, S., Stomber R.R., and Wallace G.C., "Selection and Development of a Particulate Trap System for a Light duty Diesel Engine", SAE Paper 920142, (1992).
35. Pattas, K., Samaras, Z., Roumbos, A., Lemaire, J., Mustel, W., and Rouveirolles, P., "Regeneration of DPF at Low Temperatures with the Use of a Cerium Based Fuel Additive", SAE Paper 960135, (1996).
36. Cooper, B., and Thoss, J.E., "Role of NO in Diesel Particulate Emission Control", SAE Paper 890404, (1989).
37. Liang, C.Y., Baumgard, K.J., Gorse Jr., R.A., Orban, J.E., Storey J.M.E., Tan, J.C., Thoss J.E., Clark, W., "Effects of Diesel Sulphur Fuel Level on Performance of a Continuously Regenerating Diesel Particulate Filter and a Catalyzed Particulate Filter"' SAE 2000-01-1876, (2000).
38. Pace, L., Konieczny, R., and Presti, M., "Metal Supported Particulate Matter – Cat, A low Impact and Cost Effective Solution for a 1.3 l Euro IV Diesel Engine", SAE Paper 2005-01-0471, (2005).
39. Persson, H., Agrell, M., Olsson, J-O, Johansson, B., and Strom, H. "The Effect of Intake Temperature on HCCI operation Using Negative Valve Overlap", SAE Paper 2004-01-0944, SP-1819, (2004).
40. Helmantel, A. and Denbratt, I., "HCCI Operation of a Passenger Car Common Rail DI Diesel Engine with early Injection of Conventional diesel Fuel", SAE Paper 2004-01-0935, SP-1819, (2004).

CHAPTER 9

Engine Fuels and Emissions

Fossil fuels coal, petroleum and natural gas in the year 2002 supplied 80 percent of the primary energy requirements of the world [1]. The balance of the world energy needs was met by nuclear power, hydro-power, biomass and other renewable sources. Consumption of coal, oil and natural gas in the past and projected for future years is given in Table 9.1. The use of world primary energy by different sectors is given in Table 9.2. Transport fuels presently constitute about 18 % of total world primary energy consumption and may increase to 20% by 2030. They currently account for little over 50 percent of total petroleum oil supply.

Table 9.1
World Total Primary Energy and Fossil Fuel Consumption Statistics,
mtoe (million tonnes oil equivalent) [1].

Fuel	1971	2002	2010	2020	2030
Coal	1407	2389	2763	3193	3601
Petroleum Oil	2413	3676	4308	5074	5766
Natural Gas	892	2190	2703	3451	4130
Nuclear	29	692	778	776	764
Hydro	104	224	276	321	365
Biomass and waste	687	1119	1264	1428	1605
Other renewable fuels	4	55	101	162	256
Total Primary Energy	5536	10345	12193	14405	16487

Table 9.2
Usage Pattern of World Primary Energy, mtoe [1].

Use	1971	2002	2010	2020	2030
Power Generation	1211	3764	4613	5629	6630
Transport	856	1827	2230	2755	3273
Other	3469	4754	5350	6021	6584

Most road transport vehicles currently operate with liquid fuels derived from petroleum. Gaseous fuels like methane (natural gas) and propane (liquefied petroleum gas, LPG) are also being used in comparatively smaller amounts to power light and heavy duty engines and vehicles in many countries. Petroleum crude contains over 25000 compounds composed primarily of carbon and hydrogen, but a number of these also contain sulphur, nitrogen and oxygen as well. The commercial liquid engine fuels are the mixtures of a few hundred different hydrocarbons, although some fuels also contain small amounts of alcohols or other oxygen bearing components added to them after refining. The petroleum derived gasoline and diesel fuels contain about 85 - 86 percent carbon and 14 – 15 percent hydrogen by mass. Traces of sulphur containing compounds are also present in the gasoline and diesel. Diesel fuels during 1980's contained up to 1 percent sulphur by mass that has been reduced below 0.005 percent in the modern diesel fuels.

Petroleum fuels on combustion produce carbon dioxide, a greenhouse gas linked to global warming. Reduction of greenhouse gas carbon dioxide emissions is being pursued of by many countries under Kyoto Protocol to reverse global warming trend. The measures to reduce carbon dioxide emissions include improvement of combustion efficiency, engine and vehicle fuel economy, and use of alternative and renewable fuels. In this chapter, chemical composition and key characteristics of fuel and how they influence engine combustion, performance and emissions are discussed.

9.1 COMMON HYDROCARBON COMPONENTS

Petroleum crude oil primarily consists of hydrocarbons, which are grouped into paraffins, cycloparaffins (naphthenes) and aromatics. The gasoline and diesel fuels also contain olefins that are not present in the crude oil, but are formed due to cracking of larger molecules during refining process. Each hydrocarbon group viz., paraffins, naphthenes, olefins and aromatics has its characteristic chemical structure. The paraffins, also known as alkanes are saturated hydrocarbons. The carbon atoms are single bonded and no double or triple bond exists. The large alkane molecules are either straight chain or branched chain, which are called normal- (n-) or iso- paraffins, respectively. The empirical formula for the paraffin family is C_nH_{2n+2}. Methane (CH_4) is the first member of this family, the higher members being ethane (C_2H_6), propane (C_3H_8), ...n-heptane, n-octane, isooctane (C_8H_{18}), n-hexadecane (n-cetane) and so on. Structures of some paraffins are shown below.

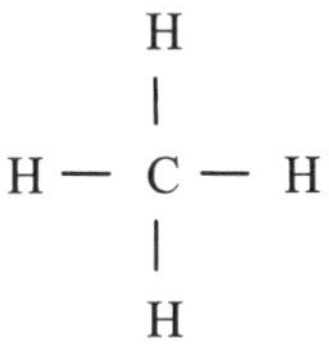

$$\underset{\text{methane, } CH_4}{H-\underset{\underset{H}{|}}{\overset{\overset{H}{|}}{C}}-H} \qquad \underset{\text{n-octane, } C_8H_{18}}{H-\underset{\underset{H}{|}}{\overset{\overset{H}{|}}{C}}-\underset{\underset{H}{|}}{\overset{\overset{H}{|}}{C}}-\underset{\underset{H}{|}}{\overset{\overset{H}{|}}{C}}-\underset{\underset{H}{|}}{\overset{\overset{H}{|}}{C}}-\underset{\underset{H}{|}}{\overset{\overset{H}{|}}{C}}-\underset{\underset{H}{|}}{\overset{\overset{H}{|}}{C}}-\underset{\underset{H}{|}}{\overset{\overset{H}{|}}{C}}-\underset{\underset{H}{|}}{\overset{\overset{H}{|}}{C}}-H}$$

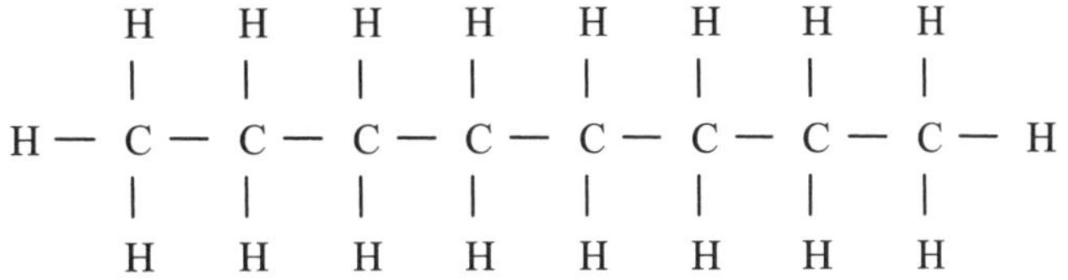

$$CH_3-\underset{\underset{CH_3}{|}}{\overset{\overset{CH_3}{|}}{C}}-CH_2-\underset{\underset{}{}}{\overset{\overset{CH_3}{|}}{CH}}-CH_3$$

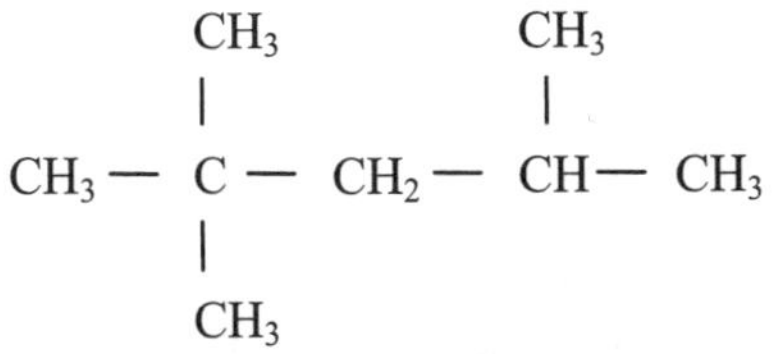

2,2,4 - trimethylpentane (isooctane), C_8H_{18}

The number of carbon atoms in the name of an alkane or alkene (olefin) is specified by a prefix e.g., for 1 carbon atom : meth, for 2 carbon atoms : eth, 3: prop, 4: but, 5: pent, 6: hex, 7: hept, 8: oct, 9: non, 10: dec, 11: undec, 12:dodec, etc. There are several isomers of isooctane depending upon the position of the branches. The isooctane that is most commonly referred to is 2-2-4 trimethyl pentane having five carbon atoms in straight chain and three methyl groups in 2, 2 and 4 carbon atom positions.

Cycloparaffins or naphthenes have the formula, C_nH_{2n}. They are single bond compounds and are called cyclo- because the carbon atoms are in a ring structure. Examples are cyclopropane (C_3H_6), cyclobutane (C_4H_8), cyclopentane (C_5H_{10}), cyclohexane (C_6H_{12}). The cycloparaffins having more than 6 carbon atoms are not common.

cyclopropane, C_3H_6

cyclohexane, C_6H_{12}

Olefins (alkenes) are open chain hydrocarbons having one or more carbon-carbon double bonds. The compounds having one double bond are called mono-olefins and their empirical formula is C_nH_{2n}. The examples are ethylene, propylene, butene, octene etc. Those having two double bonds are called as diolefins, the chemical formula being C_nH_{2n-2}. The name of diolefins has diene in the end. The position of double bond is indicated by a prefix like 1-octene, 1, 3- butadiene etc. The isomers of olefins are possible by chain branching as well as by shifting position of the double bond. The diolefins are highly unstable during storage and therefore, are undesirable compounds in the engine fuels.

$CH_2 = CH - CH_2 - CH_3$

1-butene, C_4H_8

$CH_2 = CH - CH = CH_2$

1,3- butadiene, C_4H_6

$H - C \equiv C - H$

acetylene, C_2H_2

A family of open chain, unsaturated hydrocarbons has triple carbon-carbon bond. These compounds are known as acetylenes or alkynes. The empirical chemical formula for alkynes is C_nH_{2n-2} and the first member of the series is acetylene (C_2H_2). Higher alkynes are similar to higher alkenes with each double bond replaced by triple bond.

Aromatics are double bonded hydrocarbons arranged in a ring of carbon atoms. Each ring of aromatics has 6 carbon atoms. Benzene (C_6H_6) is the basic building block and first member of this series. Benzene structure has three double bonds which alternate in position between carbon atoms. Other aromatics may be formed by substituting hydrogen atom(s) attached to carbon in the aromatic ring by an alkyl radical such as methyl-, ethyl-, propyl- etc., in various structural arrangements. Some examples of aromatics having side chains attached to ring are toluene (methylbenzene), ethyl benzene, xylene (dimethyl benzene) having two methyl groups and three isomers etc. Many aromatic hydrocarbons have two or more aromatic rings such as naphthalene, anthracene, benzo(a)pyrene. These compounds are known as polycyclic aromatic hydrocarbons (PAH), which can occur naturally in crude oil and also may be formed during refining processes and combustion. The benzo(a)pyrene is a known carcinogen and it can be formed during combustion.

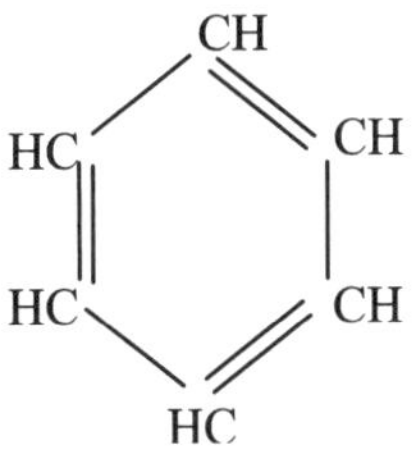

benzene, C_6H_6

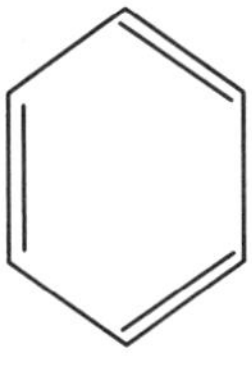

representation of benzene

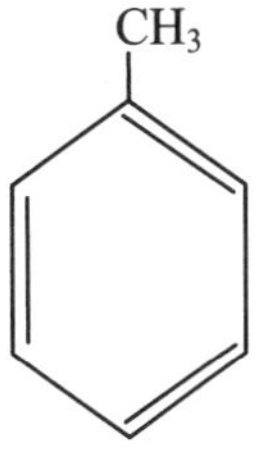

toluene, C_7H_8

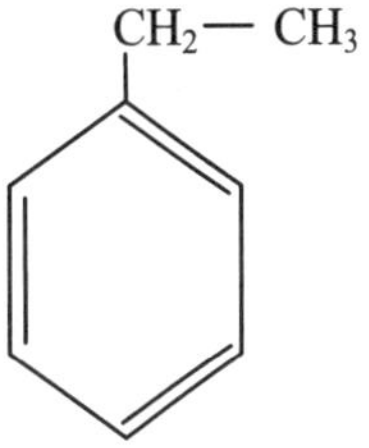

ethylbenzene

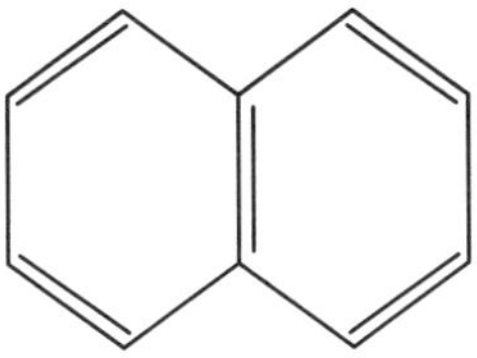

naphthalene

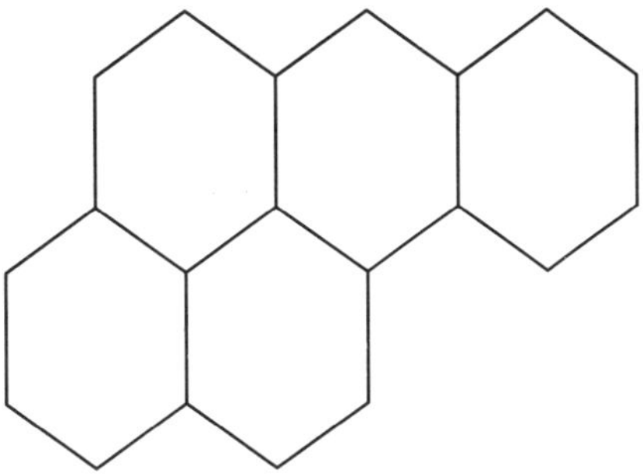

benzo(a)pyrene

Alcohols as engine fuel have been of considerable interest almost since the development of the internal combustion engine itself. In the hydrocarbons when a hydrogen atom is substituted with a hydroxyl radical (OH), alcohols are formed. Among the alcohols, methyl alcohol (CH_3OH) and ethyl alcohol (C_2H_5OH) have attracted a lot of attention as alternatives to gasoline. Ethers also, such as di-methyl ether (DME) has been investigated as a diesel engine fuel and methyl teriary butyl ether (MTBE) is being used as a high octane blending component in gasoline.

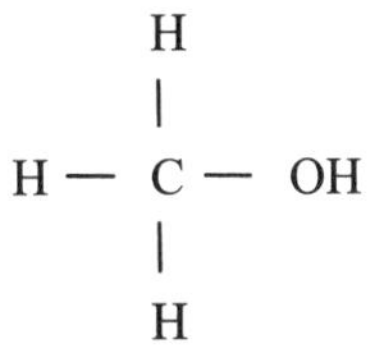

methanol, CH_3OH

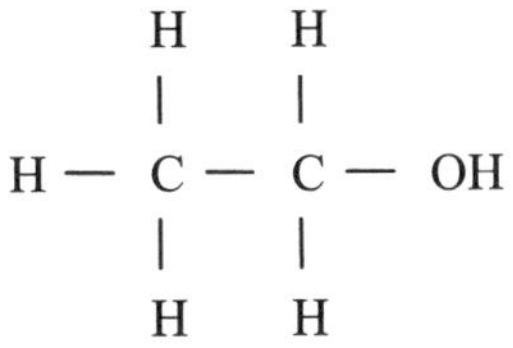

ethanol, C_2H_5OH

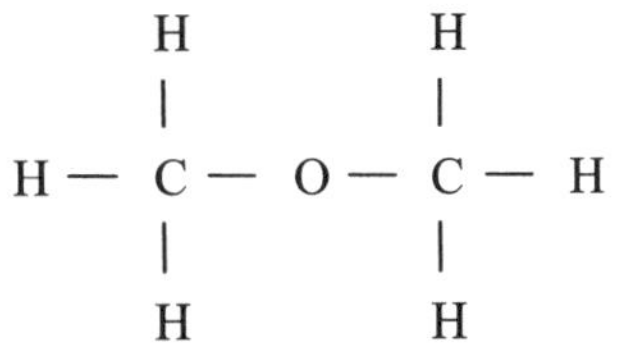

di-methyl ether, $(CH_3)_2O$

9.2 GENERAL FUEL QUALITY REQUIREMENTS

The fuels are required to have many properties that are important for good engine performance. The important properties of liquid fuels include boiling point and distillation curve, heat of combustion, density, viscosity, autoignition temperature, antiknock quality of gasoline, ignition quality of diesel fuel and sulphur content etc. Heat of combustion and density determine the weight and size of fuel tank required for an acceptable range of vehicle operation. Heat of combustion is determined by combustion with oxygen under pressure in a bomb calorimeter. The apparatus consists of a stainless steel vessel known as bomb calorimeter, which is surrounded by a large water bath. On account of combustion of a known mass of fuel, rise in bath temperature is measured to determine heat of combustion of the fuel. Other properties specific to gasoline and diesel are measured by a variety of test methods described in the relevant ASTM and other standards.

Since the first internal combustion engine and the automobile were developed more than 100 years ago, the properties of engine fuel have been changing. A number of factors have been responsible for evolution of modern fuels. Crude oil prices, progress in refinery processing technology, developments in engine and vehicle technology, vehicle performance and durability requirements, and more recently the environmental regulations besides the geo-political considerations are important factors that have

Table 9.3
Principal Quality Requirements of Automotive Fuels

Fuel Quality	Relationship with engine and vehicle performance
Combustion quality	Better ignition and combustion qualities result in better fuel economy and reduction in emissions of pollutants. High octane number for SI engines and cetane number for CI engines are necessary for good combustion.
High heat of combustion	A smaller mass of fuel is to be carried on board of vehicle for the same operation range.
High volumetric energy content	A smaller fuel tank and lower vehicle space is necessary, improving vehicle packaging. Liquid fuels being sold on volume basis, it results in better economics for the operators.
Low temperature performance	A significant fraction of fuel should vaporize at low engine temperatures for a better engine cold start and warm-up, good low- temperature drivability, fuel economy and emissions.
High temperature performance	For ease of hot starting, reduced vapor lock and evaporative emissions, fuels are blended appropriately to meet the needs of seasonal and geographical variations in ambient temperature.
Oxidation Stability	Good low temperature oxidation stability reduces fuel deterioration during storage and deposit formation in the fuel system.
Deposit formation control	Helps in maintaining the engine performance, fuel economy and emissions close to the designed level by keeping the fuel and combustion systems clean. Deposit control additives are low cost products and now widely used for minimizing deposit formation.
Material Compatibility	Material compatibility is essential to prevent corrosion of metallic and deterioration of rubber and elastomeric components of the fuel system.
Flow characteristics	Fuel has to be in fluid condition at low temperatures and is important particularly for diesel fuels. Also appropriate diesel fuel viscosity is essential for flow as well as good injection characteristics

brought changes in fuel quality. In early days, the main objective of engine designers was to improve power out put and reliability. Today the environmental considerations are of paramount importance. There are several other requirements as given in Table 9.3 that are to be met by the engine fuels.

The different properties of gasoline and diesel fuels that are required to meet these performance requirements are discussed in the following sections.

9.3 MOTOR GASOLINE

Motor gasoline is a mixture of nearly 400 different types of hydrocarbons [2]. The hydrocarbon types present in gasoline are n-paraffins, iso-paraffins, olefins, aromatics and in smaller amounts the cycloparaffins. The gasoline has hydrogen to carbon ratio varying from 1.7 to 2.0 and is typically characterized by the molecular formula C_8H_{15}, and it is liquid at room temperature with boiling range approximately of 35 – 215 °C. The principal characteristics of gasoline that are important for transportation, storage, performance in engines and impact on environment are given in Table 9.4. These and several other characteristics are specified in national and international gasoline specifications. Gasoline properties influence fuel system and engine cleanliness, mixture preparation, engine combustion and durability of emission control systems, thereby affecting engine efficiency and emissions. Individual fuel quality parameters and their effects on engine performance and emissions are discussed in the following sections.

Table 9.4
Important Gasoline Characteristics and Test Methods

Characteristics	ASTM Test Method	ISO Test Method
Distillation, °C	D 86	ISO 3405
Reid vapour pressure, kPa	D 323	ISO 3007
Density, kg/m³	D 4052	ISO 3675
Research octane number, RON	D 2699	ISO 5164
Motor octane number, MON	D 2700	ISO 5163
Oxidation stability	D 525	ISO 7536
Existent Gum, mg/100ml	D 381	ISO 6246
Lead content, g/l	D 3237	-
Sulfur, wt %	D 1266	ISO 4260
Benzene, vol. %	D 3606	EN 12177
Olefin, vol. %	D 1319	-
Aromatics, vol. %	D 1319	-
Oxygen content, mass %	D 4815	EN 1601

Octane Quality

The one obvious route to improve performance of the spark ignition engine is to increase engine compression ratio. With increase in engine compression ratio however, knocking combustion occurs that can cause engine overheating, loss in efficiency and increase in emissions. Persistent knocking can lead to mechanical damage to engine components under high load operation. High antiknock quality of gasoline is needed to prevent or minimize knocking combustion in high compression ratio SI engines.

The resistance of fuel to knock is defined by the fuel octane number (ON). This is a numerical scale generated by comparing knocking combustion characteristics of the fuel to that of standard reference fuels in a standardized test engine. The two reference fuels that define the octane scale are 2-2-4 trimethyl pentane or isooctane (C_8H_{18}) assigned octane number equal to 100 and n-heptane (n-C_7H_{16}) given octane number equal to 0. The blends of these two reference fuels define the intermediate octane number on a linear scale. For example, a blend of 90 % isooctane and 10% n-heptane has 90 ON. Octane number of a sample fuel is measured by determining what blend of the reference fuels matches its knock resistance. The higher the octane number of fuel less likely it will auto-ignite and give knocking combustion.

Several different types of engine test methods have been developed to define a fuel's octane number. The most widely used test engine is a single cylinder engine developed under Cooperative Fuel Research Committee of the USA in 1931 and hence, is known as CFR Engine. The engine is an overhead valve engine having 82.6 x 114.3 mm, bore x stroke. The engine compression ratio can be varied while the engine is running between 3 and 30 by moving cylinder and cylinder head assembly up or down with respect to the crankshaft. Two most common test methods performed on the standard CFR test engine for automotive fuels are the *research method* (ASTM D-2699) and *motor method* (ASTM D-2700). These methods determine research octane number (RON) and motor octane number (MON), respectively. The motor method is more severe i.e., test operating conditions are more likely to produce knock. The engine operating conditions for the research and motor methods are given in Table 9.5. During the test with the sample fuel the engine fuel-air ratio is adjusted for maximum knock intensity by varying the amount of fuel supplied by the engine carburettor. Then, the engine compression ratio is adjusted to have knock intensity in the mid-range of scale for better sensitivity as measured by a knock detector. The knock sensor is fitted on to the cylinder head exposed to the combustion pressure. Its diaphragm flexes with change in cylinder pressure and provides signal representing rate of pressure rise based on magnetostriction effect. The knock intensity obtained with the test fuel is bracketed by two blends of the reference fuels that differ by not more than 2 ON units. The octane number of the test fuel is obtained by interpolation between the knock intensity readings for the two blends of reference fuels and their octane numbers. The octane number below 100 are determined using blends of the primary reference fuels isooctane and n-heptane. For fuels above 100 ON, the reference fuels used are isooctane plus millilitres of TEL (tetraethyl lead) per litre. Tetraethyl lead is an antiknock additive.

Table 9.5
Engine Test Conditions for Research and Motor Methods

Operating Conditions	Research Method	Motor Method
Engine Speed, RPM	600	900
Inlet temperature, °C	52	149
Inlet Pressure	Atmospheric	Atmospheric
Humidity, kg/kg of dry air	0.0036-0.0072	0.0036-0.0072
Coolant Temperature, °C	100	100
Spark Advance, deg. btdc	13 (constant)	19-26 (varies with compression ratio)
Air-fuel ratio	Adjusted for maximum knock	Adjusted for maximum knock

The motor method uses higher inlet mixture temperature and higher spark advance which make the operating conditions more severe. Therefore, for most fuels motor octane number is lower than the research octane number. The difference between RON and MON is known as *fuel sensitivity* (FS):

$$\text{Fuel Sensitivity} = \text{RON} - \text{MON} \tag{9.1}$$

The fuel sensitivity for most fuels is in the range 0 to 10 octane units and for the commercial gasoline it ranges from 7 to 10 units. The primary reference fuels are paraffins and have zero sensitivity. Therefore, other paraffnis also have zero or very low fuel sensitivity while the olefins and aromatics have high octane sensitivity.

The test engine has an old design of combustion chamber and, test operation is at low speed and fixed spark timing at wide open throttle. The research and motor octane numbers therefore, do not always predict how the fuel would behave in the real high speed engines under actual operation at varying load, speed and ambient conditions. Therefore, the methods have been developed to rate the fuel on production vehicles on road or on chassis dynamometer that duplicate actual road conditions. These methods provide the fuel octane ratings called as *road octane number*. The road octane number for the commercial fuels lies usually some where between the RON and MON. In Europe, both the RON and MON are specified in the gasoline fuel standards. Many national gasoline specifications like those in the USA and India however, use average of the research and motor octane numbers to specify the antiknock quality of fuel. This is termed as *antiknock index* (AKI):

$$AKI = (RON+MON)/2 \tag{9.2}$$

Octane number generally decreases as the straight chain length formed by C-C bond in a hydrocarbon becomes longer. The branched paraffins therefore, have a higher octane number than the n-paraffins. Aromatics, olefins and naphthenes also have superior antiknock quality than the n-paraffins. In general, the octane number of different families of hydrocarbons barring some exceptions increases in the order as follows;

n- paraffins < naphthenes < olefins < isoparaffins < aromatics

In the pursuit to increase knock resistance of gasoline, tetra-ethyl lead (TEL), an anti-knock additive was discovered in 1921 by Thomas Midgley of the General Motors Research Laboratory and was introduced for use in gasoline on February 1, 1923. High octane number fuels could be produced at a low cost with the use of TEL. It led to increase in engine compression ratio from around 5:1 during 1930s to 10.5-11.0: 1 during late 1950's and 1960's in the USA and Europe. However, since 1970 reduction of engine emissions has become an over-riding requirement for the engine designers and fuel engineers. TEL was widely used in gasoline until 1975 when the gasoline vehicles for the first time employed catalytic converters for emission control. Since then, TEL has been gradually phased-out from gasoline and today gasoline is almost totally lead-free all over the world. The lead-free gasoline is blended with high-octane fuel components like aromatics, isoparaffins, alcohols and methyl tertiary butyl ether (MTBE) to improve its anti-knock quality. The regular grade gasoline in Europe has a minimum of 91 RON and 82.5 MON. Due to reasons of refinery economics, the octane quality of premium unleaded gasoline however, is now kept at 95 RON and 85 MON as compared to 98 RON and 87 MON for the leaded premium gasoline of yesteryears.

Distillation

The distillation characteristics of petroleum fuels are presented as temperature versus volume percentage evaporated curves. Typical gasoline distillation curve is shown in Fig 9.1. Percent evaporated at 70, 100 and 150° C, and final boiling point (FBP), are important features of the distillation curve and their limits are specified in the gasoline quality standards. Alternatively, some specifications like ASTM D4814 - specifications for SI engine fuel, stipulate limits for temperature at

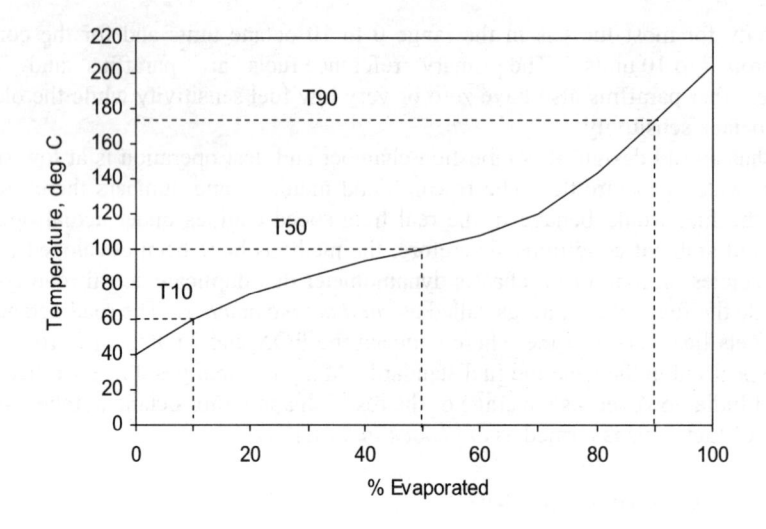

Figure 9.1 Typical distillation curve of motor gasoline

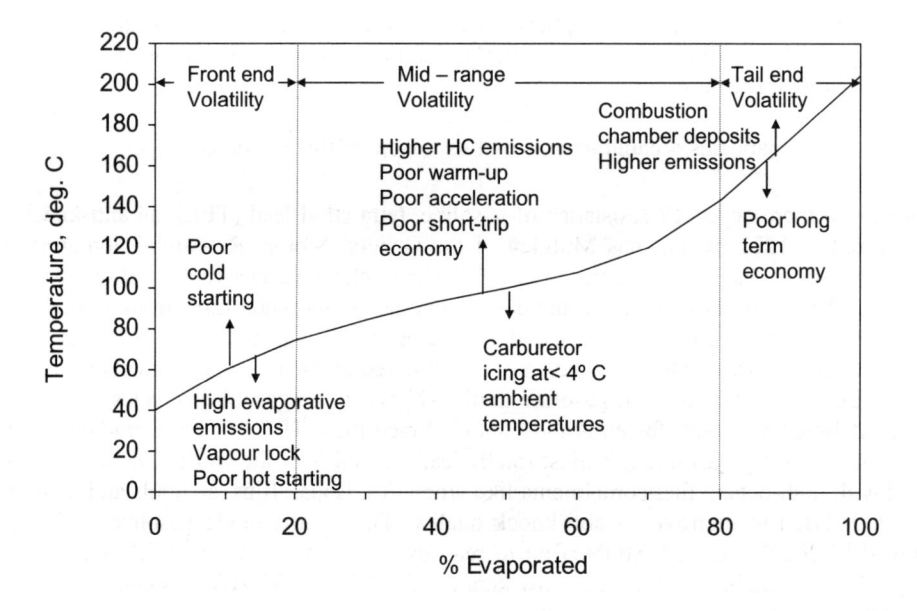

Figure 9.2 Effect of gasoline distillation on vehicle performance [4].

which 10, 50 and 90% v/v of fuel is evaporated. ASTM drivability index (DI) is calculated from temperatures corresponding to 10%, 50% and 90% fuel evaporation (T_{10}, T_{50} and T_{90}) by volume. The ASTM drivability index is used to rate the effect of fuel volatility on vehicle drivability and is given by the following formula:

$$DI = 1.5\ T_{10} + 3\ T_{50} + T_{90} \qquad (9.3)$$

Distillation range also influences engine exhaust emissions via its effect on fuel flow characteristics, mixture formation and hydrocarbon composition. The temperature at which 50% gasoline is evaporated or the percent of fuel evaporated at 100° C characterizes the mid-range volatility that can be taken as an index of overall gasoline volatility. An increase in T_{50} has been seen to decrease HC emissions for both the catalyst as well as the non-catalyst vehicles. The increase in tail-end volatility (lower T_{90}) increases CO and NO_x emissions. A lower T_{90} is also seen to lower other air pollutants known as air toxics; butadiene and formaldehyde. The drivability index (DI) derived from T_{10}, T_{50} and T_{90} has also good correlation with HC emissions, an increase in DI leading to increase in HC [3]. Effect of volatility on engine performance and emissions is qualitatively shown on Fig. 9.2.

Reid Vapour Pressure

In addition to initial boiling point and 10 percent evaporation temperature, the Reid vapour pressure (RVP) characterizes front end volatility of gasoline. At low ambient temperatures, a high vapour pressure is required for ease of cold starting and faster engine warm-up. However, at high temperatures a lower vapour pressure is desired to reduce evaporative emissions and to prevent overloading of the carbon canisters of evaporative emission control systems with the evaporated hydrocarbons. RVP has good correlation with the fuel evaporation losses during refuelling and from fuel tank and carburettor when vehicle is running or during hot soaking after the vehicle is stopped. The evaporative emissions increase almost linearly with increase in RVP and ambient temperature as shown in Fig. 9.3. The emission data is for the vehicles without any evaporative emission control. The later model year vehicles gave lower evaporative emissions due to improvements in fuel system components. The contribution of evaporative and running losses to total hydrocarbon emissions becomes more significant for vehicles with advanced exhaust emission control.

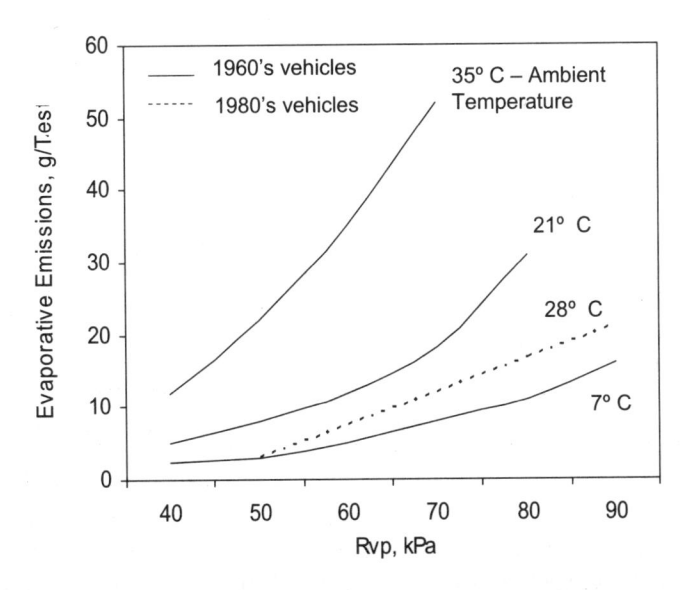

Figure 9.3 Effect of Reid vapour pressure and ambient temperature on evaporative emissions [5].

Although at low ambient temperatures a higher RVP improves cold weather starting and drivability, but a high RVP may result in vaporization of more fuel in the fuel system and in blocking of flow of liquid fuel to the engine (vapour lock) causing poor hot weather drivability. Some indices derived from the distillation characteristics and RVP are used to evaluate hot weather drivability performance of gasoline. Vapour lock index (VLI) is widely used in Europe and other countries for hot weather drivability performance and is given by

$$VLI = 10 \times RVP \text{ (kPa)} + 7 \times E70 \text{ (\% evaporated at 70° C)} \qquad (9.4)$$

Oxidation Stability and Deposit Control

The fuel after production remains in the storage and transportation systems for several weeks before it is consumed in vehicles or engines. During this period, the fuel undergoes slow oxidation under the prevailing atmospheric conditions. Oxidation stability of gasoline is a measure of its suitability for long-term storage and its tendency to form deposits in the engine, especially the fuel system. The most commonly used methods for measurement of oxidation stability are; induction period (ASTM D 525) and existent gum test (ASTM D381). Induction period test is carried out by oxidation in a closed vessel at a specified temperature and pressure in presence of oxygen for a maximum of 10 hours. This test is an indicator primarily of the suitability of fuel for long-term storage.

The existent gum is the polymerized resin like substance called 'gum' formed due to slow oxidation of gasoline during transportation, handling and storage at atmospheric conditions. The residue left after evaporation of the gasoline sample that is insoluble in n-heptane is termed as existent gum. In recent years, potential gum test (ASTM D 873) for the oxidation stability has been added to the above two tests. The potential gum test is performed at the refinery end by ageing gasoline for 4 hours at 100° C under oxygen pressure of 100 psi (689.5 kPa). The gum content determined in the test is expected to represent gum formed during storage for 3 months at 43° C [4].

To improve oxidation stability of gasoline chemical agents inhibiting oxidation, known as antioxidants are usually added. The type and amount of antioxidants depend on the gasoline chemical composition and storage demands. These additives are based on aromatic di-amine, alkyl phenol and amino-phenol compounds. Additives called as metal deactivators are also used to nullify the catalytic oxidation effect of some metals like copper that may be present in gasoline. A typical metal deactivator is N,N'- disalicylidene-propylene-diamine.

The gum formed in gasoline due to slow oxidation of hydrocarbon fuels during storage, leads to formation of deposits in carburettor, fuel injectors, intake manifold and, on intake ports and intake valves. The gums can cause clogging of fuel metering orifices, sticking of intake valves and carbon deposits in the combustion chamber. The results of many investigations have clearly demonstrated adverse effects of deposit formation in carburettor, injection system, intake manifold, ports and intake valves leading to loss in fuel efficiency and increase in carbon monoxide and unburned hydrocarbon emissions [6, 7]. Plugging of the fuel injector holes reduces fuel flow rate. A 30 percent flow reduction in port fuel injectors has been seen to increase HC emissions by 10 to 30 %. If all the injectors are equally plugged, the feedback control system is able to maintain engine emissions and performance equal to that with clean injectors even with 30% average injector plugging. However, if the plugging between injectors varies substantially, then the feed back control system is unable to maintain the clean injector performance from each injector, and the deterioration in emissions and performance increases.

Even the combustion of good quality fuels results in formation of deposits on the combustion chamber walls. The formation of deposits in the combustion chamber increases the effective engine compression ratio. These deposits being porous in nature act like small crevices adsorbing

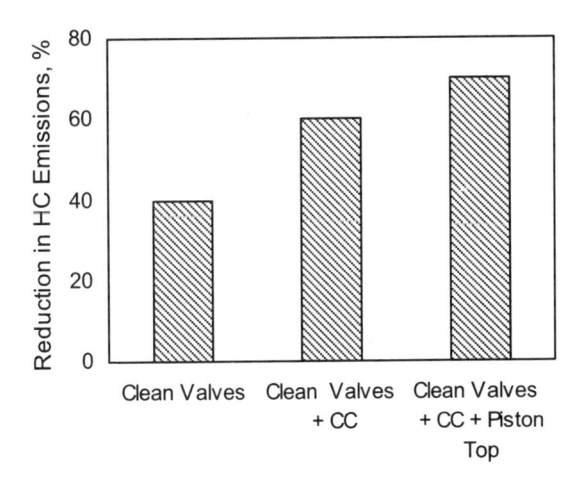

Figure 9.4 Reduction in HC emissions caused by removal of deposits from intake valves, combustion chamber and piston top [4]

hydrocarbons during compression that are subsequently released late during the expansion stroke. The hydrocarbons released from combustion chamber deposits escape combustion, thereby contributing to increase in HC emissions. The effect of intake valve deposits on the engine performance is quite significant. The removal of combustion chamber deposits can reduce HC emissions by up to 10%, CO by 4% and NOx by 15 % [4]. Effect of deposit clean-up on HC emissions is shown on Fig. 9. 4

To prevent deposit formation in the engine intake and fuel systems, and combustion chamber deposit control additives viz., detergents/ dispersants are added to gasoline. The deposit-control additives in gasoline are used to clean the deposits already formed i.e., a 'clean-up' function as well as 'keep-clean' function by preventing deposit formation in the engine system. The detergent/dispersant additives are compounds like polyetheramine, succinimide and polybuteneamine. These additives are marketed in an additive package commonly referred to as 'multi-functional additives' as the additive package contains also other additives such as ant-corrosion and anti- foaming agents.

Hydrocarbon Composition

Aromatics in general have high octane number and high energy content per unit volume. Adiabatic flame temperatures for aromatics are higher than the other hydrocarbons and hence, a tendency for higher NO_x formation. Combustion of aromatics also leads to increased deposit formation in the combustion chamber. The combustion chamber deposits increase tailpipe emissions of NO_x and HC. Benzene is a naturally occurring constituent of gasoline as well as a product of refining processes such as catalytic reforming used for production of high-octane fuel components. Lower benzene content of fuel results in lower exhaust and evaporative benzene emissions and hence, benzene content of gasoline is now controlled to less than 1% by volume in many countries. As the aromatics content in gasoline is lowered, a significant reduction in exhaust benzene emissions is observed. In the combustion chamber under high temperature - pressure conditions, alkyl benzenes are dealkylated leading to higher benzene emissions. The polynuclear aromatic hydrocarbon (PAH) emissions are directly correlated to aromatic content of the fuel, higher the aromatic content higher are the PAH emissions.

Olefins are unsaturated hydrocarbons having high octane number. However, these are chemically more reactive and are thermally unstable. High olefin content leads to increased gum formation and intake system deposits. Reduction in olefin content lowers emissions of the air toxic 1, 3-butadiene for both catalyst and noncatalyst vehicles. Lowering of olefins particularly the light and more volatile components reduces the ozone forming potential of evaporative hydrocarbons and improves oxidation stability of gasoline. The US Auto-Oil programme concluded that by lowering of total olefins from 20 to 5%, the ozone forming potential of the evaporative hydrocarbons is expected to reduce by almost 20 to 28% [3].

Sulphur Content

Sulphur has a significant deactivation effect on the catalytic converter reducing its efficiency. It also has an adverse effect on the heated exhaust oxygen sensor emissions. Loss in the catalyst efficiency due to sulphur poisoning is largely recovered once the sulphur free or low sulphur fuel is used. The effect of sulphur on the emissions is strongly dependent on the aftertreatment technology employed. HC emissions may increase by up to 40% for a modern 3-way catalyst car when fuel sulphur increases from 100 ppm to 900 ppm by mass. Adverse effect of sulphur on conversion efficiency is more pronounced for the fully warmed-up catalyst. Therefore, sulphur content is to be reduced to very low levels for the vehicles equipped with close-coupled (placed close to engine) catalytic converter due to its low light-off time and it operating for longer periods in fully warmed up and high temperature conditions.

Vehicle manufacturers are working to reduce greenhouse gas CO_2 emissions by improving engine fuel economy. Engine operation at lean fuel-air mixtures, as in the gasoline direct injection engines is one of the most promising options. These vehicles require NO_x control technology to function under lean operating conditions. The conventional three-way converters do not function with lean mixture operation. NO_x storage-reduction (NSR) catalyst or NO_x trap is a promising technology. However,

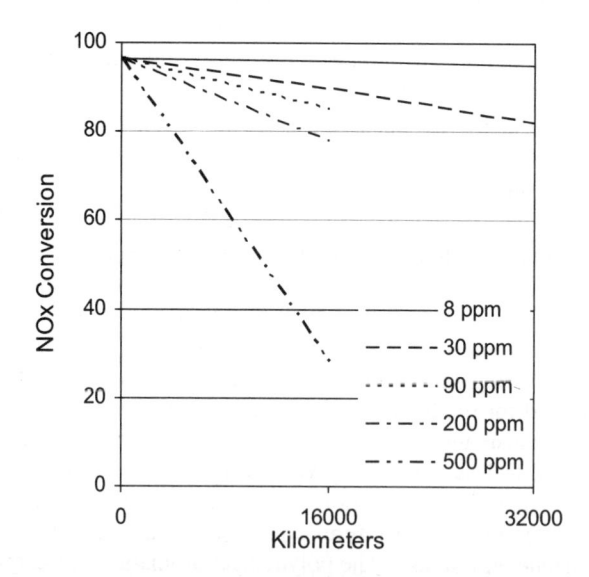

Figure 9.5 Effect of gasoline sulphur content on durability of lean NO_x storage - reduction (NSR) catalysts, emission measurement on Japan 10-15 mode cycle [3].

fuel sulphur adversely affects the performance of the NO_x absorbers requiring practically sulphur-free fuel. Fig. 9.5 shows the influence of fuel sulphur content on the durability of the advanced vehicle after-treatment systems when evaluated on the Japanese 10-15 mode cycle.

Oxygenates

Various oxygen containing organic compounds, mainly ethers and alcohols commonly termed as oxygenates are blended in unleaded gasoline to boost its octane number. After the lead antiknocks have been banned, use of ethers and alcohols as high octane components provides a relatively low cost option to the fuel refiners. The alcohols and ethers that have been mainly used and are permitted by European, the US and other national agencies are given in Table 9.6. The amount of oxygenates added to gasoline is limited for use in vehicles designed to operate on the conventional petroleum fuels mainly due to two reasons; (i) mixture leaning effect due to presence of oxygen in the fuel, that may increase in NOx emissions and (ii) their adverse effect on the fuel system materials. In addition, the use of oxygenates particularly methanol increases fuel volatility and may lead to hot weather drivability problems and high evaporative emission. Increase in aldehydes emissions with the use of alcohols in gasoline, particularly in the non-catalyst equipped cars is another concern. The maximum amount of oxygenates is limited by the mass content of oxygen in the blended fuel. In the USA, the limit is 2.7% mass of O_2 maximum while in Europe it is 2.5% O_2 maximum. In Europe, individual member states may also permit more than 2.5% by mass O_2 reaching up to 3.7%. The European Directive 85/336/EEC have set the maximum limits for different oxygenates based on these considerations, which are given in Table 9.6 [6].

Table 9.6
Oxygenates and Their Permissible Limits in Gasoline in Europe [6]

Oxygenate Type	A (% vol.)[3]	B (%vol.)
1. Methanol, suitable stabilizing agents must be added[1]	3	3
2. Ethanol, stabilizing agents may be necessary	5	10
3. Isopropyl alcohol[1]	7	7
4. Tertiary butyl alcohol	7	10
5. Iso-butyl alcohol	10	15
6. Ethers containing 5 or more carbon atoms per molecule[1]	7	10
7. Other organic oxygenates or their mixture defined in Annex Section 1[2]	2.5% m/m oxygen, not exceeding the individual limits fixed above for each component	3.7% m/m oxygen, not exceeding the individual limits fixed above for each component

(1) Member states must permit fuel blends containing levels of oxygenates not exceeding the levels set out in column A. If they so desire, they may authorize proportions of oxygenates above these levels. However, if the levels so permitted exceed the limits set out in column B of the table, the pumps which dispense the fuel blend must be very clearly marked accordingly, in particular to take account of variations in the calorific value of such fuels.
(2) In accordance with national specifications or, where these do not exist, industry specifications
Acetone is authorized up to 0.8% volume when it is present as by-product of the manufacture of certain organic compounds.
(3) Not all countries permit levels exceeding those in column A even if the pump is labelled.

Addition of oxygenates results in reduction of CO and HC emissions primarily due to mixture leaning effect especially in the carburetted vehicles. When oxygenates are added, oxygen is attached with some of the fuel molecules and hence an enhanced oxidation of fuel may be expected resulting in a slightly higher reduction in CO and HC emissions than the leaning effect alone. The magnitude of CO emission benefits obtained in the electronic feedback controlled vehicles is lower because the leaning effect occurs only during engine warm-up and rapid acceleration phases. Under normal operating conditions, the feedback system controls close to stoichiometric fuel-air ratio required for operation of 3-way catalytic converter. Excessive leaning caused by oxygenates can result in poor vehicle drivability and increase in emissions especially of the unburned hydrocarbons. The vehicle drivability and emissions depend to some extent on the type of oxygenates used. Methanol and ethanol have a higher heat of vaporization than the ethers. The vehicle drivability with these alcohols would be poorer compared to ethers as additional heat is needed to vaporize the alcohols. Tests were carried out by the California Air Resources Board on 1990-95 year model vehicles using two gasoline fuels containing 10 % ethanol and 11 % MTBE. Use of ethanol showed 10% decrease in CO and 2 % decrease in toxic emissions compared to MTBE. However, NOx emissions increased by 14%, HC by 10% and ozone forming potential by 9% with the use of ethanol compared to MTBE. Use of oxygenates also increases aldehyde emissions particularly of formaldehyde, which is a known carcinogen and has high photochemical reactivity.

Use of methanol as oxygenate in gasoline is not permitted in the USA due to its toxicity. Although, the benefits on emissions of using oxygenates are well established, there is a growing concern about contamination of drinking water by MTBE. The contamination of drinking water results due to leakage from underground fuel storage tanks and spills from the distribution system. Starting December 31, 2002, California has banned use all other oxygenates except ethanol. Use of MTBE may be discontinued in other states of the USA and in the other countries around the world

Other Gasoline Properties and Contaminants

Density of gasoline varies depending on its composition. Most of the gasoline quality specifications stipulate the gasoline density range from 0.71 to 0.77. With 10 % increase in the fuel density, energy content per unit volume of petroleum fuels increases by about 6%. As the liquid fuel input to engine is metered by volume and also the fuels are purchased by the customer on volume basis, a higher engine power and better customer fuel economy is obtained with increase in fuel density. The corrosiveness of gasoline can damage fuel system components and lead to filter blockage. The corrosion products may also increase engine wear. It is evaluated by a copper corrosion test according to ASTM D130 test procedure.

Contaminants like silicon are not natural components of gasoline. These may contaminate the gasoline at fuel distribution outlets due to poor housekeeping or due to waste solvents being used as blending component at the market place. Silicon can cause failure of oxygen sensors even in very small concentrations. This can also lead to high engine wear and eventual engine failure. Earlier in leaded gasoline, phosphorous containing fuel additives were used to prevent surface ignition, a type of abnormal combustion in high compression ratio engines. The phosphorus additives are not used in the lead-free gasoline. The phosphorous containing additives however, are used in engine lubricating oil as anti friction additives and they may reach combustion chamber as the engine consumes some oil. Phosphorous has a strong adverse effect on the catalytic conversion efficiency and its content in lubricating oil is to be kept at minimum.

Water can be present in dissolved as well as in free form in gasoline. During refining, gasoline comes into contact with aqueous solutions and free water is present in the bottom of the storage tanks due to condensation of atmospheric moisture over a period of time. Water may lead to blockage of fuel lines, icing of intake system during severe winters in cold countries and corrosion of fuel system components. Water content limits for gasoline therefore, are specified in the fuel specifications.

Summary of Effect of Gasoline Properties on Emissions

Effects of gasoline fuel quality on the engine performance and emissions have been extensively researched. Some of the fuel properties directly affect engine emissions while others influence indirectly through their influence on engine combustion, deposit formation and performance of exhaust aftertreatment devices. The fuel effects on emissions are also dependent on vehicle technology. During 1990's two comprehensive studies on the effect of fuel quality on emissions were carried out. One was the US Auto-Oil Program or Air Quality Improvement Research Program (AQIRP) and another was the European Programme on Emissions, Fuels and Engine Technologies (EPEFE) [7 - 10]. The overall effects of key fuel properties on non-catalyst and catalyst equipped gasoline vehicles observed in EPEFE program and AQIRP are summarized in Tables 9.7 and 9.8, respectively.

Table 9.7
Summary of Effects of Gasoline Properties on Emissions from Non-catalyst Cars [7, 8]

Property	Change	Lead	CO	HC-Exh	HC-Evap	NO_x	Benzene	Butadiene	Aldehydes
Reduce Lead	0.15→ 0.08 g/l	↓↓↓	0	0	0	0	0	0	0
Add Oxygenate	0→2.7% O2	0	↓↓↓	↓	0-↑	±0	0	0	↑↑
Reduce Aromatics	40 → 25% v/v	0	↓	↓	0	↓	↓↓	0	↑
Reduce Benzene	3→ 2 % v/v	0	0	0	-0	0	↓↓	0	0
Reduce Olefins	10→ 5% v/v	0	±0	↑	-0*	↓	0	↓↓	0
Reduce Sulphur	300→ 100 ppm	0	0	0	0	0	0	0	0
Reduce RVP	70→ 60 kPa	0	0	±0	↓↓↓	0	0	0	0
Increase E100	50→ 60%	0	+0?	↓?	±0	0	0	0	0
Increase E150	85→ 90%	0	0	↓↓?	0	↑?	0	↓?	↓?

* Some decrease in photochemical reactivity
Key: 0 = No effect; ± 0 = -2 to 2% effect; ↓ or ↑ = 2 to 10% effect; ↓↓ or ↑↑ = 10 to 20 % effect; ↓↓↓ or ↑↑↑ = > 20% effect; ? = Insufficient data

Reformulated Gasoline

The US Clean Air Act Amendments of 1990 required additional measures to reduce air pollution by 1995 in the heavily polluted US cities. In addition to the usual regulated CO, HC and NO_x emissions, five types of organic compounds called 'Air Toxics' were identified for control through fuel quality modifications. These toxic substances are exhaust and evaporative emissions of benzene and exhaust emissions of formaldehyde, acetaldehyde, 1,3 butadiene and 'polycyclic organic matter' (POM). One of the measures was to introduce 'reformulated gasoline (RFG)' in those big cities that did not meet the ambient air carbon monoxide and ozone standards. The RFG programme in the USA was implemented in two phases. In the Phase 1 starting from January 1, 1995, 15 to 17% reduction in both the exhaust and evaporative emissions of volatile organic compounds (VOC) and air toxics compared to 1990 industry average gasoline was to be achieved. However, the use of RFG should not increase in

NO$_x$ above the 1990 average gasoline. In the Phase 2 starting from Jan 1, 2000, 25-29% reduction in VOC, 17-20% reduction in air toxic emissions and 5 to 7% reduction in NO$_x$ was the target.

The reformulated gasoline programme basically consisted of an oxygenated fuel programme and mandating changes in the gasoline composition and properties. The oxygenated fuels programme is directed primarily for reduction in carbon monoxide and hydrocarbons during winter months. On the other hand, gasoline composition programme is a round the year programme aimed at reduction of

Table 9.8
Summary of Effects of Gasoline Properties on Emissions from Catalyst Cars [7-10]

Property	Change	Lead	CO	HC-Exh	HC-Evap	NO$_x$	Benzene	Butadiene	Aldehydes
Reduce Lead	0.013→ 0.005 g/l	↓	↓	↓	0	↓	-0	-0	-0
Add Oxygenate	0→2.7% O$_2$	0	↓↓	↓	0-↑	+0	0	0	↑↑
Reduce Aromatics	50→ 20% v/v	0	↓↓	↓	0	↑	↓↓↓	+0	+0
Reduce Benzene	3→ 2 % v/v	0	0	0	0	0	↓↓	0	0
Reduce Olefins	10→ 5% v/v	0	0	+0	-0*	-0	0	↓↓	0
Reduce Sulphur	380→ 20 ppm	0	↓	↓	0	↓	↓	0	0 - ↑***
Reduce RVP	70→ 60 kPa	0	0	-0	↓↓**	0	0	0	0
Increase E100	35→ 65%	0	↓	↓↓↓	0	↑-↑↑	0-↓↓↓	-0?	0 - ↓↓
Increase E150	85→ 90%	0	0-↑	↓↓	0	↑?	0	↓?	↓?

*Some decrease in photochemical reactivity, **Reduction from a very low level of emission.
***Contradictory results were obtained in AQIRP and EPEFE.
Key: 0 = No effect; ± 0 = -2 to 2% effect; ↓ or ↑ = 2 to 10% effect; ↓↓ or ↑↑ = 10 to 20 % effect; ↓↓↓ or ↑↑↑ => 20% effect; ? = Insufficient data

Table 9.9
Comparison of Characteristics of RFG with 1990 Average Gasoline Quality [4, 6]

Properties	1990 Average Gasoline	Phase I RFG	Phase II RFG
Aromatics, %v/v	28.6	23.4	25.4
Olefins, %v/v	10.8	8.2	4.1
Benzene, %v/v	1.60	1.3	0.93
RVP, kPa, Summer	60	50	46
Winter	79	79	-
T50, °C	97	94	94
T90, °C	167	158	145
Sulphur, mass ppm	338	305	31
MTBE, %v/v	0.0	11	11.2
Ethanol, % v/v	0.0	4	0
Oxygen, % mass	-	2.0 – 2.7	2.0 – 2.7
Heavy metals	-	Not permitted	Not permitted
Detergent Additives	-	Compulsory	Compulsory

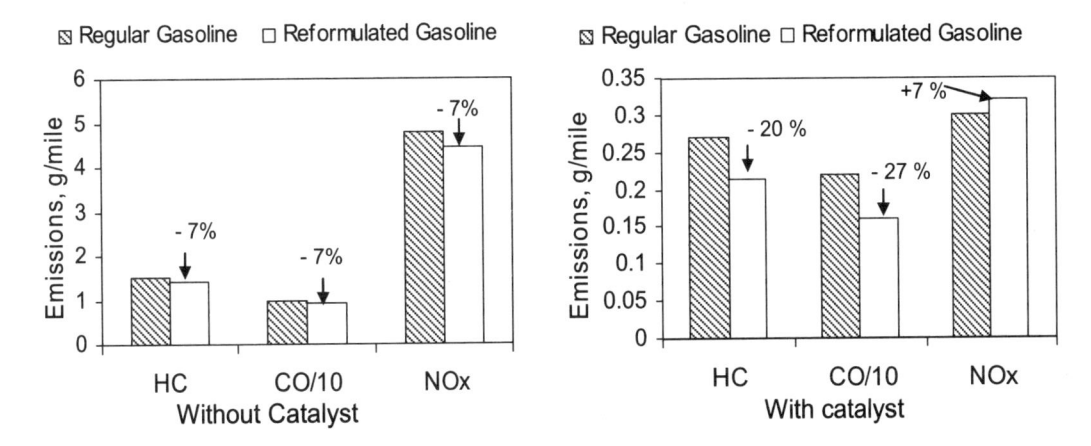

Figure 9.6 Comparison of effects of reformulated gasoline on emissions for non-catalyst and catalyst equipped cars with those with regular grade unleaded gasoline [5]

ambient ozone levels. All reformulated gasoline were required to contain a minimum of 2 % by mass (m/m) oxygen, a maximum of 1% by volume (v/v) benzene and must not contain heavy metals. Further, their average T_{90}, sulphur, and olefins contents must not be higher than the 1990 average gasoline.

The specifications for fixed properties of reformulated gasoline are given in Table 9.9. The other properties and composition of the reformulated gasoline are calculated using empirical refinery models that correlate emission levels with fuel characteristics. Details of the refinery models are given in the CONCAWE Report [6]. Table 9.9 also compares the reformulated gasoline with the baseline 1990 average gasoline.

Typical effect of reformulated gasoline on emissions from non-catalyst and catalyst equipped cars are compared with those from a regular conventional unleaded gasoline on Fig. 9.6. These effects are primarily due to leaning effect caused by presence of oxygenates in the reformulated gasoline. In the catalyst equipped cars, CO and HC emissions are reduced significantly. Effect on NO_x is relatively small and a small increase in NO_x emissions is also observed.

Development of International Gasoline Specifications

The effect of gasoline properties on engine emissions being significant, it has led to upgradation of fuel specifications all over the world. Engine and vehicle manufacturers from Europe, America and Japan viz., European Automobile Manufacturers Association (ACEA), Alliance of Automobile Manufacturers (Alliance), USA, Engine Manufacturers Association (CMA), USA and Japan Automobile Manufacturers Association (JAMA) are making efforts to harmonize fuel quality through out the world. They have come out on fuel quality recommendations based on the level of emission control technology and customer satisfaction. It is envisaged such harmonization would reduce technology and product costs in addition to reduced vehicle fleet emissions. The developments in European gasoline specifications over the years are summarized in Table 9.10. The recommendations of World-wide fuel charter [3] for meeting Euro 4 and US Tier 2 standards are also given in this table.

Table 9.10
Summary of European gasoline specification developments:
Gasoline unleaded 95/85 –EN 228 [3, 6]

Gasoline Property	European gasoline requirements					Worldwide Fuel Charter Euro 4/ US Tier 2
	1993	1995	2000	2005	2009	
Sulphur, ppm m/m, max.	1000	500	150	50/10	10	Nil (< 5 ppm)
Benzene, % v/v, max.	5	n/c	1	n/c	n/c	1.0
Aromatics, %v/v, max.	n/a	n/c	42	35	n/c	35
Olefins, %v/v, max.	n/a	n/c	18	n/c	n/c	10
Oxygen %m/m, max.	2.5 [1]	n/c	2.7	n/c	n/c	2.7
RVP (summer), kPa, max.	up to 80 [2]	n/c	60 [2]	n/c	n/c	45 – 60
E100, %v/v, min.	40(s)/43(w)	n/c	46	n/c	n/c	T_{90}= 130 to175° C
FBP, °C, max.	215	n/c	210	n/c	n/c	195

n/a = not applicable; n/c = no change; E100 = percent evaporated at 100° C;
[1] Up to 3.7% at Member States discretion. Individual limits apply to specific oxygenates.
[2] 70 kPa maximum allowed in Member States with arctic or severe winter conditions.

9.4 DIESEL FUEL

Diesel fuel like the motor gasoline is also a mixture of a few hundred hydrocarbons, which evaporate usually within the temperature range of 150 to 390° C. Earlier, the diesel fuels were produced mostly by blending a number of refinery streams from the atmospheric distillation unit for the petroleum crude. However, to meet the increasing demand of the diesel fuels, products of secondary refinery conversion processes like thermal and catalytic cracking, hydro-cracking, vis-breaking etc., are also blended in the current diesel fuels. The quality of the final product depends on the characteristics of the crude oil processed and the characteristics of the refinery streams blended to make the diesel fuel. The key properties of the diesel fuel and the respective test methods are given in Table 9.11.Besides the properties given in Table 9.11, other significant properties include cold flow characteristics at low ambient temperatures, water and sediment content etc.

Ignition Quality

Ignition quality characterizes the ease of self-ignition of diesel fuel when injected in the hot compressed air inside the engine cylinder. Cetane number (CN) is the most widely used and accepted measure of ignition quality The cetane number scale is defined in terms of blends of two pure hydrocarbons used as reference fuels, one is n- hexadecane or cetane (n-$C_{16}H_{34}$) given 100 CN and another at lower end of the scale is hepta-methyl nonane (HMN) assigned 15 CN. The cetane number is given by:

$$CN = \% \text{ n-cetane} + 0.15 \times \% \text{ HMN} \tag{9.5}$$

It is measured in a standard single cylinder, variable compression ratio CFR engine according to ASTM D613 method. The test engine is a prechamber diesel engine. The test conditions are: intake air

Table 9.11
Diesel Fuel Characteristics and Test Methods

Characteristics[1]	ASTM Test Method	ISO Test Method
Distillation, °C	D 86	ISO 3405
Density, kg/m^3	D 4052	ISO 3675
Cetane number	D 613	5165
Cetane index	D 737	4264
Carbon residue, % mass	D 4530	10370
Kinematic viscosity, mm^2/s @ 40°C	D 445	3104
Sulphur, % mass	D 2622	-
Total Aromatics, % mass	D 2622	ISO 8754/14596
PAH, % mass	D 5186	-
Oxidation stability, g/m^3	D 2425	-
Lubricity, scar dia., μm	D 2274	12205
Injection system cleanliness, % flow loss	D 6079	ISO 12156-1 CEC (PF-23)TBA

temperature = 65.6° C, coolant temperature = 100° C, engine speed = 900 rpm and injection advance = 13° btdc. Engine compression ratio is varied to obtain start of combustion at top dead centre i.e. ignition delay is maintained equal to 13° CA for the test fuel and two blends of reference fuels that bracket the compression ratio obtained with the test fuel. The reference fuel blends should not be more than 5 CN units apart. The cetane number of the test fuel is determined by interpolation.

Correlations to predict ignition quality from the physical properties of the diesel fuels also have been developed as the determination of CN on an engine is expensive and time consuming. These correlations assist the refiners in fuel blending schedules and also to the customers, but are applicable only to the neat fuels when no additives are used to improve ignition quality. One of the earlier correlations developed is *diesel index*, which is linked to the hydrocarbon composition and density of the fuel. The n-paraffins have a high ignition quality and the aromatic and naphthenic hydrocarbons have low ignition quality. The aniline point, the lowest temperature at which equal volumes of fuel and aniline become miscible indicates the aromaticity of the fuel. Higher the aromatic content in the fuel lower is the aniline point. The aniline point and API (American Petroleum Institute) gravity are used to calculate the diesel index;

$$\text{Diesel Index} = \text{Aniline Point (°F)} \times \text{API Gravity}/100 \qquad (9.6)$$

where, API Gravity, deg = (141.5/Specific Gravity at 60 °F) – 131.5.

Diesel index has a variation of 2 to 4 units from the CN and in some cases the variation is even larger. Presently, the *Calculated Cetane Index* (CCI) determined by ASTM D 976 and ASTM D 4737 methods are more often used instead of diesel index. The calculated cetane index is not a substitute for ASTM cetane number. It is only a supplementary parameter for predicting cetane number when used keeping in view its limitations. The CCI calculation methods are not suitable for pure hydrocarbons, or non-petroleum based fuels derived from coal. In addition, these methods take no account of cetane improvers used to raise cetane number.

ASTM D 976 uses a two variable equation to determine CCI from the mid-boiling point and density of the diesel fuel as below,

$$CCI_{976} = 454.74 - 1641.416\, D + 774.74\, D^2 - 0.554\, B + 97.803\, (\log B)^2 \qquad (9.7)$$

where:
D = density at 15°C (g/ml) determined by Test Method ASTM D 1298.
B = 50% evaporation (mid-boiling) temperature (°C) determined by Test Method ASTM D 86 and corrected to standard barometric pressure.

ASTM D 4737 is a newer method and is better suited for the diesel fuels having sulphur content lower than 500 ppm [4]. This method calculates CCI using a four variable equation based on low, mid and high boiling points, and density of diesel fuels. Calculated Cetane Index based on this method is:

$$CCI_{4737} = 45.2 + 0.0892\, T_{10N} + [0.131 + 0.901B]\, T_{50N} + [0.0523 + 0.420B]\, T_{90N} + 0.00049[T^2_{10N} - T^2_{90N}] + 107B + 60B^2 \qquad (9.8)$$

where:
D = density at 15°C (g/ml) determined by Test Method ASTM D 1298,
$B = [\exp\{-3.5\,(D - 0.85)\}] - 1$,
T_{10} = 10% distillation temperature (°C) determined by Test Method ASTM D 86 and corrected to standard barometric pressure,
$T_{10N} = T_{10} - 215$,
T_{50} = 50% distillation temperature (°C) determined by Test Method ASTM D 86 and corrected to standard barometric pressure,
$T_{50N} = T_{50} - 260$,
T_{90} = 90% distillation temperature (°C) determined by Test Method ASTM D 86 and corrected to standard barometric pressure,
$T_{90N} = T_{90} - 310$.

CCI values are quite close to the cetane number and several national fuel standards specify cetane index values in addition to cetane number. The poor correlation of these calculated ignition quality indices with the cetane number is due to the reason that the physical properties like distillation, density, aniline point etc., do not fully describe the hydrocarbon composition of the fuel.

Cetane or ignition improvers are used to improve ignition quality of the diesel fuels which do not naturally meet the specification limits. In premium quality diesel fuels, oil companies use cetane improvers to produce diesel fuels even above the specification limits in certain countries. Most commonly used cetane improving additives are nitrates and peroxides like isopropyl nitrate, cyclo-hexyl nitrates, ethyl-hexyl nitrate (EHN) and di-tertiary-butyl peroxide. These compounds decompose readily at high compression temperatures in the engine, produce free radicals that accelerate precombustion reactions in the fuel-air mixture and thereby reduce ignition delay. These additives are commonly used in dosages of around 500 to 2000 ppm by volume.

With high cetane fuels cold starting is easier and engine warm up is faster. This would result in lower HC emissions with high cetane fuels during engine warm-up phase. For a given engine design, fuel cetane number governs the ignition delay and in turn the peak combustion pressure and

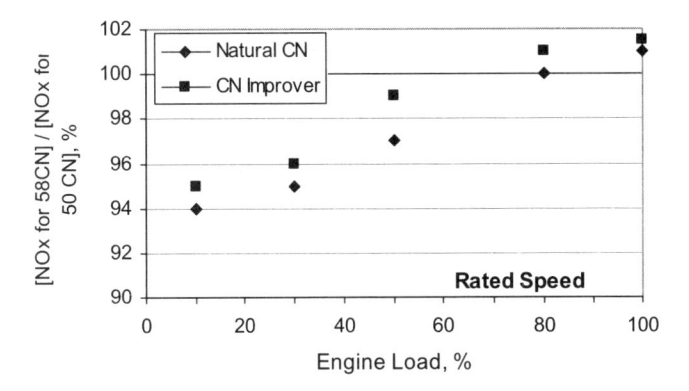

Figure 9.7 Effect of cetane number increase from 50 CN to 58 CN on NO_x emissions; natural and additive improved cetane number behave differently at intermediate and rated engine speeds.

temperature. Thus, a reduction in NO_x emissions is expected with increase in CN as shown in Fig 9.7. There are small differences in the magnitude of NO_x reduction with natural high cetane number or that obtained with use of an additive. High-speed engines require a high cetane number fuel. As the natural cetane number increases, the fuel consists of more paraffin and has a higher heating value. Thus, the high natural cetane fuels give a reduction in brake specific fuel consumption on mass basis.

In the EPEFE studies [11], increase in PM emissions for light duty vehicles was observed with increase in cetane number, although no detectable change in heavy duty engine PM emissions was noticed. With high cetane fuels the ignition delay is shorter and more fuel burns in diffusion combustion phase. Soot formation being a characteristic of diffusion combustion, increase in soot emissions has been observed in some engine designs with increase in CN. Up to 1990, a fuel of 45 CN was considered satisfactory for the road vehicles, but engine manufacturers now are demanding diesel fuels of over 50 CN. In addition, current fuel specifications are setting minimum limits for both the CN and cetane index to avoid a heavy dosage of additives as the natural cetane fuels generally give overall better engine performance.

Distillation Range

A typical diesel fuel distillation curve is shown in Fig. 9.8. The temperature for 50 percent distillation temperature or mid-boiling point, 90 percent point and the final boiling point are the important distillation characteristics. The 85 and 95 percent distillation temperatures are also used in some specifications in place of 90% distillation temperature.

Lower the boiling points of the fuel more readily it vaporizes, mixes with air and burns in the combustion chamber. The low volatility components boiling above 350° C may not burn completely forming engine deposits and causing high black smoke emissions. The mid boiling point often is taken as an overall representation of the fuel volatility and has been observed to affect smoke emissions. The volatility is also correlated to the other physico-chemical properties of the fuel like, density, viscosity and ignition quality.

The light end volatility affects the engine cold starting ability and warm-up, and thus would influence HC emissions during warm-up, more so under cold ambient conditions. The heavy end volatility (T90, T95 and final boiling point) fuel components are more difficult to burn. A poor high-end volatility increases injector coking, engine deposits and emissions of smoke and particulate matter.

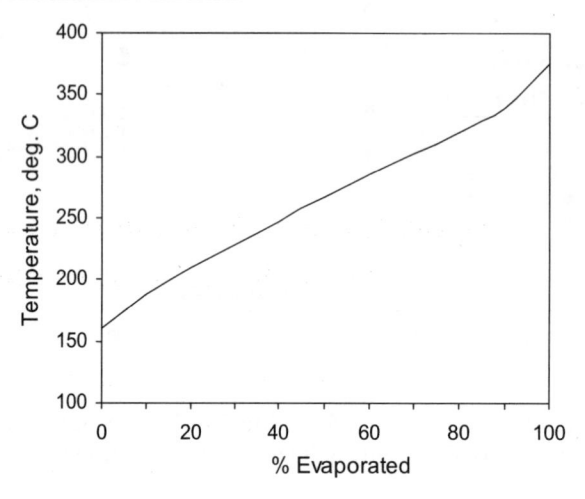

Figure 9.8 Typical distillation characteristics of diesel fuel.

The long-term effect on emissions due to injector coking and engine deposits is an important consideration. The trend is towards specifying lower limits for T90 or T 95 in the fuel specifications. European specifications EN 590:1999 specifies T 95 equal to 360° C maximum in addition to the requirement that a minimum of 85% fuel should evaporate at 350° C (T85).

Density

The specific gravity of diesel fuel varies generally in the range 0.810 to 0.880. The density, volatility, cetane number, viscosity and heat of combustion of petroleum fuels are interrelated. As mentioned earlier, an increase of 10 percent in density increases the volumetric energy density of the fuel approximately by 6 percent as simultaneously there is loss of about 4 % in heat of combustion (mass basis) with increase in fuel density. Fuel is metered volumetrically by mechanical injection pumps as well as electronically controlled solenoid valves in diesel engines. The fuel density affects engine calibration and power as the fuel mass injected/stroke varies with fuel density. High-density fuels usually have a higher viscosity too and thus, influence injection characteristics. Increase in the fuel density advances the dynamic injection timing by up to 1 °CA in the mechanical injection systems.

The fuel density was seen to influence engine PM and NO_x emissions in EPEFE studies [11]. PM emissions were higher for high density fuels in both the light- and heavy-duty engines, the effect being much higher for the light-duty vehicles. Fuel injection system, combustion chamber geometry and emission reduction technology such as EGR control is calibrated for a standard fuel density. Optimum EGR rates are set for a given engine load and speed in the engine map of the electronic engine management system. Large variations in fuel density result in variations in EGR rates from the optimum value. All the above parameters cause a change in engine emission characteristics if large changes in fuel density are encountered. Therefore, current fuel specifications set quite narrow limits for fuel specific gravity e.g. from 0.82 to 0.85.

Viscosity

The viscosity of diesel fuel affects injection characteristics and fuel atomization. An increase in viscosity reduces spray cone angle and spray penetration, and results in bigger droplets. High viscosity at low temperatures can reduce fuel flow rates to the injection system resulting in an inadequate fuelling of the engine. Low viscosity on the other hand, results in an increase in leakage of fuel past the pumping elements and loss of fuel system calibration. If the fuel viscosity is too low, it could result in very high fuel leakage at high temperatures and total loss of injection pump metering ability. Viscosity of fuel is important for lubrication and protection of the injection equipment from wear. Therefore, for a given engine application the fuel viscosity range is specified. Most specifications limit kinematic viscosity of diesel fuel in the range 2.0 to 5.0 centistokes.

Oxidation and Storage Stability

More cracked products are being blended in diesel fuels to increase its yield from the same crude barrel. Heavy residues from the atmospheric distillation units are catalytically cracked to produce distillate fuels. During long-term storage of diesel fuels particularly those containing thermally and catalytically cracked stocks, high amounts of sediments are formed due to slow oxidation occurring at atmospheric temperature conditions. The olefins coming from cracked stocks are more prone to oxidation and the oxidation is accelerated by nitrogen containing compounds, such as pyrolles and indoles. The oxidation products in the fuel are finally polymerized to high molecular weight compounds called 'gums'. The gums are of two kinds, 'soluble gum' that remains dissolved in the fuel and the 'insoluble gum', which gets precipitated out in the fuel. The insoluble gum is also referred as 'sediment', which causes a number of problems in the engine.

The gums cause plugging of fuel filters, the problem being more severe for the paper element micro-filters. The fuel is used also for cooling of the injector tip which is exposed to the combustion gases. The unstable diesel fuels increase deposit formation in the fuel system. Increased occurrence of nozzle coking (blocking of nozzle holes by solid carbonaceous combustion products) in pre-chamber diesel engines caused by the unstable diesel fuels is well known [12]. The partial or complete blockage of the nozzle hole is caused by the combustion products, which is enhanced by the presence of gums. Similarly, one or more injector holes are blocked by the solid combustion products in the direct injection engines. The gums in the fuel also cause formation of gummy deposits in the injection system and sticking of the injector nozzles.

Oxidation stability of diesel fuels has been evaluated by several test methods. ASTM D2274 is an accelerated test of oxidation stability and ASTM D4625 is used for predicting long-term storage stability of the diesel fuels. A few other test methods like UOP Method 413-82 claimed to have a better correlation with the real storage conditions in field also are being used.

Chemical Composition

The effect of olefins on stability of diesel fuels has already been discussed. The aromatic content is of great concern as it increases particulate and PAH emissions. The diesel fuel specifications in the USA, Europe and several other countries now limit aromatic content to 10 percent maximum. Also, limits on the poly-aromatic hydrocarbons are being specified. One side effect of reduction in aromatic content is reduction in lubricity characteristics of the diesel fuels resulting in high wear rates of the injection pump elements and injector needles.

Fuels with high aromatic content have a lower natural cetane number. Further, aromatics have higher flame temperatures and hence increase in aromatic content of fuel is expected to result in higher NO_x emissions. The total aromatic content was thought earlier to have a strong adverse effect on PM emissions. More detailed investigations however, suggest that the sensitivity of PM emissions to total aromatic content may not be very high. Fuel density and aromatic content have strong interrelationship and thus, the effect of mono-aromatics on PM emissions observed in some studies could be due to overlapping effect of density and aromatics. A more important role is played by the content of polycyclic aromatic hydrocarbons in fuel. An increase in polycyclic aromatic content from 1 to 8% may cause an increase of 4 to 6% in PM emissions. Exhaust emissions of PAH (consists of some known carcinogens) increase almost linearly with the polycyclic aromatics content of fuel. California was first to set a maximum limit of 10% by volume for aromatics and 1.4% by volume for polycyclic aromatics for diesel fuels starting from 1993. Now, limits on polycyclic aromatic content have been included in the European fuel specifications as well.

Sulphur Content

Sulphur containing compounds naturally occur in the fuel and the straight run diesel fuels have significantly higher sulphur content than gasoline. Sulphur on combustion produces sulphur dioxide (SO_2), most of which is exhausted into atmosphere. A small fraction of SO_2 about 1 to 3% is oxidized to sulphur trioxide (SO_3) and to sulphates found in particulate emissions. The sulphur trioxide on combining with water forms sulphuric acid that causes wear of metallic components. It is well known that high sulphur levels of diesel fuel increase wear of piston rings and cylinder liners, the wear rates being higher at lower coolant temperatures due to condensation of more sulphuric acid on engine components. In addition, sulphur increases deposit formation in the combustion chamber and the deposits become harder in presence of sulphur. Before 1990, main concern of diesel sulphur was its effect on engine wear and deposit formation, and sulphur content of 0.5% m/m or even higher in diesel fuels were prevalent.

Sulphuric acid aerosol is adsorbed on the soot particles and is emitted as particulate emissions. Depending on sulphur content, its contribution can be significantly large to particulate emissions. This is why; sulphur content of diesel fuels is being reduced to very low levels (< 500 ppm by mass and even down to 50 ppm and lower) as more and more stringent emission standards are being implemented. For the European heavy duty engines, effect of sulphur on PM emissions is shown in Fig 9.9. Typically, each 500 ppm reduction in sulphur content contributes to about 0.01 g/kWh reduction in PM emissions.

Effect of sulphur on PM emissions from vehicles equipped with oxidation catalytic converters can be very dramatic. Typically only about 1 to 3 % of sulphur oxide produced on combustion of sulphur

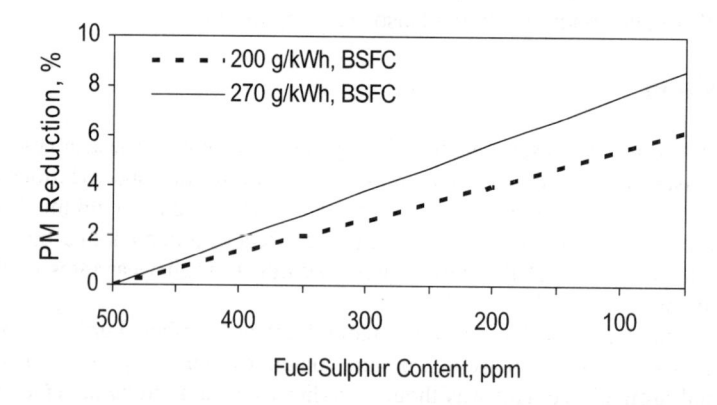

Figure 9.9 Effect of diesel fuel sulphur content on PM emissions of heavy-duty engines (base PM emissions = 0.10 g/kWh) [3].

gets further converted to sulphates. But when oxidation catalysts are used, depending on the catalyst temperature and its efficiency almost all the sulphur dioxide present in the exhaust may get converted to sulphates. The absolute magnitude of reduction in PM emissions by reduction of fuel sulphur depends on the engine technology, the aftertreatment technology employed, baseline PM emissions and the test cycle used. However, reduction in sulphur content lowers PM emissions regardless of the vehicle technology.

Fuel sulphur affects functioning of advanced after-treatment devices such as NO_x storage-reduction (NSR) catalysts, continuously regenerating diesel particulate traps (CRT) and catalyzed diesel particulate filters (CDPF). The sulphur dioxide and trioxide poison the catalyst on these emission control devices. NSR catalysts require practically sulphur free (< 5 ppm) fuel. In CRT, NO_2 converted from NO on the oxidation catalyst placed ahead of CRT oxidizes the particulate matter more effectively than the oxygen in the exhaust gas. Fuel sulphur impairs the conversion of NO to NO_2 on the catalyst. The effect of fuel sulphur on engine out PM emissions, and at the exit of CRT and CDPF are shown in Fig 9.10. With 3 ppm fuel sulphur levels, PM emissions are practically insignificant at the exit of these devices. Reduction in PM emissions is about 70 to 75% when 30 ppm sulphur fuel is used, but practically no emission reduction is observed with 150 ppm sulphur fuel. At 350 ppm fuel sulphur level, these devices increase PM emissions (increase in sulphates).

Fuel sulphur levels in most countries before environmental concerns became paramount were in the range from 0.2 to 0.5% by mass. After the year 2000, a number of European countries such as Sweden, Germany, and UK have diesel fuels available with less than 0.005% (50 ppm) sulphur and many other countries below 0.05% sulphur for road vehicle application (Table 9.12).

Table 9.12
Trends in Diesel Fuel Sulphur in Different Countries [6]

Country	Effective date	Maximum allowable sulphur content, % m/m
European Union	1994	0.2
	1996	0.05
	2000	0.035
Sweden	1990	0.20
	1993 EC1	0.001
	EC2	0.005
	EC3	As per the EN 590 standards
Germany	1995	0.05
UK	1996	0.05
	1998 (Ultra low sulphur grade, ULSD)	0.005
USA	1993	0.05
Japan	1997	0.05
India	1995	0.5
	2000	0.2
	2005	0.05
	2010	0.005

Lubricity

The diesel fuel itself provides lubrication of diesel pumping and injection elements. The heavier, high

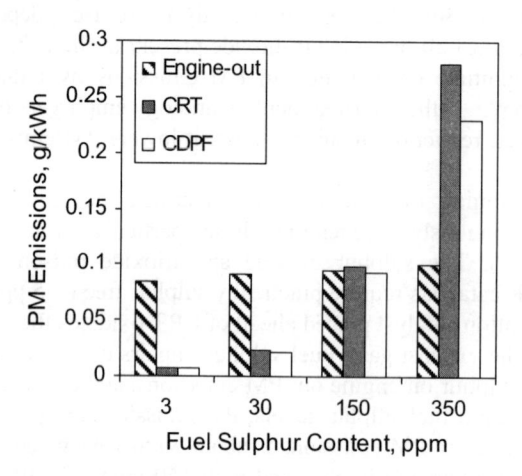

Figure 9.10 Effect of fuel sulphur on the effectiveness of CRT and CDPF aftertreatment devices for diesel PM emission control.

viscosity hydrocarbons and polar compounds are believed to be the lubricating compounds providing natural lubricity to the diesel fuel. The polar compounds get adsorbed on the injection system surfaces and act as an anti-friction layer. Hydro-treating refining processes are used to remove sulphur from the diesel fuels. In the process, polar compounds are also removed. As the sulphur content of diesel fuel decreases, the lubricity of diesel fuel goes down. Low lubricity can result in excessive injection pump wear and in some cases in its total mechanical failure. There is evidence that severely hydro-treated fuels (fuel sulphur ≈50 ppm or lower) introduced in early stages in Sweden owing to very strict environmental legislation, resulted in premature failure of the fuel injection equipment. A high frequency reciprocating rig (HFRR) test provides good correlation to the measured pump wear [13]. The HFRR test and limit of 460μm wear scar diameter has been accepted in European EN: 590-1999 diesel fuel specifications [6].

Summary of Effect of Diesel Quality on Emissions

Many fuel parameters influence engine emissions through their effect on combustion, engine deposit formation and, functioning and durability of injection system and aftertreatment devices. Some of the fuel properties like sulphur directly contribute to PM emissions. The fuel quality has to match the requirement of the advanced technology low emission vehicles for meeting the stringent emission regulations. The US, European and Japanese vehicle manufacturers have jointly proposed a World-wide Fuel Charter recommending fuel specifications for different technology vehicles [3]. Cetane number, density, T_{95} or T_{90}, sulphur content, aromatic and PAH content are recognized as the most important fuel properties having the largest influence on emissions.

Effect of changes in key fuel properties on diesel vehicle/engine CO, HC, NO_x and PM emissions was studied in EPEFE research programme [11, 14 - 16]. This programme was carried out on Euro 2 diesel vehicles. Both the direct injection as well as pre-chamber diesel engine light duty vehicles, some of which employed turbocharging and intercooling were included in the study. All of the light duty vehicles were equipped with oxidation catalytic converters and all vehicles except two, employed exhaust gas recirculation. The heavy-duty engines were all turbocharged and intercooled. The overall qualitative effects of fuel properties on emissions observed in this study are summarized in Table 9.13. The beneficial effects of increase in CN, reduction in fuel density and lower sulphur content are irrespective of engine design. Most fuel properties have directionally similar effect on emissions irrespective of engine technology or whether the engine is light duty or heavy duty.

The overall quantitative effects of the changes in fuel density, poly-aromatics content, cetane number and T_{95} when done at the same time, on emissions are presented in Fig 9.11. In some cases the differences in the fuel effects (direction and magnitude) are observed between light and heavy-duty engines. These could be attributed partly to differences in the design of engine (injection system, combustion chamber, emission control technology etc.) and partly to the emission test cycles being different for the light and heavy-duty engines. Moreover, the interaction of changes in fuel parameters and their effect on engine combustion and emissions could vary somewhat with engine design.

Table 9.13
Summary of Overall Effects of Diesel Fuel Property Changes on Emissions in EPEFE Study [14]

Vehicle type	Fuel Property	Property Change	CO	HC	NOx	PM
Light-duty vehicles	Increase CN	50 → 55	↓↓	↓↓	±0	↓
	Reduce density	850 → 820 kg/m3	↓	↓	0	↓↓↓
	Reduce T95	370 → 330 C	-0	-0	-0	-0
	Reduce PAH	6 → 3 % v/v	?	?	?	?
	Reduce sulphur	2000 → 500 ppm	0	0	0	↓
Heavy-duty vehicles	Increase CN	50 → 55	↓	↓	↓	↓
	Reduce density	850 → 820 kg/m3	0	0	↓	↓
	Reduce T95	370 → 330 C	-0	-0	-0	-0
	Reduce PAH	6 → 3 % v/v	?	?	?	?
	Reduce sulphur	2000 → 500 ppm	0	0	0	↓↓

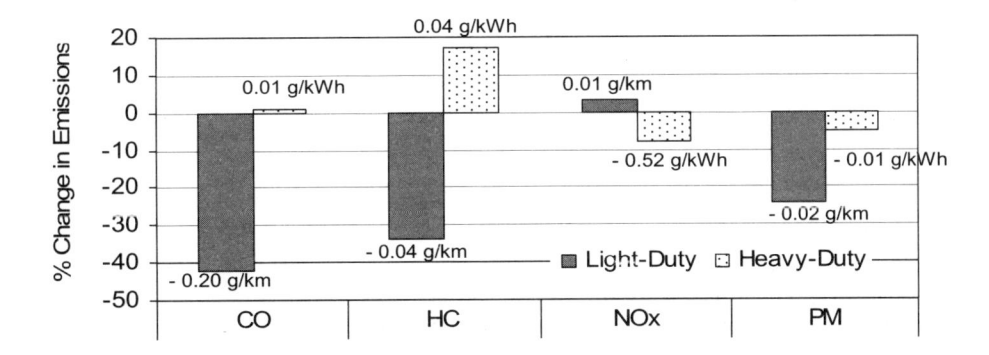

Key: 0 = No effect;   ± 0 = -2 to 2 %;   ↓ or ↑ = 2 to 10%;   ↑↑ or ↓↓ = 10 to 20%;
↑↑↑ or ↓↓↓ = >20%;   ? = Insufficient data

Figure 9.11 Overall effects of changing fuel properties simultaneously on emissions from light-duty and heavy duty vehicles; Density 0.855 to 0.828 g/l, Poly-aromatics from 8 to 1 %, CN from 50 to 58 and T95 from 370 to 325° C [16]

Trends in Diesel Fuel Specifications

Engine technology is being continuously modified and upgraded to meet the newer and more stringent emission regulations all over the world. Injection system developments include use of high injection pressure of 1200 to 2000 bars, smaller nozzle hole size, common rail injection system, engine load and speed dependent electronic control of injection timing and rates etc. Engines with multiple valves, variable geometry turbochargers and exhaust gas recirculation (EGR) controlled by fuel injection quantity (engine load) are being widely used. The direct injection engines due to their superior fuel have almost fully replaced the pre-chamber engine even in the light duty vehicles. Oxidation catalytic converters are used on many European passenger car models. In future, diesel vehicles would employ more advanced aftertreatment devices to control NO_x and particulate emissions. SCR systems are already employed on heavy duty diesel vehicles in Europe to meet the diesel nitrogen oxides emission regulations. Diesel particulate filters and continuously regenerative particulate traps (CRT) are also in use on most models of passenger cars in Europe and on many heavy duty vehicles. Diesel fuel additives form an important fuel ingredient to improve the fuel performance. The additives used in small amounts, can compensate deficiency in a specific fuel property or aid in proper functioning of engine systems and aftertreatment devices. The diesel fuel quality specifications followed in some countries on account of changes in engine and emission control technology demanded by the emission regulations are given in Table 9.14. The trends in key diesel fuel properties in Europe since Euro 1

Table 9.14
Diesel Fuel Specifications in Some Countries

Property	Europe (EN590: 1999)	US (ASTM 2-D, D975-94)	India (IS 1460) (BS IV - 2010)	Worldwide Fuel Charter (Euro 4)
Cetane number, min.	51.0	40	51	55
Cetane index, min	46.0	40	46	50
Density @ 15° C, kg/m^3	820-845	-	820-845	820-840
Viscosity @40° C, mm^2/s	2.0 -4.5	1.9-4.1	2.0-5.0	2.0-4.0
Sulphur, %m/m, max.	0.035	0.05	BS III: 0.035 BS IV: 0.005	10 ppm
Total aromatics, % m/m, max.		35	-	15
Polyaromatics, (di$^+$tri^{++}), max.	11	-	11	2
Distillation:				
% recovered at 250° C, max.	65			-
T 85, °C, max.	350	-		-
T90, °C, max./range		282-338	-	320
T95, °C, max.	360	-	360	340
FBP, °C /range	-	-	-	350
Flash Point, °C, min.	55	52	35	55
Carbon residue, % m/m, max.	0.30	0.35	0.30	0.2
Water content, mg/kg, max.	200	0.05% v/v	0.05% v/v	200
Oxidation stability g/m^3, max.	25	-	16	25
Particulates, mg/l	24	-	-	24
Lubricity(HFRR scar dia. @ 60° C), μm	460	-	460	400

standards show that main properties of concern are sulphur content, cetane number, density and T95. Some additional requirements like PAH content and lubricity also were added as the emission norms became more stringent. Similar to gasoline, a world-wide fuel charter for diesel fuels also has been proposed. World-wide charter for diesel fuel quality to meet the demand of Euro 4 engines is also given in Table 9.14.

9.5   ALTERNATIVE FUEL TYPES

Petroleum crude is expected to remain main source of transport fuels at least for the next 20 to 30 years. The petroleum crude reserves however, are declining and consumption of transport fuels particularly in the developing countries is increasing at high rates. Severe shortage of liquid fuels derived from petroleum may be faced in the second half of this century. Energy security is an important consideration for development of future transport fuels. Recently, more and more stringent environmental regulations being enacted in the USA and Europe have led to research and development activities on clean alternative fuels. A number of liquid and gaseous fuels are among the potential fuel alternatives. Most important among them are, alcohols; ethanol and methanol, natural gas, liquefied petroleum gas (LPG), hydrogen, GTL (gas to liquid) diesel, ethers like di-methyl ether (DME), vegetable oil esters commonly called as 'biodiesel', straight vegetable oils, bio gas etc.

High petroleum crude prices generated a lot of interest in ethyl alcohol produced from agricultural products during 1980's, notably in Brazil. On the other hand during the same period, environmental considerations were foremost in the USA that resulted in vigorous technological development activities related to methanol. At that time, methanol was considered a more convenient and economically attractive carrier of natural gas across the continents for import of cheaper energy available elsewhere. Methanol being liquid it was better suited than natural gas for storage on-board of vehicles. Interest in methanol however, has more or less died down due to its toxicity and its corrosive nature for many materials used in fuel handling and engine fuel systems. However, a number of demonstration fuel cell vehicles (FCV) using methanol have been developed and the direct methanol fuel cell (DMFC) operating directly on methanol is a strong contender to power the fuel-cell vehicles. Presently, natural gas and biodiesel have attracted an increasing interest of the governments, vehicle manufacturers and fuel suppliers. Hydrogen is considered a long- term potential alternative both as a fuel for internal combustion engines and fuel cell powered vehicles. .

Some of the important properties of different alternative fuels are compared in Table 9.15 with those of typical gasoline and diesel fuels.

9.6   ALCOHOLS

Methanol and ethanol can be produced from renewable sources as well as from fossil fuels. Presently, methanol is mostly produced from natural gas. Coal and biomass like wood etc. which contain cellulose may also be used to produce methanol. Germany, Sweden, New Zealand and California focused mainly on methanol as an automotive fuel due to its potential availability on a large scale using natural gas as the feedstock. Methanol produced near the natural gas field and it being liquid can be more easily handled and transported compared to natural gas. Ethanol is produced almost entirely from the renewable agriculture sources by fermentation of carbohydrates in sugar, grains, tapioca etc. Neat ethanol (95% ethanol + 5% water) and anhydrous ethanol blended up to 20% in gasoline have been widely used in Brazil during 1980's. In the USA, use of ethanol initially started in the agricultural surplus states like Nebraska for blending in the reformulated gasoline as oxygenate. Now, ethanol is the preferred oxygenate replacing MTBE. The 10 percent ethanol-gasoline blends used

Table 9.15
Properties of Various Fuels for Vehicles [4]

Property	Gasoline	Diesel	Methanol	Ethanol	Natural gas	Propane	DME	RME	Hydrogen
Mol.wt.	≈110	≈195	32.04	46.07	≈18.7	44.10	46.1	≈300	2.015
Specific gravity	0.72-0.78	0.82-0.88	0.796	0.794	0.72	0.51 liquefied	0.67 liquid	0.882	0.090
Lower heating value MJ/kg	44.0	42.5	19.9	26.8	50.0	46.3	28.4	37.7	120
Heat of vaporization kJ/kg	305	250	1110	904	509	426	410 at 20° C	-	-
Boiling point, °C	30-215	180-370	65	78	-160	-43	-24.9	330-340	-253
Octane number, research	90-98	-	112	111	120-130	112	-	-	106
Octane number, motor	80-90	-	91	92	120-130	97	-	-	-
Cetane number	-	45-55	-	-	-	-	>55	51-52	-
Stoichiometric A/F ratio, mass	14.7	15.0	6.43	8.94	17.12	15.58	9.0	11.2	34.13
Vapour Flammability Limits, (vol. %)	0.6-8.0	0.6-7.5	5.5-26	3.5-15	5-15	9-9.5	3.4-18.6	-	4-75
Stoichiometric CO_2 emissions, g/MJ fuel	71.9	75.4	69.0	71.2	54.9	64.5	69.0	75.5	0
Adiabatic flame temperature (K)	2266	-	2151	2197	2227	2268			2383

in the USA are commonly referred as 'Gasohol'. Several other countries too such as India are also permitting blending of ethanol in gasoline in concentrations ranging from 5 to 10%.

As seen from the Table 9.16, physical and chemical characteristics of alcohols make them better suited for SI engines rather than CI engines. The ignition quality of alcohols being poor, these cannot replace diesel fuels directly and a source of ignition is to be provided for their combustion in the diesel engine cylinder. Heating value of ethanol is about 60 percent and that of methanol is only 45 % of typical gasoline. The stoichiometric air-fuel ratio due to presence of oxygen in the molecule is much lower than the gasoline. The volumetric energy content of stoichiometric mixture (gaseous state) of alcohols and gasoline however, are not very different. Thus, engine specific power that may be obtained with alcohols and gasoline is nearly the same. The latent heat of vaporization of methanol and ethanol is nearly 4 and 2.7 times, respectively compared to gasoline. On the other hand, octane number of alcohols is significantly higher than for the typical commercial gasoline and a higher engine compression ratio could be used to obtain a higher engine thermal efficiency.

Neat methanol and ethanol SI engines were developed during 1980s. Flames of neat alcohols in air, especially in bright sunlight are not easily visible to the naked eye. Hence, 15% gasoline was mixed to alcohol for making flame visible in case of an accidental fire. These were called M85 or E85 fuels depending upon whether methanol or ethanol was the main fuel component. Flexible fuel vehicles (FFV) that could operate on alcohol-gasoline blends with any alcohol content varying practically from 0 to 100% were developed after the advent of the closed loop feedback control systems employed along with 3-way catalytic converters.

Alcohols are not suitable for compression ignition due to their poor ignition quality. Cetane number of methanol and ethanol are close to 5 and 8, respectively. Further, the alcohols are not easily miscible in the diesel fuels. To prepare alcohol-diesel blends high amounts of emulsifiers or soulblizers are required. Further, additives to improve ignition quality are to be used to compensate for loss in ignition quality resulting from blending of alcohols in diesel fuel. The following three approaches have been considered to be practically feasible for total or part replacement of diesel fuels by alcohols:

(i) Improving ignition quality of alcohols by use of ignition improvers,
(ii) Use glow or spark plugs as a positive source of ignition, and [17]
(iii) Dual-fuel operation, using pilot diesel injection as an ignition source for alcohol-air mixtures [18].

Ignition improvers like tri-ethylene glycol dinitrate, octyl nitrate etc. have been used to improve ignition quality of alcohols. Commercial names include DII-3, Cetanox-175, and Avocet. The amount of ignition-improver needed to attain sufficient cetane number varies according to the nature of improver, but dosages in the range of 3 to 7% by volume in neat alcohols and in diesel fuel-alcohol blends are typical. These dosages are much higher than the dosages normally used in conventional diesel fuels in the range of 0.1 - 0.2 % v/v. Due to such high dosage of ignition improvers, the increase in the fuel cost is unacceptably high. Another approach employed for ignition of alcohols in diesel engines is to use a positive source of ignition in the form of electrically heated glow plug. The durability of such systems however, has not been studied.

Alcohols may be carburetted in the intake manifold (fumigation) and inducted along with air into the engine cylinder. This method of alcohol-diesel dual fuel engine operation although simple but only small diesel replacements are possible before knocking combustion is encountered. Secondly, at low load operation partially misfired combustion of very lean alcohol-air mixture occurs resulting in high-unburned fuel emissions. Two injectors in the cylinder, one for alcohol and the other for diesel fuel have also been used [18]. Alcohol in large amount is injected in the cylinder which is ignited by a pilot injection of small quantity of diesel. Its mechanical construction is complex and costs are high.

Moreover, such a system can be applied only to engines of large cylinder bore size as the space for installation of two injectors on the engine cylinder head is required. The use of alcohols in diesel engines, contributes to reduction in particulate and NO_x emissions.

Emission results of an AQIRP study conducted on FFV (flexible fuel vehicle) with nearly neat methanol (M85) and ethanol (E 85) show that the use of methanol or ethanol fuel results in reduction of total organic matter emissions presented as equivalent hydrocarbons (OMICHE), benzene and 1,3 butadiene emissions [19]. Non methane organic gas (NMOG) and aldehyde emissions however, increase with use of alcohols. CO and NO_x emissions show no clear trend although lower flame temperatures with alcohol may result in lower NO_x emissions. Photo-chemical reactivity and hence the ozone forming potential are lower with alcohols.

Widespread use of alcohols as motor fuels so far has not occurred. Firstly, significant cost benefits are required compared to petroleum fuels and there are also some negative factors and undesirable effects on engines relative to conventional fuels. The main advantages and disadvantages of alcohols with respect to conventional gasoline and diesel fuels are summarized in Table 9.16.

Table 9.16

Advantages and Disadvantages of Alcohol Motor Fuels Compared to Gasoline and Diesel

Property/ Performance Parameter	Compared to gasoline and diesel fuels	Advantages/Disadvantages
Octane number	Higher	- A higher engine compression ratio in SI engines can be used resulting in higher thermal efficiency
Latent heat of vaporization	Higher	- Lower intake temperatures may be used to increase charge density and higher volumetric efficiency
Flame temperature	Lower	- Potentially lower NO_x emissions and lower heat losses
Volumetric energy content	Much lower	- Higher volumetric fuel consumption hence larger fuel storage space and weight
Cetane number	Much lower	- Cannot be directly used in CI engines. Needs a source of ignition increasing complexity of engine/fuel system.
Vapour pressure	Lower	- Poor cold starting and warm up performance, higher unburned fuel emissions during starting/warm up phase
PM emissions	Lower	- Due to clean burning characteristics PM emissions are even lower than the gasoline engines
Toxic Emissions	Lower	- Lower benzene and 1,3 butadiene emissions
CO and NO_x Emissions	Similar	- No definite trend is observed, So, no advantage over petroleum fuels have been noted
Aldehyde emissions	Higher	- Formaldehyde and acetaldehyde emissions are higher
Nature of sources	Renewable esp. of ethanol	- Sources more widespread around the world, hence better energy security. Lower net CO_2 emissions.
Material corrosion/ adverse effects	Higher	- Methanol and to a lesser degree ethanol is more corrosive to metals, elastomers and plastic components. Needs selection of suitable materials for the fuel system.
Engine wear	Higher	- Washes away lubricant film during cold starting, resulting in higher cylinder and piston ring wear
Flame Luminosity	Almost invisible	- Neat alcohols present fire safety hazards. Addition of gasoline or other material required to increase flame luminosity.

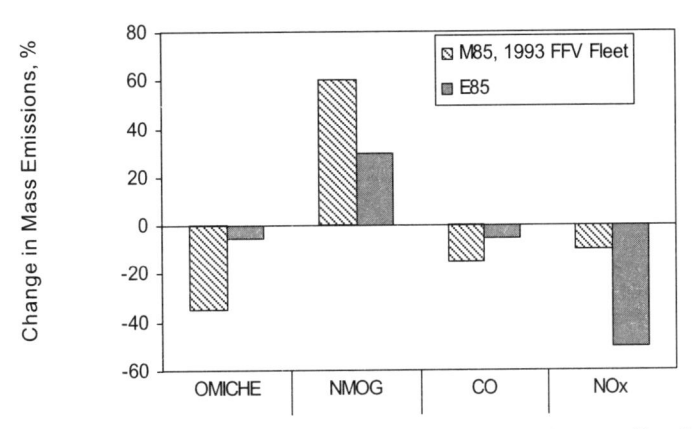

Figure 9.12 Effect of alcohol fuels on regulated emissions compared to gasoline [19].

9.7 NATURAL GAS

Natural gas has been used now for more than 50 years as fuel for stationary engines for power generation, gas compression and agricultural machinery. In the year 2003, 3.65 million natural gas vehicles were in operation worldwide. Argentina, Brazil, Australia, Italy, India and Pakistan, besides other countries have a sizable population of light and heavy duty natural gas vehicles. In Indian capital city New Delhi from the year 2003, only CNG fuelled buses are permitted to operate and more than 800,000 CNG vehicles, mostly buses and taxis were in operation at the end of the year 2008 across the country. In the USA, stringent particulate emission standards for the urban buses implemented from the year 1994 provided impetus to the development of natural gas fuelled urban buses.

The principal constituent of natural gas is methane (80 to 95% by volume). The balance is composed of small and varying amounts of other hydrocarbons such as 2-8 % ethane, 1-2% propane, 0-4% butane and heavier hydrocarbons. Nitrogen, carbon dioxide, water, hydrogen sulphide and other trace gases constitute 0-4 %. Composition of natural gas varies from source to source. The natural gas composition from two sources is given in Table 9.17. In a nationwide survey across the USA, it was found that large variations in composition of natural gas exist and these could result in variations of up to 14% in heating value, 14% in density, 20% in Wobbe index and 25% in stoichiometric air-fuel ratio [20]. The Wobbe index is defined as $W = H/\sqrt{\rho}$, where H is the volumetric higher heating value and ρ is specific gravity relative to air. It has almost a linear relation with air-fuel equivalence ratio and is an important index for interchangeably of gaseous fuels in a combustion system. Large variations in gas composition can have significant effects on engine performance and emissions, especially if the engine performance and emissions are optimized on a fixed gas composition and engine is not equipped with means of adjusting to other compositions. The natural gas before transportation or use is upgraded by removing water, hydrogen sulphide and condensable higher hydrocarbons. It helps in prevention of condensation of these compounds in pipeline and also valuable by-products are obtained.

To minimize variations in engine emissions and performance, and to ensure a minimum heating value to customers, specifications for natural gas sold commercially as fuel have been established. International Standards Organization (ISO) standard ISO 15403-2000 provides specifications for the natural gas that is delivered to the vehicle and not the pipeline gas [21]. These specifications also include parameters like water content, sulphur content, condensate and free oil that may come from the natural gas compressor.

Table 9.17
Typical Composition of Natural Gas from Two Different Sources

Constituent, mole%	Natural gas 1	Natural gas 2
Methane	94.80	84.83
Ethane	2.90	7.69
Propane	0.80	1.68
C_4 and higher	0.20	0.52
Carbon dioxide	0.10	5.19
Nitrogen	1.20	0.09

Natural gas liquefies at -161° C at atmospheric pressure. To use of liquefied natural gas (LNG) as automotive fuel, cryogenic systems are required. There are other problems too with the use of LNG. Liquid phase in the fuel tank should not become enriched with other higher hydrocarbons during refilling cycles. Leakage of even small amounts of LNG in an enclosed space may form explosive mixtures and risk of fire hazards increases by manifold. Therefore, in most of the natural gas vehicles (NGV) today, natural gas is stored on board in high-pressure cylinders at pressure of 200 to 300 bars as compressed natural gas (CNG). Storage of natural gas at high pressure on board provides an acceptable range of vehicle operation.

High antiknock quality of natural gas makes it a fuel that is better suited for spark- ignition engines. The natural gas engine operation may be broadly classified in the following types:

Bi-fuel Operation: The conventional gasoline vehicles are converted to operate either on gasoline or natural gas, as the operator prefers.

Dedicated or Mono-fuel Operation: Vehicle operating only on gas using a positive source of ignition such as spark plug or hot surface ignition e.g., glow plug.

Dual-fuel Operation: Here natural gas usually is carburetted/ inducted along with intake air and gaseous fuel is ignited by diesel injection spray. The amount of diesel used may be as low as 10%. In the dual-fuel engines, flexibility of engine operation on diesel alone is available. In this case, the original diesel injection system calibration is used and diesel constitutes more than 30 to 40 % of the total fuel input.

Pilot Injection Operation: When the diesel injection constitutes 10 % or less of the total fuel, the diesel injection system particularly the injectors are replaced by the new ones of a different calibration. These engines are known as 'pilot-injection' engines and do not have the dual-fuel flexibility of operation on diesel alone. In a new development of 'pilot injection' engine, high-pressure natural gas is directly injected in the combustion chamber and ignited by the pilot diesel spray [4].

As natural gas has a very high antiknock quality, dedicated natural gas engines can be built with a high compression ratio of about 11:1 resulting in significant improvements in fuel efficiency and lower carbon dioxide emissions. This is particularly useful for heavy-duty vehicles. Lean burn spark ignited, high compression ratio engines can be built to give very low particulate emissions and a high-energy efficiency. The stoichiometric SI engines can utilize three-way catalysts and therefore, it provides the greatest emission reduction potential. Problems with thermal stresses have favoured the use of lean-burn engines over stoichiometric + 3-way catalyst engines in heavy-duty vehicle application.

Effect of Natural Gas on Emissions

With natural gas operation, large reductions in engine-out emissions compared to either gasoline or diesel fuel operation can be achieved. It could be mentioned that most light-duty SI natural gas engines are stoichiometric similar to their petrol-fuelled counterparts. With natural gas, mixture enrichment during cold starting is not required unlike the gasoline operation. Hence, use of natural gas results in lower unburned fuel emissions during cold starting and warm-up phase. With the use of modern emission control technology employing electronic engine and fuel management, compliance of vehicles with the US Tier 2 and ULEV standards have been obtained. Results on an OEM built medium-duty gasoline and natural gas vehicles are compared in Table 9.18 that shows that NGVs are able to comply with the California ULEV standards while gasoline vehicles met the LEV standards.

Table 9.18
Comparison of Emissions of OEM Built Natural Gas (Gas Fuel Injection) and Gasoline Medium Duty Vehicles [22]

Vehicle	Model year	Fuel	Certification level	NMOG g/mile	CO, g/mile	NO_x g/mile
1	2000	CNG	ULEV	0.069	1.40	0.046
	2000	Gasoline	LEV	0.138	1.55	0.294
2	2001	CNG	ULEV	0.020	0.80	0.290
	2001	Gasoline	LEV	0.147	1.82	0.319

For heavy-duty engine application, dual-fuel approach inducting natural gas along with air has been investigated extensively. In the dual fuel engines, the CO and THC/NMHC emissions are higher by many times compared to diesel operation. But, NO_x emissions are lower by 40 - 50% and PM emissions by about 25%. However, the difference in PM emissions is rather small and the dual-fuel engines are unlikely to meet the current US and European emission standards without the use of diesel particulate filters. The dual-fuel engine although has a higher thermal efficiency compared to spark-ignited system but has knock limitation problem particularly at high engine loads if high natural gas replacements of over 50 to 60 % of fuel energy are desired.

A specific advantage of the dedicated SI natural gas engines (lean-burn or stoichiometric) is the inherently low particulate emissions in comparison to diesel engines without particulate filters. An additional advantage is the lower NO_x emissions than from the conventional diesel engines. Typical emission results from the SI natural gas heavy-duty natural gas engines on the test cycles used for Euro 3 and later emission regulations are given in Table 9.19. Very low emissions are obtained on the spark-ignited, dedicated natural gas engines operating either on lean mixtures or on stoichiometric mixtures with three-way catalytic converters. The use of cooled EGR in the lean burn engines provides an opportunity to increase the engine output while keeping thermal loading of the engine within acceptable limits as wells as reductions in the NO_x emissions. CNG buses without after-treatment have high emissions of formaldehyde. The formaldehyde emissions can be reduced with an oxidation catalyst but not to the low level of a diesel bus equipped with catalytic regeneration particulate trap (CRT). In the spark ignited heavy-duty natural gas engines, a lower compression ratio has to be used compared to diesel engines to prevent onset of engine knock, and throttle losses are also significant. Both these factors reduce thermal efficiency and low speed torque.

Table 9.19
Emissions and Performance of a SI Natural gas Heavy-duty Engine with 3-Way Converter on European Test Cycles, g/kWh [23]

Test Cycle – Fuel	CO	NMHC	CH_4	NO_x	PM	CO_2	BSFC
ETC Cycle							
ETC limits for EEV*	3.0	0.40	0.65	2.0	0.020	-	
ETC –G20 fuel	1.10	0.04	0.15	0.57	0.008	691	255
ETC – G25 fuel	0.7	0.02	0.06	0.64	0.007	693	324
ESC Cycle							
ESC limits for EEV	1.5	0.25		2.0	0.020	-	-
ESC 13 mode-G20 fuel	1.2	0.17		0.77	0.004	669	235

*EEV = Enhanced emission performance vehicle

The natural gas vehicles have some differences as given below from the vehicles operating on the conventional petroleum fuels;

- Although, the natural gas engines can be built with a higher compression ratio to provide better fuel economy than the gasoline engines, but it would still be poorer than the direct injection diesel engines. The fuel economy of even lean burn natural gas engines is lower by 15-20% compared to DI diesel engines. For the stoichiometric engines, the fuel economy is reduced further and is lower by almost 20 to 40 % relative to DI diesel.
- The natural gas is stored in high-pressure cylinders. It results in weight penalty for the vehicles and for a heavy-duty vehicle it may increase weight of the vehicle by 600 to 1000 kg to provide an acceptable range of operation. Low weight cylinders of composite material are available that reduce the cylinder weight by more than half, but the cost may be higher by a factor of 3 to 4.
- A new fuel distribution infrastructure network has to be established.

9.8　LIQUEFIED PETROLEUM GAS

Liquefied petroleum gas (LPG) refers to a mixture of commercial propane and butane. It is obtained either from the natural gas processing or during petroleum refining. Composition of LPG varies very widely from country to country depending on the use and demand of butane. In the USA, LPG contains more than 85% propane while in Europe and Asia, propane constitutes just about half of LPG, the balance being largely the butane. LPG is a gas at normal ambient temperatures and pressures (the boiling point of propane and butane at atmospheric pressure is about - 45° C and -2° C, respectively). When subjected to modest pressure (4 to 20 bars) mixture of propane and butane becomes liquid. The pressure at which it becomes liquid at room temperature depends upon propane-butane ratio. The pressure inside storage tank keeps LPG liquid, and it becomes gas when released from the tank. The liquid form has an energy density 270 times greater than the gaseous form, making it efficient for storage and transportation.

In Europe, LPG motor fuel was first used in the 1950s. In 2003, worldwide population of LPG vehicles stood at 9.5 millions consuming annually about 16.5 million tons of LPG. Most LPG vehicles employ bi-fuel systems for operation either on gasoline or LPG. It provides flexibility of vehicle operation, which is important as the number of LPG filling stations is usually small. One drawback with a bi-fuel system is that neither fuel can achieve optimum engine performance. Optimization of engine for LPG operation is possible only for the dedicated gas engines. However, variation in propane/butane ratio in LPG poses a problem as the octane number of the two main constituents; propane (RON is 112) and butane (RON is 94) is quite different. For bi-fuel vehicles specific technological development will be necessary to ensure compliance with the stringent emission standards. The US and European specifications for automotive LPG are given in Table 9.20.

The advantages and disadvantages of LPG as a motor fuel are similar to those for natural gas. The main advantages and disadvantages of LPG compared to gasoline are given below:

- Good cold start and warm-up characteristics due to its gaseous state
- Higher antiknock quality of LPG provides an opportunity for use of a higher compression ratio and improvement of engine performance and thermal efficiency
- Emissions are substantially lower compared to gasoline vehicles. LPG has significantly lower smog formation potential compared to gasoline and diesel fuels.
- LPG operation results in negligible PM emissions compared to diesel.
- LPG is a relatively low sulphur fuel.
- Lower volumetric energy content results in higher volumetric fuel consumption
- As the fuel on board is at a higher pressure, additional safety regulations are to be implemented. As LPG is heavier than air, restrictions on vehicle parking in confined space are also to be applied.

Table 9.20
US and European Specifications of Automotive LPG [5]

Property	US: ASTM D1835	EU: EN 589-2000
Propane, % vol. min.	85.0	-
Propylene, % vol. max.	5.0	-
Total dienes content, %v/v maximum	-	0.5
Vapour pressure at 37.8° C, kPa maximum.	1430	1550* at 10° C
95% evaporation temperature, °C maximum	-38.3	-
or		-
Butane and heavier, vol. % maximum	2.5	-
Evaporative residue, mg/kg maximum	-	100
Sulphur, ppm maximum	120	100
MON, minimum	-	89.0

* Four winter grades with minimum 150 kPa gauge pressure at −10, -5, 0 and +10° C are available.

9.9 BIODIESEL

Use of vegetable oils as diesel engine fuel is almost as old as the diesel engine itself. In a 1912 speech, Rudolf Diesel said, "the use of vegetable oils for engine fuels may seem insignificant today, but such oils may become, in the course of time, as important as petroleum and the coal - tar products of the present time" [24]. As the cheaper petroleum crude became available during early 20th century, interest in fuels derived from vegetable oils diminished. The revival of biodiesel production started with farm co-operatives in Austria in 1980s. In 1991, the first industrial-scale plant started biodiesel production with a capacity in excess of 10,000 m³ per year. Subsequently, many biodiesel plants were established throughout the world.

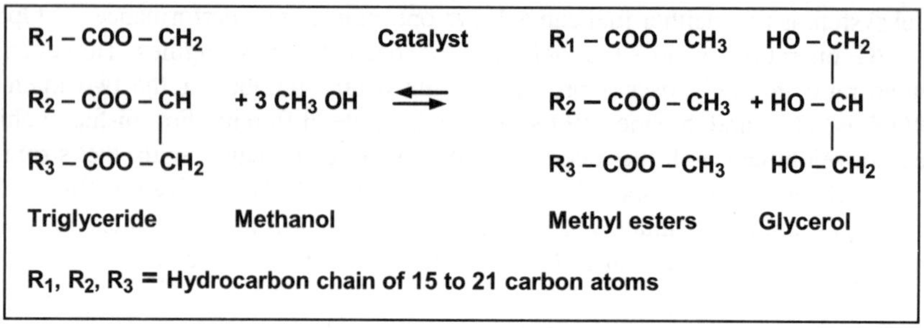

```
R₁ – COO – CH₂                    Catalyst      R₁ – COO – CH₃    HO – CH₂
    |                                               |                 |
R₂ – COO – CH    + 3 CH₃ OH    ⇌    R₂ – COO – CH₃ + HO – CH
    |                                               |                 |
R₃ – COO – CH₂                                  R₃ – COO – CH₃    HO – CH₂

Triglyceride       Methanol                      Methyl esters     Glycerol

R₁, R₂, R₃ = Hydrocarbon chain of 15 to 21 carbon atoms
```

Figure 9.13 Esterification reactions for production of biodiesel from vegetable oils.

Biodiesel is a renewable fuel that is produced from a variety of edible and non-edible vegetable oils and animal fats. The term "biodiesel" is commonly used for methyl or ethyl esters of the fatty acids in natural oils and fats, which meet the specifications for use in the compression-ignition engines. Straight vegetable oils (SVO) although are not considered as biodiesel, yet attempts have been and are being made to use them in the compression-ignition engines. The straight vegetable oils have a very high viscosity that makes flow of these oils difficult even at room temperatures. Moreover, presence of glycerine in the vegetable oil causes formation of heavy carbon deposits on the injector nozzle holes that results in poor performance and emissions from the engine even after a few hours of operation.

Biodiesel is produced by reacting vegetable oils or animal fats with an alcohol such as methanol or ethanol in presence of a catalyst to yield mono-alkyl esters. The overall reaction is given in Fig. 9.13. Glycerine is obtained as a by-product, which is removed. A variety of vegetable oils such as those from soybean, rapeseed, safflower, jatropha-curcas, palm, and cottonseed have been widely investigated for production of biodiesel. Waste edible oils left after frying operation etc., have also been investigated for conversion and use as biodiesel. The more widely used vegetable oil methyl esters are rapeseed methyl ester [RME] in Europe and soybean methyl ester [SME] in the US. These are collectively known as fatty acid methyl ersters [FAME]. Recently non-edible oil produced from jatropha-curcas seeds has gained interest as this plant can easily be grown on wastelands. Rapeseed oil and some other vegetable oils when transformed to their methyl esters have many characteristics such as density, viscosity, energy content, and cetane number close to that of diesel. The properties of methyl esters of rapeseed, soybean and jatropha oils are given in Table 9.21.

Table 9.21
Properties of Biodiesel Derived from Some Vegetable Oils

Properties	Rapeseed methyl ester	Soybean methyl ester	Jatropha methyl ester
Molecular weight	≈300	≈310	≈293
Hydrogen/carbon ratio, m/m	0.15	0.14	0.157
Oxygen content, % m/m	9-11	10.3	10.9
Relative density @ 15° C	0.882	0.889	0.88
Kinematic viscosity @ 40° C, mm²/s	4.57	4.1	4.4
Cetane number	51.6	46.2	57.1
Lower heat of combustion, MJ/kg	37.7	37.26	38.45
Sulphur content, %m/m	<0.002	<0.005	<0.020

The vegetable oil esters are practically free of sulphur and have a high cetane number in the range 46 to 60 depending upon the feedstock. The cetane number of methyl esters tends to be slightly lower than of ethyl or higher esters. Biodiesel from saturated feed stocks such as animal fat and recycled restaurant cooking fats will generally have a higher cetane number than the esters of oils high in polyunsaturates such as soybean oil. Due to presence of oxygen, biodiesels have a lower calorific value than the diesel fuels. European specifications for biodiesel or fatty acid methyl esters (FAME), EN 14214 have been issued in 2003. Key properties specified in The European and ASTM D6751 standards for biodiesel are given in Table 9.22.

Table 9.22
EU and ASTM Specifications for Vegetable Oil Methyl Ester Diesel Fuel [24, 25]

Fuel Specific Properties	Units	EU EN 14214 Limits	ASTM D 6751 Limits
Ester content, min.	%m/m	96.5	-
Density @ 15° C	g/ml	0.86-0.90	-
Viscosity @ 40° C	mm^2/s	3.5-5.0	1.9-6.0
Flash point, min.	°C	101	130
Sulphur content, max.	% m/m	0.001	0.0015 * 0.05
Carbon residue (on 10% distillation residue), max.	% m/m	0.3	0.050 (on 100% sample)
Cetane Number, min.		51.0	47.0
Sulphated ash content, max.	%m/m	0.02	0.02
Water content, max.	%m/m	0.05	0.05**
Total contamination, max.	mg/kg	24	
Copper strip corrosion (3h @50° C), min.	rating	Class 1	Class3 max.
Oxidation stability at 110° C, min.	h	6	-
Acid number, max.	mg KOH/g	0.5	0.8
Methanol content, max.	%m/m	0.2	
Free glycerol, max.	%m/m	0.02	0.02
Total glycerol, max.	%m/m	0.25	0.24
Phosphorous content, max.	mg/kg	10	10
Temperature for 90% recovery at atmospheric pressure, max.	°C	-	360

* Two grades are specified with sulphur content equal to 15 and 500 ppm by mass
** Water and sediments content are specified together

Emissions with Biodiesel

Due to the increasing interest in the use of biodiesel, the US Environmental Protection Agency conducted a comprehensive analysis of the emission impacts of biodiesel using published data [26]. Most of available data was on heavy- duty engines of road vehicles. In this study, statistical regression analysis was used to correlate the concentration of biodiesel in conventional diesel fuel with changes in regulated and unregulated pollutants. The database for this analysis was mostly from 1997 or earlier model year engines and no engine were equipped with exhaust gas recirculation (EGR) or other advanced emission control systems like NO_x storage and reduction catalysts, PM traps etc. It is however, unlikely that biodiesel will have substantially different impacts on emissions for engines having these advanced emission control systems than observed in this analysis. This analysis also revealed that biodiesel impacts on emissions varied depending on the type of biodiesel (soybean, rapeseed, or animal fats) and on the type of conventional diesel to which the biodiesel was added due to differences in their chemical composition and properties. The average effects of blending of biodiesel in diesel fuel on CO, HC, NO_x and PM emissions compared to diesel as base fuel are shown in Fig. 9.14.

This as well as other studies [27] show that use of biodiesel results in reduction of CO, HC and PM, but slight increase in NO_x emissions is obtained. Reduction in CO emissions could probably be attributed to presence of oxygen in the fuel molecule. Decomposition of biodiesel produces a variety of oxygenated hydrocarbons in addition to hydrocarbons. Response of the standard HC measurement technique, the heated flame ionization detector is different for the methyl esters than HC emissions and this could be partly responsible for the difference in HC emissions between the normal diesel fuels and biodiesel. The methyl esters have a lower compressibility, which results in advance of dynamic injection timing with biodiesel compared to diesel. Advance in injection timing observed with biodiesel resulting from differences in compressibility relative to diesel fuels and, due to differences in cetane number and combustion characteristics are perhaps responsible for slight increase in NO_x emissions with biodiesel. Smoke and particulate emissions are significantly lower. The SOF content of PM emissions depends on the driving cycle used. The testing under steady state cycles like European R-49 cycle tends to yield lower SOF than the transient cycles. Thus, the extent of reduction in PM could also depend on the test cycle employed.

In addition to regulated emissions, EPA analysis [25] predicted impact of 100 and 20 percent biodiesel on the unregulated emissions. Average reductions in the regulated as well as unregulated emissions predicted by the EPA are given in Table 9.23. The air toxics are also predicted to reduce with the use of biodiesel. Most significant reductions are in PAH and sulphates.

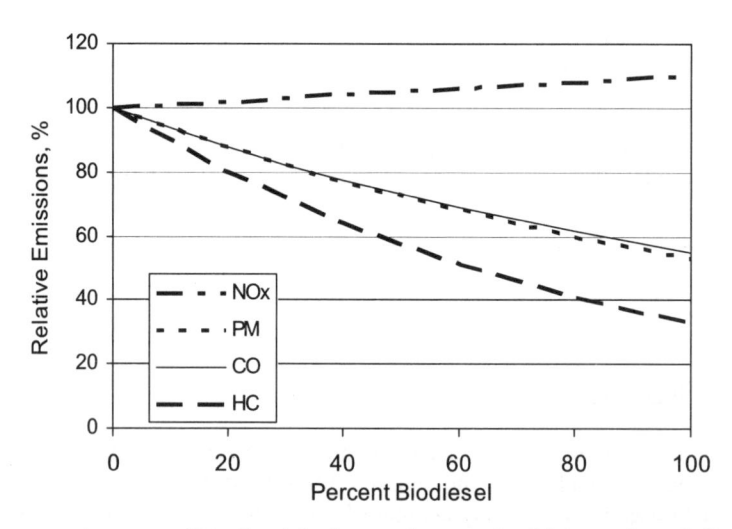

Figure 9.14 Average impacts of biodiesel for heavy-duty road vehicle engines [26].

Table 9.23
Average Emissions with Biodiesel Compared to Conventional Diesel Fuel [26]

Emissions	B100	B 20
Regulated:		
THC	- 67	- 20
CO	- 48	-12
PM	- 47	-12
NOx	+ 10	+ 2
Unregulated;		
Sulphates	- 100	- 20*
PAH (polycyclic aromatic hydrocarbons)**	- 80	- 13
Nitrated PAH**	- 90	- 50
Ozone potential of speciated HC	- 50	-10

* Estimated from B 100 results
** Average reduction over all compounds measured

Volumetric fuel consumption with biodiesel is higher than diesel due to its lower heating value. An increase of 10-11 % in fuel consumption compared to diesel may be expected when comparing their heating values (Tables 9.15 and 9.21). An increase in volumetric fuel consumption by 4.6-10.6 % with 100% biodiesel and 0.9-2.1% with 20% blends have been obtained.

As biodiesel is produced from vegetable oils or animal fats, its use has been promoted as a means for reducing greenhouse gas CO_2 emissions that would otherwise be produced from the combustion of petroleum-based fuels. The total impact that biodiesel could have on global warming would be a function not just of its combustion products but also of the emissions associated with the, vegetable oil and biodiesel production, and consumption lifecycle.

9.10 GAS-TO-LIQUID (GTL) FUELS

GTL (Gas to liquids) conversion is a broad term for a group of technologies that are used to produce synthetic liquid hydrocarbon fuels from a variety of feed stocks. These fuels have characteristics similar to those of petroleum fuels and would form a more convenient substitute for them. The synthesis gas, a mixture of carbon monoxide and hydrogen is produced from a variety of feed stocks like coal, natural gas and biomass, and is converted to a mixture of hydrocarbons of different molecular weights and structures. The chemical conversion process was first developed by petroleum deficient but coal rich Germany during 1920s and is known as Fischer-Tropsch (F-T) process after the name of its inventors. Therefore, GTL diesel is also known as F-T diesel. The basic process consists of two steps

(i) Production of synthesis gas, and
(ii) F-T synthesis

Synthesis gas is produced by steam reforming of natural gas, coal or biomass or by partial oxidation of hydrocarbons like natural gas. Steam reforming reactions are;

$$CH_y + H_2O \rightarrow (1+0.5y) H_2 + CO \qquad (9.9)$$

The value of n depends on the type of feedstock. For example, for typical hydrocarbon feed stocks y = 2.2 to 4 as they have high content of hydrogen and for coal y <<1. The partial oxidation reaction for natural gas to generate synthesis gas proceeds as below;

$$2CH_4 + O_2 \rightarrow 4H_2 + 2CO \qquad (9.10)$$

The steam reforming and partial oxidation reactions are endothermic in nature and the energy needed is supplied by the combustion of the feedstock itself with oxygen. The Fischer-Tropsch synthesis in generic form is described by the reaction

$$n\,CO + 2nH_2 \rightarrow n(-CH_2-) + nH_2O \qquad (9.11)$$

(-CH$_2$-) is the basic building block of paraffin hydrocarbons. The product is primarily straight chain hydrocarbons with small quantities of isoparaffins and olefins. Therefore, the F-T fuel has a high cetane number and is best suited as fuel for the diesel engines. The F-T synthesis takes place over cobalt based catalyst at temperatures between 180° to 250° C and pressures ranging from 20 to 40 bar. As the catalyst gets poisoned by sulphur the synthesis gas is made sulphur free before F-T synthesis. Commercial plants are in operation in South Africa (Sasol) that uses coal and natural gas, and in Malaysia and Qatar based on natural gas.

The properties of GTL fuels depend on the pressure, temperature and the catalyst used for synthesis. The Table 9.24 [28-30] gives the properties of GTL fuel and the range in which these are generally obtained. The GTL fuel when compared to conventional diesel has;

- High hydrogen content
- Similar heat of combustion
- Lower density and hence, lower energy content per unit volume
- Higher cetane number
- Ultra-low sulphur
- Near zero or very low aromatic content

The GTL diesel is composed of hydrocarbons like the petroleum derived diesel fuels. Hence its effect on engine performance would so the trends similar to those obtained with change in properties of

Table 9.24
Properties of GTL Diesel Fuels

Properties	Range
Density @ 20° C	0.765 - 0.800
Kinematic viscosity at 40° C, mm^2/s	1.97- 2.50
Cetane number	64 - 75
Distillation	-
Initial boiling point, C	187- 210
95% evaporation point	320 - 363
Sulphur, ppm by mass	<1
Total aromatics, % mass	0.14 - 0.15
H/C atomic ratio	2.10 - 2.14
Lower heat of combustion, MJ/kg	43.49 - 43.84

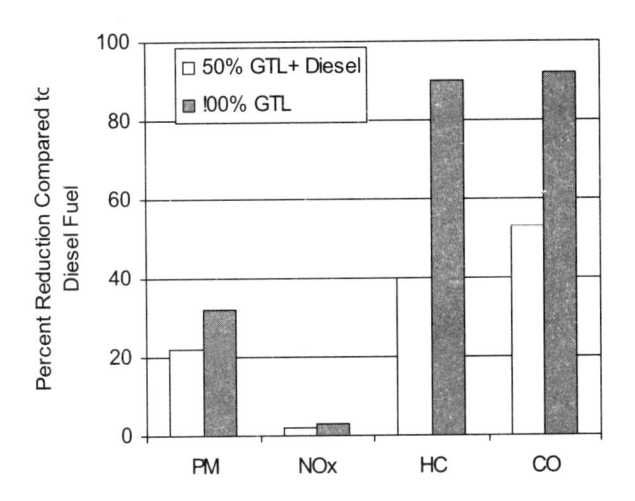

Figure 9.15 Effect of GTL fuel on emissions for a light duty diesel vehicle on European cycle [28].

the conventional diesel fuels. Use of GTL diesel alone as well in blends with conventional diesel hasbeen investigated on light and heavy duty Euro 3 and Euro 4 diesel engines. Reduction in emissions with 100% GTL fuel are significant particularly the particulate, unburned HC and CO emissions. Emission results with 50% blend and 100% GTL fuel are compared on Fig. 9.15. The soot emissions are low with GTL fuels as these have negligible aromatic content. Combustion with GTL fuels results in reduced HC and CO emissions due to higher cetane numbers and lower densities. The NO_x emissions are found to reduce only slightly or are similar to conventional diesel fuels. The specific fuels consumption is also similar although, some studies have reported 2 to 3% improvements in fuel efficiency. However, due to lower densities, the volumetric fuel consumption is nearly 5% higher.

9.11 DIMETHYL ETHER (DME)

During 1990s interest was shown in dimethyl ether (DME) as a potential diesel engine fuel. DME can be produced from dehydration of methanol. Haldor Topsoe developed a process for direct production of DME from synthesis gas [31, 32]. The synthesis gas ($CO+H_2$) can be produced from a variety of raw materials e.g., natural gas, coal, biomass etc. The DME produced from biomass can be categorized as a renewable fuel, while DME produced from natural gas can act as an energy carrier in liquid form which is much easier to transport across continents than the natural gas.

Dimethyl ether is the simplest ether and has chemical formula CH_3-O-CH_3. It has vapour pressure of 5.1 bar at 20°C and can be stored, transported and distributed like LPG. It is environmentally benign, is not harmful to ozone layer and readily degrades in troposphere to carbon dioxide and water. DME is considered non-toxic and is not classified as a carcinogen or mutagen. It is non-corrosive and burns with visible blue flame. Important properties of DME are listed in Table 9.15. Its calorific value is 33% lower than the conventional diesel, but it has a high cetane number making it a suitable fuel for compression ignition engines. DME has no carbon-carbon bonds and oxygen constitutes 35% of its weight. These factors contribute to an almost smoke free combustion.

Density of DME is about 80% of diesel fuel and heat of combustion is just about two-third of diesel. Therefore, compared to diesel twice the volume of DME should be injected to get the same engine power. DME has a high compressibility and, low viscosity and lubricity compared to diesel fuel. Thus, the fuel injection system designed for the diesel fuel cannot be used for DME.

A number of studies have been carried on the performance and emissions with DME on compression ignition engines [31, 33]. The engine operating on DME met the California ULEV standards for CO, NMHC and PM emissions by a large margin without any exhaust aftertreatment. The NO_x + NMHC and formaldehyde emissions were also lower than the ULEV standards [31].

Gray and Webster [33] studied emissions of a 5.9 litre Cummins engine equipped with oxidation catalyst with DME and diesel fuel. Table 9.25 summarizes the overall average regulated exhaust emissions with the engine operating on DME and diesel fuel. Engine operation on DME reduced CO emissions by 43% and PM emissions by 75% compared to diesel. NO_x emissions were only slightly lower. However, the HC emissions more than doubled. The authors claim that most HC emissions were unburned DME that is environmentally benign. Use of exhaust catalysts may be beneficial in reducing unburned DME and methane emissions.

Table 9.25
Emissions Results with DME and Diesel Fuel on a 5.9 litre Cummins Engine with Oxidation Catalyst, g/hp-h [33]

Fuel	CO	CO_2	NO_x	HC	PM
DME	0.253	544.7	3.33	0.427	0.02
Diesel	0.445	588.5	3.54	0.180	0.08

DME provides good engine cold starting. It has poor lubricity requiring use of additives to protect injection equipment against excessive wear. Although, DME is noncorrosive to metals but some rubber and elastomer components may not be compatible with it. Therefore, material of seals etc. has to be carefully selected. It burns with visible blue flame and the flame luminosity is quite good. This is important from fire safety angle. It being gas at room temperature and atmospheric pressure, precautions to prevent its leakage need to be taken as it could easily form explosive mixtures with air.

9.12 HYDROGEN

Interest in hydrogen as a potential alternative automotive fuel has grown due to need of reducing greenhouse gas, CO_2 emissions and to minimize dependence on fossil fuels. Hydrogen can be produced from a variety of fossil and non-fossil sources. Presently the most economic process to manufacture hydrogen is from hydrocarbons like natural gas or naphtha by steam reforming. Coal gasification is another method. In these processes however, carbon dioxide is also produced. Production of hydrogen by electrolysis of water is used in some industrial plants but it is very expensive due to high consumption of electricity. Use of solar energy to produce hydrogen by photo-electrolysis is another potential route.

Hydrogen is a colourless, odourless and non-toxic gas. It burns with an invisible and smokeless flame. The combustion products of hydrogen consist of water and some nitrogen oxides. The major hurdles in the use of hydrogen as a fuel are lack of production, distribution and storage infrastructure. On board storage of hydrogen is another major challenge. Hydrogen has very low boiling point (–253° C) and very low volumetric energy density. The following methods of on-board storage of hydrogen are under consideration and some of them are being used in demonstration vehicles:

- Compressed H_2 in high-pressure cylinders at 20-70 MPa. It results in high weight penalty and safety risks.
- As a metal hydride: Hydrogen can be stored as a metal hydride like iron-titanium metal hydride ($FeTiH_2$), magnesium hydride, and magnesium-nickel hydride or adsorbed on carbon [34]. Metal hydrides release hydrogen on heating by a heat source like vehicle exhaust gas. The main problems of hydride storage system are; limited storage capacity, contamination of storage materials by the impurities in hydrogen, high cost and very high weight.
- Storage of liquid hydrogen in cryogenic tanks: Liquefaction of hydrogen is highly energy intensive. Energy spent in liquefaction of hydrogen to 20 K is nearly equal to the energy content of the liquid hydrogen. Thermal insulation of the cryogenic tanks at 20 K is also very challenging.
- Chemical hydrogen carriers: Hydrogen can be stored in the form of a chemical compound like methyl-cyclohexanol, sodium boro-hydride ($NaBH_4$) etc. A catalyst is required to dehydrogenate the chemical compound at high temperature such as 500° C for hydrogenous methyl-cyclohexanol [34, 35].

Volumetric energy density of compressed hydrogen is just one-third energy density of natural gas. Liquid hydrogen also has a very low volumetric energy density, which is about one-fourth of gasoline. The liquid, hydride and compressed hydrogen storage methods are compared in Table 9.26 for storing 5- US gallon (19 litres) gasoline equivalent of energy storage. Hydrogen storage space required is at least 10 to 12 times higher than for gasoline. Storage and fuel weight for hydrides is 27 times and for compressed H_2 is 4 to 5 times of gasoline.

Table 9.26
Comparison of Hydrogen Storage Methods [19, 34]

	Gasoline	Liquid H_2	Hydride Fe-Ti (1.2%)	Compressed H_2 (70MPa)
Energy stored, MJ	6.64×10^2	6.64×10^2	6.64×10^2	6.64×10^2
Fuel mass, kg	14	5	5	5
Tank mass, kg	6.5	19	550	85
Total Fuel System mass, kg	20.5	24	555	90
Volume, l	19	178	190	227

Hydrogen fuel-cell vehicles are expected to have more commercial potential in the long run. Though it is believed that significant production volumes for customers will not be available until the 2017-2020 time frame, automotive manufacturers world over like Toyota, Honda, General Motors, Ford, Chrysler, BMW are going ahead with limited production and field trials of fuel cell powered cars and buses. Hydrogen fuelled internal combustion engine vehicles are however, regarded as transition or 'bridging' strategy to stimulate building of hydrogen infrastructure and related hydrogen technologies.

Hydrogen has significantly different combustion characteristics than gasoline. Hydrogen octane rating is 106 RON making it more suitable for spark-ignited engines. The laminar flame speed of hydrogen is 3 m/s, about 10 times that of gasoline and methane. Hydrogen has very wide flammability limits ranging from 5 to 75% by volume (ϕ = 0.07 to 9), which may lead to pre-ignition and backfiring problems. Its adiabatic flame temperature is higher by about 110° C compared to gasoline (Table 9.15). If inducted along with intake air, the volume of hydrogen is nearly 30% of the stoichiometric mixture, decreasing the engine volumetric efficiency and power considerably. Another option is direct injection of liquid hydrogen into the engine cylinder that provides some advantages like cooling of charge, higher volumetric efficiency and no danger of backfiring.

Hydrogen on combustion produces water and there are no emissions of carbon containing pollutants such as HC, CO and CO_2 and air toxics benzene, PAH, 1-3 butadiene and aldehydes. Trace amounts of HC, CO and CO_2 however, are emitted as a result of combustion of lubricating oil leaking into engine cylinder. NO_x is the only pollutant of concern from hydrogen engines. Very low NO_x emissions can be obtained with extremely lean engine operation ($\phi < 0.05$) [19, 34]. Injection of water into intake manifold or exhaust gas recirculation which in this case consists primarily of water vapours, can further suppress formation of nitrogen oxides. In addition, water injection provides charge cooling and, control of pre-ignition and backfiring in the engines using external mixture preparation. The direct fuel injection in the cylinder prevents occurrence of some of the problems faced by the engines with external mixture preparation.

Table 9.27
Emissions from a Spark Ignited, Direct Injection Hydrogen IC Engine Vehicle, g/mile [35]

	NO_x	CO	NMHC
SULEV Standards	0.02	1.0	0.01
H2 IC Engine Test 1	<< 0.02	0.0036	0.006
H2 IC Engine Test 2	<<< 0.02	0.00317	0.008

Emission results on a spark-ignited, hydrogen SULEV engine are compared with the US emission standards in Table 9.27 [36]. In this engine, hydrogen was directly injected into the engine cylinder. The main pollutants from the hydrogen engines, the nitrogen oxides were far lower than the emission standards. As mentioned earlier, trace CO and NMHC emissions observed from the engine have their origin in the lubricating oil consumption. Hydrogen fuelled engines produces almost no CO_2 and its global warming potential is insignificant. Considering the total well-to-wheel energy analysis however, when hydrogen is produced from fossil resources the hydrogen fuelled vehicles provide no overall reduction in greenhouse gas emissions and in some cases they may be even worse than the vehicles fuelled by the conventional gasoline and diesel fuels.

9.13 GREENHOUSE GAS (CO_2) EMISSIONS

Global warming has been witnessed over a past few centuries. Human activity producing greenhouse gas (GHG) emissions appears to be an important factor responsible for recent accelerated rise in average temperature of the world. Society is concerned about the impacts of the currently accelerating rise in global temperature. The rise in the average earth temperature could be responsible for changes in rainfall pattern, the increased frequency and severity of weather related events and the possibility of other temperature induced global effects such as melting of polar ice caps, glaciers etc. Fossil fuels currently supply about 80% of all primary energy and are expected to remain fundamental to global energy supply for at least the next 20 to 30 years. The data on sector wise use of world energy related CO_2 emissions for the past few decades and projections up to the year 2030 are given in Table 9.28. Presently, power generation accounts for about 40% and surface transport contributes nearly 20% of global CO_2 emissions, the balance coming from a variety of other sources. The share of power generation and transport is projected to increase to 44% and 23%, respectively by the year 2030.

Table 9.28
Projections on World Energy Related CO_2 Emissions, million tonnes [1]

Energy sector	1971	2002	2010	2020	2030
Power Generation	3731	9417	11494	14258	16771
Transport	2351	4914	5977	7375	8739
Other	7876	9248	10346	11593	12704
Total	13958	23679	27817	33226	38214

The Kyoto Protocol signed in December 1997 commits the industrialized countries to legally binding reductions in emissions of greenhouse gases by 2008-2012. Strategy to achieve reduction in CO_2 emissions from transport sector involves essentially the following:

- Reduction in fuel consumption of vehicles.
- Increased use of low carbon alternative fuels and bio fuels.

European Union countries have introduced CO_2 emission regulations for the automobiles (Table 9.29). A voluntary target of 140 g/km average CO_2 emissions for new car sales to be met in 2008 was set that had to be relaxed. By the year 2012, a goal of 120 g/km average CO_2 emissions was proposed that has been changed to 130 g/km by engine and vehicle technology, and further reduction to 120g/km by use of renewable fuels. In the USA, the Energy Policy and Conservation Act passed in 1975 requires each vehicle manufacturer to determine sales weighted average fuel consumption figures for all passenger cars and light duty trucks produced by them. Electric cars or IC engine -electric hybrid cars may be included in calculation of fleet average fuel economy and a credit is given for flexible fuelled vehicles. The fuel economy standards are based on the combined city and highway test cycles and are known as CAFE (Corporate Average Fuel Economy) standards. Since 1991, the CAFE standards have remained the same for passenger cars at 11.7 km/litre, but are now being revised. The CAFÉ standards for the light duty trucks (< 3855 kg GVW) however, have been revised from 8.6 km/litre to 10 km/litre to be met in 2010. More exhaustive standards for the light duty trucks to be met in the year 2011 are based on vehicle foot print and are given in Fig. 9.16.

Table 9.29
Fleet Averaged Greenhouse Gas, CO_2 Emission Standards in Europe, g/km.

Year	New Car Fleet Average	Approx. Equivalent FE*, km/l of gasoline
1995	185 (base value)	12.6
2003	165 (achieved)	14.1
2008(target)	140	16.6
2012 (target)	120**	19.4

*FE in km/l of gasoline = 2325/ CO_2 g/km, ** 130 g/km through vehicle technology and further 10g/km reduction via bio fuels

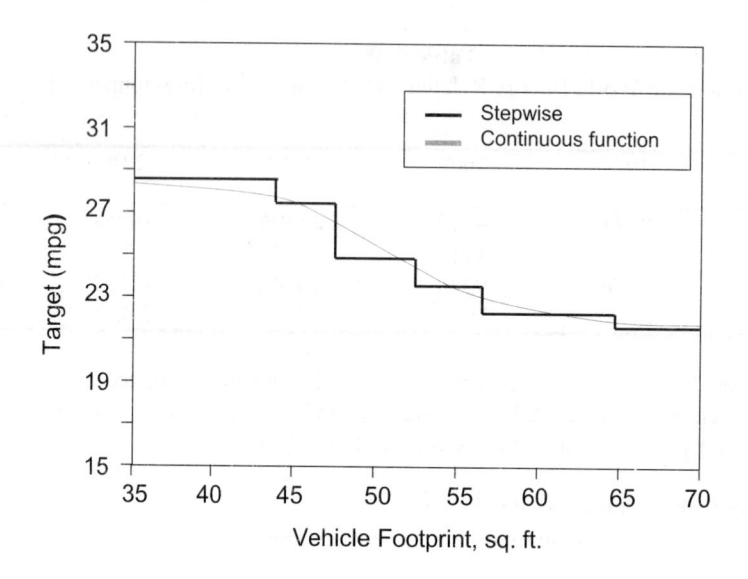

Figure 9.16 US fuel economy standards for light duty trucks from the year 2011. Vehicle foot print = wheel base, ft × track width, ft. Wheel base = distance between centrelines of front and rear axles; track width = lateral distance between centrelines of tires when on ground.

The new US fuel economy standards for light trucks are not based on fleet average value when the large fuel inefficient vehicles can be compensated by manufacturing more numbers of small, fuel efficient vehicles. Instead, the new US fuel economy standards for light trucks require each vehicle model based on its size to meet a well defined fuel economy target. In the year 2003, a joint programme between the US EPA and the major US automobile manufacturers was launched to design a mid-size car which provides 80 miles/US gallon (2.94 liter/100km) fuel economy. This initiative of 10 year duration was known as "Partnership for a New Generation of Vehicles (PNGV)". A variety of hybrid electric vehicle prototypes using SI as well as CI engines have been developed in the programme that have met the set fuel economy target.

Life cycle CO_2 equivalent GHG emissions for liquid petroleum fuels, LPG, natural gas and biodiesel for heavy vehicle application are compared in Fig 9.17 [36]. The CO_2 emissions yielded during fuel production and during fuel utilization stage in engines are shown separately. Engine efficiency and green house effect of fugitive emissions have been accounted for. Among the alternative fuels, natural gas having lower carbon content in the fuel molecule has advantage over gasoline and diesel fuels as far as CO_2 emissions are concerned. From natural gas vehicles, the greenhouse effect of the fugitive methane emissions as a result of leakage from the transportation and distribution systems is also to be accounted for as methane is nearly 20 times more potent than CO_2 in causing global warming. LPG lies in between the natural gas and liquid petroleum fuels. The bio fuels such as ethanol and biodiesel have much lower lifecycle CO_2 emissions as the carbon dioxide produced on their combustion would be the same that has been fixed from atmosphere during growth of the agriculture crops. These fuels do contribute to net CO_2 emissions resulting from manufacture of fertilizers and other ingredients used for crops and, during processing of these fuels and making them suitable for use in the engines. Natural gas and LPG, in spite of the low engine (SI) efficiency have significant advantage over the diesel fuels in the heavy vehicle segment primarily due to lower carbon/hydrogen ratio of these fuels and low CO_2 emissions during fuel processing compared to diesel.

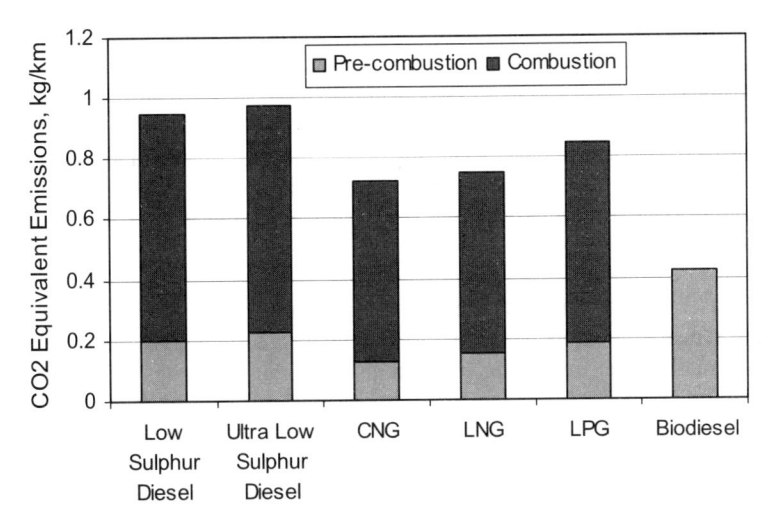

Figure 9.17 Lifecycle CO_2 emissions from different fuels in heavy duty vehicle application [36].

PROBLEMS

9.1 A flexible fuel vehicle operates on ethanol-gasoline mixtures at stoichiometric fuel-air equivalence ratio. Ethanol varies from 10 % to 85% in gasoline (C_8H_{16}). Calculate the change in air-fuel ratio that is to be handled by the engine fuel management system when ethanol content varies from 10 to 85%.

9.2 A diesel fuel when tested has the same ignition characteristics as the mixture of 40% n- cetane and 60% hepta-methyl nonane. What is its cetane number? The fuel at 15° C has density of 820 kg/m³ and mid-boiling point (T_{50}) of 230° C. Find calculated cetane index of the fuel using Eq. 9.7. How much error results in using CCI instead of CN?

9.3 What are the changes in volumetric efficiency for a gasoline (C_8H_{18}) engine when it is converted - by retro- fitment for operation on methane, propane or hydrogen? Assume inlet conditions as 1 bar, 298 K and the engine size and geometry remain unchanged. Gasoline also enters the engine cylinder mostly as vapours.

9.4 Calculate energy content of 1 m³ of stoichiometric mixtures with air of gasoline ($C_8 H_{18}$), ethyl alcohol, methane and hydrogen. Take standard conditions of 1 bar and 298K. Using the inlet conditions to an engine the same as standard conditions and all the fuels enter the engine in fully vaporized form, calculate the engine volumetric efficiency with ethyl alcohol, natural gas and hydrogen relative to gasoline with air. Would it be preferable to directly inject natural gas and hydrogen in the engine cylinder when the intake valve is closed? How much gain in power would be expected with direct in-cylinder injection relative to their induction in premixed form during intake stroke?

9.5 Refer Fig. 9.2 and explain the effect of distillation range i.e., front end, mid-range and tail end volatility of gasoline on (i) evaporative emissions (ii) warm-up (iii) combustion chamber deposits exhaust HC and NO emissions and (v) fuel economy.

9.6 Aromatics have a higher adiabatic flame temperature than the paraffins. Rate the fuels methane, methanol, ethanol, gasoline, high aromatic gasoline, and diesel in terms of their potential to produce NO emissions.

9.7 Calculate mass of CO_2 per unit of energy (g CO_2 /MJ) release for methane, propane, methanol, ethanol, gasoline and diesel fuels when burned as stoichiometric mixtures and rate them in decreasing order. Check your results with the data given in Table 9.15. Use the fuel properties given in the Appendices.

9.8 Wobbe index of gaseous fuels characterizes the energy flow rate through a constant flow area orifice. To ensure repeatable engine performance with gaseous fuels like natural gas a minimum Wobbe index is usually specified. It is claimed that combustion rates of natural gas can be improved by mixing it with hydrogen mixture of natural gas resulting in better engine performance. Calculate Wobbe index in kJ/m^3 for (i) 100% CH_4 (ii) 90 % CH_4 + 10 % H_2 (iii) 75% CH_4 + 25% H_2 (iv) 50% CH_4 + 50% H_2,. How much does Wobbe index change and how important are the readjustments in the fuel flow system if fuel changes from natural gas (CH_4) to the mixture of 75% natural gas + 25% hydrogen?

9.9 Calculate Wobbe index for LPG (70% propane + 30% butane). Using Wobbe index for methane from Prob. 9.8, discuss if the methane and propane are interchangeable in an engine with fixed fuel metering system.

9.10 Estimate quantitative contribution of fuel sulphur to PM emissions in diesel engines in terms of increase in mass of PM, g/kWh per 100 ppm by mass of sulphur in fuel. Find the contribution of 0.1% sulphur in fuel to PM as percentage of Euro 1 to Euro 5 heavy duty PM emission limits.

9.11 Natural gas (nearly 100% CH_4) is being used in large number of SI engine vehicles all over the world. Methane can be used in lean burn engines, while the gasoline engine operates near stoichiometric mixture for normal operation. The operating parameters for the natural gas and gasoline engines are compared in the table below.

	Natural gas (CH_4)	Gasoline (C_8H_{15})
Heat of combustion, MJ/kg	50	44.2
Research Octane number	120	91
Compression ratio (CR)	11.5	9.0
Engine swept volume, l	1.5	1.5
ϕ at part load	0.7	1.0
ϕ at full load	1.0	1.05

(i) Estimate maximum power of natural gas engine relative to maximum power of gasoline engine.

(ii) Compare whether the CO, NO, HC in terms of g/kW-h for natural gas engine are higher about the same or lower than those for gasoline engine at (a) Part load (b) Full load operation. Give brief explanation to your answers. Take $\gamma = 1.3$ for air-fuel mixture of natural gas as well as gasoline, thermodynamic efficiency of the engine $\eta_{th} = 1 - (1/CR)^{\gamma-1}$.

REFERENCES

1. Climate Change BP's Point of View, July (2006).
2. Owen, K., and Coley, T., *Automotive Fuels Reference Book*, Society of Automotive Engineers Inc., 2nd edition, (1995).
3. World-Wide Fuel Charter – April 2000, prepared by ACEA, Alliance, CMA and JAMA, (2000).
4. Pundir B. P., *Engine Emissions: Pollutant Formation and Advances in Control Technology*, Narosa Publishing House, New Delhi (2007).
5. An Investigation into Evaporative Hydrocarbon Emissions from European Vehicles, Concawe Report No. 87/60, 1987, CONCAWE, The Hague, September, (1987).
6. Motor Vehicle Emission Regulations and Fuel Specifications – Part 2: Detailed Information and Historic Review (1996-2000), CONCAWE, Report No. 2/01, Brussels, March (2001).
7. Hochhauser, A.M., Benson, J.D., Burns, V., Gorse, R.A., Kochl, W.J., Painter, I.J., Rippon, B.H., Reuter, R.M., and Rutherford, J.A., " The Effect of Aromatics, MTBE, Olefins and T90 on Mass Exhaust Emissions of Current and Older Vehicles - The Auto/Oil Air Quality Improvement Research Program," SAE Paper 912322, (1991).
8. Benson, J.D., Burns, V., Gorse, R.A., Hochhauser, A.M., Kochl, W.J., Painter, I.J., and Reuter, R.M., " Effects of Gasoline Sulphur Level on Mass Exhaust Emissions of Current and Older Vehicles - The Auto/Oil Air Quality Improvement Research Program," SAE Paper, 912323, (1991).
9. Goodfellow, C.I., Gorse, R.A., Hawkins, M.J., MacArragher, I.S., "European Programme on Emissions, Fuels and Engine Technologies -Gasoline Aromatics/E100 Study," SAE Paper 961072, (1996).
10. Rutherford, J.A, Kochl, W.J., Benson, J.D., Hochhauser, A. M., Knepper, J.C., Leppard, W.R., Painter, I.J., Rapp, L.A., Rippon, B.H., and Reuter, R.M., " Effects of Gasoline Properties on Emissions of Current and Future Vehicles – T50, T90 and Sulphur Effects- Auto/Oil Air Quality Improvement Research Program," SAE Paper 952510, (1995).
11. Rickard, D., Bonneto, R., and Signer, M., "European Programme on Emissions, Fuels, and Engine Technologies (EPEFE) – Comparison of Light and Heavy Duty Diesel Studies," SAE Paper 961075, (1996).
12. Olsen R.E., Ingham, M.C., and Parsons, G.M., "A Fuel Additive Concentrate for Removal of Injector Deposits in Light Duty Vehicles," SAE Paper 841349, (1984).
13. Meyer, K., and Livingston, T.E., "Diesel Fuel Lubricity Requirements for Light Duty Fuel Injection Equipment," CARB Fuels Workshop, Sacramento, California, February 20, (2003).
14. MacKinven, R., and Hublin, M., "European Programme on Emissions, Fuels and Engine Technologies - Objectives and Design," SAE Paper 961065 (1996).
15. Hublin, M., Gadd, P.G., Hall, D.E., and Schindler, K.P., "European Programme on Emissions, Fuels, and Engine Technologies (EPEFE) – Light Duty Diesel Study," SAE Paper 961073, (1996).
16. Signer, M., Heinze, P., Mercogliano, R., and Stein, H.J., "European Programme on Emissions, Fuels, and Engine Technologies (EPEFE) – Heavy Duty Diesel Study," SAE Paper 961074, (1996).
17. Kumar, D., Nawani, C.S., and Pundir, B.P., " Methanol Operation of a Glow Plug Ignited Direct Injection Diesel Engine with Restricted Piston Cooling", Seventh International Symposium on Alcohol Fuels," Paris, Oct. 20-23, (1986).
18. Bindel, H., "Implementation Experiences with MWM Pilot-Ignition Diesel Cycle Engines Burning Alcohols as Main Fuel," Sixth International Symposium on Alcohol Fuel Technology, Ottawa, Canada, May 21-25, (1984).

19. Zvirin, Y., Gutman, M., and Tartakovsky, L., "Fuel Effects on Emissions," *Handbook of Air Pollution from Internal Combustion Engines: Pollutant Formation and Control,* Ed. Eran Sher, Academic Press, (1998).
20. Ly, H., "Effects of Natural Gas Composition Variations on the Operation, Performance, and Exhaust Emissions of Natural gas Vehicles," International Association of Natural Gas Vehicles (IANGV), Report No. 6624, August (2002).
21. ISO 15403, "Natural gas – Designation of the quality of natural gas for use as a compressed fuel for vehicles," International Organization for Standardization, (2000).
22. Mooney, J.J., " On the Application of NG-Fueled Engines in the Transportation Sector," Keynote Address, India SAE Mobility Conference, Chennai, India, January 10-12, (2002).
23. Ahlvik, P., Sandström, C., and Wallin, M., "Methane-Fuelled Buses: Current Development Status and Proposal for an Exhaust Emission Evaluation Programme," AVL Publication No. 2003-102, June (2003).
24. EN 14214: European Specifications for Vegetable Oil Methyl Ester Diesel Fuel (Biodiesel, Fatty Acid Methyl Ester [FAME]), (2003).
25. ASTM D 6751: Standard Specifications for Biodiesel Fuel (B100) Blend Stock for Distillate Fuels, June (2006).
26. A Comprehensive Analysis of Biodiesel Impacts on Exhaust Emissions: Draft Technical Report, EPA 420-P-02-001, US Environmental Protection Agency, October (2002).
27. Sharp, C.A., Howell, S.A., and Jobe, J., "The Effect of Biodiesel Fuels on Transient Emissions from Modern Diesel Engines, Part I Regulated Emissions and Performance," SAE Paper 2000-01-1967, (2000).
28. Maly, R. R., Schnell, M., Botha, J. J., and Schaberg, P. W., "Effect of GTL Diesel Fuels on Emissions and Engine Performance,"10th Diesel Engine Emission Reduction Conference, Coronado, California, USA, Aug 29 – Sept 2, (2004).
29. Schaberg, P., Botha, J., Schnell, M., Herrmann, H-O, Keppeler, S., and Friess, W., "HSDI diesel Engine Optimization for GTL Diesel Fuel," SAE Paper 2007-01-0027, (2007).
30. Tsujimura, T., Goto, S., and Matsubara, H., "A Study of PM Emission Characteristics of Diesel Vehicle Fueled with GTL," SAE Paper 2007-01-0028, (2007).
31. Fleisch, T., McCarthy, C., Basu, A., Udovich, C., Charbonneau, P., Slodowske, W., McCandless, J., and Mikkelsen, S.E., "A New Clean Diesel Technology: Demonstration of ULEV Emissions on a Navistar Diesel Engine Fueled with Dimethyl Ether," SAE Paper 950061, (1995).
32. Hansen, J. B., Voss, B., Joensen, F., and Sigurdardottir, I., "Large Scale Manufacture of Dimethyl Ether – A New Alternative Diesel Fuel from Natural Gas," SAE Paper 950063, (1995).
33. Gray, C., and Webster, G., "A Study of Dimethyl Ether (DME) as an Alternative Fuel for Diesel Engine Applications," Report No. TP 13788E, Transportation Development Centre, Transport Canada, May (2001).
34. Peshka, W., *Liquid Hydrogen: Fuel of the Future,* Translated by Wilhelm, A.W., and Wilhelm, U., Springer –Verlag, Vienna, New York, (1992).
35. Davis, G., "Low Emission I.C. Engine Development at Ford Motor Company," ERC Low Emission Symposium, University of Wisconsin, Madison, USA, June 8-9, (2005).
36. Hawkes, A., "Evolution towards a Sustainable Transport Energy Source," Report prepared for Western Australia State Sustainability Strategy, June (2002).

CHAPTER 10

Combustion Diagnostics

Emission control and improvement in fuel efficiency have a major influence on the design and development of internal combustion engines. Global warming concerns have led to setting up targets in Europe and other countries for reduction in carbon dioxide emissions from road vehicles. Improvement in combustion efficiency of internal combustion engines and other combustion devices is of paramount importance for conservation of natural energy resources and to minimize combustion generated environmental pollution. Fundamental understanding of physical and chemical processes involved in fuel jet atomization, fuel-air mixture formation, ignition, flame propagation and combustion is required to control combustion process for yielding the desired improvements. In the engines often two phase flow exists. The flow is unsteady and highly turbulent. In the diesel spray combustion, drop size distribution and spray penetration in conjunction with air flow govern mixing rates. Combustion takes place at high temperatures and pressures. The intermediate reactive chemical species are central to chemical kinetics leading to formation of pollutants. Flame termination and, the process of slowing down and eventually freezing of combustion reactions are important in determining the emission levels of unburned fuel and intermediate, partial oxidation products. Moreover, several of these processes are in progress simultaneously which makes the study and diagnostics of a single event or process more difficult and complicated.

Experimental study and measurement of parameters such as fluid flow velocities and flow pattern, injection spray development, drop size distribution, flame propagation, temperature, pressure and chemical species are required to validate numerical models, which are used for design of combustion systems and devices. In the engine, all these parameters vary with time and space, and their variations are to be measured. For many years, the only in-cylinder measurement technique available for ready use was the one for measurement of combustion pressure. From the combustion pressure heat release rates were calculated. Other processes taking place in the cylinder were conceptualized based on this information and other input and output data. Many techniques developed for open systems are not easy to use in an engine due to limited access to insides of the engine cylinder, very small time available for measurement, prevailing high temperatures and pressures and vibrations. For example for measurement of flow velocities in the engine cylinder, hot wire anemometry has only a limited success as it is essentially a point measurement technique and hot wire sensor has poor durability in the engine environment. Further, it is an intrusive technique and the actual flow field may be altered by the presence of probe itself.

To acquire real-life data, capability for instantaneous cylinder pressure measurement and in-situ measurement of in-cylinder flow, turbulence, mixing rates and combustion with a high degree of spatial and temporal resolution are required. Some measurements like injection spray characterization are usually done in a laboratory rig simulating engine conditions. For measurements in an engine, optical access to the engine is required. However, during measurements inside the cylinder of an optical engine, high combustion temperatures and pressures and, fouling of optical windows by soot, lubricating oil and other contaminants pose problems.

A number of parameters influence combustion process and need to be measured. Over the years, the list of parameters being measured has been increasing as more and more powerful measurement techniques are being developed. Before the availability of low cost laser equipment, optical techniques using normal light were not successful as the signals to be measured had very low intensity of radiations However, laser based techniques for combustion studies have made phenomenal progress since 1970. Many new concepts have been developed and more sophisticated equipment and analytical tools are now available. Earlier, detection itself of some intermediate chemical species was a significant achievement, but now their concentrations are being measured. For many years, only single point measurements were possible and a large number of measurements have to be made to obtain a complete picture. This needed a large amount of time for measurements and provided only time averaged data in which valuable information on transient nature of processes was lost. Presently, one-, two- or three-dimensional measurements are possible in one go. Owing to developments during the last three decades or so, many laser based techniques are now available for measurement of several parameters. Laser Doppler velocimetry, laser scattering and laser sheet drop size measurement, laser spectroscopy, laser induced fluorescence (LIF) for temperature and species measurement are now widely used by the researchers.

In this text, at first the system used for measurement of instantaneous cylinder pressure, the most often measured engine combustion parameter is described. Typical research engine(s) with optical access developed for combustion photography and application of laser diagnostic techniques is presented. Then, the modern laser based techniques used for measurement of primary parameters such as fluid flow, spray formation and drop size distribution, flame propagation and in-situ concentration of pollutants that are needed in understanding engine combustion process are discussed. More details on these techniques used for engine combustion research are available in References 1 and 2. Several laser techniques discussed here can be combined and more than one quantity can be measured simultaneously. The combustion system and process parameters and the corresponding measurement techniques that are currently used, are listed in Table 10.1.

Table 10.1
Some measurement techniques for engine combustion studies

Parameter	Measurement Technique
Flow velocity and turbulence	Laser Doppler velocimetry (LDV), Particle image velocimetry (PIV)
Spray drop size distribution and SMD	Laser diffraction, Laser sheet drop sizing (LSD), Phase Doppler particle analyzer (PDPA)
Spray penetration	Quantitative laser sheet (QLS)
Fuel vapours	Planar laser induced fluorescence (PLIF)
Flame front detection and flame speed	High speed photography, Chemiluminescence, Tomographic combustion analysis (TCA)
Species concentration, OH, NO, CH	Laser induced fluorescence(LIF), Spectroscopy
Soot	Laser induced incandescence (LII)
Temperature	PLIF (temperature dependent fluorescence)

10.1 IN-CYLINDER PRESSURE MEASUREMENT

The mechanical work produced by an IC engine results from the action of gas pressure on the piston. The cylinder pressure is directly related to engine power output and the fuel efficiency. The development of cylinder pressure versus crank angle data is used to calculate heat release rates and to analyze the progress of combustion process in the cycle. Instantaneous gas pressure in engine intake and exhaust system are also measured and these are used to analyze and optimize intake and exhaust processes, more importantly in the 2-stroke and turbocharged engines. In diesel engines, measurement of fuel injection pressure is required to calculate instantaneous rate of fuel injection, an important input data for analysis of the actual engine cycle. Measurement techniques used for all these engine cycle related pressures employ basically the same type of instrumentation. A typical system used for measurement of cylinder pressure - crank angle (P-θ) history is shown in Fig. 10.1. It consists of a pressure transducer that measures instantaneous pressure, pressure signal processing unit, crankshaft encoder to provide crank angle signal for relating pressure data to their corresponding crank angles and, an oscilloscope for display and a microprocessor based data acquisition system for recording and processing of the pressure-time or pressure-cylinder volume data.

The piezoelectric pressure transducers are most widely used for measurement of cylinder pressure and other engine cycle pressures, as these are small and compact, have high sensitivity, linear response and good repeatability of measurement. Construction of a typical piezoelectric pressure transducer is shown on Fig. 10.2 (a). Quartz crystal is the sensing element. As the diaphragm of the transducer is

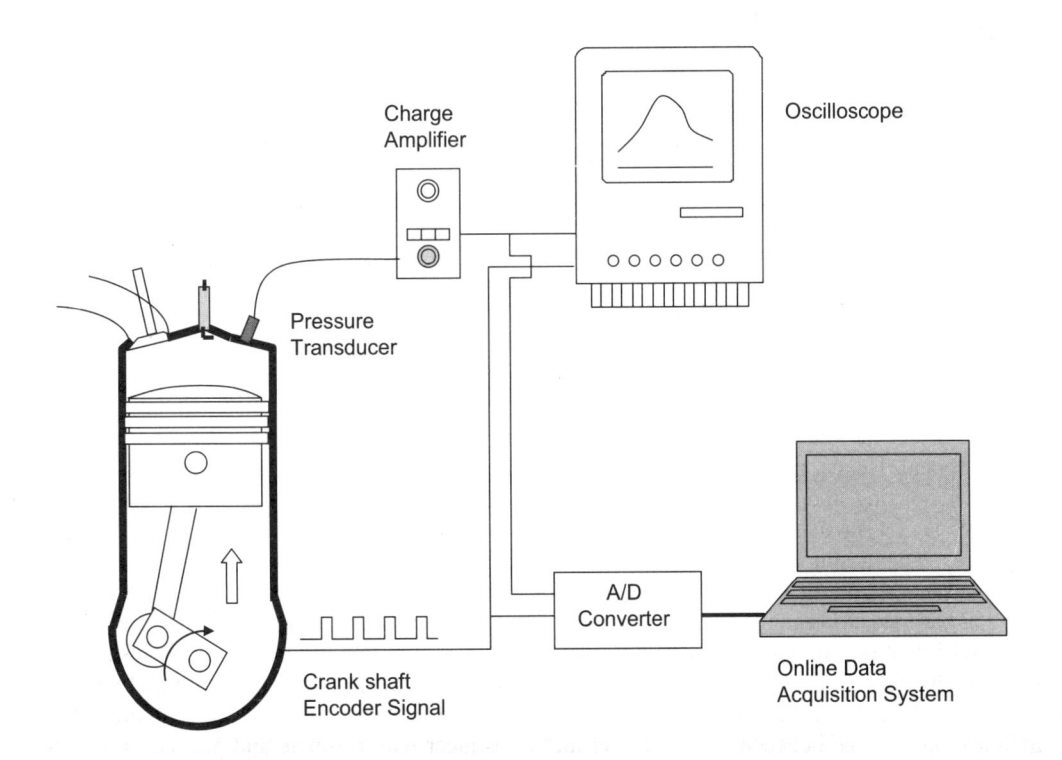

Figure 10.1 Schematic of an in-cylinder pressure measurement system.

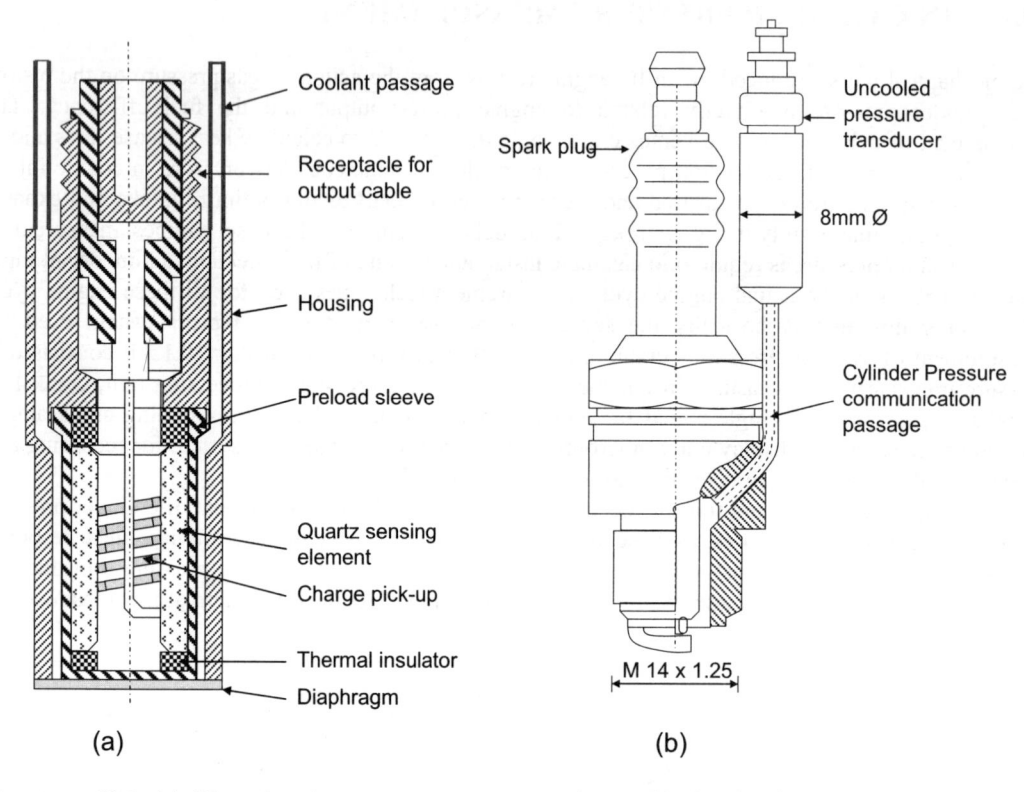

Figure 10.2 (a) Piezoelectric quartz pressure transducer (b) Spark plug adaptor for pressure transducer

deflected by the cylinder pressure (or any other pressure) acting on it, the quartz crystal is compressed. On compression the quartz crystal develops an electric charge (piezoelectric effect), which is proportional to the pressure applied. The crystal is pre-compressed to measure pressure fluctuations during the engine cycle. The sensitivity of the transducer is given in pico-coulombs per bar (pC/bar). On exposure to combustion gases, due to heating the transducer housing and metal diaphragm expand releasing pre-compression load which would result in dysfunction of the transducer. Changes in sensor temperature affect the transducer output by varying the Young's modulus and resonant frequency of the quartz crystal. Hence, in the design of transducer measures are taken to compensate for expansion of the metal housing and also to provide cooling by circulation of water through internal coolant passages and jacket surrounding the sensing element.

The pressure transducers are available from manufacturers such as Kistler and AVL in various sizes and in ranges from 0-5 bar to 0 -4000 bar. For measurement of cylinder pressure, the transducer with 0 -250 bar measuring range is generally used. The higher pressure range is used for measurement of the diesel injection pressure. The pressure transducer should preferably be mounted flush with the combustion chamber surface to eliminate delay and prevent any change in the pressure that may occur when communicated through a passage to the transducer diaphragm. The gas column in the communicating passage between the cylinder and transducer may resonate and pressure oscillations may be erroneously superimposed on the pressure exerted on the transducer diaphragm. The measured pressure thus, is a distorted cylinder pressure form and incorrect in magnitude. However, on production engines it is not always possible to mount the transducer flush with the combustion chamber surface. In such cases, the communicating passage of small diameter (1 to 2 mm) should be as short as possible to minimize time lag, resonance and pressure distortion. For cylinder pressure measurements in production SI engines, a spark plug adapter shown in Fig. 10.2 (b) on which pressure transducer can be mounted outside, are also used. The transducer is to be mounted applying the torque as recommended by the manufacturer. If the tightening torque is different it might change the sensitivity of the sensor.

The output of the transducer is in the form of small amount of electric charge. The charge from the transducer is led through a highly insulated and noise resistant coaxial cable to the charge amplifier. The cable is designed to be insulated from interference of outer electromagnetic signals. The transducer is calibrated using a dead weight tester. A known pressure is applied to the transducer and the voltage generated is measured by an oscilloscope. As the charge generated from the transducer leaks with time, charge amplifier is set at long time-constant during calibration. By calibration of the transducer, a linear relationship between pressure and output voltage is established.

The piezoelectric transducers by design generate charge with reference to an arbitrary base line pressure. The out put voltage, $V(\theta)$ corresponding to pressure, $P(\theta)$ at a crank angle θ is

$$V(\theta) = \frac{P(\theta)}{C} + V_0 \tag{10.1}$$

where C is calibration constant in bar/Volt and V_0 is the output voltage at zero pressure. To determine absolute pressure, the transducer output is to be correlated with known pressure at some point in the cycle. This 'referencing' process usually is accomplished by equating pressure at the bottom dead centre of intake stroke, P_{ibdc} equal to absolute intake manifold pressure (MAP). The pressure in the intake manifold is measured by a manometer. Thus, P_{ibdc} = MAP and

$$P(\theta) = C[V(\theta) - V_{ibdc}] + P_{ibdc} \tag{10.2}$$

The pressure data is to be recorded against the corresponding crank angle. A crankshaft encoder is coupled to the engine crankshaft. The crankshaft encoder uses a toothed wheel or a multi-pole magnetic wheel. The circumference of the wheel may be divided into 360 or more equally spaced crank angle degree intervals. In some designs, an optical sensor consisting of light (infra red) source and photodiode with toothed wheel is used for crank angle detection. Other systems use a multi-pole magnetic wheel with inductive transducer for detection of crank angles. The signal from the sensor is electronically processed to generate square pulse corresponding to each time interval in terms of crank angle. A reference crank angle at which data acquisition starts is also marked on the encoder wheel. In a multicylinder engine, cycle pressures usually are measured on the first cylinder. The shaft encoder is mounted at the crankshaft end closest to the cylinder of measurement to avoid error in phasing of the crank angle signal, which may result due to torsional strain in the crankshaft and other intermediate connecting shafts. This error varies with engine load and speed. The data acquisition depends upon the resolution of the shaft encoder. For spark ignition engines as the rate of pressure rise is small a 1° CA resolution may be adequate although for study of knocking combustion a resolution of 0.2° to 0.25° CA is required. In the diesel engines, rate of pressure rise being high pressure data at 0.1° to 0.2° CA intervals is often acquired for more accurate analysis of heat release rates.

The position of reference crank angle signal on the encoder in relation to top dead centre should be known to accurately align the pressure data with the corresponding crank angles. The position of geometric top dead centre is to be determined very accurately as 1° CA error in tdc can result in 2 - 3%

error in the calculated indicated mean effective pressure. One method is to use motored engine cylinder (compression) pressure for determination of top dead centre. The peak compression pressure occurs slightly before (0.5° to 0.8° CA) tdc due to heat transfer effects. On the plot of compression pressure versus crank angle, the line passing through midpoints of the segments connecting equal pressure points on the two sides of plot, meets the P-θ curve at maximum compression pressure point. The crank angle at which maximum pressure occurs is at about 0.5 ° CA btdc, and the reference angle is accordingly assigned the crank angle value.

10.2 OPTICAL RESEARCH ENGINES

Engines with optical access to the combustion chamber are being used for study of in-cylinder flow, mixture preparation, flame propagation, combustion and pollutant formation studies. The following approaches to provide optical access to the engine cylinder have generally been employed:

(i) Provision of transparent "windows" at the strategic locations on the cylinder, cylinder head and piston to investigate the most significant events taking place inside the cylinder.
(ii) Optical access for full length of stroke using annular transparent windows or entire cylinder made of transparent material. This approach has been mostly used in non-firing tests for flow studies.

Bowditch [3] modified an engine to provide optical access through piston crown. A typical arrangement and main components are shown in Fig. 10.3. Now a number of optical research engines using Bowditch arrangement have been built all over the world. Between the cylinder head and crankcase, an intermediate housing holds an elongated piston. The elongated hollow piston has a transparent crown. Over the conventional piston crown a slotted tubular extension supports the transparent window. The slot on tubular piston provides space for a mirror. The image of combustion chamber reflected by the mirror is viewed through the slot facing the mirror. The piston crown window is about 75% of the piston diameter. The upper part of the intermediate housing just below the cylinder head is fitted with windows or is made of an annular transparent ring. The transparent ring provides a large optical access from all sides. This arrangement could be used either to capture images in the cross sectional plane (perpendicular to the cylinder axis), or to provide a laser sheet in the transverse plane (containing the cylinder axis), thus providing optical access to the working fluid. In the cylinder head, the area around spark plug or injector may also be fitted with window to have optical access through the cylinder top to the area around spark plug or injector.

The firing engines require windows to withstand high temperatures and pressures. Therefore, in the engine for firing tests 'fused silica' or quartz glass windows of about 20 mm thickness, are used. The quartz window has high strength, low coefficient of thermal expansion and high resistance to thermal shock. For cold motored engine studies however, windows of polymers like acrylic (polymethyl methacrylate – PMMA) could be employed. The choice also depends on the wavelength of radiations being studied. Sapphire windows ares used when ultraviolet radiations are of interest and germanium or silicon windows are used when infrared radiations are to be transmitted. The quartz or sapphire windows are very brittle. Hence, high skill and care is needed for installation and support of windows in the engine structure. Under normal engine operation, the windows lose transparency owing to deposition of lubricant film and soot particles, and abrasion by piston rings. The fouling of windows adversely affects the quality of the acquired images and data. The window fouling is reduced by several measures like use of rings made of graphite and reinforced polymers that eliminate need for lubrication. These rings can be used on cast iron cylinder liners or on annular transparent windows.

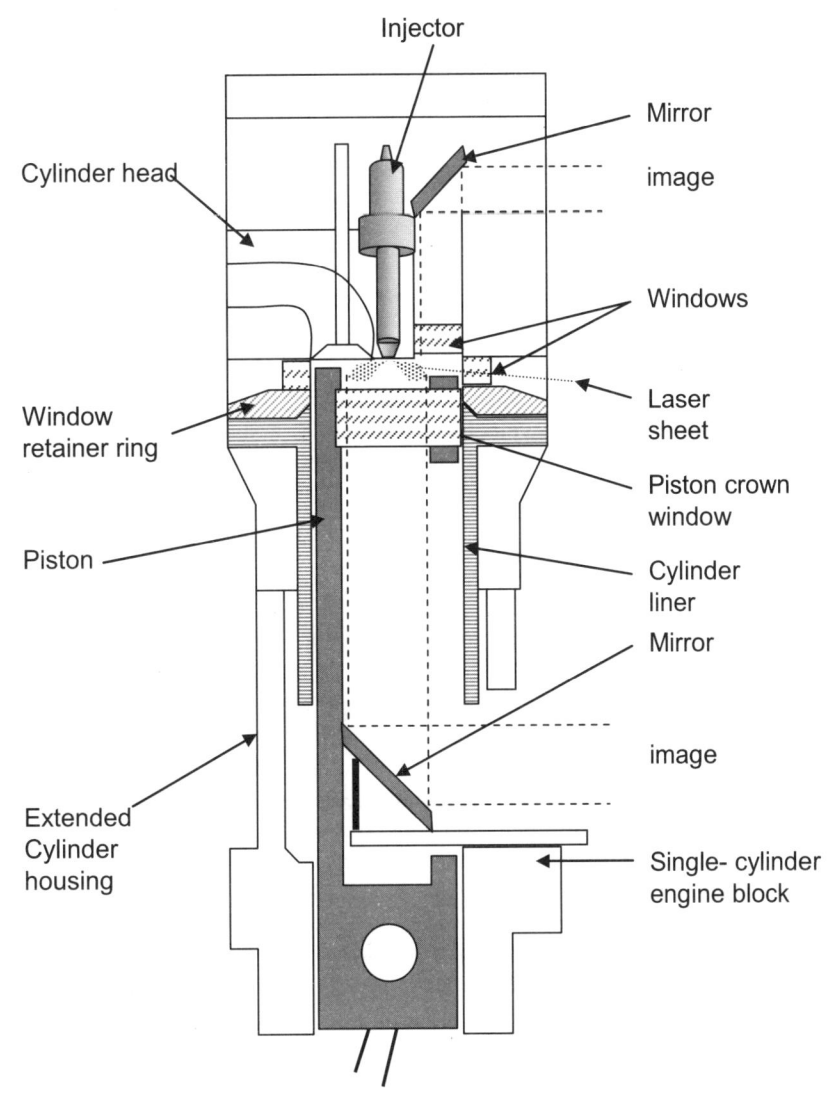

Figure 10.3 Typical arrangement of optical access through piston in an engine and key components such as extended piston, annular transparent window and piston crown [4].

Firing of the engine for a very short period and periodic cleaning of the windows are used to reduce window fouling. Durability of the windows and bonding material used to attach windows to the cylinder are the other concerns.

Curvature of the annular windows causes distortion of optical signals. Reflections from the cylinder walls and windows also affect the quality and accuracy of the captured images. The optical distortions are corrected during image processing or only plain windows are used to eliminate it. The optical engines are operated on low and medium loads and speeds that too only for a few minutes.

446 IC Engines: Combustion and Emissions

Fluid flow or fuel injection behaviour in the cold engine is not very different compared to the real engine operation. However, fuel vaporization and combustion processes could be altered by the engine temperature and to prevent it, the engine is preheated to the working temperatures before actual tests and measurements are carried out. Even at medium engine speeds of 1500 rpm, the duration of one stroke is only 20 milliseconds and one degree crank angle is equal to only 0.11 milliseconds. Therefore, for combustion photography cameras with 30000 frames per second or higher speeds are needed which will be discussed later in the chapter.

10.3   FLOW-FIELD STUDIES

Laser Doppler Anemometry (LDA)

Laser Doppler anemometry uses measurement of the Doppler shift of laser light scattered from small particles moving with the fluid flow. The velocity of particles is assumed to be identical to that of fluid. The velocity of particles produces a Doppler shift and the frequency of scattered light is shifted by an amount

$$v = \left(\vec{K}_s - \vec{K}_i\right) \bullet \vec{V} \tag{10.3}$$

Where $\vec{K}_s$ and $\vec{K}_i$ are the wave vectors of scattered and incident light and $\vec{V}$ is the velocity vector of the particle.

A LDA set-up is shown schematically in Fig. 10.4. Light from a laser is divided by the beam splitter and two laser beams of equal intensity which are focused at a point in the flow field where velocity measurement is to be conducted. The two beams produce interference fringe pattern and the light scattered by the moving particles is focussed on photo detectors (photomultiplier/ photodiode). As a particle travels across this region, the intensity of the scattered light fluctuates with a frequency which is a function of the fringe spacing and the particle velocity. The scattered light signal is converted to a corresponding electrical signal by means of photo detectors and filtered to remove noise. Figure 10.5 shows the type of signal received on the detector. The frequency of oscillation of the signal is determined by using a spectrum analyzer. Knowing the relationship of these quantities, the particle velocity at the point of measurement can be determined.

Fringe spacing, d is:

$$d = \frac{\lambda}{2\sin(\theta/2)} \tag{10.4}$$

and, Doppler period,

$$\tau_D = 1/f \tag{10.5}$$

where λ is the wavelength of the laser light, θ is the angle between two intersecting laser beams and f is the oscillation frequency of the captured light signal. The velocity of particle and the flow is,

$$U = d/\tau_D = \frac{f.\lambda}{2\sin(\theta/2)} \tag{10.6}$$

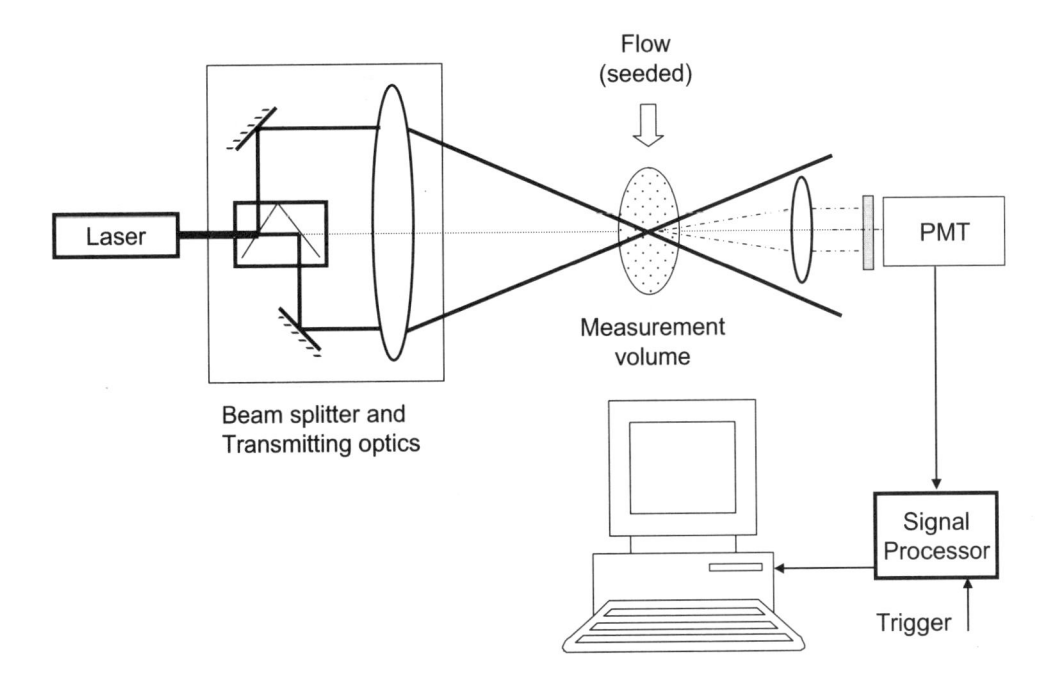

Figure 10.4 Schematic of a LDA system.

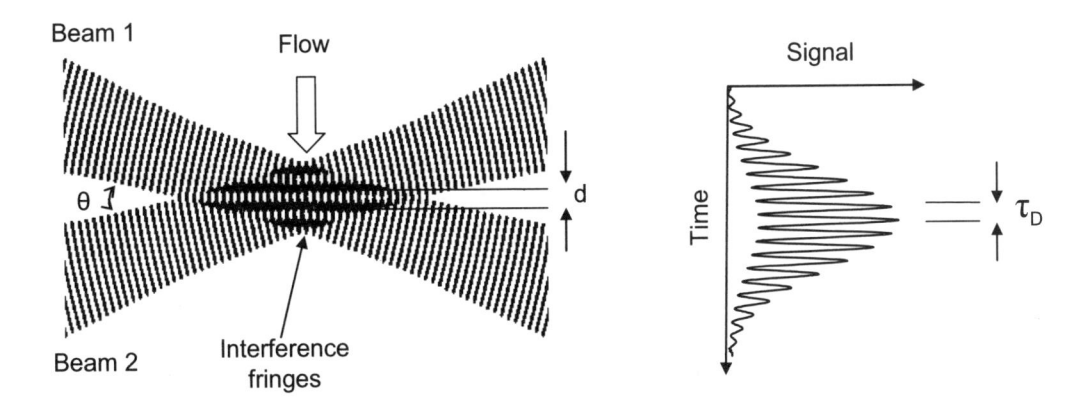

Figure 10.5 Fringe formation and oscillating light signal in LDV [5]

The velocity component perpendicular to the fringe pattern is measured. By rotating fringe pattern through 90° the other component of the two dimensional velocity vectors is measured. Simultaneous measurement of all velocity components is done by using two- colour system using two lasers of different wavelengths.

448 IC Engines: Combustion and Emissions

It is not always necessary to seed the flow with tracer particles as microscopic particles are many a times present in the flow. The gas flows, however are to be seeded. Fine liquid oil droplets, particles of titanium oxide or smoke produced by combustion have been used to seed the flow.

Particle Image Velocimetry (PIV)

Laser speckle velocimetry (LSV) may be considered as predecessor of particle image velocimetry (PIV). The LSV was developed from speckle interferometry and is used to measure surface displacements in solid mechanics. The laser speckle velocimetry is applied for very high density of seeded particles that does not occur in practice in fluid flows of interest in IC engines. The PIV is a planar techniques applied to flow fields with low particle density. In the PIV, the displacement of seeded particles (1 -50 μm) in the flow over a plane is measured.

A typical layout of application of PIV for study of flow field in an engine is shown in Fig. 10. 6. A double-pulse frequency-doubled Nd: YAG laser or copper vapour laser is usually employed in PIV measurements. For seeding, silicon oil droplets of about 2 μm or acrylonitrile microspheres have been used [6, 7]. Laser light sheet is pulsed twice, and images, I_1 and I_2 of the seeded particles are recorded on a CCD camera. Engine crankshaft encoder determines the crank angle position. A strobe signal at the desired crank angle triggers the laser and camera for recording the images. The two images of the particles while they have moved a distance's' are stored in two separate frames. Steps in image processing by PIV are shown in Fig. 10.7. Each frame is divided into a number of small interrogation cells.

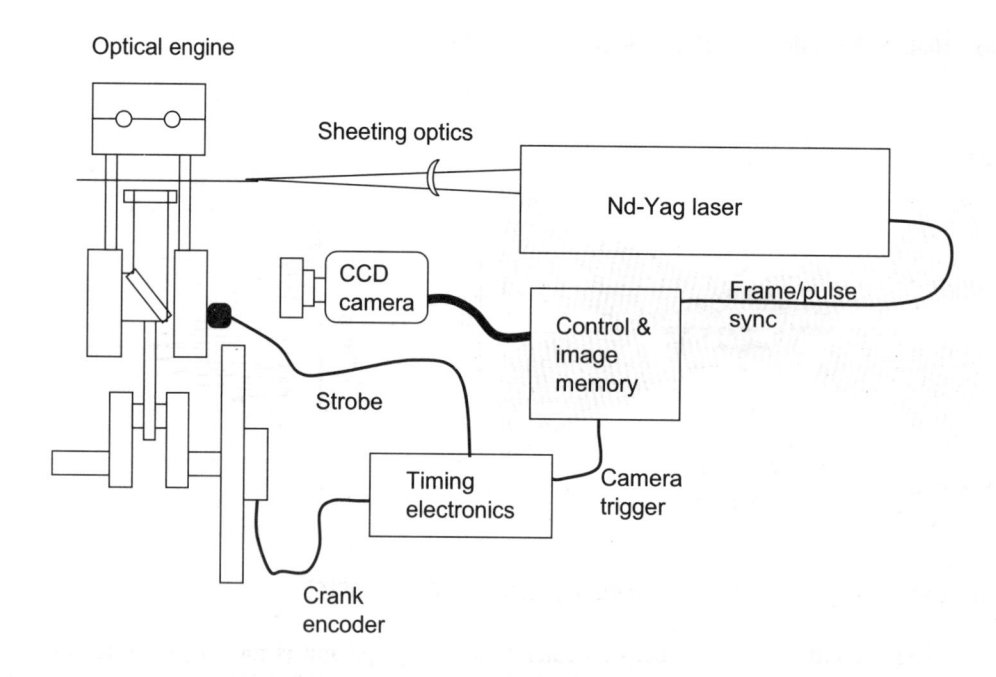

Figure 10.6 Schematic of particle imaging velocimetry (PIV) experimental set-up in an optical engine.

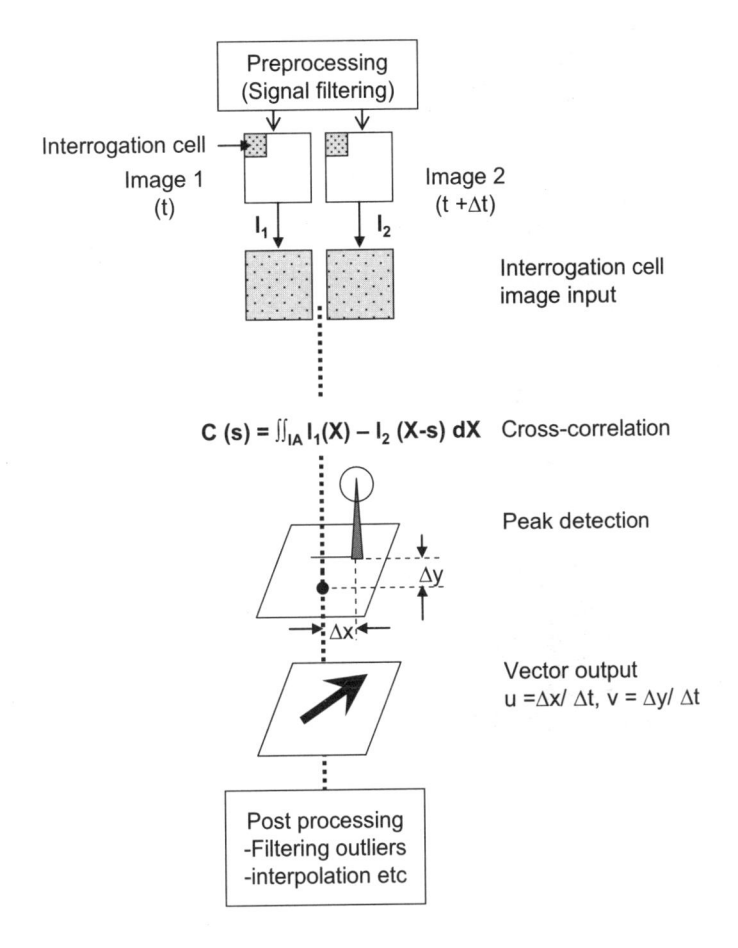

Figure 10.7 Image processing in particle image velocimetry (PIV) technique.

Velocity vector is obtained by performing mathematical cross-correlation analysis on the cluster of particles within each interrogation cell between the two frames. The spatial displacement's' that gives statistically the maximum cross- correlation is   taken as the average displacement of the particle in the interrogation cell. The velocity associated with each cell is equal to displacement divided by the time between the two laser pulses. For measurement of velocity component perpendicular to the plane a stereoscopic system using two cameras with appropriate lenses can be used.

The PIV technique gives very accurate measurements of velocity since it is based on the measurement of displacement over a period of time. The displacement better than 0.01 pixel can be measured on the CCD camera. The camera with 9000 frames/second could capture data for engine speeds up to 2000 rpm and flow field data at every 1 to 2° CA are obtained. Typical PIV image and flow-field velocities in a two dimensional plane in a reactor are shown on Fig. 10.8. Fluid flow in engine cylinder is also being measured now using PIV technique [7]. Digital particle image velocimetry (DPIV) is presently considered the best method to validate the flow velocity results of computational fluid dynamics (CFD) codes.

Fuel nozzle

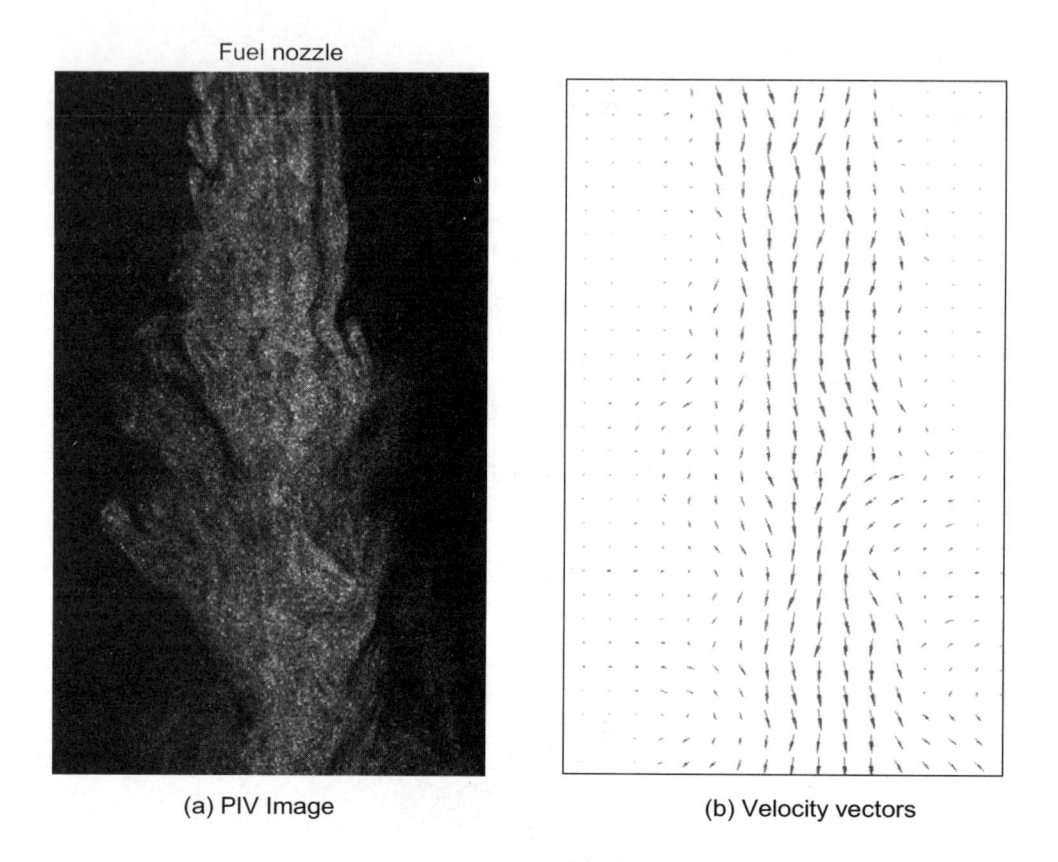

(a) PIV Image   (b) Velocity vectors

Figure 10.8 Typical PIV image and fluid flow velocity vectors in a reactor; seeded with by 2μm mean dia. droplets of di-octyl sebacate ($C_{26}H_{50}O_4$) droplets (courtesy: Panigrahi, P. K., Fluid Mechanics Laboratory, IIT Kanpur).

10.4 SPRAY STRUCTURE AND DROP SIZE DISTRIBUTION

Liquid fuel is injected in the PFI spark ignition engines at low pressures of only 3 to 7 bars. In the DISC and GDI engines as the fuel is injected directly into the cylinder, moderate injection pressures ranging from 50 to 100 bar are used while in the DI diesel engines peak injection pressures range from 700 to over 2000 bar. Fuel injection process plays a major role in fuel atomization and its distribution in the combustion chamber, which subsequently govern the fuel-air mixing and combustion processes. Liquid fuel injection systems employed in IC engines produce droplets of size that varies in a very wide range. The gasoline PFI systems produce droplets of around 100 μm dia., while the high pressure diesel injection systems are producing droplets as small as 1 – 2 μm in diameter. Very small droplets although vaporize much faster, but their momentum is low and the spray penetration will not be adequate to give high air utilization.

The drop size distribution from different types of liquid fuel atomizers has been studied since many decades. Many mechanical sampling methods such as capturing the drops in molten wax or on glass slides for subsequent measurement under a microscope have been used. The atomization in spray is a dynamic process and the drop size varies with time and space. The mechanical sampling methods are intrusive type and their main drawback is that they may alter the drop size or may not collect the representative sample. Optical drop and particle sizing methods have been developed and commercial equipments have been available since late 1970s [5]. The optical particle sizing methods do not interfere with the atomization process and only these methods are discussed here. The following types of optical techniques are used for drop size measurements

- Fraunhofer diffraction method
- Phase Doppler particle analyzer
- Laser sheet drop sizing

Fraunhofer Diffraction Method

When a beam of parallel monochromatic light falls on a relatively large opaque particle (D>> λ), the elastically scattered light forms a circular Fraunhofer diffraction pattern. The light scatterted from a single droplet of diameter, D_d, forms the Fraunhofer diffraction pattern at a distance, $L >> D_d^2 / \pi$. From the angular distribution of scattered light, the droplet or particle size can be determined.

The Fraunhofer diffraction pattern for a spherical particle (droplet) of diameter, D_d is mathematically given by,

$$I = I_0 \left(\frac{2J_1(X)}{X} \right)^2 \tag{10.7}$$

where:
I_0 = Light intensity at the centre of the diffraction pattern which is equal to incident light intensity
$J_1(X)$ = First order spherical Bessel function
X = dimension less size parameter

and

$$X = \frac{\pi D_d R}{\lambda f} \tag{10.8}$$

where f is the focal length of the collection lens and R is the radial distance in the detection plane (focal plane), λ is wavelength of incident light. For $f >> R$, the scattering angle $\theta \approx R/f$ and $X = \pi D_d \theta / \lambda$

The intensity of scattered light at an angle θ with respect to incident light is given by,

$$\frac{I(\theta)}{I_0} = C(\lambda) \alpha^4 \left[\frac{2J_1(\alpha\theta)}{\alpha\theta} \right]^2 \frac{1}{2} (1 + \cos^2 \theta) \tag{10.9}$$

where:
$C(\lambda)$ = a constant
$I(\theta)$ = scattered light intensity at angle θ
θ = scattering angle
α = dimensionless drop size, $\pi D_d/\lambda$

The Eq. 10.9 applies to a single droplet. A spray consists of large number of droplets of varying sizes. The spray having monomodal drop size distribution would give a unique smooth light intensity curve as a function of θ.

The working principle of particle size analyzer based on Fraunhofer diffraction is shown in Fig. 10.9. Swithenbank et al., (8) developed an instrument utilizing this principle, which is commercially known as **Malvern Particle Sizer (MSP)**. The light source typically used is a low power He-Ne laser. A beam of 10 mm dia. and 670 nm wavelength with 200 mm focal length lens has a drop size measuring range of 1 to 400 μm. The optical system consists of a beam expander and Fourier transform lens. The light passes through the measurement control volume consisting of droplets. Some of the light is absorbed and some is scattered. The scattered light as a diffraction pattern is imaged by Fourier transform lens on a detector. The beam is also focused at the centre of detector to measure the incident light. The detector either consists of an array of concentric solid-state photo-diode rings or a charge-coupled device (CCD) camera. The MSP uses 31 concentric detector rings to measure scattered light for all practically significant values of θ. Each detector ring receives scattered light from a number of particles of different sizes. The light energy falling on any ring in the focal plane is the sum of the light scattered by the different particles present in the measurement volume. This can be mathematically related to the mass fraction of different particle sizes present [2, 8]. The light intensity distribution measured by the photo-detector rings is correlated to an assumed drop size distribution. One of them, the Rosin-Rammler distribution is given in Eq. 4.2. The other commonly used distribution is log-normal distribution as given below,

$$\frac{dN}{dD_d} = f(D_d) = \frac{1}{\sigma_g \sqrt{2\pi}} \exp\left[\frac{1}{2\sigma_g^2}(\ln D_d - \ln \overline{D}_{d,ng})^2\right] \qquad (10.10)$$

Where N is the number of drops, $\overline{D}_{d,ng}$ is the number geometric mean dropsize and σ_g is the geometric standard deviation. This technique has good dynamic response ranging from 1 to 2500 Hz and thus, is capable of measurements in pulsed or intermittent sprays such as the diesel injection sprays.

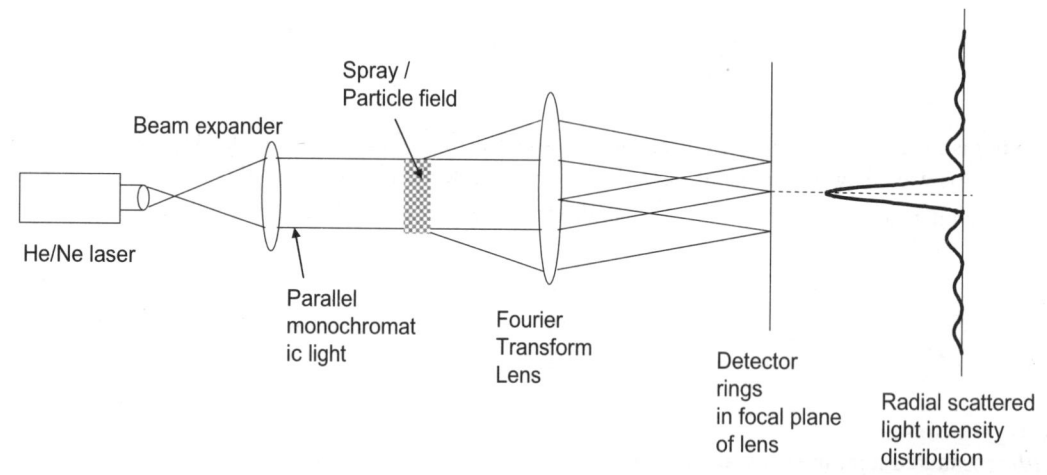

Figure 10.9 Schematic of Fraunhofer diffraction measurement technique employed by Malvern Particle Sizer for measurement of drop size distribution.

The MPS carries out line-of-sight measurement and leads to errors when drop size and distribution vary spatially. One of the major drawbacks is large errors of measurement in dense sprays. When the light extinction is more than 40%, then a significant level of signal is due to multiple scattering, which increases light intensity at larger values of scattering angle. It tends to give smaller mean drop diameter than the real case. For simple monomodal distribution, correction for dense sprays however, is possible and is done when processing the data. If distribution function is not assumed, the measured distribution can give erroneous results particularly when the distribution is multi-modal. However, drop size distribution in sprays is mostly monomodal and bimodal distribution is often due to malfunction of injection system or two-phase flow effect such as caused by recirculation [9]. The MPS due to simplicity of operation and robustness is widely used for measurement in relatively thin sprays.

Phase Doppler Particle Analyzer (PDPA)

Phase Doppler anemometry (PDA) also known as phase Doppler velocimetry (PDV) can be used to measure droplet size in addition to its principal application in studying fluid flow velocities. The principle of measurement of PDA is shown in Fig. 10.10 (a). Two laser beams are focused at the point of interest. At the cross section of two laser beams a fringe pattern is formed. The Doppler signal is produced by scattering of laser light from a single droplet as it passes through the intersection of the two laser beams. The transparent droplet also acts as a micro-lens and by refraction magnifies the fringe pattern. The fringe pattern is generated by the moving droplet. Two detectors are required to record the Doppler signal to provide information for determination of droplet size. As the detectors are placed at spatially different locations, the path followed by the signals received by each detector is different. A phase difference in time between the two Doppler signals recorded simultaneously by the two detectors is thus, obtained as shown in Fig. 10.10 (b). The frequency of signals is used to determine particle velocity, while the phase shift between the two signals is used to determine particle size. The phase shift between the two Doppler signals is given by;

$$\Delta \varphi_{12} = 2\pi \frac{\tau_{12}}{\tau_D} \qquad (10.11)$$

where τ_{12} is the time delay between the signals received by detectors 1 and 2 and τ_D is the Doppler period. The phase shift is determined as above and it varies linearly with droplet size;

$$\Delta \varphi_{12} \propto \frac{D_d}{\lambda} \qquad (10.12)$$

Signals are processed by a dedicated processor

The light from the droplet is both refracted and reflected. As the phase difference between the signals received by the two detectors from these two scattering mechanisms is not the same, this problem has to be resolved. Both these effects can cause distortion to the fringe pattern seen by the detectors. This technique has poor accuracy in dense sprays. The attenuation of laser signal due to scattering and multiple scattering from the droplets outside the control volume (volume of measurement), and multiple droplets present in the control volume are the factors that can introduce error in the data. More error due to these factors results for the weak signals generated from the small droplets and hence, a large drop size is wrongly indicated.

The main advantages of PDA are that it needs no calibration for making accurate measurements, and it has ability to measure both the velocity (2 or 3 components) and the diameter simultaneously. The method however, is a point measurement technique and mapping of spray is time consuming. It does not have good performance in dense sprays and the equipment is expensive.

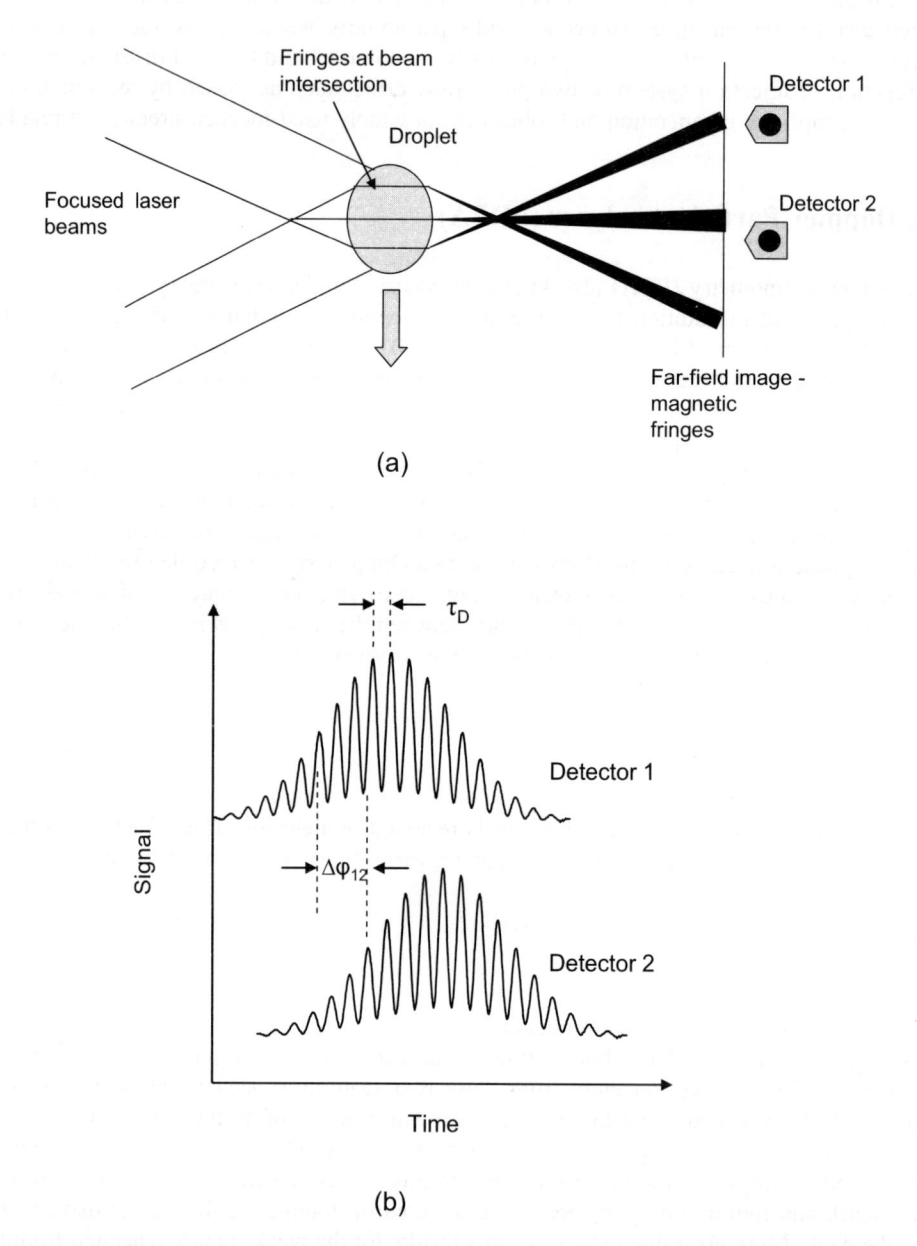

Figure 10.10 (a) Optical principle of laser phase Doppler particle analyzer (b) Doppler signal output of the two detectors.

Laser Sheet Dropsizing

The laser sheet dropsizing is a method where a laser sheet is used to image the entire cross section of the spray. It is also referred sometimes as planar dropsizing. It uses Mie scattering and laser induced fluorescence (LIF) to measure SMD in dense sprays. The fuel droplets are marked with a fluorescent dye. The intensity of scattered light signal from a droplet of diameter D_d is given by

$$S = CD_d^n \tag{10.13}$$

where C is a constant depending upon experimental parameters, detector efficiency and signal scatter angle etc, n is an index. This expression is valid for $D_d \gg \lambda$. The technique uses the elastic scattering theory when the wavelength of the scattered light remains unchanged from that of the incident light. For a spherical droplet with $D_d > 2\lambda$ from Lorenz-Mie theory of elastic scattering the Eq. 10.13 reduces to

$$S_{Mie} = CD_d^2 \tag{10.14}$$

The Mie scattering is primarily a surface scattering phenomena. A characteristic twin spot pattern (Fig 10.11) on the equatorial axis of the droplet is also observed that may be neglected without causing much error.

In the laser induced fluorescence, signal is generated by absorption of photons and their re-emission, which are normally red-shifted (larger wavelength). In the droplets transparent to laser, the molecules throughout the droplets would evenly receive the light energy and ideally the fluorescence signal is,

$$S_{LIF} = CD_d^3 \tag{10.15}$$

The ratio of fluorescence and Mie scattering signals from a large group of droplets will be proportional to SMD.

$$\frac{S_{LIF}}{S_{Mie}} = \frac{C_{LIF}D_d^3}{C_{Mie}D_d^2} \propto \frac{D_d^3}{D_d^2} \; or \; SMD \tag{10.16}$$

As $S_{LIF} \propto D_d^3$, the LIF signal is proportional to volume of liquid fraction. From the LSD technique therefore, liquid volume fraction versus SMD data is available.

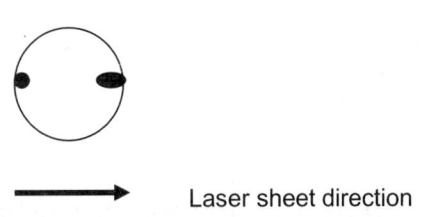

Figure 10.11 Mie scattering regime for a spherical droplet

The important issues to be taken care of during measurements by laser sheet dropsizing are:

(i) Selection of fluorescence dye and its concentration: The LSD method requires dependence of fluorescence signal on D_d^3, this dependence being sensitive to dye concentration and absorption depth in the droplets. The dye with low absorption would give signal proportional to volume while use of a strongly absorbing dye would result in excitation of molecules at only the surface. The exponent of drop diameter, D_d falls from 3 toward 2 as the concentration of laser dye increases [9].

(ii) The dye selected should evaporate at the same rate as the droplet liquid otherwise an error in the measurements would result, because for the measurement of SMD and volume fraction LSD assumes that the fluorescence emission per unit volume of droplet remain constant across the plane being imaged.

(iii) The dependence of fluorescence signal on temperature should be small over the range of temperature variation in the imaged plane.

A statistically significant number of droplets should be present in each pixel to yield correct value of SMD. For this, a number of laser shots are averaged. A typical arrangement uses four-mirror system to form two images that ensures close correspondence between the Mie and LIF images to get accurate measurement of SMD. Usually CCD camera is used to record the Mie and LIF images. This arrangement is shown on Fig. 10.12 The ratio C_{LIF}/C_{Mie} is to be determined experimentally. For this purpose the LSD is calibrated with an alternative method like PDPA or by use of a standard spray.

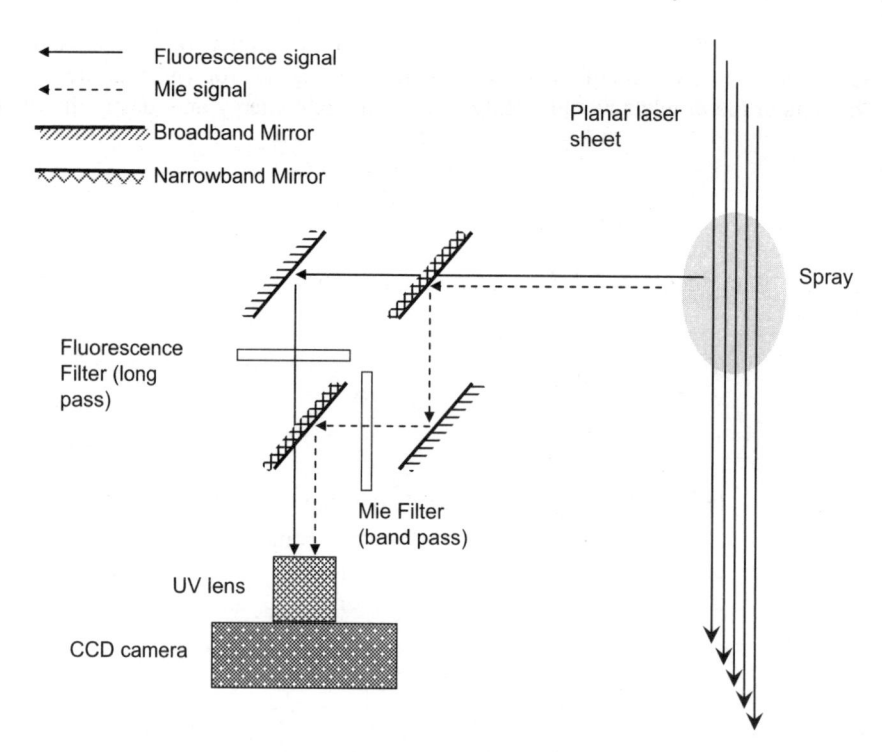

Figure 10.12 Schematic of an LSD instrument employing Mie scattering and LIF imaging for drop size measurement. Images are being recorded on the same CCD camera on separate areas [1].

The LSD is simple to use and can be employed for more dense sprays than MPS or PPDA due to more penetrating power of laser used. As mentioned before, this technique directly gives SMD data and also measures liquid volume fraction as the LIF signal is proportional to the volume of droplets.

Mie Scattering and PLIF Imaging

Injection sprays in simulated rigs and inside engine cylinder have been studied earlier using light absorption, shadowgraphy etc. In pressurized and heated test cells engine like thermodynamic conditions are created. The fuel at high pressures typical of commercial injection systems is injected in the test cell to study spray formation, penetration, cone angle and vapour formation. Planar Mie scattering is used to give liquid-phase penetration and spray angle. A thick planar sheet of light from pulsed laser is directed in a plane containing spray axis and the scattered light is collected with a charge-coupled device (CCD) camera. For measurement of vapour in the high pressure diesel spray Rayleigh scattering has been used. The principle governing Rayleigh scattering is the elastic collision between gas molecules and the incident laser light. The scattered light has the same wavelength as the incident light and the scattered light signal is proportional to the incident laser intensity, the gas density and a factor which depends on the gas that is being measured [2].

Typical images of vaporizing diesel spray using Mie- Raleigh scattering is shown on Fig. 10.13. The fuel was seeded with a heavy component, a lubricant additive that did not evaporate under the test conditions (test cell temperature 800 K) to make the vapour region of spray visible [10]. As the fuel evaporates it leaves a small droplet of the tracer component. The light scattered from these droplets indicate the vapour region. The liquid jet has a stronger scattered light signal and the fuel vapour

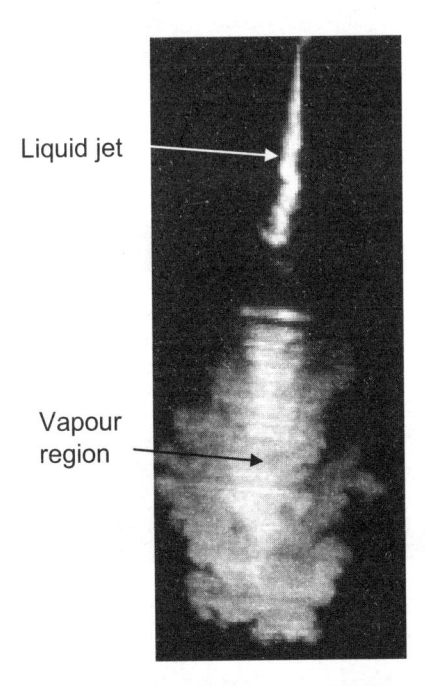

Figure 10.13 Diesel spray imaging by Mie –Rayleigh scattering using dual-intensity planar laser sheet under spray vaporizing conditions. Reprinted with permission from SAE Paper 981069, © 1998, SAE International [10].

458 IC Engines: Combustion and Emissions

region in the spray a weaker signal. Thus, by illuminating spray by a planar laser sheet, images showing liquid phase and vapour phase ahead of the liquid could be obtained. To obtain good quality scattered light signals from the liquid as well as vapour regions of the spray dual intensity laser light was used, stronger intensity for the vapour region and weaker intensity for the liquid region. .It has been observed that the liquid jet penetration generally reaches between 10 to 20 mm under typical diesel engine conditions depending on injection pressure and that the penetration of vaporizing spray has only a weak dependence on injection pressure. Mie scattering suffers from multiple scattering from walls and windows and is difficult to implement in the optical engines, but is has been used in the test cells simulating engine like conditions.

Laser induced fluorescence has been preferred for use in optical engines. The diesel and gasoline fuels consist of a number of compounds that have varying evaporation rates and its composition varies depending upon the source. The estimation of fuel evaporation from fluorescence thus, becomes erroneous. Hence in PLIF studies a pure fuel component is used for injection spray.

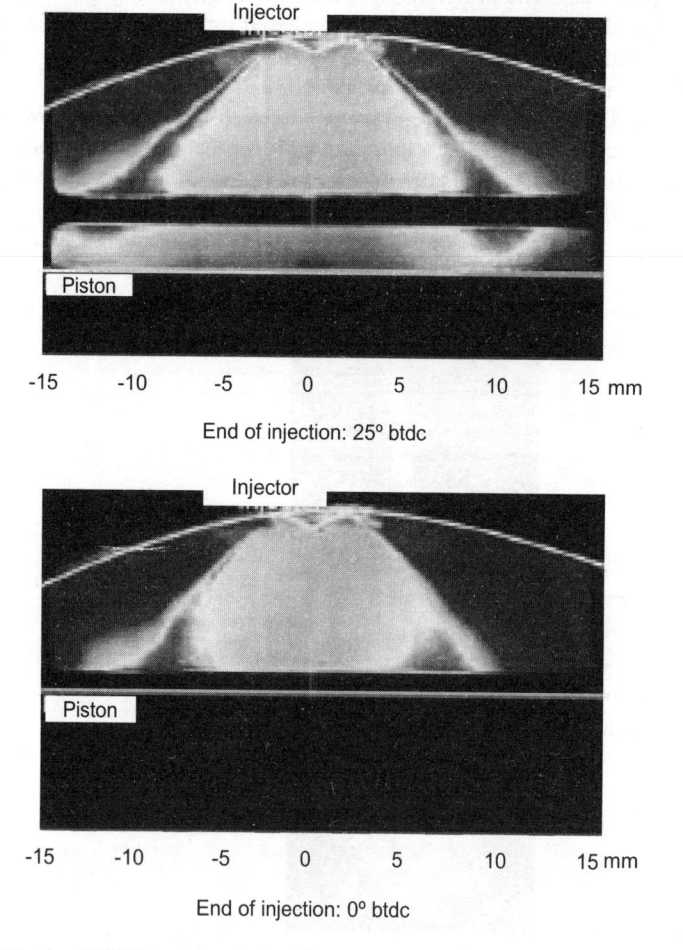

Figure 10.14 Vertical PLIF image of spray in a spray guided DISC engine at the end of injection; Fuel isooctane, 20 % 3-Pentnone by volume used as fluorescence dye (Courtesy Yan, Y. and Arcoumanis, C, The City University, London).

Detailed visualization of the liquid phase spray can be obtained with PLIF using YAG laser (355 nm) sheet. In a study on spray formation in an optical direct injection spark ignition (DISI) engine, isooctane was used as fuel and 20% by volume 3-pentanone was used as fluorescence marker [11]. An annular nozzle injector that gives a hollow cone spray was used. PLIF images of spray in DISI engine when injection ended at 25° btdc and 0° btdc are shown in Fig. 10.14. Comparison of these images show that when the injection ends closer to top dead centre the spray bends inwards due to higher back pressure of the gas in which injection is made.

10.5 ENGINE COMBUSTION VISUALIZATION

High Speed Photography

An obvious method to study combustion and detect flame is to use high speed cine-photography or to record video images of the self-luminescent flame. Direct visualization and photography is feasible only when the combustion and flame are luminous. Combustion of lean or residual gas diluted mixtures in SI engines produces flame of low luminosity. Also, during development of initial flame kernel, only weak luminance occurs. Direct imaging of initial flame kernel development and lean mixture combustion in SI engines requires extremely sensitive film or highly intensified camera. Schlieren and shadowgraph techniques respond to density changes of medium through which light is made to pass and hence, have been employed for study of flame initiation and development in SI engines. These techniques are based on the change in refractive index of gas as a result of change in density. As the flame is initiated or propagates through mixture, due to combustion reactions the gas temperature and density change. In shadowgraph or Schlieren methods, light and dark patterns related to density variation are produced by the bending of light rays as they pass through the region of varying density. The Schlieren method responds to first derivative of density whereas the shadowgraph is sensitive to second derivative of density change. The optical set-up for these methods is quite simple. A typical shadowgraph set-up is shown on Fig. 10.15. Light from laser or a monochromatic light source is focussed by a lens, L1 on a tiny aperture A. The expanding beam exiting from the aperture is recollimated by another lens L2. The parallel light thus, obtained passes through the test cell and then focussed by a third lens, L3. The lens L4 could be lens of a camera or that forms image on a screen. The optical set-ups used for Schlieren and Shadowgraph methods are discussed in Reference 2. Using argon – ion laser as light source, very high quality shadowgraphs of flame structure in an optical SI engine shown on Fig. 3.5 were obtained by Smith [12]. A 35 mm camera for single-shot image photography or high speed cine film camera was used to record shadowgraphs of flow and flame.

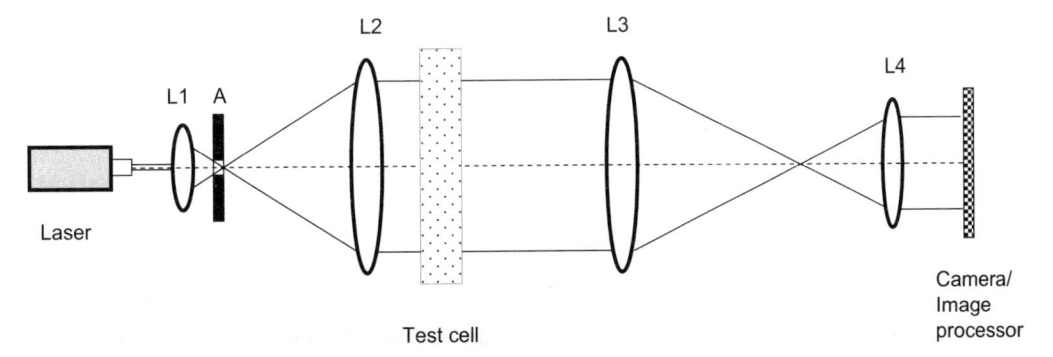

Figure 10.15 Schematic of a laser shadowgraph set-up.

The diesel combustion has been filmed by high speed cine- cameras now for many decades as it emits visible light of high luminosity. Rotating prism cine cameras use 16 mm film and operate up to 10,000 frames per second (fps). The picture size is 7.5 x 10 mm and 133 pictures per meter of film are obtained. With this type of camera continuous filming of up to 8 consecutive cycles at 1500 rpm engine speed is possible with picture at every crank angle. However, 20 m of film length is used up in acceleration of camera to 6000 fps it self. Rotating drum camera can film at higher speeds up to 35000 fps. But, they obtain only limited number of images, numbering around 200 for every run. The selection of film and processing is important to obtain true colours representing combustion [13].

Charge coupled device (CCD) video cameras are being used now to study combustion process as the CCD cameras are very sensitive. Charge coupled device (CCD) camera is designed to convert light intensity or optical brightness into electrical signals using an array of CCDs, and then reproduce the image of a subject using the electric signals. The image from the stored data may be reproduced without time restriction. CCDs are arrays of semiconductor gates formed on a substrate of a chip. The gates of the CCD operate individually to collect, store and transfer charge. During imaging, the charge collected and stored in each gate of the array represents a picture element or pixel of an image. The CCD imaging system consists of an image sensor, which performs photoelectric conversion, and a storage section, which is arranged separate from the image sensing section and temporarily stores charges acquired by the photoelectric conversion. In CCD cameras, one or more CCD rows are located in the focal plane behind the optical system. A CCD camera captures image data which is stored in a storage medium such as a compact flash memory or an integrated circuit memory card.

Each image (pixel) requires a storage space of about 1MB and that tends to limit the speed of CCD cameras. Commonly about 1000 fps speed CCD cameras are available which is too low for engine combustion studies. Cameras with dedicated memories that operate at high speeds are available which capture and store 5000 or more images. CMOS (complementary metal oxide semiconductor) cameras have still higher speeds. Their main problem is that only a short sequence of events in one combustion cycle can be captured by these cameras. Image converter cameras are monochrome type but can obtain pictures in excess of 10^6 frames per second.

A wide range of image analysis software is available to digitize the conventional films. From CCD camera, however digitized images are available. For detection of flame front position threshold levels are set and the flame front area, its coordinates and flame speed are obtained. The images obtained however, are two dimensional while the flame is three dimensional that needs careful interpretation of the images.

Typical high- speed diesel flame images are shown in Fig. 10.16 [14]. The flame images are for a DI diesel engine with 5 -hole injector. Flame luminosity is caused by burning of soot and it varies with time and space in the cylinder depending upon the amount of soot burning locally at the given instant. On this figure flame temperature and distribution of soot density factor 'KL' are also shown corresponding to each flame image. K is light absorption coefficient and L is thickness of flame along the optical axis of measurement. The temperature of flame was determined using two colour method. The intensity of radiations varies with wavelength and depends on the temperature of blackbody as given by Planck's Law. In the two colour method, the thermal radiations at two different wavelengths are measured and the flame temperature is determined by their ratio as the unknown parameters are thus eliminated. The theory of two colour method for determination of flame temperature and KL factor is discussed in Reference 2. For application of two colour method, the flame images are recorded by a high speed camera on a negative colour film. The density at each point of the recorded image is measured using a white light source. An interchangeable colour filter between the light source and film is used for density measurement with two colours. From the ratio of densities for the two colours at each point on the film, flame temperature and KL factor distribution in the cylinder are obtained.

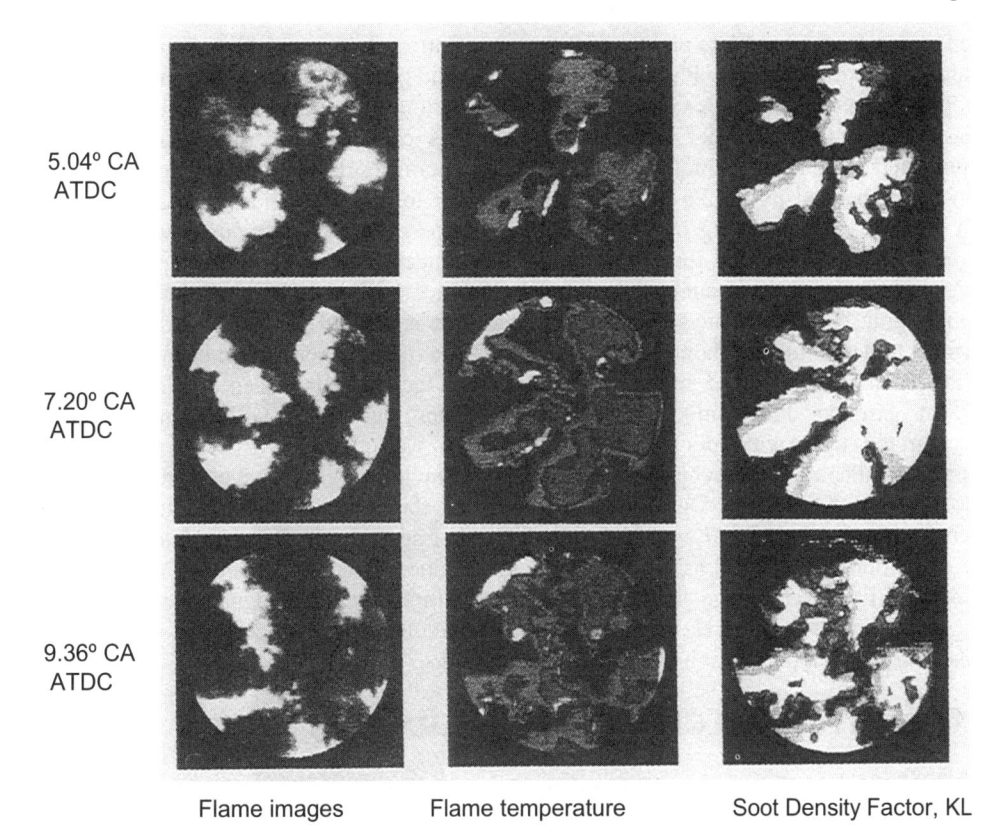

Figure 10.16 High speed flame images in a DI diesel engine and results of flame temperature and soot concentration factor (KL) distribution using two colour method. Lighter colour indicates a higher tempearature and higher soot concentration. Reprinted with permission from SAE Paper 950850, © 1995, SAE International [14].

Optical Tomographic Combustion Analysis

In the flame front, temperature gradients of over 1000K per mm exist, which cause change in the density and refractive index of the gas. The Schlieren technique which is based on the change in refractive index can be used to visualize the flame front. In the engine however, use of this technique is not very common. Laser sheet imaging based on Mie scattering has also been used for combustion studies. The unburned gas scatters more light due to its higher density and concentration of particles that are used to seed the intake charge. Four laser sheets of different wavelengths from different planes have been employed to detect flame front [13]. By use of filters and CCD camera four simultaneous images from different planes were obtained. The four simultaneous planar images were used to provide information on three dimensional structure of flame front. This way only one set of data for a single combustion event was obtained.

A large number of optical fibres may be distributed across combustion chamber, on the cylinder head, liner and piston each viewing a small sector of the combustion chamber. To view a small region around spark plug, a fibre optic probe may be embedded in the spark plug itself needing no engine modifications. The spatially resolved information obtained from the multi-channel optical fibre system may be used to construct a complete picture of flame propagation. A tomographic combustion analysis (TCA) technique was developed by Phillip et al [15] which did not require special engine construction to provide optical access. This TCA system used flame radiations to detect flame arrival in the field of view of each probe, from which flame front profile was calculated by means of tomographic reconstruction methods. This technique also improved temporal resolution. Optical fibres numbering about 150 were embedded in the 2.5 mm thick head gasket to provide optical access to the engine combustion chamber. No glass ring on top part of the engine cylinder or windows were used. The optical fibres are arranged around the cross section of cylinder containing combustion space. Each fibre receives light from a narrow cone angle centred along a specific direction and thus, all the fibres form an optical grid. A tomographic reconstruction algorithm is applied for off-line processing of the detected signals to determine the flame position in space. The measurements have been taken at every 0.1° CA and spatial resolution of 5 mm was obtained. This technique has been applied for study of combustion in gasoline direct injection engines and good agreement with flame propagation measurements in the engine with optical access through piston was observed.

Self luminescent combustion events radiating light in ultraviolet region have been recorded at very high speeds of nearly 200,000 fps. During combustion in the flame region, OH radicals are present at significant concentration levels and emit UV radiations. For study of combustion events during this period, UV optic fibre system was used [16]. On an endoscope a bundle of 10,000 UV optical fibres was mounted. The fibres sent image signal to 1920 photomultipliers and the signals were recorded for 10000 images at the rate of 200 kHz for subsequent evaluation. Very fast combustion events in an engine cycle with high temporal resolution were thus, studied

10.6   COMBUSTION SPECIES AND TEMPERATURE

The chemistry and chemical kinetics involving minor species and active radicals play an important role in ignition, combustion and pollutant formation processes. A number of intermediate chemical species are involved in reactions in the combustion zone and post combustion hot gases, but OH, CH and NO have been measured most frequently by the researchers. Free radicals such as H, O, OH and CH cannot be sampled and measured by the techniques like gas chromatography or infrared spectrometer as they quickly combine with other chemical species. Therefore, in-situ measurement of these species is to be carried out. Laser induced fluorescence (LIF) has been the most successful technique for flame studies and measurement of the species in combustion zone [1, 2].

OH, CH and NO

LIF has already been discussed for measurement of drop size distribution and fraction of liquid volume in sprays. In measurement of minor species concentration, a laser is tuned to a wavelength that matches the absorption line of the particular chemical species of interest. That chemical species is then, raised to an excited state by laser from which it fluoresces, and the fluorescent emission is detected. The LIF measurements are made with pulsed laser. The increased intensity during the short (3 to 10 ns) laser pulse discriminates against the background chemiluminescence's emission from flame radicals like OH and CH. The fluorescence spectra have temperature dependence and thus, the temperature can also be measured by determining the distribution of molecules over their rotational and/or vibrational levels. The OH radicals are excited usually by a Nd: YAG pumped dye laser around 284 nm where high fluorescence yield and low sensitivity to temperature variations are obtained. The detection of NO in IC engines by LIF has been done at three excitation wavelengths: 193 nm, 226 nm and 248 nm. For NO measurement, using a Nd:YAG pumped dye laser excitation wavelength of 226 or 248 nm have been employed and with KrF excimer laser 193 nm wavelength is mostly used [1].

When the laser light passes through combustion zone, elastic and inelastic scattering of incident laser light by molecules of charge occur. In the elastic scattering (Rayleigh) there is no exchange of energy between the incident light and the molecules of the target substance. Hence, in the elastic scattering the scattered light has the same frequency as the incident light. With inelastic scattering, energy is exchanged between the incident photons and molecules leading to shift in the frequency of scattered radiations relative to incident light. This type of scattering is also known as Raman scattering. This shift in radiation frequency represents the characteristic vibrational frequency of the molecule being excited. The vibrational frequencies of molecules vary with chemical species and temperature. The inelastic scattering spectra (Raman) are used for detection and measurement of chemical species as these are specific to chemical species and the energy levels are linearly dependent on the species concentration. For temperature measurement, both the elastic and inelastic scattering are used. The main problem with this technique is weak signal intensity.

Soot

Initially, for soot measurement laser light extinction and scattering techniques were used. Light extinction technique determines soot density over a finite length of path and for spatial resolution; topographic techniques have to be used. Distribution of soot in the combustion space can be observed by strong self-luminescence during combustion as the combustion of soot produces luminous yellow flames. Development of laser-induced incandescence (LII) technique has resulted in a powerful diagnostic approach for study of soot volume fraction (soot density) and particle size in complex combustion flow fields having non-uniform soot particle distribution. Quantitative data with high spatial and temporal resolution can be obtained. The LII is conceptually a simple technique. It involves heating by laser an energy absorbing soot particle with subsequent photo-detection of the resulting incandescence of the particle.

Laser induced incandescence (LII) was applied by Sandia Laboratory in an optical diesel engine for study of soot formation and distribution in spray combustion [17, 18]. A high energy pulsed-laser heats up the tiny soot particles which emit thermal radiations. Energy absorption and heat loss mechanisms are used to calculate the resulting particle temperature after laser irradiation. From this, small particle radiations are calculated that gives the decay in LII signal with time. The peak of the signal, i.e. the intensity of thermal radiations is proportional to soot volume fraction. The decay rate in signal gives information on the size of particle. The theory of LII is described in References 1 and 2. It is important that concentration of soot particles is not very high and does not absorb laser light and the incandescence radiations.

A typical LII set up consists of a high energy pulsed laser (about 0.2 J/cm^2 laser fluence, at 532 nm wavelength), focusing optics, collection optics, a photo detector and data acquisition system and is shown in Fig. 10.17. The LII can be either applied at a point, line or plane using 2-dimensional laser sheet. As the soot particles are heated they start to vaporize. The soot temperature reaches past its equilibrium vaporization temperature of approx. 4000 K resulting in incandescence of the soot particles and emission of thermal radiations. The temperature of non-heated soot particles is about 2200 K or lower. To reject the background radiations from non-heated soot particles that are not present in the measurement volume, the detection wavelength is so selected that the ratio of blackbody radiations at 4000 K to those at 2200 K is high. This ratio increases as the detection wavelength decreases. Also, at the detection wavelength signal/noise ratio is to be maintained at good level. A detection wavelength of 400 ± 70 nm has generally been selected. The recording of signal is not done

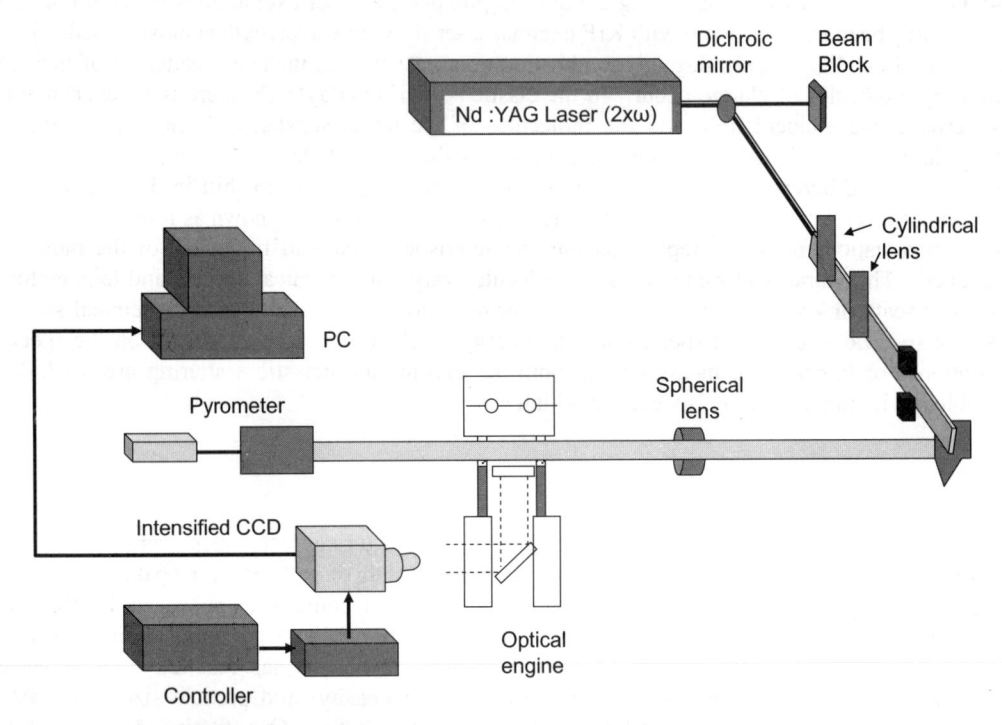

Figure 10.17 Optical set-up for 2-D Laser Induced Incandescence (LII) measurements

during laser illumination but 10 to 100 ns later. For quantitative measurement of soot concentration, the LII signal is calibrated with laser extinction measurements that use Beer-Lambert law (Eq. 7.1).

In the diesel engines however, high concentrations of soot can form and therefore, the soot particle number density is also high. Such high densities cannot be measured correctly as a high fraction of LII radiations may be absorbed by the soot particles themselves. For optical diagnostics therefore, low soot forming fuel is to be used. By use of low soot forming fuels, it has been observed that in the DI diesel engines tiny soot particles appear throughout the rich premixed region in the spray plume. Large particles are observed only near the edge of spray in the diffusion combustion zone [17, 18].

Fig 10.18 shows simultaneous LII and elastic scattering images of soot formation in a single cylinder, 4-stroke optical DI diesel engine [18]. Two windows located in between the cylinder head and cylinder block allowed laser sheet to pass in a horizontal plane or along the axis of fuel spray. The images shown here are for a single spray in a horizontal plane 9 mm below the cylinder head and the left edge of the image is for 27 mm downstream of the nozzle along the spray axis. A frequency doubled (532 nm) Nd:YAG laser was used for LII and elastic scatter measurements. LII images and elastic scatter images were recorded simultaneously by two separate intensified CCD cameras. To prevent severe attenuation of LII signal immediately after combustion that may be caused by high soot density, a low sooting fuel was used. Soot formation was first detected by LII only at 6° CA after start of injection (ASI). The soot appeared at first near the leading edge of spray. In the elastic scatter images, soot appears for the first time only at 7.0 ° CA ASI. From 7.0 ° CA ASI onwards up to the end of sequence at 8.5 ° CA ASI, LII images show development of soot distribution throughout the spray cross-section. Soot occurred through most of the cross section of the leading part of jet. At any spray axial location, soot concentration in the centre and near the spray periphery at the edge was about the

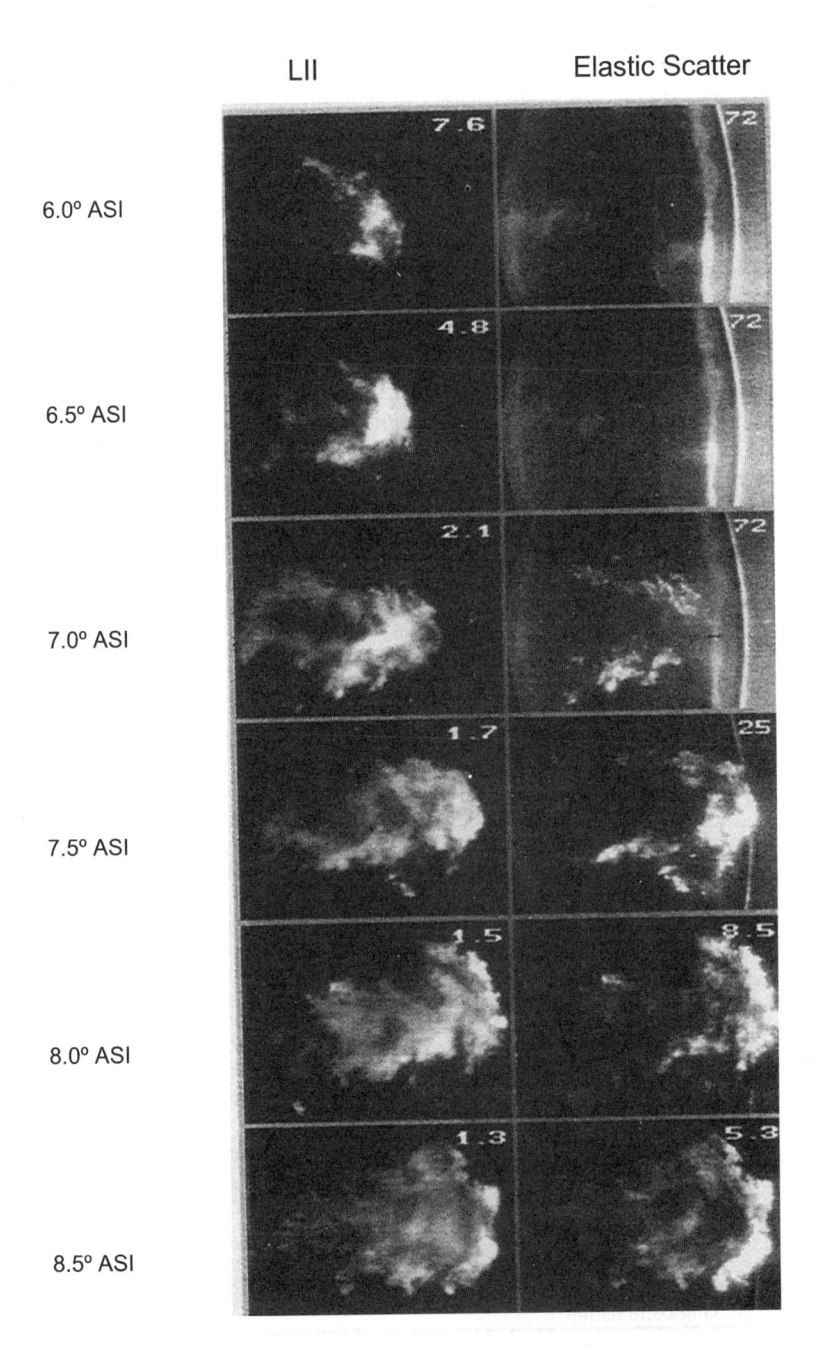

Figure 10.18 Sequence of simultaneous LII and elastic scatter images of diesel spray combustion in a DI diesel engine. The field of view is 26 x 18 mm. The crank angle degree after injection (ASI) is given at the left of each set of LII and elastic scatter images. Reprinted with permission from SAE Paper 950456, © 1995, SAE International [18].

same. On the contrary in the elastic scatter images not only the soot appeared later than in the LII images, the soot was concentrated mostly near the periphery of the jet. The elastic scattering is biased in favour of larger particles and the elastic scatter soot signal is proportional to the product of soot number density and the sixth power of the particle diameter. On the other hand, LII signal is proportional to the soot volume fraction. This study using the LII and elastic scattering for soot measurement shows that during early stages of diesel combustion large soot particles are mostly confined to the peripheral regions in the leading edge of the jet.

10.7 SUMMARY

Combustion pressure measurement used to be the main in-cylinder measurement during the earlier period of research on IC engines. But in the last 20 years or so laser based optical and spectroscopic techniques have reached a status of development when quantitative measurements of flow field, combustion parameters and chemical species in the engine cylinder are being carried out by more and more researchers. Modern laser measurement techniques allow detailed study of physical and chemical processes taking place during mixture formation and combustion.

Table 10.2
Summary of techniques for visualization of engine combustion

Technique	Application	Remarks
High-speed photography	Fuel spray imaging Flame propagation Diesel combustion	Self luminescent combustion and flame only studied Large optical widows needed
Schlieren and Shadowgraph	Flow field imaging Spray evaporation and mixing Flame kernel Flame propagation Autoignition in end-gas and knocking combustion	Highly sensitive imaging Two large windows in line of sight required
2-D Mie scattering	Flame front profile Turbulent flame propagation	Good spatial and temporal resolution Large windows and seeding of combustion gases needed
Endoscope system in cylinder head	Fuel spray imaging Diesel combustion visualization	Very small engine modifications Restricted field of visualization and distorted view
Multi-channel fibre optics TCA system	Flame arrival time and propagation Flame front profile Knocking combustion	Limited resolution Minimum engine modifications

A number of techniques over the years have been used for combustion and flame visualization in IC engines. These studies have resulted in better understanding of flame propagation in premixed charge engines, auto-ignition of end-gas and knocking combustion and diffusion combustion in diesel engines. The different combustion visualization techniques are summarized in Table 10.2. Many new features of combustion process are being revealed and that provide inputs to the development of new combustion systems like HCCI and DISC engines. Time and space resolved flow field, spray structure, penetration, drop size distribution are being studied by LDA, LIF, PIV and LSD. Quantitative data on fuel droplet break-up, droplet velocities, sizes, spray-flow interaction, mixture distribution in the diesel and gasoline direct injection engine cylinders are available. It has resulted into in-depth understanding of fuel-air mixing and combustion processes and multi-dimensional mathematical models describing these processes have been validated. These inputs have been used for development of better fuel injection, air motion generation and combustion systems. Measurements of combustion processes and pollutants using high speed combustion photography, TCA, PLIF and LII are being done.

REFERENCES

1. *Applied Combustion Diagnostics,* Ed. Kohse-Hoinghaus, K., and Jefferies, J. B., Taylor and Francis, (2002).
2. Zhao, H. and Ladommatos, N., *Engine Combustion Instrumentation and Diagnostics*, SAE International, Warrendale, USA, (2001).
3. Bowditch, F. W., "A New Tool for Combustion Research: A Quartz Piston Engine," SAE Paper 610002, SAE Trans. Vol. 69, (1961).
4. Allen, J., Law, D., Pitcher, G., and Williams, P., " A New Optical Access Research Engine for Advanced Fuel Spray and Combustion Analysis using Laser Based Diagnostics," International Symposium on Automotive Technology and Automation (ISATA), Dublin, (2000).
5. *Monograph on Combustion Diagnostics*, Ed. Mehta, P. S. and Sujith, R. I., Combustion Institute (Indian section), December (2005).
6. Reeves, M., Towers, D. P., Tavender, B., and Buckberry, C. H., "A High Speed All-Digital Technique for Cycle Resolved 2-D Flow Measurement and Visualization within SI Engine," Applied Optics Laboratory, Gaydon Test Centre, Rovers Group, Warwickshire, UK, (1998).
7. Jarvis, S., Justham, T., Clarke, A., Garner, C. P., Hargrave, G. K., and Halliwell, "Time Resolved Digital PIV Measurements of Flow Field Cyclic Variation in an Optical IC Engine", Second International Conference on Optical and Laser Diagnostics, Journal of Physics: Conference Series, 45, (2006).
8. Swithenbank, J., Beer, J. M., Abbott, D., and McCreath, C.G., "A Laser Diagnostic Technique for the Measurement of Droplet and Particle Size Distribution," AIAA Paper 76-69, 14th Aerospace Sciences Meeting, Washington D.C., January (1976).
9. Greenhal, D.A., and Jermy, M., "Laser Diagnostics for Droplet Measurements for the Study of Fuel Injection and Mixing in Gas Turbines and IC Engines," *Applied Combustion Diagnostics,* Ed. Kohse-Hoinghaus, K., and Jefferies, J. B., Taylor and Francis (2002).
10. Verhoeven, D., Vanhemerlryck, J. L., and Baritaud, T., "Macroscopic and Ignition Characteristics of High Pressure Sprays of Single-Component Fuels," SAE Paper 98 1069 (1998).
11. Yan, Y., Gashi, S, Nouri, J. M., Lockett, R. D., and Arcoumanis, C., "Investigation of Spray Characteristics in a Spray-Guided DISI Engine Using PLIF and LDV," Third International Conference on Optical and Laser Diagnostics, Journal of Physics: Conference Series, 85 (2007).
12. Smith, J. R., "Turbulent Flame Structure in a Homogeneous-Charge Engine," SAE Paper 820043, (1982).
13. Stone, R., "Overview and the Role of Engines with Optical Axis," *Handbook of Air Pollution from Internal Combustion Engines*, Ed. Eran Sher, Academic Press (1998).

14. Arcoumanis, C., Bae, C., Nagwaney, A., and Whitelaw, J, "Effect of EGR on Combustion Development in a 1.9 L DI Diesel Optical Engine," SAE Paper 950850, (1995).
15. Phillip, H., Fraidl, G. K., Kapus, P., and Winkholfer, E., "Flame Visualization in Standard SI-Engines – Results of a Tomographic Combsution Analysis," SAE Paper 970870, (1997).
16. Wytrykus, F., and Dusterwald, R., "Improving Combustion by Using a High Speed UV-Sensitive Camera," SAE Paper 2001-01-0917 (2001).
17. Dec, J.E., zur Loye, A. O., and Sibers, D. L., "Soot Distribution in a DI Diesel Engine Using 2-D Laser-Induced Incandescence Imaging," SAE Paper 910224 (1991).
18. Dec, J.E. and Espey C., "Ignition and Early Soot Formation in a DI Diesel Engine Using Multiple 2-D Imaging Diagnostics," SAE Paper 950456 (1995).

CHAPTER 11

Alternative Automotive Power Plants

The internal combustion engines operated on petroleum liquid fuels, gasoline and diesel form the propulsion units of most of the road vehicles currently. Since the beginning of 1990s, CNG fuelled, SI engine powered vehicles have made inroads in many urban areas across the world due to considerations of environment and also, the natural gas being a locally available energy source in the country or region. In some countries like Italy, Poland and South Korea, LPG fuelled light duty vehicles also operate in large numbers. The CNG and LPG vehicles typically, use SI engines and the conventional drive and propulsion systems. Customer demands of more power and comfort dictated earlier the type of fuel used and, design of the power plant and the vehicle. Search for alternative automotive power plants in recent years has gone much beyond than the alternative fuelled IC engines. Now, the following factors govern the development of newer and alternative vehicle propulsion systems;

- Global warming effects - greenhouse gas carbon dioxide emissions are to be reduced to halt and reverse global warming. The fossil fuels used currently by the road transport contribute significantly to global carbon dioxide emissions. Diesel soot emissions are also suspected to influence global warming.
- Air quality improvement in urban areas.
- Energy efficiency - availability of petroleum crude is diminishing and cost is increasing.
- Energy safety – to be independent of energy supply from other countries due to strategic reasons.

The design of vehicle power plant is basically dictated by the type of energy to be used. The complete energy supply chain and its impact on economics and environment are to be evaluated. The energy supply chain includes the source, processing, transportation, distribution and use in the vehicle i.e., a complete "well – to - wheel" analysis is needed. The following vehicle power plants have been candidates for detailed investigations and evaluation over the years;

- Hybrid - electric propulsion
- Fuel cells
- Gas turbines
- Stirling engine
- Batteries for electric vehicle

Most of the alternative propulsion systems under development use some type of fuel and the chemical energy of the fuel is directly converted on board to either electricity or mechanical work. Hybrid-electric, fuel cell, gas turbine, Stirling engine are example of these and only these prime-movers would be discussed here. The full electric vehicles where electric energy is stored onboard in devices like batteries, but generated in off-board electric power plants are not dealt with in this text.

11.1 HYBRID ELECTRIC PROPULSION SYSTEMS

The maximum power of most cars in the US exceeds 100 kW, but power used in city driving averages only about 7.5 kW. In India, most cars have engines with maximum power rating in the range of 25 to 70 kW. The average power required during driving in Indian cities would be only around 5 kW or lower due to lighter vehicle weight and moderate level of acceleration rates possible in the typical traffic conditions. At such low power outputs, engine efficiency is very poor. However, if a small engine can be employed and operated at constant load and speed, and another propulsion system can take care of the transient operation high vehicle fuel efficiencies are possible. Hybrid electric vehicle (HEV) allows achieving precisely this objective. The hybrid electric vehicles employ two different energy storage systems and two different power units. In an HEV, a conventional *propulsion* system like IC engine is combined with an on-board *rechargeable energy storage system* coupled with one or more electric motors and necessary electronics. The hybrid electric vehicle represents a practical system that overcomes several disadvantages of the conventional IC engine powered vehicle. In the HEV, the internal combustion engine can be operated at the point of its maximum efficiency. The vehicle initial start and boost to acceleration when required may be provided by the battery. The gasoline engine has high cold start emissions. The efficiency of all types of IC engines at port loads is poor. If a smaller engine can be used, 'downsizing' of the IC engine is possible to improve fuel efficiency. Regenerative brake systems can capture some braking energy when either all the four wheels or at least the front wheels are electric driven, otherwise the braking energy is lost as heat. High energy efficiency by HEV is thus, obtained. The hybrid vehicles when driven on batteries are near zero emission vehicles. Low emissions with HEV are obtained due to the following reasons:

- IC engine runs at constant speed and load
- Engine can be tuned at to its lowest emissions at the operating load and speed point
- Exhaust after-treatment is much more efficient under steady engine operating conditions

The HEV is an intermediate step between conventional IC engine power train and full electric vehicle. It has the following main components:

- An engine: IC engines are the most common; gas turbine or Stirling engine can also be used
- Electric motor in parallel or series
- Electric generator
- Battery to store electricity and run motor
- Regenerative braking system for storing energy using devices like flywheel, generator to charge batteries, ultra-capacitor etc.
- Power transmission system

There are two basic configurations of HEV (i) *Series* type and (ii) *Parallel* type. Other variants of the two basic types have also been developed. The configurations of different types of HEV are shown in Fig. 11.1.

Alternative Automotive Power Plants 471

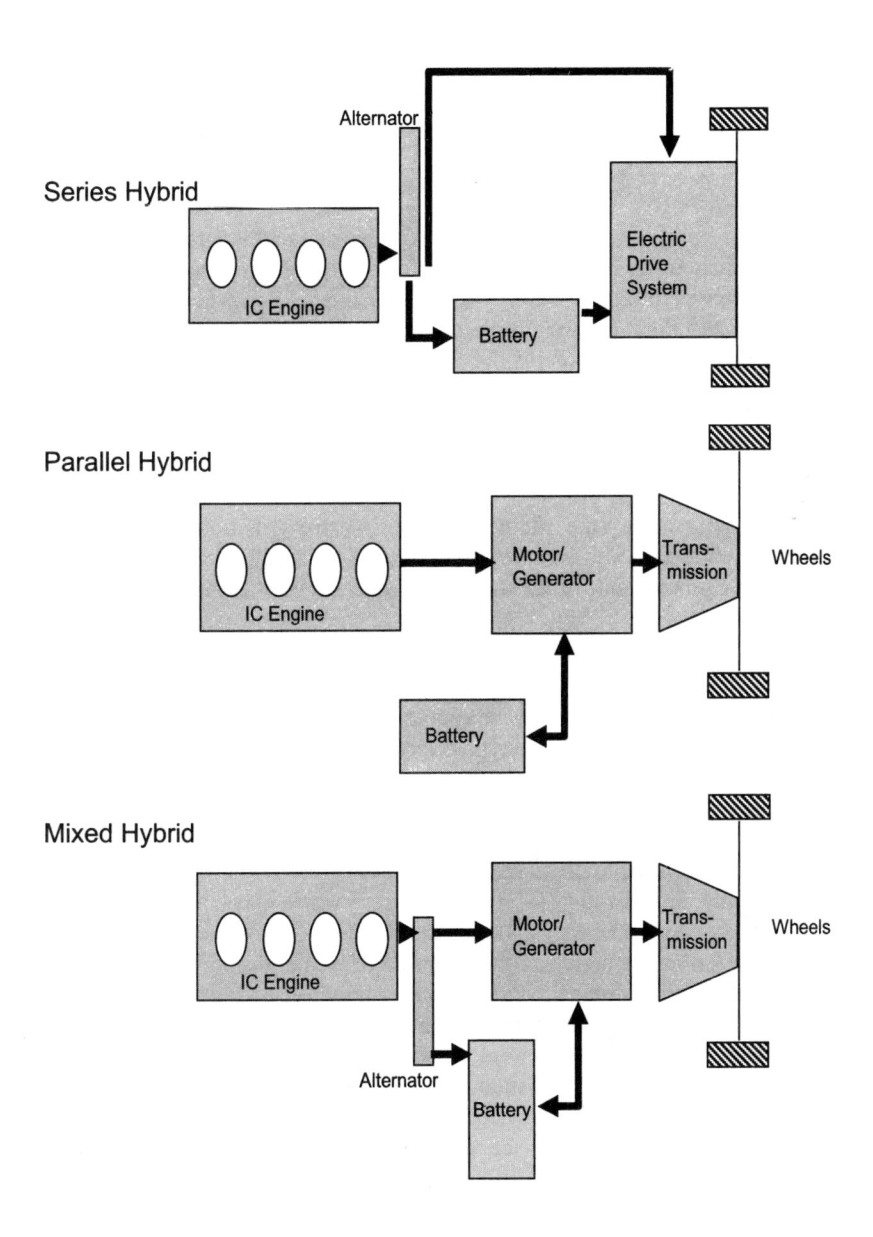

Figure 11.1 Hybrid Electric Vehicle Systems.

Series Hybrid

The series hybrid has an electric motor as the only propulsion unit, which is integrated with the transmission. The engine runs an alternator/ generator that runs the motor as well as charges batteries. The electric power is always generated on board. The engine is not required to follow the transient operation needs of the vehicle. All the energy from the engine to the wheel passes through electric machine and that is why it is called as series HEV.

Parallel Hybrid

In the parallel hybrid, the engine and motor (run by battery) are mechanically connected to wheels and traction can be provided simultaneously by both the power units. Power from the engine flows to one set of wheels and from the batteries through traction motor to the other set of wheels. When the engine operating at full load lacks sufficient power to meet the needs of the vehicle (such as under acceleration), energy from the battery supplements the vehicle demand. In this arrangement, engine is subjected to transient demands and consequently fuel efficiency and emission penalties occur.

Mixed hybrid

In the mixed hybrid, an alternator run by the engine continues to charge batteries. The power to the wheels flow directly from the engine as well as from the alternator charged batteries simultaneously as in the parallel hybrids. Toyota Prius car, one of the most successful HEVs is a mixed hybrid vehicle.

Plug-in hybrid

Most cars run less than 50 to 60 km/day in cities. Keeping this fact in view a near zero emission vehicle can be configured if a smaller size battery pack provides this range during city driving and when the vehicle needs to run more distance the IC engine takes over. The batteries are charged every day by the mains supply. Such hybrids are called as *Plug-in- Hybrid Electric Vehicle* (PHEV).

The high performance nickel-metal hydride (Ni-MH) batteries are commonly used as the main energy storage device. Recently, lithium-ion (Li- ion) batteries, which have higher energy storage capacity (≈ 2.5 kWh/kg) compared to the Ni-MH batteries (≈ 1.4 kWh/kg) are also being used on hybrid vehicles [1]. The Li-ion batteries have a more rapid absorption of charge during regenerative braking. To augment the batteries, other energy storage systems such as flywheel and ultra or super-capacitors are also used. The flywheel stores energy during vehicle deceleration and it is mostly used on heavy duty, large vehicles like buses. The super-capacitors store energy when the power drawn from the batteries is low and the excess engine power is available. These are capable of generating short bursts of very high power. The super-capacitors assist batteries during acceleration. Some HEV prototypes are using super capacitors as the main storage device and their power densities are very high reaching 6.3 kWh/kg. [2].

More than 1 million HEVs have been produced by Toyota and Honda. The Toyota Prius and Honda Insight cars were first production HEV cars. Other manufacturers like GM, Isuzu and Mitsubishi have sports utility vehicles and commercial HEVs under production. The gasoline engines used on HEV by Toyota, GM and others run on Atkinson cycle to improve thermal efficiency with large reduction in pumping losses. The Atkinson cycle in 2004 Toyota Prius model is achieved by late closing of intake valve (72° to 105° after bdc) while keeping the expansion ratio close to 13:1 [3]. The intake valve opens from 18° btdc to 15° atdc. The power output of the engine is increased by supercharging. A 4-cylinder, 1.5 litre swept volume engine develops 57 kW power at 5000 rpm. The maximum combined power of the engine and batteries powered motor is 82 kW. The fuel efficiency improvements of nearly 50% in city driving and 30% on combined city and highway driving have been obtained. HEVs have met the SULEV emission standards (NMHC = 0.01, CO = 1.0, NO_x = 0.02 g/mile).HINO commercial vehicle uses a common rail, 4.7 litre, 132 kW @ 2600 rpm, DI diesel engine and obtained 25 % better fuel economy than the comparable diesel vehicle. The NO_x and PM emissions are lower by about 45 and 65 %, respectively [2] The diesel hybrids produce 50% less CO_2 than the gasoline engines and 30 to 35% less than the diesel engines making the diesel-hybrid more fuel efficient and environment friendly [1].

11.2 FUEL CELL

Fuel cell invented in 1839 by Sir William Groves, is an electro-chemical device, which converts the chemical energy of fuel directly to electricity. The working principle of H_2-O_2 fuel cell is shown on Fig. 11.2. Hydrogen flows into fuel cell and gives up an electron at the catalytic anode. Negatively charged oxygen at cathode attracts hydrogen protons through a semi-permeable, solid electrolyte membrane. The electrons flow through external circuit producing current. On cathode, hydrogen proton and ionized oxygen combine to produce water. Both the anode and cathode use platinum as catalyst.

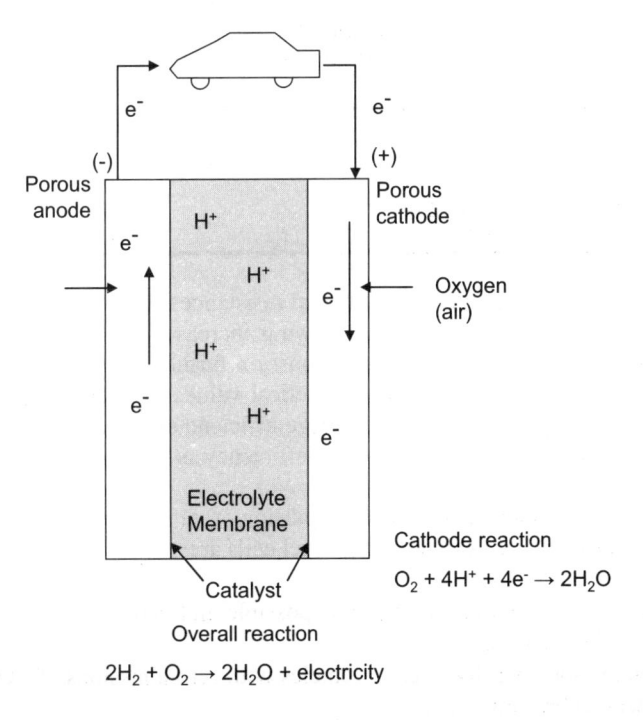

Figure 11.2 Working principle of $H_2 - O_2$ fuel cell.

Open circuit EMF of fuel cell at reference condition is given by

$$E_0 = \frac{-\Delta G_f^0}{nF} \qquad (11.1)$$

where:

$-\Delta G_f^0$ = Gibbs free energy of formation for the reaction at reference condition of 298 K, and 1 atm
n = no. of electrons per molecule of fuel e.g. for H_2-O_2 fuel cell n = 2
F = Faraday constant = 96,485 Coulombs/ electron mol.

At other conditions, EMF of the fuel cell is,

$$E = E_0 - \frac{\overline{R}T}{nF} \ln\left(\frac{P_{H_2} P_{O_2}^{1/2}}{P_{H_2O}}\right) \qquad (11.2)$$

where P_{H2}, P_{O2}, P_{H2O} are the partial pressures in atm.

Fuel cells can also use and operate directly on other fuels like methanol and methane. Theoretical EMF of some fuel cell systems is given in Table 11.1

Table 11.1
Theoretical EMF for Some Fuel Cells

Fuel	Reaction	n	E_0, V
H_2	$H_2 + 0.5\ O_2 \rightarrow H_2O$	2	1.229
Methane	$CH_4 + 2O_2 \rightarrow CO_2 + 2\ H_2O(l)$	8	1.006
Methanol	$CH_3OH\ (l) + 1.5O_2 \rightarrow CO_2 + 2\ H_2O\ (l)$	6	1.214

Due to slow rate of chemical reactions and internal resistance the output voltage drops to about 50 to 60 % of the theoretical EMF. When the current drawn is increased typically beyond about 0.7 A/cm² in H_2 – O_2 fuel cell, the concentration polarization causes a further voltage drop. The over all power output of the fuel cell is just about 50% of the theoretical value. Typical fuel cell characteristics are shown on Fig. 11.3. The change in current and voltage efficiencies with respect to the current drawn from the fuel cell are shown. The overall fuel - cell efficiency is thje product of current and voltage efficiencies.

The fuel cell received attention as a vehicle propulsion system only since early 1990s. The main reasons for large strides made in the development of fuel cells are:

- Variety of sources for generating hydrogen is possible and dependence on crude petroleum for transport fuels can be reduced.
- Depending upon the source of hydrogen, vehicles with zero emissions of CO, HC, NO_x and particulate matter can be built.

- On board reforming of methanol, ethanol or hydrocarbon fuels to generate hydrogen can be employed, thus making use of the existing liquid fuel distribution network for newer fuels.
- Fuel cells are more efficient under part load operation than the IC engines. These are not limited by the Carnot efficiency. Hence overall high energy efficiency and more efficient "well - to - wheel" energy chain would result.

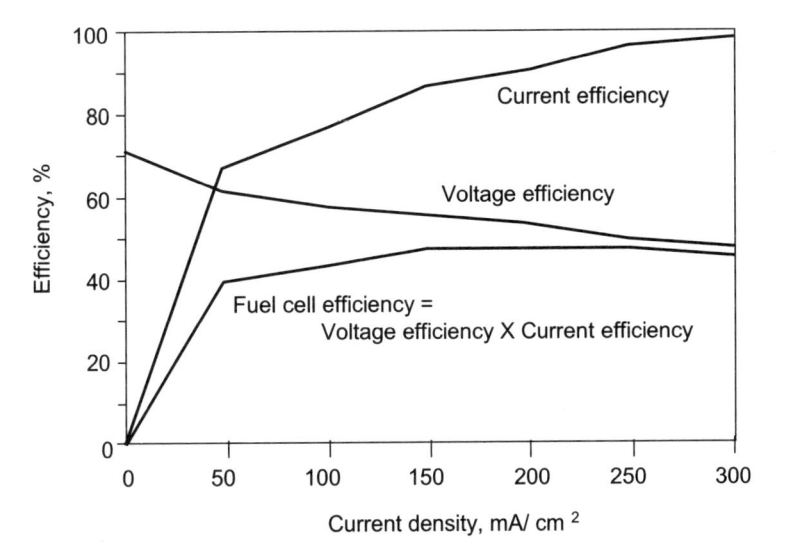

Figure 11.3 Fuel cell efficiency characteristics. Over all fuel cell efficiency depends on the current density drawn; voltage output drops with increase in current density resulting in drop in fuel cell efficiency [4].

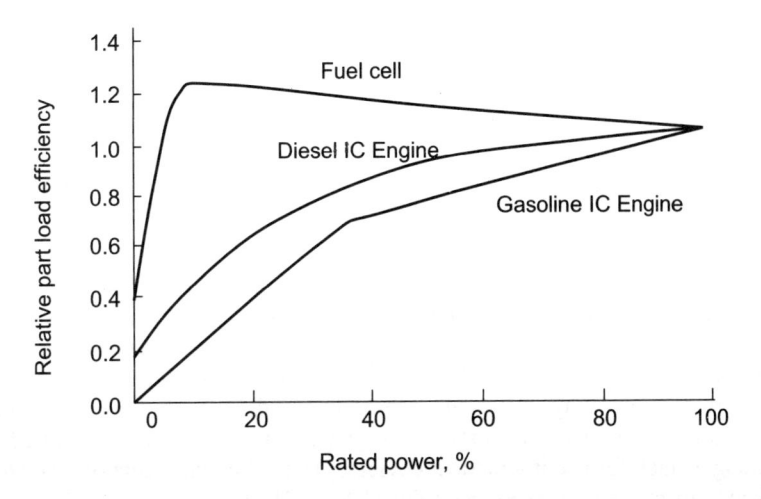

Figure 11.4 Comparison of efficiency of fuel cell with conventional internal combustion engines [5]

The variation in efficiency of fuel cells with load is compared with that of gasoline and diesel engines on Fig. 11.4. The efficiency has been normalized with that obtained at full power output. As known, the internal combustion engines have very poor part load fuel efficiency. On the other hand, part load efficiency of the fuel cells is better than the IC engines. At full power output internal resistance and concentration polarization losses increase and the fuel-cell efficiency drops close to that of the IC engines.

Fuel Cell Designs

Fuel cell designs are classified by the electrolyte used. The different type of fuel cells that have been developed for variety of applications are given in Table 11.2 For vehicle application the temperature of fuel cell operation and start up time are important. Although MCFC (molten carbonate) and SOFC (solid oxide) fuel cells are more energy efficient, but these operate at temperatures in excess of 500° C, and starting time runs into hours. The PEM (proton exchange membrane) fuel cell has been accepted presently as best suited for vehicle application as it can be started in about 30 seconds, which is further improving with more development, and it operates at acceptably low temperatures.

Table 11.2
Fuel Cell Designs and Characteristics [5, 6]

Type	Electrolyte	Temperature of operation, °C	System Efficiency % HHV	Start-up time, hours	Power range and application
Alkaline (AFC)	KOH (OH$^-$)	60-120	35-55	Very short	< 5kW, military, space
Proton Exchange Membrane (PEMFC)	Polymer Electrolyte (H$^+$)	20-120	32-45	< 0.01 (30 seconds)	5 – 250 kW, High power density, automotive
PAFC	Phosphoric Acid (H$^+$)	160-220	36-45	1-4	200 kW, CHP
MCFC	Molten carbonates (CO$_3^-$)	550-650	43-55	5-10	200 kW - MW, CHP and stand alone
Solid oxide (SOFC)	Solid doped Zr-oxide (O$^-$)	850-1000	43-55	5-10	2 kW - MW CHP and stand alone, High efficiency

The PEM fuel cell consists of an electrolyte membrane in the form of a thin film of about 0.1 mm thickness made of sulfonated fluorocopolymer or an aromatic polymer. The electrolyte membrane is coated with catalyst (platinum) on both sides. On anode side of membrane electrolyte, hydrogen flows while on the cathode side oxygen or air flows. The electrons given by hydrogen at anode flow through the external circuit generating electricity while the hydrogen protons flow through electrolyte membrane to cathode combine with ionized oxygen and produce water. Hundreds of fuel cells are grouped forming a stack for use in practical devices. Typical components of a single fuel cell and use of bipolar plate to form stacks are shown on Fig 11.5. The stacks are formed by use of bipolar plate,

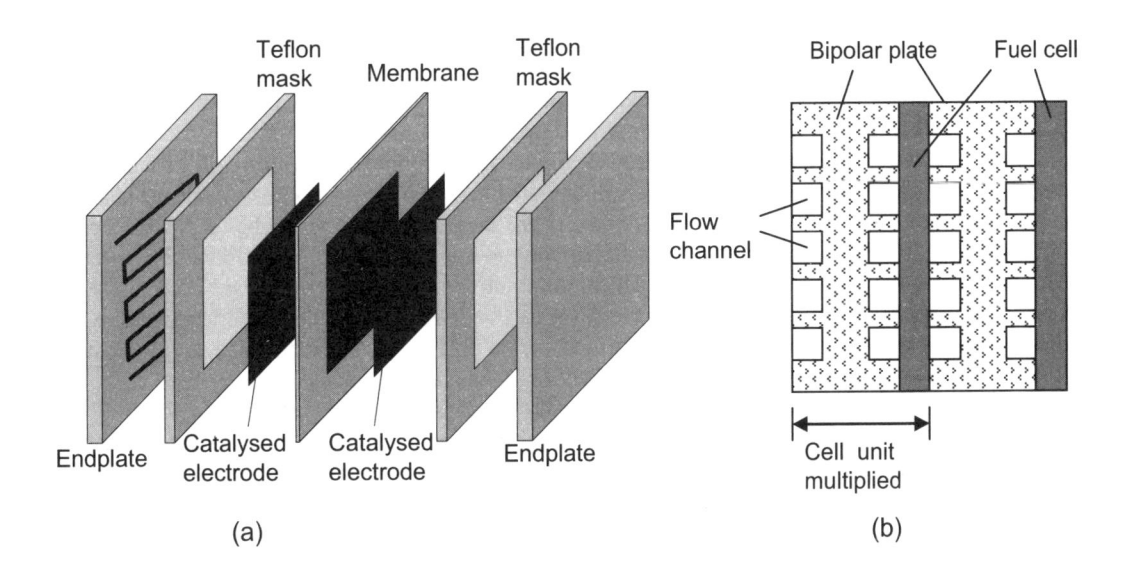

Figure 11.5 (a) Typical components of a single fuel cell (b) bipolar plate and stack assembly

one side of which acts as anode for one cell and the other side as cathode for the other cell. The bipolar plates are about 2 mm in thickness and consist of very narrow flow channels for hydrogen and oxidizer. Several fuel stacks form the power unit of capacity ranging from 25 kW to 150 kW output for vehicle application. Some fuel cell power units would have a reformer that generates hydrogen from methanol (other fuels not yet commercially successful). In case hydrogen is stored on-board or direct methanol fuel cell is used, the fuel reformer is not required.

Honda Next-Gen car prototype built in 2003 had a fuel cell stack with 50 kW output with power density of 1.04 kW/kg or about 1.5 kW/litre. The size of Next-Gen fuel cell stack is nearly one third the size of that of the Honda Gen-I fuel cell power unit built in 1999 demonstrating the great strides made in fuel cell development within a short period of time[7]. An automotive fuel cell stack of GM consisting of 640 PEMFC developed 129kW peak power with continuous rating of 102 kW, weighed 100 kg and occupied 58 litres of space. A tremendous improvement in fuel cell power density has been achieved during the last 15 to 20 years considering that in 1989 a stack typically developed only around 0.085 kW/litre of power.

Energy Sources for Fuel Cell

The following sources can supply energy to fuel cells

- Hydrogen
- Methanol
- Ethanol
- Hydrocarbon fuels, gasoline and diesel

Hydrogen-oxygen fuel cell provides the highest EMF and power density (W/cm^2) compared to other fuel cells. Hydrogen either can be directly stored on-board of vehicle or generated by steam-reforming of fuels such as methanol, ethanol and hydrocarbons. The purity of hydrogen is very important for operation and longer life of fuel cell as even small concentrations of carbon monoxide and sulphur are highly detrimental. The products of fuel reforming are to be cleaned to supply hydrogen to the fuel cell. Although in principle, methanol, ethanol, gasoline, diesel and other hydrocarbons can be reformed to supply hydrogen, but so far only methanol reforming on board has been successfully used. Gasoline and diesel reformers have been under development now for nearly a decade but acceptable low reforming temperatures and gas purification are yet to be achieved. Direct methanol fuel cell (DMFC) where methanol is fed directly to the fuel cell for oxidation and generation of electricity, is another option being developed for automotive use. Schematic of DFMC is shown in Fig. 11.6. Methanol either in vapour or in liquid form can be used. DFMC develops less voltage and has lower power density than the $H_2 - O_2$ fuel cell as shown on Fig. 11.7. Methanol can be produced from fossil as well as renewable sources such as natural gas, coal and biomass.

The H_2-O_2 fuel cell due to its high power density appears to be the first choice for fuel cell vehicles (FCVs). Hydrogen can be produced from reforming of fossil fuels, oil and natural gas or renewable biomass, ethanol etc in stand alone stationary units from where it can be supplied to the vehicles. Electrolysis of water using nuclear energy and the renewable solar, wind, hydro and wave energy is the other route to generate hydrogen. The electrolysis route appears to be a long term solution once the low cost renewable or nuclear power is available. On board storage of hydrogen is another important factor for commercial success of FCV. Hydrogen can be stored in the form of gas, liquid, metal hydrides as hydrogen or in chemically combined form such as methanol and NaBH$_4$ (sodium borohydride). High pressure storage systems of hydrogen at 700 bars have been developed. The different methods of hydrogen storage on board are compared in Table 11.3. So far most FCV prototypes have however, used the high pressure hydrogen tanks.

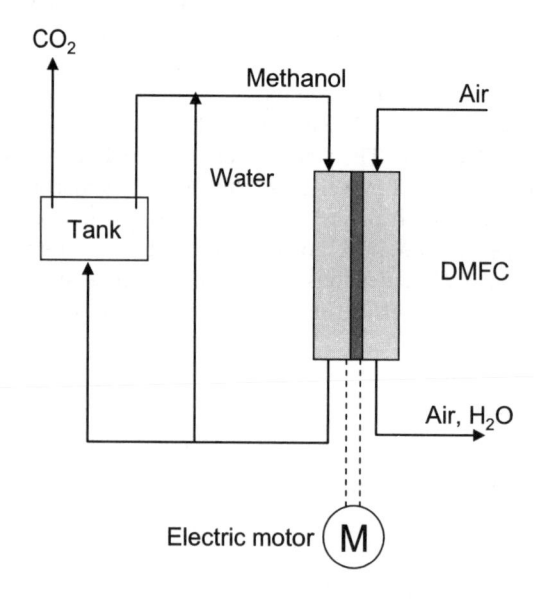

Figure 11.6 Schematic of direct methanol fuel cell (DFMC)

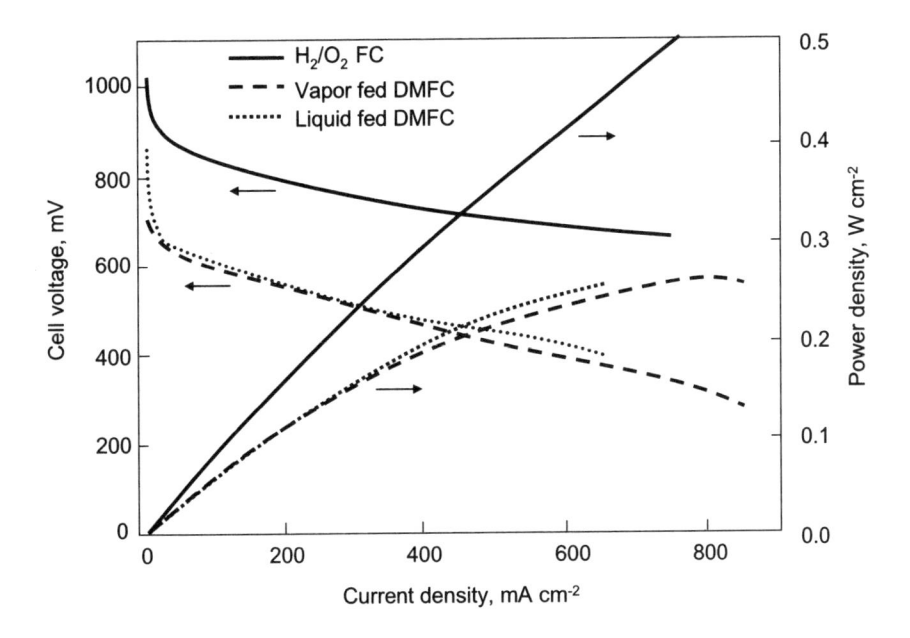

Figure 11.7 Comparison of characteristics of H_2 - O_2 fuel cell and direct methanol fuel cell (DMFC) [5].

Table 11.3
Comparison of Hydrogen Storage Methods for Fuel Cell Vehicles

Name	Storage Temp, °C	Storage Pressure, MPa	Hydrogen by mass, %	Volume, litre/ kg of H_2
1. High pressure cylinder	Ambient	35 to 70	2 to 4.5	40 -70
	---	---	---	---
2. Liquid H_2	- 252	Ambient	14	25
3. Fe-Ti hydride	- 10	2.5	<2	36
4. Methanol	Ambient	Ambient	12.5	10
5. NaBH$_4$	Ambient	Ambient	10.58	9.5

Fuel Cell Vehicles

From the early FCV prototypes such as Necar-1 by DaimlerChrysler, considerable progress has been made in the fuel cell vehicle development. Necar-1 had a 50kW fuel-cell stack with 30 kW propulsion system. Hydrogen at 300 bar pressure was stored on-board with total hydrogen storage capacity of about 2 kg. The car had maximum speed of 90 km/h and a range of 130 km. Honda FCX vehicle built in 2004 is powered by a fuel cell stack of 86 kW maximum output and is equipped with super-capacitor as secondary storage device. Hydrogen amounting to 4.3 kg is stored at 350 bar in high pressure cylinders. It is a normal size car with length x width x height = 4.165 x 1.760 x 1.645 m having 150 km/h maximum speed and 395 km range. The vehicle on US FTP cycle achieved fuel economy of 91.8 km/kg of H_2. By the year 2006-07, through development of more efficient fuel cells with higher power densities and 700 bar cylinder pressure storage systems the range of vehicles exceeding 500 km has been attained. Characteristics of some fuel cell vehicle prototypes developed over the years are given in Table 11.4. Presently the cost of fuel cells is higher by a factor of 2 to 3 compared to gasoline engines of the same power output. Honda Co. believes that by the year 2018 the FCV could be produced at costs that are commercially viable.

Table 11.4
Some of the FCV Prototypes

Manufacturer	Prototype Vehicle (Year)	Fuel Cell System	Fuel	Power, Range
DaimlerChrysler	Necar5 FCV (2000)	Ballard- 900 PEM	Methanol	85kW, 450 km
	Natrium FCV (2001)	Ballard- 900 PEM	NaBH4	54 kW, 483 km
	EcoYoyager (2008)	PEM	H_2 (70 MPa)	45 kW, 483 km
GM	HydroGen3 (2002)	GM PEM	H_2 (70 MPa) 3.1 kg	94 kW, 430 km
	Provoq (2008)	PEMFC/battery hybrid	H_2 (70 MPa)	483 km
Honda	FCX NextGen (2003)	Honda, PEM	H_2 (35 MPa)	86 kW, 395 km
	FCX Clarity (2007)	Honda, PEM	Comp H_2	100 kW, 570 km
Ford	Explorer (2006)	Ballard PEM FC/battery hybrid	H_2 (70 MPa) 10 kg H_2	60 kW, 563 km
Fiat	Panda (2007)	Nuvera PEM	Comp H_2	60 kW, 200 km

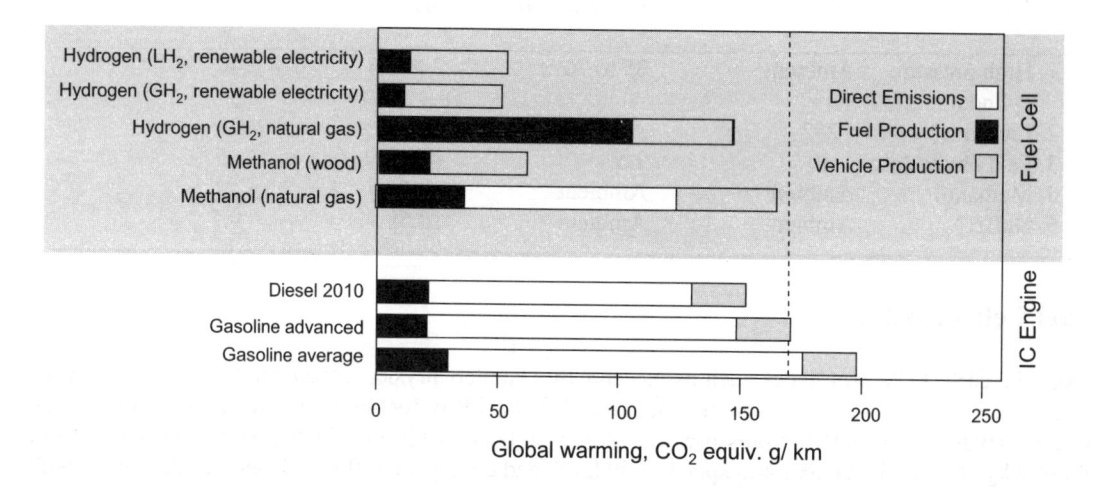

Figure 11.8 Comparison of global warming effects of vehicles powered by the fuel cell and IC engines, hydrogen for fuel cell produced from different sources [4].

The FCV has varying impact on the CO_2 emissions as that depends on the hydrogen generation process. CO_2 emissions by FCV for various options of hydrogen production and FCV fuelled by methanol are compared with those from internal combustion engines on Fig. 11.8. The IC engines fuelled only by the conventional petroleum fuels have been considered. Obviously, if the hydrogen or methanol is produced from natural gas the CO_2 advantage of FCV over the conventional IC engines is not significant. If methanol is produced from natural gas to provide fuel for the fuel cell, the effect on CO_2 reduction in fact, is negative. The comparative CO_2 emission scenario would again change when the IC engines are fuelled by the renewable fuels like ethanol or biodiesel.

11.3 GAS TURBINE

Gas turbines can be operated on variety of fuels ranging from coal dust to heavy oils and bio-fuels. As the steady combustion process is employed and it is disconnected from the operation of vehicle, wide variations in fuel properties are acceptable. Many of the chemical conversion and refining processes necessary to produce fuels for advanced IC engines and the fuel cells are not required for the gas turbine fuels. The well- to-wheel fuel chain efficiency therefore, can be very favourable for gas turbine powered automobiles. In addition to multi-fuel capability, the gas turbines being rotary machines have superior balancing, which results in low vibrations.

The gas turbines for automotive application can be built with the following configurations;

- Single-shaft turbine: Compressor and work turbine are on the same shaft
- Twin-shaft turbine: Compressor and its turbine on one shaft and the work turbine on a separate shaft

Three-shaft turbines can also be configured where more than one drive turbine shafts are used. The twin-shaft turbine provides better torque characteristics than the single shaft turbines for vehicle application and is less complex in mechanical construction and layout than the three-shaft turbines. The power requirement for a vehicle changes depending upon the operating conditions. The variable geometry turbines can be employed where the angle of guide vanes upstream of the work turbine can be changed to vary flow area to the turbine. Thus, the mass flow rate to the turbine can be varied to control power output. During acceleration, the vanes are opened to increase cross section area between them and during deceleration these are closed generating also a braking torque. The power output can be varied by changing mass flow rate using adjustable guide vanes on both the compressor and turbine combined with regulation of working fluid temperature.

The full load efficiency of gas turbine developed for automotive application during 1980s was only about 25%, which was much lower than the diesel engines. To improve efficiency, the operating temperatures are to be increased. The ceramic blade turbines operating at temperatures exceeding 1350° C compared to 1050° C limit for the metallic blade turbines have thermal efficiency of about 31.5 % when operated at 80% of rated power. Cost and reliability of ceramic turbines however, are the main factors to be resolved. The gas turbines despite their multi-fuel capability, lower vibrations and potentially low emissions have not been used in road vehicles due to the following reasons;

- High fuel consumption
- Less suitability for low power range and low load operation
- Poor throttle response to transient operation
- High noise levels
- High exhaust flow rates for the same power

11.4 STIRLING ENGINES

The Stirling engine was invented and patented by Robert Stirling in 1816 for use in industry as a competitor to steam engine. However, its use largely remained confined to low-power domestic applications for over a century. The Stirling engine is noted for its high efficiency, quiet operation, and its multi-fuel capability. Its compatibility with alternative and renewable energy sources has become increasingly significant due to rise in the cost of petroleum crude and emissions of the green house gas, carbon dioxide. This engine is attracting attention as the main component of micro- combined heat and power (CHP) unit in preference to steam engine as it is more energy efficient.

The Stirling engine is an external combustion engine and a steady state combustion process is used. The theoretical Stirling cycle is shown on Fig. 11.9 The closed cycle consists of:

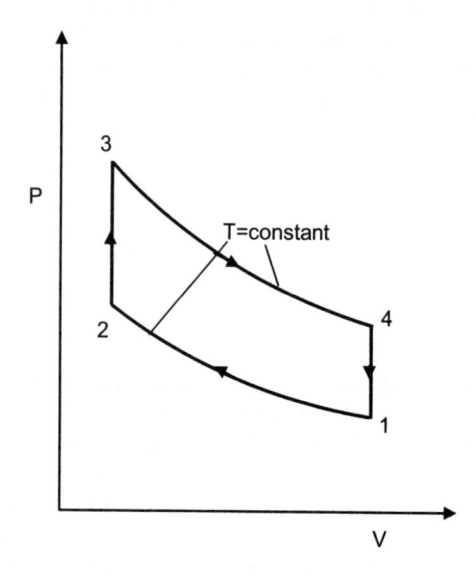

Figure 11.9 Ideal Stirling cycle

Isothermal Compression (1-2): The cylinder compression space and heat exchanger are maintained at a constant low temperature so the working fluid (gas) undergoes near-isothermal compression.

Constant volume or isochoric heat addition (2-3): The gas passes through a regenerator getting heated on its way to the expansion cylinder.

Isothermal expansion (2-3): The expansion cylinder and heat exchanger are maintained at a constant high temperature, and the gas undergoes near-isothermal expansion absorbing heat from the heat source while expanding. The heat from an external source is being absorbed continuously and the useful work is produced during this process.

Constant volume or isochoric heat removal (3-4): The gas is passed through the regenerator where it gets cooled transferring heat to the regenerator for use in the next cycle.

Theoretical thermal efficiency, η_t equals to Carnot cycle efficiency, the highest efficiency attainable by any heat engine

$$\eta_t = 1 - \frac{T_1}{T_3} \tag{11.3}$$

However, the processes taking place in a practical Stirling engine are far different than the idealized cycle. The actual Stirling engines have much lower efficiency due to limitations on the rate of convective heat transfer possible and high friction losses resulting from viscous flow of gases through heat exchangers. There are also mechanical considerations of complexity of kinematic linkages to convert reciprocating motion to rotary motion to replicate the idealized cycle. A double-acting four cylinder Stirling engine is schematically shown in Fig. 11.10. The fluid in expansion space of one unit flows to the compression space of the other identical unit and in between the fluid exchanges heat with the regenerator.

Since the Stirling engine is a closed cycle, it contains a fixed mass of the 'working fluid'. Air, hydrogen or helium has been used as the working fluid. In normal operation, the engine is sealed and no gas enters or leaves the engine, so the initial cost of working fluid may not be very important. The working fluid should have a low specific heat, so that a given amount of heat transferred results in a large increase in temperature and consequently in the pressure. Hydrogen has low specific heat, low viscosity and low thermal conductivity making it an ideal working gas because the engine can run faster due to high rates of heat transfer possible than with other gases. However, due to absorption of

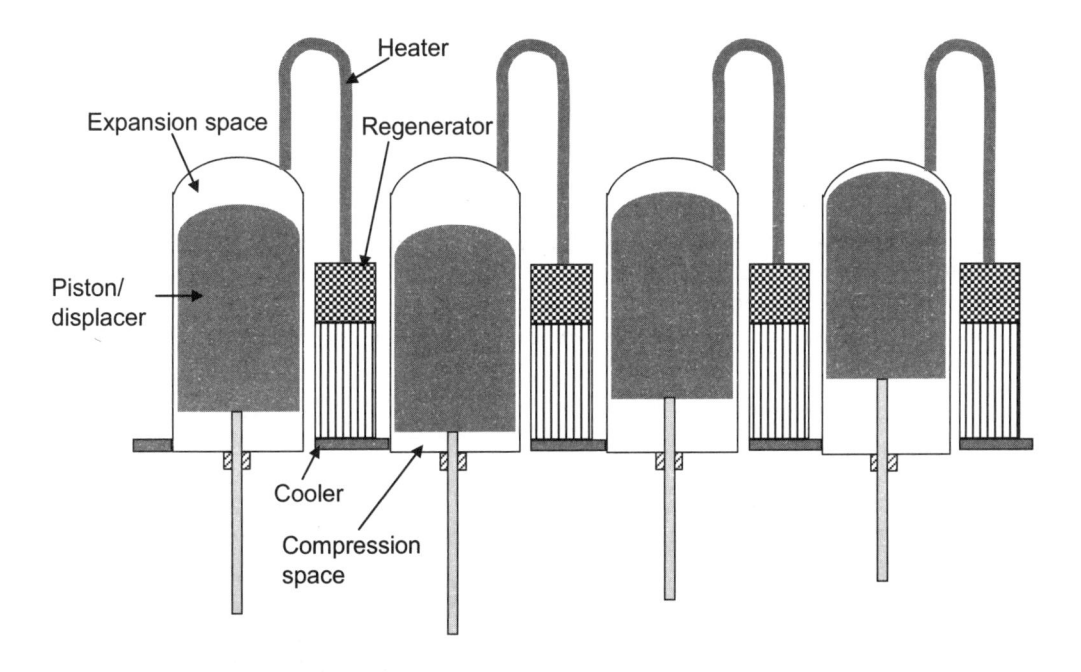

Figure 11.10 Schematic of a double-acting four cylinder Stirling engine.

hydrogen in metals and high diffusion rate associated with its low molecular weight particularly at high temperatures, it will leak through the solid metal of the engine heat exchanger. Diffusion through carbon steel is too high to be acceptable, but metals such as aluminium, stainless steel and certain ceramics may be used. Hydrogen is a flammable gas and thus, safety concerns are also high. Air is a viable working fluid, but the oxygen in a highly pressurized atmosphere in the engine can cause explosions in lubricating oil. Most technically advanced Stirling engines, use helium as the working gas, because it functions close to the efficiency and power density of hydrogen with very little material problems and contamination issues of hydrogen. Helium is an inert gas hence, no risk of fire accidents. Some Stirling engines use nitrogen as the working fluid, but these engines compared to helium engines have much lower power density which increases the initial engine cost.

Advantages and Disadvantages

Compared to internal combustion engine, Stirling engines of the same power rating are larger, heavier and have high initial cost. Their lower maintenance requirements make the overall energy cost comparable. The thermal efficiency for small engines (100 kW) ranges from 15 to 30% and is comparable to SI engines. The Stirling engine has the following main advantages and disadvantages compared to IC engines:

Advantages

- Stirling engines can run on any available heat source such as produced by combustion or heat from solar, geothermal, biological and nuclear sources or waste heat from industrial processes.
- A continuous combustion process can be used to supply heat, so most emissions can be reduced. The burner system can be relatively simple.
- The engine mechanisms are simpler than for other reciprocating engine types. No valves and valve train mechanism are needed. The engine uses a single-phase working fluid which maintains an internal pressure close to the design pressure, and thus for a properly designed system the risk of mechanical breakdown or explosion is low.
- Stirling engines can be started easily (but slowly and longer warm up period) and these run more efficiently in cold weather in contrast to the internal combustion engines which start quickly in warm weather, but not in cold weather.
- Stirling engines can be used as combined heat and power units in the winter and as coolers in summer.

Disadvantages

- Stirling engine uses heat exchangers that have to function at high working fluid pressure which increases in proportion to the engine output. In addition, the expansion-side heat exchanger is often at very high temperature, so the materials must have high corrosion resistance and low creep that increase the cost of material and the engine.
- Stirling engines have low specific power output.
- A Stirling engine cannot start instantly and need long warm up period. They are best used as constant speed engines.

- Variation of load in Stirling engines is more difficult than in IC engines as it needs more careful design or additional mechanisms. Engine power is varied by changing engine displacement or quantity of working fluid or piston/ displacer phase angle.

The main factors that pose problems in using the Stirling engine for automotive vehicle application are: long start-up and shut down time, poor acceleration and load response, complex load variation mechanism and system, and low power to weight ratio. However, these engines can be more successfully used in hybrid electric vehicles.

11.5 COMPARISON OF AUTOMOTIVE PROPULSION SYSTEMS

For automotive application, the prospective power plants may be evaluated based on several important criteria. The specific power output of different power plants such as conventional 4 and 2-stroke SI engines, direct injection CI engine, gas turbine, fuel cell, Stirling engine, battery etc. are compared on Fig.11 11.The V-8 SI engine has the highest power density on mass as well as volume basis. The fuel cells as developed now have also reached very high power densities and are now quite compact for automotive applications. The drawbacks of fuel cells however, include that availability of hydrogen fuel is to be ensured and the cost of fuel cell power units is high. The energy efficiency and life cycle greenhouse gas emissions are perhaps the most important factors that would govern development of the automotive power plants in future. The hybrid electric vehicle is considered by many as an intermediate step towards zero emission electric or fuel cell vehicles.

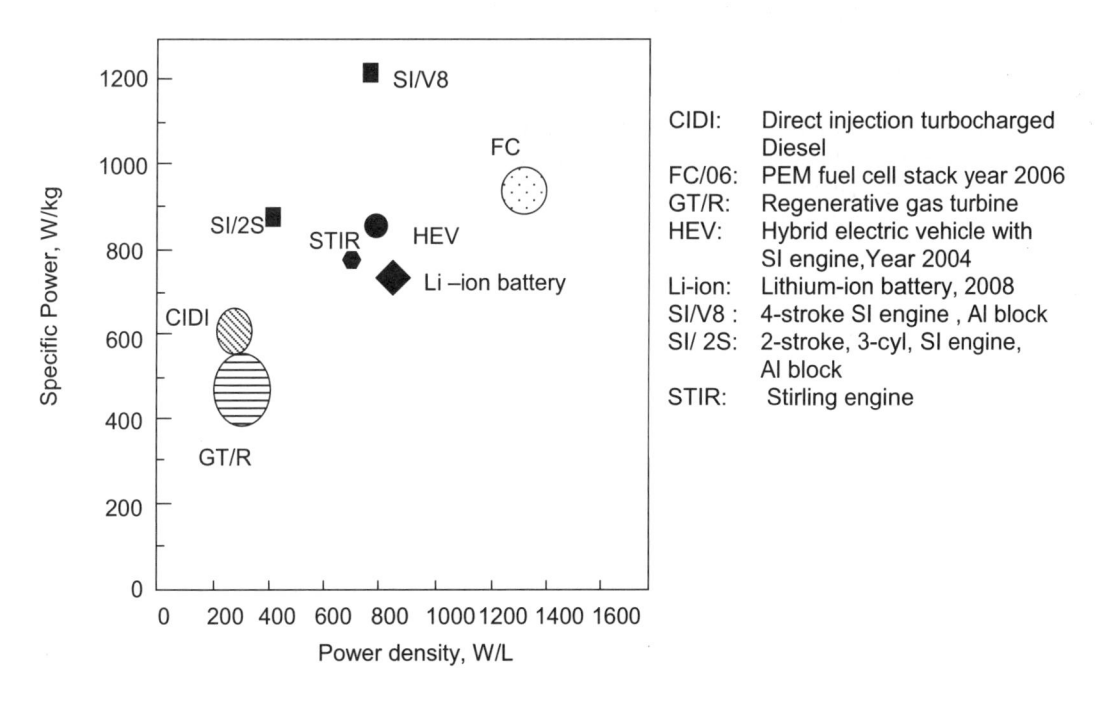

Figure 11.11 Specific power and power density of power plants and storage devices based on references cited.

In the Table 11.5 the fuel chain efficiency of the modern IC engines is compared with the FCV using hydrogen available via different routes. The fuel chain efficiency of the diesel engine-hybrid which is more energy efficient than the gasoline engine-hybrid system, is also compared in this table.

Table 11.5
Fuel chain efficiency of different automotive propulsion systems [5, 8]

Propulsion system	Well to Tank Efficiency, %	Tank to Wheel Efficiency, %	Well to Wheel Efficiency, %
ICE gasoline	85-90	18-24	16-22
ICE diesel	90-91	26-30	24-27
FCV H_2 (Electrolysis)	15-25	37-52	5.5-13
FCV Methanol-reformer	62-70	37-52	23-31
FCV Ethanol (biomass) - reformer	<50	37-52	18-26
Hybrid diesel	90-91	32-38	29-35

REFERENCES

1. Diesel or Gasoline Hybrids, Automotive Engineering International, April (2009).
2. Hybrids for Commerce, Automotive Engineering International, November (2006).
3. Toyota Prius: Best Engineered Vehicle -2004, Automotive Engineering International, March (2004).
4. *Handbook of Fuel Cells*, Ed. Vielstich, W. et al, Wiley, (2003).
5. Amann, C. A., "The Stretch for Better Passenger Car Fuel Economy: A Critical Look-Part 2," Automotive Engineering International, March (1998)
6. Oei, D.G., "Fuel Cell Engines for Vehicles," Automotive Engineering International, Feb. (1997).
7. Honda Brings the Hydrogen Economy Closer, Automotive Engineering International, Feb. (2004).
8. *Internal Combustion Engine Handbook*, Ed.. van Basshuysen, R. and Schafer, F., SAE International (2004).

APPENDICES

Appendix A: Properties of Air (at 1 atm)

Molecular weight = 28.964

T K	u kJ/kg	h kJ/kg	ρ kg/m^3	c_p kJ/kg.K	$\mu \times 10^5$ kg/m.s	k W/m.K
298.15	213.04	298.62	1.184	1.0035		
300	214.36	300.47	1.177	1.004	1.835	0.0261
400	286.42	401.26	0.882	1.013	2.294	0.0330
500	359.79	503.30	0.706	1.029	2.682	0.0395
600	435.03	607.27	0.588	1.050	3.030	0.0456
700	512.58	713.50	0.505	1.074	3.349	0.0513
800	592.53	822.15	0.441	1.098	3.643	0.0569
900	674.77	933.10	0.392	1.120	3.918	0.0625
1000	759.14	1046.17	0.353	1.140	4.177	0.0672
1100	845.38	1161.12	0.321	1.157	4.440	0.0732
1200	933.28	1277.72	0.294	1.171	4.690	0.0782
1300	1022.67	1395.81	0.271	1.185	4.930	0.0837
1400	1113.34	1515.18	0.252	1.197	5.170	0.0891
1500	1205.15	1635.69	0.235	1.209	5.400	0.0946
1600	1297.93	1757.18	0.221	1.219	5.630	0.1000
1700	1391.62	1879.57	0.208	1.228	5.850	0.1050
1800	1486.13	2002.78	0.196	1.237	6.070	0.1110
1900	1581.33	2126.71	0.186	1.244	6.290	0.1170
2000	1677.21	2251.29	0.176	1.251	6.500	0.1240
2100	1773.69	2376.45	0.168	1.257	6.720	0.1310
2200	1870.73	2502.19	0.160	1.263	6.930	0.1390
2300	1968.28	2628.45	0.153	1.268	7.140	0.1490
2400	2066.30	2755.17	0.147	1.273	7.350	0.1610
2500	2164.76	2882.33	0.141	1.277	7.570	0.1750

Appendix B: Properties of Fuels

§ Heat of vaporization at 1 atm and 25° C for liquid fuels and at 1 atm and boiling temperature for gases
* at 0° C and 1 atm.

Fuel	Density kg/m^3	(A/F)$_s$	Boiling Temp.,°C	h_{fg} § kJ/kg	Specific heat, kJ/kg.K liquid	Specific heat, kJ/kg.K vapour	Heat of Combustion, MJ/kg HHV	Heat of Combustion, MJ/kg LHV	Octane number RON	Octane number MON
Liquid fuels										
Isooctane	692	15.1	114	308	2.09	1.59	48.12	44.65	100	100
Benzene	874	13.3	80	433	1.72	1.01	41.83	40.15	-	115
Toluene	867	13.5	111	412	1.68	1.09	42.44	40.53	120	109
n-Cetane	773	14.8	287	358	2.21	1.60	47.61	44.31	-	-
Methanol	791	6.5	65	1103	2.53	1.37	22.66	19.92	106	92
Ethanol	789	9.0	78	840	2.44	1.42	29.67	26.80	107	89
Gasoline (C$_{7.9}$H$_{14.8}$)	715-760	14.6	40-200	305	2.40	1.70	47.30	44.00	91-95	82-88
Diesel (C$_{14.6}$H$_{24.9}$)	820-860	14.4	170-380	230	1.90	1.70	43.80	41.40	-	-
Gaseous fuels and others										
Methane	0.72*	17.2	-161	510	-	2.21	55.54	50.05	120	120
Ethane	-	16.1	-89	489	-	1.75	51.90	47.51	115	99
Propane	2.0*	15.7	-42	432	2.48	1.62	50.32	46.33	112	97
n-butane	3.67	15.5	0	386	2.42	1.64	49.51	45.73	94	90
Hydrogen	0.09*	34.3	-	-	-	1.44	142.0	120.0	-	-
Carbon monoxide	1.25*	2.47	-	-	-	1.05	10.1	10.1	-	-
Carbon (s)	2	11.51	-	-	-	-	33.8	33.8	-	-

Appendix C: Thermochemical Properties of Combustion Products and Other Ideal Gases

Table C-1
Thermochemical Properties of N_2 and N

T K	Nitrogen, Diatomic (N_2) $\Delta \bar{h}^o_{298} = 0$ kJ/kmol $M = 28.013$		Nitrogen, Monatomic (N) $\Delta \bar{h}^o_{298} = 472\,680$ kJ/kmol $M = 14.007$	
	$(\bar{h} - \bar{h}^o_{298})$ kJ/kmol	log K_p	$(\bar{h} - \bar{h}^o_{298})$ J/kmol	log K_p $1/2 N_2 \leftrightarrow N$
0	−8670	0.000	−6197	Infinite
100	−5768	0.000	−4119	-243.583
200	−2857	0.000	−2040	-120.405
298	0	0.000	0	-79.800
300	54	0.000	38	-79.289
400	2971	0.000	2117	-58.704
500	5911	0.000	4196	-46.336
600	8894	0.000	6274	-38.081
700	11937	0.000	8353	-32.177
800	15046	0.000	10431	-27.744
900	18223	0.000	12510	-24.292
1000	21463	0.000	14589	-21.528
1100	24760	0.000	16667	-19.265
1200	28109	0.000	18746	-17.377
1300	31503	0.000	20825	-15.778
1400	34936	0.000	22903	-14.406
1500	38405	0.000	24982	-13.217
1600	41904	0.000	27060	-12.175
1700	45430	0.000	29139	-11.256
1800	48979	0.000	31218	-10.437
1900	52549	0.000	33296	-9.705
2000	56137	0.000	35375	-9.046
2100	59748	0.000	37455	-8.449
2200	63362	0.000	39534	-7.905
2300	67007	0.000	41614	-7.409
2400	70640	0.000	43695	-6.954
2500	74312	0.000	45777	-6.535
2600	77963	0.000	47860	-6.149
2700	81659	0.000	49949	-5.790
2800	85323	0.000	52033	-5.457
2900	89035	0.000	541 24	-5.147
3000	92715	0.000	56218	-4.858
3200	100134	0.000	60420	-4.332
3400	107577	0.000	64646	-3.868
3600	115042	0.000	68902	-3.455
3800	122526	0.000	73194	-3.086
4000	130027	0.000	77532	-2.752

Source: Sontag, R. E., Borgnakke, C., and Van Wylen, G. J., *Fundamentals of Thermodynamics*, John Wiley & Sons, Inc, 1999, and Keating, E. L., *Applied Combustion*, CRC Press, 2007

Table C-2
Thermochemical Properties of CO_2 and CO

T K	Carbon Dioxide (CO_2) $\Delta \bar{h}^o_{298} = -393\,522$ kJ/kmol, $M = 44.01$		Carbon Monoxide (CO) $\Delta \bar{h}^o_{298} = -110\,527$ kJ/kmol, $M = 28.01$	
	$(\bar{h} - \bar{h}^o_{298})$ kJ/kmol	log K_p $C + O_2 \leftrightarrow CO_2$	$(\bar{h} - \bar{h}^o_{298})$ kJ/kmol	log K_p $C + 1/2 O_2 \leftrightarrow CO$
0	−9364	Infinite	−8671	Infinite
100	−6457	205.645	−5772	62.809
200	−3413	102.922	−2860	33.566
298	0	69.095	0	24.029
300	69	68.670	54	23.910
400	4003	51.540	2977	19.109
500	8305	41.260	5932	16.235
600	12906	34.405	8942	14.318
700	17754	29.506	12021	12.946
800	22806	25.830	15174	11.914
900	28030	22.970	18397	11.108
1000	33397	20.680	21686	10.459
1100	38885	18.806	25031	9.926
1200	44473	17.243	28427	9.479
1300	50148	15.920	31867	9.099
1400	55895	14.785	35343	8.771
1500	61705	13.801	38852	8.485
1600	67569	12.940	42388	8.234
1700	73480	12.180	45948	8.011
1800	79432	11.504	49529	7.811
1900	85420	10.898	53128	7.631
2000	91439	10.353	56743	7.469
2100	97500	9.860	60375	7.321
2200	103562	9.411	64012	7.185
2300	109671	9.001	67676	7.061
2400	115779	8.625	71326	6.946
2500	121926	8.280	75023	6.840
2600	128074	7.960	78679	6.741
2700	134256	7.664	82408	6.649
2800	140435	7.388	86070	6.563
2900	146645	7.132	89826	6.483
3000	152853	6.892	93504	6.407
3200	165321	6.458	100962	6.269
3400	177836	6.074	108440	6.145
3600	190394	5.732	115938	6.034
3800	202990	5.425	123454	5.933
4000	215624	5.149	130989	5.841

Source: Sontag, R. E., Borgnakke, C., and Van Wylen, G. J., *Fundamentals of Thermodynamics*, John Wiley & Sons, Inc, 1999, and Keating, E. L., *Applied Combustion*, CRC Press, 2007

Table C-3
Thermochemical Properties of O_2 and O

T K	Oxygen, Diatomic (O_2) $\Delta \bar{h}^o_{298} = 0$ kJ/kmol; $M = 31.999$		Oxygen, Monatomic (O) $\Delta \bar{h}^o_{298} = -249\,170$ kJ/kmol; $M = 16.00$	
	$\left(\bar{h} - \bar{h}^o_{298}\right)$ kJ/kmol	log K_p	$\left(\bar{h} - \bar{h}^o_{298}\right)$ kJ/kmol	log K_p $1/2 O_2 \leftrightarrow O$
0	−8683	0.000	−6725	Infinite
100	−5777	0.000	−4518	-126.730
200	−2868	0.000	−2186	-61.992
298	0	0.000	0	-40.604
300	54	0.000	41	-40.334
400	3027	0.000	2207	-29.473
500	6086	0.000	4343	-22.940
600	9245	0.000	6462	-18.574
700	12499	0.000	8570	-15.449
800	15836	0.000	10671	-13.101
900	19241	0.000	12767	-11.272
1000	22703	0.000	14860	-9.807
1100	26212	0.000	16950	-8.606
1200	29761	0.000	19039	-7.604
1300	33345	0.000	21126	-6.755
1400	36958	0.000	23212	-6.027
1500	40600	0.000	25296	-5.395
1600	44267	0.000	27381	-4.842
1700	47959	0.000	29464	-4.353
1800	51674	0.000	31547	-3.918
1900	55414	0.000	33630	-3.529
2000	59176	0.000	35713	-3.178
2100	62986	0.000	37798	-2.860
2200	66770	0.000	39878	-2.571
2300	70634	0.000	41961	-2.307
2400	74453	0.000	44045	-2.065
2500	78375	0.000	46133	-1.842
2600	82225	0.000	48216	-1.636
2700	86199	0.000	50304	-1.446
2800	90080	0.000	52391	-1.268
2900	94111	0.000	54484	-1.103
3000	98013	0.000	56574	-0.949
3200	106022	0.000	60767	-0.670
3400	114101	0.000	64971	-0.423
3600	122245	0.000	69190	-0.204
3800	130447	0.000	73424	-0.007
4000	138705	0.000	77675	0.170

Source: Sontag, R. E., Borgnakke, C., and Van Wylen, G. J., *Fundamentals of Thermodynamics*, John Wiley & Sons, Inc, 1999, and Keating, E. L., *Applied Combustion*, CRC Press, 2007

Table C-4
Thermochemical Properties of H_2 and H

T K	Hydrogen (H_2) $\Delta \bar{h}^o_{298} = 0$ kJ/kmol $M = 2.016$		Hydrogen, Monatomic (H) $\Delta \bar{h}^o_{298} = 217\,999$ kJ/kmol $M = 1.008$	
	$(\bar{h} - \bar{h}^o_{298})$ kJ/kmol	$\log K_p$	$(\bar{h} - \bar{h}^o_{298})$ kJ/kmol	$\log K_p$ $1/2 H_2 \leftrightarrow H$
0	−8467	0.000	−6197	Infinite
100	−5467	0.000	−4119	-110.954
200	−2774	0.000	−2040	-54.322
298	0	0.000	0	-35.612
300	53	0.000	38	-35.377
400	2961	0.000	2117	-25.876
500	5883	0.000	4196	-20.158
600	8799	0.000	6274	-16.336
700	11730	0.000	8353	-13.599
800	14681	0.000	10431	-11.539
900	17657	0.000	12510	-9.934
1000	20663	0.000	14589	-8.646
1100	23704	0.000	16667	-7.589
1200	26785	0.000	18746	-6.707
1300	29907	0.000	20825	-5.958
1400	33073	0.000	22903	-5.315
1500	36281	0.000	22982	-4.756
1600	39533	0.000	24060	-4.266
1700	42826	0.000	29139	-3.833
1800	46160	0.000	31218	-3.448
1900	49532	0.000	33296	-3.102
2000	52942	0.000	35375	-2.790
2100	56379	0.000	37455	-2.508
2200	59865	0.000	39532	-2.251
2300	63371	0.000	41610	-2.016
2400	66915	0.000	43689	-1.800
2500	70492	0.000	45769	-1.601
2600	74082	0.000	47847	-1.417
2700	77718	0.000	49928	-1.247
2800	81355	0.000	52004	-1.089
2900	85044	0.000	54082	-0.941
3000	88725	0.000	56161	-0.803
3200	96187	0.000	60318	-0.553
3400	103736	0.000	64475	-0.332
3600	111367	0.000	68633	-0.135
3800	119077	0.000	72790	0.042
4000	126864	0.000	76947	0.201

Source: Sontag, R. E., Borgnakke, C., and Van Wylen, G. J., *Fundamentals of Thermodynamics*, John Wiley & Sons, Inc, 1999, and Keating, E. L., *Applied Combustion*, CRC Press, 2007

Table C-5
Thermochemical Properties of NO and NO$_2$

T K	Nitric Oxide (NO) $\Delta \bar{h}^o_{298} = 90\ 291$ kJ/kmol; $M = 30.006$		Nitrogen, Dioxide (NO$_2$) $\Delta \bar{h}^o_{298} = 33\ 100$ kJ/kmol; $M = 46.005$	
	$(\bar{h} - \bar{h}^o_{298})$ kJ/kmol	log K_p 1/2N$_2$+1/2O$_2 \leftrightarrow$ NO	$(\bar{h} - \bar{h}^o_{298})$ kJ/kmol	log K_p 1/2N$_2$+O$_2 \leftrightarrow$ NO$_2$
0	−9192	Infinite	−10186	Infinite
100	−6073	-46.453	−6861	-20.859
200	−2951	-22.929	−3495	-11.859
298	0	-15.171	0	-8.977
300	55	-15.073	68	-8.941
400	3040	-11.142	3927	-7.513
500	6059	-8.783	8099	-6.669
600	9144	-7.210	12555	-6.111
700	12308	-6.086	17250	-5.714
800	15548	-5.243	22138	-5.417
900	18858	-4.587	27180	-5.185
1000	22229	-4.062	32344	-5.000
1100	25653	-3.633	37606	-4.848
1200	29120	-3.275	42946	-4.721
1300	32626	-2.972	48351	-4.612
1400	36164	-2.712	53808	-4.519
1500	39729	-2.487	59309	-4.438
1600	43319	-2.290	64846	-4.367
1700	46929	-2.116	70414	-4.304
1800	50557	-1.962	76008	-4.248
1900	54201	-1.823	81624	-4.198
2000	57859	-1.699	87259	-4.152
2100	61530	-1.586	92914	-4.111
2200	65212	-1.484	98578	-4.074
2300	68906	-1.391	104261	-4.040
2400	72606	-1.305	109948	-4.008
2500	76320	-1.227	115650	-3.979
2600	80034	-1.164	121358	-3.953
2700	83764	-1.087	127081	-3.928
2800	87491	-1.025	132800	-3.905
2900	91232	-0.967	138536	-3.884
3000	94973	-0.913	144267	-3.864
3200	102477	-0.815	155756	-3.828
3400	110000	-0.729	167262	-3.797
3600	117541	-0.653	178783	-3.770
3800	125099	-0.585	190316	-3.746
4000	132671	-0.524	201860	-3.724

Source: Sontag, R. E., Borgnakke, C., and Van Wylen, G. J., *Fundamentals of Thermodynamics*, John Wiley & Sons, Inc, 1999, and Keating, E. L., *Applied Combustion*, CRC Press, 2007

Table C-6
Thermochemical Properties of H_2O and OH

T K	Water (H_2O) $\Delta \bar{h}^o_{298} = -241\,826$ kJ/kmol, $M = 18.015$			Hydroxyl (OH) $\Delta \bar{h}^o_{298} = 38\,987$ kJ/kmol, $M = 17.007$	
	$(\bar{h} - \bar{h}^o_{298})$ kJ/kmol	log K_p $H_2 + 1/2 O_2 \leftrightarrow H_2O$		$(\bar{h} - \bar{h}^o_{298})$ kJ/kmol	log K_p $1/2 H_2 + 1/2 O_2 \leftrightarrow OH$
0	−9904	Infinite		−9172	Infinite
100	−6617	123.600		−6140	−19.672
200	−3282	60.792		−2975	−9.475
298	0	40.048		0	−6.089
300	62	39.786		55	−6.046
400	3450	29.240		3034	−4.327
500	6922	22.886		5991	−3.296
600	10499	18.633		8943	−2.609
700	14190	15.583		11902	−2.120
800	18002	13.289		14881	−1.755
900	21937	11.498		17889	−1.472
1000	26000	10.062		20935	−1.247
1100	30190	8.883		24024	−1.064
1200	34506	7.899		27159	−0.912
1300	38941	7.064		30340	−0.784
1400	43491	6.347		33567	−0.674
1500	48149	5.725		36838	−0.580
1600	52907	5.180		40151	−0.497
1700	57757	4.699		43502	−0.425
1800	62693	4.270		46890	−0.361
1900	67706	3.886		50311	−0.304
2000	72788	3.540		53763	−0.253
2100	77831	3.227		57241	−0.207
2200	83153	2.942		60751	−0.165
2300	88295	2.682		64283	−0.127
2400	93741	2.443		67840	−0.092
2500	98964	2.224		71417	−0.060
2600	104520	2.021		75018	−0.031
2700	109813	1.833		78634	−0.004
2800	115463	1.658		82268	0.021
2900	120813	1.495		85918	0.044
3000	126548	1.343		89585	0.065
3200	137756	1.067		96960	0.104
3400	149073	0.824		104388	0.137
3600	160484	0.607		111864	0.167
3800	171981	0.413		119382	0.193
4000	183552	0.238		126940	0.216

Source: Sontag, R. E., Borgnakke, C., and Van Wylen, G. J., *Fundamentals of Thermodynamics*, John Wiley & Sons, Inc, 1999, and Keating, E. L., *Applied Combustion*, Second Edition, CRC Press, 2007

Appendix D: Conversion Factors and Physical Constants

Table D-1
Conversion Factors

Quantity		
Acceleration:	1 m/sec^2	= 3.281 ft/sec^2
Area:	1 ft^2	= 0.092903 m^2
	1 m^2	= 10.7639 ft^2
	1 hectare	= 1000 m^3
Density:	1 lb$_m$/ft^3	= 16.018 kg/m^3
Energy:	1 J	= 1 N-m
	1 Btu	= 1.055 kJ
	1 kcal	= 3.968 Btu = 4.184 kJ
	1 therm	= 10^5 Btu = 105.4 MJ
	1 kW-h	= 3600 KJ
Energy per Unit Mass:	1 Btu/lb$_m$	= 2.326 kJ/kg
	1 kcal/kg	= 4.184 kJ/kg
Energy Flux:	1 Btu/(h.ft^2)	= 3.155 W/m^2
Force:	1 lb$_f$	= 4.448 N
	1 kg$_f$	= 9.807 N
Specific Fuel Consumption:	1 lb$_m$/hp.h	= 1.0278 X 10^{-4} kg/J
	1 lb$_m$/hp.h	= 0.6083 kg/kW-h
	1 mile/gallon (US)	= 0.4251 km/dm^3
		= 0.4251 km/litre
Heat Transfer Coefficient:	1 Btu/(ft^2.h.°R)	= 5.678 W/(m^2.K)
Kinematic Viscosity:	1 stokes	= 0.0001 m^2/s
Length:	1 ft	= 0.3048 m
	1 km	= 0.6214 mile
Mass:	1 lb$_m$	= 0.4536 kg
		= 7000 grains
	1 ton (long)	= 1000 kg
Power:	1 W	= 1 J/s = 1 N-m/s
	1 Btu/h	0.293 W
	1 hp	= 2545 Btu/h
		= 0.7458 kW
Pressure:	1 atm	= 14.7 lbf/in^2 (p.s.i)
		= 101.3 kPa
	1 bar	= 0.9869 atm = 100 kPa
	1 lbf/in^2 (p.s.i.)	= 6.891 kPa
	1 in. Hg	= 3.377 kPa
	1 in. H$_2$O	= 248.8 Pa
	1 mm Hg at 0° C (torr)	= 133.3 Pa
Specific Heat:	1 Btu/(lb$_m$. °R)	= 4.187 kJ/(kg. K)
	1 kcal/kg.K	= 4.184 kJ/kg.
Surface Tension:	1 lb$_f$/ft	= 14.59 N/m
	1 dyne/cm	= 0.001 N/m
Temperature:	1 K	= 273.15 + °C
	1 °R	= 0.5555 K

Table D-1 (contd.)
Conversion Factors

Thermal Conductivity:	1 Btu/(h . ft . °R)	= 1.730 W/(m. K)
Torque:	1 kgf.m	= 9.807 N.m
	1 ft.lbf	= 1.356 N.m
Viscosity:	1 poise	= 0.1000 Pa.s = 0.1 kg/ (m. s)
		= 0.002087 lbf.s/ft^2
	1 stoke	= 100 mm^2/s
	1 centistoke	= 1.0 mm^2/s
Volume:	1 ft^3	= 0.02832 m^3 = 28.3 liter
	1 gallon (US liquid)	= 0.003785 m^3
	1 US Barrel	= 42 gallon = 0.1590 m^3
Volume flow rate:	1 ft3/m (cfm)	= 0.4719 dm^3/s
		= 4.719 x10^{-4} m^3/s

Table D-2
Physical Constants

Acceleration of gravity:	g	= 9.807 m/s^2
		= 32.17 ft/s^2
Avogadro's number:	N_o	= 6.023 X 10^{23} molecules/mol
Density of water at 4 °C:	ρ	= 1000 kg/m^3
Joule' s constant:	J	= 778.16 ft-lb/Btu
		= 1 N.m
Planck's constant:	h'	= 6.625 X 10^{-34} J.s
Stefan-Boltzmann constant:	σ	= 5.670 X 10^{-8} W/(m^2.K^4)
		= 1.712 X 10^{-9} Btu/(h.ft^2.°R^4)
Speed of light in vacuum:	c	= 2.998 X 10^8 m/s
Temperature:	T (°C)	= T (K) – 273.15
	T (°F)	= T (°R) – 459.67
Universal gas constant:	R	= 8.314 kJ/(kmol.K)
		= 8.314 kPa.m^3/(kmol.K)
		= 8314 J/kmol.K
		= 1545 ft. lb/(lbmol. °R)
		= 1.986 cal/(mol.K)
		= 1.986 Btu/(lbmol.°R)

Index

A

Adiabatic flame temperature, 36-38, 57, 69, 199, 242-245, 366, 416
Air:
   table of thermodynamic properties,
Air-fuel ratio:
   definition, 17
   relative, 17,33
   stoichiometric, 17,32,180,342,416
Air pollutants see specific pollutant and exhaust emission)
Alcohols; 11,263, 389, 399,415-419
   antiknock ratings, 416
   as extenders,399, 415 -419
Aldehyde emissions, 3, 228-229,313, 399, 432
Alternative fuels, 303, 307,415-431
Alternative power plants:
   fuel cell,4, 431,468,473-480,485-486
   gas turbine,481,485
   hybrid electric vehicle 4, (HEV),434,470-472,485
   Stirling engine, 482-485
Alumina, 336,351,368
Ammonia:
   slip, 371
   to reduce NO_x, 370-372
Aromatics, 388-389
   in gasoline, 104,246,335,391,393,401-404
   in diesel,263,267,405,409-410,414,428
Atkinson cycle, 472,497
Atomization of sprays, 111-117,128,142,170, 189-190,255,277, 323,358, 450-457
Auto-ignition, 100-102,110,166,178,200, 380-381,466

B

Beer-Lambert Law, 311,316
Benzene, 37,225,229,257,389,432,488
   in gasoline, 388,391, 397,401-404,418
Biodiesel, 4, 11, 32,415,416,423-427,434,481
Blow by, 229,247, 259, 298, 321, 327-328
Bosch smokemeter, 273,316
Brake parameters,
   brake mean effective pressure (bmep), 16, 132, 197,273
   brake specific fuel consumption (bsfc), 16, 285,289,292,332,352,360-364,422
Burn angles (SI Engines):
   flame development, 76, 77-83,98-99
   flame propagation,76, 78-83, 98-99
Burn rate (see heat release rate)
Burned gas (see combustion products)

C

CAFE standard, 433
Carbon dioxide (greenhouse gas), 179, 321, 387, 398,432-435, 469,480,485
Carbon monoxide: 37, 225,312
   effect of air-fuel ratio,231
   formation, 233-234
   standards, 299-303
   (see also Catalytic converters)
Catalytic converters,
   catalyst, 334-335
   close-coupled, 348,354,398
   conversion efficiency, 215,220,335,343-346,350-351,371,398
   deactivation, 349-351,368,398

de-NOx, 302-303,342,354-355,357,369-373,380
diesel oxidation catalyst, 367-368
light-off temperature,336,343,350
NOx storage –reduction (NSR), 369-370,373, 398,412
oxidation, 302,335,343-344,367-368,372,377-378,412,430
reduction, 335, 342,3444,356,369
substrate (support),334-341,351-352
selective catalytic reduction (SCR), 356, 371-372, 373
three way (3-way), 220,299,331, 344-346, 350-351,367,398,420
washcoat, 334-336,340-345,351,368-369
Cetane index, 133,405-407,414
Cetane number, 131-133,193,291-292,390, 404-407,412-418,424-426,428
Cerium oxide (CeO_2) in washcoat, 341,345-346
Chemical equilibrium, 34, 40-46,233
constants, 42-46,50,53,61,239
Chemical reaction:
kinetics, 58,233,235,242-243,289
rate constants,59-61,236,,244-245,269-270
Chemiluminesence, 123,311,315,440,462
Analyzer, 315
Combustion:
duration, 23,77-80,83,135,141,177,182
stoichiometry, 31,266-267
stratified charge, 177-183, 352-354
HCCI, 198-200,205-211,379,380-382
Combustion products composition:
equilibrium,44-48
low temperature,32, 50-54
high temperature,55-57
properties, 489
Combustion chambers:
designs of diesel engines:
bowl-in-piston, 152,173,190-193
direct-injection, 169-193
indirect injection,195-198
MAN-M, 194
design of SI engines, 174
hemispherical,176
pentroof, 176
Combustion (CI Engines):
conceptual models,121-124
phases of,127
ignition delay,126, 128-132
mixing controlled phase, 127,135
premixed phase, 127, 133
Combustion (SI engines):
abnormal combustion, 100,400
cycle-by-cycle variations, 96-100
knocking, 24,82,100-105,173,177, 204,219, 391,417,443,466
misfiring, 78,97,100,146,204,207,246,256, 279, 336
mixed model, 91
partial misfire, 99-100
phases of, 76
single zone model, 86
turbulent flame regimes, 70-72
unmixed model, 91, 95-96
Combustion systems:
classification, 165
Compression ratio:
definition, 14
effect on emissions, 322
typical values,10,193,196
Continuously regenerating traps (CRT), 357, 377-378,411
Cordierite, 337,349,351,373,375
Crevices, 230,247,249-252,254-256,259,275,284,352
piston-ring assembly,251
unburned HC emissions, 250-252
volume,251
Cycle-by-cycle variations, 96-100
Cylinder pressure measurement, 441-444

D

Damkohler number, 71
de-NO_x catalysts, 302-303,342,354-355,357,369-373,380
NO_x storage – reduction (NSR), 369-370, 373, 398,412
selective catalytic reduction (SCR), 356, 371-372, 373
plasma reduction catalyst, 372
Diesel combustion systems:
direct injection,

bowl-in-piston, multi hole nozzle, swirl, 152,173,190-193
  MAN-M, 194
  quiescent, 189,191
 indirect injection, 195-198
  prechamber,195,197
  swirl chamber,196,197
Diesel emissions:
 NO_x-Particulate trade off, 273-274,362,379
 effect of engine variables,283-289,291
 (see also NO_x, Particulates, Soot, unburned HC emissions)
Diesel fuel, 404-415,416,488
 effect of properties on emissions,412-413
 ignition quality, cetane number, cetane index, 131-133,193,291-292,390, 404-407,412-418,424-426,428,
 sulphur, 264,368,378,410-411
 trends in specifications,411,414
Diesel smoke, 273,303
Driving cycles: 305-311
 heavy duty engines, 307-310
  European ESC, ELR, ETC, 307-310
 light duty vehicles,305
  USFTP, ECE, 305-307
 motorcycles, 310-311
Dilution tunnel, 318-319
Dimethyl ether (DME), 399, 416,429-430
Direct injection stratified charge (DISC), 177-183,352-354,355,458
Distillation,
 gasoline, 391,393-394
 diesel, 405,406-408,414
GTL, 428
Droplets:
 Sauter mean diameter (SMD), 114-117,455
 size distribution,111, 113-114,451-453
 size measurement,451- 456

E

Efficiency:
 catalyst conversion, 215,220,335,343-346,350-351,371,398
 mechanical, 16-17
 thermal, 16,193,472,483
 volumetric, 17,110,146,157,160,170,176, 325
Emission measurement, 311-320
Emission standards, 298-304
Emissions testing , 305-311
Engines:
 classification, 11-13
 components, 6-8

 compression ignition (diesel), 11,25,109,166
 spark ignition, 11,23,66,166
 stratified charge (see Stratified charge engines)
 HCCI (see HCCI engines)
Enthalpy, 31, 46, 51-52
 Sensible, 37, 47
 tables of, 487,490-495
Enthalpy of formation:
 definition, 36
 standard values of individual species, 37,490-495
Equilibrium (see Chemical equilibrium)
Equivalence ratio (see Fuel-air equivalence ratio)
Evaporative HC Emissions, 299,328-329,390,395,401
Ethanol, 37, 52, 75,399-400,402,415-419,486
Exhaust aftertreatment,
 (see also catalytic converters, thermal reactors, particulate filters, CRT)
Exhaust gas recirculation (EGR):
 CAI/HCCI engines, 198, 202,204
 diesel engines, 289-291,363-366
 DISC engines, 353
 SI engines, 49, 77, 99-100,278-280,330-332

F

FAME, 424-425
Federal test cycle (FTP-75), 304-305
Flames:
 laminar, 66-70
 turbulent, 69-74
Flame development process, 76, 77-83, 98-99
 effect of mixture composition, 78
Flame ionization detector (FID), 312-314
Flame propagation, 76, 78-83, 98-99
Flame thickness, 68

Flame quenching, 231,247-249,259
Flammability limit, 74-75
Flow in-cylinder:
   laser Doppler anemometry, 70, 440,446
   particle imaging velocimetry,70,440,448
   squish, 79,145,152-153
   swirl,145,146-150,189-193
   tumble, 151
   turbulent, 154-157
Four – stroke cycle, 9
Fuel-air ratio, 17
Fuel-air equivalence ratio, 33
Fuel cell, 415,469,473-480,485-486
Fuel injection (CI engines):
   common rail system,185,187-189
   distributor pumps,185
   electronic injection,186
   high pressure injection, 186, 187-189, 292, 358
   multiple injection,207-208,359-361,381
   pilot injection,188,292,359-360,417,420
   unit injectors,186
Fuel injection (SI engines),
   direct injection, 167,177-183,215
   port fuel injectors, 167-171
   single point/throttle body, 168
   scheduling,171-172
Fuels:
   additives, 2,328,350,376,390,396-397,402,406-407,417,430
   properties: 488
      polynomials, 49, 52
      stoichiometric A/F, 32
      tables, 416, 488
   (see also diesel, gasoline, alternative fuels)

G

Gas constant, 497
Gas properties:
   polynomial, 46,51
   tables, 487, 489-496
   (see also combustion products)
Gasoline,
   antiknock quality (octane number),102,391-393, 416
   characteristics,391--399
   composition.397
   deposit control additives, 396
   effect on emissions, 401-402
   oxygenates, 399, 401`
   reformulated, 401-403
   specifications, 404
Gasoline direct injection,
   (see also Stratified charge engines)
Gas-to liquid (GTL) fuels, 427-429
Gas turbine, 481,485
Greenhouse gas emissions, 432-435

H

Heat of combustion, 35-36,416,424,428,488
Heat release analysis:
   CI engines, 136-141
   SI engines,
      single zone model, 86-89
      two-zone model, 90 -96
      unmixed model, 94
Heat release rate:
   CI engines, mixing controlled, 127,134, 135
   CI engines, premixed, 127, 133
   SI engines, 83, 85, 94
Heat transfer:
   correlations for engines, 88-89
Heating value (see Heat of combustion)
   Hybrid electric vehicle (HEV), 434,470-472,485
Hydrocarbons:
   fuel components, 387-389
Hydrocarbon emissions (diesel):
   contribution to particulates, 264, 265, 273
   effect of engine parameters, 287, 292
   effect of EGR, 290
   mechanisms, 259
   nozzle sac volume,262
   overmixing, 261
   standards, 301-302
   undermixing, 262
Hydrocarbon emissions (SI engines):
   absorption/desorption in oil film, 248, 252
   contribution of sources, 248, 259
   crevice mechanism, 250
   deposit mechanism, 254
   mixture preparation, 254-256

effect of:
   compression ratio, 275
   combustion chamber S/V ratio, 276
   equivalence ratio, 231,274
   EGR, 280
   ignition timing, 275
flame quenching, 247-249
mechanisms, 247
oxidation, 256
reactivity, 228-229
standards, 299,301,304
transport mechanism. 257-259
Hydrogen, 37, 57, 69, 75,249,416,430-432,477-480,483,486,488,493
HACA mechanism of soot formation, 267-268

I

Ideal gas, 29,489
Ignition delay:
   definition, 125-126
   effect on HC, 261
   factors affecting, 130-133
   correlations, 102, 129, 132
Indicated mean effective pressure, 16, 97, 102, 104,207,444
Indirect injection, 195-198
Injection systems, 167-171,184-189
Injection rate shaping, 359-360
Internal energy, 30, 36

J

Jatropha curcas methyl ester, 424

K

Knock, 100-105
   detection, 101
   theories, 102
   sensor, 201, 219

L

Laminar flame: 67
   speed, 68-69
   correlations, 69
   thickness, 68
Lambda sensor, 211, 220
Laser Doppler anemometry, 70, 440, 446
Laser (Fraunhofer) diffraction, 114, 440, 451
Laser induced fluorescence (LIF), 457, 462
Laser incandescence imaging (LII), 463-466
Laser sheet dropsizing, 455
Lead:
   catalyst poisoning, 350
Low emission vehicles (LEV), 299, 421
LPG, 415,422
Lubricity, 412, 414

M

Mass fraction burned (SI engines), 83, 94
   Wiebe function, 83, 88, 140-141
Mean effective pressure, 16,194
Mechanical efficiency, 16
Metal monolith, 336-339
Metal diesel particulate filter,
Methane, 37, 52,69,74,75,246,249,314,386, 416, 419,420,434,474,488
Methanol, 37, 52, 75, 249,399-400,415-419, 479-480, 486
Microscales, 70,155
   integral, 70,155
   Kolmogorov, 70,155
   Taylor, 155
Mie-scattering, 455-457,466
Mixture non-homogeneity,
Motor octane number (MON), 102,391-393, 416
Multiple injections, 207-208,359-361,381

N

Naphthenes, 388,393
Natural gas, 167,386,415,416,419-422, 427,434
Nernst equation, 220
NO formation:
   CI engines,241
   kinetics of, 234-238
      Zeldovich mechanism, 235-236,243,245
      NO_2 mechanism (CI engines), 243-245
   prompt NO, 235

temperature, effect of,
NO from fuel N, 235
NO_2 formation, 245-246
NO_x emissions (CI engines):
  effect of:
    compression ratio, 283
    diluents, 289-290
    EGR, 289- 290, 363-364
    fuel quality, 292,413
    injection timing, 274,287
    water addition, 366
NO_x emissions (SI engines):
  effect of,
    compression ratio, 275, 322
    diluents, 278-280
    equivalence ratio, 231
    EGR, 278-280
    fuel quality, 401-402
    ignition timing,276
    water addition, 332
NO_x – Particulate trade off, 273-274,362,379
NO_x storage –reduction (NSR), 369 -370,373, 398,412
Nusselt number, 89

O

Octane quality: 391-393
  anti-knock index, 393
  fuel sensitivity, 392
  number, motor and research, 102,391-393, 416
Olefins, 228-229,388,393,401-404
Oxidation catalyst, 302,335,343-344,367-368, 372,377-378,412,430
Oxygen (lambda) sensor, 211, 220,346
Oxygenates, 399, 401
Ozone, 226-229,

P

Paraffins, 229,263,387,393
Particle image velocimetry,70, 440, 448-450
Particulates:
  composition, 263-265
  definition, 263
  measurement techniques, 318-319
  size, 265-266
  soluble organic fraction, 264-265
  soot formation,266-269,272
  soot oxidation, 270-271
  structure, 264-265
Particulate matter (PM) emissions (diesel):
  effect of ;
    EGR, 364
    fuel quality, 292,413
    injection pressure,359
    lubricating oil, 363
  standards, 301-302
Particulate filters/traps,
  continuously regenerative trap (CRT), 357, 377-378,411
  diesel particulate filter (DPF), 373
  metal supported, 378-379
  regeneration, 374
    active, 375
    diesel fuel burner, 375-376
    fuel additive, 376
    passive, 376
    wall flow filters, 373-374
Peclet number, 249
Photochemical smog, 3,227
Pilot injection, 188,292,359-360,417,420
Platinum, 220,335,344
Piston speed, 15,21,149
Pollutant mechanism formation,
  (see Carbon monoxide, Hydrocarbon emissions, NO, Particulates)
  Poly-aromatic hydrocarbons (PAH), 122-123, 267-268, 388, 413,414
Positive crankcase ventilation (PCV) system, 327
Power, brake, indicated, 16
Prechamber engines, 195, 197
Premixed homogeneous charge engines, 23 167
Pressure transducers, 215, 441-443
Propane, 37,52,69,75,249,313,416,421
PZEV, 299,348,355

Q

Quench distance, layer thickness. 248- 249
Quenching (flame), 231,247-249,259

R

Radial engine, 13
Rapid compression machine, 121,133-135
Rape seed methyl ester (RME), 416,424,426
Reductant, 369, 372
Reformulated gasoline, 300,401-403

Regeneration of particulate filters, 374-378
Research octane number (RON), 102,391-393, 416
Residual gas fraction, 49, 57
Reynolds number, 70-73, 89,116,154,155
Rhodium, 335,344
Rotary (Wankel) engine, 21

S

Selective catalytic reduction (SCR), 356, 369, 371-372,373
Smoke, 273, 287-288, 303-304
    Standards, 304
Smokemeter, 316
Soot:
    formation, 263 - 272
        coagulation and aggregation, 269
        combustion stoichimetry, 266
        HACA mechanism, 267
        inception and nucleation, 267
        surface growth, 268
    particle size, 264 -266
Soot oxidation, 270-272
Soybean methyl ester (SME), 424,425
Spark ignition engine:
    combustion chambers, 174-177, 180-183
    emissions, 231,233-240,246-259,274-283,320-355,401-402
Specific fuel consumption, 16
Specific heat:
    gases, combustion products, 31,46,154,156,487
    fuels, 49,52, 488
Space velocity, 340,368
Squish, 66,145, 152-153,174-177,184,190,191,193
Stirling engine, 482-485

Stratified charge engines, 177-183,352-354,355,458
    types (spray, flow and wall controlled), 181-182
SULEV, 299,346,355,432,473
Sulphur content in:
    diesel, 411,414,428
    gasoline, 398,403
Sulphur effect on:
    catalytic conversion,367,398,411
    particulate emissions,265,410,413
Swirl, 145,146-151
    generation, intake ports,147
    measurement,148
    ratio,149-150, 191-192

T

Temperature sensor, 216
Thermal efficiency, 16,193,472,483
Thermal properties, ceramic and metal monoliths, 340
Thermal reactors, 333 -334
Thermodynamic properties, 51-52, 487-495
Tier 1 and Tier 2 standards, 299
Tumble, 151, 182-183
Turbocharging, effect on emissions, 357,361-362,379
Turbulence,
    intensity, 70, 74,154-155
    flames, 70-74
    microscales, 70,155
        integral, 70,155
        Kolmogorov, 70,155
        Taylor, 155
Two-stroke cycle, 10

U

Ultra low emission vehicle (ULEV), 299,346,347,421,430
Unburned HC emissions (see Hydrocarbon emissions),
Unburned mixture properties, 48
Universal exhaust gas oxygen analyzer (UEGO), 346
Urea as NO_x reductant, 369, 370-372

V

Valve:
   flow area, 157-158
   inclination, 157-158
   multiple, 158,176,286
   overlap, 159-160
   timing, 159 -160

Variable valve actuation, 161
   camless, 165
   lift, 163
   mechanism, 161-165
   timing, 161,163
   VTEC, 163-164
   VVT, 162
Vegetable oil methyl esters, 416,423-427
Volatility of fuel, 393-396, 402, 404, 406, 407,413,414
Volumetric efficiency, 17
   effect of valve timings, 159-161,201-203

W

Wankel engine, 21
Washcoat, 334-336,340-345,351,368-369
Water addition for NO_x control
   CI engine, 366
   SI engine, 332
Water gas reaction, 50, 53
Weber number, 112,116
Wiebe function, 83, 84, 94,140-141

Y

Yittrium oxide, 220

Z

Zeldovich mechanism, 235-236,243-245
Zirconium oxide, 220
Zeolite, 348,372